Bergmann · Schaefer
Lehrbuch der Experimentalphysik
Band 5 Vielteilchen-Systeme

Bergmann · Schaefer
Lehrbuch der Experimentalphysik

Band 5

Walter de Gruyter
Berlin · New York 1992

Vielteilchen-Systeme

Herausgeber Wilhelm Raith

Autoren

Christian Bahr, Thomas Dorfmüller
Helmut Haberland, Gerd Heppke, Siegfried Hess
Harald Jockusch, Klaus Lüders, Joachim Seidel
Roger Thull, Harald Tschesche, Burkhard Wende

W DE G

Walter de Gruyter
Berlin · New York 1992

Herausgeber

Dr.-Ing. Wilhelm Raith
Professor für Physik
Universität Bielefeld
Fakultät für Physik
Universitätsstraße 25
D-4800 Bielefeld 1

Das Buch enthält 465 Abbildungen, 3 Farbbilder und 41 Tabellen.

⊗ Gedruckt auf säurefreiem Papier, das die US-ANSI-Norm über Haltbarkeit erfüllt.

Die Deutsche Bibliothek – CIP-Einheitsaufnahme

Lehrbuch der Experimentalphysik / Bergmann ; Schaefer. –
Berlin ; New York : de Gruyter.
NE: Bergmann, Ludwig [Begr.]
Bd. 5. Vielteilchen-Systeme : [enthält 41 Tabellen] / Hrsg.
Wilhelm Raith. Autoren Christian Bahr ... – 1992
ISBN 3-11-010978-6
NE: Raith, Wilhelm [Hrsg.]; Bahr, Christian

Satz und Druck: Tutte Druckerei GmbH, Salzweg-Passau. Bindung: Lüderitz & Bauer GmbH, Berlin. Einbandgestaltung: Hansbernd Lindemann, Berlin.

Vorwort

Das nach den Begründern und ersten Autoren – Ludwig Bergmann und Clemens Schaefer – benannte mehrbändige Lehrbuch der Experimentalphysik hat folgenden Aufbau:

Für Studenten im Grundstudium:
Band 1 Mechanik · Akustik · Wärme
Band 2 Elektrizität und Magnetismus.

Für Studenten im Hauptstudium, für Natur- und Ingenieurwissenschaftler in Lehre, Forschung, Industrie:
Band 3 Optik
Band 4 Teilchen
Band 5 Vielteilchen-Systeme
Band 6 Festkörper
Band 7 Erde und Weltraum

Die Bände 4, 5, und 6 sind dem Thema *Aufbau der Materie* gewidmet. Die hier behandelten *Vielteilchen-Systeme* beinhalten alle Formen der Materie, die zwischen den *Teilchen* (Band 4) und den *Festkörpern* (Band 6) einzuordnen sind. Das sind Gebiete, die auch für Chemiker, Physikochemiker und Biophysiker große Bedeutung haben. Das Buch soll es ermöglichen, bei Bedarf den Stoff im Selbststudium zu erarbeiten. In diesem Lehrbuch stehen die Bezüge zu Experimenten im Vordergrund; aber es werden auch die wichtigen theoretischen Ansätze und Näherungen beschrieben. Versucht wurde, die Theorie so darzustellen, daß man beim ersten Lesen die nicht auf Anhieb verständlichen Gleichungen überspringen kann, ohne dabei das Verständnis für den folgenden Text zu verlieren.

Dieser Band beginnt mit zwei Kapiteln über die „nicht-kondensierten Vielteilchen-Systeme“: *Gase und Plasmen*. Physikstudenten lernen ideale und van-der-Waalssche-Gase in der „kinetischen Gastheorie“ des ersten Semesters kennen, aber erfahren nicht, unter welchen Bedingungen das Verhalten der Gase von diesen einfachen Modellen abweicht, – zum Beispiel wenn sich die Formanisotropie der Moleküle bemerkbar macht. Dieses, und daß es auf dem „klassischen“ Gebiet der Gase auch heute noch interessante Forschung gibt, erfährt der Leser in Kapitel 1. Die *Plasmen* (Kapitel 2) sind vor allem wegen der Kernfusion von aktuellem Interesse; an die Fusion in sehr heißen Plasmen knüpfen sich Hoffnungen auf einen Ausweg aus der globalen Energiekrise, – die „kalte Fusion“, die im März 1989 weltweites Aufsehen erregte, konnte experimentell aber nicht reproduziert werden. Doch auch unabhängig von der Kernfusion ist die Plasmaphysik ein wichtiges Forschungsgebiet mit vielen Anwendungen, die von der Halbleiter-Technik bis zur Astrophysik reichen.

Die folgenden beiden Kapitel beschreiben die „typischen“ Flüssigkeiten. *Einfache Flüssigkeiten* lassen das für den „flüssigen Aggregatzustand“ charakteristische Verhalten besonders deutlich erkennen. Kapitel 3 wurde vom selben Autor verfaßt wie Kapitel 1; dadurch wird die Zustandsänderung gasförmig → flüssig ohne Stilbruch vermittelt. In diesem Kapitel findet der Leser auch Beispiele für Computer-Experimente; die *Computerphysik* ist ein neuer Zweig der Physik zwischen Theorie und Experiment. Die in Kapitel 4 beschriebenen *Superflüssigkeiten* haben extrem flüssige Eigenschaften. Sie sind (wie die in Band 6 behandelten Supraleiter) makroskopische Systeme mit einem nur quantenmechanisch beschreibbaren Verhalten und deshalb hochinteressante Studienobjekte der Grundlagenforschung. Sie sind auch unverzichtbare Hilfsmittel der Tiefsttemperatur-Technik.

Die drei „nicht-einfachen" Flüssigkeiten (Kapitel 5 bis Kapitel 7) zeigen schon deutliche Übergänge zu den Festkörpern. *Elektrolyte* gibt es flüssig und fest; *Flüssigkristalle* besitzen in einer Ebene die für Festkörper typische kristalline Struktur; *Makro- und supramolekulare Systeme* beinhalten auch die zum Teil harten Polymere und die Gläser. Alle drei Kapitel beschreiben äußerst aktive Forschungsgebiete mit zahlreichen Anwendungen in Medizin, Energietechnik, Elektronik, Werkstoff- und Biotechnik.

Die Cluster (Kapitel 8) sind ein neues Forschungsgebiet. Weil viele Cluster als *winzige Tröpfchen* zu betrachten sind, fügen sie sich thematisch gut in diesen Band ein. Aber es gibt auch Cluster, die sich ebensogut als *große Moleküle* in den Band 4, andere als *sehr kleine Festkörper* in den Band 6 eingefügt hätten. Die Cluster sind hervorragend geeignet zum Studium der Zustandsänderung flüssig → fest und bilden eine gute Überleitung von den Teilchen und Tröpfchen zu den Festkörpern (Band 6).

Der Bergmann · Schaefer hat traditionell die Nachbarwissenschaft „Chemie" viel stärker mit einbezogen als andere Lehrbücher der Physik. In diesem Band werden erstmals auch die Biowissenschaften erwähnt, weil Grundkenntnisse darüber für interdisziplinäre Projekte sehr nützlich sind. Im Kapitel 9 werden *Aufbau und Funktion biogener Moleküle* behandelt. Das ist eine Einführung in die Biochemie, in der die „Funktion" als neue Eigenschaft der Biopolymere beschrieben wird. Den Abschluß bildet Kapitel 10: *Zellen, Viren, Organismen.* Das sind biologische Vielteilchen-Systeme, zu deren Verständnis sehr viel Wissen aus den vorangehenden Kapiteln benötigt wird. Deshalb ist es naheliegend und reizvoll, den Band 5 mit einem Ausblick auf die Biologie abzuschließen.

Bielefeld, März 1992 *Wilhelm Raith*

Autoren

Dr. Christian Bahr
Technische Universität Berlin
Iwan-N.-Stranski-Institut für
Physikalische und Theoretische Chemie
Sekr. ER 11
Straße des 17. Juni 112
D-1000 Berlin 12

Prof. Dr. Thomas Dorfmüller
Universität Bielefeld
Fakultät für Chemie
Universitätsstraße 25
D-4800 Bielefeld 1

Prof. Dr. Helmut Haberland
Universität Freiburg
Fakultät für Physik
Hermann-Herder-Straße 3
D-7800 Freiburg

Prof. Dr. Gerd Heppke
Technische Universität Berlin
Iwan-N.-Stranski-Institut für
Physikalische und Theoretische Chemie
Sekr. ER 11
Straße des 17. Juni 112
D-1000 Berlin 12

Prof. Dr. Siegfried Hess
Institut für Theoretische Physik
Technische Universität Berlin
Hardenbergstraße 36
D-1000 Berlin 12

Prof. Dr. Harald Jockusch
Universität Bielefeld
Fakultät für Biologie
Universitätsstraße 25
D-4800 Bielefeld 1

Prof. Dr. Klaus Lüders
Freie Universität Berlin
Fachbereich Physik
Arnimallee 14
D-1000 Berlin 33

Dr. Joachim Seidel
Physikalisch-Technische Bundesanstalt
Institut Berlin
Abbestraße 2–12
D-1000 Berlin 10

Prof. Dr. Roger Thull
Universitätsklinik für Zahn-, Mund-
und Kieferkrankheiten, Abteilung
für Experimentelle Zahnmedizin
der Universität Würzburg
Pleicherwall 2
D-8700 Würzburg

Prof. Dr. Harald Tschesche
Universität Bielefeld
Fakultät für Chemie
Universitätsstraße 25
D-4800 Bielefeld

Prof. Dr. Burkhard Wende
Physikalisch-Technische Bundesanstalt
Institut Berlin
Abbestraße 2–12
D-1000 Berlin 10

Inhalt

1 Gase

Siegfried Hess

1.1 Einleitung, Begriffsbestimmungen

Die Physik der Gase steht zwischen der Physik der Einzelteilchen, d. h. der Atom- und Molekülphysik, und der Physik der „kondensierten Materie". Einerseits sind viele „mikroskopische" Eigenschaften der einzelnen Atome oder Moleküle in der Gasphase meßbar, andererseits treten dort auch physikalische Phänomene wie Schallausbreitung, Wärmeleitung und Viskosität auf, die in „makroskopischer Materie", z. B. in Flüssigkeiten, beobachtbar sind. Über einen großen Bereich der Dichte bzw. des Drucks lassen sich die Vielteilcheneigenschaften von Gasen mittels der Methoden der Statistischen Physik [1–6], insbesondere der Kinetischen Theorie [7–18], leichter auf die Eigenschaften der Einzelteilchen sowie der Wechselwirkung und den Stoßprozessen zwischen Paaren dieser Teilchen zurückführen, als dies etwa in Flüssigkeiten der Fall ist.

Die experimentelle und theoretische Physik der Gase war und ist wesentlich für das Erkennen des atomaren beziehungsweise molekularen Aufbaus der Materie. Bereits im 19. Jahrhundert wurden hier Grundlagen gelegt und Konzepte entwickelt, die wesentlich wurden für die Physik des 20. Jahrhunderts, insbesondere auch für die Quantentheorie. So schrieb L. Boltzmann 1897, zu einer Zeit, als zum Teil noch bezweifelt wurde, ob es notwendig oder nützlich sei, Eigenschaften der makroskopischen Materie mikroskopisch zu erklären: „Die Gastheorie, sowie überhaupt die Theorie, daß die Wärme auf einer steten Bewegung kleinster Einzelwesen beruht, ist, wie jede Theorie, sicher nur ein Bild der Erscheinungen. Doch stimmt diese Theorie in so vielen, in so disparaten Einzelheiten mit der Erfahrung überein, gestattet schon so viele Vorhersagen und ergibt noch so viele Fingerzeige zu neuen Experimenten und Spekulationen, daß ich wohl glaube, daß ihre Grundlinien nie aus der Naturwissenschaft verschwinden werden."

Das physikalische Verständnis für die Eigenschaften der Gase ist heute wichtig für viele Anwendungen, z. B. für chemische Reaktionen in der Gasphase, für Verbrennungsprozesse und für die Abgasreinigung. Das große technische Interesse spiegelt sich wider in den mit großem Aufwand in den letzten Jahren erstellten (aber noch keineswegs vollständigen) Sammlungen für Daten über die Materialeigenschaften von Gasen, also in Tabellen zu Gleichgewichtseigenschaften wie der thermischen Zustandsgleichung für den Druck und der spezifischen Wärmekapazität, sowie zu Transporteigenschaften wie Wärmeleitfähigkeit, Viskosität, Diffusion und Thermodiffusion für eine große Anzahl von Gasen und Gasgemischen [19, 20].

Nach Einführung einiger Begriffe und Erläuterungen zur zwischenmolekularen Wechselwirkung sowie zur klassischen und quantenmechanischen Beschreibung werden Gleichgewichtseigenschaften und Transportphänomene in den Abschn. 1.2 und 1.3 behandelt.

Die oben zitierten prophetischen Worte von Boltzmann treffen auf die in den letzten beiden Jahrzehnten in verstärktem Umfang durchgeführten Grundlagenforschungen in der Physik der Gase zu. So ist es etwa vor einem Jahrzehnt gelungen, zwei vor über einem Jahrhundert von Maxwell vorhergesagte Effekte in verdünnten Gasen experimentell nachzuweisen. Die seit langem im Prinzip bekannte, bei Transportprozessen auftretende Abweichung der Geschwindigkeitsverteilung von der Maxwell-Verteilung ist inzwischen für die Wärmeleitung gemessen worden; für die Viskosität liegen Nicht-Gleichgewichts-Molekulardynamik-Computer-Simulationen vor (Abschn. 1.3.3). Seit etwa 1980 ist es möglich geworden, atomaren Wasserstoff in der Gasphase im Labor stabil zu halten, d.h. die Rekombination zu molekularem Wasserstoff hinreichend lange zu verhindern. Dies gab Anstoß zu zahlreichen Untersuchungen in „Quantengasen" bei tiefen Temperaturen (Abschn. 1.2.6); der experimentelle Nachweis der vor etwa 50 Jahren vorhergesagten Bose-Einstein-Kondensation eines Gases steht jedoch noch aus. Die weitaus umfangreichsten experimentellen und theoretischen Studien beschäftigen sich mit *Nicht-Gleichgewichts-Ausrichtungseffekten* in molekularen Gasen. Es handelt sich dabei um Effekte, die entscheidend von der Nichtsphärizität der Moleküle abhängen und deshalb bei Edelgasen nicht auftreten. Den Anstoß für die intensive Beschäftigung mit diesen Phänomenen gab der 1962 und danach erbrachte experimentelle Nachweis, daß die Viskosität und Wärmeleitfähigkeit praktisch jedes Gases aus (elektrisch neutralen) rotierenden Molekülen und nicht nur, wie vorher bekannt, der paramagnetischen Gase O_2 und NO, durch ein Magnetfeld beeinflußt wird (*Senftleben-Beenakker-Effekte*). Es war ein glücklicher Umstand, daß eine verallgemeinerte Boltzmanngleichung mit der quantenmechanischen Behandlung der Rotationszustände der Moleküle kurz davor abgeleitet worden war und somit die Grundlage zur kinetischen Theorie der Nicht-Gleichgewichts-Ausrichtungseffekte zur Verfügung stand. Neben der Behandlung der zahlreichen neuen experimentellen Ergebnisse konnte die kinetische Theorie – ganz im Sinne Boltzmanns – auch einige neue Effekte voraussagen und berechnen, die danach experimentell gefunden wurden. Hier sind insbesondere die Strömungsdoppelbrechung in Gasen aus rotierenden Molekülen und die Wärmeströmungsdoppelbrechung zu nennen. Ein enger Zusammenhang zwischen Transportphänomenen, optischen Eigenschaften im Nichtgleichgewicht und Relaxationsvorgängen sowie der Verbreiterung von Spektrallinien wurde aufgezeigt. Die Nicht-Gleichgewichts-Ausrichtungs-Phänomene werden in Abschn. 1.4 behandelt.

1.1.1 Ideale und reale Gase, verdünnte und dichte Gase

Ein Gas bestehend aus N gleichen Teilchen mit Masse m (Atome oder Moleküle) befinde sich in einem Volumen V.

Die *Teilchendichte* n ist

$$n = \frac{N}{V}, \tag{1.1}$$

T sei die Temperatur des Gases.

Für die folgenden Überlegungen wird zunächst das Modell der harten Kugeln benutzt, d. h. die Atome oder Moleküle werden als starre Kugeln mit dem Durchmesser d betrachtet. Für reale Teilchen kann in einfacher Näherung d als der kleinste Abstand genommen werden, auf den sich zwei Teilchen bei einem zentralen Stoß nähern, wenn sie sich mit einer Relativgeschwindigkeit aufeinander zubewegen, die gleich der mittleren Geschwindigkeit $C_{\text{th}} = (kT/m)^{\frac{1}{2}}$ ist. Beim Abstand d ist also die potentielle Energie gleich der thermischen Energie kT. Dies entspricht der Festsetzung

$$\Phi(d) = kT, \tag{1.2}$$

wobei $\Phi = \Phi(r)$ die vom Abstand r abhängige Wechselwirkungsenergie zweier Teilchen ist; k ist die Boltzmann-Konstante. In Abb. 1.1 ist qualitativ der Potentialverlauf $\Phi(r)$ gezeigt und die Relation (1.2) angedeutet. Wie ersichtlich hängt der so bestimmte effektive Durchmesser i. a. von der Temperatur T ab.

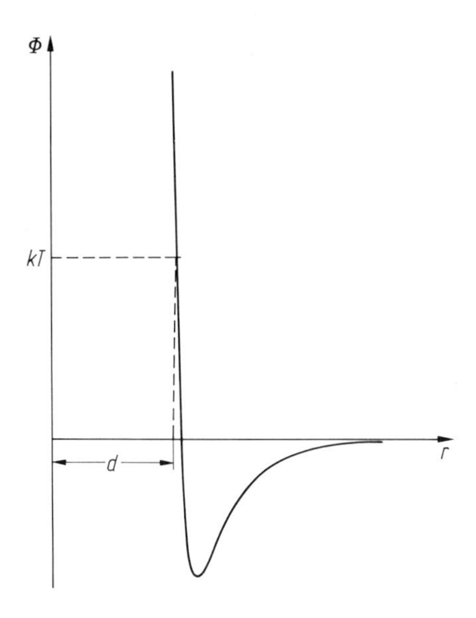

Abb. 1.1 Typisches Potential $\Phi = \Phi(r)$ der Wechselwirkung zweier Atome oder Moleküle als Funktion des Abstandes r. Der effektive Durchmesser d bei der Temperatur T ergibt sich aus der in der Abbildung angedeuteten Konstruktion.

Die für Moleküle mögliche Abhängigkeit der Wechselwirkung von der Orientierung der Teilchen ist für die folgenden qualitativen Überlegungen nicht wesentlich. Es wird angenommen, daß bei der betrachteten Temperatur die Teilchen des Gases ihre Identität nicht ändern, also bei Stößen weder Dissoziationen noch Ionisationen auftreten und keine chemischen Reaktionen stattfinden. Ferner wird die Translation der Teilchen in klassischer Näherung behandelt.

Aus dem Durchmesser d und der Teilchendichte n können nun einige physikalische Größen abgeleitet werden: *mittlerer Teilchenabstand*

$$a = n^{-\frac{1}{3}}, \tag{1.3}$$

Packungsdichte oder Bruchteil des von den Teilchen erfüllten Volumens

$$y = \frac{4\pi}{3}\left(\frac{d}{2}\right)^3 n = \frac{\pi}{6} d^3 n, \tag{1.4}$$

(totaler) *Wirkungsquerschnitt*

$$\sigma_t = \pi d^2, \tag{1.5}$$

freie Weglänge

$$l = \frac{1}{n\sigma_t}. \tag{1.6}$$

Wie in Abb. 1.2 angedeutet, ist σ_t die Trefferfläche einer Kugel mit Durchmesser d, die auf eine gleichartige Kugel zufliegt. Die freie Weglänge l in Gl. (1.6), d.h. die mittlere Strecke, die ein Teilchen im freien Flug zurücklegt, bevor es mit einem anderen zusammenstößt, ist festgelegt durch die Bedingung

$$nl\sigma_t = 1. \tag{1.7}$$

Dies besagt: im Zylinder mit Querschnittsfläche σ_t und der Länge l befindet sich 1 Teilchen. In Abb. 1.3 ist die Bedeutung der Längen d, a und l gezeigt. Man beachte, wegen $l/a = (1/\pi)(a/d)^2$ kann l größer sein als a; im Wald kann man ja auch weiter sehen als bis zum nächsten Baum! Der Abstand zwischen den Gefäßwänden ist mit L bezeichnet.

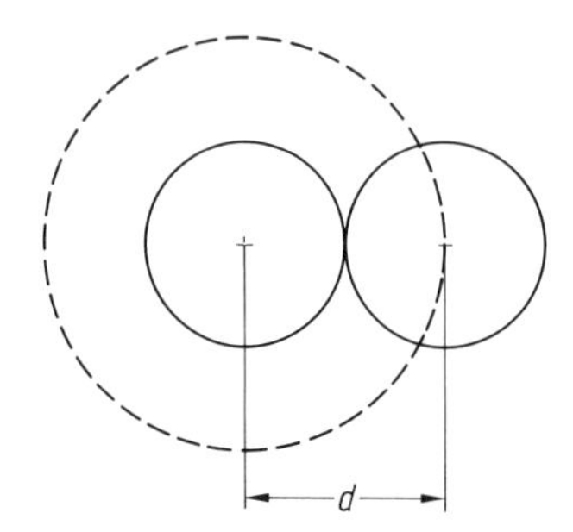

Abb. 1.2 Der totale Wirkungsquerschnitt σ_t als Trefferfläche für zwei Kugeln mit Durchmesser d.

Als **ideales Gas** bezeichnet man den Grenzfall kleiner Dichte, bei der die *Gleichgewichtseigenschaften* wie Druck und innere Energie des Gases durch die Eigenschaften der einzelnen Atome oder Moleküle bestimmt werden. Dies bedeutet

$$nd^3 \ll 1 \quad \text{oder} \quad y = \frac{\pi}{6} nd^3 \ll 1. \tag{1.8}$$

Stillschweigend wird jedoch $L \gg a$ und $L > l$ angenommen, d.h. die Teilchendichte

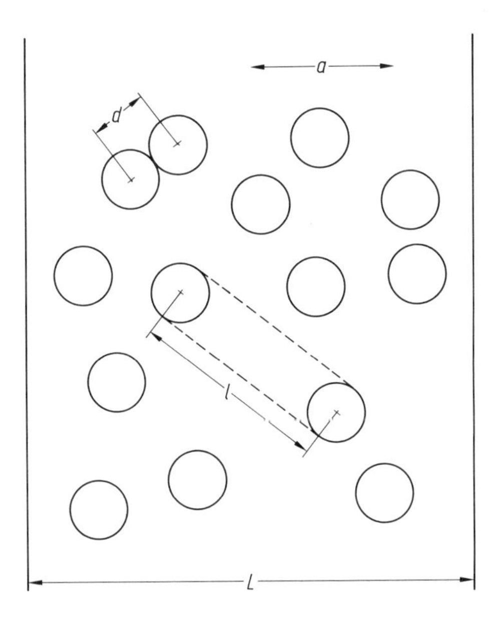

Abb. 1.3 Qualitativer Vergleich des mittleren Teilchenabstandes $a = n^{-1/3}$, der freien Weglänge l und des Durchmessers d der Teilchen in einem Gas der Dichte n.

ist zwar klein, aber endlich, derart, daß die Abstände zwischen den Teilchen noch merklich kleiner sind als die Lineardimension des Gefäßes, in dem sich das Gas befindet.

Das **reale Gas** zeigt Abweichungen von den Gesetzen des idealen Gases, die bei Dichten merklich werden, wo das Eigenvolumen der Teilchen, allgemeiner ihre Wechselwirkung untereinander die thermischen Eigenschaften wesentlich beeinflussen.

Im Zusammenhang mit *Transporteigenschaften* wie Viskosität und Wärmeleitfähigkeit ist die freie Weglänge l mit der makroskopischen Länge L zu vergleichen. Unter den Bedingungen

$$l \ll L \quad \text{und} \quad l \gg d \tag{1.9}$$

spricht man von einem **Gas von mittlerem Druck** (dilute gas) [18], bei dem die Nicht-Gleichgewichtseigenschaften durch Zweierstöße der Teilchen untereinander bestimmt werden. Die zweite Bedingung in Gl. (1.9) entspricht Gl. (1.8). Bei festem L kann durch Verkleinerung der Teilchendichte n wegen $l \sim n^{-1}$, siehe Gl. (1.6),

$$l \approx L \tag{1.10}$$

erreicht werden. In diesem **verdünnten Gas** (rarefied gas) sind auch Stöße der Teilchen mit der Wand zu berücksichtigen. Der Grenzfall

$$l \gg L, \tag{1.11}$$

bei dem praktisch nur noch Wandstöße auftreten wird als **Knudsen-Gas** bezeichnet. Die zweite Ungleichung von Gl. (1.9) ist in den Fällen Gl. (1.10) und Gl. (1.11) natürlich noch besser erfüllt.

Im **dichten Gas** (dense gas) beeinflussen auch Stöße von mehr als zwei Teilchen miteinander und die Korrelation zwischen aufeinander folgenden Zweierstößen die Abhängigkeit der Transporteigenschaften von der Teilchendichte n über die dimensionslose Größe y Gl. (1.4).

In einem Gas bei Zimmertemperatur ($T \approx 290$ K) und einem Druck von ungefähr 0.1 MPa (ungefähr 1 atm) beträgt die Teilchendichte $n \approx 2.5 \cdot 10^{25}\ \mathrm{m}^{-3}$, der mittlere Teilchenabstand ist $a \approx 0.34 \cdot 10^{-8}\ \mathrm{m} = 3.4$ nm. Für Argon gilt $d \approx 3.4 \cdot 10^{-10}$ m $= 0.34$ nm (für N_2 oder O_2 ist der effektive Durchmesser d nur geringfügig größer) und $\sigma_t \approx 36 \cdot 10^{-20}\ \mathrm{m}^2$. Hieraus ergibt sich $l \approx 10^{-7}\ \mathrm{m} \approx 30a \approx 300d$ und $y \approx 5 \cdot 10^{-4}$. Bedingung Gl. (1.8) ist in diesem Fall recht gut erfüllt. Durch Verringerung der Teilchendichte um 3 Größenordnungen (dies entspricht einem Druck von etwa 0.1 kPa (etwa 1 Torr) erreicht die freie Weglänge l mit 0.1 mm durchaus makroskopische Dimensionen. Der Übergang von einem Gas von mittlerem Druck zum verdünnten Gas bzw. zum Knudsen-Gas ist durch Verminderung des Druckes relativ leicht zu erreichen. Andererseits führt eine Erhöhung der Teilchendichte um 3 Größenordnungen auf die theoretischen Werte $l \approx 10^{-10}\ \mathrm{m} \approx 3.4d$, $a \approx d$ und $y \approx 0.5$. Dies entspricht einem sehr dichten Gas mit einer Dichte vergleichbar der einer Flüssigkeit. Effekte typisch für reale Gase und dichte Gase werden bereits bei kleineren, experimentell leichter zugänglichen, Dichten beobachtet.

Mittels der thermischen Geschwindigkeit

$$C_{\mathrm{th}} = \left(\frac{kT}{m}\right)^{\frac{1}{2}} \tag{1.12}$$

können den oben diskutierten charakteristischen Längen entsprechende Zeiten zugeordnet werden. Von besonderer Bedeutung ist die *freie Flugzeit*

$$\tau = l/C_{\mathrm{th}}, \tag{1.13}$$

welche die mittlere Zeit zwischen zwei Stößen angibt. Unter „Normalbedingungen" ist $\tau \approx 0.3 \cdot 10^{-9}$ s für ein Gas wie Ar, N_2 oder O_2. Häufig wird die Zeit τ auch als *Stoßzeit* bezeichnet; sie ist zu unterscheiden von der Dauer eines Stoßes $\approx d/C_{\mathrm{th}}$. Die zweite Bedingung in Gl. (1.9) entspricht also der Forderung, daß die Zeit des freien Fluges eines Teilchens zwischen zwei Stößen viel länger sein möge als die Dauer des Stoßes.

1.1.2 Edelgase und mehratomige Gase

Noble gases are monatomic,
Common gases are polyatomic.

L. Waldmann, 1963

Die Modellvorstellung eines Gases aus sphärischen (kugelsymmetrischen) Teilchen ohne innere Freiheitsgrade trifft auf die einatomigen Edelgase He, Ne, Ar, Kr, Xe recht gut zu. Die meisten Gase jedoch sind mehratomig. Die bekannten Gase wie H_2, N_2, O_2, CO sind zweiatomig; CO_2 und H_2O sind dreiatomig; als Beispiel für Gase aus Molekülen mit 4 bis 7 Atomen seien NH_3, CH_4, CH_3Cl, CH_3OH, SF_6 genannt. Für die molekularen Gase sind zwei Erweiterungen des bisher betrachteten einfachen Modells nötig.

1. Die inneren Freiheitsgrade wie Rotation und Vibration sind i. a. angeregt und bei der inneren Energie und spezifischen Wärmekapazität der Gase zu berücksichtigen.
2. Die Wechselwirkung zwischen zwei nichtsphärischen Teilchen hängt nicht nur vom Abstand der Teilchen ab, sondern auch von deren relativer Orientierung zueinander und zum Verbindungsvektor ihrer Schwerpunkte. Für einige physikalische Eigenschaften genügt es, die tatsächliche Wechselwirkung durch eine über die Orientierungen gemittelte, effektiv sphärische Wechselwirkung zu approximieren. Die im Abschn. 1.4 zu behandelnden Nicht-Gleichgewichtsausrichtungseffekte werden andererseits entscheidend vom nicht-sphärischen Anteil der Wechselwirkung bestimmt.

1.1.3 Zwischenmolekulare Wechselwirkung

Die Wechselwirkung zwischen zwei Molekülen ist repulsiv bei kleinen Abständen; darin spiegeln sich die Größe und Form der Moleküle wider. Bei größeren Abständen liegt häufig eine anziehende Wechselwirkung vor, z. B. verursacht durch die induzierte Dipol-Dipol-Wechselwirkung (Van-der-Waals-Wechselwirkung) oder elektrische Multipol-Multipol-Wechselwirkungen.

1.1.3.1 Sphärische Teilchen

Für (effektiv) sphärische Teilchen ist ein solcher Potentialverlauf in Abb. 1.1 qualitativ gezeigt. Einfache Potentialmodelle, die nur den repulsiven Anteil der sphärischen Wechselwirkung berücksichtigen, sind die *harten Kugeln* (hard spheres) und die *Potenzkraftzentren* (soft spheres). Das Potential $\Phi = \Phi(r)$ ist im ersten Fall gegeben durch

$$\Phi = \begin{matrix} \infty \\ 0 \end{matrix} \quad \text{für} \quad \begin{matrix} r < d \\ r > d \end{matrix} \tag{1.14}$$

wobei d der Durchmesser der harten Kugeln ist; im zweiten Fall setzt man

$$\Phi = \Phi_0 (r_0/r)^\nu \tag{1.15}$$

wobei Φ_0 eine Referenzenergie ist, r_0 eine Referenzlänge und ν ein charakteristischer Exponent, der die Steilheit der Abstoßung festlegt. Abb. 1.4 zeigt in Φ (in Einheiten von Φ_0) als Funktion von r/r_0 für $\nu = 4$ und $\nu = 12$. Für sehr große ν wird das Potential durch Gl. (1.14) approximiert mit $d = r_0$.

Ein häufig verwendetes Modellpotential, das auch die „van der Waals"-Anziehung berücksichtigt, ist das **Lennard-Jones-Potential**

$$\Phi = 4\Phi_0 \left((r_0/r)^{12} - (r_0/r)^6 \right). \tag{1.16}$$

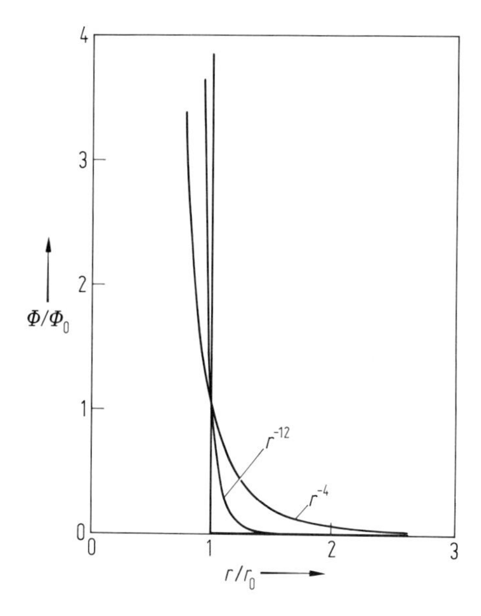

Abb. 1.4 Vergleich des Potentials für Potenzkraftzentren $\Phi \sim r^{-\nu}$ (soft spheres) für $\nu = 4$ und $\nu = 12$ mit dem für harte Kugeln (hard spheres).

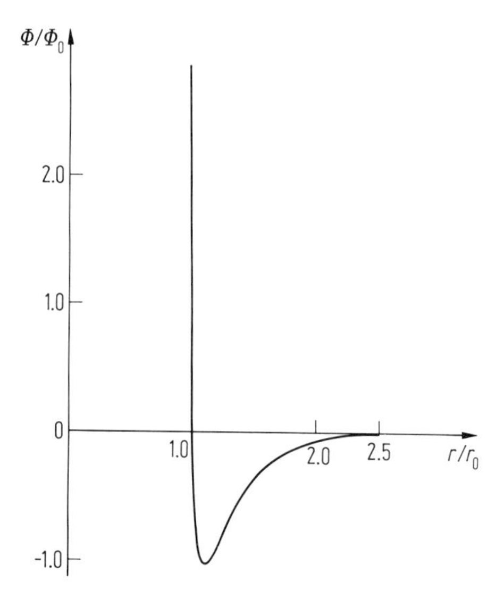

Abb. 1.5 Das Lennard-Jones-Wechselwirkungspotential Φ (in Einheiten von Φ_0, der Tiefe des Potentialminimums) als Funktion von r/r_0 (wobei r_0 den Nulldurchgang des Potentials festlegt).

Der Potentialverlauf ist in Abb. 1.5 gezeigt. Es bedeutet in Gl. (1.16) die Größe Φ_0 die Tiefe des Potentialminimums; bei $r = r_0$ ist Nulldurchgang von Φ. Neben den bereits genannten Potentialen ist eine Vielzahl anderer Modellpotentiale für die Wechselwirkung vorgeschlagen worden [13, 14, 21]. Die Absicht ist dabei, gewisse einfache, charakteristische Züge der molekularen Wechselwirkung zumindest in guter Näherung zu erfassen und die vorkommenden Modellparameter (wie z. B. Φ_0 und r_0 in Gl. (1.16)) durch einige wenige Meßgrößen festzulegen. Die Hoffnung ist dann, mittels theoretischer Überlegungen andere unabhängige Meßgrößen berechnen zu können. Dies gelingt auch zu einem gewissen Grade. Gute Potentiale können in wenigen Fällen aus quantenmechanischen Rechnungen gewonnen werden. Sie sind qualitativ ähnlich, haben aber eine kompliziertere analytische Form als die hier betrachteten Modellpotentiale.

1.1.3.2 Nichtsphärische Teilchen

Die Wechselwirkung zwischen zwei nichtsphärischen Teilchen hängt auch von deren Orientierung ab. Für den Fall von Teilchen mit Rotationssymmetrie wie z. B. bei linearen Molekülen (H_2, N_2, CO, CO_2) oder bei symmetrischen Kreisel-Molekülen (CH_3Cl, $CHCl_3$) kann die Orientierung durch die Angabe eines Einheitsvektors längs der Figurenachse (Symmetrieachse) festgelegt werden. Für die beiden wechselwirkenden Moleküle werden diese Einheitsvektoren mit $\boldsymbol{u}_1$ und $\boldsymbol{u}_2$ bezeichnet, $\boldsymbol{r}$ sei der Verbindungsvektor zwischen ihren Schwerpunkten, siehe Abb. 1.6. Die Wechselwirkung Φ ist dann eine Funktion von $\boldsymbol{r}$, $\boldsymbol{u}_1$, $\boldsymbol{u}_2$; da Φ ein Skalar ist, ist auch Φ „nur" Funktion des Abstandes $r = |\boldsymbol{r}|$ der Schwerpunkte und der durch die Skalarprodukte $\boldsymbol{u}_1 \cdot \boldsymbol{u}_2$, $\hat{\boldsymbol{r}} \cdot \boldsymbol{u}_1$, $\hat{\boldsymbol{r}} \cdot \boldsymbol{u}_2$ bestimmten 3 Winkel. Dabei ist $\hat{\boldsymbol{r}} = r^{-1}\,\boldsymbol{r}$ der Einheitsvektor parallel zu $\boldsymbol{r}$. Die Winkelabhängigkeit einer solchen Funktion kann explizit in einer Entwicklung nach Produkten von Kugelflächenfunktionen Y_{lm} berücksichtigt werden, die Entwicklungskoeffizienten sind dann Funktionen des Abstandes r:

$$\begin{aligned} \Phi &= \Phi(\boldsymbol{r}, \boldsymbol{u}_1, \boldsymbol{u}_2) \\ &= \sum_{l_1 l_2 l} \Phi_{l_1 l_2 l}(r) \sum_{m_1 m_2 m} (l_1 m_1 l_2 m_2 | lm)\; Y_{l_1 m_1}(\boldsymbol{u}_1) Y_{l_2 m_2}(\boldsymbol{u}_2) Y^*{}_{lm}(\hat{\boldsymbol{r}}). \end{aligned} \tag{1.17}$$

Die Clebsch-Gordan-Koeffizienten $(l_1 m_1 l_2 m_2 | lm)$ sorgen dafür, daß die verschiedenen Kugelflächenfunktionen Y in Gl. (1.17) zu einem Skalar verkoppelt werden. Das

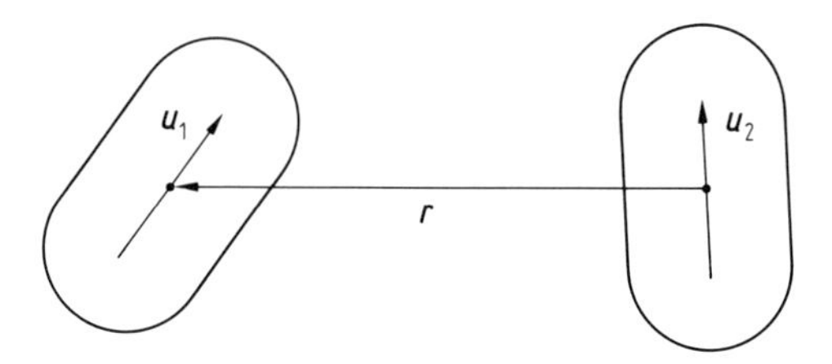

Abb. 1.6 Bedeutung der die Orientierung von zwei nichtsphärischen Molekülen festlegenden Einheitsvektoren $\boldsymbol{u}_1$ und $\boldsymbol{u}_2$, sowie des die Schwerpunkte verbindenden Relativvektors $\boldsymbol{r}$.

erste Glied in der Entwicklung, $\Phi_{000}(r)$ beschreibt den sphärischen, über alle Richtungen gemittelten Anteil der Wechselwirkung; alle anderen Terme in Gl. (1.17) charakterisieren den nicht-sphärischen, d. h. winkelabhängigen Anteil. Bei homonuklearen Molekülen, wie z. B. bei H_2, kann das Potential nicht vom Vorzeichen von $\boldsymbol{u}_1$ bzw. $\boldsymbol{u}_2$ abhängen, und wegen der Vertauschbarkeit der beiden Moleküle auch nicht vom Vorzeichen von $\boldsymbol{r}$. In diesem Fall kommen in Gl. (1.17) nur gerade Werte für l_1, l_2 und l vor. Die ersten Terme der Entwicklung (1.17) können dann auch in der Form

$$\begin{aligned}\Phi = \Phi_{000} + \ldots \Phi_{202} \left(P_2(\boldsymbol{u}_1 \cdot \hat{\boldsymbol{r}}) + P_2(\boldsymbol{u}_2 \cdot \hat{\boldsymbol{r}})\right) \\ + \ldots \Phi_{220}\, P_2(\boldsymbol{u}_1 \cdot \boldsymbol{u}_2) + \end{aligned} \tag{1.18}$$

geschrieben werden, wobei $P_2(x) = \frac{3}{2}\left(x^2 - \frac{1}{3}\right)$ das 2. Legendre-Polynom ist und $\Phi_{202} = \Phi_{022}$ berücksichtigt wurde. Die Punkte stehen für nicht benötigte Faktoren. Als ein Beispiel sind in Abb. 1.7 die Funktionen $\Phi_{000}, \Phi_{202}, \Phi_{022}, \Phi_{224}$ gezeigt für H_2 [22] (in Einheiten der Energie Φ_0 des Minimums von Φ_{000}). Für große Abstände wird der „224"-Term durch die Quadrupol-Quadrupol-Wechselwirkung bestimmt.

Eine Alternative zur Beschreibung der Wechselwirkung zwischen Molekülen ist in Abb. 1.8 angedeutet: man setzt die Wechselwirkung zweier (starrer) Moleküle aus der zwischen den sie aufbauenden Atomen zusammen; die Atom-Atom-Wechselwirkung hängt nur von deren Abständen ab.

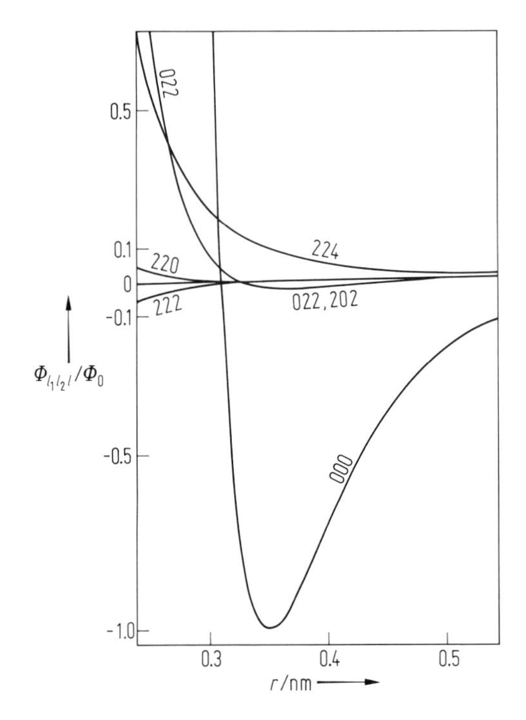

Abb. 1.7 Vergleich der Potentialfunktionen $\Phi_{220}, \Phi_{202} = \Phi_{022}$ und Φ_{224} mit dem sphärischen Anteil Φ_{000} des Wechselwirkungspotentials zwischen zwei Wasserstoffmolekülen. Die Kurven sind aus einer Abbildung in [22] entnommen.

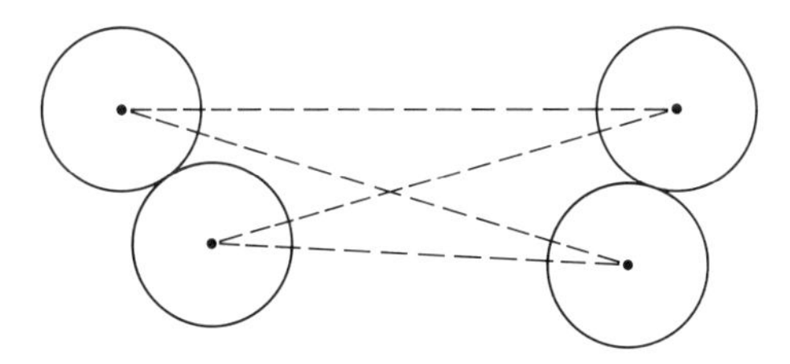

Abb. 1.8 Zur Wechselwirkung zwischen zwei zweiatomigen Molekülen als Summe der Atom-Atom-Wechselwirkungen.

1.1.4 Klassische und quantenmechanische Beschreibung

Während die Existenz stabiler Atome und Moleküle nur quantentheoretisch erklärbar ist, können Gase und Flüssigkeiten in großen Temperaturintervallen, wie bisher in diesem Kapitel stillschweigend geschehen, mit Konzepten der klassischen Physik behandelt werden. Die Grenzen der Anwendbarkeit sind für die Translationsbewegung und die Stöße der Teilchen untereinander bzw. für die Behandlung von inneren Freiheitsgraden der Teilchen getrennt zu diskutieren. Auf das erst für höhere Dichten wichtige Problem der Gasentartung wird im Abschn. 1.2.6 eingegangen.

1.1.4.1 Translationsbewegung, Stoßprozesse

Die thermische De-Broglie-Wellenlänge λ_{th} wird durch

$$\lambda_{\text{th}} = \frac{h}{mC_{\text{th}}} \tag{1.19}$$

definiert. Dabei ist m die Masse eines Teilchens, C_{th} ist die mittlere thermische Geschwindigkeit (s. Gl. (1.12)) und h ist die Planck-Konstante. Unter der Voraussetzung, daß λ_{th} klein ist im Vergleich zu einer makroskopischen Länge L bzw. zur freien Weglänge l, können Quanteneffekte bei der freien Translationsbewegung vernachlässigt werden. Ist λ_{th} auch noch klein im Vergleich zur Reichweite der molekularen Wechselwirkung, etwa einem effektiven Teilchendurchmesser d oder der Lennard-Jones-Länge r_0, so kann auch die Streuung von Teilchen, insbesondere die Berechnung des (differentiellen) Wirkungsquerschnittes klassisch behandelt werden. Für Argon z. B. hat man $\lambda_{\text{th}} \approx 0.04$ nm bei $T = 300$ K. Diese Länge ist sowohl sehr klein im Vergleich zur freien Weglänge ($l = 100$ nm bei Normaldruck) als auch im Vergleich zum effektiven Durchmesser $d \approx 0.34$ nm. Die klassische Beschreibung ist also durchaus adäquat. Bei leichteren Teilchen und tiefen Temperaturen sind aber, wegen $\lambda_{\text{th}} \approx (mT)^{-\frac{1}{2}}$, Quanteneffekte bei der Translationsbewegung und bei der Streuung zu berücksichtigen. Für ^{4}He bei $T = 20$ K hat man eine thermische De-Broglie-Wellenlänge $\lambda_{\text{th}} \approx 0.5$ nm, die größer ist als der effektive Durchmesser $d \approx 0.26$ nm.

1.1.4.2 Innere Freiheitsgrade: Rotation linearer Moleküle

Der mit der molekularen Rotation verknüpfte Hamilton-Operatur H^{rot} eines linearen Moleküls mit dem Trägheitsmoment I ist

$$H^{\text{rot}} = \frac{\hbar^2}{2I} J^2, \tag{1.20}$$

wobei J der Drehimpulsoperator in Einheiten von $\hbar$ ist. Seien $|jm\rangle$ die Rotationszustände mit den Rotationsquantenzahlen $j = 0, 1, 2\ldots$ und den magnetischen Quantenzahlen m mit $m = -j, -j+1, \ldots j-1, j$, dann gilt

$$J^2 |jm\rangle = j(j+1)|jm\rangle, \quad J_z |jm\rangle = m|jm\rangle. \tag{1.21}$$

Als Referenzachse zur Festlegung von m ist die raumfeste z-Achse gewählt, deren Richtung aber willkürlich gewählt werden kann.

Im j-ten Rotationszustand ist die Rotationsenergie also

$$E_j^{\text{rot}} = \frac{\hbar^2}{2I} j(j+1). \tag{1.22}$$

Wegen der „magnetischen" Unterzustände ist dieser Energiewert $(2j+1)$-fach entartet.

Für homonukleare zweiatomige Moleküle kommen entweder nur die geraden oder nur die ungeraden Zahlen für j vor; z. B. hat man für para-H_2 (p-H_2, gesamter Kernspin 0) $j = 0, 2, 4, \ldots$ und für ortho-H_2 (o-H_2, Kernspin 1) $j = 1, 3, 5, \ldots$. Das normale H_2 Gas (n-H_2) ist ein Gemisch aus o-H_2 und p-H_2 im Verhältnis 3 : 1. Für das heteronukleare Molekül HD (D: Deuterium) sind Rotationszustände $j = 0, 1, 2, 3, \ldots$ erlaubt.

In Analogie zur thermischen Geschwindigkeit C_{th} kann eine thermische Rotationszahl j_{th} durch

$$\hbar j_{\text{th}} = (IkT)^{\frac{1}{2}} \tag{1.23}$$

definiert werden. Bei $T = 290$ K erhält man z. B. $j_{\text{th}} \approx 1.3$, $j_{\text{th}} \approx 1.5$ für H_2 bzw. HD und $j_{\text{th}} \approx 7.0$ für N_2. Nur für $j_{\text{th}} \gg 1$ kann die Rotationsbewegung näherungsweise klassisch behandelt werden.

1.2 Gase im thermischen Gleichgewicht

Ein Teil der hier unter der Überschrift „Gase" aufgeführten physikalischen Eigenschaften gelten nicht nur für Gase, sondern auch für Flüssigkeiten. Als Oberbegriff für beide wird deshalb von „Fluiden" gesprochen. Der Phasenübergang gasförmig – flüssig wird im Kapitel 7 behandelt.

1.2.1 Druck

1.2.1.1 Thermodynamische Relationen

Der *Druck* p eines Fluids (bestehend aus N Teilchen) ist im thermischen Gleichgewicht durch das zur Verfügung stehende Volumen V und die Temperatur T festgelegt:

$$p = p(V, T). \tag{1.24}$$

Die Relation Gl. 1.24 heißt *thermische Zustandsgleichung*. Mit der freien Energie $F = F(V, T)$ ist p verknüpft gemäß

$$p = -\left(\frac{\partial F}{\partial V}\right)_T. \tag{1.25}$$

Die relative Änderung des Drucks p bei einer Volumenänderung ist durch den (isothermen) *Kompressionsmodul*

$$K = -V\left(\frac{\partial P}{\partial V}\right)_T \tag{1.26}$$

bestimmt. Die Größe $1/K$ wird *Kompressibilität* genannt. Das thermodynamische Stabilitätskriterium

$$K > 0 \tag{1.27}$$

besagt, daß bei Verkleinerung des Volumens der Druck nicht abnehmen bzw. bei Erhöhung des Drucks das Volumen des Fluids nicht größer werden kann.

Bei gleichzeitiger Verdoppelung der Teilchenzahl N und des Volumens V ändert sich der Druck p nicht. Die für die physikalischen Eigenschaften eines Fluids relevante Variable ist also nicht das Volumen an sich, sondern die Teilchendichte $n = N/V$. Es ist deshalb physikalisch sinnvoller, die thermische Zustandsgleichung in der Form

$$p = p(n, T) \tag{1.28}$$

anzugeben. Wegen

$$\frac{\partial}{\partial V} = \frac{\partial n}{\partial V}\frac{\partial}{\partial n} = -V^{-1} n \frac{\partial}{\partial n}$$

sind die Bezeichnungen (1.25) und (1.26) äquivalent zu

$$pV = n\left(\frac{\partial F}{\partial n}\right) \quad \text{oder} \quad p = n^2\left(\frac{\partial(F/N)}{\partial n}\right)_T \tag{1.29}$$

und

$$K = n\left(\frac{\partial p}{\partial n}\right)_T. \tag{1.30}$$

Dabei ist F/N in Gl. (1.29) ebenso wie p in Gl. (1.30) als Funktion von n und T aufzufassen.

Der *Volumenausdehnungskoeffizient* α sowie der *Spannungskoeffizient* β sind durch

$$\alpha = \frac{1}{V}\left(\frac{\partial V}{\partial T}\right)_p = -\frac{1}{n}\left(\frac{\partial n}{\partial T}\right)_p \tag{1.31}$$

und

$$\beta = \frac{1}{p}\left(\frac{\partial p}{\partial T}\right)_n \tag{1.32}$$

definiert. Allgemein gilt wegen

$$\left(\frac{\partial V}{\partial p}\right)_T \left(\frac{\partial T}{\partial V}\right)_p \left(\frac{\partial p}{\partial T}\right)_V = -1$$

$$\alpha K = \beta p; \tag{1.33}$$

d.h. nur zwei der drei Materialkoeffizienten α, β, K sind unabhängig voneinander.

1.2.1.2 Ideale Gase

Ideale Gase, bei denen der mittlere Teilchenabstand groß ist im Vergleich zur Reichweite der Wechselwirkung der Teilchen untereinander, genügen der einfachen Zustandsgleichung (ideale Gasgleichung)

$$p = p^{\mathrm{id}} \equiv nkT \tag{1.34}$$

wobei k die Boltzmann-Konstante ist. Die molare Gaskonstante R ist das Produkt von k mit der Zahl N_A (Avogadro-Konstante) der Teilchen pro Mol. Die Beziehung (1.34), die für 1 Mol auch in der Form $pV = RT$ geschrieben werden kann, enthält das Boyle-Mariottsche Gesetz $pV = \text{const.}$ für konstantes N und T sowie $p \sim T$ für $n = \text{const.}$ (im wesentlichen das Gay-Lussacsche Gesetz) als Spezialfälle. Gemäß Gl. (1.30) und Gl. (1.31) ist beim idealen Gas $K = nkT$, d.h. die Kompressibilität $1/K$ ist gleich dem Kehrwert des Druckes. Ausdehnungs- und Spannungskoeffizienten sind beim idealen Gas gleich, und zwar gilt für $\alpha = \beta = 1/T$. Gl. (1.33) wird offensichtlich erfüllt.

1.2.1.3 Reale Gase, Realgasfaktor

Der Druck eines realen Gases weicht vom idealen Gasgesetz Gl. (1.34) ab. Die relative Abweichung wird durch den *Realgasfaktor* (*Kompressibilitätsfaktor*)

$$Z = \frac{p}{nkT} \tag{1.35}$$

beschrieben. Die dimensionslose Größe Z ist eine Funktion der Teilchendichte n und der Temperatur T, die von diesen Variablen auch nur über dimensionslose Größen z.B. $r_0^3 n$ und kT/Φ_0 abhängen kann. Dabei sind r_0 und Φ_0 die für das molekulare Wechselwirkungspotential charakteristische Länge und Energie, siehe etwa Gl.

(1.15). Anstelle der molekularen Größen können auch die für jede Substanz charakteristische Dichte n_C und die Temperatur T_C des *kritischen Punktes* (s. Kap. 3, Abschn. 3.2) zur Skalierung von Dichte und Temperatur benutzt werden, d.h. Z wird als Funktion von $n/n_C = V_C/V$ und T/T_C aufgefaßt:

$$Z = Z\left(\frac{n}{n_C}, \frac{T}{T_C}\right).$$

Falls die Wechselwirkung zwischen den Teilchen in verschiedenen Gasen von gleicher funktionaler Form ist und sich nur durch die charakteristischen Längen- und Energieparameter r_0 und Φ_0 unterscheidet, sind auch die Funktion $Z(n/n_C, T/T_C)$ und folglich das Verhältnis p/p_C gleich für verschiedene Gase; hier ist p_C der Druck am kritischen Punkt. Dieses *Gesetz der korrespondierenden Zustände* gilt näherungsweise für die Edelgase und Gase aus Teilchen ohne (starkes) elektrisches Dipolmoment. In Abb. 1.9 ist Z als Funktion von n/n_C für verschiendene Werte von T/T_C für Edelgase gezeigt. Das Zweiphasengebiet ist unterhalb der niedrigsten Kurve.

Für nicht zu hohe Temperaturen nimmt Z und damit der Druck im Vergleich zum idealen Gasdruck mit wachsender Dichte n wegen der Anziehung der Teilchen untereinander zunächst ab. Bei hohen Dichten jedoch macht sich die Repulsion (und damit das Eigenvolumen) der Teilchen im Druckanstieg bemerkbar. Dazwischen gibt es, bei festem T, eine Dichte, bei der $Z = 1$ ist, also ein quasi ideales Gas vorliegt.

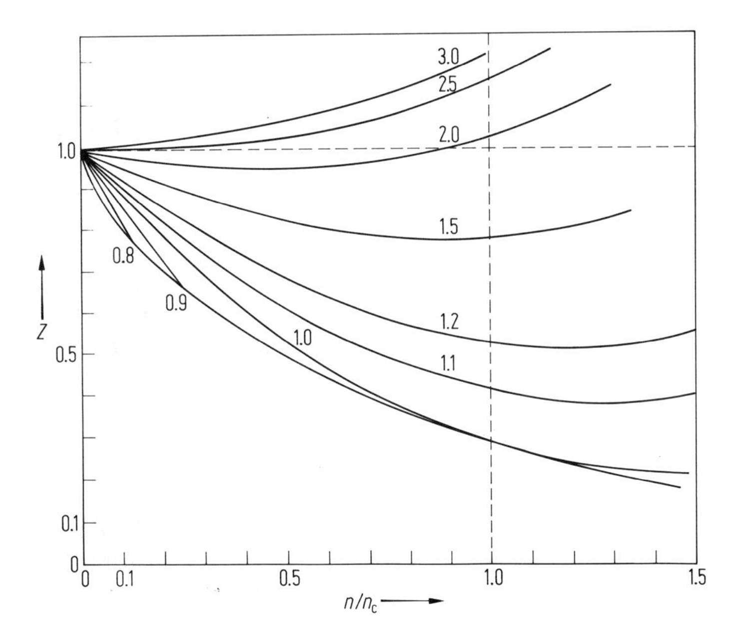

Abb. 1.9 Der Realgasfaktor $Z = p/nkT$ der Edelgase als Funktion der Teilchendichte n (in Einheiten der kritischen Dichte n_c) für verschiedene Werte der Temperatur T. Die Ziffern an den Kurven weisen auf das Verhältnis T/T_c hin; T_c ist die kritische Temperatur. Das Zweiphasengebiet ist unterhalb der untersten Kurve. Die Daten sind aus einem Diagramm in [17] entnommen.

Tab. 1.1 Druck p, Massendichte $\varrho = mn$, Dichte n, mittlerer Teilchenabstand $a = n^{-1/3}$ und Realgasfaktor Z für Argon bei der Temperatur $T = 300$ K. Die Dichte n ist sowohl in 10^{27} m^{-3} als auch in der in Anwendungen häufig benützten Einheit mol l^{-1} aufgeführt. Die in vier signifikanten Ziffern aufgeführten Daten sind Tabellen in [19] entnommen.

Druck p/MPa	Massendichte ϱ/kgm^{-3}	Dichte $n/10^{27}$m^{-3}	Dichte n/mol l^{-1}	Teilchenabstand a/nm	Realgasfaktor Z
0.1	1.603	0.0242	0.04012	3.45	0.998
1.0	16.11	0.243	0.4033	1.60	0.994
10	167.6	2.53	4.195	0.74	0.954
20	335.8	5.06	8.405	0.58	0.954
40	600.3	9.05	15.03	0.48	1.07
100	964.5	14.5	24.14	0.41	1.66

Der gleiche Sachverhalt ist auch aus Tab. 1.1 abzulesen, wo für Argon bei $T = 300$ K neben dem Realgasfaktor Z auch die Massendichte $\varrho = mn$, die Teilchendichte n und der mittlere Teilchenabstand $a = n^{-\frac{1}{3}}$ für einige Werte des Drucks von 0.1 MPa (entspricht ≈ 1 atm) bis 100 MPa ($\approx 10^3$ atm) angegeben wird. Die kritische Temperatur T_C und die kritische Dichte n_C, die in Abbildung 1.9 zum Skalieren der Temperaturen und Dichten benutzt wurden, haben für Argon die Werte $T_C = 150.86$ K und $n_C = 8.08 \cdot 10^{27}$ m^{-3} [19].

1.2.1.4 Reale Gase, Virialentwicklung

Zur Beschreibung der Abhängigkeit des Drucks p vom Volumen V hat Kamerlingh Onnes eine Entwicklung nach Potenzen von $1/V$ oder der Dichte n vorgeschlagen, die als Virialentwicklung bezeichnet wird. Der erste Koeffizient ist durch das ideale Gasgesetz festgelegt; die erste Abweichung davon wird durch den *zweiten Virialkoeffizienten B* beschrieben. Die Virialentwicklung kann in der Form

$$p = n k T (1 + Bn + Cn^2 + \ldots) \tag{1.36}$$

geschrieben werden, wobei die Virialkoeffizienten $B, C, \ldots$ Funktionen der Temperatur sind. Die Summe in der Klammer in Gl. (1.36) ist der Kompressibilitätsfaktor Z, d.h. die Koeffizienten $B, C, \ldots$ können z.B. aus den in Abb. 1.9 gezeigten Kurven bestimmt werden.

Die Virialkoeffizienten können statistisch interpretiert und berechnet werden [1–6].

Insbesondere gilt für sphärische Teilchen

$$B = \frac{1}{2}\int (1 - \mathrm{e}^{-\Phi/(kT)})\, \mathrm{d}^3 r = 2\pi \int_0^\infty r^2 (1 - \mathrm{e}^{-\Phi/(kT)})\, \mathrm{d}r, \tag{1.37}$$

wobei $\Phi = \Phi(r)$ das Zweiteilchen-Wechselwirkungspotential ist. Speziell für harte Kugeln mit Durchmesser d erhält man $B = B_\infty \equiv \frac{2\pi}{3} d^3 = 4\, V_K$, wobei V_K

$= \frac{4\pi}{3}\left(\frac{d}{2}\right)^3$ das Volumen einer Kugel ist. Existiert zusätzlich eine im Vergleich zu kT schwache anziehende Wechselwirkung $\Phi_a < 0$, so erhält man

$$B = B_\infty \left(1 - \frac{T_B}{T}\right). \tag{1.38}$$

Die *Boyle-Temperatur* T_B ist bestimmt durch

$$B_\infty \cdot k\,T_B = -2\pi \int_d^\infty r^2 \Phi_a \,\mathrm{d}r. \tag{1.39}$$

Diese Überlegungen machen den Verlauf der Kurven in Abb. 1.9 für kleine Dichten, insbesondere das verschiedene Vorzeichen der Anfangssteigung für niedrige ($T < T_B$) und höhere ($T > T_B$) Temperaturen verständlich.

Ferner kann der zweite Virialkoeffizient B benutzt werden, um für hohe Temperaturen einen effektiven Teilchendurchmesser zu bestimmen.

In Abb. 1.10 ist $B = B(T)$ für einige Gase gezeigt. Der in der Literatur häufig (in $\mathrm{cm^3/mol^{-1}}$) angegebene 2. Virialkoeffizient ergibt sich aus den hier benutzten „molekularen" Koeffizienten B durch Multiplikation mit der Avogadro-Konstanten $N_A \approx 6.023 \cdot 10^{23}\,\mathrm{mol^{-1}}$.

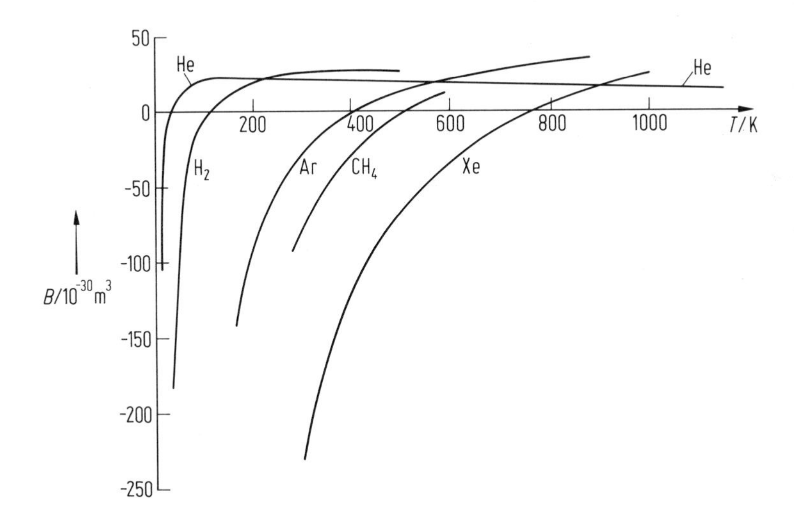

Abb. 1.10 Der zweite Virialkoeffizient B als Funktion der Temperatur T in K für die Gase He, H_2, A, CH_4 und Xe. Die Daten sind aus einem Diagramm in [17] entnommen.

Die *Inversionstemperatur* T_I ist durch $B = T(\mathrm{d}B/\mathrm{d}T)$ festgelegt. Aus der Schemazeichnung Abb. 1.11 für eine typische Kurve $B = B(T)$ ist die Bedeutung von T_I und T_B ersichtlich, es ist $T_I > T_B$. Für $T < T_I$ kann der Joule-Thomson-Effekt (s. Band I), d.h. eine Expansion, zur Abkühlung eines Gases benutzt werden.

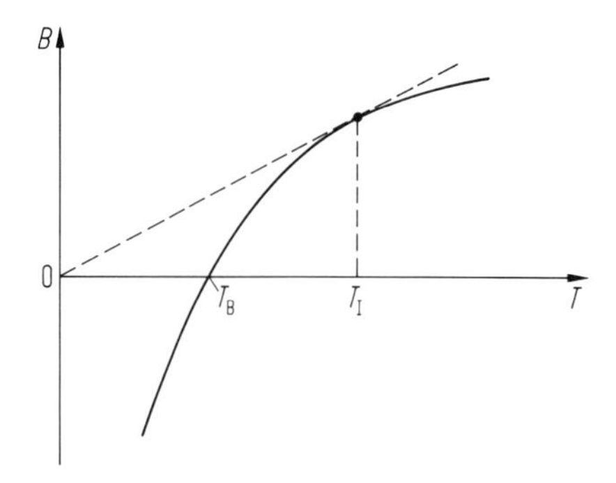

Abb. 1.11 Die aus dem Verlauf von $B = B(T)$ ersichtliche Bedeutung der Boyle-Temperatur T_B und der Inversionstemperatur T_I.

1.2.2 Geschwindigkeitsverteilung

1.2.2.1 Der kinetische Druck

Der Druck p eines Fluids kann innerhalb der klassischen Statistischen Mechanik als Summe des durch die Translationsbewegung der Teilchen erzeugten kinetischen Drucks

$$p^{\text{kin}} = \frac{1}{3} mn \langle c^2 \rangle \tag{1.40}$$

und des mit der Wechselwirkung der Teilchen untereinander verknüpften Potentialanteils p^{pot} dargestellt werden. In Gl. (1.40) ist n die Teilchendichte, m die Masse eines Teilchens, c seine Geschwindigkeit und $\langle \ldots \rangle$ deutet eine Mittelwertbildung an, die im folgenden näher diskutiert werden soll. Wegen des Äquipartitionstheorems ist die mittlere kinetische Energie pro Teilchen, $(1/2)\, m \langle c^2 \rangle$ gleich $(3/2)\, k\, T$ und man er-

$$p^{\text{kin}} = n k T, \tag{1.41}$$

hält den Druck des idealen Gases. Dieses Ergebnis gilt allgemein für ein klassisches Fluid im thermischen Gleichgewicht. Beim realen Gas und in einer Flüssigkeit unterscheidet sich der meßbare Druck $p = p^{\text{kin}} + p^{\text{pot}}$ von Gl. (1.41) durch den nichtverschwindenden Potentialbeitrag p^{pot}.

1.2.2.2 Verteilungsfunktion, Mittelwerte

Die Geschwindigkeitsverteilungsfunktion $f(\boldsymbol{c})$ gibt an, wie viele Teilchen $\mathrm{d}N$ in einem Volumenelement $\mathrm{d}^3 r$ an der Stelle $\boldsymbol{r}$ und im Geschwindigkeitsbereich $\mathrm{d}^3 c$ bei der Geschwindigkeit $\boldsymbol{c}$ zu finden sind:

$$\mathrm{d}N = f(\boldsymbol{c})\, \mathrm{d}^3 r\, \mathrm{d}^3 c. \tag{1.42}$$

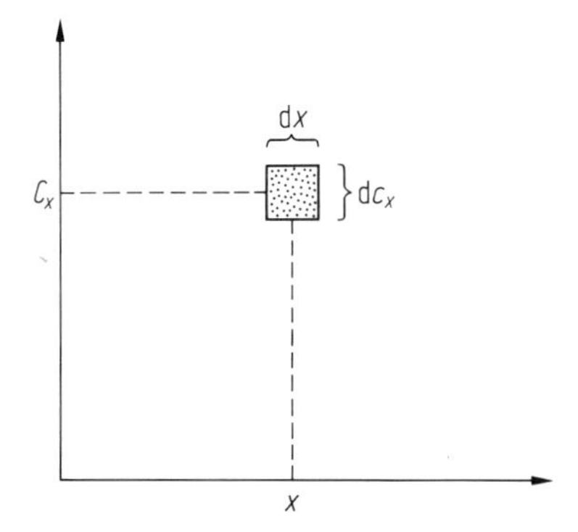

Abb. 1.12 „Volumenelement“ $dx dc_x$ im Ort-Geschwindigkeits-Raum.

In Abb. 1.12 ist dies für den eindimensionalen Fall angedeutet. In Gl. (1.42) steht d^3r für $dr_x dr_y dr_z$ und analog d^3c für $dc_x dc_y dc_z$. Die Normierung von f ist wegen Gl. (1.42) auf

$$f\,d^3c = n = N/V \tag{1.43}$$

festgelegt; V ist das Volumen, in dem sich das Fluid befindet. Der Mittelwert $\langle\Psi\rangle$ einer von $\boldsymbol{c}$ abhängigen Größe $\Psi = \Psi(\boldsymbol{c})$ ist dann durch

$$n\langle\Psi\rangle = \int \Psi(c) f(\boldsymbol{c})\,d^3c \tag{1.44}$$

definiert. In Gl. (1.40) z. B. ist $\Psi = c^2$.

Im thermischen Gleichgewicht ist $f(\boldsymbol{c}) \sim e^{-E_{kin}/(kT)}$, wobei $E_{kin} = \frac{1}{2} m c^2$ die kinetische Energie eines Teilchens ist. Mit den durch Gl. (1.43) festgelegten Normierungskoeffizienten lautet diese Maxwell-Verteilung:

$$f(\boldsymbol{c}) = f_M \equiv n\left(\frac{m}{2\pi\, kT}\right)^{\frac{3}{2}} e^{-\frac{mc^2}{2kT}}. \tag{1.45}$$

Die Verteilung (1.45) ist isotrop, d. h. es ist keine Geschwindigkeitsrichtung ausgezeichnet. Somit verschwinden Mittelwerte von ungeraden Potenzen der kartesischen Komponenten der Geschwindigkeit, insbesondere ist $\langle\boldsymbol{c}\rangle = 0$. Ferner gilt

$$\langle c_x^2\rangle = \langle c_y^2\rangle = \langle c_z^2\rangle = \frac{1}{3}\langle c^2\rangle = C_{th}^2. \tag{1.46}$$

Hier ist C_{th} die bereits in Gl. (1.11) definiert mittlere thermische Geschwindigkeit.

Wird der Mittelwert einer Größe Ψ berechnet, die nur vom Betrag c der Geschwindigkeit $\boldsymbol{c}$ abhängt, so kann nach Umformung von d^3c in Polarkoordinaten im Geschwindigkeitsraum die Integration über die Winkel ausgeführt werden, und man erhält

$$\langle\Psi\rangle = \left(\frac{m}{2\pi kT}\right)^{\frac{3}{2}} 4\pi \int_0^\infty \Psi(c)\, c^2\, e^{-\frac{mc^2}{2kT}}\, dc. \tag{1.47}$$

Für den mittleren Betrag der Geschwindigkeit $\langle c \rangle$ ergibt sich aus Gl. (1.47)

$$\langle c \rangle = 2\left(\frac{2}{\pi}\right)^{\frac{1}{2}} C_{\text{th}} \approx 1.60\, C_{\text{th}}. \tag{1.48}$$

Die Wurzel $\langle c^2 \rangle^{\frac{1}{2}}$ aus dem Quadrat der Geschwindigkeit ist $\sqrt{3}\, C_{\text{th}} \approx 1.73\, C_{\text{th}}$. Der häufigste Betrag c_{h} der Geschwindigkeit, wie er sich aus dem Maximum der Kurve $c^2 \exp(-mc^2/(2kT))$ ergibt, s. Abb. 1.13, ist $\sqrt{2}\, C_{\text{th}} \approx 1.41\, C_{\text{th}}$. In Abb. 1.13 sind die reduzierte Maxwell-Funktion

$$F_{\text{M}} = \frac{f_{\text{M}}}{n}\left(\frac{2kT}{m}\right)^{\frac{3}{2}} = \pi^{-\frac{3}{2}} \mathrm{e}^{-V^2} \quad \text{und} \quad F_{\text{M}} \frac{\pi mc^2}{2kT} = \pi^{-\frac{1}{2}} V^2 \mathrm{e}^{-V^2}$$

als Funktion der dimensionslosen Variablen $V = c(m/2kT)^{\frac{1}{2}}$ dargestellt.

Wird die Geschwindigkeitsverteilung als Funktion der Geschwindigkeit c selbst und nicht, wie in Abb. 1.13 in Einheiten von $(\mathrm{m}/(2kT))^{\frac{1}{2}}$ angegeben, so verschiebt sich das Maximum von $c^2 F_{\text{M}}$ mit wachsender Temperatur zu höheren Werten, und die Kurven werden breiter. Ein Beispiel ist in Abb. 1.18 zu finden. Zur direkten Messung der Geschwindigkeitsverteilung siehe [23]; indirekte Messungen sind über die Doppler-Verbreiterung einer Spektrallinie möglich.

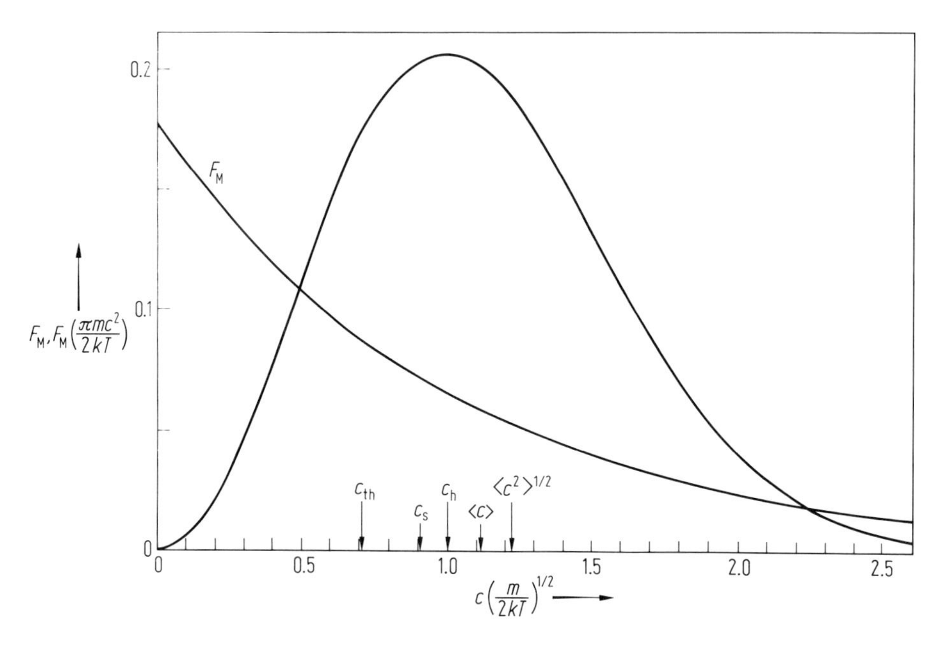

Abb. 1.13 Die reduzierte Maxwell-Funktion $F_{\text{M}} \sim \mathrm{e}^{-V^2}$ und $V^2 \mathrm{e}^{-V^2}$ in Abhängigkeit von der dimensionslosen Geschwindigkeit $V = c(\sqrt{2}\, C_{\text{th}})^{-1}$. Die Pfeile marken die Werte von C_{th}, $\langle c \rangle$, $\langle c^2 \rangle^{\frac{1}{2}}$ sowie die häufigste Geschwindigkeit c_{h} und die (adiabatische) Schallgeschwindigkeit c_{s}.

1.2.3 Innere Energie, spezifische Wärmekapazität

1.2.3.1 Thermodynamische Relationen und statistische Interpretation

Die innere Energie U eines Fluids aus N Teilchen ist im thermischen Gleichgewicht, ebenso wie der Druck p, durch das Volumen V und die Temperatur T festgelegt. Eine Relation der Form $U = U(V, T)$ wird als *kalorische Zustandsgleichunsg* bezeichnet. Die spezifische Wärmekapazität c_V ist durch

$$M\, c_V = \left(\frac{\partial U}{\partial T}\right)_V \tag{1.49}$$

definiert, wobei $M = Nm$ die gesamte Masse des Fluids ist; m ist die Masse eines Teilchens. Die molare Wärmekapazität c_{mV} bei konstantem Volumen ist das Produkt $m\, N_A\, c_V$; N_A ist die Avogadro-Konstante. Aufgrund thermodynamischer Relationen gilt [1, 3–6]

$$\left(\frac{\partial U}{\partial V}\right)_T = T\left(\frac{\partial p}{\partial T}\right)_V - p \tag{1.50}$$

Hängt der Realgasfaktor Z nicht von der Temperatur ab, so folgt aus Gl. (1.50)

$$\left(\frac{\partial U}{\partial V}\right)_T = 0, \tag{1.51}$$

d.h. die innere Energie und damit auch die spezifische Wärmekapazität sind unabhängig von der Teilchendichte n. Dieser Spezialfall liegt bei einem idealen Gas, aber auch bei einem (dichten) Modell-Fluid aus harten Kugeln vor.

Die innere Energie U kann in einfacher Weise als Mittelwert der gesamten (nicht mit einer makroskopischen Bewegung verknüpften) Energie eines N-Teilchen-Systems ausgedrückt werden. Sei $E^{(1)} = E^{\text{kin}} + E^{\text{rot}} + E^{\text{vib}}$, die mit der Translationsbewegung, der Rotation und der Vibration eines Moleküls verknüpfte Energie, und Φ_g die gesamte Wechselwirkungsenergie eines N-Teilchensystems, dann gilt

$$\begin{aligned} U &= N\langle E^{(1)}\rangle + U^{\text{pot}}, \\ U^{\text{pot}} &= \langle \Phi_g \rangle, \end{aligned} \tag{1.52}$$

wobei die Klammern $\langle \ldots \rangle$ Mittelwertbildungen bedeuten. Unter der Voraussetzung, daß die Reichweite der Wechselwirkung klein ist im Vergleich zur Gefäßdimension, ist auch U^{pot} und damit die gesamte innere Energie U proportional zu N bzw. M. Für die spezifische Wärmekapazität ergibt sich gemäß der Aufteilung (1.52)

$$c_V = c_V^{(1)}(T) + c_V^{\text{pot}}(n, T) \tag{1.53}$$

wobei $c_V^{(1)}$ der mit der Temperaturabhängigkeit der mittleren Einteilchen-Energie $\langle E \rangle$ verknüpfte Beitrag und c_V^{pot} der Potentialbeitrag zu c_V ist. Letzterer verschwindet für kleine Dichten n, d.h. im Fall des idealen Gases.

Aufgrund thermodynamischer Relationen gilt für die Differenz der spezifischen Wärmekapazitäten bei konstantem Druck (c_p) und konstantem Volumen (c_V):

$$c_p - c_V = \frac{T}{mn}\alpha^2 K = \frac{T}{mn}\frac{p^2\beta^2}{K} > 0, \tag{1.54}$$

wobei K, α, β die isotherme Kompressibilität, der Ausdehnungs- und der Spannungskoeffizient sind. Für ein ideales Gas erhält man wegen $K = p = nkT$, $\alpha = \beta = 1/T$,

$$c_p - c_V = \frac{k}{m}. \tag{1.55}$$

In Tab. 1.2 sind die spezifischen Wärmekapazitäten c_V, c_p und die Differenz $c_p - c_V$ dividiert durch k/m für Argon bei $T = 300$ K bei einigen Werten des Drucks aufgeführt. Für den kleinsten Druck 0.1 MPa (entspricht ungefähr 1 atm) werden die für ein ideales Gas geltenden Werte gefunden; bei höheren treten, wie erwartet, Abweichungen auf.

Tab. 1.2 Die spezifische Wärmekapazitäten c_V, c_p und die Differenz c_p-c_V dividiert durch k/m (k: Boltzmann-Konstante, m: Teilchenmasse) sowie das Verhältnis $\kappa = c_p/c_V$ für Argon bei $T = 300$ K und Drücke von 0.1 bis 100 MPa nach den in [19] aufgelisteten Daten.

Druck p/MPa	Dichte $n/10^{27}\,\mathrm{m}^{-3}$	$\frac{m}{k} c_V$	$\frac{m}{k} c_p$	$\frac{m}{k}(c_p - c_V)$	$\kappa = \frac{c_p}{c_V}$
0.1	0.0242	1.50	2.51	1.01	1.67
1.0	0.243	1.51	2.56	1.06	1.70
10	2.53	1.58	3.11	1.53	1.97
20	5.06	1.62	3.55	1.93	2.19
40	9.05	1.71	3.96	2.25	2.32
100	14.5	1.86	3.72	1.84	2.00

1.2.3.2 Spezifische Wärmekapazität idealer Gase

In klassischer Näherung ist, gemäß dem Äquipartitionstheorem, die mittlere Energie pro Teilchen gleich $\frac{1}{2}kT$ pro „angeregtem“ Freiheitsgrad. Somit erhält man für ein ideales Gas aus Teilchen mit f Freiheitsgraden die temperaturunabhängige spezifische Wärmekapazität

$$c_V = \frac{1}{2} f \frac{k}{m} \tag{1.56}$$

und für das Verhältnis

$$\kappa = \frac{c_p}{c_V} = 1 + \frac{2}{f}. \tag{1.57}$$

Für sphärische Teilchen, die nur die 3 Freiheitsgrade der Translation besitzen, erwartet man also $\kappa \approx 1.67$, für lineare Moleküle mit 2 zusätzlichen Freiheitsgraden für die Rotation erwartet man $\kappa = 1.4$. Für Moleküle mit 3 Freiheitsgraden für die Rotation bzw. zusätzlich angeregten Molekülschwingungen ergibt sich $\kappa \leqslant 1.33$. Siehe dazu

Tab. 1.3 Die spezifischen Wärmekapazitäten c_V und c_p dividiert durch k/m (k: Boltzmann-Konstante, m: Teilchenmasse) sowie das Verhältnis $\kappa = c_p/c_V$ bei $p = 0.1$ MPa, $T = 300$ K für die Gase Argon, para-Wasserstoff, Stickstoff, Sauerstoff, Methan, Ethylen, Ethan, Stickstofftrifluorid und Propan.

	Ar	p-H_2	N_2	O_2	CH_4	C_2H_4	C_2H_6	NF_3	C_3H_8
$\frac{m}{k} c_V$	1.50	2.60	2.50	2.55	3.31	4.19	5.35	5.45	7.97
$\frac{m}{k} c_p$	2.51	3.60	3.50	3.54	4.31	5.44	6.38	6.46	9.04
$\kappa = \frac{c_p}{c_V}$	1.67	1.38	1.40	1.39	1.30	1.30	1.19	1.19	1.13

Tab. 1.3, wo die spezifischen Wärmekapazitäten c_V und c_p dividiert durch k/m sowie das Verhältnis κ für einige Gase beim Druck $p = 0.1$ MPa und der Temperatur $T = 300$ K aufgeführt sind.

Die spezifische Wärmekapazität idealer Gase ist nur innerhalb gewisser Temperaturintervalle konstant und durch Gl. (1.55) gegeben. In Abb. 1.14 ist der mit der Rotationsbewegung verknüpfte Anteil c_V^{rot} der spezifischen Wärmekapazität c_V als Funktion von T für H_2 (und zwar für p-H_2, o-H_2 und n-H_2) dargestellt. Es ist

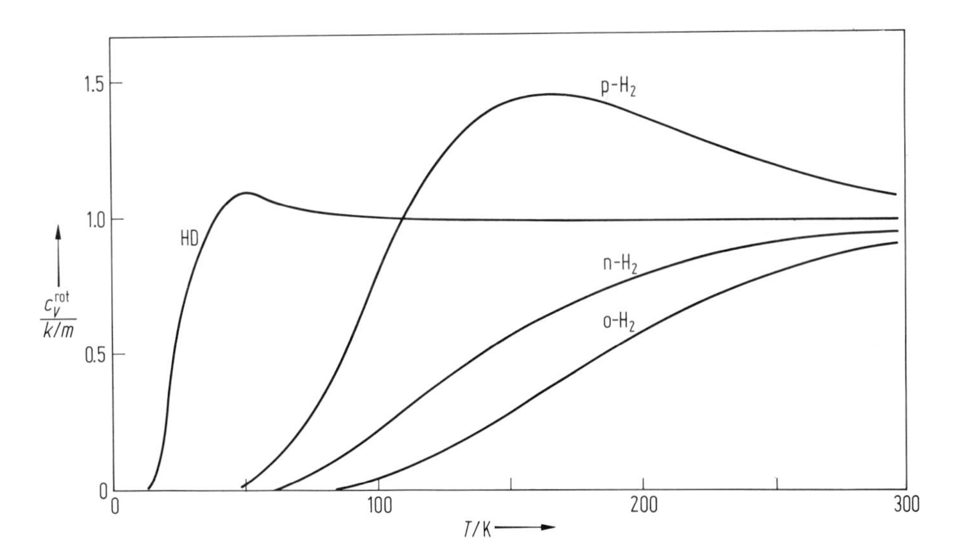

Abb. 1.14 Der Rotationsbeitrag c_V^{rot} zur spezifischen Wärmekapazität c_V dividiert durch k/m (k: Boltzmann-Konstante, m: Masse eines Teilchens) als Funktion der Temperatur T für die Wasserstoffgase p-H_2, o-H_2 und HD.

deutlich ein Anstieg von 0 auf k/m mit wachsender Temperatur festzustellen. Bei Temperaturen $T < 80$ K genügt die (mittlere) kinetische Energie zweier Teilchen i. a. eben nicht, um in einem Stoßprozeß wenigstens eines der beiden vom niedrigsten in den nächst höheren Rotationszustand anzuheben: $\langle E^{\text{rot}} \rangle = 0$ und $c_V^{\text{rot}} = 0$ (die Rotationen sind „eingefroren"). Bei höheren Temperaturen können die Rotationen angeregt werden: $\langle E^{\text{rot}} \rangle \neq 0$ und folglich ist $c_V^{\text{rot}} \neq 0$. Zum Vergleich ist in Abb. 1.14 auch die spezifische Wärmekapazität des (heteronuklearen) HD gezeigt (D steht für Deuterium). Da hier die Rotationszustände mit $j = 0, 1, 2, \ldots$ erlaubt sind, ist die Anregung der Rotation schon bei niedrigeren Temperaturen möglich.

1.2.4 Verteilung der Rotationszustände linearer Moleküle

In einem Gas aus N Molekülen, die die möglichen Rotationsenergien E_j mit $j = 0, 1, 2, \ldots$ (bzw. $j = 0, 2, 4$ oder $j = 1, 3, 5$ s. Abschn. 1.1.4.2) besitzen, ist im thermischen Gleichgewicht die Zahl der Teilchen N_j im j-ten Rotationszustand proportional zu $(2j+1)\mathrm{e}^{-E_j/kT}$. Die relative Häufigkeit $\nu_j = N_j/N$ ist durch

$$\nu_j = (2j+1)\mathrm{e}^{-E_j/kT}(Q^{\text{rot}})^{-1} \tag{1.58}$$

gegeben, wobei

$$Q^{\text{rot}} = \sum_l (2l+1)\mathrm{e}^{-E_l/kT} \tag{1.59}$$

die „rotatorische" Zustandssumme ist. Der Mittelwert der Rotationsenergie ist

$$\langle E^{\text{rot}} \rangle = \sum E_j \nu_j. \tag{1.60}$$

Daraus kann der rotatorische Beitrag zur spezifischen Wärme berechnet werden, wie in Abb. 1.14 dargestellt.

Als Beispiele für die Besetzung der Rotationszustände seien hier die Wasserstoff-Isotope H_2 und HD vorgestellt; Abb. 1.15 gibt die Rotationsenergien dividiert durch

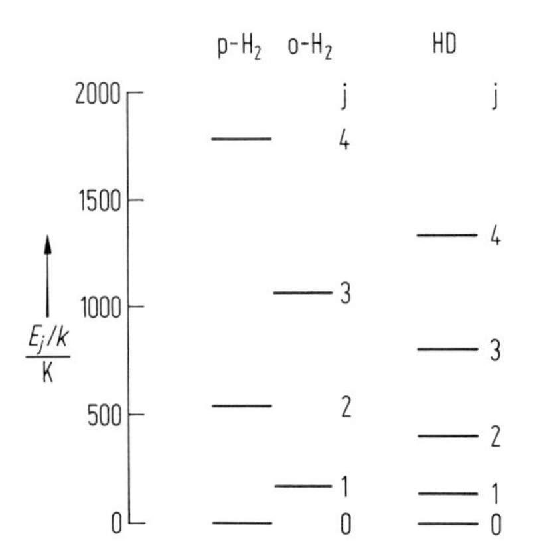

Abb. 1.15 Die Rotationsenergien E_j dividiert durch die Boltzmann-Konstante k für $j = 1, 2, 3, 4$ der Wasserstoffgase p-H_2, o-H_2 und HD.

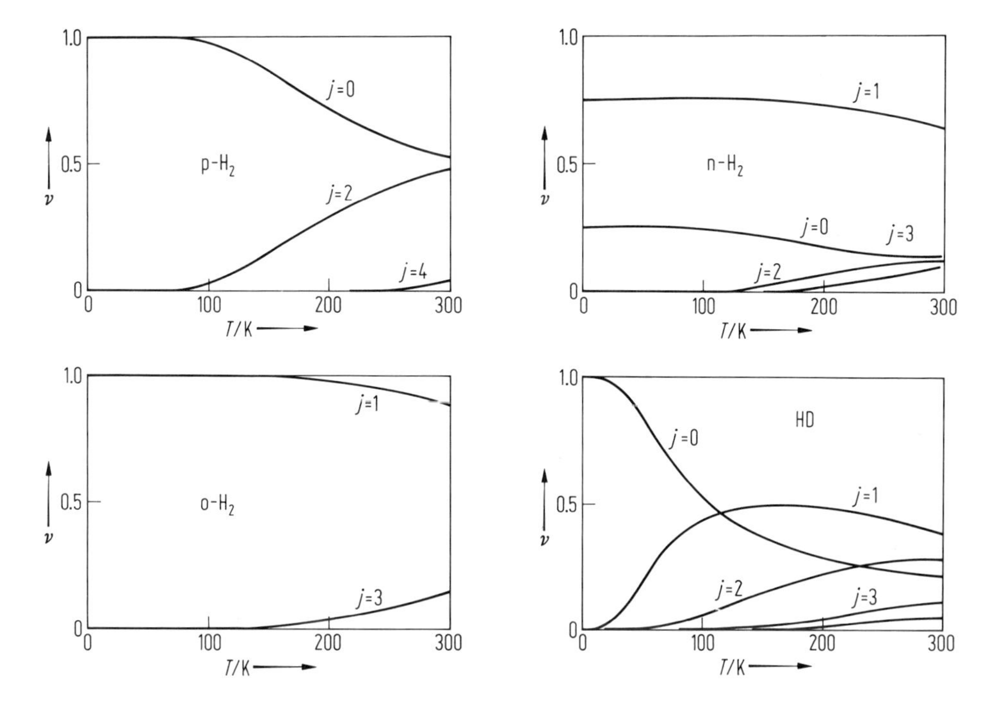

Abb. 1.16 Die relativen Besetzungszahlen ν_j der niedrigsten Rotationsniveaus als Funktionen der Temperatur für p-H_2, o-H_2, n-H_2 und HD.

k in Kelvin für p-H_2, o-H_2 und HD an. Die gemäß Gl. (1.58) daraus resultierenden relativen Besetzungszahlen der einzelnen Rotationszustände für p-H_2, o-H_2, n-H_2 und HD sind in Abb. 1.16 gezeigt.

Die Besetzungen der Rotationsniveaus können experimentell z.B. durch Lichtstreuung festgestellt werden, und zwar aus der Intensität der Rotations-Raman-Linien.

1.2.5 Schallgeschwindigkeit

Die Schallgeschwindigkeit c_s eines Fluids ist über die Relation

$$c_s^2 = \kappa \frac{K}{nm} \tag{1.61}$$

mit dem in Gl. (1.30) definierten (isothermen) Kompressionsmodul K verknüpft; der Faktor $\kappa = c_p/c_V$ berücksichtigt, daß bei der Schallausbreitung die Kompression (in guter Näherung) nicht isotherm, sondern adiabatisch erfolgt.

Für ideale Gase erhält man wegen $K = -nkT$

$$c_s = (\kappa)^{\frac{1}{2}} C_{\text{th}}, \tag{1.62}$$

wobei C_{th} die thermische Geschwindigkeit Gl. (1.11) ist.

Tab. 1.4 Die Schallgeschwindigkeit c_s von Argon bei $T = 300$ K für Drücke von 0.1 MPa bis 100 MPa entnommen aus thermodynamischen Daten in [19].

p/MPa	0.1	1.0	10	20	40	100
c_s/ms^{-1}	322.7	323.5	338.8	372.3	474.4	733.6

In Tab. 1.4 sind die aus thermodynamischen Daten gemäß Gl. (1.61) in [19] ermittelte Schallgeschwindigkeit für Argon bei $T = 300$ K für einige Drücke von 0.1 MPa bis 100 MPa angegeben. Im vorliegenden Fall ist $C_{\mathrm{th}} = 249.9\ \mathrm{ms}^{-1}$, und wegen $\kappa = 5/3$ gilt für das ideale Gas $c_s = 322.6\ \mathrm{ms}^{-1}$. Für kleine Drücke liegt c_s nahe bei diesem Wert. Für hohe Drücke ($\geqslant 10$ MPa) wächst c_s beträchtlich an, da das stark komprimierte Gas wesentlich weniger kompressibel ist als ein ideales Gas.

1.2.6 Entartete Gase

1.2.6.1 Theoretisches zur Quantenstatistik und zur Bose-Einstein-Kondensation

Teilchen, deren Spin (innerer Drehimpuls) ein ganzzahliges Vielfaches von $\hbar$ ist, nennt man **Bosonen**, solche mit halbzahligen Vielfachen heißen **Fermionen**, da diese Teilchen der Bose- bzw. der Fermi-Statistik genügen, die berücksichtigen, daß die Teilchen ununterscheidbar sind. Die Boltzmann-Statistik, die der Maxwellschen Geschwindigkeitsverteilung Gl. (1.45) zugrunde liegt, ergibt sich als „klassischer Grenzfall" sowohl für Fermionen als auch für Bosonen. Dieser klassische Grenzfall liegt vor, wenn die mittlere Zahl der Teilchen in einem Würfel mit der Kantenlänge der thermischen De-Broglie-Wellenlänge λ_{th}, s. Gl. (1.19), sehr klein ist, genauer, wenn gilt

$$\alpha_{\mathrm{E}} = n\left(\frac{\lambda_{\mathrm{th}}}{2\pi}\right)^3 \ll 1. \tag{1.63}$$

In diesem Fall ist der mittlere Abstand $a = n^{-\frac{1}{3}}$ zwischen zwei Teilchen sehr groß im Vergleich zu λ_{th}. Wegen $\lambda_{\mathrm{th}} \sim C_{\mathrm{th}}{}^{-1} \sim (m/T)^{\frac{1}{2}}$ ist die Bedingung (1.63) umso besser erfüllt, je kleiner die Dichte n, je höher die Temperatur T und je größer die Masse m eines Teilchens ist. Wenn die Ungleichung (1.63) nicht mehr erfüllt ist, aber immer noch ein Gas vorliegt, spricht man von einem *entarteten Gas.*

Der in Gl. (1.63) definierte *Entartungsparameter* α_{E} kann in der Form

$$\alpha_{\mathrm{E}} = n/n_0,\ n_0 = (mkT)^{\frac{3}{2}}\hbar^{-3} \tag{1.64}$$

geschrieben werden, wobei n_0 eine von T abhängige Referenzdichte ist. Bei $T = 1$ K ist z. B. $n_0 \approx 3 \cdot 10^{27}\ \mathrm{m}^{-3}$ für atomaren Wasserstoff, $8 \cdot 10^{27}\ \mathrm{m}^{-3}$ für Helium und $760 \cdot 10^{27}\ \mathrm{m}^{-3}$ für Argon; bei $T = 100$ K bzw. 0.01 K sind diese Werte mit den Faktoren 10^3 bzw. 10^{-3} zu multiplizieren. Die Dichte von He und von Ar am kritischen Punkt ist $n_c \approx 10.42 \cdot 10^{27}\ \mathrm{m}^{-3}$ bzw. $n_c \approx 8.08 \cdot 10^{27}\ \mathrm{m}^{-3}$. Für praktisch alle üblichen Gase sind die Effekte der Quantenstatistik zu vernachlässigen, da diese erst bei Temperaturen und Dichten bedeutsam werden, wo diese Substanzen flüssig oder gar fest sind. Eine Ausnahme ist der atomare Wasserstoff; s. Abschn. 1.2.6.2.

Als theoretisches Konzept finden die Quantengase vielfältige Anwendung zur Beschreibung von (schwachwechselwirkenden) Vielteilchensystemen. So können z. B. die Leitungselektronen in Metallen oder die Neutronen in Neutronensternen als Fermi-Gas behandelt werden. Die Cooper-Paare in Supraleitern, die Exzitonen in Halbleitern, die Photonen einer Hohlraumstrahlung und die Phononen eines Festkörpers sind Beispiele für Bose-Gase. Bei diesen Boson bleibt aber – im Gegensatz zu einem echten Gas – die Zahl der (Pseudo-)Teilchen i. a. nicht erhalten.

Welches sind die typischen Effekte der Quantenstatistik? Für ein ideales, „schwach entartetes" Gas ist die thermische Zustandsgleichung [4]

$$p = nkT\left(1 \pm \frac{\pi^{\frac{3}{2}}}{2g}\alpha_E\right) \tag{1.65}$$

gegeben, wobei α_E gemäß Gl. (1.63) beziehungsweise Gl. (1.64) bestimmt ist. Die Größe $g = 2S + 1$ ist die Zahl der magnetischen Unterzustände eines Teilchens mit Spin $\hbar S$. Das Pluszeichen in Gl. (1.65) gilt für Fermionen $S = 1/2, 3/2, \ldots$), das Minuszeichen für Bosonen ($S = 0, 1, \ldots$). Wegen $\alpha_E \sim n$ kann die Quantenkorrektur durch den quantenstatistischen Virialkoeffizienten

$$B = \pm \pi^{\frac{3}{2}}(2gn_0)^{-1} \tag{1.66}$$

charakterisiert werden. Die Fermionen verhalten sich also so als würden sie eine repulsive Wechselwirkung aufeinander ausüben; wegen $B \geqq 0$ ist der Druck erhöht im Vergleich zum idealen Gasdruck. Die Bosonen dagegen verhalten sich so als würden sie eine effektive attraktive Wechselwirkung besitzen ($B < 0$).

Für eine stärkere Entartung erwartet man für das ideale Bose Gas, genauer bei Temperaturen $T < T_{BE}$, das Auftreten der *Bose-Einstein-Kondensation*, bei der die Teilchen in den Zustand mit kinetischer Energie gleich Null „kondensieren". Die charakteristische Temperatur T_{BE} ist durch

$$kT_{BE} = 3.31\,\frac{h^2}{g^{\frac{2}{3}}m}\,n^{\frac{2}{3}} \tag{1.67}$$

festgelegt. Der Bruchteil v der Teilchen in diesem Zustand ist $v = 1 - (T/T_{BE})^{\frac{3}{2}}$. Für $T < T_{BE}$ ist der Druck p proportional zu $T^{\frac{5}{2}}$ und hängt nicht mehr von der Dichte n ab. Die Teilchen im Zustand mit Energie Null besitzen keinen Impuls und geben keinen Beitrag zum Druck. Da für He (hier ist $g = 1$) die Temperatur T_{BE} nur geringfügig höher ist als die Temperatur bei der Superfluidität auftritt (s. Kap. 4), ist es naheliegend, diesen Phasenübergang mit der Bose-Einstein-Kondensation zu identifizieren. Tatsächlich sind die hier erwähnten Ergebnisse der Theorie aber nicht ohne weiteres auf das flüssige Helium anwendbar, da dort ja zusätzlich die Wechselwirkung der Atome untereinander zu berücksichtigen ist.

Bei dem in den letzten Jahren intensiv experimentell untersuchten (spin-)polarisierten atomaren Wasserstoff jedoch ist die Wechselwirkung so schwach, daß keine Verflüssigung auftritt bevor die Temperatur T_{BE} erreicht werden kann.

1.2.6.2 Atomarer Wasserstoff

Unter üblichen Laborbedingungen kommt Wasserstoff nur in molekularer Form als H_2 (beziehungsweise HD oder D_2) vor. Atomarer Wasserstoff reagiert gemäß $H + H + A = H_2 + A$, wobei eine beträchtliche Bindungsenergie ε frei wird ($\varepsilon/k \approx 52\,000$ K). Um sowohl Energie- als auch Impulserhaltung erfüllen zu können, ist zum Ablauf der Reaktion ein dritter Stoßpartner „A" notwendig; dies kann irgendein Atom oder Molekül des Gases oder auch die Wand eines Gefäßes sein. In interstellaren Wolken ist H „stabil", da dort praktisch nur Zweierstöße stattfinden.

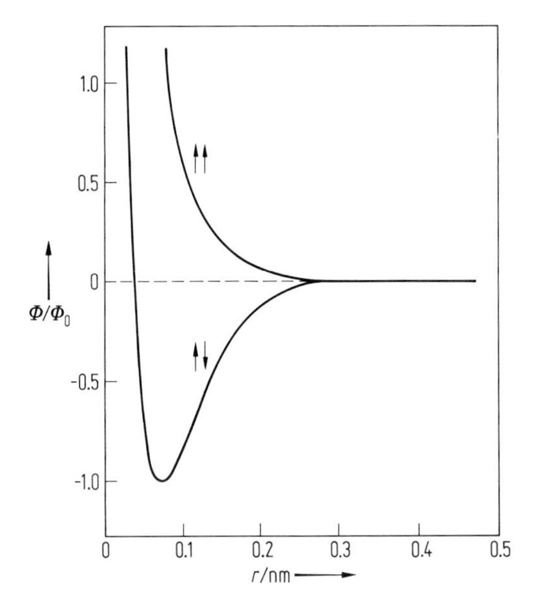

Abb. 1.17 Qualitativer Verlauf der Potentiale Φ (dividiert durch die Potentialtiefe Φ_0 des bindenden Zustandes) für die H-H-Wechselwirkung mit parallelen (↑↑) und antiparallelen (↑↓) Spins der Elektronen.

Wie in Abb. 1.17 gezeigt, ist die H-H-Wechselwirkung stark abhängig von den Spins der Elektronen, die entweder zu Null oder Eins (in Einheiten von $\hbar$) gepaart werden können. Man spricht in diesen Fällen vom Singulett- bzw. vom Triplettzustand und benutzt die Symbole ↑↓ bzw. ↑↑ (oder ↓↓), um die beiden Zustände zu unterscheiden. Das Potentialminimum im Singulettzustand entspricht ungefähr 55100 K, die Bindung zu H_2 ist nur in diesem Zustand möglich. Im Triplettzustand gibt es zwar ein sehr schwaches Energieminimum (entspricht ungefähr 6.5 K); wegen der starken Nullpunktsbewegung existiert hier aber kein gebundener Zustand. Dieser Umstand kann ausgenutzt werden, um atomaren Wasserstoff im Labor zu „stabilisieren" [23], d. h. so lange (typisch einige Minuten) im metastabilen atomaren Zustand zu halten, und damit sinnvoll experimentieren zu können.

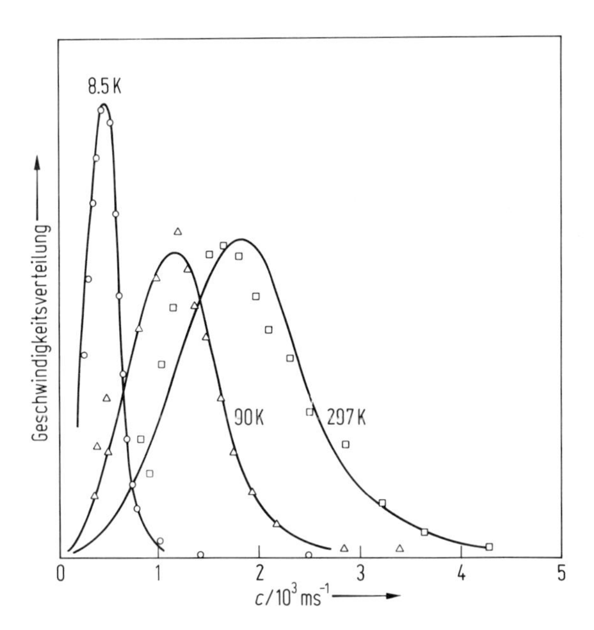

Abb. 1.18 Die für ein Gas aus atomarem Wasserstoff gemessene Geschwindigkeitsverteilung bei den Temperaturen 8.5 K; 90 K und 297 K. Die ausgezogenen Kurven entsprechen der Maxwell-Verteilung unter Berücksichtigung der apparativen Auflösung [23].

Dazu erzeugt man in einer Molekularstrahlapparatur *spinpolarisierten Wasserstoff*, d.h. H-Atome mit parallelem Spin, hält die Orientierung durch ein starkes *B*-Feld fest und „füllt" diese in ein Gefäß, dessen Wände mit flüssigem H_2 oder He bedeckt sind. In den ersten erfolgreichen Experimenten wurden Dichten von etwa $3 \cdot 10^{19}\,\mathrm{m}^{-3}$ erreicht. Die Messung der Geschwindigkeitsverteilung zeigte, daß die H-Atome die Temperatur der Wand annehmen, s. Abb. 1.18. Die bei der (allmählichen) Rekombination freiwerdende Bindungswärme kann zum Nachweis dafür herangezogen werden, daß tatsächlich H-Atome vorlagen.

Bei der genaueren Analyse der Experimente ist auch der Kernspin zu berücksichtigen. Zum einen bewirkt der Kernspin, daß H ein Boson ist. Bei hinreichend niedrigen Temperaturen und hohen Dichten ist also Bose-Einstein-Kondensation zu erwarten. Das atomare D (Deuterium), welches mit ähnlichen Methoden in der Gasphase stabilisiert werden kann, ist dagegen ein Fermion. Zum anderen ist wegen der Hyperfeinwechselwirkung auch die Kopplung zwischen Kern- und Elektronenspin zu berücksichtigen. Am stabilsten, d.h. am langsamsten rekombinierend, ist das *doppeltpolarisierte* H-Atom, bei dem Kern- und Elektronenspins parallel zueinander sind [24].

Inzwischen ist es gelungen, bei Temperaturen von etwas unterhalb 1 K doppeltpolarisiertes H als Gasblase (mit Abmessungen im Bereich von einigen mm) in Helium einzuschließen und bis Dichten von etwa $5 \cdot 10^{24}\,\mathrm{m}^{-3}$ zu komprimieren [25]. Dieser Wert liegt schon nahe bei der für die Bose-Einstein-Kondensation bei 0.1 K erforderlichen Dichte von etwa $1.6 \cdot 10^{25}\,\mathrm{m}^{-3}$. Da der molekulare Wasserstoff bei diesen Temperaturen flüssig wird, ist aus der Abnahme des Volumens der Blase aus atomarem Wasserstoff die Rekombinationsrate abzulesen. Daraus können Informationen über die der Rekombination vorausgehenden Spinumklapp-Prozesse gewonnen werden [26].

1.3 Transportphänomene

Die Transportkoeffizienten wie Viskosität und Wärmeleitfähigkeit bestimmen wesentlich das Verhalten eines Fluids im Nicht-Gleichgewicht. Diese Materialkoeffizienten werden in phänomenologischen Ansätzen für den Reibungsdruck und den Wärmestrom eingeführt, welche wiederum in den „lokalen Erhaltungssätzen" für Impuls und Energie auftreten. Die Erhaltungsgleichungen, ergänzt durch die erwähnten phänomenologischen Ansätze, führen auf die Navier-Stokes-Gleichungen und ähnliche weitere Gleichungen, die die Grundlage der Thermo-Hydrodynamik sind. Hier sollen nicht die Anwendungen jener Gleichungen studiert werden, sondern die dort vorkommenden Materialeigenschaften, nämlich die Transportkoeffizienten, speziell für Gase, behandelt werden. Die Formulierung der lokalen Erhaltungssätze ist aber trotzdem angezeigt, um die den üblichen hydrodynamischen Ansätzen zu Grunde liegenden Näherungen würdigen zu können.

1.3.1 Lokale Erhaltungssätze und phänomenologische Ansätze

1.3.1.1 Lokale Variable, Kontinuitätsgleichung

Zur Beschreibung eines (einfachen) Fluids, d.h. eines Gases oder einer Flüssigkeit bestehend aus sphärischen Teilchen im Nicht-Gleichgewicht, werden die Teilchendichte n, die Strömungsgeschwindigkeit v_μ, die spezifische Energie u, der Drucktensor $p_{\mu\nu}$ und der Wärmestrom q_μ verwendet. Die Indizes μ, ν, … (z.B. $\mu = 1, 2, 3$) weisen auf kartesische Komponenten von Vektoren und Tensoren [27] hin, s. Abb. 1.19. Die

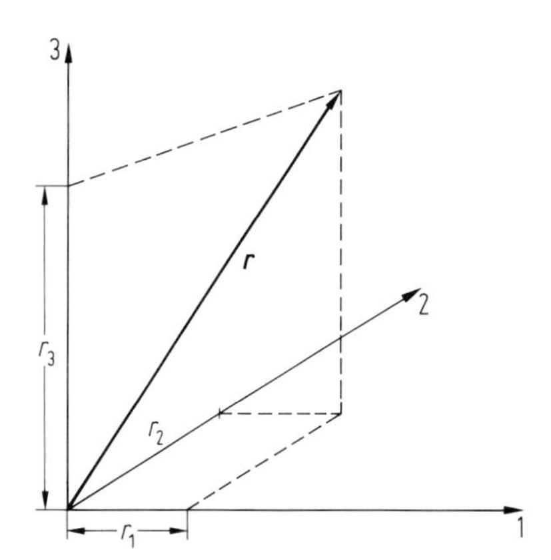

Abb. 1.19 Kartesisches Koordinatensystem, Komponenten des Ortsvektors $\boldsymbol{r}$.

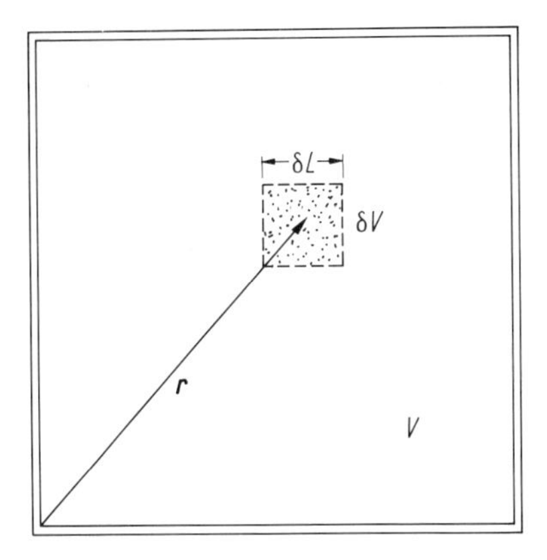

Abb. 1.20 Offenes Volumenelement $\delta V = (\delta L)^3$ am Ort $\boldsymbol{r}$ im Volumen V.

genannten *makroskopischen Variablen* sind Funktionen der Zeit t und hängen von der Position $\boldsymbol{r}$ des betrachteten Volumenelementes ab. Es wird (häufig stillschweigend) angenommen, daß die Position $\boldsymbol{r}$ nicht genauer festgelegt wird als eine minimale Länge δL und daß sich im Volumen $\delta V = (\delta L)^3$ noch sehr viele Teilchen befinden. Wie in Abb. 1.20 angedeutet, stellt man sich ein Fluid in einem Volumen V als in (offene) Teilvolumina δV unterteilt vor. Die Dichte am Ort $\boldsymbol{r}$ ist dann $n = \delta N/\delta V$, wobei δN die Zahl der Teilchen in jedem Teilvolumen ist, dessen Mitte die Ortskoordinate $\boldsymbol{r}$ hat.

Die *Strömungsgeschwindigkeit* $\boldsymbol{v} = \boldsymbol{v}(t, \boldsymbol{r})$ ist der Mittelwert der Geschwindigkeiten $\boldsymbol{c}$ der Teilchen im Volumen δV:

$$\boldsymbol{v} = \langle \boldsymbol{c} \rangle. \tag{1.68}$$

Die Größe $\boldsymbol{v}$ kann auch über die Kontinuitätsgleichung eingeführt werden, die die lokale Erhaltung der Teilchenzahl ausdrückt:

$$\frac{\partial n}{\partial t} + \frac{\partial}{\partial r_\mu}(n v_\mu) = 0. \tag{1.69}$$

Hier und im folgenden ist über doppelt vorkommende griechische Indizes stets zu summieren (d.h. $a_\mu b_\mu$ entspricht $a_1 b_1 + a_2 b_2 + a_3 b_3$, wobei a_μ und b_μ die Komponenten der Vektoren $\boldsymbol{a}$ und $\boldsymbol{b}$ sind). Gl. (1.69) besagt: In einem Volumenelement ändert sich die Zahl der Teilchen nur durch Ein- oder Ausströmen; eine Vernichtung oder Erzeugung von Teilchen findet nicht statt. Das in der „Divergenz“ vorkommende Produkt $n\boldsymbol{v}$ ist die *Stromdichte*.

Anstelle der Teilchendichte n wird auch häufig die Massendichte

$$\varrho = m n \tag{1.70}$$

als Variable verwendet; m ist die Masse eines Teilchens. Mit Hilfe der „substantiellen Ableitung“

$$\frac{\mathrm{d}}{\mathrm{d}t} = \frac{\partial}{\partial t} + v_\mu \frac{\partial}{\partial r_\mu}, \tag{1.71}$$

die die zeitliche Veränderung für einen mit der Geschwindigkeit $\boldsymbol{v}$ „mitschwimmenden" Beobachter ausdrückt, lautet die Kontinuitätsgleichung

$$\frac{\mathrm{d}n}{\mathrm{d}t} + n\frac{\partial}{\partial r_\mu} v_\mu = 0. \tag{1.72}$$

Bei einer inkompressiblen Strömung ist $\mathrm{d}n/\mathrm{d}t = 0$; wegen Gl. (1.72) verschwindet in diesem Fall die Divergenz der Geschwindigkeit.

Eine lokale Temperatur $T = T(t,\boldsymbol{r})$ kann in Analogie zum thermischen Gleichgewicht über die mittlere kinetische Energie (pro Teilchen) innerhalb des Volumens δV definiert werden. Dabei ist jedoch zu berücksichtigen, daß nur die Differenz

$$C_\mu = c_\mu - v_\mu \tag{1.73}$$

zwischen der Teilchengeschwindigkeit $\boldsymbol{c}$ und der (lokalen) Strömungsgeschwindigkeit $\boldsymbol{v}$ als thermische Bewegung aufzufassen ist:

$$\frac{3}{2}k\,T(t,\boldsymbol{r}) = \frac{1}{2}\mathrm{m}\,\langle C_\mu C_\mu \rangle = \frac{1}{2}m(\langle c_\mu c_\mu \rangle - \langle c_\mu \rangle \langle c_\mu \rangle). \tag{1.74}$$

Die lokale innere Energie wird (häufig) durch die *spezifische innere Energie* u, d.h. durch die auf die Masse bezogene innere Energie beschrieben. Die innere Energie U eines Fluids im Volumen V ergibt sich aus u gemäß $U = \int \varrho u \,\mathrm{d}^3 r$ durch Integration über das Volumen. Die „lokale" Funktion $u = u(t, \boldsymbol{r})$ kann festgelegt werden, indem man die gleiche kalorische Zustandsgleichung wie im Gleichgewicht benutzt, dort aber die lokale Dichte und die Temperatur einsetzt.

1.3.1.2 Bewegungsgleichung

Die Bewegungsgleichung, d.h. die lokale Erhaltungsgleichung für den Impuls eines Fluids lautet

$$\frac{\partial}{\partial t}(\varrho v_\mu) + \frac{\partial}{\partial r_\nu}(\varrho v_\nu v_\mu) + \frac{\partial}{\partial r_\nu} p_{\nu\mu} = \varrho b_\mu. \tag{1.75}$$

Die Größe ϱv_μ ist die Dichte der μ-Komponente ($\mu = 1,2,3$) des Impulses; b_μ ist die Komponente einer Beschleunigung, erzeugt durch ein äußeres Kraftfeld. Die beiden unter dem Differential $\partial/\partial r_\nu$ auftretenden Terme beschreiben den Strom in ν-Richtung ($\nu = 1,2,3$), und zwar ist $v_\nu \varrho v_\mu$ der konvektive Anteil und der verbleibende Rest in Gl. (1.75) definiert den Drucktensor $p_{\nu\mu}$. Die auf eine Fläche mit der Normalen e_ν wirkende Kraft ist proportional zu $e_\nu p_{\nu\mu}$; i.a. existiert sowohl eine Normal- als auch eine Tangentialkomponente dieser Kraft (Kraft parallel bzw. senkrecht zur Normalen $\boldsymbol{e}$), s. Abb. 1.21.

Für Teilchen ohne inneren Drehimpuls (Spin, Drehimpuls rotierender Teilchen) folgt aus der lokalen Drehimpulserhaltung $p_{\nu\mu} = p_{\mu\nu}$, d.h. der Drucktensor ist symmetrisch.

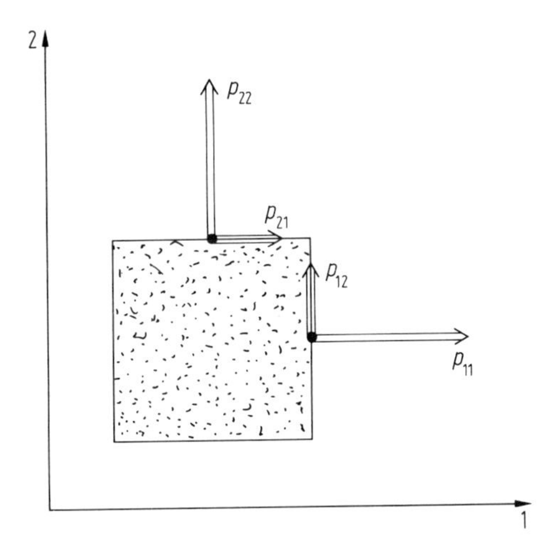

Abb. 1.21 Die Richtungen der durch die Komponenten p_{11} und p_{22} bzw. p_{12} und p_{21} von einem Fluid auf Wandflächen (mit Normalenrichtungen parallel zu den 1- und 2-Richtungen) ausgeübten Normal- bzw. Tangentialkräfte.

Mit Hilfe der Relationen (1.71, 1.72) kann die Bewegungsgleichung (1.75) auch in der Form

$$\varrho \frac{\mathrm{d}}{\mathrm{d}t} v_\mu + \frac{\partial}{\partial r_\nu} p_{\nu\mu} = \varrho b_\mu \tag{1.76}$$

geschrieben werden.

Im (lokalen) thermischen Gleichgewicht gilt

$$p_{\nu\mu} = p\delta_{\mu\nu}, \tag{1.77}$$

wobei

$$p = p(n, T)$$

der durch die thermische Zustandsgleichung festgelegte (hydrostatische) Gleichgewichtsdruck ist. Der Einheitstensor $\delta_{\mu\nu}(\delta_{\mu\nu} = 1$, wenn $\mu = \nu$ und $\delta_{\mu\nu} = 0$ sonst) drückt aus, daß nur Druckkräfte auftreten, die senkrecht auf eine Fläche wirken und keine Raumrichtung ausgezeichnet ist (Isotropie).

Im stationären Fall, d.h. für $(\mathrm{d}/\mathrm{d}t)v_\mu = 0$, reduziert sich im lokalen thermischen Gleichgewicht Gl. (1.76) auf $\partial p/\partial r_\mu = \varrho b_\mu$. Für das isotherme ideale Gas ($p = nkT$, $T = \text{const.}$) erhält man daraus die *barometrische Höhenformel*

$$n(\boldsymbol{r}) = n(0)\,\mathrm{e}^{-\frac{\phi(\boldsymbol{r})}{kT}}, \tag{1.78}$$

wobei ϕ das mit der äußeren Kraft gemäß $mb_\mu = -\partial\phi/\partial r_\mu$ verknüpfte Potential ist und $\phi(\boldsymbol{r} = 0) = 0$ angenommen wurde.

Für eine kleine Abweichung $\delta n = \delta n(t, \boldsymbol{r})$ von der konstanten mittleren Teilchendichte führen, bei Abwesenheit eines äußeren Feldes ($b_\mu = 0$), die Gleichungen (1.72) und (1.76) mit (1.77) auf eine Wellengleichung für δn. Daraus kann die Geschwindigkeit c_s der (ungedämpften) Schallwelle abgelesen werden; c_s^2 wird durch die Änderung des Drucks mit der Dichte, also durch den Kompressionsmodul bestimmt und man erhält Gl. (1.61) für adiabatische Dichteänderungen.

Im Nicht-Gleichgewicht enthält der volle Drucktensor auch einen bisher noch nicht festgelegten Reibungsanteil $\pi_{\mu\nu} = p_{\mu\nu} - p\delta_{\mu\nu}$. In „hydrodynamischer Näherung“ (deren Gültigkeitsgrenzen später noch diskutiert werden) macht man den Ansatz

$$\pi_{\mu\nu} = p_{\mu\nu} - p\delta_{\mu\nu} = -\eta_V \frac{\partial v_\lambda}{\partial r_\lambda} \delta_{\mu\nu} - 2\eta \overleftrightarrow{\frac{\partial v_\mu}{\partial r_\nu}} \tag{1.79}$$

mit zwei Materialkoeffizienten (*Transportkoeffizienten*): die *Volumviskosität* η_V und die *Scherviskosität* η. Wenn von der Viskosität schlechthin gesprochen wird, meint man meistens die letztere. Das Symbol $\leftrightarrow$ weist auf den symmetrischen und spurlosen Anteil eines Tensors hin [27], z. B.

$$\overleftrightarrow{a_\mu b_\nu} = \frac{1}{2}(a_\mu b_\nu + a_\nu b_\mu) - \frac{1}{3} a_\lambda b_\lambda \delta_{\mu\nu} \tag{1.80}$$

für den aus den Komponenten zweier Vektoren $\boldsymbol{a}$ und $\boldsymbol{b}$ gebildeten Tensor 2. Stufe. Der symmetrisch spurlose Anteil des Tensors 2. Stufe charakterisiert die Abweichung vom „isotropen Anteil“ $\sim \delta_{\mu\nu}$ bei dem keine Richtung ausgezeichnet ist. Bei einer allseitig isotropen Expansion mit $\boldsymbol{v} \sim \boldsymbol{r}$ verschwindet wegen $\overleftrightarrow{\partial v_\mu / \partial r_\mu} = 0$ in Gl. (1.79) das Glied mit der Scherviskosität η. Bei einer reinen Scherströmung ohne Volumenänderung andererseits, gilt $\partial v_\lambda / \partial r_\lambda = 0$ und das Glied mit η_V verschwindet in Gl. (1.79). Die Zerlegung des (symmetrischen Tensors) $\pi_{\mu\nu}$ in einen isotropen Anteil $\delta_{\mu\nu}$ und einen anisotropen (symmetrisch spurlosen) Anteil $\overleftrightarrow{\pi_{\mu\nu}}$, wie in Gl. (1.79) geschehen, ist also nicht nur aus mathematischen Überlegungen heraus geboten, sondern durchaus physikalisch bedeutsam; es treten in Gl. (1.79) ja auch zwei verschiedene Materialkoeffizienten, nämlich η_V und η auf.

Einsetzen von Gl. (1.79) in die Bewegungsgleichung (1.76) (mit $b_\mu = 0$) führt auf die **Navier-Stokes-Gleichungen**

$$\varrho \frac{\delta v_\mu}{dt} + \frac{\partial p}{\partial r_\mu} = \eta \Delta v_\mu + \left(\eta_V + \frac{1}{3}\eta\right) \frac{\partial}{\partial r_\mu} \frac{\partial v_\nu}{\partial r_\nu} \tag{1.81}$$

mit dem Laplace-Operator

$$\Delta = \frac{\partial^2}{\partial r_\nu \partial r_\nu}.$$

Die Größe $\eta/\varrho = \eta/(mn)$ heißt *kinematische Zähigkeit*.

Das Abklingen einer Strömung in einem Gefäß mit der linearen Abmessung (quer zur Strömungsrichtung) L ist größenordnungsmäßig von der Dauer

$$t_L = \varrho L^2/\eta.$$

Der übliche **Newtonsche Reibungsansatz**

$$p_{21} = -\eta \frac{\partial v_1}{\partial r_2} \quad \text{oder } p_{yx} = -\eta \frac{\partial v_x}{\partial y} \tag{1.82}$$

folgt aus Gl. (1.79), wenn die Geschwindigkeit $\mathfrak{v}$ in 1-Richtung (x-Achse) nur von der 2-Richtung (y-Achse) abhängt. Der negative Tangentialdruck $-p_{21}$ wird auch *Schubspannung* genannt.

1.3.1.3 Energieerhaltung, Entropiebilanz

Der lokale Energieerhaltungssatz besagt, daß die Änderung der Energie pro Zeit und pro Volumen $\varrho\left(\frac{1}{2}v^2 + u\right)$ durch die Divergenz eines Energiestromes dargestellt werden kann. Dieser Strom enthält einen konvektiven Anteil $\varrho\left(\frac{1}{2}v^2 + u\right)v_\mu$, einen Anteil hervorgerufen durch die Leistung des Drucks am Volumen $p_{\mu\nu}v_\nu$ und einen Rest, den Wärmestrom q_μ. Mittels der Kontinuitätsgleichung und der Bewegungsgleichung erhält man so eine Änderungsgleichung für die spezifische innere Energie u:

$$\varrho\frac{\mathrm{d}u}{\mathrm{d}t} + \frac{\partial}{\partial r_\mu}q_\mu = -p_{\mu\nu}\frac{\partial v_\nu}{\partial r_\mu}. \tag{1.83}$$

Wird die *spezifische Enthalpie* h gemäß

$$h = u + p\varrho^{-1}$$

eingeführt und

$$\frac{\mathrm{d}h}{\mathrm{d}t} = c_p\frac{\mathrm{d}T}{\mathrm{d}t}$$

mit der spezifischen Wärmekapazität c_p bei konstantem Druck berücksichtigt, so erhält man folgende Änderungsgleichung für die Temperatur:

$$c_p\frac{\mathrm{d}T}{\mathrm{d}t} - \frac{\mathrm{d}p}{\mathrm{d}t} + \frac{\partial}{\partial r_\mu}q_\mu = -\pi_{\mu\nu}\frac{\partial v_\mu}{\partial r_\nu}. \tag{1.84}$$

Auf der rechten Seite von Gl. (1.84) tritt nur noch der Reibungsdruck $\pi_{\mu\nu}$ auf. Gemäß dem Ansatz Gl. (1.79) ist die erzeugte Reibungswärme positiv (d.h. führt zu einer Temperaturerhöhung), wenn die Viskositätskoeffizienten η_V und η positiv sind.

Für den bis jetzt noch unbestimmten Wärmestrom wird in hydrodynamischer Näherung der (Fouriersche) Ansatz

$$\mathrm{q}_\mu = -\lambda\frac{\partial T}{\partial r_\mu} \tag{1.85}$$

gemacht; λ ist die *Wärmeleitfähigkeit*. Der Transportkoeffizient λ ist (ebenso wie η und η_V) positiv; dies impliziert, daß die Wärme von der höheren zur niedrigeren Temperatur fließt.

Einsetzen von Gl. (1.85) in Gl. (1.84) führt bei konstantem λ, konstantem Druck p und bei Abwesenheit einer Strömung ($\mathfrak{v} = 0$) auf

$$\varrho c_p\frac{\partial T}{\partial t} = \lambda\Delta T. \tag{1.86}$$

Die Größe $\lambda/\varrho c_p$ heißt *Temperaturleitfähigkeit*. Ein Temperaturunterschied über eine Länge L klingt größenordnungsmäßig während der Zeit $\varrho c_p L^2/\lambda$ ab.

Nimmt man an, daß im Nichtgleichgewicht noch der aus der Gleichgewichtsthermodynamik bekannte Zusammenhang $\mathrm{d}s = T^{-1}(\mathrm{d}u - p\mathrm{d}\varrho^{-1})$ zwischen den Änderungen der spezifischen Entropie s und der spezifischen inneren Energie u bzw. dem spezifischen Volumen ϱ^{-1} gilt, so kann aus den Gln. (1.83, 1.76, 1.77, 1.75) die Bilanzgleichung

$$\varrho\frac{\mathrm{d}s}{\mathrm{d}t} + \frac{\partial s_\mu}{\partial r_\mu} = \varrho\left(\frac{\delta s}{\delta t}\right)_{\mathrm{irr}} \tag{1.87}$$

abgeleitet werden. Die *Entropiestromdichte* $\boldsymbol{s}$ und die *Entropieproduktion* $\left(\frac{\delta s}{\delta t}\right)_{\mathrm{irr}}$ (verursacht durch irreversible Vorgänge) sind gegeben durch

$$s_\mu = T^{-1}q_\mu,\ \varrho\left(\frac{\delta s}{\delta t}\right)_{\mathrm{irr}} = -T^{-2}q_\mu \nabla_\mu T - \pi_{\mu\nu}\frac{\partial v_\mu}{\partial r_\nu}. \tag{1.88}$$

Dabei ist q_μ der Wärmestrom und $\pi_{\mu\nu}$ der Reibungsdrucktensor, s. Gl. (1.79). Werden die Ansätze (1.79) und (1.85) in Gl. (1.88) eingesetzt, so liefert die Bedingung $\left(\frac{\delta s}{\delta t}\right)_{\mathrm{irr}} > 0$ (positive Entropieerzeugung) die bereits genannten Ungleichungen $\eta > 0$, $\eta_V > 0$ und $\lambda > 0$.

Es muß betont werden, daß die Ausdrücke (1.88) für den Entropiestrom und die Entropieproduktion nur für „einfache“ Fluide und nur im Rahmen der „hydrodynamischen Näherung“ gelten; im allgemeinen sind in (1.88) noch zusätzliche Terme zu berücksichtigen [28, 29].

Aus den Gleichungen der Thermo-Hydrodynamik (1.76) mit (1.79) und (1.84) mit (1.85) folgt im stationären Fall (verschwindende Zeitableitungen) und bei Abwesenheit eines äußeren Kraftfeldes, daß in einem wärmeleitenden Fluid in einem ruhenden Gefäß kein Druckgefälle und keine Strömung vorhanden ist. Dies gilt nicht mehr in stark verdünnten Gasen, wo Temperaturunterschiede im allgemeinen mit Strömungen verbunden sind: *Radiometer-Effekte*. Dort sind auch die hydrodynamischen Ansätze (1.79) und (1.85) nicht mehr gültig.

1.3.1.4 Grundsätzliches zur Messung der Transportkoeffizienten

Die Verfahren zur Messung der Viskosität und der Wärmeleitfähigkeit können in *stationäre* und in *nicht-stationäre* Methoden unterteilt werden. Im ersteren Fall benützt man ein offenes System mit vorgegebenen Eingabegrößen und wartet ab, bis sich ein stationärer, d. h. zeitunabhängiger Zustand eingestellt hat [18]. Als einfaches Beispiel sei die Wärmeleitung durch ein Fluid zwischen zwei Platten (mit der Fläche A) im Abstand L betrachtet, die auf den Temperaturen T_I und T_II gehalten werden; s. Abb. 1.22. Im stationären Zustand geht die gleiche Wärmemenge $\dot{Q}$ pro Zeiteinheit auf der einen Seite in das Fluid wie auf der anderen Seite wieder austritt. Wenn die Länge und Breite der Platten sehr groß sind im Vergleich zu deren Abstand L, hängt die Temperatur nur, wie in Abb. 1.22 angedeutet, von der x-Koordinate ab und der Wärmestrom q hat nur eine x-Komponente. Die durch eine Fläche A mit Flächenele-

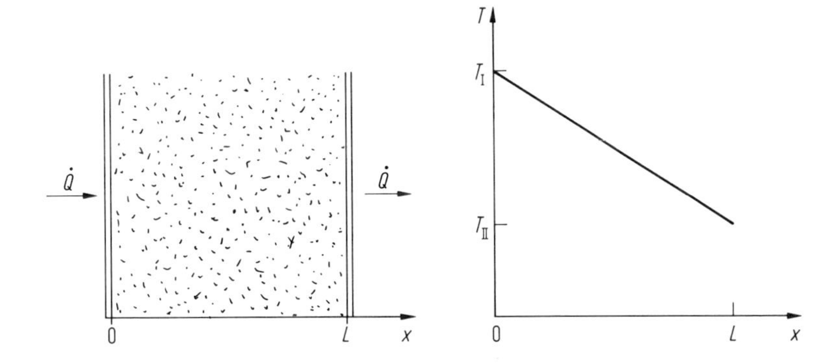

Abb. 1.22 Schematische experimentelle Anordnung und Temperaturverlauf bei der Wärmeleitung zwischen zwei ebenen Platten auf Temperaturen T_I und T_II.

ment $\mathrm{d}A_\mu$ hindurchtretende Leistung $\dot{Q} = \int q_\mu \mathrm{d}A_\mu$ ist in diesem Fall durch $\dot{Q} = Aq_x$ gegeben. Aus (1.86) folgt im stationären Fall $T = \alpha + \beta x$. Die Konstanten α und β sind durch die Randbedingungen $T(0) = T_\mathrm{I}$, $T(L) = T_\mathrm{II}$ festzulegen. Es ergibt sich $T(x) = T_\mathrm{I} + (T_\mathrm{II} - T_\mathrm{I})x/L$. Andererseits folgt aus dem Fourier-Ansatz (1.87)

$$q_x = -\lambda \frac{T_\mathrm{II} - T_\mathrm{I}}{L}$$

und somit

$$\dot{Q} = \lambda(T_\mathrm{I} - T_\mathrm{II})A/L.$$

Die Größen A und L sind durch die Geometrie der Meßanordnung bestimmt. Aus dieser Relation kann nun der Koeffizient λ bestimmt werden, wenn entweder $\dot{Q}$ vorgegeben und die Temperaturdifferenz $T_\mathrm{I} - T_\mathrm{II}$ gemessen bzw. $T_\mathrm{I} - T_\mathrm{II}$ vorgegeben und dann $\dot{Q}$ gemessen wird. Bei praktischen Meßverfahren werden jedoch auch andere Geometrien benutzt.

In einem *abgeschlossenen System* können die Transportkoeffizienten auch aus dem zeitlichen Verlauf der Einstellung des thermischen Gleichgewichts (nichtstationärer Vorgang) entnommen werden. Im Fall des Temperaturausgleiches ist das zeit- und ortsabhängige Temperaturfeld aus der Lösung von (1.86) zu ermitteln. Für den Fall, wo T nur von einer Koordinate abhängt, ist in Abb. 1.23 das Verhalten schematisch angedeutet.

Zur Bestimmung der Scherviskosität sind zahlreiche stationäre Meßmethoden entwickelt worden, deren genauere Analyse die Anwendung der (stationären) Navier-Stokes-Gleichungen auf spezielle Geometrien erfordert. Anstelle der beim Wärmeleitproblem auftretenden Größen $\dot{Q}$ und $T_\mathrm{I} - T_\mathrm{II}$ treten beim Strömungsproblem nun von außen vorgegebene Druckdifferenzen bzw. Tangentialdrucke (Schubspannungen) und Durchflußmenge bzw. Geschwindigkeiten in Wandnähe auf. Ferner kann die Viskosität auch aus der Reibung ermittelt werden, die ein in einem Fluid bewegter fester Körper erfährt.

Die Messung der Volumviskosität η_V erfordert Volumenänderungen, d.h. Expansionen oder Kompressionen. Diese treten insbesondere bei der Schallausbreitung auf.

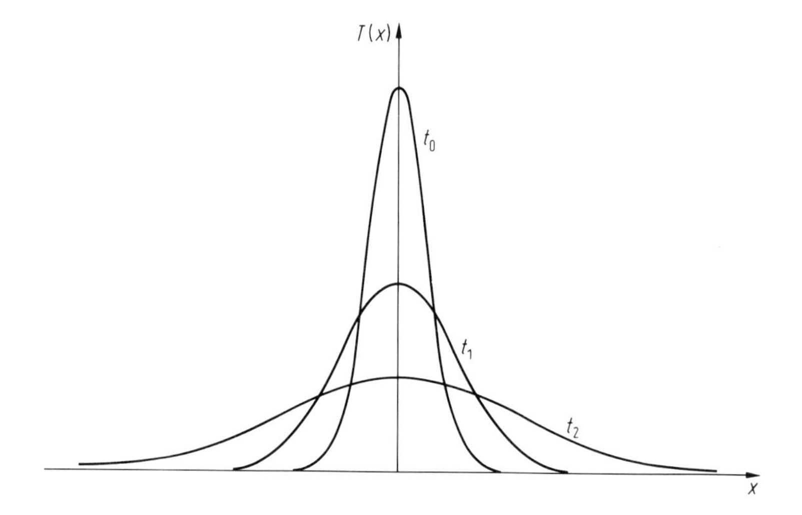

Abb. 1.23 Schematische Entwicklung eines Temperaturprofils für $t_0 < t_1 < t_2$.

Zur Dämpfung von Schallwellen trägt neben η_V aber auch die Scherviskosität η bei, und es gibt „thermische Verluste", die durch λ charakterisiert werden. Ähnliches gilt für die Linienverbreiterung bei der Rayleigh- und Brillouin-(Licht-)Streuung [30].

1.3.2 Viskosität und Wärmeleitfähigkeit

1.3.2.1 Dimensionsbetrachtungen, Dichte- und Druckabhängigkeit

In einem Fluid aus harten Kugeln mit dem Durchmesser d und der Masse m können Längen und Massen als Vielfache dieser Einheiten angegeben werden. Zur Skalierung der Zeit werde d/C_{th} benutzt, wobei C_{th} die durch Gl. (1.11) definierte thermische Geschwindigkeit bei der Temperatur T ist. Der Druck wird demgemäß in Einheiten von $mC_{\mathrm{th}}^2 d^{-3}$ angegeben, der Geschwindigkeitsgradient (*Scherrate*) in C_{th}/d. Aus dem Newtonschen Reibungsansatz (1.79) bzw. (1.82) liest man dann ab, daß η in Einheiten von $m\,C_{\mathrm{th}}\,d^{-2}$ ausgedrückt werden kann. Es ist also möglich, die Viskosität η in der Form

$$\eta = \eta^* \frac{mC_{\mathrm{th}}}{d^2} = \eta^* n m\,C_{\mathrm{th}}\,l = \eta^*\,nkT\tau \tag{1.89}$$

zu schreiben, wobei l die freie Weglänge ist und $\tau = l/C_{\mathrm{th}}$ die freie Flugzeit zwischen zwei Stößen; siehe Gl. (1.6, 1.12). Die dimensionslose Größe η^* ist eine Funktion der dimensionslosen Variablen nd^3 oder der zu ihr proportionalen Packungsdichte, siehe Gl. (1.4).

Da der Wärmestrom in Einheiten von $m\,C_{\mathrm{th}}^3\,d^{-3}$ und die Temperatur in Einheiten von $m\,C_{\mathrm{th}}^2\,k^{-1}$ angegeben wird, erhält man aus dem Fourierschen Ansatz (1.85), in Analogie zu (1.89),

$$\lambda = \lambda^* \frac{kC_{\text{th}}}{d^2} = \lambda^* nkC_{\text{th}} l. \tag{1.90}$$

Die dimensionslose Größe λ^* ist wiederum eine Funktion von nd^3 bzw. von der Packungsdichte. Wegen $c_V \sim k$ gilt $\lambda \sim c_V \eta$. Das Verhältnis $\eta c_p/\lambda$ wird als *Prandtl-Zahl Pr* bezeichnet, das Verhältnis

$$f_{\text{Eu}} = \lambda/\eta c_V \tag{1.91}$$

als *Eucken-Faktor*; c_V und c_p sind die spezifischen Wärmekapazitäten bei konstantem Volumen bzw. konstantem Druck.

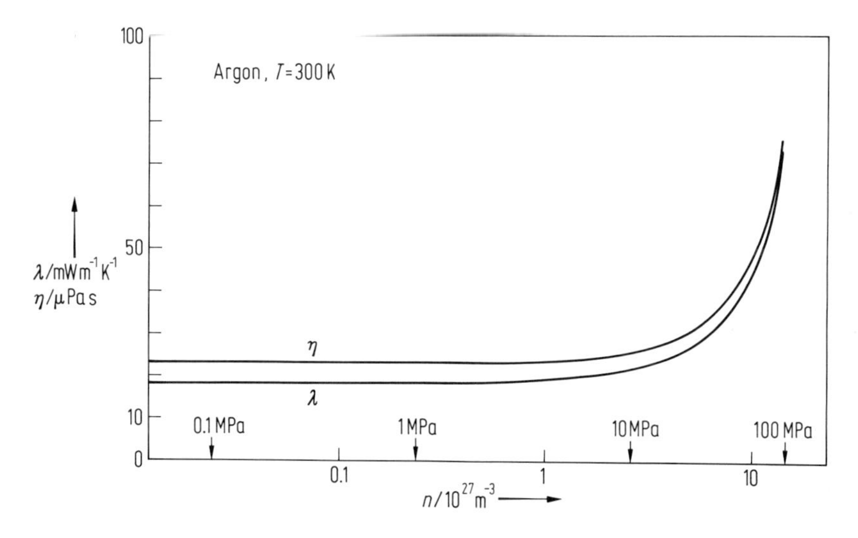

Abb. 1.24 Die Viskosität η und die Wärmeleitfähigkeit λ für Argon bei $T = 300$ K als Funktionen der Teilchendichte n. Die Daten sind aus Tabellen in [19] entnommen. Die Pfeile markieren die Dichten, bei denen der Druck die dort angegebenen Werte hat.

Tab. 1.5 Die Viskosität η von Argon (in μPa s) für verschiedene Drücke und Temperaturen (Daten aus [19]).

T \ P	0.1 MPa	1.0 MPa	10 MPa	100 MPa
200 K	16.0	16.3	23.3	118.0
300 K	22.9	23.1	25.7	75.3
400 K	28.9	29.0	30.8	62.1

In Gasen von mittlerem Druck, d.h. für kleine Dichten n ($n \to 0$; aber unter der Nebenbedingung, daß die freie Weglänge l noch sehr klein ist im Vergleich zu den relevanten makroskopischen Längen, z.B. Gefäßabmessungen) streben die Koeffi-

Tab. 1.6 Die Wärmeleitfähigkeit λ von Argon (in mW $\mathrm{m}^{-1}\,\mathrm{K}^{-1}$) für verschiedene Drücke und Temperaturen (Daten aus [19]).

T \ P	0.1 MPa	1.0 MPa	10 MPa	100 MPa
200 K	12.5	13.2	23.6	98.0
300 K	17.9	18.3	22.3	72.5
400 K	22.6	22.9	25.6	60.6

zienten η^* und λ^* gegen konstante Werte (die in Abschn. 1.3.2.2 angegeben werden). Die Viskosität η und die Wärmeleitfähigkeit sind in diesem Bereich also unabhängig von n und damit auch unabhängig vom Druck p. Bei hohen Dichten jedoch beobachtet man einen Anstieg der Transportkoeffizienten η und λ, s. Abb. 1.24 sowie die Tab. 1.5 und Tab 1.6. Bei kleinen Drücken werden sowohl η als auch λ mit wachsender Temperatur größer, bei sehr hohen Drücken dagegen nehmen diese Transportkoeffizienten (wie in einer Flüssigkeit!) mit wachsender Temperatur ab.

1.3.2.2 Boltzmann-Gas

Die Geschwindigkeitsverteilungsfunktion eines Gases aus sphärischen Teilchen (Edelgase) in einem Druckbereich, bei dem nur Zweierstöße zu berücksichtigen sind, genügt einer von Boltzmann 1872 aufgestellten Gleichung. Diese **Boltzmann-Gleichung** für $f = f(t, \boldsymbol{r}, \boldsymbol{c})$ lautet [18].

$$\frac{\partial f}{\partial t} + c_\mu \frac{\partial}{\partial r_\mu} f + \frac{\partial}{\partial c_\mu}(b_\mu f) = \left(\frac{\delta f}{\delta t}\right)_{\text{coll}}. \tag{1.92}$$

Das zweite Glied auf der linken Seite, der sogenannte *Strömungsterm*, beschreibt die zeitliche Änderung von f durch den freien Flug der Teilchen, das dritte Glied berücksichtigt die Wirkung der durch eine äußere Kraft verursachten Beschleunigung $\boldsymbol{b}$. Auf der rechten Seite der Gl. (1.92) steht der *Stoßterm*, der die durch Zweierstöße bewirkte Veränderung von f angibt. Dieser Term enthält den differentiellen Wirkungsquerschnitt $\sigma = \sigma(\chi, c_{12})$, der vom Ablenkwinkel χ bei der Streuung und vom Betrag c_{12} der Relativgeschwindigkeit der stoßenden Teilchen abhängt.

Der Stoßterm verschwindet für eine Maxwellsche Geschwindigkeitsverteilung, siehe Gl. (1.44), bei der die Geschwindigkeit $\boldsymbol{c}$ durch die *Pekuliargeschwindigkeit* $\boldsymbol{C} = \boldsymbol{c} - \boldsymbol{v} = \boldsymbol{c} - \langle \boldsymbol{c} \rangle$ ersetzt wird, siehe (1.73). Die Teilchendichte n die Temperatur T und die mittlere Strömungsgeschwindigkeit $\boldsymbol{v}$ dürfen auch Funktionen von t und r sein.

Die zeitliche Änderung des Mittelwertes $\langle \Psi \rangle$ einer Größe $\Psi(\boldsymbol{c})$ kann durch Multiplikation von Gl. (1.92) mit Ψ und anschließende Integration über die Geschwindigkeit erhalten werden. Wegen $\int \Psi f d^3c = n\langle \Psi \rangle$, siehe Gl. (1.43), erhält man die **Maxwellsche Transportgleichung**

$$\frac{\partial}{\partial t} n\langle \Psi \rangle + \frac{\partial}{\partial r_\mu} n\langle c_\mu \Psi \rangle - \langle \frac{\partial \Psi}{\partial c_\mu} b_\mu \rangle = n\left(\frac{\delta\langle \Psi \rangle}{\delta t}\right)_{\text{coll}}. \tag{1.93}$$

Die im zweiten Glied der linken Seite auftretende Größe $\langle c_\mu \Psi \rangle$ ist die μ-Komponente des „Ψ-Stromes"; beim dritten Glied wurde eine partielle Integration vorgenommen. Die auf der rechten Seite von (1.93) stehende stoßinduzierte Änderung von $\langle \Psi \rangle$,

$$n\left(\frac{\delta\langle\Psi\rangle}{\delta t}\right)_{\text{coll}} = \int \Psi\left(\frac{\delta f}{\delta t}\right)_{\text{coll}} d^3c \tag{1.94}$$

verschwindet für die „Stoßinvarianten" $\Psi = 1, \boldsymbol{c}, c^2$. Für diese speziellen Größen Ψ reduziert sich (1.93) auf die lokalen Erhaltungsgleichungen für die Teilchenzahl, Gl. (1.69), für den Impuls, Gl. (1.75) und die (kinetische) Energie, im wesentlichen Gl. (1.83). Aus den auftretenden Stromtermen kann man, nach der Zerlegung der Geschwindigkeit $\boldsymbol{c}$ in die mittlere Strömungsgeschwindigkeit $\boldsymbol{v} = \langle \boldsymbol{c} \rangle$ und die Pekuliargeschwindigkeit $\boldsymbol{C} = \boldsymbol{c} - \boldsymbol{v}$, die mikroskopische Bedeutung des Wärmestromes q_μ und des Drucktensors $p_{\mu\nu}$ ablesen:

$$q_\mu = n\frac{1}{2}m\langle C^2 C_\mu \rangle, \; p_{\mu\nu} = nm\langle C_\mu C_\nu \rangle. \tag{1.95}$$

Der hydrostatische Druck p ist ein Drittel der Spur $p_{\lambda\lambda}$ des Drucktensors; wegen $\frac{1}{2}m\langle C^2 \rangle = \frac{3}{2}kT$, siehe Gl. (1.45), ergibt sich hier der ideale Gasdruck $p = nkT$. Der Reibungstensor $\pi_{\mu\nu}$, siehe Gl. (1.79), ist dann der symmetrisch spurlose Anteil von $p_{\mu\nu}$:

$$\pi_{\mu\nu} = nm\langle \overleftrightarrow{C_\mu C_\nu} \rangle \tag{1.96}$$

mit

$$\overleftrightarrow{C_\mu C_\nu} = C_\mu C_\nu - \frac{1}{3}C^2 \delta_{\mu\nu}. \tag{1.97}$$

Für die Größen q_μ und $\pi_{\mu\nu}$ können nun aus Gl. (1.93) unter Verwendung von $\Psi \sim C^2 C_\mu$ und $\Psi \sim \overleftrightarrow{C_\mu C_\nu}$ ebenfalls Änderungsgleichungen gewonnen werden, bei denen nun aber der Stoßterm einen Beitrag liefert. Unter der Annahme, daß die Abweichung der Geschwindigkeitsverteilungsfunktion f von der Maxwell-Verteilung f_M im wesentlichen durch q_μ und $\pi_{\mu\nu}$ und durch keine anderen „Momente" der Verteilung charakterisiert wird, erhält man ein geschlossenes Gleichungssystem. In linearisierter Form, d.h. unter Vernachlässigung von Termen, die nichtlinear sind in Größen, welche die Abweichung vom thermischen Gleichgewicht charakterisieren, lauten diese **Transport-Relaxations-Gleichungen** bei Abwesenheit eines äußeren Feldes ($\boldsymbol{b} = 0$):

$$\frac{\partial}{\partial t}\pi_{\mu\nu} + 2nkT\frac{\overleftrightarrow{\partial v_\mu}}{\partial r_\nu} + \frac{4}{5}\frac{\overleftrightarrow{\partial q_\mu}}{\partial r_\nu} + \omega_p \pi_{\mu\nu} = 0, \tag{1.98}$$

$$\frac{\partial}{\partial t}q_\mu + \frac{5}{2}\frac{k}{m}nkT\frac{\partial T}{\partial r_\mu} + \frac{kT}{m}\frac{\partial \pi_{\nu\mu}}{\partial r_\nu} + \omega_q q_\mu = 0. \tag{1.99}$$

Die Ortsableitungen stammen aus dem Strömungsterm, die *Relaxationsfrequenzen*

ω_p und ω_q aus dem Stoßterm. Die Auswertung des Boltzmannschen Stoßterms liefert

$$\omega_p = \frac{8}{5} n \Omega^{(2,2)}, \omega_q = \frac{16}{15} n \Omega^{(2,2)} \tag{1.100}$$

mit dem *Chapman-Cowling-Stoßintegral* $\Omega^{(l,r)}$ definiert durch

$$\Omega^{(l,r)} = \pi^{-\frac{1}{2}} C_{\text{th}} \int_0^\infty e^{-\gamma^2} \gamma^{2r+3} Q^{(l)} d\gamma,$$

$$Q^{(l)} = 2\pi \int_0^\pi (1\text{-}\cos^l \chi) \sigma(\chi, c_{12}) \sin\chi \, d\chi, \tag{1.101}$$

wobei γ der Betrag der Relativgeschwindigkeit c_{12} in Einheiten von $\sqrt{2} C_{\text{th}}$ ist; χ ist der Ablenkwinkel bei Streuung.

Für harte Kugeln mit Radius d ist der differentielle Wirkungsquerschnitt $(1/4)d^2$, unabhängig von χ und γ. In diesem Fall ergibt sich $\Omega^{(l,r)} = f^{(l,r)} \pi^{-\frac{1}{2}} C_{\text{th}} \sigma_t$, wobei hier $\sigma_t = \pi d^2$ der totale Wirkungsquerschnitt ist, siehe (1.5); $f^{(l,r)} = \frac{1}{2}(r+1)!$ $\left(1 - \frac{1}{2}(1 + (-1)^l)/(1+l)\right)$ ist ein Zahlenfaktor, der für $l = 2, r = 2$ den Wert 2 hat. Für den Fall der „Maxwell-Moleküle“ (Wechselwirkungspotential $\phi \sim r^{-4}$) waren die Gln. (1.98) und (1.99) bereits Maxwell bekannt. Die lokalen Erhaltungssätze und Gln. (1.98) und (1.99) werden oft als **13-Momenten-Gleichungen** bezeichnet [18, 31]. Die Zahl 13 ergibt sich aus der Abzählung der unabhängigen Komponenten in diesen Gleichungen. Dabei ist zu beachten, daß der in Gl. (1.98) vorkommende symmetrisch spurlose Reibungsdrucktensor 5 unabhängige Komponenten besitzt, in den Gln. (1.98) und (1.99) treten also insgesamt 8 „Momente“ auf, die zusätzlich zu den 5 Erhaltungsgrößen (Teilchendichte, Energie- und Impulsdichte) zur Beschreibung des Nicht-Gleichgewichtszustandes benützt werden.

Für ein räumlich homogenes System bei dem die Ortsableitungen in Gl. (1.98) und Gl. (1.99) verschwinden, entnimmt man aus diesen Gleichungen, daß der Reibungsdrucktensor $\pi_{\mu\nu}$ und der Wärmestrom q_μ mit den Relaxationszeiten $\tau_p = \omega_p^{-1}$ bzw. $\tau_q = \omega_q^{-1}$ exponentiell auf Null abklingen: Nichterhaltungsgrößen verschwinden im thermischen Gleichgewicht. Größenordnungsmäßig sind diese Relaxationszeiten von der Dauer τ des freien Fluges eines Teilchens zwischen zwei Stößen, siehe Gl. (1.12). Für ein typisches Gas wie Argon oder N_2 bei Normalbedingungen ist τ von der Größenordnung 10^{-10} bis 10^{-9} s. Wird, bei Abwesenheit eines Wärmestromes, ein Geschwindigkeitsgradient „eingeschaltet“, so besagt Gl. (1.98), daß sich der Reibungsdruck erst nach einer Zeit t, die groß ist im Vergleich zu τ_p, auf einen statonären Wert einstellt. Die Viskoelastizität ist eng mit diesem Einstellvorgang verknüpft. Bei Abwesenheit einer Strömung besagt Gl. (1.99), daß sich der Wärmestrom auf einen plötzlich eingeschalteten Temperaturgradienten erst nach einer Zeit groß im Vergleich zu τ_q auf einen stationären Wert einstellt. Die erwähnten stationären Werte für den Reibungsdruck und den Wärmestrom entsprechen den „hydrodynamischen“ Ansätzen.

In der „hydrodynamischen Approximation“, wo in Gln. (1.98) und (1.99) die Zeitableitungen und die Ortsableitungen der Nichterhaltungsgrößen $\pi_{\mu\nu}$ und q_μ vernachlässigt werden, reduzieren sich diese Gleichungen auf die Newtonschen und Fourierschen Ansätze; siehe (1.79) und (1.87),

$$\pi_{\mu\nu} = -2\eta \frac{\overleftrightarrow{\partial v_\mu}}{\partial r_\nu}, \; q_\mu = -\lambda \frac{\partial T}{\partial r_\mu}. \tag{1.102}$$

Dabei sind nun die Transportkoeffizienten über die Relaxationsfrequenzen (1.100) mit dem Stoßintegral $\Omega^{(2,2)}$ verknüpft:

$$\eta = nkT\omega_p^{-1}, \; \lambda = \frac{5}{2}\frac{k}{m} nkT\omega_q^{-1}. \tag{1.103}$$

Man beachte, daß sowohl η als auch λ unabhängig von der Teilchendichte n sind wegen $\omega_p \sim n$, $\omega_q \sim n$. Die in (1.79) ebenfalls eingeführte Volumviskosität η_V taucht hier nicht auf; $\eta_V = 0$ für das Boltzmann-Gas. Wegen (1.100) gilt $\omega_q = \frac{2}{3}\omega_p$, und mit $c_V = \frac{3}{2}\frac{k}{m}$ folgt hieraus für den Eucken-Faktor (1.91)

$$f_{\mathrm{Eu}} = \frac{\lambda}{\eta c_V} = \frac{5}{2}. \tag{1.104}$$

Experimentell findet man für die Edelgase Ne und Ar von $T = 273$ K bis $T = 373$ K (und 0.1 MPa Druck) $f_{\mathrm{Eu}} = 2.48$ bzw. 2.51 [18]. In Tab. 1.7 sind der Eucken-Faktor und die Prandtl-Zahl für Argon bei $T = 300$ K für verschiedene Drücke angegeben.

Tab. 1.7 Der Eucken-Faktor $\lambda/(\eta\, c_V)$ und die Prandtl-Zahl $c_p\eta/\lambda$ für Argon bei $T = 300$ K für verschiedene Drücke, berechnet aus den Daten in [19].

p/MPa	0.1	1.0	10	100
$f_{\mathrm{EU}} = \lambda/(\eta\, c_V)$	2.51	2.52	2.64	2.49
$Pr = c_p\eta/\lambda$	0.667	0.674	0.746	0.804

Für harte Kugeln können nun aus Gl. (1.103) mit (1.100, 1.101) die in Gl. (1.45) bzw. (1.46) vorkommenden Faktoren η^* und λ^* für $\to 0$ entnommen werden, nämlich

$$\eta^* = \frac{5}{16\sqrt{\pi}} \approx 0.18, \quad \lambda^* = \frac{75}{64\sqrt{\pi}} \approx 0.66. \tag{1.105}$$

Aus Gl. (1.89, 1.90) und (1.105) folgt wegen $C_{\mathrm{th}} \sim m^{-\frac{1}{2}}$, $\eta \sim m^{\frac{1}{2}}$, $\lambda \sim m^{-\frac{1}{2}}$ für gleiche Temperatur T und gleichen Durchmesser d, wie er bei Isotopen vorliegt. Die Viskosität nimmt also mit wachsender Masse eines Atoms zu, die Wärmeleitfähigkeit dagegen nimmt ab. Analog ergibt sich wegen $C_{\mathrm{th}} \sim T^{\frac{1}{2}}$

$$\eta \sim T^{\frac{1}{2}} \text{ und } \lambda \sim T^{\frac{1}{2}} \tag{1.106}$$

für harte Kugeln. Experimentell findet man eine stärkere Temperaturabhängigkeit: reale Atome sind eben keine harten Kugeln mit konstantem Durchmesser. Das Modell der harten Kugeln ist für qualitative Überlegungen nützlich, quantitativ ist es nur zu verwenden, wenn ein von der Temperatur T abhängiger effektiver Durchmesser verwendet wird. So findet man z. B. für Argon bei 100 und 200 K einen um die Faktoren 1.25 und 1.08 größeren effektiven Durchmesser als bei 300 K; bei 800 und 1 500 K dagegen ist er um die Faktoren 0.90 bzw. 0.87 kleiner, s. Abb. 1.25.

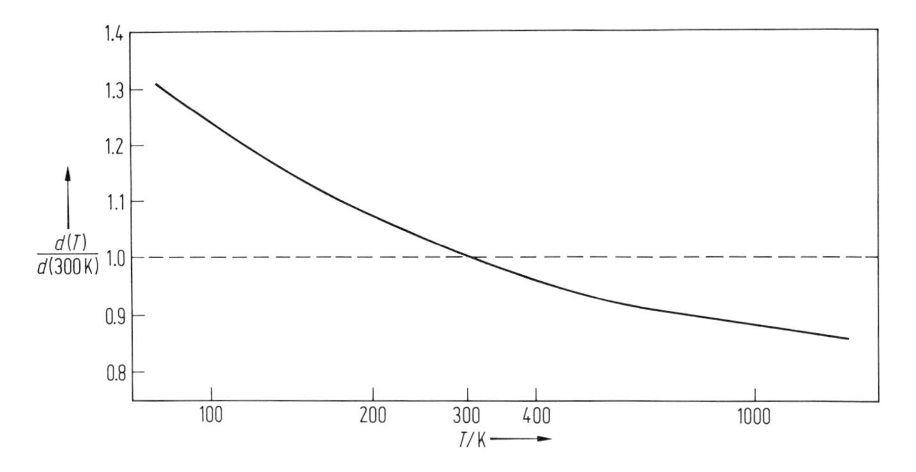

Abb. 1.25 Der aus der Viskosität von Argon bei $p = 0.1$ MPa und der Temperatur T entnommene effektive harte Kugeldurchmesser $d(T)$ dividiert durch diese Größe bei $T = 300$ K.

Für ein realistisches Wechselwirkungspotential hängt der differentielle Wirkungsquerschnitt in (1.101) von der Relativgeschwindigkeit der stoßenden Teilchen ab. Die Stoßintegrale sind dann nicht mehr einfach proportional zu $T^{\frac{1}{2}}$, sondern besitzen eine kompliziertere Temperaturabhängigkeit. In Abb. 1.26 ist die theoretische Kurve für η als Funktion von T, wie sie sich unter Verwendung eines Lennard-Jones-Potentials ($r_0 = 0.342$ nm, $\Phi_0/k = 124$ K) ergibt, mit den experimentellen Werten nach [19] für Argon verglichen; es wurde eine doppeltlogarithmische Auftragung benützt. Die Übereinstimmung ist für 100 K $< T <$ 500 K recht gut, für höhere Temperaturen liegen die experimentellen Werte geringfügig höher als die theoretische Kurve. Die gestrichelte Gerade entspricht einem Verlauf $\eta = T^{\frac{2}{3}}$. Ein Potenzkraftgesetz $\Phi \sim r^{-\nu}$ für das Wechselwirkungspotential führt auf $\eta \sim T^{\frac{1}{2}+\frac{2}{\nu}}$. Die beobachtete Abhängigkeit $T^{\frac{2}{3}}$ bedeutet also $\nu = 12$; dies ist die Potenz, die im repulsiven Anteil des Lennard-Jones-Potentials benützt wird.

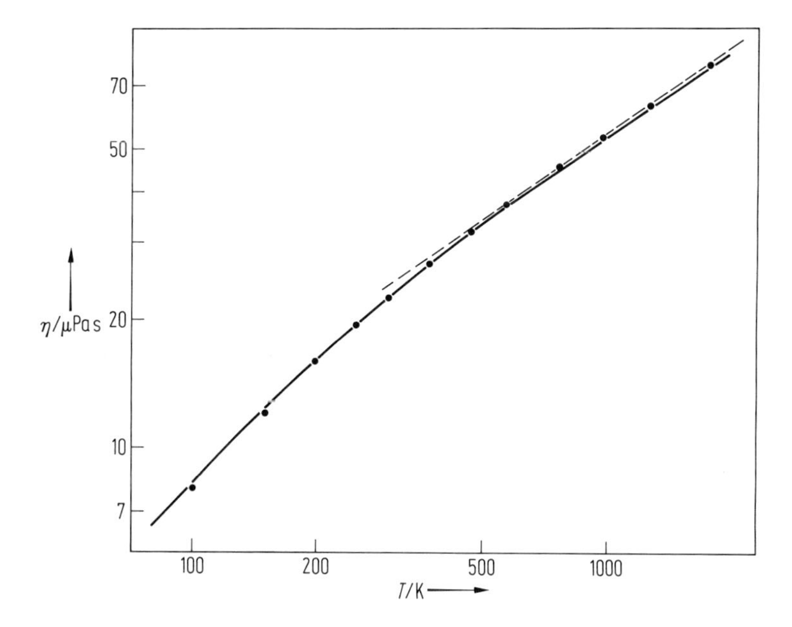

Abb. 1.26 Vergleich der in Argon beim Druck $p = 0.1$ MPa und für verschiedene Temperaturen gemessenen Viskosität mit der für das Lennard-Jones-Potential berechneten Kurve. Es ist eine doppeltlogarithmische Auftragung benutzt; die bei hohen Temperaturen eingezeichnete gestrichelte Linie entspricht $\eta \sim T^{\frac{2}{3}}$.

1.3.2.3 Mehratomige Gase

Zur Charakterisierung des Zustandes mehratomiger Gase im Nicht-Gleichgewicht ist eine verallgemeinerte Verteilungsfunktion (Dichteoperator) zu benützen, die nicht nur von der Geschwindigkeit $\boldsymbol{c}$ der Teilchen abhängt, sondern auch von deren Rotationsdrehimpuls $\boldsymbol{J}$. Dementsprechend ist auch die Boltzmann-Gleichung durch eine verallgemeinerte kinetische Gleichung (*Waldmann-Snider-Gleichung* [18, 32, 33]) zu ersetzen. Bei der Berechnung von lokalen Mittelwerten ist nicht nur über die Geschwindigkeit der Teilchen zu integrieren, sondern auch über die die Orientierung von $\boldsymbol{J}$ festlegenden magnetischen Quantenzahlen sowie über die Rotationsquantenzahlen j zu summieren.

Zur Behandlung der Transportkoeffizienten η, λ und η_V können die in Abschn. 1.4 zu diskutierenden Nicht-Gleichgewichtsausrichtungseffekte in guter Näherung (zunächst) vernachlässigt werden. Die Waldmann-Snider-Gleichung reduziert sich in diesem Fall auf eine vorher von Wang Chang und Uhlenbeck aufgestellte verallgemeinerte (quantenmechanische) Boltzmann-Gleichung, die auf Transportprozesse in molekularen Gasen angewandt wurde [18, 34]. Die *Viskosität* molekularer Gase kann analog zu der einatomiger Gase behandelt werden, wobei allerdings ein über die Orientierungen der Moleküle gemittelter Wirkungsquerschnitt verwendet wird. Die Temperaturabhängigkeit von η läßt sich z. B. für N_2, O_2, CO, CO_2, CH_4, ebenso wie bei den Edelgasen, recht gut durch die der auf dem Lennard-Jones-Wechselwirkungspotential beruhenden Stoßintegrale wiedergeben [13, 18]. Dies gelingt jedoch nicht für polare Gase, d. h. Gase aus Teilchen mit (starken) Dipolmomenten wie z. B. H_2O, NH_3, HCN, da dort die elektrische Dipol-Dipol-Wechselwirkung zusätzlich zu berücksichtigen ist.

Der *Wärmestrom* eines mehratomigen Gases ist die Summe aus dem Strom der kinetischen Energie, siehe Gl. (1.95), und dem Strom der Rotations- (oder Vibrations-)Energie. Dementsprechend ist das Verhältnis von Wärmeleitfähigkeit λ und der Viskosität η nicht mehr durch Gl. (1.104) gegeben. Eucken (1913) schlug als empirische Relation vor

$$\frac{\lambda}{\eta} = 2.5\, c_V^{\mathrm{kin}} + c_V^{\mathrm{intra}},$$

wobei c_V^{kin} und c_V^{intra} die mit der kinetischen Energie der Translation und der intramolekularen (Rotations- oder Vibrations-)Energie verknüpften Betrages zur spezifischen Wärmekapazität c_V sind. Anstelle von (1.104) tritt nun der *Eucken-Faktor*

$$f_{\mathrm{Eu}} = \frac{\lambda}{\eta\, c_V} \approx 1 + \frac{9}{4}\frac{k}{m\, c_V}. \tag{1.107}$$

Wegen $c_V = \frac{1}{2}\frac{k}{m} f$, wobei f die Anzahl der (angeregten) Freiheitsgrade eines Moleküls ist, reduziert sich Gl. (1.107) für $f = 3$ auf (1.104). Für $f = 5$ hat man $f_{\mathrm{Eu}} = 1.90$. Näherungsweise wird dieser Wert z. B. für N_2, O_2, CO bei $T = 273$ K auch beobachtet [18]; für H_2 liegt der experimentelle Wert für f_{Eu} bei 2.1 und ist damit etwas größer als nach (1.107) erwartet. In Tabelle 1.8 sind die aus [19] entnommenen Werte der Viskosität η und der Wämeleitfähigkeit λ für einige mehratomige Gase beim Druck $p = 0.1$ MPa und der Temperatur $T = 300$ K aufgelistet und die Verhältnisse $\lambda/(\eta \cdot c_V)$ bzw. $\eta \cdot c_p/\lambda$ angegeben. Der von Eucken vorgeschlagene Wert (1.107) für den Eucken-Faktor stimmt für Stickstoff und Sauerstoff mit den experimentellen

Tab. 1.8 Die Viskosität η, die Wärmeleitfähigkeit λ, der Eucken-Faktor $\lambda/(\eta\, c_V)$ und die Prandtl-Zahl $c_p\eta/\lambda$ für verschiedene Gase bei $p = 0.1$ Pa und $T = 300$ K. Der von Eucken vorgeschlagene Wert $1 + \frac{9}{4}\, k/(mc_V)$ für den Eucken-Faktor ist ebenfalls aufgeführt (Daten nach [19]).

	N_2	O_2	CH_4	C_2H_6	C_3H_8
$\eta/\mu\mathrm{Pa\ s}$	18.0	20.6	11.2	9.48	8.29
$\lambda/\mathrm{mW\ m^{-1}\ K^{-1}}$	26.0	26.3	34.1	21.3	18.0
$f_{\mathrm{EU}} = \lambda/(\eta\, c_V)$	1.94	1.93	1.78	1.52	1.44
$1 + \frac{k}{mc_V}$	1.90	1.89	1.53	1.42	1.28
$Pr = \eta\, c_p/\lambda$	0.72	0.72	0.73	0.78	0.78

Werten noch fast so gut überein wie bei Edelgasen, für Methan, Ethan und Propan beobachtet man Abweichungen. Bemerkenswert ist die im Vergleich zum Eucken-Faktor deutlich geringere Variation der Prandtl-Zahl bei den verschiedenen Gasen.

Im Gegensatz zum einatomigen Gas bei mittlerem Druck verschwindet die *Volumviskosität* η_V bei mehratomigen Gasen nicht. Dies ist eng mit dem Energieaustausch zwischen der Translationsbewegung und den intermolekularen, d. h. den Rotations- oder Vibrationsbewegungen verknüpft. Partielle Temperaturen T^{kin} und T^{intra}, verknüpft mit diesen Energietypen, können über

$$u^{\text{kin}} = c_V^{\text{kin}} T^{\text{kin}}, \; u^{\text{intra}} = c_V^{\text{intra}} T^{\text{intra}} \tag{1.108}$$

eingeführt werden, wobei u und c_V die zugehörigen (spezifischen) inneren Energien und spezifischen Wärmekapazitäten sind. Die mittlere Temperatur T ist durch

$$c_V T = c_V^{\text{kin}} T^{\text{kin}} + c_V^{\text{intra}} T^{\text{intra}} \tag{1.109}$$

mit $c_V = c_V^{\text{kin}} + c_V^{\text{intra}}$ gegeben. Im thermischen Gleichgewicht verschwindet die Temperaturdifferenz

$$\delta T = T^{\text{kin}} - T^{\text{intra}}. \tag{1.110}$$

Im Nicht-Gleichgewicht kann aus einer kinetischen Gleichung (Waldmann-Snider-Gleichung [18, 32]) die *Temperatur-Relaxationsgleichung*

$$\frac{\mathrm{d}}{\mathrm{d}t} \delta T + \omega_{\text{intra}} \delta T = -\frac{2}{3} T \frac{\partial v_\mu}{\partial r_\mu} \tag{1.111}$$

hergeleitet werden. Die *Stoßfrequenz* ω_{intra} bestimmt die Relaxationsrate der Temperaturdifferenz. In Analogie zu den in Gl. (1.98) und (1.99) auftretenden Stoßfrequenzen ist ω_{intra} durch ein verallgemeinertes „Stoßintegral“ darstellbar, bei dem allerdings nur inelastische Stöße beitragen. Die auf der rechten Seite von Gl. (1.111) auftretende Divergenz der Strömungsgeschwindigkeit $\mathfrak{v}$ ist über die Kontinuitätsgleichung (1.69) mit der zeitlichen Änderung der Dichte verknüpft. Der Druck, d. h. ein Drittel der Spur $\mathrm{p}_{\lambda\lambda}$ des Drucktensors eines idealen Gases ist gemäß $\frac{1}{3} p_{\lambda\lambda} = nkT^{\text{kin}}$ durch die kinetische Temperatur bestimmt. Wegen $T^{\text{kin}} = T + (c_V^{\text{intra}}/c_V)\,\delta T$ hat man also

$$p_{\lambda\lambda} = nkT + \frac{c_V^{\text{intra}}}{c_V} nk\delta T = nkT + \pi; \tag{1.112}$$

π ist der Nicht-Gleichgewichts-Anteil. Für Vorgänge, die langsam ablaufen verglichen mit der *Temperatur-Relaxationszeit*

$$\tau_{\text{intra}} = (\omega_{\text{intra}})^{-1}, \tag{1.113}$$

kann die Zeitableitung in (1.111) vernachlässigt werden. Einsetzen von δT in (1.112) führt dann auf

$$\pi = -\eta_V \frac{\partial v_\mu}{\partial r_\mu} \tag{1.114}$$

mit der Volumviskosität

$$\eta_V = \frac{2}{3} \frac{c_V^{\text{intra}}}{c_V} nkT\tau_{\text{intra}}. \tag{1.115}$$

Wegen $\omega_{\text{intra}} \sim n$ ist die durch Gl. (1.115) gegebene Größe η_V für Gase von mittlerem Druck ebenso wie η und λ unabhängig von der Teilchendichte und damit vom Druck des Gases. Für einatomige Gase verschwindet (1.115) wegen $c_V^{\text{intra}} = 0$. Bei endlichen c_V^{intra} ist η_V umso größer, je größer τ^{intra} ist, d. h. je seltener bei Stößen ein Austausch zwischen Translations- und intramolekularer Energie stattfinden kann. Aus diesem Grund ist das Verhältnis η_V/η für H_2 größer als für N_2 [18].

1.3.2.4 Dichte Gase

In dichten Gasen hängen die Transportkoeffizienten λ, η und η_V von der Teilchendichte ab, s. Abb. 1.24. Für Temperaturen T, die nicht zu nahe bei der kritischen Temperatur T_c liegen, läßt sich diese Dichteabhängigkeit im Rahmen des Modells der harten Kugeln erklären. Der effektive Durchmesser d ist, wie bereits früher diskutiert, abhängig von der Temperatur T. Eine erfolgreiche Erweiterung der kinetischen Theorie auf dichte Gase ist von Enskog (1922) durch zwei Modifikationen der Boltzmann-Gleichung vorgenommen worden [8, 13]. Zum einen wird die Stoßfrequenz mit einem Faktor χ multipliziert, der berücksichtigt, daß (wegen des Eigenvolumens) zwei Teilchen im Stoßabstand d bei endlicher Dichte n mit größerer Wahrscheinlichkeit zu finden sind als für $n \to 0$, wo $\chi = 1$ gilt. Der Druck p ist mit diesem Faktor verknüpft gemäß

$$p = nkT(1 + 4y\chi), \tag{1.116}$$

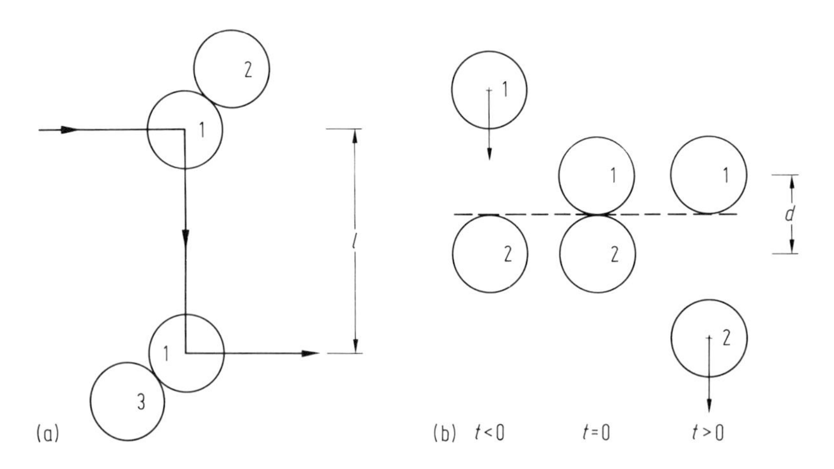

Abb. 1.27 (a) Schematische Zeichnung zweier Stoßprozesse bei denen eine harte Kugel 1 Impuls und kinetische Energie über die freie Weglänge transportieren kann.
(b) Stoß zweier Kugeln 1 und 2; schematisch gezeigt ist der Zustand vor $t < 0$), beim ($t = 0$) und nach ($t > 0$) dem Stoß. Dabei können Energie und Impuls über die Distanz d quasi augenblicklich „weitergereicht" werden.

wobei $y = (\pi/6)d^3 n$ die bereits in Gl. (1.4) eingeführte Packungsdichte ist; χ ist noch eine Funktion von y, die später diskutiert werden soll.

Die zweite Modifikation berücksichtigt bei dem im Stoßterm der Boltzmann-Gleichung vorkommenden Produkt zweier Verteilungsfunktionen, daß die beiden stoßenden Teilchen den endlichen Abstand d voneinander haben. Dies führt u.a. auf einen zusätzlichen Transportmechanismus, der mit *Stoßtransfer* (collisional transfer, ct) bezeichnet wird. Im Gas von mittlerem Druck werden Energie und Impuls durch den freien Flug des Teilchens über eine freie Weglänge l transportiert, s. Abb. 1.27. Wie dort ebenfalls angedeutet, kann aber ein Teilchen auf ein anderes trefffen und dabei quasi instantan einen Teil seines Impulses und seiner Energie durch Stoßtransfer auf das andere Teilchen über die Distanz d weitergeben. Beim Boltzmann-Gas ist wegen $d \ll l$ der zweite Mechanismus zu vernachlässigen, beim dichten Gas wird er aber bedeutsam. Gemäß der auf der Enskog-Boltzmann-Gleichung beruhenden kinetischen Theorie sind die Wärmeleitfähigkeit λ und die Viskosität η Summen von kinetischen Beiträgen (kin) und von Stoßtransferbeiträgen (ct von collisional transfer):

$$\lambda = \lambda^{\text{kin}} + \lambda^{\text{ct}}, \quad \eta = \eta^{\text{kin}} + \eta^{\text{ct}}, \tag{1.117}$$

mit

$$\begin{aligned} \lambda^{\text{kin}} &= \lambda_{\text{B}} \chi^{-1} (1 + \frac{12}{5} y \chi)^2, \\ \eta^{\text{kin}} &= \eta_{\text{B}} \chi^{-1} (1 + \frac{8}{5} y \chi)^2, \\ \lambda^{\text{ct}} &= \frac{1}{6} k n \chi \omega_0 d^2, \quad \eta^{\text{ct}} = \frac{1}{15} n m \chi \omega_0 d^2. \end{aligned} \tag{1.118}$$

In Gl. (1.18) sind λ_{B} und η_{B} die Boltzmannschen Werte von λ und η für harte Kugeln, die durch Gl. (1.104) mit

$$\omega_q = \frac{8}{15} \omega_0, \quad \omega_p = \frac{4}{5} \omega_0 \tag{1.119}$$

gegeben sind; ω_0 ist die *Referenzstoßfrequenz*

$$\omega_0 = 4 \sqrt{\pi}\, n C_{\text{th}} d^2, \tag{1.120}$$

C_{th} ist die in Gl. (1.11) definierte thermische Geschwindigkeit. Wegen $\chi \to 1$, $y \sim n$ und $\omega \sim n$ reduzieren sich λ_0^{kin} und η^{kin} auf λ_{B} und η_{B} für $n \to 0$. Ferner gilt für kleine Dichten $\lambda^{\text{ct}} \sim n^2$, $\eta^{\text{ct}} \sim n^2$. Im dichten Gas aus harten Kugeln ist die Volumviskosität η_V endlich:

$$\eta_{\text{V}} = \frac{5}{3} \eta^{\text{ct}}. \tag{1.121}$$

Für kleine Dichten n gilt $\eta_V \sim n$. Die in Gl. (1.90) und (1.91) eingeführten Faktoren λ^* und η^* sind nun durch

$$\lambda^* = \lambda_B^* \chi^{-1}\left((1 + \frac{12}{5}y\chi)^2 + \frac{512}{25\pi}y^2\chi^2\right),$$

$$\eta^* = \eta_B^* \chi^{-1}\left((1 + \frac{8}{5}y\chi)^2 + \frac{768}{25\pi}y^2\chi^2\right) \quad (1.122)$$

gegeben, wobei λ_B^* und η_B^* die in Gl. (1.106) angegebenen „Boltzmannschen" Werte für harte Kugeln sind. Für die explizite Dichteabhängigkeit von λ^* und η^* muß noch χ bekannt sein. Mit

$$\chi = \left(1 + \frac{1}{2}y\right)(1 - y)^{-2}, \quad y = \frac{\pi}{6}d^3 n \quad (1.123)$$

wird der Druck p, siehe Gl. (1.116), eines Fluids aus harten Kugeln bis $y = 0.3$ gut wiedergegeben.

Zum Vergleich mit einer realen Substanz hat Enskog vorgeschlagen, den Druck p in (1.116) durch den *thermischen Druck* $T\left(\frac{\partial p}{\partial T}\right)_n$ zu ersetzen, d.h. χ über

$$4y\chi = (nk)^{-1}\left(\frac{\partial p}{\partial T}\right)_n - 1 \quad (1.124)$$

zu bestimmen; für harte Kugeln reduziert sich Gl. (1.124) auf (1.116). Aus Gln. (1.117) bis (1.119) bzw. (1.122) folgt, daß η/y und λ/y als Funktion von $y\chi$ ein Minimum durchlaufen. Da y proportional zur Massendichte ϱ ist, sollten demnach (unter der Voraussetzung, daß $y\chi$ eine mit $y \sim \varrho$ monoton steigende Funktion ist), die kinematische Viskosität η/ϱ und das Verhältnis λ/ϱ als Funktion von ϱ ein Minimum

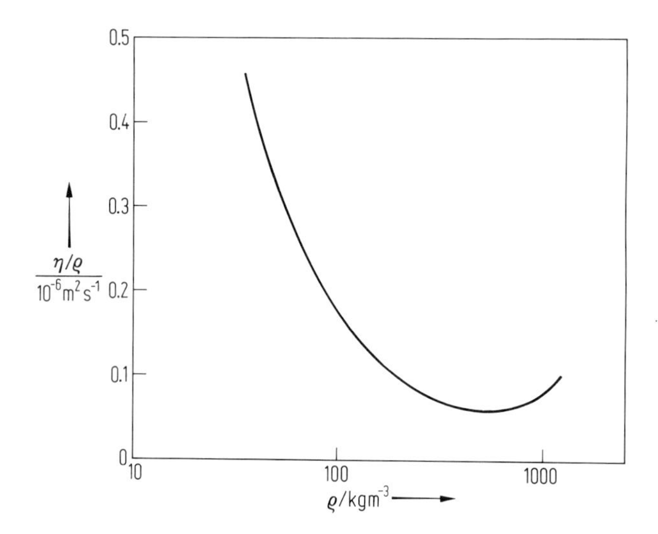

Abb. 1.28 Die kinematische Viskosität η/ϱ für Argon bei $T = 200$ K als Funktion der Massendichte ϱ. Der Druck bei der Dichte des Minimums ist ungefähr 18 MPa. Die Daten wurden aus Tabellen in [19] entnommen.

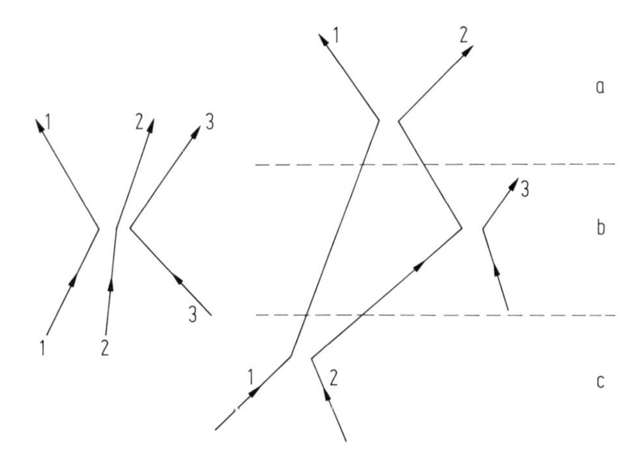

Abb. 1.29 Schematische Darstellung eines Dreierstoßprozesses und einer Folge von Zweierstößen zwischen 3 Teilchen. Wird der Stoß zwischen 1 und 2 von a nach b zurückverfolgt, so erkennt man, daß 2 nur mit 1 stoßen konnte, weil vorher ein Stoß mit 3 erfolgte. Zurückverfolgung nach c zeigt, daß 1 und 2 bereits vorher gestoßen haben und im Bereich a somit einen „Wiederholungsstoß" ausführen.

durchlaufen. Dies wird tatsächlich experimentell gefunden. In Abb. 1.28 ist η/ϱ für Argon bei der Temperatur $T = 200$ K als Funktion von ϱ gezeigt.

Es erscheint naheliegend, die Transportkoeffizienten η und λ in eine Potenzreihe nach der Dichte n, (also in eine *Virialreihe* analog zum Druck) zu entwickeln [9]. Die Boltzmann-Gleichung, bei der nur (unkorrelierte) Zweierstöße berücksichtigt werden, liefert den ersten Koeffizienten einer solchen Entwicklung, der Koeffizient vor dem nächsten Term proportional zu n (mäßig dichtes Gas) wird durch Dreierstöße und durch korrelierte Zweierstoßfolgen bestimmt. In Abb. 1.29 sind ein Dreierstoßprozeß und daneben eine Folge von Zweierstößen zwischen 3 Teilchen schematisch angedeutet. In der Boltzmann-Gleichung werden die in den Bereichen a, b und c auftretenden Stöße als statistisch unabhängig behandelt, dies entspricht der Annahme des „molekularen Chaos"; die Berücksichtigung der Korrelation zwischen Stößen in den Bereichen b, a bzw. c, b führt, wie bereits erwähnt, ebenso wie die Dreierstöße, auf Beiträge zu η und λ, die proportional zur Dichte n sind. Bei der Berücksichtigung von Stoßfolgen zwischen 4 Teilchen treten (insbesondere bei den „Wiederholungsstößen" wie in Abb. 1.29 zwischen Teilchen 1 und 2 von c nach a gezeigt) bei der Berechnung der Transportkoeffizienten nicht nur Terme proportional zu n^2, sondern auch zu $n^2 \ln(n)$ auf [9], d. h. im mathematischen Sinne existiert die Virialentwicklung der Transportkoeffizienten nicht. Der experimentelle Nachweis der logarithmisch von der Dichte abhängenden Terme ist schwierig. Die für viele Gase gemessene Abhängigkeit der Transportkoeffizienten von der Dichte kann (für eine feste Temperatur und etwa bis zur kritischen Dichte) mit der im Rahmen der Enskog-Theorie abgeleiteten Dichteabhängigkeit (in der ja keine logarithmischen Terme auftreten) gut beschrieben werden [35].

1.3.3 Geschwindigkeitsverteilung im Nicht-Gleichgewicht

Im Nicht-Gleichgewicht, insbesondere bei einem Transportprozeß, weicht die Geschwindigkeitsverteilung $f(\boldsymbol{c})$ von der Maxwellschen Gleichgewichtsverteilung $f_M(\boldsymbol{c})$ ab; die durch

$$f(\boldsymbol{c}) = f_M(\boldsymbol{c})(1 + \phi) \tag{1.125}$$

definierte Größe ϕ ist ein Maß für diese Abweichung. Indirekt belegen die Transportkoeffizienten λ und η, daß ϕ ungleich Null ist, denn die in Gln. (1.95) und (1.96) angegebenen Ausdrücke für den Wärmestrom und den Reibungsdrucktensor verschwinden für $\phi = 0$. Ein direkterer experimenteller Nachweis der Abweichung der Geschwindigkeitsverteilung von der Maxwell-Verteilung ist über die Doppler-Verbreiterung einer Spektrallinie möglich. Die bei einem Emissions-, Absorptions- oder Streuprozeß an einem Molekül auftretende Doppler-Verschiebung ist proportional zu seiner Geschwindigkeit. Die durch die Mittelung über viele Moleküle entstehende Linienform ist somit ein Abbild der Geschwindigkeitsverteilung. Voraussetzung ist dabei allerdings, daß die Stöße der Moleküle untereinander die mit der entsprechenden Spektrallinie verknüpften angeregten (inneren) Zustände eines Moleküls nur wenig stören, sonst kann wegen der „Stoßverbreiterung“ die Doppler-Verbreitung nicht gemessen werden. In Abb. 1.30 ist schematisch angedeutet, wie ein Doppler-Profil bei einer viskosen Strömung oder bei der Wärmeleitung verändert wird [36]. Im ersten Fall wird die Linie, je nach Beobachtungsrichtung, entweder breiter oder schmäler als im Gleichgewicht. Die größten Effekte treten in der Scherebene auf, wenn der Winkel zwischen der Beobachtungsrichtung und der Strömungsgeschwindigkeit entweder 45° oder 135° beträgt. Im zweiten Fall tritt Asymmetrie auf; das Maximum der Linie wird durch den Wärmestrom verschoben. Für ein *wärmeleitendes Gas* (NH_2D) ist es gelungen, über die durch den Wärmestrom verursachte Asymmetrie der Doppler-Verbreiterung einer Spektrallinie die Störung der Geschwindigkeitsverteilung zu messen [37]. In Abb. 1.31 sind Meßergebnisse für die Größe $\phi\left(V_z \frac{\partial T}{\partial z}\right)^{-1}$ als Funktion von V_z^2 dargestellt. Dabei ist $\partial T/\partial z$ der in z-Richtung gelegte Temperaturgradient und $\boldsymbol{V}$ ist die Pekuliargeschwindigkeit $\boldsymbol{C}$ in Einheiten von $\sqrt{2}\,C_{\text{th}}$. Im Rahmen der Näherung, die auf die Transport-Relaxationsgleichungen (1.100, 1.101) geführt hat, wäre für das einatomige wärmeleitende Gas

$$\phi = \frac{2}{5}\sqrt{2}(nkTC_{\text{th}})^{-1} g_\mu V_\mu \left(V^2 - \frac{5}{2}\right) \tag{1.126}$$

und mit $g_z = -\lambda \frac{\partial T}{\partial z}$ für die vorliegende Geometrie

$$\phi\left(V_z \frac{\partial T}{\partial z}\right)^{-1} = -\frac{2}{5}\sqrt{2}\lambda(nkTC_{\text{th}})^{-1}\left(V_z^2 - \frac{3}{2}\right) \tag{1.127}$$

zu erwarten; bei einem mehratomigen Gas ist $V_z^2 - \frac{3}{2}$ durch $V_z^2 - V_0^2$ zu ersetzen. Der Beitrag der intramolekularen (Rotations- und Vibrations-)Energie führt auf

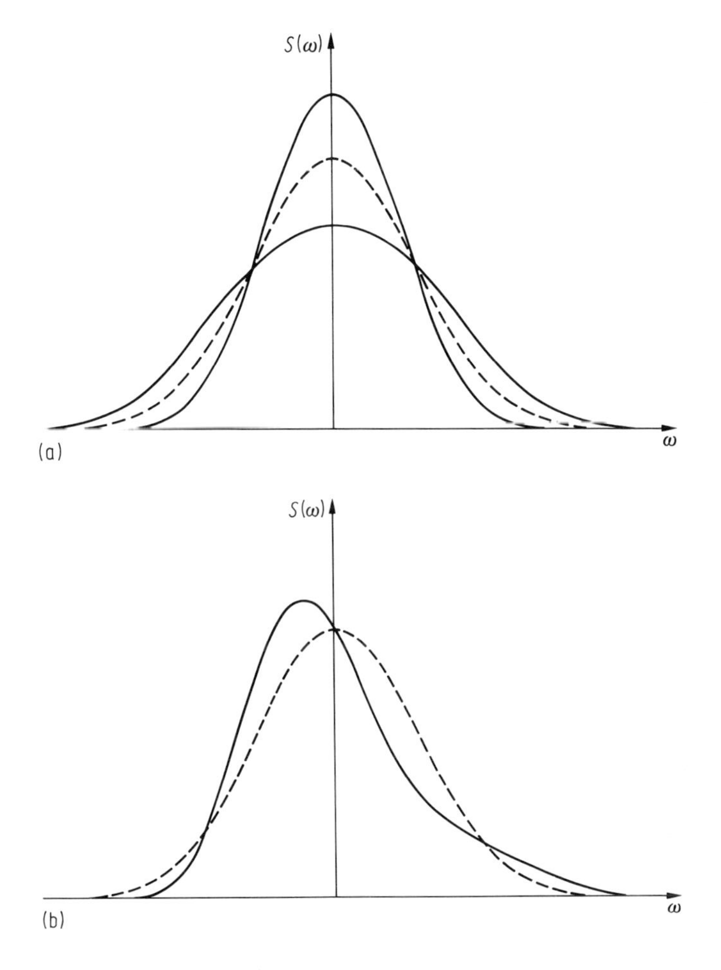

Abb. 1.30 Schematische Veränderung des Doppler-Profils $S(\omega)$ einer Spektrallinie durch eine viskose Strömung bzw. durch einen Wärmestrom; die Frequenz $\omega = 0$ entspricht der ungestörten Linie. Im ersten Fall (a) tritt eine von der Beobachtungsrichtung abhängige, bezüglich der ungestörten frequenzsymmetrischen Veränderung auf, und zwar entsprechen die untere und die obere Kurve einer Beobachtungsrichtung, die die Winkel 45° bzw. 135° mit der Strömungsrichtung bilden. Im zweiten Fall (b) findet man bei Beobachtung in Richtung des negativen Temperaturgradienten eine Linienverschiebung. Die Linienform im Gleichgewicht ist gestrichelt gezeichnet.

$V_0^2 > 3/2$. Die experimentellen Beobachtungen ergeben, wie aufgrund der obigen Überlegungen erwartet, einen linearen Zusammenhang zwischen $\phi\left(V_z \dfrac{\partial T}{\partial z}\right)^{-1}$ und V_z^2 und man findet $V_0^2 \approx 2.8$.

Bemerkenswert ist, daß $\phi \sim n^{-1}$ gilt für ein Gas von mittlerem Druck, wo λ und η unabhängig von der Teilchendichte n sind. Dies trifft auch für ein strömendes Gas zu. Die Störung der Geschwindigkeitsverteilungsfunktion bei einer ebenen Couette-Strömung (in x-Richtung mit dem Geschwindigkeitsgradienten $\gamma = \partial v_x/\partial y$) ist

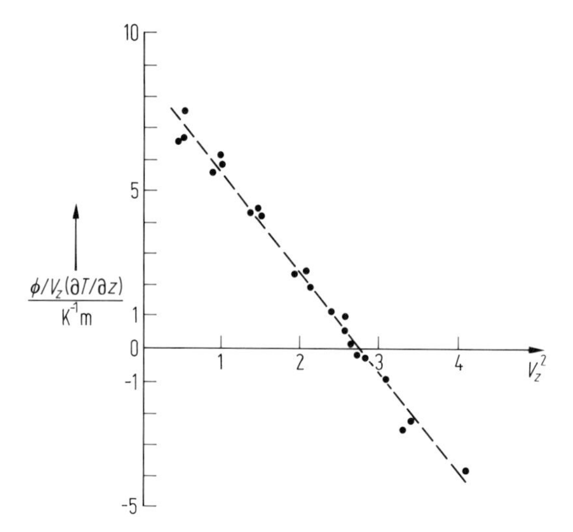

Abb. 1.31 Die bei Gegenwart eines Temperaturgradienten $\partial T/\partial z$ gemessene Abweichung ϕ der Geschwindigkeitsverteilung dividiert durch $V_z(\partial T/\partial z)$ als Funktion von V_z^2 für verschiedene Werte von $\partial T/\partial z$ (275 K m^{-1}, 375 LK m^{-1}, 600 K m^{-1}), nach [37].

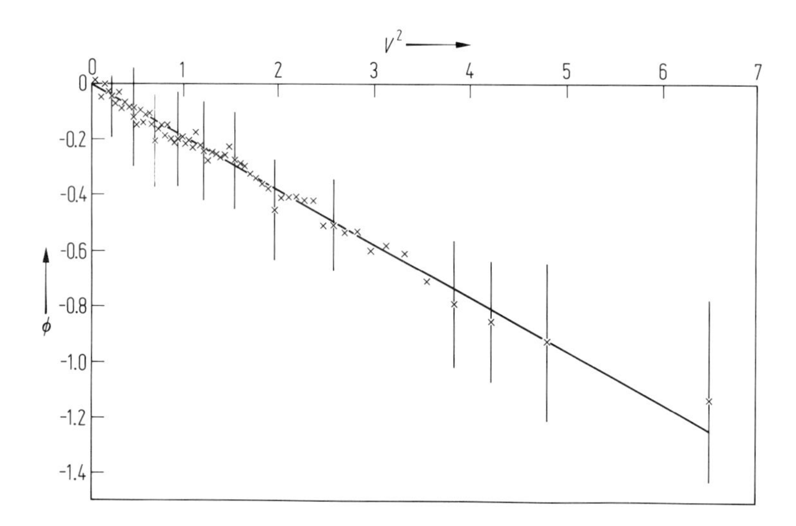

Abb. 1.32 Die durch eine viskose Strömung (speziell eine Couette-Strömung) verursachte Abweichung ϕ der Geschwindigkeitsverteilung als Funktion von V^2 für eine feste Scherrate γ. Die Daten stammen aus einer Nicht-Gleichgewichts-Molekulardynamik-Computer-Simulation [38].

in einer Nicht-Gleichgewichts-Molekulardynamik(NEMD)-Computer-Simulation nachgewiesen worden [12, 38]. In einer zur oben angegebenen analogen Näherung erwartet man beim strömenden Gas

$$\phi = (nkT)^{-1}\,\pi_{\mu\nu}\,\overleftrightarrow{V_\mu V_\nu} \tag{1.128}$$

und, wegen $\pi_{\mu\nu} = -2\eta \frac{\partial \overleftrightarrow{v_\mu}}{\partial r_\nu}$, für die vorliegende Geometrie

$$\phi = -\eta(nkT)^{-1}\gamma V^2 2\hat{V}_x\hat{V}_y, \tag{1.129}$$

wobei $\hat{V}_x$, $\hat{V}_y$ die Komponenten des zu $\boldsymbol{V}$ parallelen Einheitsvektors bezüglich der x- und y-Achsen sind. In Abb. 1.32 ist ϕ für $\hat{V}_x = \hat{V}_y = \sqrt{2}/2$ (d.h. $\hat{\boldsymbol{V}}$ ist die Winkelhalbierende zwischen der x- und der y-Richtung) als Funktion von V^2 aufgetragen, wie aus der Simulation eines Lennard-Jones-Gases entnommen. Die ausgezeichnete Gerade ist die Vorhersage der kinetischen Theorie, die keinen anpaßbaren Parameter enthält, da die Viskosität η über Gln. (1.103) und (1.101) durch ein Stoßintegral festgelegt ist. Die aus Gln. (1.128) und (1.129) und der Abb. 1.32 folgende Anisotropie der Geschwindigkeitsverteilung bewirkt, daß das Maximum der Verteilung V^2F für Geschwindigkeiten in der Strömungsebene (x,y-Ebene) nicht mehr, wie im ungestörten Fall auf einem Kreis liegt, sondern auf einer um 135° zur Strömungsrichtung gedrehten Ellipse. In Abb. 1.33 ist dies schematisch angedeutet.

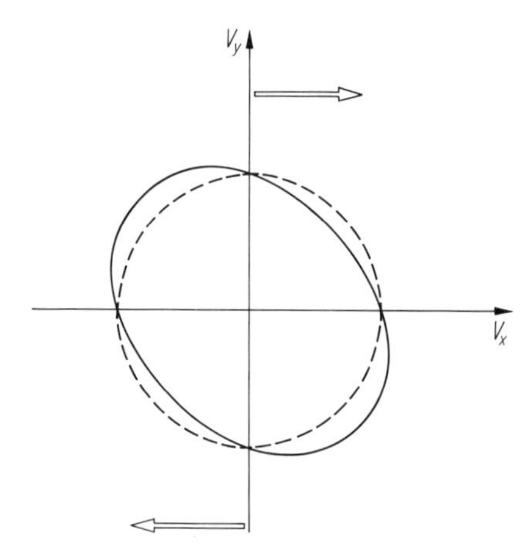

Abb. 1.33 Lage des Maximums der Geschwindigkeitsverteilung V^2F bei einer Strömung in x-Richtung und dem Gradienten in y-Richtung für Geschwindigkeiten in der Scherebene (xy-Ebene). Der gestrichelte Kreis entspricht dem Gleichgewichtsfall ohne Strömung. Die lichten Pfeile deuten die von der y-Koordinate abhängige mittlere Strömungsgeschwindigkeit an.

1.3.4 Gasgemische: Diffusion, Thermodiffusion- und Diffusionsthermoeffekt

1.3.4.1 Phänomenologische Beschreibung und Ansätze

Im folgenden werde ein binäres Gasgemisch mit den (partiellen) Teilchendichten n_i und den Massendichten $\varrho_i = m_i n_i$, $i = 1,2$ betrachtet; m_1 und m_2 seien die Massen der beiden Teilchensorten. Die mittleren Teilchengeschwindigkeiten der beiden Komponenten werden mit $\boldsymbol{v}_i$, $i = 1,2$ bezeichnet. Die Gesamt-Teilchen- und Massendichten des Gemisches sind

$$n = n_1 + n_2, \ \varrho = \varrho_1 + \varrho_2. \tag{1.130}$$

Die im Zusammenhang mit der Impulserhaltung auftretende *mittlere Massengeschwindigkeit* $\boldsymbol{v}$ ist durch

$$\varrho \boldsymbol{v} = \varrho_1 \boldsymbol{v}_1 + \varrho_2 \boldsymbol{v}_2 \tag{1.131}$$

definiert. Sie ist i.a. verschieden von der *mittleren Teilchengeschwindigkeit* $\boldsymbol{w}$, die durch

$$n \boldsymbol{w} = n_1 \boldsymbol{v}_1 + n_2 \boldsymbol{v}_2 \tag{1.132}$$

festgelegt ist. Die Geschwindigkeit $\boldsymbol{v}_i$ einer einzelnen Komponente bezogen auf $\boldsymbol{v}$ oder $\boldsymbol{w}$ wird als Massen- bzw. Teilchen-Diffusionsgeschwindigkeit bezeichnet. Bei der Wärmeleitung ist auch zwischen den Wärmeströmen $\boldsymbol{q}$ und $\boldsymbol{q}^{(w)}$ in beiden Bezugssystemen zu unterscheiden.

Die (lokale) Zusammensetzung des Gasgemisches kann durch einen der Molenbrüche

$$x_1 = \frac{n_1}{n} = x, \quad x_2 = \frac{n_2}{n} = 1 - x \tag{1.133}$$

beschrieben werden. Aus der Erhaltung der Teilchen beider Komponenten folgt, in Analogie zu (1.72),

$$n \left(\frac{\mathrm{d}x}{\mathrm{d}t} \right)_w + \frac{\partial}{\partial r_\mu} j_\mu = 0 \tag{1.134}$$

mit dem Diffusionsstrom

$$j = n_1 (\boldsymbol{v}_1 - \boldsymbol{w}) = \frac{n_1 n_2}{n} (\boldsymbol{v}_1 - \boldsymbol{v}_2); \tag{1.135}$$

$$\left(\frac{\mathrm{d}}{\mathrm{d}t} \right)_w = \frac{\partial}{\partial t} + w_\nu \frac{\partial}{\partial r_\nu} \tag{1.136}$$

ist die substantielle Zeitableitung im System der mittleren Teilchengeschwindigkeit. Griechische Indizes weisen auf kartesische Komponenten von Vektoren hin; es gilt die Summationskonvention.

Bei Abwesenheit äußerer Felder lautet, für den hydrodynamischen Bereich, der phänomenologische Ansatz für den Diffusionsstrom [18]

$$j_\mu = -nD \left(\frac{\partial x}{\partial r_\mu} + k_\mathrm{T} \frac{1}{T} \frac{\partial T}{\partial r_\mu} \right) \tag{1.137}$$

Dabei sind der *Diffusionskoeffizient* D und das *Thermodiffusionsverhältnis* k_T zwei phänomenologische Koeffizienten. Offensichtlich besteht der Diffusionsstrom aus zwei Anteilen, die durch Konzentrations- bzw. Temperaturgradienten verursacht werden; letzteren Anteil nennt man den *Thermodiffusionsstrom*. Dieser Effekt führt zu einer partiellen Entmischung. Er kann zur Trennung von Isotopen eingesetzt werden. Anstelle von k_T benützt man oft den *Thermodiffusionsfaktor* α, der durch

$$k_T = x(1-x)\alpha \tag{1.138}$$

eingeführt wird.

Einsetzen von Gl. (1.137) in Gl. (1.131) liefert für konstantes T, n, D die **Diffusionsgleichung**

$$\left(\frac{dx}{dt}\right)_w \approx D\Delta x \tag{1.139}$$

wobei $\Delta = \frac{\partial^2}{\partial r_\mu \partial r_\mu}$ der Laplace-Operator ist. Eine charakteristische Einstellzeit eines Konzentrationsgleichgewichtes über eine lineare Abmessung L ist durch L^2/D gegeben. Man beachte, daß D die gleiche Dimension hat wie die kinematische Viskosität η/ϱ; das Verhältnis $\varrho D/\eta$ ist also eine Zahl. Für Gase liegt diese in der Größenordnung 1. In Analogie zu (1.87) lautet beim Gasgemisch die Temperaturgleichung, bei konstantem Druck sowie ohne Reibung,

$$\varrho c_p \left(\frac{dT}{dt}\right)_w + \frac{\partial}{\partial r_\mu} q_\mu^{(w)} = 0. \tag{1.140}$$

Der Ansatz für den Wärmestrom $\boldsymbol{q}^{(w)}$ (im Bezugssystem der mittleren Teilchengeschwindigkeit) enthält nicht nur den Temperaturgradienten, sondern auch den Konzentrationsgradienten. Es ist jedoch bequemer, stattdessen den *Diffusionsstrom* j zu verwenden. Der Ansatz lautet dann [18]

$$q_\mu^{(w)} = -\lambda \frac{\partial T}{\partial r_\mu} + \alpha k T j_\mu \tag{1.141}$$

wobei λ die Wärmeleitfähigkeit ist und der Thermodiffusionsfaktor α über k_T schon in Gl. (1.137) vorkam. Der erste Anteil von Gl. (1.141) kann bei der stationären Wärmeleitung in einem ruhenden Gas gemessen werden ($\boldsymbol{j} = 0$). Der zweite Anteil ist der Diffusionswärmestrom, der auch ohne Temperaturgefälle auftritt. Er ist die Ursache des *Diffusionsthermoeffektes*: während der Diffusion von zwei Gasen ineinander bilden sich Temperaturdifferenzen aus, die wieder abklingen, wenn der Diffusionsprozeß abgeschlossen ist.

Bei der Thermodiffusion und beim Diffusionsthermoeffekt tritt der gleiche phänomenologische Koeffizient α auf. Dies ist die Konsequenz einer auf der Zeitumkehrinvarianz der mikroskopischen Wechselwirkung zwischen Teilchen beruhenden *Onsager-Symmetrierelation*. Die aus die Boltzmann-Gleichung für Gemische aufbauende kinetische Theorie bestätigt nicht nur diese Relation, sondern liefert auch eine Begründung für die Ansätze Gln. (1.137) und (1.141) sowie Zusammenhänge zwischen D, λ, α und Stoßintegralen.

1.3.4.2 Diffusions- und Selbstdiffusionskoeffizient

Der aus der kinetischen Theorie ableitbare, exakte aber komplizierte Ausdruck für den binären Diffusionskoeffizienten D läßt sich in einer Näherung, die experimentell innerhalb von etwa 10 % Abweichunng erfüllt wird, auf eine einfache Form bringen:

$$D = \frac{kT}{2m_{12}\omega_D}. \tag{1.142}$$

Dabei ist $m_{12} = \dfrac{m_1 \cdot m_2}{m_1 + m_2}$ die reduzierte Masse und die Stoßfrequenz ω_D ist durch ein Stoßintegral gegeben:

$$\omega_D = \frac{8}{3} n \Omega_{12}^{(1,1)}. \tag{1.143}$$

Wegen der Definition von $\Omega^{(l,r)}$ siehe Gl. (1.101). Wegen $l = 1$ tragen Rückwärtsstöße mit größtem Gewicht im Stoßintegral bei. Für den im Gemisch auftretenden analogen Ausdruck $\Omega_{12}^{(l,r)}$ ist C_{th} durch $(kT/2m_{12})^{\frac{1}{2}}$ zu ersetzen und in Gl. (1.101) der für die Streuung von Teilchen 1 an Teilchen 2 maßgebende differentielle Wirkungsquerschnitt σ_{12} einzusetzen. Für harte Kugeln mit Durchmessern d_1 und d_2 z. B., ist d in (1.5) durch $d = \frac{1}{2}(d_1 + d_2)$ zu ersetzen; für den differentiellen Wirkungsquerschnitt gilt $\sigma_{12} = \frac{1}{4} d_{12}^2 = \frac{1}{16}(d_1 + d_2)^2$. Man beachte: in der Näherung (1.142) ist der Diffusionskoeffizient umgekehrt proportional zur gesamten Teilchendichte n, aber unabhängig von der Konzentration (Mischungsverhältnis) der beiden Komponenten des Gases. Experimentell ist dies in guter Näherung, aber nicht exakt erfüllt. Wenig leichte Moleküle (z. B. H_2) diffundieren in vielen schweren (z. B. N_2) etwa 10 % schneller als wenig schwere in vielen leichten [18].

Von **Selbstdiffusion** spricht man, wenn die Diffusion eines „markierten" Teilchens in einem reinen Gas betrachtet wird. Experimentell ist die Markierung durch den Kernspin (Spindiffusion) oder durch Isotope in guter Näherung zu realisieren. Wegen $m_{12} = \frac{1}{2} m$ reduziert sich dann (1.142) auf

$$D = \frac{kT}{m\omega_D}, \quad \omega_D = \frac{8}{3} n \Omega^{(1,1)}. \tag{1.143 a}$$

Ein Vergleich mit dem analogen Ausdruck (1.104) und (1.101) für die Viskosität η führt auf

$$\frac{\varrho D}{\eta} = \frac{\omega_p}{\omega_D} = \frac{3}{5} \frac{\Omega^{(2,2)}}{\Omega^{(1,1)}}. \tag{1.144}$$

Bei harten Kugeln gilt $\Omega^{(2,2)} = 2\Omega^{(1,1)}$ und somit $\varrho D/\eta = 6/5 = 1.2$. Für Lennard-Jones-Wechselwirkung findet man den etwas größeren (und schwach temperaturabhängigen) Wert $\varrho D/\eta \approx 1.3$, der die experimentellen Daten recht gut wiedergibt [18], s. Tab. 1.9. Dort sind für Argon beim Druck $p = 0.1$ MPa die Werte der Viskosität η, des Diffusionskoeffizienten D und des Verhältnisses $\varrho D/\eta$ für einige Temperaturen von $T = 100$ K bis $T = 2273$ K aufgelistet.

Tab. 1.9 Die Viskosität η, der Diffusionskoeffizient D und das Verhältnis $\varrho D/\eta$ für Argon beim Druck $p = 0.1$ MPa. Die Daten für η und D sind aus [20] entnommen.

T/K	100	200	300	573	973	1273	1773	2273
η/µPa s	7.97	15.9	22.8	37.8	54.7	65.4	81.3	95.8
$D/10^{-6}$ m² s⁻¹	2.21	8.56	18.4	59.0	146	230	400	608
$\varrho D/\eta$	1.33	1.30	1.32	1.31	1.32	1.33	1.34	1.34

1.3.4.3 Thermodiffusionsfaktor

Der in Gln. (1.138) und (1.141) vorkommende Thermodiffusionsfaktor α kann sowohl positiv als auch negativ sein; > 0 bedeutet: die (erstgenannte) Komponente 1 reichert sich bei der niedrigeren Temperatur an. In diesem Sinne findet man für die Gaspaare Ar/Ne, Xe/Kr, Kr/Ar positive Werte von α, die aber stark von der Temperatur abhängen und Werte von etwa 0.02 bis 0.2 annehmen. In zahlreichen Gaspaaren, bei denen wenigstens eine Komponente mehratomig ist, wird eine Vorzeichenumkehr beobachtet; z. B. für Ar/N_2 ist $\alpha > 0$ für $T > 115$ K und $\alpha < 0$ für $T < 115$ K; für CO_2/N_2 ist die Umkehrtemperatur ≈ 205 K, wobei die Gase etwa im Verhältnis 1 : 1 gemischt sind. Bei fester Temperatur kann auch Vorzeichenumkehr von α als Funktion des Molenbruches auftreten; zum Beispiel beim Neon/Ammoniak-Gemisch bei $T = 383$ K [18]. Die im Rahmen der kinetischen Theorie für den Thermodiffusionsfaktor α (in verschiedenen Näherungen) abgeleiteten Ausdrücke sind recht kompliziert. Hier soll nur der Speziallfall $m_1 \approx m_2$ (mit $m_1 > m_2$) und gleiche Wechselwirkung der Teilchen untereinander betrachtet werden, wie er bei Isotopen-Gemischen vorliegt. Dann gilt

$$\alpha = \alpha_{\text{HK}} R_T \tag{1.145}$$

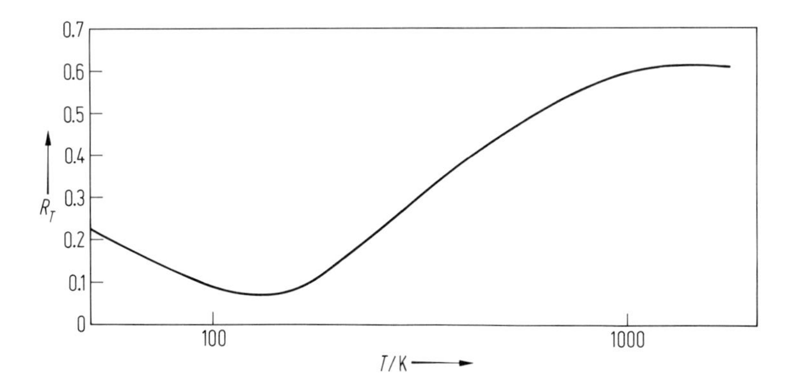

Abb. 1.34 Der Thermodiffusionsfaktor R_T für Argon als Funktion der Temperatur T. Die Daten wurden aus [20] entnommen.

mit dem Wert für harte Kugeln

$$\alpha_{HK} = \frac{105}{118}\frac{m_1 - m_2}{m_1 + m_2} \tag{1.146}$$

und einem temperaturabhängigen Korrekturfaktor R_T ($R_T = 1$ für harte Kugeln). Für ein Potenzkraftmodell mit der Wechselwirkung ϕ proportional zu $r^{-\nu}$ (siehe Gl. (1.15)) ergibt sich $R_T \sim (\nu - 4)/\nu$, d.h. α verschwindet für Maxwell-Moleküle mit $\nu = 4$. Für das Lennard-Jones-Potential (1.16) hat R_T ein Minimum bei einer reduzierten Temperatur $T^* = kT/\phi_0$, die kleiner als 1 ist, für $T^* \gg 1$ wird $R_T = 0.6$. Das in Abb. 1.34 gezeigte experimentelle Verhalten von R_T für Argon entspricht in etwa dem erwarteten Verhalten. Verfahren zur Messung von α sowohl über die Thermodiffusion als auch den Diffusionsthermoeffekt sind im Handbuchartikel von L. Waldmann [18] erläutert.

1.3.5 Verdünnte Gase

In mäßig verdünnten Gasen (rarefied gases) wo die freie Weglänge l vergleichbar, aber doch noch kleiner ist als eine charakteristische makroskopische Länge L (z.B. kleinster Abstand der Wände eines Gefäßes voneinander) sind zum einen die „konstitutiven" Gleichungen (1.79) und (1.85) für den Reibungsdruck und den Wärmestrom zu ergänzen, zum anderen sind Randbedingungen für das Temperaturfeld und die Strömungsgeschwindigkeit zu modifizieren. Die in linearer Ordnung in l/L auftretenden physikalischen Phänomene werden in Abschn. 1.3.5.1 und 1.3.5.2 behandelt; Anmerkungen zum Knudsen-Gas, in dem $l/L \gg 1$ gilt, werden in Abschn. 1.3.5.3 gemacht.

1.3.5.1 Thermischer Druck und viskoser Wärmestrom

Im stationären Fall (verschwindende Zeitableitungen) können die Gln. (1.98) und (1.99) unter Verwendung der Beziehungen (1.103) und mit $\tau_p = \omega_p^{-1}$, $\tau_q = \omega_p^{-1}$ umgeschrieben werden als

$$\pi_{\mu\nu} = -2\eta \overleftrightarrow{\frac{\partial v_\mu}{\partial r_\nu}} + \frac{4}{5}\tau_p \overleftrightarrow{\frac{\partial q_\mu}{\partial r_\nu}} \tag{1.147}$$

$$q_\mu = -\lambda \frac{\partial T}{\partial r_\mu} + \frac{kT}{m}\tau_q \frac{\partial}{\partial r_\nu}\pi_{\nu\mu}. \tag{1.148}$$

Die im Vergleich zu den hydrodynamischen Ansätzen (1.102) neu hinzugekommenen Terme sind von der Ordnung l/L, denn die Relaxationszeiten τ_p und τ_q sind proportional zur freien Weglänge l; L ist eine charakteristische Länge für die räumliche Änderung von q_μ und $\pi_{\mu\nu}$.

In dem Fall, wo keine Strömungsgeschwindigkeit vorliegt ($\mathfrak{v} = 0$) und der Wärmestrom in niedrigster Ordnung durch Gl. (1.102) gegeben ist, erhält man aus (1.147) den *Maxwellschen thermischen Drucktensor*

$$\pi_{\mu\nu} = \frac{4}{5}\lambda\tau_p \frac{\overleftrightarrow{\partial^2 T}}{\partial r_\mu \partial r_\nu}. \tag{1.149}$$

Der Vorfaktor in Gl. (1.149) kann wegen $\eta = nkT\tau_p$ auch als $\frac{4}{5}\lambda\eta/(nkT)$ geschrieben werden. Da λ und η im Boltzmann-Gas unabhängig von der Teilchendichte sind, ist der Maxwellsche thermische Drucktensor, verursacht durch die zweite Ortsableitung des Temperaturfeldes, umgekehrt proportional zum Gasdruck $p = nkT$. Wegen $\Delta T = 0$ für die stationäre Wärmeströmung verschwindet die Ortsableitung in Gl. (1.149) für homogenes Temperaturfeld; es ist also zum Nachweis des Maxwellschen thermischen Drucks eine z. B. zylindrische Geometrie zu benützen, bei der die Linien konstanter Temperatur nicht parallel sind. Der 1967 gefundene „thermomagnetische Dreh" (*Scott-Effekt*), s. Abschn. 1.4, ist ein experimenteller Nachweis für die Existenz des Maxwellschen thermischen Drucks.

Liegt in einem Gas kein Temperaturgradient vor, so führt Gl. (1.148), unter Verwendung von (1.102) für $\pi_{\mu\nu}$ und von $\partial v_\nu/\partial r_\nu = 0$ auf

$$q_\mu = \eta \frac{kT}{m} \tau_q \Delta v_\mu. \tag{1.150}$$

Der Vorfaktor kann auch als $\frac{2}{5}\eta\lambda(nk)^{-1}$ geschrieben werden. Nach Gl. (1.150) führt also ein Geschwindigkeitsfeld, das – wie z. B. bei der Poiseuille-Strömung – eine nichtverschwindende 2. Ortsableitung besitzt, auf einen „viskosen Wärmestrom". Da nach Gl. (1.150) der Wärmestrom q_μ parallel zur Strömungsgeschwindigkeit v_μ ist, erscheint ein experimenteller Nachweis des viskosen Wäremstroms zunächst nicht möglich. In mehratomigen Gasen aus rotierenden Molekülen treten bei Gegenwart eines Magnetfeldes jedoch „Querkomponenten" auf, d. h. der Wärmestrom besitzt auch eine Komponente senkrecht zur Strömungsgeschwindigkeit, die experimentell nachgewiesen wurde [39].

1.3.5.2 Randeffekte in mäßig verdünnten Gasen

Die aus der Boltzmann-Gleichung über Gln. (1.98) und (1.99) abgeleiteten hydrodynamischen Ansätze (1.102) bzw. deren Erweiterungen (1.147) und (1.148) gelten für das Gasinnere, wo die Atome oder Moleküle miteinander stoßen, aber nicht direkt auf eine Wand treffen. Stöße mit einer Wand sind in der Boltzmann-Gleichung ja nicht berücksichtigt. Demzufolge wird auch innerhalb einer Randschicht von der Dicke einiger freien Weglängen l das tatsächlich vorliegende Temperatur- oder Geschwindigkeitsfeld von dem aufgrund der Lösungen der Gleichungen der Thermohydrodynamik erwarteten Verlauf abweichen. In Abb. 1.35 ist dies für die Temperatur $T(y)$ des Gases in der Nähe einer Wand mit $T = T_w$ veranschaulicht. Der vom Inneren des Gases linear zur Wand extrapolierte Wert ist mit $T_G = T(y = 0)$ bezeichnet; die Temperaturdifferenz ist $\delta T = T_G - T_w$.

Da man sich für den genauen Verlauf von $T(y)$ in der Nähe der Wand nicht interessiert, trägt man den Randeffekten durch die Randbedingung

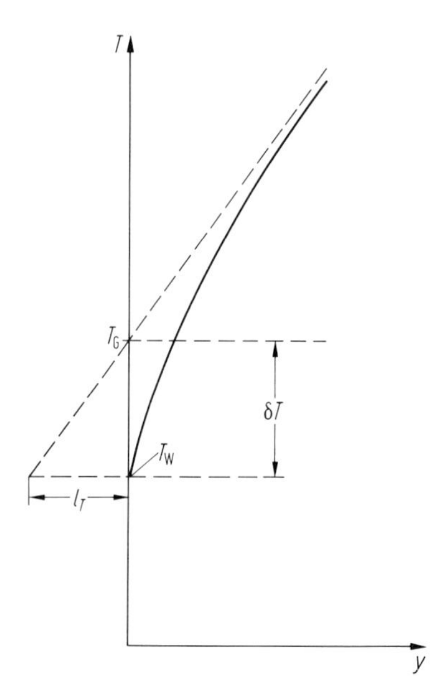

Abb. 1.35 Schematischer Verlauf der Temperatur in der Nähe einer Wand mit Temperatur T_W; Darstellung der Bedeutung der Temperaturen T_G; $\delta T = T_G$-T_W und der Temperatursprunglänge l_T.

$$T_G = T_w + \delta T, \quad \delta T = l_T \left(\frac{\partial T}{\partial y} \right)_G \tag{1.151}$$

Rechnung, wobei die y-Richtung senkrecht zur Wand ist und der phänomenologische *Temperatursprungkoeffizient* $l_T > 0$ eingeführt wurde, der von der Größenordnung einer freien Weglänge ist. Gemäß Gl. (1.151) wird der Temperatursprung um so größer, je größer der Temperaturgradient $(\partial T/\partial y)_G$ im Inneren des Gases ist. Wie aus Abb. 1.35 ersichtlich, könnte die einfache Randbedingung $T_G = T_w$ verwendet werden, wenn statt des tatsächlichen Abstandes L zwischen zwei Wänden mit $L + 2l_T$ gerechnet würde. Wegen $l_T \approx l$ ersieht man hieraus, daß Randeffekte dieser Art für $l/L \ll 1$ vernachlässigt werden können; im verdünnten Gas, wo l nicht mehr sehr klein im Vergleich zu L ist, werden sie aber bedeutsam.

Ähnlich sind die Verhältnisse für die Strömung. Seien $v(y)$ die x-Komponente der Geschwindigkeit eines Gases, $v_G = v(y = 0)$ und $(\partial v/\partial y)_G$ die (lineare) Extrapolation des Geschwindigkeitsgradienten vom Inneren auf die Wand, s. Abb. 1.36. Die Geschwindigkeit der Wand in x-Richtung sei v_w. Der zu Gl. (1.151) analoge Ansatz ist

$$v_G = v_w - \delta v, \quad \delta v = l_v \left(\frac{\partial v}{\partial y} \right)_G. \tag{1.152}$$

Der phänomenologische Koeffizient $l_v \geqslant 0$ für den Schlupf δv der Geschwindigkeit ist ebenfalls von der Größenordnung einer freien Weglänge l.

In der Randschicht eines Gases treten noch zwei weitere Effekte auf, nämlich die *thermische Gleitung* bei einer ungleichmäßig erwärmten Oberfläche und ein zusätzli-

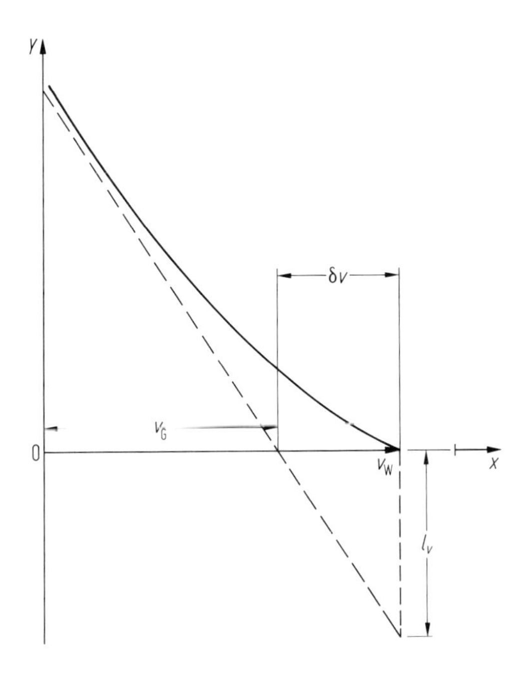

Abb. 1.36 Schematischer Verlauf des Geschwindigkeitsprofils in der Nähe einer mit der Geschwindigkeit v_W bewegten Wand; Erläuterung der Bedeutung der Geschwindigkeiten v_G, $\delta v = v_W - v_G$ und der Schlupflänge l_v.

cher Wärmestrom bei einer Variation der Geschwindigkeit senkrecht zur Oberfläche. Für die in Abb. 1.35 und Abb. 1.36 benützte ebene Geometrie werden diese Phänomene durch die Ansätze

$$v_G = l_{vT} \frac{C_{th}}{T} \frac{\partial T}{\partial x} \tag{1.153}$$

und

$$q_G = l_{Tv} C_{th} \eta \frac{\partial v}{\partial y} \tag{1.154}$$

beschrieben mit zwei phänomenologischen Koeffizienten l_{vT} und l_{Tv}, die ebenfalls zur freien Weglänge proportional sind. Im Gegensatz zur Gl. (1.151) steht in Gl. (1.153) die Ortsableitung von T parallel zur Oberfläche; v_G ist parallel zur Wand, q_G ist ein zusätzlicher Wärmestrom senkrecht zur Oberfläche. Die thermische Gleitung ist wesentlich verantwortlich für den Radiometer-Effekt und die Thermophorese, solange die freie Weglänge nicht zu groß ist, siehe Abschn. 1.3.5.4. Die beiden Koeffizienten l_{vT} und l_{Tv} sind, (ähnlich wie bei der Thermodiffusion und beim Diffusionsthermoeffekt) über eine *Onsager-Symmetrierelation* miteinander verknüpft [15, 40]. Es gilt $l_{vT} = l_{Tv}$. Im Gegensatz zu l_T und l_v ist das Vorzeichen von l_{Tv} (analog zu dem des Thermodiffusionsfaktors α) durch die Forderung positiver Entropieproduktion nicht festgelegt.

1.3.5.3 Stark verdünnte Gase

Im stark verdünnten Gas, das auch **Knudsen-Gas** genannt wird, gilt $l \gg L$; d.h. die Atome und Moleküle stoßen überwiegend mit den Wänden und nur selten miteinander.

Eine im Vergleich zum „normalen Gas" zunächst überraschende Erscheinung ist der *Knudsen-Effekt*, der beobachtet wird, wenn sich ein Gas in zwei kommunizierenden Gefäßen mit Temperaturen T_I und T_II befindet und die Dicke L der verbundenen (dünnen) Röhre klein im Vergleich zu l ist ($l \gg L$). Es gilt dann nämlich für die Drücke p_I und p_II in beiden Gefäßen

$$\frac{p_\mathrm{I}}{p_\mathrm{II}} = \left(\frac{T_\mathrm{I}}{T_\mathrm{II}}\right)^{\frac{1}{2}}. \tag{1.155}$$

Im „Normalfall" mit $l \ll L$ dagegen ist im mechanischen Gleichgewicht $p_\mathrm{I} = p_\mathrm{II}$ unabhängig von den Temperaturen T_I und T_II. Die Erklärung für Gl. (1.155) folgt aus der Tatsache, daß im stationären Fall gleich viele Teilchen von rechts nach links wie von links nach rechts fliegen und die Zahl der ein Gefäß verlassenden Teilchen, welche die Öffnung im Gefäß treffen, proportional zum Produkt aus der Teilchendichte n und der thermischen Geschwindigkeit $C_\mathrm{th} \sim T^{\frac{1}{2}}$ ist. Also gilt $(nT^{\frac{1}{2}})_\mathrm{I} = (nT^{\frac{1}{2}})_\mathrm{II}$, und wegen $p = nkT$ folgt hieraus (1.155).

Zur Charakterisierung des Transportes von Energie und Impuls durch die Moleküle eines stark verdünnten Gases können *effektive Transportkoeffizienten* λ_eff und η_eff benutzt werden, auch wenn die lokalen Ansätze (1.80) und (1.85) nicht mehr zu verwenden sind. Für den Wärmetransport zwischen zwei ebenen Platten (senkrecht zur y-Richtung) auf Temperaturen T_I und $T_\mathrm{II}(T_\mathrm{I} > T_\mathrm{II})$, die den Abstand L besitzen, kann die y-Komponente des Wärmestroms in der Form

$$q_y = \lambda_\mathrm{eff} \frac{T_\mathrm{I} - T_\mathrm{II}}{L} \tag{1.156}$$

geschrieben werden. Die Beziehung (1.156) definiert den Koeffizienten λ_eff. Werden die beiden Platten (auf gleicher Temperatur) mit den (verschiedenen) Geschwindigkeiten v_I und $v_\mathrm{II}(v_\mathrm{I} > v_\mathrm{II})$ in x-Richtung bewegt, so kann über die yx-Komponente des Drucktensors der Koeffizient η_eff gemäß

$$p_{yx} = -\eta_\mathrm{eff} \frac{v_\mathrm{I} - v_\mathrm{II}}{L} \tag{1.157}$$

eingeführt werden. Die Größen λ_eff und η_eff sind in stark verdünntem Gas proportional zur Teilchendichte n und hängen ab von der Geometrie der Meßanordnung. Qualitativ wird dieses Verhalten verständlich, wenn man z.B. in der Formel (1.103) für die Viskosität die Stoßfrequenz ω_p durch $\omega_p + C_\mathrm{th}/L$ ersetzt, um den im verdünnten Gas wichtigen Stößen der Moleküle mit der Wand Rechnung zu tragen. Die so erhaltene *effektive Viskosität*

$$\eta_\mathrm{eff} = \eta_\mathrm{B}(1 + l/L)^{-1} \tag{1.158}$$

mit der freien Weglänge $l = C_\mathrm{th}\omega_p^{-1}$ geht für $l \ll L$ in den Boltzmannschen Wert η_B

(gegeben durch Gl. (1.103) über. Für den entgegengesetzten Grenzfall $l \gg L$ erhält man

$$\eta_{\text{eff}} = nmC_{\text{th}}L. \tag{1.159}$$

Wie erwartet, ist $\eta_{\text{eff}} \sim n$ und wegen des Faktors L abhängig von der Geometrie der Meßanordnung. Im allgemeinen tritt aber in Gl. (1.159) ein zusätzlicher Faktor auf, der durch die Wechselwirkung der Moleküle mit der Festkörperoberfläche bestimmt wird.

Die einfachste Modellannahme hierfür ist die Einführung eines *Akkomodationskoeffizienten* α, der den Bruchteil der Moleküle angibt, die nach dem Stoß mit der Wand ihre vorherige Geschwindigkeit „vergessen" haben, d.h. bei der Reemission ins Gas nehmen sie im Mittel die Geschwindigkeit der Wand an und ihre thermische Energie ist durch die Temperatur der Wand bestimmt. Der Bruchteil 1-α der Moleküle wird an der Wand spiegelnd reflektiert. Im Rahmen der kinetischen Theorie können die Oberflächenparameter wie l_T und l_v in Gln. (1.151) und (1.152) mit α verknüpft werden. Aus experimentellen Daten können somit Werte für α abgeleitet werden, die nahe bei 1 liegen. Die tatsächlich vorliegenden Details der Gas-Oberflächen-Wechselwirkung werden in einem solchen Modell natürlich nicht erfaßt.

1.3.5.4 Thermophorese

Bei Gegenwart eines Temperaturgradienten bewegen sich kleine Staubteilchen (Aerosole) oder auch Tröpfchen mit konstanter Geschwindigkeit in Richtung der niedrigeren Temperatur. Bei dieser „Thermophorese" liegt ein Gleichgewicht vor zwischen der die Teilchen antreibenden *thermischen Kraft* $\boldsymbol{F}^{\text{therm}}$ und der sie abbremsenden (Stokeschen) Reibung. Obwohl diese Erscheinung unter Normalbedingungen (und sogar in dichten Gasen) beobachtet wird, ist sie ein für verdünnte Gase typischer Effekt, da hier die lineare Abmessung des Aerosolteilchens mit der freien Weglänge l verglichen werden muß. Für die folgende Diskussion wird ein kugelförmiges Aero-

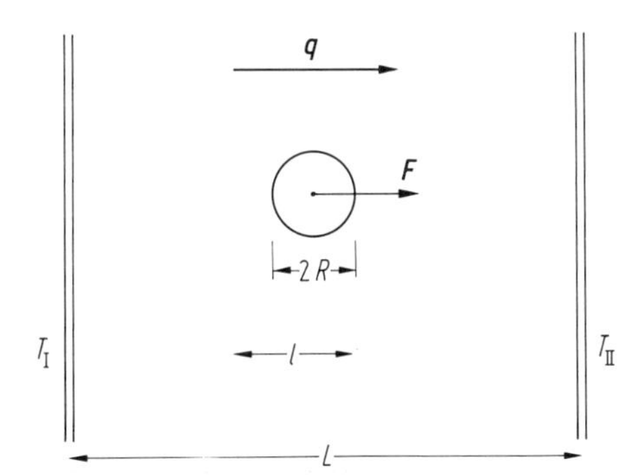

Abb. 1.37 Schematische Darstellung zur thermischen Kraft $\boldsymbol{F}$, die auf ein Aerosolteilchen (Kugel mit Radius $\boldsymbol{R}$) wirkt; $\boldsymbol{q}$ gibt die Richtung des Wärmestroms an; l ist die freie Weglänge. Der Abstand zwischen den Wänden mit den Temperaturen T_{I} und T_{II} ($T_{\text{I}} > T_{\text{II}}$) ist mit L bezeichnet.

solteilchen mit Radius R angenommen. Wie in Abb. 1.37 schematisch angedeutet, soll der Wärmestrom im Gas durch zwei Wände mit den Temperaturen $T_{\text{I}} > T_{\text{II}}$ erzeugt werden, deren Abstand sehr groß sein soll im Vergleich zu l. Der Temperaturgradient (in x-Richtung weit weg vom Aerosolteilchen) ist $\left(\frac{\partial T}{\partial x}\right)_\infty = \frac{T_{\text{I}} - T_{\text{II}}}{L}$. Für den Fall, wo R größer, aber vergleichbar mit l ist, wird die thermische Kraft durch die thermische Gleitung an der Kugeloberfläche erzeugt, da diese bei der gezeigten Anordnung keine einheitliche Temperatur hat. Die resultierende Kraft ist proportional zu $-Rl_{vT}(\partial T/\partial x)_\infty$ und damit proportional zu n^{-1}. Da für $R > l$ die Stokesche Reibungskraft ebenfalls proportional zu R ist, erhält man einen von R unabhängigen Ausdruck für die *thermophoretische Geschwindigkeit* v (in x-Richtung):

$$v \sim -l_{vT} C_{\text{th}} T^{-1} \left(\frac{\partial T}{\partial x}\right)_\infty . \tag{1.160}$$

Dabei ist T die Temperatur, die das Gas am Orte des Aerosolteilchens ohne dessen Anwesenheit hätte. Der Proportionalitätsfaktor hängt noch vom Verhältnis der Wärmeleitfähigkeiten des Gases und des Aerosolteilchens ab [41, 42]. Wegen $l_{vT} \sim \text{n}^{-1}$ ist auch die Geschwindigkeit (1.160) für $R > l$ proportional zu n^{-1}.

Im Grenzfall $R \ll l$ (es soll aber immer noch $l \ll L$ gelten) wird die thermische Kraft durch den Impulsübertrag der das Aerosolteilchen treffenden Moleküle bestimmt und somit proportional zu R^2 (Trefferfläche) und zur Teilchendichte des Gases. Bei der Mittelung über die Geschwindigkeiten ist die durch Gl. (1.126) gegebene Abweichung der Verteilung von der Maxwell-Verteilung zu berücksichtigen, die proportional zu n^{-1} ist. Die Kraft in x-Richtung ist proportional zu $-R^2 C_{\text{th}}^{-1} \lambda(\partial T/\partial x)_\infty$. Die Reibungskraft auf ein Aerosolteilchen ist für $R \ll l$ ebenfalls proportional zu R^2, aber auch zu n. In diesem Fall wird die resultierende thermophoretische Geschwindigkeit

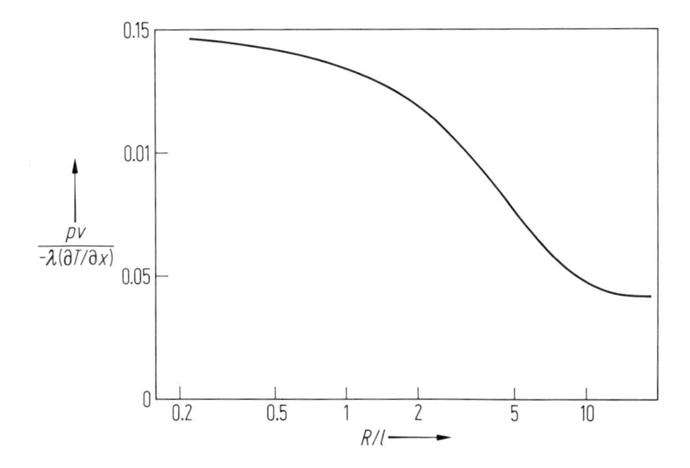

Abb. 1.38 Das Produkt aus der thermophoretischen Geschwindigkeit v und dem Druck p dividiert durch den Wärmestrom $-\lambda(\partial T/\partial x)$ für Silikonöltröpfchen in Argon. Die Daten wurden aus [41] entnommen.

$$v \sim -\lambda(nk)^{-1}T^{-1}\left(\frac{\partial T}{\partial x}\right)_{\infty} \tag{1.161}$$

wiederum proportional zu n^{-1} und unabhängig von R. Beides trifft nicht mehr zu im Übergangsbereich $R \approx l$.

In Abb. 1.38 ist das aus Messungen der thermophoretischen Geschwindigkeit von Silikonöltröpfchen in Argon bestimmte Verhältnis $pv/[-\lambda(\partial T/\partial x)]$ als Funktion von R/l aufgetragen. Die freie Weglänge l wurde dabei über die Viskosität gemäß $\eta = 1.25$ nm $C_{th} l$ ermittelt. Die Ausdrücke Gln. (1.160) und (1.161) beschreiben die für $R/l \gg 1$ bzw. $l \ll 1$ auftretenden Werte.

Bei der *Photophorese*, der Bewegung beleuchteter Staubteilchen in einem Gas, werden Temperaturunterschiede nicht durch einen Wärmestrom von außen, sondern durch unterschiedliche Erwärmung des Aerosolteilchens und des umgebenden Gases erzeugt.

Im isothermen Gasgemisch kann durch einen Diffusionsstrom ebenfalls eine Kraft auf Aerosolteilchen ausgeübt werden [41], man spricht dann von *Diffusiophorese*.

1.4 Nicht-Gleichgewichts-Ausrichtungseffekte

Im Nicht-Gleichgewicht sind die Rotationsdrehimpulse der Moleküle i. a. nicht mehr isotrop, d. h. mit gleicher Wahrscheinlichkeit in alle Richtungen verteilt. Während dies, wie bereits früher erwähnt, für den Absolutwert der Wärmeleitfähigkeit und der Viskosität nur eine geringe Rolle spielt, gibt es eine Reihe von physikalischen Effekten, die die partielle Ausrichtung der Rotationsdrehimpulse direkt oder indirekt widerspiegeln. Hierzu gehören der Einfluß magnetischer und elektrischer Felder auf die Transporteigenschaften (Senftleben-Beenakker-Effekt), der durch empfindliche Relativmessungen festgestellt werden kann, ebenso wie die Strömungsdoppelbrechung und einige verwandte Erscheinungen in verdünnten Gasen. Diese in den letzten beiden Jahrzehnten experimentell und theoretisch gut untersuchten Phänomene hängen entscheidend von dem (für Edelgase verschwindenden) nicht-sphärischen (d. h. winkelabhängigen) Anteil der molekularen Wechselwirkung ab und können somit zur Untersuchung der Abhängigkeit der molekularen Wechselwirkung von den Rotationsdrehimpulsen und deren Orientierung eingesetzt werden.

1.4.1 Einfluß äußerer magnetischer und elektrischer Felder auf die Transporteigenschaften (Senftleben-Beenakker-Effekt)

1.4.1.1 Vorbemerkungen und qualitative Erklärung des Effektes

Im Jahre 1930 bemerkte Senftleben [43], daß ein äußeres magnetisches Feld zu einer Abnahme der Wärmeleitfähigkeit von Luft führte; die genauere Untersuchung ergab zunächst, daß der Effekt allein von O_2 (und nicht vom N_2) verursacht war. Kurz danach wurde ein ähnlicher Effekt für die Viskosität [44] von O_2 entdeckt. In beiden Fällen war die maximal erreichbare Änderung der Transportkoeffizienten etwa 1 %.

Dies erscheint zunächst gering, da aber der Unterschied der Transporteigenschaften für eine Situation mit und ohne angelegtes äußeres Feld in einer Relativmessung nachgewiesen werden kann, sind noch wesentlich kleinere Änderungen gut meßbar.

Lange Zeit wurde der „Senftleben-Effekt" für eine Kuriosität paramagnetischer Gase gehalten, da er nur für O_2 und NO beobachtet wurde [45]. Beenakker und Mitarbeiter [46] konnten jedoch 1962 experimentell nachweisen, daß ein Feldeinfluß auf die Viskosität von gleicher Größenordnung auch für das diamagnetische Gas N_2 auftritt. Die Feldeffekte bei Transportprozessen sind eine universelle Erscheinung, die in allen Gasen aus rotierenden Molekülen beobachtbar ist [47] und in der Literatur als *Senftleben-Beenakker-Effekt* bezeichnet wird.

Bevor Details der Experimente und der kinetischen Theorie erläutert werden, sind einige Anmerkungen zu den experimentellen Beobachtungen und eine qualitative Interpretation angebracht. Seien $\eta(B)$ bzw. $\lambda(B)$ die in einer bestimmten experimentellen Anordnung bei Gegenwart eines Magnetfeldes $\boldsymbol{B}$ (mit der Stärke $B = |\boldsymbol{B}|$) meßbaren Viskositäts- bzw. Wärmeleitkoeffizienten. Als *Feldeffekt* wird die relative Änderung

$$\varepsilon = \frac{\eta(B) - \eta}{\eta} \tag{1.162}$$

bzw.

$$\varepsilon = \frac{\lambda(B) - \lambda}{\lambda} \tag{1.163}$$

bezeichnet, wobei $\eta = \eta(0)$ und $\lambda = \lambda(0)$ die entsprechenden Werte im feldfreien Fall sind. In Abb. 1.39 ist $-\varepsilon$ als Funktion des Verhältnisses der Feldstärke B und des Drucks p schematisch aufgetragen, wie es sowohl für die Viskosität als auch die Wärmeleitfähigkeit beobachtet wird. Dabei wurden folgende experimentelle Fakten berücksichtigt:

1. die Transportkoeffizienten nehmen bei Gegenwart des Feldes ab;
2. die bei verschiedenen Feldstärken B und verschiedenen Drücken p (aber konstan-

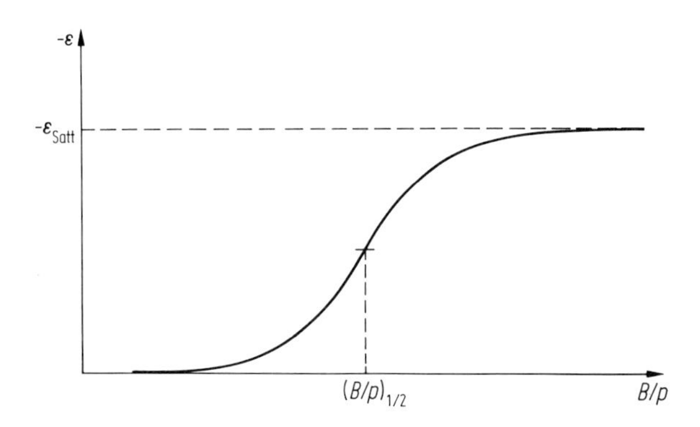

Abb. 1.39 Schematischer Verlauf der relativen feldinduzierten Änderung ε der Viskosität oder der Wärmeleitfähigkeit als Funktion des Verhältnisses von Magnetfeld B und Druck p. Bei $(B/p)_{\frac{1}{2}}$ ist ε gleich dem halben Sättigungswert $\varepsilon_{\text{Satt}}$.

ter Temperatur) gemessenen Werte lassen sich durch eine „Masterkurve" wiedergeben, bei der nur das Verhältnis B/p eingeht;
3. bei hohen Werten von B/p strebt $-\varepsilon$ gegen einen Sättigungswert $-\varepsilon_{\text{Satt}}$ (der für die meisten Gase zwischen 10^{-3} und 10^{-2} liegt und von der Temperatur abhängt);
4. der halbe Sättigungswert wird bei einem für jedes Gas charakteristischen Wert $(B/p)_{\frac{1}{2}}$ erreicht, der ebenfalls von der Temperatur abhängig ist.

Die wesentlichen Charakteristika des Feldeffektes sind durch die folgenden Vorstellungen qualitativ zu erklären:

1. Während eines Transportprozesses ist die Orientierung der Moleküle, insbesondere ihrer Rotationsdrehimpulse anisotrop, d.h. nicht gleichförmig verteilt wie im Gleichgewicht;
2. diese Nicht-Gleichgewichtsausrichtung koppelt auf den Transportvorgang zurück. Der Impuls oder die Energie können effektiver transportiert werden; Viskosität und Wärmeleitfähigkeit sind somit größer als sie bei einer gleichförmigen Orientierung der Rotationsdrehimpulse wären.
3. Die Moleküle besitzen ein magnetisches Moment $\boldsymbol{\mu}$ proportional zu $\boldsymbol{J}$. Bei Gegenwart eines Magnetfeldes führen sie eine Präzessionsbewegung um die Feldrichtung aus, die zu einer teilweisen „Zerstörung" der Nicht-Gleichgewichtsausrichtung führt; dies wiederum beeinflußt den Transportvorgang: $\eta(B)$ und $\lambda(B)$ nähern sich dem Wert, der ohne Ausrichtung vorläge; sie werden kleiner.

Hierdurch wird zum einen das Auftreten einer Sättigung des Effektes erklärt. Wenn die Vorzugsausrichtung praktisch vollständig zerstört ist, bewirkt eine weitere Erhöhung des Feldes keine Änderung der Transportkoeffizienten mehr. Zum anderen erfolgt die Präzession zwischen zwei Stößen, wird also durch das Produkt $\omega_B\tau$ bestimmt sein, wobei $\omega_B = \hbar^{-1}\mu B$ die Präzessionsfrequenz eines Teilchens mit magnetischem Moment μ bei der Feldstärke B ist; τ ist die freie Flugzeit. Wegen

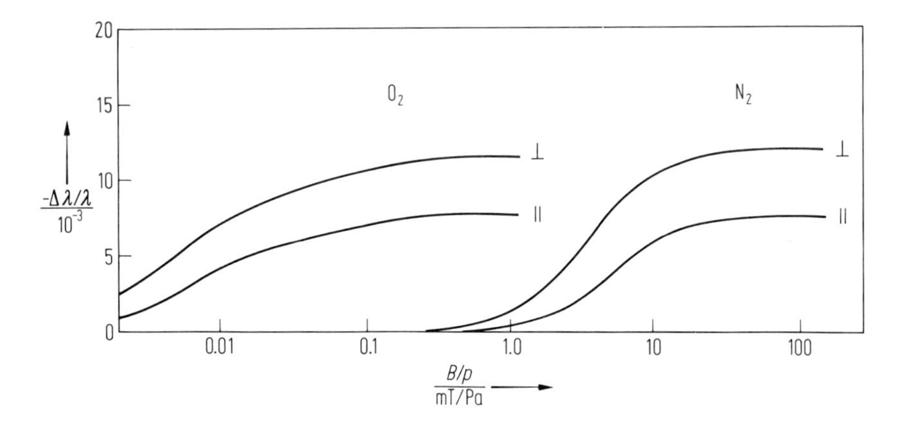

Abb. 1.40 Die relative Änderung $\Delta\lambda/\lambda$ der Wärmeleitfähigkeiten für das Feld parallel (∥) und senkrecht (⊥) zum Temperaturgradienten für die Gase O_2 und N_2 als Funktion von B/p. Für das paramagnetische Gas O_2 wird nicht nur der Sättigungswert früher erreicht, sondern es liegt auch eine etwas andere Kurvenform vor.

$\tau \sim n^{-1} \sim p^{-1}$, siehe Gl. (1.13), wird somit die Abhängigkeit von B/p erklärt. Ebenso wird verständlich, wieso für O_2, wo das magnetische Moment von der Größenordnung des Bohr-Magnetons ist, der Effekt leichter zu finden war als bei den diamagnetischen Gasen. Dort ist nämlich das durch die Rotation der Moleküle verursachte magnetische Moment (von der Größenordnung des Kernmagnetons) etwa um den Faktor 10^{-3} bis 10^{-2} kleiner und demnach werden um den Faktor 10^2 bis 10^3 größere Werte für B/p benötigt, um eine bemerkbare feldinduzierte Änderung der Transportkoeffizienten zu erreichen. In Abb. 1.40 sind die relativen Änderungen $-\varepsilon$ der Wärmeleitfähigkeit von O_2 und N_2 als Funktion von B/p gezeigt.

Die sehr geringe thermische Ausrichtung der Drehimpulse sowie ein direkter Einfluß des Feldes auf den Stoßvorgang spielen praktisch keine Rolle beim Senftleben-Beenakker-Effekt.

Eine einfache Modellvorstellung zur Entstehung der Nicht-Gleichgewichtsausrichtung ist in Abb. 1.41 skizziert. Der Transport von Impuls oder kinetischer Energie durch den freien Flug (z. B. von oben nach unten) über die freie Weglänge l wird am effektivsten durch Teilchen bewerkstelligt, die zwei aufeinanderfolgende 90°-Stöße ausführen. Für lineare Moleküle (z. B. N_2, CO_2), deren Achse in der zum Rotationsdrehimpuls $\boldsymbol{J}$ senkrechten Ebene liegt, wird – wie aus Abb. 1.41 a, b ersichtlich – nach dem ersten Stoß die in Abb. 1.42 c gezeigte Orientierung (wobei $\boldsymbol{J}$ und $-\boldsymbol{J}$ äquivalent sind) etwas häufiger als andere Orientierungen vorkommen, wenn der repulsive Anteil der Wechselwirkung den Stoßvorgang bestimmt. Für die Teilchen mit dieser Orientierung wiederum, ist die Wahrscheinlichkeit für einen 90°-Stoß, wie gezeigt, grö-

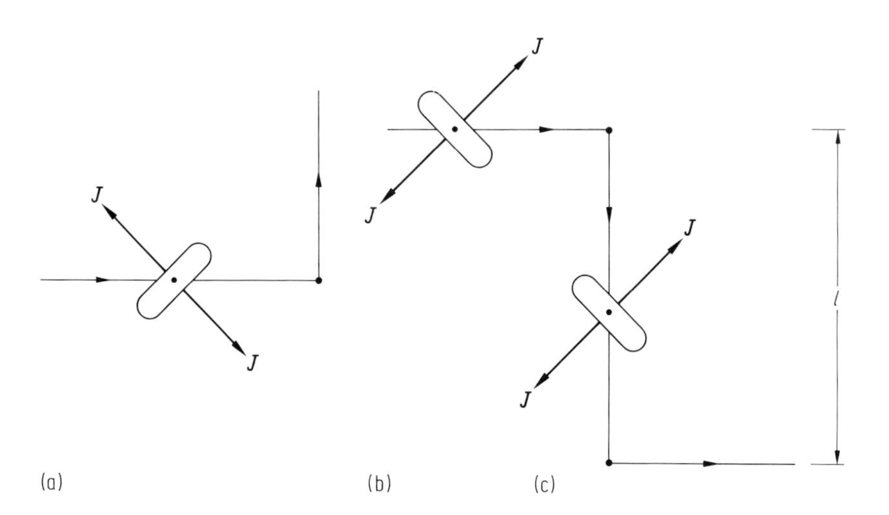

Abb. 1.41 Einfaches Modell zur Erklärung der stoßinduzierten Ausrichtung der Drehimpulse $\boldsymbol{J}$. Gezeigt ist eine „tensorielle" Ausrichtung, bei der $\boldsymbol{J}$ und $-\boldsymbol{J}$ äquivalent sind; die Molekülachse liegt innerhalb der angedeuteten, zu $\boldsymbol{J}$ senkrechten Scheibe. Bei einem repulsiven Stoß einer Scheibe mit einem sphärischen Streuer wird bei der im Fall (a) bzw. (b) dargestellten Orientierung eine Streuung nach oben bzw. unten häufiger sein als in die entgegengesetzte Richtung. In (c) ist eine Folge von zwei 90°-Stößen betrachtet. Für die gezeigte Orientierung ist beim zweiten Stoß häufiger die angedeutete Streuung nach rechts zu erwarten als nach links.

ßer als bei einer gleichförmigen Verteilung. Eine mögliche Vorzugsorientierung des Stoßpartners wird in dem einfachen Modell ignoriert. Wohl aber ist bei diesen Überlegungen zu beachten, daß gleich viele Teilchen von unten nach oben fliegen wie von oben nach unten, wenn im Mittel, wie angenommen, keine Strömung in diese Richtung erfolgen soll. Die von unten nach oben gestreuten Teilchen besitzen vorzugsweise eine zur gezeigten Anordnung senkrechte Orientierung, die im Gleichgewicht zu einer Gleichverteilung der Richtungen der Drehimpulse führt. Beim Transportvorgang, wo ein Gradient (in y-Richtung) der Strömungsgeschwindigkeit oder der Temperatur vorliegt, wird eine der Orientierungen, z. B. die gezeigte, überwiegen. Der Betrag der resultierenden Nicht-Gleichgewichtsausrichtung ist dann proportional zu $\partial v_x/\partial y$ bzw. $\partial T/\partial y$.

Bei Gegenwart eines Magnetfeldes $\boldsymbol{B}$ führt der Drehimpuls $\boldsymbol{J}$ eines Teilchens eine Präzessionsbewegung um die Feldrichtung aus, die Wahrscheinlichkeit für eine Streuung um 90° beim zweiten Stoß wird dadurch verkleinert. Wie bereits aus Abb. 1.41 zu ersehen ist, kommt es dabei auch auf die Orientierung des Feldes relativ zu den durch den Transportvorgang vorgegebenen Richtungen an. Für $\boldsymbol{B}$ parallel zur y-Richtung bzw. zur z-Richtung führen Drehungen von $\boldsymbol{J}$ um 360° bzw. um 180° zur Ausgangsorientierung zurück; für ein Feld parallel zu $\boldsymbol{J}$ tritt keine Präzession auf. Dies veranschaulicht, daß die Transportkoeffizienten bei Gegenwart äußerer Felder anisotrop (richtungsabhängig) sind. Die Wärmeleitfähigkeit und die Viskosität werden durch Tensoren charakterisiert. Phänomenologische Überlegungen zur Anisotropie der Transportvorgänge in einem Fluid bei Anwesenheit eines Magnetfeldes bzw. eines elektrischen Feldes und zur Messung der verschiedenen Transportkoeffizienten werden im nächsten Abschnitt erläutert.

1.4.1.2 Anisotropie der Transportkoeffizienten, Meßanordnungen

Die folgenden Symmetrieüberlegungen sind unabhängig von den im vorausgegangenen Abschnitt diskutierten Modellvorstellungen.

Für ein anisotropes Medium lautet der Fouriersche Ansatz für den Wärmestrom

$$q_\mu = -\lambda_{\mu\nu} \frac{\partial T}{\partial r_\nu} \tag{1.164}$$

wobei der Wärmeleitfähigkeitstensor $\lambda_{\mu\nu}$ i. a. 9 Komponenten enthält. Für ein Gas in Gegenwart eines Magnetfeldes treten – aus Symmetriegründen – nur 3 unabhängige Koeffizienten auf, die $\lambda^{\parallel}$, $\lambda^{\perp}$ und λ^{tr} genannt werden. Die hochgestellten Indizes stehen für „parallel", „senkrecht" und „transversal". In diesem Fall kann $\lambda_{\mu\nu}$ in der Form

$$\begin{pmatrix} \lambda^{\perp} & -\lambda^{\mathrm{tr}} & 0 \\ +\lambda^{\mathrm{tr}} & \lambda^{\perp} & 0 \\ 0 & 0 & \lambda^{\parallel} \end{pmatrix} \tag{1.165}$$

geschrieben werden, wenn $\boldsymbol{B}$ parallel zur 3-Richtung (z-Achse) gewählt wird. Die Koeffizienten $\lambda^{\parallel}$ und $\lambda^{\perp}$ sind die Wärmeleitkoeffizienten für $\boldsymbol{B}$ parallel bzw. senkrecht zum Temperaturgradienten wie in Abb. 1.42 angedeutet; λ^{tr} charakterisiert den trans-

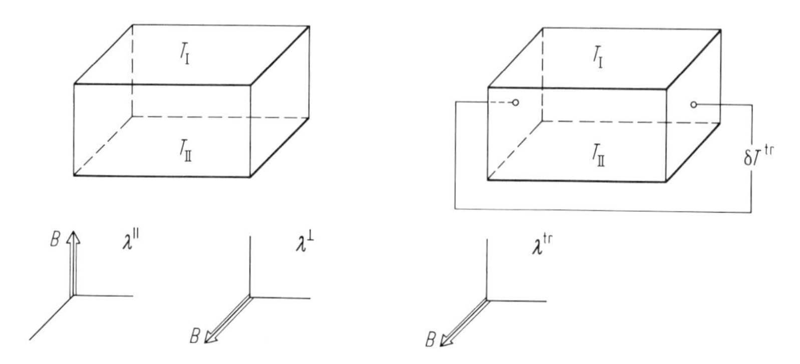

Abb. 1.42 Geometrie der Meßanordnungen zur Bestimmung der Koeffizienten $\lambda^{\parallel}$, $\lambda^{\perp}$ und λ^{tr} bei Wärmeleitung zwischen zwei ebenen Platten auf den Temperaturen T_I und T_{II}.

versalen *Querwärmestrom*

$$q^{tr} = -\lambda^{tr}\hat{\boldsymbol{B}}\times\frac{\partial T}{\partial \boldsymbol{r}}, \tag{1.166}$$

der eine meßbare transversale Temperaturdifferenz δT^{tr} verursacht; $\hat{\boldsymbol{B}} = B^{-1}\boldsymbol{B}$ ist der Einheitsvektor parallel zum Feld. Die drei Koeffizienten $\lambda^{\parallel}$, $\lambda^{\perp}$, λ^{tr} hängen von der Feldstärke B ab. Für $B = 0$ verschwindet λ^{tr} und sowohl $\lambda^{\parallel}$ als auch $\lambda^{\perp}$ werden gleich dem feldfreien Wärmeleitkoeffizienten λ. In diesem Fall reduziert sich $\lambda_{\mu\nu}$ auf $\lambda\delta_{\mu\nu}$, d.h. Gl. (1.165) wird proportional zum Einheitstensor $\delta_{\mu\nu}$.

Wegen positiver Entropieerzeugung gilt $\lambda^{\parallel} > 0$ und $\lambda^{\perp} > 0$; λ^{tr} kann entweder positiv oder negativ sein. Der Ansatz (1.165) erfüllt die Symmetrierelation

$$\lambda_{\mu\nu}(\boldsymbol{B}) = \lambda_{\nu\mu}(-\boldsymbol{B}).$$

Tab. 1.10 Die Sättigungswerte der relativen Änderung der Wärmeleitfähigkeiten $\lambda^{\parallel}$ und $\lambda^{\perp}$ (für Magnetfelder parallel und senkrecht zum Temperaturgradienten) und die Werte von B/p, bei denen die Änderung die Hälfte des Sättigungswertes beträgt für das paramagnetische Gas O_2 und die diamagnetischen Gase N_2, CO, HD, n-H_2, CH_4 und SF_6 bei der Temperatur $T = 300$ K (Daten nach Hermans et al. [73]).

	O_2	N_2	CO	HD	n-H_2	CH_4	SF_6
$-10^3(\Delta\lambda^{\parallel}/\lambda)_{Satt}$	8.3	7.8	8.1	1.3	0.06	1.7	1.4
$-10^3(\Delta\lambda^{\perp}/\lambda)_{Satt}$	12.6	12.2	12.3	1.9	0.09	2.7	2.1
$(B/p)^{\parallel}{}_{1/2}$ in mT/Pa	0.010	5.3	5.8	2.2	2.5	7.9	48
$(B/p)^{\perp}{}_{1/2}$ in mT/Pa	0.007	3.6	3.8	1.4	1.6	5.1	32

Dies bedeutet, bei Umkehr der Feldrichtung ändert sich die Richtung des transversalen Wärmestromes; $\lambda^{\parallel}$ und $\lambda^{\perp}$ werden davon nicht beeinflußt.

In Tab. 1.10 sind für O_2 und für die diamagnetischen Gase N_2, CO, HD, n-H_2, CH_4 und SF_6 (bei $T = 300$ K) die Sättigungswerte der relativen Änderungen von $\lambda^{\parallel}$ und $\lambda^{\perp}$ sowie die Werte $(B/p)_{\frac{1}{2}}$ angegeben, bei denen die Änderung die Hälfte des Sättigungswertes erreicht.

Der Diffusionskoeffizient und der Thermodiffusionskoeffizient sind bei Gegenwart eines $\boldsymbol{B}$-Feldes ebenfalls durch Tensoren 2. Stufe zu ersetzen, die in Analogie zu Gl. (1.165) auch durch jeweils 3 verschiedene Koeffizienten charakterisiert werden.

Die (Scher-)Viskosität tritt in einer Gleichung auf, siehe Gl. (1.79), in der zwei symmetrisch spurlose Tensoren, nämlich der Reibungsdrucktensor $\pi_{\mu\nu}$ und der Geschwindigkeitsgradiententensor

$$\gamma_{\mu\nu} = \overleftrightarrow{\frac{\partial v_\mu}{\partial r_\nu}} = \frac{1}{2}\left(\frac{\partial v_\mu}{\partial r_\nu} + \frac{\partial v_\nu}{\partial r_\mu}\right) - \frac{1}{3}\frac{\partial v_\lambda}{\partial r_\lambda}\delta_{\mu\nu} \tag{1.167}$$

miteinander verknüpft werden. Diese Tensoren besitzen jeweils 5 unabhängige Komponenten. Zwei solche Tensoren sind durch einen Viskositätstensor 4. Stufe linear verknüpft, der im allgemeinen Fall 25 unabhängige Komponenten besitzt. Aus Symmetriegründen treten in einem Gas bei Anwesenheit eines $\boldsymbol{B}$-Feldes nur 5 verschiedene Scher-Viskositätskoeffizienten auf, die mit η_0, η_1^+, η_1^-, η_2^+, η_2^- bezeichnet werden. Der Zusammenhang kann für ein $\boldsymbol{B}$-Feld in z-Richtung in der Form

$$\begin{pmatrix} \frac{1}{2}(\pi_{xx} - \pi_{yy}) \\ -\pi_{xy} \\ -\pi_{xz} \\ -\pi_{yz} \\ -\pi_{zz} \end{pmatrix} \equiv -2 \begin{pmatrix} \eta_2^+ & -\eta_2^- & 0 & 0 & 0 \\ \eta_2^- & \eta_2^+ & 0 & 0 & 0 \\ 0 & 0 & \eta_1^+ & -\eta_1^- & 0 \\ 0 & 0 & \eta_1^- & \eta_1^+ & 0 \\ 0 & 0 & 0 & 0 & \eta_0 \end{pmatrix} \begin{pmatrix} \frac{1}{2}(\gamma_{xx} - \gamma_{yy}) \\ \gamma_{xy} \\ \gamma_{xz} \\ \gamma_{yx} \\ \gamma_{zz} \end{pmatrix} \tag{1.168}$$

geschrieben werden. Die beiden Koeffizienten η_1^- und η_2^- werden in Analogie zu λ^{tr} als *transversale Koeffizienten* bezeichnet; sie können entweder positiv oder negativ sein und verschwinden im feldfreien Fall. Die Koeffizienten η_0, η_1^+ und η_2^+ sind positiv; für $B \to 0$ werden sie gleich der feldfreien Viskosität η.

In Abb. 1.43 ist angedeutet, welcher Koeffizient für bestimmte Richtungen von $\boldsymbol{B}$ bei der Strömung durch eine rechteckige Kapillare gemessen werden kann. Zur Bestimmung kleiner feldinduzierter Änderungen der Viskosität ist eine Anordnung analog zur Wheatstoneschen Brücke, wie in Abb. 1.44 gezeigt, eine sehr empfindliche Methode. Dabei wird durch das Feld der Strömungswiderstand der Rechteckskapillaren in einem Arm der Brücke geändert und durch die resultierende, mit einem Manometer feststellbare, Druckdifferenz nachgewiesen.

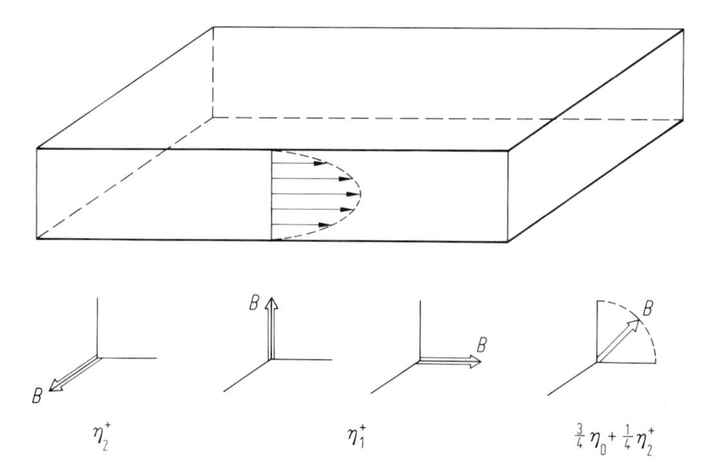

Abb. 1.43 Geometrie der Meßanordnung zur Bestimmung der Viskositätskoeffizienten η_2^+, η_1^+ und $\frac{3}{4}\eta_0 + \frac{1}{4}\eta_2^+$ bei einer ebenen Poiseuille-Strömung, die näherungsweise realisiert ist bei der Strömung durch eine rechteckige Kapillare.

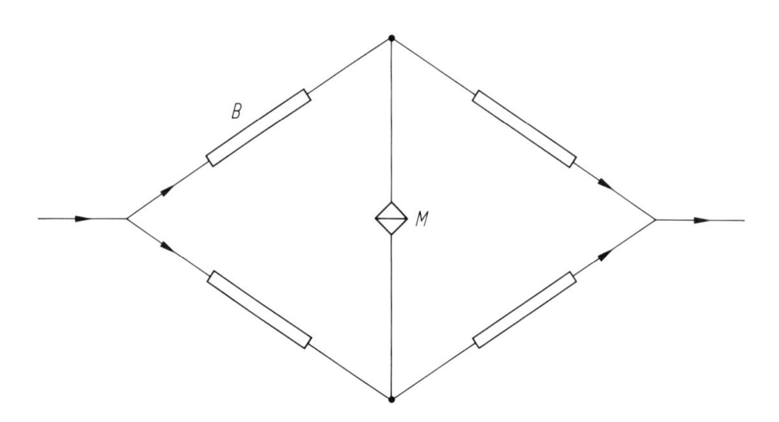

Abb. 1.44 Strömungs-Wheatstone-Brücke zur Messung kleiner feldinduzierter Änderungen der Viskosität.

Der gemessene Sättigungswert der relativen Änderung von η_1^+ und der zugehörige Wert von $(B/p)_{\frac{1}{2}}$ ist in Tab. 1.11 für einige Gase (bei $T = 300$ K) angegeben.

Eine Querkomponente des Drucks, senkrecht sowohl zur Richtung der Geschwindigkeit als auch zum Geschwindigkeitsgradienten, kann als Druckdifferenz, wie in Abb. 1.45 angedeutet, gemessen werden. Dabei treten für verschiedene Richtungen von $\boldsymbol{B}$ die *Transversalkoeffizienten* η_1^- und η_2^-, aber auch die Differenz $\eta_1^+ - \eta_2^+$ zwischen den *Longitudinalkoeffizienten* η_1^+ und η_2^+ auf. Beispiele von Messungen der verschiedenen Transportkoeffizienten bei Gegenwart eines $\boldsymbol{B}$-Feldes werden im nächsten Abschnitt mit der kinetischen Theorie der Feldeffekte verglichen.

Tab. 1.11 Sättigungswerte der relativen Änderung des Viskositätskoeffizienten η_1^+ und die zugehörigen Werte von B/p, bei denen die Hälfte des Sättigungswertes erreicht wird für die Gase N_2, CO, CO_2, OCS, HD, n-H_2, CH_4 und PF_3, jeweils bei $T = 300$ K (Daten nach Hulsman et al. [74] und Mazur [75]).

	N_2	CO	CO_2	OCS	HD	n-H_2	CH_4	PF_3
$-10^3(\Delta\eta_1^+/\eta)_{\text{Satt}}$	2.8	3.6	4.2	3.9	1.9	0.02	0.8	2.3
$(B/p)_{1/2}$ in mT/Pa	2.6	4.1	34	65	0.35	0.07	4.4	24

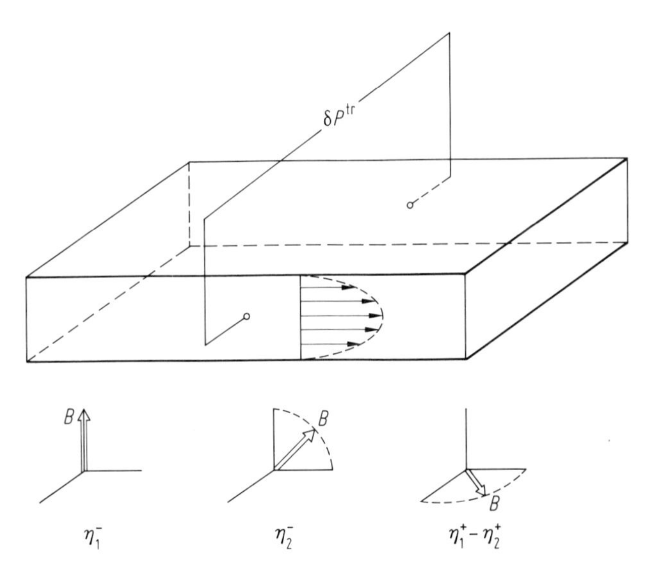

Abb. 1.45 Geometrische Anordnung zur Messung der transversalen Druckdifferenz δp^{tr}, die je nach Richtung des B-Feldes die Bestimmung der transversalen Viskositätskoeffizienten η_1^- und η_2^- bzw. der Differenz $\eta_1^+ - \eta_2^+$ der longitudinalen Koeffizienten gestattet.

Der Einfluß eines elektrischen Feldes $\boldsymbol{E}$ auf Gase aus Teilchen mit einem elektrischen Dipolmoment wird im Rahmen einer phänomenologischen Theorie durch einen äquivalenten Satz von Transportkoeffizienten beschrieben, wobei die transversalen Koeffizienten wie λ^{tr} und η_1^-, η_2^- allerdings identisch verschwinden, wenn die Moleküle nicht gleichzeitig auch chiral (und somit optisch aktiv) sind.

1.4.1.3 Vergleich der Magnetfeldabhängigkeit der Viskositätskoeffizienten mit der kinetischen Theorie

Die Verteilungsfunktion (Dichte-Operator) $f = f(t, \boldsymbol{r}, \boldsymbol{c}, \boldsymbol{J})$ eines Gases aus Teilchen mit einem inneren Rotationsdrehimpuls $\hbar\boldsymbol{J}$ genügt der Waldmann-Snider-Gleichung [32]

$$\frac{\partial f}{\partial t} + \boldsymbol{c} \cdot \frac{\partial}{\partial \boldsymbol{r}} f + \frac{i}{\hbar}[H, f] = \left(\frac{\delta f}{\delta t}\right)_{\text{coll}}, \tag{1.169}$$

die die Verallgemeinerung der Boltzmann-Gleichung (1.92) für rotierende Teilchen darstellt, bei der die Rotationsbewegung quantenmechanisch behandelt wird. Der Stoßterm auf der rechten Seite von Gl. (1.169), der hier nicht explizit angegeben wird, enthält die den Stoßprozeß charakterisierende Streuamplitude (Streumatrix) in bilinearer Weise; für den Spezialfall von Teilchen ohne innere Struktur reduziert sich der Waldmann-Snider-Stoßterm auf jenen der Boltzmann-Gleichung, in der nur das Absolutquadrat der Streuamplitude, nämlich der differentielle Wirkungsquerschnitt vorkommt.

Das zweite Glied auf der linken Seite von Gl. (1.169) ist der bereits in Gl. (1.92) auftretende Strömungsterm, im dritten Glied steht $[A, B] = AB - BA$ für den quantenmechanischen Kommutator; H ist der Hamilton-Operator für die Wechselwirkung eines Teilchens mit einem äußeren Feld. Für Teilchen mit magnetischem Moment $\boldsymbol{\mu}$ in Gegenwart eines magnetischen Feldes $\boldsymbol{B}$ ist $H = -\boldsymbol{\mu} \cdot \boldsymbol{B}$. Das magnetische Moment wiederum ist proportional zu $\boldsymbol{J}$. Speziell für lineare diagmagnetische Moleküle gilt

$$\boldsymbol{\mu} = g\mu_{\mathrm{N}}\boldsymbol{J} \tag{1.170}$$

wobei μ_{N} das Kernmagneton ist. Der gyromagnetische Faktor g (der entweder positiv oder negativ sein kann) ist mittels Mikrowellenspektroskopie oder mit Molekularstrahlmethoden meßbar. Für H_2 und HD z. B. findet man $g = 0.88$ bzw. $g = 0.68$; für N_2 ist $g = -0.28$. Für Stickstoff bei Raumtemperatur ist der mittlere Rotationsdrehimpuls etwa $8\,\hbar$; der Betrag des magnetischen Momentes ist dann etwa $3\,\mu_{\mathrm{N}}$.

Im Fall von symmetrischen Kreiselmolekülen wie z. B. CH_3Cl sind zwei verschiedene Werte $g^{\parallel}$ und $g^{\perp}$ des g-Faktors zu berücksichtigen, die für sphärische Kreiselmoleküle wie z. B. CH_4 gleich sind.

Die oben angesprochene Präzessionsbewegung des Rotationsdrehimpulses $\boldsymbol{J}$ um die Feldrichtung wird durch den Kommutator-Term in Gl. (1.169) beschrieben. Die Präzessionsfrequenz ist

$$\omega_{\mathrm{B}} = (g\,\mu_{\mathrm{N}}\,\mathrm{B})/\hbar. \tag{1.171}$$

Kräfte, verursacht durch äußere Felder treten für elektrisch neutrale Teilchen in einem homogenen $\boldsymbol{B}$-Feld nicht auf und sind in Gl. (1.169) deshalb auch nicht berücksichtigt.

Zur Behandlung des Viskositätsproblems ist in einer Entwicklung der Verteilungsfunktion im Nicht-Gleichgewicht neben dem Reibungsdrucktensor $\pi_{\mu\nu}$, s. Gl. (1.96) mindestens ein tensorielles Moment zu berücksichtigen, das die stoßinduzierte Orientierung der Rotationsdrehimpulse beschreibt. Das einfachste und, wie sich ergeben wird, auch wichtigste Moment dieser Art ist die *Tensorpolarisation*

$$a_{\mu\nu} = \zeta \langle R(J^2) \overleftrightarrow{J_\mu J_\nu} \rangle, \tag{1.172}$$

wobei R eine skalare Funktion von J^2 ist; ζ ist ein Normierungskoeffizient. Experimentell beobachtbare Größen dürfen natürlich nicht von der Wahl von ζ abhängen. Die Tensorpolarisation (1.172), auch *Ausrichtungstensor* (alignment tensor) genannt, beschreibt gerade eine in Abb. 1.41 schematisch angedeutete Ausrichtung von Rotationsdrehimpulsen, bei der $\boldsymbol{J}$ und $-\boldsymbol{J}$ äquivalent sind. Für $R = J^{-2}$ ist diese Ausrichtung nicht vom Betrag von $\boldsymbol{J}$ abhängig; für $R = 1$ z. B. ist die Ausrichtung stärker für höhere Drehimpulse.

Werden nur die beiden genannten tensoriellen Momente in der Verteilungsfunktion mitgenommen, so führt die kinetische Gleichung (1.169) auf die gekoppelten Gleichungen (*Transport-Relaxationsgleichungen*) [48–50]

$$\frac{\partial}{\partial t}\pi_{\mu\nu} + 2nkT\gamma_{\mu\nu} + \ldots + \omega_p \pi_{\mu\nu} + \omega_{pa}\sqrt{2}\, nkT a_{\mu\nu} = 0 \tag{1.173}$$

$$\frac{\partial}{\partial t}a_{\mu\nu} + \ldots - 2\omega_B(\hat{\boldsymbol{B}} \times \boldsymbol{a})_{\mu\nu} + \frac{\omega_{ap}}{\sqrt{2}\, nkT}\pi_{\mu\nu} + \omega_a a_{\mu\nu} = 0. \tag{1.174}$$

Die Punkte ... in Gl. (1.173) und (1.174) stehen für die aus dem Strömungsterm von Gl. (1.179) stammenden Glieder, in denen Ortsableitungen von Vektoren (z. B. $\boldsymbol{q}$ wie in Gl. (1.98)) und Tensoren 3. Stufe auftreten, die hier nicht berücksichtigt werden. Der zweite Term in Gl. (1.174), der ein verallgemeinertes Kreuzprodukt zwischen dem Einheitsvektor $\hat{\boldsymbol{B}} = \boldsymbol{B}^{-1}\boldsymbol{B}$ mit dem Tensor $\boldsymbol{a}$ enthält, berücksichtigt die Präzession der Drehimpulse.

Die Relaxationskoeffizienten ω_p, ω_{pa}, ω_{ap} und ω_a sind, analog zu Gl. (1.100), durch verallgemeinerte Stoßintegrale des linearisierten Waldmann-Snider-Stoßterms darstellbar. Dabei ist nicht nur über den Ablenkwinkel und die Relativenergie zu integrieren, sondern auch die Spur über magnetische Unterzustände und die Summe über Rotationszustände der Moleküle zu berechnen. Aus der Zeitumkehrinvarianz der mikroskopischen Wechselwirkung folgt für die Kopplungskoeffizienten die (Onsager-)Symmetrie-Relation

$$\omega_{\mathrm{ap}} = \omega_{\mathrm{pa}}. \tag{1.175}$$

Ferner gelten die Ungleichungen

$$\omega_p > 0,\ \omega_a > 0,\ \omega_p\omega_a > \omega_{ap}\omega_{pa}. \tag{1.176}$$

Bei rein sphärischer Wechselwirkung ist $\omega_{ap} = \omega_{pa} = 0$, $\omega_a = 0$, ω_p reduziert sich auf Gl. (1.100) und Gl. (1.173) wird äquivalent zu Gl. (1.98) mit $\boldsymbol{q} = 0$. Allgemein sind die Koeffizienten ω_p, ω_a mit $\omega_{ap} = \omega_{pa}$ proportional zur Teilchendichte n und damit zum Druck $p = nkT$.

Im stationären Fall, d.h. bei verschwindenden Zeitableitungen und ohne Feld ($\omega_B = 0$) kann $a_{\mu\nu}$ aus Gl. (1.174) eingesetzt und $\pi_{\mu\nu}$ durch $\gamma_{\mu\nu} = \overleftrightarrow{\partial v_\mu / \partial r_\nu}$ ausgedrückt werden. Man erhält den üblichen Zusammenhang

$$\pi_{\mu\nu} = -2\eta\gamma_{\mu\nu} \tag{1.177}$$

zwischen Reibungsdrucktensor und dem Gradienten des Geschwindigkeitsfeldes (s. Gl. (1.102)), wobei die (feldfreie) Viskosität η nun durch

$$\eta = \eta_{\text{iso}}(1 - A_{pa})^{-1} > \eta_{\text{iso}} \tag{1.178}$$

gegeben ist;

$$\eta_{\text{iso}} = \frac{nkT}{\omega_p} \tag{1.179}$$

ist der Wert der Viskosität für den „isotropen" Fall, d.h. wenn keine durch das Strömungsfeld induzierte Ausrichtung auftreten würde. Die positive Größe

$$A_{pa} = \frac{\omega_{pa}\omega_{ap}}{\omega_p \omega_a} < 1 \tag{1.180}$$

ist ein Maß für die Kopplung zwischen der Ausrichtung und dem Reibungsdruck.

Bei Gegenwart eines $\boldsymbol{B}$-Feldes ist die Auflösung der Gln. (1.173) und (1.174), ebenfalls im stationären Fall, durch die Benutzung der „sphärischen" Komponenten der Tensoren $\pi_{\mu\nu}$ und $a_{\mu\nu}$ möglich, da der vom Feld herrührende Term dann einfach auf einen Faktor $-im\omega_B$ führt mit $m = 0, \pm 1, \pm 2$. Die $\boldsymbol{B}$-Feldrichtung wurde dabei als Referenzachse (z-Richtung) gewählt. Anstelle von Gl. (1.177) erhält man dann einen Zusammenhang zwischen Reibungsdruck und Geschwindigkeitsgradienten-Tensor wie in Gl. (1.168), wobei nun die feldabhängigen Viskositätskoeffizienten durch

$$\Delta\eta_m^+ = \eta_m^+ - \eta = -\eta A_{pa} \frac{(m\phi_a)^2}{1 + (m\phi_a)^2}, \quad m = 0,1,2 \tag{1.181}$$

$$\eta_m^- = -\eta A_{pa} \frac{m\phi_a}{1 + (m\phi_a)^2}, \quad m = 1,2 \tag{1.182}$$

gegeben sind. Die Größe

$$\phi_a = \frac{\omega_B}{\omega_a} \sim \frac{B}{p} \tag{1.183}$$

ist der Winkel, um den der Drehimpuls $\boldsymbol{J}$ während der Zeit ω_a^{-1} um die Feldrichtung präzediert. Diese Zeit ω_a^{-1} bestimmt die Relaxation einer Vorzugsausrichtung. Für schwach anisotrope Moleküle wie H_2 kann diese Zeit erheblich länger sein als die für die (feldfreie) Viskosität maßgebende Relaxationszeit ω_p^{-1}.

Gemäß Gln. (1.181) und (1.182) ist der Sättigungswert des Feldeffektes für η_1^+ und η_2^+ durch A_{pa} gegeben. Der halbe Sättigungswert wird für $m\phi = 1$, d.h. für $\phi = \frac{1}{2}$ bzw. $\phi = 1$ erreicht; dies bestimmt den im vorigen Abschnitt diskutierten Wert $(B/p)_{\frac{1}{2}}$. Der Koeffizient η_0^+ wird durch das Feld nicht beeinflußt. In Abb. 1.46 sind die experimentellen Daten [51] für HD bei $T = 293$ K mit den sich aus Gl. (1.181) ergebenden theoretischen Kurven verglichen. Für die Transversalkoeffizienten η_1^- und η_2^- ist in Abb. 1.47 ein Vergleich zwischen den Meßwerten für HD bei $T = 293$ K mit dem theoretischen Kurvenverlauf nach Gl. (1.182) gezeigt. Auch hier ist die Überein-

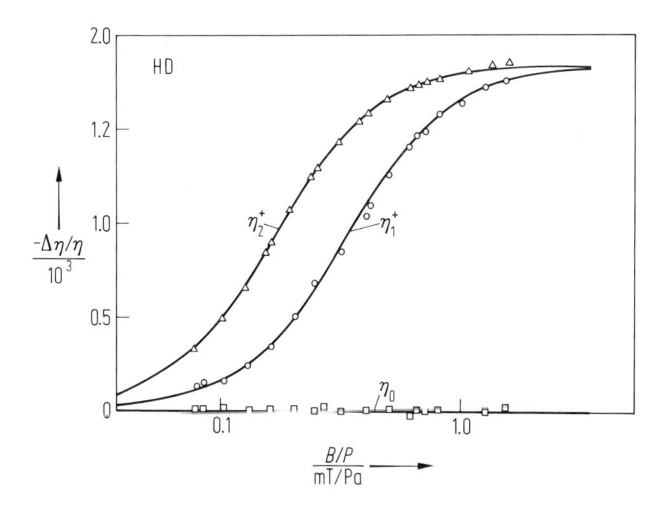

Abb. 1.46 Vergleich der magnetfeldinduzierten Änderung $-\Delta\eta/\eta$ der Viskositätskoeffizienten η_0, η_1^+ und η_2^+ für HD (bei $T = 293$ K) als Funktionen von B/p (Meßwerte nach Hulsman et al. [77] mit dem gemäß Gl. (1.181) erwarteten theoretischen Verlauf durchgezogener Kurven.

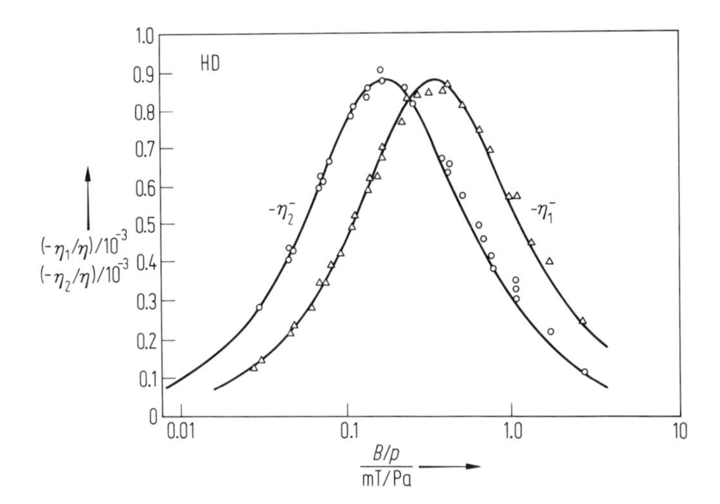

Abb. 1.47 Vergleich der Viskositätskoeffizienten $-\eta_1^-$ und $-\eta_2^-$ in Einheiten der feldfreien Viskosität η für HD (bei $T = 293$ K) als Funktionen von B/p (Meßwerte nach Hulsman et al.[74]) mit den aus Gl. (1.182) folgenden theoretischen Kurven.

stimmung recht gut. Die Transversalkoeffizienten, die sowohl für $B/p \to 0$ als auch für $B/p \to \infty$ verschwinden, waren zuerst in theoretischen Untersuchungen zum Einfluß eines $\boldsymbol{B}$-Feldes auf die Viskosität und die Wärmeleitfähigkeit von Gasen aus Teilchen mit innerem Drehimpuls gefunden, (S. Hess, H. Raum, L. Waldmann, Erlangen, 1964; F. R. McCourt, R. F. Snider, Vancouver, 1965), aber zunächst nicht publiziert worden, da diese Effekte als nicht meßbar erachtet wurden. Kurze Zeit danach wurde aber die Existenz dieser Transversalkoeffizienten experimentell nachgewiesen [52].

Die Koeffizienten η_1^- und η_2^- sind negativ für HD und CH_4; für N_2 und CO sind sie positiv. Dies spiegelt das unterschiedliche Vorzeichen des gyromagnetischen Verhältnisses g wider, welches das Vorzeichen von ϕ_a in (1.83) bestimmt.

Ausgehend von Gln. (1.173) und (1.174) sind auch der Einfluß von collinearen, statischen und oszillierenden Magnetfeldern auf die Viskosität berechnet worden [49]. Das erwartete resonanzähnliche Verhalten ist für die Wärmeleitung experimentell gefunden worden [53].

Im paramagnetischen Gas O_2 ist wegen der Kopplung des Elektronenspins mit dem Rotationsdrehimpuls das magnetische Moment nicht einfach durch Gl. (1.170) gegeben. Die resultierende Feldabhängigkeit der Transportkoeffizienten ist deshalb etwas komplizierter als bei den diamagnetischen Gasen und auch nur in erster Näherung als Funktion von B/p darstellbar.

Ein detaillierter Vergleich zwischen Theorie und Experiment für viele diamagnetische Gase ergibt, daß andere Typen von Ausrichtungen, die eine Korrelation zwischen der molekularen Geschwindigkeit $\boldsymbol{c}$ und dem Drehimpuls $\boldsymbol{J}$ beschreiben, wie z. B. $\langle \overleftrightarrow{c_\mu (\boldsymbol{c} \times \boldsymbol{J})_\nu} \rangle$ oder $\langle \overleftrightarrow{c_\mu c_\lambda}\, \overleftrightarrow{J_\lambda J_\nu} \rangle$ zwar prinzipiell vorkommen können, aber praktisch nicht an den Reibungsdruck ankoppeln. Eine Ausnahme hiervon bilden die Gase NH_3 und ND_3, bei denen die Viskosität im Feld nicht abnimmt, sondern zunimmt; es scheint eine dominierende Kopplung des Reibungsdrucks mit $\langle \boldsymbol{c}(\boldsymbol{c} \times \boldsymbol{J}) \rangle$ vorzuliegen [54].

1.4.1.4 Magnetfeldabhängigkeit der Wärmeleitfähigkeit

Zur theoretischen Behandlung des Magnetfeldeinflusses auf die Wärmeleitung sind neben dem translatorischen (kinetischen) und rotatorischen Wärmestrom vektorielle Momente der Verteilungsfunktion zu berücksichtigen, die die stoßinduzierte Ausrichtung der Drehimpulse $\boldsymbol{J}$ bzw. deren Korrelation mit der molekularen Geschwindigkeit $\boldsymbol{c}$ beschreiben. Die einfachsten Größen dieser Art sind der *Waldmann-Vektor*

$$\langle (\boldsymbol{c} \times \boldsymbol{J})_\mu \rangle \tag{1.184}$$

und der *Kagan-Vektor*

$$\langle \mathrm{R}(\mathrm{J}^2) \overleftrightarrow{\mathrm{J}_\mu \mathrm{J}_\nu} \mathrm{c}_\nu \rangle, \tag{1.185}$$

der ein Teil des „Stromes“ der Tensorpolarisation (1.172) ist. In Analogie zu Gln. (1.173) und (1.174) können aus der kinetischen Gleichung (1.169) die für das Wärmeleitungsproblem relevanten gekoppelten Gleichungen für die Wärmeströme und die Vektoren (1.184) und (1.185) abgeleitet werden, wobei in letzteren Terme vorkommen, die von der Präzession der Drehimpulse um die Magnetfeldrichtung stammen. Auflösung dieser Gleichungen für den stationären Fall führt auf den gesuchten Zusammenhang zwischen dem gesamten Wärmestrom und dem Temperaturgradienten, aus dem die in Abschn. 1.4.1.2 eingeführten Wärmeleitfähigkeitskoeffizienten $\lambda^\perp$, $\lambda^\parallel$ und λ^{tr} entnommen werden können. Mit den Abkürzungen

$$\phi_\mathrm{W} = \omega_B \omega_\mathrm{W}^{-1}, \quad \phi_\mathrm{K} = \omega_B \omega_\mathrm{K}^{-1} \tag{1.186}$$

wobei ω_B die in Gl. (1.171) definierte Präzessionsfrequenz ist und ω_W bzw. ω_K die (durch verallgemeinerte Stoßintegrale darstellbaren) Relaxationsfrequenzen der Vektoren (1.184) und (1.185) sind, lauten diese Ergebnisse

$$\begin{aligned}\Delta\lambda^{\perp} &= \lambda^{\perp} - \lambda = \lambda A_{qW}\mathrm{f}(\phi_W) - \lambda A_{qK}(\mathrm{f}(\phi_K) + 2f(2\phi_K))\\ \Delta\lambda^{\parallel} &= \lambda^{\parallel} - \lambda = \lambda A_{qW}2\mathrm{f}(\phi_W) - \lambda A_{qK}2\mathrm{f}(\phi_K)\\ \lambda^{\mathrm{tr}} &= \lambda A_{qW}\mathrm{g}(\phi_W) - \lambda A_{qK}(\mathrm{g}(\phi_K) + 2g(2\phi_K)).\end{aligned} \tag{1.187}$$

Dabei ist $f(x) = x^2(1+x^2)^{-1}$ und $g(x) = x(1+x^2)^{-1}$, λ bezeichnet die feldfreie Wärmeleitfähigkeit. Die positiven Größen A_{qW} und A_{qK} sind ein Maß für die Kopplung der Waldmann- und Kagan-Vektoren mit dem Wärmestrom; sie sind durch verallgemeinerte Stoßintegrale des Waldmann-Snider-Stoßtermes darstellbar. Für eine rein sphärische Wechselwirkung verschwinden A_{qW} und A_{qK}, nicht aber die Relaxationsfrequenzen ω_W und ω_K. Letzteres erklärt auch den für HD erheblich größeren Wert von $(B/p)_{\frac{1}{2}}$ für die Wärmeleitfähigkeit im Vergleich mit der entsprechenden Größe für die Viskosität, s. Tab. 1.10 und 1.11. Bei HD ist ω_a etwa um den Faktor 10 kleiner als ω_K, da nur bei etwa jedem zehnten Stoß auch die Richtung des Drehimpulses geändert wird.

In Abb. 1.48 sind die experimentellen Daten von $\Delta\lambda^{\perp}$, $\Delta\lambda^{\parallel}$ und λ^{tr} für N_2 bei $T = 85$ K gezeigt als Funktion von B/p [55]. Die ausgezogenen Kurven entsprechen Gln. (1.187) mit $A_{qW} = 0$, d. h. die Kopplung des Wärmestroms mit dem Kagan-Vektor (1.185) ist wesentlich stärker als mit dem Waldmann-Vektor (1.184). Dies gilt auch in guter Näherung für andere Gase wie HD und CO, jedoch nicht für starke

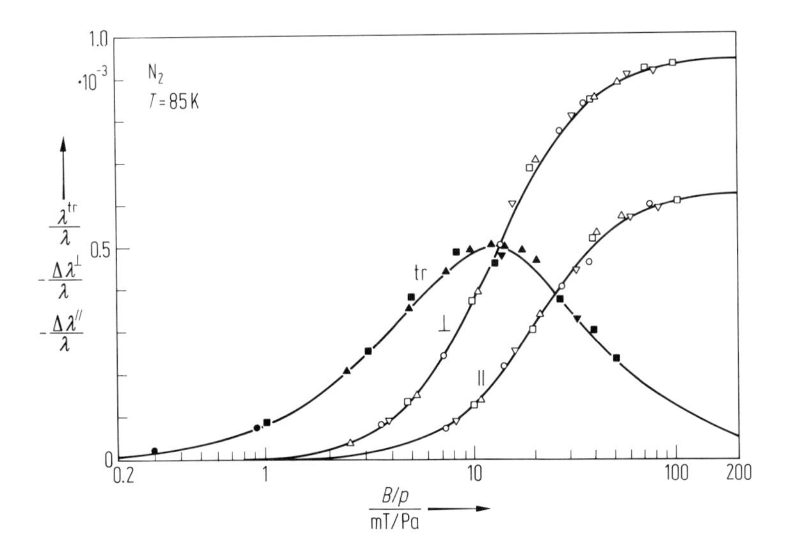

Abb. 1.48 Vergleich der magnetfeldinduzierten Änderung von $\lambda^{\parallel}$, $\lambda^{\perp}$ und des Transversalkoeffizienten λ^{tr} für N_2 (bei $T = 85$ K) als Funktionen von B/p mit dem aus Gl. (1.187) (für $A_{qW} = 0$) folgenden Kurvenverlauf (nach [55]).

Tab. 1.12 Die Verhältnisse der Sättigungswerte der relativen Änderungen von $\lambda^{\parallel}$ und $\lambda^{\perp}$ sowie die Verhältnisse der Kopplungskoeffizienten $A_{q\mathrm{W}}$ und $A_{q\mathrm{K}}$ für die Gase HD, N_2, CO und CH_4 bei den Temperaturen $T = 85$ K und $T = 300$ K, sowie für die Gase HCN, CH_3F und CH_3CN bei $T = 300$ K (Daten nach Hermans et al. [73] und Thijsse et al. [76]).

	HD 85 K	HD 300 K	N_2 85 K	N_2 300 K	CO 85 K	CO 300 K	CH_4 85 K	CH_4 300 K	HCN 300 K	CH_3F 300 K	CH_3CN 300 K
$(\Delta\lambda^{\perp}/\Delta\lambda^{\parallel})_{\mathrm{Satt}}$	1.49 ± 0.03	1.51 ± 0.01	1.50 ± 0.03	1.57 ± 0.01	1.49 ± 0.03	1.52 ± 0.01	1.53 ± 0.03	1.65 ± 0.02	4.1	1.9	4.5
$A_{q\mathrm{W}}/A_{q\mathrm{K}}$	0	0	0	0.07 ± 0.01	0	0.02 ± 0.01	0.03 ± 0.03	0.13 ± 0.03	0.72	0.28	0.75

polare Gase wie HCN und CH_3CN. Im Fall der Sättigung ($\phi_{\mathrm{W}} \gg 1$, $\phi_{\mathrm{K}} \gg 1$) führt Gl. (1.187) auf

$$\left(\frac{\Delta\lambda^{\perp}}{\Delta\lambda^{\parallel}}\right)_{\infty} = \frac{3A_{q\mathrm{K}} - A_{q\mathrm{W}}}{2A_{q\mathrm{K}} - 2A_{q\mathrm{W}}} \tag{1.188}$$

für das Verhältnis der Änderungen senkrecht und parallel zum $\boldsymbol{B}$-Feld. Die Abweichung dieses Verhältnisses vom Wert 3/2 kann benützt werden, um die relative Größe $A_{q\mathrm{W}}/\mathrm{A}_{q\mathrm{K}}$ zu bestimmen. In Tab. 1.12 sind Daten für einige Gase angegeben.

Der Einfluß eines Magnetfeldes auf die Diffusion, die Thermodiffusion und den Diffusionsthermoeffekt (s. Abschn. 1.3.4) in Gasgemischen ist gemessen worden [55], und kann analog zum Wärmeleitproblem theoretisch behandelt und verstanden werden.

1.4.1.5 Magnetfeldeinfluß auf Transportvorgänge in verdünnten Gasen; thermomagnetisches Drehmoment und thermomagnetische Kraft

In einem verdünnten Gas sind auch die in Gln. (1.173) und (1.174) vom Strömungsterm herrührenden und durch Punkte angedeuteten Glieder wichtig. In Gl. (1.173) ist es die räumliche Ableitung des translatorischen (kinetischen) Anteils des Wärmestroms, in Gl. (1.174) tritt die Ableitung des Stromes der Tensorpolarisation, nämlich der Kagan-Vektor (1.185) auf, der mit dem Wärmestrom verknüpft ist. Der thermische Druck, hervorgerufen durch die zweite Ortsableitung eines Temperaturfeldes (stationärer Fall, keine Strömung, s. Abschn. 1.3.5.1) wird somit ebenfalls von einem angelegten Magnetfeld beeinflußt, und es treten transversale Komponenten auf.

Dies erklärt im wesentlichen das zufällig von Scott [56] entdeckte thermomagnetische Drehmoment [57]. Die experimentelle Anordnung ist in Abb. 1.49 schematisch angedeutet. Für einen genauen quantitativen Vergleich des *Scott-Effekts* mit dem Senftleben-Beenakker-Effekt sind jedoch auch Randbedingungen zu berücksichtigen [58]. Der Effekt ist maximal für einen charakteristischen Wert von B/p. Er verschwindet für $B/p \to 0$ und $B/p \to \infty$. Das für collineare statische und oszillierende Magnetfelder beobachtete Verhalten des thermomagnetischen Drehmoments [59] wird durch die auf die Waldmann-Snider-Gleichung aufbauende kinetische Theorie [49,

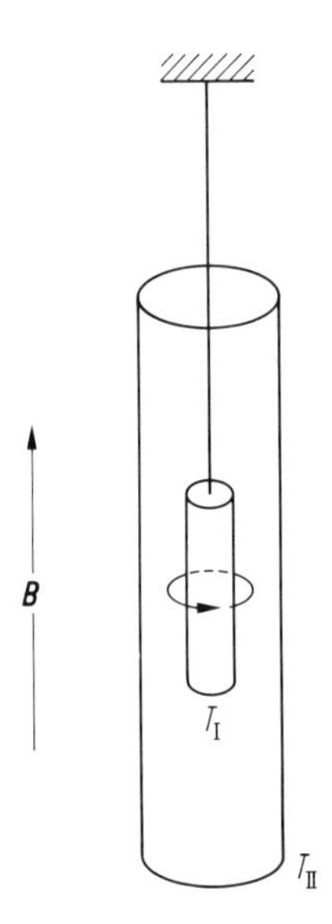

Abb. 1.49 Experimentelle Anordnung zur Messung des thermomagnetischen Drehmoments (Scott-Effekt). Zwischen dem inneren Zylinder (auf Temperatur T_I) und dem äußeren Zylinder (mit Temperatur $T_{II} < T_I$) befindet sich ein verdünntes molekulares Gas. Bei Gegenwart eines Magnetfeldes parallel zur Zylinderachse wird auf den inneren Zylinder ein Drehmoment ausgeübt, das für $T_I = T_{II}$ verschwindet.

60] gut beschrieben. Dies gilt auch für den *viskomagnetischen Wärmestrom*, eine Transversalkomponente des Wärmestroms verursacht durch die zweite Ortsableitung des Strömungsfeldes bei Gegenwart eines Magnetfeldes [39]; s. Abschn. 1.3.5.1.

Die thermische Kraft, s. Abschn. 1.3.5.4, die in einem molekularen Gas auf ein Aerosolteilchen oder einen Probekörper wirkt, wird ebenfalls durch die Anwesenheit eines Magnetfeldes beeinflußt [61]. Die magnetfeldinduzierte Änderung dieser Kraft wird als *thermomagnetische Kraft* bezeichnet. Für die beiden bereits in Abschn. 1.3.5.4 diskutierten Grenzfälle, wo der Körper, auf den die Kraft wirkt, entweder viel kleiner oder viel größer ist als die freie Weglänge, läßt sich die thermomagnetische Kraft auf einfache Weise [62] mit dem Senftleben-Beenakker-Effekt der Wärmeleitfähigkeit und der Viskosität verknüpfen.

Bei Transportvorgängen in verdünnten molekularen Gasen (bei Anwesenheit eines Magnetfeldes) sind die in Abschn. 1.3.5.2 diskutierten Randbedingungen zu erweitern [58]. Der Einfluß eines Magnetfeldes auf die thermische Gleitung ist über die thermomagnetische Druckdifferenz experimentell meßbar [63]. Ferner sind auch Randwerte für die Tensorpolarisation (1.172) und andere die molekulare Ausrichtung charakterisierende Größen zu berücksichtigen. Aus dem im extremen Knudsen-Fall (praktisch erleiden die Moleküle nur Wandstöße) gemessenen Einfluß eines Magnetfeldes auf den Transport von Wärme und Impuls [64] können Informationen über die Abhängigkeit der Wandstöße vom Drehimpuls der Moleküle gewonnen werden.

1.4.1.6 Einfluß eines elektrischen Feldes auf die Transportvorgänge

Für Gase aus (elektrisch neutralen) Teilchen mit einem elektrischen Dipolmoment $\boldsymbol{\mu}^e$ kann die Nicht-Gleichgewichtsausrichtung der Rotationsdrehimpulse auch durch ein elektrisches Feld $\boldsymbol{E}$ (teilweise) zerstört werden. Dadurch ändern sich die Wärmeleitfähigkeit und die Viskosität bei Anwesenheit eines $\boldsymbol{E}$-Feldes. Zur theoretischen Behandlung des Effektes kann von der kinetischen Gleichung (1.169) ausgegangen werden, wobei der Hamilton-Operator H durch $-\boldsymbol{\mu}^e \cdot \boldsymbol{E}$ gegeben ist. Bei symmetrischen Kreiselmolekülen spielt nur die Komponente von $\boldsymbol{\mu}^e$ parallel zum Drehimpuls $\boldsymbol{J}$ nämlich $\mu^e J_{\|} J^{-2} \boldsymbol{J}$ eine Rolle, wobei μ^e der Betrag des elektrischen Dipolmomentes ist und $J_{\|}$ ist die Projektion von $\boldsymbol{J}$ auf die Figurenachse (Symmetrieachse) des Moleküls.

Für die longitudinalen Koeffizienten η^{+0}, η_1^+, η_2^+ und $\lambda^\perp$, $\lambda^\|$ führt die Theorie auf Ausdrücke, die analog zu Gl. (1.181) und (1.187) sind, wobei allerdings die in ϕ_α, ϕ_W und ϕ_K vorkommende Präzessionsfrequenz ω_B nun durch

$$\omega_E = \frac{\mu^e J_{\|} J^{-2}}{\hbar} \mathrm{E} \tag{1.189}$$

zu ersetzen ist, und anschließend sind diese Ausdrücke noch über die thermische Verteilung von $J_{\|}$ zu mitteln. Die resultierende Feldabhängigkeit ist dann eine Funktion von E/p analog zur B/p-Abhängigkeit im magnetischen Fall. Die erreichbaren Sättigungswerte sollten für $\boldsymbol{E}$ und $\boldsymbol{B}$-Felder gleich sein. In Abb. 1.50 ist ein solcher Vergleich gezeigt für die Viskosität von PF_3 bei $T = 300$ K.

Für lineare Moleküle, wo $J_{\|}$ in Gl. (1.189) verschwindet (da $\boldsymbol{J}$ senkrecht zur Molekülachse ist), ist ein Einfluß des elektrischen Feldes auf die Transportvorgänge nur über den Stark-Effekt 2. Ordnung zu erwarten. Diese noch nicht experimentell nachgewiesene Feldabhängigkeit ist dann eine Funktion von E^2/p statt der obigen E/p-Abhängigkeit.

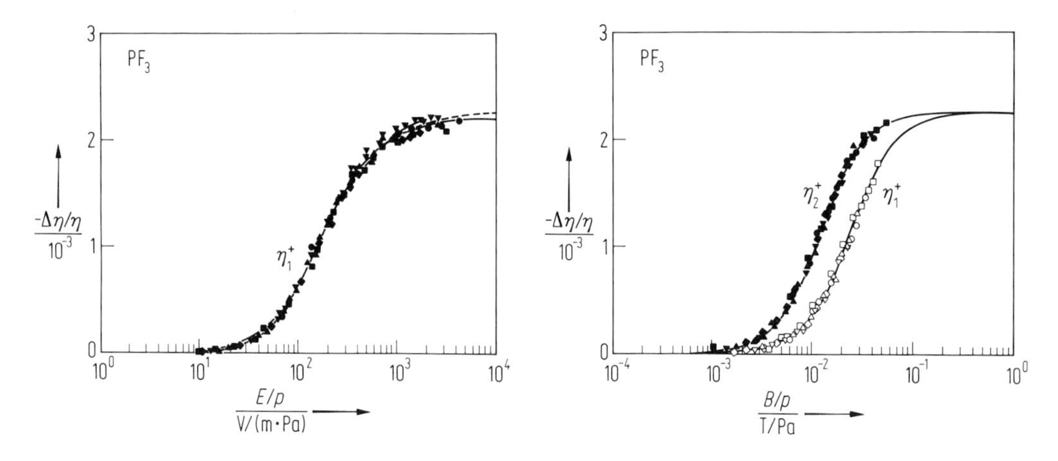

Abb. 1.50 Vergleich der durch ein elektrisches Feld erzeugten relativen Änderung des Viskositätskoeffizienten η_1^+ mit der durch ein magnetisches Feld verursachten Änderung. Die durchgezogenen Kurven entsprechen dem gemäß Gl. (1.181) erwarteten theoretischen Verlauf (nach Mazur et al. [78]).

1.4.2 Strömungsdoppelbrechung und verwandte Nicht-Gleichgewichts-Ausrichtungseffekte

1.4.2.1 Doppelbrechung und molekulare Ausrichtung

Der in Abschn. 1.4.1 behandelte Einfluß äußerer Felder auf die Transportvorgänge ist ein indirekter Nachweis der Nicht-Gleichgewichtsausrichtung. Speziell die Tensorpolarisation kann auch direkt optisch über die Doppelbrechung nachgewiesen werden. Dabei ist zu beachten, daß bei Gasen aus rotierenden Molekülen – im Gegensatz zu Flüssigkeiten und kolloidalen Lösungen aus nicht-sphärischen Teilchen – nicht die molekularen Achsen selbst, sondern die Drehimpulse der Moleküle ausgerichtet werden können. Dementsprechend ist der die optische Anisotropie eines Mediums bestimmende (symmetrisch) spurlose Anteil $\overleftrightarrow{\varepsilon_{\mu\nu}}$ des dielektrischen Tensors mit dem Mittelwert des symmetrisch spurlosen Anteils des elektrischen Polarisierbarkeitstensors $\alpha_{\mu\nu}$ verknüpft gemäß [50]

$$\overleftrightarrow{\varepsilon_{\mu\nu}} = \varepsilon_0{}^{-1} n \langle (\overleftrightarrow{\alpha_{\mu\nu}})_{\mathrm{nr}} \rangle; \tag{1.190}$$

n ist die Teilchendichte, ε_0 ist die elektrische Feldkonstante. In Gl. (1.190) weist der Index nr (für nicht-resonant) darauf, daß nur jener Anteil von $\alpha_{\mu\nu}$ zu berücksichtigen ist, der bei einer freien Rotation des Moleküls (mit festem J) konstant bleibt; dieser Anteil ist proportional zum Tensor $\overleftrightarrow{J_\mu J_\nu}$. Speziell für lineare Moleküle erhält man

$$\overleftrightarrow{\varepsilon_{\mu\nu}} = \varepsilon_a a_{\mu\nu}, \tag{1.191}$$

wobei $a_{\mu\nu}$ die in Gl. (1.172) eingeführte Tensorpolarisation mit dem nun eindeutig festgelegten Faktor $R = (J^2\text{-}3/4)^{-1}$ (ungefähr gleich J^{-2} für große Drehimpulse) ist. Der Koeffizient ε_a ist mit der Differenz $\alpha_\parallel - \alpha_\perp$ der Polarisierbarkeiten für ein elektrisches Feld parallel und senkrecht zur Molekülachse verknüpft gemäß

$$\varepsilon_a = -\frac{1}{2} n (\alpha_\parallel - \alpha_\perp)(\varepsilon_0 \zeta)^{-1}; \tag{1.192}$$

ζ ist der in Gl. (1.172) benützte Normierungskoeffizient; in Gl. (1.191) kürzt er sich heraus.

Die aus Gl. (1.191) folgende Doppelbrechung, d.h. die Differenz $\delta\nu$ zwischen den Brechzahlen ν_1 und ν_2 für zu zwei Hauprichtungen linear polarisiertes Licht ist durch

$$2\nu_0 \delta\nu = \varepsilon_a (e_\mu{}^{(1)} \alpha_{\mu\nu} e_\nu{}^{(1)} - e_\mu{}^{(2)} a_{\mu\nu} e_\nu{}^{(2)}) \tag{1.193}$$

gegeben. Dabei sind $\boldsymbol{e}^{(1)}$ und $\boldsymbol{e}^{(2)}$ Einheitsvektoren parallel zu den Hauptachsenrichtungen und ν_0 ist die (mittlere) isotrope Brechzahl des Gases für $a_{\mu\nu} = 0$.

Die Theorie und experimentellen Nachweise der durch eine viskose Strömung bzw. durch einen Wärmestrom erzeugten Ausrichtung und Doppelbrechnung werden in Abschn. 1.4.2.2 und 1.4.2.3 behandelt. In Abschn. 1.4.2.4 wird auf andere Verfahren wie Fluoreszenz zur experimentellen Bestimmung der molekularen Ausrichtung hingewiesen.

1.4.2.2 Strömungsdoppelbrechung

Phänomenologisch kann die Strömungsdoppelbrechnung (flow birefringence, streaming double refraction) durch den zu Gl. (1.79) bzw. (1.177) analogen linearen Zusammenhang

$$\overleftrightarrow{\varepsilon_{\mu\nu}} = -2\beta\,\gamma_{\mu\nu} = -2\beta\,\overleftrightarrow{\frac{\partial v_\mu}{\partial r_\nu}} \tag{1.194}$$

zwischen $\overleftrightarrow{\varepsilon_{\mu\nu}}$ und dem Geschwindigkeitsgradiententensor $\gamma_{\mu\nu} = \overleftrightarrow{\partial v_\mu/\partial r_\nu}$ beschrieben werden mit dem die Strömungsdoppelbrechung charakterisierenden Koeffizienten β. Im Gegensatz zur Viskosität η ist das Vorzeichen von β nicht generell festgelegt.

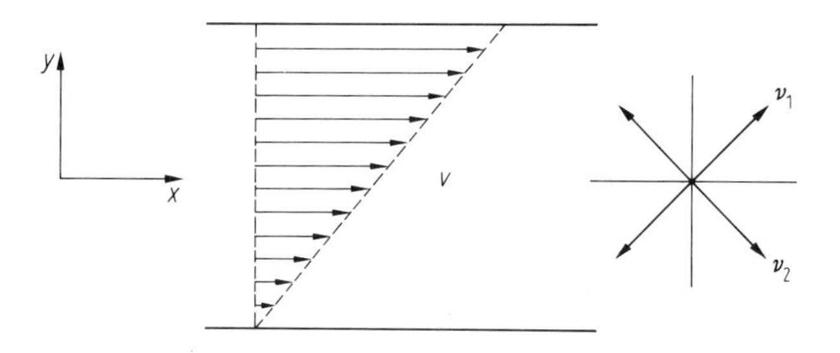

Abb. 1.51 Richtungen der Hauptbrechzahlen ν_1 und ν_2 in der Scherebene bei einer ebenen Couette-Strömung.

Speziell für eine Strömung in x-Richtung und den Gradienten in y-Richtung liegen zwei der Hauptachsen von Gl. (1.194) in der xy-Ebene und bilden die Winkel 45° bzw. 135° mit der Strömungsrichtung; siehe Abb. 1.51. Die Differenz $\delta\nu = \nu_1 - \nu_2$ der Brechzahlen zwischen beiden Hauptrichtungen ist durch

$$\nu_0\,\delta\nu = -\beta\,\gamma \tag{1.195}$$

gegeben, wobei $\gamma = \partial v_x/\partial y$ der Geschwindigkeitsgradient ist.

Ein mikroskopischer Ausdruck für β kann im Rahmen der kinetischen Theorie und mittels der Relation (1.191) gewonnen werden, und zwar ergibt sich im stationären Fall und ohne Anwesenheit eines Magnetfeldes aus Gl. (1.174)

$$a_{\mu\nu} = -(\sqrt{2}nkT)^{-1}\,\omega_a{}^{-1}\,\omega_{ap}\,\pi_{\mu\nu}. \tag{1.196}$$

Verwendung von Gl. (1.177) und (1.191) führt auf einen Ausdruck der Form (1.194) mit [50]

$$\beta = -\varepsilon_a(\sqrt{2}nkT)^{-1}\,\eta\,\omega_{ap}\,\omega_a{}^{-1}. \tag{1.197}$$

Wie bereits oben diskutiert, sind die Relaxationsfrequenzen ω_{ap} und ω_a durch verallgemeinerte Stoßintegrale darstellbar; sie verschwinden für eine rein sphärische Wechselwirkung. Diese Relaxationskoeffizienten kommen bereits in Gl. (1.180) und (1.183) vor. Im Gas von mittlerem Druck, wo der Reibungsdrucktensor $\pi_{\mu\nu}$ und die

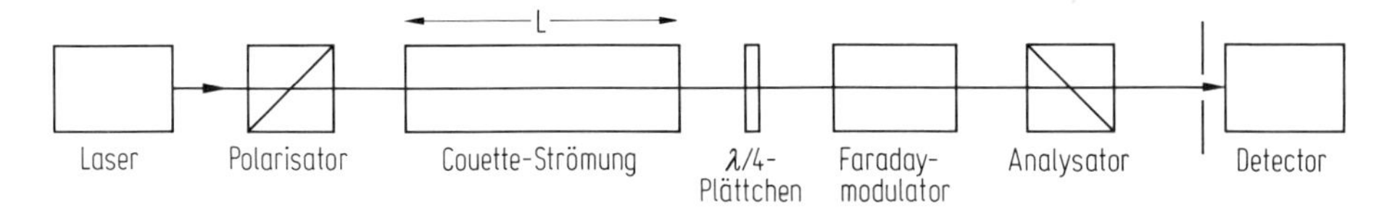

Abb. 1.52 Schematische Versuchsanordnung zur Messung der Strömungsdoppelbrechung. Die Linearpolarisation des in die Couette-Strömungs-Zelle eintretenden Lichtes wird längs einer Winkelhalbierenden zwischen den beiden Hauptbrechungsrichtungen gewählt.

Viskosität η unabhängig von der Teilchendichte n sind, ist die durch (1.195) gegebene Ausrichtung $a_{\mu\nu}$ proportional zu n^{-1}, wegen $\varepsilon_a \sim n$ ist der Koeffizient β aber in diesem Druckbereich unabhängig von n. Bereits kurz nach der theoretischen Ableitung von (1.196) und dem Aufzeigen des Zusammenhangs mit dem Senftleben-Beenakker-Effekt der Viskosität (S. Hess, 1969) wurde die Strömungsdoppelbrechung in Gasen experimentell nachgewiesen (F. Baas, 1971, siehe [65]). Dies ist bemerkenswert, da β nur von der Größenordnung 10^{-16} bis 10^{-15} s ist und, für $\gamma \approx 10^2$ bis $10^4\,\mathrm{s}^{-1}$, nur Brechzahldifferenzen $\delta\nu$ von 10^{-14} bis 10^{-12} auftreten. Das Prinzip der hochempfindlichen Meßanordnung ist aus Abb. 1.52 zu entnehmen. Linear polarisiertes Licht (mit dem $\boldsymbol{E}$-Feldvektor in radialer Richtung) wird aufgrund der Doppelbrechung in der Couette-Strömungsanordnung elliptisch polarisiert; durch ein $\lambda/4$-Plättchen wird es in linear polarisiertes Licht verwandelt, dessen Polarisationsrichtung um den Winkel $\delta_1 = \dfrac{2\pi L}{\lambda}\,\delta\nu$ gegenüber der ursprünglichen Richtung gedreht ist; L ist die Länge der Couette-Zelle, λ ist die Wellenlänge des benutzten Lichtes. Danach wird in einem Faraday-Modulator zusätzlich eine oszillisierende Rotation $\delta_2 \cos \omega t$ der Schwingungsebene erzeugt, bevor hinter einem (zur ursprünglichen Polarisationsrichtung senkrechten) Analysator die Intensität I der durchgelassenen Strahlung gemessen wird. Für kleine Phasenverschiebung $\delta = \delta_1 + \delta_2 \cos \omega t$ ist diese proportional zu $\delta^2 = \delta_1^2 + 2\delta_1\delta_2 \cos \omega t + \delta_2^2 \cos^2 \omega t$. Durch eine Frequenzfilterung kann aus der Intensität der zu $\cos \omega t$ proportionale Anteil $2\delta_1\delta_2$ bestimmt und bei bekanntem δ_2 die Phasenverschiebung δ_1 und damit die gesuchte Brechzahldifferenz $\delta\nu$ gemessen werden. Die Nachweisgrenze für $\delta\nu$ liegt bei 10^{-15}.

Die aufgrund von (1.197) und (1.192) erwartete Unabhängigkeit des Koeffizienten β von n wird z.B. für N_2 bei $T = 293$ K für Drücke von ungefähr 10^2 bis 10^4 Pa beobachtet. Bei kleineren Drücken führen Knudsen-Effekte (Wandstöße) zu einer Verringerung des Effektes. Abb. 1.53 zeigt die Brechzahldifferenz $\delta\nu$ als Funktion des Geschwindigkeitsgradienten $\gamma = \partial v_x/\partial y$ für die Gase N_2, CO und HD. In Tab. 1.13 sind die gemessenen Werte von β und das daraus folgende Verhältnis ω_{ap}/ω_a für einige Gase angegeben. Das Vorzeichen des Koeffizienten β ist bei allen untersuchten Gasen positiv. Aus Gl. (1.197) mit Gl. (1.192) folgt hieraus, daß die nichtdiagonale Stoßfrequenz ω_{ap} positiv ist für Moleküle mit $\alpha_\parallel > \alpha_\perp$ (z.B. H_2, HD, N_2, O_2, CO, CO_2, CH_3Cl), aber negativ für Moleküle mit $\alpha_\parallel < \alpha_\perp$ (z.B. $CHCl_3$, NF_3, PF_3). Im Fall der linearen Moleküle ist daraus zu entnehmen, daß die Rotationsdrehimpulse tatsächlich die in Abb. 1.41 angedeutete Vorzugsorientierung besitzen.

Die Untersuchung möglicher störender Einflüsse auf die Linearpolarisation eines zur Nachrichtenübertragung benutzten Lichtstrahles führte zur Messung der Strö-

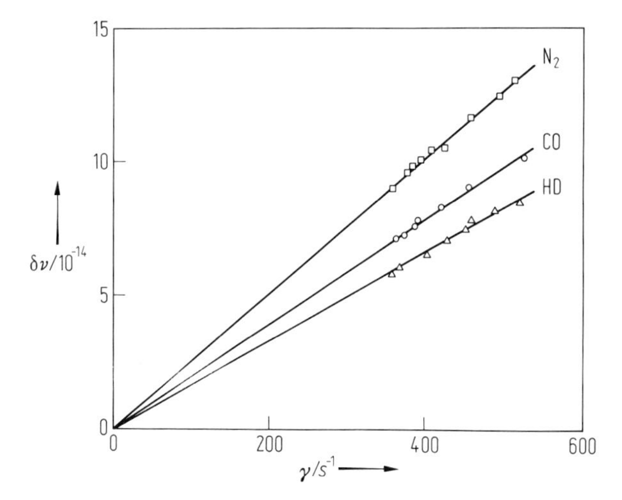

Abb. 1.53 Die Differenz $\delta\nu$ der Brechzahlen als Funktion des Geschwindigkeitsgradienten (Scherrate) γ für die Gase N_2, CO und HD. Für n-H_2 ist der Effekt etwa um den Faktor 10 kleiner als bei HD, aber immer noch meßbar (nach [65]).

Tab. 1.13 Der Strömungsdoppelbrechnungskoeffizient β und das daraus folgende Verhältnis der Relaxationsfrequenzen ω_{ap} und ω_a für einige Gase bei $T = 300$ K (Daten nach [65]).

	N_2	O_2	CO	CO_2	OCS	CS_2	HD	n-H_2	C_2H_6
$\beta/10^{-16}$ s	2.6	5.8	2.1	5.8	9.0	14.3	1.6	0.2	0.65
$10^2\ \omega_{ap}/\omega_a$	5.5	6.5	5.7	4.6	4.3	4.0	11.6	1.6	4.7

mungsdoppelbrechunmg in der laminaren Randschicht eines Windkanals und im Windgradienten über einem (sehr ebenen) Flugfeld [66]. Die dort in staubiger Luft gefundenen Meßwerte für β sind etwa um den Faktor 10 größer als für reines N_2- oder O_2-Gas beobachtet wird.

1.4.2.3 Wärmeströmungsdoppelbrechung

Bei Gegenwart eines durch Temperaturunterschiede verursachten Wärmestroms $\boldsymbol{q}$ (und gleichzeitiger Abwesenheit einer viskosen Strömung) kann, in Analogie zu Gl. (1.194), der Ansatz

$$\overleftrightarrow{\varepsilon_{\mu\nu}} = -2\beta_\lambda \overleftrightarrow{\frac{\partial q_\mu}{\partial r_\nu}} = 2\lambda\beta_\lambda \cdot \overleftrightarrow{\frac{\partial^2 T}{\partial r_\mu \partial r_\nu}} \tag{1.198}$$

für den anisotropen Anteil des dieleketrischen Tensors gemacht werden. Der Koeffizient β_λ charakterisiert dabei die durch einen Wärmestrom verursachte Doppelbre-

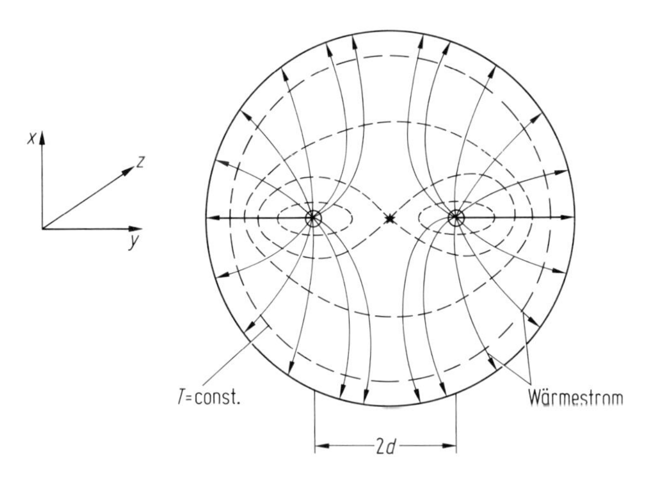

Abb. 1.54 Temperaturfeld und Wärmestrom in der zur Messung der Wärmeströmungsdoppelbrechung verwendeten Anordnung. Zwei Drähte im Abstand $2d$ befinden sich auf einer höheren Temperatur als der Zylindermantel. Das parallel zur Zylinderachse einfallende Licht zum Nachweis der Doppelbrechung geht durch die Mitte.

chung, λ ist die Wärmeleitfähigkeit. Dieser im Rahmen der kinetischen Theorie vorhergesagte (Hess 1969) und berechnete [67] Effekt ist inzwischen gemessen worden [68]. Zur Erzeugung des benötigten nicht-linearen Temperaturfeldes kann z. B. die in Abb. 1.54 gezeigte Anordnung benutzt werden. Ein Gas befindet sich innerhalb eines Zylinders, dessen Wände auf der Temperatur T_1 gehalten werden, zwei Drähte (im Abstand $2d$) werden auf die Temperatur $T_2 > T_1$ gebracht. Das Temperaturfeld und die Richtung des Wärmestromes sind in Abb. 1.54 angedeutet. In der Mitte ist ein Bereich, in dem die erste Ableitung des Temperaturfeldes verschwindet, aber $\frac{\partial^2}{\partial x^2} T = -\frac{\partial^2}{\partial y^2} T \neq 0$ gilt. Durch einen parallel zur Achse verlaufenden Lichtstrahl wird die in diesem Raumbereich erzeugte Ausrichtung der Moleküle über die Doppelbrechung nachgewiesen.

Die kinetische Theorie dieses Effektes geht wiederum aus von den aus der Waldmann-Snider-Gleichung abgeleiteten Transport-Relaxations-Gleichungen (1.173) und (1.174) wobei jetzt die dort nur durch Punkte angedeuteten Glieder zu berücksichtigen sind, die zusätzlich aus dem Strömungsterm stammen. In Gl. (1.173) tritt wie in Gl. (1.98) eine Ortsableitung des (translatorischen Anteils) des Wärmestromes auf. In Gl. (1.174) ist die Ortsableitung des Stromes der Tensorpolarisation zu berücksichtigen, die den für den Senftleben-Beenakker-Effekt der Wärmeleitfähigkeit wichtigen Kagan-Vektor enthält. Für einen stationären Wärmestrom und für $v = 0$ (keine Strömung) können die entsprechenden Gleichungen nach $a_{\mu\nu} \sim \overleftrightarrow{\partial q_\mu / \partial r_\nu}$ aufgelöst werden und mit Gln. (1.191) und (1.192) auf die Form (1.198) gebracht werden, wobei nun der Koeffizient β_λ durch verallgemeinerte Stoßintegrale ausgedrückt ist, die bereits in der Theorie der Strömungsdoppelbrechung und der Senftleben-Beenakker-Effekte der Viskosität und der Wärmeleitfähigkeit vorkommen.

Tab. 1.14 Vergleich der berechneten und der gemessenen Werte des Produkts des Drucks p und des Wärmeströmungsdoppelbrechungskoeffizienten β_λ für einige Gase bei $T = 300$ K (nach [68]).

		N_2	CO	O_2	HD
$p\beta_\lambda/10^{-16}$ s	berechnet	2.2	1.3	3.7	1.9
	experimentell	2.4 ± 0.2	1.2 ± 0.1	3.8 ± 0.2	–

Im Gegensatz zu β, das unabhängig vom Druck p bzw. von der Teilchendichte n ist, ist β_λ (für den Fall, wo die freie Weglänge noch klein im Vergleich zu den Gefäßabmessungen ist) proportional zu n^{-1} bzw. p^{-1}. Das Produkt $p\beta_\lambda$ hat nicht nur die gleiche Dimension wie β, sondern ist auch positiv und von vergleichbarer Größe, s. Tab. 1.13 und 1.14. Die grundsätzliche Bedeutung der Wärmeströmungsdoppelbrechung liegt in der Möglichkeit, hier die kinetische Theorie, jenseits des hydrodynamischen Bereiches, in verdünnten Gasen testen zu können, ohne daß gleichzeitig Randeffekte berücksichtigt werden müssen (s. Abschn. 1.3.5). Tatsächlich stimmen Theorie und Experiment für die bisher untersuchten Gase, wie aus Tab. 1.14 ersichtlich, innerhalb der Meßgenauigkeit überein.

Bei der Wärmeleitung in einem verdünnten, mehratomigen Gas ist auch zu erwarten, daß Wandstöße zu einer Vorzugsausrichtung der Rotationsdrehimpulse führen [69]. Die daraus resultierende Doppelbrechung in der Randschicht eines wärmeleitenden Gases ist ebenfalls experimentell gesucht worden [69].

1.4.2.4 Weitere Methoden zum Nachweis der molekularen Ausrichtung

Neben der Doppelbrechung können weitere Methoden zum direkten Nachweis der in einer Nichtgleichgewichtssituation vorliegenden Ausrichtung der Rotationsdrehimpulse der Moleküle verwendet werden. Hier ist an erster Stelle die *Polarisationsanalyse der Fluoreszenzstrahlung* zu nennen. Damit wurde die Ausrichtung Na_2-Molekülen in einer Düsenströmung [70] nachgewiesen und die Kagan-Polarisation bei der Wärmeleitung in einem I_2-Gas gemessen [71].

In einem Gas aus symmetrischen Kreiselmolekülen mit elektrischem Dipolmoment (z. B. CH_3Cl, $CHCl_3$) kann im Prinzip bei der Wärmeleitung eine Ausrichtung der Dipole erzeugt werden, die zu einer elektrischen Polarisation proportional zum Temperaturgradienten führt [72]. Der experimentelle Nachweis dieser thermoelektrischen Polarisation in Gasen ist bisher nicht gelungen.

1.4.3 Effektive Wirkungsquerschnitte, Vergleich zwischen Theorie und Experiment

Im Rahmen der kinetischen Theorie der molekularen Gase sind die Transportkoeffizienten, wie λ und η, deren Beeinflussung durch äußere Felder, sowie Nicht-Gleichgewichts-Ausrichtungseffekte durch Relaxationskoeffizienten ausgedrückt worden (siehe z. B. Gln. (1.103), (1.181), (1.183), (1.187), (1.197), die wiederum durch verallgemeinerte Stoßintegrale gegeben sind. Für einen quantitativen Vergleich zwischen Theorie und Experiment ist es zweckmäßiger, die gemäß

$$\omega_{..} = n c_0 \sigma_{..} \tag{1.199}$$

definierten effektiven Wirkungsquerschnitte $\sigma_{..}$ statt der Relaxationskoeffizienten $\omega_{..}$ zu benutzen. Hier ist $c_0 = 4 C_{\mathrm{th}}/\sqrt{\pi}$ eine mittlere Geschwindigkeit und n ist die Teilchendichte. In Tab. 1.15 sind für einige molekulare Gase, die mit den Relaxationsfrequenzen ω_p, ω_a, ω_{ap} und ω_{K} verknüpften effektiven Querschnitte σ_p, σ_a, σ_{ap} und σ_{K} aufgelistet. Sie sind aus Messungen der feldfreien Viskosität und des Senftleben-Beenakker-Effektes der Viskosität und der Wärmeleitfähigkeit (bei $T = 300$ K) mit Hilfe der im Rahmen der kinetischen Theorie abgeleiteten Formeln entnommen. Die ab-initio-Berechnung dieser effektiven Streuquerschnitte (bei denen Mitteilungen über Ablenkwinkel, Relativgeschwindigkeit, den mit den Drehimpulsen verknüpften magnetischen Quantenzahlen und den Rotationszuständen auszuführen sind) setzt voraus, daß die molekulare Wechselwirkung gut genug bekannt und vor allem das (quantenmechanische) Streuproblem gelöst ist. Die quantitativ zufriedenstellende Durchführung des Programmes der statistischen Physik, eine Brücke zu schlagen von den Eigenschaften der Moleküle und ihrer Wechselwirkung untereinander zu den makroskopisch meßbaren Eigenschaften der Gase, ist für H_2 und für HD/He-Gemische gelungen [22]. Ausgehend von einem nicht-sphärischen Potential der Form (1.17, 18) werden – ohne anpaßbaren Parameter – die aus der Messung von Transportkoeffizienten, des Magnetfeldeinflusses auf diese, der Strömungsdoppelbrechung (sowie aus der Stoßverbreiterung der depolarisierten Rayleigh- und Raman-Streuung) entnommenen effektiven Wirkungsquerschnitte für alle untersuchten Temperaturen richtig wiedergegeben.

Für kompliziertere Moleküle ist eine solche ab-initio-Berechnung wohl kaum durchführbar, da keine den Wasserstoffisotopen vergleichbar guten Potentiale vorliegen und das Streuproblem schwierig zu lösen ist. Man muß zufrieden sein, wenn es gelingt, Trends aufzuzeigen, z. B. die Veränderung der verschiedenen makroskopischen Eigenschaften mit wachsender Länge der Moleküle oder mit zunehmendem elektrischen Dipolmoment zu verstehen.

Es sollte nochmals auf das sehr fruchtbare Zusammenwirken von Experiment und Theorie hingewiesen werden. Die kinetische Theorie hat die grundsätzliche Erklärung der großen Fülle der physikalischen Eigenschaften molekularer Gase (neben den hier behandelten Phänomenen gilt dies z. B. auch für die Kernspinrelaxation und

Tab. 1.15 Die effektiven Wirkungsquerschnitte σ_p, σ_a, σ_{ap} und σ_{K} für einige Gase bei $T = 300$ K (Daten nach Thijsse et al. [76]).

	p-H_2	HD	N_2	CO	CO_2	OCS	CS_2	CH_3F	CHF_3
$\sigma_p/10^{-20}\,\mathrm{m}^2$	19	19	35	35	52	73	108	57	65
$\sigma_a/10^{-20}\,\mathrm{m}^2$	0.5	2.2	24	33	69	80	117	68	98
$\sigma_{ap}/10^{-20}\,\mathrm{m}^2$	0.02	0.3	1.5	2.0	3.9	4.8	4.7	1.8	3.5
$\sigma_{\mathrm{K}}/10^{-20}\,\mathrm{m}^2$	17	14	44	48	85	99	–	106	110

die Linienverbreiterung bei der depolarisierten Rayleigh-Streuung [50]) geliefert und den Experimentatoren ist es gelungen, einige der subtilen, von der Theorie vorhergesagten neuen Effekte nachzuweisen.

Literatur

Allgemeines zur Statistischen Physik

[1] Becker, R., Theorie der Wärme, Springer, Berlin 1966
[2] de Groot, S. R., Mazur, P., Grundlagen der Thermodynamik irreversibler Prozesse, Bibliogr. Institut, Mannheim, 1969
[3] Kestin, J., J. R. Dorfman, A Course in Statistical Thermodynamics, Academic Press, New York, 1969
[4] Landau, P. L., Lifschitz, E. M., Statistische Physik (Theoretische Physik, Bd. V), Akademie-Verlag, Berlin 1979
[5] Reif, F., Statistische Physik und Theorie der Wärme, 3. Auflage, de Gruyter, Berlin, 1987
[6] Sommerfeld, A., Thermodynamik und Statistik, Akademische Verlagsgesellschaft, Leipzig, 1962

Allgemeines zur Kinetischen Theorie

[7] Cercignani, C., Theory and Application of the Boltzmann Equation, Scotish Academic Press, Edinburgh, 1975
[8] Chapman, S., Cowling, T. G., The Mathematical Theory of Non-Uniform Gases, 3. Auflage, University Press, Cambridge, 1970
[9] Cohen, E. G. D., Thirring, W., The Boltzmann Equation, Theory and Applications, Springer, Wien, 1973
[10] Ferziger, J. H., Kaper, H. G., Mathematical Theory of Transport Processes in Gases, North Holland, Amsterdam, 1972
[11] Hanley, H. J. M., Transport Phenomena in Fluids, Dekker, New York, 1969
[12] Hess, S., Nicht-Gleichgewichts-Molekulardynamik, Computer-Simulationen von Transportprozessen und Analyse der Struktur von einfachen Fluiden, Physikalische Blätter, 1988
[13] Hirschfeler, J. O., C. F. Curtiss, Bird, R. B., Molecular Theory of Gases and Liquids, Wiley, New York, 1954
[14] Maitland, G., Rigby, M., Smith, E. B., Wakeham, W. A., Intermolecular Forces, Clarendon Press, Oxford, 1981
Rigby, M., Smith, E. B., Wakeham, W. A., Maitland, G. C., The Forces Between Molecules, Clarendon Press, Oxford, 1986
[15] Lifschitz, E. M., Pitajewki, L. P., Physikalische Kinetik (Landau-Liftschitz, Theoretische Physik, Bd. X), Akademie-Verlag, Berlin 1983
[16] Present, R. D., Introduction to the Kinetic Theory of Gases, McGraw-Hill, New York, 1958
[17] Rowlinson, J. S., The Properties of Real Gases, in Handbuch der Physik, (Flügge, S., Ed.), Springer, Berlin, 1958, p. 1
[18] Waldmann, L., Transporterscheinungen in Gasen von mittlerem Druck, in Handbuch der Physik (Flügge, S., Hrsg.), Bd. 12, Springer, Berlin, 1958, S. 295

Datensammlungen und Tabellen

[19] Jounglove, B. A., Thermophysical Properties of Fluids I, J. Phys. Chem. Ref. Data, **11**, Supplement 1, 1982
Jounglove, B. A., Ely, J. F., Thermophysical Properties of Fluids II, J. Phys. Chem. Ref. Data **16**, 577, 1987
[20] Kestin, J., Knierim, K., Mason, E. A., Najafi, B., Ro, S. R., Waldmann, M., Equilibrium and Transport Properties of Noble Gases and Their Mixtures at Low Density, J. Phys. Chem. Ref. Data **13**, 229, 1984
Bonshehri, A., Bzowski, J., Kestin, J., Mason, E. A., Equilibrium and Transport Properties of Eleven Polyatomic Gases at Low Density, J. Phys. Chem. Ref. Data **16**, 445, 1987
Hermans, P. W., Hermans, L. J. F., Beenakker, J. J. M., A Survey of Experimental Data Related to the Non-spherical Interaction for the Hydrogen Isotopes and their Mixture with Noble Gases, Physica **122 A**, **173**, 1983

Spezielle Literatur zu den einzelnen Abschnitten

Abschnitt 1.1

[21] Scoles, G., Two-Body, Spherical Atom-Atom and Atom-Molecule Interaction Energies, Ann. Rev. Phys. Chem. **31**, 81, 1980
[22] Köhler, W. E., Schaefer, J., Theoretical Studies of H_2-H_2 Collisions IV. Ab Initio Calculations of Anisotropic Transport Phenomena in Parahydrogen Gas, J. Chem. Phys. **78**, 4862, 1983

Abschnitt 1.2

[23] Silvera, I. F., Spin-Polarized Hydrogen and Deuterium: Quantum Gases, Physica **109**; **110 B**, 1499, 1982
Silvera, I. F., Walraven, J. T. M., Direct Determination of the Temperature and Density of Gaseous Atomic Hydrogen at Low Temperature by Atomic Beam Techniques, Phys. Lett. **74 A**, 193, 1979
[24] Sprik, R., Walraven, J. T. M., van Yperen, G. H., Silvera, I. F., Experiments With Doubly Spin-Polarized Atomic Hydrogen, Phys. Rev. **34 B**, 6175, 1986
[25] Sprik, R., Walraven, J. T., Silvera, I. F., Compression Experiments With Spin-Polarized Atomic Hydrogen, Phys. Rev. **32 B**, 5668, 1985
[26] Hess, H. F., Bell, D. A., Kochanski, G. P., Kleppner, D., Greytak, T. J., Temperature and Magnetic Field Dependence of Three-Body Recombination in Spin-Polarized Hydrogen, Phys. Rev. Lett. **52**, 1520, 1984

Abschnitt 1.3

[27] Hess, S., Vektor- und Tensor-Rechnung, Palm und Enke, Erlangen, 1982
Hess, S., Köhler, W. E., Formeln zur Tensor-Rechnung, Palm und Enke, Erlangen, 1980
[28] Müller, I., Thermodynamics, Pitman, Boston 1985
[29] Hess, S., Transport Phenomena in Anisotropic Fluids and Liquid Crystals, J. Non-Equilib. Thermodyn. **11**, 175, 1986
[30] Berne, B. J., Pecora, R., Dynamic Light Scattering, Wiley, New York, 1976
[31] Grad, H., Principles of the Kinetic Theory of Gases, in Handbuch der Physik (Flügge, S., Ed.), Bd. 12, Springer, Berlin, 1958, p. 205

[32] Waldmann, L., Die Boltzmann-Gleichung für Gase mit rotierenden Molekülen, Z. Naturforsch. **12a**, 660, 1957
Waldmann, L., Die Boltzmann-Gleichung für Gase aus Spin-Teilchen, Z. Naturforsch. **13a**, 609, 1958
Snider, R. F., Quantum-Mechanical Modified Boltzmann Equation for Degenerate Internal States, J. Chem. Phys. **32**, 1051, 1960
[33] Hess, S., Verallgemeinerte Boltzmann-Gleichung für mehratomige Gase, Z. Naturforsch. **22a**, 1871, 1967
[34] Mason, E. A., Monchick, L., Heat Conductivity of Polyatomic and Polar Gases, J. Chem. Phys. **36**, 1622, 1962
[35] Dymond, J. H., Interpretation of Transport Coefficients on the Basis of the Van der Waals Model, Physica **75**, 100, 1974
van Loef, J. J., Atomic and Electronic Transport Properties and the Molar Volume of Monatomic Liquids, Physica **75**, 115, 1974
[36] Hess, S., Mörtel, A., Doppler Broadened Spectral Functions and Time Correlation Functions for a Gas in Non-Equilibrium, Z. Naturforsch. **32a**, 1239, 1977
[37] Baas, F., Oudeman, P., Knaap, H. F. P., Beenakker, J. J. M., Experimental Investigation of the Nonequilibrium Velocity Distribution Function in a Heat Conducting Gas, Physica **89A**, 73, 1977
Douma, B. S., Knaap, H. F. P., Beenakker, J. J. M., Experimental Determination of the Velocity Distribution in a dilute Heat-Conducting Gas, Chem. Phys. Lett. **74**, 421, 1980
[38] Loose, W., Hess, S., Velocity Distribution Function of a Streaming Gas via Nonequilibrium Molecular Dynamics, Phys. Rev. Lett. **58**, 2443, 1987
[39] Hermans, L. J. F., Eggermont, G. E. J., Knaap, H. F. P., Beenakker, J. J. M., The Use of a Magnetic Field in an Experimental Verification of Transport Theory for Rarefied Gases, in Rarefied Gas Dynamics, (Campargue, R., Ed.) Vol. II, CEA, Paris, 1979, p. 799
[40] Waldmann, L., Non-Equilibrium Thermodynamics of Boundary Conditions, Z. Naturforsch. **22a**, 1269, 1967
[41] Waldmann, L., Schmitt, K. H., Thermophoresis and Diffusiophoresis of Aerosols, in Aerosol Science, (Davies, C. N., Ed.) Academic Press, New York, 1966, p. 149
[42] Brock, J. R., The Kinetics of Ultrafine Particles, in Aerosol Microphysics I, Marlow, W. H., Springer, Berlin, 1980, p. 15

Abschnitt 1.4

[43] Senftleben, H., Magnetische Beeinflussung des Wärmeleitvermögens paramagnetischer Gase, Phys. Z. **31**, 822, 961, 1930
Senftleben, H., Pietzner, J., Die Einwirkung magnetischer Felder auf das Wärmeleitvermögen von Gasen, Ann. Physik. **16**, 907, 1933; **27**, 108, 1936
[44] Engelhardt, H., Sack, H., Beeinflussung der inneren Reibung von O_2 durch ein Magnetfeld, Phys. Z. **33**, 724, 1932
Trautz, M., Fröschel, E., Notiz zur Beeinflussung der inneren Reibung von O_2 durch ein Magnetfeld, Phys. Z. **33**, 947, 1933
[45] Herzfeld, K. F., Freie Weglänge und Transporterscheinungen in Gasen, in Hand- und Jahrbuch der chem. Phys. 3/2, IV, 222, 1939
[46] Beenakker, J. J. M., Scoles, G., Knaap, H. F. P., Jonkman, R. M., The Influence of a Magnetic Field on the Transport Properties of Diatomic Molecules in the Gaseous State, Phys. Lett. **2**, 5, 1962
[47] Beenakker, J. J. M., McCourt, F. R., Magnetic and Electric Effects on Transport Properties, Ann. Rev. Phys. Chem. **21**, 47, 1970
McCourt, F. R. W., Beenakker, J. J. M., Köhler, W. E., Kuščer, I., Nonequilibrium Phenomena in Polyatomic Gases, Clarendon Press, Oxford, 1990

[48] Hess, S., Waldmann, L., Kinetic Theory for Particles with Spin, Z. Naturforsch. **21a**, 1529, 1966
II. Relaxation Coefficients, Z. Naturforsch. **23a**, 1893, 1968
[49] Hess, S., Waldmann, L., Kinetic Theory for Particles with Spin III. The Influence of Collinear Static and Oscillating Magnetic Fields on the Viscosity, Z. Naturforsch. **26a**, 1057, 1971
[50] Hess, S., Depolarisierte Rayleigh-Streuung und Strömungsdoppelbrechung in Gasen, Springer Tracts in Mod. Phys. **54**, 136, 1970
[51] Beenakker, J.J.M., Nonequilibrium Angular Momentum Polarizations, Acta Physica Austriaca, Suppl. X, Springer, Wien, 1973, p. 267
[52] Korving, J., Hulsman, H., Knaap, H.F.P., Beenakker, J.J.M., Transverse Momentum Transport in Viscous Flow of Diatomic Gases in a Magnetic Field, Phys. Lett. **21**, 5, 1966
Gorelik, L.L., Nikolaevskii, V.G., Sinitsyn, V.V., Transverse Heat Transfer in a Molecular-Thermal Stream produced in a Gas of Nonspherical Molecules in the Presence of a Magnetic Field, JETP Lett. **4**, 307, 1966
[53] Borman, V.D., Lazko, V.S. Nikolaev, B.I., Ryabov, V.A., Troyan, V.I., Resonant Singularities of the Dispersion of the Coefficient of Thermal Conductivity in Parallel Constant and Alternating Magnetic Fields, JETP Lett. **15**, 123, 1972
[54] van Ditzhuyzen, P.G., Thijsse, B.J., van der Meij, L.K., Hermans, L.J.F., Knaap, H.F.P., The Viscomagnetic Effect in Polar Gases, Physica **88A**, 53, 1977
[55] Knaap, H.F.P., 't Hooft, G.W., Mazur, E., Hermans, L.J.F., Senftleben-Beenakker Effects in Diffusing and Heat Conducting Gas Mixtures, in Rarefied Gas Dynamics (Campargue, R., Ed.) Vol. II, CEA, Paris, 1979, p. 777.
[56] Scott, G.G., Sturner, H.W., Williamson, R.M., Gas Torque Anomaly in Weak Magnetic Fields, Phys. Rev. **158**, 117, 1967
[57] Levi, A.C., Beenakker, J.J.M., Thermomagnetic Torques in Dilute Gases, Phys. Lett. **25A**, 350, 1967
[58] Vestner, H., Differential Equations and Boundary Conditions for Rarefield Polyatomic Gases, Z. Naturforsch. **28a**, 1554, 1973
[59] Smith, G.W., Scott, G.G., Measurement of Dynamic Behavior of the Thermomagnetic Gas Torque Effect, Phys. Rev. Lett. **20**, 1469, 1968
[60] Hess, S., Waldmann, L., On the Thermomagnetic Gas Torque for Collinear Static and Alternating Magnetic Fields, Z. Naturforsch. **25a**, 1367, 1970
[61] Larchez, M.L., Adair, T.W., Thermomagnetic Force in Oxygen, Phys. Rev. Lett. **25**, 21, 1970
[62] Hess, S., Kinetic Theory of the Thermomagnetic Force, Z. Naturforsch. **27a**, 366, 1972; Phys. Rev. **A11**, 1086 (1975)
[63] Eggermont, G.E.J., Oudeman, P., Hermans, L.J.F., Beenakker, J.J.M., Experiments on the Angular Dependence of the Thermomagnetic Pressure Difference, Physica **91A**, 345, 1978
[64] Borman, V.D., Lazko, V.S., Nikolaev, B.I., Effect of a Magnetic Field on Heat Transport in Tenuous Molecular Gases, JETP **39**, 657, 1974
van der Tol, J.J.G.M., Hermans, L.J.F., Krylov, S.Yu., Beenakker, J.J.M., Experimental Determination of Angular Momentum Polarizations Produced in a Knudsen Gas, Phys. Lett. **99A**, 51, 1983
[65] Baas, F., Breunese, J.N., Knaap, H.F.P., Beenakker, J.J.M., Flow Birefringence in Gases of Linear and Symmetric Top Molecules, Physica **88A**, 1, 1977
Oudeman, P., Baas, F., Knaap, H.F.P., Beenakker, J.J.M., Flow Birefringence in Gases of Linear Chain Molecules, Physica **116A**, 289, 1982
[66] Boyer, G.R., Lamouroux, B.F., Prade, B.S., Air-Flow-Birefringence Measurements, J. Opt. Soc. Ann. **65**, 1319, 1975

[67] Hess, S., Nonequilibrium Birefringence Phenomena in Dilute and Rarefied Polyatomic Gases, Rarefied Gas Dynamics (Dini, D., Ed.) Editrice Tecnico Scientifica, Pisa 1971; Heat-Flow Birefringence, Z. Naturforsch. **28a**, 861, 1973
[68] Baas, F., Oudeman, P., Knaap, H.F.P., Beenakker, J.J.M., Heat-Flow Birefringence in Gaseous O_2, Physica **88A**, 44, 1977
Oudeman, P., A New Method to Measure Heat Flow Birefringence in Gases, Phys. Lett. **74A**, 33, 1979
[69] Oudeman, P., Korving, J., Knaap, H.F.P., Beenakker, J.J.M., Birefringence in the Boundary Layer of a Rarefied Heat Conducting Gas, Z. Naturforsch. **36a**, 579, 1981
van Houten, H., von Marinelli, W.A., Beenakker, J.J.M., Z. Naturforsch. **40a**, 164, 1985
Vestner, H., Beenakker, J.J.M., Birefringence in the Boundary Layer of a Rarefied Heat Conducting Gas, Z. Naturforsch. **32a**, 801, 1977
[70] Sinka, M.P., Caldwell, C.D., Zare, R.N., Alignment of Molecules in Gaseous Transport: Alkali Dimers in Supersonic Nozzle Beams, J. Chem. Phys. **61**, 491, 1974
[71] van den Oord, R.J., de Lignie, M.C., Beenakker, J.J.M., Korving, J., Optical Observation of Angular Momentum Alignment in a Heat Conducting Gas, Phys. Rev. Lett. **59**, 2907, 1987
[72] Waldmann, L., Hess, S., Electric Polarization Caused by a Temperature Gradient in a Polar Gas, Z. Naturforsch. **24a**, 2010, 1969
[73] Hermans, L.J.F., et al., Physica **50**, 410, 1970
[74] Hulsman, H., et al., Physica **50**, 53, 1970
[75] Mazur, E., Dissertation, Leiden, 1981
[76] Thijsse, B.J. et al., Physica **97A**, 467, 1979
[77] Hulsman, H. et al., Physica **50**, 77, 1970
[78] Mazur, E. et al., Physica **121A**, 457, 1983

2 Plasmen*

Joachim Seidel, Burkhard Wende

2.1 Einleitung

2.1.1 Überblick und Abgrenzung

Als **Plasma** bezeichnet man in der Physik ein makroskopisches Vielteilchensystem, das insgesamt elektrisch neutral ist, aber so viele freie elektrische Ladungen enthält, daß deren elektromagnetische Wechselwirkung untereinander oder mit äußeren elektromagnetischen Feldern die Systemeigenschaften wesentlich bestimmt. Diese Definition erfaßt vor allem *ionisierte Gase*, auf die der Begriff gewöhnlich angewandt (und häufig beschränkt) wird. Auch im folgenden werden wir uns überwiegend mit solchen gasförmigen Plasmen befassen. Der Plasmabegriff und Methoden der Plasmaphysik können jedoch – zumindest für bestimmte Fragestellungen – ebenso auf z. B. *Elektrolytlösungen*, *metallische Leiter* und *Halbleiter* angewandt werden.

Um ein gasförmiges Plasma aus „gewöhnlicher" fester, flüssiger oder gasförmiger Materie zu erzeugen, muß dieser genügend Energie zugeführt werden, damit eine merkliche Anzahl von Neutralatomen ionisiert wird. Im Plasma sind dann Neutralteilchen, Ionen und freie Elektronen mit bestimmten Anzahldichten (Teilchenzahl durch Volumen) enthalten. Je nach der (mittleren) kinetischen Energie dieser Teilchen treten im Plasma ein- oder mehrfach geladene Ionen auf. Bei hoher Energie besteht ein Plasma aus Elektronen und „nackten" Atomkernen; bei noch höherer Energie können Atomkerne gesprengt werden oder verschmelzen (Kernfusion). Mit dem Ionisationsprozeß ist in vielen Fällen eine Aufheizung auf hohe Temperatur verbunden, doch darf dies nicht als typische Plasmaeigenschaft angesehen werden. Auch muß immer sorgfältig untersucht werden, ob für ein bestimmtes Plasma der **Temperaturbegriff** überhaupt sinnvoll verwandt werden kann (Abschn. 2.5).

Die zur Plasmaerzeugung erforderliche Energie kann auf ganz unterschiedliche Weise zugeführt werden: durch *chemische Reaktionen* (z. B. Verbrennung), besonders wenn sie explosionsartig verlaufen, durch *Kernspaltungsreaktionen*, durch *ohmsche Heizung* beim Stromdurchgang, evtl. in Verbindung mit *magnetischer Kompression*, durch *Stoßwellen* oder sonstige schnelle Kompression, durch *elektromagnetische Strahlung* (Mikrowellen, Laserstrahlung) oder durch schnelle *Teilchenstrahlen*. Für kosmische Objekte kommt auch die Freisetzung von *Gravitationsenergie* bei Kontraktion unter dem Einfluß der eigenen Schwerkraft in Frage. Bei einem einmal erzeugten heißen Plasma führen Energieverluste an die Umgebung zum raschen Erlöschen (*Kurzzeitplasma*) durch Rekombination der geladenen Teilchen, wenn sie

* Herrn Prof. Dr. Dieter Kind zum 60. Geburtstag gewidmet.

nicht durch ständige Energiezufuhr ausgeglichen werden. Um ein *stationäres* oder *Langzeitplasma* aufrechtzuerhalten, kann die Energie auf dieselben Arten wie bei der Erzeugung zugeführt werden, in sehr heißen Plasmen außerdem noch durch *Kernfusionsprozesse.*

Die Eigenschaften von Plasmen sind zunächst im Rahmen der Gasentladungsphysik, der Physik der hohen Atmosphäre (Ionosphäre) und vor allem der Astrophysik untersucht worden (der weitaus überwiegende Teil der uns bekannten Materie im Weltall befindet sich im Plasmazustand). Im Zusammenhang mit Versuchen der kontrollierten Energieerzeugung durch Kernfusionsreaktionen in sehr heißen Plasmen (10^8 K), wie sie auch im Innern der Sonne ablaufen, ist das Interesse an der Plasmaphysik seit etwa 1950 stark angestiegen. **Kernfusionsplasmen** werden in Abschn. 2.13 besprochen. Dort finden sich Rückverweise, wenn von Ergebnissen vorangehender Abschnitte Gebrauch gemacht wird. *Leser, die nur an den physikalischen Grundlagen der Energieerzeugung durch Kernfusion interessiert sind, können deshalb auch unmittelbar mit der Lektüre von Abschn. 2.13 beginnen.*

Die meisten Plasmaeigenschaften hängen stark von den Anzahldichten der Plasmateilchen (vor allem der Elektronen) und ihren Energien bzw. der Temperatur – sofern diese definierbar ist – ab. Um die entsprechenden Zusammenhänge zu untersuchen, werden Plasmaparameter mit Methoden der **Plasmadiagnostik** gemessen. Bei vielen Laborplasmen, vor allem Hochenergieplasmen, die Lebensdauern von nur Milli- bis hinab zu Nanosekunden haben, sind solche Messungen schwierig, zumal wenn sie zeitaufgelöst vorgenommen werden müssen. Die meisten Plasmaparameter können nur indirekt bestimmt werden. Vielfach eingesetzt wird die *spektroskopische Untersuchung* der vom Plasma emittierten (auch der absorbierten oder gestreuten) elektromagnetischen Strahlung, weil dies oft die einzige Meßmethode ohne nachhaltige Störung des zu untersuchenden Plasmas darstellt (oder z. B. in der Astrophysik gar keine anderen Messungen möglich sind). Die Strahlung trägt auch in vielen Fällen neben Stoßprozessen wesentlich zum Energietransport im Plasma bei und kann in Hochenergieplasmen entscheidend für die Energieverluste sein. Deshalb wird die **optische Strahlung von Plasmen** in Abschn. 2.8 ausführlicher behandelt, die auch für spektroskopische und optische Messungen und die Lichtquellenherstellung von Bedeutung ist.

Im übrigen sprechen wir in diesem Kapitel nur Grundbegriffe der Plasmaphysik an, um eine verständliche Darstellung zu erreichen. Dabei werden vorwiegend solche Plasmaeigenschaften betrachtet, die bei Translationsenergien der Plasmateilchen von einigen eV (Temperaturen von einigen 10^4 K) von Bedeutung sind, weil diese aus Untersuchungen langzeitstationärer Laborplasmen gut bekannt sind.

2.1.2 Klassifikation von Plasmen

Wichtigste Kenngrößen eines Plasmas sind die Elektronen(anzahl)dichte n_e und die Temperatur T. (Wir gehen hier von der Existenz einer einheitlichen Plasmatemperatur aus.) Diese überstreichen bei natürlichen (hauptsächlich kosmischen) und Laborplasmen außerordentlich viele Größenordnungen (Abb. 2.1). Es ist deshalb zweckmäßig, unter verschiedenen Gesichtspunkten bestimmte **Plasmatypen** zu unterscheiden.

Grundsätzlich muß man fragen, ob für ein Plasma relativistische oder Quanteneffekte von Bedeutung sind, was die Translationsbewegung seiner Bestandteile angeht. Beides geschieht am ehesten für die Elektronen, die wegen ihrer geringen Masse $m_e = 9.11 \cdot 10^{-31}$ kg im Mittel die höchste thermische Geschwindigkeit und die größte De-Broglie-Wellenlänge aller Plasmateilchen haben. **Relativistische Effekte** können sicherlich nicht vernachlässigt werden, wenn $v_{th,e} > 0.3\,c$ oder $T > 3 \cdot 10^8$ K ist; dabei ist die thermische Elektronengeschwindigkeit $v_{th,e} = (2kT/m_e)^{1/2}$ die gemäß einer Maxwell-Verteilung wahrscheinlichste Geschwindigkeit ($k = 1.38 \cdot 10^{-23}$ J/K $= 8.62 \cdot 10^{-5}$ eV/K ist die Boltzmann-Konstante) und c die Lichtgeschwindigkeit im Vakuum. **Quanteneffekte** (Abweichungen von der Boltzmann-Statistik, **Entartung** des Elektronengases) machen sich deutlich bemerkbar, wenn die thermische De-Broglie-(Materie-)Wellenlänge $\lambda_B = h/(m_e v_{th,e})$ der Elektronen größer ist als ihr mittlerer Abstand von etwa $\lambda_n = n_e^{-1/3}$, also für $\lambda_B > \lambda_n$ oder $T/K < 1.7 \cdot 10^{-14}$ $(n_e/m^{-3})^{2/3}$; andernfalls spricht man von einem *nichtentarteten* oder *klassischen Plasma*.

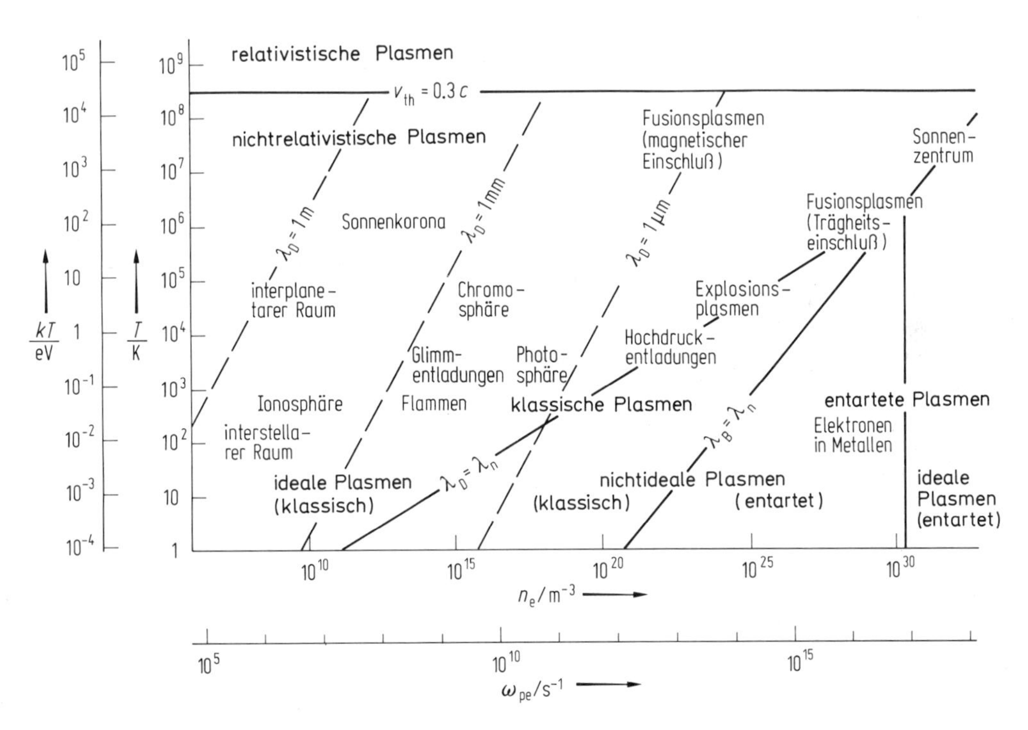

Abb. 2.1 Klassifikation von Plasmen und typische Werte der Elektronendichte n_e und -temperatur T_e für natürliche und Laborplasmen. ω_{pe} ist die Elektronenplasmafrequenz nach Gl. (2.3).

Entsprechende Grenzlinien sind in Abb. 2.1 eingetragen. Man entnimmt ihr, daß Laborplasmen durchweg **klassisch-nichtrelativistische Plasmen** sind. In solchen Plasmen ist die mikroskopische Wechselwirkung zwischen den geladenen Plasmateilchen die elektrostatische *Coulomb-Wechselwirkung*. Ausnahmen bilden einerseits die sehr heißen Plasmen der Kernfusionsforschung, andrerseits das dichte, kalte Elektronengas in Metallen.

Wichtig ist auch, ob sich ein Plasma näherungsweise als *ideales Gas* beschreiben läßt (**ideales Plasma**) oder ob die potentielle Energie der Coulomb-Wechselwirkung der geladenen Teilchen gegenüber ihrer kinetischen Energie nicht vernachlässigt werden kann (**nichtideales Plasma**). In einem *klassischen Plasma* bestimmt die Temperatur die mittlere kinetische Teilchenenergie $3kT/2$. Enthält ein solches Plasma nur einfach geladene Ionen, so ist es ideal für $kT \gg e^2/(4\pi\varepsilon_0\lambda_n)$. Mit der **Debye-Hückel-Länge** (oft auch als *Debye-Länge* bezeichnet)

$$\lambda_D = \sqrt{\frac{\varepsilon_0 kT}{e^2 n_e}} = \sqrt{\frac{T/\mathrm{K}}{n_e/\mathrm{m}^{-3}}} \cdot 69\ \mathrm{m} \tag{2.1}$$

läßt sich diese Bedingung als $\lambda_D > \lambda_n$ schreiben. Gebräuchlich ist auch der sogenannte **Plasmaparameter** $g = 1/(n_e\lambda_D^3)$; für ein ideales Plasma ist $g \ll 1$. Abweichungen vom völlig idealen Verhalten ($g = 0$) werden oft durch Entwicklung nach Potenzen von g untersucht.

Ist das Plasma dagegen *entartet*, so bilden die Elektronen ein Fermi-Gas, und die Verteilung ihrer kinetischen Energien wird – wegen des Pauli-Prinzips – weitgehend durch die Dichte bestimmt. Ein typischer Wert für die kinetische Energie eines Elektrons ist dann $3\hbar^2/(m_e\lambda_n^2)$. Ein Quantenplasma ist daher ideal für $3\hbar^2/(m_e\lambda_n^2) \gg e^2/(4\pi\varepsilon_0\lambda_n)$ oder etwa $n_e > 2 \cdot 10^{30}\ \mathrm{m}^{-3}$.

Die Kombination beider Bedingungen führt dazu, daß *nichtideale Plasmen* [102] nur in einem begrenzten Bereich von Elektronendichten und Temperaturen vorkommen (Abb. 2.1). Insbesondere klassische nichtideale Plasmen mit einem Plasmaparameter g, der deutlich größer als 1 ist, sind schwierig zu erzeugen und bisher noch kaum untersucht.

Schließlich unterscheidet man je nach Ionendichte n_i und Dichte n_a der Neutralatome bzw. nach dem **Ionisationsgrad** (Bruchteil der ionisierten Atome) $x = n_i/(n_i + n_a)$, der mit der Temperatur zunimmt, **vollionisierte** oder kurz **heiße Plasmen** ($x \approx 1$, praktisch alle Atome sind ionisiert) und **schwach ionisierte** oder **kalte Plasmen** ($x \ll 1$). In **sehr heißen Plasmen** sind Mehrelektronenatome überwiegend mehrfach ionisiert, und Neutralatome kommen praktisch nicht vor.

2.1.3 Kollektive und Stoßwechselwirkung

Wegen der Existenz freier Ladungsträger mit meist hohen kinetischen Energien haben Plasmen andere Eigenschaften als die sonstigen Zustandsformen der Materie, besonders in äußeren elektrischen und magnetischen Feldern und als Medium für die Ausbreitung elektromagnetischer und magnetohydrodynamischer Wellen. Plasmen besitzen ihnen eigentümliche Transporteigenschaften (Wärmeleitung, Viskosität, Diffusion und elektrische Leitfähigkeit) und können Strahlung über das gesamte elektromagnetische Spektrum vom Hochfrequenz- bis zum Röntgenbereich emittieren. Das Verständnis der verschiedenartigen Plasmaeigenschaften erfordert die Zusammenfassung von Ergebnissen fast aller Sachgebiete der Physik: der statistischen Mechanik, Hydrodynamik, Thermodynamik, Elektrodynamik, Atomphysik und Kernphysik.

In einem gasförmigen Plasma finden wie in einem Neutralgas dauernd **Stöße** zwischen den einzelnen Plasmateilchen statt (Abschn. 2.4). Diese mikroskopischen Wechselwirkungen bestimmen den *thermischen Zustand* des Plasmas (Abschn. 2.5) und seine *Transporteigenschaften* (Abschn. 2.7). Anders als in einem Neutralgas reichen die kinetischen Energien der Stoßpartner im Plasma aus, um neutrale oder nicht vollständig ionisierte Atome anzuregen oder zu ionisieren, so daß *inelastische Stöße* (und ihre Umkehrprozesse) eine wichtige Rolle spielen. Dazu kommt die Wechselwirkung der materiellen Plasmateilchen mit den Photonen des Strahlungsfeldes, z. B. bei der Photoanregung und Photoionisation von Atomen oder der inelastischen Streuung von Elektronen an Ionen mit Emission von Bremsstrahlung. In einem Plasma kann der Energieaustausch zwischen den verschiedenen Teilchensorten, den Anregungsstufen und dem Strahlungsfeld also über zahlreiche Kanäle stattfinden. Erfolgt er hauptsächlich durch Stöße zwischen materiellen Teilchen, heißt das Plasma **stoßbestimmt**; beruht er dagegen vorwiegend auf der Emission und Absorption von Photonen, so liegt ein **strahlungsbestimmtes Plasma** vor. Im allgemeinen muß eine detaillierte Beschreibung beide Arten von Prozessen berücksichtigen, z. B. in den *Ratengleichungen* eines sogenannten **Stoß-Strahlungs-Modells**, deren Aufstellung die Kenntnis aller relevanten *Stoßquerschnitte* erfordert.

Ein wesentlicher Unterschied von Plasmen und Neutralgasen liegt darin, daß die geladenen Plasmateilchen Coulomb-Felder mit großer Reichweite haben. Dies führt in einem idealen Plasma zwar zu einer effektiven **Abschirmung** durch Ladungen entgegengesetzten Vorzeichens (Abschn. 2.2), doch können vor allem Stöße zwischen geladenen Teilchen nur in Grenzfällen als Zweierstöße angesehen werden – in der Regel handelt es sich um *Vielteilchenwechselwirkungen*, die allerdings oft näherungsweise wie aufeinanderfolgende Zweiteilchenstöße behandelt werden können.

Die lange Reichweite der Wechselwirkung zwischen den geladenen Teilchen führt zu einer Fülle von **kollektiven Prozessen** in Plasmen, die in Neutralgasen nicht auftreten und deshalb vielfach als das eigentliche Untersuchungsobjekt der Plasmaphysik angesehen werden. Solche kollektiven Vorgänge, an denen eine große Zahl von Ladungsträgern in geordneter Weise teilnimmt, können im Plasma auch ganz ohne Wechselwirkung zwischen *einzelnen* Teilchen ablaufen, wenn sie unter dem Einfluß kollektiv erzeugter elektromagnetischer Felder erfolgen. Wichtigstes Beispiel sind die **Plasmawellen** (Abschn. 2.11), von denen es – vor allem in äußeren Magnetfeldern – eine große Zahl verschiedener Arten (*Moden*) gibt. Für die theoretische Untersuchung kollektiver Prozesse wird häufig das Modell des **stoßfreien Plasmas** verwandt (s. Abschn. 2.9), das mikroskopische Stoßwechselwirkungen zwischen *Einzel*teilchen völlig vernachlässigt, oder das Plasma wird im Rahmen der **Magnetohydrodynamik** als *elektrisch leitende Flüssigkeit* beschrieben (Abschn. 2.10). Dabei werden gewöhnlich nur die Plasmaionen und -elektronen berücksichtigt, und gebundene Zustände dieser Teilchen bleiben außer Betracht.

Umgekehrt ist der Einfluß kollektiver Prozesse z. B. auf die Anregung und Ionisation von Atomen im Plasma gering und wird bei deren Untersuchung häufig vernachlässigt. Dies hat zu einer gewissen Aufspaltung der Literatur zur Plasmaphysik geführt, weil Einzelarbeiten (auch Lehrbücher und Monographien) überwiegend nur einen der beiden Aspekte behandeln.

2.2 Quasineutralität und Debye-Hückel-Abschirmung

2.2.1 Raumladungen im Plasma

Wegen der vielen freien Ladungen, die es enthält, ist ein Plasma ein *guter elektrischer Leiter* (s. Abschn. 2.7.1). Auf Grund der hohen Leitfähigkeit werden im Innern eines Plasmas makroskopische Raumladungen, die durch zufällige thermische Schwankungen entstehen, sehr schnell wieder neutralisiert, denn sie rufen starke elektrische Felder hervor, die sofort zu Ausgleichsströmen führen. Schon im Mittel über kurze Zeiten ist ein Plasma daher lokal elektrisch neutral und erfüllt die sogenannte **Quasineutralitätsbedingung**

$$n_e = n_{i,1} + 2n_{i,2} + 3n_{i,3} + \ldots = \sum_z z n_{i,z}. \tag{2.2}$$

Dabei ist $n_{i,z}$ die Anzahldichte der Ionen mit Ladungszahl z (einfache Ionen: $z = 1$; enthält das Plasma negative Ionen mit $z = -1, -2, \ldots$, muß auch über deren Ladungszahlen summiert werden).

Um abzuschätzen, wie weit thermische Schwankungen überhaupt zu einer Ladungstrennung führen können, betrachten wir ein homogenes Plasma der Temperatur T, das einfach ionisiert sein möge ($n_i = n_e$), und fragen, welche Arbeit W aufgebracht werden muß, um alle Elektronen aus einer Kugel mit dem Radius R gegen die Anziehung der Ionen auf die Kugeloberfläche zu schaffen (Abb. 2.2). W ist gleich der Energie des elektrischen Feldes E, das die getrennten Ladungen hervorrufen, und kann aus dessen Energiedichte $\varepsilon_0 E^2/2$ berechnet werden. Das elektrische Feld verschwindet für $r > R$, für $r < R$ ist es $E(r) = e n_e r/(3\varepsilon_0)$. Daraus ergibt sich

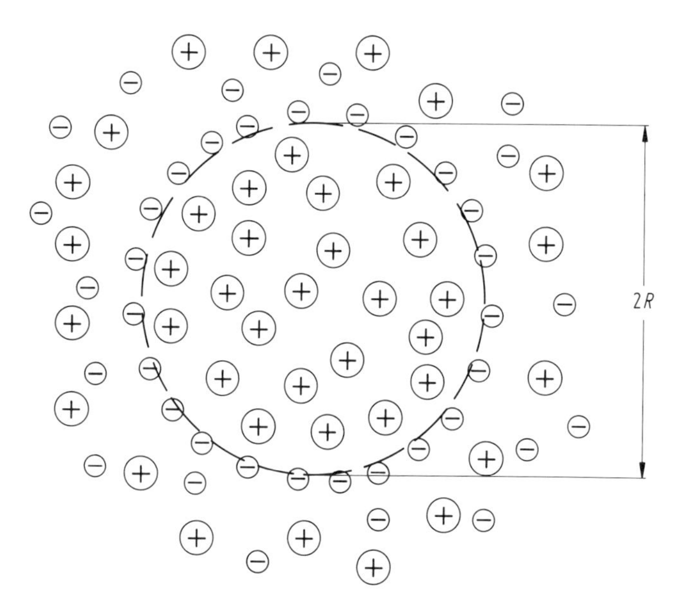

Abb. 2.2 Modell einer makroskopischen Raumladung im Plasma.

$W = 4\pi e^2 n_e^2 R^5/(90\varepsilon_0)$. Um diese Arbeit aufzubringen, steht ohne äußere Felder höchstens die kinetische Energie der thermischen Elektronenbewegung zur Verfügung. Diese beträgt im Mittel $3kT/2$ pro Elektron, insgesamt also $2\pi n_e R^3 \cdot kT$. Daraus ergibt sich für den Kugelradius $R < 7\lambda_D$. Andere geometrische Anordnungen liefern ähnliche Ergebnisse. Thermische Schwankungen können daher in einem Plasma zu Abweichungen von der Quasineutralität nur in Raumbereichen führen, deren Linearabmessungen höchstens einige Debye-Hückel-Längen betragen. Als Plasma bezeichnet man ein ionisiertes Gas nur dann, wenn seine charakteristischen Abmessungen sehr viel größer als die Debye-Hückel-Länge sind, weil dann thermische Abweichungen von der Quasineutralität nur in kleinen Teilvolumina des Gesamtsystems auftreten können.

Mit unserem Modell der Ladungstrennung können wir auch abschätzen, wie schnell im Plasma die Neutralisation von Raumladungen vor sich geht. Sie erfolgt praktisch allein durch die Elektronen, weil die Ionen wegen $m_i \gg m_e$ auf die entstehenden elektrischen Felder viel träger reagieren als die Elektronen. Für das Modell wird der Ladungsausgleich daher in etwa der Zeit τ erfolgen, die ein Elektron benötigt, um unter dem Einfluß des elektrischen Feldes $E(r)$ von der Kugeloberfläche zum Kugelmittelpunkt zu gelangen. Bis auf einen Faktor der Größenordnung 1 ergibt sich $\tau \approx \omega_p^{-1}$ mit der **Plasma(kreis)frequenz**

$$\omega_p = \sqrt{\frac{e^2 n_e}{\varepsilon_0 m_e}} = \sqrt{\frac{n_e}{\mathrm{m}^{-3}}} \cdot 56.4\ \mathrm{s}^{-1} \tag{2.3}$$

(genauer auch als Elektronen-Plasmafrequenz ω_{pe} bezeichnet). Aus Abb. 2.1 liest man ab, daß der Ladungsausgleich in Laborplasmen im Subnanosekundenbereich erfolgt, in dichten Plasmen sogar noch erheblich schneller.

Abschn. 2.11 wird zeigen, daß ω_p eine charakteristische Eigenfrequenz des Plasmas ist, mit der kollektive Schwingungen der Elektronen gegen die Ionen erfolgen (die Elektronen schießen beim Ladungsausgleich sozusagen über das Ziel hinaus). Zwischen Debye-Hückel-Länge λ_D, Plasmafrequenz ω_p und thermischer Elektronengeschwindigkeit $v_{th,e}$ besteht der einfache Zusammenhang

$$\lambda_D \omega_p = \frac{v_{th,e}}{\sqrt{2}} = \sqrt{\frac{kT}{m_e}}. \tag{2.4}$$

2.2.2 Debye-Hückel-Abschirmung

Nicht nur makroskopische Raumladungen, auch die einzelnen geladenen Teilchen im Plasma üben Kräfte auf die anderen Ladungsträger in ihrer Umgebung aus. Ein positiv geladenes Ion z. B. zieht Elektronen an, während es andere Ionen abstößt, und ist im Mittel von einer negativen Raumladungswolke umgeben, die seine Ladung nach außen hin abschirmt. Ein Teilchen der Ladung q erzeugt deshalb im Plasma nicht das *Coulomb-Potential* $V_C(r) = q/(4\pi\varepsilon_0 r)$ wie im Vakuum, sondern das *Debye-Potential* $V_D(r)$, das mit wachsendem r schneller abfällt als V_C.

Um das Debye-Potential selbstkonsistent zu berechnen, gehen wir nach dem Vorbild der *Debye-Hückel-Theorie für starke Elektrolyte* vor. Der Einfachheit halber betrachten wir ein homogenes, einfach ionisiertes Plasma der mittleren Elektronendichte n_e mit $n_i = n_e = n$. In der Umgebung einer Ladung $q = \pm e$ sind die Anzahldichten $n_e(r)$ und $n_i(r)$ durch *Boltzmann-Verteilungen*

$$n_{i,e}(r) = n \exp\left[\mp \frac{eV_D(r)}{kT}\right] \approx n\left[1 \mp \frac{eV_D(r)}{kT}\right] \tag{2.5}$$

gegeben. (Bei der Entwicklung der Exponentialfunktion ist $|eV_D| \ll kT$ vorausgesetzt.) Die Ladung q induziert in ihrer Umgebung also eine Ladungsdichte

$$\varrho(r) = en_i(r) - en_e(r) \approx -2\frac{e^2 n}{kT} V_D(r), \tag{2.6}$$

die selbst einen Beitrag $V(r)$ zu $V_D(r)$ liefert, der sich aus der Poisson-Gleichung

$$\Delta V(r) = \frac{1}{r^2}\frac{\mathrm{d}}{\mathrm{d}r}\left(r^2 \frac{\mathrm{d}V}{\mathrm{d}r}\right) = -\frac{1}{\varepsilon_0}\varrho(r) = 2\frac{e^2 n}{\varepsilon_0 kT} V_D(r) = \frac{2}{\lambda_D^2} V_D(r) \tag{2.7}$$

bestimmen läßt. Auch hier tritt die Debye-Hückel-Länge als charakteristische Länge auf. Neben V enthält V_D noch das Coulomb-Potential V_C von q; es ist also $V_D(r) = q/(4\pi\varepsilon_0 r) + V(r)$.

Mit dem Ansatz $V(r) = U(r)/r$ läßt sich die Poisson-Gleichung (2.7) lösen. Die Randbedingungen $V_D(r) \to 0$ für $r \to \infty$ und $V_D(r) \to V_C(r)$ für $r \to 0$ führen auf das **Debye-Potential**

$$V_D(r) = \frac{q}{4\pi\varepsilon_0 r}\exp\left(-\frac{r}{\lambda_D/\sqrt{2}}\right). \tag{2.8}$$

Im Plasma ist der $1/r$-Abhängigkeit des Coulomb-Potentials also eine exponentielle Abhängigkeit überlagert, die die Reichweite des mikroskopischen elektrischen Feldes einzelner Ladungsträger im wesentlichen auf $r < \lambda_D$ beschränkt (Abb. 2.3). Diese Abschirmung ist insbesondere bei der mikroskopischen Wechselwirkung der Ladungsträger zu beachten.

Bei der Herleitung des Debye-Potentials haben wir die abschirmenden Ladungen durch eine kontinuierliche Ladungsdichte beschrieben. Das ist nur dann als Näherung brauchbar, wenn sich viele Ladungsträger in der Debye-Kugel (Radius λ_D) befinden, also $n\lambda_D^3 \gg 1$ ist. Nach Abschn. 2.1.2 ist dies gerade die Bedingung für ein ideales Plasma. In einem idealen Plasma ist wegen $kT \gg e^2/(4\pi\varepsilon_0\lambda_n)$ auch die Entwicklung der Exponentialfunktion in Gl. (2.5) für die typischen Teilchenabstände $r \geq \lambda_n$ möglich. Auf nichtideale Plasmen niedriger Temperatur und hoher Elektronendichte kann das Modell der Debye-Hückel-Theorie dagegen offenbar *nicht* angewandt werden.

Bei Verwendung des Debye-Potentials ist ferner zu beachten, daß es für eine ruhende Ladung berechnet wurde, an deren Abschirmung Plasmaionen und -elektronen gleiche Anteile haben, so daß sich als Abschirmlänge $\lambda_D/\sqrt{2} = \sqrt{\varepsilon_0 kT/[e^2(n_i + n_e)]}$ ergibt. (Häufig wird deshalb auch diese Länge als Debye-Hückel-Länge bezeichnet). Für Ladungen, die sich bewegen, ergibt die genauere Untersuchung im Rahmen der kinetischen Plasmatheorie eine schwächere Abschirmung. So tragen in einem Plasma einheitlicher Temperatur die trägen Ionen praktisch nicht zur Abschirmung der Elektronen bei. Größen wie Stoßquerschnitte für geladene Plasmateilchen, bei deren Be-

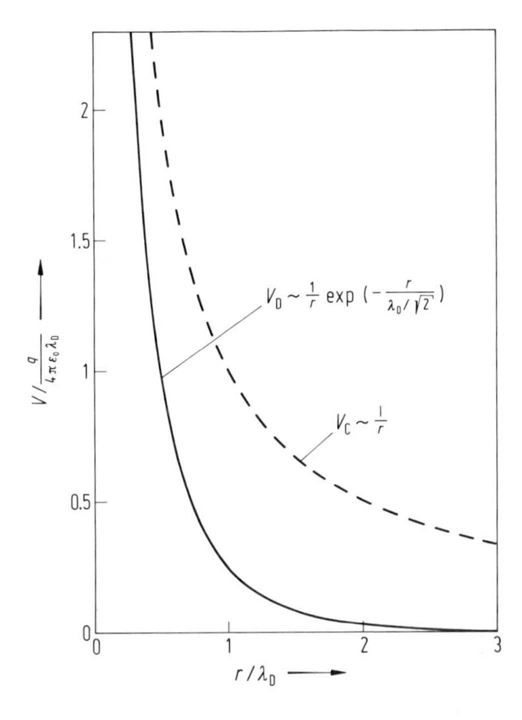

Abb. 2.3 Debye-Potential V_D einer Punktladung q im Plasma und ihr Coulomb-Potential V_C im Vakuum.

rechnung die Abschirmung berücksichtigt werden muß, hängen allgemein nur so schwach (logarithmisch) von der Abschirmlänge ab (Abschn. 2.4.2.3), daß gewöhnlich kein großer Fehler entsteht, wenn dafür einfach die Debye-Hückel-Länge nach Gl. (2.1) verwendet wird.

2.3 Vollständiges thermodynamisches Gleichgewicht (VTG)

Vollständiges thermodynamisches Gleichgewicht bildet sich in einem abgeschlossenen System aus, z. B. in einem Hohlraum mit isothermen Wänden. Ein solches System läßt sich bei Raumtemperatur in guter Näherung herstellen, ist aber für heiße Plasmen praktisch nicht zu verwirklichen. Diese befinden sich deshalb nicht im VTG und können höchstens näherungsweise durch Zustandsgrößen beschrieben werden, die aus der Gleichgewichts-Thermodynamik geläufig sind. Insbesondere die Verwendung des Temperaturbegriffs muß mit Vorsicht geschehen (Abschn. 2.5). Dennoch ist es lehrreich, ein Plasma im Grenzfall des VTG zu betrachten, um die Unterschiede gegenüber einem Neutralgas herauszustellen.

Im VTG kann ein gasförmiges Plasma wie jedes andere Gas durch wenige makroskopische *Zustandgsgrößen* beschrieben werden, insbesondere durch eine einheitliche *Temperatur* T als innere Zustandsgröße. Dazu tritt (bei vorgegebenen Konzentrationen der chemischen Elemente) der *Druck* p als äußere Zustandsgröße, weil Laborplasmen gewöhnlich unter konstantem Druck betrieben werden. Aus Thermodynamik und statistischer Mechanik sind dann für ein Plasma grundlegende Temperatur- und Druckabhängigkeiten bekannt: für die Anzahldichten der Teilchen (Ionisationszustand) und die Verteilung ihrer Energien (Translations- und Anregungsenergien) sowie für die Energieverteilung der elektromagnetischen Strahlung.

2.3.1 Grundlegende Temperaturabhängigkeiten

2.3.1.1 Ionisationsgleichgewicht, Saha-Eggert-Gleichung

Bei allen Fragestellungen der Plasmaphysik ist die Kenntnis des Ionisationszustandes des Plasmas wichtig, d.h. der Temperatur- und Druckabhängigkeit von Elektronen(anzahl)dichte $n_e(T,p)$, Ionendichte $n_i(T,p)$, und Atomdichte $n_a(T,p)$. Diese Dichten sind durch die Saha-Eggert-Gleichung, das Dalton-Gesetz und die Quasineutralitätsbedingung gegeben.

Die Saha-Eggert-Gleichung (häufig auch Saha-Gleichung genannt) entspricht dem aus der physikalischen Chemie bekannten *Massenwirkungsgesetz* nach Guldberg und Waage, das dort das *Reaktionsgleichgewicht* zwischen den Partnern einer chemischen Reaktion beschreibt. Analog beschreibt die **Saha-Eggert-Gleichung** das *Ionisationsgleichgewicht* zwischen Elektronen, Ionen und Atomen, also für die Reaktion $A \rightleftharpoons A^+ + e$ (bei einfacher Ionisation):

$$\frac{n_e n_i}{n_a} = 2\frac{Z_i(T)}{Z_a(T)}\left(\frac{m_e kT}{2\pi\hbar^2}\right)^{\frac{3}{2}} \exp\left(-\frac{E_i - \Delta E_i}{kT}\right), \tag{2.9}$$

wobei die *Erniedrigung der Ionisationsenergie* E_i im Plasma berücksichtigt werden muß:

$$\Delta E_i \approx \frac{e^2}{4\pi\varepsilon_0}\frac{1}{\lambda_D/\sqrt{2}}. \tag{2.10}$$

Z_a und Z_i sind die *Zustandssummen* von Atom und Ion, allgemein

$$Z(T) = \sum_m g_m \exp\left(-\frac{E_m}{kT}\right), \tag{2.11}$$

die sich durch Summation über die jeweiligen gebundenen (diskreten) Energieniveaus E_m mit den statistischen Gewichten (Entartungsgrad) g_m ergeben. Die statistischen Gewichte sind – wenn nicht wie beim Wasserstoffatom eine „zufällige" Entartung der Energieniveaus auftritt – durch die möglichen Orientierungen des Gesamtdrehimpulses J gegeben: $g_m = 2J_m + 1$.

Um die drei unbekannten Dichten n_e, n_i und n_a zu bestimmen, müssen noch zwei weitere Gleichungen herangezogen werden, nämlich die Zustandsgleichung für Gemische idealer Gase, das **Dalton-Gesetz**

$$p = (n_a + n_i + n_e)kT, \tag{2.12}$$

und die **Quasineutralitätsbedingung**

$$n_i = n_e. \tag{2.13}$$

In Gl. (2.9) ist E_i die Ionisationsenergie für ein ungestörtes Atom im Vakuum, die in Handbüchern (z. B. [45]) tabelliert ist. Im Plasma ist die Ionisationsenergie durch die Wirkung der freien Ladungsträger dagegen um ΔE_i herabgesetzt, weil diese am Ort des zu ionisierenden Atoms ein elektrisches Mikrofeld erzeugen. Dadurch ist die Arbeit zum Abtrennen des Elektrons vom Atom im Plasma kleiner als im feldfreien Raum. Mit Hilfe der Debye-Hückel-Theorie läßt sich der oben angegebene Wert für ΔE_i abschätzen [16]. Durch die Debye-Hückel-Länge ist ΔE_i temperatur- und dichteabhängig, beträgt aber selbst in dichten Laborplasmen niedriger Temperatur nur einige Zehntel eV ($\Delta E_i \approx 0.1$ eV bei $n_e = 10^{23}$ m^{-3} und $T = 10^4$ K). Die Erniedrigung der Ionisationsenergie ist auch bei der Berechnung der Zustandssummen Z_a und Z_i zu berücksichtigen [46], weil hochangeregte Zustände mit Energien knapp unter der Ionisationsgrenze für Vakuum im Plasma nicht mehr gebunden sind und nicht in die Zustandssummen eingehen (die erst dadurch überhaupt konvergieren).

Die Verwendung des Dalton-Gesetzes als Zustandsgleichung setzt ein ideales Plasma voraus, das in guter Näherung als ideales Gas behandelt werden kann (Abschn. 2.1.2). Tatsächlich kann man abschätzen, daß die Druckkorrektur gegenüber dem Dalton-Gesetz, die durch die Coulomb-Wechselwirkung der Ladungsträger im Plasma hervorgerufen wird, auch bei hohen Elektronendichten gering ist. Sie beträgt bei $n_e = 10^{23}$ m^{-3} und $T = 10^4$ K etwa $\Delta p \approx 5 \cdot 10^2$ Pa, verglichen mit $p \geq 3 \cdot 10^4$ Pa bei diesen Bedingungen.

Die angegebene Saha-Eggert-Gleichung (2.9) bezieht sich auf die Ionisation von Neutralatomen. Für höhere Ionisationsstufen ist n_a durch $n_{i,z}$ und n_i durch $n_{i,z+1}$ zu ersetzen ($n_{i,z}$ Anzahldichte der z-fach geladenen Ionen) und es sind die entsprechenden Zustandssummen und Ionisationsenergien zu verwenden. Natürlich müssen die Dichten dieser Ionen dann auch im Dalton-Gesetz und in der Quasineutralitätsbedingung berücksichtigt werden, außerdem bei Berechnung der Debye-Hückel-Länge.

In Abb. 2.4 sind als Beispiel die Temperaturabhängigkeiten der Anzahldichten von Molekülen, Atomen, Ionen und Elektronen in einem Stickstoffplasma unter etwa Atmosphärendruck ($p = 10^5$ Pa) dargestellt, die sich im VTG nach der Saha-Eggert-Gleichung (und dem Massenwirkungsgesetz für die Moleküldissoziation) einstellen. Bei niedrigen Temperaturen bis etwa 5000 K liegt praktisch aller Stickstoff in Form von N_2-Molekülen vor. Oberhalb von 5000 K nimmt die Moleküldichte n_m durch Dissoziation mit wachsender Temperatur steil ab, gleichzeitig steigt die Atomdichte n_a an. n_a erreicht bei etwa 8000 K ein Maximum und nimmt oberhalb von 10000 K durch Ionisation stark ab, während die Dichte $n_{i,1}$ der einfach geladenen Ionen und die Elektronendichte n_e ansteigen. Ähnliche Maxima wie n_a durchlaufen bei weiter steigender Temperatur auch die Ionendichten $n_{i,1}$, $n_{i,2}$ und $n_{i,3}$. Für $T < 20000$ K ist $n_{i,2} \ll n_{i,1}$ und deshalb $n_e \approx n_{i,1}$, das Plasma also *einfach ionisiert*. Die Elektronendichte nimmt zunächst mit wachsender Temperatur zu. Nach dem Dalton-Gesetz kann sie aber nicht über p/kT wachsen und muß deshalb bei konstantem Druck schließlich mit wachsender Temperatur *abnehmen*, auch wenn durch das Erreichen immer höherer Ionisationsstufen immer mehr Elektronen freigesetzt werden. Als Folge dieser gegenläufigen Effekte hat n_e zwischen 15000 K und 20000 K ein *Maximum* von etwa 10^{23} m^{-3} und fällt zu höheren Temperaturen schwach ab. Deutlich *höhere Elektronendichten* können in Plasmen ganz allgemein nur unter *höherem Druck* erreicht werden (vgl. Abb. 2.5). Für $T \geq 25000$ K ist das Stickstoffplasma praktisch *vollständig ionisiert*, denn dann ist $n_e > 100 n_a$. Bemerkenswert ist, daß die

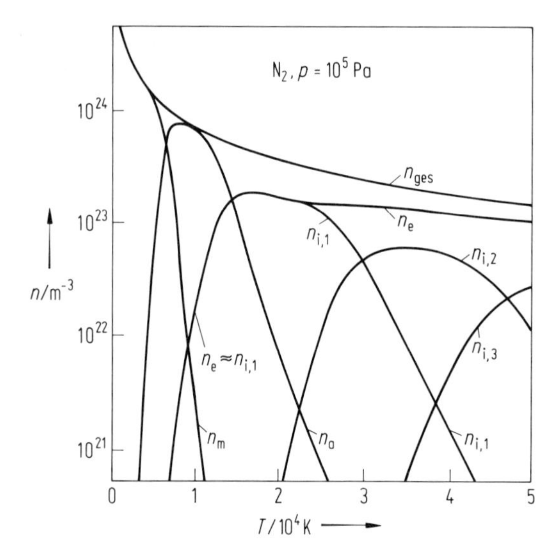

Abb. 2.4 Temperaturabhängigkeit der Anzahldichten n der verschiedenen Teilchensorten in einem Stickstoffplasma beim Druck $p = 10^5$ Pa. n_m Moleküle, n_a Atome, n_e Elektronen, $n_{i,z}$ z-fach geladene Ionen, n_{ges} Summe aller Anzahldichten.

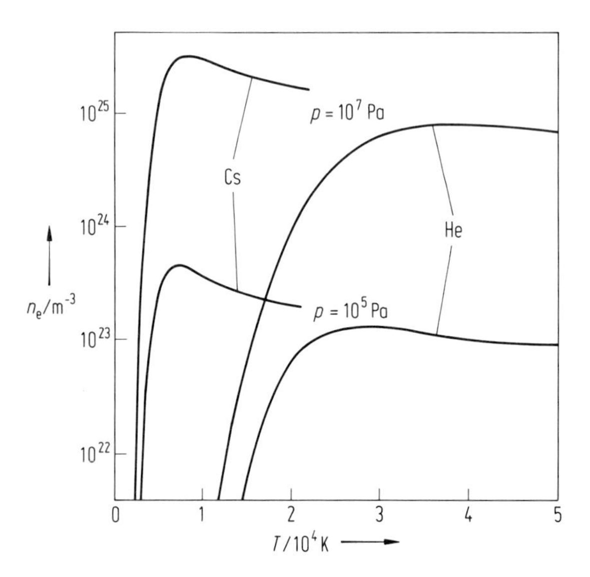

Abb. 2.5 Temperaturabhängigkeit der Elektronendichten n_e in Caesium- und Heliumplasmen bei Drücken von $p = 10^5$ Pa und $p = 10^7$ Pa. Caesium und Helium haben sehr unterschiedliche Ionisationsenergien.

Vollionisation schon für thermische Energien kT erreicht wird, die deutlich unter der Ionisationsenergie des Stickstoffatoms von 14.6 eV liegen ($kT \approx 1$ eV für $T = 10^4$ K).

Das Ionisationsgleichgewicht wird wesentlich durch die Größe der Ionisationsenergie bestimmt, die in die Saha-Eggert-Gleichung eingeht. Für Plasmen, die Atome mit *niedriger Ionisationsenergie* enthalten (*Metalle*), werden schon bei niedrigen Temperaturen hohe Elektronendichten erreicht, während dies bei *Edelgasplasmen* wegen der *hohen Ionisationsenergien* erst bei viel höheren Temperaturen der Fall ist. Als Beispiel zeigt Abb. 2.5 die Temperaturabhängigkeit der Elektronendichten für zwei Elemente mit sehr unterschiedlichen Ionisationsenergien: Caesium (Ionisationsenergie 3.89 eV für das Atom, 25.1 eV für Cs^+) und Helium (Ionisationsenergie 24.58 eV für He, 54.4 eV für He^+) für die Drücke $p = 10^5$ Pa (etwa Atmosphärendruck) und $p = 10^7$ Pa. Das Maximum der Elektronendichte wird – abhängig vom Druck – für Caesium bei $T = 7000$ K bis 8000 K erreicht, für Helium dagegen erst bei $T = 26000$ K bis 37000 K. Wie beim Stickstoffplasma läßt sich die Elektronendichte im Temperaturbereich der Vollionisation nur durch Druckerhöhung steigern, nicht durch weitere Erwärmung. Solange n_e noch stark mit der Temperatur zunimmt, also in schwach ionisierten Plasmen, ist bei konstanter Temperatur $n_e \sim \sqrt{p}$, in vollionisierten Plasmen dagegen $n_e \sim p$.

2.3.1.2 Maxwellsche Geschwindigkeitsverteilung

Im VTG haben die gemäß der Saha-Eggert-Gleichung in einem idealen Plasma vorhandenen Teilchenarten Geschwindigkeiten, deren Häufigkeit wie beim idealen Gas durch die **Maxwell-Geschwindigkeitsverteilung** gegeben ist. Von der Anzahldichte n einer Teilchenart mit Masse m findet man im Geschwindigkeitsintervall $v \dots v + \mathrm{d}v$ den Bruchteil

$$\frac{\mathrm{d}n}{n} = f_\mathrm{M}(v; T, m)\mathrm{d}v = \frac{4}{\sqrt{\pi}} \frac{v^2}{v_\mathrm{th}^3} \exp\left(-\frac{v^2}{v_\mathrm{th}^2}\right)\mathrm{d}v \tag{2.14}$$

mit der wahrscheinlichsten Geschwindigkeit $v_\mathrm{th} = \sqrt{2kT/m}$. Da im VTG alle Teilchensorten dieselbe Temperatur T haben, ist die mittlere kinetische Energie $\bar{\varepsilon}$ der Einzelteilchen unabhängig von ihrer Masse

$$\bar{\varepsilon} = \frac{1}{2} m \overline{v^2} = \frac{3}{2} kT. \tag{2.15}$$

2.3.1.3 Boltzmann-Verteilung der Anregungsenergien

Neben der Translationsenergie besitzen Atome und Ionen Anregungsenergien als innere Energien. Wie die einzelnen Energieniveaus im Termschema von Atomen und Ionen bei gegebener Temperatur besetzt sind, bestimmt die **Boltzmann-Verteilung**. Von der Anzahldichte n einer Teilchenart ist danach bei dem Bruchteil

$$\frac{n_m}{n} = \frac{g_m}{Z} \exp\left(-\frac{E_m}{kT}\right) \tag{2.16}$$

das Energieniveau E_m besetzt. g_m ist das statistische Gewicht des Energieniveaus und Z die (temperaturabhängige) Zustandssumme nach Gl. (2.11).

2.3.1.4 Planck-Gesetz der Hohlraumstrahlung

Auch die Energieverteilung der elektromagnetischen Strahlung spielt im Plasma eine wichtige Rolle. Im VTG ist die Strahlung im Innern des Plasmas Hohlraumstrahlung. Sie ist unabhängig von allen individuellen Eigenschaften der Atome und Ionen im Plasma, so daß ihr Spektrum z. B. keinerlei Spektrallinien aufweist und allein durch die Temperatur bestimmt ist. Die *spektrale Strahldichte* der Hohlraumstrahlung ist durch das berühmte **Planck-Gesetz** (Abb. 2.6) gegeben:

$$L_\nu^{\mathrm{H}}(\nu; T) = \frac{2h}{c^2}\nu^3\left[\exp\left(\frac{h\nu}{kT}\right) - 1\right]^{-1}, \tag{2.17}$$

mit dem Planck das Wirkungsquantum $h = 6.63 \cdot 10^{-34}$ J s $= 4.14 \cdot 10^{-15}$ eV s in die Physik einführte und den Anstoß zur Entwicklung der Quantenphysik gab.

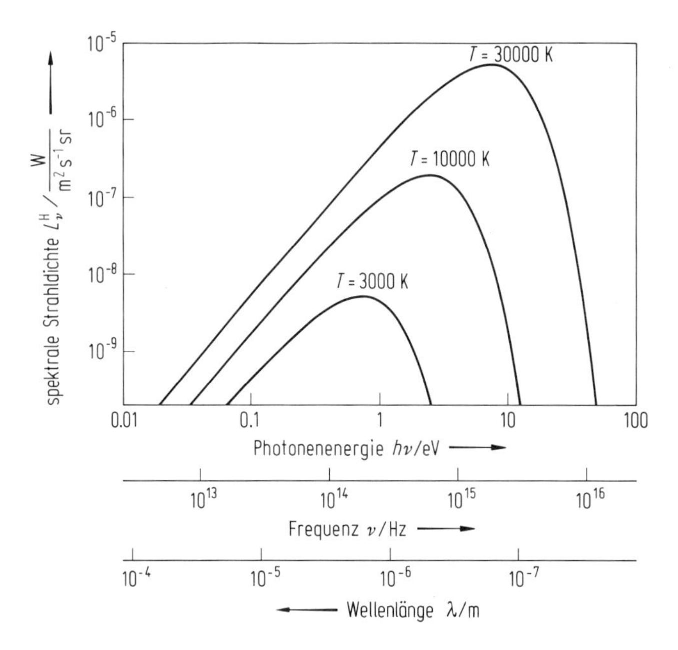

Abb. 2.6 Spektrale Strahldichte der Hohlraumstrahlung (Planck-Gesetz).

Die auf die *Frequenz* bezogene spektrale Strahldichte L_ν ist die Strahlungsleistung in einem Frequenzintervall, die eine Fläche in einen kleinen Raumwinkel um die Richtung der Flächennormalen emittiert, bezogen auf Fläche, Raumwinkel und Frequenzintervall; ihre SI-Einheit ist also $\mathrm{W\,m^{-2}\,sr^{-1}\,Hz^{-1}}$. Die auf die *Wellenlänge* bezogene spektrale Strahldichte L_λ mit der SI-Einheit $\mathrm{W\,m^{-3}\,sr^{-1}}$ ergibt sich daraus zu $L_\lambda = L_\nu \cdot c/\lambda^2$. Häufig wird die Strahlung auch durch die frequenzbezogene *spektrale Dichte der Energiedichte* w_ν beschrieben, die Strahlungsenergie bezogen auf das Volumen und das Frequenzintervall (SI-Einheit $\mathrm{J\,m^{-3}\,Hz^{-1}}$). In einem isotropen Strahlungsfeld wie z. B. dem der Hohlraumstrahlung gilt $w_\nu = L_\nu \cdot 4\pi/c$.

2.3.2 Enthalpie, Wärmekapazität und Energie

Da stationäre Laborplasmen gewöhnlich unter konstantem Druck p betrieben werden, beschreibt man ihren Energieinhalt zweckmäßig mit Hilfe der spezifischen **Enthalpie** h und der spezifischen **Wärmekapazität** c_p (*spezifische* Größen sind auf die Masse bezogen). Es gilt

$$h = u + pv, \quad c_p = \left(\frac{\delta q}{\mathrm{d}T}\right)_p = \left(\frac{\partial h}{\partial T}\right)_p, \tag{2.18}$$

dabei ist u die spezifische (innere) *Energie*, v das spezifische *Volumen* (= Kehrwert der Massendichte ϱ) und δq die zugeführte spezifische *Wärmemenge*, die eine *Temperaturerhöhung* $\mathrm{d}T$ verursacht.

In einem idealen Gas von Teilchen der Masse m, die bei Zimmertemperatur nur die drei Freiheitsgrade der Translationsbewegung haben, gilt $u = 3kT/(2m)$, $pv = kT/m$, $h = 5kT/(2m)$ und $c_p = 5k/(2m)$. In diesem Fall sind u und h also proportional zur Temperatur, und c_p ist konstant. Wird dagegen ein Molekülgas auf hohe Temperatur erhitzt, so werden die Moleküle angeregt (Rotations-, Vibrations- und Elektronenanregung) und dissoziiert; bei noch höherer Temperatur werden die durch Dissoziation entstandenen Atome angeregt und ionisiert. Dadurch werden zusätzliche „Freiheitsgrade" eröffnet.

Wir wollen kurz die Berechnung der Enthalpie eines Gases behandeln, das bei niedriger Temperatur aus zweiatomigen Molekülen wie z. B. N_2 besteht, bei hohen Temperaturen aber außerdem Atome, Ionen und Elektronen enthält. Jede dieser Teilchensorten liefert einen Beitrag zur spezifischen Enthalpie h (Moleküle: h_m, Atome: h_a, Ionen der Ladungszahl z: $h_{\mathrm{i},z}$, Elektronen: h_e).

Für *Moleküle* der Masse m_m ist

$$h_\mathrm{m} = \frac{1}{m_\mathrm{m}}\left(\frac{5}{2}kT + kT^2\frac{\partial \ln Z_\mathrm{m}}{\partial T}\right). \tag{2.19}$$

Der erste Summand gibt den *Translationsanteil* an, der zweite mit der Zustandssumme Z_m des Moleküls den Anteil aus *Rotations-, Schwingungs- und Elektronenanregung*. Z_m ist (näherungsweise) das Produkt entsprechender Zustandssummen Z_r, Z_s und Z_e, die nach Gl. (2.11) durch Summation über die jeweiligen Energieniveaus berechnet werden.

Für die *Atome* (Masse m_a), die durch Dissoziation entstehen, ist

$$h_\mathrm{a} = \frac{1}{m_\mathrm{a}}\left(\frac{5}{2}kT + \frac{1}{2}E_\mathrm{d} + kT^2\frac{\partial \ln Z_\mathrm{a}}{\partial T}\right), \tag{2.20}$$

wenn wir jedem Atom die Hälfte der *Dissoziationsenergie* E_d zuordnen. Z_a ist die atomare Zustandssumme und berücksichtigt die *Elektronenanregung* im Atom. Ganz analog gilt für *einfach geladene Ionen*

$$h_{i,1} = \frac{1}{m_{i,1}}\left(\frac{5}{2}kT + \frac{1}{2}E_d + E_{i,1} + kT^2\frac{\partial \ln Z_{i,1}}{\partial T}\right), \tag{2.21}$$

für *zweifach geladene Ionen*

$$h_{i,2} = \frac{1}{m_{i,2}}\left(\frac{5}{2}kT + \frac{1}{2}E_d + E_{i,1} + E_{i,2} + kT^2\frac{\partial \ln Z_{i,2}}{\partial T}\right) \tag{2.22}$$

usw. Hier haben wir den Ionen jeweils die gesamte *Ionisationsenergie* $E_{i,1}$ bzw. $E_{i,1} + E_{i,2}$ zugeordnet, so daß die bei der Ionisation freigesetzten *Elektronen* nur die kinetische Energie der Translationsbewegung besitzen:

$$h_e = \frac{1}{m_e}\cdot\frac{5}{2}kT. \tag{2.23}$$

Zur gesamten spezifischen Enthalpie tragen diese Anteile mit denselben Gewichten bei, mit denen die betreffenden Teilchensorten zur Massendichte $\varrho = n_m m_m + n_a m_a + n_e m_e + n_{i,1}m_{i,1} + n_{i,2}m_{i,2} + \ldots$ beitragen:

$$h = \frac{1}{\varrho}(n_m m_m h_m + n_a m_a h_a + n_e m_e h_e + n_{i,1}m_{i,1}h_{i,1} + n_{i,2}m_{i,2}h_{i,2} + \cdots). \tag{2.24}$$

Dabei sind die (Anzahl-)Dichten n_m, n_a, n_e, $n_{i,1}$, $n_{i,2}, \ldots$ entsprechend der Saha-Eggert-Gleichung selbst temperaturabhängig.

Als Beispiel ist in Abb. 2.7 die spezifische Enthalpie eines *Stickstoffplasmas* für die Drücke $p = 10^5$ Pa und $p = 3 \cdot 10^6$ Pa als Funktion der Temperatur dargestellt. Zum Vergleich ist $h(T) \sim T$ für ein klassisches ideales Gas starrer N_2-Moleküle (Hantelmodell) eingetragen. Im Temperaturbereich der Dissoziation und der ersten Ionisation nimmt $h(T)$ für das Plasma gegenüber dem idealen Gas stark zu und ist bei $T = 30\,000$ K um mehr als einen Faktor 10 größer. Beim idealen Gas ist die spezifische Enthalpie unabhängig vom Druck; auch beim Plasma ist die Druckabhängigkeit nur schwach.

Der Einfluß von Dissoziation und Ionisation im Plasma ist deutlicher an der spezifischen Wärmekapazität c_p zu erkennen, die sich nach Gl. (2.18) durch Differentiation der $h(T)$ in Abb. 2.7 ergibt und für $p = 10^5$ Pa in Abb. 2.8 dargestellt ist. Auf der rechten Ordinate ist dabei $f + 2 = 2c_p m_{N_2}/k$ aufgetragen. Die Größe f kann als Zahl von „*Quasifreiheitsgraden*" der Plasmateilchen interpretiert werden, denn für ein fiktives ideales Gas aus Teilchen mit f Freiheitsgraden wäre $c_p = (f + 2)k/(2m)$, weil nach dem Gleichverteilungssatz der statistischen Mechanik $u = fkT/(2m)$ und $h = (f + 2)kT/(2m)$ gilt. Die Zahl dieser Quasifreiheitsgrade beträgt für das Stickstoffplasma der Abb. 2.8 bei $T \approx 30\,000$ K etwa 200 und verdeutlicht die Größe der spezifischen Wärmekapazität.

Trotz der großen spezifischen Wärmekapazität ist die tatsächlich im Plasma gespeicherte Energie nicht wesentlich größer als beim idealen Gas, denn bei hohen Temperaturen ist die *Massendichte* ϱ wegen des hohen Elektronenanteils an der Anzahldichte gering. In Abb. 2.9 ist $\varrho(T)$ für ein Stickstoffplasma bei $p = 10^5$ Pa dargestellt. Betrachtet man statt der spezifischen Enthalpie h die *Enthalpiedichte* $h\varrho$, so findet

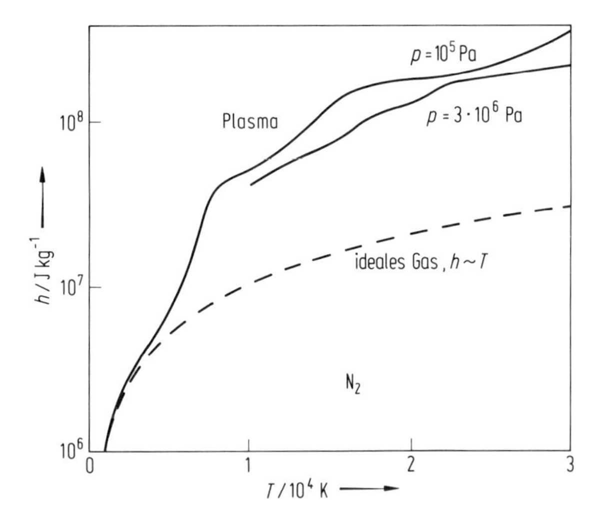

Abb. 2.7 Temperaturabhängigkeit der spezifischen Enthalpie h für ein Stickstoffplasma und ein ideales Gas aus starren N_2-Molekülen.

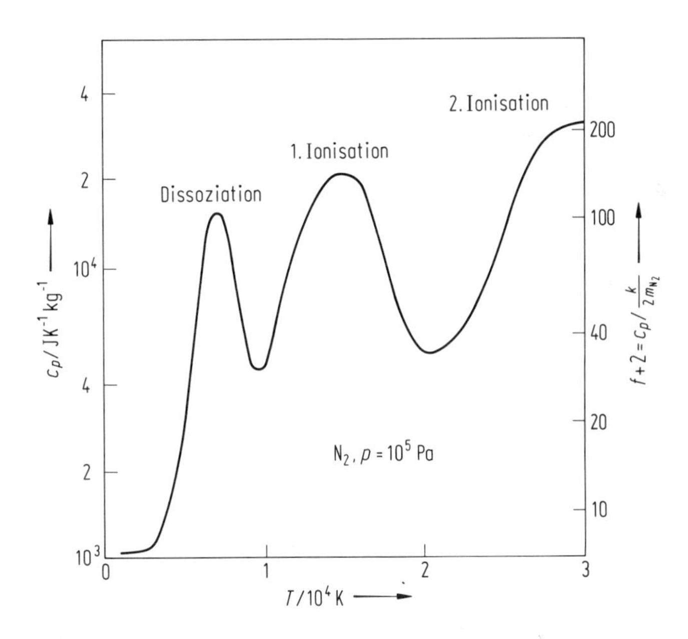

Abb. 2.8 Temperaturabhängigkeit der spezifischen Wärmekapazität c_p eines Stickstoffplasmas für $p = 10^5$ Pa.

man, daß diese im Plasma nur um etwa den Faktor 2.5 größer ist als im idealen Gas (Abb. 2.10).

Wir wollen die Diskussion mit zwei Zahlenbeispielen abschließen. Nach Abb. 2.7 betragen sowohl die Enthalpie als auch – wegen $p \ll h\varrho$ – die innere Energie von 1 cm^3

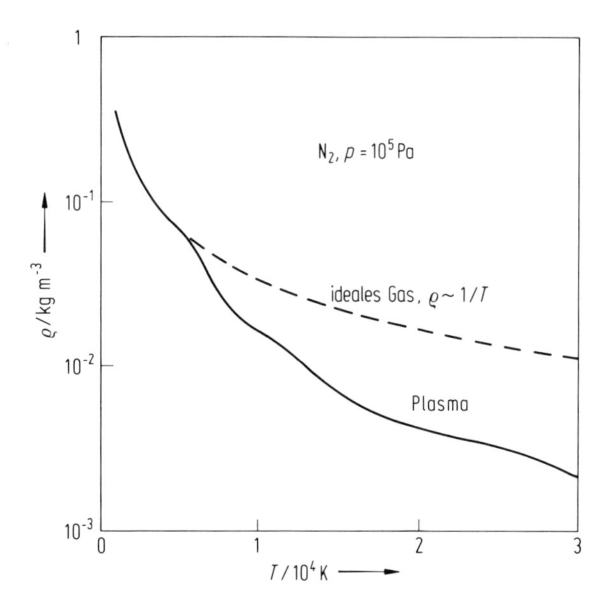

Abb. 2.9 Temperaturabhängigkeit der Massendichte ϱ eines Stickstoffplasmas im Vergleich zum idealen N_2-Gas bei $p = 10^5$ Pa.

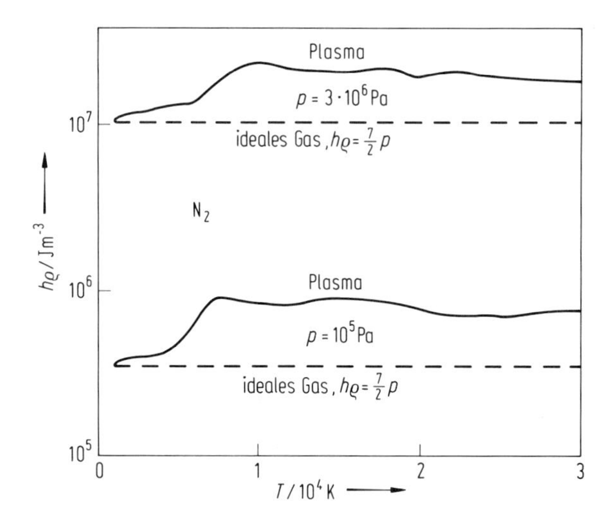

Abb. 2.10 Temperaturabhängigkeit der Enthalpiedichte $h\varrho$ für ein Stickstoffplasma und ein ideales N_2-Gas.

Plasma bei $p = 10^5$ Pa für $T = 10000$ K bis 30000 K nur etwa 1 J. Bemerkenswert ist, daß zur Aufrechterhaltung der kleinen Energiedichte von 1 J/cm^3 in einer langzeitstationären wandstabilisierten Bogenentladung mit $T = 20000$ K der große elektrische Leistungsumsatz von 10 kW/cm^3 notwendig ist (s. Abschn. 2.7.1). Diese Zahl vermittelt einen Eindruck von den starken Energieverlustprozessen im Plasma.

Als zweites Beispiel betrachten wir einen elektrischen Lichtbogen, in dem unter Atmosphärendruck Stickstoff mit einem Durchsatz von 1 Liter in der Sekunde (das entspricht 1.2 g/s) von Raumtemperatur auf 20000 K aufgeheizt werden soll. Für diese Temperatur beträgt die spezifische Enthalpie nach Abb. 2.7 etwa $2 \cdot 10^8$ J/kg; die spezifische Enthalpie bei Raumtemperatur von etwa 10^5 J/kg ist dagegen vernachlässigbar. Für den Aufheizvorgang ist deshalb eine elektrische Leistung von 240 kW erforderlich!

2.4 Stöße zwischen Plasmateilchen

Für die makroskopische Beschreibung von Plasmen im VTG (Abschn. 2.3) ist es nicht erforderlich, die mikroskopischen Stoßwechselwirkungen zwischen den verschiedenen Plasmateilchen genauer zu kennen, weil jeder einzelne Stoßprozeß mit dem Umkehrprozeß (z. B. Photoionisation und Photorekombination) im Gleichgewicht stehen muß (*detailliertes Gleichgewicht*). Will man aber die Transporteigenschaften von Plasmen wie Wärme- oder elektrische Leitfähigkeit und allgemein den Zustand von Nichtgleichgewichtsplasmen verstehen, so muß man die Häufigkeit der einzelnen Stoßprozesse untersuchen, wie man dies für Neutralgase in der kinetischen Gastheorie tut. In Neutralgasen treten wegen der geringen thermischen Teilchenenergien der Größenordnung 0.1 eV praktisch nur Stöße zwischen Neutralteilchen im Grundzustand auf. In Plasmen dagegen, bei thermischen Teilchenenergien oberhalb etwa 1 eV, finden auch Stöße statt, an denen angeregte Neutralteilchen und vor allem geladene Teilchen sowie Photonen beteiligt sind. Dementsprechend gibt es eine Vielzahl von Stoßprozessen in Plasmen. Vielfach sind die grundlegenden Daten dafür nur mit beträchtlichen Unsicherheiten experimentell oder theoretisch bestimmt oder können lediglich durch Extrapolation abgeschätzt werden [8, 18, 40, 41, 47, 48, 49].

Hier wollen wir die wichtigsten Stoßprozesse zwischen materiellen Plasmateilchen besprechen (die Photonenemission und -absorption wird in Abschn. 2.8 behandelt). Dabei unterscheiden wir grundsätzlich **elastische Stöße**, bei denen nur Translationsenergie ausgetauscht wird, die inneren Energien der Stoßpartner aber unverändert bleiben und insbesondere auch keine Teilchen erzeugt oder vernichtet werden, und **unelastische Stöße**, bei denen Translations- in innere Energie umgewandelt wird (z. B. Stoßanregung von Atomen) oder umgekehrt (sog. superelastische Stöße) und auch Teilchen erzeugt oder vernichtet werden können (z. B. Stoßionisation bzw. Dreierstoßrekombination).

Zuvor sollen kurz die wichtigsten Grundlagen der Beschreibung von Stoßprozessen zusammengestellt werden.

2.4.1 Stoßfrequenz, Stoßquerschnitt und Stoßrate, freie Weglänge

Wie häufig ein bestimmter Stoßvorgang zwischen Teilchenarten A und B im Plasma auftritt, hängt von den Anzahldichten n_A und n_B, den Teilchengeschwindigkeiten und der mikroskopischen Wechselwirkung (dem „Kraftgesetz") zwischen den Teilchen ab. Um zu einer quantitativen Beschreibung zu gelangen, betrachten wir zunächst *ein*

Teilchen A mit der Geschwindigkeit $\boldsymbol{v}_A$ und nehmen an, daß alle Teilchen B dieselbe Geschwindigkeit $\boldsymbol{v}_B$ haben. Im Ruhesystem des Teilchens A fällt dann ein homogener Strom monoenergetischer Teilchen B mit der Teilchenstromdichte $n_B v_{BA}$ entsprechend der Relativgeschwindigkeit $\boldsymbol{v}_{BA} = \boldsymbol{v}_B - \boldsymbol{v}_A$ auf das „Target" A (siehe z. B. Abb. 2.14).

Für einen bestimmten Stoßprozeß ist in diesem Fall die **Stoßfrequenz** ν_{BA} proportional zur einfallenden Teilchenstromdichte. Der Proportionalitätsfaktor

$$\sigma_{BA}(v_{BA}) = \frac{\nu_{BA}(v_{BA})}{n_B v_{BA}} \tag{2.25}$$

mit der Dimension Fläche heißt *Wirkungs-* oder **Stoßquerschnitt** (für den betreffenden Stoßprozeß) und hängt nicht mehr von n_B ab, sondern ist eine mikroskopische Größe.

Vorausgesetzt ist dabei eine nicht zu hohe Dichte n_B, damit eine gleichzeitige Wechselwirkung von zwei oder mehr Teilchen B mit Teilchen A sehr selten vorkommt und vernachlässigbar ist (*Zweierstoß-Näherung*). Dazu müssen die einzelnen Stöße im Mittel zeitlich deutlich voneinander getrennt sein. Außerdem haben wir in Gl. (2.25) angenommen, daß die Wechselwirkung unabhängig von der Einfallsrichtung des Teilchenstrahls B ist (andernfalls wären im folgenden zusätzliche Mittelungen über die Einfallswinkel erforderlich).

Stoßquerschnitte kann man für ganz verschiedene Stoßprozesse betrachten, etwa für jegliche Ablenkung (Streuung) eines Teilchens B von seiner ursprünglich geradlinigen Bahn (*totaler Streuquerschnitt*) oder nur für die Streuung in ein Raumwinkelelement $d\Omega$ um eine bestimmte Streurichtung (*differentieller Streuquerschnitt*, aus dem sich der totale Streuquerschnitt durch Integration über den gesamten Raumwinkel ergibt), aber auch für Anregung oder Ionisation des Teilchens A (*Anregungs-* bzw. *Ionisationsquerschnitt*). Gewöhnlich wird der Stoßquerschnitt nicht als Funktion der Relativgeschwindigkeit v_{BA} dargestellt, sondern als Funktion der Translationsenergie $\mu_{AB} v_{BA}^2/2$ im Schwerpunktsystem eines Stoßpaares (m_A, m_B Teilchenmassen, $\mu_{AB} = m_A m_B/(m_A + m_B)$ *reduzierte Masse*). Ein besonders einfaches, anschauliches Beispiel sind Stöße zwischen starren elastischen Kugeln mit Radien r_A und r_B. Da gerade diejenigen Kugeln B mit der Kugel A zusammenstoßen, die A ohne Wechselwirkung mit geringerem Mittelpunktsabstand als $r_A + r_B$ passieren würden, ist der totale Streuquerschnitt unabhängig von der Geschwindigkeit die Fläche des Kreises mit Radius $r_A + r_B$ (Abb. 2.11), also

$$\sigma_{BA} = \pi(r_A + r_B)^2. \tag{2.26}$$

Für Atome im Grundzustand sind die „Radien" von der Größenordnung des *Bohr-Radius* $a_0 = 4\pi\varepsilon_0\hbar^2/(m_e e^2) = 52.9$ pm, deshalb werden atomare Stoßquerschnitte häufig als Vielfache von $\pi a_0^2 = 8.80 \cdot 10^{-21}$ m^2 angegeben.

Für den totalen Streuquerschnitt wird nur danach gefragt, *ob* ein Teilchen abgelenkt wird, und es ist gleichgültig, wie schwach oder stark die Ablenkung ist. Für die Berechnung von Transporteigenschaften ist jedoch eine unterschiedliche Bewertung starker und schwacher Ablenkungen erforderlich. Damit lassen sich verschiedene Transportquerschnitte definieren. Am häufigsten gebraucht wird der Querschnitt für den Impulsübertrag auf das Teilchen A bzw. den Impulsverlust der Teilchen B beim Stoß, der oft einfach als *der* **Transportquerschnitt** bezeichnet wird. Für diesen wird

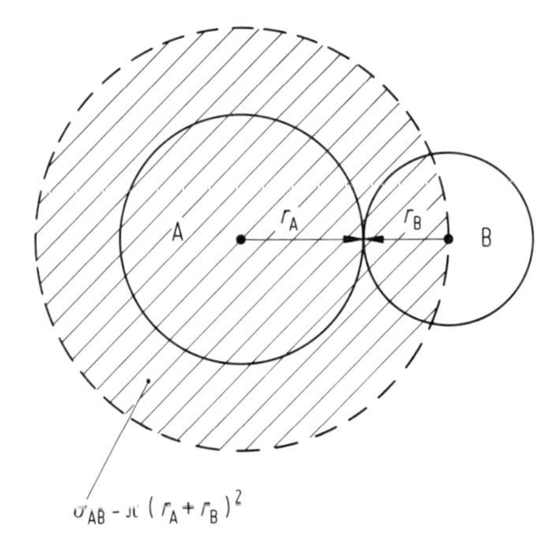

Abb. 2.11 Stoßquerschnitt starrer elastischer Kugeln.

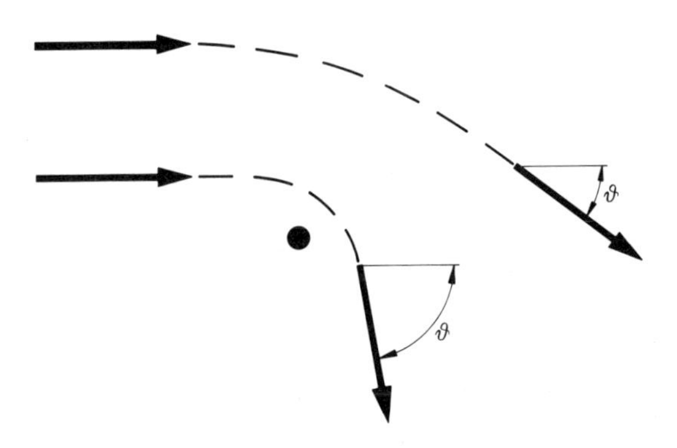

Abb. 2.12 Stöße mit schwacher und starker Ablenkung.

jeder Stoß mit einem Gewicht bewertet, das durch den Bruchteil des ursprünglichen Impulses gegeben ist, der dem Teilchen B beim Stoß als Impuls in Einfallsrichtung verloren geht (und wegen der Erhaltung des Gesamtimpulses auf das Teilchen A übertragen wird). Bei Ablenkung um einen *Streuwinkel* ϑ (Abb. 2.12) ist dieser Bruchteil $1 - \cos\vartheta$. Für schwache Ablenkung (Vorwärtsstreuung, $\vartheta \approx 0$) ist der Gewichtsfaktor klein, bei Ablenkung um 90° ist er 1, und bei Rückwärtsstreuung ($\vartheta \approx \pi$) hat er den Wert 2. Der Transportquerschnitt unterscheidet sich deshalb nur dann stark vom Streuquerschnitt, wenn ausgeprägte Vorwärts- oder Rückwärtsstreuung vorherrscht wie z. B. bei der Coulomb-Streuung (Abschn. 2.4.2.3). Für Stöße zwischen starren elastischen Kugeln sind die beiden Querschnitte gleich, der Transportquerschnitt ist also ebenfalls durch Gl. (2.26) gegeben.

Wir sind bisher von einer einheitlichen Geschwindigkeit v_{BA} des Teilchenstrahls B gegen das Teilchen A ausgegangen. In einem thermischen Plasma wirken jedoch aus allen möglichen Richtungen gleichzeitig viele solcher „Teilchenstrahlen“ mit infinitesimalen Teilchenstrahldichten, deren unterschiedliche Geschwindigkeiten entsprechend der Wahrscheinlichkeitsdichte $f_{BA}(v_{BA})$ für die Relativgeschwindigkeit v_{BA} verteilt sind, die sich aus $f_A(v_A)$ und $f_B(v_B)$ ergibt, den Geschwindigkeitsverteilungen für die Teilchenarten A und B. (Wir gehen der Einfachheit halber von isotropen Verteilungen aus, die aber nicht notwendig Maxwell-Verteilungen sein müssen). Solange die Zweierstoß-Näherung gültig bleibt und alle Stöße zeitlich wohlgetrennt sind, addieren sich die Stoßfrequenzen der Einzelstrahlen zur **mittleren Stoßfrequenz**

$$\nu_{BA} = \overline{\nu_{BA}(v_{BA})} = n_B \int_0^\infty dv_{BA} f_{BA}(v_{BA})\, v_{BA}\, \sigma_{BA}(v_{BA}) = n_B \overline{v_{BA}\, \sigma_{BA}(v_{BA})}. \quad (2.27)$$

Der Mittelwert $\overline{v_{BA}\sigma_{BA}}$ ist im allgemeinen vom Produkt der Mittelwerte $\overline{v_{BA}} \cdot \overline{\sigma_{BA}}$ verschieden (außer bei geschwindigkeitsunabhängigem Stoßquerschnitt). Deshalb führt man einen **effektiven Stoßquerschnitt**

$$\langle \sigma_{BA} \rangle = \frac{\overline{v_{BA}\, \sigma_{BA}(v_{BA})}}{\overline{v_{BA}}} \quad (2.28)$$

ein, mit dem sich die mittlere Stoßfrequenz als

$$\nu_{BA} = n_B \overline{v_{BA}} \langle \sigma_{BA} \rangle \quad (2.29)$$

schreiben läßt. Der effektive Stoßquerschnitt ist *keine* mikroskopische Größe mehr, sondern hängt von der Geschwindigkeitsverteilung $f_{BA}(v_{BA})$ ab, beim Vorliegen einer Maxwell-Verteilung also von der Temperatur.

Der Reziprokwert der mittleren Stoßfrequenz, $\tau_{BA} = 1/\nu_{BA}$, ist die *mittlere Zeit zwischen zwei aufeinanderfolgenden Stößen* (*Relaxationszeit*). Während dieser Zeit legt ein Teilchen A im Mittel eine Strecke der Länge

$$\lambda_{BA} = \overline{v_A}\, \tau_{BA} = \frac{\overline{v_A}}{\nu_{BA}} = \frac{\overline{v_A}}{\overline{v_{BA}}} \frac{1}{n_B \langle \sigma_{BA} \rangle} \quad (2.30)$$

zurück, die als **mittlere freie Weglänge** bezeichnet wird. Wenn für die Massen der beiden Teilchenarten $m_A \ll m_B$ gilt wie bei Stößen von Elektronen A mit Atomen oder Ionen B, so ist gewöhnlich $\overline{v_A} \gg \overline{v_B}$ und damit $\overline{v_{BA}} \approx \overline{v_A}$. Dann vereinfacht sich Gl. (2.30) zu

$$\lambda_{BA} = \frac{1}{n_B \langle \sigma_{BA} \rangle}. \quad (2.31)$$

Das Produkt $n_B \langle \sigma_{BA} \rangle$ wird als *makroskopischer Stoßquerschnitt* bezeichnet (keine Fläche, SI-Einheit m^{-1}!) und gibt an, wieviele Stöße mit schweren Teilchen B das leichte Teilchen A beim Durchlaufen der Längeneinheit erfährt.

Im Plasma finden Stöße eines Teilchens A meist mit mehreren Teilchenarten B, C,... statt. Die gesamte mittlere Stoßfrequenz ist dann die Summe der einzelnen Stoßfrequenzen nach Gl. (2.29),

$$\nu_A = \nu_{BA} + \nu_{CA} + \ldots = n_B \overline{v_{BA}} \langle \sigma_{BA} \rangle + n_C \overline{v_{CA}} \langle \sigma_{CA} \rangle + \ldots, \quad (2.32)$$

und die Gln. (2.30) und (2.31) sind entsprechend zu erweitern.

Schließlich fragen wir noch nach der Zahl von Stößen zwischen Teilchen der Arten A und B, die im Plasma bezogen auf das Volumen und die Zeit stattfinden, der sog.

Stoßrate Z_{AB} (SI-Einheit $m^{-3}s^{-1}$). Mit der Stoßfrequenz ν_{BA} für *ein* Teilchen A nach Gl. (2.27) bzw. (2.29) und der Anzahldichte n_A für diese Teilchenart ist offenbar

$$Z_{AB} = \overline{v_{BA}\sigma_{BA}(v_{BA})}n_A n_B = \overline{v_{BA}}\langle\sigma_{BA}\rangle n_A n_B. \tag{2.33}$$

Wegen dieses Zusammenhanges wird $\overline{v_{BA}\sigma_{BA}(v_{BA})}$ als *Ratenkoeffizient* bezeichnet (SI-Einheit $m^3 s^{-1}$). Gl. (2.33) gilt für Stöße zwischen verschiedenartigen Teilchen. Für Stöße von Teilchen einer Art untereinander, A = B, ist in Gl. (2.33) $n_A n_B$ durch $n_A^2/2$ zu ersetzen, damit die Stöße nicht doppelt gezählt werden.

Die Stoßraten bestimmen die Energietransferprozesse im Plasma (Abschn. 2.5). In einem stationären Plasma muß sich z. B. der Ionisationsgrad so einstellen, daß die Stoßrate für Ionisation gleich der für Rekombination ist. Bevor wir dies näher diskutieren, wollen wir zunächst die Größenordnungen von Stoßquerschnitten kennenlernen, die für Plasmaeigenschaften bei typischen Teilchenenergien von einigen eV von Bedeutung sind.

2.4.2 Elastische Stöße

2.4.2.1 Stöße zwischen Neutralatomen

Die effektiven totalen Streuquerschnitte für Stöße zwischen Neutralatomen und -molekülen im Grundzustand, die *gaskinetischen Stoßquerschnitte*, liegen wie erwartet bei einigen πa_0^2; für die Edelgase bei $T = 273$ K z. B. zwischen $3.7 \cdot 10^{-20}$ m^2 für He und $1.9 \cdot 10^{-19}$ m^2 für Xe. In Abb. 2.13 sind rechts einige Werte eingetragen. Die Transportquerschnitte unterscheiden sich nicht wesentlich von den Streuquerschnitten. Die Querschnitte nehmen mit wachsender Temperatur ab. Sie sind für Plasmaeigenschaften von untergeordneter Bedeutung und hier vornehmlich zum Größenvergleich mit den folgenden Querschnitten aufgeführt.

2.4.2.2 Stöße geladener Teilchen mit Neutralatomen, Ramsauer-Querschnitte

Wir beschränken uns hier auf den wichtigen Sonderfall der elastischen Elektronenstreuung an Neutralatomen für Elektronenenergien im eV-Bereich. Die zugehörigen Streuquerschnitte werden in der Plasmaphysik oft als Ramsauer-Querschnitte bezeichnet. Wären die Atome undurchdringliche Kugeln, müßten die Streuquerschnitte etwa den gaskinetischen Querschnitten entsprechen und unabhängig von der Elektronengeschwindigkeit bzw. -energie sein. Tatsächlich findet man jedoch eine ausgeprägte Energieabhängigkeit im Energiebereich unterhalb etwa 20 eV (*Ramsauer-Effekt*, Abb. 2.13). Bei etwa 1 eV Elektronenenergie zeigen viele Querschnitte ein Minimum, das deutlich unter dem gaskinetischen Querschnitt liegt, bei Argon z. B. um einen Faktor 40. (In der Atomphysik versteht man unter dem Ramsauer-Querschnitt nur diesen Minimalwert.) Mit wachsender Elektronenenergie steigen die Querschnitte dann zunächst auf einen Maximalwert bei einigen eV, der über dem gaskinetischen Querschnitt liegt, fallen aber bis etwa 20 eV wieder unter diesen und nehmen für weiter steigende Energie beständig ab, so daß sie im keV-Bereich be-

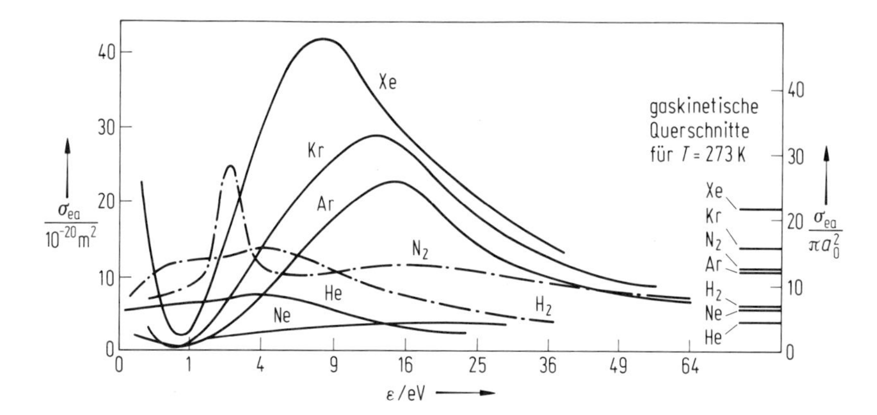

Abb. 2.13 Ramsauer-Stoßquerschnitte σ_{ea} für die elastische Streuung niederenergetischer Elektronen an Neutralatomen und -molekülen in Abhängigkeit von der Elektronenenergie ε. Zum Vergleich sind rechts die gaskinetischen Stoßquerschnitte eingetragen.

trächtlich darunter liegen. Anschaulich läßt sich die Tatsache der starken Variation der Ramsauer-Querschnitte bei kleinen Elektronenenergien dadurch erklären, daß für diese Energien die quantenmechanische De-Broglie-Wellenlänge der Elektronen von der Größenordnung der Atomdurchmesser ist und deshalb bei der Streuung ausgeprägte „Beugungseffekte" auftreten. Bei diesen Elektronenenergien unterscheiden sich Streu- und Transportquerschnitte nicht wesentlich. Bei höheren Elektronenenergien, wo Vorwärtsstreuung überwiegt, sind die Transportquerschnitte kleiner als die Streuquerschnitte.

Streuquerschnitte, die – bei prinzipiell ähnlicher Energieabhängigkeit – im Maximum um eine Größenordnung über denen der Abb. 2.13 liegen, findet man für die Alkalimetallatome. Bei der Elektronenstreuung in Plasmen ist gegebenenfalls auch zu beachten, daß die Querschnitte für angeregte Atome erheblich größer sind als für Atome im Grundzustand.

In schwach ionisierten Plasmen mit hoher Neutralteilchendichte ist die Rate für Elektron-Atom-Stöße größer als die übrigen Stoßraten der Elektronen und bestimmt die mittlere freie Weglänge und damit beispielsweise die Driftgeschwindigkeit der Elektronen in einem äußeren elektrischen Feld, d. h. die elektrische Leitfähigkeit des Plasmas (Abschn. 2.7.1). In einem äußeren elektrischen Feld kann sich auch der Abfall der Streuquerschnitte oberhalb etwa 20 eV durch das Auftreten hochenergetischer „*Runaway-Elektronen*" bemerkbar machen, die, wenn sie einmal diese Energie erreicht haben, immer weniger Stöße erleiden, je mehr Energie sie zwischen zwei Stößen im elektrischen Feld gewinnen.

2.4.2.3 Stöße zwischen geladenen Teilchen

In hochionisierten Plasmen herrschen Stöße zwischen geladenen Teilchen vor, deren Wechselwirkung (bei nichtrelativistischen Geschwindigkeiten) durch das Coulomb-Gesetz gegeben ist. Die Coulomb-Kraft zwischen zwei Ladungsträgern nimmt mit wachsendem Abstand r wie $1/r^2$ und damit viel schwächer ab als beispielsweise die Van-der-Waals-Kraft zwischen Neutralatomen, die zu $1/r^7$ proportional ist. Da bei konstanter Dichte n einer Teilchensorte die mittlere Zahl von Teilchen, die einen Abstand zwischen r und $r + \mathrm{d}r$ von einem festen Punkt haben, $4\pi r^2 n \mathrm{d}r$ beträgt, also wie r^2 zunimmt, ist unmittelbar klar, daß für die Van-der-Waals-Wechselwirkung die weiter entfernten Teilchen keine Rolle spielen, während dies für die Coulomb-Wechselwirkung nicht gilt.

Hierin liegt eine grundsätzliche Schwierigkeit bei der Behandlung von Stößen geladener Teilchen in Plasmen, denn strenggenommen läßt sich der Begriff des Stoßquerschnitts aus Abschn. 2.4.1 auf diesen Fall nicht anwenden, weil die Zweierstoß-Näherung unbrauchbar ist: Ein geladenes Teilchen steht ständig mit vielen anderen Ladungsträgern in Wechselwirkung, und seine Bahnkurve kann nicht als Folge von Geradenstücken zwischen je zwei Stößen beschrieben werden. Daran ändert im übrigen auch die Debye-Hückel-Abschirmung des Coulomb-Feldes im Plasma (Abschn. 2.2.2) nichts, die zwar die Wechselwirkung für $r > \lambda_\mathrm{D}$ effektiv abschneidet, aber dafür viele Ladungsträger mit $r < \lambda_\mathrm{D}$ erfordert, deren Felder praktisch nicht abgeschirmt sind.

Die Wechselwirkung geladener Plasmateilchen muß deshalb im Rahmen einer kinetischen Theorie behandelt werden, die nicht von vornherein von der Zweierstoß-Näherung ausgeht, sondern auch kollektive Effekte erfaßt, deren Auftreten das Plasma qualitativ von einem Neutralgas unterscheidet. Auf den Grenzfall rein kollektiver Effekte kommen wir in Abschn. 2.9.2 zurück. Hier beschränken wir uns auf den Hinweis, daß die Wechselwirkung der Ladungsträger in einem Plasma für viele Erscheinungen wie die elektrische Leitfähigkeit oder den Energietransfer näherungsweise mit Hilfe von Stoßquerschnitten beschrieben werden kann, *als ob* es sich um Zweierstöße handelte.

Wir betrachten speziell die elastische Streuung von Elektronen an einfach positiv geladenen Ionen. Fällt ein Elektronenstrahl auf ein ruhendes Ion (Abb. 2.14), so

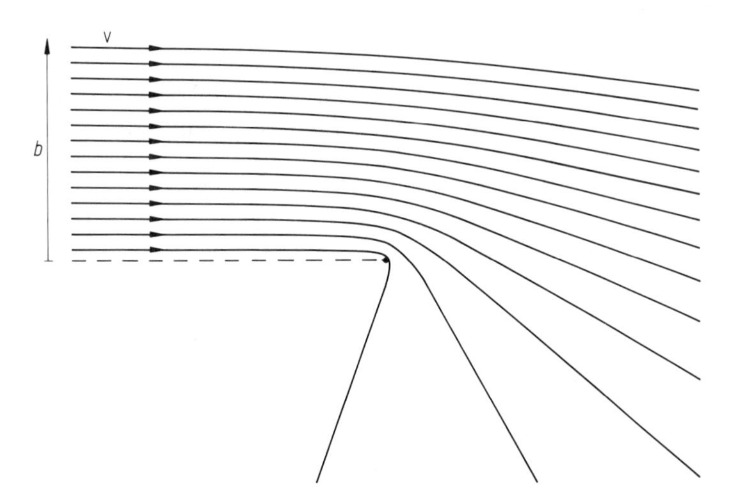

Abb. 2.14 Streuung von Elektronen einheitlicher Geschwindigkeit v an einem ruhenden, einfach positiv geladenen Ion für verschiedene Stoßparameter b.

beschreiben die Elektronen Hyperbelbahnen und werden umso stärker abgelenkt, je kleiner ihr *Stoßparameter* b ist. Bei einer Elektronengeschwindigkeit v_e tritt Ablenkung um 90° für den Stoßparameter $b = e^2/(4\pi\varepsilon_0 m_e v_e^2)$ auf. Bei einer Maxwell-Verteilung der Elektronengeschwindigkeiten entsprechend einer Elektronentemperatur T_e ist $m_e\overline{v_e^2} = 3kT_e$ und der effektive Stoßparameter für 90°-Ablenkung wird als

$$b_0 = \frac{e^2}{12\pi\varepsilon_0 kT_e} = \frac{0.48\ \text{nm}}{kT_e/\text{eV}} \tag{2.34}$$

definiert. Stöße mit so starker Ablenkung sind selten und können als Zweierstöße behandelt werden. Aber auch Elektronen mit beliebig großen Stoßparametern erfahren im Coulomb-Feld noch eine – wenn auch kleine – Ablenkung, und die übliche Berechnung sowohl des Streu- als auch des Transportquerschnitts würde auf einen unendlichen Wert führen. Diese Stöße sind jedoch keine Zweierstöße mehr. Man kann sie näherungsweise wie Zweierstöße behandeln, wenn man dabei das Coulomb- durch das Debye-Feld ersetzt (Abschn. 2.2.2) oder einfach die Coulomb-Wechselwirkung für $b > \lambda_D$ „abschneidet". Die so gewonnenen Stoßquerschnitte sind dann über die Debye-Hückel-Länge nach Gl. (2.1) von der Plasmadichte und -temperatur abhängig, was nochmals darauf hinweist, daß es keine „echten" Zweierstoß-Querschnitte sein können.

Wir geben hier ein Ergebnis nach Gvosdover [48] für den effektiven Transportquerschnitt bei Stößen von Elektronen mit einfach geladenen Ionen an, das die prinzipielle Abhängigkeit von Temperatur und Anzahldichte der Ladungsträger ($n_i = n_e$) erkennen läßt:

$$\langle\sigma_{ei}\rangle = 3\pi b_0^2 \left(\ln\frac{\lambda_D}{b_0} + \frac{1}{2}\ln\frac{3\pi}{2}\right). \tag{2.35}$$

Für das Verhältnis λ_D/b_0 ist die Bezeichnung

$$\Lambda = \lambda_D/b_0 = 12\pi\lambda_D^3 n_e = 12\pi/g = 1.24\cdot 10^7\,\frac{(T/\text{K})^{3/2}}{(n_e/\text{m}^{-3})^{1/2}} \tag{2.36}$$

üblich, $\ln\Lambda$ heißt **Coulomb-Logarithmus**. Nach Abschn. 2.1.2 ist in einem idealen Plasma $g \ll 1$ und damit $\Lambda \gg 1$. Der Coulomb-Logarithmus variiert über weite Bereiche von n_e und T_e nur wenig, typische Werte für Labor- und kosmische Plasmen liegen zwischen 5 und 20. Damit überwiegt in $\langle\sigma_{ei}\rangle$ der Anteil der vielen schwachen Stöße den der starken Stöße (Ablenkung um 90° oder mehr) bei weitem, denn der Querschnitt für letztere allein ist nur etwa πb_0^2. Der Gvosdover-Querschnitt ist für $n_e = 10^{21}\ \text{m}^{-3}$ in Abb. 2.15 als Funktion der Elektronentemperatur T_e dargestellt. Während er nach Gl. (2.35) von n_e nur logarithmisch abhängt, also sehr schwach, nimmt er mit wachsender Temperatur deutlich ab, näherungsweise wie $1/T_e^2$. Bei konstanter Dichte nimmt damit auch die mittlere Stoßfrequenz der Elektronen wie $1/T_e^2$ ab, während die mittlere freie Weglänge wie T_e^2 zunimmt.

Die effektiven Transportquerschnitte für Elektron-Elektron- und Ion-Ion-Stöße sind von derselben Größenordnung wie die für Elektron-Ion-Stöße,

$$\langle\sigma_{ee}\rangle \approx \langle\sigma_{ii}\rangle \approx \langle\sigma_{ei}\rangle \tag{2.37}$$

(einfach geladene Ionen mit $T_i = T_e$ vorausgesetzt). Für die mittleren Stoßfrequenzen (und für die Stoßraten) gilt jedoch wegen der sehr unterschiedlichen thermischen

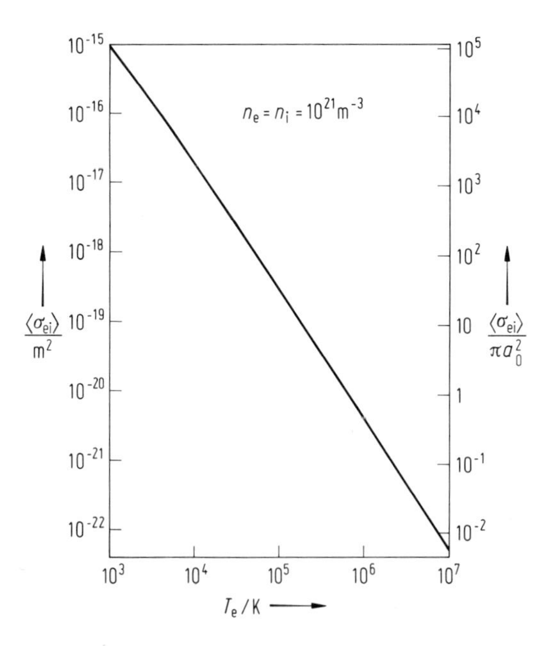

Abb. 2.15 Elastische Streuung von Elektronen an einfach geladenen Ionen: Abhängigkeit des effektiven Transportquerschnitts $\langle\sigma_{ei}\rangle$ von der Elektronentemperatur T_e nach Gvosdover (n_e, n_i Anzahldichte der Elektronen bzw. Ionen).

(Relativ-)Geschwindigkeiten $\overline{v_{ei}} \approx \overline{v_{ee}}$, $\overline{v_{ii}} = (m_e/m_i)^{1/2}\,\overline{v_{ee}}$:

$$\nu_{ee} \approx \nu_{ei} \gg \nu_{ii}. \tag{2.38}$$

Als konkretes Beispiel wollen wir ein stationäres thermisches Stickstoffplasma unter Atmosphärendruck bei einer Temperatur von etwa 15000 K betrachten, wie es näherungsweise in einer Hochdruckentladung realisiert werden kann (Abschn. 2.6.1). Nach Abbildung 2.4 ist ein solches Plasma einfach ionisiert, $n_e = n_i \approx 10^{23}\,m^{-3}$, und die Atomdichte hat dieselbe Größenordnung wie die Elektronendichte, $n_a \approx n_e$. Der Transportquerschnitt $\langle\sigma_{ei}\rangle$ ist unter diesen Bedingungen nach Abbildung 2.15 rund $1000\pi a_0^2 \approx 10^{-17}\,m^2$ und damit einen Faktor der Größenordnung 100 größer als der gaskinetische Querschnitt der Stickstoffatome und der Ramsauer-Querschnitt. Da zusätzlich die mittlere Elektronengeschwindigkeit um den Faktor $(m_N/m_e)^{1/2} \approx 160$ größer ist als die der Atome und Ionen, sind die mittleren Stoßfrequenzen der Elektronen untereinander und der Elektronen mit den Ionen um rund den Faktor 10^2 größer als die Stoßfrequenzen der Elektronen mit den Neutralatomen und der Ionen untereinander und um rund den Faktor 10^4 größer als die Stoßfrequenzen der elastischen Streuung von Ionen bzw. Atomen an Atomen.

2.4.3 Unelastische Stöße

2.4.3.1 Atomanregung durch Elektronenstoß

Stoßen Elektronen genügend hoher Energie auf Atome, die sich im Grundzustand oder bereits in einem angeregten Zustand m befinden, so können sie diese in einen höheren Energiezustand n anregen. Die prinzipielle Abhängigkeit der Anregungsquerschnitte von der Elektronenenergie zeigt Abb. 2.16a am Beispiel der Resonanzübergänge des Wasserstoffatoms (optisch erlaubte Übergänge vom Grundzustand $m = 1$ aus). Solange die Elektronenenergie kleiner ist als die erforderliche Anregungsenergie $\Delta E = E_n - E_m$, kann keine Anregung erfolgen und der Anregungsquerschnitt verschwindet. Nach Überschreiten dieser Schwelle steigt der Querschnitt mit wachsender Elektronenenergie steil auf einen Maximalwert und fällt danach wieder ab. In Abb. 2.16b sind im Termschema des Wasserstoffatoms auch die zugehörigen optischen Übergänge (Resonanzlinien) mit ihren Wellenlängen und Absorptions-Oszillatorenstärken $f_{mn} = f_{1n}$ (Abschn. 2.8.3) eingetragen. Mit wachsender Hauptquantenzahl n des oberen Energieniveaus nehmen die Anregungsquerschnitte ebenso ab wie die Oszillatorenstärken. Im Plasma sind allgemein die Anregungsraten vom Grundzustand zu hochangeregten Termen klein gegenüber den Raten zu den niedrigsten angeregten Energieniveaus.

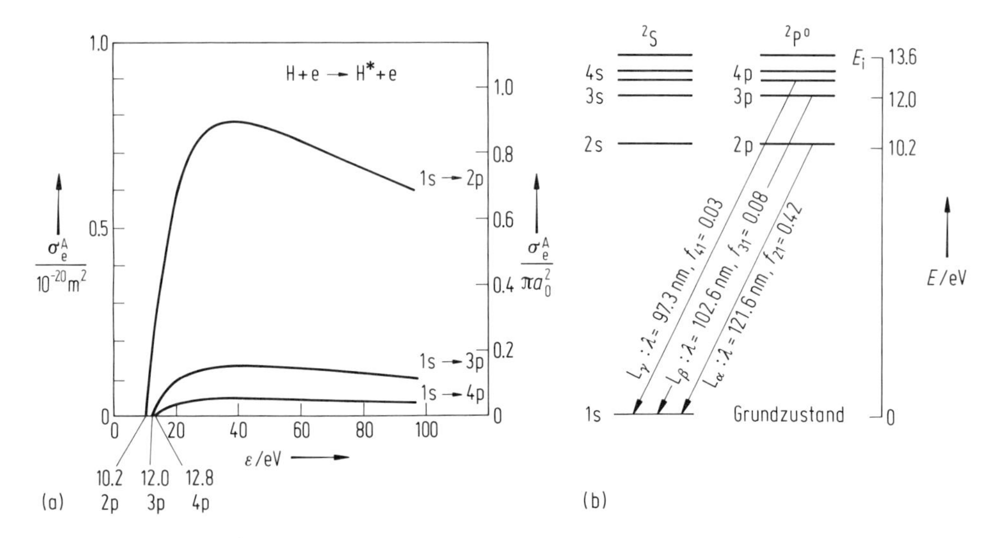

Abb. 2.16 Anregungsquerschnitte σ_e^A der Resonanzübergänge des Wasserstoffatoms bei Elektronenstößen in Abhängigkeit von der Elektronenenergie ε und Termschema des Wasserstoffatoms mit den ersten Resonanzlinien (Lyman-Linien).

Bei der Atomanregung durch Elektronenstoß wie durch Photonenabsorption greift in erster Näherung das elektrische Feld des stoßenden Elektrons bzw. der elektromagnetischen Lichtwelle am (quantenmechanischen) atomaren Dipolmoment an; dessen Wert wiederum bestimmt die Oszillatorenstärke. Deshalb sind die Anregungsquerschnitte in guter Näherung zu den Oszillatorenstärken proportional.

Für optisch verbotene Übergänge verschwindet das entsprechende quantenmechanische Matrixelement des atomaren Dipolmoments und damit die Oszillatorenstärke f_{mn}. Die Anregungsquerschnitte werden dann durch Terme höherer Ordnung in der Multipolentwicklung der Elektron-Atom-Wechselwirkung bestimmt und sind wesentlich kleiner als für optisch erlaubte Übergänge.

Vergleicht man die Anregungsquerschnitte mit den Ramsauer-Querschnitten für die elastische Streuung langsamer Elektronen an Atomen (Abb. 2.13), so liegen letztere etwa zwei Größenordnungen höher (die Anregungsquerschnitte für die Resonanzübergänge des Wasserstoffs (Abb. 2.16) sind ungewöhnlich groß). Nur etwa einer von hundert Elektronenstößen führt daher zur Anregung.

Das scharfe Einsetzen der Anregung beim Überschreiten der Schwellenenergie ΔE wie in Abb. 2.16 wird nur mit einem monoenergetischen Elektronenstrahl beobachtet. Haben die Elektronengeschwindigkeiten bzw. -energien dagegen z. B. eine Maxwell-Verteilung um die mittlere kinetische Energie $\bar{\varepsilon} = 3kT_e/2$, so gibt es auch bei $\bar{\varepsilon} < \Delta E$ immer hochenergetische Elektronen, deren Energie $\varepsilon > \Delta E$ zur Anregung ausreicht. Für $kT_e = 0.5\Delta E$ sind das 26 % aller Elektronen, für $kT_e = 0.2\Delta E$ sind es 3.4 % und für $kT_e = 0.1\Delta E$ noch 0.034 %. Für den effektiven Anregungsquerschnitt $\langle\sigma\rangle$ als Funktion der thermischen Energie kT_e gibt es deshalb keinen scharfen Schwellenwert ΔE, der überschritten werden muß.

2.4.3.2 Ionisation durch Stöße

Übersteigt die Translationsenergie der stoßenden Elektronen die Ionisationsenergie E_i der Atome (für Wasserstoffatome $E_i = 13.59$ eV), so treten Ionisationsprozesse auf. Die Ionisationsquerschnitte für einige Atome und Moleküle sind in Abb. 2.17 als Funktion der Elektronenenergie aufgetragen.

Ähnlich wie bei den Anregungsquerschnitten findet man nach Überschreiten der Schwellenenergie E_i einen steilen Anstieg zu einem Maximum bei etwa 100 eV und danach einen Abfall mit weiter wachsender Translationsenergie. Für Elektronenenergien der Größenordnung 10 eV führt wie bei der Anregung nur etwa jeder hundertste Stoß zur Ionisation. Bezüglich des Schwellenwerts der Elektronenenergie gilt für den effektiven Ionisationsquerschnitt bei Maxwell-Verteilung der Elektronengeschwindigkeiten dasselbe wie für die Anregungsquerschnitte. Daraus erkärt sich, daß im thermischen Gleichgewicht praktisch vollständige Ionisation eines Plasmas schon beobachtet wird, wenn kT erst einen Bruchteil der Ionisationsenergie E_i ausmacht (Abb. 2.4). Zur Ionisation vom Grundzustand aus, die in Abb. 2.17 dargestellt ist, tritt im Plasma noch die Ionisation von Atomen, die zuvor durch einen Elektronenstoß oder auf andere Weise angeregt wurden (*stufenweise Ionisation*). Die Ionisationsquerschnitte für angeregte Atome sind größer als die für Atome im Grundzustand, außerdem ist natürlich die Ionisationsenergie niedriger.

Die Querschnitte für Ionisation durch Ionenstöße sind für dieselbe Relativgeschwindigkeit angenähert gleich denen für die Ionisation durch Elektronenstöße, sofern der Ladungstransfer vernachlässigbar ist (Übergang eines Elektrons vom Atom auf das stoßende Ion, Abschn. 2.4.3.3). Wegen der viel größeren Ionenmassen ist dann aber die kinetische Energie der Ionen viel größer als die der Elektronen. Für Protonen mit rund 2000mal größerer Masse erwartet man das Maximum des Ionisa-

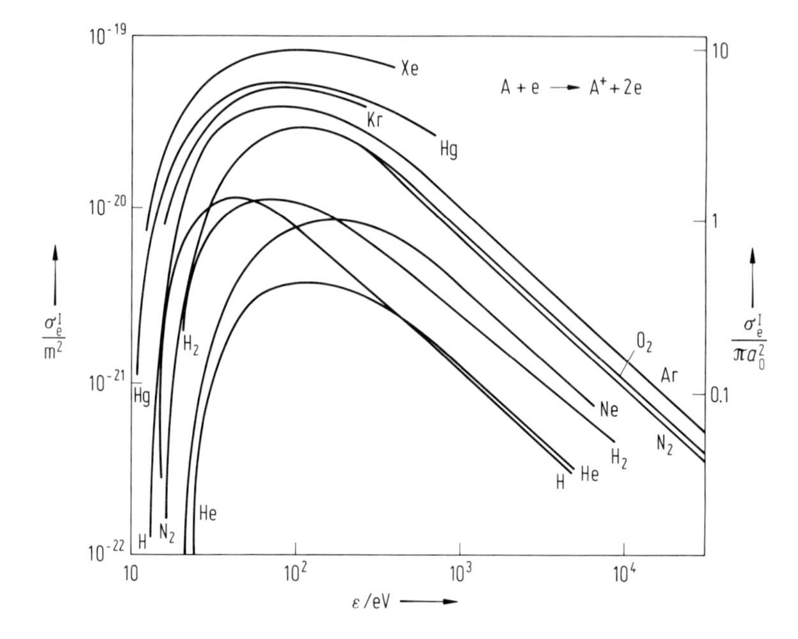

Abb. 2.17 Ionisationsquerschnitte σ_e^I für Stöße von Elektronen mit Atomen und Molekülen im Grundzustand in Abhängigkeit von der Elektronenenergie ε.

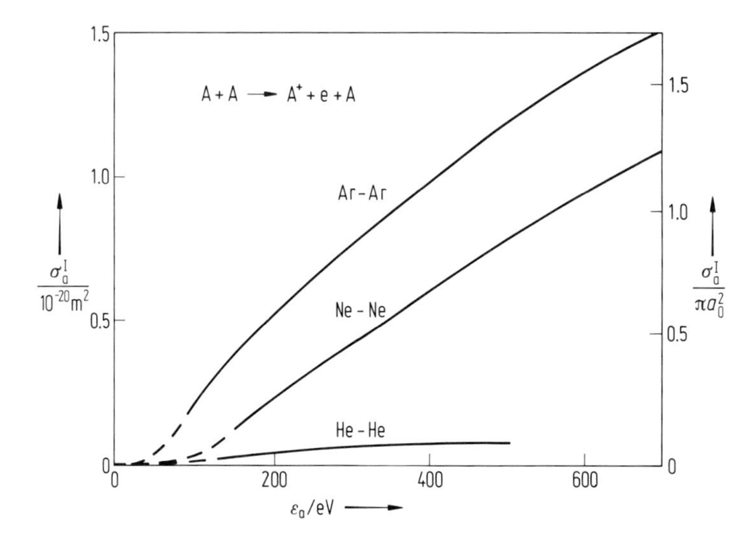

Abb. 2.18 Ionisationsquerschnitte σ_a^I bei Stößen von Neutralatomen in Abhängigkeit von der Translationsenergie ε_a der Atome.

tionsquerschnittes, das für Elektronen bei etwa 100 eV liegt, danach bei etwa 200 keV, für α-Teilchen bei etwa 800 keV, was auch sehr grob mit Messungen übereinstimmt. In thermischen Plasmen mit Teilchenenergien von einigen eV spielt die Ionisation durch Ionenstöße deshalb keine Rolle.

Auch Atom-Atom-Stöße können zur Ionisation beitragen (Abb. 2.18), wenn der Ionisationsgrad im Plasma sehr niedrig und die Atomdichte hoch ist. Beim Vergleich der Ionisationsraten von Elektronen und schweren Teilchen in einem Plasma muß man aber immer bedenken, daß diese nicht nur durch die Ionisationsquerschnitte bestimmt werden, sondern ebenso durch die Teichengeschwindigkeiten, weil ein schnelles Teilchen in der Zeiteinheit viel mehr Stöße ausführt als ein langsames. Bei vergleichbaren Anzahldichten und Ionisationsquerschnitten ist daher in einem thermischen Plasma die Ionisationsrate durch Elektronen viel größer als die durch schwere Teilchen.

2.4.3.3 Stöße mit Ladungstransfer

Beim Stoß eines Atoms mit einem Ion kann nach dem Schema $A^+ + B \rightarrow A + B^+$ der Austausch eines Elektrons zwischen den Stoßpartnern stattfinden. Ist die Summe der inneren Energien der Stoßpartner vor und nach der Wechselwirkung gleich (vor allem im Fall $A = B$) oder nahezu gleich, so spricht man von *resonantem* bzw. *fastresonantem Ladungstransfer*, der ohne Geschwindigkeitsänderung möglich ist und keine (oder eine sehr kleine) Schwellenenergie hat. Die Querschnitte für diesen resonanten Ladungstransfer (Abb. 2.19) sind bei kleinen Translationsenergien groß, etwa $100\,\pi a_0^2 \approx 10^{-18}\,\mathrm{m}^2$ bei 1 eV, und nehmen zu höheren Translationsenergien ε hin zunächst nur schwach ab. (Ein steiler Abfall mit wachsendem ε setzt ein, wenn die Ionengeschwindigkeit etwa den Wert $e^2/(4\pi\varepsilon_0\hbar) = \alpha c \approx c/137$ erreicht, d. h. die Geschwindigkeit der im Atom gebundenen Elektronen.) Damit liegen sie um eine bis zwei Größenordnungen über den Ionisationsquerschnitten für Elektronenstoß und führen trotz der niedrigen Relativgeschwindigkeiten der schweren Teilchen zu hohen Ratenkoeffizienten.

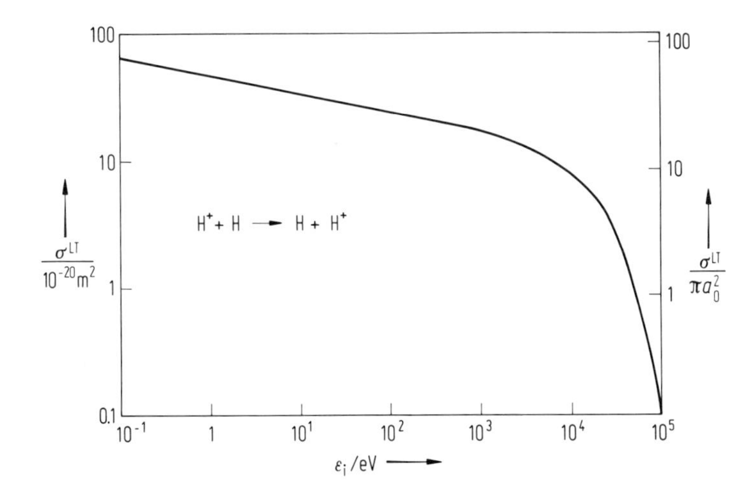

Abb. 2.19 Wirkungsquerschnitt σ^{LT} des Ladungstransfers bei Atom-Ion-Stößen für Wasserstoff in Abhängigkeit von der Translationsenergie ε_i der Ionen.

Der Ladungstransfer führt zwar nicht zu erhöhter Ionisation, bewirkt aber einen sehr effektiven Austausch von Translationsenergie zwischen Ionen und Atomen, vor allem derselben Teilchenart. Er ist besonders in solchen Fällen wichtig, wo z. B. nur die Ionen in einem äußeren Feld Energie aufnehmen oder Ionen und Atome mit sehr unterschiedlichen Geschwindigkeiten aufeinandertreffen, beispielsweise bei der Heizung der Ionen in einem Plasma durch den Einschuß eines Strahls von Neutralatomen mit hoher Energie (Abschn. 2.13.3.5). Nahezu resonanter Ladungstransfer ist regelmäßig auch zwischen hochgeladenen Ionen A^{z+} und z. B. Wasserstoffatomen möglich, wobei das Elektron in einen der dicht benachbarten, hochangeregten Zustände (*Rydberg-Zustände*) des Ions $A^{(z-1)+}$ übergeht. Dieser Prozeß spielt für den Ionisationszustand von schweren Verunreinigungsatomen in Fusionsplasmen eine Rolle (s. Abschn. 2.13.3.4).

2.5 Energietransfer im thermodynamischen Nichtgleichgewicht

2.5.1 Abweichungen vom vollständigen thermodynamischen Gleichgewicht

Labor- und auch astrophysikalische Plasmen mit hoher innerer Energie können sich nicht im vollständigen thermodynamischen Gleichgewicht (VTG) befinden, denn sie grenzen unvermeidlich an kältere Materie (Wände oder Umgebungsgas) oder an Vakuum. Deshalb strömt Energie aus dem Plasma nach außen. Ein stationärer Plasmazustand kann erreicht werden, wenn dieser Energieverlust durch einen entsprechenden Aufheizprozeß kompensiert wird, der jedoch nie genau die Energiezustände wieder besetzt, die durch die Energieverluste entvölkert werden. Im Plasma stellt sich deshalb nach Maßgabe der ablaufenden Energietransferprozesse für jeden Energiefreiheitsgrad eine eigene Verteilungsfunktion ein, die vom Ort abhängt (und bei nichtstationären Plasmen zusätzlich von der Zeit). Eine Beschreibung des Plasmas durch die kleine Zahl thermodynamischer Zustandsgrößen des VTG wie in Abschn. 2.3 ist dann nicht möglich. Insbesondere ist die Temperatur nicht definiert.

Als Beispiel betrachten wir eine stationäre Gasentladung, in der alle Plasmaeigenschaften zeitunabhängige Ortsfunktionen sind. Der Energieverlust durch Strahlung, Wärmeleitung, Diffusion und Konvektion wird durch die ohmsche Heizung eines elektrischen Stroms in der Entladung kompensiert, der in einem von außen aufrechterhaltenen elektrischen Feld fließt. Wenn wir für den Moment die thermische Bewegung vernachlässigen, bewegt sich ein Ladungsträger (Masse m, Ladung q, Geschwindigkeit $\boldsymbol{v}$) in Richtung der elektrischen Kraft $q\boldsymbol{E}$, die ihn beschleunigt. Die zeitliche Änderung seiner kinetischen Energie $W = mv^2/2$ ist die Leistung der Kraft: $\mathrm{d}W/\mathrm{d}t = v|q|E = \sqrt{2W/m}\,|q|\,E$. Wegen der kleinen Elektronenmasse geht praktisch die gesamte zugeführte Energie als kinetische Energie auf die Elektronen über, und zwar bevorzugt auf solche Elektronen, die schon hohe Translationsenergie bzw. Geschwindigkeit haben. Atome und Ionen gewinnen dagegen aus dem elektrischen Feld keine Anregungsenergie und kaum Translationsenergie. Es bildet sich ein heißes Elektronengas in einem kalten Gas aus Atomen und Ionen. Dieses thermodynamische Nichtgleichgewicht findet man in *Niederdruckentladungen* (Drücke unter 10^4 Pa), wo die Anzahldichten der Plasmateilchen so klein sind, daß es durch den schwachen Energietransfer von den Elektronen zu den schweren Teilchen nicht ausgeglichen werden kann.

2.5.2 Energietransfer durch Stöße und Strahlung

Im Gegensatz zu den Niederdruckentladungen haben *Hochdruckentladungen* (Bogenplasmen unter Atmosphären- oder noch höherem Druck) große Teilchendichten und hohe Stoßraten, so daß ein starker Energietransfer durch Stöße (und evtl. auch durch Strahlung) stattfindet. Dadurch geht ein beträchtlicher Teil der Energie, die die Elektronen im äußeren elektrischen Feld gewinnen, auf die schweren Teilchen über. Näherungsweise kann sich ein Zustand ausbilden, der als *lokales thermodynamisches Gleichgewicht* (*LTG*) bezeichnet wird. Im LTG hat man am Ort $\boldsymbol{r}$ in einem kleinen Volumenelement ΔV eine einheitliche Temperatur T, die den Ionisationszustand, die Geschwindigkeitsverteilungen und die Verteilung der Anregungsenergien wie im VTG (Abschn. 2.3) bestimmt; ausgenommen ist lediglich die Energieverteilung im Strahlungsfeld. Die Temperatur ist jedoch im Gegensatz zum VTG ortsabhängig, $T = T(\boldsymbol{r})$, und mit ihr sind es alle Teilchendichten. Diese Ortsabhängigkeit stellt sich so ein, daß der kleine Energietransport zwischen benachbarten Volumenelementen insgesamt zur Erfüllung der jeweils vorgegebenen Randbedingungen für Energiezufuhr und -verlust führt (z. B. elektrische Spannung zwischen Elektroden einerseits und Temperatur gekühlter Wände andrerseits). Ändern sich die Randbedingungen nicht zu schnell, kann auch ein zeitabhängiges LTG mit $T = T(\boldsymbol{r}, t)$ vorliegen.

Im Vergleich zum VTG ist das LTG ein komplizierter Zustand, im Vergleich zu einem beliebigen Nichtgleichgewichtszustand ist es jedoch sehr einfach. Deshalb wird in vielen Experimenten LTG angestrebt, und es ist interessant, die Bedingungen für das Vorliegen von LTG zu untersuchen. Dazu müssen die Energietransferprozesse im Plasma betrachtet werden, deren Wirksamkeit durch die Stoßraten nach Gl. (2.33) geregelt wird.

2.5.3 Elektronentemperatur

Für Stöße der Elektronen untereinander ist nach Gl. (2.33) die Stoßrate (Zahl der Stöße bezogen auf das Volumen und die Zeit)

$$Z_{\mathrm{ee}} = \frac{1}{2} \langle \sigma_{\mathrm{ee}} \rangle \, \overline{v_{\mathrm{ee}}} n_{\mathrm{e}}^2. \tag{2.39}$$

Dabei ist $\langle \sigma_{\mathrm{ee}} \rangle$ etwa gleich dem Gvosdover-Querschnitt $\langle \sigma_{\mathrm{ei}} \rangle$ nach Gl. (2.35) und groß im Vergleich zu den Ramsauer-Querschnitten und den gaskinetischen Querschnitten. Außerdem sind in einer Gasentladung die Geschwindigkeiten der Elektronen viel höher als die der schweren Teilchen. Z_{ee} ist daher groß, verglichen z. B. mit Z_{ea}, der Stoßrate zwischen Elektronen und Neutralatomen. Hinzu kommt, daß beim elastischen Stoß von Teilchen gleicher Masse große Teile der Translationsenergie übertragen werden (beim zentralen Stoß überträgt ein einfallendes Elektron seine gesamte kinetische Energie auf ein ruhendes Elektron). Deshalb besteht schon bei niedrigen Elektronendichten n_{e} ein starker Energieaustausch zwischen den Elektronen und führt dazu, daß sich für ihre Translationsenergien eine Gleichgewichtsverteilung einstellt: Die Elektronen haben eine Maxwell-Verteilung der Geschwindigkeiten mit einer **Elektronentemperatur** T_e. Dafür genügt – je nach Plasmazusammensetzung – schon ein Ionisationsgrad von etwa 0,1 % bis 1 %, der in Hochdruckentladungen immer überschritten ist. Für die weiteren Betrachtungen gehen wir deshalb von der *Existenz einer Elektronentemperatur* T_e aus.

2.5.4 Anregungs- und Ionisationsgleichgewicht

Unter welchen Bedingungen ist auch der (unelastische) Energietransfer zwischen Elektronen und schweren Teilchen groß genug, daß sich im Plasma ein thermodynamisches Anregungs- und Ionisationsgleichgewicht entsprechend der Elektronentemperatur einstellt? Mit anderen Worten: Wann entspricht der tatsächliche Ionisations- und Anregungszustand der Saha-Eggert-Gleichung (2.9) und der Boltzmann-Verteilung (2.16), wenn in beide Gleichungen die Elektronentemperatur T_e eingesetzt wird? Dazu sind die unelastischen Ionisations- und Anregungsstöße der Elektronen und ihre Umkehrprozesse zu betrachten.

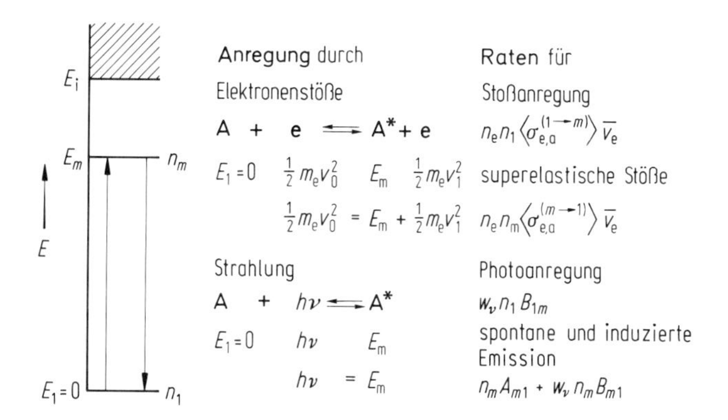

Abb. 2.20 Vereinfachtes Termschema eines Atoms und Raten für die Anregung durch Elektronenstöße und Photoabsorption sowie die entsprechenden Umkehrprozesse.

Zum Verständnis der Anregung von Atomen und Ionen im Plasma verwenden wir ein vereinfachtes Modell eines Atoms (Abb. 2.20), das außer dem Grundzustand 1 (Energie $E_1 = 0$, Dichte der Atome im Grundzustand n_1) nur ein angeregtes Energieniveau m (Energie $E_m > 0$, Dichte der angeregten Atome n_m) und das Energiekontinuum der freien Elektronen oberhalb der Ionisationsenergie E_i besitzt. Stößt ein energiereiches Elektron auf ein Atom A im Grundzustand, so kann durch **Stoßanregung** ein angeregtes Atom A* und ein energiearmes Elektron entstehen. Umgekehrt kann ein langsames Elektron auf ein angeregtes Atom A* treffen und in einem **superelastischen Stoß** (Stoß 2. Art) dessen Anregungsenergie übernehmen. Auf diese Weise wird zwischen Elektronen und Atomen jeweils die Anregungsenergie E_m ausgetauscht. Die Stoßraten für Stoßanregung und superelastische Stöße sind in Abb. 2.20

angeschrieben. $\langle\sigma_{\text{ea}}^{(1\to m)}\rangle$ und $\langle\sigma_{\text{ea}}^{(m\to 1)}\rangle$ sind die zugehörigen effektiven Stoßquerschnitte, die nach Gl. (2.28) mit der Maxwell-Verteilung der Elektronengeschwindigkeiten zu berechnen sind, also von der Elektronentemperatur T_e abhängen, und die mittlere Elektronengeschwindigkeit ist $\overline{v_e} = [8kT_c/(\pi m_e)]^{1/2}$.

Neben den Stoßprozessen finden Strahlungsübergänge im Atom statt: **Photoanregung** (Strahlungsabsorption) bevölkert und spontane und induzierte (Linien-)**Strahlungsemission** entvölkern das Energieniveau E_m. Auch dafür sind die Raten in Abb. 2.20 angeschrieben. w_ν ist die spektrale Energiedichte der Strahlung im Plasma bei der Übergangsfrequenz $\nu_{m1} = (E_m - E_1)/h$, und A_{m1}, B_{m1} und B_{1m} sind die Einstein-Koeffizienten („Übergangswahrscheinlichkeiten") für spontane und induzierte Emission und Absorption (zur optischen Strahlung s. Abschn. 2.8).

Ähnlich der Anregung erfolgt die Ionisation durch Stöße und Strahlung. Wir betrachten vereinfachend nur Übergänge vom oder zum atomaren Grundzustand (Abb. 2.21). Stößt ein energiereiches Elektron auf ein Atom A, so können durch **Stoßionisation** ein Ion A^+ und zwei energiearme Elektronen entstehen. Beim Umkehrprozeß der **Dreierstoßrekombination** bildet eins der beiden Elektronen mit A^+ ein Neutralatom A, das zweite Elektron übernimmt die freiwerdende Energie als kinetische Energie. Neben der Ionisation durch Stöße findet **Photoionisation** durch Absorption von Strahlung genügend hoher Frequenz ($h\nu > E_i$) statt. Beim Umkehrprozeß der **Photorekombination** durch *frei-gebunden-Übergänge* wird Kontinuumsstrahlung emittiert (Rekombinationskontinuum). Die Raten hierfür lassen sich mit Hilfe des frequenzabhängigen Absorptionsquerschnitts $\sigma_{\text{ph,a}}^{(1\to i)}(\nu)$ bzw. des effektiven Stoßquerschnitts $\langle\sigma_{\text{ph,a}}^{(i\to 1)}\rangle$ für Photorekombination ausdrücken.

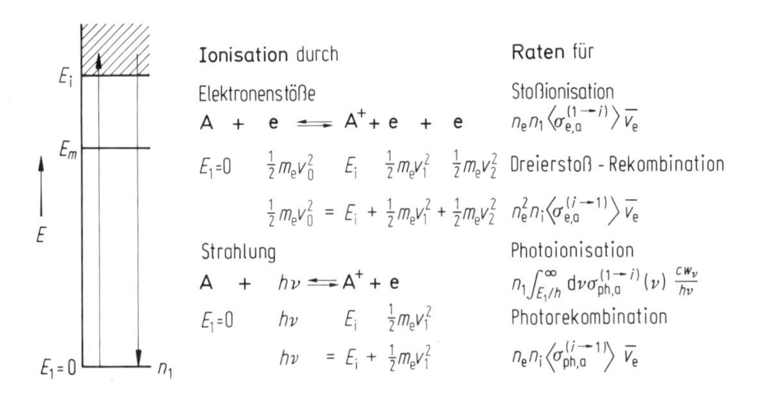

Abb. 2.21 Vereinfachtes atomares Termschema und Raten für Elektronenstoß- und Photoionisation sowie die Umkehrprozesse der Dreierstoß- und der Photorekombination. Für die Dreierstoßrekombination ist σ ein verallgemeinerter Stoßquerschnitt mit der SI-Einheit m^5.

Von den Stoßquerschnitten, die in Abb. 2.20 und 2.21 in den Raten auftreten, haben wir in Abschn. 2.4.3 nur den Anregungs- und den Ionisationsquerschnitt betrachtet. Aus diesen lassen sich die Querschnitte für die Umkehrprozesse berechnen, wenn man von der Invarianz der mikroskopischen Bewegungsgleichungen für die einzelnen Stöße gegenüber Zeitumkehr Gebrauch macht. Für eine Maxwell-Verteilung der Elektronengeschwindigkeiten wie im VTG kann man sogar aus den Ratenkoeffizienten für Anregung und Ionisation direkt die Ratenkoeffizienten für die Umkehrprozesse gewinnen, weil im VTG *detailliertes Gleichgewicht* zwischen jedem Prozeß und seinem Umkehrprozeß besteht und damit eine Beziehung zwischen den Ratenkoeffizienten (die Dichten in den Stoßraten sind für VTG ja bekannt). Ganz entsprechend sind die Einstein-Koeffizienten miteinander verknüpft und auch die Querschnitte für Photoionisation und -rekombination [3].

Hat man auf diese Weise alle Ratenkoeffizienten in Abhängigkeit von der Elektronentemperatur T_e berechnet, bildet man für jedes Energieniveau die Summe aller bevölkernden und die aller entvölkernden Raten, deren Bilanz dann die zeitliche Änderung der Anzahldichte von Teilchen in diesem Energiezustand (*Besetzungsdichte*) ergibt [18, 21, 46, 49, 50, 51, 84]:

$$\frac{\mathrm{d}n_m}{\mathrm{d}t} = \sum \text{bevölkernde Raten} - \sum \text{entvölkernde Raten.} \qquad (2.40)$$

Für ein stationäres, homogenes Plasma ist $\mathrm{d}n_m/\mathrm{d}t = 0$. Für inhomogene Plasmen müssen in $\mathrm{d}n_m/\mathrm{d}t$ auch Konvektion und Diffusion berücksichtigt werden sowie gegebenenfalls die Wirkung äußerer Kräfte. Aus dem System der Ratengleichungen für alle Energieniveaus läßt sich der Anregungszustand des Plasmas in Abhängigkeit von Elektronendichte und -temperatur bestimmen. Wegen der Vielzahl von Termen, die die Ratengleichungen für realistische **Stoß-Strahlungs-Modelle** enthalten, ist ihre (numerische) Lösung aufwendig, besonders für Plasmen aus Atomen mit vielen Elektronen, die gleichzeitig in mehreren Ionisationsstufen vorliegen können. Man verwendet deshalb häufig weitere Näherungen, die auf vereinfachte Modelle führen, beispielsweise das *Korona-Modell* für Plasmen niedriger Dichte, bei dem nur Stoßanregung und -ionisation vom Grundzustand aus sowie spontane Photonenemission und Photorekombination berücksichtigt werden [18, 21, 51]. Strenggenommen müssen die Ratengleichungen überdies mit der Strahlungstransportgleichung (Abschn. 2.8.2) gekoppelt werden [21], wenn nicht induzierte Emission, Photoanregung und -ionisation vernachlässigt werden können (*optisch dünnes Plasma*).

Stoß-Strahlungs-Modelle wurden ursprünglich für astrophysikalische Fragestellungen entwickelt, werden heute aber auch in großem Umfang für Laborplasmen eingesetzt, z. B. zur Berechnung der Strahlungsverluste heißer Kernfusionsplasmen (Abschn. 2.13.3.4) durch mehrfach ionisierte Verunreinigungsatome oder der Besetzungsdichten angeregter Ionen in rekombinierenden lasererzeugten Plasmen, wo Überbesetzung eines höheren gegenüber einem tieferen Energieniveau die Möglichkeit der Realisierung von Röntgenlaserstrahlung bietet (Abschn. 2.6.1). Dabei liegt die Hauptschwierigkeit darin, alle für die jeweiligen Plasmabedingungen wichtigen Prozesse zu berücksichtigen, weil Stoßquerschnitte und Ratenkoeffizienten vielfach nicht genau bekannt sind und nur aus allgemeinen Skalierungsüberlegungen gewonnen werden können.

Hier wollen wir ein Ergebnis solcher Rechnungen näher betrachten, das eng mit der Frage nach Einstellung des LTG verknüpft ist. In Abb. 2.22 ist die Anzahldichte n_1 der Wasserstoffatome im Grundzustand in einem Wasserstoffplasma für verschiedene Werte der Elektronentemperatur T_e als Funktion der Elektronendichte n_e dargestellt. Dabei ist n_1 auf diejenige Dichte n_1^{SE} bezogen, die sich rechnerisch mit T_e aus Boltzmann-Verteilung und Saha-Eggert-Gleichung ergibt. $n_1/n_1^{SE} = 1$ bedeutet also,

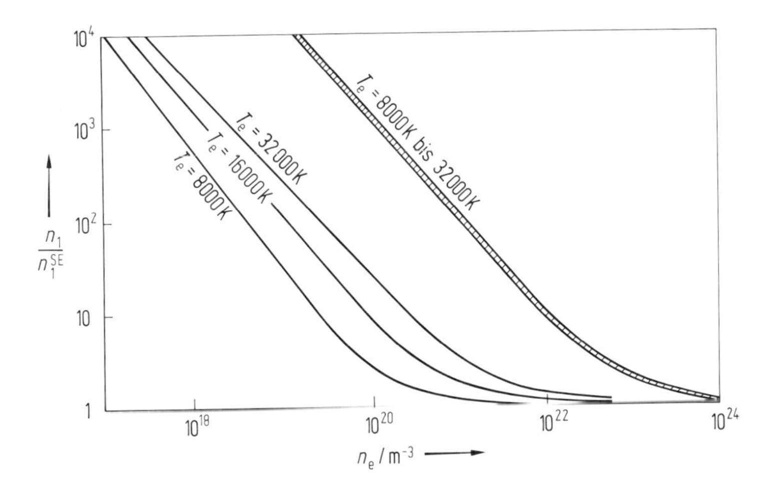

Abb. 2.22 Überbesetzung des Grundzustands von Wasserstoffatomen gegenüber Gleichgewicht mit der Elektronentemperatur (entsprechend der Saha-Eggert-Gleichung) als Funktion der Elektronendichte n_e für verschiedene Temperaturen bei unterschiedlichen Annahmen über die Strahlungsabsorption [50].

daß die Besetzung des Grundzustandes im thermodynamischen Gleichgewicht mit den Elektronen der Temperatur T_e steht. Wenn dieses Gleichgewicht für den Grundzustand besteht, besteht es wegen der höheren Stoßraten erst recht für die angeregten Zustände. Letztlich besagt $n_1 = n_1^{SE}$ also, daß Anregung und Ionisation durch dieselbe Temperatur T_e beschrieben werden können wie die Energieverteilung der Elektronen. In Abb. 2.22 gilt der schmale gestrichelte Bereich für ein optisch dünnes Plasma (Absorption und induzierte Emission von Photonen sind vernachlässigt). Für niedrige Elektronendichten $n_e \leq 10^{20}\ \mathrm{m}^{-3}$ ist der Grundzustand um drei Zehnerpotenzen oder mehr gegenüber der Gleichgewichtsdichte n_1^{SE} *überbesetzt*, es besteht starkes Nichtgleichgewicht. Erst für $n_e \geq 10^{24}\ \mathrm{m}^{-3}$ stellt sich für den betrachteten Bereich von Elektronentemperaturen $T_e = 8000$ K bis 32000 K ein thermodynamisches Anregungs- und Ionisationsgleichgewicht ein.

Für Laborplasmen ist die Annahme, das Plasma sei für Strahlung aller Frequenzen optisch dünn, häufig falsch. Die Resonanzlinienstrahlung kann in engen Spektralbereichen die Werte der Hohlraumstrahlung erreichen (Abschn. 2.8.4.5) und trägt dann erheblich zur Einstellung des Gleichgewichts bei. Dies ist bei den ausgezogenen Kurven in Abb. 2.22 berücksichtigt, die den Gleichgewichtswert $n_1/n_1^{SE} = 1$ je nach Elektronentemperatur schon für $n_e = 10^{22}\ \mathrm{m}^{-3}$ bis $10^{23}\ \mathrm{m}^{-3}$ erreichen.

Es gibt mehrere, ungefähr übereinstimmende Abschätzungen der Mindestanzahldichte der Elektronen, die für ein thermodynamisch durch die Elektronentemperatur bestimmtes Anregungs- und Ionisationsgleichgewicht erreicht sein muß [16, 46, 51]. Danach ist für optisch dünne Plasmen

$$n_e \geq \left(\frac{T_e}{\mathrm{K}}\right)^{1/2} \left(\frac{E_m - E_n}{\mathrm{eV}}\right)^3 \cdot 10^{18}\ \mathrm{m}^{-3} \tag{2.41}$$

zu fordern. $E_m - E_n$ ist die größte Energielücke im Termschema des betrachteten

Atoms, für Wasserstoff rund 10 eV (Abb. 2.16) und auch für viele andere Atome von dieser Größenordnung. Für $T_e = 10^4$ K muß deshalb $n_e \geq 10^{23}$ m^{-3} sein. Das ist die maximale Elektronendichte, die unter Atmosphärendruck im Temperaturbereich kurz vor der Vollionisation erreichbar ist (Abb. 2.4). Spezielle Laborplasmen gestatten es also, tatsächlich ein durch Boltzmann-Verteilung und Saha-Eggert-Gleichung bestimmtes Anregungs- und Ionisationsgleichgewicht entsprechend der Elektronentemperatur einzustellen.

Die Abschätzung (2.41) für optisch dünne Plasmen resultiert aus der Forderung, daß die Stoßraten die Raten der spontanen Strahlungsemission um wenigstens einen Faktor 10 übertreffen. Plasmen mit dieser Eigenschaft heißen **stoßbestimmte Plasmen**, weil wegen der fehlenden Photoanregung die Gleichgewichtsbesetzung der angeregten Energieniveaus nur durch Stöße erzwungen wird, deren Raten daher die entvölkernden Raten der spontanen Strahlungsemission möglichst stark übertreffen müssen. Unter dem Einfluß der Strahlungsemission allein würden alle Ionen und Elektronen sehr schnell zu Neutralatomen rekombinieren und alle Atome in den Grundzustand übergehen.

2.5.5 Gastemperatur

Nachdem wir den Transfer von Elektronenenergie und innerer Energie der Atome und Ionen durch unelastische Elektronenstöße betrachtet haben, fragen wir jetzt nach dem Transfer von Translationsenergie durch elastische Stöße zwischen Elektronen und schweren Teilchen. Wir beschränken uns speziell wieder auf den Aufheizprozeß in einer Gasentladung; andere Bedingungen liegen z. B. bei der Aufheizung mit Stoßwellen vor.

Die effektiven Transportquerschnitte $\langle\sigma_{ee}\rangle$ und $\langle\sigma_{ei}\rangle$ für elastische Elektron-Elektron- und Elektron-Ion-Streuung sind nach Gl. (2.37) etwa gleich groß, doch beschreiben diese Querschnitte den Impulstransfer, nicht den Energietransfer. Während bei Stößen zwischen Teilchen gleicher Masse (Elektron-Elektron oder Ion-Ion) mit starkem Impulstransfer immer auch starker Energietransfer einhergeht, ist der Energietransfer bei elastischen Stößen zwischen Teilchen sehr unterschiedlicher Masse sehr gering: Bei Stößen von Elektronen mit Atomen oder Ionen (Masse m_i) wird im Mittel bei jedem Stoß nur der Bruchteil $2m_e/m_i$ der Translationsenergie übertragen (man betrachte als Beispiel den elastischen zentralen Stoß eines Elektrons mit einem Ion). Für ein mittelschweres Atom wie Argon (relative Atommasse 40) werden bei $T_e = 10^4$ K in einem elastischen Stoß nur $3 \cdot 10^{-5}$ eV ausgetauscht. Im Gegensatz dazu können bei unelastischen Anregungs- und Ionisationsstößen Energien der Größenordnung 10 eV übertragen werden, also um einen Faktor 10^5 bis 10^6 höhere Energien. Die innere Energie der schweren Teilchen ist mithin viel stärker an die Elektronenenergie gekoppelt als ihre Translationsenergie.

Die Relaxationszeit für den Transfer von Translationsenergie zwischen Elektronen und schweren Teilchen ist um einen Faktor der Größenordnung m_i/m_e länger als die für den Energietransfer der Elektronen untereinander. Die Relaxationszeit für den Austausch von Translationsenergie speziell zwischen den Ionen liegt nach den Überlegungen zu Gl. (2.38) dazwischen, nämlich um einen Faktor $(m_i/m_e)^{1/2}$ über der Elektronenrelaxationszeit. Da auch der Energietransfer beim einzelnen Stoß zwischen Ion und Atom wegen der praktisch gleichen Masse groß ist und außerdem die Ladungsaustauschstöße mit ihrem großen Querschnitt dazu beitragen, kann man in diesem Zusammenhang Ionen und Atome gemeinsam als ein Gas schwerer Teilchen betrachten, die näherungsweise eine gemeinsame **Gastemperatur** T_g haben, die über eine Maxwell-Verteilung die Translationsgeschwindigkeiten bestimmt. Diese Gastemperatur liegt im allgemeinen unter der Elektronentemperatur: $T_g < T_e$.

Damit T_e nur geringfügig über T_g liegt, dürfen die Elektronen im elektrischen Feld E der Entladung ihre mittlere kinetische Energie $3kT_e/2$ zwischen zwei Stößen nur geringfügig steigern. Bei einer mittleren freien Weglänge λ_e muß dafür $eE\lambda_e \ll kT_e$ gelten. λ_e ist aus Untersuchungen der elektrischen Leitfähigkeit von Plasmen bekannt (Abschn. 2.7.1). Unter der Voraussetzung, daß die Elektronen nur durch elastische Stöße mit schweren Teilchen Energie verlieren, kann man die Differenz von Elektronen- und Gastemperatur abschätzen zu [4]

$$\frac{T_e - T_g}{T_e} \approx \frac{1}{9}\frac{m_i}{m_e}\left(\frac{eE\lambda_e}{kT_e}\right)^2. \tag{2.42}$$

In Hochdruckentladungen kann T_e danach um einige Prozent größer sein als T_g.

2.5.6 Lokales thermodynamisches Gleichgewicht (LTG)

Aus der Betrachtung der Energietransferprozesse findet man zusammenfassend das wichtige Ergebnis: Auch wenn sich ein Plasma nicht im VTG befindet, können bei genügend hoher Elektronendichte n_e lokal sowohl die Elektronen als auch die schweren Teilchen in guter Näherung Maxwell-Geschwindigkeitsverteilungen derselben Plasmatemperatur T besitzen, die auch den Ionisationszustand (durch die Saha-Eggert-Gleichung) und den Anregungszustand (Boltzmann-Verteilung) von Atomen und Ionen beschreibt. Ein solcher Plasmazustand heißt **lokales thermodynamisches Gleichgewicht (LTG)**. Im Sinne des LTG wird der Temperaturbegriff in vielen Fällen in der Plasmaphysik benutzt.

Die Temperatur und die temperaturabhängigen Eigenschaften von LTG-Plasmen ändern sich meist stark mit dem Ort, so daß große Temperatur- und Dichtegradienten auftreten. Diese Gradienten dürfen nicht zu groß sein, damit sich in kleinen Volumenelementen des Plasmas noch sehr viele Teilchen mit einheitlichem energetischen Zustand befinden. Dazu müssen die relativen Änderungen von Temperatur und Anzahldichten über eine mittlere freie Weglänge λ sehr klein sein, d. h. es muß $\lambda|\nabla T| \ll T$ und $\lambda|\nabla n| \ll n$ gelten. Im Einzelfall ist genau zu untersuchen, welche der verschiedenen freien Weglängen bestimmend für die Einstellung des LTG sind.

Dem LTG-Zustand liegen Ausgleichsvorgänge überwiegend durch Teilchenstöße zugrunde, nicht durch Strahlungsprozesse. Die Strahlung von LTG-Plasmen ist daher nicht die Hohlraumstrahlung des VTG. Sie wird nicht durch das Planck-Gesetz bestimmt, sondern hängt außer von der Temperatur von den Besetzungsdichten der Atome und Ionen sowie deren detaillierter quantenmechanischer Struktur ab. Die Temperaturstrahlung eines LTG-Plasmas enthält daher weitaus mehr Information über das Plasma und seine Bestandteile als die Planck-Strahlung und ermöglicht eine störungsfreie *Plasmadiagnostik*. Für astrophysikalische Plasmen ist dies gewöhnlich die einzig mögliche Diagnostikmethode. Im Labor können umgekehrt Strahlungsmessungen an wohlbekannten Plasmen zur spektroskopischen Bestimmung von Atomeigenschaften benutzt werden.

2.5.7 Partielles lokales thermodynamisches Gleichgewicht (PLTG)

Der LTG-Zustand eines Plasmas wird in Experimenten häufig angestrebt, ist aber tatsächlich ein Sonderfall, wie die bisherige Diskussion gezeigt hat. In Abschn. 2.5.5 haben wir gefunden, daß es eine Gastemperatur T_g geben kann, die sich von der Elektronentemperatur T_e unterscheidet. Statt einer einheitlichen Temperatur T_g können Atome und Ionen auch unterschiedliche Temperaturen T_a und T_i für die Maxwell-Verteilungen ihrer Geschwindigkeiten haben. Formal kann man auch in jedem Fall dem Ionisationszustand eines Plasmas aus der Saha-Eggert-Gleichung eine *Ionisationstemperatur* zuordnen. Ebenso läßt sich formal zu jeder Besetzungsdichte eine *Anregungstemperatur* finden, im Extremfall für jedes Energieniveau eine andere. Von einem **partiellen lokalen thermodynamischen Gleichgewicht (PLTG)** spricht man, wenn die Anregungstemperatur aller Energieniveaus mit Ausnahme des Grundzustands mit der Elektronentemperatur übereinstimmt.

Im allgemeinsten Fall ist es jedoch überhaupt nicht möglich, Temperaturen im üblichen Sinne anzugeben, etwa wenn sich in einem äußeren elektrischen Feld durch das Auftreten von Runaway-Elektronen (Abschn. 2.4.2.2) keine Maxwell-Verteilung der Elektronengeschwindigkeiten einstellt. Dann sind Temperaturangaben bestenfalls noch über mittlere Energiewerte möglich, etwa $\overline{mv^2/2} =: kT$, aber oft nicht sehr aussagekräftig.

Wir werden im folgenden, wenn nicht ausdrücklich etwas anderes gesagt wird, von Plasmen im LTG *mit einheitlicher Temperatur T* ausgehen (die aber gewöhnlich ortsabhängig ist).

2.6 Laborplasmen und Plasmaanwendungen

Allgemeine Bemerkungen zu den verschiedenen Möglichkeiten der Plasmaerzeugung und -aufrechterhaltung finden sich schon im einleitenden Abschn. 2.1.1, und Abb. 2.1 gibt einen Überblick über die wichtigsten Plasmaparameter von natürlichen und Laborplasmen. Hier wollen wir einige gebräuchliche Methoden der Plasmaerzeugung im Laboratorium darstellen, eine kurze Übersicht technischer Plasmaaanwendungen geben und zwei Anordnungen zur Umwandlung von Wärme in elektrische Energie beschreiben. Kernfusionsplasmen, denen heute ein großer Teil der Forschungsaktivität in der Plasmaphysik gilt, werden in Abschn. 2.13 besprochen.

2.6.1 Gasentladungen

Gasentladungen sind das klassische Untersuchungsobjekt der Plasmaphysik; die Bezeichnung „Plasma“ wurde Ende der zwanziger Jahre erstmals von Langmuir für einen Teil einer Niederdruckentladung verwendet. In einer Gasentladung fließt ein elektrischer Strom durch ein Gas, das meist zwischen Elektroden in einem Gefäß eingeschlossen ist. Die Abhängigkeit der elektrischen Feldstärke E in der Entladung von der Stromstärke I wird als *Entladungscharakteristik* bezeichnet (Abb. 2.23). Die Eigenschaften des Entladungsplasmas hängen stark von der Teilchendichte ab bzw. vom Druck, unter dem die Entladung brennt. In **Niederdruckentladungen**, bei Drükken unter etwa 10^4 Pa, besteht kein LTG, und es ist schwierig, die Plasmaeigenschaften in Abhängigkeit von den Entladungsparametern theoretisch vorherzusagen, etwa durch Lösung kinetischer Gleichungen. In **Hochdruckentladungen** mit einem Druck über etwa 10^5 Pa (Atmosphärendruck) kann jedoch in dem entstehenden **Bogenplasma** in guter Näherung LTG herrschen, so daß eine thermodynamische Beschreibung möglich ist (abgesehen von der Strahlung).

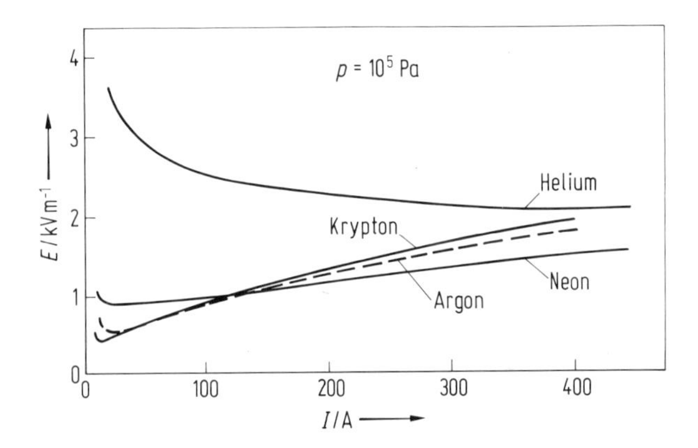

Abb. 2.23 Entladungscharakteristiken von Hochdruck-Bogenentladungen in Edelgasen (Kanaldurchmesser des Bogens 6 mm; I Bogenstromstärke, E elektrische Feldstärke).

Solche LTG-Plasmen können im Experiment über lange Zeit sehr stabil stationär betrieben werden, was viele Messungen erleichtert. Meist sind es *wandstabilisierte Bogenplasmen*, die in besonderen Plasmabrennern durch kalte Wände eingeschlossen sind. Sie bilden sich zylindersymmetrisch in einem Kanal längs der Brennerachse aus, in den das aufzuheizende Gas eingeleitet wird (Abb. 2.24). Der Kanal wird durch zentrale Bohrungen in einer größeren Zahl dünner, wassergekühlter Kupferscheiben gebildet, die voneinander elektrisch isoliert sind. Die Entladungscharakteristik (Abb. 2.23) kann durch Messen der Potentialdifferenz zwischen den einzelnen Scheiben bestimmt werden. Bei geringerem Leistungsumsatz werden auch wassergekühlte Quarzrohre benutzt. Der Bogenstrom wird bei vielen Anordnungen als Gleichstrom über mehrere Elektroden zu- und abgeführt, um deren thermische Belastung zu verringern. In der Kanalachse lassen sich stationär Temperaturen bis zu einigen 10^4 K erreichen. Da die Wandtemperatur des Kupfers nur einige 100 K beträgt, bestehen im Bogenkanal starke Temperaturgradienten in radialer Richtung. Für Messungen ist nur der zylindersymmetrische Plasmabereich interessant, der von Elektrodeneinflüssen frei ist. Zur Plasmadiagnostik kann die Strahlung in Richtung der Kanalachse oder senkrecht dazu (radial) spektroskopisch gemessen werden, und es kann längs

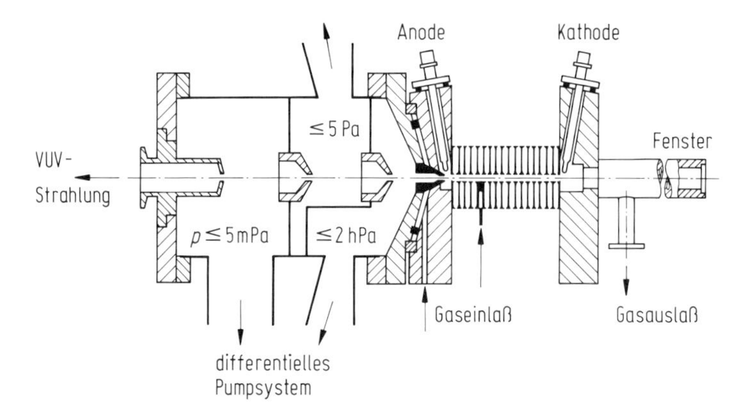

Abb. 2.24 Plasmabrenner zur Erzeugung wandstabilisierter Bogenplasmen mit dreistufigem differentiellen Pumpsystem zum Anschluß an ein Vakuum-UV-Spektrometer.

dieser Beobachtungsrichtungen beispielsweise auch eine interferometrische Elektronendichtebestimmung erfolgen (Abschn. 2.11.2.2). Bei der axialen Beobachtung wird die Strahlung aus Bereichen nahezu einheitlicher Temperatur emittiert. Bei radialer Beobachtung tragen Bereiche unterschiedlicher Temperatur zur emittierten Strahlung bei, so daß kompliziertere Auswerteverfahren erforderlich sind. Für spektroskopische Messungen im Vakuum-UV, wo Fenster undurchsichtig sind, werden differentielle Pumpsysteme eingesetzt, die den hohen Bogendruck in mehreren Stufen, die durch kleine Beobachtungsblenden verbunden sind, auf den erforderlichen Wert absenken.

Typische Daten für wandstabilisierte Bogenplasmen sind: Kanaldurchmesser 2 mm bis 10 mm, Stromdichte 1 kA/cm^2, elektrische Feldstärke 10 V/cm, umgesetzte Leistungsdichte 10 kW/cm^3. Durch Variation von Druck und Bogenstrom lassen sich auf der Achse Temperaturen von 7000 K bis 30000 K und Elektronendichten von $10^{21}\,\mathrm{m}^{-3}$ bis $10^{24}\,\mathrm{m}^{-3}$ erreichen.

Viele Eigenschaften von LTG-Plasmen sind als Funktionen der Temperatur und der Anzahldichten an wandstabilisierten Bogenplasmen gemessen worden. In standardisierter Bauweise stehen solche Plasmabrenner auch als Strahlungsnormale zur Verfügung [52].

Elektrodenlose Entladungen lassen sich mit hochfrequenten Wechselfeldern realisieren. Mit **Mikrowellen** können in Niederdruckgasen Nichtgleichgewichtsplasmen mit hohen Elektronenenergien von vielen keV bei niedriger Gastemperatur erzeugt werden, besonders bei Resonanz mit der Zyklotronfrequenz der Elektronen in einem zusätzlichen äußeren Magnetfeld (Abschn. 2.12.1.1). Auch **Laserstrahlung**, die in ein Gas fokussiert wird, erzeugt bei genügend hoher Bestrahlungsstärke im Fokus ein Plasma („Luftdurchschlag"). Solche **optischen Entladungen** sind am einfachsten mit gepulsten Lasern zu erreichen (und in anderem Zusammenhang sehr störend), lassen sich mit leistungsstarken cw-(Dauerstrich-)Lasern aber auch kontinuierlich aufrechterhalten [53], wobei Elektronendichten über $10^{24}\,\mathrm{m}^{-3}$ bei Temperaturen um 20000 K in Wasserstoff unter Drücken von 10^6 Pa und mehr beobachtet wurden. Ein Kurzzeitplasma hoher Temperatur und Dichte entsteht, wenn gepulste Laserstrahlung auf eine Festkörperoberfläche, das Target, fokussiert wird (Abb. 2.25). Das Plasma emittiert Kontinuumstrahlung und die Spektrallinien mehrfach ionisierter Atome im Spektralbereich des VUV und der weichen Röntgenstrahlung. Solche Plasmen stellen nahezu punktförmige, gut reproduzierbare Quellen kurzwelliger Strahlung dar [54].

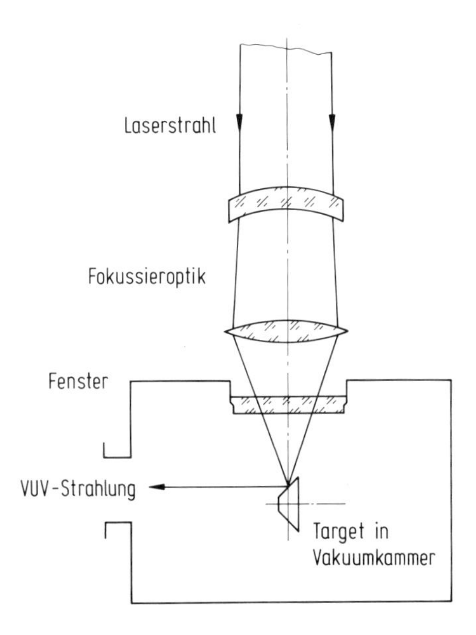

Abb. 2.25 Erzeugung eines Plasmas durch Fokussierung von gepulster Laserstrahlung auf die Oberfläche eines Festkörpertargets.

In speziellen lasererzeugten Plasmen ist kürzlich auch erstmals die *Laserverstärkung sehr kurzwelliger Strahlung* mit Wellenlängen λ um 20 nm und darunter gelungen [55, 56]. Dazu muß eine hohe Überbesetzung des oberen Energieniveaus (n) gegenüber dem unteren (m) erzeugt werden, weil das Verhältnis der Einstein-Koeffizienten für induzierte Emission B_{nm} und spontane Emission A_{nm} wegen $B_{nm}/A_{nm} \sim \lambda_{nm}^3$ nach Gl. (2.82) mit abnehmender Wellenlänge immer ungünstiger wird. Das konnte auf zwei verschiedene Arten erreicht werden. Im einen Fall (Abb. 2.26a) wurde ausgenutzt, daß in einem Plasma mit thermischen Elektronenenergien von wenigstens etwa 1 keV von zwei Energieniveaus des neonähnlichen Se^{24+}, die durch Elektronenstöße bevölkert werden, das untere Niveau durch spontane Emission sehr rasch wieder entleert wird, das obere aber nicht. Im anderen Fall führt in einem rasch abkühlenden Plasma die Rekombination zu einer Überbesetzung des oberen Niveaus beim wasserstoffähnlichen C^{5+} und gleichzeitig die spontane Photonenemission zu stärkerer Entleerung des unteren Niveaus. Mit ähnlichen Niveaukonfigurationen anderer Ionen ist inzwischen auch Verstärkung bei Wellenlängen unter 10 nm beobachtet worden, so daß auf dieser Grundlage die Entwicklung eines **Röntgenlasers** möglich erscheint.

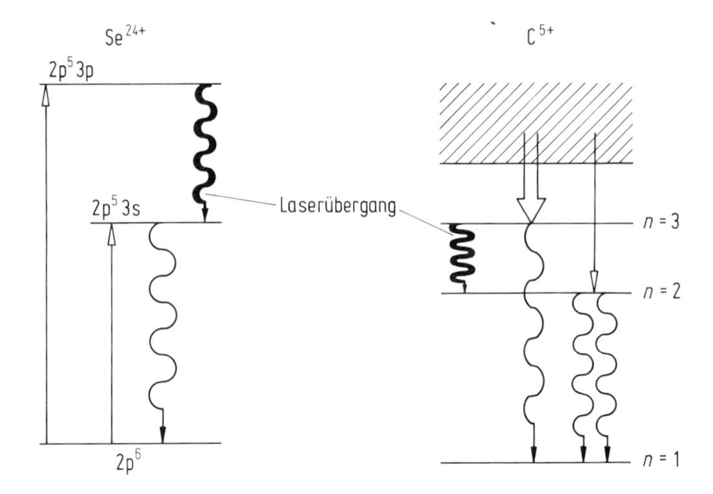

Abb. 2.26 Konfigurationen von Energieniveaus für die Laserverstärkung kurzwelliger Strahlung.

2.6.2 Plasmaerzeugung durch Kompression

LTG-Plasmen mit ähnlichen Parametern wie Bogenplasmen lassen sich kurzzeitig auch mit **mechanischen Stoßwellenrohren** [57] erzeugen (Abb. 2.27). In einem solchen Rohr mit rechteckigem oder kreisförmigem Querschnitt trennt eine Membran den Hochdruckteil mit einem leichten *Treibergas* (Druck etwa 10^7 Pa) vom Niederdruckteil mit dem zu untersuchenden Gas (Druck etwa 10^3 Pa). Wird die Membran zum Platzen gebracht, läuft eine *Stoßwelle* mit einer Geschwindigkeit von etwa 10^3 m/s in den Niederdruckteil und heizt dort das Gas durch schnelle Kompression zum Plasma auf, wobei kurzfristig Temperaturen bis 50000 K auftreten können.

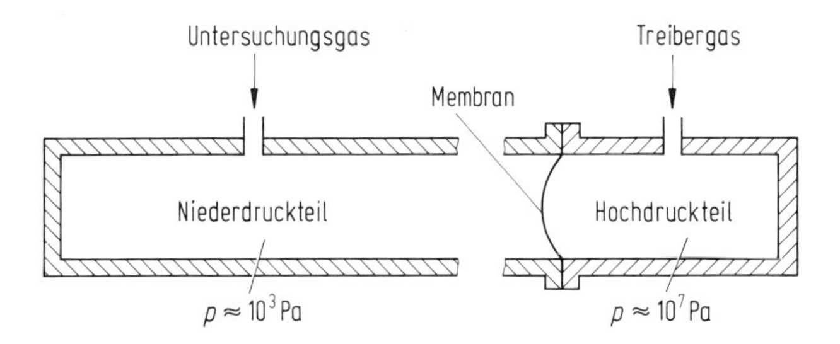

Abb. 2.27 Mechanisches Stoßwellenrohr.

Auf *adiabatischer Kompression* des Niederdruckgases beruht der **ballistische Kompressor**, bei dem durch den hohen Druck ein Kolben mit einer Masse von mehreren kg beschleunigt wird, der Hoch- und Niederdruckteil voneinander trennt.

Stoßwellenaufheizung erreicht man noch effektiver in **elektromagnetischen Stoß-**

wellenrohren [57], die meist T-förmig sind (Abb. 2.28). Darin wird bei niedrigem Druck von 10 Pa bis 1000 Pa zwischen Elektroden eine Kurzzeitentladung gezündet, in der für einige 100 ns Stromstärken bis zu einigen 100 kA erreicht werden, indem eine Kondensatorbatterie in einem induktionsarmen Stromkreis mit Funkenstrekken-Schaltern über die Elektroden entladen wird. Die schnelle ohmsche Aufheizung durch die Entladung verursacht einen plötzlichen Druckanstieg im Kopfstück des T-Rohrs. Zusätzlich beschleunigen die Magnetfelder von Entladungsstrom und Rückleiter das Entladungsplasma in Richtung auf den Seitenarm. In diesen läuft eine Stoßwelle sehr hoher Geschwindigkeit (bis zu $3 \cdot 10^5$ m/s). Hinter der Stoßfront wurden Plasmatemperaturen bis 10^6 K beobachtet. Messungen an solchen Plasmen müssen selbstverständlich mit Kurzzeitmeßtechnik durchgeführt werden.

Auf der Kompression von Plasmen durch „magnetischen Druck" (Abschn. 2.12.2.2) beruhen auch die **Pinchentladungen**, auf die wir in Abschn. 2.13.3.1 einge-

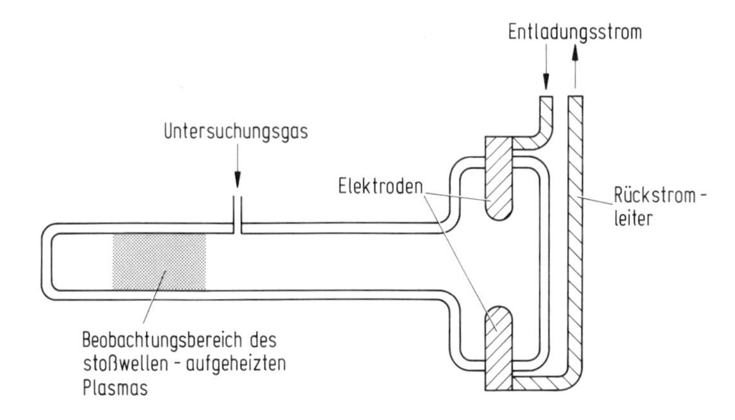

Abb. 2.28 Elektromagnetisches Stoßwellenrohr.

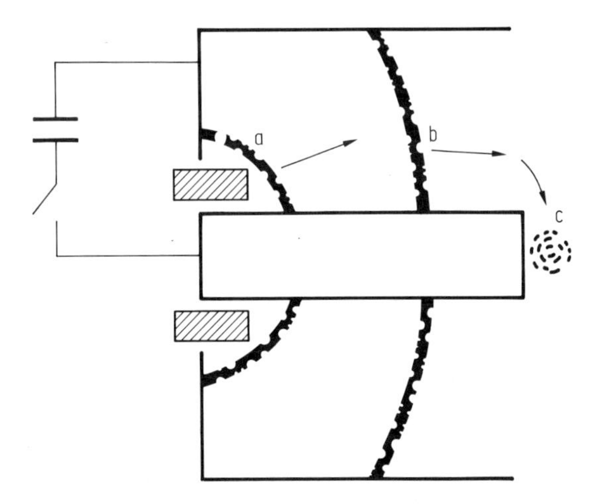

Abb. 2.29 Schematische Darstellung des Plasmafokus.

hen, sowie der **Plasmafokus** [58]. Bei diesem wird eine Kondensatorbatterie über ein koaxiales Elektrodensystem entladen (Abb. 2.29). Bei a entsteht eine Entladung, die unter dem Einfluß ihres eigenen Magnetfelds rasch als radiale Entladung entlang der Elektroden beschleunigt wird (b). Am Ende der Elektroden wird das Plasma um die Achse komprimiert (c) und kann für einige 100 ns Temperaturen im keV-Bereich bei Elektronendichten bis zu $10^{25}\ m^{-3}$ erreichen. Bei Betrieb in Deuterium entstehen durch Kernfusionsreaktionen (Abschn. 2.13.1) bis zu 10^{12} Neutronen je Entladung, wobei der genaue Ablauf dieser Phase noch nicht vollständig geklärt ist.

2.6.3 Anwendungsgebiete

Der Plasmazustand wird bei vielen Anwendungen bereits seit längerer Zeit genutzt; andere Anwendungen sind noch im Entwicklungsstadium. Meist wird das Plasma als **Energieumformer** verwendet; Abb. 2.30 stellt die verschiedenen Möglichkeiten schematisch dar. Dazu wird das Plasma in einer geeigneten Maschine mit einer der Energieformen aufgeheizt. Die Maschine ist so ausgelegt, daß das Plasma bevorzugt die erwünschte Energieform nach außen abgibt.

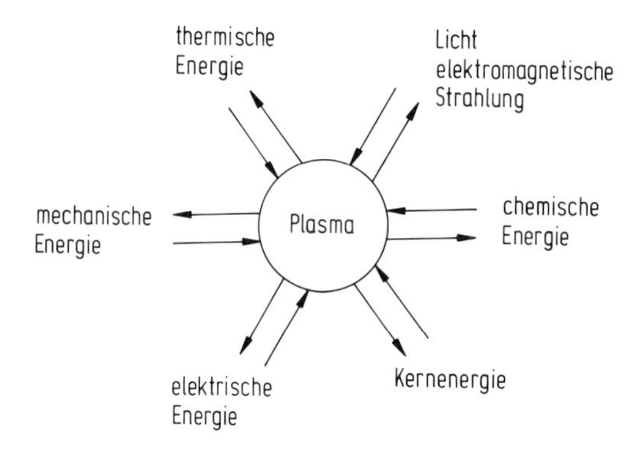

Abb. 2.30 Plasma als Energiewandler.

In Lichtbogenöfen, Schweißbögen und Plasmajets nutzt man die *thermische Plasmaenergie* zum Schmelzen, Schneiden, Schweißen und Bohren. Plasmen dienen zur *Lichterzeugung* in Niederdrucklampen wie Leuchtstoffröhren, in Hochdrucklampen (Xenon-, Quecksilber-, Natrium- und Halogen-Metalldampf-Lampen) und in Lasern wie dem He-Ne- und dem Argonionenlaser, die durch Elektronenstöße in einer Gasentladung „gepumpt" werden. Plasmabeschleuniger, die vor allem die magnetische Kraftwirkung auf Plasmen ausnutzen (Abschn. 2.12), erzeugen *mechanische Energie*. Auch *chemische Prozesse* werden unter Durchlaufen des Plasmazustandes durchgeführt, wo thermisch oder durch Elektronenstöße auch nichtthermisch die Aktivierung von Reaktionspartnern durch Anregung, Dissoziation oder Ionisation erfolgt [7]. Prinzipiell ist mit Plasmen auch eine effektive direkte Umwandlung von thermischer in *elektrische Energie* möglich, wie zwei Beispiele in den folgenden Abschnitten zeigen. Die Energieerzeugung durch *Kernfusionsreaktionen* in Hochenergieplasmen wird in Abschn. 2.13 besprochen.

Plasmen treten auch als durchaus unerwünschte Erscheinungen auf, vor allem als **Schaltlichtbögen** beim Öffnen oder Schließen von Hochleistungsschaltern in Hochspannungsnetzen, die wegen der wirtschaftlichen Bedeutung eingehend untersucht werden. Ein anderes Beispiel sind Koronaentladungen an Hochspannungsleitungen.

Eine Übersicht über technische Anwendungen der Plasmaphysik gibt [15].

2.6.4 Thermionische Diode

Die thermionische Diode wandelt thermische Energie in elektrische um. Sie besteht aus zwei flächenhaften Elektroden, dem Emitter und dem Kollektor (Abb. 2.31 a). Der Emitter wird aufgeheizt, so daß Elektronen die Austrittsarbeit eV_E aufbringen. Der Kollektor wird gekühlt, so daß Elektronen dort „kondensieren". Seine Austrittsarbeit eV_K ist geringer als die des Emitters, so daß maximal die Elektronenenergie $e(V_E - V_K)$ bzw. die Spannung $V_E - V_K$ verbleibt, um die Elektronen durch den Lastwiderstand R im äußeren Stromkreis zum Emitter zurückzutreiben. Tatsächlich ist die Klemmenspannung U der Diode durch Verluste (z. B. Strahlung) geringer als $V_E - V_K$. Befindet sich die Diode im Vakuum und werden nur kleine Ströme gezogen, besteht zwischen Emitter und Kollektor der flache Potentialverlauf *a* in Abb. 2.31 b.

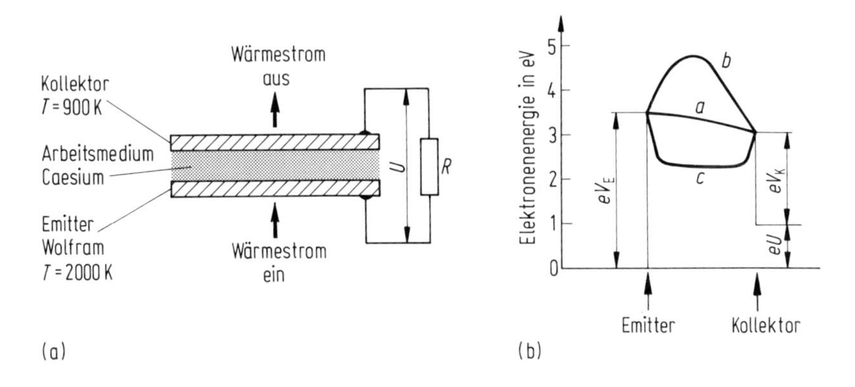

Abb. 2.31 Schematische Darstellung (a) des Aufbaus einer thermionischen Diode und (b) des Verlaufs der Elektronenenergie zwischen den Elektroden.

Bei großen Stromdichten tritt zwischen den Elektroden eine Raumladung und damit der Potentialberg *b* auf, der den Stromtransport behindert. Um dies abzuschwächen, bringt man die Elektroden so dicht zusammen, wie es praktisch möglich ist. Außerdem füllt man die Diode mit leicht ionisierbarem Caesiumdampf ($p \approx 100$ Pa). Die Caesiumatome werden am heißen Emitter und durch Stöße mit schnellen Elektronen ionisiert und kompensieren die Raumladung der Elektronen, so daß der Potentialverlauf *c* entsteht. Gleichzeitig setzt Caesium, das sich auf den Elektroden ablagert, deren Austrittsarbeiten herab. So kann man mit Wolframemittern bei nur 2000 K

Stromdichten von 10 kA/cm² erreichen. Ein Wirkungsgrad von 30% wird für erreichbar gehalten.

2.6.5 Magnetohydrodynamischer Generator

Beim MHD-Generator wird in einer Brennkammer ein heißes, elektrisch leitendes Gas erzeugt, das aus einer Düse mit hoher Geschwindigkeit $\boldsymbol{v}_g$ in ein homogenes Magnetfeld $\boldsymbol{B}$ expandiert, welches senkrecht zu $\boldsymbol{v}_g$ gerichtet ist (Abb. 2.32). Die Gastemperatur T_g muß ausreichend hoch für einen großen thermischen Ionisationsgrad sein. Das läßt sich bei vergleichsweise niedrigen Temperaturen von 2000 K bis 3000 K erreichen, wenn dem Gas Alkalimetallzusätze mit niedriger Ionisationsenergie beigemischt werden.

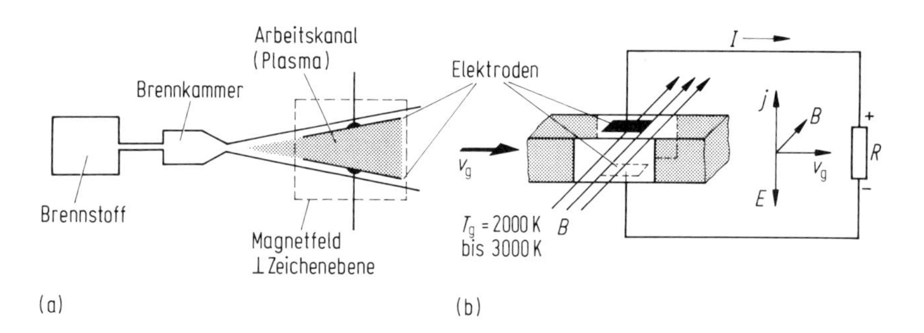

Abb. 2.32 Schematische Darstellung der Wirkungsweise des MHD-Generators.

Die Ionen und Elektronen im Gasstrom unterliegen im Magnetfeld den entgegengesetzten Lorentz-Kräften

$$\boldsymbol{F} = \pm e\boldsymbol{v}_g \times \boldsymbol{B} \tag{2.43}$$

und werden voneinander getrennt; bei den Verhältnissen der Abb. 2.32b wandern die Ionen nach oben, die Elektronen nach unten. Befinden sich dort Elektrodenplatten, so läßt sich ein Strom abnehmen und über den äußeren Lastwiderstand R führen. Im Leerlauf sammeln sich Elektronen und Ionen auf den jeweiligen Elektroden, bis das elektrische Feld $\boldsymbol{E}$, das sie hervorrufen, der Lorentz-Kraft das Gleichgewicht hält: $eE = ev_gB$. Bei einem Elektrodenabstand d schätzt man die Leerlaufspannung U_L des MHD-Generators ($R \to \infty$) daraus ab zu

$$U_L = Ed = v_gBd. \tag{2.44}$$

Bei Strombelastung sinkt die Spannung wegen des Innenwiderstands des Generators (Widerstand der Gasstrecke zwischen den Elektroden). Sollen große Ströme und große Leistungen entnommen werden, muß die elektrische Leitfähigkeit γ des Plasmas hoch sein. Dazu muß der Ionisationsgrad möglichst groß sein. Bei Kurzschluß ($R = 0$) ist die Stromdichte

$$\boldsymbol{j} = \gamma\boldsymbol{v}_g \times \boldsymbol{B}. \tag{2.45}$$

Ein Zahlenbeispiel soll die Größenordnungen verdeutlichen. Für $v_g = 1000$ m/s, $B = 1$ T und $d = 0.1$ m ist $E = v_g B = 1$ kV/m und $U_L = 100$ V. Bei erreichbaren Leitfähigkeiten des Plasmas von $\gamma = 1$ S/m bis 10 S/m ist die Kurzschlußstromdichte $j = 1$ kA/m^2 bis 10 kA/m^2.

Ein MHD-Generator arbeitet nach demselben Prinzip wie ein herkömmlicher Turbogenerator: Bei beiden wird in einem elektrischen Leiter, der im Magnetfeld bewegt wird, eine elektrische Spannung induziert. Beim Turbogenerator wird in einem mehrstufigen Prozeß durch Verbrennen fossilen Brennstoffs oder Kernenergie unter Anwendung von gespanntem Wasserdampf zunächst mechanische Energie erzeugt, mit der dann ein Festkörper hoher Leitfähigkeit im Magnetfeld bewegt wird. Beim MHD-Generator wird das elektrisch leitende Verbrennungsgas direkt als bewegter Leiter benutzt, so daß viele mechanisch bewegte Teile entfallen. Turbo- wie MHD-Generator haben als kontinuierlich arbeitende Wärmekraftmaschinen bestenfalls den Wirkungsgrad

$$\eta = \frac{T_1 - T_2}{T_1} \tag{2.46}$$

eines Carnot-Prozesses. T_1 ist die Temperatur, mit der die Wärmeenergie zur Verfügung steht, T_2 die Temperatur, auf die das Arbeitsmedium bei der Energieumwandlung abgekühlt wird. Bei Dampfturbinen liegen die technisch beherrschten Temperaturen unterhalb 1000 K. Ein MHD-Generator kann dagegen bei 2000 K bis 3000 K arbeiten, so daß im Prinzip ein höherer Wirkungsgrad erreichbar ist. Die technologischen Schwierigkeiten wegen der hohen thermischen Materialbelastung sind aber auch für die Entwicklung von MHD-Generatoren groß und haben bisher einen Einsatz in großem Umfang verhindert [59].

Wird ein MHD-Generator „umgekehrt" betrieben, indem ein Strom eingespeist wird, so arbeitet er als **Motor**. Mit MHD-Motoren werden heiße, elektrisch leitende Gase, die bereits hohe Geschwindigkeit haben, weiter beschleunigt.

2.7 Transportvorgänge

In inhomogenen Plasmen werden wie in Neutralgasen Materie, Energie und Impuls transportiert, außerdem elektrische Ladung (zum Strahlungstransport s. Abschn. 2.8.2). Die verschiedenen Transportvorgänge lassen sich durch *Transportgleichungen* beschreiben, in denen phänomenologische **Transportkoeffizienten** das Verhältnis der Stromdichte der transportierten Größe zur jeweiligen „treibenden Kraft" angeben:

Transport von Materie (Diffusion) $\boldsymbol{\Phi} = -D\nabla n$
Transport von Energie (Wärmeleitung) $\boldsymbol{q} = -\kappa\nabla T$
Transport von Impuls (Viskosität) $P = -\eta\,\mathrm{d}v_z/\mathrm{d}x$
Transport von Ladung (elektrische Leitung) $\boldsymbol{j} = \gamma\boldsymbol{E}$.

Dabei sind der Reihe nach: $\boldsymbol{\Phi}$ Teilchenstromdichte, D Diffusionskoeffizient, n Anzahldichte der Teilchen; $\boldsymbol{q}$ Wärmestromdichte, κ Wärmeleitfähigkeit, T Temperatur; P Impulsstromdichte, η Viskosität, $v_z(x)$ Strömungsgeschwindigkeit; $\boldsymbol{j}$ elektrische

Stromdichte, γ elektrische Leitfähigkeit, $\boldsymbol{E}$ elektrische Feldstärke. (Um Verwechslungen mit der freien Weglänge auszuschließen, ist die Wärmeleitfähigkeit hier nicht wie üblich mit λ bezeichnet.)

Zum Verständnis vieler Plasmaeigenschaften ist die Kenntnis der Transportkoeffizienten erforderlich, insbesondere ihrer Abhängigkeit von Temperatur und Teilchendichten. Die Transportkoeffizienten werden mikroskopisch durch die mittleren freien Weglängen der Plasmateilchen bestimmt, letztlich also durch die jeweils geeigneten Transportquerschnitte. Da ein Magnetfeld die Bewegung der geladenen Plasmateilchen senkrecht zu den Feldlinien behindert (Abschn. 2.12), haben die Transportkoeffizienten in einem Plasma mit Magnetfeld unterschiedliche Werte für den Transport parallel und senkrecht zum Magnetfeld und werden zu Tensoren. Wir beschränken uns hier auf Plasmen *ohne Magnetfelder*. Auch in diesem Fall weichen die Transportkoeffizienten der Plasmen zum Teil stark von denen der Neutralgase bei Raumtemperatur ab, beispielsweise ist für Stickstoff unter Atmosphärendruck die Wärmeleitfähigkeit κ bei $T = 15000$ K mit etwa 3 $\mathrm{Wm^{-1}K^{-1}}$ um einen Faktor 100 höher als bei $T = 300$ K.

Hier wollen wir die elektrische Leitfähigkeit γ und die Wärmeleitfähigkeit κ von Plasmen ohne Magnetfeld betrachten. Diese Größen sind für die Energiebilanz von Plasmen entscheidend, die durch Stromdurchgang aufgeheizt werden und vorwiegend durch Wärmeleitung Energie verlieren. Die ohmsche Heizung führt die Leistungsdichte $\boldsymbol{j} \cdot \boldsymbol{E} = \gamma E^2$ zu („Joulesche Wärme"), und durch Wärmeleitung wird bezogen auf die Fläche die Leistung $\kappa \nabla T$ abgeführt.

2.7.1 Elektrische Leitfähigkeit

Herrscht im Plasma die elektrische Feldstärke $\boldsymbol{E}$, so führt sie zu einer *Driftbewegung* der Ionen in Richtung der Feldlinien und der Elektronen in entgegengesetzter Richtung und damit zu einem elektrischen Strom. Dabei nehmen vor allem die Elektronen Energie auf (Abschn. 2.5.1), so daß der elektrische Strom im Plasma praktisch von den Elektronen allein getragen wird und die Stromdichte

$$j = e n_\mathrm{e} v_\mathrm{dr} \tag{2.47}$$

hat (n_e Anzahldichte, v_dr **Driftgeschwindigkeit** der Elektronen). Die Driftgeschwindigkeit schätzen wir mit einem anschaulichen, sehr einfachen Modell ab, das ein Ergebnis derselben Größenordnung liefert wie sorgfältigere Überlegungen. Während der *Relaxationszeit* τ_e zwischen zwei Stößen erfährt ein Elektron die Beschleunigung eE/m_e und gewinnt an Geschwindigkeit. Wenn es im Mittel bei jedem Stoß die gesamte Geschwindigkeit entgegen der Feldrichtung verliert, erreicht es bis zum nächsten Stoß jeweils die Geschwindigkeit $eE\tau_\mathrm{e}/m_\mathrm{e}$ in dieser Richtung. Dies muß die Größenordnung der Driftgeschwindigkeit sein. Wir setzen daher

$$v_\mathrm{dr} = \frac{e}{m_\mathrm{e}} \tau_\mathrm{e} E = \mu_\mathrm{e} E. \tag{2.48}$$

Die Relaxationszeit τ_e muß offenbar die Relaxationszeit für Impulstransfer sein, also aus dem Transportquerschnitt berechnet werden. Die Größe $\mu_\mathrm{e} = e\tau_\mathrm{e}/m_\mathrm{e}$ wird als *Beweglichkeit* der Elektronen bezeichnet. Wegen $\tau_\mathrm{e} = \lambda_\mathrm{e}/\bar{v}_\mathrm{e}$ gilt auch $\mu_\mathrm{e} = e\lambda_\mathrm{e}/(m_\mathrm{e}\bar{v}_\mathrm{e})$

mit der mittleren freien Weglänge λ_e der Elektronen und ihrer mittleren thermischen Geschwindigkeit $\overline{v_e} = \sqrt{8kT/(\pi m_e)}$. Die **elektrische Leitfähigkeit** (SI-Einheit S m^{-1}) wird damit

$$\gamma = e n_e \mu_e = \sqrt{\frac{\pi}{8}} \frac{e^2}{\sqrt{m_e kT}} n_e \lambda_e. \tag{2.49}$$

Für den Ionenanteil an der Leitfähigkeit erhält man einen entsprechenden Ausdruck $\sim 1/\sqrt{m_i}$. Mit $\lambda_i \approx \lambda_e$ trägt er selbst für die leichtesten Ionen H^+ (Protonen) bei $n_i = n_e$ weniger als 3 % zur Leitfähigkeit bei, so daß seine Vernachlässigung gewöhnlich gerechtfertigt ist.

Die freie Weglänge λ_e der Elektronen im Plasma wird durch die Stöße mit Atomen, Ionen und anderen Elektronen bestimmt. Mit den entsprechenden effektiven Transportquerschnitten ist nach Gl. (2.31) unter Berücksichtigung der Verallgemeinerung nach Gl. (2.32)

$$\lambda_e = (n_a \langle \sigma_{ea} \rangle + n_i \langle \sigma_{ei} \rangle + n_e \langle \sigma_{ee} \rangle)^{-1}. \tag{2.50}$$

Für ein einfach ionisiertes Plasma ($n_i = n_e$) wird damit

$$\gamma = \sqrt{\frac{\pi}{8}} \frac{e^2}{\sqrt{m_e kT}} \frac{1}{\langle \sigma_{ea} \rangle n_a/n_e + \langle \sigma_{ee} \rangle + \langle \sigma_{ei} \rangle}. \tag{2.51}$$

Sind die Transportquerschnitte bekannt und werden n_e und n_a als Funktionen von Druck und Temperatur aus der Saha-Eggert-Gleichung (2.9) ermittelt (vgl. Abb. 2.4), so läßt sich die Leitfähigkeit in Abhängigkeit von Druck und Temperatur berechnen.

Den effektiven Transportquerschnitt $\langle \sigma_{ea} \rangle$ können wir aus dem Ramsauer-Querschnitt $\sigma_{ea}(v_e)$ berechnen (Abschn. 2.4.2.2). Die Ramsauer-Querschnitte sind zwar Streuquerschnitte, stimmen aber für Elektronenenergien von einigen eV mit den zugehörigen Transportquerschnitten überein. (Bei Temperaturen, für die kT größer als einige eV ist, ist die Neutralteilchendichte n_a im Plasma gewöhnlich klein und die Elektronenstreuung an Atomen spielt für die elektrische Leitfähigkeit keine Rolle). Wegen der starken Energieabhängigkeit der Ramsauer-Querschnitte bei einigen eV ist $\langle \sigma_{ea} \rangle$ temperaturabhängig. Der Transportquerschnitt $\langle \sigma_{ei} \rangle$ ist näherungsweise durch die Gvosdover-Formel (2.35) gegeben, und $\langle \sigma_{ee} \rangle$ ist nach Gl. (2.37) etwa gleich $\langle \sigma_{ei} \rangle$.

Bei kleinen Elektronenenergien sind die Ramsauer-Querschnitte kleiner als die Gvosdover-Querschnitte. Elektron-Atom-Stöße sind deshalb nur in schwach ionisierten Plasmen mit $n_e \ll n_a$ für die elektrische Leitfähigkeit entscheidend. Für $n_e \geq n_a$, insbesondere also in vollionisierten Plasmen, bestimmten Elektron-Ion- und Elektron-Elektron-Stöße etwa zu gleichen Teilen die elektrische Leitfähigkeit. Für Stickstoff ergaben Messungen im Bereich $T \approx 10^4$ K die Werte $\langle \sigma_{ea} \rangle \approx 2 \cdot 10^{-19}$ m^2 und $\langle \sigma_{ei} \rangle \approx 6 \cdot 10^{-18}$ $m^2 \approx 0.5 \cdot$ Gvosdover-Querschnitt (für $n_e = n_i \approx 10^{22}$ m^{-3}).

Für vollionisierte Plasmen mit $n_a = 0$ wird die elektrische Leitfähigkeit

$$\gamma \sim \frac{1}{T^{1/2} \langle \sigma_{ei} \rangle} \quad \text{(vollionisiertes Plasma)}. \tag{2.52}$$

Da der Gvosdover-Querschnitt $\langle \sigma_{ei} \rangle$ etwa proportional zu T^{-2} ist und von der Elektronendichte nur sehr schwach (logarithmisch) abhängt, gilt näherungsweise

$$\gamma \sim T^{3/2} \quad \text{(vollionisiertes Plasma).} \tag{2.53}$$

Die elektrische Leitfähigkeit des vollionisierten Plasmas nimmt also mit der Temperatur zu. Auf den ersten Blick mag erstaunen, daß γ von der Elektronendichte praktisch unabhängig ist. Es erklärt sich daraus, daß mit wachsender Elektronendichte auch die Stoßfrequenz ν_e zunimmt und τ_e, v_{dr}, μ_e und λ_e wie $1/n_e$ abnehmen.

Spitzer hat die elektrische Leitfähigkeit eines vollionisierten Plasmas mit Hilfe der Boltzmannschen Stoßgleichung genauer untersucht. Bei Berücksichtigung sowohl der Elektron-Ion- wie auch der Elektron-Elektron-Stöße fanden Spitzer und Härm für ein einfach ionisiertes Plasma [29]

$$\gamma = 0.58 \cdot \gamma_{\mathrm{Sp}}, \quad \gamma_{\mathrm{Sp}} = \frac{32\pi^{1/2}\varepsilon_0^2(2kT)^{3/2}}{m_e^{1/2}e^2 \ln \Lambda} \approx \left(\frac{kT}{\mathrm{eV}}\right)^{3/2} \cdot 3300\,\mathrm{S\,m^{-1}}, \tag{2.54}$$

mit dem Coulomb-Logarithmus $\ln \Lambda$ nach Gl. (2.36), für den in Gl. (2.54) der typische Wert 10 eingesetzt ist. Die sog. *Spitzer-Leitfähigkeit* γ_{Sp} berücksichtigt die Elektron-Elektron-Stöße nicht, was auch nach unseren einfachen Überlegungen einen um etwa den Faktor 2 zu großen Wert liefern sollte. Andere Autoren haben mit anderen Methoden dasselbe Ergebnis erhalten, teils mit geringfügig anderem Zahlenfaktor.

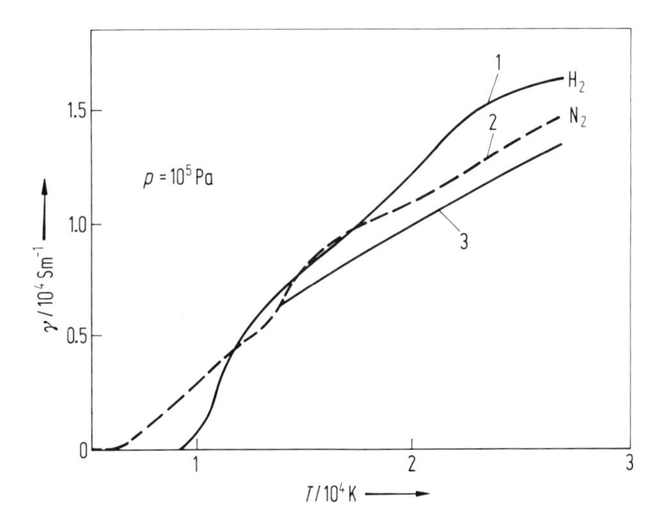

Abb. 2.33 Elektrische Leitfähigkeiten γ von Wasserstoff- und Stickstoffplasma (Kurven 1, 2) in Abhängigkeit von der Temperatur T im Vergleich zum theoretischen Ergebnis (Kurve 3) von Spitzer und Härm, Gl. (2.54).

In Abb. 2.33 sind die elektrischen Leitfähigkeiten von Wasserstoff- und Stickstoffplasmen als Funktionen der Temperatur dargestellt, die an wandstabilisierten stationären Bogenplasmen gemessen wurden, und mit der Spitzer-Härm-Leitfähigkeit nach Gl. (2.54) verglichen. Für ausreichend hohe Temperaturen (hoher Ionisationsgrad) gibt Gleichung (2.54) die richtige Größenordnung der Leitfähigkeit an. Für $T \approx 20\,000$ K ist für Wasserstoff $\gamma = 10^4$ S/m. Bei einer Feldstärke $E = 1$ kV/m betragen dann die Stromdichte $j = \gamma E = 10^7\ \mathrm{A/m^2} = 10\ \mathrm{A/mm^2}$ und die Leistungsdichte der ohmschen Heizung $\gamma E^2 = 10^{10}\ \mathrm{W/m^3} = 10\ \mathrm{W/mm^3}$. Das sind übliche Bedingungen für den stationären Betrieb wandstabilisierter Bögen mit einem Durchmesser des Plasmakanals um 5 mm (vgl. Abb. 2.23).

Die elektrische Leitfähigkeit des Wasserstoffs und Stickstoffs bei $T = 20\,000$ K ist bei $p = 10^5$ Pa, $n_e \approx 2 \cdot 10^{23}\ \mathrm{m^{-3}}$ mit $\gamma \approx 10^4$ S/m von derselben Größenordnung wie die von Germanium mit einer mittleren bis hohen Sb-Dotierung von $10^{23}\ \mathrm{m^{-3}}$ bis $10^{25}\ \mathrm{m^{-3}}$ bei Raumtemperatur ($\gamma \approx 3 \cdot 10^3$ S/m bis $4 \cdot 10^4$ S/m). Kupfer hat bei Raumtemperatur die sehr viel größere Leitfähigkeit $6 \cdot 10^7$ S/m. Diese wird aber von Plasmen unter Fusionsbedingungen ($T = 10^8$ K, $n_e = 10^{20}\ \mathrm{m^{-3}}$) mit $\gamma = 7 \cdot 10^8$ S/m nochmals um eine Größenordnung übertroffen. Wegen der starken Zunahme der elektrischen Leitfähigkeit mit der Plasmatemperatur wird die ohmsche Heizung heißer Plasmen sehr ineffektiv.

2.7.2 Wärmeleitung, ambipolare Diffusion

Nach dem Fourier-Gesetz der Wärmeleitung ist die Wärmestromdichte $\boldsymbol{q}$ (Leistung geteilt durch Fläche) proportional zum Temperaturgradienten:

$$\boldsymbol{q} = -\kappa \nabla T(\boldsymbol{r}). \tag{2.55}$$

Der Proportionalitätsfaktor κ ist die Wärmeleitfähigkeit des Mediums (SI-Einheit $\mathrm{Wm^{-1}K^{-1}}$). Für ein Atomgas, in dem nur Translationsenergie transportiert wird, liefern gaskinetische Überlegungen für die **Translations-Wärmeleitfähigkeit**

$$\kappa_a^{tr} = \frac{1}{2} k \overline{v_a} \lambda_a n_a \sim \frac{T^{1/2}}{\langle \sigma_{aa} \rangle} \tag{2.56}$$

mit der mittleren freie Weglänge $\lambda_a = 1/(n_a \langle \sigma_{aa} \rangle)$. Die Wärmeleitfähigkeit läßt sich damit aus dem gaskinetischen Querschnitt $\langle \sigma_{aa} \rangle$ berechnen. Nach Gl. (2.56) ist sie unabhängig von der Anzahldichte n_a und wächst etwa wie $\sqrt{T}$. Tatsächlich findet man ein stärkeres Anwachsen mit T, weil der gaskinetische Querschnitt mit wachsender Temperatur abnimmt.

In einem Plasma tragen zusätzlich die Ionen und Elektronen zur Translations-Wärmeleitung bei:

$$\kappa^{tr} = \kappa_a^{tr} + \kappa_i^{tr} + \kappa_e^{tr}. \tag{2.57}$$

Für jeden dieser Anteile gilt Gl. (2.56) entsprechend. Die mittleren freien Weglängen müssen jetzt aber auch die Stöße mit den anderen Teilchensorten berücksichtigen und deshalb aus den Stoßfrequenzen nach Gl. (2.32) berechnet werden. Außer in schwach ionisierten Plasmen liefern die Elektronen wegen ihrer hohen thermischen Geschwindigkeit $\overline{v_e}$ den Hauptbeitrag zur Translations-Wärmeleitfähigkeit.

Neben der Translationsenergie werden im Plasma noch andere Energieformen transportiert: Von Molekülen Schwingungs- und Rotationsenergie, von Atomen und Ionen Dissoziations-, Ionisations- und Anregungsenergie. In Plasmabereichen hoher Temperatur ist der Ionisationsgrad groß und Elektronen- und Ionendichte sind hoch. Elektronen und Ionen diffundieren aus diesen Bereichen in Bereiche niedrigerer Temperatur, wo der Ionisationsgrad und damit Elektronen- und Ionendichte niedriger sind, und rekombinieren dort, wobei sie die Ionisationsenergie E_i abgeben. Umgekehrt diffundieren Neutralatome aus Bereichen niedrigerer in solche höherer Temperatur und entziehen dort ihrer Umgebung Energie, wenn sie ionisiert werden. Analog transportieren Atome, die zu Molekülen rekombinieren, die Dissoziationsenergie E_d in Bereiche niedriger Temperatur. Dieser Energietransport, der durch die Diffusionskoeffizienten bestimmt ist, trägt ebenfalls zur Wärmeleitung im Plasma bei (**Dissoziations-Wärmeleitfähigkeit** κ^d, **Ionisations-Wärmeleitfähigkeit** κ^i).

Bei der Difffusion der Elektronen und Ionen tritt auf Grund der elektrischen Wechselwirkung zwischen diesen Teilchen eine Besonderheit auf. Ohne diese Wechselwirkung würden die Elektronen wegen ihrer kleinen Masse viel schneller diffundieren als die Ionen. Dadurch würden aber Raumladungen im Plasma entstehen, deren elektrisches Feld die Elektronen bremst und die Ionen beschleunigt. Deshalb müssen beide Teilchenarten mit derselben Diffusionsgeschwindigkeit gemeinsam diffundieren, um die Quasineutralität des Plasmas aufrechtzuerhalten. Diese Erscheinung heißt **ambipolare Diffusion** (mit dem Diffusionskoeffizienten D_{amb}). Für die Ionisations-Wärmeleitfähigkeit, die auf der Diffusion von Elektronen und Ionen beruht, ergibt sich

$$\kappa^i = D_{amb} E_i \frac{dn_e}{dT}. \tag{2.58}$$

Insgesamt setzt sich die Wärmeleitfähigkeit eines Plasmas also aus fünf Anteilen zusammen,

$$\kappa = \kappa_a^{tr} + \kappa_i^{tr} + \kappa_e^{tr} + \kappa^d + \kappa^i, \tag{2.59}$$

die in verschiedenen Temperaturbereichen unterschiedliche Beiträge liefern. Abb. 2.34 zeigt die Temperaturabhängigkeit von Wärmeleitfähigkeiten, die an stationären Bogenplasmen (H_2, N_2) gemessen sind. Beide Kurven haben einen prinzipiell ähnlichen Verlauf. Beim Wasserstoff entsteht das scharfe Maximum bei 3700 K durch den Beitrag von κ^d. Im anschließenden Minimum ist κ im wesentlichen durch κ_a^{tr} be-

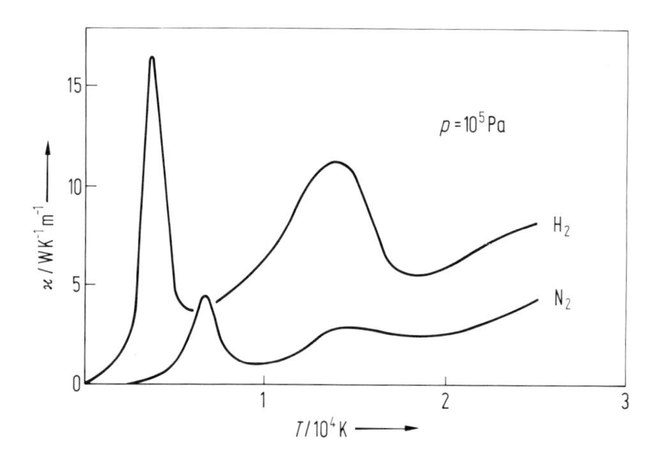

Abb. 2.34 Wärmeleitfähigkeiten κ von Wasserstoff- und Stickstoffplasma in Abhängigkeit von der Temperatur T.

stimmt, weil in diesem Temperaturbereich die Dissoziation praktisch vollständig ist, die Ionisation aber noch nicht merklich eingesetzt hat. Das zweite Maximum bei $T \approx 14000$ K wird durch κ^{i} hervorgerufen. Ab etwa 20000 K ist das Plasma vollionisiert und $\kappa \approx \kappa_{\mathrm{e}}^{\mathrm{tr}}$. Da die mittlere freie Weglänge und die Geschwindigkeit der Elektronen mit der Temperatur zunehmen, wächst auch κ. Für Wasserstoff ist die Wärmeleitfähigkeit bei $T \approx 10^4$ K von der Größenordnung $\kappa \approx 10 \; \mathrm{Wm^{-1}K^{-1}}$. In wandstabilisierten Bogenplasmen haben die radialen Temperaturgradienten die Größenordnung $|\nabla T| \approx 10^4$ K/mm. Die Wärmestromdichten erreichen deshalb Werte von $q \approx 100 \; \mathrm{W/mm^2}$.

Neben den hier diskutierten Wärmeleitungsprozessen trägt der Strahlungstransport zum Energietransport im Plasma bei.

2.8 Optische Strahlung

Im Plasma wird Linien- und Kontinuumsstrahlung emittiert und absorbiert. Durch die Wechselwirkung mit anderen Plasmateilchen werden die Energieniveaus von Atomen und Ionen verschoben und verbreitert. Das führt zur **Spektrallinienverbreiterung** und **-verschiebung**. Sehr heiße Plasmen enthalten mehrfach ionisierte Atome mit Spektrallinien im extremen Vakuum-UV- und Röntgengebiet. Die Kontinuumsstrahlung von Plasmen wird im gesamten optischen Strahlungsbereich vom Röntgen- bis ins Mikrowellengebiet beobachtet. In Plasmen mit Magnetfeld emittieren die Elektronen bei ihrer Gyrationsbewegung um die Magnetfeldlinien (Abschn. 2.12.1.1) außerdem *Zyklotronstrahlung*.

Emission und Absorption von Spektrallinien treten auch in heißen Gasen mit verschwindend niedrigem Ionisationsgrad auf und sind keine typischen Plasmavorgänge. Sie werden hier ausführlicher behandelt, weil sie die Grundlage der **Plasmaspektroskopie** und der **spektroskopischen Plasmadiagnostik** bilden. Typisch für Plasmen sind dagegen die *Stark-Verbreiterung* von Spektrallinien durch geladene Plasmateilchen, die Emission und Absorption von *Bremsstrahlung* durch freie Elektronen und der Einfluß der freien Elektronen auf die Brechzahl und damit auf die Ausbreitung elektromagnetischer Wellen (Abschn. 2.11.2).

In einem beliebigen Plasma hängen die Strahlungseigenschaften der Materie an einem bestimmten Ort von ihrem Anregungs- und Ionisationszustand ab. Trägt das Strahlungsfeld selbst zur Einstellung dieses Zustands merklich bei, beispielsweise durch Photoanregung und -ionisation (Abschn. 2.5.4), so können die Strahlungseigenschaften der Materie nicht einfach durch Materialfunktionen beschrieben werden. Selbst in optisch dünnen Plasmen, wo die Absorption optischer Strahlung vernachlässigbar ist, hängt die Besetzung jedes einzelnen Energieniveaus und damit die Intensität der spontan emittierten Spektrallinien im allgemeinen in so komplizierter Weise von *allen* Stoßraten im Plasma ab, daß sich quantitative Aussagen nur für den Einzelfall mit Hilfe eines Stoß-Strahlungs-Modells (Abschn. 2.5.4) gewinnen lassen. Befindet sich das Plasma allerdings im lokalen thermischen Gleichgewicht (LTG, Abschn. 2.5.6), so wird sein Anregungs- und Ionisationszustand durch Stöße bestimmt und durch eine (ortsabhängige) Temperatur beschrieben. Dann können auch die Strahlungsemission und -absorption durch temperaturabhängige Kenngrößen beschrieben werden. Dieser wichtige Sonderfall wird im Folgenden vorwiegend betrachtet.

2.8.1 Emission und Absorption, Kirchhoff-Satz

Der **spektrale Emissionskoeffizient** ε_ν beschreibt die Strahlungsemission im Plasma, der **effektive Absorptionskoeffizient** a' die Absorption. Der Index ν (keine Variable!) zeigt an, daß ε_ν eine *frequenzbezogene spektrale Dichte* oder kurz eine *spektrale Größe* ist (ebenso z. B. L_ν oder w_ν). Wird die Dichte bezüglich der Wellenlänge gebildet, wird der Index λ verwendet; wegen $\nu\lambda = c$ gilt allgemein $\varepsilon_\lambda = c\varepsilon_\nu/\lambda^2$. Sowohl $\varepsilon_\nu = \varepsilon_\nu(\nu)$ als auch $a' = a'(\nu)$ sind frequenzabhängig. Nach Definition von ε_ν ist $\varepsilon_\nu(\nu)\mathrm{d}\nu\mathrm{d}V\mathrm{d}\Omega$ die Strahlungsleistung, die in einem Volumenelement $\mathrm{d}V$ im Plasma im Frequenzintervall $\nu \dots \nu + \mathrm{d}\nu$ durch spontane Übergänge erzeugt und in ein Raumwinkelelement $\mathrm{d}\Omega$ emittiert wird. Die SI-Einheit von ε_ν ist daher $\mathrm{W}/(\mathrm{m}^3\,\mathrm{Hz\,sr})$. Der effektive Absorptionskoeffizient bestimmt die Abnahme der spektralen Strahldichte L_ν (vgl. Abschn. 2.3.1.4) beim Durchstrahlen einer Plasmaschicht der Dicke $\mathrm{d}x$:

$$\mathrm{d}L_\nu(\nu) = -\,a'(\nu)L_\nu(\nu)\mathrm{d}x. \tag{2.60}$$

Die SI-Einheit von $a'(\nu)$ ist m^{-1}. Wird aus dem gesamten Raumwinkel 4π isotrop in ein Volumenelement $\mathrm{d}V$ eingestrahlt, so wird darin die spektrale Strahlungsleistung $4\pi\,a'(\nu)L_\nu(\nu)\mathrm{d}V$ absorbiert.

In LTG-Plasmen sind ε_ν und a' temperaturabhängig und durch den **Kirchhoff-Satz** miteinander verknüpft, der aus dem detaillierten Gleichgewicht folgt, das im VTG herrschen muß:

$$\varepsilon_\nu(\nu;T) = L_\nu^{\mathrm{H}}(\nu;T)a'(\nu;T). \tag{2.61}$$

L_ν^{H} ist die spektrale Strahldichte der Hohlraumstrahlung nach dem Planck-Gesetz (2.17).

Zu a', das nach Gl. (2.60) gemessen wird, tragen mikroskopisch zwei Prozesse bei: Die „wahre“ Absorption, bei der Strahlungsenergie in Teilchenenergie umgewandelt wird (z. B. bei der Photoabsorption in Anregungsenergie), aber ebenso die *induzierte Emission*, bei der unter dem Einfluß des Strahlungsfeldes Photonen emittiert werden, z. B. durch angeregte Atome. Die wahre Absorption allein würde zu einem Absorptionskoeffizienten $a > a'$ führen. Die Berücksichtigung der induzierten Emission ergibt jedoch im LTG den kleineren effektiven Absorptionskoeffizienten

$$a'(\nu;T) = \left[1 - \exp\left(-\frac{h\nu}{kT}\right)\right] a(\nu;T). \tag{2.62}$$

Benutzt man dies und das Planck-Gesetz (2.17) in Gl. (2.61), so wird der Kirchhoff-Satz

$$\varepsilon_\nu(\nu;T) = \frac{2h}{c^2}\,\nu^3 \exp\left(-\frac{h\nu}{kT}\right) a(\nu;T). \tag{2.63}$$

Für Frequenzen im Sichtbaren ist $h\nu = 2\,\mathrm{eV}$ eine typische Photonenenergie. Dafür unterscheiden sich in Neutralgasen mit $T < 3000\,\mathrm{K}$ (also $kT < 0.3\,\mathrm{eV}$) a und a' nur um weniger als etwa 0.1 %. In diesem Temperaturbereich wird die induzierte Emission deshalb gewöhnlich vernachlässigt. Für $kT = h\nu = 2$ eV kompensiert sie jedoch $e^{-1} = 37\%$ der wahren Absorption und muß berücksichtigt werden.

2.8.2 Strahlungstransport

Emissions- und Absorptionskoeffizient ε_ν und a' sind lokale Größen im Plasmainnern und können nicht direkt gemessen werden. Beobachtet wird immer Strahlung, die durch die Oberfläche des Plasmas nach außen tritt. Dazu trägt im Plasmainnern emittierte Strahlung nur in dem Maße bei, wie sie nicht auf dem Weg nach außen wieder absorbiert wird.

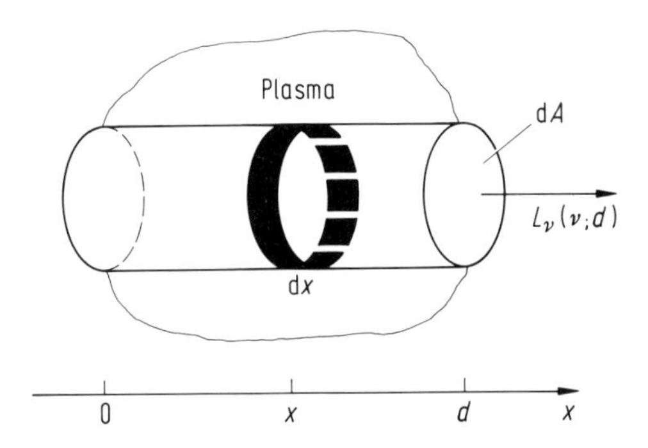

Abb. 2.35 Zum Strahlungstransport im Plasma.

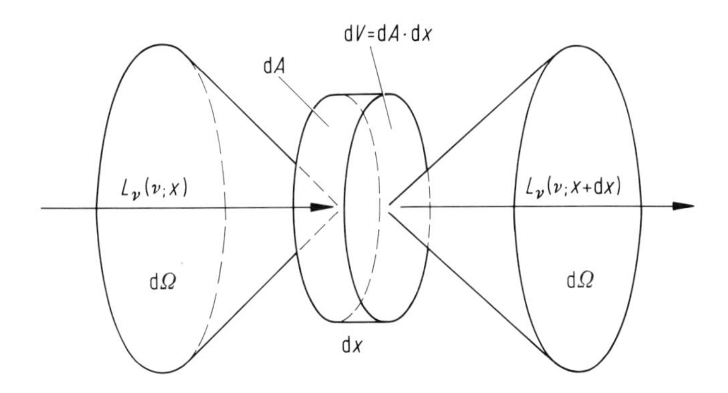

Abb. 2.36 Zur Leistungsbilanz der Strahlung im Plasma.

Wir betrachten die Strahlungsleistung, die in einem Frequenzintervall dν um die feste Frequenz ν (im folgenden als Argument fortgelassen) in beliebiger Richtung $\boldsymbol{e}$ aus einem stationären LTG-Plasma durch ein zu $\boldsymbol{e}$ senkrechtes Flächenelement dA in das Raumwinkelelement dΩ emittiert wird. Legen wir die x-Achse in Richtung von $\boldsymbol{e}$ durch dA, so trägt zu dieser Strahlungsleistung die im Plasmainnern ($0 < x < d$) in einem Zylinder mit Querschnitt dA um die x-Achse erzeugte Strahlung bei (Abb.

2.35), die aber noch durch Absorption geschwächt wird. In das Volumenelement $\mathrm{d}V = \mathrm{d}x\mathrm{d}A$ zwischen x und $x + \mathrm{d}x$ wird bei x durch $\mathrm{d}A$ aus dem Raumwinkel $\mathrm{d}\Omega$ die Strahlungsleistung $L_\nu(x)\mathrm{d}A\mathrm{d}\Omega\mathrm{d}\nu$ eingestrahlt (Abb. 2.36), und aus dV wird bei $x + \mathrm{d}x$ durch $\mathrm{d}A$ in $\mathrm{d}\Omega$ die Strahlungsleistung $L_\nu(x + \mathrm{d}x)\mathrm{d}A\mathrm{d}\Omega\mathrm{d}\nu$ emittiert. Der Unterschied zwischen diesen beiden Strahlungsleistungen ist offenbar durch die Bilanz der zwischen x und $x + \mathrm{d}x$ absorbierten Strahlungsleistung $a'(x)L_\nu(x)\mathrm{d}x\mathrm{d}A\mathrm{d}\Omega\mathrm{d}\nu$ (in der die induzierte Emission schon berücksichtigt ist) und der in $\mathrm{d}V$ erzeugten und in $\mathrm{d}\Omega$ emittierten Strahlungsleistung $\varepsilon_\nu(x)\mathrm{d}x\mathrm{d}A\mathrm{d}\Omega\mathrm{d}\nu$ gegeben:

$$[L_\nu(x + \mathrm{d}x) - L_\nu(x)]\mathrm{d}A\mathrm{d}\Omega\mathrm{d}\nu = [\varepsilon_\nu(x) - a'(x)L_\nu(x)]\mathrm{d}x\mathrm{d}A\mathrm{d}\Omega\mathrm{d}\nu. \quad (2.64)$$

Daraus ergibt sich die **Strahlungstransportgleichung**

$$\frac{\mathrm{d}L_\nu(x)}{\mathrm{d}x} = \varepsilon_\nu(x) - a'(x)L_\nu(x), \quad (2.65)$$

die in dieser Form für stationäre LTG-Plasmen aus „ebenen Schichten" jeweils konstanter Temperatur $T(x)$ gilt (weil wir nur eine x-Abhängigkeit aller Größen betrachtet haben). Außerdem ist vorausgesetzt, daß Photonenemission und -absorption *unabhängig* voneinander erfolgen, also z. B. keine anisotrope Streuung auftritt, denn dann würde offensichtlich auch Strahlung, die aus anderen Richtungen als $\boldsymbol{e}$ einfällt, zum Strahlungsfluß in Richtung $\boldsymbol{e}$ beitragen. Es darf auch keine Korrelation zwischen den Frequenzen absorbierter und denen anschließend emittierter Photonen geben, denn das würde $L_\nu(\nu)$ mit der spektralen Strahldichte bei anderen Frequenzen ν' koppeln, was in der Strahlungstransportgleichung nicht vorgesehen ist. Die Berücksichtigung solcher **Redistribution** der Strahlung bezüglich Ausbreitungsrichtung und/oder Frequenz beim Strahlungstransport stellt ein Hauptproblem in der Physik der Sternatmosphären dar [21]. In LTG-Plasmen mit ihren hohen Stoßraten spielt sie jedoch keine Rolle.

Die Lösung der Strahlungstransportgleichung (2.65) läßt sich allgemein angeben, wenn man statt x die *optische Tiefe* $\tau(x) = \int_x^d \mathrm{d}\xi a'(\xi)$ als Variable benutzt und die *Quellfunktion* (engl. *source function*) $S_\nu = \varepsilon_\nu/a'$ einführt. Für den im Experiment oft angestrebten Sonderfall konstanter Temperatur längs der Beobachtungsrichtung (hier also der x-Achse) im Plasmainnern sind ε_ν und a' in Gl. (2.65) von x unabhängig, und die bei $x = d$ emittierte spektrale Strahldichte ist

$$L_\nu(\nu; d, T) = \left[1 - \mathrm{e}^{-a'(\nu;T)d}\right] L_\nu^{\mathrm{H}}(\nu; T). \quad (2.66)$$

Dabei ist vom Kirchhoff-Satz Gebrauch gemacht und vorausgesetzt worden, daß bei $x = 0$ keine Strahlung ins Plasma einfällt. Die Zahl $a'd$ heißt *optische Dicke* des Plasmas. Interessant sind zwei Grenzfälle:

a) Ist $a'd \ll 1$, liegt ein (für die jeweilige Frequenz!) **optisch dünnes Plasma** vor und es ist (wieder mit dem Kirchhoff-Satz)

$$L_\nu(\nu; d, T) = a'(\nu; T)\, d L_\nu^{\mathrm{H}}(\nu; T) = \varepsilon_\nu(\nu; T)\, d. \quad (2.67)$$

Dieser Fall liegt vor, wenn das Plasma geometrisch geringe Ausdehnung d hat und in einem Spektralgebiet mit schwacher Absorption a' beobachtet wird.

b) Für den Fall $a' d \gg 1$ heißt das Plasma **optisch dick** für die betreffende Frequenz, und es gilt

$$L_\nu(\nu; d, T) = L_\nu^{\mathrm{H}}(\nu; T), \tag{2.68}$$

das Plasma emittiert also Hohlraumstrahlung. Plasma-Hohlraumstrahlung wird an geometrisch ausgedehnten Plasmen in Spektralbereichen mit großem Absorptionskoeffizienten a' beobachtet, vornehmlich in Resonanzlinien.

2.8.3 Linienstrahlung

Über den schmalen Frequenzbereich einer Spektrallinie, die von Atomen oder Ionen im Plasma emittiert und absorbiert wird, kann man im Kirchhoff-Satz die spektrale Strahldichte der Hohlraumstrahlung als konstant ansehen. In LTG-Plasmen zeigen Emissions- und Absorptionskoeffizient einer Spektrallinie deshalb dieselbe Frequenzabhängigkeit, die durch ein *Linienprofil* $P_\nu(\nu)$ beschrieben werden kann, das auf $\int \mathrm{d}\nu\, P_\nu(\nu) = 1$ normiert sein soll (Frequenzintegrale hier immer über die gesamte Spektrallinie). $P_\nu(\nu)\mathrm{d}\nu$ ist die Wahrscheinlichkeit dafür, daß bei Emission oder Absorption ein Photon aus dem Frequenzintervall $\nu \ldots \nu + \mathrm{d}\nu$ erzeugt oder vernichtet wird. Für den *Linien-Absorptionskoeffizienten* a'^{L} und den *Linien-Emissionskoeffizienten* $\varepsilon_\nu^{\mathrm{L}}$ kann man dann schreiben:

$$a'^{\mathrm{L}}(\nu) = a'_{mn} P_\nu(\nu), \quad a'_{mn} = \int \mathrm{d}\nu\, a'^{\mathrm{L}}(\nu) \tag{2.69}$$

$$\varepsilon_\nu^{\mathrm{L}}(\nu) = \varepsilon_{nm} P_\nu(\nu), \quad \varepsilon_{nm} = \int \mathrm{d}\nu\, \varepsilon_\nu^{\mathrm{L}}(\nu). \tag{2.70}$$

Dabei soll die Spektrallinie durch einen atomaren Übergang $n \to m$ zwischen zwei Energieniveaus E_n und E_m emittiert (und durch den umgekehrten Übergang $m \to n$ absorbiert) werden. In die Größen a'_{mn} (SI-Einheit Hz/m) und ε_{nm} (SI-Einheit $\mathrm{W\,m^{-3}\,sr^{-1}}$) gehen Eigenschaften der absorbierenden bzw. emittierenden Atome und ihre Dichten n_m und n_n ein.

Wir betrachten zunächst nur die „wahre" Absorption, die allein auf einen Linien-Absorptionskoeffizienten a^{L} bzw. a_{mn} führen würde. Die Rate der entsprechenden atomaren Übergänge ist (Abb. 2.37)

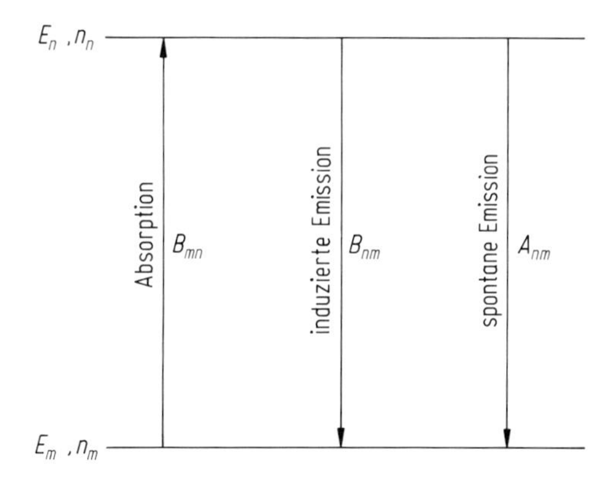

Abb. 2.37 Die Einstein-Koeffizienten für Absorption, spontane und induzierte Emission.

$$Z_{\mathrm{abs}}^{(m\to n)} = B_{mn} n_m w_\nu, \tag{2.71}$$

wenn im Plasma die spektrale Energiedichte w_ν der Strahlung herrscht. B_{mn} ist der *Einstein-Koeffizient* („Übergangswahrscheinlichkeit“) der Absorption. Bei jedem einzelnen Übergang wird die Energie $h\nu_{nm} = E_n - E_m$ aus dem Strahlungsfeld absorbiert, insgesamt also die auf das Volumen bezogene Strahlungsleistung

$$h\nu_{nm} Z_{\mathrm{abs}}^{(m\to n)} = h\nu_{nm} B_{mn} n_m w_\nu = 4\pi h\nu_{nm} B_{mn} n_m L_\nu/c,$$

denn bei isotroper Einstrahlung ist $w_\nu = 4\pi L_\nu/c$. Andererseits ist – s. die Anmerkung nach Gl. (2.60) – die in der gesamten Spektrallinie absorbierte volumenbezogene Leistung $4\pi a_{mn} L_\nu$. Deshalb gilt $a_{mn} = h\nu_{nm} B_{mn} n_m/c$, und der frequenzabhängige Linien-Absorptionskoeffizient wird

$$a^{\mathrm{L}}(\nu) = h\nu_{nm} B_{mn} n_m P_\nu(\nu)/c. \tag{2.72}$$

Der Einstein-Koeffizient B_{mn} wird häufig durch die *(Absorptions-)Oszillatorenstärke* f_{mn} ausgedrückt:

$$B_{mn} = \frac{e^2}{4\varepsilon_0 m_e h} \frac{1}{\nu_{nm}} f_{mn} = \frac{1.2 \cdot 10^{36}}{\nu_{nm}/\mathrm{Hz}} f_{mn} \frac{\mathrm{m}}{\mathrm{kg}}. \tag{2.73}$$

Die Zahl f_{mn}, ein quantenmechanischer Korrekturfaktor gegenüber klassischen Ergebnissen, hat für sehr starke Linien die Größenordnung 1, für schwache Linien die Größenordnung 10^{-4}, und kann aus der Übergangsfrequenz ν_{nm} und dem quantenmechanischen Matrixelement des atomaren elektrischen Dipolmoments zwischen Anfangszustand m und Endzustand n berechnet werden [16]. Die Oszillatorenstärken f_{mn} sind für viele Spektrallinien tabelliert [60]. Für den über den Frequenzbereich der Linie integrierten Linien-Absorptionskoeffizienten erhält man damit

$$\int \mathrm{d}\nu a^{\mathrm{L}}(\nu) = a_{mn} = \frac{h\nu_{nm}}{c} B_{mn} n_m = \frac{e^2}{4\varepsilon_0 m_e c} f_{mn} n_m. \tag{2.74}$$

Aus dem Linien-Absorptionskoeffizienten erhält man den *Absorptionsquerschnitt* für Photonen der Frequenz ν, indem man durch die Dichte n_m der Atome im unteren Energieniveau E_m dividiert:

$$\sigma^{\mathrm{L}}(\nu) = \frac{h\nu_{nm}}{c} B_{mn} P_\nu(\nu) = \frac{e^2}{4\varepsilon_0 m_e c} f_{mn} P_\nu(\nu). \tag{2.75}$$

Die Rate für die induzierte Emission ist analog zu Gl. (2.71)

$$Z_{\mathrm{ind}}^{(n\to m)} = B_{nm} n_n w_\nu \tag{2.76}$$

und die für die spontane Emission

$$Z_{\mathrm{sp}}^{(n\to m)} = A_{nm} n_n; \tag{2.77}$$

dabei sind B_{nm} und A_{nm} weitere Einstein-Koeffizienten (Abb. 2.37), die sich wegen des Kirchhoff-Satzes aus B_{mn} berechnen lassen.

Einerseits muß nach Gl. (2.62) für die Raten der induzierten Emission und der wahren Absorption gelten:

$$B_{nm} n_n w_\nu = B_{mn} n_m w_\nu \exp\left(\frac{h\nu_{nm}}{kT}\right). \tag{2.78}$$

Mit der Boltzmann-Verteilung (2.16) der Anregungsenergien im LTG folgt daraus mit $h\nu_{nm} = E_n - E_m$ die Beziehung

$$B_{nm} = \frac{g_m}{g_n} B_{mn} \tag{2.79}$$

mit den statistischen Gewichten (Entartungsgraden) g der Energieniveaus. Andrerseits wird bei jedem spontanen Übergang $n \to m$ die Strahlungsenergie $h\nu_{nm}$ emittiert, und zwar (im Mittel) isotrop in den gesamten Raumwinkel von 4π. Damit ist die volumen- und raumwinkelbezogene Strahlungsleistung, die in der gesamten Spektrallinie emittiert wird,

$$\varepsilon_{nm} = \frac{1}{4\pi} h\nu_{nm} A_{nm} n_n, \tag{2.80}$$

und die spektrale Dichte dieser Größe ist durch das Linienprofil bestimmt:

$$\varepsilon_\nu^{\mathrm{L}}(\nu) = \frac{1}{4\pi} h\nu_{nm} A_{nm} n_n P_\nu(\nu). \tag{2.81}$$

Anwendung des Kirchhoff-Satzes (2.63) und der Gl. (2.72) liefert bei Boltzmann-Verteilung (2.16) der Besetzungsdichten

$$A_{nm} = \frac{8\pi h\nu_{nm}^3}{c^3} \frac{g_m}{g_n} B_{mn} = \frac{8\pi h}{\lambda_{nm}^3} \frac{g_m}{g_n} B_{mn} = \frac{8\pi h}{\lambda_{nm}^3} B_{nm}. \tag{2.82}$$

Damit kann A_{nm} auch durch die Absorptions-Oszillatorenstärke ausgedrückt werden:

$$A_{nm} = \frac{2\pi e^2}{\varepsilon_0 m_e c^3} \nu_{nm}^2 \frac{g_m}{g_n} f_{mn} = 7.42 \cdot 10^{-22} \left(\frac{\nu_{nm}}{\mathrm{Hz}}\right)^2 \frac{g_m}{g_n} f_{mn} \mathrm{s}^{-1}. \tag{2.83}$$

Wir haben diese Beziehungen zwar unter Verwendung des Kirchhoff-Satzes und der Boltzmann-Verteilung für LTG hergeleitet, es sind aber schließlich Beziehungen zwischen *atomaren* Größen, die in jedem Fall gelten müssen, auch im Nichtgleichgewicht.

Die Anzahldichten, die in die Absorptions- und Emissionskoeffizienten eingehen, sind in LTG-Plasmen durch die Boltzmann-Verteilung (2.16) als Funktion der Temperatur gegeben. Damit werden auch Absorptions- und Emissionskoeffizient Temperaturfunktionen. Für den Linien-Emissionskoeffizienten gilt

$$\int \mathrm{d}\nu \varepsilon_\nu^{\mathrm{L}}(\nu) = \varepsilon_{nm} = \frac{1}{4\pi} h\nu_{nm} g_n A_{nm} \frac{n(T)}{Z(T)} \exp\left(-\frac{E_n}{kT}\right). \tag{2.84}$$

$n(T)$ ist die gesamte Anzahldichte der emittierenden Teilchenart, unabhängig von der Anregung, die sich aus der Saha-Eggert-Gleichung (2.9) in Abhängigkeit von Temperatur und Druck ergibt. Für das Stickstoff-Plasma, für das die $n(T)$ in Abb. 2.4 dargestellt sind, zeigt Abb. 2.38 die Temperaturabhängigkeit der Emissionskoeffizienten einiger Atom- und Ionenlinien. Bei Temperaturen von 10000 K ist der Stickstoff weitgehend dissoziiert und die Energien schneller Elektronen reichen zur Anregung der Atome aus, so daß die Emissionskoeffizienten der Atomlinien (NI-Linien) steil ansteigen. Bei Temperaturen über 15000 K nimmt die Atomdichte durch Ionisation ab, die Atomlinien verschwinden langsam und die Ionenlinien (NII-Linien) treten auf. Auch deren Emissionskoeffizienten durchlaufen bei weiter steigender Temperatur ein Maximum, während die Linien der nächsten Ionisationsstufe auftauchen usw. Die Temperatur, bei der der Emissionskoeffizient sein Maximum erreicht, ist die für die jeweilige Linie charakteristische *Normtemperatur*. Die unterschiedlichen Maximalwerte für verschiedene Linien ergeben sich aus den unterschiedlichen Anregungsenergien E_n und Einstein-Koeffizienten A_{nm} bzw. Oszillatorenstärken f_{mn}.

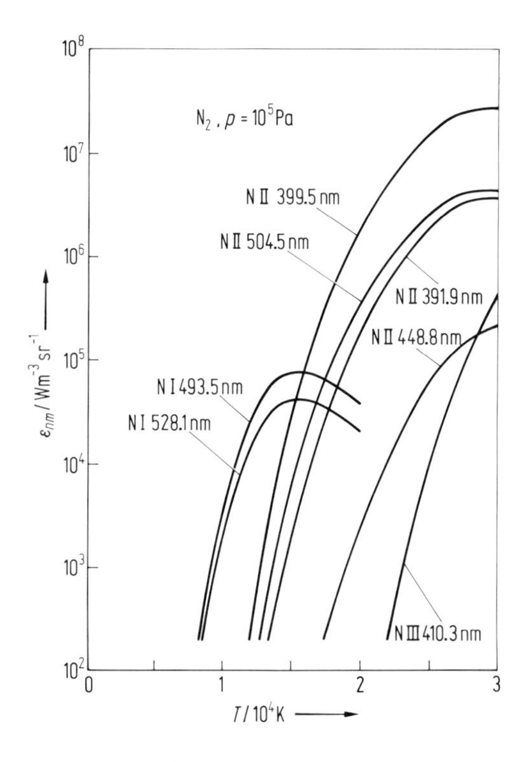

Abb. 2.38 Temperaturabhängigkeit der Linienemissionskoeffizienten ε_{nm} von Stickstofflinien.

Die spektroskopische Plasmadiagnostik nutzt die Temperaturabhängigkeit der Emissionskoeffizienten nach Gl. (2.84) zur **Temperaturmessung** an LTG-Plasmen (Abb. 2.39). Dazu wird die Plasmaoberfläche auf den Eintrittsspalt eines Spektrometers abgebildet und am Austrittsspalt die Strahlungsleistung photoelektrisch gemessen. Nach Drehen eines Planspiegels wird ein *Normal der spektralen Strahldichte*, z. B. eine Wolframbandlampe, unter gleichem Raumwinkel über dieselben optischen Elemente auf den Eintrittsspalt abgebildet. Aus dem Verhältnis der von den beiden Strahlern erzeugten Photoströme und der bekannten spektralen Strahldichte des Normals ergibt sich die spektrale Strahldichte des Plasmas. Aus dieser erhält man den Emissionskoeffizienten nach Gl. (2.66) oder (2.67), wenn die Plasmastrahlung aus Bereichen konstanter Temperatur emittiert wird, und daraus die Temperatur, wenn die Oszillatorenstärken der Linien bekannt sind. Umgekehrt kann man mit solchen

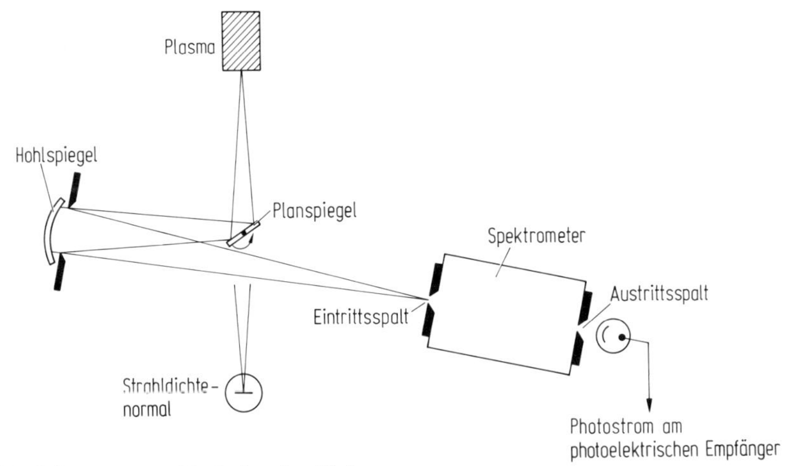

Abb. 2.39 Messung von Emissionskoeffizienten.

Messungen die Oszillatorenstärken bestimmen, wenn eine andere Methode der Temperaturmessung zur Verfügung steht.

2.8.4 Verbreiterung von Spektrallinien

Die Verbreiterung von Spektrallinien im Plasma führt dazu, daß das Linienprofil $P_\nu(\nu)$, das die Frequenzabhängigkeit von Linien-Emissions- und -Absorptionskoeffizient beschreibt, keine scharfe δ-Funktion $\delta(\nu - \nu_0)$ bei der Übergangsfrequenz ν_0 der ungestörten Linie ist, sondern im allgemeinen sowohl eine leichte Verschiebung $\delta\nu$ (je nach Definition z. B. des Maximums oder des Schwerpunkts) als auch eine nichtverschwindende Breite aufweist. Als einfaches Maß für die Breite wird meist die **Halbwertbreite** $\Delta\nu_{1/2}$ angegeben, der Frequenzabstand der beiden Punkte im Linienprofil, wo dies auf die Hälfte des Maximalwerts abgefallen ist. Mit dieser Definition ist $\Delta\nu_{1/2}$ die *volle* Halbwertbreite (engl. full width at half maximum, FWHM). Oft wird auch die *halbe* Halbwertbreite als $\Delta\nu_{1/2}$ angegeben (engl.half width..., HWHM).

Für die Berechnung von Linienprofilen ist die *Kreisfrequenz* $\omega = 2\pi\nu$ geeigneter als die Frequenz. Das zugehörige Linienprofil ist $P_\omega(\omega) = P_\nu(\nu)/(2\pi)$, es ist ebenfalls auf $\int \mathrm{d}\omega P_\omega(\omega) = 1$ normiert. Experimentell werden Linienprofile meist in Abhängigkeit von der Wellenlänge $\lambda = c/\nu = 2\pi c/\omega$ ermittelt. Für die Umrechnung gilt (außer in den Flügeln sehr breiter Linien) $\lambda - \lambda_0 = -(\lambda_0/\omega_0)(\omega - \omega_0) = -\lambda_0^2(\omega - \omega_0)/(2\pi c)$.

Wir werden im folgenden hauptsächlich die Spektrallinien*verbreiterung* diskutieren, die im Plasma durch mehrere, oft gleichzeitig wirkende Prozesse hervorgerufen wird: *Strahlungsdämpfung* (natürliche Linienbreite), *thermische Bewegung* (Doppler-Verbreiterung), *Wechselwirkung mit anderen, speziell geladenen Teilchen* (Druckverbreiterung, speziell Stark-Verbreiterung) und *Strahlungstransport*. In speziellen Situationen können noch andere Prozesse wirksam werden, beispielsweise turbulente Plasmabewegungen oder die Sättigung eines atomaren Überganges oder die Ionisation durch eingestrahltes Laserlicht. Bei gemessenen Linienprofilen muß außerdem das *Apparateprofil* des eingesetzten Spektralgeräts berücksichtigt werden.

Die Spektrallinienverbreiterung spielt auch für die hochauflösende Atomspektroskopie eine wichtige Rolle. In Band IV, Kap. 1, Abschn. 1.7.2 sind deshalb insbesondere die natürliche Linienbreite und die Doppler-Verbreiterung im Rahmen der Atomphysik bereits ausführlicher besprochen worden, so daß wir uns hier auf eine kurze Wiederholung der entsprechenden Ergebnisse beschränken können und hauptsächlich die Stark-Verbreiterung durch Plasmaelektronen und -ionen behandeln.

2.8.4.1 Natürliche Linienbreite

Die Emission einer Spektrallinie ist unvermeidlich mit einer Linienbreite verbunden, der *natürlichen Linienbreite*, weil – anschaulich – wegen der langsamen Entvölkerung des oberen Energieniveaus bei der Emission ein exponentiell gedämpfter Wellenzug emittiert wird (Strahlungsdämpfung), dessen Fourier-Analyse auf ein *Dispersions-* oder **Lorentz-Profil** führt (Abb. 2.40):

$$P_\omega(\omega) = \frac{1}{\pi} \frac{\Delta\omega_{1/2}^{N}/2}{(\omega - \omega_0)^2 + (\Delta\omega_{1/2}^{N}/2)^2}, \tag{2.85}$$

das durch die Kreisfrequenz ω_0 des Maximums und die natürliche Halbwertbreite $\Delta\omega_{1/2}^{N}$ vollständig charakterisiert wird.

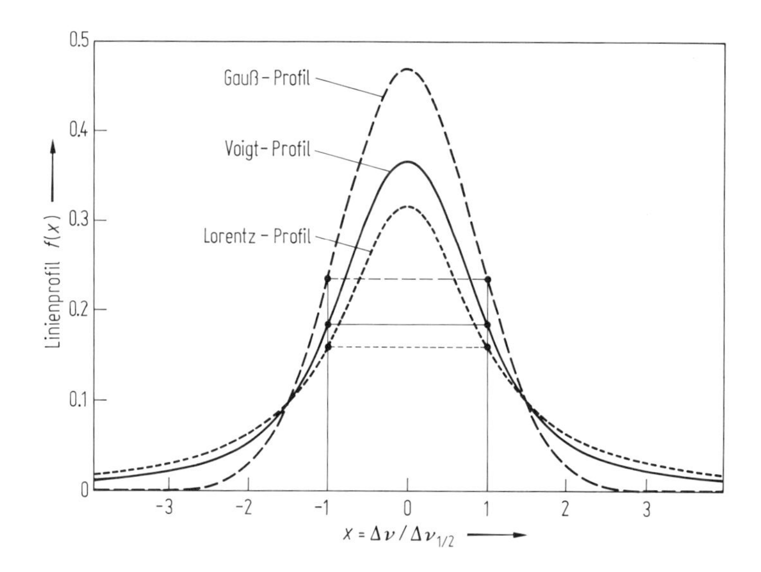

Abb. 2.40 Lorentz-, Gauß-(Doppler-) und Voigt-Profil derselben Halbwertbreite und „Gesamtintensität" (Fläche unter den Kurven). Das dargestellte Voigt-Profil ergibt sich bei der Faltung eines Lorentz-Profils mit einem Gauß-Profil derselben Halbwertbreite. $\Delta\nu_{1/2}$ ist hier die halbe Halbwertbreite (HWHM).

Die Halbwertbreite ist durch die mittleren Lebensdauern auf Grund von Strahlungsübergängen beider am betrachteten Übergang $n \to m$ beteiligten Energieniveaus bestimmt. Herrscht spontane Emission vor, so gilt

$$\frac{1}{\tau_n} = \sum_{k<n} A_{nk} \tag{2.86}$$

(und eine entsprechende Beziehung für τ_m), wobei über alle Energieniveaus $E_k < E_n$ zu summieren ist. Die natürliche Linienbreite ist dann

$$\Delta\omega_{1/2}^{\mathrm{N}} = \frac{1}{\tau} = \frac{1}{\tau_n} + \frac{1}{\tau_m}. \tag{2.87}$$

Nach Gl. (2.83) sind die Einstein-Koeffizienten von der Größenordnung $A_{nk} \approx 7 \cdot 10^{-22}\,\mathrm{s} \cdot \nu_0^2$. Die natürliche Linienbreite $\Delta\omega_{1/2}^{\mathrm{N}} = 2\pi\Delta\nu_{1/2}^{\mathrm{N}} = 2\pi\Delta\lambda_{1/2}^{\mathrm{N}}\nu_0^2/c$ ist von derselben Größenordnung. Unabhängig von der Wellenlänge der emittierten Strahlung ist deshalb $\Delta\lambda_{1/2}^{\mathrm{N}} \approx 3 \cdot 10^{-5}$ nm.

In Laborplasmen ist die natürliche Linienbreite sehr klein gegenüber den Halbwertbreiten auf Grund anderer Verbreiterungsprozesse und kann vernachlässigt werden.

2.8.4.2 Doppler-Verbreiterung

Die Übergangskreisfrequenz ω_0 eines Atoms, das sich mit der Geschwindigkeitskomponente v_x auf einen ruhenden Beobachter zu bewegt, ist für diesen um $\omega_0 v_x/c$ auf den Wert $\omega_0(1 + v_x/c)$ verschoben, der je nach Vorzeichen von v_x größer oder kleiner als ω_0 ist (*Doppler-Verschiebung*). Das Linienprofil einer ansonsten scharfen Spektrallinie, die von einer Vielzahl von Atomen emittiert wird, spiegelt deshalb direkt die Verteilung der Geschwindigkeiten in Beobachtungsrichtung. In einem LTG–Plasma mit einer Maxwell-Verteilung (2.14) der Geschwindigkeitsbeträge v haben die Geschwindigkeitskomponenten und damit auch die Linienverschiebungen Gauß-Verteilungen, die zu einem **Gauß-Profil** führen (Abb. 2.40):

$$P_\omega(\omega) = \frac{1}{\sqrt{\pi}\Delta\omega^{\mathrm{D}}} \exp\left[-\left(\frac{\omega - \omega_0}{\Delta\omega^{\mathrm{D}}}\right)^2\right]. \tag{2.88}$$

Die Halbwertbreite $\Delta\omega_{1/2}^{\mathrm{D}}$ dieses Doppler-Profils hängt mit der typischen Doppler-Verschiebung $\Delta\omega^{\mathrm{D}} = \omega_0 v_{\mathrm{th}}/c = \omega_0\sqrt{2kT/(mc^2)}$ über die Beziehung $\Delta\omega_{1/2}^{\mathrm{D}} = 2\sqrt{\ln 2}\Delta\omega^{\mathrm{D}}$ zusammen. Die Doppler-Breite nimmt wie $1/\sqrt{m}$ mit der Teilchenmasse ab und kann vor allem für leichte Atome groß sein. Für die Balmer-Linie H_β des Wasserstoffs bei 486 nm ist beispielsweise für $T = 10^4$ K die Doppler-Breite $\Delta\lambda_{1/2}^{\mathrm{D}} = 35$ pm, also rund tausendfach größer als die natürliche Linienbreite.

Wirkt die Doppler-Verbreiterung, die bei der thermischen Emission im Plasma unvermeidlich auftritt, gleichzeitig mit einem anderen Verbreiterungsprozeß, aber statistisch unabhängig von ihm, so erhält man das resultierende Linienprofil durch *Faltung* der Einzelprofile. Die Faltung eines Gaußschen Doppler-Profils mit einem Lorentz-Profil ergibt das **Voigt-Profil** (Abb. 2.40), das vor allem in der Astrophysik viel benutzt wird und daher genau untersucht ist [61]. Wird ein Linienprofil im Plasma ganz überwiegend durch Doppler-Verbreiterung bestimmt, kann man aus seiner Halbwertbreite die **Translationstemperatur der emittierenden Teilchen** bestimmen, wozu nur der relative Verlauf des spektralen Emissionskoeffizienten gemessen werden muß. Allerdings ist die Temperaturabhängigkeit der Doppler-Halbwertbreite mit $\Delta\omega_{1/2}^{D} \sim T^{1/2}$ nur schwach.

Die Doppler-Verbreiterung wird reduziert, wenn die Geschwindigkeiten der emittierenden Teilchen häufig durch Stöße verändert werden, weil sie sich dann im Mittel langsamer von einem Anfangsort entfernen. Dieses „Dicke narrowing“ macht sich aber erst dann bemerkbar, wenn die mittlere freie Weglänge von der Größenordnung der Wellenlänge oder kleiner ist.

2.8.4.3 Druckverbreiterung im Plasma

Im Plasma wird die Lebensdauer atomarer Energieniveaus nicht durch die Strahlungsdämpfung, sondern durch die Stoßwechselwirkung mit anderen Teilchen begrenzt. Die Hauptrolle dabei spielen nicht Stöße mit deutlicher Anregungsänderung oder Ionisation des emittierenden Atoms, die jeweils zum Abbruch der Emission in der betrachteten Spektrallinie führen, sondern elastische Stöße, bei denen während des Stoßes eine geringe Verschiebung der atomaren Energieniveaus zu einer vorübergehenden „Verstimmung“ $\Delta\omega_0$ der ungestörten Emissionskreisfrequenz ω_0 führt. Nach dem Stoß erfolgt die Emission dann zwar wieder mit ω_0, aber mit einer gewissen Phasenverschiebung gegen die Emission vor dem Stoß. Ist die Stoßdauer τ klein im Vergleich zur Zeit zwischen aufeinanderfolgenden Stößen, erfolgt die Emission näherungsweise immer mit ω_0, doch werden durch Stöße Phasensprünge verursacht. Die Fourier-Analyse eines solchen Wellenzugs führt auf ein Dispersions- oder **Lorentz-Profil**

$$P_\omega(\omega) = \frac{1}{\pi} \frac{\Delta\omega_{1/2}/2}{[\omega - (\omega_0 + \delta\omega)]^2 + (\Delta\omega_{1/2}/2)^2}. \tag{2.89}$$

Halbwertbreite $\Delta\omega_{1/2}$ und Verschiebung $\delta\omega$ sind dabei zur Dichte n_p der Störteilchen proportional und hängen von der Stärke der Phasenstörungen ab, die die einzelnen Stöße hervorrufen.

Dieses anschauliche Bild, das ursprünglich für die Strahlungsemission harmonischer Oszillatoren entwickelt wurde, läßt sich auch bei quantenmechanischer Behandlung des emittierenden Atoms verwenden, wenn dieses der Störung *adiabatisch* folgt, so daß durch die Stöße keine Übergänge in andere Zustände hervorgerufen werden. Dazu ist im allgemeinen erforderlich, daß oberes und unteres Energieniveau des betrachteten Übergangs nichtentartet (bis auf die Richtungsentartung des Drehimpulses, wie die genauere Untersuchung zeigt) und von benachbarten Energieniveaus deutlich getrennt sind („isolierte Spektrallinie“) [17, 18, 61].

Für die verschiedenen im Plasma vorkommenden Wechselwirkungen kann die Frequenzverstimmung, die ein Störteilchen im Abstand r hervorruft, näherungsweise durch ein Potenzgesetz

$$\Delta\omega_0(r) = C_k r^{-k} \tag{2.90}$$

beschrieben werden. Dabei ist $k = 2$ für *linearen Stark-Effekt* (Wasserstoffatom und geladenes Störteilchen), $k = 3$ für *Resonanzwechselwirkung* (zwei Atome derselben Art, Eigendruckverbreiterung), $k = 4$ für *quadratischen Stark-Effekt* (Atom – nicht

Wasserstoff – und geladenes Störteilchen) und $k = 6$ für *Van-der-Waals-Wechselwirkung* (zwei verschiedene Atome, Fremddruckverbreiterung).

Die Verbreiterung von Wasserstofflinien durch linearen Stark-Effekt läßt sich mit der skizzierten einfachen **Stoßdämpfungstheorie** nicht erfassen und wird im folgenden Abschnitt getrennt besprochen. Resonanz- und Van-der-Waals-Verbreiterung sind typisch für Neutralgase unter hohem Druck, müssen aber auch in Plasmen mit hoher Neutralteilchendichte (geringem Ionisationsgrad) berücksichtigt werden. Bei höherem Ionisationsgrad überwiegt die Stark-Verbreiterung, die für isolierte Linien durch den quadratischen Stark-Effekt im mikroskopischen elektrischen Feld der Plasmaionen und -elektronen hervorgerufen wird und ein typischer Plasmaeffekt ist. Wir beschränken uns im folgenden auf diesen Fall ($k = 4$) und gehen zusätzlich durchweg von einfacher Ionisation ($n_i = n_e$) aus.

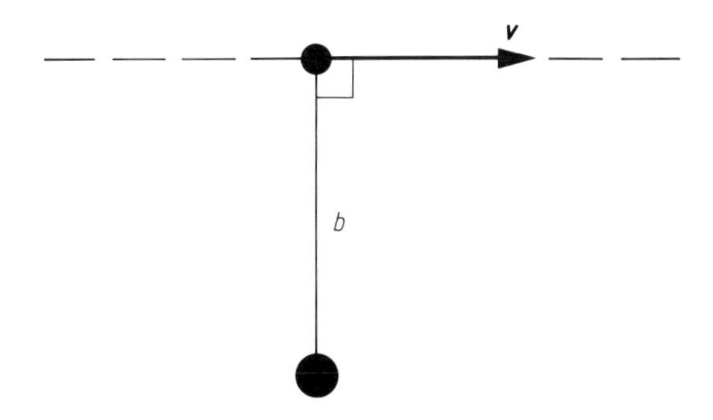

Abb. 2.41 Zur Stoßtheorie der Druckverbreiterung.

Die Halbwertbreite $\Delta\omega_{1/2}$ bei der Stoßverbreiterung läßt sich leicht abschätzen. Bei einem Stoß mit dem Stoßparameter b und der (Relativ-)Geschwindigkeit v (Abb. 2.41) steigt die Kreisfrequenzverstimmung $\Delta\omega_0(r)$ bis auf $\Delta\omega_0(b) = C_4 b^{-4}$ und ist etwa während einer Zeit $\tau = b/v$ von dieser Größenordnung, zu Beginn und Ende des Stoßes dagegen viel kleiner. Als Phasenverschiebung ergibt sich deshalb näherungsweise $\tau\Delta\omega_0(b) = C_4 v^{-1} b^{-3}$. Eine deutliche Störung, die im Mittel wie ein Abbrechen der Emission wirkt, rufen *starke Stöße* mit $\tau\Delta\omega_0 > 1$ hervor. Ersetzen wir v noch näherungsweise durch seinen wahrscheinlichsten Wert v_{th}, so muß für diese Stöße gelten:

$$b \leq b_{\mathrm{W}} \approx \left(\frac{C_4}{v_{\mathrm{th}}}\right)^{1/3}. \tag{2.91}$$

b_{W} ist der *Weisskopf-Radius*. Die (volle) Halbwertbreite $\Delta\omega_{1/2}$ ist näherungsweise durch die doppelte Stoßfrequenz dieser starken Stöße gegeben, für die der Stoßquerschnitt πb_{W}^2 ist:

$$\Delta\omega_{1/2} \approx 2 n_e v_{\mathrm{th}} \pi b_{\mathrm{W}}^2 = 2\pi n_e C_4^{2/3} v_{\mathrm{th}}^{1/3} \sim n_e \left(\frac{T}{\mu}\right)^{1/6} \tag{2.92}$$

mit der reduzierten Masse μ des Emitter-Störteilchen-Paares. Als Störteilchen wirken im Plasma Ionen und Elektronen, die jeweiligen Halbwertbreiten addieren sich. Wegen ihrer höheren thermischen Geschwindigkeiten verursachen die Elektronen den größeren Teil der Verbreiterung, während die Ionen (je nach ihrer Masse) etwa 10% bis 20% beitragen.

Mit Hilfe des Weisskopf-Radius können wir auch abschätzen, ob das Modell der **Stoßverbreiterung** überhaupt anwendbar ist. Damit die einzelnen starken Stöße zeitlich deutlich getrennt sind, muß offenbar $n_e b_W^3 \ll 1$ gelten, also

$$C_4 n_e \ll v_{th}. \tag{2.93}$$

Die Stark-Effekt-Konstanten C_4 sind für einfach geladene Störteilchen in der Regel nicht größer als 10^{-20} m^4/s. Bei $T \approx 10^4$ K kann die Stark-Verbreiterung durch die Elektronen deshalb für $n_e \leq 10^{24}$ m^{-3} als Stoßverbreiterung behandelt werden, für die Ionen dagegen nur für etwa $n_e \leq 10^{22}$ m^{-3}.

Wird das emittierende Atom nicht nur während einzelner Stöße, sondern praktisch dauernd durch Störteilchen beeinflußt, ist die Stoßtheorie nicht anwendbar. In diesem Fall kann man jedoch näherungsweise ganz von der Bewegung der Störteilchen absehen und die Linienverbreiterung in der **statischen Näherung** berechnen. Dabei wird angenommen, daß bei den einzelnen emittierenden Atomen, je nach der Störteilchenkonfiguration in ihrer Umgebung, die gesamte Emission bei einer scharfen Frequenz $\omega_0 + \Delta\omega_0$ erfolgt, die leicht gegen die ungestörte Frequenz ω_0 verschoben ist. Das verbreiterte Linienprofil ergibt sich – ähnlich wie bei der Doppler-Verbreiterung – durch Überlagerung der Strahlung vieler Atome und ist einfach die Wahrscheinlichkeitsdichte für das Auftreten der verschiedenen Werte von $\Delta\omega_0$.

Bei der Stark-Verbreiterung wird $\Delta\omega_0$ durch das elektrische Feld E bestimmt, das die Störteilchen am Ort des emittierenden Atoms erzeugen; benötigt wird also dessen Wahrscheinlichkeitsdichte. Die genauere Berechnung erfordert Berücksichtigung der Coulomb-Wechselwirkung zwischen den geladenen Störteilchen und gegebenenfalls

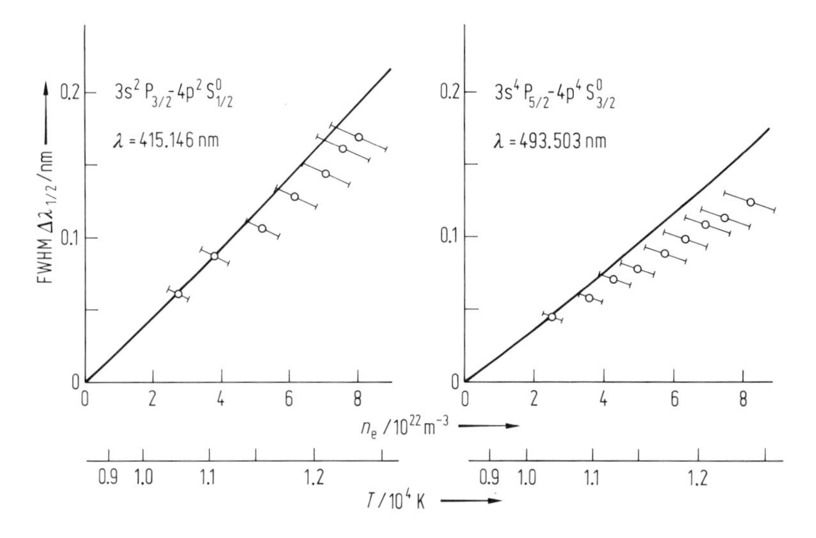

Abb. 2.42 Gemessene und theoretische [16] Abhängigkeit der Halbwertbreite der Stark-Verbreiterung von der Elektronendichte n_e für zwei Stickstofflinien.

auch mit dem ionisierten Emitter [62]. Die Größenordnung typischer Werte dieses *Mikrofelds* läßt sich aber einfach angeben; es ist die *Holtsmark-(Normal-)Feldstärke* (für Elektronen bzw. einfach geladene Ionen mit $n_i = n_e$)

$$E_0 = 2.6 \frac{e}{4\pi\varepsilon_0} n_e^{2/3} \approx 3.74 \cdot 10^{-9} \left(\frac{n_e}{\mathrm{m}^{-3}}\right)^{2/3} \mathrm{Vm}^{-1}. \tag{2.94}$$

Für $n_e \approx 10^{23}\,\mathrm{m}^{-3}$ ist $E_0 \approx 10^7$ V/m! Wenn diese Feldstärke von einem Störteilchen herrühren würde, so müßte dies einen Abstand $r_0 = 0.62 n_e^{-1/3}$ haben, die zugehörige Frequenzverstimmung ist also $\Delta\omega_0 = C_4 r_0^{-4} \approx 7 C_4 n_e^{4/3}$. Dies ist die Größenordnung sowohl der Linienbreite als auch der Linienverschiebung bei statischer Stark-Verbreiterung. Vergleicht man diesen Wert mit der Halbwertbreite (2.92) der Stoßverbreiterung durch die Elektronen, so findet man, daß in Laborplasmen die Ionen auch bei statischer Verbreiterung nur einen Beitrag der Größenordnung 10% zur Halbwertbreite liefern.

Als Beispiel ist in Abb. 2.42 die gemessene Elektronendichteabhängigkeit der Halbwertbreiten von Stickstofflinien mit theoretischen Vorhersagen verglichen. Die Übereinstimmung ist gut.

2.8.4.4 Stark-Verbreiterung der Wasserstofflinien

Die Verbreiterung von Wasserstofflinien im elektrischen Mikrofeld der Plasmaionen und -elektronen ist aus zwei Gründen von besonderem Interesse. Einmal ist Wasserstoff das bei weitem häufigste Element in Sternatmosphären, und ein beträchtlicher Teil des Strahlungstransports findet in seinen Resonanzlinien statt. Zum andern weisen die Wasserstofflinien (und in sehr heißen Plasmen auch die Linien wasserstoffähnlicher Ionen, die alle Elektronen bis auf eins verloren haben) wegen der Erscheinung des *linearen Stark-Effekts* besonders große Halbwertbreiten auf und werden deshalb in der spektroskopischen Plasmadiagnostik bevorzugt zur Messung der Elektronendichte benutzt. Bei Temperaturen im Bereich von 10000 K bis 20000 K hat beispielsweise die Balmerlinie H_β im Elektronendichtebereich von etwa $10^{21}\,\mathrm{m}^{-3}$ bis über $10^{23}\,\mathrm{m}^{-3}$ in guter Näherung die Halbwertbreite $\Delta\lambda_{1/2}/\mathrm{nm} = (n_e/10^{22}\,\mathrm{m}^{-3})^{2/3}$, so daß die Messung keine besonders hohe spektroskopische Auflösung erfordert.

Das Auftreten des linearen Stark-Effekts und damit der großen Halbwertbreiten ist eine Folge der Entartung der verschiedenen Drehimpulszustände einer Hauptquantenzahl („zufällige" Entartung im Coulomb-Feld) bis auf kleine relativistische Korrekturen (Feinstrukturaufspaltung). Die Stoßtheorie des vorigen Abschnitts läßt sich nicht anwenden, weil schon kleine Störungen zu Übergängen zwischen den verschiedenen Drehimpulszuständen führen, die nur mit einer quantenmechanischen Verbreiterungstheorie richtig erfaßt werden können [17, 18, 63]. Auch in deren Rahmen lassen sich im wesentlichen die beiden Grenzfälle der *Stoßverbreiterung* (durch Elektronen) und der *statischen Verbreiterung* (durch Ionen) durchrechnen, auf denen denn auch umfangreiche Tabellen basieren, weil sie für viele Labor- und astrophysikalische Plasmabedingungen sehr gute Näherungen darzustellen schienen [17, 64].

Erst in neuerer Zeit haben Präzisionsmessungen gezeigt, daß die statische Näherung für die Verbreiterung durch Ionen in den Linienkernen zu großen Fehlern führen kann, am eindrucksvollsten für die Resonanzlinie L_α [65] (Abb. 2.43). Dies hat

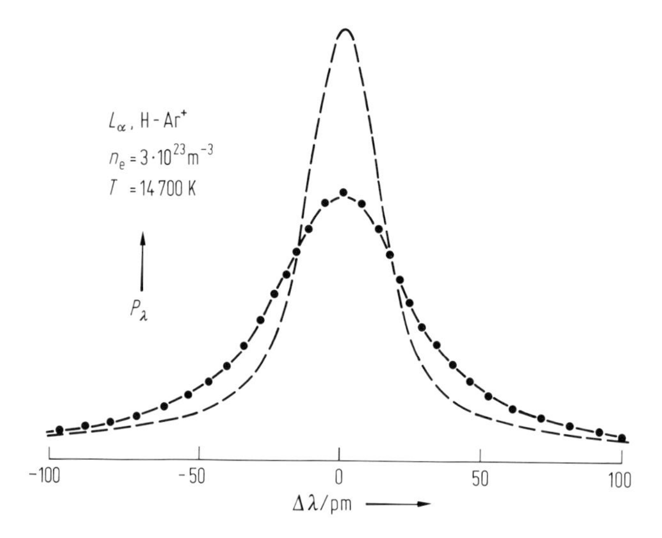

Abb. 2.43 Stark-Verbreiterung der Wasserstoffresonanzlinie L_α in einem Bogenplasma: Vergleich von Experiment und theoretischen Ergebnissen mit (–) und ohne (--) Berücksichtigung der Ionendynamik-Effekte.

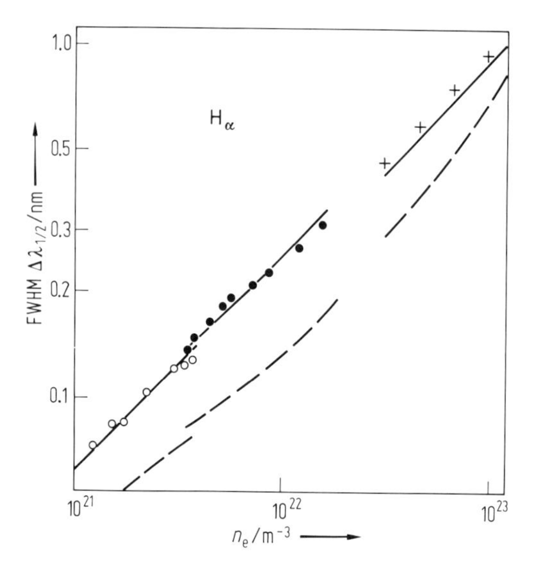

Abb. 2.44 Halbwertbreite der Wasserstofflinie H_α als Funktion der Elektronendichte n_e: Vergleich der Ergebnisse von Computersimulationen mit (–) und ohne (--) Berücksichtigung der Ionendynamik-Effekte mit Messungen an Bogenplasmen [68, 69].

Versuche stimuliert, die „ionendynamischen Effekte“ theoretisch näherungsweise zu erfassen, die jedoch die beobachteten Diskrepanzen zunächst nicht vollständig beseitigen konnten [66]. In den letzten Jahren hat der Einsatz von *Computersimulationen* [67] in dieser Frage zum Erfolg geführt, wie Abb. 2.44 am Beispiel der Balmer-Linie

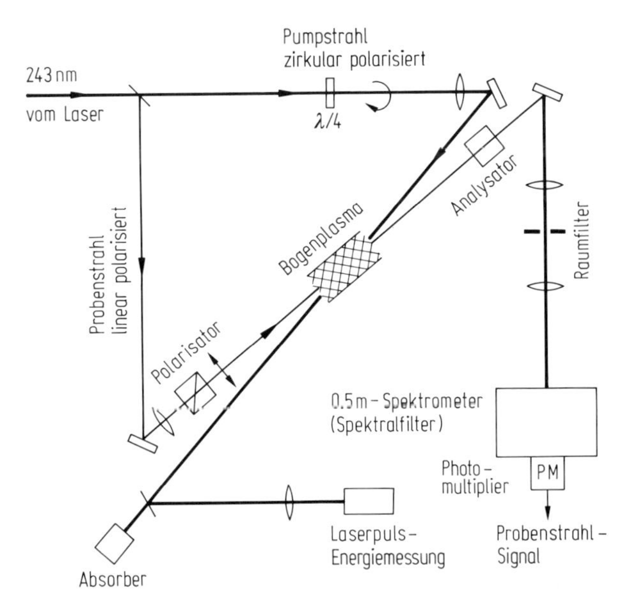

Abb. 2.45 Experimenteller Aufbau für die dopplerfreie Zwei-Photonen-Polarisationsspektroskopie an der Wasserstoffresonanzlinie L_α. Die gepulste Laserstrahlung wird durch Frequenzverdopplung und -mischung erzeugt und ist um die halbe Frequenz (doppelte Wellenlänge) des 1s-2s-Übergangs (s. Abb. 2.16) herum durchstimmbar, so daß Zwei-Photonen-Anregung möglich ist. Dabei kompensieren sich unabhängig von der jeweiligen Atomgeschwindigkeit die Doppler-Verschiebungen von Photonen aus dem Pumpstrahl (stark) und dem gegenläufigen Probenstrahl (schwach), die auf dieselbe Stelle im Bogenplasma fokussiert sind (Bestrahlungsstärke etwa 300 MW/cm^2). Der zirkular polarisierte Pumpstrahl induziert eine Anisotropie der (komplexen) Brechzahl für den linear polarisierten Probenstrahl, so daß sich dessen Polarisation wie bei der Faraday-Rotation (Abschn. 2.11.2.3) dreht (und hier wegen der zusätzlichen Absorption leicht elliptisch wird). Die Polarisationsänderung wird mit dem „gekreuzten" Analysator gemessen. Beim Durchstimmen der Wellenlänge erhält man das dopplerfreie Stark-Profil des Zwei-Photonen-Übergangs.

H_α (Übergang $n = 3 \rightarrow n = 2$, vgl. Abb. 2.16) bei 656 nm zeigt. Die Linie weist neben der Stark- auch Doppler-Verbreiterung auf, die das Linienprofil bei niedrigen Elektronendichten bestimmt.

Lasererzeugten Plasmen hoher Dichte und Temperatur, die in der Kernfusionsforschung untersucht werden, setzt man Atome passender Kernladungszahl (wie Aluminium oder Argon) als Verunreinigungen zu Diagnostikzwecken zu: Werden solche Atome gerade bis auf ein Elektron ionisiert, kann man ihre Resonanzlinien (im Röntgengebiet) und deren Verbreiterung beobachten [70, 71, 72]. Für diese Linien haben Computersimulationen eine Verbreiterung beispielsweise der L_α-Linie durch ionendynamische Effekte gefunden, die um mehr als eine Größenordnung über der Verbreiterung durch Elektronen und statische Ionen liegt [73]. Messungen mit unabhängiger Bestimmung der Elektronendichte zur Überprüfung dieser Vorhersagen sind bisher nicht möglich. Ähnlich große Effekte werden zwar auch für die L_α-Linie des neutralen Wasserstoffs bei $T \approx 10^4$ K für $n_e \approx 10^{21}$ m^{-3} erwartet, können dort aber mit Emissionsspektroskopie nicht beobachtet werden, weil sie vollständig von der Doppler-Verbreiterung überdeckt sind.

Dopplerfreie Spektroskopie, die für solche Messungen erforderlich wäre, schien bisher an Plasmen nur für Balmer-Linien bei niedrigen Elektronendichten $n_e \leq 10^{20}\ m^{-3}$ möglich [74], weil bei höheren Dichten alle aus der Atomspektroskopie bekannten Techniken durch die hohen Raten geschwindigkeits- und anregungsändernder Stöße oder wegen des starken Untergrunds thermischer Strahlungsemission unbrauchbar sind. Vor kurzem wurde jedoch eine laserspektroskopische Technik entwickelt [75], die Zwei-Photonen-Polarisationsspektroskopie (Abb. 2.45), mit der erstmals die dopplerfreie Messung von Stark-Profilen in heißen, dichten Plasmen möglich wird. Abb. 2.46 zeigt ein so gemessenes dopplerfreies Linienprofil für den Zwei-Photonen-L_α-Übergang (1s → 2s) des Wasserstoffs im Vergleich zum theoretischen Ergebnis einer Computersimulation [76].

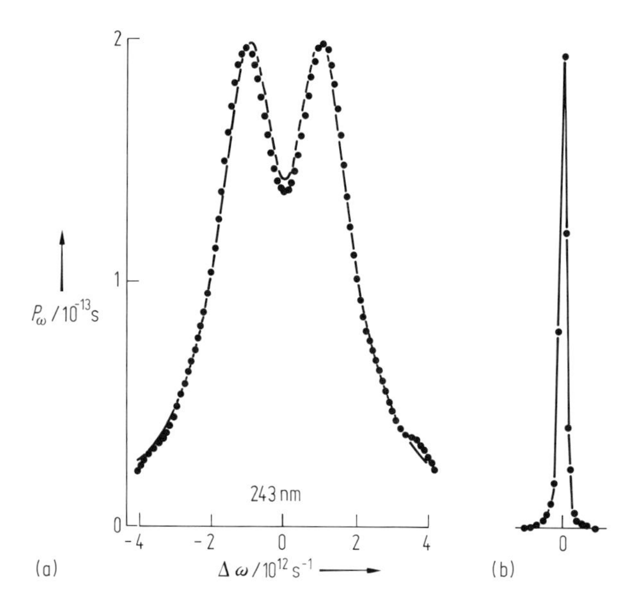

Abb. 2.46 Dopplerfreies Stark-Profil des Zwei-Photonen-Übergangs in der Wasserstoffresonanzlinie L_α. a) Experiment und Computersimulation bei $n_e \approx 5 \cdot 10^{22}\ m^{-3}$, $T \approx 11\,000$ K in der Achse eines Bogenplasmas. b) Gemessenes Linienprofil in der Randschicht des Bogenplasmas mit niedriger Elektronendichte zur Überprüfung des Auflösungsvermögens.

2.8.4.5 Selbstabsorption

Der Absorptionskoeffizient $a'^{L}(\nu)$ einer Spektrallinie ist nach Gl. (2.69) zum Linienprofil $P_\nu(\nu)$ proportional, das von der Linienmitte zu den Linienflügeln hin stark abnimmt. Ist die zusätzliche Absorption im Kontinuum (Abschn. 2.8.5) schwach, kann das Plasma im Frequenzbereich der Linienmitte optisch dick, in den Linienflü-

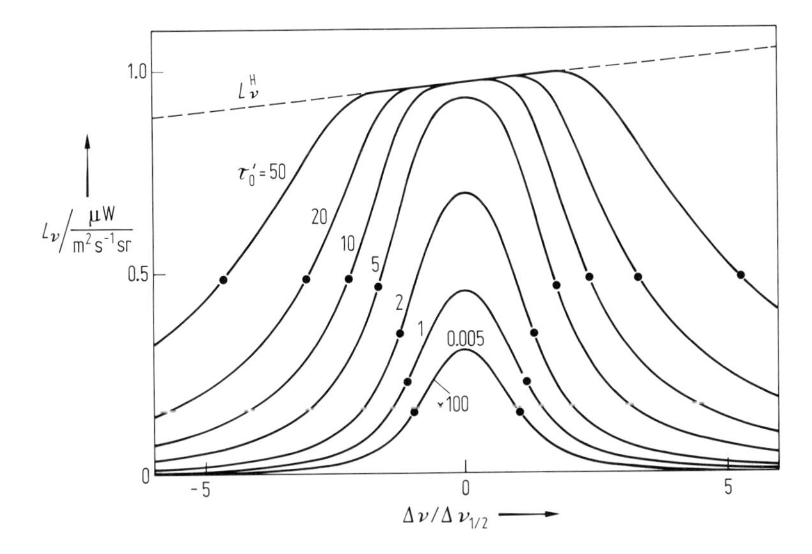

Abb. 2.47 Verbreiterung eines Linienprofils durch den Strahlungstransport im Plasma bei zunehmender optischer Dicke τ_0' in der Linienmitte. Die Punkte markieren jeweils die Stellen halber Zentralintensität (L_ν spektrale Strahldichte). $\Delta\nu_{1/2}$ ist hier die halbe Halbwertbreite (HWHM).

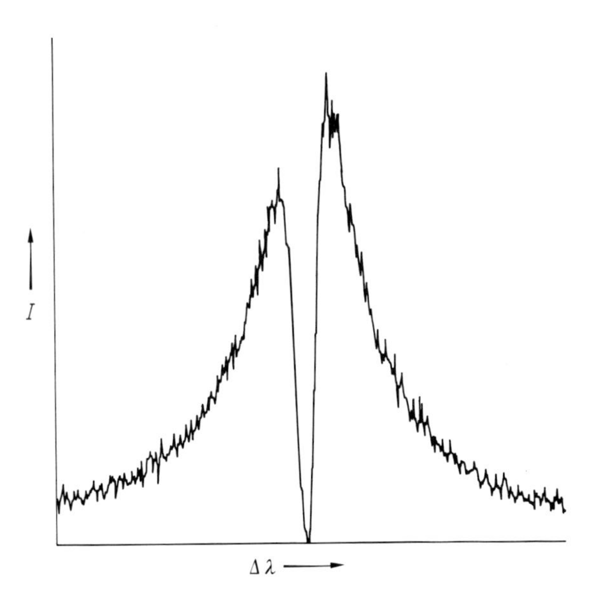

Abb. 2.48 Selbstumkehr im Linienzentrum der Wasserstoffresonanzlinie L_α durch Reabsorption in einer wenige mm dicken kalten Randschicht eines Bogenplasmas: Gemessener Photostrom I in Abhängigkeit von der Wellenlängendifferenz $\Delta\lambda$.

geln dagegen optisch dünn sein. Die nach Gl. (2.66) emittierte spektrale Strahldichte ist dann nur in den Linienflügeln zum Emissionskoeffizienten proportional, in der Linienmitte dagegen durch die spektrale Hohlraumstrahldichte begrenzt (Abb. 2.47). Nur wenn auch die optische Dicke τ'_0 in der Linienmitte klein ist, gilt für die gesamte Spektrallinie $L_\nu(\nu) \sim \varepsilon_\nu(\nu) \sim P_\nu(\nu)$.

Unübersichtlicher werden die Verhältnisse, wenn sich die Temperatur längs der Beobachtungsrichtung ändert, beispielsweise wenn ein zylindersymmetrisches Plasma nicht längs der Achse, sondern von der Seite beobachtet wird, oder das Plasma durch kältere Randschichten begrenzt ist, wo das Linienprofil schmaler ist als im Plasmainnern und hohe Teilchendichten zu starker Absorption führen. Dann kann es in der Linienmitte zu einem Einbruch von L_ν kommen (*Selbstumkehr* der Linie, Abb. 2.48), der nichts mit dem Linienprofil P_ν zu tun hat.

2.8.5 Kontinuumsstrahlung

Im Plasma werden die Elektronen bei der Streuung an Ionen durch deren elektrisches Feld beschleunigt (vgl. Abb. 2.14) und emittieren und absorbieren Bremsstrahlung. Im Termschema (Abb. 2.49) handelt es sich um Strahlungsübergänge im kontinuierlichen Energiebereich oberhalb der Ionisationsenergie E_i („frei-frei-Übergänge"). Außerdem rekombinieren freie Elektronen mit Ionen („frei-gebunden-Übergänge") und erzeugen dabei kontinuierliche Rekombinationsstrahlung, während der Umkehrprozeß der Photoionisation mit Strahlungsabsorption einhergeht. Der Emis-

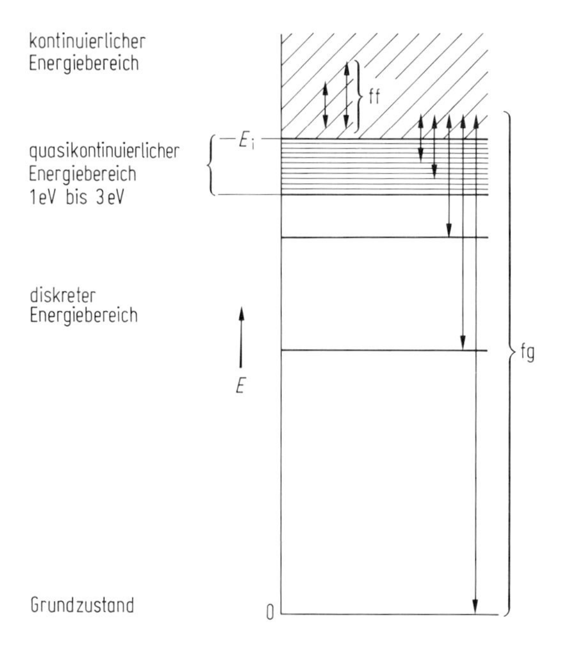

Abb. 2.49 Termschema mit frei-frei- und frei-gebunden-Übergängen. Der quasikontinuierliche Energiebereich erstreckt sich etwa 1 eV bis 3 eV unterhalb der Ionisationsenergie E_i.

sionskoeffizient der Kontinuumsstrahlung des Plasmas setzt sich deshalb aus dem Anteil $\varepsilon_\nu^{\mathrm{ff}}$ der frei-frei-Übergänge und dem Anteil $\varepsilon_\nu^{\mathrm{fg}}$ der frei-gebunden-Übergänge zusammen:

$$\varepsilon_\nu(\nu) = \varepsilon_\nu^{\mathrm{ff}}(\nu) + \varepsilon_\nu^{\mathrm{fg}}(\nu). \tag{2.95}$$

Entsprechend gilt für den Absorptionskoeffizienten des Kontinuums $a'(\nu) = a'^{\mathrm{ff}}(\nu) + a'^{\mathrm{fg}}(\nu)$. Wir beschränken uns im folgenden auf LTG-Plasmen und betrachten nur den Emissionskoeffizienten; der Absorptionskoeffizient ergibt sich aus dem Kirchhoff-Satz (2.61).

2.8.5.1 Bremsstrahlung

Eine von Kramers entwickelte Formel für die Absorption von Röntgenstrahlung in Materie läßt sich auch auf Plasmen anwenden. Bei Maxwell-Verteilung der Elektronengeschwindigkeiten liefert die **Kramers-Formel** für den Emissionskoeffizienten der Bremsstrahlung:

$$\varepsilon_\nu^{\mathrm{ff,Kr}}(\nu) = C z^2 \frac{n_\mathrm{e} n_\mathrm{i}}{\sqrt{kT}} \exp\left(-\frac{h\nu}{kT}\right),$$
$$C = \frac{e^6}{12\pi^2 \sqrt{6\pi\varepsilon_0^3 c^3 m_\mathrm{e}^{3/2}}} = 5.04 \cdot 10^{-54} \frac{\mathrm{eV}^{1/2}}{\mathrm{m}^{-6}} \frac{\mathrm{W}}{\mathrm{m^3 Hz\,sr}}. \tag{2.96}$$

z ist dabei die Ladungszahl der Ionen (einfache Ionisation: $z = 1$), die in heißen Plasmen mit mehrfacher Ionisation die Größenordnung der Bremsstrahlung bestimmt (gegebenenfalls ist über mehrere Ionensorten mit verschiedenen z und $n_{\mathrm{i},z}$ zu summieren). Intensiv ist die Bremsstrahlung in Spektralgebieten mit $h\nu < kT$, für Bogenplasmen ($T \approx 10^4$ K, $kT \approx 1$ eV) also bei $\lambda \geq 1$ µm im Infraroten, für Hochenergieplasmen ($T \approx 10^7$ K, $kT \approx 1$ keV) dagegen schon für $\lambda \geq 1$ nm, also auch im Röntgengebiet.

Die gesamte Leistungsdichte der Bremsstrahlungsemission ist

$$\phi_{\mathrm{Br}} = 4\pi \int_0^\infty \mathrm{d}\nu\, \varepsilon_\nu^{\mathrm{ff,Kr}}(\nu) = 1.5 \cdot 10^{-38} z^2 \sqrt{\frac{kT}{\mathrm{eV}}} \frac{n_\mathrm{e}}{\mathrm{m}^{-3}} \frac{n_\mathrm{i}}{\mathrm{m}^{-3}}\, \mathrm{Wm}^{-3}. \tag{2.97}$$

Für ein Bogenplasma mit $kT = 1$ eV, $z = 1$, $n_\mathrm{e} = n_\mathrm{i} = 10^{23}\,\mathrm{m}^{-3}$ ergibt das etwa 150 MW/m^3, für ein Hochenergieplasma mit $kT = 1$ keV, $z = 1$ (Wasserstoffplasma ohne jede Verunreinigung!), $n_\mathrm{e} = n_\mathrm{i} = 10^{20}\,\mathrm{m}^{-3}$ etwa 5 kW/m^3.

Die Kramers-Formel berücksichtigt individuelle Eigenschaften der verschiedenen Ionen nicht. Korrekturen auf Grund genauerer quantenmechanischer Rechnungen (oder auch Messungen) werden häufig in Form eines „Xi-Faktors" ξ dargestellt [51], mit dem $\varepsilon_\nu^{\mathrm{ff,Kr}}$ zu multiplizieren ist. Der Faktor ξ ist schwach temperaturabhängig und von der Größenordnung 1.

2.8.5.2 Rekombinationskontinua

Bei frei-gebunden-Übergängen gibt es zu jedem gebundenen Energieniveau ein Rekombinationskontinuum, das zu kürzeren Wellenlängen hin an die entsprechende Serie von Spektrallinien anschließt (Seriengrenzkontinuum). Die Grenzwellenlänge $\lambda_n = hc/(E_i - E_n)$ ist durch die Ionisationsenergie $E_i - E_n$ des gebundenen Zustands bestimmt (Abb. 2.50). Zu kürzeren Wellenlängen hin fällt die Intensität in den Seriengrenzkontinua stark ab.

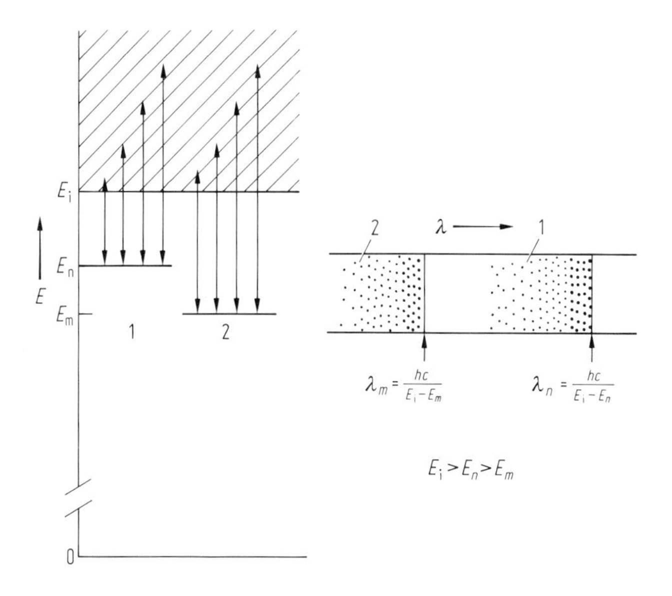

Abb. 2.50 Seriengrenzkontinua zu zwei diskreten Energieniveaus (*links:* Termschema, *rechts:* Spektrum).

Die genaue Berechnung der Rekombination kann nur quantenmechanisch erfolgen [16, 51, 77]. Näherungsweise kann man sich jedoch zunutze machen, daß sich die Energieniveaus unter der Ionisationsgrenze häufen und ihre Seriengrenzkontinua überlappen. Außerdem sind die Energieniveaus durch die Wechselwirkung im Plasma „verbreitert", so daß unter der Ionisationsgrenze ein „quasikontinuierlicher" Energiebereich entsteht, dessen Ausdehnung zwischen 1 eV und 3 eV beträgt und von Einzelheiten des betrachteten Termschemas abhängt (Abb. 2.49). Die Rekombinationsstrahlung von Übergängen in diesen Bereich kann näherungsweise wie frei-frei-Strahlung nach Kramers berechnet werden. Unter diesen Bedingungen erhält man für den Emissionskoeffizienten der Rekombinationsstrahlung

$$\varepsilon_\nu^{\mathrm{fg,Kr}}(\nu) = C \cdot Z^2 \frac{n_e n_i}{\sqrt{kT}} \left[1 - \exp\left(- \frac{h\nu}{kT} \right) \right] \tag{2.98}$$

mit der Konstanten C aus Gl. (2.96). Wie bei der Bremsstrahlung werden Korrekturen durch einen ξ-Faktor beschrieben.

2.8.5.3 Gesamtkontinuum

Der Emissionskoeffizient des Gesamtkontinuums, der sich nach den beiden Kramers-Formeln (2.96) und (2.98) ergibt, ist frequenzunabhängig:

$$\varepsilon_\nu^{\mathrm{Kr}}(\nu) = \varepsilon_\nu^{\mathrm{ff,Kr}}(\nu) + \varepsilon_\nu^{\mathrm{fg,Kr}}(\nu) = C \cdot Z^2 \frac{n_e n_i}{\sqrt{kT}} \tag{2.99}$$

mit der Konstanten C aus Gl. (2.96). Wenn die Bedingungen für die Anwendung dieser Formel erfüllt sind, ist $\varepsilon_\lambda^{\mathrm{Kr}}$ proportional zu λ^{-2}. Näherungsweise ist dies im sichtbaren und infraroten Spektralgebiet für Photonenenergien von etwa 1 eV bis 3 eV auch experimentell bestätigt, also gerade für den Bereich der Rekombination in die quasikontinuierlichen Energieniveaus unter der Ionisationsgrenze. Für $h\nu > 3$ eV ($\lambda \leq 400$ nm) machen sich jedoch die diskreten Energieniveaus durch eine ausgeprägtere Frequenzabhängigkeit des Gesamtkontinuums bemerkbar, die wieder durch einen ξ-Faktor beschrieben werden kann, mit dem $\varepsilon_\nu^{\mathrm{Kr}}$ zu multiplizieren ist.

Die Größenordnung der Kontinuumsemission im Sichtbaren und IR wird durch die Kramers-Formel (2.99) richtig wiedergegeben. Zu ihrer Auswertung muß zuvor mit Hilfe der Saha-Eggert-Gleichung (2.9) die Elektronendichte ermittelt werden.

Als Beispiel betrachten wir ein Argonplasma unter etwa Atmosphärendruck ($p = 10^5$ Pa) im Bereich einfacher Ionisation ($n_i = n_e$). Die Elektronendichte nimmt von etwa $2 \cdot 10^{21}$ m^{-3} bei $T = 8000$ K auf den Maximalwert $2 \cdot 10^{23}$ m^{-3} zu, wenn T auf 16000 K steigt. Der Kontinuum-Emissionskoeffizient nimmt dabei auf rund das 7000fache zu und erreicht bei 16000 K den Wert $1.7 \cdot 10^{-7}$ Wm^{-3}Hz^{-1}sr^{-1}. Bei der Emission aus einem optisch dünnen Plasma der Länge $d = 10$ cm beträgt die spektrale Strahldichte an der Plasmaoberfläche nach Gleichung (2.67) $L_\nu = \varepsilon_\nu \cdot d = 1.7 \cdot 10^{-8}$ Wm^{-2}Hz^{-1}sr^{-1}. Auf die Wellenlänge bezogen ($L_\lambda = cL_\nu/\lambda^2$) ergibt das bei $\lambda = 500$ nm einen Wert von $L_\lambda \approx 2 \cdot 10^{13}$ Wm^{-3}sr^{-1}, bei $\lambda = 300$ nm einen Wert von $L_\lambda \approx 6 \cdot 10^{13}$ Wm^{-3}sr^{-1}. Dagegen hat eine auf 2000 K aufgeheizte Wolframoberfläche die spektralen Strahldichten $L_\lambda(500\text{ nm}) \approx 10^9$ Wm^{-3}sr^{-1} und $L_\lambda(300\text{ nm}) \approx 10^7$ Wm^{-3}sr^{-1}; Graphit bei 4000 K hat $L_\lambda(500\text{ nm}) \approx 2 \cdot 10^{12}$ Wm^{-3}sr^{-1} und $L_\lambda(300\text{ nm}) \approx 2 \cdot 10^{11}$ Wm^{-3}sr^{-1}. Besonders im UV ist die spektrale Strahldichte des Plasmas erheblich größer als die heißer Festkörperoberflächen.

Die starke Abhängigkeit des Kontinuum-Emissionskoeffizienten von der Elektronendichte (im Bereich einfacher Ionisation $\sim n_e^2$) wird zur **Messung der Elektronendichte** im Plasma ausgenutzt, wobei man eine Anordnung wie in Abb. 2.39 verwendet. Diese Abhängigkeit hat außerdem Bedeutung für die Lichtquellenfertigung. Bei der Herstellung von Gasentladungslampen mit Kontinuumsemission für Sonderzwecke, aber auch für die Allgemeinbeleuchtung (z. B. Hg- und Xe-Hochdrucklampen) werden möglichst große Emissionskoeffizienten des Kontinuums angestrebt. Man versucht daher, bei möglichst niedrigen Temperaturen möglichst hohe Elektronendichten in der Entladung zu erreichen. Das ist bei hohen Drucken und kleiner Ioniationsenergie der Füllgase (Metalldämpfe, schwere Edelgase) erreichbar (vgl. Abb. 2.5).

2.8.6 Streuung von Laserstrahlung

Die Streuung elektromagnetischer Wellen, die von außen in ein Plasma eingestrahlt werden, kann ebenso zur Plasmadiagnostik dienen wie die Veränderungen, die sich beim Durchgang durch ein Plasma ergeben (Abschn. 2.11.2). Dies wurde ursprünglich für Radaruntersuchungen der Ionosphäre ausgenutzt. Bei heißen Laborplasmen muß die Streustrahlung gegen den Hintergrund der intensiven thermischen Plasmastrahlung beobachtet werden. Für dichte Plasmen, die längerwellige Strahlung reflektieren (Abschn. 2.11.2.1) ist das erst möglich, seit mit Lasern intensive, spektral schmalbandige Lichtquellen zur Verfügung stehen [14, 78, 79].

In einer linear polarisierten, ebenen elektromagnetischen Welle der Kreisfrequenz ω_0 schwingt ein ursprünglich ruhendes Elektron in Richtung der elektrischen Feldstärke mit derselben Frequenz wie die Welle und bildet einen schwingenden Dipol. Das Elektron emittiert elektromagnetische Strahlung mit ω_0 entsprechend der Dipol-Strahlungscharakteristik auch in andere Richtungen $\boldsymbol{e}_s$ als die Einfallsrichtung $\boldsymbol{e}_0$ der Welle: Die einfallende Welle wird *gestreut*. Solange relativistische und Quanteneffekte vernachlässigbar sind, spricht man von **Thomson-Streuung**. Der Thomson-Streuquerschnitt (Verhältnis der gestreuten Strahlungsleistung zur einfallenden Energiestromdichte) ist sehr klein:

$$\sigma_{\mathrm{Th}} = \frac{8\pi}{3} r_e^2 = 6.65 \cdot 10^{-29}\,\mathrm{m}^2 \tag{2.100}$$

($r_e = e^2/(4\pi\varepsilon_0 m_e c^2) = 2.82 \cdot 10^{-15}$ m ist der *klassische Elektronenradius*).

Wird die Streustrahlung einer großen Zahl N_e von Elektronen gemessen, die im beobachteten Streuvolumen V ganz zufällig (unkorreliert) verteilt sind, so besteht auch keine Korrelation zwischen den Phasen, mit denen die einzelnen Streuwellen auf einem entfernten Detektor auftreffen, und die gemessene Strahlungsleistung ist proportional zu $N_e = V n_e$. Damit ist die Bestimmung der Elektronendichte n_e im Streuvolumen V (Ortsauflösung!) möglich.

Bei der Thomson-Streuung von Laserstrahlung an Plasmaelektronen müssen noch die unterschiedlichen *Doppler-Verschiebungen* von einfallender und gestreuter Strahlung bei einer thermischen Elektronengeschwindigkeit $\boldsymbol{v}$ beachtet werden. Solange $v \ll c$ ist, ergibt sich für die Verschiebung der Kreisfrequenz ω_s der Streustrahlung gegen die Kreisfrequenz ω_0 der einfallenden Welle:

$$\omega_s - \omega_0 = \omega_0(\boldsymbol{e}_s - \boldsymbol{e}_0) \cdot \boldsymbol{v}/c \tag{2.101}$$

(s. Abb. 2.51). Wegen $|\boldsymbol{e}_s - \boldsymbol{e}_0| = 2\sin(\vartheta/2)$ ergibt sich bei Maxwell-Verteilung der Elektronengeschwindigkeiten für die Streustrahlung ein Doppler-Gauß-Profil wie in Gl. (2.88), jedoch hier mit einer Halbwertbreite

$$\Delta\omega_{1/2} = 4\omega_0 \sin(\vartheta/2) \sqrt{\frac{2kT\ln 2}{m_e c^2}}, \tag{2.102}$$

die vom *Streuwinkel* ϑ abhängt. (Dies ist zugleich ein Beispiel für die *Redistribution* von Strahlung sowohl in der Frequenz als auch in der Richtung.) Durch Messung der Streustrahlung läßt sich also nicht nur die **Elektronendichte** bestimmen (gesamte Streustrahlung in eine Richtung), sondern auch die **Elektronentemperatur** bzw. die

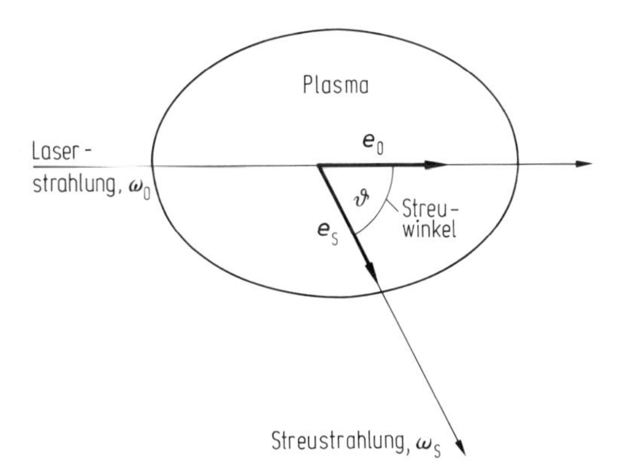

Abb. 2.51 Streuung von Laserstrahlung im Plasma.

Plasmatemperatur im LTG (Spektrum der Streustrahlung). Solche Messungen werden vor allem an Kernfusionsplasmen heute routinemäßig mit Rubinlasern durchgeführt.

Die Voraussetzung, daß die Thomson-Streuung durch unkorrelierte Elektronen erfolgt (*inkohärente Streuung*), ist im Plasma wegen der Coulomb-Wechselwirkung der geladenen Teilchen nicht streng erfüllt: Durch die Debye-Hückel-Abschirmung (Abschn. 2.2.2) ist im Mittel die Elektronendichte um positive Ionen leicht erhöht, um Elektronen leicht herabgesetzt, so daß Korrelationen sowohl der Elektronen untereinander als auch der Elektronen mit den Ionen bestehen. Effekte der *kollektiven* oder *kohärenten Streuung* an diesen Dichteschwankungen machen sich bei *Vorwärtsstreuung* ($\vartheta \approx 0$) oder großer Wellenlänge der einfallenden Strahlung bemerkbar, nämlich für $\lambda_0 > 4\pi\lambda_D \sin(\vartheta/2)$ mit der Debye-Hückel-Länge λ_D nach Gl. (2.1). Dadurch ergeben sich zusätzliche Diagnostikmethoden, z. B. für die **Ionentemperatur** oder die Ausbildung von Instabilitäten, die wegen der praktischen Schwierigkeiten bei der Beobachtung extremer Vorwärtsstreuung den Einsatz möglichst langwelliger Laserstrahlung (CO_2-Laser) erfordern. Außerdem beeinflußt ein Magnetfeld die Streustrahlung.

Die Thomson-Streuung an Plasmaionen ist wegen der großen Ionenmassen und entsprechend geringen Ionenbeschleunigungen vernachlässigbar. Eine Fehlerquelle bei solchen Messungen kann aber die *Streuung an gebundenen Elektronen* in Atomen (und Ionen) darstellen. Wenn die eingestrahlten Photonen eine Energie $\hbar\omega_0$ haben, die groß gegenüber der Ioniationsenergie der Atome ist, erfolgt die Streuung praktisch wie an freien Elektronen. Ist ω_0 erheblich kleiner als die Kreisfrequenzen starker Resonanzlinien und auch von jeder sonstigen Übergangsfrequenz ω_{nm} deutlich entfernt, liegt **Rayleigh-Streuung** vor, die außer bei sehr niedrigem Ionisationsgrad für Laborplasmen gewöhnlich vernachlässigt werden kann, weil ihr Streuquerschnitt noch kleiner ist als der Thomson-Streuquerschnitt. Für den Fall der **Resonanzfluoreszenz** jedoch, wenn – zufällig oder beabsichtigt – die Frequenz der Laserstrahlung nahezu mit der eines atomaren Übergangs übereinstimmt, $\omega_0 \approx \omega_{nm}$, kann der Streuquerschnitt um viele Größenordnungen über dem Thomson-Streuquerschnitt liegen, so daß schon bei geringer Dichte der entsprechenden Atome die Thomson-Streuung überdeckt wird. Andererseits bietet die Beobachtung der Resonanzfluoreszenz eine Möglichkeit zum **Nachweis geringer Dichten von Atomen** (etwa Verunreinigungen im Plasma), wenn Laserstrahlung auf einen Übergangsfrequenz abgestimmt werden kann (Farbstofflaser).

2.9 Kinetische Plasmatheorie

Kollektive Effekte in Plasmen auf Grund der langen Reichweite der Coulomb-Wechselwirkung der geladenen Teilchen haben wir bisher nur in Form der Debye-Hückel-Abschirmung (Abschn. 2.2.2) vereinfacht angesprochen. Diese Effekte sind jedoch – vor allem für Plasmen in äußeren Magnetfeldern – außerordentlich vielfältig und unterscheiden Plasmen qualitativ von Neutralgasen. Deshalb werden sie vielfach als *das* eigentliche Forschungsobjekt der Plasmaphysik angesehen. Wir wollen in diesem und dem folgenden Abschnitt einige Grundbegriffe dieses umfangreichen Gebietes ansprechen und in Abschn. 2.11 einfache Beispiele für Wellen im Plasma behandeln.

2.9.1 Kontinuitätsgleichung im Phasenraum

Kollektive Effekte zeigen sich am deutlichsten in vollionisierten Plasmen. Wir nehmen an, daß in einem solchen Plasma Ionen und Elektronen als klassische Punktteilchen behandelt werden können und keine Atome bilden. Dann wird der Plasmazustand detailliert durch zwei **Verteilungsfunktionen** $F_\mathrm{k}(\boldsymbol{r}, \boldsymbol{v}, t)$ beschrieben ($\mathrm{k} = \mathrm{i,e}$), die die Informationen zusammenfassen, die sonst durch die *Anzahldichten* n_k und die *Geschwindigkeitsverteilungen* f_k beschrieben werden: $F_\mathrm{k}(\boldsymbol{r}, \boldsymbol{v}, t)\,\mathrm{d}^3r\,\mathrm{d}^3v$ ist die Zahl der Teilchen der Sorte k, die zur Zeit t im Volumenelement d^3r um $\boldsymbol{r}$ sind *und* eine Geschwindigkeit aus d^3v ($= \mathrm{d}v_x\mathrm{d}v_y\mathrm{d}v_z$) um $\boldsymbol{v}$ haben. Der sechsdimensionale Raum mit den Koordinaten $(\boldsymbol{r}, \boldsymbol{v})$ heißt **Phasenraum** (auch μ-Raum). Die $\mathrm{F_k}$ sind also (Anzahl-)Dichten im Phasenraum. Aus ihnen kann man die Anzahldichten n_k im Ortsraum und die Wahrscheinlichkeitsdichten f_k für die Teilchengeschwindigkeiten berechnen:

$$n_\mathrm{k}(\boldsymbol{r}, t) = \int \mathrm{d}^3v\, F_\mathrm{k}(\boldsymbol{r}, \boldsymbol{v}, t), \quad f_\mathrm{k}(\boldsymbol{r}, \boldsymbol{v}, t) = \frac{F_\mathrm{k}(\boldsymbol{r}, \boldsymbol{v}, t)}{n_\mathrm{k}(\boldsymbol{r}, t)}. \tag{2.103}$$

Wenn die Zeit fortschreitet, ändern sich die Orte aller Teilchen (auf Grund der Geschwindigkeiten) und ihre Geschwindigkeiten (auf Grund von Beschleunigungen, also Kräften). Dadurch kommen andere Teilchen an den festen Punkt $(\boldsymbol{r}, \boldsymbol{v})$ im Phasenraum, und im allgemeinen ist $F_\mathrm{k}(\boldsymbol{r}, \boldsymbol{v}, t + \mathrm{d}t) \neq F_\mathrm{k}(\boldsymbol{r}, \boldsymbol{v}, t)$, also $\partial F_\mathrm{k}/\partial t \neq 0$. Der *Liouvillesche Satz* der Mechanik sagt nun, daß sich die Phasenraumdichte eines Systems von Punktteilchen in der Umgebung eines beliebigen Teilchens nicht ändert, solange keine Wechselwirkung zwischen den Teilchen besteht, sondern nur vorgegebene äußere Kräfte wirken. Für diesen Fall müssen die *totalen* Zeitableitungen der Verteilungsfunktion verschwinden, für die auch $\boldsymbol{r} = \boldsymbol{r}(t)$ und $\boldsymbol{v} = \boldsymbol{v}(t)$ entsprechend den Bewegungsgleichungen zeitabhängig sind. Differentiation nach der Kettenregel ergibt

$$\frac{\mathrm{d}}{\mathrm{d}t} F_\mathrm{k}(\boldsymbol{r}, \boldsymbol{v}, t) = \left(\frac{\mathrm{d}\boldsymbol{r}}{\mathrm{d}t} \cdot \frac{\partial}{\partial \boldsymbol{r}} + \frac{\mathrm{d}\boldsymbol{v}}{\mathrm{d}t} \cdot \frac{\partial}{\partial \boldsymbol{v}} + \frac{\partial}{\partial t}\right) F_\mathrm{k}(\boldsymbol{r}, \boldsymbol{v}, t) = 0. \tag{2.104}$$

Darin ist $\partial/\partial \boldsymbol{r}$ der ∇-Operator im Ortsraum und $\partial/\partial \boldsymbol{v}$ der entsprechende Operator bezüglich der Geschwindigkeitskomponenten. Weil $\boldsymbol{r}$ und $\boldsymbol{v}$ den Bewegungsgleichungen genügen sollen, gilt $\mathrm{d}\boldsymbol{r}/\mathrm{d}t = \boldsymbol{v}$ und $\mathrm{d}\boldsymbol{v}/\mathrm{d}t = (q_\mathrm{k}/m_\mathrm{k})(\boldsymbol{E}_\mathrm{A} + \boldsymbol{v} \times \boldsymbol{B}_\mathrm{A})$, wenn äußere elektrische und magnetische Felder $\boldsymbol{E}_\mathrm{A}$, $\boldsymbol{B}_\mathrm{A}$ wirken:

$$\left[\boldsymbol{v} \cdot \frac{\partial}{\partial \boldsymbol{r}} + \frac{q_\mathrm{k}}{m_\mathrm{k}} (\boldsymbol{E}_\mathrm{A} + \boldsymbol{v} \times \boldsymbol{B}_\mathrm{A}) \cdot \frac{\partial}{\partial \boldsymbol{v}} + \frac{\partial}{\partial t}\right] F_\mathrm{k}(\boldsymbol{r}, \boldsymbol{v}, t) = 0. \tag{2.105}$$

Das ist die **Kontinuitätsgleichung** im Phasenraum für Teilchen *ohne Wechselwirkung*, die im wesentlichen aussagt, daß bei der Bewegung keine Teilchen verlorengehen oder erzeugt werden.

Jede im Plasma auftretende zusätzliche Änderung der F_k muß durch die Wechselwirkung der Teilchen untereinander zustandekommen, so daß wir formal schreiben können:

$$\left[\boldsymbol{v} \cdot \frac{\partial}{\partial \boldsymbol{r}} + \frac{q_\mathrm{k}}{m_\mathrm{k}} (\boldsymbol{E}_\mathrm{A} + \boldsymbol{v} \times \boldsymbol{B}_\mathrm{A}) \cdot \frac{\partial}{\partial \boldsymbol{v}} + \frac{\partial}{\partial t}\right] F_\mathrm{k}(\boldsymbol{r}, \boldsymbol{v}, t) = \left(\frac{\partial F_\mathrm{k}}{\partial t}\right)_\mathrm{WW}. \tag{2.106}$$

Das ist die **kinetische Gleichung** für F_k. Sie ist allerdings erst von Nutzen, wenn wir den Wechselwirkungs- oder *Stoßterm* der rechten Seite durch die F_k ausdrücken können. Gerade hierin besteht die grundlegende Schwierigkeit der kinetischen Plasmatheorie. Während für Neutralgase von Zweierstößen ausgegangen werden kann (*Boltzmann-Gleichung*), ist das für Plasmen nicht möglich.

2.9.2 Vlasov-Gleichung, stoßfreie Plasmen

Für den Wechselwirkungsterm in Gl. (2.106) werden in der Plasmaphysik verschiedene Näherungen mit unterschiedlichen Gültigkeitsbereichen benutzt, die unterschiedliche kinetische Gleichungen ergeben (*verallg. Boltzmann-Gleichung, Landau-Gleichung, Balescu-Lenard-Guernsey-Gleichung, Fokker-Planck-Gleichung, Krook-Gleichung*). Eine Näherung, die *nur* kollektive Effekte berücksichtigt, stammt von Vlasov. Dabei werden im Wechselwirkungsterm nur die *mittleren* elektrischen und magnetischen Felder erfaßt, die sich aus den F_k ergeben, wenn man entsprechende *kontinuierliche* Ladungs- und Stromdichteverteilungen in den Maxwell-Gleichungen benutzt. Offenbar führt dies zum Auftreten zusätzlicher Feldanteile in Gl. (2.105):

$$\left\{\boldsymbol{v} \cdot \frac{\partial}{\partial \boldsymbol{r}} + \frac{q_\mathrm{k}}{m_\mathrm{k}} [\boldsymbol{E}_\mathrm{A} + \boldsymbol{E}_\mathrm{WW} + \boldsymbol{v} \times (\boldsymbol{B}_\mathrm{A} + \boldsymbol{B}_\mathrm{WW})] \cdot \frac{\partial}{\partial \boldsymbol{v}} + \frac{\partial}{\partial t}\right\} F_\mathrm{k}(\boldsymbol{r}, \boldsymbol{v}, t) = 0. \tag{2.107}$$

Diese **Vlasov-Gleichung** beschreibt ein *stoßfreies Plasma* in dem Sinn, daß keine Wechselwirkung zwischen Einzelteilchen berücksichtigt ist. Dadurch kann die Vlasov-Gleichung z. B. die Relaxation ins Gleichgewicht nicht beschreiben; in der Tat ist sie reversibel.

Die Vlasov-Gleichung muß immer zusammen mit den **Maxwell-Gleichungen** für die elektromagnetischen Felder selbstkonsistent gelöst werden, in die als *Ladungs-* und *Stromdichte*

$$\varrho(\boldsymbol{r}, t) = \sum_{\mathrm{k}} q_{\mathrm{k}} \int \mathrm{d}^3 v \, F_{\mathrm{k}}(\boldsymbol{r}, \boldsymbol{v}, t) = \sum_{\mathrm{k}} q_{\mathrm{k}} n_{\mathrm{k}}(\boldsymbol{r}, t), \tag{2.108}$$

$$\boldsymbol{j}(\boldsymbol{r}, t) = \sum_{\mathrm{k}} q_{\mathrm{k}} \int \mathrm{d}^3 v \boldsymbol{v} \, F_{\mathrm{k}}(\boldsymbol{r}, \boldsymbol{v}, t) = \sum_{\mathrm{k}} q_{\mathrm{k}} \int \mathrm{d}^3 v \boldsymbol{v} f_{\mathrm{k}}(\boldsymbol{r}, \boldsymbol{v}, t) n_{\mathrm{k}}(\boldsymbol{r}, t) \tag{2.109}$$

einzusetzen sind.

2.10 Magnetohydrodynamik (MHD)

Aus kinetischen Gleichungen (Abschn. 2.9) erhält man makroskopische Bewegungsgleichungen, indem man mit den Phasenraumdichten F_{k} geeignete Mittelwerte bildet (wie Ladungs- und Stromdichte in Gl. (2.108) und (2.109)) und deren zeitliche Änderungen berechnet. Das Verfahren ist nur sinnvoll, wenn die Mittelwerte tatsächlich für den Teilchenzustand in einem kleinen Volumenelement am jeweils betrachteten Ort charakteristisch sind. Dafür sind im allgemeinen hohe Stoßraten erforderlich. Deshalb geht man gewöhnlich von lokalem thermodynamischen Gleichgewicht aus. Auf diese Weise gelangt man für ein Plasma zur Magnetohydrodynamik (MHD), einer Hydrodynamik für elektrisch leitende Fluide. Wir werden die Grundgleichungen der MHD nicht auf die beschriebene Weise ableiten, sondern aus denen der Hydrodynamik und Elektrodynamik zusammenstellen, so weit das möglich ist. Der Einfachheit halber beschränken wir uns auf den Fall eines vollständig einfach ionisierten Plasmas.

2.10.1 Zweiflüssigkeitsmodell

Im Plasma kann wie in einem metallischen Leiter ein *Leitungsstrom* fließen, ohne daß dies mit makroskopischer Bewegung verbunden ist, wenn Elektronen und Ionen bei homogener Dichte unterschiedliche Strömungsgeschwindigkeiten haben. Zum Verständnis dieser Erscheinung ist es zumindest anfangs erforderlich, das Plasma als Mischung aus einer „Ionenflüssigkeit" und einer „Elektronenflüssigkeit" anzusehen (für schwach ionisierte Plasmen käme noch eine dritte, elektrisch neutrale Komponente dazu). Jede der beiden Komponenten (Index k = i, e) hat dann eine *Teilchendichte* n_{k}, eine *Massendichte* $\varrho_{\mathrm{k}} = m_{\mathrm{k}} n_{\mathrm{k}}$, eine *Ladungsdichte* $q_{\mathrm{k}} n_{\mathrm{k}}$, eine *Strömungsgeschwindigkeit* $\boldsymbol{v}_{\mathrm{k}}$, eine *Impulsdichte* $\varrho_{\mathrm{k}} \boldsymbol{v}_{\mathrm{k}}$, eine *elektrische Stromdichte* $\boldsymbol{j}_{\mathrm{k}} = q_{\mathrm{k}} n_{\mathrm{k}} \boldsymbol{v}_{\mathrm{k}} = (q_{\mathrm{k}}/m_{\mathrm{k}}) \varrho_{\mathrm{k}} \boldsymbol{v}_{\mathrm{k}}$, einen *Druck* p_{k} usw. Aus der Hydrodynamik können wir für jede Komponente sofort die **Kontinuitätsgleichung** (Massentransport)

$$\frac{\partial \varrho_{\mathrm{k}}}{\partial t} + \nabla \cdot \varrho_{\mathrm{k}} \boldsymbol{v}_{\mathrm{k}} = 0 \tag{2.110}$$

und die **Bewegungsgleichung** (Impulstransport)

$$\varrho_{\mathrm{k}} \frac{\mathrm{d} \boldsymbol{v}_{\mathrm{k}}}{\mathrm{d} t} = - \nabla p_{\mathrm{k}} + \boldsymbol{f}_{\mathrm{k}} \tag{2.111}$$

übernehmen. Dabei gehen wir von einem hydrostatischen (skalaren) Druck aus, weil die Viskositätsanteile, die im allgemeinen Fall in einem Drucktensor zu berücksichtigen wären, in Plasmen klein sind. $\boldsymbol{f}_k$ ist die Kraftdichte und enthält, wenn nur elektromagnetische äußere Kräfte wirken, die Lorentz-Kraftdichte $q_k n_k(\boldsymbol{E} + \boldsymbol{v}_k \times \boldsymbol{B})$. Die elektromagnetischen Felder koppeln sowohl die Bewegungen von Elektronen und Ionen, als auch die Strömungen an verschiedenen Orten, ganz wie in der kinetischen Vlasov-Gleichung (2.107). Hinzu tritt hier noch eine direkte Kopplung von Elektronen und Ionen, wenn diese unterschiedliche Strömungsgeschwindigkeiten haben. Dann findet durch Stöße ein Impulstransfer statt, der sich als zusätzliche Kraftdichte bemerkbar macht. Dieser Kraftdichteanteil sei $\boldsymbol{f}_{ei}$ für die Elektronen; er muß im Prinzip aus den kinetischen Gleichungen berechnet werden. Als Näherung wird gewöhnlich

$$\boldsymbol{f}_{ei} = -n_i \nu_e m_e(\boldsymbol{v}_e - \boldsymbol{v}_i) \tag{2.112}$$

verwendet. Dabei ist $\nu_e = 1/\tau_e$ die mittlere Stoßfrequenz der Elektronen mit einem Ion und $m_e(\boldsymbol{v}_e - \boldsymbol{v}_i)$ ihr mittlerer Impulsverlust pro Stoß. Da die Strömungsgeschwindigkeiten $\boldsymbol{v}_i$, $\boldsymbol{v}_e$ normalerweise sehr viel kleiner sind als die thermischen Geschwindigkeiten bei den einzelnen Stößen und deshalb kaum Einfluß auf die Stoßfrequenz bzw. die zugehörige Relaxationszeit haben, entspricht der hier betrachtete Impulstransfer genau dem bei Berechnung der elektrischen Leitfähigkeit (Abschn. 2.7.1), nur wurde dort umgekehrt danach gefragt, welche Driftgeschwindigkeit $\boldsymbol{v}_{dr} = \boldsymbol{v}_e - \boldsymbol{v}_i$ durch eine vorgegebene (elektrische) Kraft gegen $\boldsymbol{f}_{ei}$ hervorgerufen wird. Wir können von dort den Zusammenhang $\nu_e = 1/\tau_e = e^2 n_e/(m_e \gamma)$ mit der elektrischen Leitfähigkeit des vollionisierten Plasmas übernehmen und erhalten

$$\boldsymbol{f}_{ei} = -\frac{e^2 n_i n_e}{\gamma}(\boldsymbol{v}_e - \boldsymbol{v}_i). \tag{2.113}$$

Wegen der Gesamtimpulserhaltung bei jedem Einzelstoß ist die entsprechende Kraftdichte für die Ionen $\boldsymbol{f}_{ie} = -\boldsymbol{f}_{ei}$. Damit gilt

$$\boldsymbol{f}_i = e n_i(\boldsymbol{E} + \boldsymbol{v}_i \times \boldsymbol{B}) - \boldsymbol{f}_{ei}, \quad \boldsymbol{f}_e = -e n_e(\boldsymbol{E} + \boldsymbol{v}_e \times \boldsymbol{B}) + \boldsymbol{f}_{ei}. \tag{2.114}$$

2.10.2 Gesamtgrößen

Nach der Berechnung der „Reibungskraft" $\boldsymbol{f}_{ei}$, die die Leitfähigkeit in die Grundgleichungen einführt, kann man vom Zweiflüssigkeitsmodell durch die Einführung von Gesamtgrößen zur eigentlichen Magnetohydrodynamik übergehen und das Plasma als einheitliches Medium beschreiben, wenn nicht besondere Verhältnisse (wie beispielsweise $T_e \neq T_i$) die durchgehende Unterscheidung von Ionen und Elektronen erfordern. Das ist möglich, weil wegen der Quasineutralität (Abschnitt 2.2.1) in guter Näherung $n_i \approx n_e = n$ gilt, also $n_i - n_e \ll n$, wobei n als *die* Plasmadichte bezeichnet wird. Führen wir als Massendichte des Plasmas $\varrho = \varrho_i + \varrho_e$ ein, als Strömungsgeschwindigkeit $\boldsymbol{v} = (\varrho_i \boldsymbol{v}_i + \varrho_e \boldsymbol{v}_e)/\varrho$, als Druck $p = p_i + p_e$ und als Stromdichte $\boldsymbol{j} = \boldsymbol{j}_i + \boldsymbol{j}_e = en(\boldsymbol{v}_i - \boldsymbol{v}_e)$, so finden wir durch Addition der entsprechenden Gleichungen für die Einzelkomponenten die Kontinuitätsgleichung der MHD,

$$\frac{\partial \varrho}{\partial t} + \nabla \cdot \varrho \boldsymbol{v} = 0, \tag{2.115}$$

und die Bewegungsgleichung der MHD,

$$\varrho \frac{\partial \boldsymbol{v}}{\partial t} = -\nabla p + \boldsymbol{j} \times \boldsymbol{B}. \tag{2.116}$$

Allerdings können wir die Stromdichte $\boldsymbol{j}$ jetzt nicht mehr durch ϱ und $\boldsymbol{v}$ ausdrücken wie für die Elektronen- oder Ionenkomponente allein. Deshalb brauchen wir eine zusätzliche Gleichung für $\boldsymbol{j}$.

2.10.3 Verallgemeinertes Ohmsches Gesetz

Die zusätzliche Beziehung für $\boldsymbol{j}$ erhält man durch Subtraktion der Bewegungsgleichungen von Ionen und Elektronen nach Division durch m_i bzw. m_e. Drückt man dann $\boldsymbol{v}_i$ und $\boldsymbol{v}_e$ durch $\boldsymbol{v}$ und $\boldsymbol{j}$ aus und vernachlässigt m_e/m_i gegen 1 sowie alle Terme, die Produkte von $\boldsymbol{j}$ und $\boldsymbol{v}$ enthalten (was nicht allgemein streng zu rechtfertigen ist), so erhält man schließlich

$$\boldsymbol{j} = \gamma \left[(\boldsymbol{E} + \boldsymbol{v} \times \boldsymbol{B}) - \frac{1}{en} \boldsymbol{j} \times \boldsymbol{B} + \frac{1}{2en} \nabla p - \frac{m_e}{e^2 n} \frac{\partial \boldsymbol{j}}{\partial t} \right] \tag{2.117}$$

als **verallgemeinertes Ohmsches Gesetz** der Magnetohydrodynamik. Der erste Term rechts entspricht dem üblichen Ohmschen Gesetz für bewegte Leiter. Die restlichen Terme werden in einfachster Näherung häufig vernachlässigt. Der ($\boldsymbol{j} \times \boldsymbol{B}$)-Term ergibt einen *Hall-Strom*, wenn $\boldsymbol{j}$ eine Komponente senkrecht zu $\boldsymbol{B}$ hat. Der Druckgradient treibt einen *Diffusionsstrom*, und der letzte Term beruht auf Trägkeitseffekten. Dividiert man Gl. (2.117) durch γ, so sieht man, daß im Fall der **idealen Magnetohydrodynamik** mit unendlicher Leitfähigkeit, $\gamma \to \infty$, die eckige Klammer verschwinden muß.

Zur Kontinuitätsgleichung (2.115), zur Bewegungsgleichung (2.116) und zum verallgemeinerten Ohmschen Gesetz (2.117) treten in der MHD die **Maxwell-Gleichungen**

$$\nabla \times \boldsymbol{E} = -\frac{\partial \boldsymbol{B}}{\partial t}, \quad \nabla \times \boldsymbol{B} = \mu_0 \boldsymbol{j} + \varepsilon_0 \mu_0 \frac{\partial \boldsymbol{E}}{\partial t}, \quad \nabla \cdot \boldsymbol{B} = 0. \tag{2.118}$$

Das *Poisson-Gesetz* $\varepsilon_0 \nabla \cdot \boldsymbol{E} = e(n_i - n_e)$ fehlt dabei, weil es die einzige Gleichung ist, in der die Ladungsdichte noch auftritt, die überall sonst vernachlässigt werden kann. Im Rahmen der MHD kann das Poisson-Gesetz als Definition der sonst nicht benötigten Ladungsdichte aufgefaßt und nachträglich benutzt werden, um die Gültigkeit der Voraussetzung $n_i - n_e \ll n$ zu überprüfen.

Schließlich müssen noch thermodynamische Gleichungen den Druck mit anderen Größen in Beziehung setzen. Im allgemeinen erfordert das zusätzlich die Betrachtung von Wärmeleitung und -erzeugung. Für *adiabatische Prozesse*, bei denen Wärmeleitung keine Rolle spielt, etwa weil sie sehr rasch ablaufen, gilt

$$p = \text{const} \cdot \varrho^\kappa, \ \kappa = \frac{c_p}{c_V}, \tag{2.119}$$

mit den spezifischen Wärmekapazitäten c_p, c_V bei konstantem Druck bzw. Volumen ($\kappa = 5/3$ für ein ideales vollionisiertes Plasma). Dann muß auch die elektrische Leitfähigkeit γ groß sein, damit die Joulesche Wärmeerzeugung („ohmsche Verluste") vernachlässigbar ist, so daß der Fall der idealen Magnetohydrodynamik vorliegt.

2.11 Wellen im Plasma

Durch das Zusammenwirken von Trägheitskräften, Druckgradienten und elektromagnetischen Kräften kann sich im Plasma eine Vielzahl von Wellen ausbilden. Das gilt besonders, wenn das Plasma durch ein äußeres Magnetfeld zu einem anisotropen Medium wird, bei dem die Wellenausbreitung senkrecht zum Magnetfeld anders erfolgt als parallel dazu. Als Beispiel zeigt Abb. 2.52 für verschiedene Wellentypen, die in einem thermischen Plasma auftreten, die Abhängigkeit der Phasengeschwindigkeit $v_{ph} = \omega/k$ von der Kreisfrequenz. Dabei treten auch sog. Hybridwellen auf, die weder longitudinal noch transversal sind. In Abb. 2.52 sind die Verhältnisse für Wellen kleiner Amplitude dargestellt, wie sie sich aus einer linearisierten Theorie

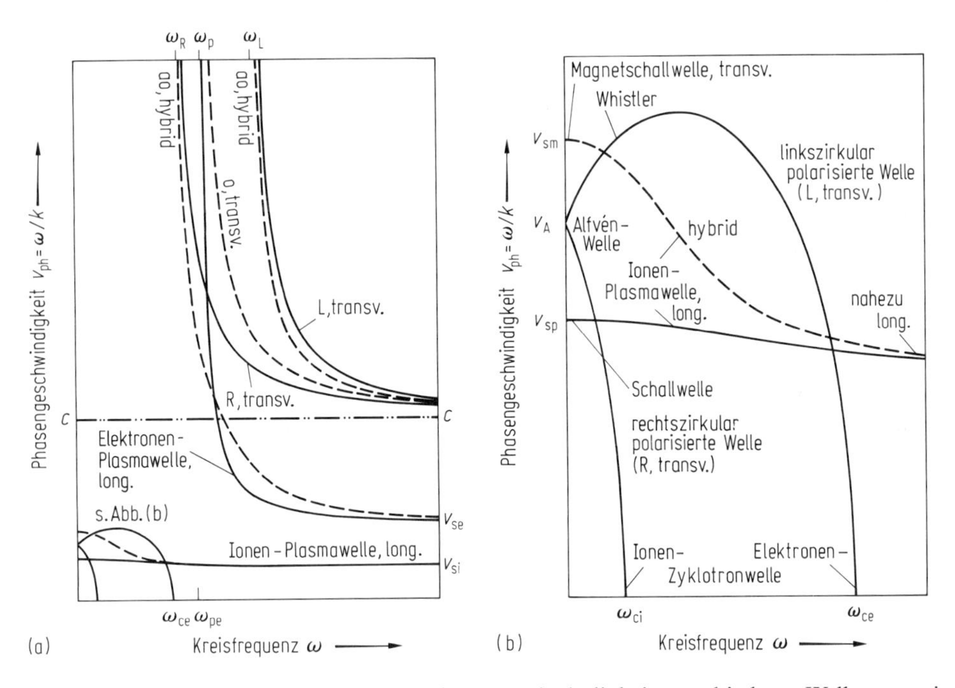

Abb. 2.52 Qualitative Darstellung der Phasengeschwindigkeit verschiedener Wellentypen in einem Plasma im VTG als Funktion der Kreisfrequenz bei Ausbreitung parallel (durchgezogen) und senkrecht (gestrichelt) zum homogenen äußeren Magnetfeld $\boldsymbol{B}_0$ (s. z. B. [27, 34]). *Transversal, longitudinal* und *hybrid* (weder transversal noch longitudinal) beziehen sich auf die Richtung des elektrischen Feldes $\boldsymbol{E}$ der Welle gegen den Wellenvektor $\boldsymbol{k}$. *Ordentliche Welle* (o): $\boldsymbol{E} \parallel \boldsymbol{B}_0$, *außerordentliche Welle* (ao): $\boldsymbol{E} \perp \boldsymbol{B}_0$. *Resonanzfrequenzen* ($v_{ph} \to 0$): ω_{ci}, ω_{ce} Zyklotronfrequenzen nach Gl. (2.131); *Abschneide-(Cutoff-)Frequenzen* ($v_{ph} \to \infty$): $\omega_p = (\omega_{pe}^2 + \omega_{pi}^2)^{1/2} \approx \omega_{pe}$ Plasmafrequenz nach Gl. (2.124), $\omega_{R,L} \approx (\omega_{ce}^2/4 + \omega_{pe}^2)^{1/2} \mp \omega_{ce}/2$. Charakteristische Geschwindigkeiten: $v_{si} \approx v_{th,i}$, $v_{se} \approx v_{th,e}$ „normale" *Schallgeschwindigkeiten* in Ionen- bzw. Elektronengas, $v_{sp} \approx \sqrt{2} v_{si}$ *Plasmaschallgeschwindigkeit*, $v_A = B_0/(\mu_0 n_i m_i)^{1/2}$ *Alfvén-Geschwindigkeit*, $v_{sm} = (v_A^2 + v_{sp}^2)^{1/2}$ *Magnetschallgeschwindigkeit*. Der besseren Übersichtlichkeit halber liegen der Abbildung ein Massenverhältnis $m_i/m_e = 5$ und eine Elektronenschallgeschwindigkeit $v_{se} = 0.4\,c$ zugrunde.

(Produkte kleiner Größen werden vernachlässigt) für ein homogenes, stationäres Plasma im thermodynamischen Gleichgewicht ergeben. Werden diese Voraussetzungen fallengelassen, sind die Verhältnisse noch komplizierter.

Wellen als typisch kollektive Erscheinungen können näherungsweise mit Hilfe der Vlasov-Gleichung (Abschn. 2.9.2) oder der Magnetohydrodynamik bzw. des Zweiflüssigkeitsmodells (Abschn. 2.10) untersucht werden.

Hier wollen wir im Anschluß an Abschn. 2.10 einen sehr einfachen Fall von Wellen kleiner Amplitude (für ϱ, $\boldsymbol{v}$, $\boldsymbol{j}$, $\boldsymbol{E}$, $\boldsymbol{B}$) in einem homogenen Plasma unendlich hoher Leitfähigkeit ohne äußeres Magnetfeld betrachten. Dabei sollen im ungestörten Plasma $n_e = n_i = n = \text{const}$ und $\boldsymbol{v} = \boldsymbol{j} = \boldsymbol{E} = \boldsymbol{B} = \boldsymbol{0}$ sein.

Bei $\gamma \to \infty$ muß in Gl. (2.117) die eckige Klammer verschwinden. Darin sind $\boldsymbol{v} \times \boldsymbol{B}$ und $\boldsymbol{j} \times \boldsymbol{B}$ Produkte kleiner Größen und werden vernachlässigt (*Linearisierung* der Gleichung). Außerdem vernachlässigen wir der Einfachheit halber den Druckterm und erhalten so

$$\frac{e^2 n_e}{m_e} \boldsymbol{E} = \frac{\partial \boldsymbol{j}}{\partial t}. \tag{2.120}$$

Eine zweite Beziehung zwischen $\boldsymbol{j}$ und $\boldsymbol{E}$ liefern die Maxwell-Gleichungen (2.118), wenn die zweite nach der Zeit abgeleitet und dann die erste eingesetzt wird:

$$-\nabla \times (\nabla \times \boldsymbol{E}) = \mu_0 \frac{\partial \boldsymbol{j}}{\partial t} + c^{-2} \frac{\partial^2 \boldsymbol{E}}{\partial t^2}. \tag{2.121}$$

Darin ist $c = 1/\sqrt{\varepsilon_0 \mu_0} = 299\,792\,458$ m/s die Vakuum-Lichtgeschwindigkeit. Einsetzen von Gl. (2.120) ergibt eine Gleichung für $\boldsymbol{E}$ allein:

$$\frac{\partial^2 \boldsymbol{E}}{\partial t^2} + c^2 \nabla \times (\nabla \times \boldsymbol{E}) + \frac{e^2 n_e}{\varepsilon_0 m_e} \boldsymbol{E} = \boldsymbol{0}. \tag{2.122}$$

Für Vakuum ($n_e = 0$) ist das die übliche Wellengleichung für elektromagnetische Wellen. Wir suchen nach räumlich und zeitlich periodischen Lösungen und machen den komplexen Ansatz $\boldsymbol{E}(\boldsymbol{r}, t) = \boldsymbol{E}_1 \exp[i(\boldsymbol{k} \cdot \boldsymbol{r} - \omega t)]$ (Lösung ist der Real- oder Imaginärteil). Dafür ist besonders einfach $\partial \boldsymbol{E}/\partial t = -i\omega \boldsymbol{E}$ und $\nabla \times \boldsymbol{E} = i\boldsymbol{k} \times \boldsymbol{E}$, und Gl. (2.122) wird

$$\left(\frac{e^2 n_e}{\varepsilon_0 m_e} - \omega^2\right) \boldsymbol{E} = c^2 \boldsymbol{k} \times (\boldsymbol{k} \times \boldsymbol{E}) = c^2 \left[(\boldsymbol{k} \cdot \boldsymbol{E})\boldsymbol{k} - k^2 \boldsymbol{E}\right]. \tag{2.123}$$

Für longitudinale und transversale Wellen ergeben sich daraus unterschiedliche **Dispersionsrelationen** (Zusammenhang von k und ω).

2.11.1 Elektronenplasmaschwingungen, Plasmafrequenz

Für *longitudinale Wellen* mit $\boldsymbol{E} \parallel \boldsymbol{k}$ ist die rechte Seite von Gl. (2.123) $kEk - k^2 E = 0$, es muß also $\omega^2 = e^2 n_e/(\varepsilon_0 m_e)$ gelten. Diese Kreisfrequenz ist die **Plasmafrequenz**

$$\omega_p = \sqrt{\frac{e^2 n_e}{\varepsilon_0 m_e}} = \sqrt{\frac{n_e}{\text{m}^{-3}}} \cdot 56.4\ \text{s}^{-1}. \tag{2.124}$$

(Wenn ω_p von der entsprechenden Ionenfrequenz mit m_i, n_i unterschieden werden muß, spricht man genauer von der *Elektronen*-Plasmafrequenz ω_{pe}.)

Longitudinale Wellen sind danach mit $\omega = \omega_p$ für jeden Wellenvektor $\boldsymbol{k}$ möglich. Ihre Gruppengeschwindigkeit ist $v_{gr} = d\omega/dk = 0$. Das zeigt, daß es sich nicht eigentlich um Wellen handelt, die sich ausbreiten, sondern um stationäre Schwingungen. Diese Schwingungen führen die Elektronen um die ruhenden Ionen in dem Bestreben aus, einmal aufgetretene Raumladungen zu neutralisieren, wie wir schon in Abschn. 2.2.1 gesehen haben.

Eine Dämpfung der Schwingungen tritt in der verwendeten einfachen Näherung nicht auf, ergibt sich aber bei endlicher Leitfähigkeit γ. Eine nichtverschwindende Gruppengeschwindigkeit hätten wir bei Berücksichtigung der Druckkraft im Ohmschen Gesetz erhalten.

2.11.2 Elektromagnetische Wellen

2.11.2.1 Brechzahl

Für *transversale Wellen* ist $\boldsymbol{k} \cdot \boldsymbol{E} = 0$, so daß sich aus Gl. (2.123) die Dispersionsrelation

$$c^2k^2 = \omega^2 - \omega_p^2 \tag{2.125}$$

ergibt ($k = 2\pi/\lambda$ ist die Wellenzahl). Im Vakuum reduziert sich dies auf $\omega\lambda = 2\pi c$, es handelt sich bei diesen Wellen also um elektromagnetische Wellen. Im Plasma kann sich eine elektromagnetische Welle nur ausbreiten, wenn $\omega > \omega_p$ ist. Für $\omega < \omega_p$ wird k imaginär und die Welle ist räumlich exponentiell gedämpft. In diesem Fall sind die Elektronen in der Lage, das niederfrequente elektrische Feld der Welle abzuschirmen, während sie immer höherfrequenten Feldern immer schlechter folgen können. Trifft eine elektromagnetische Welle mit $\omega < \omega_p$ von außen auf ein Plasma, so wird sie reflektiert. Das bietet eine Möglichkeit zur **Elektronendichtebestimmung**. Es ist auch der Grund dafür, daß die Ionosphäre langwellige Radiowellen reflektiert, kurzwellige dagegen nicht. Die Grenzwellenlänge ist etwa $\lambda \approx (n_e/10^{15}\,\mathrm{m}^{-3})^{-1/2}\,\mathrm{m}$.

Die Phasengeschwindigkeit der elektromagnetischen Wellen im Plasma ist

$$v_{ph} = \frac{\omega}{k} = \frac{c}{\sqrt{1-(\omega_p/\omega)^2}} > c \tag{2.126}$$

(vgl. auch Abb. 2.52). Damit ist die **Brechzahl des Plasmas**

$$n = \frac{c}{v_{ph}} = \sqrt{1-\left(\frac{\omega_p}{\omega}\right)^2} < 1. \tag{2.127}$$

Die Gruppengeschwindigkeit $v_{gr} = d\omega/dk$ ist immer kleiner als c, wie es sein muß, denn es gilt $v_{ph}v_{gr} = c^2$.

2.11.2.2 Interferometrische Messung der Elektronendichte

Die Abhängigkeit der Brechzahl des Plasmas von der Plasmafrequenz und damit von der Elektronendichte ermöglicht die Messung der Elektronendichte mit Strahlung der Kreisfrequenz $\omega > \omega_p$, wenn man in einer Interferometeranordnung wie in Abb. 2.53 die Phasenverschiebung feststellt, die im Plasma gegenüber der ungestörten Ausbreitung im Referenzzweig auftritt. Für inhomogene Plasmen ergibt sich dabei ein Mittelwert der Elektronendichte über die durchstrahlte Plasmalänge. Außerdem tragen auch die gebundenen Elektronen in Atomen und Ionen zur Brechzahl bei, allerdings mit anderer Frequenzabhängigkeit als die freien Elektronen [16, 80]. Um ihren Anteil zu eliminieren, führt man die Interferometrie gleichzeitig mit Strahlung zweier möglichst unterschiedlicher Wellenlängen durch. Laser- oder Mikrowelleninterferometrie wird für Laborplasmen und magnetisch eingeschlossene Kernfusionsplasmen verwendet [14, 78, 79, 81].

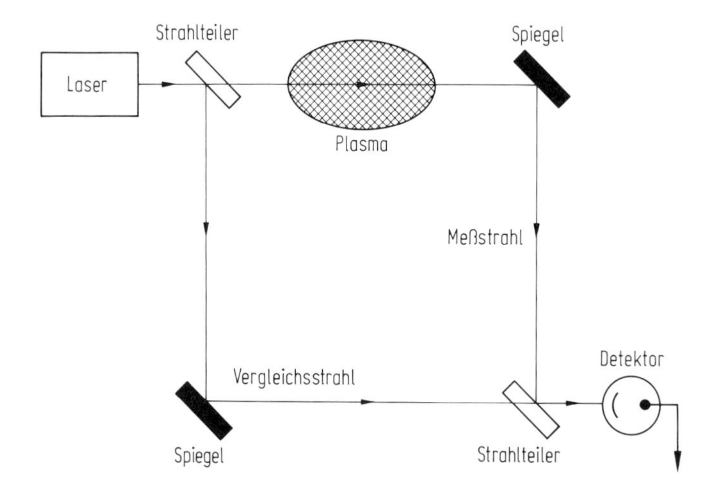

Abb. 2.53 Mach-Zehnder-Interferometer zur Bestimmung der Elektronendichte in einem Plasma durch Messung der Phasenverschiebung einer Lichtwelle.

2.11.2.3 Faraday-Rotation

Wir haben bisher ein magnetfeldfreies Plasma zugrundegelegt. In einem homogenen Magnetfeld B hat ein Plasma nicht nur unterschiedliche Brechzahlen für elektromagnetische Wellen, die sich parallel bzw. senkrecht zum Magnetfeld ausbreiten. Auch für Wellen in Richtung des Magnetfelds gibt es unterschiedliche Brechzahlen für die beiden zirkularen Polarisationen, das Plasma ist *doppelbrechend*. Dieser Unterschied rührt daher, daß die Elektronen eine Kreisbewegung um die Magnetfeldlinien vollführen (Abschn. 2.12.1.1) und bei linkszirkularer (L) Polarisation das elektrische Feld in derselben Richtung umläuft wie die Elektronen, bei rechtszirkularer (R) Polarisation entgegengesetzt. (Dies ist die übliche Benennung der Polarisationen in der

Optik. In der Plasmaphysik ist auch die umgekehrte Benennung weitverbreitet.) In den Brechzahlen tritt jetzt neben der Plasmafrequenz ω_p die Gyrationsfrequenz $\omega_c = eB/m_e$ der Elektronen (Gl. (2.131)) auf:

$$n_{R,L} = \sqrt{1 - \frac{\omega_p^2/\omega^2}{1 \pm \omega_c/\omega}}. \tag{2.128}$$

Wird ein Plasma längs des Magnetfeldes mit einer linear polarisierten Welle durchstrahlt, so tritt wegen der unterschiedlichen Phasengeschwindigkeiten (s. auch Abb. 2.52) eine Phasenverschiebung zwischen R- und L-Komponente auf, die zu einer Drehung der linearen Polarisation um einen Winkel α führt, der mit Hilfe eines Polarisationsanalysators gemessen werden kann (Abb. 2.54). Für eine homogene Plasmaschicht der Dicke d, homogenes Magnetfeld B und $\omega \gg \omega_c$, das heißt $\lambda/\mathrm{mm} < B/T$, sowie $\omega \gg \omega_p$ gilt

$$\alpha = \frac{\omega_p^2 \omega_c d}{2c\omega^2} = \frac{e^3}{2\varepsilon_0 c m_e^2} \frac{n_e B d}{\omega^2} = 2.6 \cdot 10^{-13} \lambda^2 d n_e \frac{B}{\mathrm{T}}. \tag{2.129}$$

Bei bekanntem Magnetfeld kann dies zur **Messung der Elektronendichte** dienen, bei bekannter Elektronendichte zur **Messung des Magnetfelds** [14, 78, 79, 103]. In beiden Fällen ergibt sich ein Mittelwert über die Plasmalänge d.

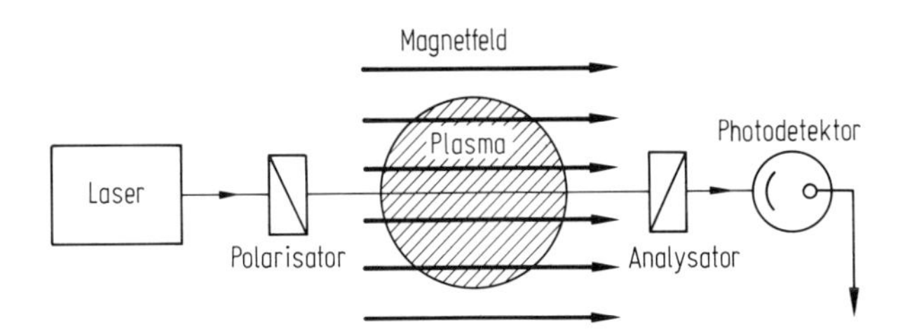

Abb. 2.54 Bestimmung der Faraday-Rotation linear polarisierter Strahlung in einem magnetischen Plasma mit Hilfe einer Polarisator-Analysator-Anordnung.

2.12 Plasmen in Magnetfeldern

Zum Verständnis der vielfältigen Eigenschaften von Plasmen in äußeren Magnetfeldern können zwei Modellvorstellungen dienen. Bei großen Anzahldichten und hohen Stoßraten ist die Beschreibung als elektrisch leitende Flüssigkeit brauchbar, die wir in Abschn. 2.10 für die **Magnetohydrodynamik** zugrundegelegt haben. Bei niedrigen Dichten und entsprechend geringen Stoßraten sowie starken äußeren Magnetfeldern bewegen sich die geladenen Teilchen jedoch vorwiegend unter dem Einfluß dieser Felder, und ihre Bewegung wird nur selten durch Stöße gestört. Unter diesen Bedingungen kann man das Verhalten des Plasmas weitgehend aus der Betrachtung der Bahnkurven einzelner Teilchen im äußeren Feld verstehen. Wir wollen zunächst einige grundlegende Ergebnisse dieses **Einzelteilchenmodells** erläutern und dann mit beiden Modellen an einfachen Beispielen darstellen, wie ein Plasmaeinschluß durch

Magnetfelder erfolgen kann, der für die Versuche der kontrollierten Energieerzeugung in Kernfusionsplasmen von großer Bedeutung ist (Abschn. 2.13.3).

2.12.1 Einzelteilchenmodell

Die Bewegungsgleichung für ein (nichtrelativistisches) Teilchen der Masse m und elektrischen Ladung q in einem vorgegebenen äußeren elektrischen Feld $\boldsymbol{E}$ und magnetischen Feld $\boldsymbol{B}$ (magnetische Flußdichte oder Induktion) lautet

$$m\frac{\mathrm{d}\boldsymbol{v}}{\mathrm{d}t} = m\frac{\mathrm{d}^2\boldsymbol{r}}{\mathrm{d}t^2} = q(\boldsymbol{E} + \boldsymbol{v}\times\boldsymbol{B}). \tag{2.130}$$

$q(\boldsymbol{E} + \boldsymbol{v}\times\boldsymbol{B})$ ist die **Lorentz-Kraft**. Dabei ist die *magnetische Lorentz-Kraft* $q\boldsymbol{v}\times\boldsymbol{B}$ eine *leistungslose Kraft*, weil sie immer auf der Geschwindigkeit senkrecht steht und deshalb keine Arbeit an dem Teilchen verrichten kann. Durch diese Kraft wird die kinetische Energie W des Teilchens bzw. der Geschwindigkeits*betrag* v nicht geändert, sondern nur die *Richtung* der Teilchengeschwindigkeit.

2.12.1.1 Gyration im homogenen statischen Magnetfeld

Für $E = 0$ und räumlich und zeitlich konstantes Magnetfeld $\boldsymbol{B}$ zerlegen wir die Geschwindigkeit in ihre Komponenten $\boldsymbol{v}_{\parallel}$ und $\boldsymbol{v}_{\perp}$ parallel und senkrecht zum Magnetfeld. Weil die Kraft keine Komponente in Richtung von $\boldsymbol{B}$ hat, bleibt $\boldsymbol{v}_{\parallel}$ zeitlich konstant, und wir können uns zunächst auf den Fall $v_{\parallel} = 0$ beschränken, bei dem die Bewegung in einer Ebene senkrecht zum Magnetfeld erfolgt. Mit v und $v_{\parallel}$ muß auch $v_{\perp}$ konstant bleiben. Damit wirkt eine Kraft konstanten Betrages, die immer senkrecht auf der Geschwindigkeit steht, und führt zu einer gleichförmigen **Gyrationsbewegung** auf einer Kreisbahn (Abb. 2.55a) mit dem *Gyrationsradius* r_{c} um einen festen Mittelpunkt $\boldsymbol{r}_0$, das sogenannte **Führungszentrum**. r_{c} stellt sich so ein, daß die Zentrifugalkraft $mv_{\perp}^2/r_{\mathrm{c}}$ gleich der magnetischen Lorentz-Kraft $|q|v_{\perp}B$ ist, woraus sich auch die Winkelgeschwindigkeit der Kreisbewegung ergibt (*Gyrations-* oder *Zyklotronfrequenz*, vielfach auch fälschlich als Larmor-Frequenz bezeichnet):

$$r_{\mathrm{c}} = \frac{mv_{\perp}}{|q|B}, \quad \omega_{\mathrm{c}} = \frac{|q|}{m}B. \tag{2.131}$$

Die Gyrationsfrequenz ist für Teilchen einer Sorte unabhängig von der Geschwindigkeit; für Elektronen ist sie $\omega_{\mathrm{ce}} = 1.76 \cdot 10^{11}\,(B/\mathrm{T})\,\mathrm{s}^{-1}$. Beim magnetischen Einschluß von Kernfusionsplasmen ist B von der Größenordnung 10 T, im Erdmagnetfeld von der Größenordnung 10 μT. In LTG-Plasmen ist der Gyrationsradius der Elektronen von der Größenordnung $r_{\mathrm{ce}} \approx 3\,\mu\mathrm{m} \cdot \sqrt{kT/\mathrm{eV}}/(B/\mathrm{T})$; für einfach geladene Ionen ist er um den Faktor $\sqrt{m_{\mathrm{i}}/m_{\mathrm{e}}}$ größer, während die Ionengyrationsfrequenz um diesen Faktor kleiner ist. Die Gyration der Elektronen erfolgt im entgegengesetzten Umlaufsinn zu der der positiv geladenen Ionen; für Elektronen hängt der Umlaufsinn über die „Rechte-Hand-Regel“ mit der Richtung von $\boldsymbol{B}$ zusammen. In beiden Fällen

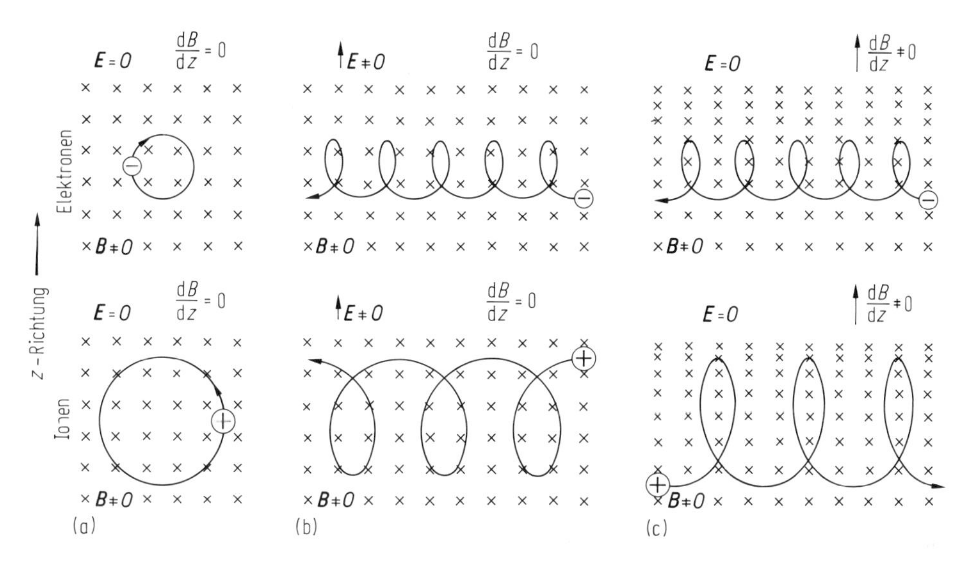

Abb. 2.55 Bewegung von geladenen Teilchen in statischen magnetischen und elektrischen Feldern. a) Homogenes Magnetfeld; b) homogenes „gekreuztes" magnetisches und elektrisches Feld; c) inhomogenes Magnetfeld. Das Magnetfeld ist in allen Fällen senkrecht zur Bildebene vom Betrachter fort gerichtet.

erzeugt der Kreisstrom der Gyration ein Magnetfeld, das dem äußeren Feld $\boldsymbol{B}$ entgegengerichtet ist: Plasmen sind **diamagnetisch**.

Lassen wir nun wieder $v_{\parallel} \neq 0$ zu, so überlagert sich der Kreisbewegung eine gleichförmige Translation entlang oder entgegen den Magnetfeldlinien, die wir als kräftefreie Bewegung des Führungszentrums auffassen können. Insgesamt ergibt sich eine Schraubenbahn mit der Steigung $v_{\parallel}/v_{\perp}$.

Zusammenfassend stellen wir fest: In einem homogenen statischen Magnetfeld ist die Bewegung der geladenen Teilchen an die Magnetfeldlinien gebunden; nur Stöße führen zu einem Teilchentransport senkrecht zu den Feldlinien.

2.12.1.2 Driftbewegungen

$\boldsymbol{E} \times \boldsymbol{B}$-Drift. Beim Zusammenwirken homogener statischer elektrischer und magnetischer Felder kann man die Bewegungsgleichung (2.130) lösen, indem man in ein Bezugssystem übergeht, das sich mit der konstanten Geschwindigkeit

$$\boldsymbol{v}_{\mathrm{dr}} = \frac{\boldsymbol{E} \times \boldsymbol{B}}{B^2} \tag{2.132}$$

gegen das ursprüngliche Bezugssystem bewegt. Für die Geschwindigkeit $\boldsymbol{u} = \boldsymbol{v} - \boldsymbol{v}_{\mathrm{dr}}$ ist die Bewegungsgleichung

$$m \frac{\mathrm{d}\boldsymbol{u}}{\mathrm{d}t} = q \frac{\boldsymbol{E} \cdot \boldsymbol{B}}{B^2} \boldsymbol{B} + q\boldsymbol{u} \times \boldsymbol{B}. \tag{2.133}$$

In der Ebene senkrecht zu $\boldsymbol{B}$ bewirkt die Kraft $q\boldsymbol{u} \times \boldsymbol{B}$ die bereits diskutierte Gyration um ein Führungszentrum. Dieses Führungszentrum bewegt sich im allgemeinen beschleunigt längs der Magnetfeldlinien, wobei die Komponente der elektrischen Kraft $q\boldsymbol{E}$ in dieser Richtung wirkt. Zusätzlich tritt im ursprünglichen Bezugssystem die Driftgeschwindigkeit $\boldsymbol{v}_{\mathrm{dr}}$ senkrecht zu $\boldsymbol{E}$ und $\boldsymbol{B}$ auf. Ist speziell $\boldsymbol{E} \perp \boldsymbol{B}$ („gekreuzte" elektrische und magnetische Felder), so gilt $v_{\mathrm{dr}} = E/B$.

Die Driftgeschwindigkeit ist von Teilchenladung, -masse und -geschwindigkeit unabhängig. Sie führt deshalb nicht zu einer Ladungstrennung oder zu einem elektrischen Strom. Das ist anders, wenn statt der elektrischen Kraft $q\boldsymbol{E}$ eine andere Kraft $\boldsymbol{F}$ wirkt, etwa die Schwerkraft $m\boldsymbol{g}$, die nicht zur Teilchenladung proportional ist. Dann ist die Driftgeschwindigkeit $\boldsymbol{v}_{\mathrm{dr}} = \boldsymbol{F} \times \boldsymbol{B}/(qB^2)$ für Ionen und Elektronen entgegengesetzt und es fließt ein elektrischer Strom oder es tritt Ladungstrennung auf. Bei Ladungstrennung entsteht ein elektrisches Feld in Richtung $-\boldsymbol{F} \times \boldsymbol{B}$, und die hierdurch entstehende, sozusagen sekundäre $\boldsymbol{E} \times \boldsymbol{B}$-Drift geht für Ionen und Elektronen in Richtung der Komponente von $\boldsymbol{F}$, die senkrecht zu $\boldsymbol{B}$ steht.

Die Driftbewegung läßt sich anschaulich gut verstehen (Abb. 2.55 b). Bei der Gyration werden die Elektronen verzögert, wenn sie sich in Richtung des elektrischen Feldes bewegen, wodurch der Gyrationsradius abnimmt, und beschleunigt, wenn sie sich entgegen dem elektrischen Feld bewegen, wodurch der Gyrationsradius anwächst. Senkrecht zu $\boldsymbol{B}$ ergibt sich eine Zykloidenbahn mit der Driftgeschwindigkeit als mittlerer Geschwindigkeit. Auf die Ionen wirkt das elektrische Feld zwar gerade entgegengesetzt, da aber auch ihre Gyration entgegengesetzt erfolgt, geht die Drift schließlich doch in dieselbe Richtung wie die der Elektronen.

Drift des Führungszentrums in räumlich und zeitlich inhomogenen Feldern. Für räumlich und/oder zeitlich inhomogene Magnetfelder stellt die Integration der (nichtlinearen) Bewegungsgleichung (2.130) gewöhnlich ein schwieriges Problem dar. Eine Näherungslösung ist möglich für *schwache Inhomogenitäten*, die sich über Längen der Größenordnung r_{c} und Zeiten der Größenordnung $1/\omega_{\mathrm{c}}$ kaum bemerkbar machen, also $r_{\mathrm{c}}|\nabla B| \ll B$ und $(1/\omega_{\mathrm{c}})\partial B/\partial t \ll B$ erfüllen. Dann finden bei gegebenem Ort $\boldsymbol{r}_0 = \boldsymbol{r}_0(t)$ des Führungszentrums um dieses herum viele Gyrationen entsprechend dem lokalen Magnetfeld $\boldsymbol{B}(\boldsymbol{r}_0, t)$ statt, und $\boldsymbol{r}_0$ driftet nur langsam unter dem Einfluß der schwachen Kräfte, die sich bei Mittelung über den Gyrationskreis ergeben. (Dazu muß E klein genug sein, damit die Bewegung parallel zu $\boldsymbol{B}$ und die $\boldsymbol{E} \times \boldsymbol{B}$-Drift langsam genug erfolgen.) Wir geben die wichtigsten Ergebnisse dieser *Drift-* oder *Alfvén-Näherung* [22, 23, 27, 28] für jeweils einzelne Arten von Inhomogenitäten an. Tatsächlich treten diese fast immer überlagert auf.

Gradientendrift (∇B-Drift). Sind die Magnetfeldlinien parallele Geraden, ändert sich aber ihre Dichte in einer Ebene senkrecht zu $\boldsymbol{B}$ (Abb. 2.55c), so ist der Gyrationsradius in Bereichen mit größerem B kleiner als in Bereichen mit kleinerem B. Dadurch entsteht die Gradientendrift mit der Driftgeschwindigkeit

$$\boldsymbol{v}_{\mathrm{dr}} = \frac{1}{2}\frac{q}{m}\frac{r_{\mathrm{c}}^2}{B}\boldsymbol{B} \times \nabla B. \tag{2.134}$$

Elektronen und Ionen driften in verschiedene Richtungen.

Krümmungsdrift. Bei der Bewegung längs gekrümmter Magnetfeldlinien tritt – je nach Geschwindigkeitskomponente $v_{\parallel} = \boldsymbol{v} \cdot \boldsymbol{B}/B$ – eine Fliehkraft $\boldsymbol{F}$ auf, die vom Krümmungsmittelpunkt aus senkrecht zu $\boldsymbol{B}$ nach außen gerichtet ist und eine entsprechende $\boldsymbol{F} \times \boldsymbol{B}$-Drift verursacht. Die Driftgeschwindigkeit ist

$$\boldsymbol{v}_{\mathrm{dr}} = \frac{m}{q} \frac{(\boldsymbol{v} \cdot \boldsymbol{B})^2}{B^6} \boldsymbol{B} \times (\boldsymbol{B} \cdot \nabla)\boldsymbol{B}, \tag{2.135}$$

ihr Betrag ist $v_{\mathrm{dr}} = v_{\parallel}^2/(R\omega_{\mathrm{c}})$ mit dem Krümmungsradius R. Ein gekrümmtes Magnetfeld ist im Vakuum wegen $\nabla \cdot \boldsymbol{B} = 0$ immer mit einem Gradienten von B verbunden, der entgegengesetzt zur Fliehkraft $\boldsymbol{F}$ gerichtet ist. Die zugehörige Gradientendrift verstärkt die Krümmungsdrift; beide führen zu Strömen bzw. zur Ladungstrennung. Bei Ladungstrennung führt, wie schon erwähnt, das entstehende elektrische Feld zu einer zusätzlichen Drift, die in diesem Fall sowohl für Elektronen als auch für Ionen in Richtung der Fliehkraft bzw. entgegengesetzt zu ∇B geht.

Weitere Driften treten auf bei räumlich inhomogenem elektrischen Feld, bei zeitlich veränderlichem elektrischen Feld und bei zeitlich veränderlichem Magnetfeld (wegen des induzierten elektrischen Feldes).

2.12.1.3 Adiabatische Invarianz des magnetischen Moments

Der Kreisstrom, den ein im Magnetfeld gyrierendes geladenes Teilchen darstellt, hat die Stromstärke $I = |q|\omega_{\mathrm{c}}/(2\pi)$ und umfaßt die Fläche $A = \pi r_{\mathrm{c}}^2$. Sein *magnetisches Moment* ist

$$\mu_{\mathrm{m}} = IA = \frac{m}{2} \frac{v_{\perp}^2}{B} = \frac{W_{\perp}}{B}, \tag{2.136}$$

wobei $W_{\perp}$ die kinetische Energie der Gyration bezeichnet. Wie ändert sich das magnetische Moment bei der langsamen Drift des Führungszentrums $\boldsymbol{r}_0$?

Wir berechnen die Änderung $\Delta W_{\perp}$ von $W_{\perp}$ während einer Gyrationsperiode $\tau_{\mathrm{c}} = 2\pi/\omega_{\mathrm{c}}$. Diese muß in der Driftnäherung sehr klein sein, so daß wir $\Delta W_{\perp}/\tau_{\mathrm{c}} = \omega_{\mathrm{c}}\Delta W_{\perp}/(2\pi) = \mathrm{d}W_{\perp}/\mathrm{d}t$ setzen können. $\Delta W_{\perp}$ ist die Arbeit der Lorentz-Kraft während eines Gyrationsumlaufs. Da die magnetische Lorentz-Kraft keine Arbeit leistet, ist $\Delta W_{\perp} = q\oint \mathrm{d}\boldsymbol{r} \cdot \boldsymbol{E}$. Nach dem Induktionsgesetz der Elektrodynamik ist das Integral, die induzierte Spannung, gleich $-\mathrm{d}\Phi/\mathrm{d}t$, der negativen zeitlichen Änderung des magnetischen Flusses durch den Gyrationskreis um $\boldsymbol{r}_0$, wo das Magnetfeld nur sehr wenig von $\boldsymbol{B}(\boldsymbol{r}_0, t)$ abweicht. Damit ist unter Berücksichtigung der Stromrichtung (Umlaufsinn von A) $\Phi = -\pi r_{\mathrm{c}}^2 B(\boldsymbol{r}_0, t)$ und $\Delta W_{\perp} = \pi q r_{\mathrm{c}}^2 \mathrm{d}B/\mathrm{d}t = \tau_{\mathrm{c}}(W_{\perp}/B)\mathrm{d}B/\mathrm{d}t = \tau_{\mathrm{c}}\mu_{\mathrm{m}}\mathrm{d}B/\mathrm{d}t$ oder $\mathrm{d}W_{\perp}/\mathrm{d}t = \mu_{\mathrm{m}}\mathrm{d}B/\mathrm{d}t$. Andrerseits ist $\mathrm{d}W_{\perp}/\mathrm{d}t = \mathrm{d}(\mu_{\mathrm{m}}B)/\mathrm{d}t$. Folglich ist $B\mathrm{d}\mu_{\mathrm{m}}/\mathrm{d}t = 0$ und für $B \neq 0$:

$$\frac{\mathrm{d}\mu_{\mathrm{m}}}{\mathrm{d}t} = 0. \tag{2.137}$$

Das magnetische Moment bleibt bei der langsamen Driftbewegung erhalten, es ist eine **adiabatische Invariante**, solange B nicht sehr klein wird (dann werden r_{c} und τ_{c} sehr groß). Diese Tatsache werden wir im nächsten Abschnitt ausnutzen.

2.12.2 Plasmaeinschluß durch magnetische Felder

Wir zeigen an zwei einfachen Beispielen, daß es möglich ist, Plasmen in gewissem Maße durch magnetische Felder einzuschließen. Dabei verwenden wir einmal das Einzelteilchenmodell des vorigen Abschnitts und einmal die – auf die Magnetohydro-*statik* reduzierte – Magnetohydrodynamik.

2.12.2.1 Magnetischer Spiegel

Die Invarianz des magnetischen Moments der Gyrationsbewegung (Abschn. 2.12.1.3) hat – zusammen mit der Erhaltung der kinetischen Energie bei Bewegung in einem Magnetfeld – die Konsequenz, daß ein geladenes Teilchen auch längs der Magnetfeldlinien aus einem Bereich schwächeren Magnetfelds B_0 nicht in Bereiche beliebig starken Magnetfelds B_{max} vordringen kann (Abb. 2.56). Einerseits ist bei der Bewegung die kinetische Energie $W = W_\parallel + W_\perp$ konstant ($W_\parallel$ kinetische Energie der Bewegung (des Führungszentrums) längs der Feldlinie, $W_\perp$ kinetische Energie der Gyration um die Feldlinie), andrerseits nach Gl. (2.137) auch $\mu_m = W_\perp/B$. Mit zunehmendem B muß auch $W_\perp$ auf Kosten von $W_\parallel$ zunehmen: Die Bewegung längs der Feldlinie wird gebremst. Wenn $\mu_m(B_{max} - B_0) > W_{\parallel,0}$ ist, ist $W_\parallel$ schon vor Erreichen von B_{max} „verbraucht", und das Teilchen läuft längs der Feldlinie *zurück* in den Bereich schwächerer Magnetfelder, wobei es jetzt beschleunigt wird. Eine Plasmakonfiguration wie in Abb. 2.56 heißt deshalb **magnetischer Spiegel**; sie kann einfach durch eine kurze Magnetfeldspule realsiert werden. Ein magnetischer Spiegel reflektiert allerdings nicht perfekt. Leicht zu sehen ist, daß alle Teilchen auf der Achse, die keine Geschwindigkeitskomponente senkrecht zum Magnetfeld haben ($\mu_m = 0$), durch den Spiegel hindurchtreten. Man rechnet auch einfach aus, daß dies ebenso für die Teilchen auf der Achse gilt, deren Geschwindigkeitsvektoren innerhalb des *Verlustkegels* mit dem halben Öffnungswinkel $\alpha = \arcsin \sqrt{B_0/B_{max}}$ um die Achse liegen. B_{max}/B_0 bezeichnet man als *Spiegelverhältnis*.

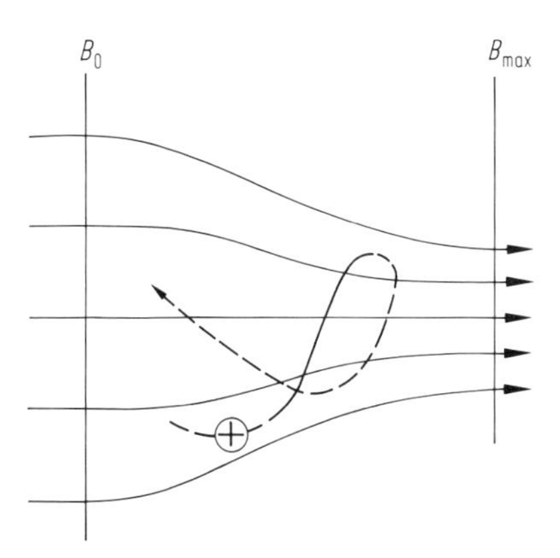

Abb. 2.56 Magnetischer Spiegel.

2.12.2.2 Magnetohydrostatik, magnetischer Druck

Mögliche Gleichgewichtskonfigurationen, in denen ein Magnetfeld ein Plasma „festhält", kann man auch im Rahmen der Magnetohydrodynamik suchen, indem man dort alle Zeitableitungen und Geschwindigkeiten Null setzt, $\partial/\partial t \equiv 0$ und $\boldsymbol{v} \equiv \boldsymbol{0}$. Damit gelangt man zur **Magnetohydrostatik**.

Im Gleichgewicht muß insbesondere nach Gl. (2.116)

$$\nabla p = \boldsymbol{j} \times \boldsymbol{B} \tag{2.138}$$

gelten: Die magnetische Lorentz-Kraft hält dem Druckgradienten das Gleichgewicht. Wo immer auch ein Druckgradient besteht, muß ein Magnetfeld vorhanden sein und ein elektrischer Strom fließen. Dabei müssen $\boldsymbol{j}$ und $\boldsymbol{B}$ senkrecht zum Druckgradienten gerichtet sein, der seinerseits wieder senkrecht auf den Flächen konstanten Drucks steht. Es folgt unmittelbar: Im Gleichgewicht liegen die Stromlinien und die Magnetfeldlinien auf den Flächen konstanten Drucks (Isobaren).

Weiter muß im Gleichgewicht das Durchflutungsgesetz

$$\nabla \times \boldsymbol{B} = \mu_0 \boldsymbol{j} \tag{2.139}$$

gelten. Setzt man $\boldsymbol{j}$ in Gl. (2.138) ein und benutzt $\boldsymbol{B} \times (\nabla \times \boldsymbol{B}) = \frac{1}{2}\nabla B^2 - (\boldsymbol{B} \cdot \nabla)\boldsymbol{B}$, so erhält man

$$\nabla\left(p + \frac{1}{2\mu_0} B^2\right) = \frac{1}{\mu_0}(\boldsymbol{B} \cdot \nabla)\boldsymbol{B}. \tag{2.140}$$

Weil die Größe $B^2/(2\mu_0)$ ebenso wirkt wie der hydrostatische Teilchendruck, heißt sie **magnetischer Druck**. Das Verhältnis von Teilchen- zu magnetischem Druck wird gewöhnlich mit β bezeichnet: $\beta = 2\mu_0 p/B^2$.

Die allgemeine Lösung der nichtlinearen Gl. (2.140) ist nicht bekannt. In einfachen Geometrien verschwindet aber $(\boldsymbol{B} \cdot \nabla)\boldsymbol{B}$, beispielsweise für gerade, parallele Feldli-

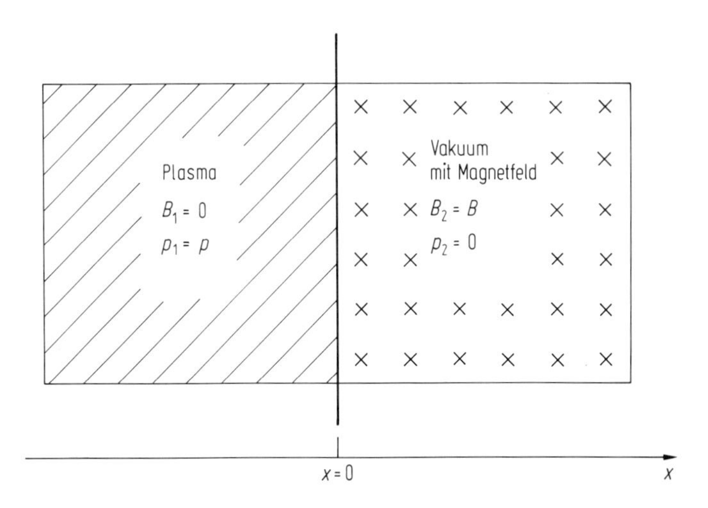

Abb. 2.57 Gleichgewicht von Teilchen- und magnetischem Druck.

nien, wo sich das Magnetfeld nur senkrecht zu $\boldsymbol{B}$ ändern kann. Dann muß überall gelten:

$$p + \frac{B^2}{2\mu_0} = \text{const.} \tag{2.141}$$

Das kann (theoretisch) zur Begrenzung eines Plasmas durch ein Magnetfeld genutzt werden, am einfachsten in der Konfiguration der Abb. 2.57 (die allerdings instabil ist): An der Grenzfläche $x = 0$ hält der magnetische Druck $B_2^2/(2\mu_0) = B^2/(2\mu_0)$ dem Teilchendruck $p_1 = p$ das Gleichgewicht. Dazu muß in der Grenzfläche ein homogener Oberflächenstrom senkrecht zum Magnetfeld fließen, der das Plasmainnere gegen das äußere Magnetfeld abschirmt. Es ist die magnetische Lorentz-Kraft auf diese stromführende Grenzfläche, die zum Gleichgewicht führt. Wenn auch im Plasma ein Magnetfeld $B_1 \neq 0$ vorhanden ist, muß B_2 entsprechend größer sein. Im Gleichgewicht ist jedoch immer $B_2 > B_1$, d.h. Plasmen sind diamagnetisch.

2.12.2.3 Pinch-Gleichgewicht, Bennett-Gleichung

Realistischer als die Konfiguration der Abb. 2.57 sind Konfigurationen mit Zylindersymmetrie um die z-Achse, wie in Abb. 2.58 skizziert. Dabei soll in der Plasmasäule der Teilchendruck $p = p(r)$ herrschen und parallel zur Achse ein Strom mit der Gesamtstromstärke I_0 und der Stromdichte $j = j_z(r)$ fließen (**z-Pinch**), der ein rein azimutales Magnetfeld $B_\vartheta(r)$ erzeugt. Dieses von ihr selbst erzeugte Magnetfeld kann die Plasmasäule zusammenhalten, ohne daß äußere Magnetfelder wirken.

Von Gl. (2.138) muß nur die Radialkomponente betrachtet werden:

$$\frac{\mathrm{d}p(r)}{\mathrm{d}r} = -j_z(r)B_\vartheta(r). \tag{2.142}$$

Das Magnetfeld bei r wird durch den Stromanteil $I(r) = 2\pi \int_0^r \mathrm{d}r' r' j_z(r')$ erzeugt, der weiter innen fließt:

$$B_\vartheta(r) = \frac{\mu_0}{2\pi r} I(r). \tag{2.143}$$

Gl. (2.142) wird damit

$$\frac{\mathrm{d}p(r)}{\mathrm{d}r} = -\frac{\mu_0}{4\pi^2 r^2} I(r) \frac{\mathrm{d}I(r)}{\mathrm{d}r} = -\frac{\mu_0}{8\pi^2 r^2} \frac{\mathrm{d}I^2(r)}{\mathrm{d}r} \tag{2.144}$$

oder

$$\frac{\mathrm{d}I^2(r)}{\mathrm{d}r} = -\frac{8\pi^2}{\mu_0} r^2 \frac{\mathrm{d}p(r)}{\mathrm{d}r} = -\frac{8\pi^2}{\mu_0}\left[\frac{\mathrm{d}r^2 p(r)}{\mathrm{d}r} - 2rp(r)\right]. \tag{2.145}$$

Wegen $r^2 p(r) = 0$ sowohl bei $r = 0$ als auch – genügend schnellen Abfall von p nach außen vorausgesetzt – bei $r \to \infty$ und $I(0) = 0$, $I(\infty) = I_0$ ergibt die Integration über alle r:

$$I_0^2 = \frac{8\pi}{\mu_0} \int_0^\infty \mathrm{d}r \cdot 2\pi r p(r). \tag{2.146}$$

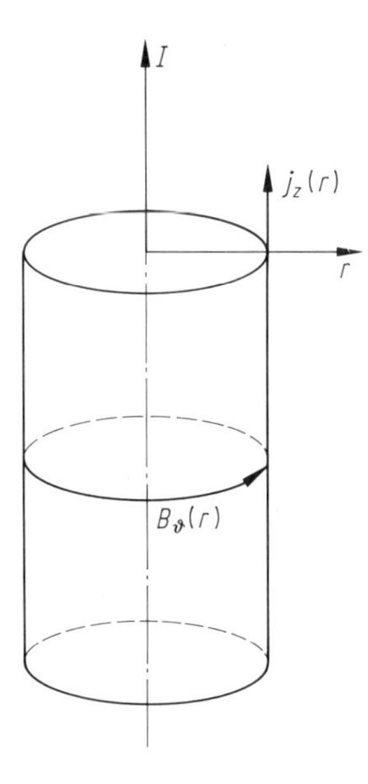

Abb. 2.58 Zylindersymmetrisches Plasma mit axialem Strom und azimutalem Magnetfeld.

Für ein ideales Plasma einheitlicher Temperatur T mit $n_e(r) = n_i(r)$ gilt $p(r) = 2n_e(r)kT$, also

$$I_0^2 = \frac{8\pi}{\mu_0} kT \int_0^\infty \mathrm{d}r\, 2\pi r \cdot 2n_e(r). \tag{2.147}$$

Das Integral ist die Gesamtzahl der geladenen Plasmateilchen bezogen auf die Länge der Plasmasäule, die sog. Liniendichte. Gl. (2.147) ist die **Bennett-Gleichung**, die angibt, welcher Gesamtstrom I_0 ein Plasma vorgegebener Temperatur und Liniendichte zusammenhalten kann. Dabei sind verschiedene radiale Verteilungen möglich. Die Bennett-Gleichung wird in Abschn. 2.13.3.1 benutzt.

Ist der Plasmastrom größer als I_0 nach der Bennett-Gleichung, so komprimiert der zu große magnetische Druck das Plasma (**Pincheffekt**). Ist der Plasmastrom zu klein, expandiert das Plasma gegen den zu schwachen magnetischen Druck. Diese Erscheinungen können nicht im Rahmen der Magnetohydrostatik behandelt werden.

2.13 Kernfusionsplasmen

Bei chemischen Reaktionen zwischen Atomen oder Molekülen können Energien von der Größenordnung molekularer Bindungsenergien im eV-Bereich freiwerden, also spezifische Energien der Größenordnung 1 eV/u $\approx 10^8$ J/kg $\approx$ 27 kWh/kg (die atomare Masseneinheit u $= 1.66 \cdot 10^{-27}$ kg ist nahezu die Protonen- oder Neutronenmasse). Im Gegensatz dazu setzen Kernreaktionen wie die Spaltung schwerer Atomkerne in leichtere (Kernfission) oder die Verschmelzung leichter Kerne zu schwereren

(Kernfusion) spezifische Energien der Größenordnung 1 MeV/u frei. Deshalb wurden und werden große Anstrengungen unternommen, Kernreaktionen zur Energieversorgung auszunutzen, auch wenn dabei große technologische, ökologische, ökonomische und Sicherheitsprobleme auftreten, deren Bewertung zum Teil heftig umstritten ist.

Bisher werden nur Kernspaltungsreaktionen zur Energieversorgung genutzt. Daß auch Kernfusionsreaktionen für diesen Zweck geeignet sind, zeigt das Beispiel der Sonne, in deren Innerem Fusionsreaktionen die ausgestrahlte Leistung von etwa $4 \cdot 10^{26}$ W nachliefern. Auf der Erde ist eine Energieerzeugung durch ähnliche Prozesse in großem Maße bisher nur unkontrolliert durch die Wasserstoffbombe erfolgt. Die folgenden Abschnitte sollen darlegen, welche grundsätzlichen physikalischen Schwierigkeiten der Realisierung einer kontrollierten Energieerzeugung durch Kernfusion entgegenstehen und welche Konzepte heute verfolgt werden, um diese Schwierigkeiten zu überwinden.

2.13.1 Kernverschmelzungsreaktionen

Vergleicht man die Masse eines Atomkerns mit der Summe der Massen seiner Bestandteile (Protonen und Neutronen), so findet man einen *Massendefekt* Δm, der nach der Einsteinschen Äquivalenzbeziehung die Bindungsenergie $E_B = \Delta m c^2$ des betreffenden Kerns ergibt. Trägt man die Bindungsenergie pro Nukleon, E_B/A, über der atomaren Nukleonenzahl A auf, so ergibt sich der in Abb. 2.59 dargestellte Zusammenhang (dabei sind lokale Schwankungen geglättet). Die Bindungsenergie pro Nukleon steigt bei kleinen Nukleonenzahlen steil an, erreicht bei ^{56}Fe ein flaches Maximum und fällt danach langsam wieder ab. Da die Differenz der Bindungsenergien frei wird, wenn man Nukleonen aus einem schwächer gebundenen Zustand (kleinere Bindungsenergie) in einen stärker gebundenen Zustand (größere Bindungs-

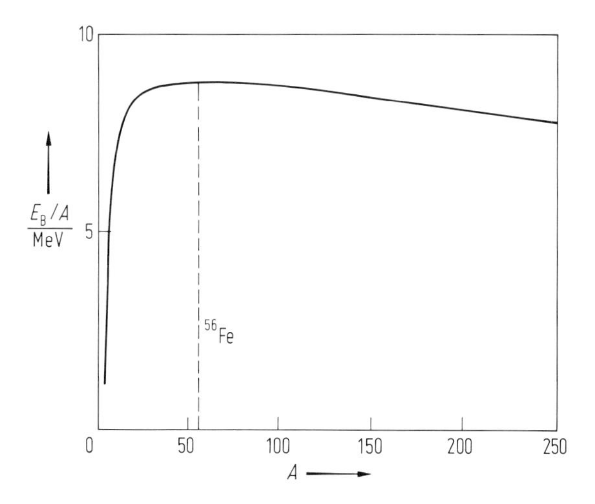

Abb. 2.59 Bindungsenergie pro Nukleon, E_B/A, in Abhängigkeit von der Nukleonenzahl A.

energie) überführt, gibt es zwei Möglichkeiten zur Energiegewinnung: Die Spaltung eines schweren Kerns in zwei leichtere im Bereich $A > 56$ und die Verschmelzung zweier leichter Kerne zu einem schwereren im Bereich $A < 56$.

Beispiele für Fusionsreaktionen und die dabei freiwerdenden Energien sind

$$\begin{aligned} &D + D \rightarrow T + {}^1_1H + 4.0\ \mathrm{MeV} \\ &D + D \rightarrow {}^3_2He + {}^1_0n + 3.3\ \mathrm{MeV} \\ &D + T \rightarrow {}^4_2He + {}^1_0n + 17.6\ \mathrm{MeV} \\ &{}^1_1H + {}^{11}_5B \rightarrow 3\,{}^4_2He + 8.7\ \mathrm{MeV} \end{aligned} \tag{2.148}$$

(*Deuterium* D und *Tritium* T sind die schweren Wasserstoffisotope ${}^2_1H$ und ${}^3_1H$, für die wegen ihrer Bedeutung in diesem Zusammenhang besondere Symbole benutzt werden.) Wegen der Impulserhaltung wird die freiwerdende Energie im umgekehrten Verhältnis ihrer Massen auf die Fusionsprodukte aufgeteilt, wenn die ursprünglichen Teilchen nur kleine kinetische Energien (bis zu etwa 0.1 MeV) haben. Bei der DT-Reaktion entfallen also 3.5 MeV auf das α-Teilchen (${}^4_2He$) und 14.1 MeV auf das Neutron.

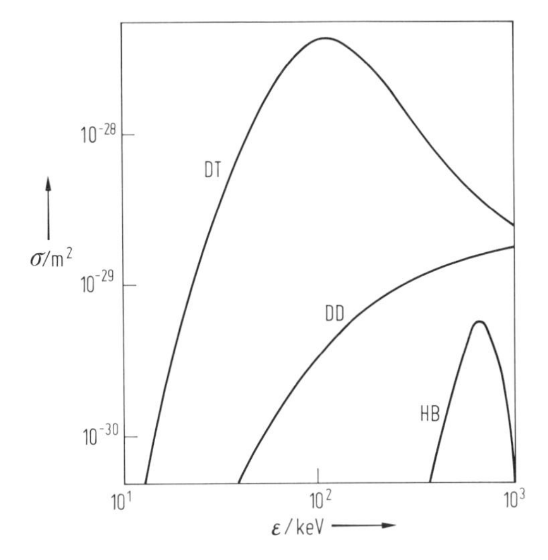

Abb. 2.60 Wirkungsquerschnitte σ von Fusionsreaktionen in Abhängigkeit von der Energie ε der Relativbewegung der Reaktionspartner.

Die aufgeführten Fusionsreaktionen haben alle sehr kleine Wirkungsquerschnitte (Abb. 2.60). Bei kinetischen Energien der Stoßpartner bis etwa 100 keV sind sie noch deutlich am größten für die DT-Reaktion, deshalb konzentriert sich das Interesse zunächst auf diese, obwohl sie den großen Nachteil hat, daß das radioaktive Tritium (β-Zerfall in ${}^3_2He$) wegen der relativ kurzen Halbwertzeit von etwa 12 Jahren in der Natur praktisch nicht vorkommt und deshalb künstlich erzeugt werden muß. Das könnte in einem Fusionsreaktor mit den bei der DT-Reaktion freiwerdenden Neutronen geschehen [37]:

$$
\begin{aligned}
&{}^7_3\mathrm{Li} + {}^1_0\mathrm{n} \rightarrow \mathrm{T} + {}^1_0\mathrm{n} + {}^4_2\mathrm{He} - 2.5\ \mathrm{MeV} \\
&{}^6_3\mathrm{Li} + {}^1_0\mathrm{n} \rightarrow \mathrm{T} + {}^4_2\mathrm{He} + 4.8\ \mathrm{MeV},
\end{aligned}
\tag{2.149}
$$

wobei sogar noch zusätzliche Energie entstehen würde. Lithium ist mit etwa 0.2 ppm in Meerwasser enthalten, davon etwa 92.5% als ${}^7_3\mathrm{Li}$ und 7.5% als ${}^6_3\mathrm{Li}$. Diese Komplikation tritt für die DD-Reaktion nicht auf, weil 0.015% des natürlichen Wasserstoffs Deuterium sind, auch im Meerwasser. Außerdem könnten die Fusionsprodukte weiter mit Deuterium reagieren und insgesamt zu $6\mathrm{D} \rightarrow 2\,{}^4_2\mathrm{He} + 2\,{}^1_1\mathrm{H} + 2\,{}^1_0\mathrm{n} + 43.2\ \mathrm{MeV}$ führen. Der maximale Wirkungsquerschnitt der DD-Reaktion ist aber zwei Größenordnungen kleiner als der der DT-Reaktion.

Für die Konstruktion eines Fusionsreaktors noch günstiger wäre die letzte Reaktion in Gl. (2.148) (oder eine ähnliche Lithium-Reaktion), weil sie keine Neutronen erzeugt, sondern nur geladene Teilchen, die sich sehr viel leichter „handhaben" lassen und deren Energie zumindest prinzipiell direkt in elektrische Energie umgewandelt werden kann (z. B. mit einem MHD-Generator, Abschn. 2.6.5). Diese Reaktion hat jedoch einen noch kleineren Wirkungsquerschnitt als die DD-Reaktion und ist noch schwerer zu verwirklichen. Deshalb gilt Bor zunächst als „exotischer Brennstoff".

Die geringe Größe der Fusionsquerschnitte resultiert daraus, daß Fusionsreaktionen nur stattfinden, wenn sich die Stoßpartner gegen die Coulomb-Abstoßung sehr nahekommen. (Diese Schwierigkeit besteht bei Kernspaltung durch Neutronen nicht.) Entsprechend klein sind auch die Ratenkoeffizienten $\overline{\sigma v}$ (Abschn. 2.4.1), die für Maxwell-Verteilungen der Geschwindigkeiten in Abb. 2.61 dargestellt sind. Da die weitaus meisten Stöße elastische Coulomb-Stöße sind, die zu Impulstransfer und

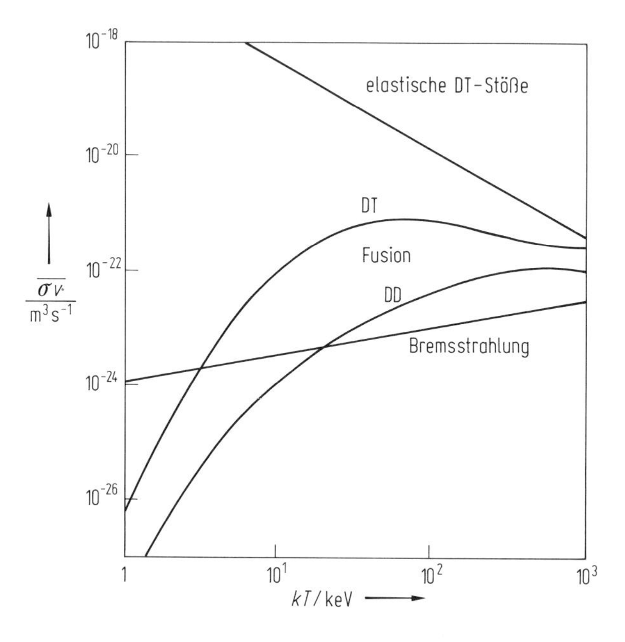

Abb. 2.61 Ratenkoeffizienten $\overline{\sigma v}$ für Fusionsreaktionen (Zahlenwerte sind in [38] wiedergegeben) sowie für elastische Coulomb-Stöße und für Bremsstrahlungsemission.

einer Ablenkung der Teilchen führen, kann man auf der Zeitskala, auf der Fusionsstöße stattfinden, generell von Maxwell-Verteilungen ausgehen.

Das Übergewicht der Coulomb-Stöße ist auch der Grund dafür, daß sich mit Ionenstrahlen, die leicht auf die erforderlichen Energien um 100 keV zu beschleunigen wären, praktisch keine Fusionsenergie erzeugen läßt: Bevor Fusionsreaktionen stattfinden können, haben sich die Strahlen schon weitgehend zerstreut. Deshalb ist es erforderlich, Deuterium- und Tritiumionen bei ausreichend hoher Temperatur mit möglichst großer Dichte genügend lange in einem Plasma zusammenzuhalten, um verwertbare Stoßraten zu erhalten.

2.13.2 Lawson-Kriterium

Wir gehen für das Folgende von einem vollionisierten Plasma einheitlicher Temperatur T für Ionen und Elektronen aus. Die Elektronendichte sei $n_e = n$, und das Plasma enthalte gleiche Anteile von D und T, so daß $n_D = n_T = n/2$ ist. Im Mittel hat jedes Teilchen im Plasma eine thermische Energie $3kT/2$, die thermische Energiedichte ist also $3nkT$. Ohne fortgesetzte Energiezufuhr kühlt das Plasma durch Wärmeleitung, Teilchen- und Strahlungsverluste sehr rasch ab. Die charakteristische Zeit dafür ist die **Lebensdauer** oder (Energie-)**Einschlußzeit** τ. Zur Aufrechterhaltung des Plasmazustands muß von außen eine Heizleistung mit der Dichte

$$\phi_H = 3nkT/\tau \tag{2.150}$$

zugeführt werden. Die „Güte" eines Fusionsplasmas beurteilt man durch den Vergleich dieser Heizleistungsdichte mit der Leistungsdichte ϕ_{DT} der Fusionsreaktionen. Im Plasma finden bezogen auf das Volumen und die Zeit $n_D n_T \overline{\sigma v} = n^2 \overline{\sigma v}/4$ Fusionsreaktionen statt, deren jede die Energie $E_{DT} = 17.6$ MeV freisetzt. Die Leistungsdichte der Fusionsenergie ist daher

$$\phi_{DT} = n^2 \overline{\sigma v} E_{DT}/4. \tag{2.151}$$

Das Verhältnis der beiden Leistungsdichten wird als **Q-Wert**, Energievervielfachungsfaktor oder **Gain** („Gewinn") Q_{DT} bezeichnet:

$$Q_{DT} = \frac{\phi_{DT}}{\phi_H} = \frac{n\tau \overline{\sigma v} E_{DT}}{12kT}. \tag{2.152}$$

Um bei gegebener Temperatur einen bestimmten Q-Wert zu erreichen, ist also ein gewisser Wert des Produkts $n\tau$ aus Plasmadichte und Einschlußzeit erforderlich:

$$n\tau = Q_{DT} \frac{12kT}{\overline{\sigma v} E_{DT}}. \tag{2.153}$$

Je größer n ist, desto mehr Fusionsreaktionen finden statt, und je größer τ ist, desto weniger Heizleistung muß zugeführt werden. Für einen Fusionsreaktor fordert man wenigstens $Q_{DT} = 1$ (**Breakeven**), also

$$n\tau \geq \frac{12kT}{\overline{\sigma v} E_{DT}}. \tag{2.154}$$

Dies ist das **Lawson-Kriterium** für Fusionsplasmen. In Abb. 2.62a sind die für $Q_{DT} = 0.1$ und $Q_{DT} = 1$ erforderlichen $n\tau$-Werte als Funktion der Plasmatemperatur T dargestellt. Dabei sind bei gegebener Temperatur nicht alle Werte von $n\tau$ erreichbar: Selbst wenn die anderen Energieverluste eines Plasmas wirksam unterdrückt werden können, wird es doch praktisch unvermeidlich durch die Bremsstrahlung Energie verlieren, die bei Elektron-Ion-Stößen emittiert wird (Abschn. 2.8.5.1). Die Leistungsdichte dieser Verluste ist nach Gl. (2.97) für ein reines DT-Fusionsplasma ohne jede Verunreinigung

$$\phi_{Br} = C_{Br} n^2 \sqrt{kT}, \quad C_{Br} = 5 \cdot 10^{-37} \frac{m^6}{\sqrt{keV}} W/m^3. \tag{2.155}$$

Die Bremsstrahlungsverluste begrenzen die Einschlußzeit auf $\tau < 3nkT/\phi_{Br}$, so daß gilt:

$$n\tau < 3\sqrt{kT}/C_{Br} \approx \sqrt{kT/keV} \cdot 10^{21}\, m^{-3}s. \tag{2.156}$$

Dies ist die „Bremsstrahlungsgrenze" für $n\tau$ (Abb. 2.62).

Man entnimmt Abb. 2.62a, daß bei der DT-Fusion für $Q_{DT} = 1$ mindestens $kT \approx 5$ keV erforderlich ist (für die DD-Fusion mindestens $kT \approx 15$ keV). Der Minimalwert von $n\tau$ ist etwa $n\tau \approx 3 \cdot 10^{19}\, m^{-3}s$ (bei $kT \approx 30$ keV). Der Minimalwert für die DD-Reaktion ist $n\tau \approx 2 \cdot 10^{21}\, m^{-3}s$ bei $kT \approx 50$ keV und erheblich schwieriger zu erreichen. Deshalb konzentriert man sich zunächst auf die DT-Fusion.

Für magnetisch eingeschlossene Fusionsplasmen ist es günstiger, nicht möglichst geringe Werte von $n\tau$ anzustreben, sondern den Minimalwert von $p\tau$, weil der Plasmadruck $p = 2nkT$ nicht beliebig gesteigert werden kann (Abschn. 2.13.3). Betrachtet man deshalb (Abb. 2.62b) die Temperaturabhängigkeit von $p\tau$ bzw. des sog. *Fusionsprodukts* $n\tau kT = p\tau/2$, so findet man für $Q_{DT} = 1$ im Bereich von $kT \approx 10$ keV das Minimum von etwa $n\tau kT \approx 7 \cdot 10^{20}\, m^{-3}s\,keV \approx 10^5$ Pa s. Für DT-Fusionsplasmen wird daher

$$n\tau \geq 10^{20}\, m^{-3}s \text{ bei } kT \approx 10\, keV \quad \text{(DT-Fusion)} \tag{2.157}$$

zum Erreichen des Breakeven angestrebt. Der entsprechende Wert für die DD-Fusion ist, bei $kT \approx 20$ keV, um etwa einen Faktor 50 größer. Für diese Werte ist bei vorgegebenem Druck die Fusionsleistungsdichte maximal. Häufig wird das Lawson-Kriterium in dieser vereinfachten Form angeführt.

Bisher sind wir stillschweigend davon ausgegangen, daß Heizleistung und Fusionsleistung klar getrennt sind. Für $Q_{DT} < 1$ trifft das auch näherungsweise zu. Für $Q_{DT} \geq 1$ tragen die Fusionsreaktionen jedoch selbst merklich zur Plasmaheizung bei: Die α-Teilchen, auf die ein Fünftel der Fusionsenergie entfällt, geben ihre Energie in Coulomb-Stößen sehr rasch an die Plasmaionen und -elektronen ab. Wenn alle α-Teilchen im Plasma eingeschlossen bleiben, wird für $\frac{1}{5}\phi_{DT} = 3nkT/\tau$ oder

$$n\tau = \frac{60kT}{\overline{\sigma v} E_{DT}} = \frac{kT/keV}{\overline{\sigma v}} \cdot 0.0034 \tag{2.158}$$

ein Zustand erreicht, wo die **α-Teilchen-Heizung** ohne weitere Heizleistungszufuhr von außen ausreicht, um die Energieverluste des Fusionsplasmas auszugleichen. Dann hat die **Zündung** des „Fusionsbrennens" eingesetzt. Dafür sind fünffach höhere

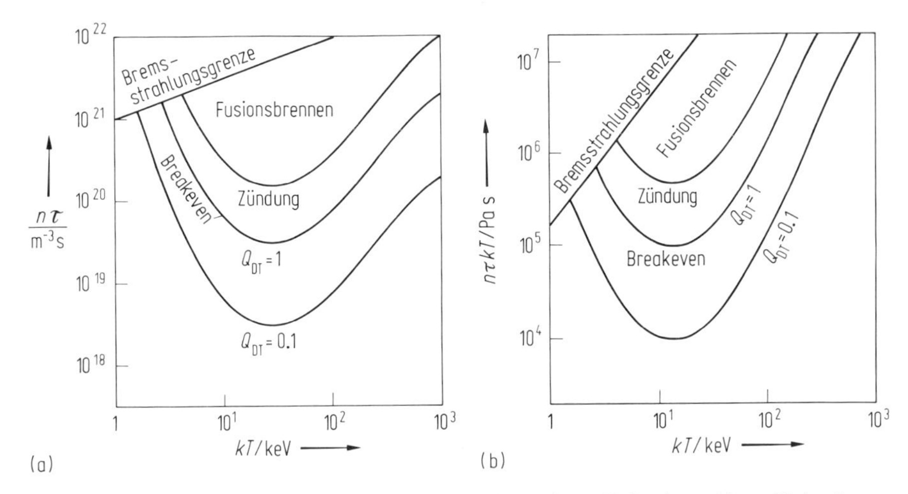

Abb. 2.62 Lawson-Kriterium für die DT-Fusion: a) $n\tau$-Kriterium, b) $p\tau$-Kriterium.

$n\tau$-Werte bzw. Fusionsprodukte $n\tau kT$ erforderlich als zum Erreichen des Breakeven (Abb. 2.62). Langfristig wird für einen Fusionsreaktor dieser Zustand angestrebt, in dem er wie ein Ofen kontinuierlich brennt, nur mit Fusions- statt chemischer Verbrennungswärme, die zu 80 % von den Fusionsneutronen aus dem Plasma herausgetragen wird. Es ist dann natürlich erforderlich, immer frischen Brennstoff nachzufüllen (man denkt an den Einschuß gefrorener DT-Kügelchen [104]) und die „Asche" der Fusion zu entfernen, die α-Teilchen, die ihre Energie an das DT-Plasma abgegeben haben [105].

Die Abschätzungen dieses Abschnitts sind von stark idealisierten Annahmen ausgegangen und müssen in jedem Einzelfall durch umfangreiche detaillierte Rechnungen ersetzt werden. Insbesondere haben wir nicht berücksichtigt, daß weder die Erzeugung von Heizenergie noch die Umwandlung der Fusionsneutronenenergie mit dem Wirkungsgrad 1 erfolgen wird (wenn man nicht in einem „Hybridreaktor" die Fusionsneutronen zur Auslösung von Kernspaltungsreaktionen benutzen will [37, 38]). Das Lawson-Kriterium stellt jedoch eine der Größenordnung nach zutreffende Mindestforderung dar, der Kernfusionsplasmen zur Energieerzeugung genügen müssen. Das erste große Ziel der Fusionsforschung ist deshalb, Breakeven nach Gl. (2.154) bzw. (2.157) zu erreichen. Dazu werden derzeit zwei unterschiedliche Wege beschritten: Durch **magnetischen Einschluß** sollen Fusionsplasmen mit Dichten n um $10^{20}\,m^{-3}$ für Zeiten τ im Sekundenbereich zusammengehalten werden, während beim **Trägheitseinschluß** extrem hohe Dichten n über $10^{30}\,m^{-3}$ angestrebt werden, für die nur Lebensdauern τ im Subnanosekundenbereich erforderlich sind.

2.13.3 Magnetischer Plasmaeinschluß

Ein Magnetfeld übt senkrecht zu seiner Richtung auf die geladenen Teilchen eines Plasmas die *magnetische Lorentz-Kraft* aus (Abschn. 2.12.1), die näherungsweise (bei nicht zu stark gekrümmten Feldlinien) wie ein **magnetischer Druck**

$$p_{\text{magn}} = \frac{B^2}{2\mu_0} \approx 4\left(\frac{B}{\text{T}}\right)^2 \cdot 10^5 \text{ Pa} \tag{2.159}$$

auf das Plasma wirkt (Abschn. 2.12.2.2). Stationär lassen sich in großen Volumen Magnetfelder von einigen T erzeugen, also magnetische Drücke der Größenordnung 10^6 Pa bis über 10^7 Pa. Im Idealfall könnte damit einem gleich großen Plasmateilchendruck das Gleichgewicht gehalten werden (vgl. Abb. 2.57). Für ein Fusionsplasma mit $kT = 10$ keV, $n = 10^{20}\ \text{m}^{-3}$ ist $p = 2nkT = 3.2 \cdot 10^5$ Pa, so daß nach Gl. (2.159) ein Magnetfeld mit $B \approx 1$ T ausreichend erscheint. Dieser Idealfall läßt sich jedoch in vielen Konfigurationen nicht erreichen, weil es für einen stabilen Plasmaeinschluß gewöhnlich erforderlich ist, auch im Plasmainnern ein Magnetfeld aufrechtzuerhalten (Abschn. 2.13.3.2). Dann kann der Teilchendruck höchstens so groß sein wie die Differenz zwischen innerem und äußerem magnetischen Druck. Das Verhältnis von Teilchendruck und äußerem magnetischen Druck,

$$\beta = \frac{p}{p_{\text{magn}}} = \frac{2\mu_0 p}{B^2} = \frac{4\mu_0 nkT}{B^2}, \tag{2.160}$$

kann aus diesem Grunde erheblich kleiner als 1 sein (**Niedrig-β-Plasma**). Anschaulich stellt β ein Maß dafür dar, wie effektiv eine bestimmte Konfiguration das Magnetfeld zum Plasmaeinschluß nutzt. Auch bei $\beta = 0.05$ kann das oben betrachtete Fusionsplasma aber noch mit $B \approx 4$ T zusammengehalten werden. Hier liegt also keine prinzipielle Schwierigkeit des magnetischen Plasmaeinschlusses. Dennoch ist es wünschenswert, den mit der Plasmastabilität verträglichen Höchstwert von β in einem möglichst starken Magnetfeld zu erreichen, weil die Fusionsleistungsdichte ϕ_{DT} nach Gl. (2.151) und (2.160)

$$\phi_{\text{DT}} \sim n^2 \sim \beta^2 B^4 \tag{2.161}$$

ist.

Es gibt eine große Anzahl von Magnetfeldkonfigurationen, die auf ihre Eignung zum Plasmaeinschluß untersucht wurden und werden, weil sich auch komplizierte räumliche Magnetfeldstrukturen durch elektrische Ströme in geeignet geformten und angeordneten Leitern verhältnismäßig einfach erzeugen lassen [38, 43, 82]. Hier betrachten wir einige Grundtypen und gehen zunächst kurz auf die geometrisch einfachen linearen Pinchentladungen ein, bei denen grundlegende Probleme des magnetischen Plasmaeinschlusses in recht anschaulicher Form auftreten. Die gravierendsten Nachteile dieser Systeme vermeiden toroidale Konfigurationen wie Tokamak und Stellarator (Abschn. 2.13.3.3), mit denen bisher die größten Fortschritte auf dem schwierigen Weg zu einem Fusionsreaktor gemacht wurden.

2.13.3.1 Lineare Pinchentladungen

Pinchentladungen benutzen ein zeitlich schnell ansteigendes Magnetfeld, um ein Plasma zu komprimieren und dabei aufzuheizen. Die einfachsten Typen sind zylindersymmetrisch um die z-Achse und werden je nach Stromrichtung im Plasma z-Pinch (axialer Strom) und Theta-(ϑ-)Pinch (azimutaler Strom) genannt. Zur Ausbildung des Pincheffekts sind hohe Stromstärken erforderlich, die sich nur für kurze

Zeiten durch Kondensatorentladungen aufrechterhalten lassen. Pinchentladungen erzeugen also **Kurzzeitplasmen**.

Beim **z-Pinch** entlädt man eine Kondensatorbatterie über zwei Elektroden an den Endflächen des zylindrischen Entladungsgefäßes, wobei Spannungen bis über 100 kV verwendet werden und Entladungsströme bis in den MA-Bereich auftreten. Die axiale Stromdichte j_z erzeugt ein azimutales Magnetfeld B_ϑ wie bei einem stromdurchflossenen geraden Draht (s. Abb. 2.63). Auf das Plasma wirkt die magnetische Lorentz-Kraftdichte $\boldsymbol{f} = \boldsymbol{j} \times \boldsymbol{B}$, die auf die Achse gerichtet ist und einen entsprechenden magnetischen Druck hervorruft. Ist dieser bei hoher Stromstärke I groß genug, komprimiert er das Plasma um die Achse des Entladungsgefäßes. Das entspricht der bekannten Erscheinung der Anziehung paralleler elektrischer Leiter, die in derselben Richtung von Strom durchflossen werden. Im einzelnen werden die Vorgänge bei schneller Kompression durch Stoßwellen beeinflußt, die vor der magnetischen Kompression her auf die Achse zu- und dann wieder zurücklaufen. Die Größenordnung der Stromstärken und Magnetfelder, die für Fusionsplasmen erforderlich wären, kann man mit Hilfe der *Bennett-Gleichung* (2.147) abschätzen. Bei $kT = 10$ keV und einer mittleren Plasmadichte $n = n_e = n_i = 10^{23}\,\mathrm{m}^{-3}$ ist bei einem Plasmaradius $r_0 = 10$ cm die Zahl der Plasmateilchen bezogen auf die Länge der Entladung, die Liniendichte, $N = \pi r_0^2 \cdot 2n = 6.3 \cdot 10^{21}\,\mathrm{m}^{-1}$. Nach der Bennett-Gleichung beträgt die Gleichgewichtsstromstärke

$$I = \sqrt{8\pi k T N/\mu_0} \approx 14\,\mathrm{MA}. \tag{2.162}$$

Die magnetische Induktion an der Plasmaoberfläche ist dann $B_\vartheta \approx 28$ T, und der magnetische Druck von $3.2 \cdot 10^8$ Pa = 3200 bar ist im Gleichgewicht mit dem Teilchendruck. Die Lebensdauer solcher Entladungen müßte nach dem Lawson-Kriterium (2.157) bei 1 ms liegen, um Fusionsenergie zu gewinnen. Tatsächlich liegt sie jedoch nur im Bereich von einigen μs.

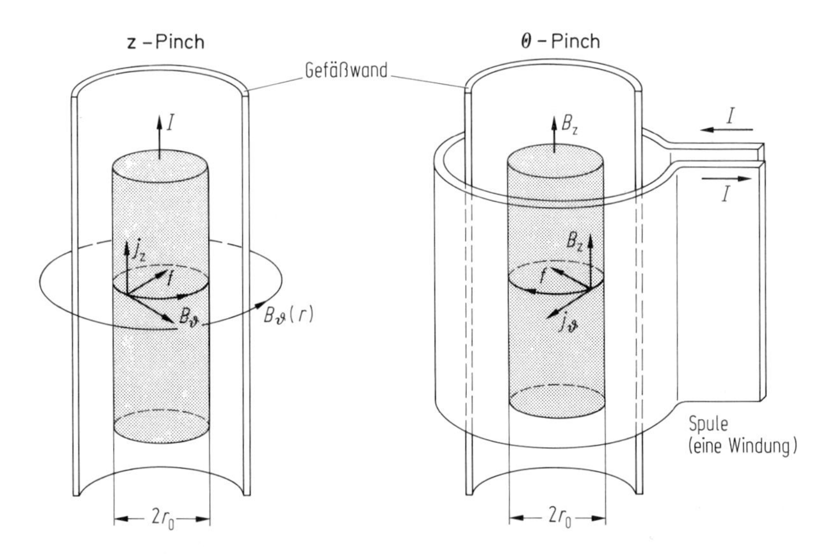

Abb. 2.63 Schema von z- und Theta-Pinch.

Während beim z-Pinch der Strom, der das Magnetfeld und damit die Kompression und Aufheizung erzeugt, im Plasma selbst fließt, wird beim **Theta-Pinch** eine Spule verwendet, die gewöhnlich nur eine Windung hat und aus einem breiten Metallband geformt ist (s. Abb. 2.63), um den ohmschen Widerstand niedrig zu halten und beim Entladen der Kondensatoren über diese Spule einen schnellen Stromanstieg zu erreichen. Wie in einer gewöhnlichen Zylinderspule entsteht (näherungsweise) ein Magnetfeld B_z in Achsenrichtung. Ist im Entladungsgefäß durch Vorionisation ein elektrisch leitendes Plasma vorhanden, so wird darin beim schnellen Anstieg von B_z ein azimutales elektrisches Feld und damit eine azimutale Stromdichte j_ϑ induziert. Die magnetische Lorentz-Kraft ist wieder auf die Achse gerichtet und führt zur Kompression. Mit großen Anlagen wie dem Theta-Pinch ISAR des MPI für Plasmaphysik in Garching hat man Plasmadichten über 10^{22} m^{-3} bei Temperaturen von einigen keV erreicht. Auch für diese Pinchform liegen die Lebensdauern jedoch im µs-Bereich und sind für Fusionsplasmen zu kurz.

2.13.3.2 Instabilitäten und Endverluste

Ein z-Pinch ist für den Einschluß eines Fusionsplasmas schon deshalb schlecht geeignet, weil das Plasma Kontakt mit den stromzuführenden Elektroden hat. Diese erwärmen sich bei den hohen Stromstärken stark, und abdampfendes Elektrodenmaterial führt zu einer Verunreinigung des Plasmas mit Atomen hoher Kernladungszahl Z, die im heißen, komprimierten Plasma weitgehend ionisiert werden und die Bremsstrahlungsverluste erheblich erhöhen (Abschn. 2.13.3.4). Würde man dies durch intensive Kühlung der Elektroden vermeiden, entstünden große Temperaturgradienten im Plasma, die durch Wärmeleitung zu Energieverlusten führen würden. Diese Überlegung gilt ebenso für andere Elektrodenanordnungen und führt zu dem Schluß, daß zum Einschluß eines Fusionsplasmas nur elektrodenlose Konfigurationen geeignet sind.

Außerdem wird der z-Pinch von einer ganzen Reihe von Instabilitäten heimgesucht, die das Gleichgewicht von magnetischem und Teilchendruck zerstören, von dem z. B. die Bennett-Gleichung ausgeht. Ein Gleichgewichtszustand eines Plasmas in einem Magnetfeld kann kleinen Störungen gegenüber *stabil*, *instabil* (labil) oder *indifferent* sein, wie man das von einer schweren Kugel in einem Tal, auf einem Berg oder auf einer horizontalen Ebene kennt. Im Rahmen der Flüssigkeitsbeschreibung eines Plasmas kann man Gleichgewichtszustände mit Hilfe der Grundgleichung (2.140) der Magnetohydrostatik bestimmen; diese sagt jedoch nichts über deren Stabilität aus. Das Verhalten des Plasmas bei **kleinen Störungen** (Index 1) eines Gleichgewichtszustandes (Index 0) kann mit den **linearisierten MHD-Gleichungen** (2.115) bis (2.118) untersucht werden, in die $p(\boldsymbol{r}, t) = p_0(\boldsymbol{r}) + p_1(\boldsymbol{r}, t)$ usw. eingesetzt und dann alle Produkte von Störungen vernachlässigt werden. Auf diese Weise erhält man ein lineares (bezüglich der Störungen) System von Differentialgleichungen 1. Ordnung (nur erste Ableitungen nach Ort bzw. Zeit). Als Koeffizienten treten dabei die Gleichgewichtsgrößen wie $p_0(\boldsymbol{r})$ auf, die nur vom Ort abhängen. Deshalb ist ein Separationsansatz der Form $p_1(\boldsymbol{r}, t) = P_1(\boldsymbol{r})\exp(i\omega t)$ für die Störungen möglich. Damit erhält man ein Differentialgleichungssystem für die Ortsanteile wie $P_1(\boldsymbol{r})$, das nur für bestimmte *Eigenwerte* $\omega = \omega_j$ Lösungen hat, die mit den jeweiligen Randbedingungen verträglich sind. (Die Analogie zur Lösung der zeitabhängigen Schrödinger-Gleichung ist offensichtlich). Die Eigenwerte ω_j sind im allgemeinen komplex, der Imaginärteil Γ_j kann positiv (oder Null) oder negativ sein. Im ersten Fall „schwingt" das Plasma gedämpft oder ungedämpft mit kleiner Amplitude um den Gleichgewichtszustand: Die Störung stellt eine Plasmawelle dar, und der Gleichgewichtszustand ist stabil. Im zweiten Fall tritt ein exponentielles Anwachsen $\sim \exp(\Gamma_j t)$ der Amplitude auf, und man spricht nicht mehr von einer Welle, sondern von einer Instabilität. (Der Fall $\omega_j = 0$ entspricht dem indifferenten Gleichgewicht.)

Auf diese Weise kann man im Prinzip für jede Gleichgewichtskonfiguration feststellen, ob sie von Instabilitäten bedroht ist und in welchen Zeiten $1/\Gamma_j$ diese das Gleichgewicht zerstören. Zu beachten ist allerdings, daß bei exponentiellem Wachstum die Voraussetzung kleiner Störungen rasch verletzt und dann eine genauere *nichtlineare* Untersuchung erforderlich wird, die gewöhnlich – wie häufig auch schon die lineare Untersuchung – nur numerisch möglich ist. Qualitative Aussagen über die Stabilität von Gleichgewichtszuständen lassen sich (wie bei der schweren Kugel) vielfach auch schon durch Energiebetrachtungen treffen.

Neben diesen **MHD-Instabilitäten**, die mit makroskopischen Änderungen verbunden sind (häufig Formänderungen und Plasmaströmungen, die schließlich zum Kontakt mit der Wand des Entladungsgefäßes führen), treten in Plasmen zahlreiche Arten sogenannter **Mikroinstabilitäten** auf, die auf der Wechselwirkung von Plasmawellen mit einzelnen Teilchen oder Teilchengruppen oder mit anderen Wellen beruhen. Solche Mikroinstabilitäten werden beispielsweise durch Abweichungen von einer Maxwell-Verteilung der Teilchengeschwindigkeiten hervorgerufen und treten in der MHD-Näherung nicht auf, weil diese nur mittlere Geschwindigkeiten verwendet. Zur Untersuchung von Mikroinstabilitäten sind deshalb **kinetische Gleichungen** wie die *Vlasov-Gleichung* heranzuziehen (Abschn. 2.9). Für kleine Störungen verfährt man dabei durch Linearisierung ganz ähnlich wie bei den MHD-Untersuchungen. Mikroinstabilitäten können die Transporteigenschaften von Plasmen (Abschn. 2.7) stark beeinflussen und beispielsweise zu einer erhöhten „**anomalen**" Wärmeleitfähigkeit senkrecht zum Magnetfeld führen, verglichen mit dem „**klassischen**" Wert allein auf Grund von Coulomb-Stößen. Für Fusionsplasmen können daraus große Energieverluste resultieren.

Beim zylindersymmetrischen z-Pinch lassen sich die MHD-Instabilitäten auch bezüglich der geometrischen Form klassifizieren, weil alle Gleichgewichtsgrößen nur vom Abstand r von der z-Achse abhängen, zum Beispiel $p_0 = p_0(r)$. Damit wird auch für die ortsabhängigen Störanteile wie $P_1(\boldsymbol{r})$ ein Separationsansatz $P_1(\boldsymbol{r}) = g_1(r) \cdot \exp(im\vartheta - ikz)$ möglich. Dabei muß m ganzzahlig sein (damit sich für $\vartheta = 2\pi$ derselbe Wert wie für $\vartheta = 0$ ergibt). Das Auftreten der $(m = 0)$-Instabilität läßt sich auch anschaulich leicht verstehen. In diesem Fall bleibt das Plasma rotationssymmetrisch, ändert aber längs der z-Achse seinen Radius r_0 (s. Abb. 2.64). Wird der Radius durch eine zufällige Einschnürung kleiner als im Gleichgewicht, so wächst das äußere Magnetfeld an der Plasmaoberfläche $\sim 1/r_0$ (auch durch den kleineren Querschnitt fließt der gesamte Entladungsstrom I) und verstärkt die Einschnürung immer weiter, bis der Stromfluß schließlich abreißt. Diese Instabilität heißt anschaulich *Würstchen-Instabilität* (engl. *sausage instability*). Man kann sie auf Kosten des β-Wertes unterdrücken, wenn man zusätzlich ein axiales Magnetfeld anlegt. In einem sehr gut leitenden Plasma muß dessen magnetischer Fluß durch den Plasmaquerschnitt bei der

Kompression konstant bleiben, weil jede Flußabnahme nach der Lenzschen Regel starke azimutale Ströme induziert, die den Fluß aufrechterhalten. Allgemein ist diese Erscheinung als **Einfrieren des Magnetfelds** in einem Plasma unendlicher Leitfähigkeit bekannt. Beim Auftreten einer ($m = 0$)-Instabilität beim z-Pinch nimmt das axiale Stabilisierungsfeld deshalb $\sim 1/r_0^2$ zu. Sein magnetischer „Innendruck" wächst mit abnehmendem r_0 schneller als der „Außendruck" und bringt die Einschnürung schließlich zum Stillstand. Bei der ($m = 1$)- oder *Korkenzieher-Instabilität* (engl. *kink instability*) tritt ebenfalls eine Veränderung des magnetischen Drucks auf, die die Verformung vergrößert (Abb. 2.64).

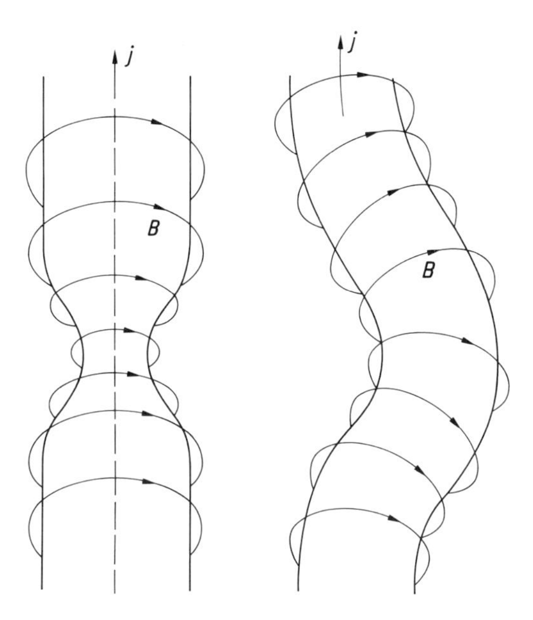

Abb. 2.64 ($m = 0$)- oder Würstchen- und ($m = 1$)- oder Korkenzieher-Instabilität beim z-Pinch.

Der **Theta-Pinch** ist im Gegensatz zum z-Pinch eine elektrodenlose Entladung. Er ist auch stabil gegen die einfachen MHD-Instabilitäten, weil das axiale Magnetfeld zwischen dem Plasma und der Spule eingeschlossen ist, die beide eine hohe elektrische Leitfähigkeit haben. Bei einer Einschnürung des Plasmas sinkt der äußere magnetische Druck, während er bei einer Ausbuchtung anwächst. In beiden Fällen wirkt er gegen die Ausbildung einer ($m = 0$)-Instabilität. In radialer Richtung erfolgt deshalb ein guter Plasmaeinschluß. In axialer Richtung dagegen können sich die geladenen Plasmateilchen völlig frei entlang der Magnetfeldlinien bewegen, weil die Lorentz-Kraft keine Komponente in dieser Richtung hat (Abschn. 2.12.1.1). Deshalb geht das Plasma an den Spulenenden mit etwa der thermischen Ionengeschwindigkeit verloren (die zunächst schnelleren Elektronen werden durch das elektrische Feld der zurückbleibenden Ionen gebremst). Bei einer Temperatur T und einer Spulenlänge d ist die Plasmalebensdauer durch diese **Endverluste** auf

$$\tau \approx 3.5 \frac{d}{v_{\mathrm{th,i}}} \tag{2.163}$$

mit $v_{\mathrm{th,i}}^2 = 2kT/m_{\mathrm{i}}$ begrenzt.

Mit einer genügend langen Spule müßte sich das Lawson-Kriterium (2.157) schließlich erfüllen lassen. Wir wollen abschätzen, wie groß d dazu sein müßte. Bei $kT = 10$ keV ist $v_{\mathrm{th,i}} \approx 10^6$ m/s. Mit einem Magnetfeld B läßt sich (bei $\beta = 1$) ein Plasma bis zum Druck $p = 2nkT = p_{\mathrm{magn}} = B^2/(2\mu_0)$ komprimieren. Weil auch an der Magnetfeldspule magnetische Kräfte angreifen, kann B maximal etwa 20 T sein; nach Gl. (2.159) ist dann $p_{\mathrm{magn}} \approx 1.6 \cdot 10^8$ Pa und die maximal einschließbare Plasmadichte $n \approx 5 \cdot 10^{22}$ m^{-3}. Für $n\tau = 10^{20}$ m^{-3}s wäre damit $\tau = 2$ ms erforderlich, also $d \approx 600$ m! Um $B = 20$ T zu erreichen, müßte durch diese Spule ein Strom von 10 GA fließen. Eine solche Anlage wird nicht ernsthaft erwogen.

Aussichtsreicher erscheinen Versuche, die Endverluste durch Modifikation des Magnetfelds zu verringern, etwa durch Erhöhung der magnetischen Flußdichte zu den Spulenenden hin, um dort magnetische Spiegel zu schaffen (Abschn. 2.12.2.1), evtl. in Verbindung mit zusätzlichen elektrischen Potentialen, oder durch eine „Feldumkehr" bei der Kompression. Am wirksamsten werden Endverluste aber dadurch unterdrückt, daß man den Theta-Pinch zu einem Torus zusammenbiegt und so zu einer **geschlossenen Konfiguration** übergeht. Dasselbe kann auch mit einem z-Pinch geschehen, wenn der Strom im Plasma nicht durch eine Spannung zwischen Elektroden getrieben wird, sondern durch eine induzierte Spannung.

2.13.3.3 Toroidaler Plasmaeinschluß, Tokamak und Stellarator

Biegt man einen Theta-Pinch um die sog. vertikale Achse herum zum Torus zusammen, wird das toroidale Magnetfeld B_{t} auf der Torusinnenseite (näher zur Achse) stärker als auf der Außenseite. (Die üblichen Richtungsbezeichnungen sind in Abb. 2.65 erläutert). Der magnetische Druck treibt ein solches Plasma an die Außenwand des Entladungsgefäßes, es existiert kein Gleichgewichtszustand. Zusätzlich tritt eine kombinierte Krümmungs- und Gradientendrift auf (Abschn. 2.12.1.2), die eine vertikale Ladungstrennung hervorruft, bei der sich die Elektronen oben im Torus sammeln und die Ionen unten oder umgekehrt. Das entstehende elektrische Feld $\boldsymbol{E}$ führt dann zu einer $\boldsymbol{E} \times \boldsymbol{B}$-Drift (Abschn. 2.12.1.2), die sowohl Elektronen als auch Ionen nach außen führt. Auf diese einfache Weise läßt sich deshalb kein stabiler Plasmaeinschluß erreichen.

Auch beim Plasmatorus mit toroidalem Plasmastrom j_{t} und poloidalem Magnetfeld B_{p}, der dem z-Pinch entspricht, ist das Magnetfeld – wie bei der Korkenzieher-Instabilität, s. Abb. 2.64 – innen stärker als außen. Hier kann aber eine Stabilisierung dadurch erfolgen, daß um den Plasmatorus eine sehr gut leitende metallische Hülle gelegt wird, in die das Magnetfeld wegen der induzierten Wirbelströme nicht oder jedenfalls nur sehr langsam eindringen kann. Bei einer Plasmabewegung nach außen werden dann anschaulich die Magnetfeldlinien außen komprimiert und innen verdünnt, der magnetische Druck steigt außen, und die Bewegung kommt zum Stillstand. Wegen der $(m = 0)$-Instabilitäten ist aber auch mit dieser Anordnung kein stabiles Gleichgewicht zu erreichen.

Alle diese Probleme werden durch eine Kombination beider Konfigurationen beseitigt, bei der sowohl ein toroidales Magnetfeld B_t auch im Plasmainnern (von poloidalen Strömen j_p in äußeren Spulen) als auch ein poloidales Magnetfeld B_p (von einem toroidalen Strom j_t im Plasma, der induktiv erzeugt wird, oder von Strömen in geeigneten äußeren Spulen) und eine metallische Umhüllung vorhanden sind. B_p und die Metallumhüllung verhindern die Auswärtsbewegung und B_t stabilisiert gegen die ($m = 0$)-Instabilität, wie das entsprechende axiale Feld beim linearen z-Pinch. Außerdem führt das poloidale Feld dazu, daß sich die Magnetfeldlinien schraubenförmig um den Torus winden und nach jedem toroidalen Umlauf einen gewissen poloidalen Versatz aufweisen (Abb. 2.66), den sog. *Rotationstransformationswinkel* ι (jota). Bei

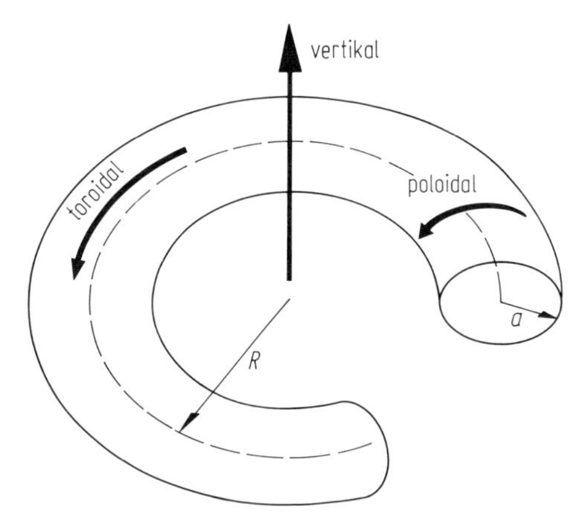

Abb. 2.65 Richtungsbezeichnungen bei einer torusförmigen Entladung. (In der Literatur werden gelegentlich auch andere Bezeichnungen gebraucht.) R ist der „große“ Torusradius, a der „kleine“ Radius.

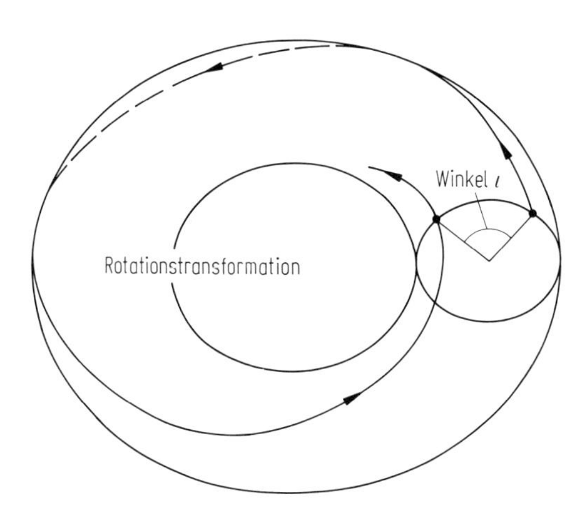

Abb. 2.66 Rotationstransformation schraubenförmiger Magnetfeldlinien beim Umlauf um den Torus.

der raschen thermischen Bewegung entlang der Magnetfeldlinien, die ja ungestört möglich ist, werden die geladenen Plasmateilchen deshalb in einem Torusquerschnitt von oben nach unten und von unten nach oben geführt, so daß schließlich auch noch die Ladungstrennung aufgehoben wird.

In einer Toruskonfiguration mit helikalem Magnetfeld kann durch raschen Anstieg des Plasmastroms schnelle Kompression und Aufheizung des Plasmas durch Stoßwellen wie bei einer linearen Pinchentladung bewirkt werden. Mit solchen **Screw-Pinchen** (Schrauben-Pinchen) werden auch thermische Teilchenenergien von $kT \approx 1$ keV bei Plasmadichten bis $10^{22}\ \mathrm{m}^{-3}$ erreicht. Die Plasmalebensdauern liegen aber nur im µs-Bereich, so daß $n\tau < 10^{17}\ \mathrm{m}^{-3}\mathrm{s}$ bleibt, weil bei hohen Plasmaströmen ($m = 1$)-Instabilitäten auftreten. Diese Instabilitäten setzen stark ein, wenn der Winkel ι der Rotationstransformation auf der Plasmaoberfläche den Wert 2π überschreitet. Bei $a \ll R$ gilt näherungsweise $\iota = 2\pi R B_p/(a B_t)$ (a Plasma-, R Torusradius nach Abb. 2.65; man denke sich den Torus wieder zum geraden Zylinder zurückgebogen). Zur Vermeidung der Instabilitäten muß also $R B_p < a B_t$ sein. Das poloidale Magnetfeld ist näherungsweise wie beim geraden Draht $B_p = \mu_0 I/(2\pi a)$, wenn I die Stromstärke des (toroidalen) Stroms im Plasma ist. Der Plasmastrom muß mithin auf

$$I < I_{KS} = 2\,\frac{\pi a^2 B_t}{\mu_0 R} \qquad (2.164)$$

beschränkt werden (**Kruskal-Shafranov-Grenze**). Das Verhältnis $q = I_{KS}/I$ wird als *Sicherheitsfaktor* bezeichnet. Für große Toruskonfigurationen, die heute betrieben werden, sind $R = 2.5$ m, $a = 1$ m und $B_t = 3$ T typische Werte. Damit ergibt sich $I_{KS} \approx 6$ MA.

Auf diesen allgemeinen Anforderungen an Toruskonfigurationen zum Plasmaeinschluß beruhen auch die beiden Anordnungen, die heute im Hinblick auf die kontrollierte Energieerzeugung in Kernfusionsplasmen am eingehendsten untersucht werden, der Tokamak und der Stellarator. Dabei wurden mit dem technisch einfacheren Tokamak bisher die besten Ergebnisse erzielt.

Der **Tokamak** wurde am Moskauer Kurchatov-Institut seit Mitte der 50er Jahre entwickelt. Ende der 60er Jahre wurden dort kT-Werte von etwa 1 keV für die Elektronen und 0.5 keV für die Ionen bei Plasmadichten von einigen $10^{19}\ \mathrm{m}^{-3}$ erzielt. Heute arbeiten alle großen Experimente zur Untersuchung des Plasmaeinschlusses unter Bedingungen, die denen eines Fusionsreaktors nahekommen, nach dem Tokamak-Prinzip. Die größte Anlage dieser Art ist derzeit JET (Joint European Torus), ein europäisches Gemeinschaftsprojekt in Culham (England) [83]. Vergleichbar sind der TFTR (Tokamak Fusion Test Reactor) in Princeton (USA) sowie der japanische JT 60 und der im Bau befindliche T 15 in der UdSSR, die unterschiedliche Aspekte eines Fusionsreaktors untersuchen sollen.

Den prinzipiellen Aufbau eines Tokamaks zeigt Abb. 2.67, die Realisierung bei JET ist in Abb. 2.68 dargestellt. Das toroidale Magnetfeld B_t wird durch äußere Spulen erzeugt. Der toroidale Plasmastrom I, der das poloidale Magnetfeld B_p hervorruft, wird induktiv mit einem Transformator erzeugt, dessen einzige Sekundärwicklung das Plasma darstellt. Damit ist der Tokamak vom Prinzip her auf gepulsten Betrieb ausgelegt, wobei die Entladungen allerdings bis zu 30 s (JET) andauern können. Zusätzlich verwenden Tokamaks noch ein vertikales Magnetfeld B_v zur Kontrolle der Position des Plasmas im Entladungsgefäß (je nach Größe und Richtung dieses

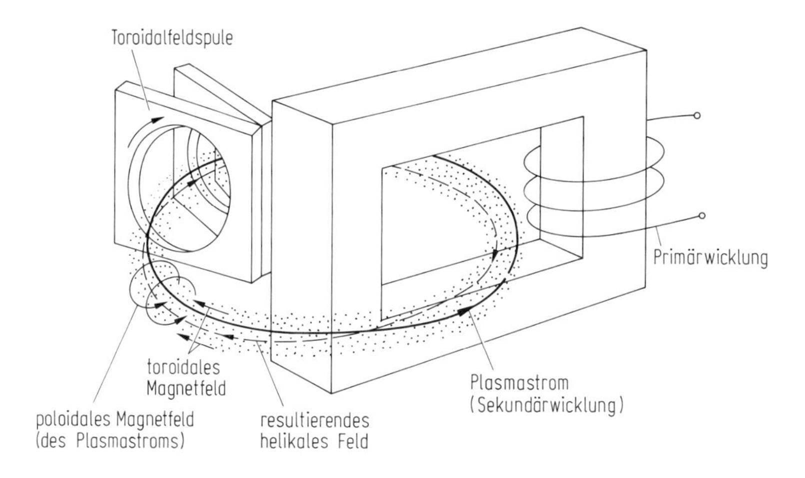

Abb. 2.67 Prinzip des Tokamaks.

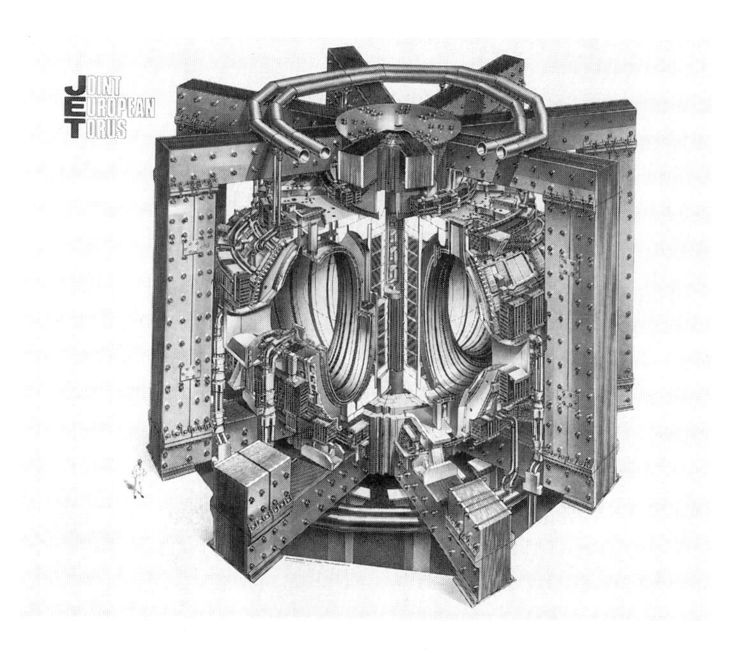

Abb. 2.68 Tokamak JET. Das toroidale Magnetfeld wird durch 32 D-förmige Kupferspulen erzeugt, die in gleichmäßigen Abständen das Vakuumgefäß umfassen. Das poloidale Magnetfeld wird vom Strom im Plasma erzeugt, das die Sekundärwicklung eines Transformators bildet. Die Primärwicklung umfaßt die Mitte des achtteiligen massiven Transformatorjochs, das 11.5 m hoch ist und 2700 t wiegt. Sechs toroidale Spulen laufen (noch innerhalb des Jochs) außen um und erzeugen das Vertikalfeld, mit dem das Plasma im Vakuumgefäß positioniert, stabilisiert und geformt wird. (Copyright: JET Joint Undertaking. Photo: UKAEA Culham Laboratory Photographic Services. CMP 82348. Mit freundlicher Genehmigung von JET).

Feldes kann B_p an der Plasmainnen- und -außenseite unterschiedlich verstärkt oder geschwächt werden).

Beim **Stellarator** [38, 82] wird das poloidale Magnetfeld B_p nicht durch einen Strom im Plasma erzeugt, sondern durch äußere Spulen wie das toroidale Feld. Ursprünglich wurden dazu mehrere Paare von Leitern mit entgegengesetzten Stromrichtungen verwendet, die sich schraubenförmig um das Entladungsgefäß winden (Abb. 2.69). Dabei kompensieren sich die toroidalen und vertikalen Magnetfeldkomponenten weitgehend, und es bleibt nur ein Poloidalfeld übrig. Neue Experimente wie der Ende 1988 in Betrieb genommene Stellarator Wendelstein VII AS des MPI für

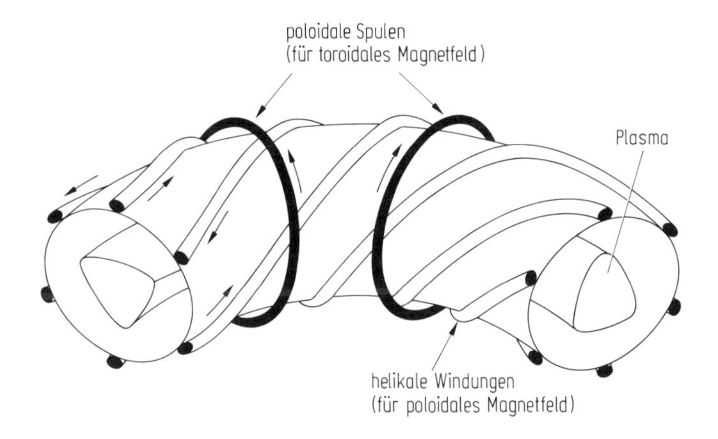

Abb. 2.69 Helikale Stromleiter zur Erzeugung des poloidalen Magnetfelds beim Stellarator.

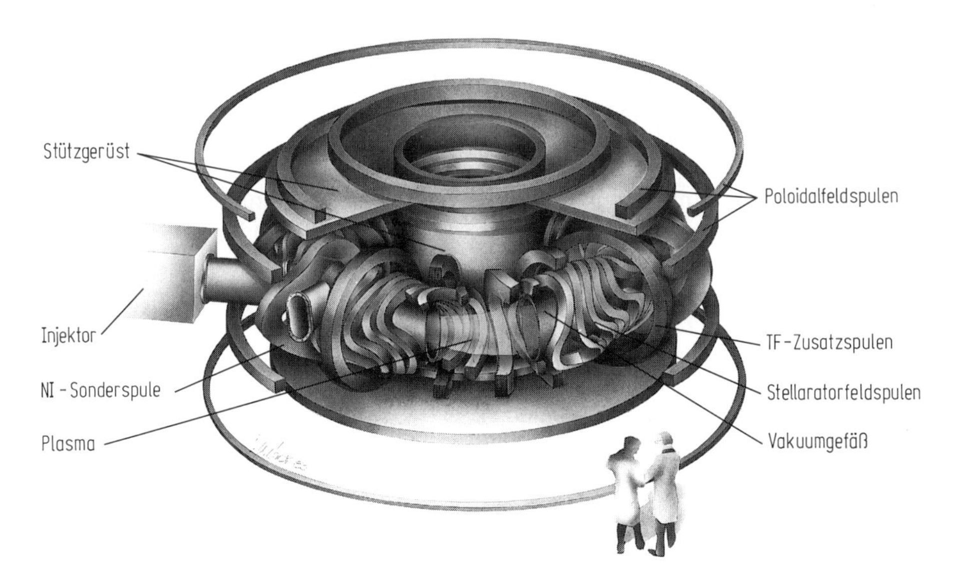

Abb. 2.70 Stellarator Wendelstein VII AS des MPI für Plasmaphysik, Garching (Photo: Max-Planck-Institut für Plasmaphysik (IPP), Boltzmannstraße 2, D-8046 Garching b. München).

Plasmaphysik in Garching benutzen Kreisspulen, die in bestimmter Weise aus ihrer Ebene herausgebogen und in Abb. 2.70 deutlich zu erkennen sind. Dadurch ist ein modularer Aufbau möglich.

Weil ein Stellarator ein einmal erzeugtes Plasma zusammenhalten kann, ohne daß darin ein Strom induziert werden muß, ist er vom Konzept her für stationären Betrieb geeeignet und darin dem Tokamak überlegen. Mit dem Plasmastrom entfallen auch alle Instabilitäten, die von diesem getrieben werden, ebenso allerdings die ohmsche Heizung. Schließlich ist der Stellarator nicht rotationssymmetrisch um die vertikale Achse wie der Tokamak.

2.13.3.4 Verlustprozesse

Durch Instabilitäten wird die Lebensdauer eines magnetisch eingeschlossenen Plasmas in offensichtlicher Weise beendet, wenn sie das Plasma an die Wand des Entladungsgefäßes drängen. Auch in einer stabilen Gleichgewichtskonfiguration tritt aber ständig ein Energie- und Teilchentransport senkrecht zu den Magnetfeldlinien auf, der die Lebensdauer des Plasmas begrenzt, weil der magnetische Einschluß nicht vollkommen ist. Die Teilchendiffusion senkrecht zu einem (homogenen) Magnetfeld kommt durch Stöße zustande, die die Gyrationsbewegung um die Magnetfeldlinien (Abschn. 2.12.1.1) stören. Der entsprechende Diffusionskoeffizient $D_\perp$ ist deshalb proportional zur mittleren Stoßfrequenz ν, während der Diffusionskoeffizient parallel zum Magnetfeld $\sim 1/\nu$ ist, weil in diesem Fall die Stöße die Teilchenbewegung behindern. Berechnet man $D_\perp$ unter der Voraussetzung homogenen Magnetfelds, so ergibt sich der **klassische** Wert (entsprechend für die anderen Transportkoeffizienten). Dieser klassische Transport quer zum Magnetfeld erfolgt für Fusionsplasmen so langsam, daß er die Lebensdauer praktisch nicht beeinträchtigt. Tatsächlich werden jedoch schnellere Transportvorgänge beobachtet. In vielen Fällen (besonders für die Ionen) können sie durch **neoklassische Transportkoeffizienten** erklärt werden, die auch die Torusgeometrie berücksichtigen. Für die Elektronen sind die Transportkoeffizienten allerdings vielfach **anomal** groß, was auf eine starke Beeinflussung durch Plasmawellen bzw. Mikroinstabilitäten zurückgeführt wird. Die Vorhersage der Transporteigenschaften für ein bestimmtes Fusionsexperiment und ihrer Auswirkung auf die Lebensdauer des Plasmas wird zusätzlich durch die Plasmainhomogenität, den Einfluß von Randschichten usw. erschwert, so daß man trotz großer Anstrengungen auf diesem Gebiet noch weitgehend auf empirisch gefundene Gesetzmäßigkeiten angewiesen ist [37, 38].

Neben der Teilchendiffusion spielen **Strahlungsverluste** [49, 84] eine wichtige Rolle für Fusionsplasmen. Für das Lawson-Kriterium haben wir in Abschn. 2.13.2 schon die Bremsstrahlungsverluste eines reinen DT-Plasmas berücksichtigt. Diese Verluste werden nach Gl. (2.97) außerordentlich verstärkt, wenn das Plasma Ionen hoher Ladungszahlen z auch nur mit geringen Dichten $n_{i,z}$ enthält, weil diese $\sim z^2 n_{i,z}$ zur emittierten Bremsstrahlungsleistung beitragen. Grob muß daher $n_{i,z} \ll n/z^2$ bleiben, sonst wird die Energie-Einschlußzeit τ erheblich verkürzt. Nicht vollständig ionisierte Atome emittieren zusätzlich noch eine beträchtliche Linienstrahlung. Die strikte Vermeidung von Verunreinigungen hoher Kernladung (*Hoch-Z-Verunreinigungen*), die zu hochgeladenen Ionen führen können, ist deshalb für alle Fusionsexperimente unerläßlich. Da diese Verunreinigungen durch **Plasma-Wand-Wechselwirkung** freigesetzt werden [37, 38, 85, 86], ergreift man drei Gegenmaßnahmen. Erstens wird die Wand soweit als möglich mit Niedrig-Z-Material abgedeckt. Dazu wurde bisher überwiegend Kohlenstoff (Graphit, $Z = 6$) verwendet, doch ist Beryllium ($Z = 4$; seit kurzem bei JET eingesetzt) insgesamt noch günstiger [106]. Zweitens versucht man, die Temperatur am Plasmarand so niedrig wie möglich zu halten, um die Plasma-Wand-Wechselwirkungen zu verlangsamen. Schließlich werden die Teilchen der Plasmarandschicht, über die auch die Verunreinigungen einströmen, vom heißen Plasmainnern ferngehalten. Als einfachste Maßnahme dient ein aus der Wand hervorstehender *Limiter* (aus Graphit oder Beryllium), auf den die Teilchen der Randschicht bei ihrer Bewegung längs der Magnetfeldlinien auftreffen. Dabei wird allerdings in großem Maße Limitermaterial zerstäubt. Eine andere Möglichkeit bietet der Einbau eines magnetischen *Divertors*. Dabei werden die Magnetfeldlinien am Plasmarand mit Zusatzspulen in eine separate Kammer gelenkt, die mit dem Entladungsgefäß nur durch schmale Blenden verbunden ist. Hier werden dann die Teilchen der Randschicht zurückgehalten.

Unvermeidlich sind in hohen Magnetfeldern auch Verluste durch die *Zyklotronstrahlung* vor allem der Elektronen bei ihrer (beschleunigten!) Gyrationskreisbewegung um die Magnetfeldlinien [77, 87]. Diese Strahlung wird allerdings weitgehend wieder im Plasma absorbiert, wenn die Plasmadichte so hoch ist, daß die Plasmafrequenz (2.124) über der Gyrationsfrequenz (2.131) liegt.

Insgesamt gesehen stellt die planmäßige Beherrschung der vermeidbaren Verlustprozesse in einem Fusionsreaktor eine komplizierte Aufgabe dar, die noch umfangreiche experimentelle und theoretische Untersuchungen erfordert.

2.13.3.5 Aufheizung des Plasmas

Die Verlustprozesse in einem Plasma müssen durch Heizung kompensiert werden, um über längere Zeit einen stationären Zustand aufrechtzuerhalten. In einem Fusionsreaktor soll dies schließlich durch die **α-Teilchen-Heizung** mit einem Teil der Fusionsenergie selbst geschehen. Zunächst (und bei gepulstem Betrieb immer wieder) muß jedoch ein Fusionsplasma mit genügend hoher Temperatur ($kT \approx 10$ keV) erzeugt werden.

Beim Tokamak scheint **ohmsche Heizung** durch den Strom im Plasma die Möglichkeit zur Energiezufuhr zu bieten, und auch beim Stellarator könnte man das Plasma zunächst auf diese Weise erzeugen und dann auf Einschluß ohne Plasmastrom umschalten. Die ohmsche Heizleistung bei gegebener Stromstärke ist jedoch proportional zu $1/\gamma$, und die elektrische Leitfähigkeit γ eines Plasmas nimmt mit wachsender Temperatur wie $T^{3/2}$ zu (Abschn. 2.7.1). Beim JET beispielsweise wird ein Strom von 5 MA durch eine (induzierte) Spannung von weniger als 1 V getrieben. Damit wird die Heizung bei steigender Temperatur immer weniger effektiv, und dies kann wegen der Kruskal-Shafranov-Grenze auch nicht durch ständige Erhöhung des Plasmastroms kompensiert werden. Mit ohmscher Heizung lassen sich deshalb nur Temperaturen im Bereich $kT \approx 1$ keV erzeugen, und es ist eine **Zusatzheizung** erforderlich. Dazu werden zur Zeit zwei Methoden angewandt: Der Einschuß energiereicher Teilchenstrahlen ins Plasma und die Einstrahlung elektromagnetischer Wellen.

Bei der **Plasmaheizung durch Teilcheneinschuß** [37, 88, 89, 90] müssen die eingeschossenen Teilchen a) erheblich höhere Energien als die Plasmateilchen haben, b) ihre Energie an das Plasma abgeben und c) das einschließende starke Magnetfeld passieren können. Wegen c) kommt nur der Einschuß von Neutralteilchenstrahlen in Frage, wobei die Teilchenenergien im 100-keV-Bereich liegen müssen. Zweckmäßig sind Deuteriumatome, die zugleich zu einer Erhöhung der Fusionsrate führen, weil der Wirkungsquerschnitt für die DT-Fusion bei Relativenergien um 100 keV sein Maximum hat (Abb. 2.60). Da Neutralteilchen selbst nicht auf solche Energien beschleunigt werden können, erzeugt man zunächst Ionen und beschleunigt diese durch ein elektrisches Feld. Der Ionenstrahl wird dann durch eine Gaszelle geschickt, wo ein Teil der Ionen durch Ladungstransfer neutralisiert wird (Abschn. 2.4.3.3), ohne kinetische Energie zu verlieren. Nach Abtrennung der verbliebenen Ionen werden die Neutralteilchen ins Plasma injiziert, wo sie – ebenfalls durch Ladungstransfer sowie Stöße mit Ionen und Elektronen – wieder ionisiert werden. Anschließend geben sie ihre Energie in elastischen Stößen an die Plasmaionen und -elektronen ab. Dabei sollen nach Möglichkeit die Plasmaionen aufgeheizt werden, weil Heizung der Elektronen nur die Bremsstrahlungsverluste erhöht und unter Umständen zu Instabilitäten führt. Da schnelle Ionen zunächst vor allem durch die Plasmaelektronen gebremst werden, darf die Energie der eingeschossenen Teilchen nicht zu hoch sein. Das ist auch deshalb erforderlich, weil die Neutralisation schneller Ionenstrahlen in Gaszellen mit wachsender Teilchenenergie immer ineffektiver wird (so daß an die Verwendung negativer Ionen gedacht wird, deren überzähliges Elektron nur schwach gebunden ist).

Bei JET werden derzeit gepulste Deuteriumstrahlen mit bis zu 10 s Pulslänge und 80 keV Teilchenenergie zur Heizung eingesetzt (eine Verdoppelung der Teilchenenergie ist vorgesehen). Damit kann insgesamt eine Heizleistung bis zu 20 MW zugeführt werden. Für Tokamak-Fusionsreaktoren sind wahrscheinlich höhere Teilchenenergien um 500 keV, Leistungen von 50 MW und kontinuierliche Strahlen oder Pulslängen von 50 s und mehr erforderlich.

Eine **Plasmaheizung mit elektromagnetischen Wellen** [37] ist bei den Resonanzfrequenzen des Plasmas möglich (Abb. 2.52). Für ein Fusionsplasma mit $n = 10^{20}\ \mathrm{m}^{-3}$, $B = 5\ \mathrm{T}$ sind solche Resonanzfrequenzen vor allem die (Deuterium-)Ionenzyklotronfrequenz $\nu_{ci} = 38$ MHz (ICRH, ion cyclotron resonance heating), die Elektronenzyklotronfrequenz $\nu_{ce} = 140$ GHz (ECRH) und die sog. untere Hybridfrequenz $\nu_{LH} = 1.25$ GHz (LHH, lower hybrid heating). Die Erzeugung entsprechender Radio- bzw. Mikrowellen ist mit hoher Leistung möglich, und die Plasmaheizung mit ICRH, LHH und ECRH ist in zahlreichen Experimenten durchgeführt worden. Bei JET stehen derzeit 18 MW für ICRH zur Verfügung.

Durch die Einstrahlung intensiver elektromagnetischer Wellen ist es auch möglich, einen Plasmastrom zu treiben, insbesondere bei Resonanz mit der unteren Hybridfrequenz ν_{LH} (LHCD, lower hybrid current drive). Diese zunächst theoretische Vorhersage ist Anfang der 80er Jahre durch Experimente eindrucksvoll bestätigt worden, als es erstmals gelang, auf diese Weise in Tokamaks Ströme von mehreren 100 kA zu erzeugen und für mehrere Sekunden aufrechtzuerhalten. Für einen Plasmastrom von 5 MA würde nach Abschätzungen eine eingestrahlte Leistung von 50 MW erforderlich sein. Damit eröffnet sich die Möglichkeit, Tokamaks *kontinuierlich* zu betreiben und vom gepulsten Transformatorbetrieb abzugehen. Ein Plasmastrom kann auch durch hochenergetische Teilchenstrahlen erzeugt werden.

Die beiden Methoden der Zusatzheizung, Injektion energiereicher Neutralteilchenstrahlen und Einspeisung elektromagnetischer Wellen geeigneter Frequenz, sind heute an allen großen Tokamak-Experimenten wohletabliert und haben zu hohen Elektronen- und Ionentemperaturen geführt (bei JET $kT_e \approx 10$ keV bis 15 keV und kT_i bis zu 28 keV, beim TFTR sogar kT_i bis über 30 keV). Als ein Problem ergab sich dabei aber immer eine deutliche Abnahme der Einschlußzeit τ mit wachsender Heizleistung bis auf weniger als die Hälfte des Wertes bei rein ohmscher Heizung, die bisher theoretisch nicht verstanden scheint, aber mit einer empirisch gefundenen Skalierungsrelation beschrieben werden kann [86, 91]. Dadurch wäre eine Erfüllung des Lawson-Kriteriums erheblich erschwert worden. Deshalb war eine Entdeckung außerordentlich wichtig, die 1982 am Tokamak ASDEX des MPI für Plasmaphysik in Garching gemacht wurde [86]: Dort fand man gerade bei starker Zusatzheizung einen Plasmazustand mit etwa doppelter Einschlußzeit, das sog. *H-Regime* („high confinement"), das offenbar nur erreicht wird, wenn die Plasmarandschicht mit einem Divertor (Abschn. 2.13.3.4) beeinflußt wird. Nach entsprechendem Umbau konnte dieses H-Regime auch bei JET erreicht werden [91, 106], der ursprünglich nur mit einem Limiter am Plasmarand geplant war.

2.13.4 Trägheitseinschluß

Verglichen mit dem magnetischen Plasmaeinschluß erscheint der Grundgedanke des Trägheits- oder Inertialeinschlusses [37, 38, 92–95] außerordentlich einfach: Mit Hilfe von Laser- oder Teilchenstrahlen soll ein Deuterium-Tritium-Kügelchen, das *Pellet*, schlagartig so hoch verdichtet und erhitzt werden, daß selbst in der kurzen Zeit bis zum Auseinanderfliegen ein erheblicher Teil durch DT-Fusion verbrannt wird (Abb. 2.71). Dabei erzeugen die Strahlen zunächst an der Pelletoberfläche ein heißes,

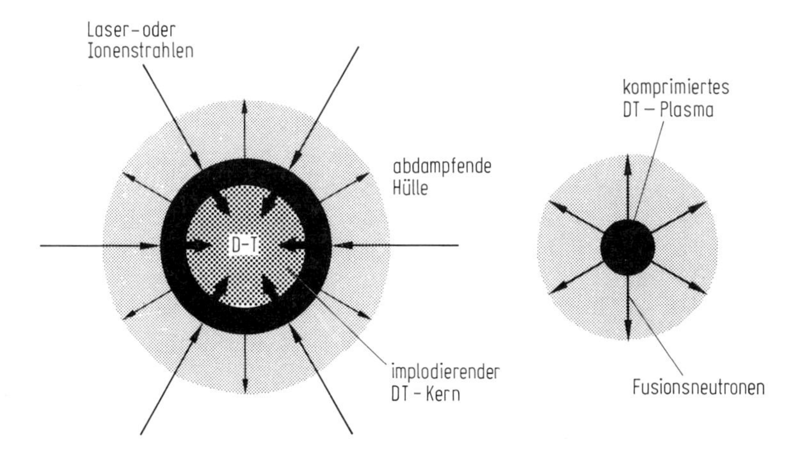

Abb. 2.71 Trägheitseinschluß eines durch intensive Laserbestrahlung sehr rasch komprimierten Pellets.

sphärisches Plasma, das rasch abdampft. Sein „Rückstoß" komprimiert den inneren Teil des Pellets. Dieses Verfahren der Energiegewinnung durch „Mini-Explosionen", die in einem geschlossenen Reaktorgefäß beherrschbar sind, wird seit Anfang der 70er Jahre intensiv untersucht. Dabei werden bisher hautpsächlich Laserstrahlen zur Kompression und Heizung eingesetzt. Die Verwendung von Strahlen leichter oder schwerer Ionen wird zur Zeit vorbereitet und könnte weitere Fortschritte bringen [42, 92].

Bei einer Plasmatemperatur T ist die thermische Ionengeschwindigkeit, mit der das Plasma auseinanderfliegt, $v_{\mathrm{th,i}} = \sqrt{2kT/m_{\mathrm{i}}}$. Bei einem Plasmaradius R ist die Lebensdauer des komprimierten Plasmas von der Größenordnung $\tau = R/v_{\mathrm{th,i}}$. In diesem Fall ist es sinnvoll, statt der Größe $n\tau$ des Lawson-Kriteriums (2.154) das Produkt nR oder ϱR zu betrachten (ϱ Massendichte), für das $\varrho R = m_{\mathrm{i}} v_{\mathrm{th,i}} n\tau$ gilt ($m_{\mathrm{i}} = (m_{\mathrm{D}} + m_{\mathrm{T}})/2$ ist die mittlere Ionenmasse). Wegen des zusätzlichen Faktors $v_{\mathrm{th,i}}$ (längere Lebensdauer bei niedrigerer Temperatur) hat der Minimalwert von ϱR (Abb. 2.72) eine etwas andere Temperaturabhängigkeit als der von $n\tau$. So kann die Trägheitsfusion mit

$$\varrho R \approx 4\,\mathrm{kg\,m^{-2}} \text{ bei } kT \approx 5\,\mathrm{keV} \quad \text{(Trägheits-DT-Fusion)} \tag{2.165}$$

gezündet werden. Ist dies erreicht, steigt die Temperatur durch α-Teilchen-Heizung sehr schnell auf bis zu $kT \approx 100$ keV, und das Fusionsbrennen setzt sich fort, bis das Pellet auseinandergeplatzt ist.

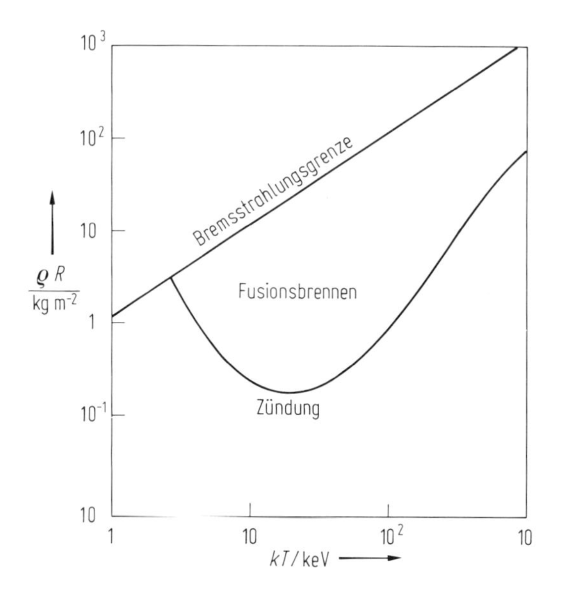

Abb. 2.72 Modifiziertes Lawson-Kriterium für den Trägheitseinschluß.

Soll dabei ein merklicher Bruchteil des DT-Brennstoffs verbrannt werden, etwa 30 % (darüberhinaus sinkt die Fusionsrate wegen der Dichteabnahme von D und T erheblich ab), so führt der Vergleich der Fusionsrate mit der Lebensdauer allerdings auf den höheren Wert

$$\varrho R \approx 30\,\mathrm{kg\,m^{-2}} \quad (30\,\%\ \text{Abbrand}) \tag{2.166}$$

Für ein Pellet von 1 mg DT-Gemisch muß dann die Dichte von etwa $3 \cdot 10^5$ kg/m^3 = 300 g/cm^3 erreicht werden, etwa das 1500fache der DT-Flüssigkeitsdichte. Das entspricht der enormen Kompression des flüssigen Brennstoffs auf etwa 1/10 des Anfangsradius von rund 1 mm. Dabei finden 0.3 mg/$(m_D + m_T) \approx 3.5 \cdot 10^{19}$ Fusionsreaktionen statt und setzen die Fusionsenergie $E_F = 3.5 \cdot 10^{19}\ E_{DT} \approx 100$ MJ frei. Das ist etwa die Energie, die bei der Explosion von 20 kg TNT frei wird, und muß im Reaktor aufgefangen werden. Sehr viel größere Pellets, die explosionsartig auch entsprechend mehr Fusionsenergie freisetzen würden, werden deshalb kaum verwendet werden, obwohl man bei ihnen mit geringerer Kompression auskäme. Deutlich niedrigere ϱR-Werte wären nach Abb. 2.72 auch bei Temperaturen mit $kT \approx 20$ keV ausreichend, doch ist es sehr schwierig, die dem Pellet zugeführte Energie in *thermische* Energie des komprimierten DT-Gemischs umzusetzen, so daß man zunächst möglichst niedrige Zündtemperatur anstrebt.

Der Fusionsenergie $E_F \approx 100$ MJ steht die thermische Energie von $3kT/2$ je Plasmateilchen gegenüber, die für die Aufheizung aufgebracht werden muß, für das 1-mg-Pellet etwa 0.6 MJ $\approx E_F/160$. Das Verhältnis von Fusions- zu eingestrahlter Energie, der Gain für den hier vorliegenden gepulsten Betrieb, wäre $Q_{DT} \approx 160$, wenn nur diese 0.6 MJ benötigt würden. Leider bewirkt jedoch nur ein Bruchteil von 5 % bis 15 % der auf das Pellet gestrahlten Energie auch tatsächlich Heizung des Fusionsplasmas, so daß etwa 5 MJ eingestrahlt werden müssen und der Gain in Wirklichkeit nur bei $Q_{DT} \approx 20$ liegt. Dies erscheint für einen Reaktorbetrieb zu niedrig, denn man muß weiter in Rechnung stellen, daß die Laserstrahlung mit erheblich schlechterem Wirkungsgrad als 1 aus der zugeführten elektrischen Energie erzeugt wird und auch bei der Umwandlung der thermischen Fusionsenergie in elektrische Energie nochmals Verluste auftreten. Für den Einsatz der Trägheitsfusion zur Energieversorgung wird deshalb generell ein Gain von 100 gefordert.

Man hat nach einem anderen Weg gesucht, das DT-Brennen mit geringerer eingestrahlter Energie zu zünden, und einen solchen auch mit umfangreichen Modellrechnungen gefunden: Wenn der Brennstoff zwar komprimiert, aber nur ein kleiner zentraler Bereich auf Fusionstemperaturen mit $kT \approx 5$ keV aufgeheizt wird, so heizen die bei der Fusion entstehenden α-Teilchen auch den umgebenden kalten Brennstoff noch so schnell auf, daß sich die Front des brennenden Bereichs schneller ausbreitet, als das Pellet auseinanderplatzt. Mit dieser Methode soll mit 1 MJ Bestrahlungsenergie die Zündung möglich und mit 5 MJ Bestrahlungsenergie ein Gain von 100 erreichbar sein [93].

Schon diese einfachen Überlegungen zeigen, daß auch die Trägheitsfusion nur schwer zu verwirklichen ist und eine Optimierung des gesamten Ablaufs erfordert, wenn sie zur Energieversorgung eingesetzt werden soll. Auf theoretischer Seite muß dazu vor allem die Laser-Plasma-Wechselwirkung und ihre Ankopplung an die Hydrodynamik der Pelletkompression untersucht werden. Experimentelle Untersuchungen und die Plasmadiagnostik sind dadurch erschwert, daß die Vorgänge im Picosekundenbereich auf Längen von Mikrometern ablaufen. Hier können nur stichwortartig einige der auftretenden Probleme angesprochen werden:

Laserenergie: Selbst der gewaltige NOVA-Laser in Livermore (USA), ein Nd-Glas-Laser mit Verstärkerketten von fast 150 m Länge (s. auch [56]), erzeugt „nur“

Pulsenergien von 100 kJ. Hier könnten Ionenstrahlen eine deutliche Verbesserung bringen.

Laserwellenlänge: Laserstrahlung wird dort reflektiert, wo bei Annäherung an das Pellet die Elektronendichte so weit gestiegen ist, daß die Plasmafrequenz die Laserfrequenz übersteigt (Abschn. 2.11.2.1). Für einen Nd-Glas-Laser ($\lambda = 1.05$ µm) ist das für $n_e \approx 10^{27}$ m^{-3} der Fall, eine Dichte, die schon in dem abdampfenden Oberflächenmaterial erreicht wird. Mit kürzeren Wellenlängen (Frequenzverdopplung oder -verdreifachung, KrF-Laser) wäre eine bessere Energieübertragung auf das Pellet möglich.

Pelletkompression: Durch geeigneten Aufbau der Pellets und passenden zeitlichen Verlauf der Laserbestrahlungsstärke muß sichergestellt werden, daß keine vorzeitige Aufheizung auftritt, die die Lebensdauer herabsetzt.

Symmetrie der Bestrahlung: Eine Implosion des Pellets, die zu wirksamer Kompression führt, kann nur erreicht werden, wenn die Pelletoberfläche sphärisch symmetrisch abdampft, was wiederum eine sphärisch symmetrische Bestrahlung voraussetzt, d.h., die Verwendung vieler synchroner (Laser-)Strahlen.

Das letztgenannte Problem hat zum Konzept der **indirekten Bestrahlung** des Pellets geführt [93], das in den USA wohl auch mit Erfolg verwendet wird (Einzelheiten werden geheimgehalten, weil militärisches Interesse daran besteht, bei diesen Versuchen die physikalischen Grundlagen von Wasserstoffbombenexplosionen zu untersuchen). Dabei wird das Pellet mit einem Hohlkügelchen umgeben, das aus möglichst schweren Atomen besteht. Durch kleine Öffnungen in der Hohlkugel wird nicht das Pellet, sondern die Kugelwand mit Laserlicht bestrahlt (Abb. 2.73). Mehrfache teilweise Absorption und Reflexion heizt die Wand auf und erzeugt im Kugelinnern annähernd Hohlraumstrahlung im weichen Röntgenbereich, die sehr isotrop ist und zu einer symmetrischen Kompression des Pellets führt. Welcher Wirkungsgrad mit dieser Methode erzielt werden kann, ist noch unklar.

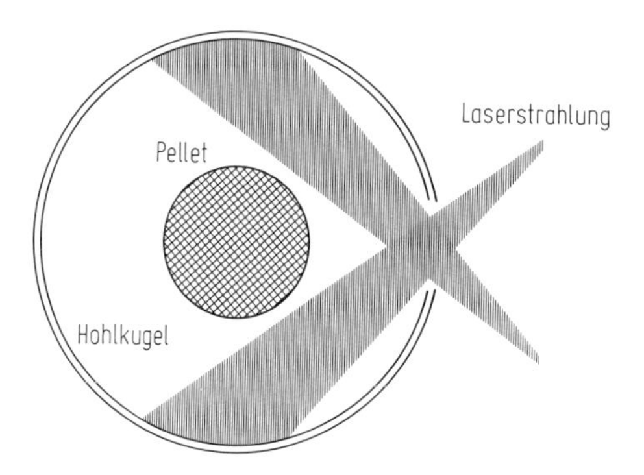

Abb. 2.73 Indirekte Bestrahlung eines Pellets in einer Hohlkugel.

2.13.5 Stand der thermonuklearen Fusionsforschung und Ausblick

Die mit JET und anderen Großexperimenten erzielten Ergebnisse [91, 106, 107] charakterisieren den gegenwärtigen Stand der Fusionsforschung mit magnetisch eingeschlossenen Plasmen. Im wesentlichen haben sich bisher alle Skalierungsgesetze als anwendbar erwiesen, die aus früheren Untersuchungen an kleineren Anlagen gewonnen worden waren. Damit erscheint die weitere Extrapolation auf die nächste Generation von Experimenten möglich, insbesondere was die Abhängigkeit der Einschlußzeit von der Stromstärke des Plasmastroms und der Zusatzheizleistung betrifft. Von einer Energieerzeugung ist JET jedoch noch weit entfernt; unter günstigen Bedingungen könnte gegenwärtig bei Betrieb mit Tritium (erstmals Ende 1991 erprobt) eine Fusionsleistung von etwa 1 MW entstehen, was einem $Q_{\mathrm{DT}} \approx 0.2$ entspricht. Möglich erscheinende höhere Werte werden bisher durch plötzlich ansteigende Verunreinigungskonzentrationen verhindert. Die Fortführung der Untersuchungen soll in den nächsten Jahren bis zum Breakeven $Q_{\mathrm{DT}} \approx 1$ führen, wo in einem DT-Plasma die Fusionsleistung etwa denselben Wert erreicht wie die zugeführte Heizleistung. Dann würden die bei der Fusion freigesetzten α-Teilchen mit 20 % zur Plasmahcizung beitragen, und es wäre möglich, erste Erkenntnisse über ihren Einfluß auf die Plasmaparameter zu gewinnen. Hierzu gibt es bisher nur Voruntersuchungen, so daß die Realisierung der α-Teilchen-Heizung ein wichtiger Schritt auf dem Weg zu einem Fusionsreaktor ist.

Für diese Experimente ist der Betrieb von JET mit Tritium für Mitte der 90er Jahre geplant. Tritium ist selbst radioaktiv [108], vor allem wird aber durch die bei der Fusion freigesetzten Neutronen auch die gesamte Entladungsapparatur radioaktiv werden, so daß Fernbedienungssysteme erforderlich sind. Diese Aktivierung allen Materials in der Nähe der Entladung würde in noch stärkerem Maße bei einem Fusionsreaktor auftreten, solange er mit DT- oder DD-Reaktionen arbeitet. Man hofft jedoch, durchweg Materialien verwenden zu können, die wegen kurzer Halbwertzeiten keine sichere Lagerung auf unabsehbare Zeit erfordern. Auf dieses und die zahlreichen anderen technischen Probleme, die ein Fusionsreaktor stellt [37, 38], haben wir hier nicht eingehen können. Sie dürften insgesamt aber kaum geringer sein als das Problem, zunächst die Fusionsbedingungen im Plasma zu erreichen. Ein Einsatz der Kernfusion in magnetisch eingeschlossenen Plasmen zur Energieversorgung erscheint deshalb erst weit im nächsten Jahrhundert denkbar. Zur Untersuchung vor allem auch technischer Probleme eines Fusionsreaktors soll NET (Next European Torus) dienen, das Nachfolgeexperiment von JET, das schon seit 1983 geplant wird. Dieses europäische Projekt könnte in einer größeren internationalen Zusammenarbeit der EG mit Japan, der UdSSR und den USA aufgehen, die in den nächsten Jahren gemeinsam die Realisierbarkeit eines Großexperiments ITER (International Thermonuclear Experimental Reactor) untersuchen wollen.

Während der Stand der Fusionsforschung mit magnetischem Plasmaeinschluß in zahlreichen Veröffentlichungen dokumentiert und damit erkennbar ist, scheint dies für den Trägheitseinschluß nicht im selben Umfang zu gelten, da ein Teil der Ergebnisse anscheinend geheimgehalten wird. So soll – wie erst zwei Jahre später bekannt wurde – schon 1986 in den USA bei einer unterirdischen Nuklearexplosion deren Röntgenstrahlung zur Kompression von Pellets benutzt worden sein [96]. Dabei soll sich herausgestellt haben, daß erheblich größere Bestrahlungsenergien als angenommen erforderlich sind, um Fusionsreaktionen zu zünden, nämlich selbst bei optimaler Konstruktion des Pellets wenigstens 5 MJ bis 10 MJ statt 1 MJ. Dementsprechend wären auch leistungsfähigere Anlagen zur Strahlerzeugung erforderlich. Ob auf diesem Weg eine wirtschaftliche Energieerzeugung möglich ist, ist unklar. Ein entsprechender Reaktor müßte über lange Zeit störungsfrei mit einer Wiederholfrequenz von 10 Hz arbeiten können, was hohe Anforderungen an alle Komponenten stellt. Darüberhinaus stellen sich ähnliche technische Probleme wie beim magnetischen Plasmaeinschluß.

Trotz aller Forschungsanstrengungen und der großen Fortschritte auf diesem Gebiet ist unverändert schwer vorhersehbar, ob und wann in Zukunft eine Energieversorgung durch thermonukleare Kernfusion möglich sein wird.

2.13.6 Kalte Kernfusion

Wir haben bisher Fusionsreaktionen in sehr heißen Plasmen diskutiert, wo die Wirkungsquerschnitte und Ratenkoeffizienten relativ große Werte haben (Abb. 2.60, 2.61). Prinzipiell besteht aber auch die Möglichkeit einer „kalten" Kernfusion bei niedrigen Temperaturen (Größenordnung der Zimmertemperatur). Wir wollen abschließend kurz auf diese Möglichkeit eingehen, auch wenn wir damit den Bereich der Plasmaphysik verlassen. Als typisches Beispiel betrachten wir im folgenden die DD-Fusion mit den beiden in Gl. (2.148) angegebenen Zweigen, die mit etwa gleicher Häufigkeit auftreten. (Ein dritter Zweig mit Bildung von ^{4}He und Emission eines 20 MeV-Photons wird sehr selten beobachtet.)

Zum Verständnis der kalten Fusion gehen wir zunächst genauer auf die Einzelschritte beim Zustandekommen einer Kernverschmelzung ein. Damit zwei Deuteriumkerne verschmelzen, muß die starke Wechselwirkung zwischen den Nukleonen wirksam werden, die zur Bindung führen kann. Da die Reichweite dieser Wechselwirkung nur wenige fm beträgt, müssen sich die beiden Kerne sehr nahe kommen, wenn eine Fusionsreaktion stattfinden soll. Im allgemeinen wird das durch die elektrostatische Abstoßung der Kerne verhindert, deren Coulomb-Energie $V_C = e^2/(4\pi\varepsilon_0 r)$ für einen Kernabstand $r = 3$ fm etwa 0.5 MeV beträgt (Abb. 2.74). Bei einem klassischen zentralen Stoß müßten die Kerne eine größere Energie E der Relativbewegung haben als diese 0.5 MeV, um die Barriere der Coulomb-Abstoßung zu überwinden. (Bei schiefen Stößen tritt zusätzlich eine Zentrifugalbarriere $\sim 1/r^2$ auf, und die erforderliche Energie liegt noch höher.) Quantenmechanisch ist die Coulomb-Barriere wegen des **Tunneleffekts** jedoch selbst bei Stößen mit erheblich niedrigerer Energie in geringem Maße durchlässig: Die Wellenfunktion eines einfallenden Teilchenstrahls nimmt zwar im klassisch verbotenen Bereich $r < r_0$ (*klassischer Umkehrpunkt*, s. Abb. 2.74), wo $E < V_C$ ist, stark ab, reicht aber bis in den „Potentialtopf" der Kernkräfte bei $r \approx 0$. Bei einem bestimmten Bruchteil $T(E)$ der Stöße (*Transmissionsgrad* der Potentialbarriere) bilden deshalb die beiden Deuteriumkerne zunächst einen angeregten ^{4}He*-Kern. Dieser kann anschließend entweder wieder in D + D zerfallen (wenn der Tunneleffekt – wie beim α-Zerfall – in umgekehrter Richtung wirksam wird), oder er kann unter Emission eines Neutrons bzw. Protons, das die überschüssige Energie forträgt, in die stärker gebundenen Kerne ^{3}He oder T übergehen; in seltenen Fällen erfolgt auch der Übergang in den Grundzustand des ^{4}He-Kerns unter Emission eines Photons (wie bei einem angeregten Atom). Aus der Bilanz dieser Prozesse mit ihren unterschiedlichen Übergangsraten und dem Wert des Transmissionsgrades ergibt sich der Wirkungsquerschnitt σ für Fusionsreaktionen. Er hängt vor allem über $T(E)$ von der Energie der Stöße ab. Für kleine Energien wachsen $T(E)$ und σ zunächst steil

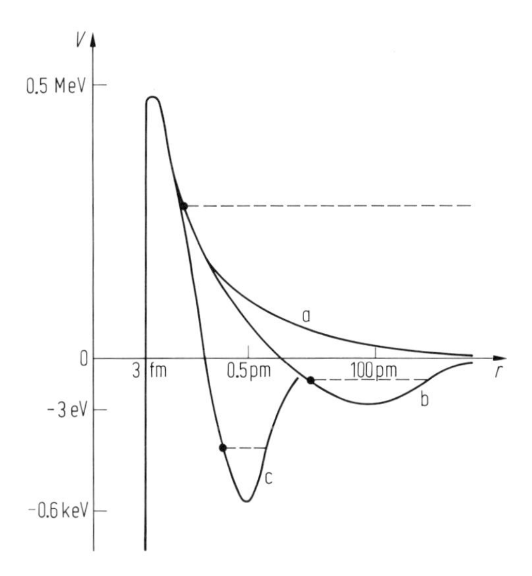

Abb. 2.74 Schematische Darstellung (*in keiner Hinsicht maßstäblich!*) der potentiellen Energie V zweier Deuteriumkerne im Abstand r. (a) Coulomb-Potential für zwei freie Kerne; (b), (c) Potentiale für Kerne in einem D_2^+-Molekülion, die durch ein Elektron bzw. ein Myon gebunden sind. Bei $r < 3$ fm ist der (sehr tiefe) „Potentialtopf" der starken Wechselwirkung der Nukleonen angedeutet, durch die Fusionsreaktionen möglich sind. Die klassisch erlaubten Bereiche bei einem zentralen Stoß mit positiver Energie und für die Energien der Molekülgrundzustände sind gestrichelt gekennzeichnet; jeweils links sind die (inneren) klassischen Umkehrpunkte r_0 markiert (Stoß mit 10 keV: $r_0 \approx 100$ fm; Elektron-Molekül: $r_0 \approx 70$ pm, mittlerer Kernabstand bzw. Potentialminimum von rund -3 eV bei etwa 100 pm; Myon-Molekül: $r_0 \approx 350$ fm, mittlerer Kernabstand bzw. Potentialminimum von rund -600 eV bei etwa 500 fm).

mit E an. Für große Energien geht $T(E)$ aber schließlich gegen 1, und die beiden Kerne fliegen schneller wieder auseinander, als Fusionsübergänge stattfinden, so daß σ wieder abnimmt, nachdem es ein Maximum durchlaufen hat. Das Maximum wird man grob bei 0.5 MeV erwarten; tatsächlich liegt es für die DD-Fusion bei etwa 2 MeV (knapp außerhalb des Energiebereichs, der in Abb. 2.60 dargestellt ist), für die DT-Fusion bei etwa 0.1 MeV (Abb. 2.60).

Prinzipiell tritt dieser Tunneleffekt auch auf, wenn die Deuteriumkerne nicht einen Stoß ausführen, sondern in einem D_2-Molekül oder D_2^+-Molekülion gebunden sind. In diesem Fall ist zwar die Wellenfunktion $\psi(r)$ für ihre Relativbewegung im wesentlichen auf den klassisch erlaubten Bereich um das Potentialminimum der molekularen Wechselwirkung beschränkt (Abb. 2.74), sie verschwindet aber auch bei $r = 0$ nicht vollständig, so daß in einem solchen Molekül spontan eine Kernfusion stattfinden kann. Anschaulich vollführen die Kerne im Molekül eine (näherungsweise harmonische) Vibrationsschwingung im klassisch erlaubten Bereich und führen dabei mit der Oszillationsfrequenz fortlaufend Stöße gegeneinander aus. Qualitativ besteht somit kein Unterschied zum Fall der Stöße freier Deuteriumkerne mit positiver Energie. Für die gewöhnlichen Moleküle ist jedoch der Transmissionsgrad des Tunneleffekts extrem klein, weil er mit wachsender Breite der Barriere außerordentlich stark abnimmt. Diese Breite ist hier von der Größenordnung des mittleren Kernabstands im Molekül, also $r_0 \approx 100$ pm, verglichen mit $r_0 \approx 100$ fm bei einem 10-keV-Stoß. Dementsprechend ist die Fusionsrate für ein solches Molekül unmeßbar klein und liegt grob bei $10^{-70}\,\mathrm{s}^{-1}$, so daß selbst innerhalb von 20 Milliarden Jahren (etwa das Weltalter) eine Fusion nur in einem von mehr als 10^{52} Molekülen stattfindet (das ist eine Deuteriummenge mit rund 20facher Erdmasse). Für DT-Moleküle ist die Fusionsrate zwar einige Zehnerpotenzen größer, aber immer noch praktisch Null.

Eine höhere Fusionsrate ergibt sich, wenn die Kerne im Molekül bei stärkerer Bindung geringeren Abstand haben. Das läßt sich erreichen, wenn im D_2^+ das Elektron durch ein negativ geladenen Myon ersetzt wird (s. Abschn. 4.5.1 im Band IV). Das Myon hat wie das Elektron die Ladung $-e$, aber rund die 200fache Masse des Elektrons. In einem myonischen Wasserstoffatom wird dadurch der Bohr-Radius um einen Faktor 1/200 reduziert; entsprechend reduziert sich der Kernabstand im myonischen D_2^+ auf etwa 500 fm. Für die Fusionsrate hat das eine drastische Konsequenz: Sie steigt um rund 80 (!) Größenordnungen auf etwa $10^{10}\,\mathrm{s}^{-1}$ und ist damit hohen atomaren Übergangsraten vergleichbar. In einem solchen myonischen Molekül kommt es innerhalb von 0.1 ns nach seiner Bildung zur DD-Fusion. Dabei wird das Myon meist wieder freigesetzt und kann ein weiteres Molekül bilden. Dies ist der Grundgedanke der **myonenkatalysierten Kernfusion** ([97] und Abschn. 4.5.1 in Band IV). Einer Energieerzeugung auf diesem Wege steht allerdings entgegen, daß einerseits die erforderlichen Myonen mit Hilfe von Teilchenbeschleunigern erzeugt werden müssen, wozu jeweils ein Vielfaches der ihrer Masse entsprechenden Energie von 100 MeV erforderlich ist, andrerseits ein Myon während seiner Lebensdauer von rund 2 μs nur eine begrenzte Zahl von Fusionsreaktionen bewirken kann. Entscheidend ist dabei nicht die hohe Fusionsrate einmal gebildeter Moleküle, sondern die viel kleinere Rate der Molekülbildung selbst. Außerdem gehen immer Myonen dadurch verloren, daß sie bis zu ihrem Zerfall an das Fusionsprodukt gebunden bleiben und keine weiteren Moleküle bilden. Deshalb ist es bisher bei entsprechenden Versuchen nicht gelungen, nennenswerte Bruchteile der zunächst aufzubringenden Energie durch Fusionsreaktionen zu erzeugen.

Unbekannt ist, ob es andere praktikable Möglichkeiten gibt, zwei Deuteriumkerne durch Abschirmung der Coulomb-Abstoßung oder auf andere Weise in einem stationären oder nahezu stationären Zustand so dicht zusammenzubringen, daß der Tunneleffekt zu einer merklichen Fusionsrate führt. Theoretisch könnte dies im D_2^+-Molekül nicht nur durch „schwere Elektronen", also Myonen geschehen, sondern auch durch Quasi-Elektronen mit mehrfacher (negativer) Ladung oder durch Einschränkung des zur Verfügung stehenden Raumbereichs, etwa bei extrem hohem Druck.

Spekulationen, dies könne an der Oberfläche oder im Metallgitter von Titan oder Palladium erfolgen (wo Deuterium in großer Menge eingelagert werden kann), sind jüngst durch ganz unerwartete experimentelle Beobachtungen beflügelt worden, deren Veröffentlichung [98, 99] beträchtliches Aufsehen erregte [100]. Bei den Experimenten handelte es sich um die Elektrolyse von schwerem Wasser D_2O mit Palladium- oder Titankathoden, die über Tage und Wochen bei Spannungen der Größenordnung 10 V und Strömen von weniger als 1 A durchgeführt wurde (s. auch Abschn. 5.7). Dabei wurden kleine, aber signifikante Flüsse von Neutronen im Energiebereich um 2.45 MeV gemessen, wie sie bei der DD-Fusion zu ^{3}He entstehen. Von einem der

Experimente [98] wurde außerdem die Erzeugung von Tritium berichtet, vor allem aber eine ungewöhnlich große Wärmeerzeugung, die in einem Fall sogar zum Schmelzen der Palladiumelektrode (Schmelzpunkt 1550 °C) und zur Zerstörung des Aufbaus führte, was die Autoren als Hinweis auf das Einsetzen der Zündung von Fusionen ansahen. Diese Ansicht war allerdings sogleich heftig umstritten und gilt jetzt als falsch, weil sich insbesondere die starke Wärmeerzeugung nicht reproduzieren ließ (allerdings auch noch keine völlig befriedigende „konventionelle" Erklärung gefunden hat) [101]. Nach heutigem Kenntnisstand muß daher die Energieerzeugung mit Hilfe einer elektrochemischen kalten „Fusion im Reagenzglas" ein Wunschtraum bleiben.

Literatur

Weiterführende Literatur

[1] Galeev, A.A., Sudan, R.N. (Eds.), Basic Plasma Physics I, II (Handbook of Plasma Physics, Vol. 1, 2 (Rosenbluth, M.N., Sagdeev, R.Z., Eds.)), North-Holland, Amsterdam, 1983, 1984

[2] Krall, N.A., Trivelpiece, A.W., Principles of Plasma Physics, McGraw-Hill, New York, 1973

[3] Mitchner, M., Kruger Jr., C.H., Partially Ionized Gases, Wiley, New York, 1973

[4] Finkelnburg, W., Maecker, H., Elektrische Bögen und thermisches Plasma, in Handbuch der Physik, Bd. XXII (Flügge, S., Hrsg.), Springer, Berlin, 1956, S. 254–444

[5] Fünfer, E., Lehner, G., Plasmaphysik, in Ergebnisse der exakten Naturwissenschaften, Bd. 34, Springer, Berlin, 1962, S. 1–181

[6] Glasstone, S., Lovberg, R.H., Kontrollierte thermonukleare Reaktionen, Thiemig, München, 1964

[7] Venugopalan, M. (Ed.), Reactions Under Plasma Conditions, Vol. I, II, Wiley, New York, 1971

[8] Bates, D.R. (Ed.), Atomic and Molecular Processes, Academic Press, New York, 1962

[9] Huddlestone, R.H., Leonard, S.L. (Eds.), Plasma Diagnostic Techniques, Academic Press, New York, 1965

[10] Lochte-Holtgreven, W. (Ed.), Plasma Diagnostics, North-Holland, Amsterdam, 1968

[11] Griem, H.R., Lovberg, R.H. (Eds.), Methods of Experimental Physics, Vol. 9a, 9b, Academic Press, New York, 1970, 1971

[12] Rompe, R., Steenbeck, M. (Eds.), Progress in Plasmas and Gas Electronics, Vol. 1, Akademie-Verlag, Berlin, 1975

[13] Barnett, C.F., Harrison, M.F.A. (Eds.), Plasmas (Applied Atomic Collision Physics, Vol. 2 (Massey, H.S.W., McDaniel, E.W., Bederson, B., Eds.)), Academic Press, Orlando, 1984

[14] Hutchinson, I.H., Principles of Plasma Diagnostics, University Press, Cambridge, 1987

[15] Rutscher, A., Deutsch, H. (Hrsg.), Plasmatechnik: Grundlagen und Anwendungen, Hanser, München, 1984

[16] Griem, H.R., Plasma Spectroscopy, McGraw-Hill, New York, 1964

[17] Griem, H.R., Spectral Line Broadening by Plasmas, Academic Press, New York, 1974

[18] Sobelman, I.I., Vainshtein, L.A., Yukov, E.A., Excitation of Atoms and Broadening of Spectral Lines, Springer, Berlin, 1981

[19] Bekefi, G., Radiation Processes in Plasmas, Wiley, New York, 1966

[20] Unsöld, A., Physik der Sternatmosphären, Springer, Berlin, 1955

[21] Mihalas, D., Stellar Atmospheres, Freeman, San Francisco, 1978
[22] Hübner, K., Einführung in die Plasmaphysik, Wiss. Buchges., Darmstadt, 1982
[23] Cap, F., Einführung in die Plasmaphysik I, II, III, Vieweg, Braunschweig, 1970–1972
[24] Kippenhahn, R., Möllenhoff, C., Elementare Plasmaphysik, Bibl. Inst., Mannheim, 1975
[25] Artsimowitsch, L.A., Sagdejew, R.S., Plasmaphysik für Physiker, Teubner, Stuttgart, 1983
[26] Ichimaru, S., Basic Principles of Plasma Physics, Benjamin, Reading, 1980
[27] Bittencourt, J.A., Fundamentals of Plasma Physics, Pergamon, Oxford, 1986
[28] Chen, F.F., Introduction to Plasma Physics and Controlled Fusion, Plenum, New York, 1984
[29] Spitzer Jr., L., Physics of Fully Ionized Gases, Interscience, New York, 1962
[30] Montgomery, D.C., Tidman, D.A., Plasma Kinetic Theory, McGraw-Hill, New York, 1964
[31] Wu, T.Y., Kinetic Equations of Gases and Plasmas, Addison-Wesley, Reading, 1966
[32] Ecker, G., Theory of Fully Ionized Plasmas, Academic Press, New York, 1972
[33] Stix, T.H., The Theory of Plasma Waves, McGraw-Hill, New York, 1962
[34] Denisse, J.F., Delcroix, J.L., Plasma Waves, Interscience, New York, 1963
[35] Schmidt, G., Physics of High Temperature Plasmas, Academic Press, New York, 1979
[36] Miyamoto, K., Plasma Physics for Nuclear Fusion, MIT Press, Cambridge, Mass., 1980
[37] Raeder, J., Borraß, K., Bünde, R., Dänner, W., Klingelhöfer, R., Lengyel, L., Leuterer, F., Söll, M., Kontrollierte Kernfusion, Teubner, Stuttgart, 1981
[38] Dolan, T.J., Fusion Research, Pergamon, New York, 1982
[39] Stacey Jr., W.M., Fusion Plasma Analysis, Wiley, New York, 1981
[40] McDowell, M.R.C., Ferendeci, A.M. (Eds.), Atomic and Molecular Processes in Controlled Thermonuclear Fusion, Plenum, New York, 1980
[41] Joachain, C.J., Post, D.E. (Eds.), Atomic and Molecular Physics of Controlled Thermonuclear Fusion, Plenum, New York, 1983
[42] Reiser, M., Godlove, T., Bangerter, R. (Eds.), Heavy Ion Inertial Fusion (AIP Conf. Proc. 152), Am. Inst. Physics, New York, 1986
[43] National Research Council (U.S.), Panel on the Physics of Plasmas and Fluids, Physics through the 1990s: Plasmas and Fluids, Nat. Acad. Press, Washington, 1986
[44] Rogers, F.J., Dewitt, H.E. (Eds.), Strongly Coupled Plasma Physics, Plenum, New York, 1987

Zitierte Publikationen

[45] Kohlrausch, F., Praktische Physik, Bd. 3 (Hahn, D., Wagner, S., Hrsg.), Tabelle 104, Teubner, Stuttgart, 1986
[46] Drawin, H.W., Thermodynamic Properties of the Equilibrium and Nonequilibrium States of Plasmas, in [7], Vol. 1, p. 53–238
[47] Eletsky, A.V., Smirnov, B.M., Elementary Nonradiative Processes, in [1], Vol. 1, p. 49–71
[48] Gvosdover, S.D., Phys. Z. Sowjetunion **12**, 164, 1937; s. auch Drawin, H.W., Collision and Transport Cross-Sections, in [10], p. 842–876
[49] Drawin, H.W., Atomic and Molecular Processes in High-Temperature, Low-Density Magnetically Confined Plasmas, in [41], p. 341–398
[50] Drawin, H.W., Emard, F., Ground-State Populations of Atomic Hydrogen and Hydrogen-Like Ions in Nonthermal Plasmas, and Collisional-Radiative Recombination and Ionization Coefficients, Physica **94C**, 134–140, 1978
[51] Richter, J., Radiation of Hot Gases, in [10], p. 1–65
[52] Einfeld, D., Grützmacher, K., Stuck, D., On the use of a low-current argon arc with a

MgF_2 window as a VUV-transfer standard of the spectral radiance ($125\,nm \leq \lambda \leq 335\,nm$), Z. Naturforsch. **34a**, 233–238, 1979
[53] Carlhoff, C., Krametz, E., Schäfer, J. H., Schildbach, K., Uhlenbusch, J., Wroblewski, D., Continuous Optical Discharges at Very High Pressure, Physica **103C**, 439–447, 1981
[54] Fischer, J., Kühne, M., Wende, B., Spectral radiant power measurements of VUV and soft x-ray sources using the electron storage ring BESSY as a radiometric standard source, Appl. Opt. **23**, 4252–4260, 1984
[55] Fill, E. E., Röntgenlaser für das Laboratorium, Phys. Bl. **44**, 155–160, 1988
[56] Matthews, D. L., Rosen, M. D., Laser mit weicher Röntgenstrahlung, Spektrum d. Wissenschaft, Febr. 1989, S. 54–60
[57] Kolb, A. C., Griem, H. R., High-Temperature Shock Waves, in [8], p. 141–205
[58] Decker, G., Herold, H., Der Plasmafokus, Phys. Bl. **36**, 328–333, 1980
Eberle, J., Holz, C., Lebert, R., Neff, W., Richter, F., Noll, R., Der Plasmafokus. Eine neue Röntgenquelle für die Röntgenmikroskopie und Röntgenlithographie. Phys. Bl. **45**, 333–339, 1989
[59] Rietjens, L. H. T., Status and Perspectives of MHD Generators, Phys. Bl. **39**, 207–210, 1983
[60] Wiese, W. L., Smith, M. W., Glennon, B. M., Atomic Transition Probabilities, Vol. I, Hydrogen through Neon (NSRDS-NBS 4);
Wiese, W. L., Smith, M. W., Miles, B. M., Atomic Transition Probabilities, Vol. II, Sodium through Calcium (NSRDS-NBS 22), U. S. Gov. Printing Office, Washington, D. C., 1966, 1969
[61] Traving, G., Interpretation of Line Broadening and Line Shift, in [10], p. 66–134
[62] Hooper Jr., C. F., Electric Microfield Distribution Functions: Past and Present, in Spectral Line Shapes, Vol. 4 (Exton, R. J., Ed.), p. 161–194, Deepak, Hampton, 1987
[63] Baranger, M., Spectral Line Broadening, in [8], p. 66–134
[64] Vidal, C. R., Cooper, J., Smith, E. W., Hydrogen Stark Broadening Tables, Astrophys. J. Suppl. Ser. **25**, 37–136, 1973
[65] Grützmacher, K., Wende, B., Discrepancies between the Stark-broadening theories of hydrogen and measurements of Lyman-α Stark profiles in a dense equilibrium plasma. Phys. Rev. **A 16**, 243–246, 1977
[66] Seidel, J., Theory of Hydrogen Stark Broadening, in Spectral Line Shapes (Wende, B., Ed.), p. 3–40, de Gruyter, Berlin 1981
[67] Stamm, R., Smith, E. W., Talin, B., Study of hydrogen Stark profiles by means of computer simulation, Phys. Rev. **A 30**, 2039–2046, 1984
[68] Wiese, W. L., Kelleher, D. E., Helbig, V., Variations in Balmer-line Stark profiles with atom-ion reduced mass, Phys. Rev. **A 11**, 1854–1864, 1975
[69] Ehrich, H., Kelleher, D. E., Experimental investigation of plasma-broadened hydrogen Balmer lines at low electron densities, Phys. Rev. **A 21**, 319–334, 1980
[70] Kilkenny, J. D., Lee, R. W., Key, M. H., Lunney, J. G., X-ray spectroscopic diagnosis of laser-produced plasmas, with emphasis on line broadening, Phys. Rev. **A 22**, 2746–2760, 1980
[71] Hauer, A., Diagnosis of High-Density Laser Compressed Plasmas Using Spectral Line Profiles, in Spectral Line Shapes (Wende, B., Ed.), de Gruyter, Berlin, 1981, p. 295–332
[72] Weisheit, J. C., Atomic Phenomena in Hot Dense Plasmas, in [13], p. 441–486
[73] Stamm, R., Talin, B., Pollock, E. L., Iglesias, C. A., Ion-dynamic effects on the line shapes of hydrogenic emitters in plasmas, Phys. Rev. **A 34**, 4144–4152, 1986
[74] Weber, E. W., Frankenberger, R., Schilling, M., Nonlinear Plasma Spectroscopy of the Hydrogen Balmer-α Line, Appl. Phys. **B 32**, 63–73, 1983
[75] Danzmann, K., Grützmacher, K., Wende, B., Doppler-Free Two-Photon Polarization-Spectroscopic Measurement of the Stark Broadened Profile of the Hydrogen L_α Line in a Dense Plasma, Phys. Rev. Lett. **57**, 2151–2153, 1986

[76] Seidel, J., Theory of Two-Photon Polarization Spectroscopy of Plasma-Broadened Hydrogen Line L_α, Phys. Rev. Lett. **57**, 2154–2156, 1986
[77] Griem, H.R., Radiation Processes in Plasmas, in [1], Vol. 1, p. 73–113
[78] Kunze, H.J., The Laser as a Tool for Plasma Diagnostics, in [10], p. 550–616
[79] Evans, D.E., Laser Diagnostics, in [13], p. 191–226
[80] Alpher, R.A., White, D.R., Optical Interferometry, in [9], p. 431–476
[81] Golant, V.E., Methods of Diagnostics Based on the Interaction of Electromagnetic Radiation with a Plasma, in [1], Vol. 2, p. 629–681
[82] Barnett, C.F., Introduction, in [13], p. 1–25
[83] Green, B.J., Das wissenschaftliche Programm des Joint European Torus (JET), Phys. Bl. **40**, 70–72, 1984
[84] McWhirter, R.W.P., Summers, H.P., Atomic Radiation from Low Density Plasma, in [13], p. 51–111
[85] Harrison, M.F.A., Boundary Plasma, in [13], p. 395–439
[86] Lackner, K., Der Weg zum Tokamakreaktor im Lichte neuer experimenteller Ergebnisse, Phys. Bl. **39**, 211–219, 1983
[87] Boyd, D.A., Plasma Diagnostics Using Electron Cyclotron Emission, in [13], p. 227–247
[88] Cordey, J.B., Trapping and Thermalization of Fast Ions, in [13], p. 327–338
[89] Green, T.S., Neutral-Beam Formation and Transport, in [13], p. 339–380
[90] Wobig, H., Plasmaheizung durch Neutralteilcheninjektion in Wendelstein W VII-A, Phys. Bl. **37**, 66–68, 1981
[91] Behringer, K., Zwischenbilanz und Zukunftsaussichten von JET, Phys. Bl. **43**, 457–459, 1987
[92] Bock, R., Ionen-Strahlfusion, Phys. Bl. **37**, 214–222, 1981
[93] Meyer-ter-Vehn, J., Zur Physik der Fusionspellets, Phys. Bl. **43**, 424–429, 1987
[94] Haas, R.A., General Principles of Inertial Confinement, in [41], p. 71–136
[95] Craxton, R.S., McCrory, R.L., Soures, J.M., Laser-induzierte Kernfusion, Spektrum d. Wissenschaft, Okt. 1986, S. 98–110
[96] Meyer-ter-Vehn, J., Geheimer Fortschritt bei der Kernfusion, Phys. Bl. **44**, 152, 1988
[97] Rafelski, J., Jones, S.E., Myon-katalysierte kalte Kernfusion, Spektrum d. Wissenschaft, Sept. 1987, S. 124–130
Rafelski, H.E., Harley, D., Shin, G.R., Rafelski, J., Cold fusion: muon-catalysed fusion, J. Phys. B: At. Mol. Opt. Phys. **24**, 1469–1516, 1991
[98] Fleischmann, M., Pons, S., Electrochemically induced nuclear fusion of deuterium, J. Electroanal. Chem. **261**, 301–308, 1989
[99] Jones, S.E., Palmer, E.P., Czirr, J.B., Decker, D.L., Jensen, G.L., Thorne, J.M., Taylor, S.F., Rafelski, J., Observation of cold nuclear fusion in condensed matter, Nature **338**, 737–740, 1989
[100] Kernfusion in Elektrolysezelle? Physik in unserer Zeit **20**, 93–94, 1989
Levi, B.G., Doubts Grow as Many Attempts at Cold Fusion Fail, Physics Today, June 1989, p. 17–19
Dreisigacker, E., Kalte Kernfusion heiß umstritten, Phys. Bl. **45**, 158, 1989
[101] Wenzl, H., Vergebliche Versuche zum Nachweis der „kalten Kernfusion", Phys. Bl. **45**, 408–409, 1989
Goodwin, I., Fusion in a Flask: Expert DOE Panel Throws Cold Water on Utah ‚Discovery', Physics Today, Dec. 1989, p. 43–45
[102] Mesyats, G.A., Fortov, V.E., Extremzustände des Plasmas, Phys. Bl. **46**, 383–388, 1990
Ebeling, W., Röpke, G., Thermodynamische und Transporteigenschaften dichter Plasmen, Phys. Bl. **47**, 51–54, 1991
[103] Soltwisch, H., Untersuchung der Magnetfeldstruktur in Tokamak-Plasmen, Phys. Bl. **45**, 225–230, 1989
[104] Sonnenberg, K., Kupschus, P., Helm, J., Krehl, P., Ein Hochgeschwindigkeits-Pelletinjektor für die Kernfusion, Phys. Bl. **45**, 121–122, 1989

[105] Dose, V., Wolf, G.H., Kernfusion: Die Ascheabfuhr, Phys. Bl. **47**, 217–219, 1991
[106] Keilhacker, M., Neue Ergebnisse in JET – Gute Chancen für Break-even, Phys. Bl. **46**, 176–179, 1990
[107] Pinkau, K., Schumacher, U., Wolf, G.H., Fortschritte der Fusionsforschung mit magnetischem Plasmaeinschluß, Phys. Bl. **45**, 41–47, 1989
[108] Gulden, W., Raeder, J., Tritium im Fusionsreaktor, Phys. Bl. **46**, 179–181, 1990
Müller, H., Pröhl, G., Henrichs, K., Paretzke, H.G., Radiologische Auswirkungen von Tritium-Emissionen eines Fusionsreaktors, Phys. Bl. **46**, 182–185, 1990

3 Einfache Flüssigkeiten

Siegfried Hess

3.1 Einleitung, Abgrenzung

Die Eigenschaften der Flüssigkeiten werden hier vorgestellt und auf Ähnlichkeiten und Unterschiede zum Verhalten von Gasen bzw. Festkörpern wird hingewiesen. Der Fortschritt im physikalischen Verständnis der „Struktur" und der „Dynamik" von Flüssigkeiten, der sich aus dem Zusammenwirken von Experiment, Theorie und Computer-Simulation während der letzten beiden Jahrzehnte ergab, ist in den Monographien [1–3] dokumentiert. Die Grundlagen der Thermodynamik und Statistik der Flüssigkeiten sind in Standardlehrbüchern dargestellt [4–6].

Im wesentlichen werden hier die „einfachen" Flüssigkeiten behandelt, die Abgrenzung zu „komplexen" Flüssigkeiten wird im folgenden kurz diskutiert. Den nicht-einfachen Flüssigkeiten sind die Kap. 5–7 gewidmet.

Obwohl die Existenz der Atome und Moleküle nur quantenmechanisch verstanden werden kann, können die thermophysikalischen Eigenschaften der meisten Flüssigkeiten in guter Näherung im Rahmen einer klassischen Beschreibung behandelt werden; siehe hierzu auch Kap. 1, Abschn. 1.1.4 und 1.2.6. Typische Quanteneffekte treten bei tiefen Temperaturen und besonders ausgeprägt für leichte Teilchen wie z. B. He oder H_2 auf. Auf die Suprafluidität, ein makroskopischer Quanteneffekt, wird im Kap. 4 eingegangen.

3.1.1 Was ist „flüssig"?

Die Begriffe *fest, flüssig* und *gasförmig* sind aus der täglichen Erfahrung wohlbekannt. Das gleiche gilt von der Tatsache, daß eine Substanz wie z. B. H_2O in jeder dieser drei Phasen vorkommen kann, je nachdem ob die Temperatur unterhalb des Schmelzpunktes, zwischen Schmelz- und Siedepunkt oder oberhalb des Siedepunktes liegt. Trotzdem wird immer wieder die Frage gestellt, „was ist flüssig?", da beim Vergleich der Eigenschaften von Flüssigkeiten mit denen von Festkörpern und Gasen nicht nur Unterschiede, sondern auch Ähnlichkeiten festgestellt werden. Gerade deshalb ist es aber auch müßig, eine allgemeingültige Definition des Begriffes flüssig zu suchen.

Einen Überblick über die Existenzbereiche der verschiedenen Phasen gibt ein **Phasendiagramm**. In Abb. 3.1 ist das Phasendiagramm einer „einfachen" Substanz (wie z. B. Argon) schematisch gezeigt. Die Kurven geben die Teilchendichten n und den zugehörigen Druck p an, bei denen, für vorgegebene Temperatur T, Gas (Dampf) und Flüssigkeit bzw. Flüssigkeit und Festkörper oder Gas und Festkörper im Phasengleichgewicht koexistieren (d. h. in einem Gefäß mit konstanten Werten von T und p zwei Phasen mit verschiedenen Teilchendichten n nebeneinander vorliegen) können. Am **Tripelpunkt** (mit Temperatur T_t, Dichte n_t und Druck p_t) koexistieren die drei Phasen. Für Temperaturen T mit $T < T_t$ können nur Gas und Festkörper nebeneinander vorliegen. Für $T > T_c$, wobei T_c die Temperatur des **kritischen Punktes** (mit Dichte n_c und beim Druck p_c) ist, sind „gasförmig" und „flüssig" nicht mehr zu unterscheiden. Eine Flüssigkeit im strengen Sinne existiert also nur im Temperaturintervall $T_t \leq T \leq T_c$. Es ist jedoch manchmal zweckmäßig, den Begriff Flüssigkeit nicht so eng auszulegen. Um die Jahrhundertwende bezeichnete man die eigentlichen Flüssigkeiten als „tropfbare Flüssigkeiten" und die Gase als „expansible Flüssigkeiten". Als Oberbegriff für die Gase und die eigentlichen Flüssigkeiten wird hier (wie im Kap. 1) von der *fluiden Phase* bzw. von einem *Fluid* gesprochen.

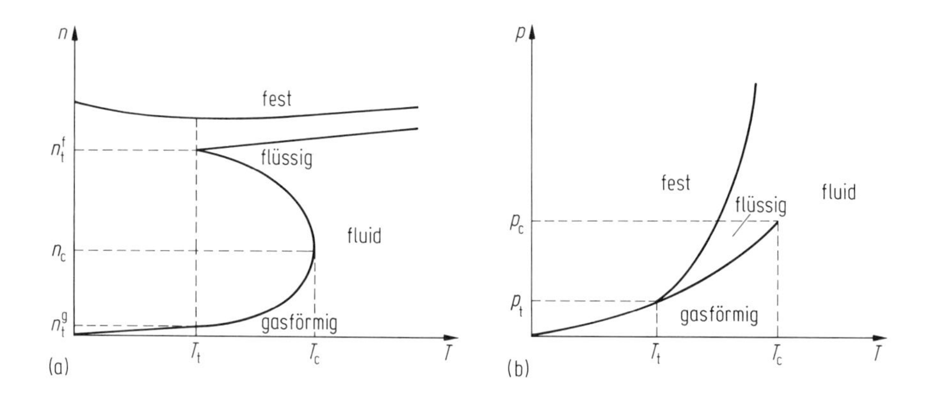

Abb. 3.1 Schematische Darstellung des Phasendiagramms einer einfachen Substanz. In Abb. 3.1 a bzw. 3.1 b sind die Dichte n bzw. der Druck p gezeigt als Funktionen der Temperatur T, bei denen Gas und Flüssigkeit bzw. Flüssigkeit und Festkörper oder Gas und Festkörper koexistieren. Dichte, Temperatur und Druck am kritischen Punkt sind mit n_c, T_c und p_c bezeichnet. Der Index t weist auf den Tripelpunkt hin, wo bei der Temperatur T_t und dem Druck p_t die drei Phasen mit den Dichten n_t^g (Gas), n_t^f (Flüssigkeit) und n_t^s (Festkörper) gleichzeitig vorliegen können.

Ein anschauliches Bild vom Mikrozustand eines Gases, einer Flüssigkeit und eines kristallinen Festkörpers geben die aus einer Computer-Simulation entnommenen Bilder der Abb. 3.2, und zwar sind dort die „Spuren" der sphärischen Teilchen (die sich im dreidimensionalen Raum bewegen) über die jeweils gleiche Zeitdauer auf eine Ebene projiziert. Da in der Simulation periodische Randbedingungen verwendet werden, entsprechen die Begrenzungen in den Abbildungen keinen Wänden, sondern geben nur die Basisfläche des kubischen Periodizitätsvolumens an. In Abb. 3.2a sind 108 Teilchen im gleichen Volumen V und damit bei gleicher Dichte n, aber bei verschiedenen Temperaturen gezeigt, wo das System zum einen flüssig ist, zum anderen kristallin (kubisch-flächenzentriert) geordnet ist. In Abb. 3.2b sind bei gleicher Temperatur die Projektionen der Bahnkurven bei verschiedenen Dichten (32, 216 bzw. 500 Teilchen im gleichen Volumen) gezeigt, wo das Modellsystem gasförmig, flüssig

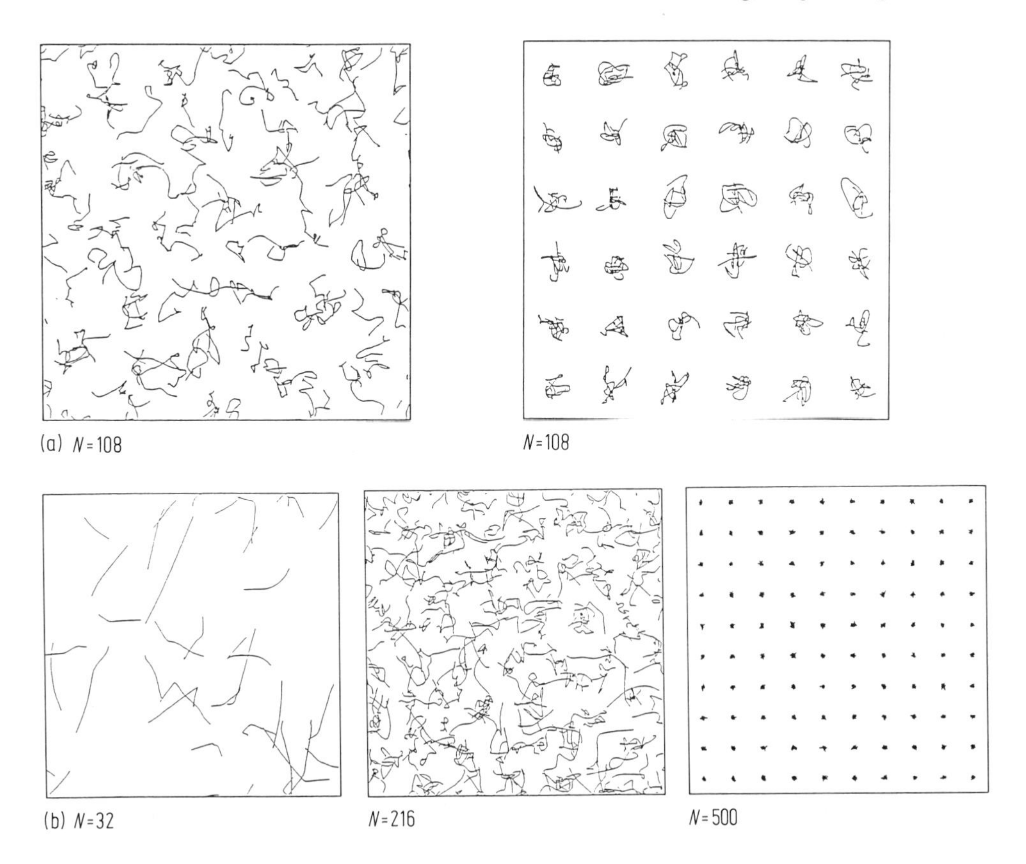

Abb. 3.2 Projektionen der Bahnen von Teilchen in einem Volumen V auf eine Ebene. In Abb. 3.2a sind jeweils 108 Teilchen gezeigt, einmal bei einer höheren Temperatur T, wo das System flüssig ist, zum anderen bei einer tieferen Temperatur, wo die Teilchen in der Nähe von Gitterplätzen bleiben. In Abb. 3.2b ist bei gleicher Temperatur T die Zahl der Teilchen (32 bzw. 216 und 500) und damit die Dichte variiert, um einen Eindruck von der Teilchenbewegung in den gasförmigen, flüssigen und kristallinen Zuständen zu geben. Die Bilder sind aus einer Molekulardynamik-Computer-Simulation für Teilchen mit Lennard-Jones-Wechselwirkung gewonnen (T. Weider, Institut für Theoretische Physik der TU Berlin).

und fest ist. Im Festkörper sind die Teilchen auf ihren Gitterplätzen mehr oder weniger gut lokalisiert. Ein qualitativer Unterschied zur Flüssigkeit ist die langreichweitige Ordnung in der festen Phase und die Existenz von Vorzugsrichtungen: die kristalline Struktur ist anisotrop. Im Gas und in der Flüssigkeit können sich die Teilchen durch das zur Verfügung stehende Volumen bewegen; wegen der geringeren Dichte treten im Gas längere, gerade Strecken in den Bahnkurven auf. In der Flüssigkeit gibt es eine *Nahordnung*, d.h. eine räumliche Struktur in der Umgebung jedes herausgegriffenen Referenz-Teilchens, die für sphärische Teilchen im Mittel und im thermischen Gleichgewicht isotrop ist. Diese lokale Struktur und die damit zusammenhängenden Eigenschaften werden in Abschn. 3.3 besprochen. In Gläsern, s. Kap. 7, ist die Struktur der Flüssigkeit eingefroren.

Das für ein Fluid wesentliche Fließverhalten und die Viskosität werden in Abschnitt 3.1.3 und 3.5.1 behandelt. Auf die Unterschiede zwischen einfachen und „nicht-einfachen" Flüssigkeiten wird im folgenden Abschnitt hingewiesen.

3.1.2 Einfache und komplexe Flüssigkeiten

Unter einem „einfachen" Fluid wollen wir hier zunächst eine Substanz in der fluiden Phase (gasförmig oder flüssig) verstehen, die aus „einfachen", d.h. kugelsymmetrischen Teilchen (Atomen) besteht, wie z.B. Argon. Die Wechselwirkung zweier solcher Teilchen hängt dann nur von deren Abstand ab. Bei molekularen Fluiden wie z.B. N_2 oder CO_2 liegt zwar eine orientierungsabhängige Wechselwirkung vor; bei der Behandlung vieler physikalischer Eigenschaften kann diese jedoch – in guter Näherung – durch eine orientierungsgemittelte Wechselwirkung ersetzt werden. In diesem Sinne können auch niedermolekulare Fluide (näherungsweise) als einfache Fluide betrachtet werden. Ähnliches gilt für die flüssigen Metalle, wenn die Wechselwirkung der Ionen durch ein effektives Potential beschrieben wird und die Leitungselektronen nicht explizit berücksichtigt werden.

Was sind nun komplexe oder nicht-einfache Flüssigkeiten? Das sind Flüssigkeiten, die aus komplizierteren, d.h. größeren Molekülen bestehen oder aus Mischungen verschiedener Teilchen, die kompliziertere (räumliche) Strukturen aufbauen. Zur ersten Klasse gehören Polymerlösungen und Polymerschmelzen (s. Kap. 7), zur zweiten Klasse gehören z.B. Seifenlösungen (Tenside), die Mizellen bilden oder Emulsionen (z.B. Öl in Wasser oder Wasser in Öl).

Wasser, die wichtigste Flüssigkeit im täglichen Leben, verhält sich bezüglich einiger physikalischer Eigenschaften – zumindest qualitativ – wie eine einfache Flüssigkeit, besitzt aber aufgrund des starken Dipolmoments der H_2O-Moleküle und der Wasserstoffbrückenbindungen eine komplexere Struktur, die auch manche Besonderheiten des Wassers bedingt. Wasser gehört zu den assoziierten Flüssigkeiten, die temporäre Super-Moleküle oder auch Netzwerke ausbilden.

Flüssigkeiten werden auch häufig nach ihrem Fließverhalten klassifiziert, dazu einige Anmerkungen im nächsten Abschnitt.

3.1.3 Newtonsche und nicht-newtonsche Flüssigkeiten, viskoelastische Fluide

Bei einer Flüssigkeit, deren Fließverhalten als „einfach" oder „normal" empfunden wird, hängt die (Scher-)Viskosität η nicht von Geschwindigkeitsgradienten (*Scherrate*) ab. Im Falle einer ebenen Couette-Strömung (s. Abb. 3.3) mit einer Strömungsgeschwindigkeit $\boldsymbol{v}$ in x-Richtung und deren Gradienten in y-Richtung wird eine *Schubspannung* $-p_{xy}$ (p_{xy} ist das xy-Element des Reibungsdrucktensors, s. Abschn. 1.3) durch die Scherrate $\gamma = \partial v_x / \partial y$ hervorgerufen. Die *Viskosität* η ist gemäß dem *Newtonschen Reibungsansatz*

$$p_{xy} = -\eta\,\gamma \tag{3.1}$$

als das Verhältnis $-p_{xy}/\gamma$ definiert. Im Idealfall einer **newtonschen Flüssigkeit** gilt $p_{xy} \sim \gamma$ und η wird unabhängig von γ; dies entspricht den mit N bezeichneten Geraden

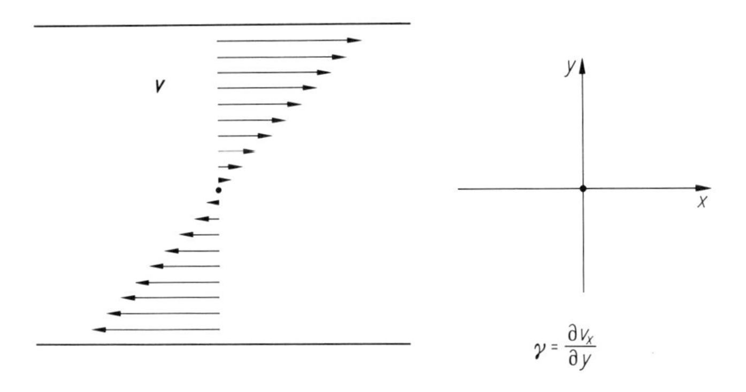

Abb. 3.3 Geschwindigkeitsfeld $\boldsymbol{v}$ einer ebenen Couette-Strömung in x-Richtung. Die als sehr groß angenommen ebenen Wände sind senkrecht zur y-Richtung. Der Geschwindigkeitsgradient, auch Scherrate genannt, ist $\gamma = \partial v_x / \partial y$.

in Abb. 3.4. Im allgemeinen wird aber die Schubspannung eine nicht-lineare Funktion der Scherrate γ sein, die Viskosität hängt dann von γ ab: man spricht von einer *nicht-newtonschen Viskosität*. Bei Polymeren und in dichten kolloidalen Dispersionen ist das nicht-newtonsche Verhalten leicht zu beobachten. In Abb. 3.4 ist mit nN ein Kurvenverlauf gezeigt, wie er typisch ist bei einer *Scherverdünnung* (shear thinning), wo die Viskosität mit wachsendem γ abnimmt. Bei einer Zunahme der Viskosität mit wachsendem γ spricht man auch von *Scherverdickung* oder *Scherdilatanz* (shear thickening). Eng verknüpft mit dem nicht-newtonschen Verhalten ist das Auftreten von Normaldruckdifferenzen, z. B. $p_{xx} - p_{yy}$ oder $p_{yy} - p_{zz}$ bzw. $p_{zz} - \frac{1}{2}(p_{xx} + p_{yy})$, die im newtonschen Grenzfall kleiner Scherraten verschwinden. Ferner kann auch die Spur $p_{xx} + p_{yy} + p_{zz}$ des Drucktensors von der Scherrate abhängen bzw. bei konstantem Druck das Volumen verändert werden. Nimmt bei der Scherung das Volumen zu, so spricht man von *Volumendilatanz*.

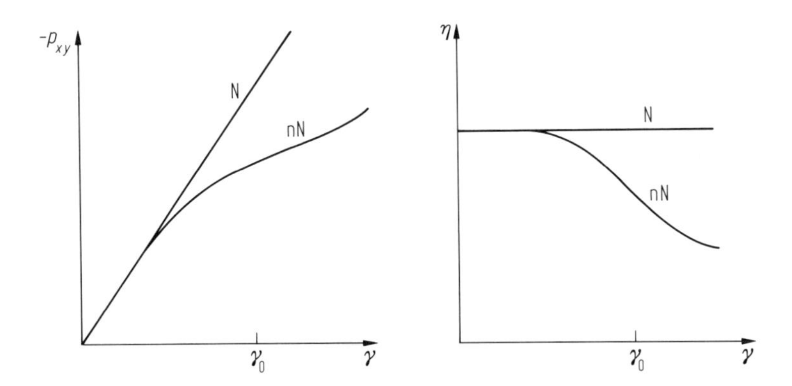

Abb. 3.4 Die Schubspannung $-p_{xy}$ und die Viskosität η sind schematisch gezeigt als Funktion der Scherrate γ für eine newtonsche (N) und eine nicht-newtonsche Substanz (nN). Für kleine Scherraten γ mit $\gamma \ll \gamma_0$ verhält sich die nicht-newtonsche Substanz wie eine newtonsche.

Wie aus der Abb. 3.4 ersichtlich, verhält sich auch die **nicht-newtonsche Flüssigkeit** wie eine newtonsche Flüssigkeit, wenn nur die Scherraten γ sehr klein sind im Vergleich zu einer *charakteristischen Scherrate* γ_0. Die Größe γ_0^{-1} ist eine für die Flüssigkeit typische *Relaxationszeit* τ_0.

Wie aus theoretischen Überlegungen und aus Computer-Simulations-Experimenten bekannt [7, 8], zeigen auch einfache Fluide, d.h. Gase und einfache Flüssigkeiten, die als Musterbeispiel für newtonsche Flüssigkeiten gelten, ein nicht-newtonsches Fließverhalten. Im Unterschied zu den typischen nicht-newtonschen Flüssigkeiten sind dort aber die relevanten Relaxationszeiten so kurz (z.B. kleiner als 10^{-8} s), daß sich für experimentell noch einigermaßen leicht errechenbare Scherraten von $10^4\ \mathrm{s}^{-1}$ das nicht-newtonsche Verhalten nicht bemerkbar machen kann. Bei den typischen nicht-newtonschen Flüssigkeiten andererseits liegen Relaxationszeiten größer als 10^{-2} s vor. Für experimentell zugängliche Scherraten kann auch eine newtonsche Flüssigkeit wie Glycerin bei Zimmertemperatur nach Abkühlen (in den unterkühlten Zustand) auf etwa $-20\,^\circ$C ein ausgeprägtes nicht-newtonsches Verhalten zeigen. Der Übergang zwischen newtonschem und dem allgemeinen nicht-newtonschen Verhalten ist fließend. Die Klassifizierung von Flüssigkeiten als newtonsche bzw. nicht-newtonsche Flüssigkeiten kann nützlich sein, enthält aber einige Willkür. Ähnliches gilt für den Begriff *viskoelastische Flüssigkeiten.*

Viskosität und *Elastizität* werden oft als die wesentlichen Eigenschaften genannt, die eine Flüssigkeit bzw. einen Festkörper auszeichnen. Auch hier sind die Übergänge fließend; alle viskosen Fluide sind auch „elastisch", selbst wenn diese Elastizität nicht immer ohne weiteres experimentell nachgewiesen werden kann. Zur Diskussion dieses Punktes werde die *Maxwellsche Modell-Gleichung*

$$\tau \frac{\partial p_{xy}}{\partial t} + p_{xy} = -\eta\,\gamma \tag{3.2}$$

betrachtet. Dabei ist p_{xy} das xy-Element des Reibungsdrucktensors, η die (Newtonsche) Viskosität, τ die *Maxwellsche Relaxationszeit* und $\gamma = \partial v_x/\partial_y$ die Scherrate bei einer ebenen Couette-Strömung. Eine Gleichung der Form (3.2) erhält man z.B. durch Vereinfachung der in Abschn. 1.3.2 aus der Boltzmann-Gleichung für Gase hergeleiteten Transport-Relaxationsgleichung für den Reibungsdrucktensor. Es muß aber betont werden, daß die phänomenologische Gl. (3.2) für Substanzen gilt, wo die Boltzmann-Gleichung zur mikroskopischen Begründung nicht mehr anwendbar ist.

Im stationären Fall ($\partial p_{xy}/\partial t = 0$) reduziert sich Gl. (3.2) auf den Newtonschen Ansatz $p_{xy} = -\eta\gamma$. Für schnell veränderliche Vorgänge andererseits, ergibt sich als Grenzfall für $\left|\tau \frac{\partial p_{xy}}{\partial t}\right| \gg p_{xy}$,

$$\frac{\partial p_{xy}}{\partial t} = -\eta\tau^{-1}\gamma. \tag{3.3}$$

Berücksichtigt man, daß die Scherrate $\gamma = \partial v_x/\partial$y, die zeitliche Ableitung der Deformation $\Gamma = \partial u_x/\partial y$ ist (der Verschiebungsvektor $\boldsymbol{u}$ ist verknüpft mit $\boldsymbol{v}$ gemäß $\boldsymbol{v} = \partial \boldsymbol{u}/\partial t$), so kann Gl. (3.3) in der Form

$$p_{xy} = -G\Gamma \tag{3.4}$$

mit dem (Hochfrequenz-)*Schermodul*

$$G = \eta\tau^{-1} \tag{3.5}$$

geschrieben werden. Die Gl. (3.4) entspricht dem üblichen Hookeschen Ansatz, wie er für einen elastischen Festkörper gemacht wird. Die Berücksichtigung der Relaxation in (3.2), die bedeutet, daß der Reibungsdrucktensor eine endliche Relaxationszeit benötigt, um sich auf eine „plötzlich eingeschaltete" Scherrate γ einzustellen, impliziert also auch elastisches Verhalten. Experimentell kann sich dieses allerdings nur bemerkbar machen für zeitlich veränderliche Vorgänge, deren Frequenz ω mindestens vergleichbar wird mit τ^{-1}, der reziproken Relaxationszeit. Bei typischen viskoelastischen Flüssigkeiten, die ihr elastisches Verhalten beim Schütteln zeigen, hat man Relaxationszeiten $\tau \geq 10^{-2}$ s. In einfachen Fluiden, andererseits, wo häufig $\tau \sim 10^{-9}$ s gilt, macht sich viskoelastisches Verhalten erst bei hohen Frequenzen mit $\omega \gtrsim 10^{9}\ \mathrm{s}^{-1}$ bemerkbar, die bei der Brillouin-Lichtstreuung und bei der inelastischen Neutronenstreuung erreicht werden können.

Eine wesentliche Eigenschaft, die ein Nicht-Fluid von einem Fluid unterscheidet, ist die Existenz einer **Fließgrenze** bzw. einer *Grenzschubspannung* (yield pressure) oberhalb der erst das Fließen einsetzt. In Abb. 3.5 ist die *Fließkurve*, $-p_{xy}$ als Funktion der Scherrate γ, eines (nicht-newtonschen) Fluids mit der eines „plastischen" Materials mit Fließgrenze verglichen. Kristalline Festkörper und Gläser, aber auch Zahnpasta und Butter, bei denen man zögert, sie als „Festkörper" zu bezeichnen, haben ein solches Verhalten (natürlich mit deutlich verschiedenen Grenzschubspannungen). Aber auch hier ist der Übergang zwischen fluid und nicht-fluid fließend; eine „pseudoplastische" Fließkurve wie in Abb. 3.6 gestrichelt angedeutet, kann ein plastisches Verhalten vortäuschen, wenn Messungen bei den erforderlichen kleinen Scherraten experimentell schwierig sind.

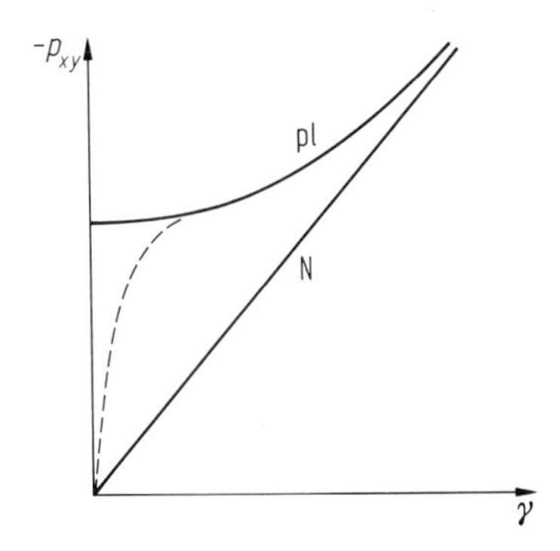

Abb. 3.5 Schematische Fließkurve eines plastischen Materials (pl) mit einer „Fließgrenze", d.h. einer endlichen Schubspannung $-p_{xy}$, bei der Fließen einsetzt ($\gamma \neq 0$). Zum Vergleich ist die lineare Abhängigkeit zwischen p_{xy} und der Scherrate γ einer newtonschen Substanz (N) angegeben. Die gestrichelte Kurve entspricht einer nicht-newtonschen Substanz mit einer hohen Viskosität für kleine Scherraten.

3.1.4 Anisotrope Fluide, Mesophasen

In einer Flüssigkeit aus nicht-sphärischen Teilchen (z. B. N_2 oder CO_2) sind im thermischen Gleichgewicht (und bei Abwesenheit orientierender Felder) die Richtungen der Molekülachsen gleichverteilt. Die Flüssigkeit ist *isotrop*; makroskopisch unterscheidet sie sich nicht von einer Flüssigkeit aus sphärischen Teilchen. Die Materialeigenschaften einer Flüssigkeit, allgemeiner eines Fluids, können aber auch *anisotrop*, d. h. richtungsabhängig werden (wie bei einem kristallinen Festkörper), wenn die Richtungen der Achsen der Moleküle nicht mehr gleich verteilt sind; man spricht dann von *anisotropen Fluiden*. Die Vorzugsrichtung im anisotropen Fluid kann durch äußere Einwirkung (elektrische und magnetische Felder, Einfluß einer Wand, Strömungsfeld, ...) induziert sein oder spontan entstehen, wie bei den Flüssigkristallen. Da die flüssigkristallinen Phasen (nematisch bzw. cholesterisch, smektisch A, B, C, ...) in einem Temperaturbereich (bzw. Konzentrationsbereich) vorkommen, der zwischen der kristallin festen Phase und der isotropen Flüssigkeit liegt, spricht man von *Mesophasen*. Die Flüssigkristalle und deren Eigenschaften werden in Kap. 6 behandelt.

Auf zwei Phänomene sei hier hingewiesen, bei denen die Fluidität, d. h. die Fließfähigkeit eng mit anisotropem Verhalten verknüpft ist: die Abhängigkeit der Viskosität von der Richtung eines angelegten äußeren magnetischen oder elektrischen Feldes und die Strömungsausrichtung, die über die Doppelbrechung nachgewiesen werden kann. Diese Erscheinungen können in molekularen Gasen (siehe Abschn. 1.4), molekularen Flüssigkeiten, Flüssigkristallen (siehe Kap. 6) sowie kolloidalen Dispersionen (Kap. 7) beobachtet werden.

3.1.5 Makrofluide

Die Teilchen einer kolloidalen Lösung können, abhängig von ihrer Konzentration, in ihrer räumlichen Anordnung sich quasi fluid (gas- und flüssigkeitsähnlich) verhalten oder sich kristallin ordnen (*kolloidale Kristalle*). Im Zusammenhang mit dem Studium der Struktur fluider Phasen der kolloidalen Makro-Teilchen spricht man auch von einem **Makrofluid**. Diese Substanzen sind interessant für sich, sie können jedoch auch als Modellsysteme für Flüssigkeiten betrachtet werden, da sich viele der theoretischen und experimentellen Methoden auf die Makrofluide übertragen lassen. Wegen der größeren Teilchen kann zur Untersuchung der Struktur eines Makrofluids z. B. die Lichtstreuung eingesetzt werden, wo bei einer echten Flüssigkeit eine Strahlung mit erheblich kürzerer Wellenlänge (Röntgenstrahlung oder Neutronen) erforderlich ist. Ein wesentlicher experimenteller Vorteil ist die im Vergleich zu einer echten Flüssigkeit langsamer ablaufende Dynamik; die charakteristischen Relaxationszeiten sind länger und Phänomene werden beobachtbar, die aufgrund theoretischer Überlegungen auch bei den eigentlichen Flüssigkeiten auftreten, aber praktisch nicht meßbar sind. Als ein Beispiel sei hier die mit der Viskosität eng verknüpfte scherinduzierte Störung der Nahordnung genannt, auf die in Abschn. 3.5.2 eingegangen wird.

3.2 Phasen einfacher Fluide

3.2.1 Phasendiagramm, Zustandsgleichung

Das Phasendiagramm eines einfachen Fluids ist in Abb. 3.1 schematisch dargestellt. In Abb. 3.6 sind für Argon der Druck auf den Koexistenzlinien Gas-Flüssigkeit und Flüssigkeit-Festkörper als Funktion der Temperatur und – in Abb. 3.7 – die zugehörigen Teilchendichten von Gas und Flüssigkeit gezeigt für Temperaturen oberhalb des Tripelpunktes. In Tab. 3.1 sind die Temperaturen, die Drücke und die Teilchendichten am Tripelpunkt (Index t) und am kritischen Punkt (Index c) für Argon und einige weitere Substanzen (Wasserstoff, Stickstoff und Ethylen, C_2H_4) aufgeführt. Das Verhältnis T_c/T_t ist ein Maß für Größe des Temperaturintervalls, in dem eine Substanz flüssig ist. Für flüssige Metalle ist dieses Intervall i. a. wesentlich größer [9] als für die in Tab. 3.1 aufgeführten Stoffe.

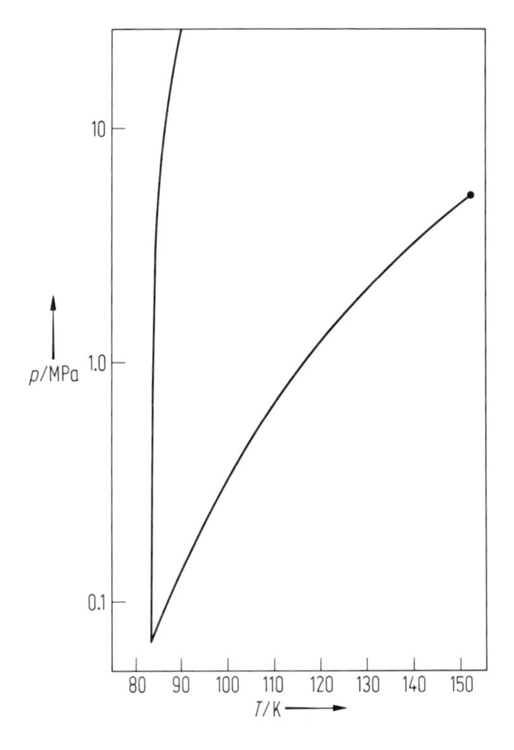

Abb. 3.6 Der Druck p als Funktion der Temperatur T für Argon bei koexistierenden gasförmigen und flüssigen bzw. flüssigen (fluiden) und festen Phasen. Die beiden Kurven treffen sich am Tripelpunkt. Die Gas-Flüssigkeits-Trennlinie endet am kritischen Punkt. Für p ist eine longarithmische Skala verwendet (Daten aus [10]).

Die Existenz zweier koexistierender Phasen wird auch in der thermischen Zustandsgleichung (vgl. Abschn. 1.2) $p = p(n,T)$ deutlich; siehe dazu Abb. 3.8, wo für Argon der Druck p als Funktion der Teilchendichte n für einige Temperaturen T (als

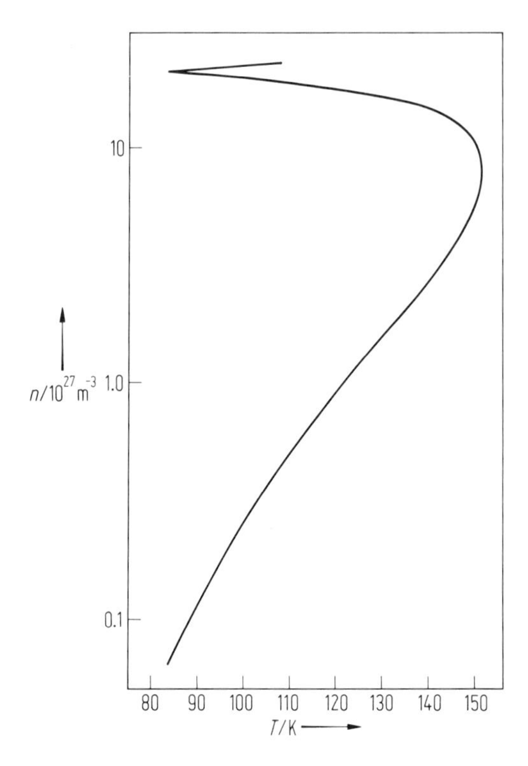

Abb. 3.7 Die Dichten n_g und n_f von Argon in den koexistierenden gasförmigen und flüssigen Zuständen. Die am Tripelpunkt (links oben) beginnende weitere Kurve gibt die Dichte der Flüssigkeit an, die mit der festen Phase koexistiert. Die Dichten sind in einer logarithmischen Skala angegeben (Daten aus [10]).

Tab. 3.1 Temperatur, Druck und Teilchendichten von Argon, Wasserstoff, Stickstoff und Ethylen am Tripelpunkt (Index t) und am kritischen Punkt (Index c); n_t^f und n_t^g sind die Dichten von Flüssigkeit und Gas am Tripelpunkt. Das Verhältnis T_c/T_t ist ein Maß für die relative Größe des Temperaturintervalls $T_t < T < T_c$, in dem Gas und Flüssigkeit koexistieren; n_c/n_t^f ist das Verhältnis der Dichten am kritischen Punkt und der Flüssigkeit am Tripelpunkt. Die Daten sind aus [10] entnommen.

	Tripelpunkt				kritischer Punkt				
	T_t/K	P_t/MPa	$n_t^f/10^{27}\,m^{-3}$	$n_t^g/10^{27}\,m^{-3}$	T_c/K	P_c/MPa	$n_c/10^{27}\,m^{-3}$	T_c/T_t	n_c/n_t^f
Ar	83.80	0.06891	21.32	0.0620	150.86	4.906	8.077	1.8	0.38
H_2	13.8	0.00704	23.02	0.0381	32.94	1.284	11.176	2.4	0.49
N_2	63.15	0.01246	18.66	0.0146	126.26	3.399	6.752	2.0	0.24
C_2H_4	103.99	0.00012	19.48	0.0001	282.34	5.040	4.608	2.7	0.24

Parameter) gezeigt ist. Für $T < T_c$ sind die Isothermen im Zweiphasengebiet unterbrochen. Die Koexistenzkurve ist strich-punktiert eingezeichnet. Eine doppeltlogarithmische Auftragung wurde verwendet. Die Steigung 1 bei kleinen Dichten spiegelt das ideale Gasgesetz $p = nkT$ wider, denn daraus folgt $\lg(p/p_0) = \lg(n/n_0) + \lg(T/T_0)$, wobei p_0, n_0, T_0 beliebige Referenzwerte für Druck, Dichte und Temperatur sind. Der steile Anstieg des Drucks bei kleinen Temperaturen und hohen Dichten resultiert aus der Tatsache, daß in der Flüssigkeit ($T < T_c$) oder auch in einem dichten Fluid ($T > T_c$) die Teilchen sehr dicht gepackt sind und nur durch Aufwendung hoher Drücke eine weitere Kompression (Dichteerhöhung) möglich ist. Einige Zahlenwerte sollen dies verdeutlichen. Eine Teilchendichte von $8 \cdot 10^{27}\,\mathrm{m}^{-3}$ ($27 \cdot 10^{27}\,\mathrm{m}^{-3}$) entspricht einem mittleren Teilchenabstand $a = n^{-1/3}$ von 0.5 nm (0.33 nm); der effektive Durchmesser d eines Argon-Atoms ist etwa 0.34 nm (siehe Kap. 1). Die Packungsdichte $y = (\pi/6)\,nd^3$ ist in diesen Fällen gleich 0.17 (0.57). Am kritischen Punkt bzw. am Tripelpunkt (siehe Tab. 7.1) ist die Packungsdichte für Argon 0.17 bzw. 0.45. Die Packungsdichte für die dichteste Kugelpackung ist $(\pi/6)\sqrt{2} \approx 0.74$. Bezüglich des Druckes sei daran erinnert, daß 0.1 MPa ungefähr 1 atm (Normaldruck) entspricht.

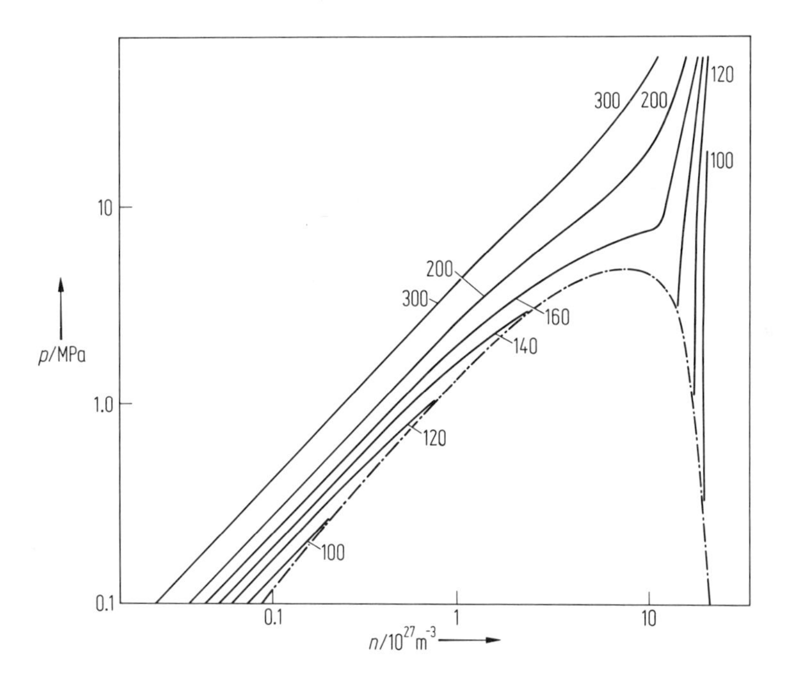

Abb. 3.8 Der Druck p von Argon als Funktion der Teilchendichte n (in doppellogarithmischer Auftragung) für die Temperaturen $T = 300, 200, 160$ K, die größer als $T_c \approx 150.86$ K sind und für die kleineren Temperaturen $T = 140, 120$ und 100 K, wo ein Zweiphasengebiet auftritt. Die strichpunktierte Kurve markiert die Dichten von Gas und Flüssigkeit längs der Koexistenzlinie (Daten aus [10]).

3.2.2 Der Phasenübergang gasförmig – flüssig

3.2.2.1 Zweiphasen-Verhalten

Wird ein Fluid, das aus N-Teilchen besteht und in einem festen Volumen V eingeschlossen ist, von der Temperatur $T_1 > T_c$ auf eine Temperatur T_2 mit $T_t < T_2 < T_c$ abgekühlt, so findet eine Phasentrennung statt. Im Schwerefeld der Erde sammelt sich die schwerere Flüssigkeit am Boden des Gefäßes, das leichtere Gas nimmt den oberen Teil ein. Dazwischen befindet sich die Phasentrennschicht, wo die Teilchendichte vom Wert n_f (für flüssig) auf den Wert n_g (g für gasförmig) abfällt. Die in engen Röhren auf Grund der Oberflächenspannung gekrümmte Flüssigkeitsoberfläche wird als *Meniskus* bezeichnet. Die Werte der Teilchendichten n_f und n_g bei der Endtemperatur T_2 sind z.B. aus Abb. 3.8 abzulesen; der Druck ist in beiden Phasen gleich. In Abb. 3.7 sind diese Teilchendichten n_f und n_g der koexistierenden flüssigen und gasförmigen Phasen als Funktion der Tempeatur für Argon gezeigt. Aus der Konstanz der gesamten Teilchenzahl N und des Gesamtvolumens V folgen die Werte

$$V_f = \frac{n - n_g}{n_f - n_g} V, \quad V_g = \frac{n_f - n}{n_f - n_g} V \tag{3.6}$$

der Teilvolumina V_f und V_g, die die Flüssigkeit bzw. das Gas einnehmen. Die Dichte $n = N/V$ muß dabei zwischen den Werten von n_g und n_f am Tripelpunkt liegen. Die Zahl der Teilchen N_f und N_g in beiden Phasen ist durch $N_f = n_f V_f$ bzw. $N_g = n_g V_g$ gegeben.

Die Teilchendichten n_f und n_g auf der Koexistenzkurve $T \leq T_c$ sind in guter Näherung durch

$$\frac{n_f}{n_c} = 1 + A\left(1 - \frac{T}{T_c}\right)^a + B\left(1 - \frac{T}{T_c}\right)^b$$

$$\frac{n_g}{n_c} = 1 + A\left(1 - \frac{T}{T_c}\right)^a - B\left(1 - \frac{T}{T_c}\right)^b \tag{3.7}$$

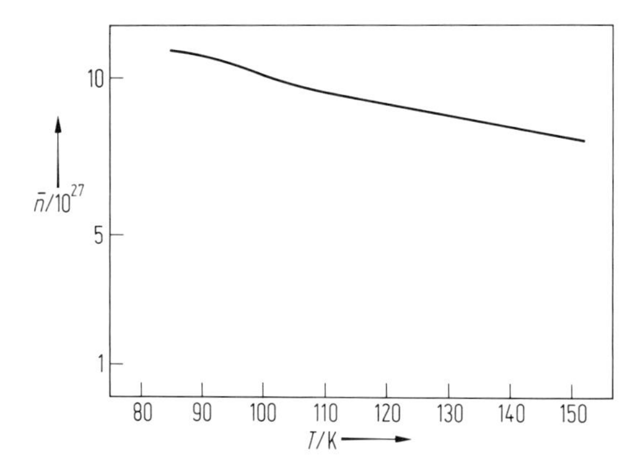

Abb. 3.9 Der Mittelwert der Dichten $\bar{n} = \frac{1}{2}(n_f + n_g)$ der koexistierenden gasförmigen und flüssigen Phasen von Argon als Funktion der Temperatur.

gegeben. Aus Abb. 3.9, wo für Argon der Mittelwert $n = \frac{1}{2}(n_f + n_g)$ der Teilchendichten als Funktion der Temperatur aufgetragen ist, entnimmt man $A \approx 0.68$ und $a \approx 1$ (für $T \geq 100$ K). In Abb. 3.10 ist die Differenz $\Delta n = n_f - n_g$ gegen $1 - T/T_c$ doppeltlogarithmisch aufgetragen; daraus erhält man (für $T \geq 100$ K) $B \approx 1.86$ und $b \approx 0.37$.

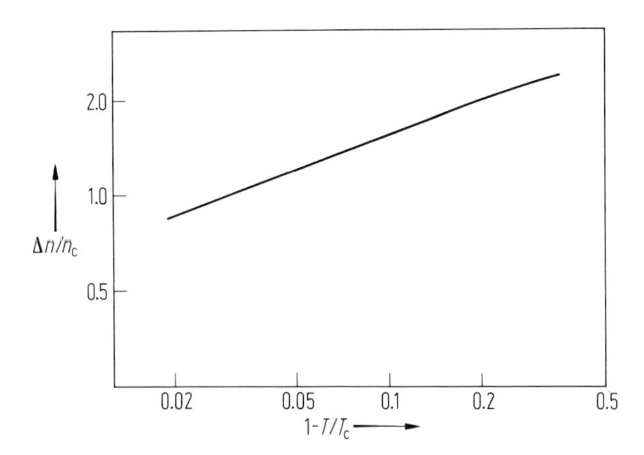

Abb. 3.10 Die relative Dichtedifferenz $\Delta n/n_c = (n_f - n_g)/n_c$ von Argon als Funktion der relativen Temperaturdifferenz $1 - T/T_c$ in doppeltlogarithmischer Auftragung; n_f und n_g sind die Dichten im koexistierenden flüssigen und gasförmigen Zustand.

3.2.2.2 Thermodynamische Funktionen koexistierender Phasen

Für die bei bestimmten Werten der Temperatur und des Druckes koexistierenden gasförmigen und flüssigen Phasen sind nicht nur die Teilchendichten, sondern praktisch auch alle anderen thermodynamischen Größen verschieden. In Abb. 3.11 und 3.12 sind, wiederum für Argon, die innere Energie U und die Entropie S (pro Mol), genauer, $U/RT = u/\mathrm{kT}$ bzw. $S/R = s/k$ von Gas und Flüssigkeit längs der Koexistenzkurve als Funktionen der Temperatur T gezeigt. Die Größen u und s sind die innere Energie und die Entropie pro Teilchen; $R = N_A k$ ist die Gaskonstante, N_A die Zahl der Teilchen pro Mol (Avogadro-Konstante). Die Unterschiede $\Delta U = U_g - U_f = N_A \Delta u$ und $\Delta S = S_g - S_f = N_A \Delta s$ zwischen der inneren Energie und der Entropie im gasförmigen (g) und im flüssigen (f) Zustand, die aus Abb. 3.11a bzw. 3.12a abgelesen werden können, sind in Abb. 3.11b bzw. 3.12b gezeigt.

Aus der Gleichheit der chemischen Potentiale zweier koexistierender Phasen folgt die **Clausius-Clapeyron-Relation**

$$\frac{\mathrm{d}p}{\mathrm{d}T} = \frac{s_f - s_g}{n_f^{-1} - n_g^{-1}} = n_f n_g \frac{s_f - s_g}{n_g - n_f} \tag{3.8}$$

für die Änderung des Drucks p mit der Temperatur T längs der Koexistenzkurve. In Gl. (3.8) sind s_f und s_g die Entropie pro Teilchen im flüssigen beziehungsweise gasförmigen Zustand, n_f und n_g sind die entsprechenden Teilchendichten. Die pro Teilchen

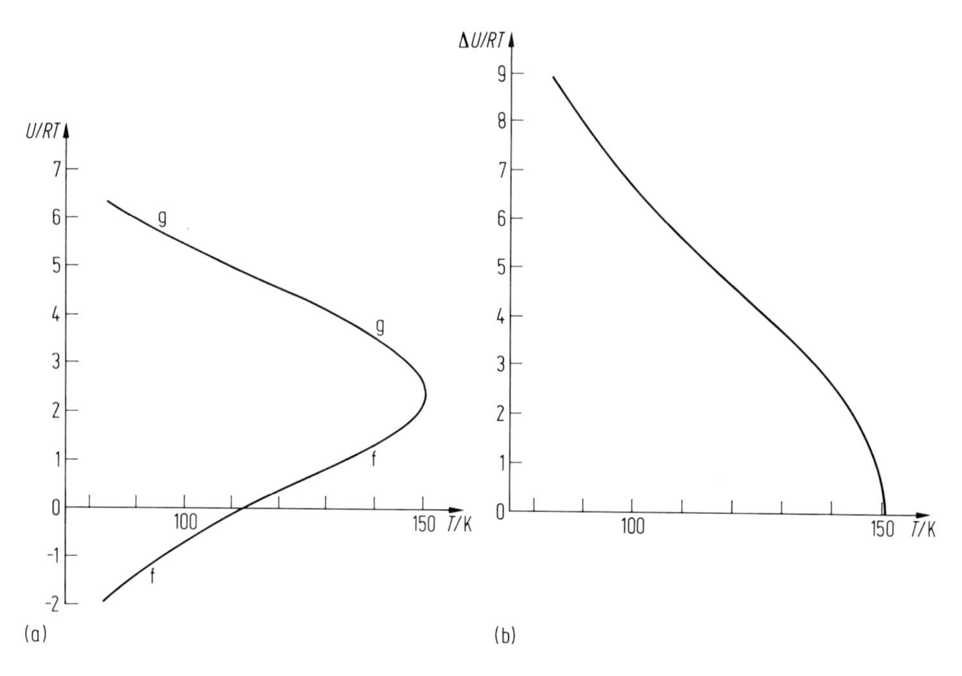

Abb. 3.11 Die innere Energie U (pro Mol) bzw. u (pro Teilchen) in Einheiten von RT bzw. kT für Argon als Funktion der Temperatur T. In Abb. 3.11 a sind die Werte von $U/RT = u/kT$ gezeigt für die koexistierenden gasförmigen (g) und flüssigen (f) Phasen; die Differenz $\Delta U/(RT) = \Delta u/(kT)$ zwischen beiden Zuständen ist in Abb. 3.11 b aufgetragen; ΔU verschwindet am kritischen Punkt (Daten aus [10]).

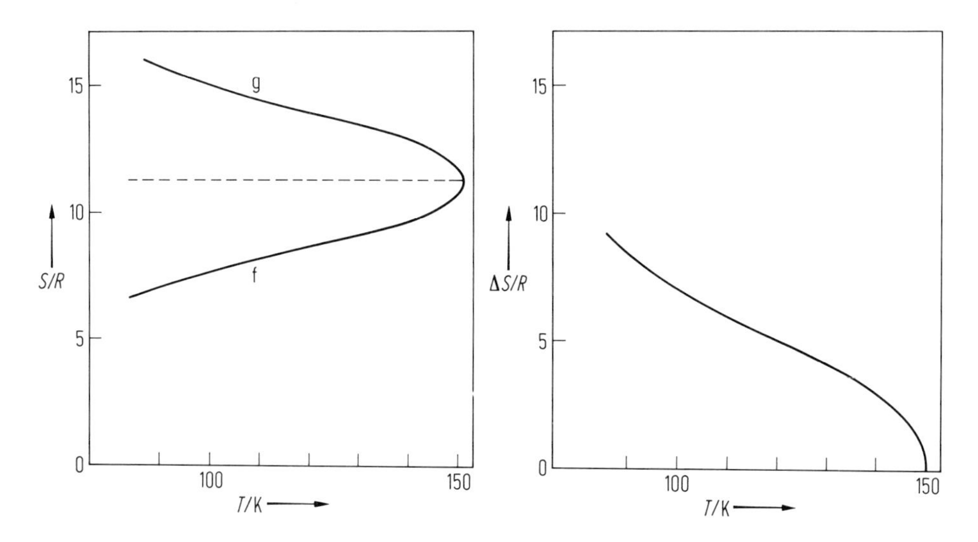

Abb. 3.12 Die Entropie S (pro Mol) bzw. s (pro Teilchen) in Einheiten von R bzw. k für Argon als Funktion der Temperatur T. Analog zu Abb. 3.11 sind in Abb. 3.12a die Werte von $S/R = s/k$ in den koexistierenden gasförmigen (g) und flüssigen (f) Phasen, in Abb. 3.12b die Differenz zwischen diesen Werten, $\Delta S/R = \Delta s/k$ dargestellt (Daten aus [10]).

zur Verdampfung benötigte Wärme ist $q = T(s_g - s_f) = T\Delta s$. Das Verhältnis $q/kT = \Delta s/k$ ist in Abb. 3.12 b dargestellt.

Die Wärmekapazitäten c_V und c_p (in Einheiten von k/m) von Argon in den koexistierenden gasförmigen und flüssigen Phasen sind in Abb. 3.13 und 3.14 als Funktionen von T dargestellt. Für $T \to T_c$ streben die Werte von c_V in beiden Phasen nicht auf die gleichen Werte hin. Beachtenswert ist das starke Anwachsen von c_p in beiden Phasen für $T \to T_c$.

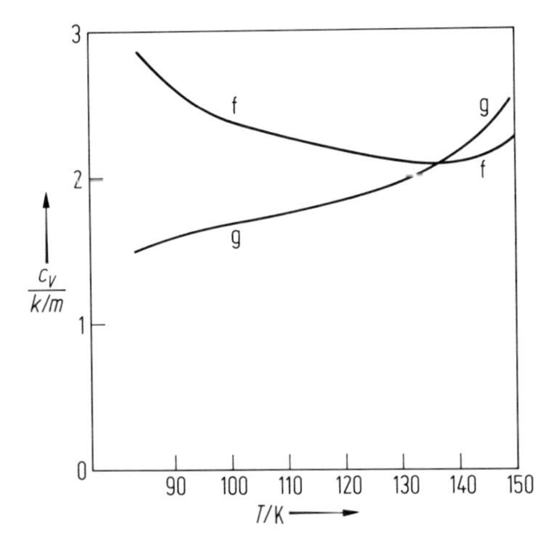

Abb. 3.13 Die Wärmekapazität c_V in Einheiten von k/m von Argon als Funktion der Temperatur T für die koexistierenden gasförmigen (g) und flüssigen (f) Zustände (Daten aus [10]).

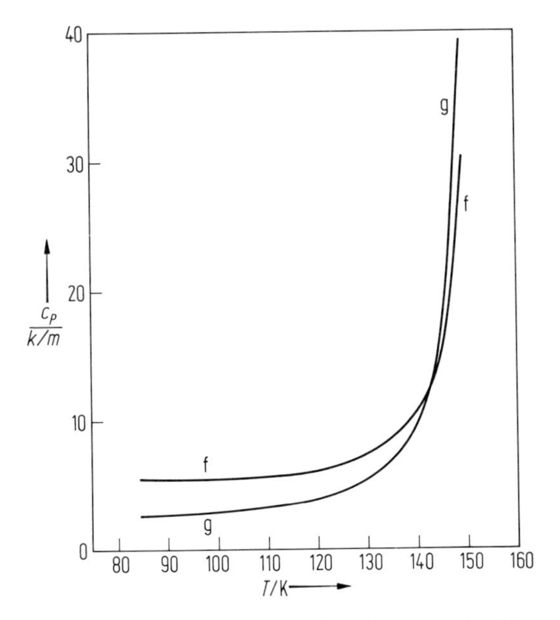

Abb. 3.14 Die Wärmekapazität c_p in Einheiten von k/m für Argon als Funktion von T analog zu Abb. 3.13; man beachte aber die unterschiedliche Skala (Daten aus [10]).

3.2.2.3 Van-der-Waals-Modell

Eine einfache Modellvorstellung zum qualitativen Verständnis des Phasenüberganges gasförmig-flüssig beruht auf der bekannten **Van-der-Waals-Gleichung**

$$p = nkT(1 - v_0 n)^{-1} - \varepsilon v_0 n^2 \tag{3.9}$$

für den Druck p. Dabei berücksichtigt der Korrekturfaktor $(1 - v_0 n)^{-1}$ beim ersten Term in Gl. (3.9), daß das den Atomen bzw. Molekülen eines Fluids zur Verfügung stehende Volumen durch die endliche Ausdehnung der Moleküle verringert ist. Die Größe v_0 kann über den 2. Virialkoeffizienten (s. Abschn. 3.2.1.4) mit dem vierfachen Eigenvolumen eines Teilchens identifiziert werden. Der aufgrund der anziehenden Wechselwirkung der Teilchen untereinander entstehende negative Beitrag zum Druck ist durch den Energieparameter ε charakterisiert. Die Parameter v_0 und ε sind mit der Dichte n_c und der Temperatur T_c des kritischen Punktes verknüpft gemäß

$$v_0 n_c = \frac{1}{3}, \quad kT_c = \frac{8}{27}\varepsilon. \tag{3.10}$$

Der kritische Punkt ist festgelegt durch $\partial p/\partial n = 0$ und $\partial^2 p/\partial n^2 = 0$, bzw. durch die höchste Temperatur, für die $\partial p/\partial n = 0$ gilt. Mit Hilfe der reduzierten Variablen

$$n^* = n n_c^{-1}, \quad T^* = T T_c^{-1} \tag{3.11}$$

und

$$p^* = p p_c^{-1} \quad \text{mit} \quad p_c = \frac{3}{8} n_c k T_c \tag{3.12}$$

kann die Zustandsgleichung (3.9) in der Form

$$p^* = \frac{8}{3} n^* T^* (1 - \frac{1}{3} n^*)^{-1} - 3 n^{*2} \tag{3.13}$$

geschrieben werden. Aus

$$\begin{aligned} \frac{\partial p^*}{\partial n^*} &= \frac{8}{3} T^* (1 - \frac{1}{3} n^*)^{-2} - 6 n^*, \\ \frac{\partial^2 p^*}{\partial n^{*2}} &= \frac{16}{9} T^* (1 - \frac{1}{3} n^*)^{-3} - 6 \end{aligned} \tag{3.14}$$

entnimmt man

$$T_{\text{ext}}^* = \frac{9}{4} n^* (1 - \frac{1}{3} n^*)^2, \quad T_{\text{wp}}^* = \frac{27}{8} (1 - \frac{1}{3} n^*)^3 \tag{3.15}$$

für die reduzierten Temperaturen T_{ext}^* bzw. T_{wp}^*, bei denen p^* als Funktion von n^* ein Extremum ($\partial p^*/\partial n^* = 0$) bzw. einen Wendepunkt ($\partial^2 p^*/\partial n^{*2} = 0$) besitzt. In Abbildung 3.15 ist p^* als Funktion von n^* dargestellt mit der Temperatur T^* als Parameter. Die strich-punktierte Kurve (*Spinodale* genannt) gibt die Lage der Extrema der Kurven $p^* = p^* (n,T)$ an; der dazwischenliegende gestrichelte Teil, der Van-der-Waals-Kurven entspricht, wegen $\partial p^*/\partial n^* < 0$ einem instabilen Zustand. Die Dichten n_g und

n_f des koexistierenden Gases und der Flüssigkeit sind aus Abbildung 3.13 nicht unmittelbar abzulesen. Man benötigt dazu die bekannte *Maxwell-Konstruktion*, die zweckmäßigerweise in einem Diagramm durchgeführt wird, wo p^* gegen $(n^*)^{-1}$ aufgetragen ist. Die Maxwell-Konstruktion folgt aus der Tatsache, daß das chemische Potential (Gibbsche Freie Energie pro Teilchen) für beide Phasen gleich ist für vorgegebene Werte von T und p. Für bestimmte Temperaturen führt die Van-der-Waals-Zustandsgleichung auch auf metastabile Zustände, wo ein Gas im Dichteintervall $n_g < n < n_g^{ext}$ unterkühlt bzw. eine Flüssigkeit mit $n_{fl} > n > n_{fl}^{ext}$ überhitzt sein kann. Dabei sind n_g^{ext} bzw. n_{fl}^{ext} die Dichten des Gases bzw. der Flüssigkeit am Maximum bzw. Minimum der Kurve $p^* = p^*(n)$ (strich-punktierte Kurve in Abb. 3.15). Die Phänomene der *Überhitzung* und *Unterkühlung* werden tatsächlich in realen Flüssigkeiten beobachtet.

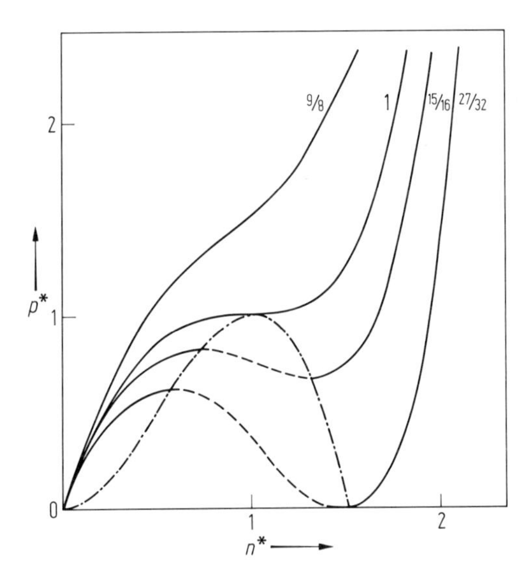

Abb. 3.15 Der reduzierte Druck p^* als Funktion der reduzierten Dichten n^* für das Van-der-Waals-Modell, Gl. (3.13). Die gezeigten Kurven gehören zu den Werten $9/8 \approx 1.13$; 1.0; $15/16 \approx 0.94$, $27/32 \approx 0.84$ und $3/4 = 0.75$ der reduzierten Temperatur T^*. Die strichpunktierte Kurve (Spinodale) markiert die Extrema der Van-der-Waals-Kurven.

3.2.2.4 Gesetz der korrespondierenden Zustände

Wie beim van-der-Waals-Modell in Gln. (3.11) und (3.12) können auch bei realen Substanzen die Werte n_c, T_c, p_c der Dichte, der Temperatur und des Druckes zur Skalierung der Meßwerte dieser Variablen verwendet werden. Die in der Form

$$p/p_c = f(n/n_c, T/T_c) \tag{3.16}$$

geschriebene Zustandsgleichung kann dann für verschiedene Substanzen verglichen werden. Für eine Reihe von einfachen Fluiden, insbesondere für die Edelgase, ist die in (3.16) auftretende empirische Funktion f in guter Näherung gleich. Dieser Sachverhalt wird als **Gesetz der korrespondierenden Zustände** bezeichnet. Zur Diskussion der Voraussetzungen der Gültigkeit dieses Gesetzes sei auf Abschn. 1.2.1.3 verwiesen.

Für Fluide, die dem Gesetz der korrespondierenden Zustände genügen, muß insbesondere auch der Realgasfaktor $Z = p/(nkT)$ am kritischen Punkt, also $Z_c = p_c/(n_c k T_c)$ gleich sein. Wie aus Tab. 3.2 ersichtlich, ist dies für die Edelgase der Fall (nämlich $Z_c \approx 0.31$). Für eine Reihe von (nieder-)molekularen Gasen (bestehend aus Teilchen ohne Dipolmoment) findet man ähnliche Werte; Wasser hingegen zeigt eine größere Abweichung. Aus der Van-der-Waals-Gleichung folgt der deutlich größere Wert $Z_c = 3/8 = 0.375$.

Tab. 3.2 Der Realgasfaktor $Z_c = p_c/(n_c k T_c)$ am kritischen Punkt für Helium, Neon, Argon, Wasserstoff, Stickstoff, Kohlendioxid, Ethylen und Wasser.

	He	Ne	Ar	H_2	N_2	CO_2	C_2H_4	H_2O
Z_c	0.31	0.31	0.31	0.31	0.29	0.28	0.28	0.23

3.2.3 Kritische Phänomene

Am kritischen Punkt (der durch $\partial p/\partial n = 0$ und $\partial^2 p/\partial n^2 = 0$ festgelegt ist) ist der Übergang gasförmig-flüssig „kontinuierlich“; die Dichten von Gas und Flüssigkeit sind gleich. Deshalb treten in der Nähe des kritischen Punktes besonders ausgeprägte Schwankungserscheinungen auf. Die *kritische Opaleszenz* beruht auf den Dichteschwankungen, die lokale Schwankungen der Brechzahl und damit eine starke Lichtstreuung und – bei einer sonst klaren Flüssigkeit – eine (milchige) Trübung erzeugen.

Die starken Schwankungen beeinflussen auch die thermodynamischen Funktionen in der Nähe des kritischen Punktes, insbesondere jene Größen, die am kritischen Punkt verschwinden, wie die Differenz der Dichten, der inneren Energie und der Entropie im gasförmigen und flüssigen Zustand (s. Abb. 3.7, 3.10–3.12) bzw. divergieren, wie die (isotherme) Kompressiabilität $1/K_T = n^{-1}(\partial n/\partial p)_T$ oder c_p, Abb. 3.14. Es ist üblich, dieses „kritische Verhalten“ durch *kritische Exponenten* $\alpha, \beta, \gamma, \delta, \ldots$ zu charakterisieren [11, 12], und zwar sind diese definiert gemäß:

$$c_V \sim \left(\frac{T}{T_c} - 1\right)^{-\alpha} \quad \text{für} \quad T > T_c,$$

$$c_V \sim \left(1 - \frac{T}{T_c}\right)^{-\alpha'} \quad \text{für} \quad T < T_c \tag{3.17}$$

und für $p = p_c$, $n = n_c$ in beiden Fällen;

$$n_f - n_g \sim \left(1 - \frac{T}{T_c}\right)^{\beta} \quad \text{für} \quad T < T_c \tag{3.18}$$

mit $p = p_c$ bzw. längs der Koexistenzkurve;

$$K_T \sim \left(\frac{T}{T_c} - 1\right)^{\gamma} \quad \text{für} \quad T > T_c$$

$$K_T \sim \left(1 - \frac{T}{T_c}\right)^{\gamma'} \quad \text{für} \quad T < T_c \tag{3.19}$$

und für $p = p_c$ in beiden Fällen;

$$p - p_c \sim |n_f - n_g|^{\delta} \operatorname{sgn}(n_f - n_g) \tag{3.20}$$

für $T = T_c$. In Gl. (3.19) ist $K_T = n\,(\partial p/\partial n)_T$ der isotherme Kompressionsmodul.

Die Van-der-Waals-Gleichung (3.9) bzw. (3.13) führt auf die „klassischen" Werte $\alpha = \alpha' = 0$ (entspricht einem Sprung der Wärmekapazität beim Übergang gasförmig flüssig), $\beta = \frac{1}{2}$, $\gamma = \gamma' = 1$ und $\delta = 3$. Die tatsächlich beobachteten Werte, nämlich $\alpha \approx \alpha' \approx 0.1$, $\beta \approx 0.35$, $\gamma \approx 1.3$, $\gamma' \approx 1.2$, $\delta \approx 4.3$, weichen davon (zum Teil) deutlich ab.

Da die kritischen Exponenten in erster Linie durch die Schwankungen und nicht durch die spezielle Form der Wechselwirkung der Teilchen untereinander bestimmt sind, erwartet man, daß diese Koeffizienten universell sind für den kritischen Punkt beim Phasenübergang gasförmig-flüssig und analog zu dem Verhalten anderer Systeme (z. B. Ferromagnete) bei Phasenübergängen 2. Art [11, 12].

3.3 Struktur und statistische Beschreibung

Bei der mikroskopischen Theorie zur Erklärung der (makroskopischen) Eigenschaften von Flüssigkeiten spielen Modelle der molekularen Wechselwirkung und die *Nahordnung* oder die *lokale Struktur* der Fluide eine wesentliche Rolle. Im folgenden werden diese und andere im Rahmen einer (klassischen) statistischen Beschreibung der Flüssigkeiten auftretenden Begriffe erläutert und ihr Zusammenhang mit Meßgrößen diskutiert. Quanteneffekte, die für tiefe Temperaturen und für Fluide aus leichten Teilchen (z. B. H_2 und He) auftreten, sind in Abschn. 1.2.6 angesprochen und werden in Kap. 4 behandelt.

3.3.1 Modelle der molekularen Wechselwirkung

Grundsätzliche Ausführungen über die Wechselwirkungen zwischen den Teilchen eines Fluids sind im Kapitel über Gase (Abschn. 1.1.3) zu finden. Hier sollen nur einige Modellpotentiale zur Beschreibung der Paar-Wechselwirkung zwischen sphärischen Teilchen angegeben werden. Dabei ist $\boldsymbol{r}$ der Verbindungsvektor zwischen den Schwerpunkten der beiden Teilchen.

3.3.1.1 Lennard-Jones-Wechselwirkung

Das **Lennard-Jones(LJ)-Potential**

$$\phi = 4\phi_0 \left[\left(\frac{r_0}{r} \right)^{12} - \left(\frac{r_0}{r} \right)^{6} \right] \tag{3.21}$$

ist durch den Energieparameter ϕ_0 und die Länge r_0 charakterisiert. Der Term proportional zu r^{-6} beschreibt die (langreichweitige) Van-der-Waals-Anziehung, der Term proportional zu r^{-12} berücksichtigt die bei kurzen Abständen auftretende Repulsion zwischen den Teilchen. Das LJ-Potential, Gl. (3.21), ist Null für $r = r_0$ und besitzt ein Minimum bei $r = 2^{1/6}\, r_0 \approx 1.1225\, r_0$, wo ϕ den Minimalwert $-\phi_0$ annimmt; s. auch Abb. 1.5 in Kap. 1. Die Modellparameter ϕ_0 und r_0 können z. B. über den 2. Virialkoeffizienten (oder die Viskosität) in der Gasphase festgelegt werden (s. Abschn. 1.2.1 und 1.3.2). In Tab. 3.3 sind diese Werte für einige Substanzen aufgeführt, wobei anstelle von ϕ_0 die durch

$$\phi_0 = k\,T_0 \tag{3.22}$$

definierte charakteristische Temperatur T_0 angegeben ist. Das aus einer Computer-Simulation bestimmte Phasendiagramm der LJ-Flüssigkeit ist in Abb. 3.16 gezeigt. Die wesentlichen Eigenschaften einer einfachen Flüssigkeit, wie z. B. Argon, werden durch das LJ-Modell zufriedenstellend wiedergegeben.

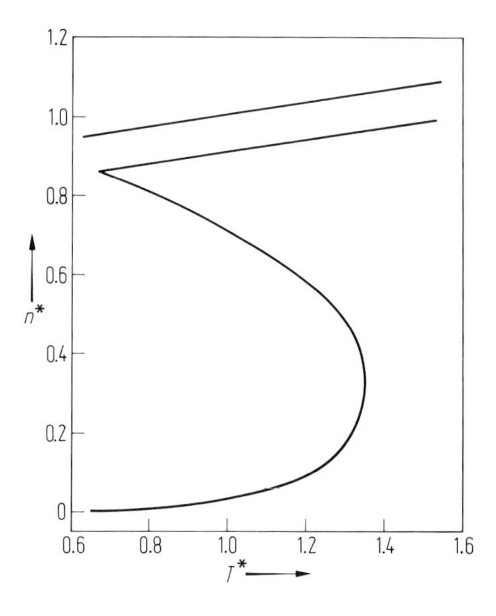

Abb. 3.16 Das Phasendiagramm eines Systems von Teilchen mit Lennard-Jones-Wechselwirkung. In Analogie zu Abb. 3.7 sind die Dichten $n^* = nr_0^3$ des koexistierenden Gases und der Flüssigkeit, bzw. des koexistierenden Fluids und des Festkörpers als Funktionen der Temperatur $T^* = T/T_0$ gezeigt. Die Größen r_0 und kT_0 sind der Lennard-Jones-Durchmesser eines Teilchens bzw. ein Maß für die Tiefe des Lennard-Jones-Potentials. Die Daten stammen aus einer Computer-Simulation [1].

Tab. 3.3 Der Lennard-Jones-Längenparameter r_0 und die mit dem Energieparameter Φ_0 gemäß $\Phi_0 = k_B T_0$ verknüpfte charakteristische Temperatur T_0 für die Substanzen Ar, Kr, Xe und CH_4 (nach McDonald und Singer [16]).

	Ar	Kr	Xe	CH_4
r_0/nm	0.34	0.36	0.41	0.38
T_0/K	120	170	220	150

3.3.1.2 Harte und weiche Kugeln

Ein einfaches, für qualitative Diskussionen häufig benutztes Modell zur Beschreibung der Repulsion der Teilchen eines Fluids sind die *harten Kugeln* mit einem charakteristischen Durchmesser r_0. Potenzkraftzentren mit dem (repulsiven) Potential

$$\phi \sim \left(\frac{r_0}{r}\right)^{\nu} \tag{3.23}$$

und dem charakteristischen Exponenten ν bezeichnet man auch als *weiche Kugeln*. Für $\nu = 12$ entspricht (3.23) dem repulsiven Anteil des LJ-Potentials (3.21); für $\nu \to \infty$ erhält man die harten Kugeln als Grenzfall; s. Abb. 1.4 in Kap. 1).

Für eine nur repulsive Wechselwirkung gibt es keine flüssige Phase im engeren Sinne und natürlich auch keinen kritischen Punkt, wohl aber kann ein Phasenübergang fluid-fest auftreten.

3.3.2 Verteilungsfunktionen und Mittelwerte

3.3.2.1 Allgemeines, N-Teilchen-Mittelwerte

Grundlage der (klassischen) statistischen Beschreibung eines Fluids, bestehend aus N Teilchen mit Koordinaten $\boldsymbol{r}_i$ und Impulsen $\boldsymbol{p}_i$ ($i = 1,2, \dots N$) ist eine Wahrscheinlichkeitsdichte $\varrho = \varrho(\Gamma)$, wobei die Variable Γ für die $6N$ Variablen $\boldsymbol{r}_1, \boldsymbol{r}_2, \dots, \boldsymbol{r}_N, \boldsymbol{p}_1, \boldsymbol{p}_2, \dots, \boldsymbol{p}_N$ steht. Die Größe ϱ ist ein Maß für die Wahrscheinlichkeit, ein Teilchen am Ort $\boldsymbol{r}_1$ mit Impuls $\boldsymbol{p}_1$, ein anderes am Ort $\boldsymbol{r}_2$ mit Impuls $\boldsymbol{p}_2$ usw. innerhalb der Intervalle $d^3r_1\, d^3p_1$ bzw. $d^3r_2\, d^3p_2$, usw. zu finden. Ein Beispiel für ϱ, anwendbar im thermischen Gleichgewicht, ist die *kanonische Verteilung* $\varrho \sim e^{-H/kT}$. Dabei ist H die Hamilton-Funktion, d. h. die Summe der gesamten kinetischen und der gesamten potentiellen Energie des N-Teilchen-Systems. Der Mittelwert $\langle\psi\rangle$ einer Größe $\psi = \psi(\Gamma)$ ist dann durch

$$\langle\psi\rangle = \int \psi(\Gamma)\, \varrho(\Gamma)\, d\Gamma \tag{3.24}$$

gegeben, wobei die Normierung $\int \varrho(\Gamma)\, d\Gamma = 1$ benutzt wurde.

Beispiele für ψ sind die kinetische Energie

$$E^{kin} = \sum_{i=1}^{N} \frac{1}{2m} \boldsymbol{p}_i \cdot \boldsymbol{p}_i \tag{3.25}$$

und die potentielle Energie

$$E^{\text{pot}} = \frac{1}{2} \sum_{i} \sum_{\neq j} \phi(\boldsymbol{r}_{ij}), \tag{3.26}$$

wobei m die Masse eines Teilchens ist und $\boldsymbol{r}_{ij} = \boldsymbol{r}_i - \boldsymbol{r}_j$ die Differenz der Ortsvektoren von Teilchen i und Teilchen j. In Gl. (3.26) wurde angenommen, daß sich die Wechselwirkung im N-Teilchen-System durch die Summe aus zweier-Wechselwirkungen mit dem Potential ϕ darstellen läßt. Die Temperatur T ist verknüpft mit dem Mittelwert der kinetischen Energie gemäß

$$\frac{3}{2} NKT = \langle E^{\text{kin}} \rangle. \tag{3.27}$$

Die innere Energie U ist

$$U = \frac{3}{2} NKT + U^{\text{pot}} \tag{3.28}$$

mit $U^{\text{pot}} = \langle E^{\text{pot}} \rangle$.

3.3.2.2 Einteilchenmittelwerte und -verteilungsfunktionen

Läßt sich speziell, wie z. B. in Gl. (3.25), die zu mittelnde Größe ψ gemäß

$$\Psi = \sum_i \psi(\boldsymbol{r}_i, \boldsymbol{p}_i) \tag{3.29}$$

als Summe von *Einteilchenfunktionen* $\psi(\boldsymbol{r},\boldsymbol{p})$ schreiben, so kann der entsprechende Mittelwert auch als ein Integral über die *Einteilchenverteilungsfunktion* $f(\boldsymbol{r},\boldsymbol{p})$ dargestellt werden:

$$\langle \Psi \rangle = \int \psi(\boldsymbol{r},\boldsymbol{p}) f(\boldsymbol{r},\boldsymbol{p}) \, \mathrm{d}^3 r \, \mathrm{d}^3 p. \tag{3.30}$$

Die Funktion $f(\boldsymbol{r},\boldsymbol{p})$ ist formal mit Hilfe der δ-Funktion durch

$$f(\boldsymbol{r},\boldsymbol{p}) = \langle \sum_i \delta(\boldsymbol{r} - \boldsymbol{r}_i) \, \delta(\boldsymbol{p} - \boldsymbol{p}_i) \rangle \tag{3.31}$$

definiert. Die Normierung ist so gewählt, daß

$$\int f(\boldsymbol{r},\boldsymbol{p}) \, \mathrm{d}^3 p = n(\boldsymbol{r}) \tag{3.32}$$

gilt, wobei $n(\boldsymbol{r})$ die lokale Teilchendichte ist; die weitere Integration $\int n(\boldsymbol{r}) \mathrm{d}^3 r$ ergibt die Teilchenzahl N im Volumen V. Wird anstelle des Impulses $\boldsymbol{p}$ die Geschwindigkeit $\boldsymbol{c}$ verwendet, so entspricht f der in Abschn. 1.2.2 diskutierten Geschwindigkeitsverteilungsfunktion.

Die Bedeutung der Gl. (3.31) kann man sich veranschaulichen, wenn die δ-Funktionen, wie in allen praktischen Rechnungen, durch charakteristische Funktionen mit endlicher Breite und Höhe ersetzt werden. Wie in Abb. 3.17 für die x,p_x-Ebene angedeutet, gibt die in Gl. (3.31) unter der Summe auftretende Größe jeweils den Beitrag für den Fall an, in dem eines der Teilchen im Intervall $\mathrm{d}^3 r = (\delta L)^3$ um die

Stelle $\boldsymbol{r}$ im Ortsraum zu finden ist und innerhalb des Intervalls $\mathrm{d}^3p = (\delta p)^3$ den Impuls $\boldsymbol{p}$ annimmt; sonst ist der Beitrag zur Summe null.

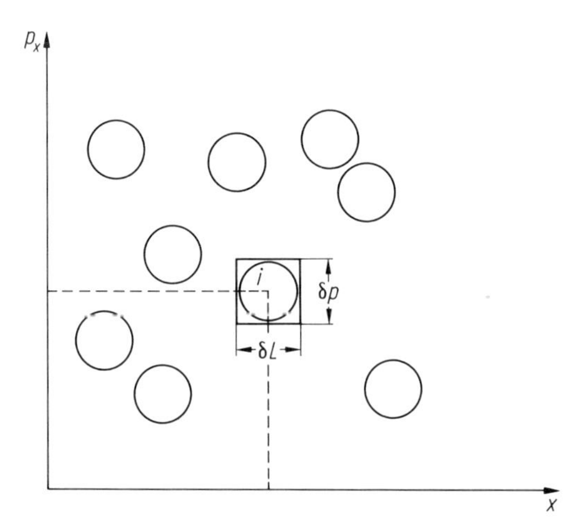

Abb. 3.17 Schematische Darstellung der Zählung der Teilchen im (Einteilchen-)Phasenraum zur Ermittlung der Einteilchenverteilungsfunktion $f(\boldsymbol{r},\boldsymbol{p})$; δL und δp geben die Größen der benützten Längen- und Impulsintervalle an.

3.3.2.3 Zweiteilchenmittelwerte, -verteilungsfunktion und -dichte

Ist die in Gl. (3.24) zu mittelnde Größe, wie z. B. in Gl. (3.26), als die (Doppel-)Summe von *Zweiteilchenfunktionen* $\psi\ (\boldsymbol{r}_1,\boldsymbol{r}_2,\boldsymbol{p}_1,\boldsymbol{p}_2)$ gemäß

$$\Psi = \sum_{i} \sum_{\neq j} \psi(\boldsymbol{r}_i,\boldsymbol{r}_j,\boldsymbol{p}_i,\boldsymbol{p}_j) \tag{3.33}$$

darstellbar, so reduziert sich die Berechnung des Mittelwertes auf Integrationen über die Zweiteilchenverteilungsfunktion $f^{(2)}\ (\boldsymbol{r}_1,\boldsymbol{r}_2,\boldsymbol{p}_1,\boldsymbol{p}_2)$:

$$\langle \Psi \rangle = \int \psi(\boldsymbol{r}_1,\boldsymbol{r}_2,\boldsymbol{p}_1,\boldsymbol{p}_2) f^{(2)}\ (\boldsymbol{r}_1,\boldsymbol{r}_2,\boldsymbol{p}_1,\boldsymbol{p}_2)\ \mathrm{d}^3r_1 \ldots \mathrm{d}^3p_2. \tag{3.34}$$

Analog zu (3.31) ist die Funktion $f^{(2)}$ definiert gemäß

$$f^{(2)}\ (\boldsymbol{r}_\mathrm{a},\boldsymbol{r}_\mathrm{b},\boldsymbol{p}_\mathrm{a},\boldsymbol{p}_\mathrm{b}) = \langle \sum_{i} \sum_{\neq j} \delta(\boldsymbol{r}_\mathrm{a} - \boldsymbol{r}_i)\, \delta(\boldsymbol{r}_\mathrm{b} - \boldsymbol{r}_j)\, \delta(\boldsymbol{p}_\mathrm{a} - \boldsymbol{p}_i)\, \delta(\boldsymbol{p}_\mathrm{b} - \boldsymbol{p}_j) \rangle \tag{3.35}$$

In Gl. (3.33) und (3.35) sind in den Summationen die Werte $i = j$ ausgeschlossen, da dies den Einteilchenfunktionen in Gln. (3.29) und (3.31) entspräche. Die Einteilchenverteilungsfunktion $f(\boldsymbol{r}_1,\boldsymbol{p}_1)$ ergibt sich aus $f^{(2)}\ (\boldsymbol{r}_1,\boldsymbol{r}_2,\boldsymbol{p}_1,\boldsymbol{p}_2)$ durch Integration über die Koordinaten und Impulse $\boldsymbol{r}_2$ und $\boldsymbol{p}_2$ des zweiten Teilchens. Integration über die beiden Impulse führt, andererseits auf die *Zweiteilchendichte* $n^{(2)}\ (\boldsymbol{r}_1,\boldsymbol{r}_2)$:

$$n^{(2)}\ (\boldsymbol{r}_1,\boldsymbol{r}_2) = \int f^{(2)}\ (\boldsymbol{r}_1,\boldsymbol{r}_2,\boldsymbol{p}_1,\boldsymbol{p}_2)\ \mathrm{d}^3p_1\, \mathrm{d}^3p_2. \tag{3.36}$$

Gemäß Gl. (3.35) gilt

$$n^{(2)}(\boldsymbol{r}_a,\boldsymbol{r}_b) = \langle \sum_{i \neq j} \sum \delta(\boldsymbol{r}_a - \boldsymbol{r}_i)\,\delta(\boldsymbol{r}_b - \boldsymbol{r}_j) \rangle. \tag{3.37}$$

Die anschauliche Bedeutung von Gl. (3.37) kann man sich wiederum klar machen, wenn die δ-Funktionen durch charakteristische Funktionen mit endlicher Breite und Höhe ersetzt werden. In Abb. 3.18 ist dies für den zweidimensionalen Fall gezeigt. Zu der in Gl. (3.37) auftretenden Summe erhält man jeweils den Beitrag 1, wenn eines der Teilchen des Fluids sich innerhalb des Volumenbereiches $\delta V = (\delta L)^3$ am Ort $\boldsymbol{r}_a$ befindet und irgendein anderes Teilchen innerhalb dieses Volumens gleicher Größe δV am Ort $\boldsymbol{r}_b$ anzutreffen ist; ansonsten ist der Beitrag zur Summe in (3.37) null. Für gleichartige Teilchen (kein Gemisch) gilt $n^{(2)}(\boldsymbol{r}_1,\boldsymbol{r}_2) = n^{(2)}(\boldsymbol{r}_2,\boldsymbol{r}_1)$. Hängt die in Gl. (3.32) auftretende Größe ψ nicht von den Impulsen $\boldsymbol{p}_1$ und $\boldsymbol{p}_2$ ab, so reduziert sich Gl. (3.33) nach Ausführung der Integration über die Impulse auf

$$\langle \Psi \rangle = \int \psi(\boldsymbol{r}_1,\boldsymbol{r}_2)\, n^{(2)}(\boldsymbol{r}_1,\boldsymbol{r}_2)\, \mathrm{d}^3 r_1\, \mathrm{d}^3 r_2. \tag{3.38}$$

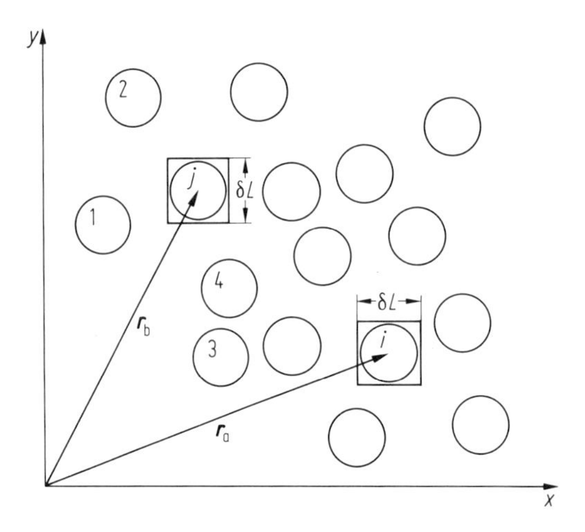

Abb. 3.18 Schematische Erläuterung der Zweiteilchendichte $n^{(2)}(\boldsymbol{r}_a,\boldsymbol{r}_b)$; δL ist die zur Unterteilung des Ortsraumes verwendete Länge.

Ist nun noch spezieller, wie in Gl. (3.26), die Größe ψ nur von der Differenz $\boldsymbol{r} = \boldsymbol{r}_1 - \boldsymbol{r}_2$ der Ortsvektoren abhängig, so reduziert sich (3.38) weiter auf

$$\langle \Psi \rangle = \frac{N^2}{V} \int \psi(\boldsymbol{r})\, g(\boldsymbol{r})\, \mathrm{d}^3 r, \tag{3.39}$$

wobei die Paarkorrelationsfunktion $g(\boldsymbol{r})$ eingeführt wurde gemäß

$$g(\boldsymbol{r}) = \frac{V}{N^2} \int n^{(2)}(\boldsymbol{r}_2 + \boldsymbol{r},\boldsymbol{r}_2)\, \mathrm{d}^3 r_2. \tag{3.40}$$

Analog zu Gl. (3.37) ist $g(\boldsymbol{r})$ gegeben durch

$$\frac{N}{V} g(\boldsymbol{r}) = \frac{1}{N} \langle \sum_{i \neq j} \sum \delta(\boldsymbol{r} - \boldsymbol{r}_{ij}) \rangle \tag{3.41}$$

mit $\boldsymbol{r}_{ij} = \boldsymbol{r}_i - \boldsymbol{r}_j$. Aus der Definition von $g(\boldsymbol{r})$ folgt $g(\boldsymbol{r}) \geq 0$. Für ein Fluid aus gleichen Teilchen ist $g(\boldsymbol{r}) = g(-\boldsymbol{r})$.

3.3.2.4 Potentialbeiträge zur inneren Energie und zum Druck

Der in Gl. (3.28) mit (3.26) angegebene Potentialbeitrag U^{pot} zur inneren Energie kann nun in der Form

$$U^{\text{pot}} = N \frac{1}{2} n \int \phi(\boldsymbol{r})\, g(\boldsymbol{r})\, \mathrm{d}^3 r \tag{3.42}$$

dargestellt werden, wobei n für N/V steht.

Analog zu Gln. (3.27) und (3.28) kann auch der Druck p (ein Drittel der Spur des Drucktensors) in einen kinetischen und einen potentiellen Anteil zerlegt werden:

$$p = p^{\text{kin}} + p^{\text{pot}}. \tag{3.43}$$

Im thermischen Gleichgewicht ist der kinetische Beitrag gleich dem idealen Gasdruck: $p^{\text{kin}} = nkT$, s. Abschn. 1.2.1. Der Beitrag p^{pot} ist entweder als N-Teilchen-Mittelwert

$$p^{\text{pot}} = \frac{1}{V} \frac{1}{6} \langle \sum_{i \neq j} \sum \boldsymbol{r}_{ij} \cdot \boldsymbol{F}_{ij} \rangle \tag{3.44}$$

oder als Integral über $g(\boldsymbol{r})$ gemäß

$$p^{\text{pot}} = \frac{1}{6} n^2 \int \boldsymbol{r} \cdot \boldsymbol{F}\, g(\boldsymbol{r})\, \mathrm{d}^3 r \tag{3.45}$$

gegeben. In Gl. (3.44) ist $\boldsymbol{r}_{ij}$ der Relativvektor und $\boldsymbol{F}_{ij}$ ist die Kraft zwischen den Teilchen i und j; in Gl. (3.45) ist $\boldsymbol{F} = -\partial \phi / \partial \boldsymbol{r}$ die aus dem Zweiteilchenpotential $\phi(\boldsymbol{r})$ folgende Kraft zwischen einem Paar von Teilchen.

Die Ausdrücke (3.44) und (3.45) für den Druck können aus dem „Virialsatz" oder aus der lokalen Formulierung des Impulserhaltungssatzes [1, 3] hergeleitet werden. Für repulsive bzw. attraktive Kräfte ist $\boldsymbol{r} \cdot \boldsymbol{F} > 0$ bzw. $\boldsymbol{r} \cdot \boldsymbol{F} < 0$. In der flüssigen Phase überwiegen in (3.45) die Beiträge, wo $\boldsymbol{r} \cdot \boldsymbol{F} < 0$ gilt, und p^{pot} ist negativ. In Abb. 3.19 ist der Realgasfaktor $Z = p/(nkT)$ als Funktion der Temperatur T für flüssiges und gasförmiges Argon längs der Koexistenzkurve gezeigt. Wegen $Z < 1$ ist $p^{\text{pot}} = nkT$ $(Z\text{-}1) < 0$. Man beachte, wenn die Dichte n der Flüssigkeit um den Faktor 100 höher ist als die des koexistierenden Gases, gilt $Z \approx 0.01$. Damit ist der kinetische Druck $p^{\text{kin}} = nkT$ einhundertmal, der Betrag von p^{pot} neunundneunzigmal größer als der meßbare Druck p. Bei hohen Temperaturen und hohen Dichten, wo die abstoßende Wechselwirkung überwiegt, ist p^{pot} positiv.

Wie aus Gln. (3.42) und (3.45) ersichtlich, bestimmt die Paarkorrelationsfunktion $g(\boldsymbol{r})$ die aus der Wechselwirkung der Teilchen untereinander resultierenden Beiträge zu den thermodynamischen Funktionen in realen Gasen und Flüssigkeiten. Hängt, wie im thermischen Gleichgewicht, $g(\boldsymbol{r})$ nur von $r = |\boldsymbol{r}|$ ab, so kann in Gln. (3.42) und

(3.45) die Integration über die Richtung von $\boldsymbol{r}$ ausgeführt werden und diese Gleichungen reduzieren sich auf

$$U^{\text{pot}} = 2\,\pi\,N n \int_0^\infty \phi\, g\, r^2\, \mathrm{d}r \tag{3.46}$$

und

$$p^{\text{pot}} = -\frac{2}{3}\pi n^2 \int_0^\infty r\,\phi'\, g\, r^2\, \mathrm{d}r;$$

ϕ' bezeichnet die Ableitung von ϕ nach r.

Die Größe $g(\boldsymbol{r})$ charakterisiert auch die lokale Struktur oder die Nahordnung in (dichten) Fluiden. Darauf wird im nächsten Abschnitt eingegangen.

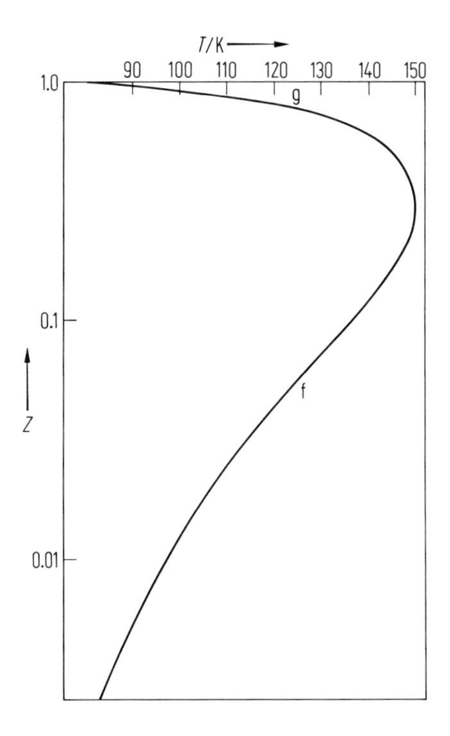

Abb. 3.19 Der Realgasfaktor $Z = p/(nkT)$ von Argon in den koexisterenden gasförmigen und flüssigen Phasen als Funktion der Temperatur T. Der relative Potentialbeitrag p^{pot}/p ist durch 1-Z^{-1} gegeben.

3.3.3 Paarkorrelationsfunktion, Nahordnung

Die in Gl. (3.40) bzw. (3.41) definierte Paarkorrelationsfunktion $g(\boldsymbol{r})$ ist ein Maß für die Wahrscheinlichkeit, irgendein anderes Teilchen am Ort $\boldsymbol{r}$ zu finden, wenn ein willkürlich herausgegriffenes Referenzteilchen am Ort $\boldsymbol{r} = 0$ ist; s. Abb. 3.20. Für ein räumlich homogenes System ist die Teilchendichte n unabhängig vom Ort und

$n^{(2)}(\boldsymbol{r}_1, \boldsymbol{r}_2)$ kann nur von der Differenz $\boldsymbol{r} = \boldsymbol{r}_1 - \boldsymbol{r}_2$ abhängen. In diesem Fall gilt

$$n^{(2)}(\boldsymbol{r}) = n^2 g(\boldsymbol{r}). \tag{3.47}$$

Für ein Fluid aus gleichartigen Teilchen (wie hier immer stillschweigend angenommen wird) sind $\boldsymbol{r}$ und $-\boldsymbol{r}$ äquivalent, d.h. es ist

$$g(\boldsymbol{r}) = g(-\boldsymbol{r}).$$

Da für große Abstände die Teilchen eines Fluids unkorreliert sind und $n^{(2)}$ gegen n^2 strebt, ergibt sich

$$g(\boldsymbol{r}) \to 1 \text{ für } |\boldsymbol{r}| \to \infty. \tag{3.48}$$

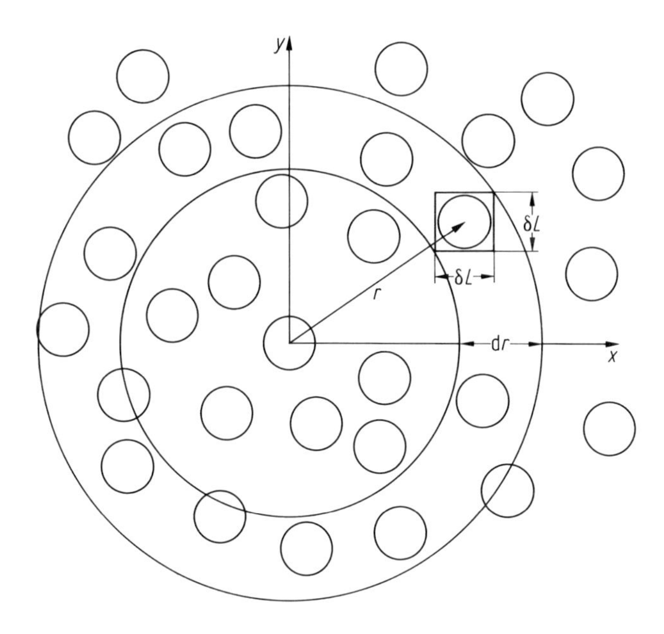

Abb. 3.20 Schematische Erläuterung der Bedeutung der Paarkorrelationsfunktion $g(\boldsymbol{r})$. Für ein (im Mittel) isotropes System ist $4\pi\, n\, g\, r^2\, \mathrm{d}r$ die Zahl der in der angedeuteten Kugelschale mit Radius r und Dicke $\mathrm{d}r$ zu findenden Teilchen.

Dieses asymptotische Verhalten gilt nicht mehr bei kristallinen, langreichweitig geordneten Substanzen. Für kleine Abstände verschwindet $g(\boldsymbol{r})$, da sich die Teilchen nicht gegenseitig durchdringen können.

Im thermischen Gleichgewicht hängt $g(\boldsymbol{r})$ eines Fluids aus sphärischen Teilchen nur vom Betrag $r = |\boldsymbol{r}|$ und nicht von der durch $\hat{\boldsymbol{r}} = r^{-1}\boldsymbol{r}$ festgelegten Richtung von $\boldsymbol{r}$ ab. In diesem Fall spricht man auch von der *radialen Verteilungsfunktion* $g(r)$. Innerhalb einer Kugelschale mit Dicke $\mathrm{d}r$ sind $4\pi n g(r)\, \mathrm{r}^2 \mathrm{d}r$ Teilchen zu finden. Typische Beispiele für $g(r)$, wie sie aus einer Computer-Simulation für ein Lennard-Jones-Modell-Fluid gewonnen wurden, sind in Abb. 3.21 und 3.22 dargestellt.

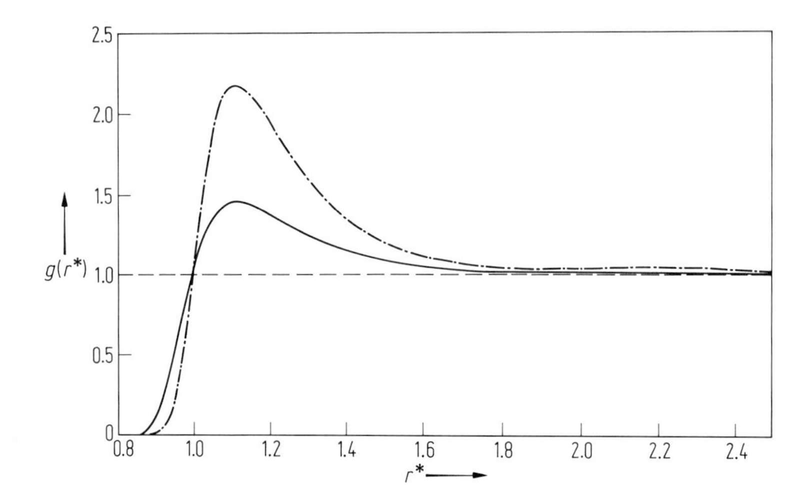

Abb. 3.21 Paarkorrelationsfunktionen $g(r)$ eines (dichten) Lennard-Jones-Gases für die reduzierte Teilchendichte $n^* = nr_0^3 = 0.1$ und die reduzierten Temperaturen $T^* = T/T_0 = 1.2$ (strichpunktiert) und $T^* = 2.75$ (ausgezogene Kurve) als Funktionen des reduzierten Relativabstandes $r^* = r/r_0$. Man beachte, wegen $g(r) = 0$ für $r^* < 0.8$ ist dieser Bereich der Kurven nicht gezeigt. (Daten aus einer Molekulardynamik-Computer-Simulation, W. Loose, Inst. für Theoret. Physik, TU Berlin).

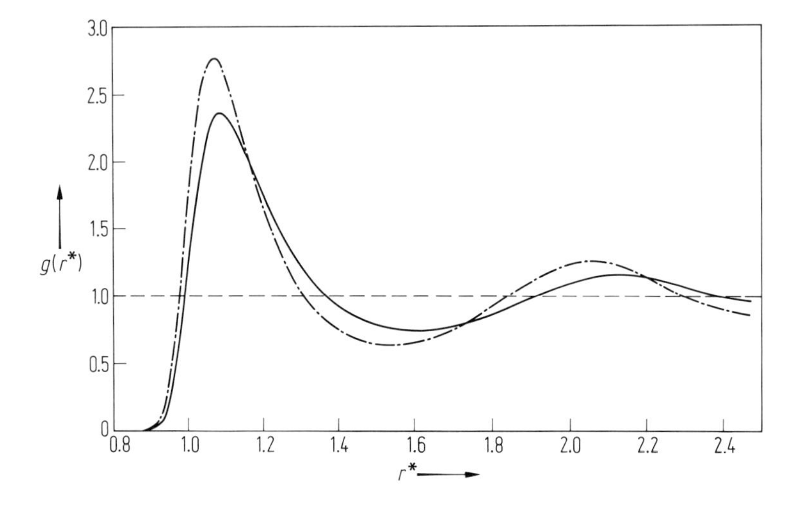

Abb. 3.22 Vergleich der Paarkorrelationsfunktionen $g(r)$ einer Lennard-Jones-Flüssigkeit bei der reduzierten Temperatur $T^* = 1$ und den reduzierten Dichten $n^* = 0.7$ (ausgezogene Kurve) und $n^* = 0.84$ (strichpunktierte Kurve); die Bedeutung der reduzierten Variablen ist analog zu denen in Abb. 3.21 (Daten aus einer Molekulardynamik-Computer-Simulation, W. Loose, Inst. für Theoretische Physik, TU Berlin).

Bei einem Gas mit geringer Dichte n ist g durch

$$g(r) = e^{-\phi/(kT)} \tag{3.49}$$

gegeben, wobei ϕ das Zweiteilchenpotential ist. Gleichung (3.49) ist anwendbar, wenn $nd^3 \ll 1$ gilt, wobei d ein (effektiver) Teilchendurchmesser ist. In dichten Fluiden, insbesondere in Flüssigkeiten, hängt g von der Dichte ab. Methoden zur Berechnung von $g(r)$ für dichte Fluide im Rahmen der Statistischen Physik sind z. B. in [1] und [3] diskutiert. Im allgemeinen Fall kann $g(r)$ ein effektives Potential ϕ_{eff} gemäß

$$\phi_{\text{eff}}(r) = -kT \ln g(r) \tag{3.50}$$

zugeordnet werden. Die Ableitung von ϕ_{eff} führt auf eine „mittlere Kraft", die ein Teilchen unter der gleichzeitigen Einwirkung vieler anderer Teilchen spürt. Für kleine Dichten reduziert sich ϕ_{eff} auf das Zweierpotential ϕ.

Experimentell kann $g(r)$ durch eine Fourier-Transformation des in einem Streuvorgang meßbaren statischen Strukturfaktors gewonnen werden. In Abb. 3.23 ist für flüssiges Argon in der Nähe des Tripelpunktes die so gewonnene radiale Verteilungsfunktion $g(r)$ gezeigt.

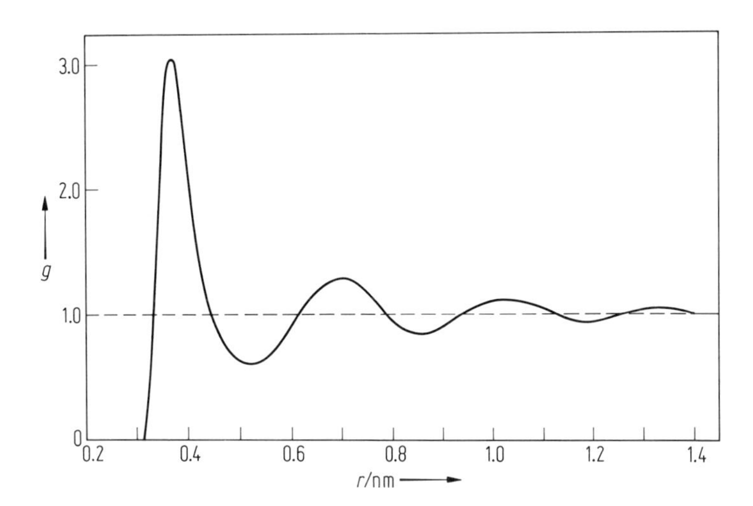

Abb. 3.23 Die Paarkorrelationsfunktion $g(r)$ für flüssiges Argon in der Nähe des Tripelpunktes ($T = 85$ K), gewonnen durch Fourier-Transformation des gemesssenen statischen Strukturfaktors (Daten nach Yarnell et al. [17]).

3.3.4 Streuung, statischer Strukturfaktor

3.3.4.1 Prinzipielles zu Streuexperimenten

Das Prinzip der Streuung elektromagnetischer Strahlung (Licht, Röntgenstrahlung) oder von Teilchenstrahlen (Elektronen, Neutronen) zur Untersuchung der „Struktur" der Materie ist in Abb. 3.24 erläutert. Ein Strahl mit Intensität I_0 und Wellenvek-

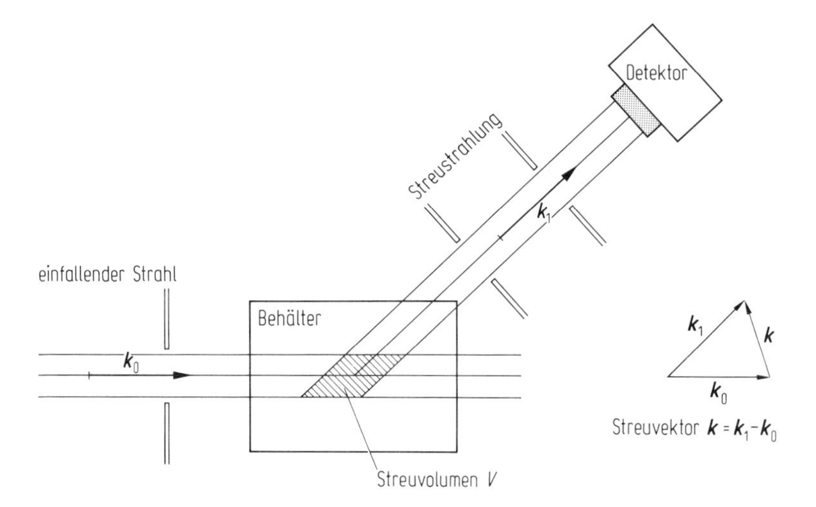

Abb. 3.24 Schematische Darstellung der experimentellen Anordnung bei einem Streuexperiment. Die Wellenvektoren des einfallenden Strahls und der nachgewiesenen Streustrahlung sind $\boldsymbol{k}_0$ bzw. $\boldsymbol{k}_1$, der Streuvektor $\boldsymbol{k}$ ist gleich der Differenz $\boldsymbol{k}_1 - k_0$. Das (offene) Streuvolumen V innerhalb des Behälters, der das Fluid einschließt, ist durch die Strahlbreite und die Geometrie der Anordnung bestimmt.

tor $\boldsymbol{k}_0$ (und Energie $\hbar\omega_0$, Frequenz ω_0) trifft auf die zu untersuchende Materie; dort entsteht eine Streustrahlung, die i. a. nach allen Richtungen ausgesandt wird. Durch Blenden (und gegebenenfalls Energie- oder Frequenz-Selektoren) wird speziell die Streustrahlung mit dem Wellenvektor $\boldsymbol{k}_1$ (und Energie $\hbar\omega_1$, Frequenz ω_1) am Detektor nachgewiesen; ihre Intensität sei I. Die Differenz

$$\boldsymbol{k} = \boldsymbol{k}_1 - \boldsymbol{k}_0 \tag{3.51}$$

der Wellenvektoren der gestreuten und der einfallenden Strahlung heißt *Streuvektor*. Speziell bei elastischer Streuung (mit $\omega_1 = \omega_0$) sind die Beträge k_0 und k_1 der Wellenvektoren gleich. Der Betrag k des Streuvektors ist dann gegeben durch

$$k = 2k_0 \sin\frac{\vartheta}{2}, \tag{3.52}$$

wobei ϑ der Streuwinkel zwischen $\boldsymbol{k}_0$ und $\boldsymbol{k}_1$ ist. Ferner gilt $k_0 = 2\pi/\lambda_0$; λ_0 ist die Wellenlänge der einfallenden Strahlung.

Der Beitrag eines Teilchens am Ort $\boldsymbol{r}_i$ zur Amplitude der Streustrahlung ist proportional zu $a_i\,\mathrm{e}^{-\mathrm{i}\boldsymbol{k}\cdot\boldsymbol{r}_i}$; a_i ist die die Wechselwirkung der Strahlung mit einem Teilchen charakterisierende Streuamplitude. Die zum Detektor gelangende Streuintensität I ist proportional zu

$$\left\langle \left(\sum_i a_i \mathrm{e}^{-\mathrm{i}\boldsymbol{k}\cdot\boldsymbol{r}_i}\right)\left(\sum_j a_j{}^* \mathrm{e}^{\mathrm{i}\boldsymbol{k}\cdot\boldsymbol{r}_j}\right)\right\rangle I_0 .$$

Die spitze Klammer deutet eine Zeitmittelung an. Die Summationen über i und j sind über alle $\mathcal{N}$ Teilchen auszuführen, die innerhalb des Streuvolumens V liegen. Für gleichartige Teilchen ($a_i = a_j = a$; kohärente Streuung) erhält man

$$I(\boldsymbol{k}) \sim I_o |a|^2 N S(\boldsymbol{k}); \tag{3.53}$$

dabei ist

$$S(\boldsymbol{k}) = \frac{1}{N} \left\langle \left(\sum_{i=1}^{\mathcal{N}} e^{-i\boldsymbol{k}\cdot\boldsymbol{r}_i} \right) \left(\sum_{j=1}^{\mathcal{N}} e^{i\boldsymbol{k}\cdot\boldsymbol{r}_j} \right) \right\rangle \tag{3.54}$$

der statische Strukturfaktor; $N = \langle \mathcal{N} \rangle$ ist das zeitliche Mittel der Teilchen im Streuvolumen. Sind die betrachteten Teilchen wiederum aus „Streuern" zusammengesetzt, so tritt in Gl. (3.53) ein zusätzlicher Faktor $|F(\boldsymbol{k})|^2$ auf. Die Größe $F(\boldsymbol{k})$ ist der *Formfaktor*, der die räumliche Verteilung der „Streuer" innerhalb eines (komplexen) Teilchens berücksichtigt. Dies ist z. B. bei der Röntgenstreuung an Flüssigkeiten zu beachten. Die „elementaren" Streuer sind nämlich die Elektronen der Atome. Bei Neutronen andererseits ist $F = 1$, da die Streuung an dem im Vergleich zur Ausdehnung des Atoms praktisch punktförmigen Atomkern erfolgt. Beispiele für in Gasen und Flüssigkeiten gemessene und aus Computer-Simulationen für Modell-Fluide erhaltene Kurven für $S(\boldsymbol{k})$ sind in Abb. 3.25 bis 3.28 gezeigt.

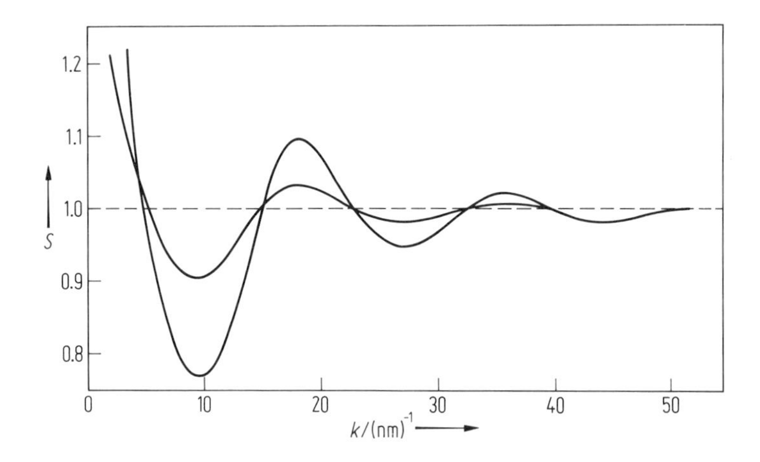

Abb. 3.25 Der statische Strukturfaktor S als Funktion des Streuvektors $\boldsymbol{k}$ für gasförmiges Argon bei $T = 140$ K und den Teilchendichten $n = 0.9 \cdot 10^{27}$ m^{-3} bzw. $n = 2.4 \cdot 10^{27}$ m^{-3} (Daten nach Fredrikze et al. [18]).

3.3.4.2 Zusammenhang zwischen Strukturfaktor und Paarkorrelationsfunktion

Der Ausdruck (3.54) für den Strukturfaktor kann als

$$S(\boldsymbol{k}) = 1 + \frac{1}{N} \langle \sum_{i} \sum_{\neq j} e^{-i\boldsymbol{k}\cdot\boldsymbol{r}_{ij}} \rangle \tag{3.55}$$

umgeschrieben werden, wobei nun in der Doppelsumme der Fall $i = j$ ausgeschlossen ist. Da in Gl. (3.55) nur der Differenzvektor $\boldsymbol{r}_{ij} = \boldsymbol{r}_i - \boldsymbol{r}_j$ zwischen den Positionen der

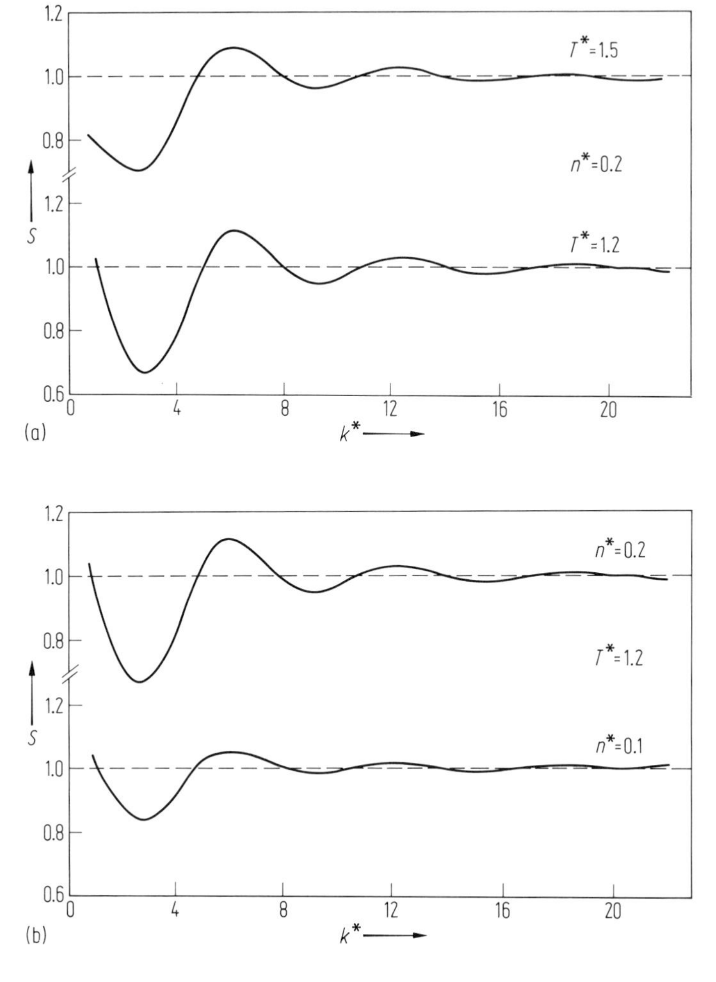

Abb. 3.26 Der statische Strukturfaktor $S(k)$ für ein Lennard-Jones-Modell-Fluid im gasförmigen Zustand als Funktion des dimensionslosen Streuvektors $k^* = kr_0$, r_0 ist die charakteristische Länge des Lennard-Jones-Potentials. In Abb. 3.26 a sind für die reduzierte Teilchendichte $n^* = 0.2$ die Kurven für die reduzierten Temperaturen $T^* = 1.5$ (oben) und $T^* = 1.2$ (unten) verglichen. In Abb. 3.26 b sind für $T^* = 1.2$ die Werte $n^* = 0.2$ (oben) und $n^* = 0.1$ (unten) für die Teilchendichte gewählt worden (Nach einer Molekulardynamik-Computer-Simulation, O. Hess, Inst. für Theoretische Physik, TU Berlin).

Teilchen i und j vorkommt, ist die Mittelung gemäß Gl. (3.39) auch als ein Integral über die Paarkorrelationsfunktion $g(\boldsymbol{r})$ darstellbar:

$$S(\boldsymbol{k}) = 1 + n \int \mathrm{e}^{-\mathrm{i}\boldsymbol{k}\cdot\boldsymbol{r}} g(\boldsymbol{r}) \, \mathrm{d}^3 r. \tag{3.56}$$

Der dazu äquivalente Ausdruck

$$S(\boldsymbol{k}) = 1 + (2\pi)^3 n \, \delta(\boldsymbol{k}) + n \int \mathrm{e}^{-\mathrm{i}\boldsymbol{k}\cdot\boldsymbol{r}} (g - 1) \, \mathrm{d}^3 r \tag{3.57}$$

hat den Vorteil, daß $g - 1$ für ein Fluid (wegen $g \to 1$ für $r \to \infty$), im Gegensatz zu g fourierintegrierbar ist. Die δ-Funktion in Gl. (3.56) (hier als Näherung für $V\delta_{k,0}$ gedacht mit $\delta_{0,0} = 1$, $\delta_{k,0} = 0$ für $\boldsymbol{k} \neq 0$) trägt nur zur Vorwärtsstreuung für $\boldsymbol{k} = 0$ bei. Für $\boldsymbol{k} \neq 0$ gilt

$$S(\boldsymbol{k}) = 1 + n \int \mathrm{e}^{-\mathrm{i}\boldsymbol{k}\cdot\boldsymbol{r}} (g(\boldsymbol{r}) - 1)\, \mathrm{d}^3 r. \tag{3.58}$$

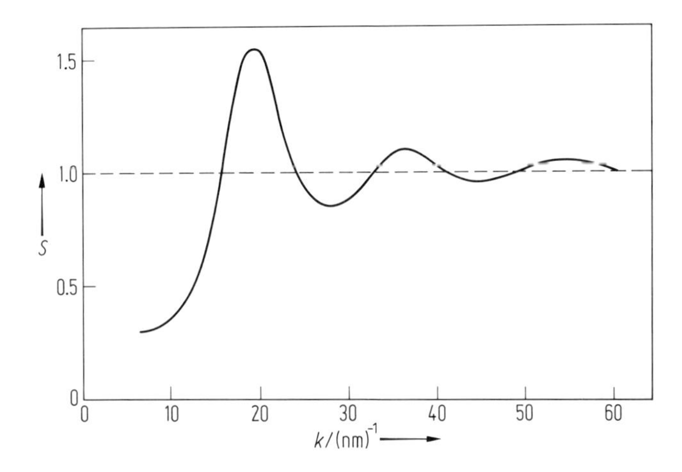

Abb. 3.27 Der statische Strukturfaktor S als Funktion des Streuvektors k für flüssiges Argon bei $T = 143$ K nahe an der Koexistenzkurve (Daten nach Nikolaj und Pings [19]).

Dies ist der gewünschte Zusammenhang zwischen $S(\boldsymbol{k})$ und $g(\boldsymbol{r})$. Die Umkehrung der in Gl. (3.58) auftretenden Fourier-Transformation ergibt

$$g(\boldsymbol{r}) = 1 + n^{-1}(2\pi)^{-3} \int \mathrm{e}^{\mathrm{i}\boldsymbol{k}\cdot\boldsymbol{r}} (S(\boldsymbol{k}) - 1)\, \mathrm{d}^3 k. \tag{3.59}$$

Wenn $g(\boldsymbol{r})$ bzw. $S(\boldsymbol{k})$ nur von den Beträgen r und k abhängen, kann in Gl. (3.58) bzw. Gl. (3.59) die Integration über die Richtungen von $\boldsymbol{r}$ bzw. $\boldsymbol{k}$ ausgeführt werden und diese Gleichungen reduzieren sich auf

$$S(k) = 1 + 4\pi n k^{-1} \int_0^\infty r \sin(kr)\,(g(r) - 1)\, \mathrm{d}r \tag{3.60}$$

und

$$g(r) = 1 + (2\pi^2)^{-1}\, n^{-1}\, r^{-1} \int_0^\infty k \sin(kr)\,(S(k) - 1)\, \mathrm{d}k. \tag{3.61}$$

Letztere Formel wird benutzt, um aus gemessenem $S(k)$ die Funktion $g(r)$ zu berechnen. Da $S(k)$ nur für k innerhalb eines endlichen Intervalls ($k_{\min} \leq k \leq k_{\max}$) bestimmbar ist, ist die Berechnung von $g(r)$ gemäß (3.61) nur näherungsweise möglich; insbesondere kann $g(r)$ auch nur für r im endlichen Intervall $r_{\min} < r < r_{\max}$ mit $r_{\min} \approx 2\pi\,(k_{\max})^{-1}$ und $r_{\max} \approx 2\pi\,(k_{\min})^{-1}$ angegeben werden. Um die sich über einige Teilchendurchmesser d erstreckende Nahordnung in einer Flüssigkeit messen zu können, müssen im Streuexperiment die k-Werte in der Größenordnung $2\pi/d$ zur Verfügung stehen. Der k-Wert k_1 des ersten Maximums von $S(k)$ ist mit dem r-Wert r_1 des ersten Maximums von $g(r)$ verknüpft gemäß $k_1 \approx 2\pi/r_1$. Die Untersuchung von langreichweitigen Inhomogenitäten, wie die Bildung von Clustern und Tröpfchen, z. B. im Zweiphasengebiet, erfordert kleinere k-Werte.

3.3.4.3 Verhalten von S(k) für kleine Streuwinkel

Für die im Experiment nicht direkt zugängliche Streustrahlung in Vorwärtsrichtung ($\boldsymbol{k} = 0$) gilt nach Gl. (3.54).

$$S(0) = \frac{1}{N}\overline{\mathcal{N}^2} = N + \frac{1}{N}\overline{\delta N^2},$$

wobei $\delta N = \mathcal{N} - N$ die Schwankung der Teilchenzahl $\mathcal{N}$ im Streuvolumen ist; $N = \langle \mathcal{N} \rangle$ ist die zeitlich gemittelte Teilchenzahl. Der singuläre Beitrag proportional zur δ-Funktion in Gl. (3.57) entspricht gerade dem Wert N, der i. a. sehr groß im Vergleich zu 1 ist. Die Extrapolation des für $\boldsymbol{k} \neq 0$ gültigen Ausdruck, Gl. (3.58), führt für $\boldsymbol{k} \to 0$ auf den i. a. nicht singulären, mit der Teilchenzahlschwankung ver-

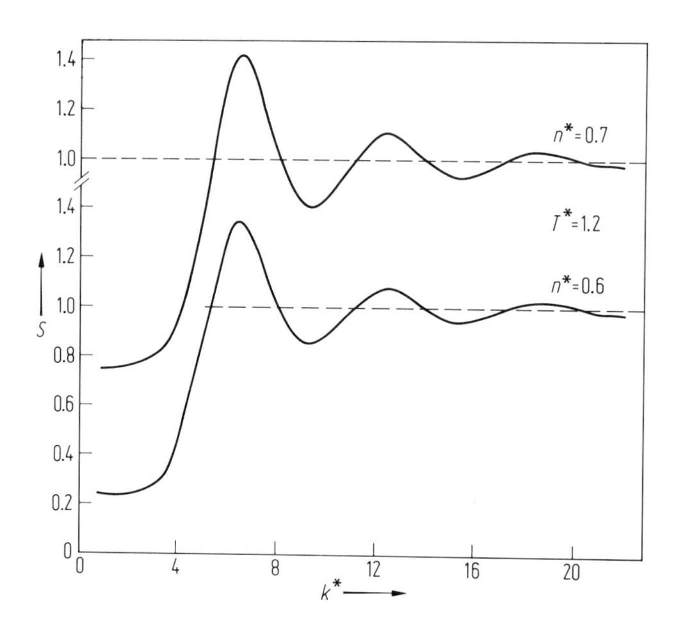

Abb. 3.28 Der statische Strukturfaktor S als Funktion des reduzierten Streuvektors $k^* = kr_0$ für eine Lennard-Jones-Flüssigkeit bei der reduzierten Temperatur $T^* = 1.2$ und den reduzierten Dichten $n^* = 0.6$ und $n^* = 0.7$. Für Argon liegen diese Zustandspunkte in der Nähe des in Abb. 3.27 betrachteten Zustandes. Der Wert $k^* \approx 6.5$ beim ersten Maximum entspricht mit $r_0 = 0.34$ nm einem k-Wert von ungefähr 19 $(\mathrm{nm})^{-1}$, wo in Abb. 3.27 auch das erste Maximum von S auftritt (Daten aus einer Molekulardynamik-Computer-Simulation, O. Hess, Inst. f. Theoret. Phys., TU Berlin).

knüpften Anteil $N^{-1}\overline{\delta N^2}$. Dieser wiederum ist durch den isothermen Kompressionsmodul $K = n(\partial p/\partial n)_T$ bestimmt. In diesem Sinne ergibt sich als Grenzwert von Gl. (3.58)

$$S(0) = 1 + n\int(g(\boldsymbol{r}) - 1)\,\mathrm{d}^3r = \frac{nkT}{K}. \tag{3.62}$$

Für ein reales Gas, wo die Zustandsgleichung durch $p = nkT(1 + nB)$ mit dem zweiten Virialkoeffizienten $B = B(T)$ (s. Abschn. 1.2.1) gegeben ist, führt Gl. (3.62) auf $S(0) = (1 + 2nB)^{-1}$. Dies bedeutet insbesondere $S(0) > 1$ bzw. $S(0) < 1$ für $B < 0$ bzw. $B > 0$. Der erste Fall liegt offensichtlich bei Abb. 3.25 und 3.26 vor. Da eine Flüssigkeit i.a. wenig kompressibel ist, d.h. $(\partial p/\partial n)_T$ sehr viel größer als bei einem Gas ist, findet man dort i.a. $S(0) \ll 1$, siehe z.B. Abb. 3.27 und 3.28. In der Nähe des kritischen Punktes jedoch divergiert $S(0)$ wegen $(\partial p/\partial n)_T = 0$ und die Streuung für kleine $\boldsymbol{k}$-Werte steigt stark an (*kritische Opaleszenz*).

3.4 Molekulardynamik-Computer-Simulationen

Während der letzten Jahrzehnte sind die konventionellen Methoden der experimentellen und der theoretischen Physik durch Computer-Simulationen ergänzt worden. Diese neuen Methoden sind einerseits „theoretisch", da ja numerische Modellrechnungen durchgeführt werden, andererseits sind sie aber in mancher Hinsicht ähnlich zu realen Experimenten, so daß das Schlagwort „Computer-Experiment" durchaus seine Berechtigung hat. Insbesondere für die Physik der Flüssigkeiten haben *Monte-Carlo*-[1, 13] und *Molekulardynamik*-[1, 8, 13–15] *Computer-Simulationen* wesentliche Einsichten in die Struktur und Dynamik von Modell-Fluiden gebracht. Hier wird auf das konzeptionell einfachere und auch allgemeiner anwendbare Molekulardynamik(MD)-Verfahren eingegangen.

3.4.1 Was ist Molekulardynamik?

3.4.1.1 Allgemeine Bemerkungen

In einer Molekulardynamik-Computer-Simulation werden die Newtonschen Bewegungsgleichungen

$$m_i\ddot{\boldsymbol{r}}_i = \boldsymbol{F}_i,\; i = 1, 2, \ldots, N \tag{3.63}$$

von N Teilchen mit Massen m_i, die sich in einem Volumen V befinden und die Kräfte $\boldsymbol{F}_i$ spüren, numerisch integriert. Bei Abwesenheit äußerer Kräfte gilt $\sum \boldsymbol{F}_i = 0$. In der Regel wird die Wechselwirkung der Teilchen untereinander als paarweise additiv angenommen, dann ist die Kraft $\boldsymbol{F}_i$ gemäß

$$\boldsymbol{F}_i = \sum_{j \neq i} \boldsymbol{F}_{ij} \tag{3.64}$$

als Summe der Kräfte $\boldsymbol{F}_{ij}$ zwischen dem Teilchen i und dem Teilchen j gegeben. Diese

Kräfte wiederum sind bei vorgegebenem Kraftgesetz (z. B. Lennard-Jones-Wechselwirkung) durch den Relativvektor $\boldsymbol{r}_{ij} = \boldsymbol{r}_i - \boldsymbol{r}_j$ bestimmt.

Nach der Vorgabe von Startwerten für die Positionen $\boldsymbol{r}_i$ und die Geschwindigkeiten $\dot{\boldsymbol{r}}_i$ für einen Anfangszustand (Zeit t_0) können die Positionen $\boldsymbol{r}_i$ und die Impulse $\boldsymbol{p}_i$ zu späteren Zeiten t durch schrittweise Integration der Gln. (3.63) berechnet werden. In Analogie zum realen Experiment ist aber nicht diese detaillierte Information von Interesse, sondern das Verhalten von physikalischen Größen wie etwa die innere Energie U, der Druck p, aber auch die Geschwindigkeitsverteilung oder die Paarkorrelationsfunktion. Diese können gemäß den Regeln der Statistischen Physik, wie in Abschn. 3.3 erläutert, aus den in der Simulation bestimmten Werten von $\boldsymbol{r}_i$ und $\boldsymbol{p}_i$ als Mittelwerte berechnet werden. Dabei ist nun die früher mit dem Symbol $\langle \ldots \rangle$ bezeichnete Mittelung als ein Zeitmittel aufzufassen. Sei, wie in Abschn. 3.3.2.1, die Größe $\psi = \psi(\Gamma)$ zu mitteln, wobei Γ als Abkürzung für die $6N$ Variablen $\boldsymbol{r}_i, \boldsymbol{p}_i, i = 1, \ldots, N$ steht, und seien $\Gamma_m, m = 1, \ldots, M$ diese Werte für die (äquidistanten) Zeiten t_m. Dann gilt

$$\langle \psi \rangle = \frac{1}{M} \sum_m \psi(\Gamma_m). \tag{3.65}$$

Formell kann Gl. (3.65) auch in der Form (3.24) geschrieben werden, wenn dort $\varrho(\Gamma) = \frac{1}{M} \sum_m \delta(\Gamma - \Gamma_m)$ gesetzt wird.

Bei den molekulardynamischen Berechnungen muß also die eigentliche Teilchen-Dynamik ergänzt werden durch Quasi-Meßapparaturen, die die gewünschten Daten aus der Simulation extrahieren; ferner sind diese Daten zu verwalten und auszuwerten. Insofern sind Computer-Simulationen realen Experimenten recht ähnlich.

In „Schnappschußaufnahmen" können natürlich auch momentane Konfigurationen und Geschwindigkeiten veranschaulicht werden, siehe z. B. Abb. 3.2.

Bevor einige Details des MD-Verfahrens erläutert werden, sei auf Prinzip des *Monte-Carlo(MC-)Verfahrens* hingewiesen. Dort wird nicht die tatsächliche Dynamik verfolgt, sondern es werden die Teilchenpositionen „zufällig" verschoben. In einer Mittelung analog zu (3.65) werden die verschiedenen Realisierungen Γ_m mit einem durch den Faktor $\exp(-\Phi(\Gamma_m)/kT)$ bestimmten Gewicht berücksichtigt, wobei $\Phi(\Gamma)$ für die gesamte (potentielle) Energie steht. Bei der Sequenz aufeinanderfolgender Ziehungen von Positionsverschiebungen wird bei ungünstigem Ausgang die Ziehung verworfen. Die MC-Methode ist gut anzuwenden zur Bestimmung von Gleichgewichtseigenschaften. Das MD-Verfahren ist allgemeiner. Es kann sowohl zur Analyse der Gleichgewichtseigenschaften als auch zur Untersuchung von Nicht-Gleichgewichtsvorgängen und der Dynamik eingesetzt werden.

Einige Details der MD-Methoden sollen nun in Stichworten aufgeführt werden.

3.4.1.2 Methodische Details

Reduzierte Variable. Numerische Berechnungen werden mit dimensionslosen Variablen durchgeführt. Zur Skalierung dieser „reduzierten" Variablen werden als Längen und Zeiteinheiten die Referenzwerte

$$r_{\mathrm{ref}} = r_0, \; t_{\mathrm{ref}} = r_0 m^{\frac{1}{2}} \Phi_0^{-\frac{1}{2}} \tag{3.66}$$

gewählt. Dabei sind r_0 und Φ_0 die im Wechselwirkungspotential (siehe z. B. das LJ-Potential (3.21)) vorkommende charakteristische Länge und Energie, m ist die Masse eines Teilchens. Allgemein wird eine physikalische Größe A in der Form

$$A = A^* A_{\text{ref}} \tag{3.67}$$

geschrieben, wobei A^* die entsprechende reduzierte (dimensionslose) Variable ist und A_{ref} der entsprechende Referenzwert. Für die Teilchendichte n, die Temperatur T und den Druck p sind die Referenzwerte

$$n_{\text{ref}} = r_0^{-3},\ k\,T_{\text{ref}} = \Phi_0,\ p_{\text{ref}} = r_0^{-3}\,\Phi_0 . \tag{3.68}$$

Für Argon zum Beispiel ergaben sich mit $r_0 \approx 0.34$ nm und $T_{\text{ref}} \approx 120$ K die Werte $t_{\text{ref}} \approx 2.2$ ps, $n_{\text{ref}} \approx 25 \cdot 10^{27}\ \text{m}^{-3}$, $p_{\text{ref}} \approx 42$ MPa.

Periodische Randbedingungen. Um auch bei verhältnismäßig kleinen Teilchenzahlen N – typisch sind Werte von 10^2 bis 10^4 – von Rand- und Wandeffekten unbeeinflußte Daten aus der Simulation extrahieren zu können, benutzt man periodische Randbedingungen. Ferner wird vereinbart, daß ein Teilchen i entweder mit dem Teilchen j wechselwirkt oder mit einem der „Bild-Teilchen" von j, je nachdem, welches am nächsten liegt; s. Abb. 3.29.

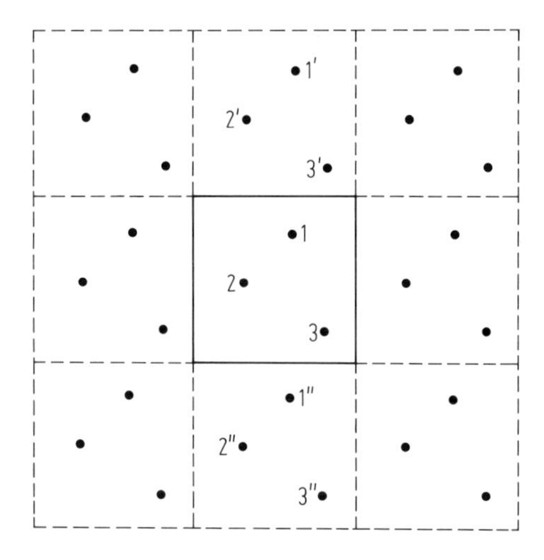

Abb. 3.29 Darstellung der Positionen der Teilchen 1, 2, 3 im Grundvolumen V und deren (periodische) Bildteilchen 1′, 1″ bzw. 2′, 2″ usw. Gemäß der getroffenen Vereinbarung „spürt" Teilchen 1 in der gezeigten Konfiguration nur die von Teilchen 2 und 3′ verursachten Kräfte. Die Grenzen des gezeigten Grundvolumens und seiner periodischen Wiederholungen haben keine physikalische Bedeutung und könnten beliebig verschoben werden.

Die Größe des Grundvolumens V^* wird durch die Teilchenzahl N und die gewählte Teilchendichte n^* gemäß $V^* = N(n^*)^{-1}$ festgelegt. Bei einem kubischen Volumen ist die Kantenlänge $L^* = (V^*)^{1/3} = N^{1/3}\,(n^*)^{-1/3}$. Die oben angesprochene Konvention der Wechselwirkung mit dem am nächsten gelegenen Bildteilchen setzt voraus, daß die Kraft in einem Abstand $r_c^* \leq L^*/2$ abgeschnitten wird. Für Gase und Flüssigkeiten stellt dies keine Einschränkung dar. Bei Plasmen muß aber die langreichweitige Coulomb-Wechselwirkung auf andere Weise berücksichtigt werden [1].

Temperaturkontrolle. Die Temperatur T ist über die mittlere kinetische Energie festgelegt, d. h.

$$T^* = \frac{1}{3} \sum_i \boldsymbol{c}_i^* \cdot \boldsymbol{c}_i^*, \tag{3.69}$$

wobei $\boldsymbol{c}_i^*$ die Geschwindigkeit des Teilchens i in Einheiten der Referenzgeschwindigkeit $r_{\mathrm{ref}}/t_{\mathrm{ref}}$ ist. Ohne eine besondere Vorkehrung läuft eine Simulation „adiabatisch" ab. Bei einer Nicht-Gleichgewichtssituation ist zu berücksichtigen, daß $\boldsymbol{c}_i^*$ gleich der Differenz der Teilchengeschwindigkeit und der mittleren Strömungsgeschwindigkeit ist (Pekuliargeschwindigkeit). Um für eine isotherme Simulation die Temperatur T^* auf einen bestimmten Wert einzustellen und konstant zu halten, muß die Temperatur kontrolliert werden. Dies kann z. B. durch Multiplizieren der Beträge der Geschwindigkeiten $\boldsymbol{c}_i^*$ mit dem Faktor $(T^*_{\mathrm{soll}}/T^*)^{1/2}$ geschehen, wenn T^* die vorher gemäß (3.69) berechnete Temperatur ist und T^*_{soll} die gewünschte Soll-Temperatur ist. Im wesentlichen äquivalente Alternativen zu der bei jedem Zeitschritt benötigten Reskalierung der Geschwindigkeiten bieten geschwindigkeitsabhängige Zwangskräfte, die $T^* = \text{const.}$ garantieren, oder Kräfte, die Ankopplung an ein Wärmebad simulieren [14].

Integrationsverfahren. Das konzeptionell einfachste Verfahren zur schrittweisen Integration einer Bewegungsgleichung der Form

$$m\ddot{x} = F \tag{3.70}$$

ist

$$\begin{aligned} x(t + \Delta t) &= x(t) + c(t)\,\Delta t + \frac{1}{2m} F(x(t))\,(\Delta t)^2 + \ldots \\ c(t + \Delta t) &= c(t) + \frac{1}{m} F(c(t))\,\Delta t + \ldots . \end{aligned} \tag{3.71}$$

Die Schrittweite Δt ist dabei geeignet zu wählen. Andere Integrationsmethoden sind in Lehrbüchern über Differentialgleichungen zu finden. In Molekulardynamik-Simulationen, wo x und c einer der kartesischen Komponenten von $\boldsymbol{r}_i$ und $\dot{\boldsymbol{r}}_i$ entsprechen, werden häufig „*Predictor-corrector*"-*Methoden* eingesetzt. Dabei werden unter Verwendung der ersten bis zur k-ten Ableitung der Ortsvariablen (Verfahren k-ter Ordnung) die Bahnkurven extrapoliert, die Kräfte an den extrapolierten Positionen berechnet und dann benutzt, um die extrapolierten Positionen zu „korrigieren". Bei einem Predictor-corrector-Verfahren 5. Ordnung hat sich für das LJ-Potential die Schrittweite $\Delta t^* = 0.005$ bewährt. Für Argon entspricht dies etwa 10^{-14} s, d. h. in 10^3 (10^5) Zeitschritten verfolgt man das dynamische Verhalten über 10^{-11} (10^{-9}) s.

Die gewünschten Daten extrahiert man aus der Simulation nach jedem l-ten Zeitschritt, wobei für l Werte von etwa 4 bis 100 gewählt werden. Es muß betont werden, daß die in der Molekulardynamik verwendeten Integrationsverfahren nicht in der Lage sind, exakte Werte der Endpositionen von N Teilchen mit $N = 10^2$ bis 10^4 über

10^4 bis 10^6 Zeitschritte zu liefern. Für die Berechnung der gewünschten Mittelwerte ist dies aber auch nicht nötig. Abb. 3.30 soll diesen Punkt noch etwas erläutern. Die exakte Lösung der Newtonschen Bewegungsgleichungen mit vorgegebenen Anfangsbedingungen ist eine Trajektorie im $6N$-dimensionalen Phasenraum. Trajektorien, die von verschiedenen Anfangspunkten ausgehen, schneiden sich nicht; dies ist in Abb. 3.30 angedeutet. Aufgrund von Ungenauigkeiten in der Integrationsroutine und von Rundungsfehlern kann die Lösung der Molekulardynamik, die auf der Trajektorie 1 startet, im durch Kreise markierten Bereich auf die Trajektorie 2, später auf die Trajktorie 3 umsteigen. Die Zeitmittlung der Molekulardynamik kann als ein Ensemblemittel von Zeitmittlungen über „exakte" (relativ kurze) Teil-Trajektorien aufgefaßt werden, die von verschiedenen Anfangskonfigurationen (markiert durch Punkte in Abb. 3.30) starten. Die Molekulardynamik „tastet" einen größeren Teil des Phasenraumes ab, als die exakte Trajektorie dies tun würde.

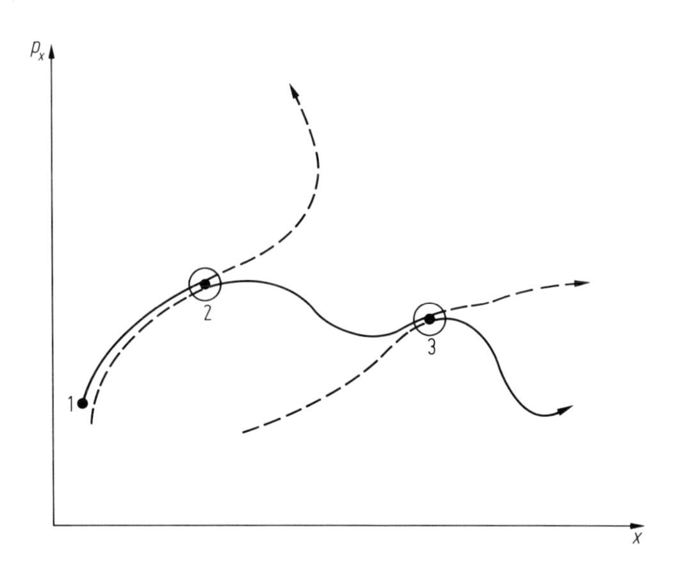

Abb. 3.30 Schematische Darstellung von 3 Trajektorien im Phasenraum. Innerhalb der gezeigten Kreise findet ein durch numerische Ungenauigkeiten bedingtes „Übersteigen" der molekulardynamischen Trajektorie von den exakten Trajektorien 1 nach 2 bzw. von 2 nach 3 statt.

Wahl der Startkonfiguration. Bei einem „Urstart" setzt man die Teilchen auf Gitterplätze im Volumen V und gibt ihnen zufällig verteilte Geschwindigkeiten gemäß einer Maxwell-Verteilung mit der gewünschten Temperatur. Wurden die Teilchendichte n und T so gewählt, daß das System im Gleichgewicht fluid ist, so wird dieser Zustand bald (nach einigen hundert bis einigen tausend Zeitschritten) erreicht; siehe dazu auch Abschn. 3.4.4. Daten werden dann entnommen, wenn der Gleichgewichtszustand sich eingestellt hat.

Am Ende eines Simulationslaufes speichert man nicht nur die extrahierten Daten, sondern auch die Endwerte der Positionen und Geschwindigkeiten ab. Diese Werte können dann als Startwerte für weitere Simulationsläufe benutzt werden. Dichte-

und Temperaturänderungen können durch Reskalieren der Längen bzw. der Geschwindigkeiten vorgenommen werden.

3.4.2 Gleichgewichtseigenschaften

3.4.2.1 Thermodynamische Funktionen

Thermodynamische Funktionen wie die innere Energie U oder der Druck p können gemäß den in Abschn. 3.3 angegebenen Formeln (3.26), (3.28) und (3.44) als Zeitmittel von N-Teilchen-Mittelwerten berechnet werden. Bei einer isothermen Simulation sind die kinetischen Beiträge zu diesen Funktionen durch $(3/2)\ NkT$ bzw. nkT gegeben; hier sind die durch die Wechselwirkung der Teilchen untereinander verursachten Potentialbeiträge U^{pot} und p^{pot} zu diesen Funktionen von besonderem Interesse. In Abb. 3.31 und 3.32 sind $u^{\text{pot}} = U^{\text{pot}}/N$ und p^{pot} (in reduzierten Einheiten) gezeigt als Funktionen der reduzierten Teilchendichte n^* für ein Lennard-Jones-Fluid bei der reduzierten Temperatur $T^* = 1.2$. Die verschiedenen Kurven gehören zu den Reichweiten $r_c = 4.0\ r_0$, $r_c = 2.5\ r_0$ bzw. $r_c = 1.122\ r_0$ der Wechselwirkung; r_0 ist die Referenzlänge des LJ-Potentials, s. Gl. (3.21). Im letzteren Fall ist das Potential im Minimum abgeschnitten, die Kräfte sind also rein repulsiv. In Abb. 3.33 ist der den Kurven von Abb. 3.32 entsprechende Realgasfaktor $Z = p\ (nkT)^{-1}$ dargestellt. In Abb. 3.34 schließlich sind U^{pot} und p^{pot} (in reduzierten Einheiten) für $T^* = 1.0$ und im Bereich höherer Teilchendichte gezeigt für $r_c = 2.5\ r_0$. Die mit kfz markierten Punkte stammen aus Simulationen in einer festen Phase mit kubisch-flächenzentrierter Struktur, die auf der ausgezogenen Kurve liegenden Daten entsprechen für

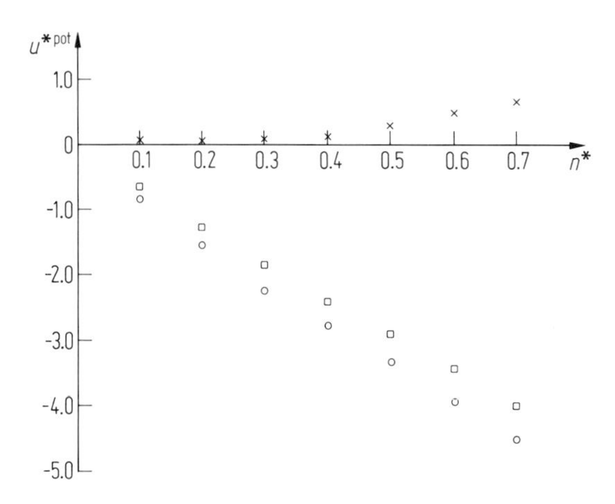

Abb. 3.31 Der Potentialbeitrag u^{pot} zur inneren Energie (in reduzierten Einheiten) als Funktion der skalierten Teilchendichte n^* bei der (reduzierten) Temperatur $T^* = 1.2$ für ein Lennard-Jones-Fluid mit den Reichweiten $r_c = 1.122\ r_0$ (×), $r_c = 2.5\ r_0$ (□) und $r_c = 4.0\ r_0$ (○) der Kräfte. Im ersten Fall ist die Wechselwirkung rein repulsiv. Die Daten stammen aus einer Molekulardynamik-Computer-Simulation für $8^3 = 512$ Teilchen (O. Hess, Inst. f. Theoret. Physik, TU Berlin).

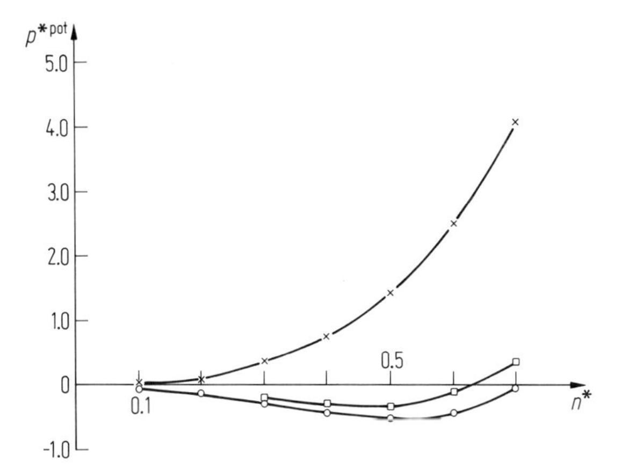

Abb. 3.32 Der Potentialbeitrag p^{pot} zum Druck (in reduzierten Einheiten) eines Lennard-Jones-Fluids als Funktion der Teilchendichte n^* für $T^* = 1.2$- Die Symbole $\times$, $\square$, $\bigcirc$ haben die gleiche Bedeutung wie in Abb. 3.31. Die Daten wurden analog zu denen von Abb. 3.31 gewonnen.

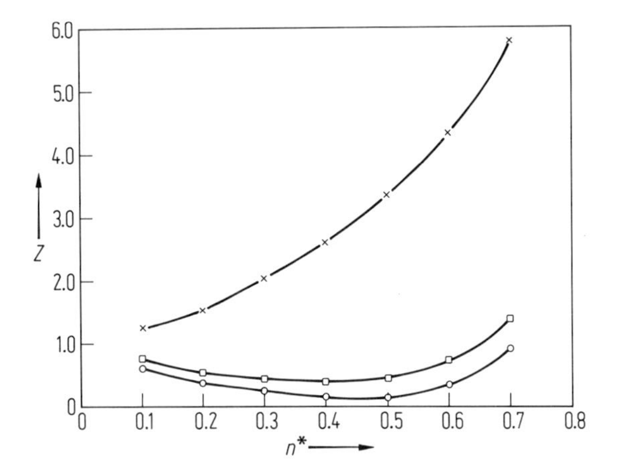

Abb. 3.33 Der Realgasfaktor Z eines Lennard-Jones-Fluids als Funktion der Teilchendichte n^* für die Temperatur $T^* = 1.2$ und für verschiedene Reichweiten der Wechselwirkung. Die Bedeutung der Symbole ist die gleiche wie in Abb. 3.31. Die Daten wurden wie jene in Abb. 3.31 gewonnen.

$n^* \geq 1.0$ einem glasförmigen Zustand. Die Simulationen wurden für $8^3 = 512$ Teilchen durchgeführt.

Beim Vergleich mit einer realen Substanz, z. B. mit Argon, ist die Wechselwirkung auch jenseits der in der Molekulardynamik verwendeten Reichweite zu berücksichtigen. Für $r_c \geq 2.5\ r_0$ kann man die benötigten Korrekturen zu U^{pot} und p^{pot} aus Gl. (3.46) berechnen, wobei für $r > r_c$ die Paarkorrelationsfunktion g durch 1 approximiert wird. In Abb. 3.32 stimmen die so korrigierten Werte innerhalb der Zeichengenauigkeit mit jenen für $r_c = 4.0\ r_0$ überein.

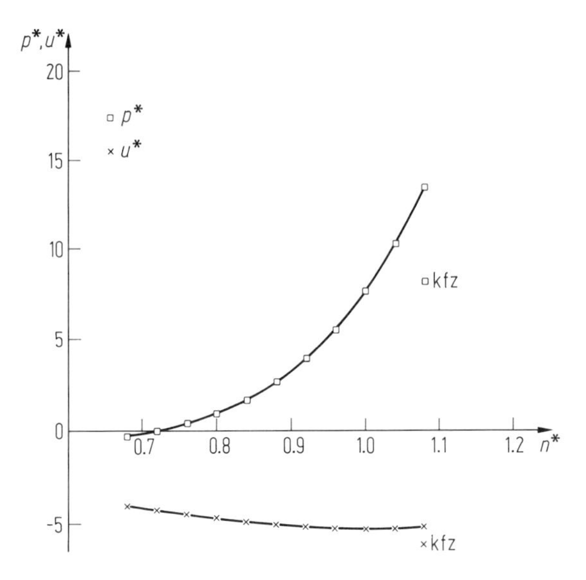

Abb. 3.34 Die Potentialbeiträge $p^{*\mathrm{pot}}$ und $u^{*\mathrm{pot}}$ zum Druck und zur inneren Energie als Funktion der Teilchendichte n^* für ein Lennard-Jones-Fluid mit der Reichweite $r_c = 2.5\ r_0$ der Wechselwirkung bei der Temperatur $T^* = 1.0$. Man beachte die geringe Änderung der inneren Energie im Vergleich zum starken Anstieg des Drucks mit der Dichte. Für $n^* \geq 1.0$ liegt ein glasartig erstarrter (metastabiler) Zustand vor. Die mit kfz markierten Punkte sind die entsprechenden Werte für einen kubisch-flächenzentrierten Kristall. Die Daten stammen aus einer Molekulardynamik-Computer-Simulation [15].

3.4.2.2 Verteilungsfunktionen, Strukturfaktor

Die Geschwindigkeitsverteilungsfunktion und die Paarkorrelationsfunktion $g(\boldsymbol{r})$ können gemäß Gl. (3.31) bzw. (3.41) berechnet werden, wobei allerdings die δ-Funktionen durch charakteristische Funktionen mit endlicher Breite und Höhe zu ersetzen sind. Beispiele für $g(r)$ sind in Abb. 3.21 und 3.22 gezeigt. Der gemäß Gl. (3.58) bzw. (3.60) über eine Fourier-Transformation mit $g(\boldsymbol{r})$ verknüpfte statische Strukturfaktor $S(\boldsymbol{k})$ kann auch direkt aus der Simulation entnommen werden, indem man Gl. (3.54) oder Gl. (3.55) benutzt. Dabei ist zu beachten, daß diese Berechnung nur für Wellenvektoren $\boldsymbol{k} \neq 0$ sinnvoll ausgeführt werden kann, die mit dem endlichen Periodizitätsvolumen verträglich sind, d.h. für die eine räumliche Gleichverteilung keinen Beitrag zu $S(\boldsymbol{k})$ liefert. Bei einem Kleinwinkel-Streuexperiment mit einem in z-Richtung einfallenden Strahl ist die in einer dazu senkrechten Ebene meßbare Streustrahlung durch $S(\boldsymbol{k})$ mit $\boldsymbol{k}$ in der xy-Ebene bestimmt. In Analogie zum realen Experiment wählt man in der Molekulardynamik für die Komponenten des Wellenvektors $k_x = K_x k_0$, $k_y = K_y k_0$, $k_z = 0$ mit $K_x = 0, \pm 1, \pm 2, \ldots$; $K_y = 0, \pm 1, \pm 2, \ldots$, und $k_0 = 2\pi/L$, wobei L eine Länge kleiner oder gleich der Kantenlänge des Periodizitätsvolumens ist. Bei der Mittelung gemäß Gl. (3.54) werden nur die Teilchen berücksichtigt, die im „Streuvolumen" mit der Kantenlänge L liegen. Ein so erhaltenes Debye-Scherrer-Streubild einer Lennard-Jones-Flüssigkeit ($T^* = 1.2$, $n^* = 0.6$, $r_c = 2.5\ r_0$)

ist in Abb. 3.35 dargestellt; der Schwärzungsgrad ist ein Maß für die Größe von $S(\boldsymbol{k})$. Die in Abb. 3.26 und 3.28 gezeigten Kurven $S(\boldsymbol{k})$ sind durch radiale Mittelung solcher Streubilder gewonnen worden.

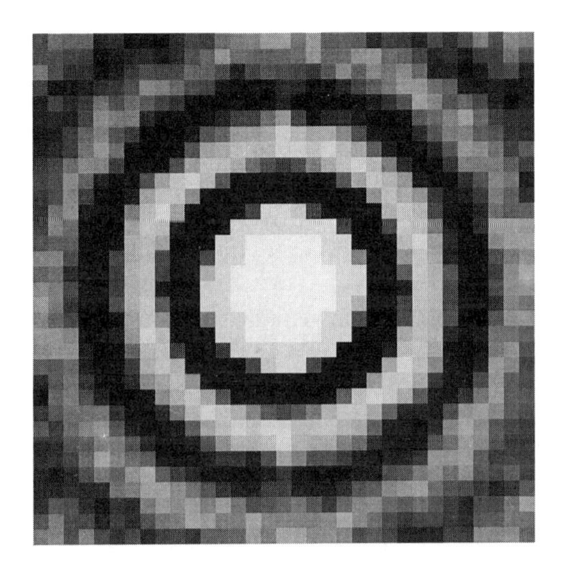

Abb. 3.35 Debye-Scherrer-Streubild einer Lennard-Jones-Flüssigkeit mit der Reichweite $r_c = 2.5\, r_0$ mit den skalierten Werten $T^* = 1.2$ und $n^* = 0.6$ für Temperatur und Teilchendichte. Der statische Strukturfaktor $S(\boldsymbol{k})$ ist gezeigt für 33×33 in einer Ebene liegenden Wellenvektoren $\boldsymbol{k}$ analog zu einem (33×33)-Multi-Detektorfeld. Der Schwärzungsgrad ist ein Maß für die Größe von S und damit für die Streuintensität. Die Molekulardynamik wurde für 512 Teilchen ausgeführt. Die Simulation lief 20000 Zeitschritte mit $\Delta t = 0.005\, t_{\text{ref}}$ und die Rohdaten wurden bei jedem 20. Zeitschritt extrahiert (O. Hess und W. Loose, Inst. f. Theoret. Physik TU Berlin).

3.4.3 Bestimmung dynamischer Eigenschaften aus Fluktuationen

Wie bei einem realen Experiment schwanken die aus einer Molekulardynamik-Computer-Simulation entnommenen Daten um ihren (Langzeit-)Mittelwert. Aus der Korrelation der Fluktuationen um das thermische Gleichgewicht können Informationen über dynamische Eigenschaften gewonnen und Transportkoeffizienten bestimmt werden. Als Beispiel sei hier der (Selbst-)Diffusionskoeffizient D betrachtet (s. auch Abschn. 1.3.4).

Für das gemäß

$$R^2 = \frac{1}{N} \sum_i \boldsymbol{r}_i(0) \cdot \boldsymbol{r}_i(t) \tag{3.72}$$

berechnete Verschiebungsquadrat R^2 gilt in Fluiden für Zeiten t, die groß sind im Vergleich zu einer charakteristischen Stoßzeit (Zeit zwischen zwei Stößen),

$$R^2 = 6Dt. \tag{3.73}$$

In Gl. (3.72) sind $\boldsymbol{r}_i(0)$ und $\boldsymbol{r}_i(t)$ die Positionen der Teilchen zu einem Anfangszeitpunkt $t_0 = 0$ und zu einer späteren Zeit t; i.a. ist die Größe R^2 noch über verschiedene Anfangspositionen zu mitteln.

In Abb. 3.36 ist (1/3) R^2 als Funktion von t (in reduzierten Einheiten) aufgetragen für ein Modell-Fluid (Potenzkraftzentren mit $\phi \sim r^{-12}$ entsprechend dem repulsiven Anteil der LJ-Wechselwirkung) nahe an der Phasengrenze fluid-fest. Kurve 1 gibt das Verschiebungsquadrat in einem kristallin (kubisch-raumzentriert) geordneten Zustand wieder; R^2 bleibt endlich, die Teilchen sind lokalisiert. Kurve 2 enspricht einem (amorphen) fluiden Zustand, der ohne Änderung der Dichte oder der Temperatur durch Scherung aus dem ersten erzeugt wurde. Aus der Steigung von Kurve 2 kann 2D abgelesen und damit der Diffusionskoeffizient D bestimmt werden. Bei einem normalen Gas oder einer Flüssigkeit erhält man natürlich für R^2 nur Kurven vom Typ 2.

Der (Selbst-)Diffusionskoeffizient kann auch gemäß

$$D = \int_0^\infty Z(t)\,\mathrm{d}t \tag{3.74}$$

als Integral über die gemäß

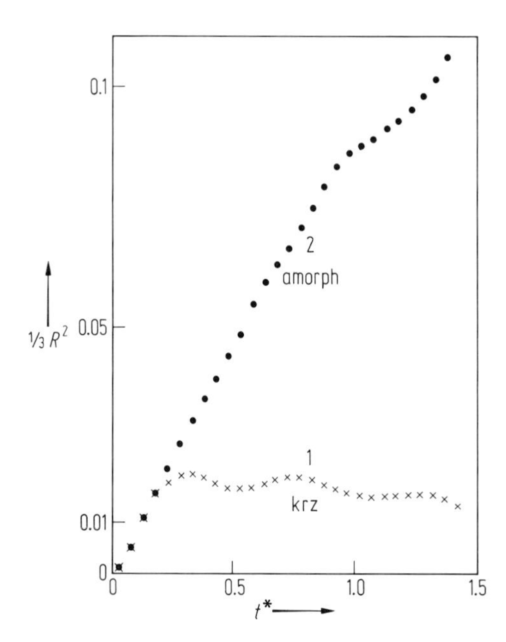

Abb. 3.36 Ein Drittel des mittleren Verschiebungsquadrates, (1/3) R^2, als Funktion der skalierten Zeit t^* für ein System von Teilchen mit r^{-12}-Potential („soft spheres", Lennard-Jones-Wechselwirkung ohne den attraktiven r^{-6}-Anteil) für $n^* = 0.84$ und $T^* = 1.0$ (LJ-Skalierung). Die Daten für Kurve 1 wurden bei einem kubisch-raumzentrierten kristallinen Zustand gewonnen, jene der Kurve 2 nach Zerstörung der kristallinen Ordnung durch eine (wieder abgeschaltete) Scherströmung (nach S. Hess [20]).

$$Z(t) = \frac{1}{3}\frac{1}{N}\sum_i \boldsymbol{c}_i(0)\cdot\boldsymbol{c}_i(t) \tag{3.75}$$

berechenbare Geschwindigkeits-Zeit-Korrelationsfunktion $Z(t)$ gewonnen werden. In Gl. (3.75) sind $\boldsymbol{c}_i(0)$ und $\boldsymbol{c}_i(t)$ die Geschwindigkeiten der Teilchen zu der Anfangszeit $t_0 = 0$ und der späteren Zeit t; $Z(t)$ ist i. a. noch über verschiedene Anfangszeiten zu mitteln. Es gilt $Z(0) = kT/m$.

Die genauere Analyse von Zeitkorrelationsfunktionen gibt Einblick in die (im Mittel) in einem Fluid ablaufenden dynamischen Prozesse. In Abb. 3.37 ist die normierte Geschwindigkeitskorrelationsfunktion $C(t) = Z(t)/Z(0)$ verglichen für eine Lennard-Jones-Flüssigkeit bei der reduzierten Teilchendichte $n^* = 0.85$ und den Temperaturen $T^* = 4.7$ bzw. 0.76. Der zweite Zustand liegt nahe am Tripelpunkt. Dort wird die Funktion $C(t)$ negativ, bevor sie auf Null abklingt. Bei hoher Dichte und niedriger Temperatur sind die Teilchen für einige Zeit in einem Käfig der sie umgebenden Teilchen eingefangen und führen dort eine (stark) gedämpfte Schwingung aus.

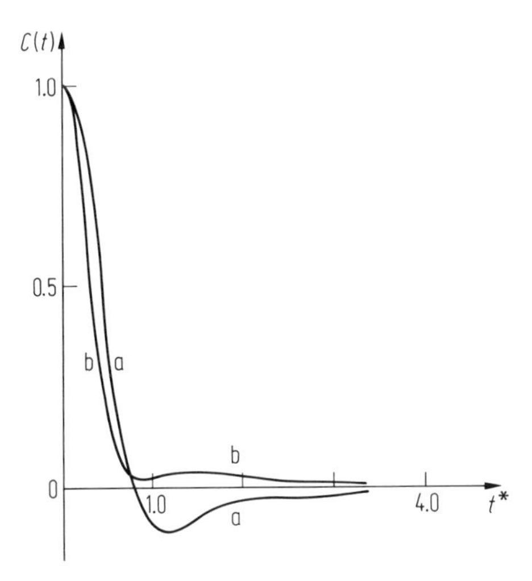

Abb. 3.37 Geschwindigkeitskorrelationsfunktion $C(t)$ für ein Lennard-Jones-Fluid bei der Dichte $n^* = 0.85$ und den Temperaturen $T^* = 0.72$ (Kurve a) und $T^* = 4.7$ (Kurve b) (nach Levesque und Verlet [21].

Für die Viskosität und die Wärmeleitfähigkeit (s. auch Abschn. 1.3) können zu Gl. (3.73) bzw. Gl. (3.74) und (3.75) analoge Beziehungen angegeben werden, die die Berechnung dieser Transportkoeffizienten aus der Analyse der Fluktuationen um das thermische Gleichgewicht gestatten [1].

Nicht-Gleichgewichtseigenschaften können aber auch, in Analogie zu realen Experimenten, aus Nicht-Gleichgewichts-Molekulardynamik-Computer-Simulationen (NEMD: Non-Equilibrium Molecular Dynamics) entnommen werden, s. Abschn. 3.4.4.

3.4.4 Nicht-Gleichgewichts-Molekulardynamik

Wie im realen Experiment können auch in der Molekulardynamik Nichtgleichgewichtseigenschaften in stationären Transportprozessen oder in Relaxationsvorgängen studiert werden. Eine ebene Couette-Strömung soll hier als ein Beispiel für einen Transportprozess betrachtet werden; Beispiele für Relaxationsphänomene werden in Abschn. 3.4.4.2 angegeben.

3.4.4.1 Ebene Couette-Strömung

Das in Abb. 3.3 gezeigte Strömungsfeld mit einer Geschwindigkeit $\boldsymbol{v}$ in x-Richtung und deren Gradienten in y-Richtung kann in der Molekulardynamik durch die Bewegung der Bildteilchen erzeugt werden, wie in Abb. 3.38 angedeutet. Wird die Scherung mit der Scherrate $\gamma = \partial v_x/\partial y$ zur Zeit $t = 0$ eingeschaltet, so beträgt die Verschiebung der oberhalb bzw. unterhalb gelegenen Bildteilchen im Vergleich zu den Teilchen im Grundvolumen $\gamma t L$ bzw. $-\gamma t L$, wobei L die Kantenlänge von V ist. Im Volumen V stellt sich ein lineares Geschwindigkeitsprofil ein. Die ohne Scherung verschwindende xy-Komponente des Drucktensors p_{xy} wird ungleich Null. Gemäß $p_{xy} = -\eta\gamma$, (s. Abschn. 3.1.3) kann hieraus die Viskosität η entnommen werden. Analog zum (hydrostatischen) Druck p, der gleich einem Drittel der Spur des Drucktensors ist, besteht auch p_{xy} aus einem kinetischen und einem potentiellen Anteil, die durch

$$Vp_{xy}^{\text{kin}} = m \left\langle \sum_i c_{ix}\, c_{iy} \right\rangle \tag{3.76}$$

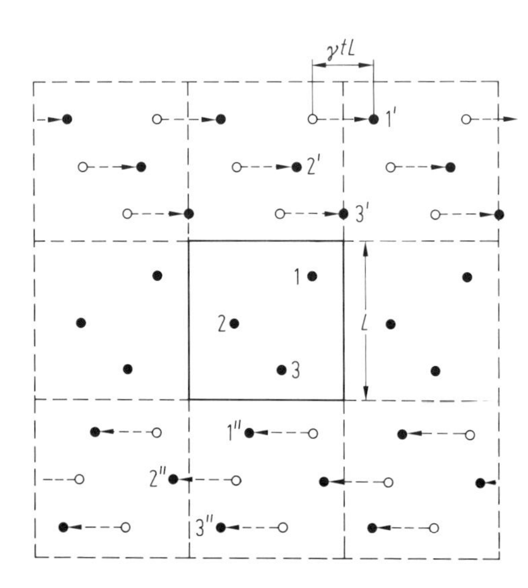

Abb. 3.38 Schematische Darstellung zur Erzeugung der Scherströmung. Aufgrund der zur Zeit $t = 0$ eingeschalteten Scherbewegung mit der Scherrate γ sind die oberhalb bzw. unterhalb des Grundvolumens gelegenen Bildpunkte bezüglich des ungescherten Zustandes um $\gamma t L$ nach rechts bzw. links verschoben.

bzw.

$$Vp_{xy}^{\text{pot}} = \frac{1}{2} \langle \sum_{i \neq j} \sum r_{ijx} F_{ijy} \rangle \tag{3.77}$$

gegeben sind. In Gl. (3.76) ist c_{ix} (c_{iy}), die x-(y-)Komponente der Geschwindigkeit relativ zur mittleren Strömungsgeschwindigkeit $\boldsymbol{v}(\boldsymbol{r}_i)$; in Gl. (3.77) stehen die x- bzw. die y-Komponente des Differenzvektors $\boldsymbol{r}_{ij} = \boldsymbol{r}_i - \boldsymbol{r}_j$ der Positionen der Teilchen i und j bzw. der Kraft $\boldsymbol{F}_{ij}$ zwischen diesen beiden Teilchen. Die Viskosität besteht auch aus einem kinetischen Anteil η^{kin} und einem potentiellen Anteil η^{pot}, die über Gl. (3.76) bzw. (3.77) aus der Simulation entnommen werden. In einem realen Experiment ist nur die Summe $\eta = \eta^{\text{kin}} + \eta^{\text{pot}}$ meßbar; in der Molekulardynamik können beide Anteile getrennt erhalten werden. Dies ist nützlich für theoretische Untersuchungen. In Tab. 3.4 sind η^{kin} und η^{pot} für ein Lennard-Jones-Fluid im gasförmigen und im flüssigen Zustand angegeben; im ersteren ist η^{kin}, im zweiten η^{pot} der dominierende Beitrag zur Viskosität η. Dabei sind die Viskositätskoeffizienten in Einheiten der Referenzviskosität (s. Abschn. 3.4.1.2)

$$\eta_{\text{ref}} = m^{1/2}\, r_0^{-2}\, \phi_0{}^{1/2} = p_{\text{ref}}\, t_{\text{ref}} \tag{3.78}$$

angegeben. Für Argon z. B. erhält man $\eta_{\text{ref}} \approx 92 \cdot 10^{-6}$ Pa s mit $r_0 \approx 0.34$ nm und $\phi_0/k \approx 120$ K. Mit diesen Referenzwerten für Argon stimmen die aus Tab. 3.4 ent-

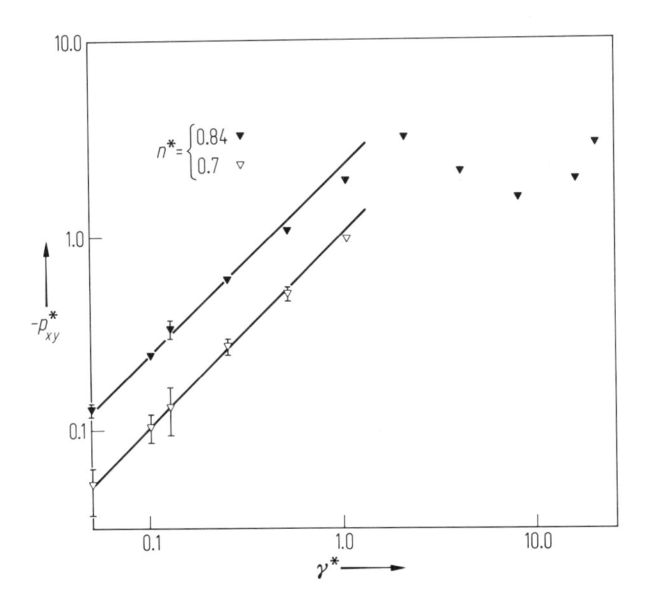

Abb. 3.39 Der Potentialbeitrag zur Schubspannung $-p_{xy}$ (in reduzierten Einheiten) als Funktion des skalierten Scherrate γ^* für eine Lennard-Jones-Flüssigkeit (mit Reichweite $r_c = 2.5\ r_0$ der Wechselwirkung) bei der Temperatur $T^* = 1.0$ und den Teilchendichten $n^* = 0.70$ bzw. $n^* = 0.84$. Es ist eine doppeltlogarithmische Auftragung benutzt. Die für kleine Werte von γ^* eingezeichneten Geraden entsprechen dem newtonschen Verhalten $-p_{xy} \sim \gamma$. Daten aus einer Molekulardynamik-Simulation mit 512 Teilchen und Mittelungen über 20000 bis 100000 Zeitschritte pro Scherrate (S. Hess, Inst. f. Theoret. Physik, TU Berlin).

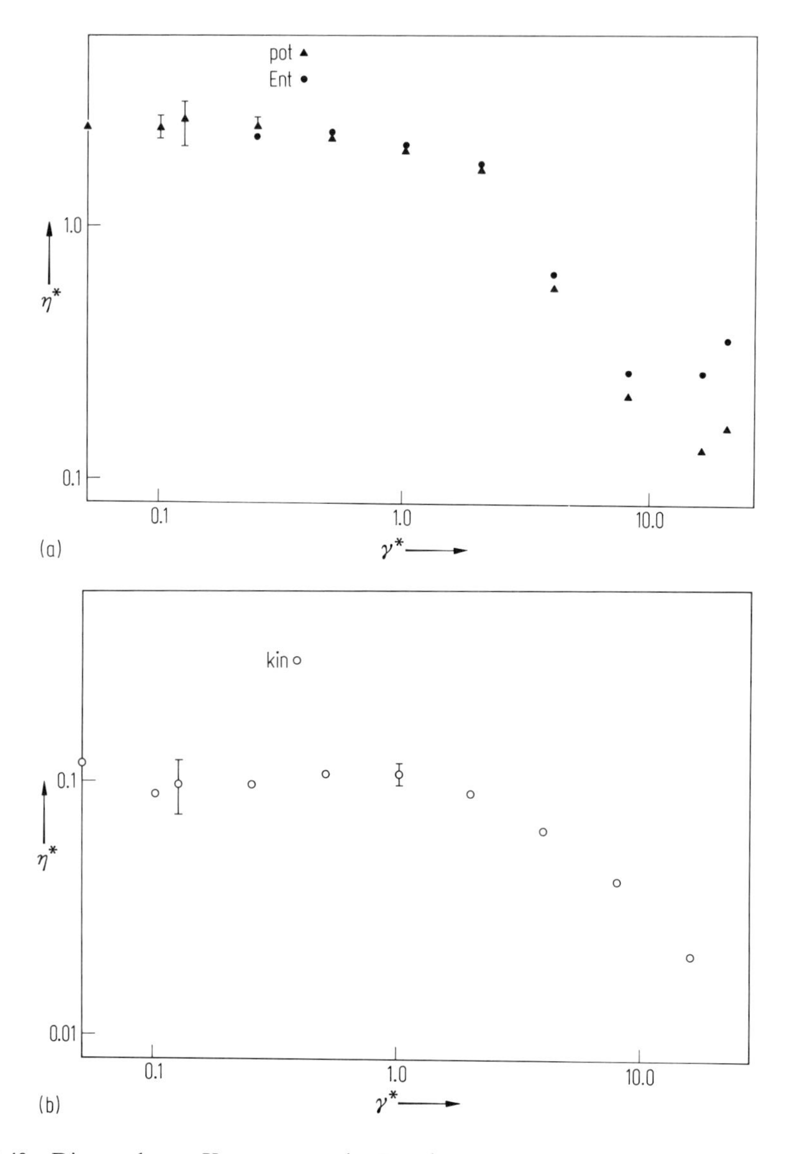

Abb. 3.40 Die aus der xy-Komponente des Drucktensors entnommenen potentiellen (a) und kinetischen (b) Beiträge zur Viskosität (in reduzierten Einheiten) η^* einer Lennard-Jones-Flüssigkeit bei $T^* = 1.0$ und $n^* = 0.84$ als Funktionen der Scherrate γ^*. Es ist eine doppeltlogarithmische Auftragung benutzt; man beachte die in Abb. 3.40a und 3.40b verschiedenen Skalen für η^*. In Abb. 3.40a ist auch die aus der Entropieproduktion entnommene gesamte Viskosität gezeigt; für $\gamma^* \leq 4$ ist diese gleich der Summe der gezeigten kinetischen und potentiellen Beiträge. Die Daten stammen aus den gleichen Simulationen wie jene von Abb. 3.39.

nehmbaren NEMD-Werte der gesamten Viskosität mit den Meßwerten innerhalb von 5% überein. In Abb. 3.39 ist der aus der Molekulardynamik entnommene Potentialbeitrag zur xy-Komponente des Drucks gezeigt als Funktion der Scherrate γ (in reduzierten Einheiten) für eine LJ-Flüssigkeit nahe an der Koexistenzkurve und für eine Flüssigkeit unter Druck. Aus $-p_{xy}/\gamma$ entnimmt man die zugehörige Viskosität, die in Abb. 3.40 für den zweiten Zustandspunkt dargestellt ist. Die potentiellen bzw. kinetischen Beiträge zu η sind in Abb. 3.40a bzw. 3.40b getrennt gezeigt. In der Simulation kann die gesamte Viskosität auch aus der Entropieproduktion entnommen werden (s. Abschn. 1.3), die sich wiederum aus der zur Thermostatisierung abgeführten Wärmemenge ergibt. Die auf diese Weise erhaltenen Werte von η sind in Abb. 3.40a ebenfalls gezeigt. Die in einfachen Fluiden meßbare newtonsche Viskosität, wie in Tab. 3.4 angeführt, erhält man für den Grenzfall kleiner Scherraten γ. Für hohe Scherraten γ findet man in der Molekulardynamik eine von γ abhängige Viskosität, wie sie experimentell z. B. in dichten Dipersionen aus sphärischen Teilchen gefunden wird (s. auch Abschn. 3.1.3)

Tab. 3.4 Die kinetischen und die potentiellen Beiträge zur Scherviskosität η für ein LJ-Fluid im gasförmigen und im flüssigen Zustand. Für η sind ebenso wie für die Temperatur T und die Dichte n reduzierte Variable benützt.

	T^*	n^*	$\eta^{*\mathrm{kin}}$	$\eta^{*\mathrm{pot}}$
Gas	2.75	0.1	0.28 ± 0.05	0.03 ± 0.01
	1.2	0.07	0.13 ± 0.02	< 0.01
Flüssigkeit	1.0	0.70	0.16 ± 0.06	1.1 ± 0.1
	1.0	0.84	0.10 ± 0.03	2.5 ± 0.1

3.4.4.2 Relaxationsvorgänge

Ebenso wie in einem realen Experiment ist es auch in der Molekulardynamik möglich, dynamische Vorgänge durch die „Beobachtung" von Relaxationsvorgängen zu studieren. Dazu präpariert man einen Anfangszustand, in dem das Modell-System nicht im thermischen Gleichgewicht ist, und verfolgt dann die Annäherung an das Gleichgewicht. Als erstes Beispiel sei hier auf die Simulation einer „Spannungsrelaxation" verwiesen [24]. Dazu werden zu einem festen Zeitpunkt t_0 die x- bzw. y-Komponenten der Koordinaten aller Teilchen mit den Faktoren λ bzw. λ^{-1} multipliziert und das ursprünglich kubische Periodizitätsvolumen (mit Kantenlänge L) wird in einen Quader mit den Kantenlängen λL, $\lambda^{-1} L$ und L deformiert. In diesem anisotropen Anfangszustand ist die Differenz $p_{xx} - p_{yy}$ der Diagonalelemente des Drucktensors ungleich Null, da im Mittel die Teilchenabstände in den x- und y-Richtungen verschieden sind. Für Zeiten $t > t_0$ werden die Teilchen sich jedoch rearrangieren; im Mittel wird schließlich jedes Teilchen eine isotrope Umgebung sehen; $p_{xx} - p_{yy}$ wird auf Null abklingen (bis auf Schwankungen). Die so zu erhaltende Abklingkurve spiegelt das viskoelastische Verhalten (s. Abschn. 3.1.3) wider.

Als nächstes Beispiel wird das „Schmelzen" eines Kristalls [25] betrachtet, der sehr schnell aufgeheizt wurde; die Dichte wird konstant gehalten. Die Wechselwirkung ist der rein repulsive r^{-12}-Anteil des LJ-Potentials („soft-spheres"). In

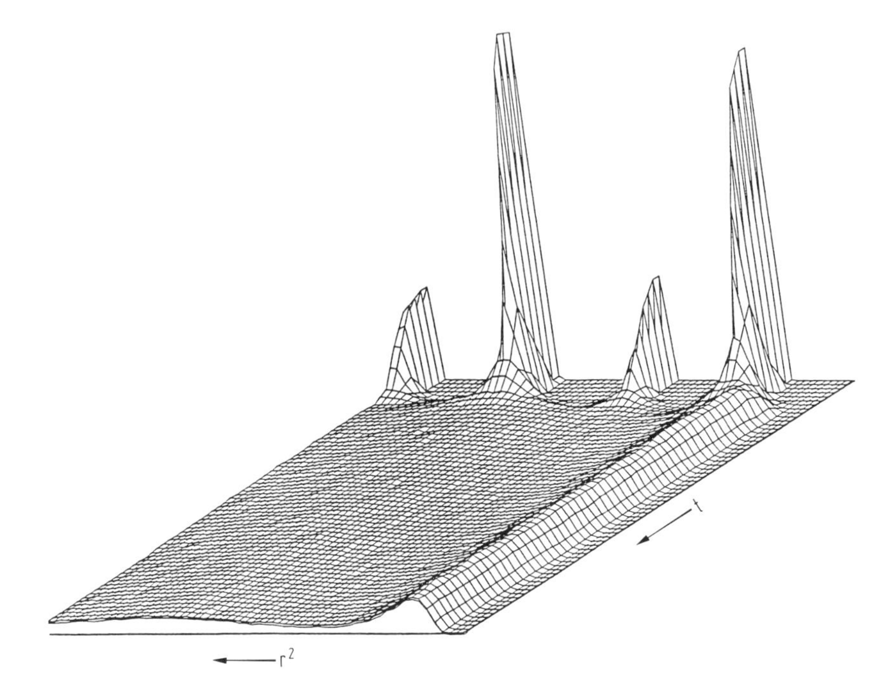

Abb. 3.41 Entstehung der Paarkorrelationsfunktion $g(r)$ einer Flüssigkeit durch Zerfall einer kubisch-flächenzentrierten kristallinen Ordnung. Die Zeit t ist nach vorne, die Variable r^2 nach links aufgetragen. Die Daten stammen aus einer Molekulardynamik-Simulation für $4 \cdot 6^3 = 864$ Teilchen mit der rein repulsiven r^{-12}-Wechselwirkung (S. Hess, Inst. f. Theoret. Physik, TU Berlin).

Abb. 3.41 ist die Relaxation der kristallinen Ordnung dargestellt, bei der zur Zeit $t = 0$ die Teilchen auf kubischen-flächenzentrierten Gitterplätzen saßen. In der dreidimensionalen Grafik ist nach oben der Wert der Paarkorrelationsfunktion $g(\boldsymbol{r})$ aufgetragen, nach links r^2 und nach vorne die Zeit t. Die Maxima für kurze Zeiten rühren von den im Kristall relativ scharf definierten ersten, zweiten, dritten, ... Koordinationsschalen her. Für größere Zeiten „zerfallen" diese und es bildet sich die Flüssigkeitsstruktur aus. Dabei geht auch die in der kristallinen Struktur vorhandene Anisotropie der „Bindungsrichtungen" (Richtung des Verbindungsvektors zwischen benachbarten Teilchen) verloren. Für Dichten und Temperaturen, die nahe bei jenen liegen, wo das System kristallin bleibt, zerfällt diese Anisotropie wesentlich langsamer als skalare Größen wie die innere Energie oder der Druck ihre für die Flüssigkeit typischen Werte annehmen.

3.5 Transportvorgänge

Die (Scher-)Viskosität η und die Wärmeleitfähigkeit λ charakterisieren den Transport von Impuls und Energie. Die damit verknüpften lokalen Erhaltungssätze und die zugehörigen phönomenologischen Ansätze für den Reibungsdrucktensor und den Wärmestrom sind, allgemein für Fluide, in Abschn. 1.3.1 und 1.3.2 diskutiert worden. Hier soll auf einige für Flüssigkeiten typische Eigenschaften eingegangen werden (Abschn. 3.5.1). Die den Transportprozessen zugrundeliegenden mikroskopischen Mechanismen, insbesondere die Modifikation der lokalen Struktur einer Flüssigkeit, werden speziell für einen einfachen Strömungsvorgang erläutert (Abschn. 3.5.2).

3.5.1 Viskosität und Wärmeleitfähigkeit

3.5.1.1 Temperatur- und Dichteabhängigkeit

Die Viskosität η und die Wärmeleitfähigkeit λ für flüssiges und gasförmiges Argon sind in Abb. 3.42 und 3.43 als Funktion der Temperatur T (längs der Koexistenzkurve) gezeigt. Im Gas nehmen beide Transportkoeffizienten mit wachsendem T zu; in der Nähe des kritischen Punktes steigt λ wesentlich stärker an als η. In der Flüssigkeit nehmen sowohl η als auch λ mit wachsender Temperatur ab. Diese Temperaturabhängigkeit kann z. B. für die Viskosität näherungsweise durch

$$\eta \sim e^{\varepsilon (kT)^{-1}}$$

beschrieben werden, wobei ε als „Aktivierungsenergie" interpretiert wird. Es ist jedoch zu beachten, daß sowohl längs der Koexistenzlinie als auch für konstanten

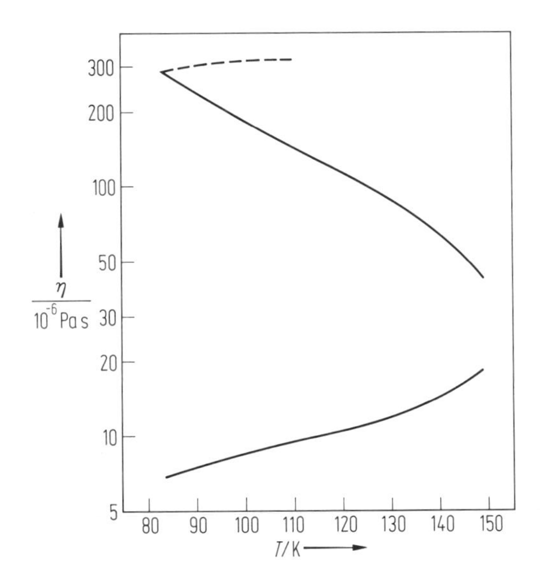

Abb. 3.42 Die Viskosität η von „koexistierenden" gasförmigem und flüssigem Argon als Funktion der Temperatur. Die Viskosität von flüssigem Argon längs der Koexistenzlinie flüssig-fest ist gestrichelt eingezeichnet (Daten nach [10]). Für η ist eine logarithmische Skala verwendet.

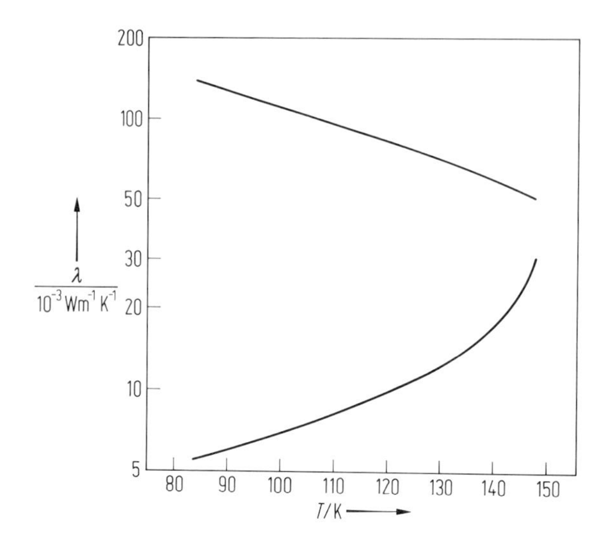

Abb. 3.43 Die Wärmeleitfähigkeit λ von Argon als Funktion der Temperatur längs der Koexistenzlinie gasförmig-flüssig (Daten nach [10]). Die Skala für λ ist logarithmisch.

Druck die Teilchendichte sich ändert (s. Abb. 3.7) und in der Flüssigkeit die Transportkoeffizienten recht empfindlich von der Dichte abhängen. In Abb. 3.44 ist dies für die Viskosität von flüssigem Argon längs der Koexistenzlinie gasförmig-flüssig und für einige Isothermen dargestellt. Man beachte den starken Anstieg von η für große Dichten in der Nähe des Phasenüberganges flüssig-fest. Eine Auftragung von η^{-1} (der sog. *Fluidität*) gegen n^{-1}, wie in Abb. 3.45 für flüssiges Argon längs der Koexistenzlinie gezeigt, suggeriert η als

$$\eta = \eta_0 \left(\frac{n_0}{n} - 1 \right)^{-1} \tag{3.79}$$

anzusetzen mit den Referenzwerten η_0 und n_0 für die Viskosität und die Dichte. Aus der linearen Extrapolation der in Abb. 3.45 gezeigten Meßwerte entnimmt man $n_0 \approx 26 \cdot 10^{27}\ \mathrm{m}^{-3} \approx (0.34\ \mathrm{nm})^{-3}$ für die Dichte, bei der η scheinbar divergiert. Nur für Teilchendichten $n < n_0$, bei denen der mittlere Teilchenabstand größer als ihr effektiver Durchmesser ist, steht den Teilchen ein „freies Volumen“ zur Verfügung, das ein viskoses Fließen ermöglicht.

Der Anstieg der Viskosität bci Annäherung an den Phasenübergang flüssig-fest ist bei molekularen Flüssigkeiten noch ausgeprägter als bei einfachen Flüssigkeiten. So steigt z.B. bei flüssigem Iso-Butan die Viskosität längs der Koexistenzlinie flüssig-gasförmig etwa um den Faktor 45 an; die Dichte erhöht sich nur um den Faktor 1.3 [26].

Längs der Koexistenzlinie flüssig-fest steigt die Viskosität von flüssigem Argon mit wachsender Temperatur an, da bei höherem T ein höherer Druck angewendet werden muß und die Dichte damit ansteigt [10].

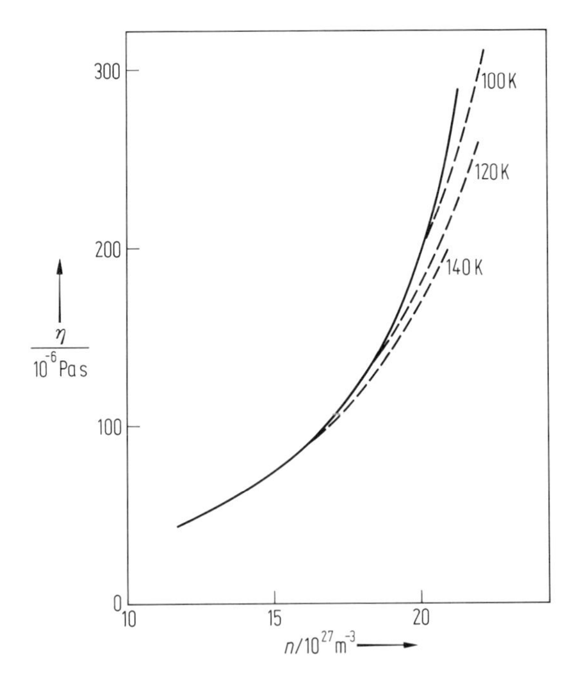

Abb. 3.44 Die Viskosität η von flüssigem Argon längs der Koexistenzlinie gasförmig-flüssig und für einige Isothermen (gestrichelt) als Funktion der Teilchendichte n. Im Gegensatz zu Abb. 3.42 ist für η eine lineare Skala verwendet (Daten nach [10]).

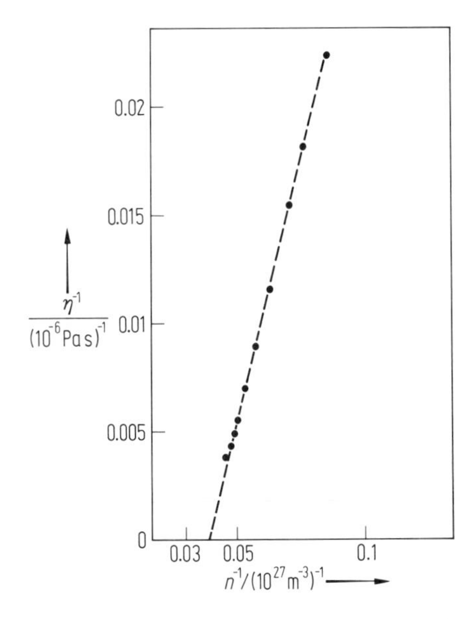

Abb. 3.45 Der Kehrwert der Viskosität (Fluidität) von flüssigem Argon als Funktion der reziproken Teilchendichte. Die lineare Extrapolation der Meßpunkte (nach [10]) für $\eta^{-1} \to 0$ ergibt $n_0^{-1} \approx 0.04 \cdot 10^{-27}\,m^3$ für den Referenzwert des Volumens pro Teilchen.

3.5.1.2 Kinetische Theorie

In einer Flüssigkeit sind die potentiellen, d. h. durch die Wechselwirkung der Teilchen untereinander vermittelten Beiträge zur Viskosität und Wärmeleitfähigkeit größer als die kinetischen Beiträge, die bereits im Gas auftreten (s. Abschn. 3.4.4.1 und Abschn. 1.3). Die zugehörigen potentiellen Beiträge zum Reibungsdruck bzw. zum Wärmestrom sind als Integrale über die Paarkorrelationsfunktion bzw. die Paarverteilungsfunktion bestellbar. Zur theoretischen Behandlung dieser Transportvorgänge benötigt man kinetische Gleichungen für diese Funktionen. Als Beispiel soll hier das Viskositätsproblem speziell für die ebene Couette-Strömung betrachtet werden.

Der in Gl. (3.77) als N-Teilchenmittelwert angegebene potentielle Beitrag zum Reibungsdruck kann auch analog zu Gl. (3.39) als Integral über die Paarkorrelationsfunktion $g(\boldsymbol{r})$ berechnet werden:

$$\begin{aligned} p_{xy}^{\text{pot}} &= \tfrac{1}{2} n^2 \int r_x F_y \, g(\boldsymbol{r}) \, \mathrm{d}^3 r \\ &= -\tfrac{1}{2} n^2 \int r_x r_y r^{-1} \, \Phi' \, g(\boldsymbol{r}) \, \mathrm{d}^3 r. \end{aligned} \tag{3.80}$$

Dabei ist F_y die y-Komponente der Kraft zweier sphärischer Teilchen und Φ ist das dazugehörige Paar-Potential; der Strich deutet die Ableitung nach $r = |\boldsymbol{r}|$ an. Für ein Fluid aus sphärischen Teilchen hängt im thermischen Gleichgewicht die Paarkorrelationsfunktion g_{eq} nur von r ab. Die Integration über die zu $\boldsymbol{r}$ gehörigen Winkel in (3.80) ergibt Null wegen der Winkelabhängigkeit von $r_x r_y$ für $g = g_{\text{eq}}$. Wie zu erwarten, ist $p_{xy} \neq 0$ nur, wenn $g \neq g_{\text{eq}}$ gilt. Eine viskose Strömung z. B. bewirkt eine Abweichung von $g(\boldsymbol{r})$ vom zugehörigen Gleichgewichtswert. Zur Berechnung von $g(\boldsymbol{r})$ im Nicht-Gleichgewicht benötigt man eine kinetische Gleichung analog zur Boltzmann-Gleichung für die Geschwindigkeitsverteilungsfunktion für Gase. Eine solche Gleichung für $g(\boldsymbol{r})$ ist wesentlich komplizierter [27] als die Boltzmann-Gleichung. Hier soll nur eine Näherung betrachtet werden; und zwar wird der Term, welcher die Annäherung an das thermische Gleichgewicht beschreibt, durch einen Relaxationszeitansatz approximiert. Speziell für eine Strömungsgeschwindigkeit $\boldsymbol{v}$ in x-Richtung mit dem Gradienten in y-Richtung lautet diese Gleichung

$$\frac{\partial g}{\partial t} + \gamma r_x \frac{\partial}{\partial r_y} g + \tau^{-1} (g - g_{\text{eq}}) = 0. \tag{3.81}$$

Der Term mit der Scherrate $\gamma = \partial v_x / \partial y$ stammt aus dem Strömungsterm, wobei berücksichtigt wurde, daß die Differenz der Geschwindigkeiten für zwei Teilchen an den Orten $\boldsymbol{r}_1$ und $\boldsymbol{r}_2 = \boldsymbol{r}_1 - \boldsymbol{r}_2$ linear in $\boldsymbol{r}$ und proportional zum Geschwindigkeitsgradienten γ ist. Der Relaxationskoeffizient τ charakterisiert die Relaxation der durch $g(\boldsymbol{r})$ beschriebenen lokalen Struktur (Nahordnung) auf ihren Gleichgewichtswert g_{eq}.

Multiplikation von Gl. (3.80) mit $\frac{1}{2} n^2 r_x F_y$ und anschließende Integration über $\mathrm{d}^3 r$ führt bei Vernachlässigung von Beiträgen, die nicht-linear in der Scherrate γ sind, auf

$$\frac{\partial p_{xy}^{\text{pot}}}{\partial t} + \tau^{-1} p_{xy}^{\text{pot}} = -G\gamma. \tag{3.82}$$

Dabei ist der (Hochfrequenz-)Schermodul

$$G = \frac{1}{30} n^2 \int r^{-2} (r^4 \Phi')' \, g_{\text{eq}}(r) \, \mathrm{d}^3 r = \frac{2\pi}{15} n^2 \int_0^\infty (r^4 \Phi')' \, g_{\text{eq}} \, \mathrm{d}r \tag{3.83}$$

durch ein Integral über g_{eq} gegeben, der Strich bedeutet wieder die Ableitung nach r. Die Größe G hat die gleiche Dimension wie der Druck p [28]. Zum gesamten Schermodul trägt noch der kinetische Beitrag nkT bei; in Gl. (3.82) tritt aber nur der potentielle Beitrag (3.83) auf.

Die Gl. (3.82) entspricht der Maxwellschen Relaxationsgleichung (3.2). Im stationären Fall erhält man aus (3.82) $p_{xy}^{pot} = -\eta^{pot}\gamma$ mit dem Viskositätskoeffizienten

$$\eta^{pot} = G\tau \tag{3.84}$$

analog zu Gl. (3.5). Hier ist also die Maxwellsche Relaxationszeit gleich der in Gl. (3.81) auftretenden Strukturrelaxationszeit τ.

Wegen $\eta = \eta^{kin} + \eta^{pot}$ und $\eta^{kin} \ll \eta^{pot}$ in Flüssigkeiten kann τ aus der gemessenen Viskosität gewonnen werden, wenn G bekannt ist. Für ein Lennard-Jones-Fluid folgt aus (3.83)

$$\begin{aligned} G &= \frac{21}{5} nkT + 3p - \frac{24}{5} nu \\ &= 3p^{pot} - \frac{24}{5} nu^{pot}, \end{aligned} \tag{3.85}$$

wobei u die innere Energie pro Teilchen ist [29]. In diesem speziellen Fall ist G mit den meßbaren Größen p und u verknüpft. Verwendet man die für Argon sicherlich nur näherungsweise gültige Relation (3.85), so findet man für τ Werte in der Größenordnung von 10^{-12} s.

In der Molekulardynamik-Simulation (s. Abschn. 3.4) ist G direkt als N-Teilchen-Mittelwert berechenbar. In reduzierten LJ-Einheiten findet man für die beiden in Tab. 3.4 angegebenen Zustandspunkte $T^* = 1$ und $n^* = 0.7$ bzw. $n^* = 0.84$ die Werte $G^* \approx 14$ und $G^* \approx 26$. Daraus erhält man mit den dort angegebenen Werten der Viskosität $\tau^* \approx 0.08$ bzw. 0.1. Für Argon entspricht dies einer Relaxationszeit $\tau \approx 0.2 \cdot 10^{-12}$ s. Da diese Zeit so kurz ist, ist der Hochfrequenz-Schermodul G in einfachen Flüssigkeiten praktisch nicht direkt meßbar. In kolloidalen Lösungen und in hochmolekularen Flüssigkeiten hingegen treten um viele Größenordnungen längere Relaxationszeiten auf; dort kann G aus dem viskoelastischen Verhalten bestimmt werden (Abschn. 3.1.4).

3.5.2 Struktur im Nicht-Gleichgewicht

In einer Nicht-Gleichgewichtssituation weicht die lokale Struktur einer Flüssigkeit von der Gleichgewichtsstruktur ab, die Paarkorrelationsfunktion $g(\boldsymbol{r})$ und der statische Strukturfaktor $S(\boldsymbol{k})$ (s. Abschn. 3.3.4) unterscheiden sich von ihren zugehörigen Gleichgewichtswerten $g_{eq}(r)$ und $S_{eq}(k)$. Für eine viskose Strömung mit der Scherrate γ z. B. ergibt sich bereits aus Gl. (3.80), daß $p_{xy}^{pot} = -\eta^{pot}\gamma$ ungleich Null und damit $\eta^{pot} \neq 0$ ist nur, wenn $g(\boldsymbol{r}) \neq g_{eq}$ gilt. Die scherinduzierte Störung der Struktur wird im folgenden für den Fall einer ebenen Couette-Strömung diskutiert.

3.5.2.1 Scherinduzierte Störung der Nahordnung

Die Abhängigkeit der Funktion $g(\boldsymbol{r})$ von den durch $\hat{\boldsymbol{r}} = r^{-1}\,\boldsymbol{r}$ festgelegten Winkeln kann durch eine Entwicklung nach Kugelflächenfunktionen $Y_{lm}(\hat{\boldsymbol{r}})$ mit $l = 0, 2, 4, \ldots$ explizit berücksichtigt werden. Die Entwicklungskoeffizienten sind Funktionen von $r = |\boldsymbol{r}|$. Anstelle der Y_{lm} können auch die dazu äquivalenten kartesischen Tensoren verwendet werden, die aus den Komponenten $\hat{r}_x$, $\hat{r}_y$, $\hat{r}_z$ des Vektors $\hat{\boldsymbol{r}}$ gebildet sind. Speziell für die ebene Couette-Geometrie, s. Abb. 3.3 sind die ersten Terme dieser Entwicklung bis $l = 2$ [8]

$$g(\boldsymbol{r}) = g_s + g_+ \hat{r}_x \hat{r}_y + g_- \tfrac{1}{2}(\hat{r}_x^2 - \hat{r}_y^2) + g_0\,(\hat{r}_2^2 - 1/3) + \ldots . \tag{3.86}$$

Im Gleichgewicht reduziert sich der sphärische, das heißt über alle Richtungen gemittelte Anteil g_s von $g(\boldsymbol{r})$ auf g_{eq}, und die Funktionen g_+, g_-, g_0 sowie die durch Punkte in (3.86) angedeuteten Terme (die Tensoren der Stufen $l \geq 4$ enthalten) verschwinden. In der Scherebene ($\hat{r}_z = 0$) folgt aus (3.86) $g = g_s \pm (1/2) g_+ - (1/3) g_0$, wenn $\hat{\boldsymbol{r}}$ die Winkel 45° und 135° mit der Strömungsrichtung (x-Achse) bildet. Analog ist $g = g_s \pm (1/2) g_- - (1/3) g_0$, wenn dieser Winkel gleich 0° und 90° ist. Für $\hat{\boldsymbol{r}}$ parallel zur z-Richtung ($\hat{r}_x = \hat{r}_y = 0$) findet man $g = g_s + (2/3) g_0$. Im Integral (3.80) für die xy-Komponente p_{xy} des Drucktensors trägt nur die Funktion g_+ aus (3.86); ähnliche Integrale über g_- und g_0 führen die Normaldruckdifferenzen $p_{xx} - p_{yy}$ und $p_{zz} - \frac{1}{2}(p_{xx} + p_{yy})$. Aus der Existenz des Potentialbeitrags η_{pot} zur Viskosität folgt also bereits indirekt, daß $g_+ \neq 0$ gilt, wenn die Scherrate $\gamma \neq 0$ ist. Direkt sind die Funktionen g_s, g_+, ... aus der Molekulardynamik-Simulation zu entnehmen, s. Abb. 3.46.

Für eine stationäre Strömung führt Gl. (3.81) im Grenzfall kleiner Scherraten ($\gamma\tau \ll 1$) auf

$$g - g_{eq} \approx -\gamma\tau\, r_x \frac{\partial}{\partial r_y} g_{eq}, \tag{3.87}$$

also $g_s \approx g_{eq}$ und $g_+ \approx -\gamma\tau\, r g'_{eq}$; der Strich bedeutet die Ableitung nach r. Die Funktion g_- und g_0 sowie die Differenz $g_s - g_{eq}$ hängen nicht linear von $\gamma\tau$ ab und machen sich deshalb erst bei höheren Scherraten ($\gamma\tau \geq 0.1$) bemerkbar.

Stokes und Maxwell haben vorgeschlagen, daß man die Struktur einer strömenden Flüssigkeit aus der einer ruhenden erhalten kann, wenn man sich diese eingefroren denkt und dann einer Deformation unterwirft, die gleich der Deformationsrate γ mal der Relaxationszeit τ ist. Diese Überlegung führt ebenfalls auf Gl. (3.87); deshalb spricht man auch von der *Stokes-Maxwell-Relation*. In der Molekulardynamik-Simulation wurde (3.87) und verallgemeinerte, aus (3.81) folgende Relationen getestet [30]; ein Beispiel ist in Abb. 3.47 gezeigt. Der in (3.81) verwendete Relaxationszeitansatz scheint eine gute erste Näherung zu sein.

Experimentell kann die Störung der Nahordnung aus der mit $g(\boldsymbol{r})$ verknüpften (s. Gl. (3.56)) statischen Strukturfunktion $S(\boldsymbol{k})$ entnommen werden. Analog zu (3.86) hat man

$$S(\boldsymbol{k}) = S_s + S_+ \hat{k}_x \hat{k}_y + S_- \tfrac{1}{2}(\hat{k}_x^2 - \hat{k}_y^2) + S_0(\hat{k}_z - 1/3) + \ldots, \tag{3.88}$$

wobei $\hat{k}_{x,y,z}$ die kartesischen Komponenten des Einheitsvektors $\hat{\boldsymbol{k}} = k^{-1}\,\boldsymbol{k}$ sind. Die Größen $S_s, S_+, \ldots$ sind Funktionen von $k = |\boldsymbol{k}|$. Für $\gamma = 0$ ist $S_s = S_{eq}$ und $S_+\ S_-$; S_0

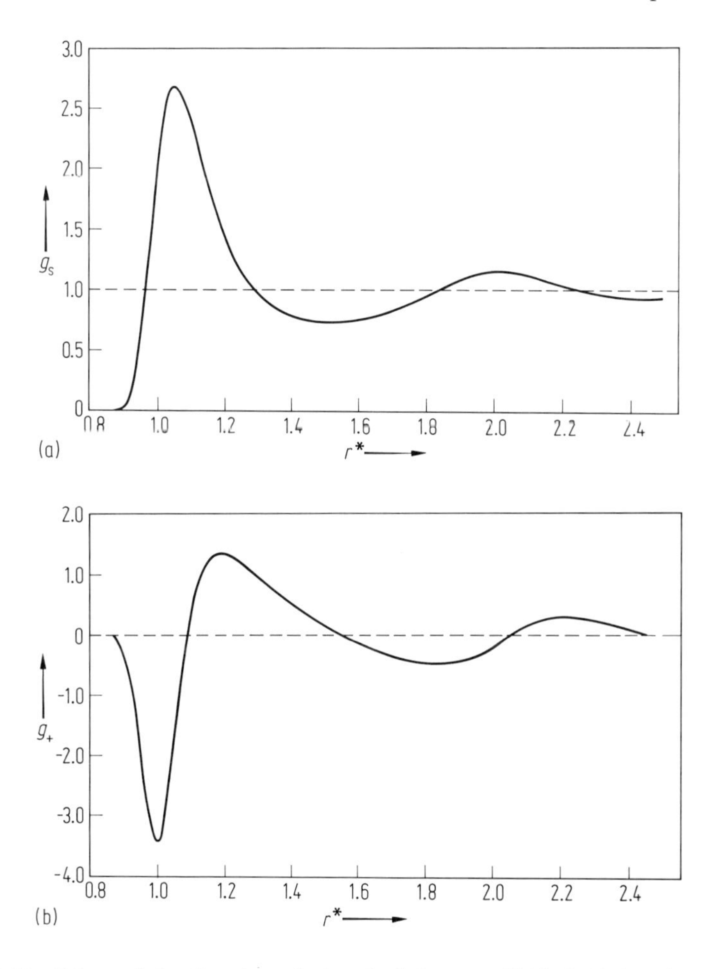

Abb. 3.46 Die partiellen Paarkorrelationsfunktionen g_s (Abb. 3.46a) und g_+ (Abb. 3.46b) als Funktionen des dimensionslosen Abstandes $r^* = r/r_0$ einer Lennard-Jones-Flüssigkeit bei $T^* = 1.0$ und $n^* = 0.84$ für die (dimensionslose) Scherrate $\gamma = 2.0$. Die Skala für r^* beginnt erst bei 0.8; die Skalen für g_s und g_+ sind unterschiedlich. Die Daten stammen aus einer Simulation für 512 Teilchen (S. Hess, Inst. f. Theoret. Physik, TU Berlin).

sowie alle in (3.88) durch Punkte angedeutete Terme (die Tensoren höherer Stufe enthalten) verschwinden. Aus der Stokes-Maxwell-Relation (3.87) folgt

$$S - S_{\mathrm{eq}} = \gamma\tau\, k_y \frac{\partial}{\partial k_x} S_{\mathrm{eq}}; \tag{3.89}$$

somit ist $S_s \approx S_{\mathrm{eq}}$ und $S_+ = \gamma\tau\, k\, (\partial S_{\mathrm{eq}}/\partial k)$. Die Funktionen S_-, S_0 und die Differenz $S_s - S_{\mathrm{eq}}$ sind nichtlineare Funktionen von $\gamma\tau$. In niedrigster Ordnung in $\gamma\tau$ führt (3.88) mit (3.89) auf eine Anisotropie von $S(\boldsymbol{k})$ in der Scherebene ($k_z = 0$); insbesondere ist $S = S_{\mathrm{eq}} \pm \frac{1}{2}\gamma\tau\, k\, (\partial S_{\mathrm{eq}}/\partial k)$, wenn $\boldsymbol{k}$ die Winkel 45° und 135° mit der Strömungsrichtung einschließt. Für eine Flüssigkeit wie Argon ist selbst für Scherraten

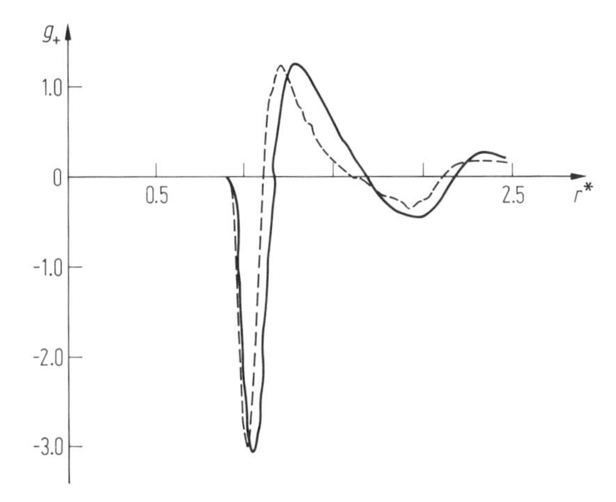

Abb. 3.47 Test der Stokes-Maxwell-Relation für ein Modell-Fluid mit rein repulsivem r^{-12}-Wechselwirkungspotential. Die direkt aus der Simulation entnommene Funktion g_+ ist verglichen mit der (gestrichelt gezeichneten) Kurve, die man für g_+ aus Gl. (3.87) erhält. Durch die Anpassung der Tiefe des ersten Minimums wird die Relaxationszeit τ festgelegt (nach S. Hess und Hanley [22]).

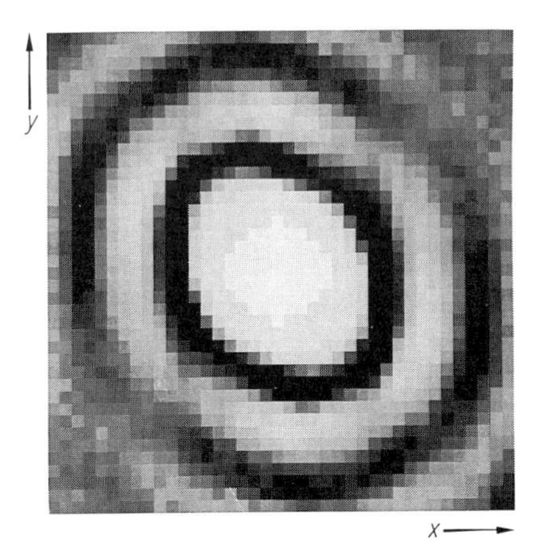

Abb. 3.48 Streubild analog zu Abb. 3.35 für den statischen Strukturfaktor $S(\boldsymbol{k})$ mit $\boldsymbol{k}$ in der Scherebene für eine strömende Flüssigkeit. Die Daten stammen aus einer Molekulardynamik-Simulation für ein Modell-Fluid aus 512 Teilchen mit rein repulsiver Wechselwirkung (O. Hess und W. Loose, Inst. f. Theoret. Physik, TU Berlin).

$\gamma \approx 10^6\,\mathrm{s}^{-1}$ die scherinduzierte Störung der Struktur experimentell praktisch nicht nachweisbar, da wegen der kurzen Relaxationszeit $\tau \leq 10^{-12}$ für das Produkt $\gamma\tau \leq 10^{-6}$ gilt. Anders sind allerdings die Verhältnisse für unterkühlte Flüssigkeiten und insbesondere für Makrofluide, wo wesentlich längere Relaxationszeiten auftreten. In kolloidalen Dispersionen aus sphärischen Teilchen wurde mittels Lichtstreuung die scherinduzierte Störung von $S(\boldsymbol{k})$ in der Scherebene nachgewiesen [31]. Qualitativ sind die experimentellen Streubilder ähnlich dem in Abb. 3.48 gezeigten, das aus einer Molekulardynamik-Simulation direkt (ohne Verwendung der Entwicklung (3.88) gewonnen wurde. Die im Gleichgewicht rotationssymmetrischen Debye-Scherrer-Ringe (vgl. Abb. 3.35) sind bei Scherung elliptisch deformiert. Für kleine Scherraten, wo S_- in (3.88) im Vergleich zu S_+ noch vernachlässigbar ist, bilden die Hauptachsen die Winkel 45° und 135° mit der Strömungsrichtung. In dichten Dispersionen ist mittels Kleinwinkelneutronen-Streuung auch die scherinduzierte Anisotropie in der xz-Ebene (einfallender Strahl parallel zur Richtung des Geschwindigkeitsgradienten) nachgewiesen worden [32]. Gemäß (3.88) ist in diesem Fall die Anisotropie durch die Funktionen S_- und S_0 charakterisiert, welche nichtlinear in $\gamma\tau$ sind.

Für hohe Scherraten ($\gamma\tau \geq 0.5$) beobachtet man in der Molekulardynamik die Ausbildung einer langreichweitigen Ordnung; Gl. (3.81) ist in diesem Bereich nicht mehr anwendbar.

3.5.2.2 Scherinduzierte langreichweitige Ordnung

Die in der Molekulardynamik gefundene drastische Abnahme der Viskosität bei hohen Scherraten, vgl. Abb. 3.40a, wird verursacht durch die Ausbildung einer langreichweitigen, partiellen, d.h. zweidimensionalen Positionsordnung in der Flüssigkeit. Oberhalb einer kritischen Scherrate bewegen sich die Teilchen bevorzugt hintereinander in Röhren, die voneinander maximale Abstände einzunehmen versuchen. Die Projektion der Teilchen auf eine zur Strömungsrichtung senkrechte (yz-)Ebene ist in Abb. 3.49a dargestellt. In Strömungsrichtung sind die Teilchen nicht dicht gepackt. Beim Impulstransport müssen Teilchen aus schnelleren in langsamere „Züge" (und umgekehrt) „umsteigen". Die Komponenten der zugehörigen Teilchengeschwindigkeiten in der yz-Ebene sind in Abb. 3.49b gezeigt. Bei etwas kleineren Scherraten treten auch teilweise räumlich geordnete und ungeordnete Bereiche nebeneinander auf. Wird in der Simulation nicht, wie bei Abb. 3.49, die Einhaltung eines linearen Geschwindigkeitsprofils erzwungen, sondern nur ein mittlerer Geschwindigkeitsgradient γ vorgegeben, so treten bei hohen Werten von γ pfropfenartige Strömungen auf. Blöcke von praktisch kristallin geordneten Bereichen bewegen sich gemeinsam, u.U. treten Gleitebenen auf. Daneben existieren amorphe Bereiche. In Abb. 3.50 sind das Geschwindigkeitsprofil und die Projektion der Teilchen auf die yz-Ebene für eine solche Situation dargestellt.

Der aus der Molekulardynamik direkt extrahierte Strukturfaktor $S(\boldsymbol{k})$ mit $\boldsymbol{k}$ in der xz-Ebene (einfallender Strahl in der y-Richtung) ist in Abb. 3.51 gezeigt bei zwei Scherraten unterhalb und oberhalb des Überganges in den langreichweitig geordneten Zustand. Für diese Geometrie sind mittels Kleinwinkelneutronenstreuung an Dispersionen analoge Streubilder erhalten worden (P. Lindner, ILL-Grenoble, Annual Report 1987).

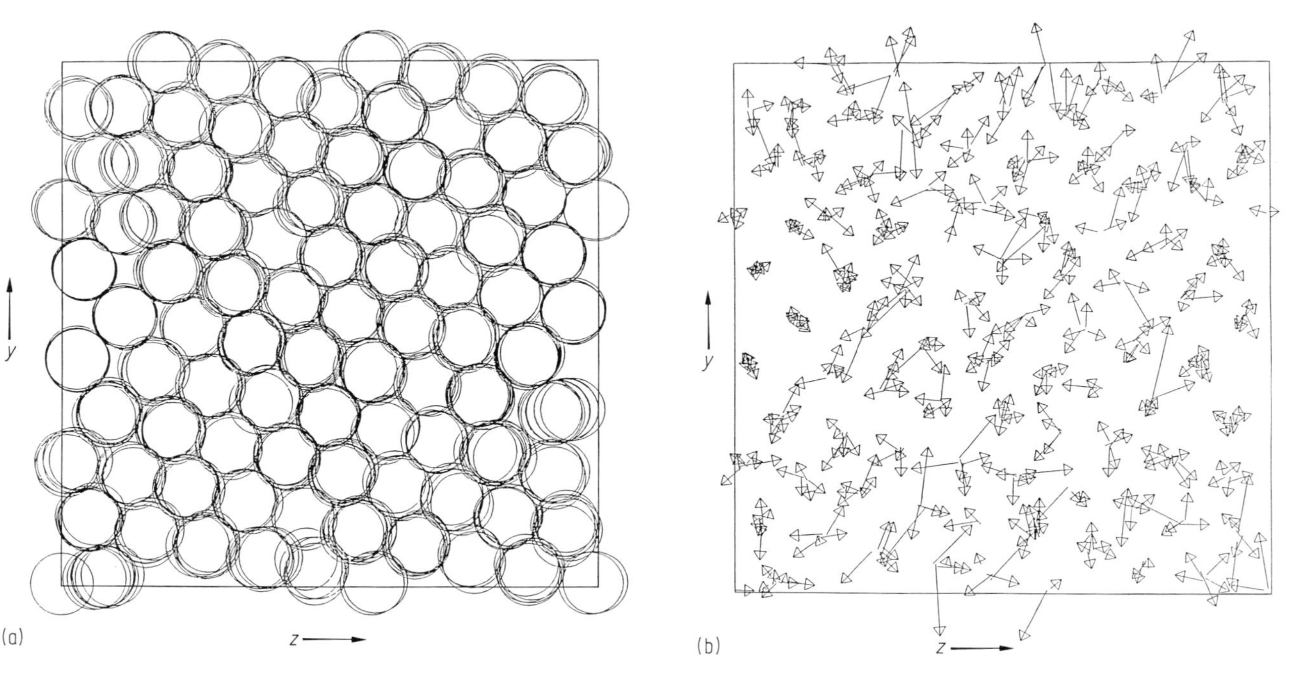

Abb. 3.49 Projektion der Teilchen (a) und ihrer Geschwindigkeiten (b) auf die zur Strömungsrichtung senkrechte yz-Ebene für eine Lennard-Jones-Flüssigkeit ($T^* = 1.0$; $n^* = 0.84$, $\gamma^* = 20$) in einem Zustand mit langreichweitiger, partieller Positionsordnung. Der Durchmesser der Kreise in Abb. 3.49a ist gleich der Referenzlänge r_0 des Lennard-Jones-Potentials. In Strömungsrichtung ist Platz für 8 bis 9 Teilchen, in manchen „Röhren" sind deutlich weniger Teilchen zu finden. Die langen Geschwindigkeitspfeile in Abb. 3.49b gehören zu Teilchen, die von einer Röhre in eine andere „umsteigen" (Daten aus einer Molekulardynamik-Simulation für 512 Teilchen, S. Hess und W. Loose, Inst. f. Theoret. Physik, TU Berlin).

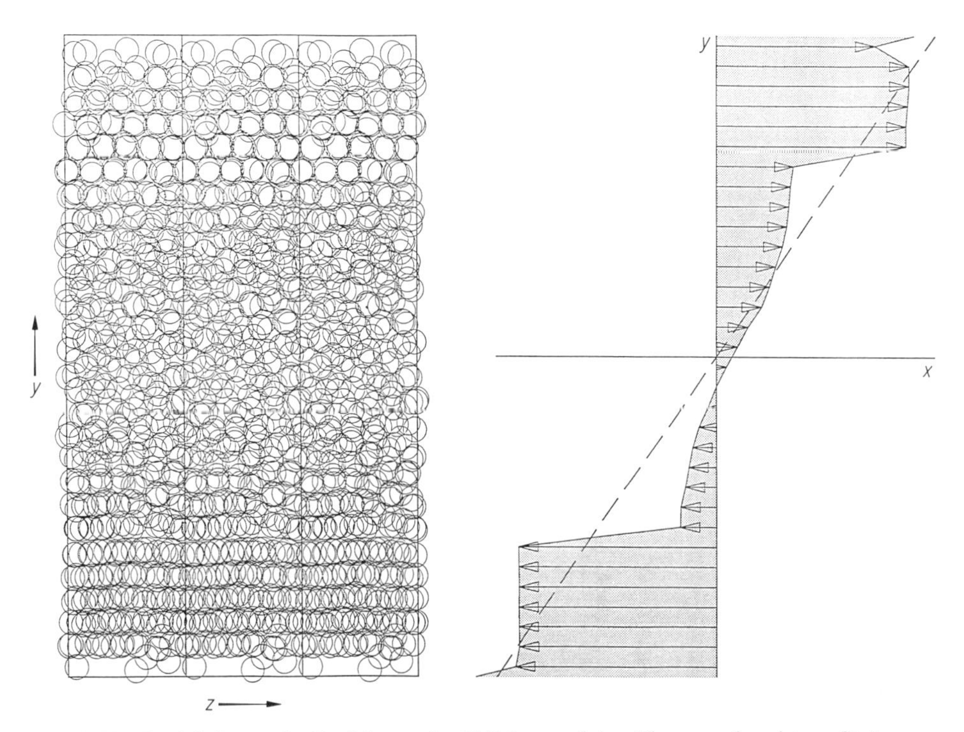

Abb. 3.50 Projektionen der Positionen der Teilchen auf eine Ebene senkrecht zur Strömungsrichtung und Geschwindigkeitsprofil für eine pfropfenartige Strömung. Das Grundvolumen ist quaderförmig; die Positionen in zwei benachbarten periodischen Zellen sind ebenfalls gezeigt. Die gestrichelte Linie gibt den aufgeprägten, mittleren Geschwindigkeitsgradienten an (Daten aus einer Molekulardynamik-Simulation für 512 Teilchen mit rein repulsiver Wechselwirkung, W. Loose, Inst. f. Theoret. Physik, TU Berlin).

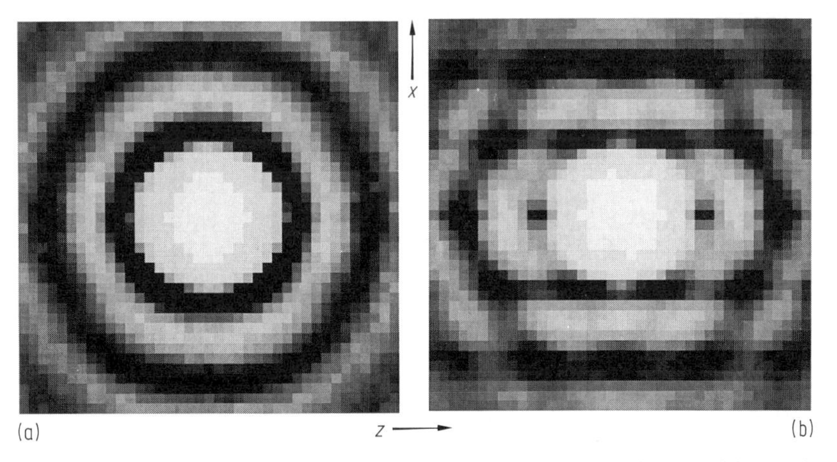

Abb. 3.51 Streubild für den $\boldsymbol{k}$-Vektor in der xz-Ebene (senkrecht zur Richtung des Gradienten der Geschwindigkeit) für ein geschertes Modell-Fluid mit rein repulsiver Wechselwirkung bei einer Scherrate unterhalb (a) und oberhalb (b) des kritischen Wertes, bei dem eine langreichweitige Ordnung einsetzt (Daten aus einer Molekulardynamik-Simulation; nach O. Hess et al. [23].

3.5.3 Dynamischer Strukturfaktor

Neben der direkten Messung von Transportkoeffizienten können Nichtgleichgewichtseigenschaften auch aus dem dynamischen Verhalten von Dichteschwankungen entnommen werden. Dazu ist in Streuexperimenten die Frequenzverschiebung bzw. der Energiegewinn oder Energieverlust der Streustrahlung im Vergleich zur einfallenden Strahlung zu analysieren. Seien $\boldsymbol{k}_0$ und ω_0 der Wellenvektor und die (Kreis-) Frequenz der einfallenden Strahlung (s. Abb. 3.24), $\boldsymbol{k}_1$, ω_1 die entsprechenden Größen der nachgewiesenen Streustrahlung und

$$\boldsymbol{k} = \boldsymbol{k}_1 - \boldsymbol{k}_0, \; \omega = \omega_1 - \omega_0. \tag{3.90}$$

Die im Frequenzintervall zwischen ω_1 und $\omega_1 + \mathrm{d}\omega$ gemessene Intensität ist proportional zu

$$S(\boldsymbol{k},\omega)\,\mathrm{d}\omega. \tag{3.91}$$

Die Größe $S(\boldsymbol{k},\omega)$ heißt dynamischer Strukturfaktor. Der in einer Streuung ohne Frequenzselektionen meßbare *statische Strukturfaktor* (s. Abschn. 3.3) ist das Integral von $S(\boldsymbol{k},\omega)$ über alle Frequenzen:

$$S(\boldsymbol{k}) = \int_{-\infty}^{\infty} S(\boldsymbol{k},\omega)\,\mathrm{d}\omega. \tag{3.92}$$

Die Größe $S(\boldsymbol{k},\omega)$ kann als Fourier-Transformierte bezüglich der Zeit der *intermediären Streufunktion* $F(\boldsymbol{k},t)$ geschrieben werden:

$$S(\boldsymbol{k},\omega) = (2\pi)^{-1} \int_{-\infty}^{\infty} F(\boldsymbol{k},t)\,\mathrm{e}^{\mathrm{i}\omega t}\,\mathrm{d}t. \tag{3.93}$$

Die Umkehrtransformation ist

$$F(\boldsymbol{k},t) = \int S(\boldsymbol{k},\omega)\,\mathrm{e}^{-\mathrm{i}\omega t}\,\mathrm{d}t. \tag{3.94}$$

Aus dem Vergleich von (3.92) und (3.94) folgt $F(\boldsymbol{k},0) = S(\boldsymbol{k})$. Die Funktion $F(\boldsymbol{k},t)$ wiederum ist die Fourier-Transformierte bezüglich des Ortes der *Van-Hove-Korrelationsfunktion* $G(\boldsymbol{r},t)$:

$$F(\boldsymbol{k},t) = \int G(\boldsymbol{r},t)\,\mathrm{e}^{-\mathrm{i}\boldsymbol{k}\cdot\boldsymbol{r}}\,\mathrm{d}^3r, \tag{3.95}$$

welche analog zu $g(\boldsymbol{r})$ (s. Gl. (3.51)) als N-Teilchen-Mittelwert definiert ist:

$$G(\boldsymbol{r},t) = \frac{1}{N}\left\langle \sum_i \sum_j \delta(\boldsymbol{r} + \boldsymbol{r}_j(t_0 + t) - \boldsymbol{r}_i(t_0))\right\rangle, \tag{3.96}$$

wobei $\boldsymbol{r}_j(t_0 + t)$ und $\boldsymbol{r}_i(t_0)$ die Positionen der Teilchen j und i zu den Zeiten $t_0 + t$ und t_0 sind. Im Gleichgewicht hängt $G(\boldsymbol{r},t)$ nicht von t_0 ab. Für $t = 0$ reduziert sich (3.96) wegen Gl. (3.51) auf

$$G(\boldsymbol{r},0) = \delta(\boldsymbol{r}) + ng(\boldsymbol{r}). \tag{3.97}$$

Für den hydrodynamischen Bereich, d.h. für kleine Streuvektoren $\boldsymbol{k}$ und Frequenzverschiebungen ω (s. Abschn. 1.1 und 1.3), wie sie z.B. bei der Lichtstreuung an Fluiden vorliegen, ist $S(\boldsymbol{k},\omega)$ in Abb. 3.52 schematisch dargestellt. Als Funktion von ω treten drei Maxima auf, die bei $\omega = 0$ (*Rayleigh-Streuung*) und $\omega = \pm\, c_s k$ (*Bril-*

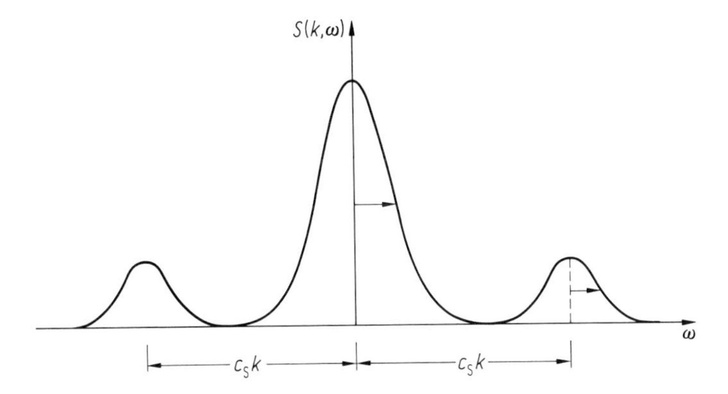

Abb. 3.52 Der dynamische Strukturfaktor $S(k,\omega)$ im hydrodynamischen Bereich als Funktion von ω. Die Intensitätsmaxima der Brillouin-Streuung sind gegenüber der zentralen Rayleigh-Linie um $c_s k$ verschoben, wobei c_s die adiabatische Schallgeschwindigkeit ist.

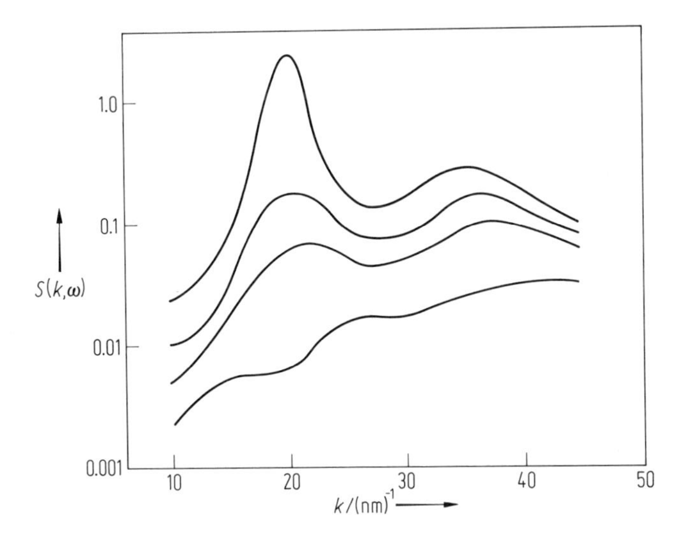

Abb. 3.53 Der dynamische Strukturfaktor S(k,ω) für flüssiges Argon (Daten nach K. Sköld et al., Phys. Rev. **A 6**, 1107 (1972)). Die Kurven zeigen in logarithmischer Skala S(k,ω) als Funktionen des Wellenvektors k; die Frequenz ω hat (von oben nach unten) die Werte 0, $1.82 \cdot 10^{12}\,\mathrm{s}^{-1}$, $3.34 \cdot 10^{12}\,\mathrm{s}^{-1}$ bzw. $7.60 \cdot 10^{12}\,\mathrm{s}^{-1}$.

louin-Streuung) liegen, wobei c_s die adiabatische Schallgeschwindigkeit ist. Das Spektrum kann aus den Gleichungen der Thermo-Hydrodynamik berechnet werden (s. Abschn. 1.3). Die Halbwertsbreite (halbe Breite bei halber Höhe) der Rayleigh-Streuung ist durch $\lambda(nmc_p)^{-1}\,k^2$, die der Brillouin-Streuung durch die Dämpfung der (longitudinalen) Schallwellen, nämlich durch $[(4/3\ \eta + \eta_V)\ (nm)^{-1} + \lambda\ (c_p - c_V)\ (nmc_V c_p)^{-1}]\,k^2$ bestimmt. Dabei sind λ, η und η_V die Wärmeleitfähigkeit, die (Scher-) Viskosität und die Volumenviskosität; c_p und c_V sind die Wärmekapazitäten bei konstantem Druck und konstantem Volumen. Der hydrodynamische Bereich ist durch $kl \ll 1$ und $kd \ll 1$ charakterisiert, wobei l die freie Weglänge und d der effektive Durchmesser eines Teilchens sind. Die Lichtstreuung „tastet" also die Dynamik relativ langwelliger Dichteschwankungen ab. Zur Analyse der Nahordnung in Flüssigkeiten benötigt man Streuvektoren k mit $kd \approx 2\pi$ (s. Abschn. 3.3). In diesem Fall ist man also weit außerhalb des hydrodynamischen Bereiches. In Abb. 3.53 sind für Argon einige typische experimentelle Ergebnisse gezeigt, wie sie mittels Neutronenstreuung erhalten wurden. Vergleicht man $S(k,\omega)$ für die Werte k_1 und k_2, wo $S(k,0)$ (bzw. der statische Strukturfaktor $S(k)$) das erste und das zweite Maximum annehmen, so fällt bei $k \approx k_1$ die Funktion $S(k,\omega)$ mit wachsendem ω wesentlich schneller ab als bei $k \approx k_2$. Dies bedeutet, daß die mit $k \approx k_1$ verknüpften Dichteschwankungen zeitlich langsamer abklingen als jene mit $k \approx k_2$. Methoden zur Berechnung des Spektrums in diesem Bereich, wo sich longitudinale Schallwellen nicht mehr fortpflanzen können, aber u. U. Transversalwellen auftreten (z. B. mittels der *Modenkopplungstheorie*), sind entwickelt worden [1].

3.6 Abschließende Bemerkungen und Ausblick

In Gemischen von Flüssigkeiten treten neben den bisher diskutierten physikalischen Erscheinungen eine Reihe von Phänomenen auf, die in reinen Flüssigkeiten nicht existieren. Hierzu gehören die mit der Mischung bzw. Trennung der einzelnen Komponenten verknüpften Phasenübergänge ebenso wie die bereits in Abschn. 1.3.4 allgemein für Fluide diskutierte Diffusion, die Thermodiffusion und der Diffusionsthermoeffekt.

Niedermolekulare Flüssigkeiten verhalten sich bezüglich vieler Eigenschaften ähnlich den einfachen, atomaren Flüssigkeiten. Zusätzlich gibt es jedoch neue Phänomene, die mit der (partiellen) Orientierung der molekularen Achsen verknüpft sind, wie z. B. die Strömungsdoppelbrechung und die depolarisierte Rayleigh-Streuung. Die phänomenologische Beschreibung dieser Ausrichtungseffekte ist analog der in Abschn. 1.4.2 für molekulare Gase gegebenen. Die zugrundeliegenden mikroskopischen Prozesse sind in Flüssigkeiten jedoch verschieden, da dort die Moleküle keine freie, sondern nur durch die anderen Moleküle stark behinderte Rotation ausführen können.

Von den niedermolekularen Flüssigkeiten gibt es einen kontinuierlichen Übergang einerseits zu den hochmolekularen und Polymer-Flüssigkeiten, andererseits zu den Flüssigkristallen, die in Kap. 6 und 7 behandelt werden. Die Übertragung von Methoden, die für einfache Flüssigkeiten entwickelt wurden, auf Makrofluide, z. B. kolloidale Lösungen aus sphärischen Teilchen, ist in Abschn. 3.4 und 3.5 diskutiert worden.

Für die Physik der Flüssigkeiten wird weiterhin die enge Zusammenarbeit von Theorie, Computer-Simulation und Experiment wesentlich sein. In den Anwendungen werden das Verhalten von Flüssigkeiten in der Nähe von Grenzflächen und die Eigenschaften komplexer Flüssigkeiten (s. Abschn. 3.1.2) eine wachsende Bedeutung gewinnen. Für das grundsätzliche Verständnis der Physik der Flüssigkeiten wird das (keineswegs immer einfache) Studium der „einfachen" Flüssigkeiten dennoch unerläßlich bleiben.

Literatur

[1] Hansen, J.P., McDonald, I.R., Theory of Simple Liquids, Academic Press, 2nd ed., London, 1986
[2] Murell, J.N., Boucher, E.A., Properties of Liquids and Solutions, Wiley, New York, 1982
[3] Kohler, F., Findenegg, G.H., Fischer, J.; Posch, H., Weissenböck, The Liquid State, Verlag Chemie, Weinheim, 1972
[4] Landau, P.L., Lifschitz, E.M., Statistische Physik (Theoretische Physik, Bd. V), Akademie-Verlag, Berlin, 1979
[5] Reif, F., Statistische Physik und Theorie der Wärme, 3. Auflage, de Gruyter, Berlin, 1987
[6] Sommerfeld, A., Thermodynamik und Statistik, Akademische Verlagsgesellschaft, Leipzig 1962; Becker, R., Theorie der Wärme, Springer, Berlin, 1966
[7] Evans, D.J., Hanley, H.J.M., Hess, S., Non-Newtonian Phenomena in Simple Fluids, Physics Today **37**, 26, Jan. 1984
[8] Hess, S., Nicht-Gleichgewichts-Molekulardynamik: Computer-Simulationen von Transportprozessen und Analyse der Struktur von einfachen Fluiden, Physikal. Blätter **44**, 325, 1988
[9] Iida, T., Guthrie, R.I.L., The Physical Properties of Liquid Metals, Clarendon Press, Oxford, 1988
[10] Jounglove, B.A., Thermophysical Properties of Fluids I, J. Phys. Chem. Ref. Data **11**, Supplement 1, 1982
[11] Stanley, H.E., Introduction to Phase Transitions and Critical Phenomena, Clarendon Press, Oxford, 1971; 2. Auflage 1989
[12] Gebhardt, W., Krey, U., Phasenübergänge und kritische Phänomene, Vieweg, Braunschweig, 1980
[13] Heermann, D.W., Computer Simulation Methods, Springer, Berlin, 1986
[14] Hoover, W.G., Molecular Dynamics, Springer, Berlin, 1986
[15] Hess, S., Loose, W., Molecular Dynamics: Test of Microscopic Models for the Material Properties of Matter, in Constitutive Laws and Microstructure, p. 93–114 (Eds. D.R. Axelrad, W. Muschik) Springer, Berlin, 1988
[16] McDonald, I.R., Singer, K., Mol. Phys. **23**, 29, 1972.
[17] Yarnell, L. et al., Phys. Rev. **A 7**, 2130, 1973
[18] Frederikze, H., et al., ILL Annual Report 1987
[19] Nikolaj, P.G., Pings, C.J., J. Chem. Phys. **46**, 1401, 1967
[20] Hess, S., Int. J. Thermophys. **6**, 657, 1985
[21] Levesque, D., Verlet, L., Phys. Rev. **A 2**, 2514, 1970
[22] Hess, S., Hanley, H.J.M., Phys. Lett. **98 A**, 35, 1983
[23] Hess, O., Loose, W., Weider, T., Hess, S., Physica **B** 156/157, 512, 1989
[24] Hess, S., Phys. Lett. **105 A**, 113, 1984
[25] Hess, S., Physica **127 A**, 509, 1984
[26] Diller, D.E., van Poolen, L.J. Int. J. Thermophys. **6**, 43, 1985
[27] Hess, S., Physica **118 A**, 79, 1983
[28] Green, H.S., Handbuch der Physik, Bd. 10, Springer, Berlin, 1960
[29] Zwanzig, R., Mountain, R.D., J. Chem. Phys. **43**, 4464, 1965
[30] Hanley, H.J.M., Rainwater, J.C., Hess, S., Phys. Rev. **A 36**, 1795, 1987
[31] Ackerson, B.J., Clark, N.A., Physica **118 A**, 221, 1983
[32] Lindner, P. et al., Progr. Colloid Polym. Sci. **76**, 47, 1988

4 Superflüssigkeiten

Klaus Lüders

4.1 Einleitung

4.1.1 Historische Bemerkungen

Flüssiges Helium besitzt bei tiefen Temperaturen eine Fülle faszinierender Eigenschaften, die im Vergleich zum Verhalten normaler Flüssigkeiten ganz ungewöhnlich sind. Die historische Entwicklung mit ihren vielen überraschenden Entdeckungen verlief dementsprechend aufregend. Es zeigte sich, daß die Erscheinungsvielfalt der Superfluidität wesentlich durch **makroskopische Quantenphänomene** gekennzeichnet ist. In mancher Hinsicht existieren Ähnlichkeiten mit der Supraleitung in metallischen Systemen. *Erscheinungen der Superfluidität wurden bei beiden Isotopen* ^{4}*He und* ^{3}*He gefunden.*

Im Gegensatz zur Entdeckung der Supraleitung 1911 durch Onnes ist die Entdeckung der Superfluidität von ^{4}He nicht so eindeutig zu datieren. Schon Onnes, dem 1908 in Leiden als erstem die Verflüssigung von Helium gelungen war, hatte festgestellt, daß die Dichte bei etwa 2.2 K ein Maximum durchläuft und daß die spezifische Wärmekapazität in der Nähe dieser Temperatur sehr große Werte annimmt. Sein Nachfolger Keesom veröffentlichte 1932 mit Clusius genauere Messungen der spezifischen Wärmekapazität, die bei der Temperatur des Dichtemaximums eine große Anomalie zeigten. Wegen der Ähnlichkeit dieser Kurven mit dem griechischen Buchstaben λ spricht man vom *λ-Punkt*. Keesom bezeichnete die beiden flüssigen Phasen oberhalb und unterhalb des λ-Punktes mit *He I* und *He II*. Ein erster Hinweis auf die ungewöhnlichen Eigenschaften von He II waren seine Messungen der Wärmeleitfähigkeit, deren extrem große Werte die Meßmöglichkeiten der vorhandenen Apparatur überschritten. Die meisten der erstaunlichen Eigenschaften von He II wurden dann in einer hektischen Forschungsperiode zwischen 1936 und 1939 entdeckt. Neben Leiden waren jetzt auch Cambridge, Oxford, Toronto und Moskau Zentren des Geschehens. Genauen Messungen der Wärmeleitfähigkeit folgten die Entdeckungen des thermomechanischen Effektes, des Filmflusses und schließlich der extrem kleinen Viskosität. Der Begriff „Superflüssigkeit" für dieses neue Phänomen geht auf Kapitza zurück, der 1938 gleichzeitig mit Allen und Misener Viskositätsexperimente in der Zeitschrift Nature veröffentlichte.

Zur gleichen Zeit formulierte Tisza sein *Zweiflüssigkeitenmodell*, angeregt durch Londons Überlegungen, die *Bose-Einstein-Kondensation* (s. Abschn. 1.2.6) mit dem λ-Übergang in Zusammenhang zu bringen. Nach diesem Modell besteht He II aus der Mischung einer normalfluiden Komponente und einer „kondensierten" superfluiden Komponente. Später (1941) hat Landau dieses Modell entscheidend weiterentwickelt. Auch das später durch Neutronenstreuexperimente bestätigte He II-Anregungsspektrum wurde von Landau vorgeschlagen (1947). Er erhielt 1962 für seine Arbeiten zur Theorie des He II den Nobelpreis. Mit Hilfe des Zweiflüssigkeitenmodells lassen sich viele Eigenschaften von He II verstehen, und es ist bis heute Ausgangspunkt für theoretische Überlegungen.

Die Entdeckung der Superfluidität von ^{3}He erfolgte viel später. Erst seit 1949 stand genügend ^{3}He zur Verfügung, um Experimente zu beginnen. In den 60er Jahren wurden zunächst die Eigenschaften von flüssigem ^{3}He in der normalen Phase untersucht. Unterhalb von 1 K zeigt ^{3}He nämlich bereits ein ungewöhnliches Verhalten, das weitgehend dem einer *Fermi-Flüssigkeit* entspricht. Mit der Entwicklung von Kühlmethoden für den mK-Bereich waren schließlich die Voraussetzungen zur Entdeckung der Superfluidität vorhanden. Osheroff, Richardson und Lee fanden 1972 zwei Phasenübergänge bei etwa 2.7 und 2 mK. Ein Jahr später zeigten Viskositätsmessungen, daß es sich auch hier um superfluide Phasen handelt. Inzwischen spiegeln sich die vielen neuen und interessanten Eigenschaften dieser Phasen in einer großen Zahl experimenteller und theoretischer Veröffentlichungen wider.

4.1.2 Heliumverflüssigung

Aufgrund der vielfältigen Anwendungen der Tieftemperaturphysik wird Helium heute in technischem Maßstab verflüssigt. Heliumkälteanlagen verschiedener Bauart gehören praktisch zur Grundausrüstung von Universitäts- und Industrielaboratorien. Allein in Deutschland werden jährlich etwa 10^6 l flüssiges Helium (1 l entspricht 125 g) für Kühlzwecke eingesetzt, weltweit knapp $9 \cdot 10^7$ l. Das Helium stammt durchweg aus Erdgasquellen und steht in ausreichender Menge zur Verfügung.

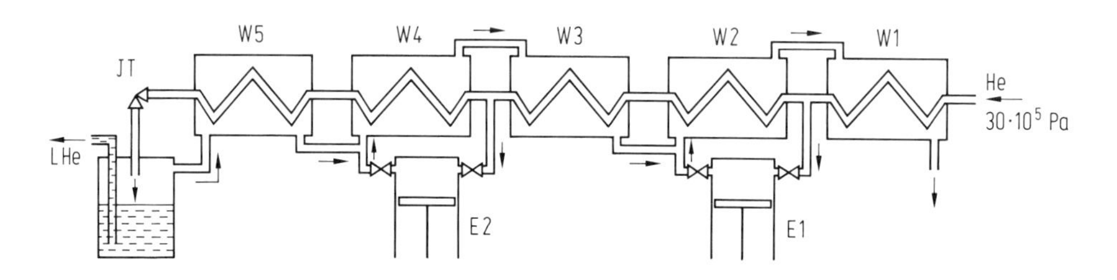

Abb. 4.1 Schema der Heliumverflüssiger nach Collins. LHe = flüssiges Helium, JT = Joule-Thomson-Ventil, W = Gegenstromwärmetauscher, E = Expansionsmaschinen.

Abb. 4.1 zeigt das Schema der auf Collins zurückgehenden Heliumverflüssiger. Das von Kompressoren auf erhöhten Druck (typischer Wert: $30 \cdot 10^5$ Pa) komprimierte Helium wird nach Durchströmen einer Reihe von Gegenstromwärmetauschern vorgekühlt, um sich dann in einem Joule-Thomson-Ventil zu entspannen. Dabei kühlt es so weit ab, daß es zum Teil flüssig wird. Der nicht verflüssigte, aber kalte Gasanteil wird in den Gegenstrom geleitet. Um beim Joule-Thomson-Effekt Abkühlung zu erreichen, muß bei der Vorkühlung die Inversionstemperatur von etwa

30 K unterschritten werden. Dazu benutzt man das Prinzip der adiabatischen Expansion unter Abgabe äußerer Arbeit. Dies geschieht in Expansionsmaschinen (entweder Kolbenmaschinen oder in größeren Verflüssigern Turbinen), in denen ein abgezweigter Teil des Hochdruckgases abgekühlt und als kaltes Niederdruckgas in den Gegenstrom geleitet wird. Beim Collins-Verflüssiger arbeiten zwei Expansionsmaschinen in verschiedenen Temperaturbereichen. Durch zusätzliche Kühlung mit flüssigem Stickstoff kann die Verflüssigerkapazität noch erheblich vergrößert werden. Sie beträgt typischerweise 10–20 l/h. Mehrstufige Großanlagen, z. B. in Kernforschungszentren, erreichen bis zu mehrere Tausend l/h.

Der zu dem beschriebenen Verfahren gehörende Kreisprozeß läßt sich im T,S-Diagramm für Helium verfolgen (Abb. 4.2). Hierin sind Adiabaten (S = konst.) und Isothermen vertikale bzw. horizontale Geraden. Zusätzlich sind Isobaren und Isenthalpen eingezeichnet. Der Koexistenzbereich von flüssiger und gasförmiger Phase liegt unterhalb der gestrichelten Linie. Die einzelnen Schritte sind nun: 1 → 2 Kompression, die Kompressionswärme wird durch Kühlung abgeführt, 2 → 3 isobare Abkühlung im Gegenströmer, 3 → 4 isenthalpe Joule-Thomson-Entspannung, wobei ein Teil des Heliums verflüssigt wird, 4 → 5 Entnahme des flüssigen Heliums, 5 → 1 isobare Aufwärmung des kalten Niederdruckgases im Gegenströmer.

Flüssiges Helium hat bei Atmosphärendruck eine Temperatur von 4.2 K. Die Übergangstemperatur zur Superfluidität (λ-Temperatur) läßt sich durch Drucker-

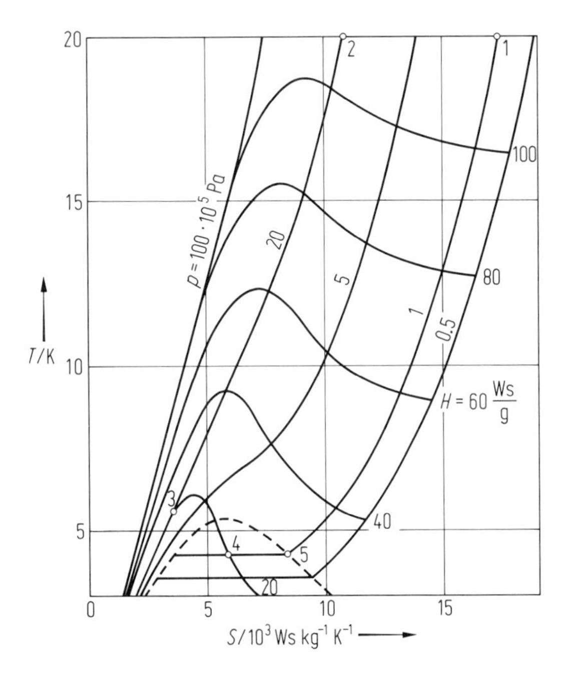

Abb. 4.2 Temperatur-Entropie-Diagramm von Helium. Eingezeichnet sind Isobaren (p = konst.) und Isenthalpen (H = konst.). Unterhalb der gestrichelten Kurve können Gas und Flüssigkeit im Gleichgewicht nebeneinander existieren. Die Zahlen 1 bis 5 markieren den zu einer Heliumverflüssigung gehörenden Kreisprozeß, wobei die Kompression 1 → 2 in der Praxis bei Zimmertemperatur stattfindet.

niedrigung entsprechend dem Verlauf der Dampfdruckkurve (Abb. 4.3) leicht erreichen. Für Experimente im mK-Bereich, insbesondere mit superfluidem ^3He, sind weitere Kühlmethoden notwendig, wie ^3He-^4He-Entmischung (s. Abschn. 4.4.2), adiabatische Entmagnetisierung und Pomerantchuk-Kühlung.

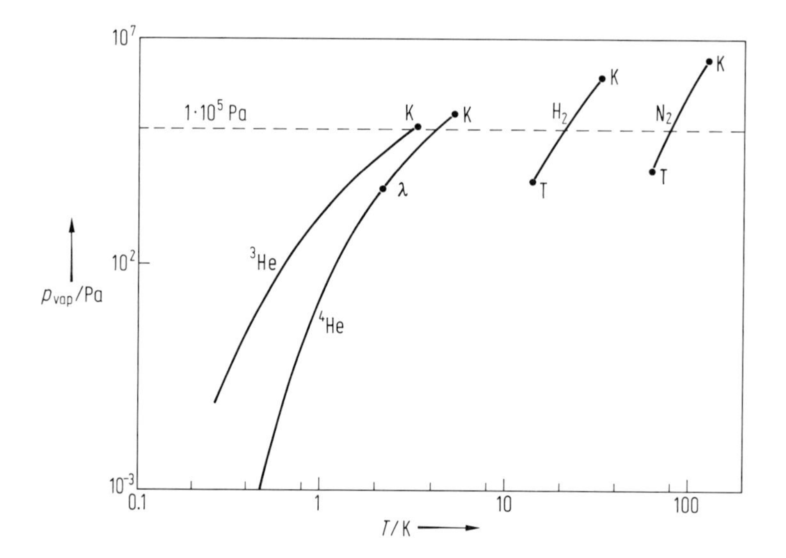

Abb. 4.3 Dampfdruckkurven von ^3He und ^4He. K = kritischer Punkt, λ = λ-Punkt. Zum Vergleich sind die Dampfdruckkurven von H_2 und N_2 zwischen dem kritischen Punkt und dem Tripelpunkt (T) mit eingezeichnet. Die Schnittpunkte mit der gestrichelten Geraden ergeben die jeweiligen Siedepunkte bei Atmosphärendruck.

4.2 Superfluides ^4He (Helium II)

4.2.1 Superfluidität und der Lambda-Übergang

Abb. 4.4 zeigt das Phasendiagramm von ^4He. Im Gegensatz zu anderen Flüssigkeiten existiert hier kein Tripelpunkt, ^4He bleibt bei Drücken unterhalb von etwa $25 \cdot 10^5$ Pa bis zum absoluten Nullpunkt flüssig. Die superfluide Phase (He II) ist von der normalfluiden Phase (He I) durch einen Phasenübergang zweiter Ordnung (λ-Linie) getrennt. Erfolgt die Abkühlung von He I durch Druckerniedrigung entlang der Dampfdruckkurve, so tritt dieser Übergang bei dem Druck p = 49 hPa und der Temperatur T = 2.17 K (λ-Punkt) auf.

Die markanteste Eigenschaft von He II ist zweifellos die *völlige Reibungslosigkeit*, mit der es sogar durch engste Kapillaren strömen kann. Strömungsmessungen durch Kapillaren mit Durchmessern zwischen 0.1 und 4 μm ergaben, daß die Viskosität in He II mindestens um den Faktor 10^{11} kleiner ist als in He I. Auch in Dauerstromexperimenten konnte gezeigt werden, daß He II praktisch reibungsfrei strömen kann. Der

Nachweis von ringförmigen He II-Dauerströmen gelang dabei mit großer Empfindlichkeit gyroskopisch, d.h. über deren Kreiselpräzession.

Eine Besonderheit tritt allerdings auf, wenn andere Methoden zur Viskositätsbestimmung benutzt werden, wie z.B. Torsionsschwingungen, schwingende Drähte oder Rotationsviskosimetrie. In Abb. 4.5 ist ein mit der letzten Methode gewonnenes Ergebnis eingetragen. Es zeigt endliche Viskositätswerte, die mit denen von ^{4}He-Gas vergleichbar sind. He II kann offenbar beides, viskos und nicht-viskos reagieren, je nach Experiment. Dieser scheinbare Widerspruch läßt sich aber im Rahmen des Zweiflüssigkeitenmodells (s. Abschn. 4.2.2) zwanglos deuten.

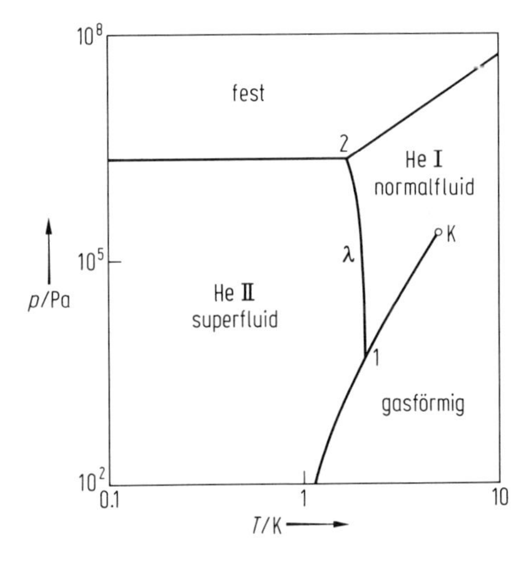

Abb. 4.4 Phasendiagramm von ^{4}He. K = kritischer Punkt (5.2 K, $2.3 \cdot 10^5$ Pa), λ = λ-Linie, 1 = 2.17 K, 49 hPa, 2 = 1.77 K, $30 \cdot 10^5$ Pa.

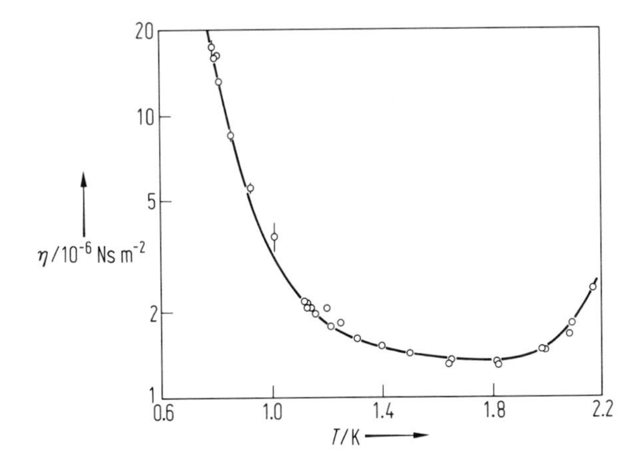

Abb. 4.5 Temperaturabhängigkeit der Viskosität η von He II, wie sie sich aus Messungen mit einem Rotationsviskosimeter ergibt (nach Woods und Hollis-Hallett [1]).

Eine Reihe weiterer physikalischer Größen zeigt beim λ-Übergang ein charakteristisches Verhalten. So nimmt z. B. die Wärmeleitfähigkeit extrem hohe Werte an (s. Abschn. 4.2.5). In den Abb. 4.6 und 4.7 sind weitere experimentelle Befunde dargestellt.

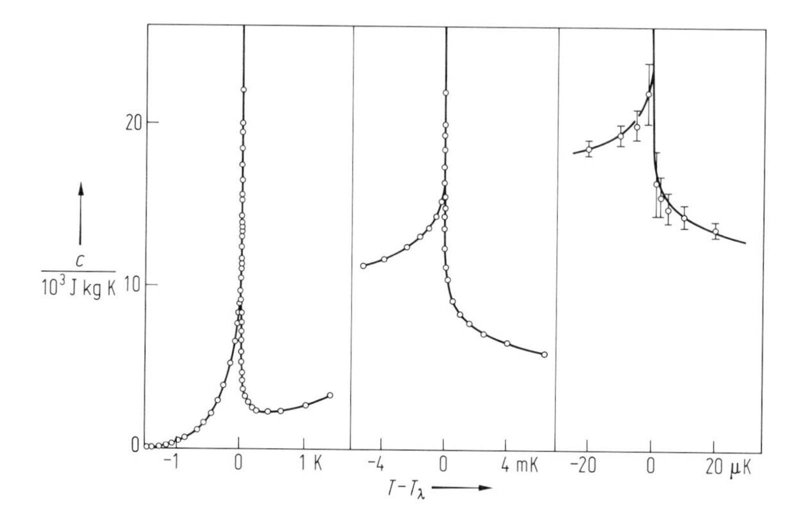

Abb. 4.6 Temperaturabhängigkeit der spezifischen Wärmekapazität c von He II in der Umgebung der λ-Temperatur (nach Buckingham und Fairbank [2]).

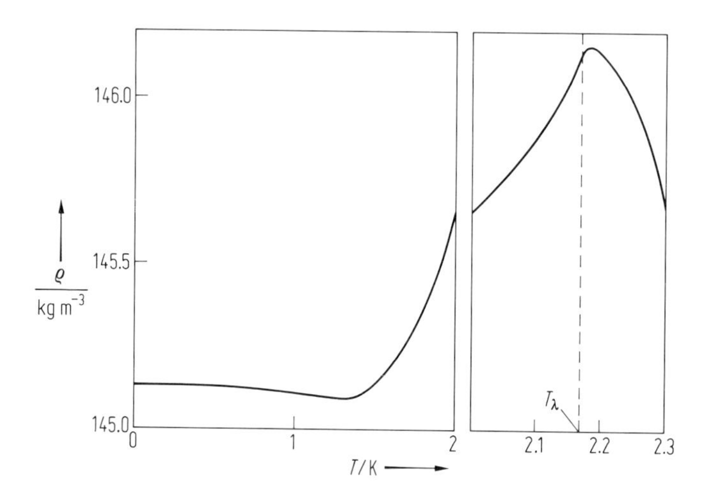

Abb. 4.7 Temperaturabhängigkeit der Dichte ϱ von He II. Das rechte Teilbild zeigt den Verlauf von ϱ in der Umgebung der λ-Temperatur (gestreckte Temperaturskala).

4.2.2 Das Zweiflüssigkeitenmodell

He II besteht nach dem Zweiflüssigkeitenmodell in seiner einfachsten Formulierung aus einer Mischung zweier nicht miteinander wechselwirkenden Flüssigkeiten, wovon sich die eine wie eine ideale, reibungsfreie Flüssigkeit (superfluide Komponente) und die andere wie eine normale, viskose Flüssigkeit (normalfluide Komponente) verhält. Außerdem wird postuliert, daß die superfluide Komponente keine Entropie trägt, während die normalfluide Komponente die gesamte Entropie der Flüssigkeit enthält. Die beiden Komponenten werden danach durch folgende Größen charakterisiert: superfluide Komponente: Dichte ϱ_s, Entropie $S = 0$, Geschwindigkeit $\boldsymbol{v}_s$ und Viskosität $\eta = 0$; normalfluide Komponente: Dichte ϱ_n, Entropie $S > 0$, Geschwindigkeit $\boldsymbol{v}_n$ und Viskosität $\eta > 0$. Die Gesamtdichte ist

$$\varrho = \varrho_s + \varrho_n .$$

Die Temperaturabhängigkeit von ϱ_n (und damit auch von ϱ_s) ergibt sich experimentell, z. B. aus Messungen der Schallgeschwindigkeit des zweiten Schalls (s. Abschnitt 4.2.9) oder direkter aus dem grundlegenden Experiment von Andronikashvili (Abb. 4.8). Mit abnehmender Temperatur nimmt ϱ_s zu und ϱ_n ab. Bei $T \lesssim 1$ K geht ϱ_n gegen Null, während am λ-Punkt ($T = T_\lambda$) die superfluide Dichte ϱ_s verschwindet. Die Massenflußdichte $\boldsymbol{j}$ setzt sich ebenfalls aus zwei Anteilen zusammen:

$$\boldsymbol{j} = \varrho_s \boldsymbol{v}_s + \varrho_n \boldsymbol{v}_n .$$

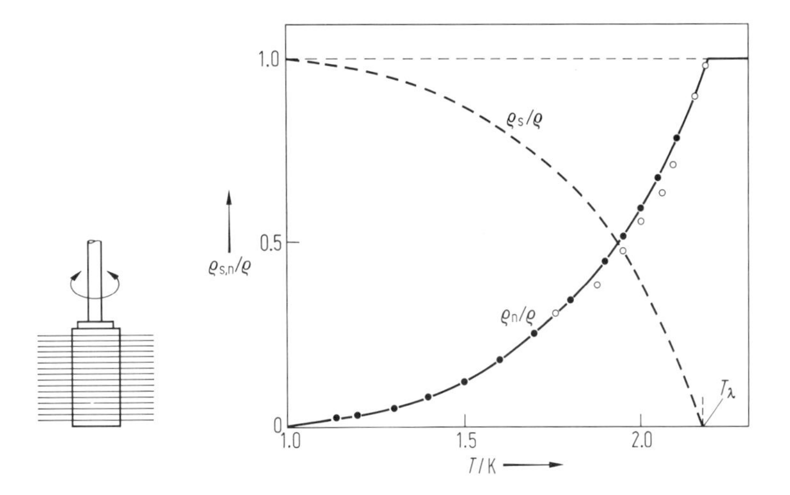

Abb. 4.8 *Links:* Schema des Experiments von Andronikashvili. Ein Satz von 50 parallelen und starr miteinander verbundenen Metallplatten (Durchmesser 35 mm, Dicke 0.013 mm, Abstand 0.21 mm) taucht als Torsionspendel (Schwingungsdauer $\approx$ 30 s) in flüssiges Helium ein. Entsprechend dem Zweiflüssigkeitenmodell nimmt die normalfluide Komponente an der Drehbewegung teil und verändert je nach Konzentration das Trägheitsmoment. *Rechts:* Ergebnis dieses Experiments. ϱ_n = Dichte der normalfluiden Komponente, ϱ_s = Dichte der superfluiden Komponente, ϱ = Gesamtdichte. Die vollen Punkte stammen aus Geschwindigkeitsmessungen des 2. Schalls (nach Andronikashvili und Peshkov [3]).

Das Zweiflüssigkeitenmodell ist sehr anschaulich. Es muß aber erwähnt werden, daß es nur als Modell verstanden werden darf. He II läßt sich nicht wirklich in die beiden Komponenten zerlegen. Es gibt nur eine Sorte von ^{4}He-Atomen, die alle identisch sind und zum Verhalten beider Komponenten beitragen.

Die verschiedenen Ergebnisse der Viskositätsmessungen (s. Abschn. 4.2.1) werden mit dem Zweiflüssigkeitenmodell verständlich: In den Kapillaren bewegt sich nur die superfluide Komponente, während bei den anderen Experimenten die innere Reibung in der normalfluiden Komponente gemessen wird. Ebenso zwanglos lassen sich neben dem schon erwähnten zweiten Schall der thermomechanische Effekt (siehe Abschn. 4.2.3) und die Wärmeleitfähigkeit (s. Abschn. 4.2.5) deuten.

Die beiden Komponenten können strömungstechnisch entsprechend den Formalismen für ideale bzw. viskose Flüssigkeiten behandelt werden. Die Strömungsgleichungen enthalten allerdings einen Term, der von der Relativgeschwindigkeit $\boldsymbol{v}_n - \boldsymbol{v}_s$ abhängt. Wird diese Differenz zu groß, tritt eine gegenseitige Reibung zwischen beiden Komponenten ein, die nach Gorter und Mellink durch Einfügen einer Reibungskraft berücksichtigt werden kann. Mikroskopisch wird diese gegenseitige Reibung mit dem Auftreten von Wirbelfäden in der superfluiden Komponente in Zusammenhang gebracht (s. Abschn. 4.2.7).

Nach Überlegungen von London sollte die superfluide Komponente dem kondensierten Anteil der Bose-Einstein-Kondensation entsprechen. Es gibt tatsächlich experimentelle Hinweise auf einen solchen kondensierten Anteil (Abb. 4.9). Der sich dabei ergebende Wert von weniger als 15% bei $T = 0$ ist allerdings sehr gering. Dies ist offenbar auf die Wechselwirkung der He-Atome untereinander zurückzuführen, die beim idealen Bose-Einstein-Gas nicht vorhanden ist.

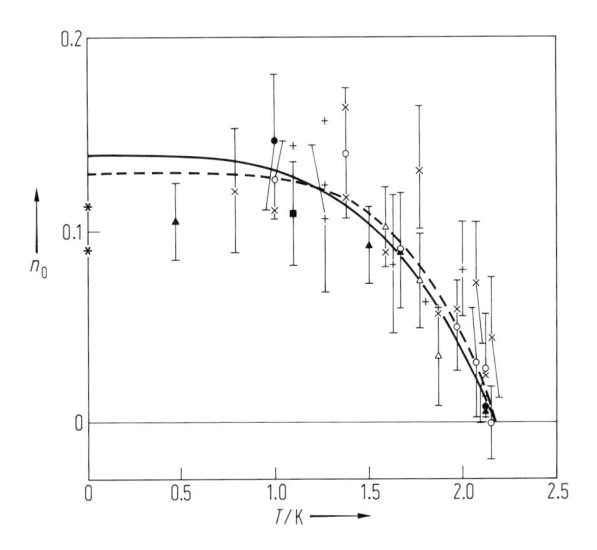

Abb. 4.9 Temperaturabhängigkeit des Anteils n_0 kondensierter He-Atome in He II, wie sie sich u.a. aus Neutronenstreuexperimenten ergibt. Die Punkte bei $T = 0$ sind theoretische Werte. Die gestrichelte Kurve wurde aus Messungen der Obcrflächenspannung berechnet (nach Svensson und Sears [4]).

4.2.3 Der thermomechanische Effekt

Zwei mit He II gefüllte Behälter seien durch ein sehr feines Kapillarensystem miteinander verbunden (Abb. 4.10 a). In der Praxis verwendet man Schlitze zwischen glatten Oberflächen oder poröse Filter aus Sintermaterial oder gepreßten Pulvern (z. B. Aluminiumoxid oder Polierrot). Solche Anordnungen sind für He II durchlässig, nicht aber für He I. Man bezeichnet sie auch als „Superleck". Wird nun in einem der beiden Gefäße die Temperatur um ΔT erhöht, z. B. durch eine elektrische Heizung oder durch Wärmestrahlung, so stellt man ein Überströmen in das wärmere Gefäß bis zu einem Gleichgewichtsdruck $p + \Delta p$ fest. Quantitativ wird Δp durch den auf London zurückgehenden Ausdruck

$$\Delta p = \int_{T_1}^{T_2} \varrho s \, \mathrm{d}T \quad \text{bzw.} \quad \Delta p = \varrho s \Delta T \ (\text{für kleine } \Delta T)$$

beschrieben (s = spezifische Entropie = S/m). Diese Gleichungen folgen aus dem Zweiflüssigkeitenmodell, wenn man die chemischen Potentiale auf beiden Seiten des Kapillarensystems gleichsetzt. Anschaulich wirkt das Kapillarensystem wie eine semipermeable, nur für die superfluide Komponente durchlässige Wand. Der Druckaufbau erfolgt dann analog zum osmotischen Druck.

Δp kann beachtliche Werte erreichen, die sich in Schauexperimenten durch eindrucksvolle Fontänen demonstrieren lassen (daher auch die Namen *Fontäneneffekt* und „Fontänendruck") (Abb. 4.10 b). Für $T_1 = 0.2$ K und $T_2 = 0.95$ K beispielsweise ist $\Delta p \approx 2.7$ hPa. In weniger feinen Kapillarensystemen („nichtideale Superlecks") sind die experimentellen Werte für Δp reduziert, weil jetzt auch die normalfluide

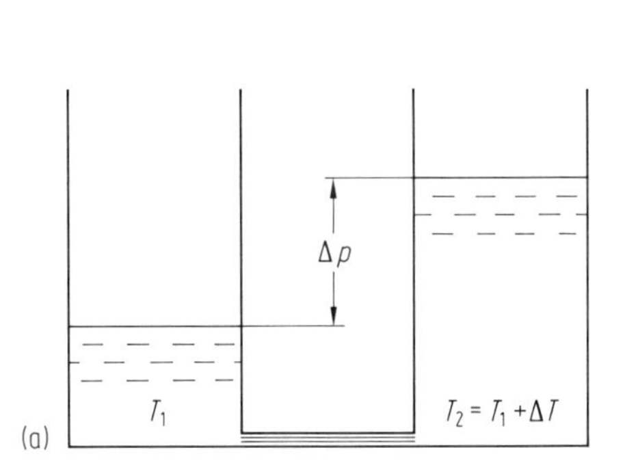

Abb. 4.10 Der thermomechanische Effekt. (a) Schematisch: In zwei durch ein Kapillarensystem verbundenen He II-Gefäßen stellt sich bei einer Temperaturdifferenz ΔT eine Druckdifferenz Δp ein. (b) Demonstrationsexperiment: Der Überdruck auf der wärmeren Seite, erzeugt durch eine im Glasrohr montierte elektrische Heizung, führt zu einer He-Fontäne. Sie läßt sich bei etwas höherer Heizleistung leicht bis zum Kryostatendeckel erhöhen (Foto: Szücs, Tieftemperaturlabor der Freien Universität Berlin).

Komponente strömen kann, und zwar in entgegengesetzter Richtung entsprechend dem Hagen-Poiseuille-Gesetz.

Eine direkte Anwendung des thermomechanischen Effektes beruht auf der Pumpwirkung (s. z. B. Abb. 4.19). Der Vorteil solcher Fontäneneffektpumpen liegt darin, daß sie keinerlei bewegliche Teile benötigen.

4.2.4 Phononen und Rotonen – die Dispersionskurve

Zu den wichtigsten Methoden, Aussagen über die Eigenschaften von He II zu erhalten, gehören Neutronenstreuexperimente. Abb. 4.11 zeigt Ergebnisse für den Bereich inelastischer Streuung. Man verwendet einen monochromatischen Neutronenstrahl und beobachtet in Abhängigkeit vom Winkel die Energie der gestreuten Neutronen. Daraus ergibt sich direkt der Energie-Impuls-Zusammenhang $E(p)$ der Stoßpartner (s. Band VI, Abschn. 1.2.24). $E(p)$ besitzt für He II eine ganz charakteristische Form: E steigt zunächst linear mit p an, wie man es auch von Festkörpern kennt, wobei die Steigung die Schallgeschwindigkeit c ergibt:

$$E = cp.$$

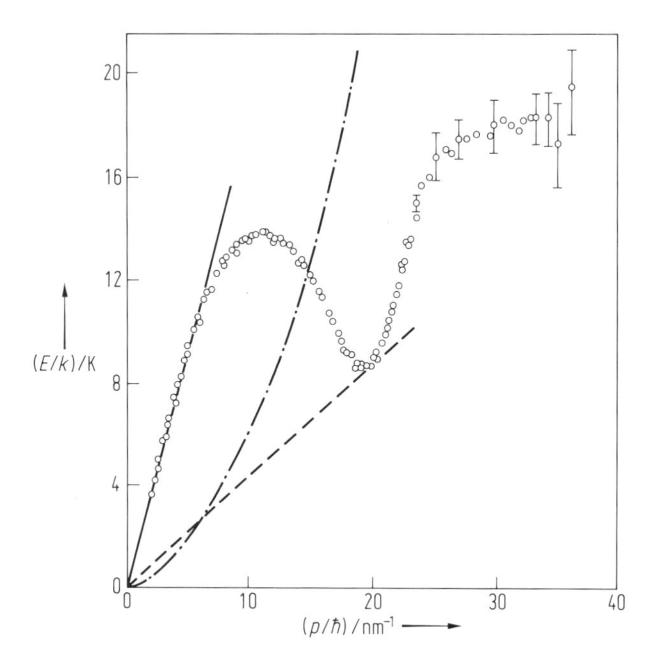

Abb. 4.11 Die Dispersionskurve der thermischen Anregungen in He II, wie sie sich aus Experimenten inelastischer Neutronenstreuung ergibt (k = Boltzmann-Konstante, $\hbar = h/2\pi$, h = Planck-Konstante). Strichpunktiert: der Zusammenhang von E und p für freie ^{4}He-Atome (Anregungsenergie $E = p^2/2m_4$). Gestrichelt: Ermittlung der Landauschen kritischen Geschwindigkeit $v_L = \Delta/p_0$ (nach Cowley und Woods [5]).

Die Kurve durchläuft dann ein Maximum und ein Minimum. Der Verlauf in der Umgebung des Minimums läßt sich durch

$$E = \Delta + \frac{(p-p_0)^2}{2m^*}$$

beschreiben (m^* = effektive Masse). Zum Vergleich ist die Parabel, die man für freie ^{4}He-Atome erwarten würde, mit eingezeichnet. Die Messungen ergeben folgende Zahlenwerte:

$$c = 239\,\mathrm{m/s}, \quad \Delta/k = 8.7\,\mathrm{K}, \quad p_0/\hbar = 19.1\,\mathrm{nm}^{-1}, \quad m^* = 0.16\,m_4$$

(m_4 = Masse des ^{4}He-Atoms = $6.65 \cdot 10^{-27}$ kg).

Die Dispersionskurve (Abb. 4.11) spiegelt thermische Anregungen im He II wider. Sie wurde von Landau bereits in der charakteristischen Form vorhergesagt. Neben den zum linearen Teil gehörenden Phononen führte er für die zum Minimum gehörenden Anregungen den Namen *Rotonen* ein. Im Bilde des Zweiflüssigkeitenmodells sind die Phononen und Rotonen die normalfluide Komponente. Aus dem Verlauf der Dispersionskurve können weitere wichtige He II-Parameter quantitativ berechnet werden, wie z. B. die normalfluide Dichte ϱ_n, die Entropie S und die spezifische Wärmekapazität c. Ferner läßt sich zeigen, daß die Form der Dispersionskurve überhaupt die Voraussetzung für das Auftreten von Superfluidität ist. Danach kann nämlich, wie Landau gezeigt hat, ein durch He II bewegter Körper erst von einer endlichen Mindestgeschwindigkeit v_L an Impuls übertragen:

$$v_L \approx \frac{\Delta}{p_0} = (60 - 46)\,\mathrm{m\,s^{-1}} \text{ (für } p = 0 - 25 \cdot 10^5\,\mathrm{Pa}).$$

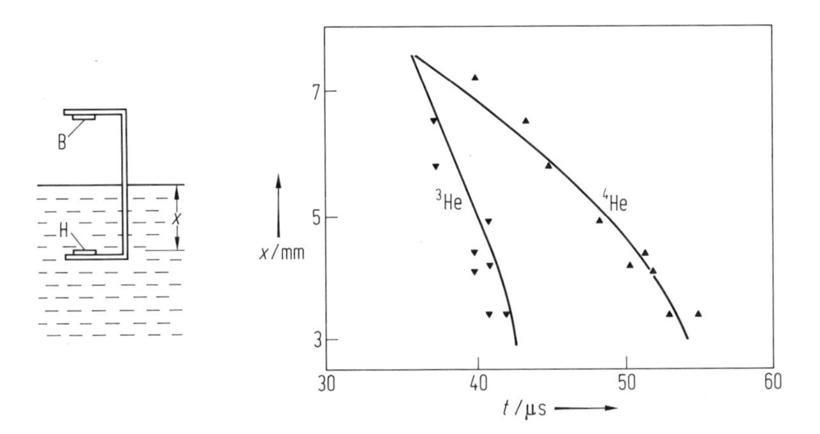

Abb. 4.12 Schema und Ergebnis des Experimentes zum Nachweis der quantisierten He-Verdampfung. H = Heizer, B = Bolometer. Für einen festen Abstand von Heizer und Bolometer wurde für verschiedene Eintauchtiefen x die für einen Phonon-Atom-Stoß aus dem Energiesatz folgende Zeit t zwischen Heizimpuls und Bolometersignal berechnet (ausgezogene Kurven). Die dafür notwendige Phononen-Gruppengeschwindigkeit $\mathrm{d}E(p)/\mathrm{d}p$ ergibt sich aus der Dispersionskurve (Abb. 4.11). Die Meßpunkte stimmen sowohl für ^{4}He- als auch für ^{3}He-Atome gut mit der Rechnung überein (nach Baird et al. [6]).

Experimente mit negativen Ionen als bewegte Körper im He II bestätigten diese Werte sehr genau. Für freie Teilchen ($E \sim p^2$) wäre $v_L = 0$.

Außer der besprochenen Dispersionskurve existiert heute eine Vielfalt von Ergebnissen aus Neutronenstreuexperimenten, insbesondere auch bei höheren Energien. Ein Beispiel wurde bereits in Abb. 4.9 erwähnt. Wie bei anderen Flüssigkeiten sind die He II-Strukturfaktoren ausführlich vermessen worden, wobei zusätzlich Röntgen- und Laserstrahluntersuchungen eingesetzt wurden.

Ein besonderes Phononenexperiment sei noch herausgegriffen, nämlich der Nachweis der quantisierten Verdampfung von He-Atomen. Dieser Vorgang ist analog zum Photon-Elektron-Stoß beim Photoeffekt. Mit Heizimpulsen wurden Phononen erzeugt und mit einem Bolometer die abgedampften Atome nachgewiesen (Abb. 4.12). Die freie Weglänge der Phononen beträgt oberhalb einer kritischen Energie ($E/k \geq 9.5$ K) einige cm. Sie können daher die Flüssigkeitsoberfläche leicht erreichen und He-Atome (Bindungsenergie für ein ^{4}He-Atom: $E_B/k = 7.15$ K) herausschlagen.

4.2.5 Wärmeleitfähigkeit

Zu den bemerkenswertesten Eigenschaften von He II gehört auch die äußerst große Wärmeleitfähigkeit. Sie ist etwa um den Faktor 10^6 bis 10^7 größer als die von He I und übertrifft sogar die Wärmeleitfähigkeit von Kupfer um Faktoren in der Größenordnung von 100. Aufgrund dieser Eigenschaft läßt sich in einem He II-Bad praktisch kein Temperaturgradient aufrechterhalten. Als Folge davon tritt auch das für normale Flüssigkeiten wohlbekannte Blasensieden nicht auf. Zugeführte Wärme verteilt sich augenblicklich im gesamten He-Bad und Verdampfung findet nur noch an der Oberfläche statt. Es ist sehr eindrucksvoll, in einem Glaskryostaten bei Abkühlung unter die λ-Temperatur den abrupten Übergang von dem bewegten, normal siedenden He I zu dem vollkommen ruhigen und blasenfreien He II zu beobachten (Abb. 4.13).

Quantitative Angaben lassen sich aus Experimenten mit He II-gefüllten Glaskapillaren erhalten, die die Einstellung meßbarer Temperaturgradienten erlauben. Abbil-

Abb. 4.13 Flüssiges Helium in einem Glaskryostaten. *Links:* Normal siedendes He I ($T > T_\lambda$). *Rechts:* In He II findet wegen der großen Wärmeleitfähigkeit keine Blasenbildung mehr statt (Fotos: Szücs, Tieftemperaturlabor der Freien Universität Berlin).

dung 4.14 zeigt Ergebnisse für Kapillaren von etwa 1 mm Durchmesser. Die erzielbare Wärmestromdichte besitzt eine charakteristische Temperaturabhängigkeit, die dadurch gekennzeichnet ist, daß für alle Temperaturgradienten Maximalwerte bei etwa 1.9 K auftreten. Die zugehörigen Wärmeleitfähigkeiten erreichen Werte bis $\lambda = 2 \cdot 10^5$ W/m · K (unterste Kurve in Abb. 4.14).

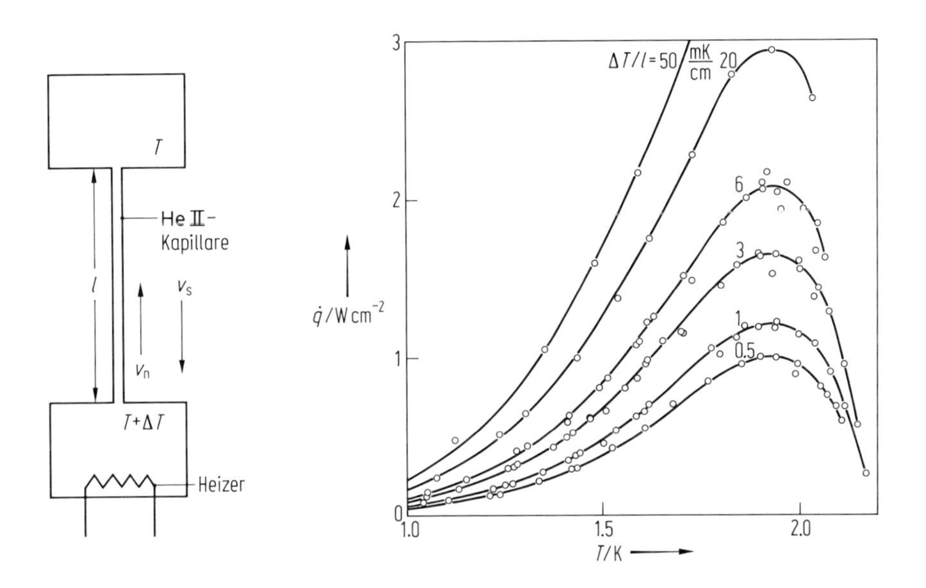

Abb. 4.14 Temperaturabhängigkeit der Wärmestromdichte $\dot{q}$ in einer Kapillare (Durchmesser ≈ 1 mm) für verschiedene Temperaturgradienten. Die Maximalwerte liegen bei etwa 1.9 K. *Links:* Das Schema der Meßanordnung. Superfluide und normalfluide Komponente bewegen sich in der Kapillare im Gegenstrom (nach Keesom et al. [7]).

Die große Wärmeleitfähigkeit von He II ist entsprechend dem Zweiflüssigkeitenmodell auf einen speziellen Konvektionsmechanismus zurückzuführen, nämlich auf den Gegenstrom von normal- und superfluider Komponente, der für nicht zu große Geschwindigkeiten reibungsfrei stattfinden kann. Der Wärmetransport erfolgt durch die normalfluide Komponente, wobei der Wärmestrom $\dot{Q}$ mit dem Massenstrom $\dot{m}_n$ dieser Komponente durch die Beziehung

$$\dot{Q} = sT\dot{m}_n$$

verknüpft ist. In einer Kapillare ist diese Strömung lediglich durch die Hagen-Poiseuille-Reibung der normalfluiden Komponente begrenzt. Es gilt:

$$\dot{m}_n = Z\frac{\varrho s \Delta p}{\eta l}$$

(Z = Geometriefaktor, z. B. für einen kreisförmigen Querschnitt mit Radius R: $Z = \pi R^4/8$). Damit ergibt sich für den mitgeführten Wärmestrom unter Berücksichtigung der London-Gleichung ($\Delta p = \varrho s \Delta T$) der Ausdruck

$$\dot{Q} = Z \frac{T(\varrho s)^2 \Delta T}{\eta l}.$$

Mit Hilfe dieser Gleichung kann z. B. in relativ einfacher Weise durch Messung von ΔT und $\dot{Q}$ die Temperaturabhängigkeit der Viskosität η bestimmt werden. Die Ergebnisse stimmen gut mit Werten überein, die sich aus anderen η-Messungen ergeben. Der Gültigkeitsbereich ist allerdings auf kleine Geschwindigkeiten beschränkt. Sobald die gegenseitige Reibung von normal- und superfluider Komponente einsetzt, ist der Zusammenhang von $\dot{Q}$ und ΔT nicht mehr linear. Abb. 4.15 zeigt entsprechende Meßergebnisse. Auch die Meßkurven in Abb. 4.14 gehören bereits in diesen nichtlinearen Bereich.

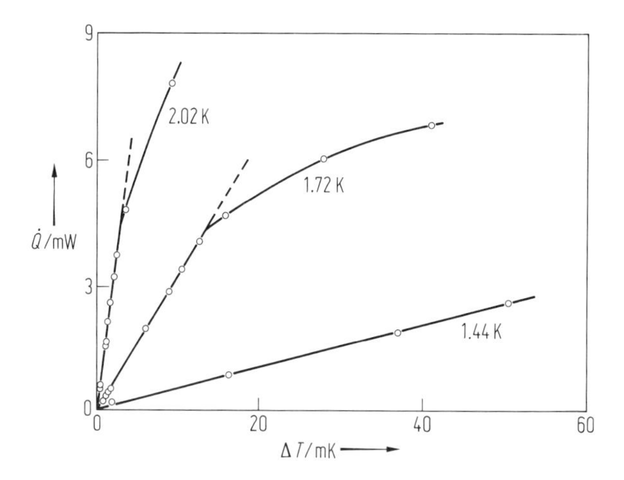

Abb. 4.15 Wärmestrom $\dot{Q}$ in Abhängigkeit von der Temperaturdifferenz ΔT in einem 2.4 µm weiten Spalt. Für höhere Werte ist der Zusammenhang nicht mehr linear (nach Winkel et al. [8]).

4.2.6 Der Kapitza-Widerstand

Durch seine große Wärmeleitfähigkeit ist He II ein sehr effektives Kühlmittel (s. Abschn. 4.2.11). Allerdings gibt es eine oft störende Behinderung des Wärmestromes an der Grenzfläche zwischen dem zu kühlenden Objekt und dem He II-Bad. An dieser Grenzfläche existiert – wie im übrigen bei allen Grenzflächen zwischen zwei verschiedenen Materialien – ein thermischer Übergangswiderstand, der sogenannte *Kapitza-Widerstand*:

$$R_K = \frac{A \Delta T}{\dot{Q}}$$

(A = Grenzfläche). Er hat je nach Wärmestrom $\dot{Q}$ durch die Grenzfläche einen Temperatursprung ΔT zur Folge. Die Werte von R_K hängen natürlich vom jeweiligen

Material und dessen Oberflächenbeschaffenheit ab, sie lassen sich aber nicht auf Null reduzieren. Einige Beispiele enthält Abb. 4.16. Mit abnehmender Temperatur nimmt R_K stark zu. So wird z. B. für Cu – He II bei 0.1 K ein Wert in der Größenordnung von $R_K = 10^5$ K cm^2/W erreicht, was für eine Wärmestromdichte von $\dot{q} = 1$ μW/cm^2 bereits zu einem Temperatursprung von $\Delta T = 0.1$ K führt.

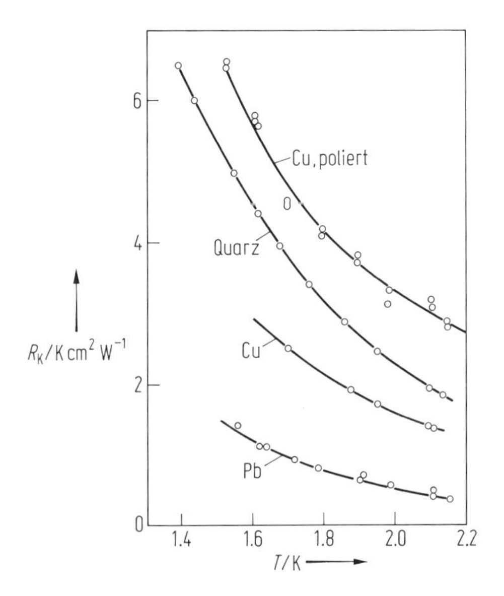

Abb. 4.16 Temperaturabhängigkeit des Kapitza-Widerstandes R_K (thermischer Übergangswiderstand) zwischen verschiedenen Materialoberflächen und He II (nach Challis et al. [9]).

Der Mechanismus des Kapitza-Widerstandes ist bis heute nicht befriedigend geklärt. Sicher handelt es sich um eine akustische Fehlanpassung, bei der die für den Wärmetransport zuständigen Phononen teilweise an der Grenzfläche reflektiert werden. Theoretische Behandlungen dieses Prozesses führen in einigen Fällen zu brauchbarer Übereinstimmung mit den Experimenten, nicht allerdings, wenn He II beteiligt ist. Bei He II sind die theoretischen Werte stets, und zum Teil sogar erheblich größer als die experimentellen. Dies mag ein Indiz dafür sein, daß bei He II weitere, nur hier auftretende Mechanismen eine Rolle spielen.

4.2.7 Kritische Geschwindigkeiten

Die Bestimmung kritischer physikalischer Größen, die den Zustand der Superfluidität von He II eindeutig begrenzen, ist ungleich schwieriger als im Fall der Supraleitung, wo kritische Werte für Stromdichten oder Magnetfelder durch relativ einfache Experimente bestimmbar sind. Bei He II ist neben kritischen Werten für den Wärmestrom $\dot{Q}_c$ und die Winkelgeschwindigkeit ω_c (s. Abschn. 4.2.10) vor allem nach kritischen Strömungsgeschwindigkeiten zu fragen.

Die maximale Landau-Geschwindigkeit $v_L \cong 60$ m/s wurde bereits in Abschn. 4.2.4 im Zusammenhang mit der Dispersionskurve besprochen. In vielen Experimenten treten aber erheblich kleinere kritische Geschwindigkeiten auf. So hängt offenbar in Abb. 4.15 das Abknicken der $\dot{Q}(\Delta T)$-Kurven vom linearen Verlauf mit dem Überschreiten einer kritischen Geschwindigkeit zusammen. Bei 1.72 K ergibt sich z. B. für v_s der kritische Wert $v_{sc} \cong 15$ cm/s.

Eine direktere Bestimmung von v_{sc} ergibt sich aus den Maximalgeschwindigkeiten der Dauerstromexperimente. In Abb. 4.17 sind einige Beispiele angegeben. Man sieht neben der Abhängigkeit von der Temperatur auch den Einfluß der Geometrie. Auch aus einer Reihe weiterer Experimente, wie z. B. Filmfluß, Schallanregungen oder Viskositätsmessungen ergeben sich kritische Geschwindigkeiten mit Werten ähnlicher Größenordnung. Generell findet man eine Zunahme von v_{sc} mit abnehmenden geometrischen Abmessungen. v_{sc} variiert dabei von einigen mm/s (für Gefäßabmessungen von ≈ 1 cm) bis ≈ 50 cm/s (in He II-Filmen von ≈ 1 nm Dicke). In Abb. 4.18 sind Ergebnisse verschiedener Meßmethoden zusammengetragen. Sie lassen sich über einen weiten Bereich durch den Zusammenhang $v_{sc} \sim d^{-1/4}$ (d = geometrische Abmessung) beschreiben.

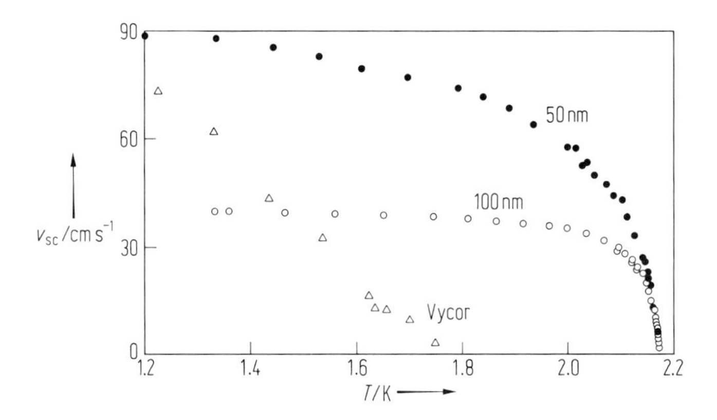

Abb. 4.17 Kritische Geschwindigkeiten v_{sc} in Abhängigkeit von der Temperatur für Filtermaterial mit 50 bzw. 100 nm Porenweite und Vycor-Glas (nach Langer und Reppy [10]).

Bei Überschreiten der kritischen Geschwindigkeit setzt die gegenseitige Reibung zwischen normal- und superfluider Komponente ein, wodurch die Strömung dissipativ wird. Nach Gorter und Mellink ist diese Reibungskraft proportional zur dritten Potenz der Geschwindigkeitsdifferenz:

$$F_{ns} = A\,\varrho_n\varrho_s\,(v_n - v_s)^3$$

(A = Gorter-Mellink-Konstante, ein experimentell zu bestimmender Faktor). Der mikroskopische Ursprung dieser Kraft ist eine turbulente Strömung der superfluiden Komponente, die durch ein Gewirr von verschlungenen Wirbellinien gekennzeichnet ist. Die Wirbeldichte L, definiert als die in einem Volumen vorhandene Gesamtwirbellänge bezogen auf dieses Volumen, ist proportional zu $(v_n - v_s)^2$. Die Wirbelkerne wechselwirken nun mit der normalfluiden Komponente, wodurch die gegenseitige

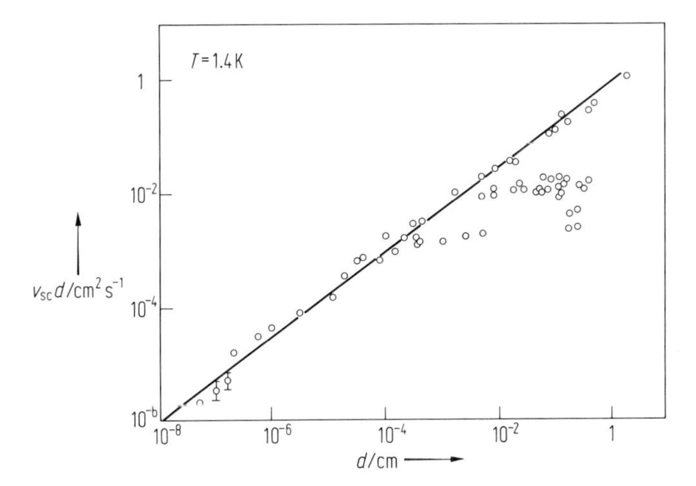

Abb. 4.18 Zusammenhang von kritischer Geschwindigkeit v_{sc} und Durchmesser des Strömungskanals d. Das Produkt $v_{sc} \cdot d$ ist in doppeltlogarithmischer Auftragung als Funktion von d angegeben. Die gerade Linie zeigt den Zusammenhang $v_{sc} \sim d^{-1/4}$ (nach de Bruyn Ouboter et al. [11]).

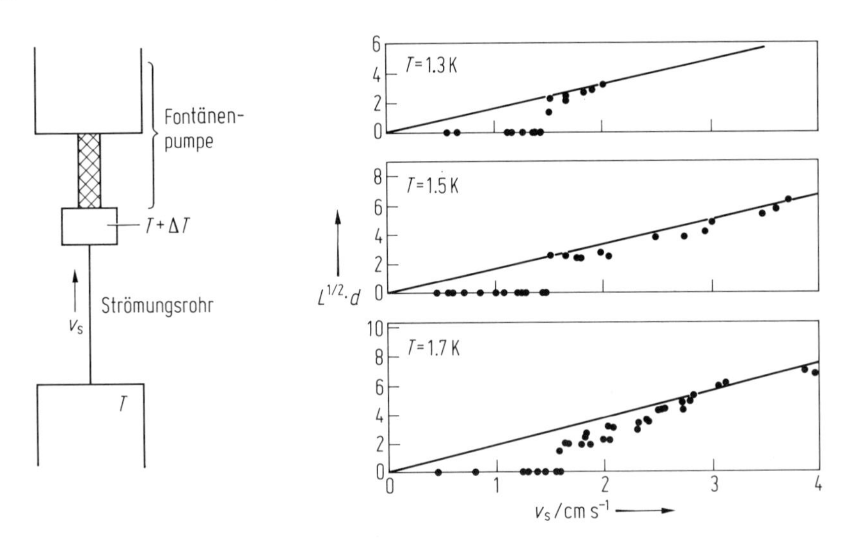

Abb. 4.19 Der Einsatz dissipativer Strömung bei ausschließlicher Bewegung der superfluiden Komponente. Aufgetragen ist die dimensionslose Größe $L^{1/2} \cdot d$ (L = Wirbeldichte, d = Rohrdurchmesser) in Abhängigkeit von der Geschwindigkeit v_s der superfluiden Komponente. *Links:* Schema der Meßanordnung. Mit Hilfe einer Fontänenpumpe (d.h. des thermomechanischen Effektes) wird die superfluide Komponente in Strömung versetzt (nach Baehr et al. [12]).

Reibungskraft zustande kommt. Abb. 4.19 enthält Meßergebnisse dieser Wirbeldichte in Abhängigkeit von v_s. L wurde dabei aus der durch die Dissipation hervorgerufene Temperaturdifferenz an den Enden des Strömungskanals bestimmt. Man sieht deutlich den Einsatzpunkt der dissipativen Strömung. Er zeigt praktisch keine Temperaturabhängigkeit.

4.2.8 Filmfluß

Eine besonders eigentümliche Eigenschaft von He II ist der Filmfluß, der sich über alle vom Heliumbad aus erreichbaren Flächen, insbesondere auch gegen die Gravitationskraft, erstreckt. Voraussetzung ist lediglich, daß die Temperatur kleiner als T_λ ist. Die antreibende Kraft entsteht durch die Van-der-Waals-Wechselwirkung der Heliumatome mit dem Wandmaterial. Ein weiterer Antrieb erfolgt durch Temperaturgradienten entsprechend dem thermomechanischen Effekt (s. Abschn. 4.2.3). Diese Kräfte können sich durch die reibungsfreie Bewegungsmöglichkeit der superfluiden Komponente voll auswirken und zu hohen Strömungsgeschwindigkeiten führen.

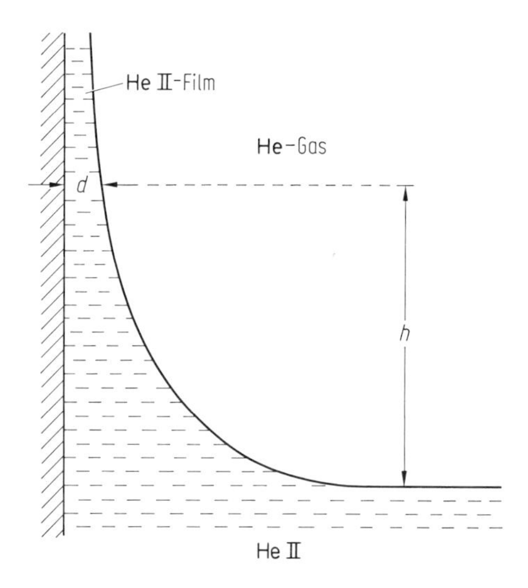

Abb. 4.20 Ausbildung eines He II-Films an einer senkrechten Wand. Gas und Flüssigkeit stehen im thermodynamischen Gleichgewicht (Sättigungsdampfdruck).

Abb. 4.20 zeigt das Filmprofil in der Nähe der Badoberfläche. Unter stationären Bedingungen ergibt sich die Filmdicke d aus dem Gleichgewicht von Van-der-Waals- und Gravitationskraft. Die Höhenabhängigkeit ist danach: $d \sim h^{-1/3}$. Ein typischer Wert ist $d \approx 20$ nm für eine Höhe von ≈ 1 cm.

Der Film endet natürlich in der Höhe, bei der die Wandtemperatur den Wert T_λ erreicht. Die Verdampfungsrate steigt am oberen Filmende wegen der höheren Temperatur und des dadurch erhöhten Dampfdrucks gegenüber der Badoberfläche stark an. Dies kann für den Betrieb von He II-Kryostaten sehr nachteilig sein: erstens wird die Gesamtabdampfrate stark erhöht und zweitens ist die zur Temperaturerniedrigung notwendige Druckabsenkung an der Badoberfläche eingeschränkt. Zur Abhilfe verwendet man daher Lochblenden, die den Filmfluß aufgrund seiner Proportionalität zum kleinsten Umfang entsprechend reduzieren.

Liegt die Temperatur des Behälterrandes unter T_λ, kann der Filmfluß diesen Rand passieren (Abb. 4.21). Das He II fließt immer zu der Seite mit dem niedrigeren Niveau, d.h. mit der kleineren potentiellen Energie. Die Überströmraten solcher „Becherexperimente", die bereits auf Daunt und Mendelssohn (1939) zurückgehen, hängen stark von der Temperatur ab. Abb. 4.21 zeigt neuere Meßergebnisse für Temperaturen unter 1.7 K. Darüber nehmen die Werte bis T_λ entsprechend der Temperaturabhängigkeit von ϱ_s/ϱ_n stark ab. Der begrenzende Mechanismus bei tiefen Temperaturen ist unklar.

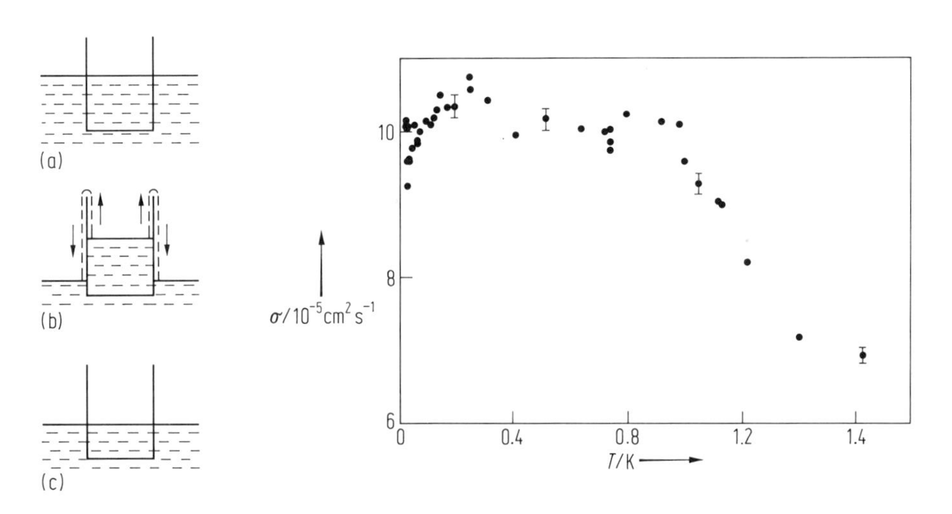

Abb. 4.21 Temperaturabhängigkeit des Filmflusses σ über einen etwa 1 cm hohen Becherrand. *Links:* Schema des Experimentes. (a) Ausgangssituation, (b) nach Absenken des äußeren He-Niveaus beginnt der Filmfluß, (c) neues Gleichgewicht (nach Toft und Armitage [13]).

4.2.9 Schallanregungen

Ein weiteres Charakteristikum von He II ist die Vielzahl von Wellenerscheinungen, die sich darin anregen lassen. Es handelt sich um mehrere Arten von Druck-, Temperatur- und Oberflächenwellen, die unter Einbeziehung gewöhnlicher Schallwellen (1. Schall) fast alle als „Schall" bezeichnet werden (Tab. 4.1). Die Phasengeschwindigkeit c_1 des 1. Schalls ist, wie bei anderen Flüssigkeiten auch, proportional zur Wurzel aus dem Quotienten von Kompressionsmodul K und Dichte ϱ. Abb. 4.22 zeigt die Temperaturabhängigkeit von c_1, der Wert für tiefe Temperaturen beträgt 239 m/s.

Abb. 4.22 enthält gleichzeitig zwei weitere Schallanregungen. Beim 2. Schall handelt es sich um Temperaturwellen. Im Bild des Zweiflüssigkeitenmodells führt die Gegenbewegung von superfluider und normalfluider Komponente zu lokalen Oszillationen des Dichteverhältnisses ϱ_s/ϱ_n, was äquivalent zu Temperaturoszillationen ist. Die Phasengeschwindigkeit c_2 wurde bereits von Landau (1941) berechnet. Bei tiefen Temperaturen beträgt der theoretische Wert $c_2 = c_1/\sqrt{3} = 135$ m/s. Experimentell läßt sich 2. Schall einfach durch eine Wechselstromheizung (zum Beispiel 10–10000 Hz) anregen und durch ein Widerstandsthermometer nachweisen. Auch stehende Wellen lassen sich leicht erzeugen. Messungen von c_2 erlauben eine bequeme Bestimmung von ϱ_n/ϱ (s. Abb. 4.8).

Tab. 4.1 Übersicht über die verschiedenen Schall- bzw. Wellenerscheinungen in superfluidem Helium. K = Kompressionsmodul, c_p = spezifische Wärmekapazität bei konstantem Druck, d = Filmdicke, Ω = Van-der-Waals-Energie, L = Verdampfungswärme, σ = Oberflächenspannung, R = Krümmungsradius, c_D = Schallgeschwindigkeit in He-Dampf.

Name	Wellencharakter	Phasengeschwindigkeit
1. Schall	normaler Schall	$c_1^2 = \frac{K}{\varrho}$
2. Schall	Temperaturwellen	$c_2^2 = \frac{\varrho_\mathrm{s}}{\varrho_\mathrm{n}} \cdot \frac{s^2 T}{c_\mathrm{p}}$
3. Schall	Oberflächenwellen auf He-Filmen aufgrund der Van-der-Waals-Wechselwirkung	$c_3^2 = \frac{\varrho_\mathrm{s}}{\varrho} d \frac{\partial \Omega}{\partial d} (1 + \frac{sT}{L})$
4. Schall	1. Schall in Kapillarensystem (vollständig mit He gefüllt)	$c_4^2 = \frac{\varrho_\mathrm{s}}{\varrho} c_1^2$
5. Schall	2. Schall in Kapillarensystem (teilweise mit He gefüllt)	$c_5^2 = \frac{\varrho_\mathrm{n}}{\varrho} c_2^2$
5. Wellentyp	2. Schall in Kapillarensystem (vollständig mit He gefüllt), stark gedämpft	
Oberflächenspannungsschall	Oberflächenwellen auf gekrümmten He-Filmen aufgrund der Oberflächenspannung	$c_\sigma^2 = \frac{\varrho_\mathrm{s}}{\varrho} \cdot \frac{\sigma d}{\varrho (R+d)^2}$
2. Oberflächenschall	Dichtewellen im Gas der thermischen Elementaranregungen der Oberfläche	
Zweiphasenschall	Kopplung von 2. Schall an Schall in He-Dampf	$c_\mathrm{D} > c > c_2$
nullter Schall	Tieftemperaturschall in einer Fermi-Flüssigkeit, zu beobachten in ^{3}He	

Die Formeln für den 1. und 2. Schall (Tab. 4.1) gelten für den „Idealfall", d. h. c_1 für konstante Temperatur und c_2 für konstante Dichte. Im Experiment gibt es aber beim 1. Schall aufgrund des mehr adiabatischen Verlaufs leichte Änderungen in $\varrho_\mathrm{s}/\varrho_\mathrm{n}$ und damit kleine Beimischungen von 2. Schall. Andererseits gibt es beim 2. Schall leichte ϱ-Änderungen und damit kleine Beimischungen von 1. Schall.

Der 4. Schall (Abb. 4.22) tritt nur in engen, vollständig mit He II gefüllten Kapillaren auf. Es finden wie beim 1. Schall Druck- und Dichteoszillationen statt. Da die normalfluide Komponente aber festgehalten wird, treten gleichzeitig auch Temperaturoszillationen auf. Der 4. Schall setzt sich daher in komplizierter Weise aus 1. und 2. Schall zusammen. Die Formel für c_4 (Tab. 4.1) gilt nur näherungsweise.

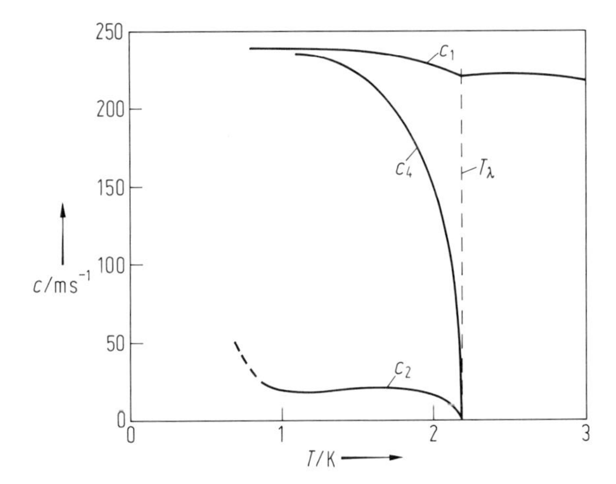

Abb. 4.22 Temperaturabhängigkeiten der Phasengeschwindigkeiten c des 1., 2. und 4. Schalls.

Beim 3. Schall liegt ein ganz anderer Mechanismus vor. Es handelt sich hier um Oberflächenwellen auf He II-Filmen. Die Rückstellkräfte entstehen durch die Van-der-Waals-Wechselwirkung in Analogie zur Gravitation bei Schwerewellen z. B. auf Wasser. Obwohl die normalfluide Komponente an der Unterlage festhaftet, erfolgt die Schallausbreitung isotherm. Dies ist durch periodische Verdampfungs- und Rekondensationsvorgänge an der Oberfläche möglich. Deshalb ist auch die Verdampfungswärme L im Ausdruck für c_3 enthalten (Tab. 4.1). Wird der Verdampfungs- und Rekondensationsprozeß durch Verringerung des Gasvolumens über dem He II-Film eingeschränkt, so daß im Film adiabatische Bedingungen vorliegen, erhält man einen weiteren Beitrag, den 5. Schall. Es handelt sich dabei wieder um eine Temperaturwelle, die allerdings nur mit dem 3. Schall zusammen auftritt.

Tab. 4.1 enthält noch weitere Wellenerscheinungen in He II, auf die hier nicht im einzelnen eingegangen werden kann. Der mit aufgeführte nullte Schall tritt in ^{3}He auf (s. Abschn. 4.3.1).

4.2.10 Rotierendes He II und quantisierte Wirbel

Rotationsexperimente zeigen besonders deutlich, daß He II eine Quantenflüssigkeit ist. Geht man zunächst vom Zweiflüssigkeitenmodell aus, handelt es sich bei Bewegungen der idealen superfluiden Komponente um rotationsfreie Potentialströmungen, die durch

$$\operatorname{rot} \boldsymbol{v}_s = 0$$

beschrieben werden. Danach würde man erwarten, daß in einem rotierenden Gefäß die bei normalen Flüssigkeiten auftretende paraboloidförmige Oberfläche bei He II flacher ist, da die superfluide Komponente wegen $\eta = 0$ nicht mitrotieren kann. Dies wird aber im Experiment nicht beobachtet. Die Oberfläche von rotierendem He II zeigt vielmehr genau die gleiche Form wie andere rotierende Flüssigkeiten auch.

Dieses zunächst überraschende Ergebnis hat zu der Annahme geführt, daß rotierendes He II von Wirbellinien durchzogen sein muß, die parallel zur Rotationsachse verlaufen. Es läßt sich nämlich zeigen, daß die Strömungsform eines Wirbels mit der Geschwindigkeitsverteilung $v \sim 1/r$ (in normalen Flüssigkeiten um einen flüssigkeitsfreien Schlauch herum, r = Radius) mit der Bedingung rot $\boldsymbol{v}_s = 0$ im Einklang ist. In der superfluiden Komponente sind solche Wirbel um normalfluide Kerne, für die $\varrho_s = 0$ ist, möglich.

Es kommt allerdings noch eine Besonderheit hinzu. Nach Onsager und Feynman können sich diese Wirbel in He II nämlich nicht beliebig bilden, sondern nur so, daß ihre Zirkulation

$$\Gamma = \oint \boldsymbol{v}_s \cdot d\boldsymbol{s},$$

die ein Maß für die Wirbelstärke darstellt, ganz bestimmte Werte annimmt. Diese Quantisierung ergibt sich aus Überlegungen von Feynman, der die superfluide Komponente durch die komplexe Wellenfunktion

$$\Psi = \Psi_0 \, e^{i\phi(\boldsymbol{r})}$$

beschreibt, wobei $|\Psi_0|^2 = \varrho_s$ und $\phi(\boldsymbol{r})$ die Phase ist. Hieraus erhält man über den quantenmechanischen Ausdruck für die Stromdichte die Geschwindigkeit der superfluiden Komponente:

$$\boldsymbol{v}_s = \frac{\hbar}{m_4} \operatorname{grad} \phi(\boldsymbol{r})$$

(m_4 = Masse des ^{4}He-Atoms). Die Bedingung rot $\boldsymbol{v}_s = 0$ ist für diesen Ausdruck erfüllt, da die Rotation von einem Gradienten immer verschwindet. Setzt man $\boldsymbol{v}_s$ in den Ausdruck für die Zirkulation ein und integriert über einen vollem Umlauf (von 0 bis 2π), so ergibt sich:

$$\Gamma = \frac{\hbar}{m_4} (\phi_{2\pi} - \phi_0).$$

Damit die Wellenfunktion eindeutig ist, darf die Phasendifferenz $(\phi_{2\pi} - \phi_0)$ nur 2π oder ein ganzzahliges Vielfaches davon betragen. Daraus folgt:

$$\Gamma = n \frac{h}{m_4} \; (n = 1, 2, \ldots).$$

Die Zirkulation ist in He II also quantisiert. Da eine sehr große Zahl von Atomen an der Wirbelbildung beteiligt ist, spricht man von einem makroskopischen Quantenzustand. Der Wert des Zirkulationsquants beträgt $h/m_4 = 9.96 \cdot 10^{-8}$ m^2/s.

Die in einem Wirbel gespeicherte Energie hängt quadratisch von Γ ab. Dies bedeutet, daß es energetisch günstiger ist, wenn sich anstelle weniger Wirbel mit mehreren Zirkulationsquanten möglichst viele bilden mit jeweils gerade nur einem Zirkulationsquant.

Die Bildung quantisierter Wirbel in rotierendem He II wurde überzeugend experimentell bestätigt. Geeignete Sonden sind Elektronen, die sich aufgrund der Bernoulli-Kraft in den Wirbelkernen ansammeln. Die Wirbel lassen sich sozusagen mit Elektronen füllen und zwar mit etwa 1000 pro cm. Zur Injektion dient z. B. eine β-Strah-

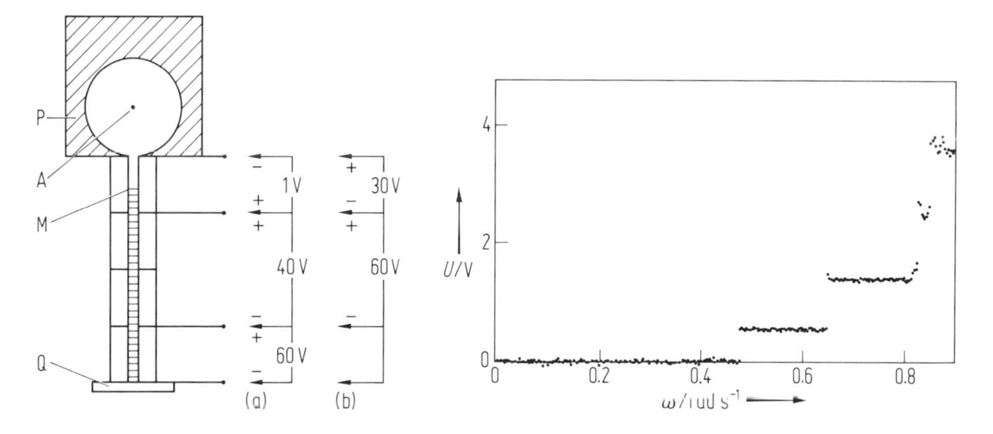

Abb. 4.23 Nachweis quantisierter Wirbel in rotierendem He II. *Links:* Prinzip des Meßverfahrens. P = Zählrohr eines Proportionalzählers, A = Anode, M = Meniskus des He II-Bades, Q = β-Strahler. Eine geeignete Beschleunigungsspannung bringt Elektronen ins Helium, die sich an den Wirbellinien ansammeln (a). Anschließend werden sie zum Nachweis in das Zählrohr beschleunigt (b). *Rechts:* Das Signal des Proportionalzählers (Elektrometerspannung U) zeigt in Abhängigkeit von der Winkelgeschwindigkeit ω Stufen, die jeweils das Auftreten eines weiteren Wirbels anzeigen (nach Packard und Sanders [14]).

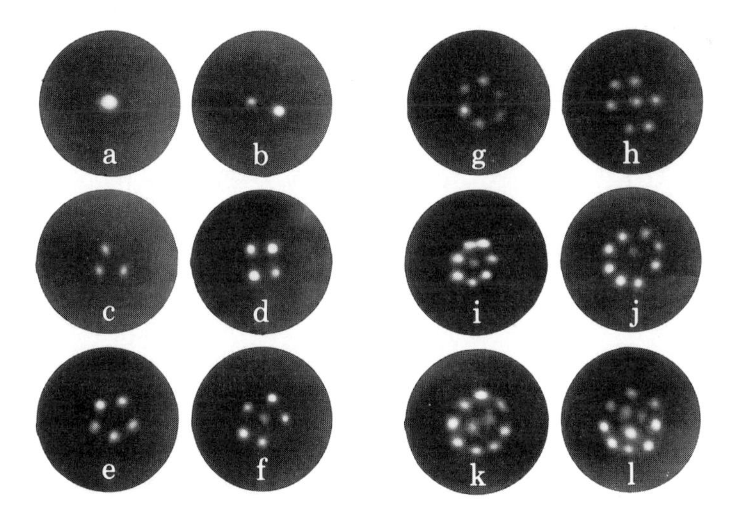

Abb. 4.24 Wirbelanordnungen in einem rotierenden He II-Behälter. Durchmesser 2 mm, Winkelgeschwindigkeit 0.3–1 rad/s, Temperatur 100 mK. Zur Abbildung werden in den Wirbelkernen angesammelte Elektronen parallel zur Rotationsachse beschleunigt und auf einem fluoreszierenden Schirm aufgefangen. Die Signale werden dann über einen Lichtleiter einem Bildverstärkungssystem zugeführt (nach Yarmchuk et al. [15], Wiedergabe mit freundlicher Genehmigung von Prof. Packard).

lungsquelle. Durch Anlegen eines elektrischen Beschleunigungsfeldes parallel zur Rotationsachse verlassen die Elektronen das He II-Bad durch die Oberfläche, wobei ihre Gesamtladung der Wirbelanzahl entspricht. Mit Hilfe eines Proportionalzählers gelang es Packard und Sanders, diese Ladung zu bestimmen und dadurch sogar einzelne Wirbel nachzuweisen (Abb. 4.23). Durch Weiterentwicklung der Apparatur mit einem fluoreszierenden Phosphorschirm anstelle des Proportionalzählers konnten sogar Abbildungen von Wirbelanordnungen erhalten werden (Abb. 4.24).

4.2.11 He II-Kühlsysteme

Auf den umfangreichen Einsatz von flüssigem Helium für Kühlzwecke wurde bereits in Abschn. 4.1.2 hingewiesen. Die Anwendung tiefer Temperaturen erfolgt in speziellen vakuumisolierten Gefäßen, den Kryostaten, in die das flüssige Helium von der zuständigen Kältemaschine transferiert wird. Die Experimentiervolumina reichen von einigen cm^3 bis zu vielen m^3. Das einfachste Prinzip ist das des Badkryostaten für Temperaturen von 4.2 K und darunter, wobei die zu kühlenden Objekte, z. B. supraleitende Systeme, lediglich in das Heliumbad eintauchen müssen.

Der Übergang zu He II-Kühlung ändert prinzipiell bis auf die notwendige Druckerniedrigung nichts. Die hohe Wärmeleitfähigkeit und das Fehlen des Blasensiedebereichs ist aber für viele Kühlprobleme von entscheidendem Vorteil. Darüber hinaus

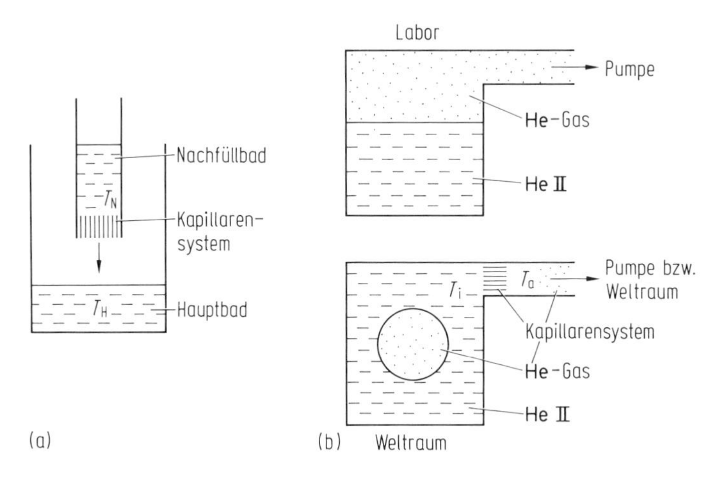

Abb. 4.25 Anwendungen des thermomechanischen Effektes. (a) Nachfüllvorrichtung für He II. Solange die Temperatur im Nachfüllbad höher als im Hauptbad ist ($T_N > T_H$), kann wegen des Fontänendrucks keine Flüssigkeit durch das Kapillarensystem fließen. Sobald jedoch durch Abkühlung des Nachfüllbades Temperaturgleichheit erreicht ist, strömt Flüssigkeit mit genau der richtigen Temperatur nach. (b) Phasentrennung in Weltraumkühlsystemen. Im Labor mit der gewohnten Schwerkraft erfolgt die Trennung von flüssiger und gasförmiger Phase aufgrund der unterschiedlichen Dichten von selbst, der Anschluß einer Pumpe bereitet keine Probleme. Unter Schwerelosigkeit würde dagegen Flüssigkeit unkontrolliert austreten. He II läßt sich aber durch den Fontänendruck mit Hilfe eines Kapillarensystems (z. B. poröses Sintermaterial wie beim infrarotastronomischen Satelliten IRAS) im Tank festhalten bzw. kontrolliert verdampfen ($T_a < T_i$).

lassen sich einige der besonderen Eigenschaften von He II gezielt bei der Konstruktion von Kühlsystemen ausnutzen.

Dazu gehört u. a. der thermomechanische Effekt (s. Abschn. 4.2.3). Abb. 4.25 zeigt zwei Beispiele seiner Anwendung. Im Gegensatz zur Anordnung in Abb. 4.10a, bei der sich auf beiden Seiten des Kapillarensystems Flüssigkeit befindet, ist hier jeweils nur eine Seite mit Flüssigkeit in Kontakt. Dies führt zu einer Ventilfunktion: Ist die Temperatur auf der Gasseite höher, tritt Flüssigkeit aufgrund des Fontänendrucks nach dieser Seite durch, während sie bei umgekehrter Temperaturverteilung festgehalten wird. Insbesondere bei He II-Kühlsystemen im Weltraum ist man auf die Ausnutzung dieses Prinzips angewiesen (Abb. 4.25b). Das erste Beispiel eines solchen Systems war der IRAS-Satellit, ein gekühltes astronomisches Infrarotteleskop, das Ende Januar 1983 mit 700 l He II startete und bis November 1983 sehr erfolgreich im Einsatz war. Ein anderes Beispiel ist der im Bau befindliche europäische Infrarotsatellit ISO, für den nicht weniger als 2300 l He II vorgesehen sind.

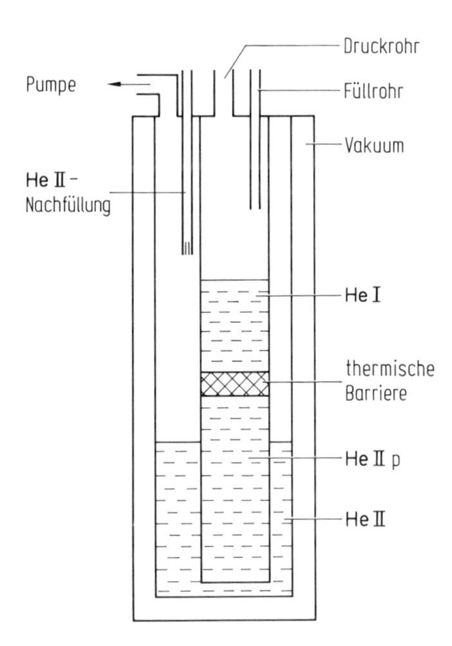

Abb. 4.26 Prinzip eines Kryostaten für die Kühlung mit He II unter erhöhtem Druck (He IIp). Eine thermische Barriere aus schlecht wärmeleitendem Material erlaubt die Aufrechterhaltung eines Temperaturgradienten bei gleichzeitigem Druck- und Flüssigkeitsaustausch. Das äußere, unter seinem Sättigungsdampfdruck stehende Bad dient zur Temperatureinstellung.

Schließlich ist in Abb. 4.26 noch ein spezielles He II-Kühlsystem skizziert, das für die Kühlung größerer supraleitender Magnete entwickelt wurde. Das Kühlbad steht dabei nicht unter dem niedrigen Sättigungsdampfdruck, sondern wird unter erhöhtem Druck (z. B. Atmosphärendruck) betrieben. Neben einer effektiveren Kühlung läßt sich hierdurch die Wärmeableitung an den elektrischen Zuleitungen wesentlich verbessern.

4.3 Superfluides ^{3}He

4.3.1 Fermi-Flüssigkeit

Im Unterschied zum ^{4}He-Atom besitzt das ^{3}He-Atom einen Kernspin und ein magnetisches Moment. ^{3}He-Atome unterliegen daher der Fermi-Dirac-Statistik und zeigen Ähnlichkeiten mit dem Elektronengas in einem Metall. Diese magnetischen und statistischen Unterschiede der beiden Heliumisotope bedingen auch die z. T. sehr unterschiedlichen Eigenschaften der daraus zusammengesetzten Flüssigkeiten. Superfluidität tritt bei ^{3}He erst bei Temperaturen unterhalb von $\approx$ 3 mK auf. Der Einfluß der Quantenstatistik zeigt sich jedoch bereits deutlich oberhalb dieser Temperatur. Hierauf soll im vorliegenden Abschnitt kurz eingegangen werden, bevor in den folgenden Abschnitten die superfluiden Phasen besprochen werden.

Oberhalb von etwa 1 K verhält sich flüssiges ^{3}He wie eine klassische Flüssigkeit ähnlich He I. Darunter stellen sich Abweichungen ein, die mit abnehmender Temperatur deutlicher werden. So steigt z. B. die Viskosität η stark an, und zwar etwa proportional zu $1/T^2$. Auch die Wärmeleitfähigkeit λ steigt mit abnehmender Temperatur an (ungefähr wie $\lambda \sim 1/T$). Weitere Beispiele sind die Temperaturabhängigkei-

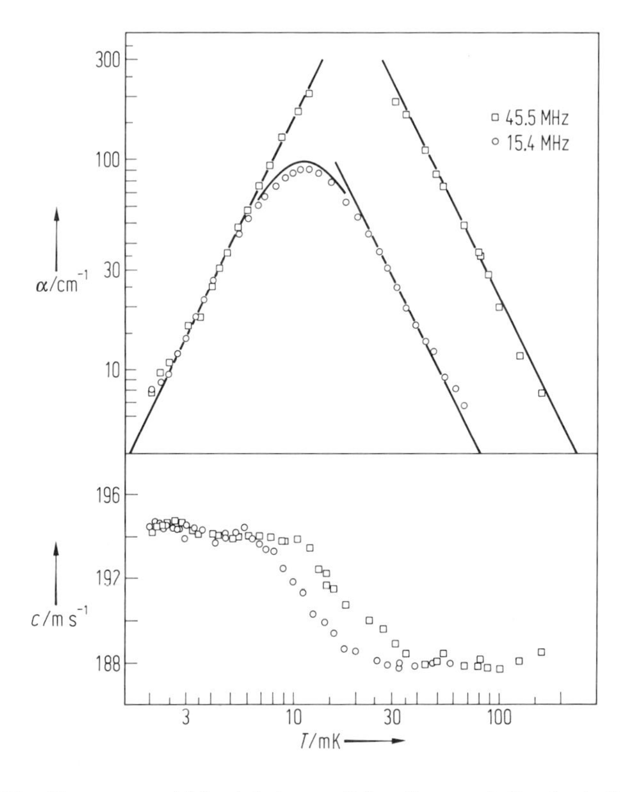

Abb. 4.27 Temperaturabhängigkeit von Dämpfung und Geschwindigkeit von Schall in normalfluidem ^{3}He (Druck: $0.32 \cdot 10^5$ Pa, α = Dämpfungskoeffizient, c = Schallgeschwindigkeit). Unterhalb von etwa 10 mK: nullter Schall (nach Abel et al. [16]).

ten der spezifischen Wärmekapazität $c(T)$ und der magnetischen Suszeptibilität $\chi(T)$. $c(T)$ tendiert für sehr tiefe Temperaturen zu einer linearen Abhängigkeit ähnlich dem elektronischen Anteil der spezifischen Wärmekapazität in einem Metall. Der Verlauf von $\chi(T)$ entspricht oberhalb von 1 K dem Curie-Gesetz, während sich bei tiefen Temperaturen ein nahezu konstanter Wert einstellt, wiederum analog dem Elektronengas in einem Metall.

Alle diese Beobachtungen entsprechen dem Verhalten eines idealen Fermi-Gases. Allerdings bestehen große quantitative Diskrepanzen, die sich auch durch Einführung einer effektiven Masse für die ^{3}He-Atome nicht beseitigen lassen. Eine bessere Beschreibung stellt dagegen die Theorie der Fermi-Flüssigkeit von Landau dar, die neben der Fermi-Statistik interatomare Wechselwirkungen berücksichtigt.

Eine bemerkenswerte Voraussage dieser Theorie ist ein spezieller Schalltyp, der unter der Bedingung $\omega\tau \gg 1$ (ω = Kreisfrequenz, τ = mittlere Zeit zwischen zwei Stößen) existiert. Normaler Schall ist hier nicht mehr möglich, da die Periodendauer größer als τ ist. Landau nannte diesen Schalltyp „Nullten Schall". Die Phasengeschwindigkeit c_0 sollte größer sein als die von normalem Schall und außerdem sollte im Übergangsbereich von normalem zu nulltem Schall ein Maximum in der Dämpfung auftreten. Beides wurde experimentell in überzeugender Weise bestätigt (Abb. 4.27).

4.3.2 Das Phasendiagramm (^{3}He-A und ^{3}He-B)

Abb. 4.28 zeigt das Phasendiagramm von ^{3}He. Bei Temperaturen, die um mehr als den Faktor 1000 kleiner sind als bei ^{4}He, existiert auch bei ^{3}He ein Übergang zu Superfluidität, wobei zwei superfluide Phasen auftreten, ^{3}He-A und ^{3}He-B. Aus Messungen der spezifischen Wärmekapazität folgt, daß es sich beim Übergang N → A

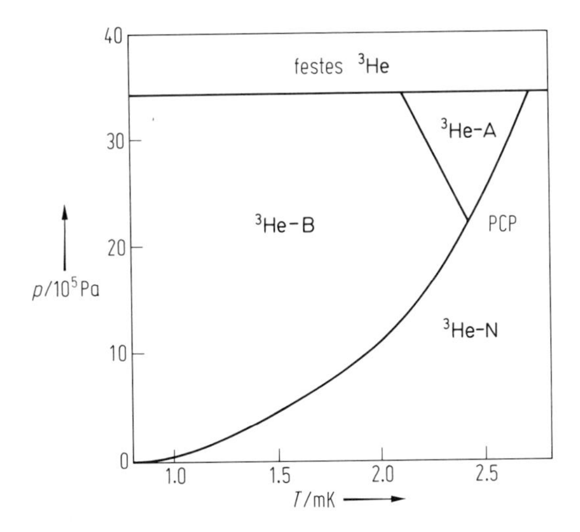

Abb. 4.28 Phasendiagramm von ^{3}He unterhalb von 3 mK. N = normalfluide Phase (Fermi-Flüssigkeit), A und B = superfluide Phasen, PCP = polykritischer Punkt.

(Übergangstemperatur T_c) um einen Phasenübergang zweiter Ordnung handelt, während der Übergang A → B (Übergangstemperatur T_{AB}) von erster Ordnung ist, bei dem auch Unterkühlungseffekte auftreten können. Beim polykritischen Punkt PCP existieren alle drei Phasen gleichzeitig.

Die superfluiden ^{3}He-Phasen sind aufgrund ihrer magnetischen und anisotropen Eigenschaften (s. Abschn. 4.3.5) ungleich komplizierter und vielfältiger als die von ^{4}He. Hierin unterscheiden sich insbesondere auch die Eigenschaften der Phasen ^{3}He-A und ^{3}He-B. In bezug auf die Superfluidität besteht allerdings weitgehende Analogie zu He II. Praktisch alle „klassischen" He II-Experimente wurden auch mit superfluidem ^{3}He durchgeführt und lieferten entsprechende Ergebnisse. Die Abnahme der Viskosität η wurde in ^{3}He-A und ^{3}He-B z. B. durch Dämpfungsmessungen an schwingenden Drähten und durch Strömungsexperimente in Kapillarensystemen nachgewiesen. Mit ^{3}He-B gelangen sogar mehrtägige Dauerstromexperimente, die zeigten, daß η im superfluiden Zustand um mindestens zwölf Zehnerpotenzen abnimmt.

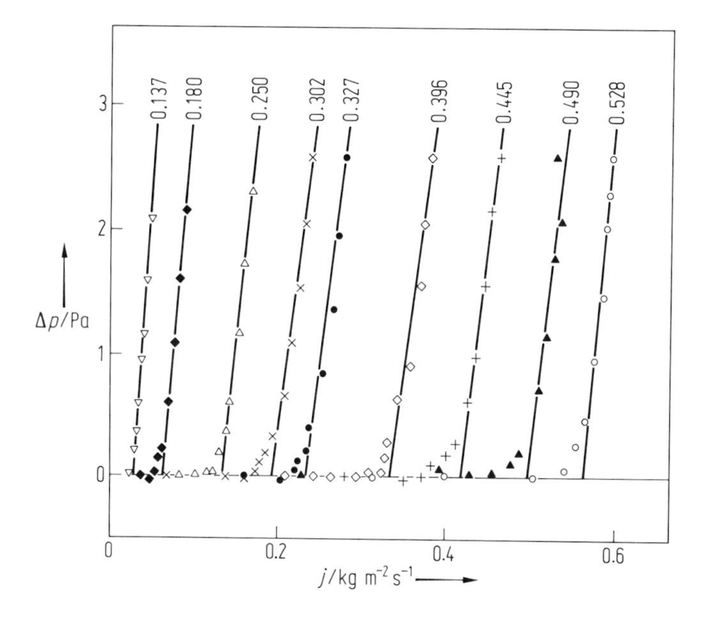

Abb. 4.29 Druckdifferenz Δp an ^{3}He-B-durchflossenen Kapillaren (Durchmesser: 0.8 μm) in Abhängigkeit von der Massenflußdichte j. Aus dem Abknicken der Kurven von der Nullinie ergibt sich die jeweilige kritische Massenflußdichte. Parameter: $1-T/T_c$, T_c = Übergangstemperatur zur Superfluidität (nach Manninen und Pekola [17]).

Abb. 4.29 zeigt ein Beispiel von Meßergebnissen aus Strömungsexperimenten mit ^{3}He-B in Kapillaren. Für verschiedene Temperaturen wurde die Druckdifferenz Δp an den Kapillarenenden in Abhängigkeit von der Massenflußdichte j aufgenommen. Man sieht, daß jeweils bis zu einem kritischen Wert j_c die Druckdifferenz $\Delta p = 0$ bleibt, d. h. reibungsfreie Strömung erfolgt. Theoretische Überlegungen, die von der Landauschen kritischen Geschwindigkeit ausgehen, führen zu vergleichbaren Größenordnungen für kritische Massenflußdichten. Hier zeigt sich übrigens ein Gegensatz zu den Erfahrungen mit He II, wo die aus dem Landau-Kriterium folgende kritische Geschwindigkeit in Strömungsexperimenten nicht erreicht wird (s. Abschn. 4.2.7). Allgemein liegen die experimentell ermittelten kritischen Geschwindigkeiten für superfluides ^{3}He in der Größenordnung einiger mm/s bis cm/s.

Eine Reihe weiterer Experimente wie z. B. Schallanregungen oder Wärmeleitungsmessungen läßt auch für superfluides ^{3}He Interpretationen im Rahmen eines Zweiflüssigkeitenmodells zu. Die Temperaturabhängigkeiten der Dichten ϱ_s bzw. ϱ_n wurden u.a. aus Messungen des 4. Schalls und aus Experimenten nach der Andronikashvili-Methode bestimmt. In Abb. 4.30 sind Temperaturabhängigkeiten von ϱ_n/ϱ für ^{3}He-B dargestellt. Für ^{3}He-A ergeben sich ähnliche Abhängigkeiten.

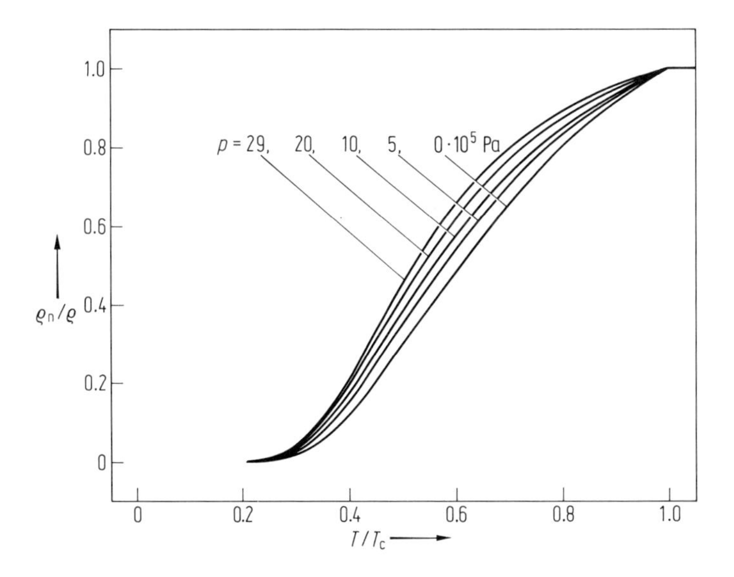

Abb. 4.30 Temperaturabhängigkeit des normalfluiden Dichteanteils ϱ_n/ϱ von ^{3}He-B. Die Kurven wurden nach der Methode von Andronikashvili bei verschiedenen Drücken aufgenommen (nach Parpia et al. [18]).

4.3.3 NMR- und Ultraschallexperimente

Es ist eine Besonderheit von ^{3}He, daß die Erforschung der überaus interessanten superfluiden Phasen experimentell und theoretisch mit vergleichbar großer Intensität und vor allem in engster Wechselwirkung der beiden Arbeitsrichtungen erfolgt. Die Konzentration auf einen Bereich muß daher unvollständig sein. Da aber die Darstellung der umfangreichen und komplizierten ^{3}He-Theorie bis auf kurze Hinweise zum Paarungsmechanismus (s. Abschn. 4.3.4) hier nicht möglich ist, können nur einige ausgewählte experimentelle Aspekte als Einführung besprochen werden.

Zu den wichtigsten Untersuchungsmethoden für die superfluiden ^{3}He-Phasen gehörten von Anfang an die magnetische ^{3}He-Kernresonanz und Ultraschallexperimente. Der ^{3}He-Kern besitzt aufgrund seines Kernspins von $I = 1/2$ in einem Magnetfeld B_0 zwei Energieniveaus. Sein magnetisches Moment beträgt 2.127 Kernmagnetonen und das gyromagnetische Verhältnis ist $\gamma = 203.8$ MHz/T. Entsprechend der Resonanzbedingung für Übergänge zwischen den beiden Niveaus, $2\pi f_L = \gamma B_0$, ergibt sich bei einem Magnetfeld von beispielsweise $B_0 = 20$ mT eine Larmorfrequenz von $f_L \cong 650$ kHz. Diese Übergänge lassen sich in ^{3}He-N und festem ^{3}He auch beobachten, in den superfluiden Phasen treten dagegen ungewöhnliche Verschiebungen der Resonanzfrequenz auf, die mit den magnetischen Eigenschaften dieser Phasen zusammenhängen. Abb. 4.31 zeigt dies für ^{3}He-A. Die Zusammensetzung der zusätzlich auftretenden charakteristischen Frequenz Ω_A mit der Larmorfrequenz erfolgt entsprechend

$$(2\pi f)^2 = (\gamma B_0)^2 + \Omega_A^2$$

und führt zu der Gesamtfrequenz $2\pi f$. Zur Erklärung dieser großen Frequenzverschiebung reicht die Dipol-Dipol-Wechselwirkung zwischen den ^{3}He-Atomen nicht aus. Es handelt sich vielmehr, wie Leggett theoretisch erklärt hat, um einen kollektiven magnetischen Orientierungseffekt in der Gesamtheit der ^{3}He-Atome. Ähnliche Frequenzverschiebungen treten auch in ^{3}He-B auf. Dieser Effekt ist eines von mehreren Beispielen makroskopischer Quantenphänomene in ^{3}He. Die Dipolwechselwirkung wird dabei „verstärkt" und führt zu hohen lokalen Magnetfeldern.

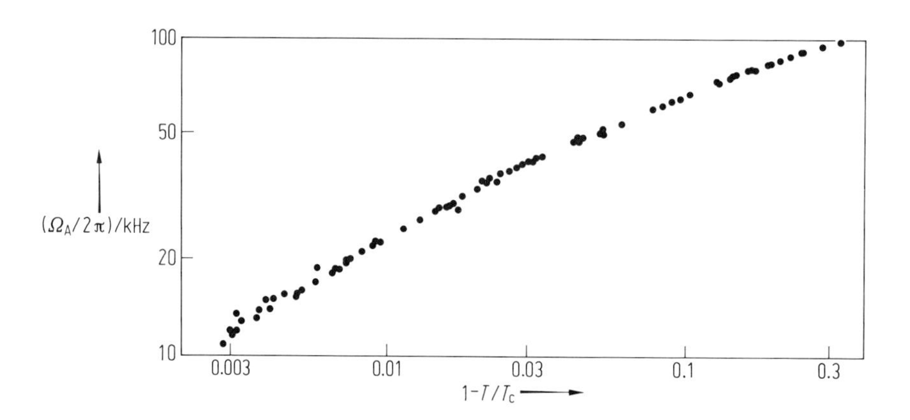

Abb. 4.31 ^{3}He-NMR-Frequenzverschiebung $\Omega_A/2\pi$ in Abhängigkeit von der Temperatur für superfluides ^{3}He-A (nach Gully et al. [19]).

Entsprechend der komplizierten Struktur von superfluidem ^{3}He existiert auch eine Vielzahl von Wellenanregungen (Schallwellen, Spinwellen und weitere kollektive Anregungen). Neben dem schon erwähnten 4. Schall konnte nullter, 1. und 2. Schall in superfluidem ^{3}He nachgewiesen werden. Ein Beispiel sei herausgegriffen: Der nullte Schall zeigt drastische Änderungen beim Übergang von ^{3}He-N nach ^{3}He-B (siehe Abb. 4.32). Ursachen für die starke Erhöhung der Ultraschalldämpfung sind das Aufbrechen von ^{3}He-Paaren (s. Abschn. 4.3.4) durch absorbierte Phononen und die Anregung anderer kollektiver Wellenerscheinungen. Eine entsprechende Theorie von Wölfle stimmt hervorragend mit den experimentellen Ergebnissen überein.

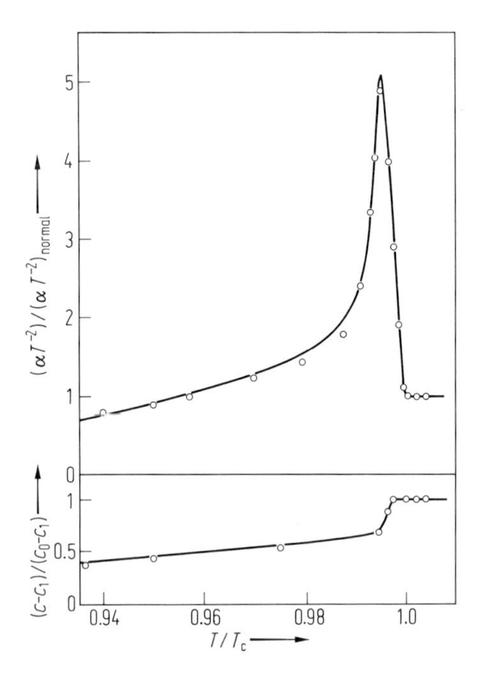

Abb. 4.32 Verhalten von Schalldämpfung α und Schallgeschwindigkeit c (Frequenz: 15.15 MHz) beim Übergang von ^{3}He-N nach ^{3}He-B (Druck: $19.6 \cdot 10^5$ Pa). c_0 und c_1 sind die Geschwindigkeiten des nullten und 1. Schalls im normalfluiden Zustand. Die ausgezogenen Kurven entsprechen der Theorie von Wölfle (nach Wölfle [20]).

4.3.4 Paarbildungsmechanismus

Ähnlich wie im Elektronensystem eines Supraleiters findet auch in superfluidem ^{3}He eine Paarbildung statt. Die theoretische Erklärung der Supraleitung läßt sich daher auf ^{3}He übertragen. Die Struktur der Paare ist jedoch sehr unterschiedlich, was sich auch auf die Eigenschaften der Gesamtsysteme auswirkt.

Im Supraleiter bestehen die Paare aus zwei Elektronen mit entgegengesetztem Impuls und Spin, so daß der Gesamtspin $S = 0$ und der relative Bahndrehimpuls $L = 0$ ist. In superfluidem ^{3}He bestehen die Paare dagegen aus zwei ^{3}He-Atomen mit gleichgerichtetem Spin. Der Gesamtspin beträgt hier $S = 1$ und der relative Bahndrehimpuls $L = 1$. Die anziehende Wechselwirkung wird durch folgendes Bild plausibel: Das magnetische Dipolmoment eines ^{3}He-Kerns induziert in seiner Umgebung eine Wolke von Spins mit entgegengesetzter Richtung, die auf einen anderen ^{3}He-Kern mit der gleichen Orientierung wie der Ursprungskern anziehend wirkt.

Wegen der Eigenschaft $S = 1$ handelt es sich bei den ^{3}He-Paaren um Triplett-Systeme mit den drei Komponenten $S_z = +1, 0, -1$ (z = ausgezeichnete Richtung). Durch verschiedene Linearkombinationen der zugehörigen Zustände ergeben sich verschiedene Paarwellenfunktionen, die dann die spezifischen Eigenschaften der superfluiden Phasen bestimmen. Die entsprechenden Theorien existierten schon vor dem experimentellen Nachweis der Superfluidität und gehen auf Anderson, Morel und Brinkman (^{3}He-A) sowie auf Balian und Werthamer (^{3}He-B) zurück.

4.3.5 Polarisations- und Anisotropieeffekte

Wegen der magnetischen Eigenschaften von ^{3}He ist es nicht verwunderlich, daß das Phasendiagramm durch Magnetfelder stark beeinflußt wird. Schon ein Magnetfeld von weniger als 40 mT führt zu der in Abb. 4.33a eingetragenen Veränderung. Der polykritische Punkt verschwindet und es entsteht eine weitere superfluide Phase (^{3}He-A_1) (Abb. 4.33b). Bei etwa 0.6 T ist die Phase ^{3}He-B praktisch verschwunden. Das Auftreten der Phase ^{3}He-A_1 führt u. a. zu einem weiteren Sprung in der Temperaturabhängigkeit der spezifischen Wärmekapazität (Abb. 4.34), dem ersten Sprung beim Übergang von ^{3}He-N nach ^{3}He-A_1 folgt jetzt ein zweiter beim Übergang von ^{3}He-A_1 nach ^{3}He-A.

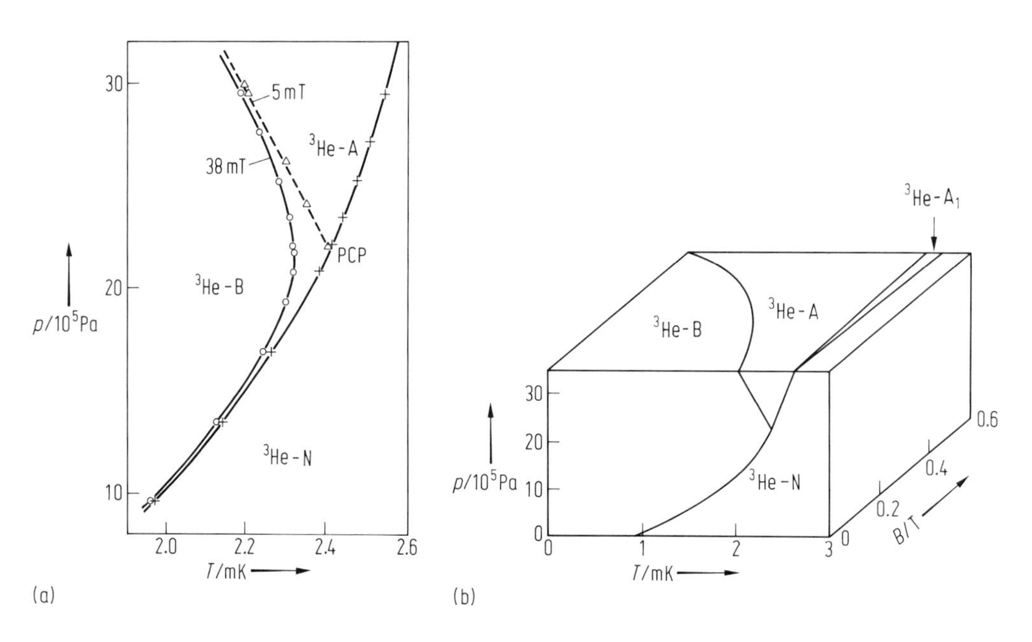

Abb. 4.33 Veränderung des ^{3}He-Phasendiagramms bei Anlegen eines Magnetfeldes B. (a) Ergebnisse von NMR-Messungen bei 5 und 38 mT (nach Paulson et al. [21]). (b) Mit zunehmendem Magnetfeld vergrößert sich die Phase ^{3}He-A auf Kosten der Phase ^{3}He-B. Am Übergang von ^{3}He-N nach ^{3}He-A entsteht die weitere Phase ^{3}He-A_1.

Die Phase ^{3}He-A_1 zeichnet sich durch ungewöhnliche magnetische Eigenschaften aus. NMR-Experimente zeigen, daß alle magnetischen Momente der ^{3}He-Kerne parallel zum äußeren Magnetfeld gerichtet sind. Man hat es hier also mit einer magnetischen Superflüssigkeit zu tun, der einzigen, die bisher gefunden wurde.

Bei Experimenten im Magnetfeld zeigt sich eine weitere Besonderheit von superfluidem ^{3}He, nämlich anisotropes Verhalten. Dies gilt insbesondere für die ^{3}He-A-

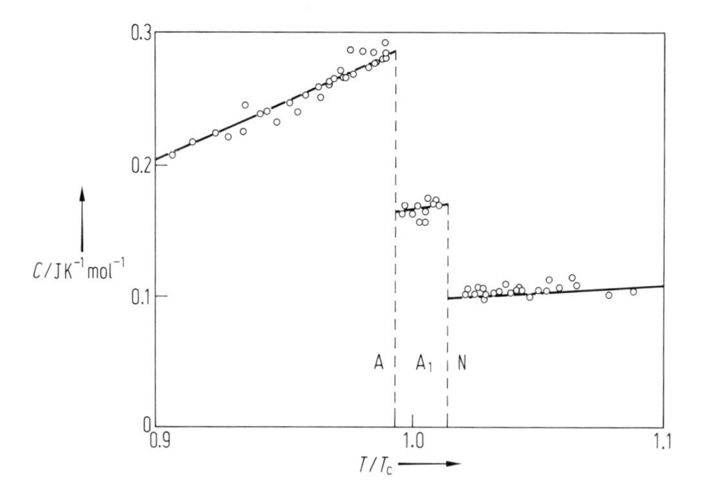

Abb. 4.34 Temperaturabhängigkeit der molaren Wärmekapazität C beim Schmelzdruck in einem Magnetfeld von 0.88 T. Die Sprünge zeigen die Phasenübergänge von ^{3}He-N nach ^{3}He-A_1 und von ^{3}He-A_1 nach ^{3}He-A an (nach Halperin et al. [22]).

Phase. So ergeben sich z. B. bei Messungen nach der Drehpendelmethode von Andronikashvili (s. Abb. 4.8) in ^{3}He-A verschiedene Werte für die superfluide Dichte ϱ_s, je nach Winkel zwischen Magnetfeld und Drehachse des Oszillators. Ist das Feld parallel zur Drehachse, erreicht ϱ_s bis zu $\approx 40\,\%$ größere Werte als für den Fall, daß beide Richtungen senkrecht zueinander stehen. Auch in anderen Experimenten, z. B. bei Bestimmungen der Wärmeleitfähigkeit oder der Viskosität, zeigen sich anisotrope Eigenschaften. Die Anisotropien hängen damit zusammen, daß bereits die ^{3}He-Paare durch ihren Drehimpuls eine Orientierung besitzen, was wiederum zur Folge hat, daß sich auch in makroskopischen Bereichen der Flüssigkeit Vorzugsrichtungen bilden. Man spricht von „Texturen" ähnlich wie bei flüssigen Kristallen. Die resultierenden Strukturen sind recht kompliziert, sie hängen u. a. auch von der Strömung und der Gefäßgeometrie ab.

Zu den schwierigsten Experimenten mit superfluidem ^{3}He gehören Untersuchungen im rotierenden Zustand, wie sie z. B. im Tieftemperaturlabor der Technischen Universität in Helsinki durchgeführt wurden. Der rotierende Teil einer solchen Apparatur umfaßt neben der eigentlichen ^{3}He-Kammer unter anderem eine ^{3}He-^{4}He-Entmischungseinheit (s. Abschn. 4.4.2) und eine Kernentmagnetisierungsstufe zur Tieftemperaturerzeugung, einen supraleitenden Hochfeldmagneten, sowie umfangreiche Nachweiselektronik (z. B. für NMR-Messungen). Die Experimente führten zu einer weiteren Fülle neuartiger und theoretisch schwierig zu interpretierender Erscheinungen, u. a. zu mehreren Arten von Wirbelstrukturen. Nicht nur von einer superfluiden Phase zur anderen treten Unterschiede auf, sondern auch innerhalb der Phasen. In Abb. 4.35 sind Resultate aus NMR-Experimenten und gyroskopischen Messungen eingetragen, die in ^{3}He-B eine weitere Phasengrenze markieren. Sowohl die ^{3}He-NMR-Frequenz als auch die kritische Geschwindigkeit zeigen hier bei Rotation deutliche Diskontinuitäten, die nur auf Änderungen in der Wirbelkernstruktur

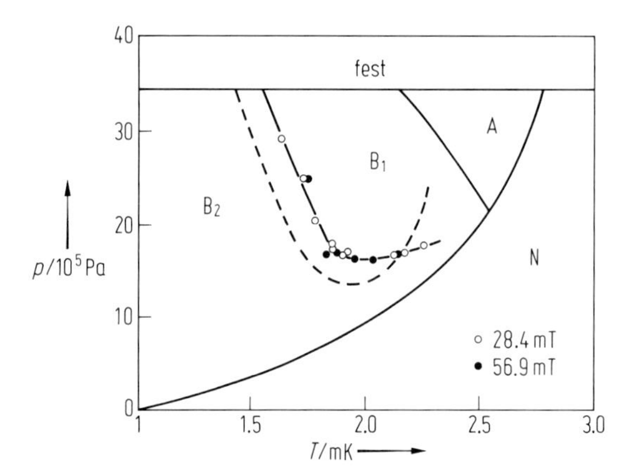

Abb. 4.35 Zusätzlicher Phasenübergang in rotierendem ^{3}He-B. Die Punkte markieren Sprünge in der ^{3}He-NMR-Frequenz. Die gestrichelte Kurve stammt aus gyroskopischen Messungen der kritischen Geschwindigkeit, die hier Diskontinuitäten zeigt. Der Phasenübergang wird mit einer Änderung der Wirbelstruktur in Zusammenhang gebracht (nach Hakonen und Nummila [23]).

zurückzuführen sind. Auch für ^{3}He-A gibt es experimentelle Hinweise auf verschiedene Wirbeltypen. Die Wirbel bilden sich, wie bei He II, oberhalb einer kritischen Winkelgeschwindigkeit (z. B. für einen Gefäßdurchmesser von 2.5 mm bei 0.1 rad/s). Der Wert des Zirkulationsquants beträgt $\Gamma = h/2m_3$ (im Nenner steht hier die Masse eines ^{3}He-Paares). Die Wirbelstrukturen unterscheiden sich nicht nur hinsichtlich ihrer Strömungsfelder, deren Ausdehnungen bis zum Faktor 1000 variieren können, sondern sind zusätzlich durch die verschiedenen Anisotropien bzw. Orientierungseffekte bestimmt. Es kommen z. B. Wirbel mit doppelter Quantisierung vor oder solche, die eine Magnetisierung besitzen. Die Vielfalt dieser aufregenden Entwicklungen kann hier nur angedeutet werden.

4.4 ^{3}He-^{4}He-Mischungen

4.4.1 Physikalische Eigenschaften

Abb. 4.36 zeigt das Phasendiagramm für ^{3}He-^{4}He-Mischungen. Im oberen Teil sieht man die Abnahme der λ-Temperatur mit zunehmender ^{3}He-Konzentration x. Für $x = 0.67$ ist T_λ auf 0.87 K abgesunken (*trikritischer Punkt*). Für tiefere Temperaturen lassen sich die beiden Flüssigkeiten nicht mehr homogen mischen. Die unteren Kurven geben die Grenzkonzentrationen zwischen den einphasigen Bereichen und dem zweiphasigen Bereich an. Auf der ^{3}He-reichen Seite mündet die Kurve für $T \to 0$ bei $x = 1$, während auf der ^{4}He-reichen Seite eine endliche Löslichkeit von $x = 0.06$ bis zu tiefsten Temperaturen bestehen bleibt. Im Zweiphasenbereich entmischen sich die beiden Phasen und trennen sich aufgrund ihrer unterschiedlichen Dichte, die leichtere ^{3}He-reiche Phase sammelt sich über der schwereren ^{4}He-reichen Phase an.

Die Eigenschaften der superfluiden ^{3}He-^{4}He-Mischphase sind ähnlich denen von reinem ^{4}He. Das Zweiflüssigkeitenmodell läßt sich in modifizierter Form anwenden, wobei ^{3}He jetzt Teil der normalfluiden Komponente ist. Experimentelle Bestimmungen der normalfluiden Komponente ϱ_n streben daher bei tiefen Temperaturen nicht gegen Null, sondern ergeben einen konstanten, der ^{3}He-Konzentration entsprechenden Wert. Auch die Wärmeleitfähigkeit ist gegenüber reinem He II deutlich verringert. Für den Gegenstrommechanismus der Wärmeleitung ergibt sich die folgende Konsequenz: das mit der normalfluiden Komponente strömende ^{3}He reichert sich auf der kälteren Seite an. Dies wird experimentell tatsächlich auch beobachtet („heat-flush") und sogar dazu ausgenutzt, isotopenreines ^{4}He herzustellen.

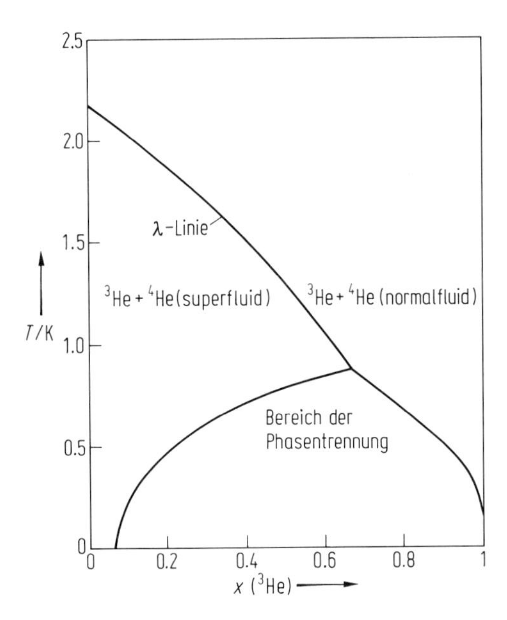

Abb. 4.36 Phasendiagramm für ^{3}He-^{4}He-Mischungen. Oberhalb von 0.87 K lassen sich die beiden Isotope homogen vermischen, wobei die λ-Temperatur mit wachsender ^{3}He-Konzentration abnimmt. Bei tieferer Temperatur tritt eine Entmischung in zwei Phasen auf mit dem durch die unteren beiden Kurven angegebenen ^{3}He-Stoffmengenanteil $x(^3\mathrm{He})$. Die linke Kurve endet bei etwa $x \approx 0.06$.

Bei genügend tiefer Temperatur ($T \lesssim 0.5$ K) können sich die ^{3}He-Atome praktisch frei im He II bewegen, die freie Weglänge zwischen Streuprozessen an Phononen oder Rotonen wird sehr groß. ^{3}He verhält sich hier wie ein ideales Gas. Die Anwesenheit von ^{4}He bewirkt lediglich eine Erhöhung der effektiven trägen Masse: $m_3^* \approx 2.5\, m_3$. Messungen der spezifischen Wärmekapazität stimmen recht gut mit dem Verhalten idealer Gase überein. Im Temperaturbereich von 0.5 bis 0.1 K ist der Wert für die molare Wärmekapazität C konstant und liegt sehr nahe bei $3/2\, R$ (R = allgemeine Gaskonstante). Bei tieferer Temperatur nimmt C dann linear mit T ab entsprechend dem Verhalten eines idealen Fermi-Gases.

4.4.2 Tieftemperaturerzeugung durch Entmischung

Auf den Eigenschaften von ^{3}He-^{4}He-Mischungen beruht eine Kühlmethode, mit der man den Temperaturbereich unter 1 K bis zu einigen mK erreichen kann. Sie wurde Ende der 60er Jahre entwickelt und heute gehören in den meisten Tieftemperaturlaboratorien die entsprechenden Apparate, Verdünnungs- oder Entmischungskryostate genannt, zur Standardausrüstung. Bei der adiabatischen Entmagnetisierung, der einzigen Methode zur Erreichung von μK-Temperaturen, dienen ^{3}He-^{4}He-Entmischungsstufen zur Vorkühlung.

Wie bereits erwähnt, findet bei tiefer Temperatur eine Entmischung in eine konzentrierte ^{3}He-Phase ($x \approx 1$) und eine verdünnte Phase ($x \gtrsim 0.06$) statt (s. Abb. 4.36). Der endliche ^{3}He-Gehalt in der verdünnten Phase selbst bei tiefsten Temperaturen ist eine wesentliche Eigenschaft, die folgenden Prozeß ermöglicht: ^{3}He-Atome können von der konzentrierten ^{3}He-Phase in das verdünnte ^{3}He-„Gas“ der anderen Phase „verdampfen“. Dies entspricht einer normalen Verdampfungskühlung. Die Effektivität ist aber größer als die der normalen ^{3}He-Verdampfung, mit der nur Temperaturen bis etwa 0.3 K erreichbar sind.

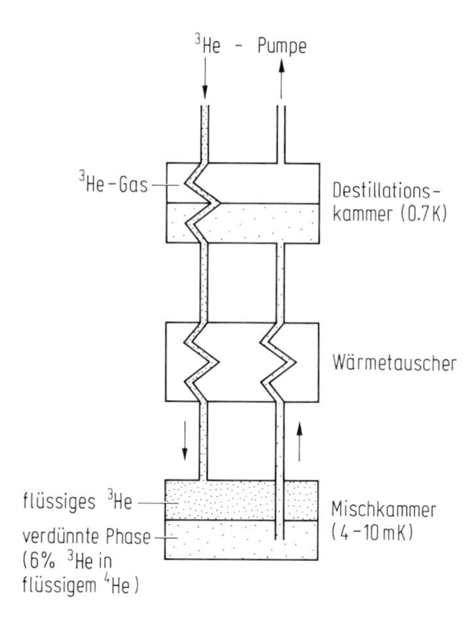

Abb. 4.37 Schema eines ^{3}He-^{4}He-Entmischungskryostaten. Die Kühlleistung entsteht durch Verdampfung von ^{3}He in die verdünnte ^{4}He-6 %^{3}He-Phase.

Im Entmischungskryostaten, schematisch in Abb. 4.37 dargestellt, erfolgt dieser Kühlprozeß in der sogenannten Mischkammer. Das „verdampfte“ ^{3}He gelangt von dort durch Gegenstromwärmetauscher in die Destillationskammer, deren Temperatur etwa 0.7 K beträgt. Bei der hier stattfindenden Verdampfung entweicht praktisch nur ^{3}He aufgrund des sehr viel höheren Dampfdrucks verglichen mit dem von ^{4}He (s. Abb. 4.3). Der gesamte ^{3}He-Kreislauf wird durch eine bei Zimmertemperatur arbeitende Pumpe in Gang gehalten. Das aus der Destillationskammer abgepumpte ^{3}He gelangt so, durch mehrere Wärmetauscher wieder abgekühlt, in die Mischkammer zurück.

Im Gegensatz zum normalen Verdampfungsprozeß hängt die Kühlleistung $\dot{Q}$ bei dem in der Mischkammer ablaufenden Prozeß stark von der Temperatur ab. Es gilt: $\dot{Q} \sim T^2$. Während die Kühlleistung bei 200 mK noch etwa 40 μW beträgt, sinkt sie zwischen 10 und 3 mK auf Werte unter 0.1 μW (Abb. 4.38).

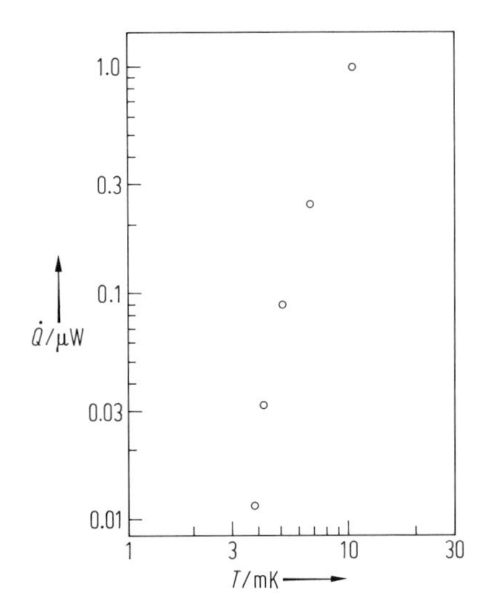

Abb. 4.38 Beispiel für die Temperaturabhängigkeit der Kühlleistung $\dot{Q}$ eines ^{3}He-^{4}He-Entmischungskryostaten (nach Bradley et al. [24]).

4.5 Ausblick

Die Physik der Superflüssigkeiten hat bis heute nichts von ihrer Faszination eingebüßt und wird auch weiterhin einen wichtigen Forschungszweig der Physik kondensierter Materie darstellen. Nicht nur bei superfluidem ^{3}He und ^{3}He-^{4}He-Mischungen existiert noch eine Vielfalt offener und zum Teil sehr komplizierter Fragestellungen, sondern auch bei He II ist die Entwicklung, insbesondere auch im Hinblick auf Anwendungsmöglichkeiten, noch im Fluß. Darüber hinaus interessieren die festen und gasförmigen He-Phasen mit ihren ebenfalls sehr spezifischen Eigenschaften und die Beziehungen zu analogen Erscheinungen in der Festkörperphysik, vor allem zur Supraleitung. Einige dieser Aspekte seien kurz angedeutet.

Seit langem wird in He II nach Anzeichen des *Josephson-Effektes* gesucht, der in der Supraleitung kurz nach der Vorhersage von Josephson (1962) experimentell bestätigt wurde und bereits zu einer Fülle meßtechnischer Anwendungen geführt hat. Avenel und Varoquaux scheint jetzt auch der Nachweis in einer Superflüssigkeit gelungen zu sein, und zwar in ^{3}He-B. Der Vorteil von ^{3}He-B gegenüber He II ist die größere Kohärenzlänge ($\xi_0 \cong 70$ nm, He II: $\xi_0 \cong 0.15$ nm), die mit der von Supraleitern vergleichbar ist. Als „Tunnelkontakt“ diente ein in ein 0.2 µm dickes Ni-Blech gebohrtes, rechtwinkliges Loch ($0.3 \times 5\ \mu m^2$). Mit Hilfe eines miniaturisierten Helmholtz-Resonators (7 mm^3) wurde ein Flüssigkeitsstrom durch diese Öffnung erzeugt, der indirekt über die Resonatoramplitude beobachtet werden konnte. Die experimentellen Beobachtungen lassen sich tatsächlich durch Gleichungen beschreiben, die denen des Josephson-Effektes im Supraleiter entsprechen. In diesem Zusammenhang sind auch die sogenannten Spin-Superströme zu erwähnen, d. h. magnetische Ströme, die aufgrund der ^{3}He-Paarmomente in ^{3}He-B auftreten können und für die ebenfalls Ähnlichkeiten mit dem Josephson-Effekt diskutiert werden.

Eine besonders enge physikalische Verwandtschaft scheint zwischen superfluidem ^{3}He und der Supraleitung in *Schwere-Fermionen-Materialien* (z. B. UPt_3) zu bestehen. Zu den zentralen Fragen gehört hier, ob ein Beispiel „unkonventioneller“ Supraleitung vorliegt, d. h. ein Paarbildungsmechanismus ähnlich dem von ^{3}He im Gegensatz zur Elektron-Phonon-Wechselwirkung in den sonstigen Supraleitern.

Neben den vielen Fragen, die die Physik der superfluiden Phasen selbst betreffen, wie z. B. der Mechanismus der Phasenübergänge in ^{3}He, die komplizierten Rotationsexperimente oder spinpolarisierte ^{3}He-^{4}He-Mischungen bezieht sich ein weiterer Forschungsbereich auf eingeschränkte Geometrien. So stellen z. B. dünne ^{4}He-Filme das beste Modellsystem für einen zweidimensionalen *Kosterlitz-Thouless-Phasenübergang* dar. Die Vorgänge an den Grenzflächen von festem und flüssigem Helium oder in den zweidimensionalen Ladungsanordnungen, die auf der ideal glatten Heliumoberfläche möglich sind, stellen fast einen eigenen Forschungszweig dar.

Schließlich seien die Spekulationen über weitere Superflüssigkeiten erwähnt. In spinpolarisiertem Wasserstoff könnte bei genügend tiefer Temperatur eine Bose-Einstein-Kondensation beobachtet werden. Ein Beispiel für Fermionensysteme sind möglicherweise Neutronensterne. Es wird vermutet, daß für die Neutronen mit einer Dichte von ca. 10^{17} kg m^{-3} und einer Temperatur von ca. 10^8 K die Fermi-Temperatur bei ca. 10^{11} K liegt, d. h. das System eine Fermi-Flüssigkeit im Tieftemperaturgrenzfall ist. Es müßte superfluid und aufgrund der Rotation wie He II mit quantisierten Wirbeln durchzogen sein.

Literatur

Bücher

Atkins, K. R., Liquid Helium, University Press, Cambridge, 1959

Bennemann, K. H., Ketterson, J. B. (Eds.), The Physics of Liquid and Solid Helium, Part I and II, Wiley, New York, London, Sydney, Toronto, 1976

Keller, W. E., Helium-3 and Helium-4, Plenum Press, New York, 1969

McClintock, P. V. E., Meredith, D. J., Wigmore, J. K., Matter at Low Temperatures, Blackie, Glasgow, London, 1984

Mendelssohn, K., The Quest for Absolute Zero, 2nd ed., Taylor and Francis, London, 1977

Putterman, S. J., Superfluid Hydrodynamics, North-Holland, Amsterdam, London – American Elsevier, New York, 1974

Tilley, D.R., Tilley, J., Superfluidity and Superconductivity, 2nd ed., Hilger, Bristol, Boston, 1986
Wilks, J., The Properties of Liquid and Solid Helium, Clarendon Press, Oxford, 1967
Wilks, J., Betts, D.S., An Introduction to Liquid Helium, 2nd ed., Clarendon Press, Oxford, 1987

Zeitschriftenartikel

Lüders, K., Erzeugung tiefer Temperaturen, Phys. unserer Zeit **16**, 89, 1985
Lüders, K., Schälle in Helium II, Phys. unserer Zeit **12**, 43, 1981
Physics Today **40**, No. 2, special issue, Helium-3 and Helium-4, 1987
Vollhardt, D., Superfluides Helium-3: Die Superflüssigkeit, Teil 1: Phys. Bl. **39**, 41, 1983; Teil 2: Phys. Bl. **39**, 120, 1983; Teil 3: Phys. Bl. **39**, 151, 1983
Wheatley, J.C., Experimental properties of superfluid ^{3}He, Rev. Mod. Phys. **47**, 415, 1975
Wölfle, P., Low-temperature properties of liquid ^{3}He, Rep. Progr. Phys. **42**, 269, 1979

Fortlaufende Reihen

Progress in Low Temperature Physics, North-Holland, Amsterdam, bis Vol. XI, 1987
Proc. Int. Conf. Low Temperature Phys., bis LT 18, 1987

Zitierte Publikationen

[1] Woods, A.D.B., Hollis-Hallett, A.C., Can. J. Phys. **41**, 596, 1963
[2] Buckingham, M.J., Fairbank, W.M., in Progr. Low Temp. Phys. (Gorter, C.J., Ed.), Bd. III, 1961
[3] Andronikashvili, E., J. Phys. (USSR) **10**, 201, 1946; Peshkov, V., J. Phys. (USSR) **10**, 389, 1946; Nachdruck in Galasiewics, Z.M., Helium 4, Pergamon, 1971
[4] Svensson, E.C., Sears, V.F., Physica **137 B + C**, 126, 1986
[5] Cowley, R.A., Woods, A.D.B., Can. J. Phys. **49**, 177, 1971
[6] Baird, M.J. et al., Nature **304**, 325, 1983
[7] Keesom, W.H. et al., Physica **7**, 817, 1940
[8] Winkel, P. et al., Physica **21**, 345, 1955
[9] Challis, L.J., et al. J., Proc. Roy. Soc. **A 260**, 31, 1961
[10] Langer, J.S., Reppy, J.D., in Progr. Low Temp. Phys. (Gorter, C.J., Ed.), Bd. VI, 1970
[11] de Bruyn Ouboter, R. et al., in Progr. Low Temp. Phys. (Gorter, C.J., Ed.), Bd. V, 1967
[12] Baehr, M.L. et al., Phys. Rev. Lett. **51**, 2295, 1983
[13] Toft, M.W., Armitage, J.G.M., J. Low Temp. Phys. **52**, 343, 1983
[14] Packard, R.E., Sanders, T.M., Phys. Rev. **A 6**, 799, 1972
[15] Yarmchuk, E.J. et al., Phys. Rev. Lett. **43**, 214, 1979
[16] Abel, W.R. et al., Phys. Rev. Lett. **17**, 74, 1966
[17] Manninen, M.T., Pekola, J.P., Phys. Rev. Lett. **48**, 812, 1982
[18] Parpia, J.M. et al., J. Low Temp. Phys. **61**, 337, 1985
[19] Gully, W.J. et al., J. Low Temp. Phys. **24**, 563, 1976
[20] Wölfle, P., Phys. Rev. Lett. **34**, 1377, 1975
[21] Paulson, D.N. et al., Phys. Rev. Lett. **32**, 1098, 1974
[22] Halperin, W.P. et al., Phys. Rev. **B 13**, 2124, 1976
[23] Hakonen, P.J., Nummila, K.K., Jap. J. Appl. Phys. **26**, 1814, 1987
[24] Bradley, D.I. et al., Cryogenics **22**, 296, 1982

5 Elektrolyte

Roger Thull

5.1 Einleitung

Elektrolyte sind neben den Elektroden wichtigster Bestandteil elektrochemischer Systeme. Als Anwendungsbereiche finden sich die elektrochemische Energieerzeugung und -speicherung. Zu nennen sind Batterien, Brennstoffzellen und Akkumulatoren. Reinmetalle, etwa Elektrolytkupfer, werden aus Elektrolyten mit ionisierten Metallverbindungen an der das negative Potential führenden Elektrode (Kathode) abgeschieden. Hiervon abgeleitete Verfahren dienen der veredelnden Beschichtung leitfähiger Oberflächen und stehen damit neben der Stoffabscheidung aus der Gasphase (CVD „chemical vapor deposition" bzw. PVD „physical vapor deposition") und der Ionenimplantation.

Elektrochemische Analyseverfahren, etwa Konduktometrie, Amperometrie, Potentiometrie, Polarographie und Elektrophorese sowie der Einsatz ionenselektiver Elektroden finden Anwendungen in der klinischen Chemie, im Umweltschutz und in der industriellen Qualitätssicherung.

Zahlreiche biologische Funktionen werden durch Änderungen von Ionenkonzentrationen in elektrolytischen Flüssigkeiten gesteuert. Ein Beispiel ist die Reizbildung und Reizleitung des Herzens als Voraussetzung für dessen koordinierte Pumpfunktion zur Aufrechterhaltung des Blutkreislaufs.

Analogien zu Elektrolyten finden sich in oxidischen Deckschichten auf passivierten Metallen, die im chemischen Apparatebau und in metallischen Implantaten wichtig sind. Letztere dienen dem Ersatz von teilweise oder vollständig eingeschränkten Körperfunktionen. Neben Korrosionsfestigkeit, wie im chemischen Apparatebau, wird, zeitlich begrenzt oder auf Dauer, Verträglichkeit mit den Bestandteilen der Körperelektrolyte gefordert.

Ein elektrochemisches System (galvanische oder elektrolytische Zelle) besteht aus einem Elektrolyten, mindestens zwei Elektroden und bei Reaktionen, die in *elektrolytischen Zellen* zum Ablauf Energie verbrauchen, aus einer elektrischen Quelle. Bei Reaktionen, die in *galvanischen Zellen* Energie liefern, tritt an die Stelle der Quelle ein Verbraucher oder ein Speicher.

Zur Beschreibung von Elektrodenreaktionen genügt es im allgemeinen, *Halbzellen* zu betrachten, die aus einem Elektrolyten und einer Elektrode bestehen. Ein elektrochemisches System erfordert die Kombination von zwei Halbzellen. Die Verbindung der beiden Elektrolyträume erfolgt durch eine elektrolytische Brücke, manchmal Salzbrücke genannt, oder ein Diaphragma.

Elektrolyte kommen im festen oder flüssigen Aggregatzustand vor. Wesentliches Kennzeichen ist eine elektrische, durch Ionen getragene Leitfähigkeit, die anderen

Gesetzmäßigkeiten unterliegt als die der Metalle (Band II) und Halbleiter (Band VI, Kap. 6). Ionisierte Materie im gasförmigen Zustand, sogenannte Plasmen (Kap. 2) gehören, obwohl durch ähnliche Modelle beschrieben, nicht zu den Elektrolyten. Ebenfalls nicht dazu zählen Festkörperplasmen, die aus einem Ionengitter und den zugehörigen Leitungselektronen bestehen.

Elektrolyte lassen sich nach unterschiedlichen Ordnungsprinzipien einteilen. Elektrolytische Flüssigkeiten und Festkörperelektrolyte werden nach dem Aggregatzustand unterschieden. Eine andere Einteilung ist die nach echten und potentiellen Elektrolyten. Echte Elektrolyte enthalten unabhängig davon, ob sie im festen oder flüssigen Aggregatzustand vorliegen, die Ionen in den heteropolar gebundenen Molekülen bereits vorgebildet. Beispiele hierfür sind Ionenkristalle, etwa Alkalimetallhalogenide, z. B.:

$$NaCl \rightleftharpoons Na^+ + Cl^-$$

Potentielle Elektrolyte bilden Ionen erst durch Wechselwirkung mit Lösungsmittelmolekülen. Geeignete Moleküle sind solche mit permanentem Dipolmoment, etwa Wasser. Im ungelösten Zustand sind potentielle Elektrolyte Nichtleiter. Beispiele sind Wasser, Chlorwasserstoff oder Ammoniak:

$$\begin{aligned} H_2O + H_2O &\rightleftharpoons H_3O^+ + OH^- \\ HCl + H_2O &\rightleftharpoons H_3O^+ + Cl^- \\ NH_3 + H_2O &\rightleftharpoons NH_4^+ + OH^- \end{aligned} \tag{5.1}$$

Ordnungsfaktoren in Elektrolyten sind die Wechselwirkungskräfte zwischen den Bestandteilen, wie etwa die elektrostatische Anziehung und Abstoßung zwischen Ionen mit Ladungen ungleichen bzw. solchen mit Ladungen gleichen Vorzeichens. In elektrolytischen Flüssigkeiten treten als wechselwirkende Bestandteile die Lösungsmittelmoleküle hinzu. Verdünnte elektrolytische Flüssigkeiten, im Idealfall unendlich verdünnt, zeigen Wechselwirkungen nur zwischen Ionen und Lösungsmittelmolekülen. Konzentrierte oder reale Elektrolyte verlangen zur Beschreibung ihrer Eigenschaften die Berücksichtigung der Wechselwirkung zwischen den Ionen.

5.2 Leitfähigkeit in elektrolytischen Flüssigkeiten

Die Ladungsträger elektrolytischer Flüssigkeiten sind positive und negative Ionen, Kationen und Anionen. Bei Festkörperelektrolyten können Elektronen und Defektelektronen hinzutreten oder sogar überwiegend den Ladungstransport übernehmen. Der jeweilige Beitrag zur Leitfähigkeit richtet sich nach der Zusammensetzung des Elektrolyten und nach den Wechselwirkungen der Ladungsträger untereinander sowie mit Bestandteilen der Flüssigkeit oder dem Kristallgitter.

5.2.1 Dissoziation

Die Prüfung des von Van't Hoff 1887 empirisch gefundenen Zusammenhangs zwischen *osmotischem Druck* π und Stoffmengenkonzentration c einer Lösung:

$$\pi \rightleftharpoons c R T$$

mit

$R = (8.314510 \pm 0.000070)\,\mathrm{J\,K^{-1}\,mol^{-1}}$
= universelle Gaskonstante und
T = Temperatur

ergibt, daß sich bei Lösungen von Säuren, Basen und Salzen höhere osmotische Drücke als erwartet zeigen. Erst die Berücksichtigung des *Van't-Hoff-Koeffizienten* bringt Meßergebnisse und Erwartungswerte in Übereinstimmung. Eine Begründung für den Koeffizienten fand Arrhenius mit derBeobachtung, daß es sich bei den Lösungen mit unerwarteten Eigenschaften um elektrolytische Flüssigkeiten handelt. Die Teilchenzahl elektrolytischer Flüssigkeiten erhöht sich durch Dissoziation, d.h. durch Spaltung von Molekülen in Ionen. Die Dissoziation kann vollständig, Dissoziationsgrad $\alpha = 1$, oder unvollständig sein, Dissoziationsgrad $0 < \alpha < 1$.

Zwischen Ionen und nichtdissoziierten Molekülen besteht ein Gleichgewicht. Für einen aus zwei Ionensorten zusammengesetzten Elektrolyten (*binärer Elektrolyt* mit einer positiven und einer negativen Ionensorte, etwa NaCl oder CoF_2) folgt:

$$M_{\nu_+}A_{\nu_-} \underset{k_2}{\overset{k_1}{\rightleftharpoons}} \nu_+ M^{z+} + \nu_- A^{z-}$$

ν_-, ν_+ stöchiometrische Zahlen
M^{z+} Kation, $z+$ Zahl positiver Ladungen
A^{z+} Anion, $z-$ Zahl negativer Ladungen

Die Pfeile deuten an, daß die Reaktion sowohl von links nach rechts als auch von rechts nach links verläuft; k_1 und k_2 sind die *Geschwindigkeitskonstanten* für die Dissoziation und deren Umkehrung, die Rekombination. Das Gleichgewicht wird nach Guldberg und Waage durch das **Massenwirkungsgesetz** (MWG) beschrieben:

$$\frac{c^{\nu_+}(M^{z+}) \cdot c^{\nu_-}(A^{z-})}{c(M_{\nu_+}A_{\nu_-})} = K. \tag{5.2}$$

Das Massenwirkungsgesetz regelt das Verhältnis von dissoziierten zu nicht dissoziierten Molekülen. K heißt *Massenwirkungs-* oder *Gleichgewichtskonstante.*

Die Mechanismen zur Erzeugung von nicht gittergebundenen Ionen sind unterschiedlich. Ionen entstehen, indem einem Ionenkristall bis zum Schmelzen Wärme zugeführt wird. Da die Ionen im schmelzflüssigen Elektrolyt leichter als im Kristall beweglich sind, steigt die Leitfähigkeit an.

Ein anderer Weg Ionen zu bilden, besteht in der Auflösung des Kristallverbands durch ein Lösungsmittel. Wegen der höheren Ionenbeweglichkeit in der Flüssigkeit steigt die Leitfähigkeit stärker an als in der Schmelze.

Die Bildung von Ionen aus potentiellen Elektrolyten setzt eine elektrochemische Reaktion mit dem Lösungsmittel voraus. Aus Gl. (5.1) geht hervor, daß hierbei das Lösungsmittelmolekül H_2O einmal als *Protonenakzeptor* und einmal als *Protonendonator* wirkt (*Autodissoziation*). Es entstehen das positive Hydroniumion H_3O^+ und das negative Hydroxylion OH^-.

Das Ergebnis läßt sich verallgemeinern. Voraussetzung jeder Ionenbildung aus potentiellen Elektrolyten ist ein Lösungsmittelmolekül, das Protonen (H^+) aufnimmt und ein anderes, das Protonen abgibt. Nach dieser Definition liefern Säuren Moleküle, die Protonen abgeben, z. B.

$$HCl - H^+ \rightleftharpoons Cl^-$$

und Basen Moleküle, die Protonen aufnehmen, z. B.

$$NaOH + H^+ \rightleftharpoons Na^+ + H_2O.$$

Das Wassermolekül kann sowohl Protonen abgeben als auch aufnehmen

$$H_2O - H^+ \rightleftharpoons OH^-$$
$$H_2O + H^+ \rightleftharpoons H_3O^+.$$

5.2.2 Überführung und Beweglichkeit

Der Ladungstransport im Elektrolyt erfolgt durch die Bewegung der positiven und negativen Ionen im elektrischen Feld, wobei sich die positiven Kationen an der negativen Elektrode (*Kathode*) und die negativen Anionen an der positiven Elektrode (*Anode*) konzentrieren. Der jeweilige Anteil des Stromes, der durch Kationen transportiert wird, trägt die Bezeichnung t_+ (*Überführungszahl* des positiven Ions, $0 < t_+ < 1$), der durch Anionen transportierte die Bezeichnung t_- (Überführungszahl des negativen Ions, $0 < t_- < 1$). Für einen binären Elektrolyt gilt: $t_+ = 1 - t_-$.

Besteht der Elektrolyt aus mehreren Kationen- und Anionensorten, gilt allgemein:

$$\sum_i t_i = 1.$$

Überführungszahlen werden durch die Wechselwirkungskräfte im Elektrolyten beeinflußt. Tabellierte Werte gelten für den unendlich verdünnten Elektrolyten, in denen sich die Ion-Ion-Wechselwirkung vernachlässigen läßt.

Für den *Leitwert* eines Elektrolyten, gemessen zwischen zwei flächigen Elektroden gilt:

$$G = \sigma \frac{A}{l}, \tag{5.3}$$

wobei σ (SI-Einheit $\Omega^{-1}\,m^{-1}$) für die *Leitfähigkeit* des Elektrolyten steht. A bedeutet die Elektrodenfläche und l deren Abstand.

σ subsummiert die Einflüsse aller im Elektrolyten vorhandenen Ionen und deren Eigenschaften, wie Konzentration c_i, Ladungszahl z_i und Beweglichkeit u_i (SI-Einheit $m^2\,V^{-1}\,s^{-1}$):

$$\sigma = F \sum_i z_i u_i c_i. \tag{5.4}$$

Die *Beweglichkeit* u_i beschreibt die sich im elektrischen Feld einstellende Geschwindigkeit eines Ions der Ionensorte i:

$$u_i = \frac{z_i e}{6\pi\eta r_i}, \tag{5.5}$$

die von der Ladung $z_i e$, dem Ionenradius r_i und der Viskosität η (SI-Einheit A V s^2 m^{-3}) abhängt. In Tab. 5.1 sind Werte für einige Ionen angegeben.

Tab. 5.1 Ionenbeweglichkeiten in verdünnten Elektrolyten (25° C).

Ion	u/cm^2 s^{-1} v^{-1}
OH^-	0.00178
Br^{-1}	0.0007
Cl^-	0.00068
F^-	0.00048
I^-	0.00068
H^+	0.00324
Na^+	0.00046
K^+	0.00066
Ag^+	0.00056
Co^{2+}	0.00045
Cr^{3+}	0.00047
Fe^{2+}	0.00047
Ni^{2+}	0.00046

Die Überführungszahl t_i einer Ionensorte ergibt sich als der Quotient aus der durch diese Ionensorte getragenen Leitfähigkeit und der Gesamtleitfähigkeit:

$$t_i = \frac{z_i u_i c_i}{\sum_j z_j u_j c_j}. \tag{5.6}$$

Für binäre Elektrolyte wird häufig die Äquivalentleitfähigkeit Λ_c (SI-Einheit) (Ω^{-1} m^2 mol^{-1}) eingeführt:

$$\Lambda_c = F(u_+ + u_-), \tag{5.7}$$

u_+ Beweglichkeit des Kations

u_- Beweglichkeit des Anions

Für einen unendlich verdünnten, binären Elektrolyten geht Λ_c über in die *Grenzleitfähigkeit*

$$\Lambda_0 = F(u_{0+} + u_{0-}) \tag{5.8}$$

u_{0+} Beweglichkeit des Kations bei unendlicher Verdünnung

u_{0-} Beweglichkeit des Anions bei unendlicher Verdünnung

Es liegt nahe, die Äquivalentleitfähigkeit eines binären Elektrolyten als die Summe von Ionenäquivalentleitfähgkeiten der Kationen und Anionen anzugeben:

$$\Lambda_c = \lambda_+ + \lambda_-. \tag{5.9}$$

Die *Ionengrenzleitfähigkeiten* λ_{0+} oder λ_{0-} sind tabelliert und beispielhaft in Tab. 5.2 zusammengefaßt.

Tab. 5.2 Ionen-Grenzleitfähigkeiten in wäßrigen Elektrolyten (25° C).

Ion	$\lambda_0/\Omega^{-1}\,m^2\,mol^{-1}$
OH^-	0.01976
Br^-	0.00784
Cl^-	0.00763
F^-	0.00554
I^-	0.00769
H^+	0.03497
Na^+	0.005010
K^+	0.0200
Ag^+	0.00619
$\frac{1}{2}Co^{2+}$	0.0054
$\frac{1}{3}Cr^{3+}$	0.0067
$\frac{1}{3}Fe^{2+}$	0.00535
$\frac{1}{2}Ni^{2+}$	0.0054

Der *Dissoziationsgrad* eines binären Elektrolyten vorgegebener Konzentration läßt sich ermitteln, wenn Λ_c und Λ_0 bekannt sind. Es gilt:

$$\alpha = \frac{\Lambda_c}{\Lambda_0}. \tag{5.10}$$

Wegen $\Lambda_c = \Lambda_0$ für unendliche Verdünnung folgt für die Dissoziationskonstante $\alpha = 1$, so daß sich diese nur zwischen den Werten $\alpha = 0$, nicht dissoziiert, und $\alpha = 1$, vollständig dissoziiert, bewegen kann.

Aus den Äquivalentleitfähigkeiten binärer Elektrolyte der Konzentration c, Λ_c bzw. Λ_0, kann aus dem Massenwirkungsgesetz Gl. (8.2) die Gleichgewichtskonstante experimentell bestimmt werden (**Ostwald-Verdünnungsgesetz**):

$$K = \frac{\Lambda_c^2\,c}{((\Lambda_0 - \Lambda_c)\Lambda_0)}. \tag{5.11}$$

Das Ostwald-Verdünnungsgesetz ist für viele schwach dissoziierende organische Säuren und Basen sehr gut bestätigt, gilt jedoch nicht, nicht einmal näherungsweise, für stark dissoziierte Elektrolyte.

Für stark dissoziierte, verdünnte elektrolytische Flüssigkeiten ($\Lambda_c/\Lambda_0 \approx 1$) ergibt sich aus Gl. (5.11) der Zusammenhang

$$\Lambda_c = \Lambda_0 - m'c \quad \text{mit}$$
$$m' = \text{const.}$$

Die Äquivalentleitfähigkeit sollte damit in verdünnten Lösungen eine angenähert lineare Funktion der Konzentration sein. Tatsächlich lassen sich jedoch Meßergebnisse besser mit dem von Kohlrausch 1900 empirisch gefundenen **Quadratwurzelgesetz**

$$\Lambda_c = \Lambda_0 - m\sqrt{c} \tag{5.12}$$

annähern. Dies zeigt, daß die Vernachlässigung der Wechselwirkung zwischen den einzelnen Ionen offenbar auch in sehr verdünnten Lösungen stark dissoziierender Elektrolyte nicht zulässig ist. Die Begründung findet sich in der großen Reichweite der Coulomb-Kräfte. Es bedeutet auch, daß die Dissoziationskonstante im Massenwirkungsgesetz nicht wirklich konstant ist, da sie auf Grund der gegenseitigen Beeinflussung der Ionen nicht nur vom Druck und von der Temperatur, sondern auch von der Ionenkonzentration abhängt. Zur Beschreibung stark dissoziierender Elektrolyte sind Zusatzannahmen erforderlich.

Die Realität elektrolytischer Flüssigkeiten läßt sich formal berücksichtigen, wenn in Analogie zum Vorgehen bei realen Gasgemischen zwar die Form des Massenwirkungsgesetzes beibehalten, jedoch anstelle der Konzentration c_i oder des Stoffmengenanteils (Molenbruchs) $x_i = c_i/(c_1 + c_2 + c_3 + \ldots)$ der Ionensorte i, die als *Aktivität* der Ionensorte i bezeichnete Hilfsvariable a_i eingeführt wird:

$$a_i = c_i f_{ic} = x_i f_i. \tag{5.13}$$

Die Korrekturfaktoren f_{ic} bzw. f_i werden als *Aktivitätskoeffizienten* bezeichnet und sind auf die Eigenschaften der ideal verdünnten Lösung normiert, so daß gilt:

$$\lim_{c_i \to 0} f_{ic} = \lim_{x_i \to 0} f_i = 1.$$

Da Konzentration und Stoffmengenanteil nur in stark verdünnten Elektrolyten einander proportional sind, sind f_{ic} und f_i in konzentrierten Elektrolyten verschieden voneinander, können jedoch ineinander umgerechnet werden. Im allgemeinen müssen die Aktivitätskoeffizienten empirisch ermittelt werden; lediglich für verdünnte Elektrolytlösungen ist eine Bestimmung aus der **Debye-Hückel-Theorie** möglich.

5.2.3 Ion-Ion-Wechselwirkung

In elektrolytischen Flüssigkeiten realer Konzentrationen bestimmt die Ion-Ion-Wechselwirkung wichtige Elektrolyteigenschaften. Der Einfluß wächst mit zunehmender Konzentration, und zwar umso mehr, je geringer der Abstand zwischen den Ionen ist.

Ein einfaches, in seinen Auswirkungen jedoch sehr weitreichendes Modell für die Wechselwirkung zwischen Ionen, wurde 1923 von Debye und Hückel angegeben. Hiernach enthält eine elektrolytische Flüssigkeit neben den Lösungsmittelmolekülen Ionen, die in einer Nahordnung strukturiert sind. Zentrum der Nahordnung ist das *Zentralion*, dem, aus der Gesamtheit aller Ionen willkürlich herausgegriffen, eine positive oder negative Ladung zugeordnet wird. Die Ladungen der restlichen Ionen sind über eine das Zentralion umgebene *Ionenwolke* kugelsymmetrisch verschmiert (Abb. 5.1). Dabei ist die Gesamtladung der Ionenwolke, wie die Ableitung ergeben wird, gleich groß wie die des Zentralions, jedoch von entgegengesetztem Vorzeichen. Obwohl für den Elektrolyten insgesamt die Elektroneutralitätsbedingung erfüllt ist, sammeln sich in unmittelbarer Umgebung des Zentralions infolge elektrostatischer Kräfte mehr Ionen entgegengesetzten als gleichen Vorzeichens.

Die Ableitung erfolgt unter Beachtung der Bedingungen:

1. Die interionische Wechselwirkung basiert auf elektrostatischen Kräften; andere zwischenmolekulare Kräfte werden vernachlässigt.

2. Die Dielektrizitätskonstante (DK) der elektrolytischen Flüssigkeit wird allein von den Lösungsmittelmolekülen bestimmt; die Änderung der DK durch die in der Lösung vorhandenen Ionen bleibt unberücksichtigt.
3. Die Ionen existieren als unpolarisierbare Ladungen mit kugelsymmetrischem Feld.
4. Die interionische Wechselwirkung ist klein im Vergleich zur kinetischen Energie der Ionen infolge Temperaturbewegung.
5. Die Elektrolytbestandteile sind vollständig dissoziiert.

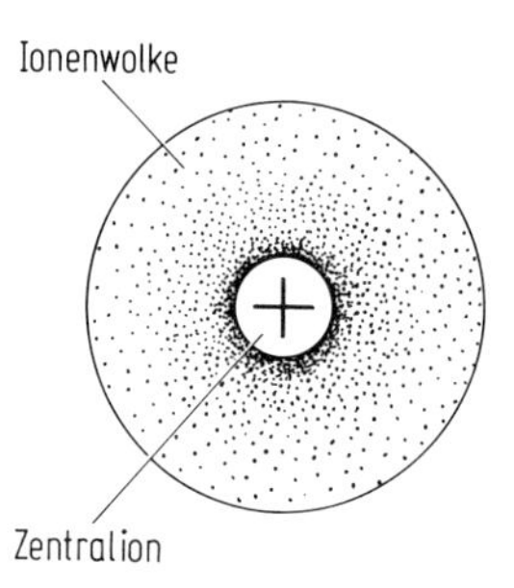

Abb. 5.1 Zentralion und Ionenwolke. Der Radius der Wolke nimmt zu, die Anreicherung entgegengesetzt geladener Ionen um das Zentralion um so mehr ab, je kleiner die Summe der Ladungen aller in der Lösung befindlichen Ionen, je größer die Dielektrizitätskonstante und je höher die Temperatur sind.

Da sich in der Nähe des Zentralions mehr Ionen entgegengesetzten als gleichen Vorzeichens befinden, entsteht im Abstand r vom Zentralion ein elektrisches Potential φ_r, das durch die Arbeit $z_i e \varphi_r$ definiert ist, die aufgebracht werden muß, um ein Ion der Ladung $z_i e$ vom Potential Null an die Stelle des betrachteten Volumenelements $\mathrm{d}V$ der Lösung zu bringen. Die Abhängigkeit des Potentials φ_r vom Abstand r des Volumenelementes $\mathrm{d}V$ vom Zentralion läßt sich durch Integration der *Poisson-Gleichung* angeben, die in Polarkoordinaten lautet:

$$\frac{1}{r^2}\frac{\mathrm{d}}{\mathrm{d}r}\left(r^2\frac{\mathrm{d}\varphi_r}{\mathrm{d}r}\right) = -\frac{1}{\varepsilon_0\varepsilon_\mathrm{L}}\varrho_r, \tag{5.14}$$

wenn ϱ_r die Summe der elektrischen Ladungen aller Ionen im Volumenelement und ε_L die DK des ungestörten Lösungsmittelvolumens bedeuten.

Die resultierende Ladungsdichte ϱ_r der im Volumenelement enthaltenen elektrischen Ladungen pro Ion $z_1 e, z_2 e, z_3 e, \ldots, z_i e, z_{i+1} e, \ldots$ wird mit Hilfe des **Boltzmann-Verteilungssatzes** bestimmt. Über die Ionen aller Ionensorten summiert ergibt sich für die resultierende Ladungsdichte:

$$\varrho_r = \sum_i z_i e \frac{\mathrm{d}N_i}{\mathrm{d}V} = \sum_i N_i z_i e \exp(-z_i e \varphi_r / kT).$$

Der Ausdruck vereinfacht sich, wenn die Bedingung $|z_i e \varphi_r| \ll kT$, wie vo ausgesetzt, erfüllt ist. Es ergibt sich die resultierende Ladungsträgerdichte im Abstand r vom

Zentralion:

$$\varrho_r = e \sum_i N_i z_i - \frac{e^2}{kT} \sum_i N_i z_i^2 \varphi_r.$$

Der erste Term gibt die Gesamtladung aller Ionen des Elektrolyten an, die auf Grund der Elektroneutralitätsbedingung null sein muß. Es bleibt:

$$\varrho_r = -\frac{e^2}{kT} \sum_i N_i z_i^2 \varphi_r. \tag{5.15}$$

Mit diesem Ergebnis und der Abkürzung

$$\kappa = \frac{e^2}{\varepsilon_0 \varepsilon_L k T} \sum_i N_i z_i^2 \tag{5.16}$$

folgt aus Gl. (5.14)

$$\frac{1}{r^2} \frac{\mathrm{d}}{\mathrm{d}r} \left(r^2 \frac{\mathrm{d}\varphi_r}{\mathrm{d}r} \right) = \kappa^2 \varphi_r$$

mit dem gesuchten Potentialverlauf in Abhängigkeit vom Abstand zum Zentralion:

$$\varphi_r = C_1 \frac{\exp(-\kappa r)}{r} + C_2 \frac{\exp(\kappa r)}{r}.$$

Die Konstanten C_1 und C_2 lassen sich aus den Randbedingungen ermitteln. Die Bedingung, daß φ_r auch für $r = 0$ endliche Werte haben muß, läßt sich nur erfüllen, wenn $C_2 = 0$ wird. Zur Bestimmung der Konstanten C_1 wird die Elektroneutralitätsbedingung benutzt, d. h. die Gesamtladung der Ionenwolke muß gleich der Ladung $z_i e$ des Zentralions j, jedoch mit umgekehrtem Vorzeichen, sein. Es gilt:

$$\underbrace{\int_{r_i}^{\infty} 4\pi r^2 \varrho_r \mathrm{d}r}_{\text{Ladung der Ionenwolke}} = \underbrace{-z_j e}_{\text{Ladung des Zentralions}} \tag{5.17}$$

Die untere Grenze r_i ergibt sich aus dem Minimalabstand, auf den sich ein beliebiges Ion aus der Ionenwolke dem Zentralion nähern kann. Als zusätzliche Näherung wird vorausgesetzt, daß r_i für alle Ionen gleich ist.

Die Bestimmungsgleichung für die Konstante C_1 ergibt sich aus Gl. (5.17), wenn für ϱ_r der Ausdruck der Gl. (5.15) unter Berücksichtigung von Gl. (5.16) eingesetzt wird:

$$4\pi C_1 \cdot \varepsilon_0 \varepsilon_L \cdot \kappa^2 \int_{r_i}^{\infty} r \exp(-\kappa r) \mathrm{d}r = z_j e.$$

Damit kann der Potentialverlauf $\varphi_r = f(r)$ geschlossen angegeben werden:

$$\varphi_r = \frac{z_j e}{4\pi\varepsilon_0\varepsilon_L} \frac{\exp(\kappa r_i)}{1 + \kappa r_i} \frac{\exp(-\kappa r)}{r}. \tag{5.18}$$

Gl. (5.18) beschreibt die interionische Wechselwirkung nach dem Modell von Debye und Hückel und damit die Änderungen der thermodynamischen Größen elektrolytischer Flüssigkeiten, die auf Grund der Ion-Ion-Wechselwirkung entstehen.

Das Potential φ_r eines Volumenelementes im Abstand r vom Zentralion entsteht durch Überlagerung von zwei Anteilen, dem Anteil des Zentralions φ_{rj} und dem Anteil φ_{rw} der Ionenwolke. Der Beitrag des Zentralions ergibt sich aus den elektrostatischen Gesetzen,

$$\varphi_{rj} = \frac{z_j e}{4\pi\varepsilon_0\varepsilon_L r},$$

der Beitrag der Ionenwolke folgt aus Gl. (5.18) mit dem Potentialbeitrag des Zentralions entsprechend zu:

$$\varphi_{rw} = \varphi_r - \varphi_{rj} = \frac{z_j e}{4\pi\varepsilon_0\varepsilon_L}\left[\frac{\exp(\kappa r_i)}{1+\kappa r_i}\exp(-\kappa r) - 1\right].$$

Für $r = r_i$ ergibt sich der Potentialbeitrag der Ionenwolke im Abstand r_i vom Mittelpunkt des Zentralions:

$$\varphi_{rw} = -\frac{z_j e}{4\pi\varepsilon_0\varepsilon_L}\cdot\frac{\kappa}{1+\kappa r_i}.$$

In verdünnten Lösungen, in denen $\kappa r_i \ll 1$ ist (für eine Salzlösung der Konzentration $c < 10^{-1}$ mol/l ist $\kappa r_i < 10^{-2}$), kann der Ausdruck noch vereinfacht werden. Es ergibt sich:

$$\varphi_{rw} = -\frac{z_j e}{4\pi\varepsilon_0\varepsilon_L\kappa^{-1}}.$$

Damit ist der Potentialbeitrag der Ionenwolke am Ort des Zentralions ebenso groß wie der Beitrag eines virtuellen Ions mit einem im Vergleich zum Zentralion entgegengesetzten Vorzeichen im Abstand $r = \kappa^{-1}$. Diese Tatsache führte dazu, den Abstand $r = \kappa^{-1}$ als *Radius der Ionenwolke* zu bezeichnen. Zur Berechnung des Radius der Ionenwolke wird in Gl. (5.16) die Ionenzahl der Sorte i, N_i pro cm^3, durch die Stoffmengenkonzentration c_i ersetzt und es ergibt sich: $c_i = (1000\, N_i/N_A)$ mol/l. Vereinfacht folgt für κ^2:

$$\kappa^2 = \frac{2e^2 N_A}{\varepsilon_0\varepsilon_L kT}\underbrace{\frac{1}{2}\sum_i c_i z_i^2}_{J}.$$

Der Ausdruck $\frac{1}{2}\sum c_i z_i^2$ wird nach Lewis und Randall als *Ionenstärke* J der elektrolytischen Lösung bezeichnet. In Abhängigkeit von der Ionenstärke folgt für den Radius der Ionenwolke:

$$\kappa^{-1} = \left(\frac{\varepsilon_0\varepsilon_L kT}{2e^2 N_A}\right)^{1/2}\cdot J^{1/2}. \qquad (5.19)$$

Der Radius der Ionenwolke wird um so größer, die Anreicherung entgegengesetzt geladener Ionen um so geringer, je kleiner die Ionenstärke und je größer die DK und die Temperatur der elektrolytischen Flüssigkeit sind. Die *Debye-Länge* r_D ist der

Radius der Ionenwolke für die Ionenstärke $J = 1$:

$$r_D = \kappa_D^{-1} = \left(\frac{\varepsilon_0 \varepsilon_L k T}{2e^2 N_A}\right)^{1/2}.$$

Die freie Enthalpie der interionischen Wechselwirkung ergibt sich, wenn für das Potential der Beitrag der Ionenwolke am Ort des Zentralions j eingesetzt wird:

$$\Delta G_j = -\frac{(z_j e)^2}{8\pi\varepsilon_0\varepsilon_L \kappa^{-1}}.$$

Der elektrostatische Beitrag zur freien Enthalpie der interionischen Wechselwirkung errechnet sich durch Summierung über alle in der elektrolytischen Lösung befindlichen $n_j N_A$ Ionen (n_j Stoffmenge der Ionensorte j), also:

$$\Delta G = -\sum_j \frac{n_j N_A (z_j e)^2}{8\pi\varepsilon_0\varepsilon_L \kappa^{-1}}.$$

Im allgemeinen interessiert nicht die freie Enthalpie aller Ionen im Elektrolyten, sondern deren Verteilung auf die einzelnen Ionensorten. Die partielle Ableitung der freien Enthalpie nach der Stoffmenge der jeweiligen Ionensorte

$$\Delta\mu_j = \frac{\partial}{\partial n_j}\Delta G \tag{5.20}$$

heißt *chemisches Potential*. Für den Anteil der Ionensorte j an der interionischen Wechselwirkung (bei der Differentiation beachten, daß sie auch von n_j abhängen kann) folgt:

$$\Delta\mu_j = -\frac{N_A (z_j e)^2}{8\pi\varepsilon_0\varepsilon_L \kappa^{-1}}. \tag{5.21}$$

Ohne Berücksichtigung der interionischen Wechselwirkungen ergibt sich in Anlehnung an den thermodynamischen Ausdruck einer nicht-elektrolytischen Lösung:

$$\mu_j(\text{ideal}) - \mu_j^\circ = RT \ln x_j \tag{5.22}$$

x_j bedeutet den Stoffmengenanteil der Ionensorte j und μ_j° das chemische Potential unter Standardbedingungen, d.h. hier

$$\mu_j = \mu_j^\circ \quad \text{für} \quad x_j = 1.$$

Während in nicht-elektrolytischen Flüssigkeiten Gl. (5.22) wegen der fehlenden Fernwirkungskräfte erst bei sehr hohen Lösungskonzentrationen ungültig wird, treten bei elektrolytischen Flüssigkeiten Abweichungen bereits bei geringen Konzentrationen auf. Eine Anpassung von Gl. (5.22) an reale Verhältnisse für elektrolytische Flüssigkeiten erfolgt, indem für den Stoffmengenanteil die zugehörige Aktivität eingeführt wird:

$$\begin{aligned}\mu_j(\text{real}) - \mu_j^\circ &= RT \ln a_j \\ &= RT \ln f_j x_j \\ &= RT \ln x_j + RT \ln f_j.\end{aligned} \tag{5.23}$$

Die Kombination von Gl. (5.22) und (5.23) bringt:

$$\mu_j(\text{real}) - \mu_j(\text{ideal}) = RT\ln f_j$$
$$= \Delta\mu_j = -\frac{N_A(z_j e)^2}{8\pi\varepsilon_0\varepsilon_L\kappa^{-1}}. \tag{5.24}$$

Gl. (5.24) gibt eine thermodynamische Deutung des Aktivitätskoeffizienten wieder. Die Betrachtung nur einer Ionensorte im Elektrolyten ist wegen der zu erfüllenden Elektroneutralität nicht sinnvoll. An die Stelle des ionenspezifischen Aktivitätskoeffizienten tritt ein mittlerer, der sich unter Berücksichtigung der Gesamtionenzahl $\nu = \nu_+ + \nu_-$, ergibt zu: $f_\pm = f_+^{\nu_+} \cdot f_-^{\nu_-}$ und

$$\ln f_\pm = -\frac{N_A e^2}{8\pi\varepsilon_0\varepsilon_L RT} \cdot \frac{1}{1 + \kappa r_i} |z_+ \cdot z_-| \cdot J^{1/2}. \tag{5.25}$$

Nach Gl. (5.25) hängt der Logarithmus des mittleren Aktivitätskoeffizienten nicht von den chemischen Eigenschaften der Ionen ab. Damit ist es unerheblich, ob die Ionen beispielsweise durch Dissoziation von NaCl oder KBr entstehen.

Der Zusammenhang zwischen Aktivitätskoeffizient und Ionenstärke gilt uneingeschränkt für verdünnte elektrolytische Flüssigkeiten. Für konzentrierte Lösungen muß vorausgesetzt werden, daß die Bedingung $\kappa r_i \ll 1$ erfüllt ist, so daß sich Gl. (5.19) auf Ionenstärken von etwa $J < 10^{-1}$ mol/l beschränkt (**Debye-Hückelsches Grenzgesetz**).

Da schon bei geringen Elektrolytkonzentrationen die Bewegung jedes einzelnen Ions abhängig von den umgebenen anderen ist, muß auch für die Berechnung der Äquivalentleitfähigkeit die interionische Wechselwirkung der Ionen berücksichtigt werden.

Bei der Wanderung von Ionen im elektrischen Feld wird die Ionenwolke durch die gerichtete Bewegung des Zentralions ständig gestört. Der Störung wird durch einen dauernden Neuaufbau entgegengewirkt. Die Aufbauzeit heißt Relaxationszeit. Da die Wiederherstellung einer symmetrischen Ionenwolke jedoch bei einem bewegten Ion nie vollständig möglich ist, entsteht stationär eine unsymmetrische Ionenwolke (Abb. 5.2). Die Unsymmetrie bewirkt eine elektrostatische Bremswirkung auf das Zentralion. Die mit der Unsymmetrie verbundene (dem von außen angelegten Feld $\boldsymbol{E}$ entgegenwirkende) Feldstärke $\boldsymbol{E}_{\text{Rel}}$ hängt, Rechnungen von Debye, Hückel und Onsager zufolge, außer vom Radius der Ionenwolke von spezifischen Eigenschaften der Ionen, wie Ladungszahl und Beweglichkeit, ab. Für die Beweglichkeit der Ionen

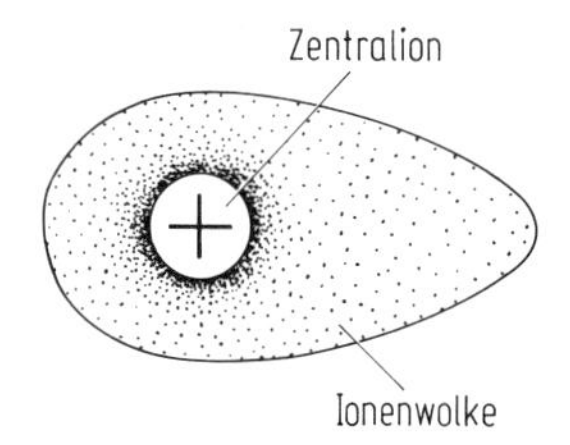

Abb. 5.2 Deformation der Ionenwolke, wenn Zentralion und Ionenwolke bei Wanderung im elektrischen Feld polarisiert werden.

ergibt sich:

$$U_j = U_{0j}\left(1 - \frac{|\boldsymbol{E}_{\mathrm{Rel}}|}{|\boldsymbol{E}|}\right).$$

Zusätzlich zum *Relaxationseffekt* wirkt der sogenannte *elektrophoretische Effekt* verringernd auf die Ionenbeweglichkeit. Das Zentralion bewegt sich in einem äußeren Feld nämlich nicht relativ zu einer ruhenden, sondern relativ zu einem entgegenströmenden Medium. Die Gegenströmung wird durch die in der Ionenwolke bevorzugt vorhandenen Ionen umgekehrten Vorzeichens zum Zentralion erzeugt, wenn sie sich unter Mitnahme ihrer Solvathülle im elektrischen Feld entgegengesetzt zum Zentralion bewegen. Ebenso wie der Relaxationseffekt muß auch der elektrophoretische Effekt mit der Ionenkonzentration zunehmen. Beide zusammen geben eine Erklärung dafür, daß die Äquivalentleitfähigkeit mit zunehmender Konzentration des Elektrolyten absinkt. Für den Einfluß des, von spezifischen Eigenschaften des Ions unabhängigen, elektrophoretischen Effektes läßt sich ableiten:

$$U_{j\mathrm{El}} = -\frac{|z_j|eF\kappa}{6\pi\eta}\left(1 - \frac{|\boldsymbol{E}_{\mathrm{Rel}}|}{|\boldsymbol{E}|}\right).$$

Die prinzipielle Richtigkeit des Modells der Ionenwolke mit Zentralion wird durch zwei auf Grund der Theorie vorausgesagte und dann später als existent nachgewiesene Effekte bestätigt.

Einmal handelt es sich um die Abhängigkeit der Äquivalentleitfähigkeit von der Frequenz des zur Messung benutzten Wechselstroms. Überschreitet die Meßfrequenz einen bestimmten Grenzwert, so daß die Schwingungsdauer klein gegenüber der Relaxationszeit ist, so oszilliert das Zentralion innerhalb der Ionenwolke, ohne sie jedoch zu verlassen. In diesem Fall kommt es nicht mehr zu einem Auf- und Abbau der Ionenwolke, so daß der Einfluß ihrer Unsymmetrie auf die Geschwindigkeit des Ions entfällt. Aus diesem Grund vergrößert sich die Äquivalentleitfähigkeit in einem bestimmten Frequenzgebiet und erreicht bei weiterer Frequenzsteigerung einen Grenzwert, bei dem nur noch der elektrophoretische Effekt wirksam ist (*Debye-Falkenhagen-Effekt*).

Zum anderen handelt es sich um den *Wien-Effekt*, der auftritt, wenn die von außen angelegte Feldstärke die Geschwindigkeit des Ions soweit erhöht, daß es innerhalb der Relaxationszeit Strecken zurücklegt, die dem Radius der Ionenwolke entsprechen. Die Ionenwolke kann sich nicht ausbilden; es verschwinden die relaxations- und elektrophoretischen Effekte, so daß die Äquivalentleitfähigkeit bis zu einem Wert nahe bei Λ_0 ansteigen oder diesen sogar überschreiten kann. Letzteres läßt sich nur erklären, wenn noch eine Erhöhung des Dissoziationsgrades hinzukommt. In der Tat erfolgt in hohen elektrischen Feldern eine Streckung und Lockerung der Bindung zwischen Anion und Kation, die sich nach Onsager durch eine feldstärkeabhängige Dissoziationskonstante α_{F} ausdrücken läßt (*2. Wien-Effekt*) und in der Behandlung der elektrolytischen Doppelschicht Bedeutung erhält, wenn Feldstärken von 10^6 bis 10^7 V/cm auftreten.

5.3 Konstitution elektrolytischer Flüssigkeiten

Die Bildung eines Elektrolyten aus einem Ionenkristall durch das Lösungsmittel beruht auf Wechselwirkungskräften zwischen Ionen und Lösungsmittelmolekülen. Die Wechselwirkung läßt sich mit Hilfe eines Modells beschreiben, das für das Ion eine geladene Kugel mit dem Radius r_i und für das Lösungsmittel Moleküle einsetzt, die durch ein permanentes Dipolmoment gekennzeichnet sind.

Ohne Einschränkung der Allgemeingültigkeit wird das Modell am Beispiel von Wasser als Lösungsmittel dargestellt. Obwohl für die Wechselwirkung zwischen Ion und Wassermolekülen der Ausdruck *Hydratation* gebräuchlich ist, wird innerhalb dieses Beitrags der Begriff *Solvation* benutzt, der allgemein für die Wechselwirkung zwischen Ion und Lösungsmittel gilt.

5.3.1 Ion-Dipol-Wechselwirkung

Ein Wassermolekül ist eine chemische Verbindung aus einem Sauerstoff- und zwei Wasserstoffatomen. Das Sauerstoffatom hat im ungebundenen Zustand 6 Elektronen in der zweiten Schale (2s- und 4p-Elektronen). Bei einer Verbindung des Sauerstoffs mit zwei Wasserstoffatomen kommt es zu einer Wechselwirkung der sechs Elektronen des Sauerstoffs mit den zwei Elektronen (je 1s-Elektron) des Wasserstoffs und der Ausbildung von vier Elektronenpaaren. Die größte quantenmechanische Aufenthaltswahrscheinlichkeit der vier Elektronenpaare ist im Raumgebiet (Orbital) in Richtung der vier Ecken eines Tetraeders realisiert. Von den vier Orbitalen werden zwei zur O–H-Bindung benutzt, während die restlichen zwei ungebunden bleiben. Die Wechselwirkung der vier Elektronenpaare untereinander führt zu einer Verringerung des aus der Tetraederkonfiguration erwarteten Winkels zwischen den beiden O–H-Bindungen von 109° 28′ auf 105° (Abb. 5.3). Die gewinkelte Struktur des H_2O-Moleküls hat ein permanentes Dipolmoment von

$$\mu_{H_2O} = el = 6.24 \cdot 10^{-30}\,\text{Asm}$$

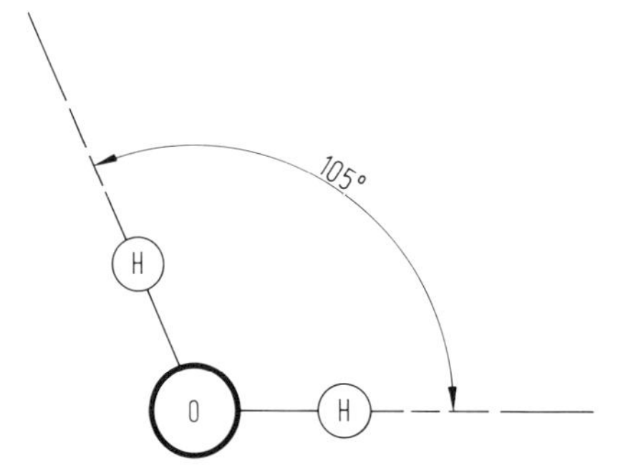

Abb. 5.3 Gewinkelte Dipolanordnung der Wasserstoffatome zum Sauerstoffatom im Wassermolekül. Die Bindungselektronenpaare sind näher am O-Atom als an dem jeweiligen H-Atom. Daraus resultiert ein permanenter elektrischer Dipol in Richtung der Winkelhalbierenden.

zur Folge (für e ist die Elementarladung bei beliebigem Lösungsmittel, eventuell ein ganzzahliges Vielfaches einzusetzen; l ist der Abstand der Schwerpunkte der positiven und negativen Ladungen im Molekül, nicht der Kernabstand der den Dipol bildenden Atome). Die hohe Assoziationsneigung der Wassermoleküle untereinander resultiert aus den beiden nicht abgesättigten Elektronenpaaren; die Bindung erfolgt über Wasserstoffbrücken.

Die Assoziationskomplexe des ungestörten Lösungsmittels wechselwirken mit eingebrachten Ionen über elektrostatische Kräfte, die einzelne Wassermoleküle aus der vernetzten Struktur entfernen und im elektrischen Feld ausrichten. Die damit an das Ion gebundenen Wassermoleküle lassen sich näherungsweise als relativ zu ihm unbeweglich betrachten, d.h. Ion und Solvathülle sind kinetisch eine Einheit (Abb. 5.4). Diese Näherung wird auch bei der Ableitung eines Energiebandschemas für die solvatisierten Ionen der elektrolytischen Flüssigkeit (Abschn. 5.3.2) benutzt.

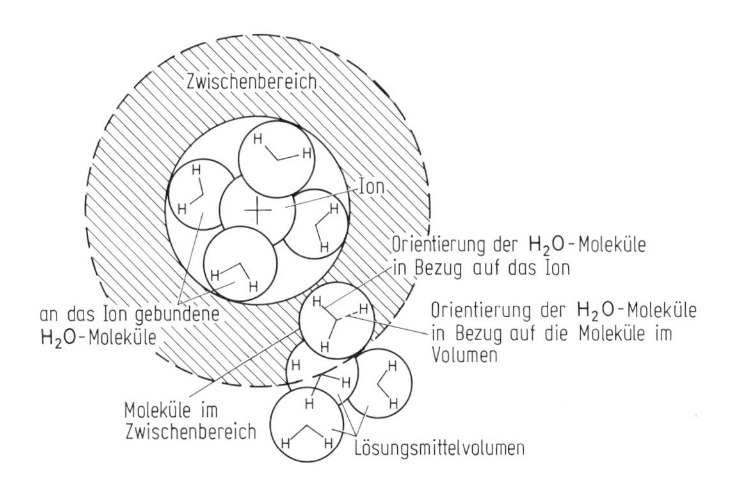

Abb. 5.4 Orientierung von Wasserdipolen in der Umgebung eines positiven Ions (nach O'M Bockris und Reddy [1]).

Im Bereich zwischen den orientierten Dipolen und dem Lösungsmittelvolumen ohne Orientierung stellt sich nach dem von Bernal und Fowler 1933 angegebenen Modell ein Bereich ein, der sowohl vom elektrischen Feld des Ions als auch von dem assoziierter Wasserdipole beeinflußt wird. Noch weiter vom Ion entfernt läßt sich das Lösungsmittel als ungestört in der tetraedrischen Netzwerkstruktur betrachten. Der Bereich des solvatisierten Ions ist scharf gegen den mit den teilweise gebundenen Wassermolekülen abgegrenzt. Letzterer geht fließend zum ungestörten Lösungsmittelvolumen über.

Die Bestimmung der Enthalpie ΔH für die Wechselwirkung zwischen den Ionen und den Lösungsmittelmolekülen geht von einem freien Ion im Vakuum aus, für das die Arbeit berechnet wird, die notwendig ist, das freie Ion in die Lösung zu bringen. Vernachlässigt wird der Entropieanteil für die Änderung der Freiheitsgrade der H_2O-Moleküle beim Übergang aus dem ungestörten Lösungsmittelvolumen in die Ion-

Dipol-Assoziationsstruktur. Das Modell zur Bestimmung der Enthalpie zeigt Abb. 5.5.

Die Bildung der Lücke im Lösungsmittelvolumen für das Ion und der Aufbau der Ion-Dipol-Assoziationsstruktur wird zur Bestimmung der Wechselwirkungsenthalpie in folgende Teilschritte aufgelöst:

1. Ablösung eines Wasserkomplexes vernetzter Moleküle aus dem Lösungsmittelvolumen unter Bildung einer Lücke,
2. Dissoziation der vernetzten Moleküle in Einzelmoleküle,
3. Elektrostatische Wechselwirkung zwischen dem Ion und den Wassermolekülen,
4. Überführung des Ion-Dipol-Komplexes in die Lücke im Lösungsmittelvolumen,
5. Bildung des Übergangsbereichs.

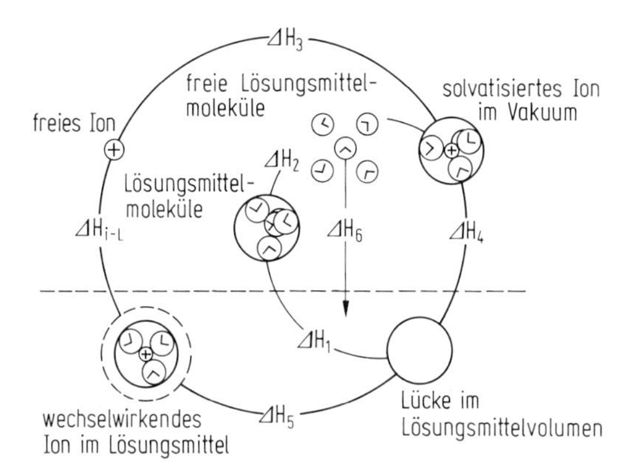

Abb. 5.5 Modell zur Ermittlung der Wechselwirkungsenthalpie zwischen Ion und Lösungsmittel (nach Bernal und Fowler [14]).

Die Enthalpien für die Einzelschritte 1, 2 und 5 lassen sich unter Annahme eines etwa tetraedrischen Wasserstrukturmodells abschätzen. Bockris und Reddy geben für die Summe der drei Werte eine Enthalpie $\Delta H_{1,2,5+}$ von 80 kJ/mol für positive Ionen und $\Delta H_{1,2,5-}$ von 120 kJ/mol für negative an. Als Begründung für den Unterschied wird die für positive und negative Ionen unterschiedliche Assoziationsstruktur angegeben.

Die zur Einbringung des Ion-Dipol-Komplexes ins Lösungsmittel erforderliche Enthalpie ΔH_4 ergibt sich, indem zunächst die freie Enthalpie $\Delta G = \Delta G' + \Delta G''$ berechnet wird, die notwendig ist, um die das Ion beschreibende geladene Kugel 1. im Vakuum zu entladen ($\Delta G'$) und 2. im Lösungsmittel wieder aufzuladen ($\Delta G''$). $\Delta G'$ ergibt sich zu:

$$\Delta G' = \int_{z_i e}^{0} \varphi_{r_i + 2r_L} \mathrm{d}q = \frac{1}{4\pi\varepsilon_0} \int_{z_i e}^{0} \frac{q\,\mathrm{d}q}{r_i + 2r_L} = \frac{(z_i e)^2}{8\pi\varepsilon_0 (r_i + 2r_L)} \tag{5.26}$$

ε_0 elektrische Feldkonstante

$r_i + 2r_L$ Radius des solvatisierten Ions

$\varphi_{r_i + 2r_L}$ Potential an der als Kugelschale angenommenen Oberfläche des solvatisierten Ions

Da die Feldstärke unter sonst gleichen Voraussetzungen in einem stofferfüllten Raum auf Grund der Polarisierbarkeit des Stoffes kleiner ist als im Vakuum, muß die statische Dielektrizitätskonstante ε_L als Maß für die Schwächung der Feldstärke durch das Lösungsmittel für die Aufladung der ungeladenen Kugel berücksichtigt werden. Entsprechend Gl. (5.26) folgt für die Wiederaufladung:

$$\Delta G'' = \frac{(z_i e)^2}{8\pi\varepsilon_0\varepsilon_L(r_i + 2r_L)}.$$

Als freie Enthalpie für die Überführung des Ion-Dipol-Komplexes in das Lösungsmittel ergibt sich als Summe:

$$\Delta G = -\frac{(z_i e)^2}{(8\pi\varepsilon_0\varepsilon_L(r_i + 2r_L))} \cdot \left(1 - \frac{1}{\varepsilon_L}\right). \tag{5.27}$$

Die Enthalpie ΔH_4 errechnet sich nach der **Gibbs-Helmholtz-Gleichung**:

$$\Delta H_4 = -\frac{(z_i e)^2}{8\pi\varepsilon_0\varepsilon_L(r_i + 2r_L)} \cdot \left(1 - \frac{1}{\varepsilon_L} - \frac{T}{\varepsilon_L^2} \cdot \frac{\partial\varepsilon_L}{\partial T}\right).$$

Für die Wechselwirkungsenthalpie ΔH_3 zwischen einem Ion und einem Dipol mit dem Dipolmoment μ_L und dem Abstand der Ladungsschwerpunkte $2r_L$ ergibt sich:

$$\Delta H_3 = -\frac{z_i e\,\mu_L}{4\pi\varepsilon_0(r_i + r_L)^2}.$$

Da das Ion im allgemeinen von n Wassermolekülen solvatisiert ist, folgt:

$$\Delta H_3 = -\frac{n z_i e\,\mu_L}{4\pi\varepsilon_0(r_i + r_L)^2}.$$

Damit ergibt sich als Wechselwirkungsenthalpie ΔH für ein Mol Ionen mit dem Lösungsmittel aus dem Ion-Dipol-Modell:

$$\begin{aligned}\Delta H = \Delta H_{1,2,5\pm} &- \frac{N_A(|z_i|e)^2}{8\pi\varepsilon_0(r_i + r_{H_2O})^2} \\ &- \frac{N_A(|z_i|e)^2}{8\pi\varepsilon_0(r_i + 2r_{H_2O})}\left(1 - \frac{1}{\varepsilon_L} - \frac{T}{\varepsilon_L^2} \cdot \frac{\partial\varepsilon_L}{\partial T}\right).\end{aligned} \tag{5.28}$$

Die experimentelle Prüfung bestätigt den abgeleiteten Zusammenhang, daß für einatomige, edelgasähnliche Ionen die Dissoziation wesentlich auf elektrostatische Kräfte zurückzuführen ist. Die Ion-Dipol-Wechselwirkung ist umso stärker, der Dissoziationsgrad umso größer, je kleiner der Radius, je größer die Ladung des Ions und je größer das Lösungsmittelmolekül ist.

Von der Gültigkeit des Zusammenhangs gibt es Ausnahmen, so daß in einer exakteren Theorie zu den elektrostatischen Kräften ggf. noch andere Wechselwirkungen berücksichtigt werden müssen.

Die Dissoziation von gelösten Molekülen ist Folge der Solvation. Das negative Vorzeichen der freien Enthalpie, näherungsweise auch Enthalpie, zeigt an, daß der dissoziierte Zustand gegenüber dem nicht dissoziierten die größere Wahrscheinlichkeit aufweist.

Die *Solvationszahl* gibt die Zahl der im Wechselwirkungsbereich des Ions orientierten Wassermoleküle an. Obwohl das elektrische Feld des Ions erst im Unendlichen verschwindet, fällt die für eine effektive Wechselwirkung erforderliche Feldstärke nach bereits wenigen Molekülabständen ab. Dies führt zu nur wenigen permanent an das Ion angelagerten Molekülen des Lösungsmittels, die jedoch sowohl die Eigenschaften der elektrolytischen Flüssigkeit (z. B. Kompressibilität, Dielektrizitätskonstante und Aktivitätskoeffizient) als auch die Eigenschaften der einzelnen Ionensorte (z. B. Beweglichkeit und Diffusionskoeffizient) beeinflussen.

Der Unterschied zu der mit dem Born-Modell bereits 1920 errechneten freien Enthalpie

$$\Delta G = -\frac{(z_i e)^2}{8\pi\varepsilon_0\varepsilon_L r_i} \cdot \left(1 - \frac{1}{\varepsilon_L}\right), \tag{5.29}$$

die zum Einbringen der geladenen Kugel in das Lösungsmittel benötigt wird, resultiert aus der vernachlässigten Struktur des Lösungsmittels, insbesondere des Dipolmoments der Lösungsmittelmoleküle.

Die Nahordnung des Wassers läßt sich durch Streuung von Laserlicht, insbesondere an der durch die Oberflächenspannung stabilisierten Struktur, experimentell nachweisen [11]. Die Apparatur zeigt Abb. 5.6a. Ein Laserstrahl durchdringt eine dünne Wasserlamelle, deren Dicke d in der Größenordnung der Laserwellenlänge λ liegt und als Fabry-Perot-Interferometer mit großer Lineardispersion wirkt. Die hexagonale Clusterstruktur der Wassermoleküle, die den berechneten entsprechen, ist in Abb. 5.6b zu erkennen. Die Lösung und Dissoziation von Salzen verändert die Cluster charakteristisch. So bewirken beispielsweise Natrium-Ionen, oder allgemeiner Kationen, eine Verengung des Netzes, Chlor-Ionen oder Anionen eine Erweiterung.

5.3.2 Energietermschema solvatisierter Ionen

Der Umgang mit elektrochemischen Systemen erfordert es, sich mit Reaktionen von Elektrolytbestandteilen, insbesondere von Ionen, an Elektrodenoberflächen auseinanderzusetzen. Für zahlreiche technische Anwendungen und die Deutung biologischer Funktionen sowie das Verhalten von Implantaten im Körper sind Reaktionen wichtig, bei denen die Oxidation einer Ionensorte zusammen mit der Reduktion einer anderen an der Elektrodenoberfläche abläuft. Hier genügt damit die Betrachtung einer Halbzelle, die aus der Elektrode und dem umgebenen Elektrolyten besteht. Die Elektrodenoberfläche steht im Gleichgewicht mit Bestandteilen des Elektrolyten. Daher müssen die bei der Oxidation eines Elektrolytbestandteils entstehenden Elektronen durch eine gleichzeitig ablaufende Reduktion mit einer anderen reduzierbaren Komponente aufgenommen werden (*Redox-Reaktion*). Bei den beiden Bestandteilen kann es sich auch um den gleichen ionisierten Bestandteil handeln, der in zwei Oxidationsstufen vorliegt. Ein Beispiel hierfür ist das Ionengleichgewicht elektrochemisch mehrwertiger Übergangsmetalle, etwa das des Eisens:

$$(\mathrm{I(H_2O)}_l)^{+++} + \mathrm{e}^- = (\mathrm{I(H_2O)}_m)^{++} \tag{5.30}$$

oder in anderer Schreibweise:

$$\mathrm{S_{ox}I}^{n+} + \mathrm{e}^- = \mathrm{S_{red}I}^{(n-1)+} \tag{5.31}$$

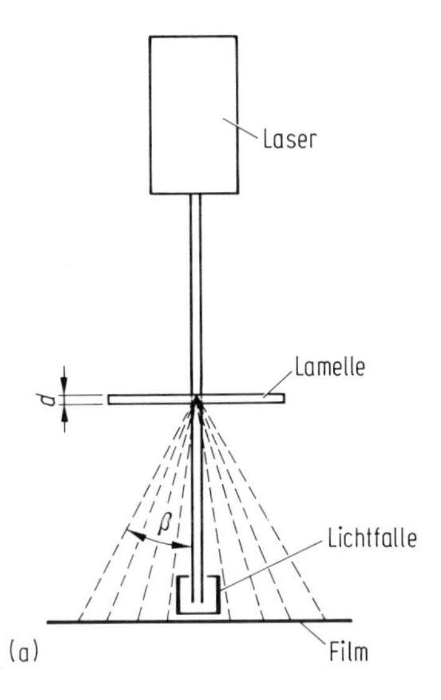

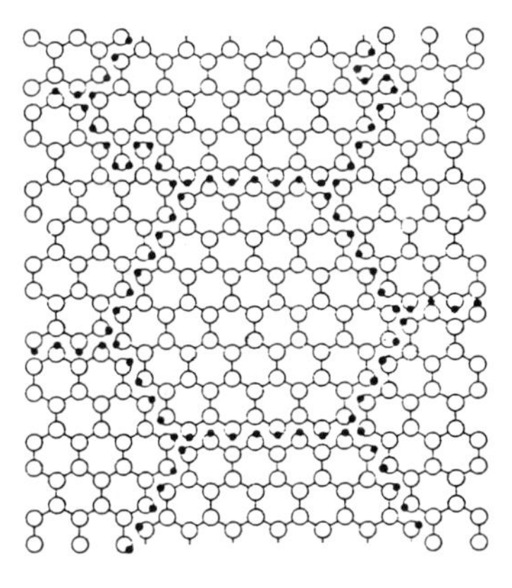

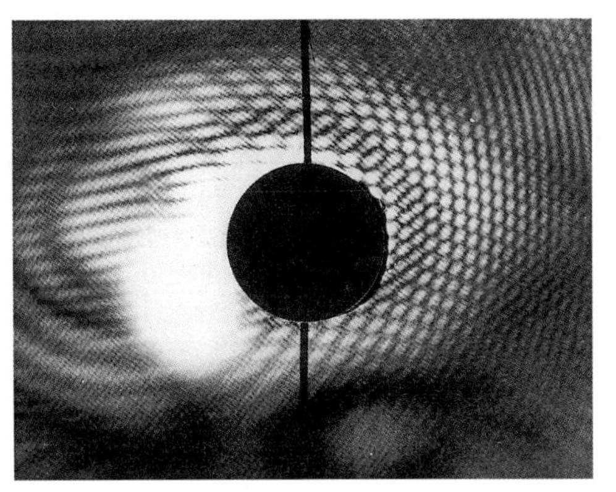

Abb. 5.6 (a) Schem. Darstellung der Versuchsanordnung zum Nachweis der Clusterstruktur des Wassers. Laserlichtwellenlänge $\lambda = 632.8$ nm. Gangunterschied $\Delta = 2\,\mathrm{d}\sqrt{n^2 - \sin^2\beta}$ (β = Streuwinkel). (b) Clusterstruktur der Wasseroberfläche nach Straubel im Vergleich zu der berechneten. Die Cluster lassen sich im rechten Teil der Fotografie scharf, die Sechseckstruktur des Wassers unscharf als Untergrund erkennen.

S_{ox}, S_{red} charakterisieren die Solvathüllen des oxidierten I^{n+} bzw. reduzierten Ions $I^{(n-1)+}$.

Allgemein formuliert bedeutet die *Abgabe von Elektronen* an die Elektrode eine *Oxidation*, die *Aufnahme von Elektronen* von der Elektrode eine *Reduktion* von Elektrolytbestandteilen. Die Elektrodenoberfläche wirkt als Elektronendonator oder -akzeptor, ohne sich selbst in ihrer Struktur zu verändern.

Anstelle der Oxidation eines Elektrolytbestandteils kann jedoch auch die Elektrode (Me) selbst oxidieren (*Korrosion im aktiven Zustand*):

$$\mathrm{Me} = \mathrm{Me}^{n+} + n\mathrm{e}^{-}.$$

Hierbei handelt es sich im allgemeinen nicht um eine Gleichgewichtsreaktion, so daß die Elektronen durch eine unabhängige Reduktionsreaktion aufgenommen werden müssen. In wäßrigen Elektrolyten kommt die Reduktion von H_3O^+-Ionen in Frage:

$$2\,\mathrm{H_3O^+} + 2\mathrm{e}^- = 2\,\mathrm{H_2O} + \mathrm{H_2}.$$

Weist der wäßrige Elektrolyt gelöste Sauerstoffmoleküle auf, läuft die Reduktion

$$\mathrm{O_2} + 2\,\mathrm{H_2O} + 4\mathrm{e}^- = 4\,\mathrm{OH}^-$$

bevorzugt ab, da das Gleichgewichtspotential dieser Reaktion positiver als das der Reduktion der Wasserstoffionen ist (s. Spannungsreihe, Band VI, Abschn. 5.7.2).

Einige Metalle bedecken sich in wäßrigen Elektrolyten, abhängig vom pH-Wert (negativer dekadischer Logarithmus der Wasserstoffionenkonzentration) spontan, d. h. ohne Energiezuführung durch einen äußeren Stromkreis, mit einer porenfreien Oxidschicht (Passivierung):

$$\mathrm{Me} + 3\,\mathrm{H_2O} = \mathrm{MeO} + 2\,\mathrm{H_3O^+} + 2\mathrm{e}^-.$$

In neutralen (pH = 7) wäßrigen Elektrolyten passivieren beispielsweise austenitische (rostfreie) Stähle, Cobalt-, Nickel-, Chrombasislegierungen und Niob, Titan, Tantal und Zirconium. Die bei der Passivierung entstehenden Elektronen verbrauchen sich durch Reduktion der entstehenden H_3O^+-Ionen oder aber wieder durch die Reduktion von im wäßrigen Elektrolyten gelösten Sauerstoff.

Die *Korrosion im passiven Zustand* ist im Vergleich zur Korrosion im aktiven Zustand der Oberfläche gering. Die Korrosionsrate richtet sich nach der Löslichkeit des Deckschichtoxids. Die Passivierung von beispielsweise rostfreien Stählen und anderer, oben aufgeführter Metalle in chemischen Apparaten, in „Off-Shore"-Anwendungen oder in Implantaten bildet die Voraussetzung für ihre Langzeitbeständigkeit.

Die im wäßrigen Elektrolyten passivierenden Metalle unterscheiden sich in der Elektronenleitfähigkeit ihrer oxidischen Deckschichten. Während die Eisen-, Cobalt-, Chrom- und Nickelbasislegierungen elektronenleitend sind, weisen Oxidschichten auf Niob, Tantal, Titan und Zirconium eine überwiegende Ionenleitfähigkeit auf. Während an den elektronisch leitenden Deckschichten bei positiven Potentialen, wie an deckschichtfreien Metalloberflächen, infolge Wasserelektrolyse Sauerstoff abgeschieden wird, ist diese Reaktion wie andere, zu deren Ablauf Elektronen an die Elektrode abgegeben oder von ihr aufgenommen werden, an ionenleitenden Oberflächen inhibiert. An letzteren Deckschichten bleiben die Stromdichten, die mit einem Ladungsträgerdurchtritt durch die Phasengrenze verbunden sind, ebenso klein wie etwa bei Dioden in Sperrichtung. Aus diesem Verhalten leitet sich der Sammelbegriff *Ventilmetalle* für solche Metalle ab, die überwiegend ionenleitende Oxidschichten bilden.

Die Gleichgewichtseinstellung in Halbzellen hängt von Variablen der Elektrodenoberfläche, des Elektrolyten, von Wechselwirkungen und dem Massentransport zwischen Elektrodenoberfläche und Elektrolyten sowie von externen Parametern ab. Zu Variablen der Elektrode zählen: Material, Oberflächengröße, Geometrie und die Leitfähigkeit. Variablen, die den Elektrolyten kennzeichnen, sind die Volumenkonzentration reaktionsfähiger Bestandteile, das Lösungsmittel, der pH-Wert und die Konzentration nicht reaktiver Bestandteile. Als Wechselwirkungen kommen physikalische und chemische Adsorption, als Transportphänomene Diffusions- und Konvektionsvorgänge in Frage. Zu den äußeren Einflüssen zählen die Temperatur, der Druck und die Zeit.

Gurney beschrieb den Elektronenübergang zwischen solvatisierten Ionen unter Einschluß der Elektrodenoberfläche als „Tunnel"ereignis und postulierte, daß der Elektronenübergang vom Festkörper zu einem reduzierbaren Ion im Elektrolyten und der vom oxidierbaren Ion zum Festkörper nur erfolgt, wenn in beiden Phasen durch Elektronen (oder bei Halbleitern zusätzlich durch Defektelektronen) besetzbare Terme auf gleichem Energieniveau zur Verfügung stehen.

Es liegt nahe, den reduzierten Ionen in elektrolytischen Flüssigkeiten besetzte, den oxidierten für Elektronen besetzbare Terme zuzuordnen. Die energetische Lage eines unbesetzten Terms, bezogen auf eine Energieskala, deren Nullpunkt durch die Energie eines Elektrons im Vakuum definiert ist, ergibt sich durch die freie Enthalpie eines Elektronenübergangs aus dem Vakuum in diesen Term. Die energetische Lage eines besetzten Terms bestimmt sich entsprechend durch die freie Enthalpie eines Elektronenübergangs vom besetzten Term in das Vakuum.

Die Polarisationsänderung der unmittelbaren Lösungsmittelumgebung durch ein Ion läßt sich mit Hilfe des Ion-Dipol-Modells beschreiben, wenn als Folge einer Ladungsaufnahme oder -abgabe nur die Struktur der Solvathülle geändert wird.

Im allgemeinen müssen zusätzliche, chemische Änderungen im Inneren der Solvathülle berücksichtigt werden, etwa eine Dimerisation, wenn sich zwei Wasserstoffionen nach Reduktion zu einem Wasserstoffmolekül vereinigen, oder eine Metallanlagerung, wenn sich ein Metallion nach der Reduktion abscheidet, oder eine irreversible Konformationsänderung organischer Moleküle nach elektrochemischer Reaktion mit einer geeigneten Elektrode. Chemische Änderungen im Inneren der Solvathülle, die hier für eine erste Näherung vernachlässigt werden, machen die Berechnung der Lage und Verteilung von Energietermen schwierig. Termschemata, die nur die Polarisation der Solvathülle, nicht aber Änderungen der inneren Struktur berücksichtigen, eignen sich zur qualitativen Beschreibung von Redox-Elektrolyten und von Elektrodenreaktionen, insbesondere an Halbleiteroberflächen, zu denen auch Metallelektroden mit oxidischen Deckschichten gehören können.

Eine typische Termverteilung für einen Redox-Elektrolyten zeigt Abb. 5.7. Die Energieskala für Ladungsträger ist der in der Festkörperphysik üblichen angepaßt.

Im Gegensatz dazu wird in der Elektrochemie der Nullpunkt dem chemischen Potential der Elektronen der Redox-Reaktion

$$H^+ + e^- \rightleftharpoons 1/2\,H_2 \tag{5.32}$$

unter Standardbedingungen zugeordnet.

Die Differenz beider Nullpunkte wird in der Literatur mit unterschiedlichen Werten angegeben, die im Bereich von $\Delta E = -(4.5 - 4.8)$ eV für die Standardwasserstoffelektrode liegen (1 eV $= 1.6022 \cdot 10^{-19}$ J). Die Energiewerte E der im folgenden benutzten Energieskala geben damit die auf das einzelne Teilchen bezogene partielle freie Enthalpie einer Teilchensorte an:

$$E_i = \frac{\mu_i}{N_A} = \left(\frac{\partial \Delta G}{\partial n_i}\right) \cdot \frac{1}{N_A}.$$

Die in Abb. 5.7 dargestellten Verteilungen stehen für die Wahrscheinlichkeiten, mit denen vom Gleichgewicht abweichende Energieterme auftreten. Die Maxima korrelieren mit der Polarisierung der Lösungsmitteldipole im Gleichgewicht durch das oxidierte bzw. reduzierte Ion. Die Energieterme mit jeweils höheren bzw. niedrigeren Werten ergeben sich aus der thermischen Fluktuation der Solvathülle. Trotz der Fluktuation bleibt das Ion und die umgebende Solvathülle eine kinetische Einheit (Abschn. 5.3.1).

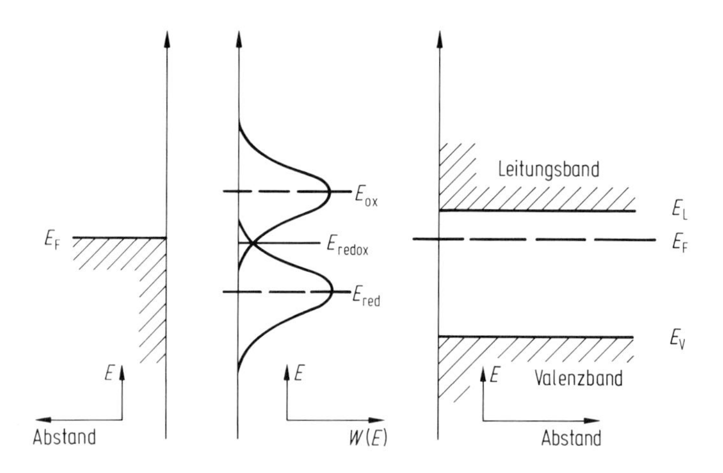

Abb. 5.7 Energieverteilte Terme solvatisierter Ionen eines Redoxsystems in einer polaren elektrolytischen Flüssigkeit. $W(E)$ kennzeichnet die Wahrscheinlichkeit den zur reduzierten oder oxidierten Komponente gehörigen Term auf einem Energieniveau E zu finden. Ursache der Energietermfluktuation ist die thermische Bewegung der solvatisierenden Lösungsmittelmoleküle um die Gleichgewichtsterme E_{red} und E_{ox} bei identischen Konzentrationen der reduzierten und oxidierten Komponenten. E_{redox} kennzeichnet das der Fermi-Energie im Festkörper entsprechende Energieniveau in der elektrolytischen Flüssigkeit für das Redoxsystem im Gleichgewicht.

Neben den Termverteilungen interessiert die Energiedifferenz zwischen den Maxima. Die *Fermi-Energie* des Redox-Systems ergibt sich zu:

$$E^{\circ}_{redox} = \frac{E_{ox} + E_{red}}{2} \tag{5.33}$$

Bei Vernachlässigung chemischer Veränderungen im Inneren der Solvathülle wird das Dielektrikum durch die Ladung $(e(z \pm \gamma)$ polarisiert. $\gamma = 0$ bedeutet die Gleichgewichtspolarisation des Dielektrikums durch ein z Ladungen tragendes Ion. Entsprechend gibt $\gamma = 1$ die Gleichgewichtspolarisation durch ein $(z + 1)$-fach geladenes Ion an. Die *Polarisation* ΔE_p ist in guter Näherung gegeben durch

$$\Delta E_p = \gamma^2 \lambda \tag{5.34}$$

mit

$$\lambda = \frac{e^2}{8\pi\varepsilon_0 r_i}(\varepsilon_{op}^{-1} - \varepsilon_L^{-1})$$

als Energie für die Änderung der Solvathülle pro zusätzlicher Ladung, die das Ion trägt. Der von Marcus und Dogonadze angegebene Ausdruck ähnelt denen von Born Gl. (5.29) sowie Bernal und Fowler Gl. (5.28) abgeleiteten, mit dem Unterschied, daß zusätzlich zur statischen die optische Dielektrizitätskonstante berücksichtigt wird.

Die Wahrscheinlichkeitsverteilungen für das Auftreten von Energietermen und der Abstand der Maxima in der Energieskala wird abgeleitet, indem die Reduktionsreaktion eines im oxidierten Zustand vorliegenden Ions in einzelne Teilreaktionen aufgelöst wird:

1. Änderung des Polarisationszustandes der Solvathülle des oxidierten Ions durch Störung des Gleichgewichts. Dem zugehörigen Energieterm komme der noch unbestimmte Wert E zu. Die Ladung des Ions bleibe unverändert.

   $S_{ox}I^{n+} = SI^{n+}$ Energie: $\gamma^2\lambda$

2. Elektronenaufnahme aus dem Leitungsband der Elektrode.

   $SI^{n+} + e^- = SI^{(n-1)+}$ Energie: $(E - E_C)$

3. Einstellung der Solvathülle auf den Ladungszustand des reduzierten Ions.

   $SI^{(n-1)+} = S_{red}I^{(n-1)+}$ Energie: $-(1-\gamma)^2\lambda$

Insgesamt wird für die Einstellung des zum reduzierten Ion zugehörigen Elektronenterms die Energie E_{ges} benötigt:

$$E_{ges} = \gamma^2\lambda - (1-\gamma)^2\lambda + E - E_C. \tag{5.35}$$

Da die Gesamtenergie unabhängig vom Elektronenterm E des 1. Schrittes sein muß, gilt Gl. (5.35) auch für $\gamma = 0$ und $E = E_{ox}$:

$$E_{ges} = -\lambda + E_{ox} - E_C. \tag{5.36}$$

Kombination von Gl. (5.31) und (5.32) führt zu:

$$\gamma = \frac{E_{ox} - E}{2\lambda}.$$

Damit folgt aus Gl. (5.34):

$$\Delta E_p = \frac{(E_{ox} - E)^2}{4\lambda}. \tag{5.37}$$

Der Ausdruck gibt die Energie für eine Energietermverschiebung von E_{ox} nach E an. Mit Gl. (5.33) läßt sich die Fluktuation der Terme abschätzen, wenn als thermische Energie der Wert kT eingesetzt wird:

$$(E - E_{ox})^2 = 4\lambda kT. \tag{5.38}$$

Da λ für ein Ion mit dem Radius 30 nm etwa 1 eV beträgt, läßt sich für die Fluktuation des Terms ein Bereich um 0.3 eV ausrechnen.

Die Wahrscheinlichkeit, den zum oxidierten Ion gehörigen Elektronenterm bei der Energie E zu finden, liegt, mit der Einführung des Boltzmann-Faktors, bei:

$$W_{ox}(E) = (4\pi\lambda kT)^{-1/2} \exp[-(E_{ox} - E)^2/4\lambda kT]. \tag{5.39}$$

Die entsprechende Verteilung der Energiezustände für das reduzierte Ion ergibt sich zu:

$$W_{red}(E) = (4\pi\lambda kT)^{-1/2} \exp[-(E_{red} - E)^2/4\lambda kT]. \tag{5.40}$$

Gl. (5.39) und (5.40) entsprechen den von Gerischer für die Theorie der Elektrodenreaktionen abgeleiteten Beziehungen.

Die Beschreibung des Termschemas eines Redoxsystems wird durch die Angabe des energetischen Abstands der Verteilungsmaxima (Abb. 5.7) vervollständigt.

Die Ableitung erfolgt unter Berücksichtigung des *Franck-Condon-Prinzips*, nach dem der Elektronenübergang eine sehr kurze Zeit in Anspruch nimmt, verglichen mit der Periodendauer einer thermischen Schwingung der Solvathüllenmoleküle, so daß deren Struktur während des Übergangs unverändert bleibt. Die Rechtfertigung der Annahme liegt in der um zwei Größenordnungen kürzeren Periodendauer der Schwingung des Elektrons.

Ausgangspunkt für die Aufstellung des Termschemas sei das oxidierte Ion des Redox-Systems, das die Solvathülle S_{ox} dem Gleichgewicht entsprechend polarisiere. Die Elektronenaufnahme von der Elektrode zur Einleitung der Reduktion erfolge auf dem Niveau E_{ox}. Der Elektronenterm wechselt nach der Ladungsträgeraufnahme zur Termverteilung des reduzierten Ions. Das damit eintretende Nichtgleichgewicht zwingt zur Reorientierung der Solvathülle. Verknüpft ist eine Verschiebung des Elektronenterms auf der Energieskala. Die sogenannte Franck-Condon-Verschiebung erfolgt in Richtung auf den Gleichgewichtswert E_{red} und die zugehörige Gleichgewichts-Solvatstruktur S_{red}.

Eine Abschätzung der Franck-Condon-Verschiebung läßt sich wiederum mit Hilfe einer Energiebetrachtung im geschlossenen Kreis erhalten. Das reduzierende Elektron tritt vom Fermi-Niveau E_F über den Term E_{ox} auf das solvatisierte, oxidierte Ion über, reduziert dieses und kehrt nach Reorientierung der Solvathülle vom Energieterm E_{red} auf die Elektrode zurück. Hiernach reorientiert sich die Solvathülle auf den Anfangszustand S_{ox}. Die Summe der Energieänderungen ist definitionsgemäß Null.

1. $S_{ox}I^{n+} \quad = S_{ox}I^{(n-1)+}$ Energie: $E_F - E_{ox}$
2. $S_{ox}I^{(n-1)+} = S_{red}I^{(n-1)+}$ Energie: $-\Delta G_{red}$
3. $S_{red}I^{(n-1)+} = S_{red}I^{n+} + e^-$ Energie: $-(E_F - E_{red})$
4. $S_{red}I^{n+} \quad = S_{ox}I^{n+}$ Energie: $-\Delta G_{ox}$

Nach Nullsetzen der Energie über den Zyklus ergibt sich:

$$E_{ox} - E_{red} = -(\Delta G_{red} + \Delta G_{ox})$$

Beide ΔG-Werte sind negativ, da sie beim Übergang des Systems in stabile Zustände entstehen. Damit weist E_{ox} stets einen größeren Wert auf als E_{red}. Die Differenz gibt die Energie zur Änderung der Dipolhüllenstruktur an. Für den Einelektronenübergang ergibt sich mit Gl. (5.34) für $\gamma = 1$:

$$\Delta E_p(\gamma = 1) = -\Delta G_{ox} = -\Delta G_{red} = \lambda.$$

Mit der Annahme, daß λ für das oxidierte und das reduzierte Ion gleich ist – im Rahmen der benutzten Näherung erfüllt – folgt für die Energiedifferenz der Verteilungsmaxima:

$$E_{ox} - E_{red} = 2\lambda. \tag{5.41}$$

Die in Abb. 5.7 dargestellten Verteilungen der dem Redox-System zugeordneten Elektronenterme sind mit den Gln. (5.39) bis (5.41) beschrieben. Die beiden ersten geben den energetischen Verlauf der Verteilungen, die letzte den Abstand der Maxima in der Energieskala an.

Das der Fermi-Energie E_F der Elektronen entsprechende Niveau des Redox-Systems ist E_{redox} mit der im Gleichgewicht gültigen Relation:

$$E_{redox} = E_F. \tag{5.42}$$

Für gleiche Konzentrationen von I^{n+} und $I^{(n-1)+}$ gilt:

$$E_{redox} = E^\circ_{redox}$$

oder allgemein:

$$E_{redox} = E^\circ_{redox} - kT \ln\left[\frac{c(I^{n+})}{c(I^{(n-1)+})}\right].$$

Nach der Gurney-Hypothese eines Tunnelprozesses auf identischem Energieniveau von Elektrode und Elektrolyt folgt für die Energiebilanz der Redox-Reaktion nach Gl. (5.31) im Gleichgewicht ($E^\circ_{redox} = E_F$):

$$E_F - E_{ox} - \Delta G_{red} = E_F - E_{red} + \Delta G_{ox} = 0 \tag{5.43}$$

oder zusammengefaßt, mit der bereits benutzten Näherung $\Delta G_{ox} = \Delta G_{red}$:

$$E^\circ_{redox} = (1/2)(E_{ox} + E_{red}). \tag{5.44}$$

Im Gleichgewicht, bei identischen Konzentrationen für die oxidierte und die reduzierte Ionensorte des Redox-Systems, liegt die Fermi-Energie der Elektronen im Festkörper der Elektrode zwischen den Gleichgewichtsniveaus der Elektronenterme der oxidierten und der reduzierten Ionen.

5.3.3 Ladungsträgeraustausch zwischen Elektrolyt und Festkörper

Ladungen im Elektrolyten sind negative und positive Ionen, im Festkörper Elektronen (Metalle) oder Elektronen und Defektelektronen (Halbleiter). Der Ladungsträgertransport zwischen Elektrolyt und Festkörper schließt daher eine elektrochemische Reaktion ein, innerhalb der die Ladungsumsetzung von Ionen auf Elektronen oder umgekehrt stattfindet. Bei Oxidation einer Ionensorte werden Elektronen an die Elektrode abgegeben (Metalle und Halbleiter) oder Defektelektronen/Löcher aufgenommen (Halbleiter).

In Halbzellen findet am Festkörper gleichzeitig die Reduktion einer zweiten Ionensorte statt, die die bei der Oxidation entstehenden Elektronen aufnimmt oder die benötigten Defektelektronen zur Verfügung stellt. Der vom Elektrolyt zur Elektrode fließende Strom ist demjenigen von der Elektrode zum Elektrolyt dem Betrage nach gleich. Der Strom in jede Richtung hängt mit der Konzentration der oxidierbaren (reduzierbaren) Ionensorte und bei Halbleitern mit der Ladungsträgerdichte im Festkörper zusammen. Hinzu kommt ein Boltzmann-Faktor, der die Abhängigkeit der Stromdichte von der Aktivierungsenergie beinhaltet. Der die Oxidation beschreibende Strom beträgt (Leitungsbandreaktion)

$$j_{ox} = e\, k_{ox}\, n_s\, c_{ox} \exp(-U_{ox}/kT), \tag{5.45}$$

der entsprechende für die Reduktion (Valenzbandreaktion)

$$j_{red} = e\, k_{red}\, p_s\, c_{red} \exp(-U_{red}/kT) \tag{5.46}$$

e	Elementarladung
k_{ox}, k_{red}	Reaktionskonstanten
n_s, p_s	Elektronen- bzw. Defektelektronenkonzentration an der Elektrodenoberfläche
c_{ox}, c_{red}	Konzentration der reduzierbaren bzw. oxidierbaren Ionen
U_{ox}, U_{red}	Aktivierungsenergien.

Die Aktivierungsenergie schließt die Energien ein, die notwendig sind, um die an der Reaktion beteiligten Ionen an die Oberfläche heranzuführen; sie wird im allgemeinen durch ein elektrisches Potential aufgebracht, das zwischen die betrachtete Elektrode und eine Gegenelektrode angelegt wird.

Wie die Ausführungen des letzten Abschnitts zeigen, besteht die Aktivierung des Systems darin, die Energieterme im Festkörper und im Elektrolyt so gegeneinander zu verschieben, daß der Ladungsträgerübergang bei konstanter Energie erfolgen kann. In Frage kommen das Fermi-Energieniveau E_F bei Metallen oder die Unterkante des Leitungsbandes E_{Ls} bzw. die Oberkante des Valenzbandes E_{Vs} bei Halbleitern. Der Index s kennzeichnet die Oberfläche („surface").

Die Potentialverteilung zwischen Festkörper und Elektrolyt hängt von der sich ausbildenden *Doppelschicht* ab. Die Phasengrenze Festkörper/Elektrolyt verhält sich im Experiment ähnlich wie ein Kondensator. Bei vorgegebenem Spannungsabfall über die Phasengrenze entstehen eine Raumladung im Festkörper und eine Raumladung entgegengesetzten Vorzeichens, jedoch gleichen Betrages, im Elektrolyten. Die räumliche Ausdehnung der Raumladungen richten sich nach der Elektrodenart, Metall oder Halbleiter, nach der Zusammensetzung des Elektrolyten und nach der Höhe und Vorzeichen des angelegten Elektrodenpotentials.

Die Raumladungsschicht im Elektrolyten ist strukturiert. Die der Elektrodenoberfläche nächste Schicht, die *Helmholtz-Schicht*, enthält Lösungsmittelmoleküle sowie nichtsolvatisierte Ionen und, falls vorhanden, andere Moleküle des Elektrolyten, die spezifisch adsorbiert sind. Die Spannung fällt etwa linear über die durch Nahwirkungen entstehende Schicht von einer, maximal zwei Atom- oder Moleküllagen ab. Die Dicke beträgt etwa 100 nm. An die Helmholtz-Schicht schließt sich eine Schicht mit etwa exponentiellem Spannungsabfall an, die diffuse oder *Gouy-Chapman-Schicht* mit unspezifisch adsorbierten, solvatisierten Ionen.

In der Phasengrenze Halbleiter/Elektrolyt wirken sich Potentialänderungen überwiegend in der oberflächennahen Raumladungsschicht des Festkörpers aus; die Potentialänderung in der oberflächennahen Elektrolytschicht, der Helmholtz-Schicht, bleibt in Näherung unverändert. Beeinflußte Größen in Gln. (5.45) und (5.46) sind n_s und p_s. Damit wird die Polarisation durch ein Verschieben der Ladungsträgerterme im Halbleiter relativ zu denen im Elektrolyt erreicht.

Im Metall macht sich im oberflächennahen Bereich wegen der hohen Ladungsträgerkonzentration eine Potentialänderung nicht bemerkbar. Die Potentialänderung tritt in der Helmholtz-Schicht auf und ist wegen deren geringer Dicke (d_H etwa 100 nm) mit hohen Feldstärken im oberflächennahen Elektrolytbereich verbunden. An Metallelektroden findet eine Verschiebung der dem Elektrolyt zugehörigen Terme relativ zu denen im Festkörper statt.

Im Termschema-Modell bedeutet die mit einem ansteigenden Potential zunehmende Feldstärke in der Helmholtz-Schicht nach Gl. (5.37) eine Zunahme der Polarisation E_p des solvatisierten Ions im Elektrolyt. Ursache hierfür ist die Abnahme der Dielektrizitätskonstante des Elektrolyten infolge der Beweglichkeitseinschränkung der Dipole in der Helmholtz-Schicht. Der stärkeren Polarisation eines Ions entspricht nach Gl. (5.38) eine Abnahme der Fluktuation mit dem Ergebnis, daß die Verteilungen der Energieterme für die oxidierbare und die reduzierbare Ionensorte einen weniger breiten Energiebereich abdecken. Für polarisierbare organische Moleküle in der Nähe der Oberfläche (Abstand < 150 nm) oder nach Adsorption kann die zunehmende Feldstärke in der Helmholtz-Schicht Konformationsänderungen auslösen, noch bevor eine elektrochemische Reaktion an der Metalloberfläche stattfindet. Ein Beispiel hierfür sind polarisierte Proteine an Implantatoberflächen im menschlichen Körper.

Ein Ladungsträgeraustausch an metallischen Festkörpern setzt eine Verschiebung der den oxidierbaren bzw. reduzierbaren Ionen zugeordneten Terme voraus. Dies bedeutet bei Oxidation eine Verschiebung bis über die Fermi-Energie, um das vom oxidierbaren Ion an den Festkörper gelieferte Elektron in einen unbesetzten Term des Metalls zu übertragen. Eine Reduktion erfordert eine Verschiebung der dem reduzierbaren Ion zugeordneten Terme bis unter das Fermi-Niveau, um den Übergang eines Elektrons aus einem besetzten Term des Metalls auf das oxidierte Ion zu ermöglichen.

Für den Ladungsträgeraustausch zwischen Elektrolyt und Halbleiter gilt entsprechendes. Beim n-Halbleiter erfordert eine Oxidation eine Verschiebung der Leitungsbandkante bis unter das Niveau E°_{redox} im Elektrolyt-Termschema, eine Reduktion die Verschiebung der Leitungsbandkante bis über das Niveau E°_{redox}.

Ein Festkörper verhält sich damit bezüglich des Ladungsträgeraustauschs mit dem Elektrolyt als Metall, wenn ein angelegtes Potential überwiegend nur in einer oberflächennahen Adsorptionsschicht im Elektrolyten (Helmholtz-Schicht) abfällt. In diesem Fall können die Elektronen aufgrund der hohen Felstärken die Doppelschicht durchtunneln, wenn festkörperseits an der Oberfläche in Höhe des Fermi-Niveaus ausreichend viele besetzte und besetzbare Energieterme für Elektronen vorhanden sind.

Die für Ladungsträger durchtunnelbare Schichtdicke ist nicht auf die Dicke der Helmholtz-Schicht begrenzt. So können passivierbare Metalle, etwa Edelstähle in Elektrolyseanlagen oder Cobaltbasislegierungen in Herzschrittmacherelektroden, sehr dünne Oxidschichten aufbauen, die wie die Helmholtz-Schicht von den Elektronen durchtunnelt werden. Für die Ventilmetalle, etwa Titan, Niob, Tantal und Zirconium, die sehr viel dickere Oxidschichten als die vorgenannten bilden, ist die Tunnelwahrscheinlichkeit und damit der Ladungsträgeraustausch mit Bestandteilen des Elektrolyten geringer – in einigen Fällen, etwa beim Tantaloxid, dem Dielektrikum eines Tantalkondensators, vernachlässigbar. Dies Verhalten prädestiniert Ventilmetalle auch zur Anwendung in Implantaten im Körperelektrolyt; starke Polarisationen organischer Moleküle im Körperelektrolyten, etwa die von Proteinen, treten nicht auf und unerwünschte elektrochemische Reaktionen unterbleiben.

Die Oxidschichten auf Metallen und Halbleitern sind im allgemeinen polykristallin oder amorph. Dies gilt auch für Passivschichten auf Metallen. Ein Energiebandschema für die Oxidschicht, das mögliche elektronische Zustände aufzeigt, ist in Abb. 5.8 dargestellt. Die Energie E_{og} („oxide gap") entspricht einem effektiven Bandabstand, mit jedoch wesentlichen Unterschieden zu dem in kristallinen Halbleitern. So weisen polykristalline Oxide kein periodisches Gitter auf. Die Orbitale der Valenzelektronen von Kationen und Anionen sind ausreichend identisch, um Leitungs- und Valenzband zu bilden. Ausnahmen hiervon führen zu Energiezuständen unterhalb des Leitungsbandes (Orbitale von Kationen durch fester gebundene Elektronen) und oberhalb des Valenzbandes (Orbitale von Anionen mit weniger fest gebundenen Elektronen).

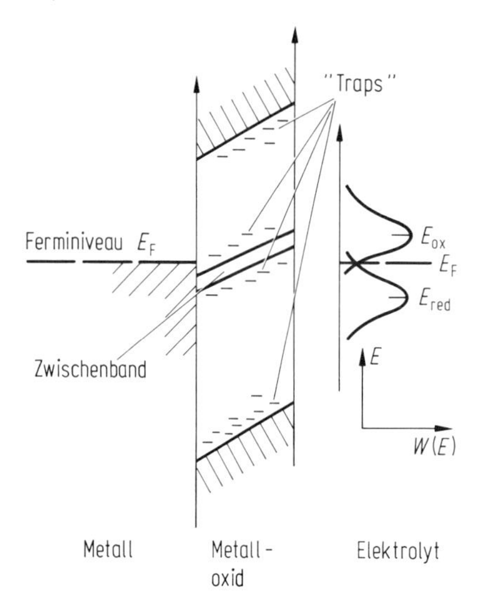

Abb. 5.8 Energiebandschema für ein Metall mit Deckschicht im Kontakt mit einem Redox-Elektrolyten. Die Deckschicht weist die Struktur eines Halbleiters mit hoher Defektdichte auf. Die Defekte führen zu lokalisierten Niveaus im Energiespalt und einem Zwischenband.

Nichtstöchiometrien oder elektrochemisch unterschiedlich wertige Oxide ergeben ein zusätzliches Band im Energiespalt, das zusätzliche Terme für den Ladungsträgertransport zur Verfügung stellt. Ausreichend ist ein einprozentiger Anteil von „Störungen". Ein Zwischenband kann wie Leitungs- und Valenzband von zusätzlichen singulären Energietermen begleitet sein. Die Leitfähigkeit von polykristallinen Oxidschichten setzt die Injektion von Ladungsträgern in eines der „Bänder" und deren Bewegung durch das Oxid voraus.

5.4 Analytische Verfahren

Eigenschaften der Ionen, wie Größe, Ladungszahl, Hydratationszahl einerseits sowie Oxidations- und Reduktionsverhalten an Elektronen andererseits, lassen sich zur Identifikation von Ionen und damit zur Analyse der Zusammensetzung elektrolytischer Flüssigkeiten benutzen. Beispiele elektroanalytischer Verfahren sind: Konduktometrie, Potentiometrie, Polarographie und Elektrophorese. Vorteile sind Schnelligkeit und Genauigkeit sowie die Einsetzbarkeit in trüben und verdünnten Lösungen.

Neben Elektrophorese- werden auch Chromatographie-Verfahren behandelt. Wenngleich letztere überwiegend zur Trennung elektrisch neutraler Stoffe eingesetzt werden, so dienen mitunter elektroanalytische Methoden der Identifikation der getrennten Stoffe.

5.4.1 Elektroanalytische Messungen

5.4.1.1 Konduktometrie

Die Konduktometrie bestimmt die Leitfähigkeit σ elektrolytischer Flüssigkeiten, die sich aus Gl. (5.3), $G = \sigma(A/l)$ ergibt. Aus Gl. (5.6) unter Verwendung von Gln. (5.8) bis (5.10) und (5.12) ergibt sich

$$\sigma = (\lambda_{0+} + \lambda_{0-}) f_c \, c \, z. \tag{5.47}$$

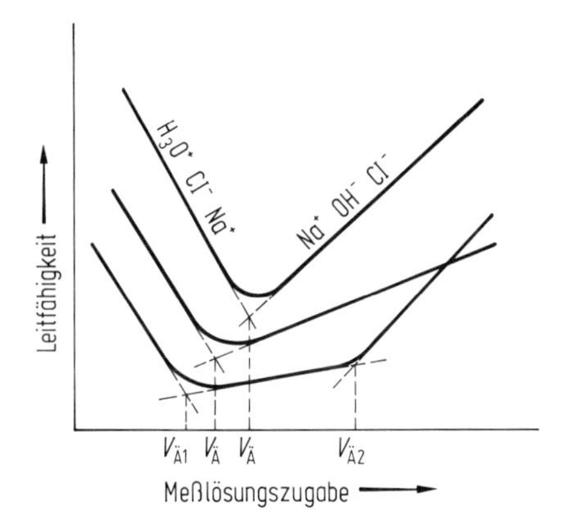

Abb. 5.9 Konduktometrische Titrationskurven. Aufgetragen ist die Leitfähigkeit der Lösung in Abhängigkeit von der zugegebenen Lösung mit definierter Konzentration. Die Leitfähigkeitsminima bestimmen die Äquivalenzpunkte. Die obere Kurve stellt den Verlauf bei der Neutralisation einer starken Säure mit einer starken Base dar, etwa die Titration von Salzsäure (HCl) mit Natronlauge (NaOH). Linke Flanke: niedrige pH-Werte, H_3O^+-Überschuß; rechte Flanke: hohe pH-Werte, OH^--Überschuß. Die mittlere Kurve zeigt die Titration einer starken Säure mit einer schwachen Base (HCl mit Ammoniaklösung (NH_3-Lsg.)), die untere Kurve die Titration eines Säuregemischs aus starker und schwacher Säure mit einer starken Base (HCl + Essigsäure (CH_3COOH) mit NaOH).

Der Widerstand $1/G$ wird in einer Wheatstone-Brücke gemessen. Der Abgleich erfolgt nach Anlegen einer Wechselspannung, die benutzt wird, um Oberflächenveränderungen der Elektroden zu verhindern. Die Meßzelle besteht aus einem Glasgefäß mit zwei in festem Abstand montierten Elektroden aus Platinblech, auf deren Oberfläche zur Reaktivitätserhöhung poröses Platin abgeschieden wird (Platinierung). Der Quotient A/l wird mit einem Eichelektrolyten bekannter Leitfähigkeit bestimmt. Auf diese Weise lassen sich Einflüsse von geometriebedingten, inhomogenen Feldern zwischen den Elektroden ausschalten.

Analytisch wird das Verfahren zur Bestimmung von Äquivalenzpunkten, d. h. zur konduktometrischen Titration benutzt. Bestimmt werden die Äquivalenzpunkte bei Fällungs-, Neutralisations- und Komplexbildungsreaktionen durch Messung der Leitfähigkeit einer elektrolytischen Flüssigkeit in Abhängigkeit vom Volumen der zugefügten Maßlösung. Abb. 5.9 zeigt den prinzipiellen Verlauf der Leitfähigkeit bei einer Neutralisationstitration.

5.4.1.2 Potentiometrie

Die Potentiometrie bestimmt die Differenz der Halbzellenpotentiale einer *Meßelektrode* und einer *Bezugselektrode*. Die Meßelektrode taucht in die zu untersuchende elektrolytische Flüssigkeit (1. Halbzelle), die Bezugselektrode in eine definierte Bezugslösung (2. Halbzelle). Meß- und Bezugszelle sind durch ein geeignetes Diaphragma verbunden, das die Halbzellen elektrisch miteinander verbindet.

Genaue Messungen in der 1. Halbzelle setzen definierte Verhältnisse in der 2. Halbzelle voraus. Die international standardisierte Bezugselektrode ist eine *Standardwasserstoffelektrode*. Diese Elektrode wird durch eine Halbzelle realisiert, die ein platiniertes Platinblech enthält, das von gasförmigem Wasserstoff mit Normdruck ($p = 101.3$ kPa) umspült wird. Der Elektrolyt hat einen pH-Wert von 1 (Aktivität der Wasserstoff-Ionen $a = 1$ mol/l) und eine Temperatur von 298 K. Die Phasengrenze wird beschrieben durch:

$$\mathrm{Pt/H_2}(p = 101.3\ \mathrm{kPa})/\mathrm{H^+}(a = 1\ \mathrm{mol/l,\ flüssig})$$

Einfacher experimentell zu realisieren sind andere Bezugselektroden, etwa die Kalomelelektrode oder die Silber-Silberchlorid-Elektrode. Die Phasengrenze der *Kalomelelektrode* läßt sich in obigem Formalismus schreiben als:

$$\mathrm{Hg/Hg_2Cl_2/KCl} \quad (\text{gesättigte Lösung in } \mathrm{H_2O}),$$

die der *Silber-Silberchlorid-Elektrode* als:

$$\mathrm{Ag/AgCl/KCl} \quad (\text{gesättigte Lösung in } \mathrm{H_2O}).$$

Das Potential der Standardwasserstoffelektrode wird als Nullpunkt der Potentialskala definiert. Hierauf bezogen hat die Kalomelelektrode das Potential $V = 0.241$ V, die Silber-Silberchlorid-Elektrode das Potential $V = 0.197$ V.

Das zwischen Meß- und Bezugselektrode meßbare Potential (*elektromotorische Kraft* EMK) hängt von der zu bestimmenden Ionenkonzentration im Meßelektrolyten in der 2. Halbzelle ab. Als Werkstoffe für die Meßelektrode dienen Platin oder solche Werkstoffe, die der Fragestellung besonders angepaßt sind (*ionenselektive*

Elektroden). Wenn irgend möglich werden *Einstabmeßketten* verwendet, bei denen Bezugs- und Meßelektrode (1. und 2. Halbzelle) zu einer mechanischen Einheit vereint sind. Die Potentiometrie eignet sich zur pH-Wertmessung sowie zur Bestimmung von Äquivalenzpunkten bei Neutralisations- und Redoxtitrationen. Wichtigstes Anwendungsgebiet ist die Äquivalenzpunktbestimmung bei Säure-Base-Titrationen mit der Glaselektrode (Abschn. 5.5.2).

Säuren und *Basen* unterscheiden sich nach *Brönsted* durch die Fähigkeit der Säure, Protonen abzugeben, und die Fähigkeit der Base, Protonen aufzunehmen. Aus einer Säure entsteht bei Abgabe eines Protons die *korrespondierende Base*. Eine Base geht durch Aufnahme eines Protons in die *korrespondierende Säure* über. Damit besteht zwischen Säure und Base die Beziehung

$$\text{Säure} \rightleftharpoons \text{Base} + \text{Proton}$$

Der Übergang einer Säure in die korrespondierende Base wird als *Protolyse* bezeichnet. Ebenso wie sich das Redox-Gleichgewicht als eine Konkurrenzreaktion um Elektronen darstellt, ist das *Säure-Base-Gleichgewicht* eine Konkurrenzreaktion um Protonen.

Die Ermittlung des Neutralpunktes bei der Neutralisation einer Säure mit einer Base erfolgt über die Bestimmung der Wasserstoffionenkonzentration.

$$\begin{array}{c} NaOH \\ + \\ HCl \rightleftharpoons H^+ + Cl^- \\ \downarrow\uparrow \\ H_2O + Na^+ \end{array}$$

Das pH-abhängige Elektrodenpotential der zu untersuchenden Lösung folgt aus der **Nernst-Gleichung** in allgemeiner Form:

$$E = E^\circ + \frac{RT}{zF} \ln \frac{a_{Ox}}{a_{Red}} \tag{5.48}$$

E	Potential (V), bezogen auf die Standardwasserstoffelektrode
E°	Standardpotential (V) bezogen auf die Standardwasserstoffelektrode
z	Zahl der bei der Redoxreaktion übertragenden Elektronen
a_{Ox}	Aktivität der oxidierten Ionensorte
a_{Red}	Aktivität der reduzierten Ionensorte

Unter Berücksichtigung der Redox-Reaktion

$$H^+ + e^- \rightleftharpoons 1/2\ H_2$$

ergibt sich:

$$E = E^\circ + \frac{RT}{F} \ln \frac{a_{H^+}}{\sqrt{p_{H_2}}},$$

wobei p_{H_2} den Wasserstoffpartialdruck bedeutet.

Abb. 5.10 zeigt den prinzipiellen Verlauf des Eletrodenpotentials mit steilem Anstieg am Äquivalenzpunkt.

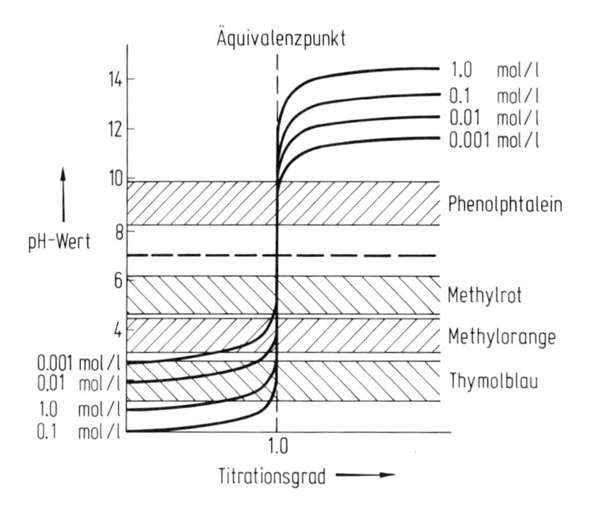

Abb. 5.10 Titrationskurven starker Protolyte verschiedener Konzentrationen. Die Zahl verwendbarer Indikatoren schränkt sich bei verdünnten Lösungen stark ein, da der pH-Sprung im Äquivalenzpunkt mit niedriger werdender Ausgangskonzentration der Säure abnimmt.

5.4.1.3 Polarographie

Die Analyse reduzierbarer Ionen erfolgt durch Reduktion an einer *Quecksilber-Tropfelektrode* (DME, dropping mercury electrode). Die als Kathode polarisierte Elektrode besteht aus einer Glaskapillare, die mit einem Vorratsgefäß verbunden ist. Aus der Kapillare tritt ein Quecksilbertröpfchen aus, das nach 0.4 s bis 0.6 s abfällt oder kontrolliert abgeschlagen (rapid polarography) und durch ein neues Tröpfchen mit sauberer Oberfläche ersetzt wird. Die Anode bildet das Quecksilber am Boden des Gefäßes oder eine Bezugselektrode. Das zwischen den Elektroden anliegende Potential wird bei $V_E = 0$ V beginnend, kontinuierlich auf $V_E = -2.5$ V abgesenkt.

Die Analyse oxidierbarer Ionen läßt sich an der Tropfelektrode nicht durchführen, da Quecksilber im anodischen Potentialbereich als Hg_2^{2+}-Ion in Lösung geht. Für die Analyse oxidierbarer Ionen wird eine *rotierende Platinelektrode* eingesetzt, deren Oberfläche sich jedoch nicht wie bei der Quecksilber-Tropfelektrode wiederkehrend erneuert. Die Nachweisgrenze liegt bei $c = 10^{-6}$ mol l^{-1}. Die Elektrode rotiert, um verfälschte Ergebnisse durch diffusionsbedingte, von der Konzentration im Volumen abweichende Konzentrationen an der Oberfläche zu vermeiden.

Die Polarographie erfolgt in einem Grundelektrolyten, der aus einer wäßrigen elektrolytischen Flüssigkeit besteht, die Kalium- und Chlorid-Ionen enthält. Die hohe Konzentration des Grundelektrolyten verhindert die Konzentrierung der zu analysierenden Ionen infolge elektrostatischer Kräfte an der Kathode, so daß diese ausschließlich durch Diffusion an die Elektrodenoberfläche gelangen.

Ergebnisse der Polarographie sind Kurvenverläufe wie in Abb. 5.11 dargestellt. Als Information enthält das Polarogramm das *Halbstufenpotential* $V_{E1/2}$ bei halber Höhe jeder polarographischen Stufe und den *Diffusionsgrenzstrom* I_d.

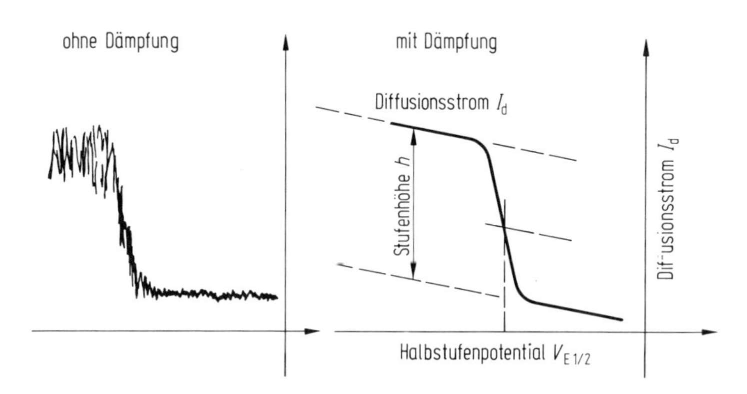

Abb. 5.11 Polarographische Strom-Spannungs-Kurve ohne (links) und mit Dämpfung (rechts). Die Dämpfung macht sich bei kleinen Konzentrationen als Erniedrigung der Empfindlichkeit bemerkbar.

Das Halbstufenpotential ist charakteristisch für das zu analysierende Ion und unabhängig von der Konzentration. Ein Zusammenhang zum Redoxpotential besteht nicht, da sich das am Quecksilbertropfen bildende Metall unter Amalgambildung löst.

Der Diffusionsgrenzstrom ist proportional zur Konzentration des zu analysierenden Ions und wird durch die **Ilkovic-Gleichung** beschrieben:

$$I_d = \underbrace{\left[4\left(\frac{7\pi}{3}\right)^{1/2} F\left(\frac{3}{4\pi\varrho_{Hg}}\right)^{2/3}\right]}_{\text{Ilkovic-Konstante}} zD^{1/2} m^{2/3} c_i t^{1/6} \tag{5.49}$$

z Anzahl der ausgetauschten Elektronen
D Diffusionskoeffizient
t Tropfzeit
F Faraday-Konstante
m Masse des pro Sekunde abtropfenden Quecksilbers
c_i Ionenkonzentration
ϱ_{Hg} Dichte des Quecksilbers

Wegen der Schwierigkeit, D und c_i zu bestimmen, wird die Auswertung üblicherweise über Eichlösungen vorgenommen.

5.4.2 Trennung von Stoffgemischen

5.4.2.1 Elektrophorese

Die Grundlage der elektrophoretischen Trennung geladener Teilchen bildet deren unterschiedliche Beweglichkeit in einer elektrolytischen Flüssigkeit nach Anlegen eines elektrischen Feldes. Die Beweglichkeit von Ionen oder geladenen Teilchen hängt von teilchen- und elektrolytspezifischen Eigenschaften ab. Hierzu gehören Art, Größe, Form und elektrische Ladung des nachzuweisenden Teilchens sowie Ionenkonzentration, Ionenstärke, pH-Wert und Viskosität der elektrolytischen Flüssigkeit.

Der Zusammenhang zwischen Beweglichkeit und elektrischem Feld folgt aus Gl. (5.4). In realen elektrolytischen Flüssigkeiten weichen die berechneten Beweglichkeiten wesentlich von den gemessenen ab. Insbesondere Ionen organischer Verbindungen hoher molarer Masse, etwa Protein-Ionen, sind nicht kugelförmig, wie in den Ableitungen der mathematischen Zusammenhänge vorausgesetzt; ihre Form hängt empfindlich von der Solvathülle und damit von der jeweiligen Elektrolytzusammensetzung ab.

Die Beweglichkeit der geladenen Teilchen wird mit Hilfe der *Grenzflächenelektrophorese* oder der *Zonenelektrophorese* bestimmt. Erstere findet Anwendung zur Analyse schwer diffundierbarer Substanzen von hoher molarer Masse, ist jedoch heute von geringer praktischer Bedeutung.

Überwiegend benutzt wird die Zonenelektrophorese oder Elektrophorese auf Trägermaterial. Vorteile des Verfahrens sind die geringen zur Analyse erforderlichen Substanzmengen und die einfache Versuchsdurchführung. Hauptanwendungsgebiet ist die Trennung von Proteinen. Trägermaterialien sind: Papier, Agargel, Celluloseacetat, Stärke, Agarose, Methacrylamid oder Mischgele. Die Wanderungsgeschwindigkeit der geladenen Teilchen hängt ab von der Beweglichkeit des Teilchens, der Feldstärke und der Höhe des Stroms (Stromwärme führt zum teilweisen Verdampfen des Lösungsmittels).

Das Trägermaterial taucht mit je einer Seite in einen anodischen und einen kathodischen Elektrodenraum ein. Es wird eine Startlinie markiert und die zu analysierende Substanz in einem schmalen Streifen aufgetragen. In dem über Elektroden an das Trägermaterial angelegten elektrischen Feld wandern die geladenen Teilchen entsprechend ihrer Beweglichkeit. Nach Abschalten des Feldes werden die getrennten Stoffe, Fraktionen genannt, geeignet angefärbt und als schmale Streifen in getrennten Bereichen des Trägers sichtbar gemacht. Beweglichkeiten lassen sich mit der Zonenelektrophorese nicht bestimmen, da diese wesentlich vom Trägermaterial abhängen.

Die Trennschärfe erhöht sich bei der *Disk-Elektrophorese* durch eine vorgeschaltete Pufferlösung geringer Ionenkonzentration und hoher Dichte, die beispielsweise durch Saccharosezusatz erreicht wird. Bei der *isoelektrischen Fokussierung* bewirkt ein pH-Gradient in Richtung des elektrischen Feldes eine Verbesserung der Trennleistung von Proteinen, die nur bis zum jeweiligen *isoelektrischen Punkt* wandern, an dem die Konzentration der positiven und negativen Ionen identisch ist.

Routinemäßige Anwendung findet in der klinischen Chemie die Serumeiweiß-Elektrophorese. Die Auftrennungen in Abb. 5.12 geben einen globalen Einblick in Veränderungen der Plasmaproteinzusammensetzungen. Die Konzentrationsauswertung der Auftrennung (Abb. 5.12a) zeigt die prozentuale Aufteilung der fünf Fraktionen, Albumin, α_1-, α_2-, β- und γ-Globulin. Jede einzelne Fraktion besteht wiederum aus Einzelproteinen und Proteingruppen. Veränderungen sind nur zu erkennen, wenn ein Einzelprotein oder eine Proteingruppe einen hohen Anteil an der Elektrophoresefraktion ausmacht und vermehrt oder vermindert auftritt (Dysproteinämien). Immerhin lassen sich durch die Serumeiweiß-Elektrophorese eine Zuordnung bestimmter Erkrankungen oder Krankheitsgruppen zu charakteristischen Konstellationstypen vornehmen oder der Verlauf eines Krankheitszustandes beobachten.

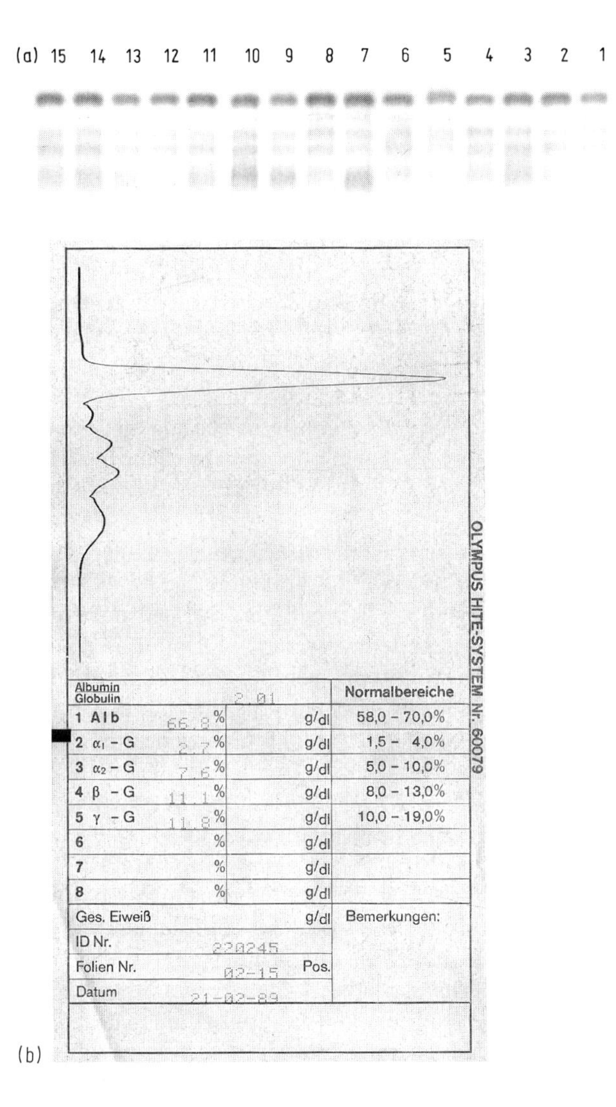

Albumin / Globulin	2.01			Normalbereiche
1 Alb	66.8 %		g/dl	58,0 - 70,0%
2 α₁ - G	2.7 %		g/dl	1,5 - 4,0%
3 α₂ - G	7.6 %		g/dl	5,0 - 10,0%
4 β - G	11.1 %		g/dl	8,0 - 13,0%
5 γ - G	11.8 %		g/dl	10,0 - 19,0%
6	%		g/dl	
7	%		g/dl	
8	%		g/dl	
Ges. Eiweiß			g/dl	Bemerkungen:
ID Nr.	220245			
Folien Nr.	02-15		Pos.	
Datum	21-02-89			

Abb. 5.12 (a) Auftrennungen wichtiger Plasmaproteingruppen mit der Serumeiweiß-Elektrophorese (Olympus-Hite 300, Chemisches Zentrallabor des Universitäts-Krankenhauses, Erlangen-Nürnberg) (b) Serumeiweißbild eines Probanden mit Werten im Normbereich.

5.4.2.2 Chromatographische Verfahren

Chromatographische Verfahren dienen der Trennung von Stoffgemischen, um die enthaltenen Einzelstoffe qualitativ oder quantitativ bestimmen zu können, unabhängig davon, ob die Stoffe elektrisch geladen sind oder nicht. Das Gemisch wird zwischen zwei Phasen verteilt. Die eine, die *stationäre Phase*, ruht; die andere, die *mobile Phase*, durchdringt die stationäre und führt dabei das Stoffgemisch mit. Die stationäre Phase besteht aus adsorptionsaktivem Material geringer Korngröße oder aus einem mit einer Flüssigkeit beladenen Träger. Die mobile Phase kann flüssig oder gasförmig sein. Die Trennung des Stoffgemisches in seine Komponenten erfolgt durch Absorptions-, Austausch- und Verteilungsvorgänge.

Nach zu trennendem Stoffgemisch, nach stationärer und mobiler Phase sowie nach konstruktivem Aufbau unterscheiden sich Papier-(PC), Dünnschicht-(DC), Gas-(GC) und Hochdruckflüssigkeitschromatograhie (HPLC).

Mit der *Papierchromatographie* werden Aminosäuren, Peptide, Nucleotide usw. getrennt. Die stationäre Phase besteht aus Cellulosepapier mit definierter Saugfähigkeit oder aus Spezialpapieren, etwa acetyliertem Papier für Fettsäuren oder Insektizide, Glasfaserpapier für schnelle Trennungen, Carboxylpapier für Aminosäuren oder Papieren mit anderen Imprägnationen. Die Papiere werden vor Aufbringen der zu trennenden Stoffe mit der mobilen, flüssigen Phase benetzt. Hierzu dienen beispielsweise wasserhaltiges n-Butanol, Phenol oder Kresol.

Die Trennung vollzieht sich durch Kapillarkräfte und die Schwerkraft, je nach Anordnung aufsteigend oder absteigend. Die Sichtbarmachung erfolgt abhängig von der Methode durch Beleuchtung mit UV-Licht oder Sprühreagenzien. Das Chromatogramm wird entweder durch Mikroanalyse oder nach einem Entwicklungsvorgang spektralphotometrisch ausgewertet.

Die *Dünnschichtchromatographie* ermöglicht die Trennung größerer Stoffmengen. Die stationäre Phase besteht aus einer etwa 200–500 µm dicken Adsorbensschicht, die sich auf Glasplatten oder Kunststoffolien befindet. Als Adsorberstoffe werden Kieselgele, Cellulose, Polyamide und andere verwendet. Die mobile Phase entspricht der der Papierchromatographie. Die Sichtbarmachung läuft identisch, die Trennung erfolgt aber im Gegensatz zur Papierchromatographie durch Adsorption.

Die *Gaschromatographie* trennt Gasgemische oder Gemische, die sich vollständig verdampfen lassen. Die Trennung erfolgt in einer Trennsäule, die die stationäre Phase enthält. Bei der *Gas-Adsorptionschromatographie* besteht die stationäre Phase aus einem Festkörper mit adsorptiv wirksamer Oberfläche wie Kieselgel, Aktivkohle oder Aluminiumoxid. Bei der *Gas-Flüssigkeitsverteilungschromatographie* besteht die stationäre Phase aus einer Flüssigkeit, etwa Silikonöl oder Glykolen u. a. Als mobile Phase dient ein Gas, etwa Wasserstoff, Stickstoff oder ein Edelgas, wie Helium oder Argon, das mit konstanter Geschwindigkeit durch die Trennsäule strömt.

Die Trennung erfolgt aufgrund der stoffspezifischen Zeiten, über die die Komponenten in der Säule zurückgehalten werden. Die Komponenten in der mobilen Phase erreichen nach unterschiedlichen Zeiten den Detektor, dessen Funktion auf verschiedenen Prinzipien basieren kann. Das vom Detektor kommende Signal wird zeitzugeordnet auf einem Schreiber aufgezeichnet.

Physikalische Detektoren werten zum Nachweis der Komponenten deren mechanische, thermische, magnetische, optische oder elektrische Eigenschaften aus. Verbreitet ist der Wärmeleitungsdetektor. Eine hochspezifische Differenzierung der einzelnen Komponenten gelingt mit einer Kombination aus Gaschromatograph und Massenspektrometer oder Gaschromatograph und FTIR-Spektrograph.

Die quantitative Auswertung eines in Abhängigkeit von der Zeit aufgezeichneten Gaschromatogramms erfolgt durch Integration der den Komponenten zugeordneten Peakflächen.

Die *Hochdruckflüssigkeitschromatographie* (HPLC = High Performance Liquid Chromatography) zeichnet sich durch kurze Analysezeiten, die Möglichkeit Mikromengen zu analysieren und eine hohe Trennleistung aus. Als mobile Phase dient eine Flüssigkeit, die unter hohem Druck steht. Als stationäre Phase wird ein feinkörniges Adsorbens benutzt. Geeignet sind Kieselgele mit kovalent gebundenen funktionellen Gruppen.

Der Aufbau und das Nachweisverfahren ähnelt dem des Gaschromatographen. Dem Nachweis der getrennten Substanzen dienen Detektoren, die als Festwellenlängendetektor oder mit variabler Wellenlängendurchstimmung benutzt werden. Herstellungsverfahren, die in der Mikroelektronik benutzt werden, ermöglichen es, Diodenarrays zu fertigen, mit deren Hilfe sich in 10–40 ms ein vollständiges UV-Spektrum, bisher noch mit begrenzter Auflösung, darstellen läßt.

Andere Nachweisverfahren sind die Fluoreszenzspektrometrie mit hoher Selektivität und Empfindlichkeit oder die Ausmessung der Brechzahl sowie elektrochemische Verfahren, etwa die konduktometrische Detektion bei geladenen Teilchen oder die amperometrische für den Nachweis anodisch oxidierbarer Substanzen.

5.5 Ladungsträgertransport in Festkörperelektrolyten

Als Grenzfall stark konzentrierter elektrolytischer Flüssigkeiten sind Salzschmelzen und Festkörperelektrolyte anzusehen. Salzschmelzen sind wegen ihrer Bedeutung zur Gewinnung von reinen Metallen interessant, etwa von Natrium, Aluminium und Magnesium. Festkörperelektrolyte haben in Primärelementen, als selektive Ionenleiter und als Deckschichten (Abschn. 5.3.3), z. B. auf Implantatwerkstoffen, große Bedeutung.

Die Struktur von Schmelzen läßt sich mit Hilfe eines Gittermodells beschreiben. Dafür spricht, daß die Schmelzwärme, die notwendig ist, um die Ionen aus dem Kristallverband heraus in eine Flüssigkeit zu verwandeln, für die meisten Schmelzen lediglich 3–5 % der Gitterenthalpie beträgt. Die Coulomb-Wechselwirkung der Ionen im Kristall wird durch den Schmelzprozeß nur wenig verringert. Damit kann die Struktur einer Schmelze direkt aus der des Kristalls unter Berücksichtigung von Gitterleerstellen (*Schottky-Defekte*) und besetzten Zwischengitterplätzen (*Frenkel-Defekte*) hergeleitet werden. Eine Bestätigung findet die Modellvorstellung durch Beobachtung des Schmelzprozesses selbst. Es zeigt sich, daß das molare Volumen der Schmelze nur um etwa 10–25 % über dem des Kristalls liegt. Die Volumenvergrößerung entsteht durch lokale Verdünnung in der Schmelze, etwa durch Schottky-Defekte. Gleichzeitig verringert sich der Abstand zwischen den Ionen entgegengesetzten Vorzeichens. Dies läßt sich bei Beachtung der in der Schmelze nicht vorhandenen kompensierten Coulomb-Kräfte verstehen.

5.5.1 Fehlordnung in Festkörperelektrolyten

Festkörperelektrolyte sind kristalline Metall-Nichtmetall-Verbindungen, wie die heteropolaren Metallchloride oder die mit kovalenten Bindungsanteilen versehenen Metallsulfide und Metalloxide. Die Leitfähigkeiten einiger Festkörperelektrolyte sind in Abb. 5.13 zusammengestellt.

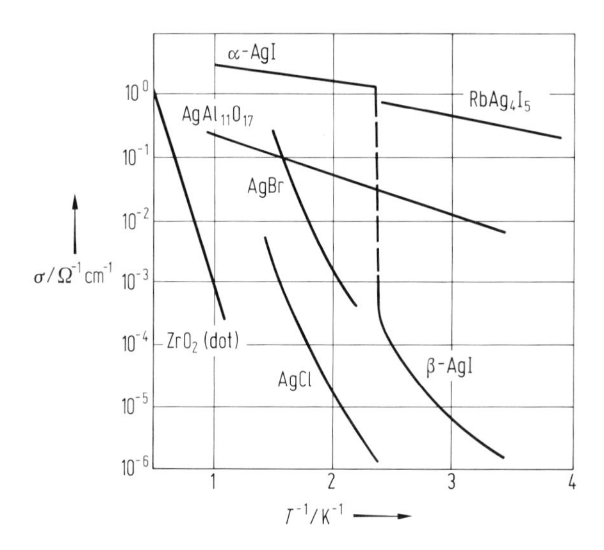

Abb. 5.13 Leitfähigkeiten σ einiger fester Elektrolyte in Abhängigkeit von der reziproken Temperatur T^{-1}.

Zu den Festkörperelektrolyten gehören auch Deckschichten auf Metallen, etwa passivierende Oxidschichten auf Übergangsmetallen, die in der Werkstofftechnik zur Erhöhung der Korrosionsfestigkeit wichtig sind. Ein besonderes Gebiet sind oxidische Deckschichten auf metallischen Implantaten. Hochspezifische Proteine der extrazellulären Flüssigkeit oder des Bluts treten mit den Oxidschichten in Kontakt und müssen hierbei vital bleiben, um die Körperverträglichkeit zu gewährleisten.

In elektrolytischen Flüssigkeiten sind die Moleküle, nach Maßgabe der Dissoziationskonstante, in bewegliche, positive und negative Ionen dissoziiert. Die Ionenkonzentration unterliegt dem Massenwirkungsgesetz (Gl. (5.2)). Die Leitfähigkeit in Festkörperelektrolyten resultiert aus thermodynamisch bedingten Fehlordnungen. In Ionenkristallen sind, wie bei Schmelzen, bei Temperaturen oberhalb des absoluten Nullpunkts ($T = 0$ K), stets Schottky- und Frenkel-Defekte vorhanden sowie, etwa durch Dotierung, Substitutionsteilchen auf Wirtsgitterplätzen.

Die elektrische Leitfähigkeit steht im Zusammenhang mit der Art und der Anzahl der Ionen- und Fehlordnungsstellen im Gitter. Es liegt nahe, zur Deutung experimenteller Ergebnisse auf die Theorien der Ionenwanderung in elektrolytischen Flüssigkeiten einerseits und die Elektrizitätsleitung in Metallen andererseits zurückzugreifen.

Ionenkristalle sind entweder stöchiometrisch zusammengesetzt oder weisen Kationen bzw. Anionen im Überschuß auf. Ein Kationenüberschuß führt wegen der einzuhaltenden Neutralitätsbedingung zu freien oder Leitungselektronen. Bei Anionenüberschuß muß eine äquivalente Elektronenzahl von den Kationen, in einigen Fällen auch von den Anionen, bereitgestellt werden, um die Elektroneutralität aufrechtzuerhalten. Es entstehen höher positiv geladene Ionen, die in Analogie zu der Terminologie von Halbleitern als Defektelektronen bezeichnet werden. Hier entsteht die Leitfähigkeit durch Austausch der Gitterelektronen zwischen Defektelektron und benachbartem Kation. Die Leitungsanteile der Elektronen und Defektelektronen werden zusammengefaßt als Elektronenleitung, die der positiven und negativen Ionen zusammengefaßt als Ionenleitung bezeichnet.

Für nichtstöchiometrische Ionenkristalle überwiegt, unabhängig davon, ob ein Kationen- oder Anionenüberschuß vorliegt, die Elektronenleitung, während bei stöchiometrischen Ionenkristallen entweder Elektronen- oder Ionenleitung auftritt. Umgekehrt läßt sich bei experimentell beobachteter Ionenleitung eines einfachen Ionenkristalls auf ein stöchiometrisches Gitter schließen.

Zur Beschreibung der Fehlordnungsgleichgewichte eines binären Metalloxides $M_{1-x}O_{1-z}$ (M = Metallion; x = Anteil der Leerstellen im Metallionenteilgitter oder Metallionen auf Zwischengitterplätzen; $x \ll 1$; O = Sauerstoffion; z = Anteil der Leerstellen im Sauerstoffionenteilgitter; Sauerstoffionen werden vernachlässigt ($z \ll 1$)) wird die *Schottky-Symbolik* eingeführt. Es bedeuten:

|M| Metallionenleerstelle
M Metallion auf Zwischengitterplatz
|O| Sauerstoffleerstelle

In Klammern eingeschlossene Symbole kennzeichnen Konzentrationen, die auf ein Gittermolekül bezogen sind. Für die Stoffbilanz ergibt sich:

$$(|M|) - (M) = x$$
$$(|O|) = z$$

und als Bedingung für die Elektroneutralität (zur Unterscheidung von dem für den Partialdruck stehenden Symbol p werden Defektelektronen im Abschn. 8.5 mit h (hole) gekennzeichnet):

$$2(1-x) + (h) = 2(1-z) + (e)$$

5.5.2 Überführung

Die Anteile von Elektronen und Ionen an der Leitfähigkeit werden wie bei elektrolytischen Flüssigkeiten durch Messung der Überführung bestimmt (s. auch Abschn. 5.2.3). Die Teilleitfähigkeiten für Kationen und Anionen stehen in unmittelbarem Zusammenhang mit Fehlordnungskonzentrationen und Beweglichkeiten. Der Leitungsbeitrag der Elektronen und Defektelektronen wird durch eine Erweiterung von Gl. (5.6) berücksichtigt:

$$t_i = \frac{z_i u_i c_i}{\sum_j z_j u_j c_j + c_e u_e + c_h u_h}, \tag{5.50}$$

c_e, c_h Ladungsträger-(Elektronen, Defektelektronen-)Konzentration; (e), (h)

u_e, u_h Ladungsträger-(Elektronen, Defektelektronen-)Beweglichkeit.

In elektrolytischen Flüssigkeiten treten Überführungszahlen im Bereich zwischen 0.2 und 0.8 auf. Bei manchen Festkörperelektrolyten überwiegt die Ionen-, bei der überwiegenden Zahl aber die Elektronen-/Defektelektronenleitung. Hohe Leitfähigkeit kann hohe Überführungsanteile der Ionen bedeuten, aber auch nahezu ausschließliche Elektronen/Defektelektronenleitung, so daß sich die Überführungsanteile der Anionen wie der Kationen vernachlässigen lassen.

Für die Analyse der Leitfähigkeitsanteile der Kationen, Anionen und Elektronen/Defektelektronen werden, falls letztere nicht dominieren, benutzt:

1. Überführungsmessungen,
2. EMK-Messungen an galvanischen Ketten,
3. Polarisationsmessungen an galvanischen Ketten.

Bei der von Tubandt eingeführten Überführungsmessung werden Einkristalle oder zylindrische Preßlinge polykristalliner Stoffe hintereinandergeschaltet und über geschliffene Flächen elektrisch kontaktiert (Abb. 5.14). Anschließend erfolgt die Einprägung einer definierten Strommenge durch die Anordnung. Die Strombeteiligung der Ionen macht sich an Gewichtsänderungen der den Kontakten benachbarten Festkörper bemerkbar. Die Gewichtsänderung wird bei Kenntnis der geflossenen Ladungsmenge in die Überführung umgerechnet.

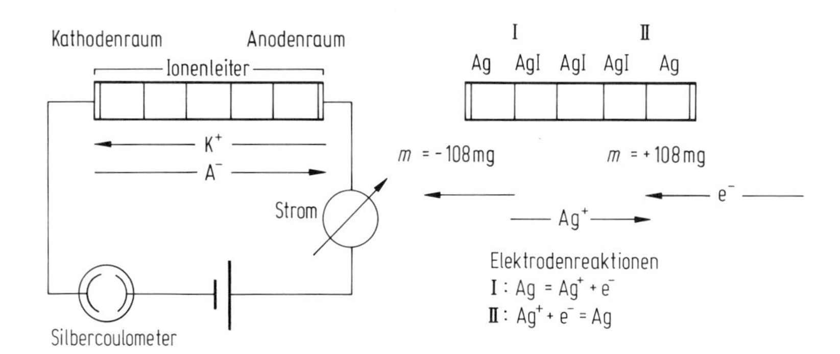

Abb. 5.14 Schematischer Versuchsaufbau zur Bestimmung der Überführung in Ionenleitern, links (nach Tubandt). Versuchsergebnis nach einer Strommengeneinprägung von 10^{-3} Farad in eine Kette aus AgI-Kristallen. Die Gewichtsabnahme der Silberanode bei Gewichtszunahme der AgI/Ag-Kathode weist auf Ionenleitung durch Silberionen hin ($t_{AG^+} = 1$ $t_{I^-} = 0$, $t_e = 0$). Das Ergebnis gilt nur für AgI im Gleichgewicht mit Ag.

Zur Bestimmung von Überführungszahlen mit EMK-Messungen wird der Festkörperelektrolyt in einer galvanischen Kette angeordnet. Als Beispiel sei eine Sauerstoffkonzentrationskette demonstriert, bei der der Festkörperelektrolyt die mit den Sauerstoffpartialdrucken p'_{O_2} und p''_{O_2} beaufschlagten Elektrodenräume gasdicht voneinander trennt (Abb. 5.15). Für reine Ionenleitung gilt:

$$\Delta G = -nFE$$

$$E = -\frac{\Delta G}{nF} \tag{5.51}$$

n Anzahl der Coulomb, die für einen Formelumsatz erforderlich ist.

Bei zusätzlicher Elektronen- oder Defektelektronenleitung nimmt die Leerlaufspannung kleinere Werte an, als nach Gl. (5.51) erwartet. Umgekehrt kann eine Leerlaufspannung, die geringer als die berechnete ist, bei bekannter Zusammensetzung des Ionenleiters einen Hinweis auf zusätzliche Elektronen- oder Defektelektronenleitung geben.

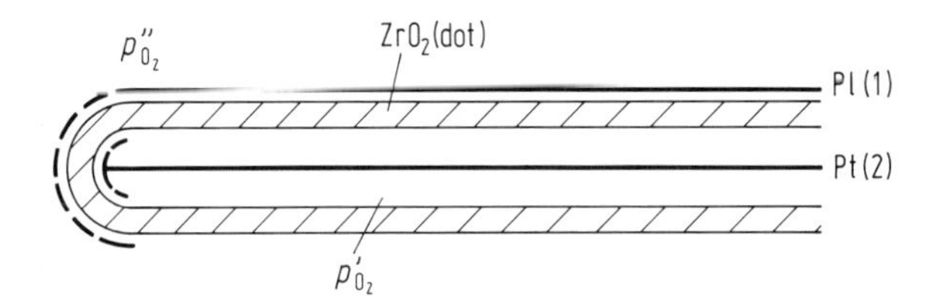

Abb. 5.15 Schematische Versuchsanordnung zur elektrochemischen Messung von Sauerstoffpartialdrücken. Ionenleiter ist dotiertes Zirconiumdioxid. Technische Anwendungen setzen hohe Temperaturen (> 800° C) voraus.

Trennt ein Ionenleiter zwei Elektrodenräume (′) und (″), in denen die zur Leitung beitragenden Ionen in unterschiedlichen Konzentrationen vorhanden sind, so läßt sich aus der irreversiblen Thermodynamik ableiten:

$$\mathrm{E} = \frac{1}{4F} \int t_i \, \mathrm{d}\mu_i \tag{5.52}$$

Als Beispiel sei ein Sauerstoffionenleiter betrachtet, wie etwa dotiertes Zirconiumdioxid, das Leerstellen im Sauerstoffgitter aufweist. Die Leerstellenkonzentration hängt nur von der Dotierung, nicht jedoch von den Gaskonzentrationen in den beiden Elektrodenräumen ab. Die Gasmoleküle im Elektrodenraum stehen im Gleichgewicht mit dem Ionenkristall:

$$1/2\,\mathrm{O_2(gas)} + |\mathrm{O}| = \mathrm{O}|\mathrm{O}| + 2\mathrm{h}$$

und

$$1/2\,\mathrm{O_2(gas)} + |\mathrm{O}| + 2\mathrm{e} = \mathrm{O}|\mathrm{O}|$$

Hieraus ergibt sich mit Hilfe des Massenwirkungsgesetzes:

$$(\mathrm{h}) = K_\mathrm{h}\, p_{\mathrm{O_2}}^{1/4} \tag{5.53}$$

$$(\mathrm{e}) = K_\mathrm{e}\, p_{\mathrm{O_2}}^{-1/4} \tag{5.54}$$

Wegen der partialdruckunabhängigen Sauerstoffleerstellenkonzentration gilt für die Teilleitfähigkeit durch Sauerstoffionen:

$$\sigma_{\mathrm{O^{2-}}} = \mathrm{konst}$$

und für die Elektronen und Defektelektronen:

$$\sigma_e = V K_e p_{O_2}^{-1/4}$$
$$\sigma_h = V K_p p_{O_2}^{1/4}$$

Schmalzried hat für die Ausdrücke in Gl. (5.53) und (5.54) einen für Fehlordnungstypen allgemeingültigen Zusammenhang zwischen der Konzentration der Fehlordnungszentren (j) und dem Sauerstoffpartialdruck p_{O_2} angegeben:

$$(j) = K_j p_{O_2}^{1/n_j} \tag{5.55}$$

Die Konstanten n_j werden aus dem für den Fehlordnungstyp zutreffenden Massenwirkungsgesetz gewonnen.

Für $z_i c_i u_i$ aus Gl. (5.50) läßt sich mit Gl. (5.5) schreiben:

$$z_i c_i u_i = \frac{\sigma_i}{F}. \tag{5.56}$$

Unter Berücksichtigung von Gl. (5.53), (5.54) und (5.56) folgt aus Gl. (5.50) für binäre Kristalle, wegen $c_e = V(e)$ und $c_h = V(h)$:

$$t_i = [1 + (p_{O_2}/p_h)^{1/n_j} + (p_{O_2}/p_e)^{-1/n_j}]^{-1} \tag{5.57}$$

mit

$$p_h{}^{1/n_j} = V\sigma_i/(K_h F u_h) \text{ und } p_e^{1/n_j} = V\sigma_i/(K_e F u_e).$$

Gl. (5.52) und (5.57) führen zu:

$$E = \frac{nRT}{4F} \int_{p_{O_2}'}^{p_{O_2}''} [1 + (p_{O_2}/p_h)^{1/n_j} + (p_{O_2}/p_e)^{-1/n_j}]^{-1} \frac{dp_{O_2}}{p_{O_2}}$$

Integriert ergibt sich:

$$E = \frac{nRT}{4Fw} \cdot \left\{ \frac{\ln[1 + w + 2(p_{O_2}'/p_h)^{1n_j}]}{[1 + w + 2(p_{O_2}''/p_h)^{1/n_j}]} + \frac{\ln[1 - w + 2(p_{O_2}''/p_h)^{1/n_j}]}{[1 - w + 2(p_{O_2}'/p_h)^{1/n_j}]} \right\} \tag{5.58}$$

mit

$$w = [1 - 4(p_e/p_h)^{1/n_j}]^{1/2} \tag{5.59}$$

Da im allgemeinen p_h und p_e genügend voneinander verschieden sind und die zur Auflösung von w angewandte Reihenentwicklung nach dem 2. Gliede bereits abgebrochen werden kann, d.h. $w = 1-2\ (p_e/p_h)^{1/n_j}$ ist, und $1\text{-}w \ll 1$ gilt, folgt aus Gl. (5.58) für die EMK:

$$E = \frac{nRT}{4F} \cdot \left[\frac{\ln(p_h^{1/n_j} + (p_{O_2}')^{1/n_j})}{p_e^{1/n_j} + (p_{O_2}'')^{1/n_j}} + \frac{\ln(p_e^{1/n_j} + (p_{O_2}'')^{1/n_j})}{p_e^{1/n_j} + (p_{O_2}')^{1/n_j}} \right] \tag{5.60}$$

Für den Exponenten der in der allgemeingültigen Form angeschriebenen Gleichungen gilt für das Beispiel unter Berücksichtigung von Gl. (5.53) und (5.54)

$$n_j = 4$$
$$t_i = t_{O^{2-}}$$
$$\sigma_i = \sigma_{O^{2-}}$$

Mit Gl. (5.57) lassen sich die an der galvanischen Kette gewonnenen EMK-Messungen interpretieren, wenn wie üblich, p'_{O_2} oder p''_{O_2} während der Messung konstant bleiben. Im Stabilitätsbereich des Oxids werden 3 Bereiche unterschieden (Der Faktor 2.3 in 2. und 3. wird beim Übergang vom natürlichen zum dekadischen Logarithmus berücksichtigt):

1. $p_e \ll p_h \ll p'_{O_2} \ll p''_{O_2}$ mit $E = 0$
2. $p_e \ll p'_{O_2} \ll p_h \ll p''_{O_2}$ mit $E = \dfrac{2.3\,RT}{4F} \lg(p_h/p'_{O_2})$
3. $p'_{O_2} \ll p_e \ll p_h \ll p''_{O_2}$ mit $E = \dfrac{2.3\,RT}{4F} \lg(p_h/p_e)$

Zur Bestimmung von p_e und p_h als den für das Leitfähigkeitsverhalten wesentlichen Parametern genügt jeweils eine Messung in den Bereichen 2. und 3.. Sind beide Werte berechnet, so lassen sich die Überführungszahlen der Ionen, Elektronen und Defektelektronen über den gesamten Sauerstoffdruckbereich nach Gl. (5.55) ermitteln und hieraus der elektrische Leitfähigkeitsverlauf nach Messung einer einzigen Leitfähigkeit bei bekanntem Sauerstoffpartialdruck angeben.

Bei nicht zu niedrigen Sauerstoffpartialdrücken weist Zirconiumoxid reine Sauerstoffionenleitung auf. Aus Gl. (5.51) folgt:

$$\Delta G = RT \ln(p'_{O_2}/p''_{O_2}) = -4EF \quad \text{oder}$$
$$p'_{O_2} = p''_{O_2} \exp(-4EF/(RT)) \tag{5.60}$$

Bei konstantem Sauerstoffpartialdruck p''_{O_2} im Elektrodenraum (″) lassen sich über den Zusammenhang der EMK mit dem Partialdruck p'_{O_2}, dieser bis zu Drücken von $p'_{O_2} = 10^{-15}$ Pa herab messen. Bei noch niedrigeren Partialdrücken überwiegt die Elektronenleitung.

Die Ermittlung von Teilleitfähigkeiten durch stationäre Polarisationsmessungen geht auf Hebb und Wagner zurück und erfolgt, indem durch geeignete Wahl der Elektroden und Stromrichtung der Ionen- oder Elektronen/Defektelektronenstrom

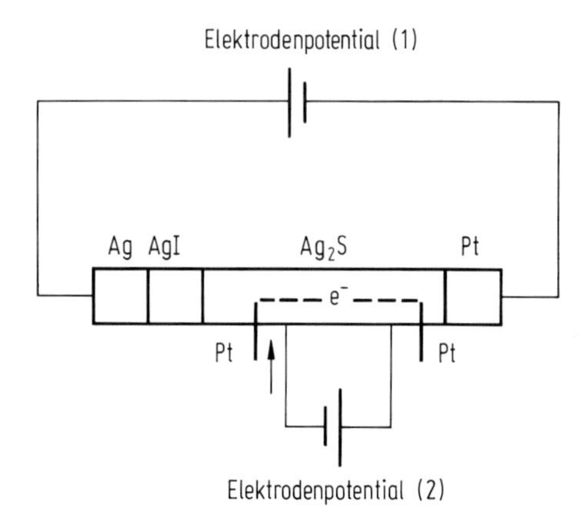

Abb. 5.16 Schematischer Versuchsaufbau zur Messung der Elektronenleitfähigkeit von Ag_2S (nach Hebb und Mijatani).

unterdrückt wird. Bei Unterdrückung des Ionenstroms in einem überwiegenden Ionenleiter läßt sich ein verhältnismäßig kleiner Elektroden-/Defektelektronenstrom messen.

Abb. 5.16 zeigt die Versuchsdurchführung am Beispiel eines Mischhalbleiters zwischen zwei Elektronenleitern. Zwei Platindrähte dienen als Stromzu- und -abführungen und zwei Platindrähte als Potentialsonden. Da Platindrähte nur Elektronen austauschen können, wird mit den Sonden der chemische Potentialunterschied der Elektronen gemessen.

5.6 Technische Anwendung von Festkörperelektrolyten

Feste Ionenleiter werden in selektiven Elektroden, in Sauerstoffsonden (Abschn. 8.5.1), etwa als *Lambdasonde* in Automobilen, und zur Gas- und pH-Wert-Messung in geschmolzenen Metallen eingesetzt. Galvanische Ketten mit Festkörperelektrolyten dienen der Erzeugung großer elektrischer Leistungen bei hohen Temperaturen, bei Zimmertemperaturen auch kleiner Leistungen in Batterien geringer Abmessungen.

5.6.1 Ionenselektive Elektroden

Die Trennung von zwei elektrolytischen Flüssigkeiten mittels eines dünnwandigen Ionenleiters, der den Transport nur einer Ionensorte erlaubt, führt zu zwei Halbzellen. Zwischen den Elektroden, im allgemeinen Bezugselektroden, läßt sich eine Spannung messen, die Aussagen über die im Elektrolyten vorhandenen Ionen ermöglicht.

5.6.1.1 Ionenselektive Glasmembran

Ionenselektive Eigenschaften von Glasmembranen sind seit Anfang des Jahrhunderts zur Messung von pH-Werten und Aktivitäten von Alkalimetallionen bekannt. Am Ende eines zylindrischen Glasrohres befindet sich eine zum Rohrvolumen offene, etwa kugelsymmetrische Glasmembran (Abb. 5.17). Im Inneren der Anordnung ist eine Silber-Silberchlorid-Bezugselektrode in einer 0.1 mol/l Salzsäurelösung angeordnet. Damit stellt die Glaselektrode wiederum eine Halbzelle dar. Die Glaselektrode wird in die zu analysierende elektrolytische Flüssigkeit eingetaucht und das Potential gegen eine zweite Halbzelle (Bezugselektrode), etwa eine Kalomelelektrode, gemessen.

Die Glaselektrode weist eine selektive Leitfähigkeit für die Ionensorte auf, die in der Glasmatrix enthalten ist. Dies gilt beispielsweise für die Alkalimetallionen Na^+ oder Li^+. Die Möglichkeit, Glas für die Konzentrationsmessung anderer Ionensorten, etwa Wasserstoffionen, einsetzen zu können, basiert auf Gleichgewichtseinstellungen von Ionen unmittelbar an den Glasoberflächen, die im Kontakt mit den elektrolytischen Flüssigkeiten innerhalb und außerhalb der im Mittel 50 Mikrometer dicken Membran stehen.

Bei Selektivität der Glasmembran für eine einzelne Ionensorte schreibt sich das Membranpotential in Anlehnung an die Nernst-Gleichung:

$$E_m = \text{const}' + \frac{RT}{z_i F} \ln(a_i^{L'}/a_i^{L''}).$$

Bezeichnet $a_i^{L''}$ die bekannte Ionenaktivität der Meßlösung innerhalb der Glaselektrode, folgt für das Membranpotential in Abhängigkeit von der Ionenkonzentration in der Prüflösung:

$$E_m = \text{const} + \frac{RT}{z_i F} \ln a_i^{L'} \tag{5.61}$$

Die Konstante enthält die Summe der zunächst unbekannten Potentialdifferenzen an den Phasengrenzen und die Abhängigkeit von der eingestellten, konstanten Ionenkonzentration in der Meßlösung. Die Ermittlung erfolgt in einer Testlösung, die das Ion wie die Meßlösung in bekannter Konzentration enthält.

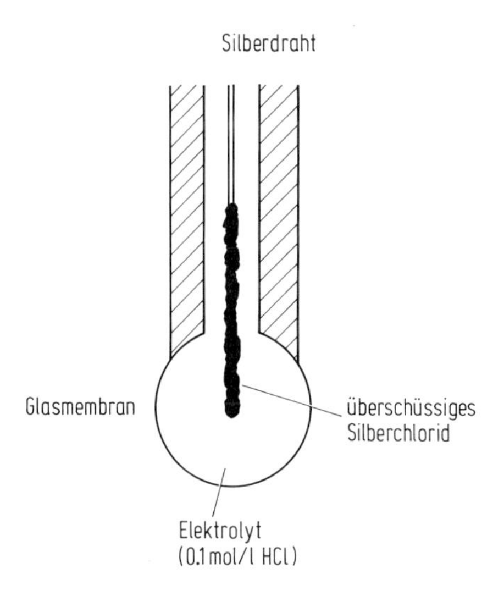

Abb. 5.17 Aufbau einer ionenselektiven Glaselektrode. Die Testlösung befindet sich zusammen mit einer geeigneten Bezugselektrode außerhalb der Kugelmembran aus Glas definierter Zusammensetzung. Innerhalb der Kugel befindet sich der Referenzelektrolyt und als Bezugselektrode eine Silber-Silberchlorid-Bezugselektrode.

Bei pH-Wert-Messungen setzen sich die Wasserstoffionen in der hydratisierten Glasoberfläche (Phasen G′ und G″) mit denen in den elektrolytischen Flüssigkeiten (Phasen L′ und L″) ins Gleichgewicht (Abb. 5.18). Ergebnis sind die Aktivitäten $a_{H^+}^{L'}$, $a_{H^+}^{L''}$, $a_{H^+}^{G'}$, $a_{H^+}^{G''}$. Die Leitfähigkeit im nicht hydratisierten Glasvolumen werde allein von den in der Glasmatrix vorhandenen Na^+-Ionen getragen. Eine Potentialmessung zwischen der inneren (Meßlösung L″) und der äußeren elektrolytischen Flüssigkeit (Prüflösung, hier Testlösung L′) führt auf das Potential:

$$E = \frac{RT}{F} \ln \frac{a_{H^+}^{L'} a_{H^+}^{G'}}{a_{H^+}^{L''} a_{H^+}^{G''}} + \frac{RT}{F} \ln \frac{(u_{Na^+}/u_{H^+})\, a_{Na^+}^{G'} + a_{H^+}^{G'}}{(u_{Na^+}/u_{H^+})\, a_{Na^+}^{G''} + a_{H^+}^{G''}} \tag{5.62}$$

oder umgeschrieben zu:

$$E = \frac{RT}{F} \ln \frac{(u_{Na^+}/u_{H^+})(a_{Na^+}^{L'} \cdot a_{H^+}^{L'}/a_{H^+}^{G'}) + a_{H^+}^{L'}}{(u_{Na^+}/u_{H^+})(a_{H^+}^{L''} \cdot a_{Na^+}^{G''}/a_{H^+}^{G''}) + a_{H^+}^{L''}}.$$

Mit der Gleichgewichtsbedingung:

$$K_{H^+,Na^+} = \frac{a_{H^+}^{L'} a_{Na^+}^{G'}}{a_{H^+}^{G'} a_{Na^+}^{L'}}$$

ergibt sich aus Gl. (5.60):

$$E = \frac{RT}{F} \ln \frac{(u_{Na^+}/u_{H^+})\, K_{H^+,Na^+} + a_{Na^+}^{L'} + a_{H^+}^{L'}}{(u_{Na^+}/u_{H^+})\, K_{H^+,Na^+} + a_{Na^+}^{L''} + a_{H^+}^{L''}}.$$

Da K_{H^+,Na^+} und u_{Na^+}/u_{H^+} Konstanten sind, die nur von der jeweiligen Glaselektrode abhängen, lassen sich diese zu dem *Selektivitätskoeffizienten* k_{H^+,Na^+} zusammenfassen. Für den Zusammenhang der Wasserstoffionenaktivität in der zu untersuchenden

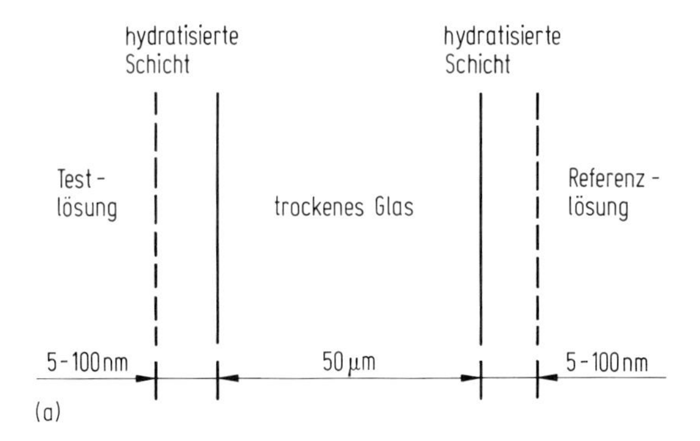

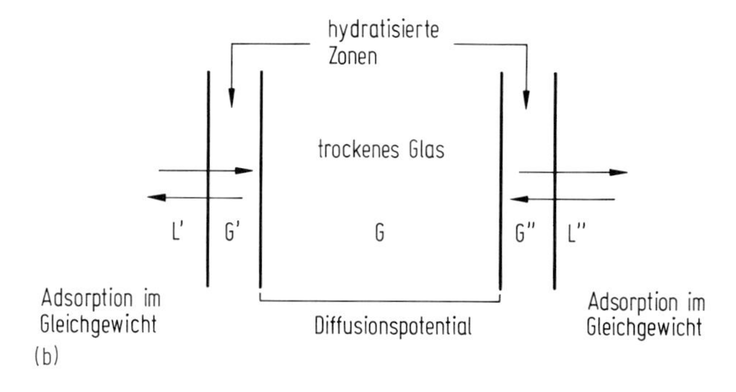

Abb. 5.18 (a) Struktur und Abmessungen der Glasmembran und (b) Modell zur Berechnung des Membranpotentials.

Prüflösung L′ und dem zwischen innerer und äußerer Bezugselektrode meßbaren Potential folgt:

$$E = \text{const} + \frac{RT}{F} \ln \left(a_{\mathrm{H}^+}^{\mathrm{L}'} + k_{\mathrm{H}^+,\mathrm{Na}^+} a_{\mathrm{Na}^+}^{\mathrm{L}'} \right) \tag{5.63}$$

Nach Gl. (5.63) hängt das Potential mit den Konzentrationen der Na^+- und H^+-Ionen in der Testlösung zusammen, wobei die Nachweisempfindlichkeit für jede der beiden Ionensorten durch die Selektivitätskonstante $k_{\mathrm{H}^+,\mathrm{Na}^+}$ festgelegt wird. Gilt für eine Glaselektrode $k_{\mathrm{H}^+,\mathrm{Na}^+} a_{\mathrm{Na}^+}^{\mathrm{L}'} \ll a_{\mathrm{H}^+}$, besteht überwiegend Wasserstoffionenselektivität.

Die anfänglich als Membranwerkstoff benutzten Gläser zur Messung des pH-Wertes bestanden aus 22 Mol-% Na_2O, 6 Mol-% CaO und 72 Mol-% SiO_2. Das Glas zeigt lineares Verhalten im Bereich von pH 0–9. Lithium enthaltende Gläser schaffen einen linearen Bereich bis zum pH-Wert 13.

Die Selektivität für andere Ionen, etwa Li^+, K^+, Ag^+ oder NH_4^+, macht spezielle Glaszusammensetzungen erforderlich.

5.6.1.2 Ionenselektive Kristallmembran

Einige Kristallmembranen adsorbieren spezielle Ionen selektiv an der Oberfläche. Ein Beispiel ist der mit EuF_2 dotierte LaF_3-Einkristall. Die vorhandenen F-Fehlstellen ermöglichen einen selektiven F^--Transport, wobei lediglich OH^--Ionen interferieren.

Neben Einkristallen werden multikristalline Preßlinge benutzt, die aus schwerlöslichen Niederschlägen von Silberhalogeniden oder -sulfid sowie Kupfer-, Cadmium- und Bleisulfid bestehen. Die Oberflächen der Preßlinge sind selektiv für die Bestandteile der Salze und andere Ionen, die schwerlösliche Niederschläge bilden. Als Beispiel ist eine AgCl-Oberfläche selektiv für Ag^+, Cl^-, Br^-, I^-, CN^- und OH^-.

5.6.2 Primärzellen mit festen Elektrolyten

Die Vorteile, Primärzellen mit festen Elektrolyten auszurüsten, liegen in der Auslaufsicherheit, dem großen Temperaturbereich für die Anwendung, der geringen Selbstentladung bei Lagerung und der Möglichkeit, die Energiequellen einfach zu miniaturisieren. Dagegen steht als Nachteil die bei Zimmertemperatur geringe Ionenleitfähigkeit fester Elektrolyte. Der Anwendungsbereich der Batterien liegt bei Energieversorgungen unter den Randbedingungen kleiner Abmessungen und geringer Stromaufnahme, etwa in Quarzuhren und in elektrischen Herzschrittmachern, die bei Spannungen von 3–5 V, etwa 10–15 μA Strom aufnehmen.

5.6.2.1 Batterien geringer Leistung

Die Elektrolyte sind Kationenleiter mit in der Regel nur einem überführenden Ion. Da dieses Ion mit dem Anodenwerkstoff im Gleichgewicht stehen muß, gibt das

Kation das Anodenmaterial vor. Ein Ladungstransport durch ungleich geladene Ionen würde wegen des in festen Elektrolyten geringen Ionenabstandes eine hohe Ion-Ion-Wechselwirkung bringen (Abschn. 5.2.2) und damit die resultierende Leitfähigkeit nicht wesentlich erhöhen. Als Elektrolyte werden bisher versuchsweise oder in kleinen Serien eingesetzt: Silberionen- ($RbAg_4I_5$), Kupferionen- ($Rb_3Cu_{12}I_5Cl_{10}$), Protonen- ($H_3\,(PH_{12}O_{40}) \cdot 29\,H_2O$ und $H_3\,(PMo_{12}O_{40}) \cdot 30\,H_2O$) und Fluorionenleiter ($\alpha$-$PbF_2$, rein oder mit AgF dotiert). Die hohen Herstellungskosten und unerwünschte Polarisationsphänomene haben einen breiteren Einsatz bisher verhindert. Im großen Maßstab dagegen werden Batterien mit Lithiumionenleitern angewendet.

Die vergleichsweise hohe Leerlaufspannung und hohe Energiedichte von Batterien mit Lithiumanoden und die vergleichsweise einfache Konfektionierung des Elektrolyten und der Elektrodenwerkstoffe haben die Batterieentwicklung begünstigt. Die festen Elektrolyte lassen sich in Lithiumhalogene und andere Lithiumverbindungen einteilen.

Die höchste Leitfähigkeit der reinen Halogenide bei $t = 25°\,C$ hat Lithiumiodid mit $1.2 \cdot 10^{-7}\,\Omega^{-1}\,cm^{-1}$. Versuche, die Leitfähigkeit durch Beimengungen zu verbessern, führten zu $LiI \cdot Al_2O_3$ mit einer Leitfähigkeit von $10^{-5}\,\Omega\,cm^{-1}$ bei 25° C. Der Leitungsmechanismus erfolgt über Gitterleerstellen, die an der Oberfläche konzentrierter auftreten als im Elektrolytinneren. Die Beimengung von Al_2O_3 schafft innere Oberflächen und erhöht damit die Leerstellenkonzentration. Andere Untersuchungen deuten darauf hin, daß zusätzlich Ausscheidungen im Volumen und komplexere Verbindungen zur Erhöhung der Leitfähigkeit führen. Eine weitere Leitfähigkeitserhöhung bringt die Zugabe geringer Mengen von H_2O. Die Wassermoleküle werden an den Oberflächen vollständig adsorbiert und können damit keine Reaktionen mit dem Anodenwerkstoff eingehen.

Eine Batterie mit Lithiumanode und $LiI \cdot Al_2O_3$-Elektrolyt bildet die galvanische Kette:

$$Li/LiI \cdot Al_2O_3/PbI_2 \text{ (40 Gew.-\%), PbS (40 Gew.-\%), Pb (20 Gew.-\%).}$$

Der Elektrolyt wird durch Erhitzen von LiI und Al_2O_3 bei $t = 550°\,C$ in einer Heliumatmosphäre mit O^{2-} und H_2O-Anteilen von weniger als $15 \cdot 10^{-6}$ gefertigt. Die Kathode besteht aus gemischten Bleiverbindungen. Elektrolyt und Kathode werden separat in Tabletten gesintert und zusammen mit der Lithiumanode hermetisch dicht in ein Gehäuse aus austenitischem Stahl verpackt.

Die Betriebszeit ist limitiert durch den Verbrauch des Anodenwerkstoffes. Es laufen die Zellreaktionen ab:

$$2\,Li^+ + PbI_2 + 2e^- = 2\,LiI + Pb$$

und

$$2\,Li^+ + PbS + 2e^- = Li_2S + Pb.$$

Die Leerlaufspannung beträgt 1.91 V bei $t = 25°\,C$.

Die Batterien, wenngleich überwiegend nur in elektrischen Herzschrittmachern angewendet, funktionieren im Temperaturbereich zwischen $-40°\,C$ und 220° C, wenn für Anwendungen oberhalb $t = 150°\,C$ Modifikationen der Elektrodenanordnung vorgenommen werden. Bei 100° C ist der entnehmbare Strom um den Faktor 10–20 höher als bei Zimmertemperatur. Die Entladekennlinien zeigt Abb. 5.19.

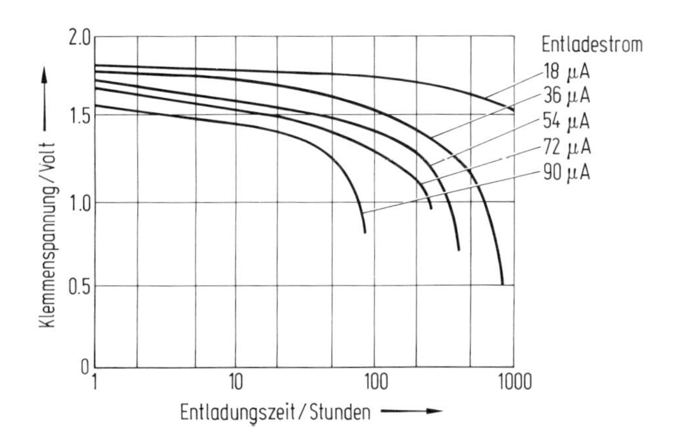

Abb. 5.19 Typische Entladekurven einer Li/PbI_2, PbS-Batterie.

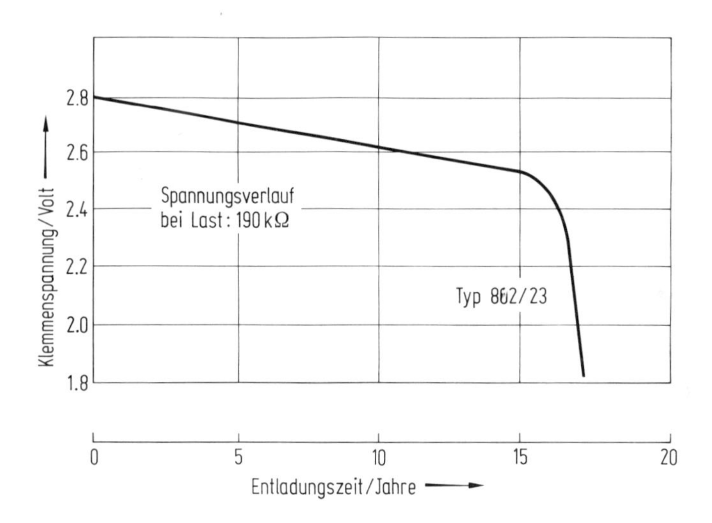

Abb. 5.20 Betriebszeiterwartung einer Li/I-Batterie des Typs 802/23 für die Anwendung in elektrischen Herzschrittmachern.

Eine andere, ebenfalls in elektrischen Herzschrittmachern angewendete Batterie enthält die galvanische Kette.

$$Li/LiI/Poly\text{-}2\text{-}vinylpyridin,\ 6.2\ I_2.$$

Der Elektrolyt besteht aus reinem LiI. Der mit P2VP, nI_2 abgekürzte Kathodenwerkstoff ist ein Halbleiter mit einem Widerstand von $R = 2000\ \Omega$ cm am Anfang der Betriebszeit, der bei der Zusammensetzung P2VP, $3.5\ I_2$ auf $R = 1000\ \Omega$ cm absinkt und bei der Zusammensetzung P2VP, $2I_2$ am Ende der Betriebszeit steil ansteigt.

Die Betriebszeit ist limitiert durch den Verbrauch des Kathodenwerkstoffs. Es läuft die Zellreaktion ab:

$$2\,Li^+ + P2VP,\, nI_2 + 2e^- = 2\,LiI + P2VP,\, (n\text{–}1)\,I_2$$

Die Leerlaufspannung beträgt 3.5 V.

Die aus Lithium bestehende Anode reagiert mit dem Depolarisator P2VP, nI_2 unter Bildung einer dünnen Lithiumiodidschicht, die während der Entladung dicker wird und den linearen Abfall der Leerlaufspannung im ersten Teil der Entladungskurve (Abb. 5.20) bewirkt. Der sich anschließende steilere Abfall ergibt sich aus der Erschöpfung des Depolarisators, der beim Erreichen der Zusammensetzung P2VP, $2I_2$ den scharfen Spannungsknick verursacht.

Die Einkapselung der Batterie erfolgt hermetisch dicht in austenitischen Stahl. Bei einem Typ werden die Elektrodenwerkstoffe und der Elektrolyt zusätzlich in einem fluorhaltigen Kunststoff verpackt, um den Stahl vor Korrosion durch Iod-Ionen zu schützen.

5.7 Elektrochemische Verfahren zur Energiespeicherung

Für tragbare Geräte der Konsumelektronik und der Medizintechnik haben sich Primärzellen als Energiespeicher bewährt. Zum Betrieb von Zündanlagen in Automobilen sind *Blei-Schwefelsäure-Akkumulatoren* vorerst unverzichtbar. Für die Energieversorgung über Sonne und Wind und die Erzeugung elektrischer Energie für spezielle Anwendungen sind jedoch, wegen des ungünstigen Kapazitäts-Masse-Verhältnisses von Speichern für elektrische Energie, andere Speichermedien und zugehörige Konversionsformen wünschenswert. Im ersten Konversionsschritt entsteht das Speichermedium, in einem zweiten hieraus elektrische Energie.

Unverzichtbar ist die Energiespeicherung für mobile Verbraucher. Aus unterschiedlichen Gründen kann es sinnvoll sein, Benzin- und Dieselkraftstoff durch andere Kraftstoffe zu ersetzen und diese in Verbindung mit modifizierten Antrieben in Kraftfahrzeugen oder Schiffen einzusetzen.

5.7.1 Elektrochemische Verfahren

Grundlagenforschung zur alternativen Energiespeicherung wird weltweit betrieben und hat zwischenzeitlich zu einigen für Spezialanwendungen geeigneten elektrochemischen Systemen geführt.

Elcktrochemische Speicher lassen sich prinzipiell nach dem Aggregatzustand des Speichermediums differenzieren. Medium können die Deckschichten der Elektroden oder gelöste Bestandteile des Elektrolyten sein. Im Bleiakkumulator beispielsweise sind beide Alternativen realisiert; der Zustand nach Entladung ist durch die Bleiionenkonzentration im schwefelsauren Elektrolyten, der Zustand nach Aufladung durch die Blei- und Bleioxidkonzentration auf den Graphitelektroden gekennzeichnet.

Ein gasförmiges Speichermedium weist der sogenannte *Gasakkumulator* auf; beim Laden wird Wasser an Katalysatorelektroden in Wasserstoff und Sauerstoff aufgespalten und in Gasspeichern gesammelt. Die Entladung erfolgt an den gleichen oder ähnlichen, meist porösen Elektroden einer H_2/O_2-Brennstoffzelle. Wenngleich bereits im 19. Jahrhundert beschrieben, wird das Prinzip heute in modernen technischen Entwicklungen eingesetzt.

Brennstoffzellen sind elektrochemische Systeme, in denen die Oxidation an der Anode weitgehend reversibel abläuft. Dies läßt sich mit jeder freiwillig ablaufenden Reaktion erreichen, in der Elektronen von einem Reduktionsmittel (Brennstoff) auf ein Oxidationsmittel übertragen werden. Zunächst gibt das Reduktionsmittel Elektronen an die Anode ab, die dann unter Arbeitsleistung durch einen äußeren Stromkreis zur Kathode fließen und vom Oxidationsmittel aufgenommen werden. Für die H_2/O_2-Zelle entspricht dies den Reaktionen:

$$\begin{array}{ll} H_2 + 2H_2O \rightarrow 2OH^- + 2e^- & \text{Anode} \\ 1/2\ O_2 + H_2O \rightarrow 2OH^- - 2e^- & \text{Kathode} \end{array}$$

Die *Nickeloxid/Wasserstoff-Batterie* weist im Lade- und Entladekreislauf als Arbeitsgas nur Wasserstoff auf. Das elektrochemische System besteht aus zwei Halbzellen. Eine Halbzelle enthält eine Nickel-, die andere eine Katalysatorelektrode. Beim Laden entsteht an letzterer Wasserstoff, der sich, geeignet gespeichert, bei der Entladung an der gleichen Elektrode wieder zu Wasser oxidiert. Das Nickel der Anode oxidiert sich bei der Aufladung und reduziert sich bei der Entladung:

$$\begin{array}{ll} NiOOH + H_2O + e^- \underset{\text{Entladung}}{\overset{\text{Aufladung}}{\rightleftharpoons}} Ni(OH)_2 + OH^- & \text{Anode} \\ 1/2\ H_2 + O^- \underset{\text{Entladung}}{\overset{\text{Aufladung}}{\rightleftharpoons}} H_2O + e^- & \text{Kathode} \\ NiOOH + 1/2\ H_2 = Ni(OH)_2 & \text{Bruttoreaktion} \end{array}$$

Als Vorteil des Kreislaufs gilt der konstante Wassergehalt des Elektrolyten; Wasser aus dem elektrochemischen Prozeß entsteht nicht. Der Wasserstoffdruck in der Zelle ist dem Ladezustand proportional. Im Fall der Überladung entsteht an der positiven Elektrode Sauerstoff, der an der negativen zu Wasser rekombiniert.

$$\begin{array}{ll} 2OH^- \rightarrow 2e^- + 1/2\ O_2 + H_2O & \text{Anode} \\ 2H_2O + 2e^- \rightarrow 2OH^- + H_2 & \text{Kathode} \\ H_2O \rightarrow H_2 + 1/2\ O_2 & \text{Bruttoreaktion} \end{array}$$

Der bei Umpolung an der positiven Elektrode durch Reduktion entstehende Wasserstoff wird an der negativen Elektrode zu Wasser oxidiert.

$$\begin{array}{ll} H_2O + e^- \rightarrow OH^- + 1/2\ H_2 & \text{Anode} \\ 1/2\ H_2 + OH^- \rightarrow H_2O + e^- & \text{Kathode} \end{array}$$

Die scheibenförmigen, porösen Kathoden und die Anoden aus Nickel sind, durch Separatoren getrennt und mit Elektrolyt getränkt, in einem Druckgehäuse gestapelt angeordnet. Letzteres dient der Wasserstoffspeicherung. Anoden und Kathoden sind elektrisch parallel geschaltet.

5.7.2 Wasserstoffspeicher

Die Aufnahme größerer Wasserstoffmengen erfordert über Druckbehälter hinaus andere Speichertechniken. Bewährt haben sich Metallhydride, in denen Wasserstoff eine höhere Dichte erreicht als in verflüssigter Form.

Wasserstoff in Metallen wurde zunächst weniger nützlich als vielmehr störend empfunden, da Gitterdefekte und Versprödung des Werkstoffs auftreten können. Erst die besondere Eignung von Wasserstoff zur Moderation thermischer Neutronen hat Untersuchungen zur Speicherung größerer Mengen von Wasserstoff in Metallen gefördert.

In Übergangsmetallen wird Wasserstoff ionisch oder kovalent gebunden und befindet sich auf Zwischengitterplätzen im Sinne einer Festkörperlösung oder -verbindung. Die bei Hydriden mitunter zu beobachtenden Strukturveränderungen gegenüber dem Gitter des Metalls lassen sich damit zumindest für die Hydride der Metalle der IV., V. und VIII. Nebengruppe des Periodensystems erklären. Nach den Ergebnissen von Neutronen-Streuexperimenten besetzen die Wasserstoffatome im Palladium und Nickel Oktaeder-, in Tantal und Niob Tetraederpositionen. Im Vanadium liegt eine Mischform beider Strukturen vor.

Die Zahl der besetzbaren Plätze wird von Spannungen und Verformungen des Wirtsgitters beeinflußt und ist stets höher als die von Wasserstoffatomen tatsächlich belegten. So sind bei Tantal und Niob etwa nur 1/6, bei Palladium 3/4 der Plätze belegt.

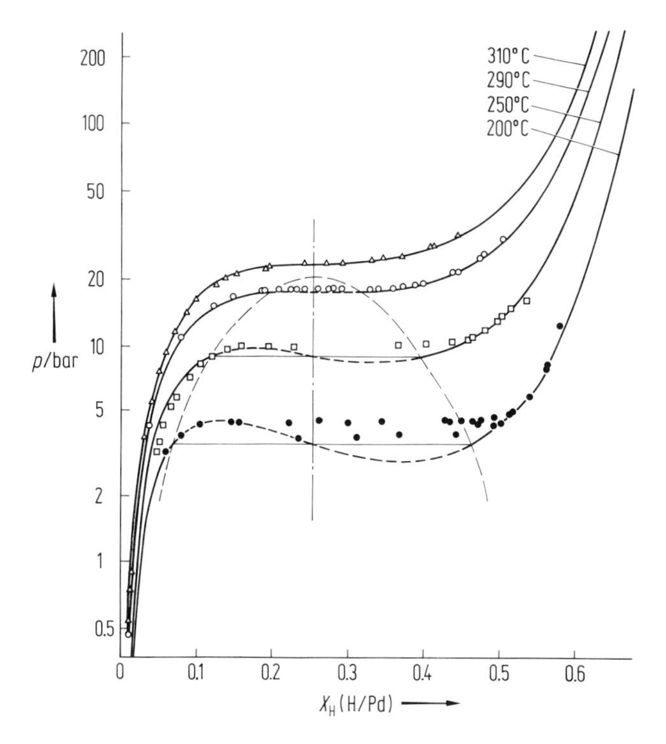

Abb. 5.21 Wasserstoffdruck-Wasserstoffaufnahme-Diagramm für Palladium.

Die Beschreibung des Gleichgewichts im Speichermetall erfolgt mit Hilfe eines *Wasserstoffdruck-Wasserstoffaufnahme-Diagramms*, wie es Abb. 5.21 für Palladium zeigt.

Die Lösungsreaktion läßt sich schreiben als:

$$1/2\ H_2\ \text{(gasförmig)} \rightarrow \text{H (gelöst)}.$$

Die Löslichkeit des Wasserstoffs im Metall beschreibt die Gleichung

$$X_H = K_{H/H_2}\left(\frac{p_{H_2}}{p_{H_2}{}^*}\right)^{1/2},$$

in der X_H den Anzahlanteil der im Metall plazierten Wasserstoffatome bedeutet. Damit ist die Löslichkeit der Wurzel des Gasdrucks proportional. Die Gleichgewichtskonstante K_{H/H_2} entspricht dem Anzahlanteil beim Standarddruck $p_{H_2} = p^*_{H_2} = 10^5$ Pa.

Die hohe Speicherkapazität der Übergangsmetalle läßt sich erkennen, wenn die Dichte in verflüssigtem Wasserstoff mit der in Wasser oder einigen Metallhydriden verglichen wird. Die Wasserstoffatomdichte C_H ist definiert als Zahl der Wasserstoffatome geteilt durch das Volumen des Metallhydrids und läßt sich schreiben als (Tab. 5.3):

$$C_H = \frac{N_A(N_H/N_M)}{\text{molares Volumen des Hydrids}}$$

N_A Avogadro-Konstante
N_H/N_M Wasserstoffatomzahl/Metallatomzahl

Tab. 5.3 Wasserstoffatomzahldichte in einigen Verbindungen.

Verbindung	$C_H/10^{22}$ cm^{-3}
flüssiger Wasserstoff (20 K)	4.2
Wasser (H_2O)	6.7
ZrH_2	7.2
UH_3	8.2
TiH_2	9.5

Tab. 5.4 zeigt die Übergangsmetalle mit den höchstmöglichen Anteilen an gebundenem Wasserstoff. Vergleichbare Hydride bilden neben den Übergangsmetallen auch die Lanthanoide und Actinoide.

Die in Hydriden vorliegenden geringen Abstände zwischen den Wasserstoffatomen und die Tatsache, daß sich auch Deuterium oder Tritium in das Gitter bringen lassen, hat zu der Veröffentlichung geführt, daß im Palladiumgitter eine *Fusion von Deuteriumatomen bei Zimmertemperatur* abläuft. Die Beladung des Gitters erfolgt durch elektrochemische Reduktion von Deuteriumionen aus Elektrolyten, deren Lösungsmittel aus „schwerem Wasser" (D_2O) besteht. Die im elektrischen Feld der Doppelschicht beschleunigten Deuteriumionen diffundieren nach Entladung in das Metallinnere. Bisher gelang keine experimentelle Bestätigung. Die veröffentlichten Informationen genügen nicht, um dem Ergebnis wissenschaftlich fundierten Rang einzuräumen. Die Idee für solche Experimente resultiert wohl aus der bereits vor Jahren gemachten Entdeckung, daß sich unter Beteiligung von Myonen, die eine Abstandsreduktion der Kerne bewirken, Kernfusionen im Gitter bei niedrigen Temperaturen, wenngleich in vernachlässigbarer Rate und daher für eine Energiegewinnung uninteressant, erreichen lassen.

Tab. 5.4 Binäre Hydride von Übergangsmetallen (nach Stalinsky [13]).

III	IV	V	VI	VII	VIII		
ScH_2	TiH_2	VH	CrH				NiH
		VH_2	CrH_2				
YH_2	ZrH_2	NbH					PdH
YH_3		NbH_2					
	HfH_2	TaH					
Lanthanoide							
LaH_{2-3}	CeH_{2-3}	PrH_{2-3}	NdH_{2-3}		SmH_2	EuH_2	GdH_2
							GdH_3
	TbH_2	DyH_2	HoH_2	ErH_2	TmH_2	YbH_2	LuH_2
	TbH_3	DyH_3	HoH_3	ErH_3	TmH_3		LuH_3
Actinoide							
	ThH_2	PaH_3	UH_3	NpH_2	PuH_2	AmH_2	CmH_2
	Th_4H_{15}			NpH_3	PuH_3	AmH_3	

Die Bedeutung der Metallhydride für die Speicherung von Wasserstoff auf der Basis von Übergangsmetallen ergibt sich aus Anwendungen in der Kern- und Antriebstechnik. Im Reaktorenbau werden Metallhydride als Werkstoff zur Moderation thermischer Neutronen eingesetzt. Daneben dienen Metallhydride als Brennstoffspeicher für Brennstoffzellen, um Schiffsantriebe mit elektrischer Energie zu versorgen. Vorteil ist ein außenluftunabhängiger, umweltschonender und geräuscharmer Antrieb bei vertretbarem Gewicht des Brennstoffspeichers.

Literatur

Einführende Texte

[1] Bockris, J. O'M., Reddy, A. K. N., Modern Elektrochemistry, Plenum Press, New York, 1970

[2] Bard, A. J., Faulkner, L. R., Electrochemical Methods, Fundamentals and Applications, Wiley, New York, Chichester, Brisbane, Toronto, Singapore, 1980

[3] Barak, M., Electrochemical Power Sources, Primary and Secondary Batteries, Peregrinus, Stevenage (UK), New York, 1980
[4] Roth, H.J., Pharmazeutische Analytik, Thieme, Stuttgart, New York, 1981
[5] Dogonadze, R.R., Kahnan, E., Kornyshev, A.A., Ulstrup, J., The Chemical Physics Solution, Vol. 1–3, Elsevier, Amsterdam, Oxford, New York, 1985
[6] Atkins, P.W., Physikalische Chemie, VCH, Weinheim, 1987
[7] Stryer, L., Biochemie, Vieweg, Braunschweig, 1987

Spezielle Literatur

[8] Schmalzried, H., Ionen- und Elektronenleitung in binären Oxiden und ihre Untersuchung mittels EMK-Messungen, Z. Phys. Chem. (Neue Folge) **38**, 87, 1963
[9] Hauffe, K., Reaktionen in und an festen Stoffen. Anorganische und allgemeine Chemie in Einzeldarstellungen II, Springer, Berlin, Heidelberg, New York, 1966
[10] Morrison, S.R., Electrochemistry at Semiconductor and Oxidized Metal Elektrodes, Plenum, New York, London, 1980
[11] Straubel, E., Straubel, H., Observation of molecules aggregates in spheres and on the surface of water solutions, J. Aerosol. Sc. **18**, 785, 1987
[12] Young, B.R., Pitt, W.G., Cooper, S.L., Protein Adsorption on Polymeric Biomaterials, J. Colloid Interface Sci. **124**, 28, 1988
[13] Stalinsky, B., Structural Problems of Transition Metal Hydrides, Berichte Bunsen-Gesellschaft **76**, 724, 1972
Van Siclen, C., Jones, S.E., Piozonuclear fusion in isotopic hydrogen molecules, J. Phys. G. (Nucl. Phys.) **12**, 213, 1986
[14] Bernal, J.D., Fowler, R.H., A Theory of Water and Ionic Solution, with Particular Reference to Hydrogen and Hydroxyl Ions, J. Chem. Phys. **1**, 515, 1933
[15] Tubandt, C., Hdb. Exp. Phys. **12**, 394, 1932
[16] Wagner, C., Z. phys. Chem. (B) **21**, 42, 1933

6 Flüssigkristalle

Gerd Heppke, Christian Bahr

6.1 Einleitung

Die tägliche Erfahrung hat uns anzunehmen gelehrt, daß Materie in drei Aggregatzuständen auftritt: fest, flüssig, gasförmig. Tatsächlich ist das nur bedingt richtig. So durchlaufen viele organische Substanzen nach dem Schmelzen mehrere Phasenumwandlungen, bevor beim weiteren Erwärmen die normale flüssige Phase auftritt. Die dazwischen liegenden Phasen (*Mesophasen*, griech.: μέσος = in der Mitte gelegen) besitzen einerseits einen mehr oder weniger großen Grad von Fluidität – so nehmen sie in kürzester Zeit die Form des sie beinhaltenden Gefäßes an – und andererseits weisen viele ihrer physikalischen Eigenschaften richtungsabhängige Werte auf – beispielsweise tritt wie bei Kristallen optische Anisotropie, d. h. Doppelbrechung auf. Substanzen, die eine Mesophase ausbilden, werden sinnfällig als **Flüssigkristalle** bezeichnet. Um die Besonderheit flüssigkristalliner Phasen hervorzuheben, wird bisweilen mit gewisser Berechtigung vom *vierten Aggregatzustand* der Materie gesprochen.

Zum besseren Verständnis dieses neuen Zustandes mag es nützlich sein, den Schmelzpunkt eines Kristalles zu betrachten. Im Kristall sind die Molekülschwerpunkte in einem dreidimensionalen Gitter periodisch angeordnet. Ein Röntgenstreubild weist dementsprechend scharfe Bragg-Reflexe auf. In der (normalen) flüssigen Phase ist die Positions-Fernordnung verschwunden, allein eine gewisse Nahordnung der Molekülschwerpunkte kann erhalten bleiben, die nur sehr diffuse Röntgenreflexe bewirkt.

Besitzen die Moleküle eine von der Kugelform abweichende Gestalt, d. h. sind sie *formanisotrop* (anisometrisch) – beispielsweise stab- oder scheibenförmig – wird im Kristallzustand zusätzlich eine Orientierungs-Fernordnung zu beobachten sein. Bei **thermotropen Flüssigkristallen** bleibt diese Orientierungs-Fernordnung auch nach dem Schmelzen über einen gewissen Temperaturbereich teilweise erhalten, während die dreidimensionale Positions-Fernordnung ganz oder teilweise verlorengeht.

Auch das gegenteilige Verhalten ist bekannt: Bei den sogenannten *plastischen Kristallen*, die von bestimmten kugelförmigen Molekülen wie Neopentan gebildet werden, schmilzt zunächst die Orientierungsordnung und dann die Positionsordnung, so daß eine Phase entsteht, bei der die einzelnen Moleküle im Kristallgitter eine hohe Rotationsbeweglichkeit aufweisen.

Im Gegensatz zu den thermotropen Flüssigkristallen bestehen die **lyotropen Flüssigkristalle** aus Mischsystemen mit einem isotropen flüssigen Lösungsmittel, wobei die Zusammensetzung (anstelle der Temperatur bei thermotropen Flüssigkristallen) die wesentliche Zustandsvariable darstellt.

Weitaus am besten untersucht sind die von langgestreckten, stäbchenförmigen

Molekülen gebildeten Flüssigkristalle, auf deren Beschreibung sich dieses Kapitel konzentriert.

In Abb. 6.1 ist als Beispiel das maßstabsgerechte Kalottenmodell von **MBBA** wiedergegeben. Mit MBBA wird der chemische Name 4-*M*ethoxy*b*enzyliden-4′-*b*utyl*a*nilin der in Abb. 6.2 dargestellten Molekülstruktur abgekürzt. Das 1971 entdeckte MBBA war die erste Einzelsubstanz, bei der eine flüssigkristalline Phase bei Raumtemperatur beobachtet werden konnte.

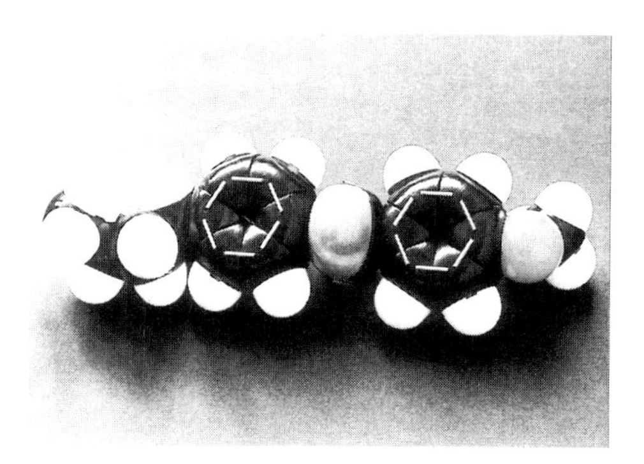

Abb. 6.1 Maßstabgerechtes Molekülmodell des MBBA (4-Methoxybenzyliden-4′-butylanilin).

$CH_3-O-\langle\bigcirc\rangle-CH=N-\langle\bigcirc\rangle-C_4H_9$

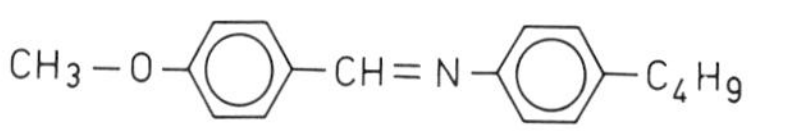

Abb. 6.2 Chemische Strukturformel des MBBA, das zwischen 20° C und 47° C eine nematische Phase ausbildet.

Die Länge des MBBA-Moleküls beträgt 2.5 nm, sein gemittelter Durchmesser 0.5 nm. Viele der über 15000 derzeit bekannten Flüssigkristalle weisen bei etwa gleichem Moleküldurchmesser noch weitaus größere Moleküllängen auf. Entsprechend reicht im allgemeinen zur Beschreibung der molekularen Ordnung in den verschiedenen flüssigkristallinen Phasen eine Darstellung der Moleküle als Stäbchen aus, wie in Abb. 6.3 gezeigt.

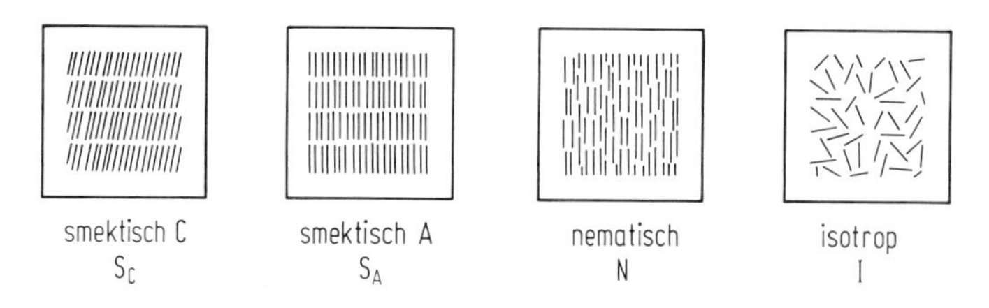

Abb. 6.3 Molekulare Ordnung in verschiedenen Flüssigkristallphasen (die Moleküllängsachsen sind durch Striche symbolisiert).

Die **nematische Phase** (griech.: νῆμα = Faden) unterscheidet sich von der isotropen (normalflüssigen) Phase durch eine bevorzugte *Parallelorientierung* der Moleküllängsachsen. Die Molekülschwerpunkte weisen wie in der isotropen Phase keine Positions-Fernordnung auf. Charakteristisch für die nematische Phase ist die auf Doppelbrechung zurückzuführende Lichtstreuung, die zu einer starken Trübung der nach wie vor gut gießbaren Flüssigkeit führt, (s. Abb. 6.4).

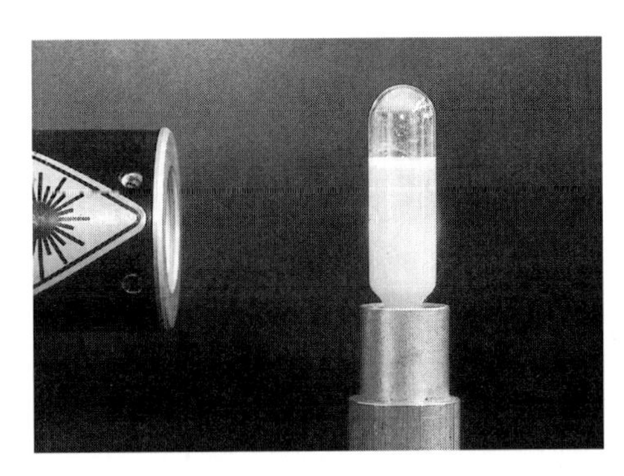

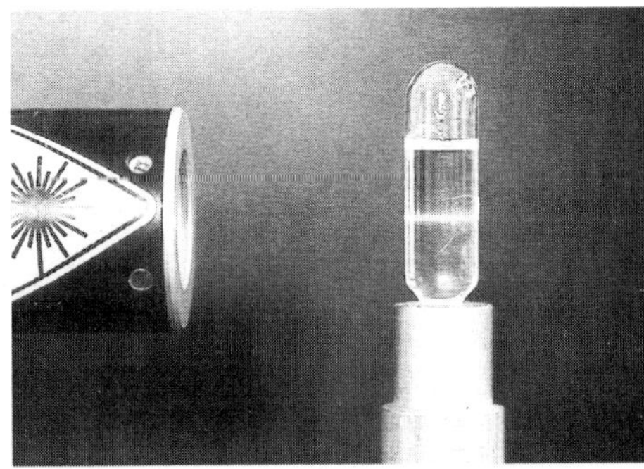

Abb. 6.4 Lichtstreuung der nematischen Phase (MBBA, 25° C), links, im Vergleich zur isotropen Phase (MBBA, 50° C), rechts.

Die Temperatur, an der sich die nematische (und allgemein auch jede andere flüssigkristalline) Phase sprungartig in die isotrope Phase umwandelt, wird sinnfällig als *Klärpunkt* bezeichnet.

In **smektischen Phasen** (griech.: σμῆγμα = Seife) tritt zusätzlich eine Positions-Fernordnung der Molekülschwerpunkte auf. Es entsteht eine Schichtstruktur, beispielsweise nachweisbar durch scharfe Reflexe im Röntgenbeugungsbild. In der smektischen A-Phase (S_A) weist die Vorzugsrichtung parallel zur Schichtnormalen, in der smektischen C-Phase (S_C) ist sie geneigt (engl. *tilted*) dazu. Bei diesen beiden smektischen Phasen liegt senkrecht zur Schichtnormalen keine Positionsordnung vor; man kann sie als zweidimensionale Flüssigkeitsschichten ansehen, die sich im wohldefinierten Abstand (von der Größe einer Moleküllänge) zueinander befinden. Es sind noch eine Reihe weiterer smektischer Phasen bekannt, in denen zusätzlich zur Schichtstruktur eine gewisse Positionsordnung innerhalb der Schichten vorliegt. So können bei einer einzelnen *mesogenen* (d.h. eine flüssigkristalline Phase ausbildenden) Substanz im Temperaturbereich zwischen Schmelz- und Klärpunkt mehr als ein halbes Dutzend verschiedener Phasen beobachtet werden (*Polymorphie*).

Da sich der Schmelzpunkt im Gegensatz zu den Umwandlungspunkten zwischen den flüssigkristallinen Phasen häufig sehr weit unterkühlen läßt, kann man beim Abkühlen unterhalb des Schmelzpunktes meist noch weitere smektische Phasen beobachten.

Unterhalb des Schmelzpunktes auftretende metastabile Phasen werden als *monotrop*, die thermodynamisch gegenüber der festen Phase stabilen als *enantiotrop* bezeichnet.

Flüssigkristalline Phasen zeigen aufgrund der Doppelbrechung charakteristische Texturbilder, die man erhält, wenn man die Substanz zwischen zwei Objektträger bringt und unter dem Mikroskop mit gekreuzten Polarisatoren beobachtet (s. Abb. 6.5). Auf diese Weise lassen sich die Umwandlungstemperaturen zwischen den einzelnen Phasen einer mesogenen Substanz leicht ermitteln.

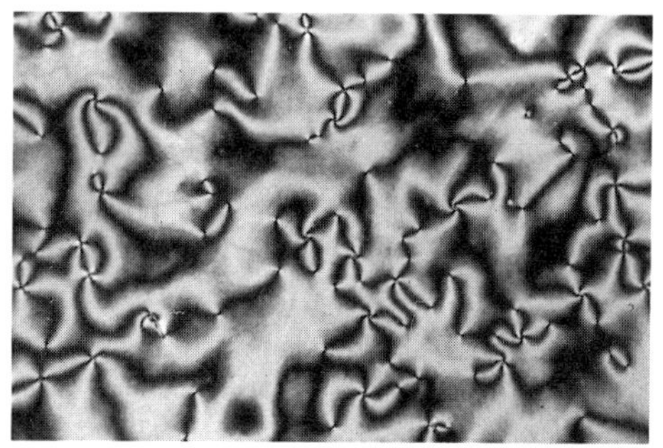

Abb. 6.5 Texturbilder (Heiztisch-Polarisationsmikroskop); *links:* smektische A-Phase (fokalkonische Textur), *rechts:* nematische Phase (Schlierentextur).

Ein weiteres Ordnungsprinzip tritt in der **cholesterischen Phase** auf, die als dritte wichtige Phase aus historischen Gründen gleichberechtigt der nematischen und smektischen Phase gegenübergestellt wird. Besitzen die Moleküle des Flüssigkristalls eine *chirale* Struktur, d. h. eine Struktur, die sich von ihrem Spiegelbild unterscheidet, so führt das zur Ausbildung einer Helixstruktur der Vorzugsrichtung der Moleküllängsachsen. Es tritt eine Überstruktur auf, die sich im Stäbchenbild wie in Abb. 6.6 dargestellt beschreiben läßt, ohne daß dabei die Symmetrieerniedrigung des Einzelmoleküls gekennzeichnet werden muß.

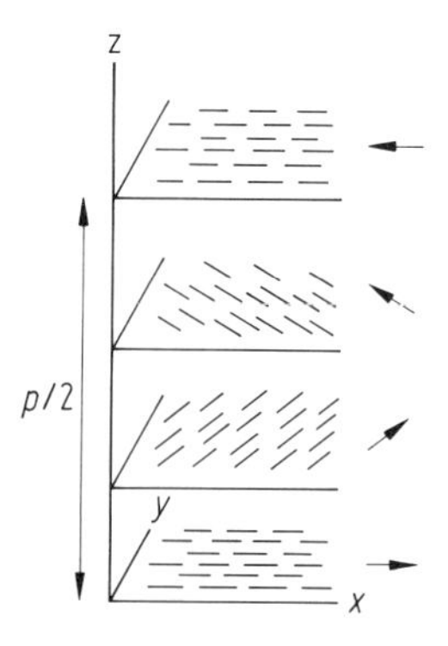

Abb. 6.6 Cholesterische Phase: Die Vorzugsrichtung der Moleküllängsachsen bildet eine Helixstruktur der Ganghöhe *p*. (Die zur Veranschaulichung eingezeichneten Ebenen haben keine physikalische Bedeutung).

Lokal bleibt eine der nematischen Phase entsprechende Ordnung erhalten. Liegt die Periodizität der Molekülorientierung, die durch die Helixstruktur bewirkt wird, im Bereich der Wellenlänge von sichtbarem Licht, kommt es infolge Bragg-Reflexion zu spektakulären, für die cholesterische Phase charakteristischen Farberscheinungen.

Betrachtet man die historische Entwicklung, so war es eine cholesterische Substanz, nämlich Cholesterylbenzoat (Abb. 6.7) die zur Entdeckung des flüssigkristallinen Zustandes führte. So berichtete 1888 der österreichische Botaniker F. Reinitzer dem Physiker O. Lehmann, der in der Folgezeit dann zahlreiche richtungsweisende Arbeiten über Flüssigkristalle veröffentlichte, er habe beobachtet, daß *„die Substanz Cholesterylbenzoat, wenn man sich so ausdrücken darf, zwei Schmelzpunkte zeigt. Bei 145.5 °C schmilzt sie zunächst zu einer trüben, jedoch völlig flüssigen Flüssigkeit. Dieselbe wird erst bei 178.5 °C plötzlich völlig klar."*

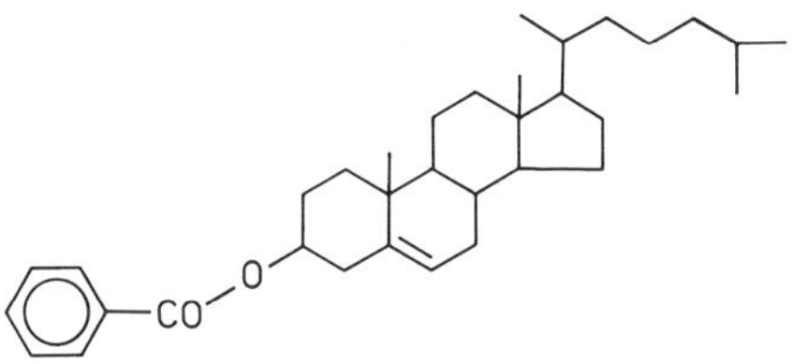

Abb. 6.7 Chemische Strukturformel von Cholesterylbenzoat, das von 145° C bis 179° C eine cholesterische Phase ausbildet.

Bereits 1890 wurde von L. Gattermann die nematische Verbindung PAA (*p*-*A*zoxy*a*nisol) synthetisiert, die viele Jahrzehnte lang als Modellsubstanz für grundlegende experimentelle und theoretische Untersuchungen diente. Die Forschung wurde über große Zeit vor allem von der Faszination an den ungewöhnlichen Eigenschaften der Flüssigkristalle getragen, bis durch die Entdeckung elektrooptischer Effekte (1968 *Dynamische Streuung*, 1971 *Schadt-Helfrich-Effekt*) vielversprechende Anwendungsmöglichkeiten zur Informationsdarstellung in flachen Anzeigeeinheiten eröffnet wurden und zur gleichen Zeit die Beschreibung der vielfältigen Phasenumwandlungen zunehmend das Interesse der theoretischen Physik fand, etwa beginnend mit der Anwendung der Landau-Theorie auf den Übergang nematisch – isotrop durch P. G. de Gennes (1971). Als jüngste Entwicklung können die *flüssigkristallinen Polymere* genannt werden, die interessante Anwendungsmöglichkeiten für hochfeste Materialien oder optische Speicher versprechen, sowie die *diskotischen Flüssigkristalle*, die von scheibchenförmigen Molekülen gebildet werden.

6.2 Die nematische Phase

6.2.1 Ordnungsgrad

In der nematischen Phase sind die Längsachsen der Moleküle nicht ideal parallel zueinander orientiert, sondern bilden zur Vorzugsrichtung, die als *Direktor* $\mathbf{n}$ bezeichnet wird, einen von Molekül zu Molekül verschiedenen Winkel ϑ_i (s. Abb. 6.8).

Als Maß für die Güte der Parallelorientierung wird der *Ordnungsgrad S* verwendet, wobei über alle Moleküle zu mitteln ist:

$$S = \tfrac{1}{2}\langle 3\cos^2 \vartheta_i - 1\rangle. \tag{6.1}$$

Der gleiche Mittelwert ergibt sich, wenn zeitlich über alle Orientierungen eines einzelnen Moleküls gemittelt wird (Scharmittel = Zeitmittel). Bei idealer, in nematischer Phase nicht zu erreichender Ordnung, d. h. $\vartheta_i = 0$, nimmt S den Wert 1 an, in isotroper Flüssigkeit ergibt sich $S = 0$. Der Ordnungsgrad weist am *Klärpunkt* ($T = T_{NI}$) Werte um $S = 0.4$ auf und steigt mit abnehmender Temperatur an. Bei Auftragung über der Temperaturdifferenz zum Klärpunkt ergeben sich für alle nematischen Flüssigkristalle sehr ähnliche Kurven.

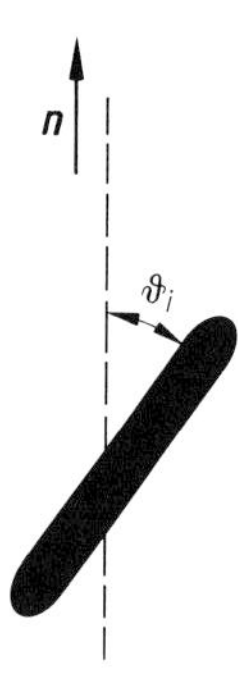

Abb. 6.8 Orientierung der Moleküllängsachse eines Einzelmoleküls zum Direktor ***n***.

Dieses Verhalten wird durch eine von Maier und Saupe [1] angegebene molekularstatistische Theorie beschrieben, die in Abhängigkeit von der reduzierten Temperatur $\tau \approx T/T_{NI}$ eine universelle Funktion voraussagt, wie sie in Abb. 6.9 dargestellt ist.

Bei einer reduzierten Temperatur von 0.8, d. h. je nach Klärpunkt schon 70–80 K unterhalb desselben, beträgt demgemäß der Ordnungsgrad $S = 0.71$.

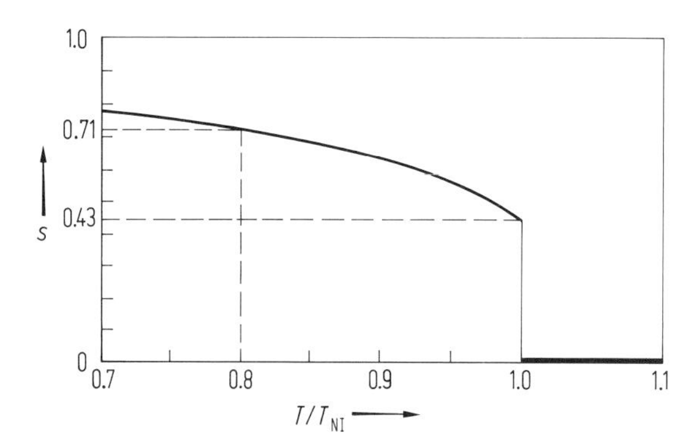

Abb. 6.9 Ordnungsgrad S einer nematischen Phase als Funktion der reduzierten Temperatur (berechnet nach Gl. (9.3)).

Diese Temperaturabhängigkeit des Ordnungsgrades läßt sich ableiten, wenn man annimmt, daß die Orientierung des einzelnen Moleküls von einem Potential bestimmt wird, das nur von der mittleren Orientierung der Umgebung (d.h. von S) abhängt und dessen Größe sich mit dem Neigungswinkel ϑ_i proportional zu $sin^2 \vartheta_i$ erhöht. Zur Erklärung der zugrundeliegenden intermolekularen Wechselwirkung betrachteten Maier und Saupe die Anisotropie der Londonschen Dispersionskräfte (d.h. Wechselwirkungen zwischen induzierten Dipolen). Im Rahmen einer Theorie des mittleren Feldes ergibt sich dann folgende Form des mittleren Potentials (V = spezifisches Volumen, A = Wechselwirkungsparameter):

$$W_i(S, \vartheta_i) = -\frac{A}{V^2} S \frac{1}{2} (3 \cos \vartheta_i - 1). \tag{6.2}$$

Damit läßt sich der Ordnungsgrad nach der *Boltzmann-Statistik* berechnen:

$$S = \frac{1}{2} \langle 3 \cos^2 \vartheta_i - 1 \rangle = \frac{\int_0^1 \frac{1}{2} (3 \cos^2 \vartheta_i - 1) \exp(W/kT) \, d \cos \vartheta}{\int_0^1 \exp(-W_i/kT) \, d \cos \vartheta} \tag{6.3}$$

Durch selbstkonsistente Lösung dieser Gleichung kann S für eine vorgegebene Temperatur numerisch bestimmt werden. Als Funktion der reduzierten Temperatur erhält man den in Abb. 6.9 dargestellten Verlauf (bei der genauen Definition der reduzierten Temperatur ist die Dichteabhängigkeit des mittleren Potentials zu berücksichtigen, $\tau = T/T_{NI}(V/V_{NI})^2$).

Eine analytische Näherung dieser Temperaturabhängigkeit wird durch

$$S = (1 - 0.98 \, \tau)^{0.22} \tag{6.4}$$

gegeben.

Bei den bisherigen Betrachtungen wurde vorausgesetzt, daß der Direktor $\boldsymbol{n}$ eine einheitliche (beispielsweise zur z-Achse parallele) Orientierung aufweist. Diese muß für die Messung der vom Ordnungsgrad abhängigen Anisotropien der physikalischen Eigenschaften auf geeignete Weise, beispielsweise durch ein äußeres Feld oder durch Randwirkung, gewährleistet werden.

Ohne solche Maßnahmen wird sich die Richtung des Direktors in einer makroskopischen Probe im allgemeinen von Ort zu Ort ändern. Allerdings ist diese Ortsabhängigkeit nur für Abmessungen, die sehr groß gegenüber der Moleküllänge sind, von Bedeutung. Über kleinere Bereiche kann man in guter Näherung eine lokal einheitliche Richtung des Direktors annehmen, auf den dann die Betrachtungen über die Temperaturabhängigkeit des Ordnungsgrades zu beziehen sind.

6.2.2 Anisotrope Eigenschaften

Die makroskopische Bestimmung des Ordnungsgrades gelingt anhand der Doppelbrechung, die sich am einfachsten durch Brechung an einem Keilpräparat nachweisen läßt. Fällt unpolarisiertes Licht (Laserstrahl) auf eine prismenförmige nematische Probe (Leitz-Jelly-Diffraktometer oder keilförmig verklebte Platten), in der die optische Achse, d.h. die durch den Direktor $\boldsymbol{n}$ gekennzeichnete Vorzugsrichtung der Moleküle, parallel zur Prismenkante weist (wie es durch Reiben mit einem Haarpinsel erreicht werden kann), so spaltet der Lichtstrahl in zwei senkrecht zueinander polarisierte Teilstrahlen auf (Abb. 6.10).

Die Ablenkung des Lichtstrahles, bei dem der elektrische Lichtvektor parallel zum Direktor schwingt, wird durch die Brechzahl (Brechungsindex) $n_{\parallel}$ bestimmt, für den senkrecht dazu polarisierten Teilstrahl gilt die Brechzahl $n_{\perp}$. Die nematische Phase (wie auch nicht getiltete smektische Phasen) verhält sich wie ein einachsiger fester Kristall, dessen optische Achse parallel zum Direktor orientiert ist. Demzufolge gilt für den außerordentlichen bzw. ordentlichen Strahl $n_{ao} = n_{\parallel}$ bzw. $n_o = n_{\perp}$.

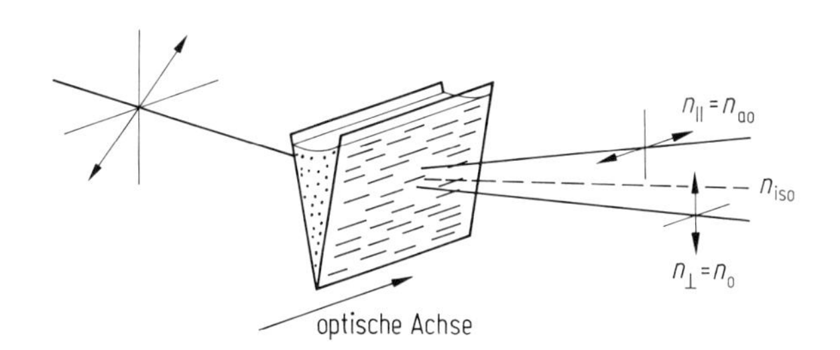

Abb. 6.10 Nachweis der Doppelbrechung eines nematischen Flüssigkristalls in einer keilförmigen Probe. Der Direktor ist parallel zur Prismenkante orientiert.

Die Größe der Doppelbrechung $\Delta n = n_{ao} - n_o = n_{\parallel} - n_{\perp}$ wird durch die Anisotropie der elektronischen Polarisierbarkeit bestimmt ($n_{\parallel}^2 \sim \alpha_{\parallel}$, $n_{\perp}^2 \sim \alpha_{\perp}$). Die höchsten Werte findet man für mesogene Moleküle, die aus konjugierten aromatischen Ringsystemen (meist Benzolringen) aufgebaut sind, die geringsten für gesättigte (z. B. mit Cyclohexanringen aufgebaute) Systeme. Alle bisher bekannten von stäbchenförmigen Molekülen gebildeten Flüssigkristalle weisen positive Doppelbrechung auf ($\Delta n > 0$).

Die mesogenen Moleküle einer nematischen Phase können in erster Näherung als axialsymmetrisch angesehen werden. Dann gilt für die Doppelbrechung folgender Zusammenhang mit dem Ordnungsgrad (ϱ = Dichte):

$$n_{\parallel}^2 - n_{\perp}^2 \sim \varrho S. \tag{6.5}$$

Die absolute Größe der Doppelbrechung hängt wie in der isotropen Phase noch von der Wellenlänge des Lichtes ab (Abb. 6.11).

Die mittlere Brechzahl $\bar{n}^2 = \frac{1}{3}(n_{\parallel}^2 + 2n_{\perp}^2)$ schließt sich ohne Sprung an die Werte der isotropen Phase an und steigt bei abnehmender Temperatur infolge der Dichtezunahme weiter an. Die experimentell vergleichweise leicht bestimmbare Doppelbrechung wird häufig verwendet, um den Ordnungsgrad eines nematischen Flüssigkristalls zu ermitteln. Allerdings muß bei der Auswertung noch der Einfluß des inneren Feldes berücksichtigt werden, wie es beispielsweise in isotropen Flüssigkeiten durch die Lorenz-Lorentz-Beziehung beschrieben wird. Gut bewährt hat sich die Annahme einer von der Orientierung unabhängigen Korrektur (Vuks).

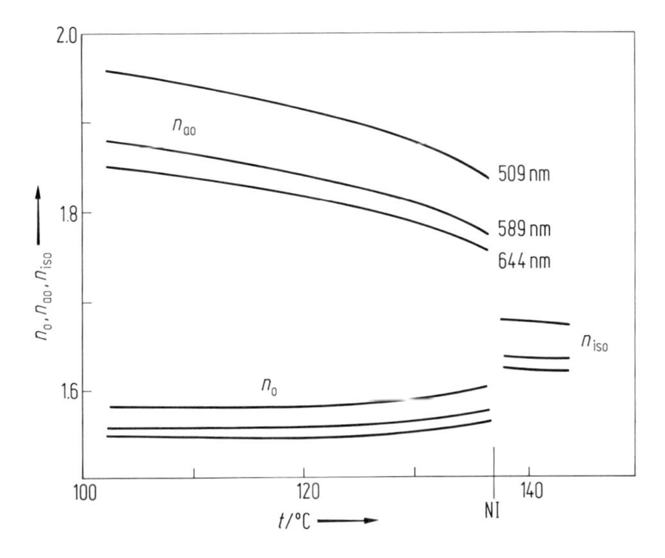

Abb. 6.11 Temperaturabhängigkeit der Doppelbrechung von PAA (p-Azoxyanisol) (nach Chatelain und Germain [14]).

Dann gilt folgende Beziehung:

$$S \sim \frac{n_{\parallel}^2 - 1}{\bar{n}^2 - 1}, \tag{6.6}$$

wobei der temperaturabhängige Proportionalitätsfaktor durch eine der Näherungsformel (6.4) folgende Extrapolation von $\lg S$ gegen T auf $T = 0$, d. h. $S = 1$, gewonnen werden kann (Haller).

Flüssigkristalle sind wie die meisten organischen Substanzen diamagnetisch. Die Permeabilitätszahl μ_r ist nur geringfügig kleiner als 1, d. h. die magnetische Suszeptibilität $\chi = \mu_r - 1$ liegt in der Größenordnung von 10^{-5}; im CGS-System, das immer noch den meisten in der Literatur angegebenen Tabellen zugrundeliegt, sind die Werte dieser dimensionslosen Suszeptibilität um den Faktor 4π kleiner:

$$\mu_r = 1 + 4\pi\chi_{CGS}.$$

Die Anisotropie der magnetischen Suszeptibilität $\Delta\chi = \chi_{\parallel} - \chi_{\perp}$ (s. Abb. 6.12) ist in zweierlei Hinsicht eine wichtige Eigenschaft von Flüssigkristallen; zum einen bestimmt sie die Richtung der Orientierung durch ein äußeres Magnetfeld und zum anderen ermöglicht ihre Bestimmung eine Messung des Ordnungsgrades. Von wenigen Ausnahmen abgesehen besitzt die Suszeptibilitätsanisotropie für nematische Flüssigkeiten einen positiven Wert: $\Delta\chi > 0$ (bei diamagnetischem Material gilt $\chi < 0$, daher $|\chi_{\parallel}| < |\chi_{\perp}|$). Da die Orientierung des Flüssigkristalls mit der höheren Suszeptibilität im Magnetfeld energetisch begünstigt ist, erfolgt dann eine Ausrichtung des Direktors der nematischen Phase parallel zur Magnetfeldrichtung.

Ein wesentlicher molekularer Beitrag zur Anisotropie der magnetischen Suszeptibilität rührt von den sehr häufig in Flüssigkristallmolekülen als Strukturelement

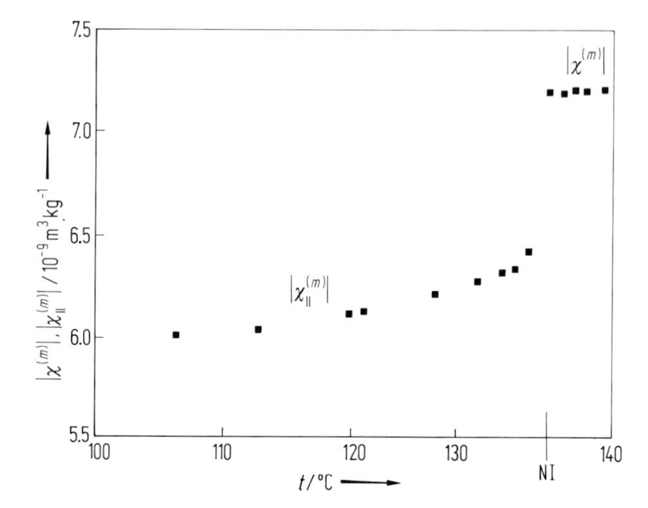

Abb. 6.12 Magnetische Suszeptibilität χ^m einer nematischen Flüssigkristallprobe (PAA) (nach deJeu et al. [15]).

vorhandenen Benzolringen her, deren Ringebene näherungsweise parallel zur Moleküllängsachse liegt. Durch ein Magnetfeld senkrecht zur Ringebene wird in dem π-Elektronensystem ein Ringstrom induziert, dessen resultierendes magnetisches Moment dem Feld entgegengesetzt gerichtet ist und somit den Absolutbetrag der Suszeptibilität $|\chi_\perp|$ gegenüber $|\chi_\||$ stark erhöht.

Wegen der geringen Größe der Suszeptibilität stimmen inneres und äußeres Magnetfeld praktisch überein, so daß sich die makroskopisch beobachtete Anisotropie additiv aus den molekularen Beiträgen zusammensetzt. Somit ist die auf gleiche Probemasse bezogene Anisotropie der Suszeptibilität $\Delta\chi^{(m)} = \Delta\chi/\varrho$ (ϱ = Dichte) direkt proportional zum Ordnungsgrad S:

$$\Delta\chi^{(m)} = \chi_{\|}^{(m)} - \chi_{\perp}^{(m)} = \Delta\chi_{\max}^{(m)} \cdot S. \tag{6.7}$$

In dieser Beziehung, die streng unter der Voraussetzung axialer Symmetrie gilt, bedeutet $\Delta\chi_{\max}^{(m)}$ den von der Temperatur unabhängigen Wert bei idealer Parallelorientierung $S = 1$, der allerdings experimentell nicht direkt zu bestimmen ist, aber durch geeignete Extrapolation auf $T = 0$ gewonnen oder aus magnetischen Messungen an festen Einkristallen abgeschätzt werden kann.

Bei der Bestimmung der magnetischen Suszeptibilität nematischer Flüssigkristalle, die eine hohe Empfindlichkeit der magnetischen Waage erfordert, wirkt das verwendete Magnetfeld gleichzeitig ausrichtend, so daß nur $\chi_{\|}^{(m)}$ experimentell zugänglich ist (s. Abb. 6.13). Die Anisotropie erhält man aus der Differenz zu dem in der isotropen Phase bestimmten, temperaturunabhängigen Wert $\chi_{\text{iso}}^{(m)}$:

$$\Delta\chi^{(m)} = \frac{2}{3}(\chi_{\|}^{(m)} - \chi_{\text{iso}}^{(m)}). \tag{6.8}$$

Zur Bestimmung der dielektrischen Eigenschaften der nematischen Phase ist es notwendig, daß der Direktor einheitlich im Meßkondensator ausgerichtet ist. Dazu wird zweckmäßigerweise ein ebener Kondensator mit genügend großem Elektrodenabstand (> 100 μm) verwendet, so daß es möglich ist, durch ein äußeres Magnetfeld üblicher Stärke (Flußdichte $B = 1$ T) die Orientierung des Direktors in der gewünschten Weise vorzugeben, wie in Abb. 6.14 gezeigt. Aus den mit einer Meßbrücke bei geringer Spannung (0.1 V – 1 V) und bei niedrigen Frequenzen (1 bis 10 kHz) bestimmten Kapazitäten $C_{\|}$ und $C_{\perp}$ bei Ausrichtung des Direktors parallel bzw. senkrecht zum elektrischen Meßfeld sowie der Leerkapazität C_0 lassen sich so die relativen Dielektrizitätszahlen $\varepsilon_{\|}$ und $\varepsilon_{\perp}$ ermitteln ($C_{\|} = \varepsilon_{\|} \cdot C_0$ und $C_{\perp} = \varepsilon_{\perp} \cdot C_0$).

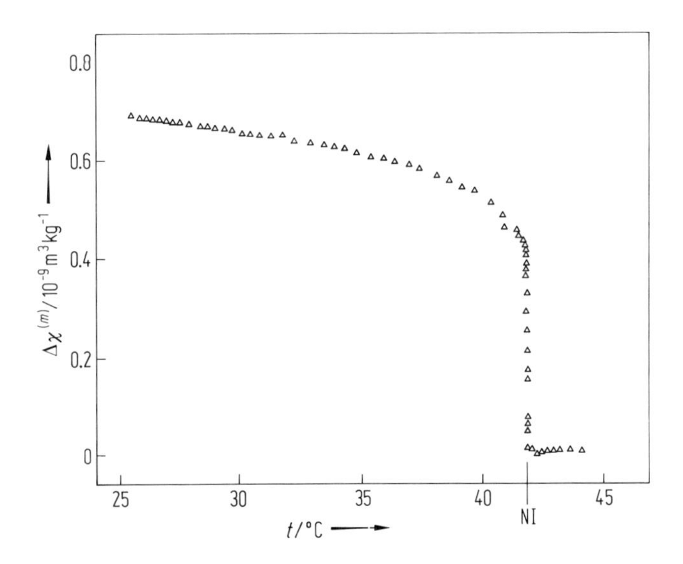

Abb. 6.13 Temperaturabhängigkeit der magnetischen Suszeptibilitätsanisotropie einer nematischen Phase (4-Cyano-4′-heptylbiphenyl) (nach Vertogen und deJeu [16]).

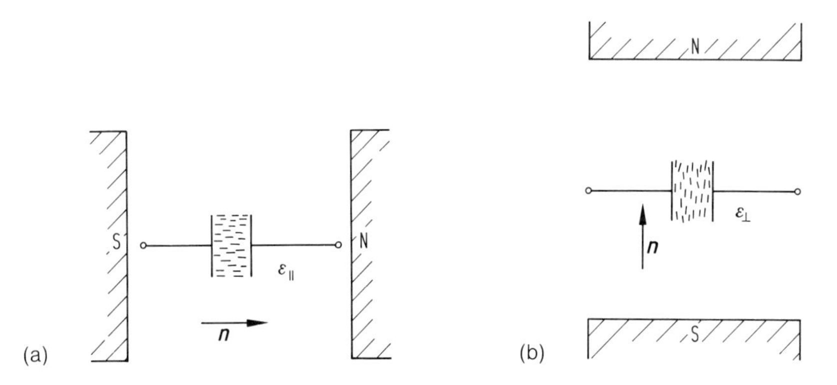

Abb. 6.14 Bestimmung der Anisotropie der Dielektrizitätskonstanten an magnetfeldorientierten Proben; (a) Meßfeld parallel zu ***n***, (b) Meßfeld senkrecht zu ***n***.

Wie in isotropen Flüssigkeiten wird die Größe dieser Dielektrizitätskonstanten (DK) durch die elektronische Polarisierbarkeit α und die Orientierungspolarisation im Molekül vorhandener permanenter Dipolmomente μ bestimmt. Nematische Flüssigkristalle ohne permanentes Dipolmoment besitzen nur geringe DK-Werte ($\varepsilon \approx n^2$). Weist das Molekül ein Dipolmoment auf, entscheidet dessen durch den Winkel β beschriebene Richtung gegenüber der Moleküllängsachse über das Vorzeichen der Anisotropie der nun im allgemeinen sehr viel größeren DK-Werte (s. Abb. 6.15). Näherungsweise gilt [2]:

$$\Delta\varepsilon = \varepsilon_{\parallel} - \varepsilon_{\perp} = c_1 \left[\Delta\alpha + c_2 \frac{\mu^2}{k_{\mathrm{B}}T} (3\cos^2\beta - 1) \right] S. \tag{6.9}$$

Die beiden hier zur Abkürzung eingeführten Faktoren c_1 und c_2 beschreiben die Abweichung zwischen innerem und äußerem elektrischen Feld und lassen sich nur unter vereinfachenden Annahmen berechnen.

Die Beziehung (6.9) zeigt, daß die Temperaturabhängigkeit der Anisotropie der DK-Werte nematischer Flüssigkristalle im wesentlichen durch den Ordnungsgrad $S(T)$ bestimmt wird (vgl. Ab. 6.14). Eine genaue Bestimmung von S aus DK-Werten ist wegen der erwähnten Näherungen dagegen nicht möglich.

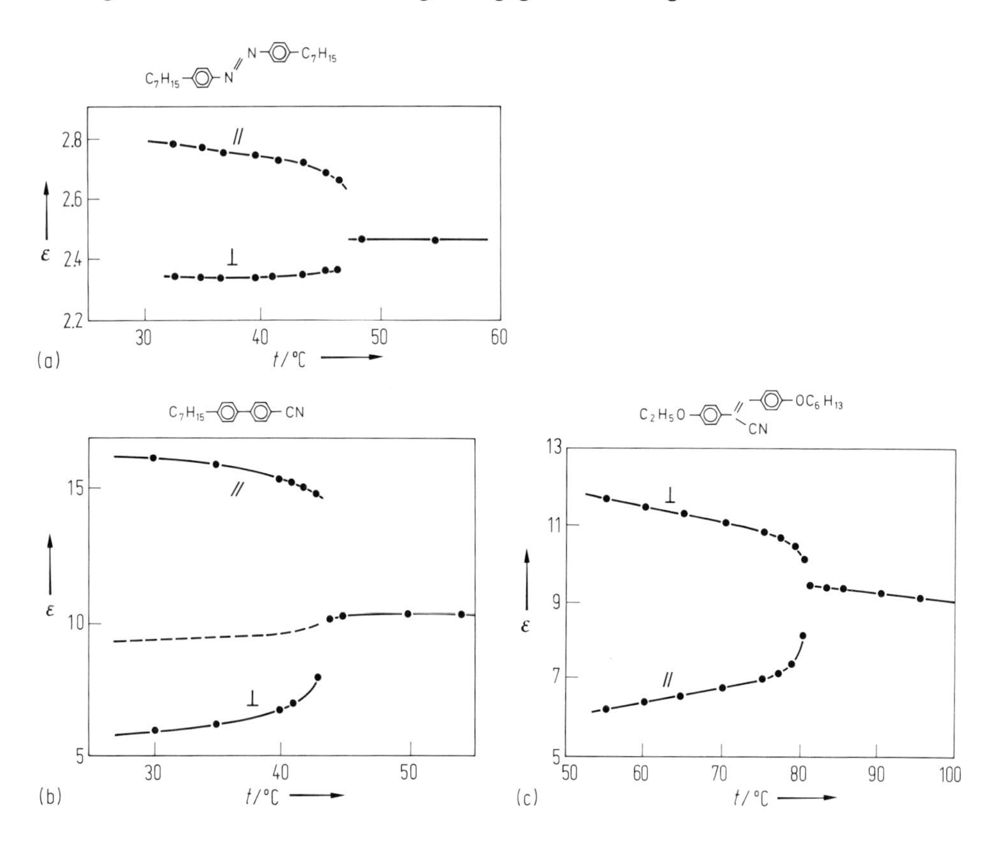

Abb. 6.15 Einfluß eines permanenten Dipolmomentes auf die DK-Anisotropie; (a) und (b): $\Delta\varepsilon > 0$ ($\mu_{\parallel}$ größer als $\mu_{\perp}$), (c): $\Delta\varepsilon < 0$ ($\mu_{\perp}$ größer als $\mu_{\parallel}$) (nach Vertogen und deJeu [16]).

Die Ordnung der Moleküle in der nematischen Phase hat einen erstaunlichen Einfluß auf die Frequenzabhängigkeit der dielektrischen Eigenschaften.

Bei genügend hohen Frequenzen kann die Orientierungspolarisation polarer Moleküle der Frequenz des elektrischen Wechselfeldes nicht mehr folgen, und es kommt zu einer Dispersion der DK, wie sie für isotrope Flüssigkeiten durch die klassische Debye-Theorie beschrieben wird. In nematischen Flüssigkristallen ist die Relaxationsfrequenz für $\varepsilon_{\parallel}$ gegenüber dem bei isotropen Flüssigkeiten beobachteten Verhalten um mehrere Zehnerpotenzen zu niedrigeren Werten verschoben (für $\varepsilon_{\perp}$ dagegen noch erhöht). So kann an nematischen Phasen die Debyesche DK-Relaxation für $\varepsilon_{\parallel}$ mit Standard-Meßbrücken aufgezeigt werden. Bei geeigneter Molekülstruktur tritt sogar ein Vorzeichenwechsel der DK-Anisotropie bei Frequenzen unter 1 kHz auf, was beispielsweise eine spezielle Ansteuerung von Flüssigkristallanzeigen (Zweifrequenz-Adressierung) ermöglicht.

6.2.3 Elastische Eigenschaften

Infolge der thermodynamisch bevorzugten Parallelorientierung der langgestreckten Moleküle, wie sie durch die Maier-Saupe-Theorie beschrieben wird, strebt der Direktor im gesamten Probenvolumen der nematischen Phase eine einheitliche Ausrichtung an. Eine derartige uniaxiale Ausrichtung, d.h. die Ausbildung eines nematischen Einkristalls, wird durch ein homogenes Direktorfeld $\boldsymbol{n}(\boldsymbol{r}) = \text{const.}$ beschrieben. Durch äußere elektrische bzw. magnetische Felder oder die Festlegung der Direktorrichtung an den Wandflächen der Probe kann eine davon abweichende Ausrichtung bewirkt werden. Die Richtung des Direktors ändert sich dann im Probenvolumen kontinuierlich von Ort zu Ort. Eine derartige Deformation des Direktorfeldes, die sich über makroskopische Dimensionen (beispielsweise einige μm) erstreckt und den lokalen Ordnungsgrad ungeändert läßt, erfordert eine gewisse Energie, die der nematischen Phase bezüglich der Orientierung des Direktors elastische Eigenschaften verleiht (*Krümmungselastizität*).

Die Beschreibung des elastischen Verhaltens erfolgt durch die *Kontinuumstheorie* [3]. Danach werden drei Grundtypen der Deformation des Direktorfeldes unterschieden, die in Abb. 6.16 dargestellt sind: *Spreizung* (*splay*), *Verdrillung* (*twist*) und *Biegung* (*bend*).

Als Beispiel einer elastischen Deformation sei die einheitliche Verdrillung einer nematischen Phase betrachtet. Dazu wird der Flüssigkristall zwischen zwei planparallele Platten gebracht, die sich senkrecht zur z-Achse in einem Abstand d zueinander befinden. Die Oberfläche der Platten sei so präpariert (beispielsweise durch Reiben mit einem Papiertuch), daß der Direktor einheitlich parallel (homogen planar) orientiert ist. Werden die Orientierungsrichtungen der beiden Platten gegeneinander um den Winkel Φ verdreht, entsteht ein um die z-Achse einheitlich mit $\mathrm{d}\varphi/\mathrm{d}z = \Phi/d$ verdrilltes Direktorfeld $\boldsymbol{n}(z) = \{\cos\varphi, \sin\varphi, 0\}$ (s. Abb. 6.17).

Gemäß der Kontinuumstheorie erhöht sich die freie Energiedichte $F_\mathrm{D}^{(\mathrm{V})}$ durch die Deformation proportional zum Quadrat der Krümmung $\mathrm{d}\varphi/\mathrm{d}z$:

$$F_\mathrm{D}^{(\mathrm{V})} = K_2 \left(\frac{\mathrm{d}\varphi}{\mathrm{d}z}\right)^2. \tag{6.10}$$

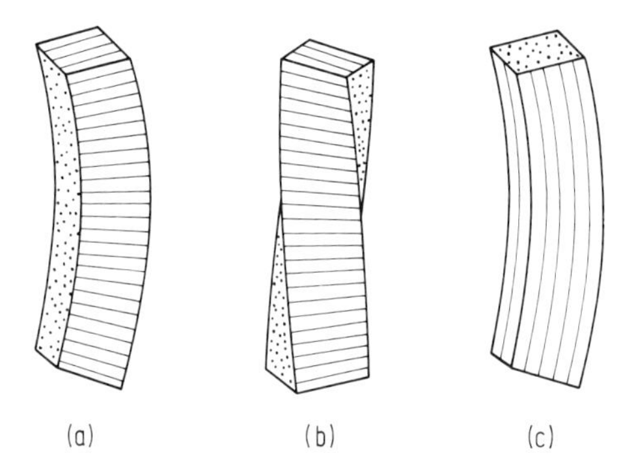

Abb. 6.16 Die drei Grunddeformationen eines nematischen Flüssigkristalls: (a) Spreizung, (b) Verdrillung und (c) Biegung (nach Vertogen und deJeu [16]).

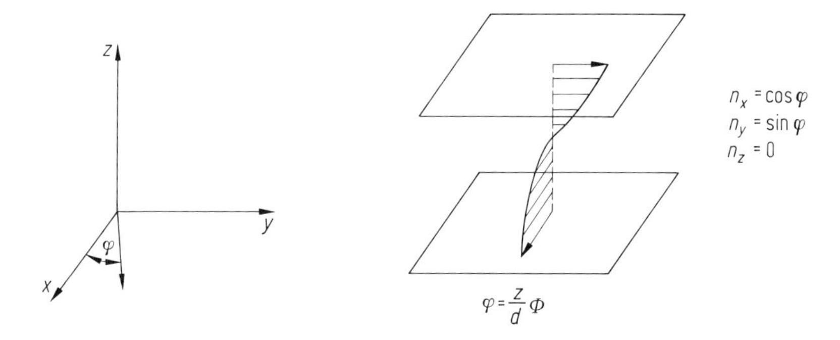

Abb. 6.17 Um die z-Achse einheitlich verdrilltes Direktorfeld.

Damit wird ein Elastizitätskoeffizient für Verdrillung (K_2) definiert, der die Dimension Energie/Länge besitzt. Für die meisten nematischen Phasen weisen die Elastizitätskoeffizienten Werte um 10^{-11} N auf. Setzt man diesen Wert in (6.10) ein und nimmt man zur Abschätzung $d = 10$ µm sowie $\varphi = 1$ rad ($\approx 57°$) an, so ergibt sich ein Betrag von 0.1 J/m^3, um den die Energiedichte durch die Deformation, in diesem Fall durch eine Verdrillung des Direktorfeldes, erhöht wird. Die Krümmungsenergien nematischer Phasen weisen also nur sehr kleine Werte auf. Das erklärt, warum sich die Orientierung durch Einwirkung äußerer Felder so leicht verändern läßt.

Der allgemeine Fall einer Deformation des Direktorfeldes $\boldsymbol{n}(\boldsymbol{r})$ läßt sich gemäß der Kontinuumstheorie durch die Summierung der Beiträge der drei Grunddeformationen Spreizung, Verdrillung sowie Biegung beschreiben:

$$F_{\mathrm{D}}^{(\mathrm{V})} = \frac{1}{2}[K_1(\operatorname{div}\boldsymbol{n})^2 + K_2(\boldsymbol{n}\operatorname{rot}\boldsymbol{n})^2 + K_3(\boldsymbol{n}\times\operatorname{rot}\boldsymbol{n})^2]. \tag{6.11}$$

Die drei Elastizitätskoeffizienten K_1 (Spreizung), K_2 (Verdrillung) und K_3 (Biegung) sind von ähnlicher Größe, was beispielsweise ermöglicht, für vereinfachte Berechnungen des Direktorfeldes eine Einkonstanten-Näherung zu verwenden ($K_1 = K_2$

$= K_3$). Da die Stärke der Anisotropie der intermolekularen Wechselwirkung vom Ordnungsgrad der nematischen Phase abhängt, nehmen die Werte der Elastizitätskoeffizienten mit zunehmender Temperatur ab (s. Abb. 6.18).

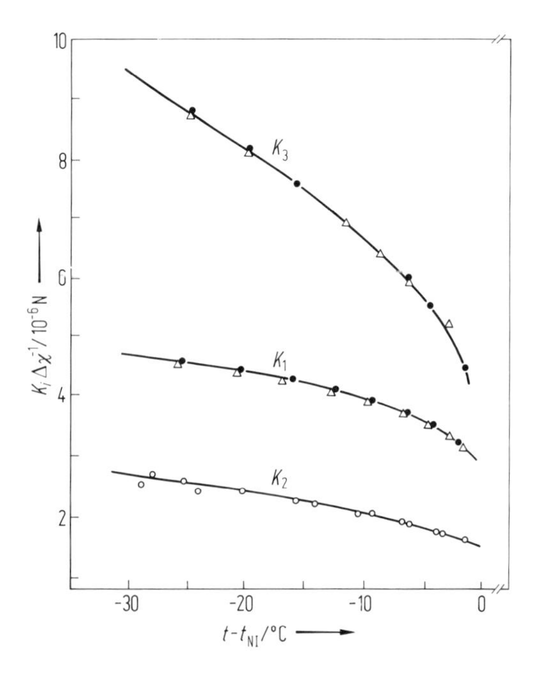

Abb. 6.18 Elastische Koeffizienten einer nematischen Phase (PAA) als Funktion der Temperatur (nach deJeu et al. [15]).

Um die Wirkung äußerer Felder $\boldsymbol{E}$ bzw. $\boldsymbol{B}$ auf die Orientierung der nematischen Phase zu ermitteln, müssen die Anteile der Feldenergie, die von der Richtung des Direktors abhängen, betrachtet werden:

$$F^{(V)}_{E\text{-Feld}} = -\frac{1}{2}\Delta\varepsilon \cdot \varepsilon_0 (\boldsymbol{n} \cdot \boldsymbol{E})^2 \tag{6.12}$$

$$F^{(V)}_{B\text{-Feld}} = -\frac{1}{2}\Delta\chi \cdot \frac{1}{\mu_0} (\boldsymbol{n} \cdot \boldsymbol{B})^2 . \tag{6.13}$$

Die Feldenergien variieren mit $\cos^2 \Theta$, wenn Θ den zwischen Feldrichtung und Direktor eingeschlossenen Winkel bezeichnet. Auf den Direktor wird demzufolge pro Volumeneinheit ein Drehmoment $\frac{1}{2}\Delta\varepsilon \cdot \varepsilon_0 |\boldsymbol{n}| \, |\boldsymbol{E}| \sin 2\Theta$ ausgeübt, das beispielsweise bei positiver Anisotropie ($\Delta\varepsilon > 0$ bzw. $\Delta\chi > 0$) den Direktor parallel zum Feld ($\Theta = 0$) auszurichten bestrebt ist.

Der ausrichtenden Wirkung des Feldes steht im allgemeinen eine von der Feldrichtung abweichende Orientierung an den die Probe begrenzenden Wandflächen gegenüber. Das resultierende Direktorfeld läßt sich dann durch die Forderung nach minimaler Gesamtenergie bestimmen, die sich durch Integration über das Probenvolumen ergibt:

$$F = \int_V \left[F_{\text{Def}}^{(V)} + F_{\text{Feld}}^{(V)} \right] \mathrm{d}V \stackrel{!}{=} \text{Min.} \tag{6.14}$$

Die Lösung dieses Variationsproblems gelingt durch Integration der zugehörigen Euler-Lagrange-Differentialgleichungen. Die Integrationskonstanten werden dabei durch die Orientierung an den Probenbegrenzungen festgelegt.

Als einfaches Beispiel (Abb. 6.19) sei das Direktorfeld in der Nähe einer Wandfläche ($x = 0$) betrachtet, die eine homogen planare Orientierung (in y-Richtung) vorgibt. Ein senkrecht zur Wand gerichtetes Magnetfeld wird bei positiver magnetischer Anisotropie ($\Delta\chi > 0$) in großer Entfernung zur Wand den Direktor parallel zum Feld (in x-Richtung) orientieren.

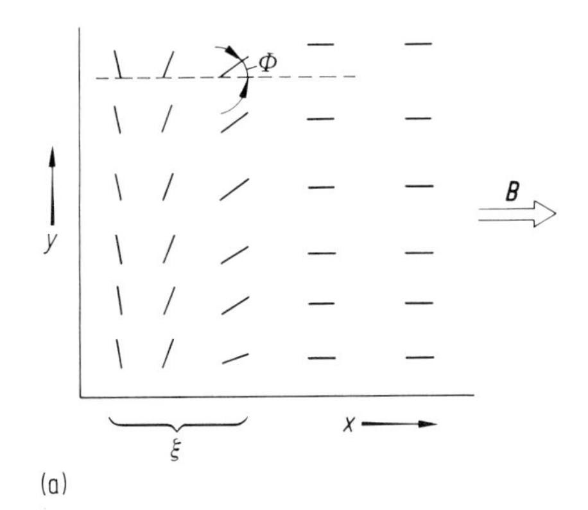

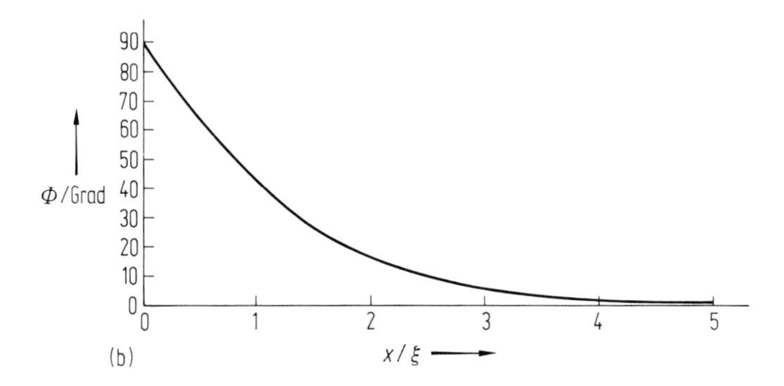

Abb. 6.19 (a) Direktororientierung in der Nähe einer Wandfläche bei senkrechter Richtung des Magnetfeldes zur Wandorientierung. (b) Winkel Φ zwischen Direktor und Magnetfeld als Funktion der Ortskoordinate x (bezogen auf die Kohärenzlänge ξ), siehe Formel (9.22).

Für die Berechnung wird vereinfachend Gleichheit der elastischen Konstanten ($K_1 = K_3 = K$) angenommen. Als Summe aus Deformations- und Feldenergie ergibt sich integriert von $x = 0$ bis $x = \infty$ mit A als Größe der betrachteten Wandfläche:

$$F = A \cdot \frac{1}{2} \int_0^\infty \left[K \left(\frac{\mathrm{d}\Phi}{\mathrm{d}x} \right)^2 - \Delta\chi \frac{1}{\mu_0} B^2 \cos^2 \Phi \right] \mathrm{d}x. \tag{6.15}$$

Die gesuchte Lösung $\Phi(x)$ wird durch die Forderung nach minimalem Wert F sowie die Randbedingungen $\Phi(x = 0) = \pi/2$ und $\Phi(x = \infty) = 0$ bestimmt. Die Euler-Lagrange-Gleichung lautet:

$$K \frac{\mathrm{d}^2\Phi}{\mathrm{d}x^2} - \Delta\chi \cdot \frac{1}{\mu_0} B^2 \cdot \sin\Phi \cdot \cos\Phi = 0. \tag{6.16}$$

Nach Division durch K verbleibt eine den Verlauf von $\Phi(x)$ bestimmende Größe, die sich durch das Quadrat der charakteristischen Länge ξ ausdrücken läßt:

$$\xi = \frac{1}{B} \sqrt{\frac{K\mu_0}{\Delta\chi}}. \tag{6.17}$$

Durch Multiplikation mit $2\mathrm{d}\Phi/\mathrm{d}x$ erhält man dann aus (6.16) die Gleichung:

$$2 \frac{\mathrm{d}\Phi}{\mathrm{d}x} \frac{\mathrm{d}^2\Phi}{\mathrm{d}x^2} - \frac{1}{\xi^2} \cdot 2 \frac{\mathrm{d}\Phi}{\mathrm{d}x} \sin\Phi \cos\Phi = 0, \tag{6.18}$$

die sich leicht integrieren läßt:

$$\left(\frac{\mathrm{d}\Phi}{\mathrm{d}x} \right)^2 = \left(\frac{\sin\Phi}{\xi} \right)^2 + C. \tag{6.19}$$

Wegen $\Phi = 0$ und $\mathrm{d}\Phi/\mathrm{d}x = 0$ für $x \to \infty$ folgt für die Integrationskonstante der Wert $C = 0$.

Damit ergeben sich zwei energetisch gleichwertige Lösungen mit zueinander spiegelbildlichem Direktorfeld, die sich nur durch das Vorzeichen der Krümmung unterscheiden:

$$\frac{\mathrm{d}\Phi}{\mathrm{d}x} = \pm \frac{\sin\Phi}{\xi}. \tag{6.20}$$

Für das negative Vorzeichen und unter Beachtung der Randbedingung $\Phi(x = 0) = \pi/2$ ergibt eine weitere Integration:

$$\ln(\tan\Phi/2) = -\frac{x}{\xi} \tag{6.21}$$

bzw.

$$\Phi(x) = 2\arctan(\mathrm{e}^{-x/\xi}),\ x \geq 0. \tag{6.22}$$

Wie der in Abb. 6.19b dargestellte Verlauf von $\Phi(x)$ zeigt, konzentriert sich die Krümmung des Direktorfeldes im wesentlichen auf eine Schicht, deren Dicke durch die charakteristische Länge ξ gegeben ist und die dementsprechend als *Kohärenzlänge* bezeichnet wird.

Für eine magnetische Induktion von $B = 1$ T ergibt sich mit $K = 10^{-11}$ N und $\Delta\chi = 4\pi \cdot 10^{-7}$ ein typischer Wert von $\xi = 3$ µm. Die Größe der Kohärenzlänge bestimmt letztlich die minimale Größe des Probenvolumens, in dem die Orientierung des Direktors durch ein äußeres Feld noch zu ändern ist.

Für Messungen anisotroper Eigenschaften, die beispielsweise eine Änderung der

Orientierung durch ein Magnetfeld erfordern, müssen entsprechend die Abmessungen der Probe groß gegenüber der Kohärenzlänge bzw. eine genügend große Magnetfeldstärke gewählt werden.

Führt man die gleichen Überlegungen für ein elektrisches Feld E durch, so erhält man $\xi = 1/E\sqrt{K/\Delta\varepsilon\varepsilon_0}$. Eine Kohärenzlänge von 3 µm erfordert bei einem typischen Wert der DK-Anisotropie von $\Delta\varepsilon = 10$ und $K = 10^{-11}$ N eine elektrische Feldstärke $E = 10^5\ \mathrm{V\,m^{-1}} = 1\ \mathrm{V}/10\ \mu\mathrm{m}$.

Ein interessantes Verhalten ergibt sich durch die elastischen Eigenschaften, wenn die nematische Phase als dünne Schicht der Dicke d zwischen zwei planparallelen Wänden eingeschlossen wird, deren Randwirkung ein einheitliches Direktorfeld zur Folge hat. Wird nun ein Magnetfeld senkrecht zur Direktorrichtung angelegt, so tritt zunächst keine Deformation auf. Die drei wichtigsten Geometrien sind in Abb. 6.20 dargestellt.

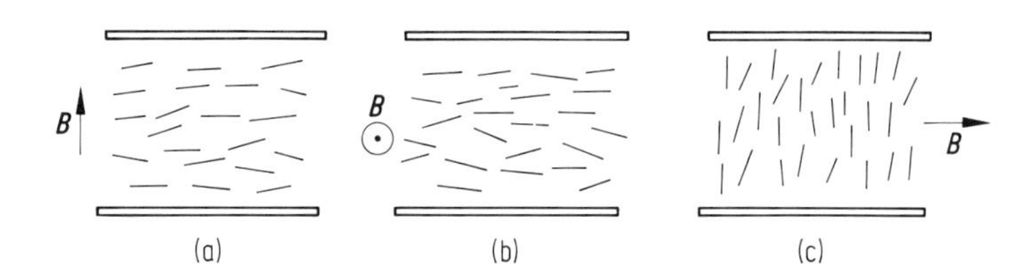

Abb. 6.20 Richtung des äußeren Magnetfeldes B zur Messung der elastischen Koeffizienten für Spreizung (a), Verdrillung (b) und Biegung (c). Siehe auch Abb. 6.16.

Solange die Feldstärke so gering ist, daß die Kohärenzlänge erheblich über der Schichtdicke liegt ($\xi \gg d$), wird auch eine zufällige, etwa auf Fluktuationen beruhende, kleine Deformation durch die elastischen Kräfte abgebaut. Erst wenn die Feldstärke erhöht wird, überwiegt das destabilisierende Drehmoment des Feldes und eine Deformation des Direktorfeldes erfolgt im Inneren der Zelle, während am Rand infolge der vorausgesetzten strengen Verankerung die ursprüngliche Orientierung erhalten bleibt (diese Betrachtung bezieht sich auf $\Delta\chi > 0$).

Der Übergang zwischen diesen beiden Fällen vollzieht sich bei einer wohldefinierten Schwellenfeldstärke, die zuerst von Fréedericksz (1933) beschrieben wurde. Man erwartet, daß die Schwelle für den *Fréedericksz-Übergang* etwa bei $2\xi \approx d$ liegt. Die genaue Rechnung ergibt den Faktor π anstelle der 2:

$$B_i = \frac{\pi}{d}\sqrt{\frac{K_i \mu_0}{\Delta\chi}}; \quad i = 1, 2, 3. \tag{6.23}$$

Die Ermittlung der Schwellenfeldstärke, die beispielsweise anhand der einsetzenden Doppelbrechung der Zelle geschehen kann, gestattet entsprechend der gewählten Geometrie (Abb. 6.20) die getrennte Bestimmung der drei Elastizitätskoeffizienten.

Das gleiche Verhalten läßt sich auch im elektrischen Feld beobachten. Normalerweise wird dieses durch zwei auf den Glasplatten aufgebrachte (transparente) Elektroden erzeugt. Bei positiver DK-Anisotropie entspricht dies der Geometrie von Abb. 6.20a, für $\Delta\varepsilon < 0$ wird auch bei homöotroper Randorientierung (wie Abb.

6.20c, aber Feldrichtung parallel zum Direktor) ein Freedericksz-Übergang beobachtet.

Im elektrischen Fall kann anstelle der Feldstärke die angelegte Spannung $U = d \cdot E$ in Beziehung (6.23) eingesetzt werden und man erhält für die Schwellenspannung:

$$U_i = \pi \cdot \sqrt{\frac{K_i}{|\Delta\varepsilon| \cdot \varepsilon_0}} \tag{9.24}$$

mit $i = 1$ für $\Delta\varepsilon > 0$ und $i = 3$ für $\Delta\varepsilon < 0$. Mit anderen Worten, die elektrische Schwellenspannung für Freedericksz-Übergänge ist unabhängig von der Schichtdicke. Für $|\Delta\varepsilon| = 10$ und $K_i = 10^{-11}$ N erhält man eine Schwellenspannung von 1 V. Dieses Verhalten bildet die Grundlage der elektrooptischen Feldeffekte.

6.2.4 Viskosität

Zwischen zwei ebenen Platten befinde sich eine Flüssigkeitsschicht der Dicke d. Werden die Platten mit konstanter Relativgeschwindigkeit v_0 gegeneinander verschoben, so baut sich im Innern ein stationäres Geschwindigkeitsgefälle $\mathrm{d}v/\mathrm{d}x$ auf (Abb. 6.21).

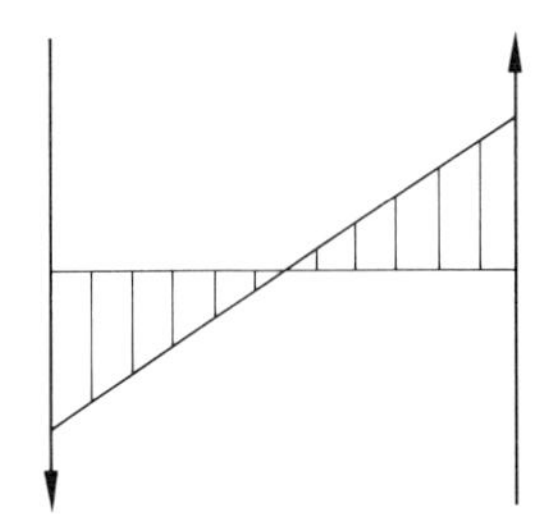

Abb. 6.21 Geschwindigkeitsprofil in einer gescherten Flüssigkeitsschicht.

Bei normalen Newtonschen Flüssigkeiten ist die Viskosität η von der Scherrate unabhängig. Dann ist das Schergefälle unabhängig vom Ort in der Flüssigkeitsschicht $\mathrm{d}v/\mathrm{d}x = v_0/d$. Je Plattenfläche A ist die Kraft F nötig, um die innere Reibung der Flüssigkeit zu überwinden:

$$F = \eta \cdot A \frac{\mathrm{d}v}{\mathrm{d}x}. \tag{6.25}$$

Bei isotropen Flüssigkeiten reicht eine skalare Größe η zur Beschreibung des Fließverhaltens aus. Es ist leicht einzusehen, daß bei nematischen Phasen die innere Reibung von der Orientierung des Direktors zur Strömung abhängt. Verblüffend mag aber erscheinen, daß innere Reibung auch bei ruhender Flüssigkeit auftreten kann, wenn nämlich die Richtung des Direktors gedreht wird. Schergefälle und Orientierung des Direktors sind gekoppelt, so daß u.a. unter gewissen Voraussetzungen eine Strömungsausrichtung erfolgt. Es ist wichtig, festzustellen, daß bei festgehaltener

Orientierung (z. B. durch ein äußeres Magnetfeld) nematische Flüssigkeiten Newtonsches Verhalten zeigen.

Die makroskopische Beschreibung des Fließverhaltens nematischer Flüssigkristalle wurde vor allem durch Ericksen [4] und Parodi [5] entwickelt. Es sind drei unterschiedliche Hauptlagen des Direktors bezüglich der Richtungen von Geschwindigkeit und Geschwindigkeitsgradient möglich (Abb. 6.22).

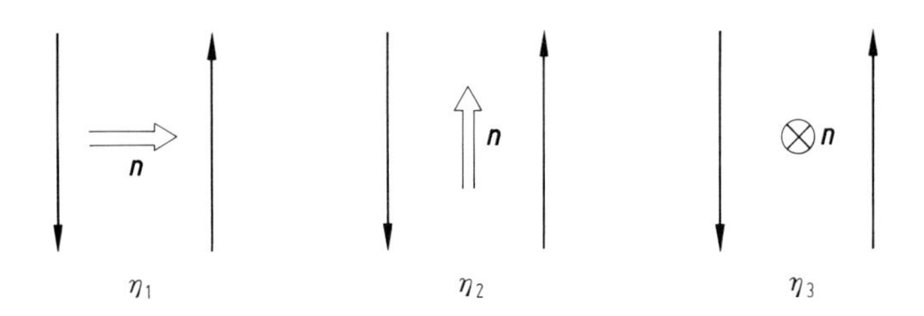

Abb. 6.22 Definition der drei Scherviskositäten.

Dadurch werden drei Viskositätskoeffizienten η_1, η_2 und η_3 definiert. Die starke Formanisotropie der hier betrachteten stäbchenförmigen (prolaten) Moleküle spiegelt sich in der Anisotropie der Viskositäten η_1 und η_2 wider, das Verhältnis kann Werte $\eta_1/\eta_2 > 8$ annehmen. Der Wert von η_3 liegt im mittleren Bereich und setzt im wesentlichen den Temperaturverlauf der isotropen Phase fort (vgl.Abb. 6.24).

Weicht die Orientierung des Direktors von den drei Hauptlagen ab, (Abb. 6.23) so ändert sich die Scherviskosität entsprechend ihrem tensoriellen Verhalten, wobei zusätzlich noch ein Term mit einem weiteren Viskositätskoeffizienten η_{12} auftritt, dessen Beitrag bei $\varphi = 0°$ und $\vartheta = 45°$ maximal wird:

$$\eta(\vartheta, \varphi) = \eta_1 \sin^2 \vartheta \cos^2 \varphi + \eta_2 \cos^2 \vartheta + \eta_3 \sin^2 \vartheta \cos^2 \varphi + \eta_{12} \sin^2 \vartheta \cos^2 \vartheta \cos^2 \varphi. \tag{6.26}$$

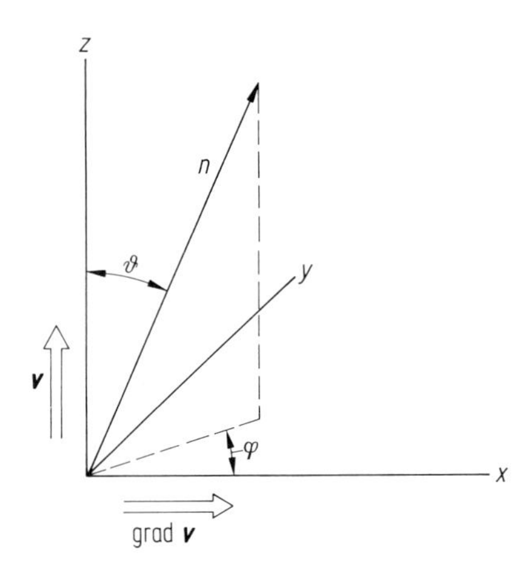

Abb. 6.23 Richtung des Direktors im Geschwindigkeitsfeld.

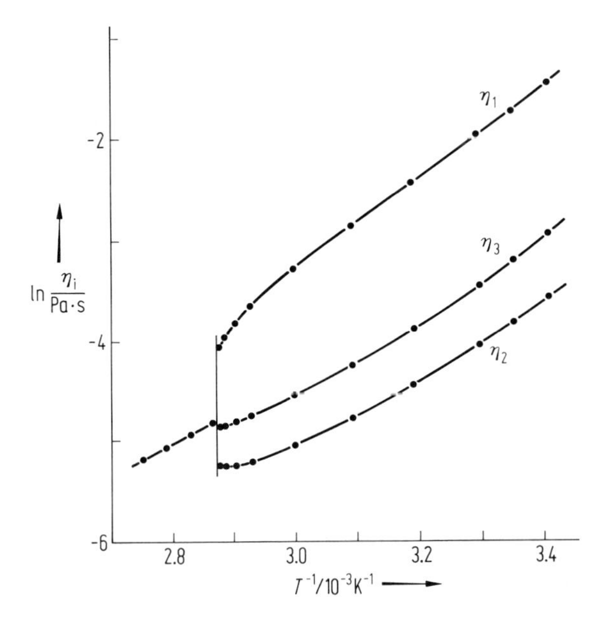

Abb. 6.24 Temperaturabhängigkeit der Scherviskositäten einer nematischen Phase (N4) (nach Kneppe und Schneider [17]).

Wie Abb. 6.24 zeigt, verringert sich die Anisotropie der Viskosität infolge der Abnahme des Ordnungsgrades bei Annäherung an den Klärpunkt. Davon abbgesehen weisen die Viskositätswerte die von isotropen Flüssigkeiten her bekannte exponentielle Temperaturabhängigkeit auf ($\eta \sim \exp(E_a/kT)$. Auch die Absolutwerte (Tab. 6.1) liegen im Bereich der Viskositäten normaler organischer Flüssigkeiten.

Tab. 6.1 Viskositätswerte und Winkel der Scherorientierung für MBBA (25° C).

$\eta_1 = 121 \cdot 10^{-3}\,\mathrm{kg\,m^{-1}\,s^{-1}}$	$\eta_{12} = 6 \cdot 10^{-3}\,\mathrm{kg\,m^{-1}\,s^{-1}}$
$\eta_2 = 24 \cdot 10^{-3}\,\mathrm{kg\,m^{-1}\,s^{-1}}$	$\gamma_1 = 95 \cdot 10^{-3}\,\mathrm{kg\,m^{-1}\,s^{-1}}$
$\eta_3 = 42 \cdot 10^{-3}\,\mathrm{kg\,m^{-1}\,s^{-1}}$	$\theta_0 = 6°$

Wird der Direktor in einem ruhenden nematischen Flüssigkristall einheitlich mit der Winkelgeschwindigkeit ω gedreht, beispielsweise durch ein rotierendes Magnetfeld, so wird dabei wie bei einer Scherströmung im Innern der Flüssigkeit Reibungswärme erzeugt. Das zur Drehung des Direktors gegen den Reibungswiderstand nötige Drehmoment M je Volumen V wird durch die sogenannte Rotationsviskosität γ_1 bestimmt:

$$M = \gamma_1 \omega V. \tag{6.27}$$

Eine Messung von γ_1 kann durch die Ermittlung des Drehmomentes erfolgen, das eine gleichförmig in einem homogenen Magnetfeld gedrehte Probe erfährt (Abb.

6.25). Die Molekülschwerpunkte folgen dabei der Bewegung des Probengefäßes, während die Moleküllängsachsen die gleiche Vorzugsrichtung (näherungsweise parallel zur Magnetfeldrichtung) einhalten.

Die Rotationsviskosität γ_1 bestimmt die Geschwindigkeit von Umorientierungsvorgängen und ist damit verantwortlich für die Schaltzeiten elektrooptischer Anzeigen mit nematischen Flüssigkristallen. Die γ_1-Werte nähern sich bei tiefen Temperaturen der größten Viskosität η_1; bei Annäherung an den Klärpunkt macht sich eine ausgeprägte Abhängigkeit vom Ordnungsgrad bemerkbar ($\gamma_1 \sim S^2 \exp(E_a/kT)$), vgl. Abb. 6.26.

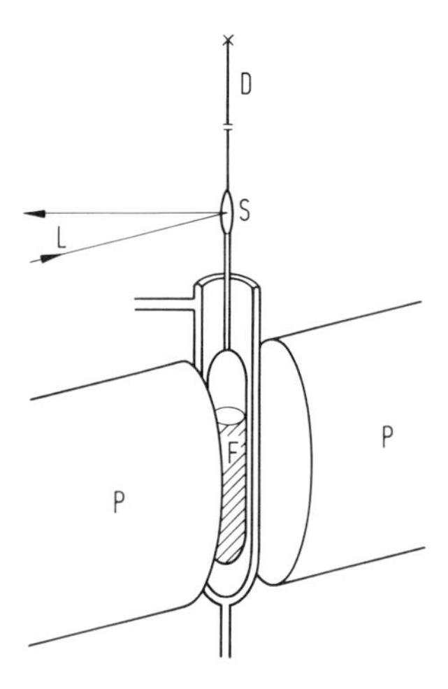

Abb. 6.25 Zur experimentellen Bestimmung der Rotationsviskosität. Durch die Rotation des Magnetfeldes (P) wird ein Drehmoment auf den Faden (D) ausgeübt, an dem die nematische Probe (F) aufgehängt ist. Das Drehmoment wird anhand der Auslenkung des Laserstrahls (L, Spiegel S) gemessen (nach Kneppe und Schneider [17]).

Wird der nematische Flüssigkristall geschert, ohne daß dabei die Richtung des Direktors durch äußere Felder festgehalten wird, muß die orientierende Wirkung des Schergefälles berücksichtigt werden. Es ist leicht einzusehen, daß bei langgestreckten Molekülen eine parallele Orientierung des Direktors zum Geschwindigkeitsgradienten ($\vartheta = \pi/2$, $\varphi = 0$; vergleiche Abb. 6.23) ungünstig ist. Es tritt ein Drehmoment ($\sim [\eta_1 - \eta_2 + \gamma_1]$) auf, das bestrebt ist, den Direktor in die Richtung der Strömung zu drehen. Daraus könnte man vielleicht schließen, daß sich die langgestreckten Moleküle parallel zur Strömung ausrichten werden. Das ist jedoch nicht der Fall. Vielmehr tritt in dieser Lage ein entgegengesetztes Drehmoment ($\sim [\eta_1 - \eta_2 - \gamma_1]$) auf, so daß sich der Direktor im Gleichgewicht unter einem gewissen Winkel Θ_0 geneigt zur Strömungsausrichtung einstellt:

$$\tan^2 \Theta_0 = \frac{\eta_1 - \eta_2 - \gamma_1}{\eta_1 - \eta_2 + \gamma_1} \tag{6.28}$$

mit $\eta_1 - \eta_2 > \gamma_1$. Es kommt zur Strömungsausrichtung, die sich beispielsweise durch eine beim Fließen der nematischen Phase induzierte Doppelbrechung nachweisen läßt.

In besonderen Fällen kann bei Temperaturen in der Nähe einer Phasenumwandlung zur smektischen Phase der Viskositätswert $\eta_1 - \eta_2 - \gamma_1$ das Vorzeichen ändern. Dann weisen die beiden betrachteten Drehmomentanteile das gleiche Vorzeichen auf. Somit ist keine stabile Strömungsausrichtung mehr möglich, es entsteht Turbulenz.

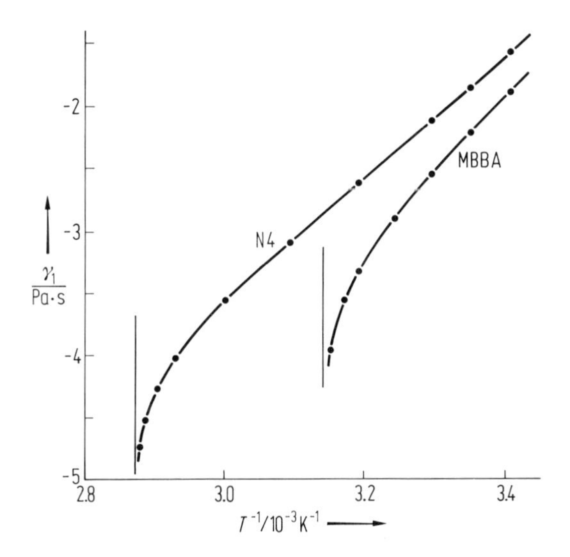

Abb. 6.26 Temperaturabhängigkeit der Rotationsviskosität zweier nematischer Flüssigkristalle (nach Kneppe und Schneider [17]).

6.3 Die cholesterische Phase

Die cholesterische Phase läßt sich nach dem Ordnungsprinzip der Molekülorientierungen als spontan verdrillte nematische Phase auffassen (s. Abb. 6.6). Der Direktor $\boldsymbol{n}$ beschreibt eine Schraube mit konstanter Ganghöhe p um die zu ihm senkrechte Helixachse (z. B. die z-Achse):

$$\boldsymbol{n} = \cos(t_0 z), \sin(t_0 z), 0$$

mit $t_0 = 2\pi/p$. Die Ganghöhe kann Werte bis herab zu etwa $p = 0.1$ µm annehmen (Tab. 6.2).

Flüssigkristalle müssen eine chirale Molekülstruktur besitzen, um eine cholesterische Phase ausbilden zu können. Diese läßt sich auch durch Zugabe chiraler (optisch aktiver) Verbindungen, die nicht selbst flüssigkristallin sein müssen, zu einer nematischen Phase erzeugen (*induziert cholesterische Phase*). Die *Chiralität der Molekülstruktur* beruht zumeist auf einem asymmetrisch substituierten Kohlenstoffatom (Abb. 6.27); wegen der tetraedrischen Anordnung der vier unterschiedlichen Substituenten läßt sich ein solches Strukturelement nicht mit seinem Spiegelbild zur Dekkung bringen.

Tab. 6.2 Helixganghöhen in einigen induziert cholesterischen Phasen (10 : 90)-Mischungen chiraler Dotierstoff: nematische Matrix (Merck ZLI 1132).

Struktur des chiralen Dotierstoffes	Ganghöhe $p/\mu m$
H—OR	26
⟨O⟩—COOR	4.9
$C_6H_{13}O$—⟨O⟩—COOR	1.0
$C_6H_{13}O$—⟨O⟩—COO—⟨O⟩—COOR	0.8
(R = —$\underset{*}{C}H(CH_3)$—C_6H_{13})	

(R)-Butanol (S)-Butanol

Abb. 6.27 Die beiden möglichen enantiomeren Formen einer chiralen Verbindung.

Chirale Moleküle können unterschiedlichen Drehsinn der cholesterischen Helix bewirken, den man durch das Vorzeichen der Ganghöhe unterscheidet: rechtshändig ($p > 0$), linkshändig ($p < 0$). Beim Mischen zweier Flüssigkristalle mit gegensätzlichem Helixdrehsinn entsteht bei bestimmter Zusammensetzung eine nematische Phase ($p = \infty$). *Racemate* eines cholesterischen Flüssigkristalls, d.h. (1 : 1)-Mischungen der beiden Enantiomere mit entgegengesetzter absoluter Konfiguration, sind dementsprechend nematisch (Abb. 6.28). Die cholesterische Phase (Ch) wird häufig als *chiral-nematische Phase* (N*) bezeichnet, was die enge Verwandtschaft beider Phasen unterstreicht.

Die Ganghöhe cholesterischer Phasen läßt sich mit der *Grandjean-Cano-Methode* bestimmen. In dünner Schicht zwischen Glasplatten mit homogener planarer Orientierung bildet die cholesterische Phase eine planare (sog. Grandjean-)Textur mit senkrecht zur Wand orientierter Helixachse aus. In einem Keilpräparat, d.h. bei geringer Neigung der Platten zueinander, kann eine ungestörte Helix nur an Stellen auftreten, bei denen der Abstand gerade ein Vielfaches der halben Ganghöhe beträgt.

Davon abweichenden Abständen paßt sich die Helix durch Erhöhung bzw. Verminderung bis zu einer kritischen Grenze kontinuierlich an, so daß Bereiche entstehen, die sich in Bezug auf die Gesamtverdrillung jeweils um 180°unterscheiden und die durch scharfe Disklinationslinien voneinander getrennt sind (Abb. 6.29). Aus dem Abstand s dieser Linien, die besonders gut bei gekreuzten Polarisatoren unter dem Mikroskop erkennbar sind, kann bei Kenntnis des Keilwinkels α gemäß

$$p = 2s \tan \alpha \qquad (6.29)$$

die Ganghöhe p ermittelt werden.

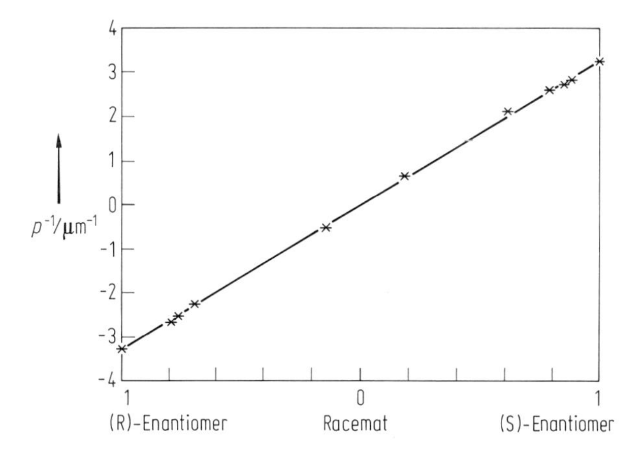

Abb. 6.28 Verhalten der Helixganghöhe p in einem Mischsystem zweier gegensätzlich konfigurierter Enantiomere. Aufgetragen ist die reziproke Ganghöhe über dem Stoffmengenanteil des Enantiomerenüberschusses (die Werte -1 bzw. $+1$ entsprechen den beiden optisch reinen Enantiomeren, der Wert 0 der racemischen 1 : 1-Mischung).

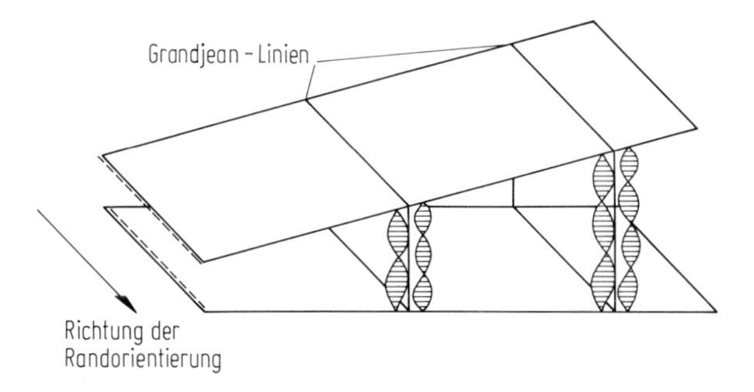

Abb. 6.29 Entstehung der Grandjean-Cano-Disklinationslinien in einem Keilpräparat einer cholesterischen Phase mit einheitlicher, linearer Randorientierung des Direktors. Die Disklinationslinien entstehen an den Stellen, an denen die Gesamtverdrillung um 180° springt.

Wird anstelle der oberen Keilplatte eine Linse verwendet, bilden die Disklinationslinien konzentrische Kreise aus. Durch Reiben der Oberfläche einer in Drehung versetzten Linse läßt sich eine kreisförmig-planare Orientierung erzielen. Dann bilden die Disklinationslinien Spiralen, aus deren Drehsinn die Händigkeit der cholesterischen Helix abgelesen und gleichzeitig der Absolutwert der Ganghöhe bestimmt werden kann (Abb. 6.30). Die Gleichung der Spirale lautet in Polarkoordinaten r, φ bei einem Linsenradius R:

$$r = \sqrt{\frac{Rp\varphi}{\pi}} \tag{6.30}$$

Die Schraubenstruktur der cholesterischen Phase hat zur Folge, daß die optische Achse des lokal-nematischen, d. h. optisch uniaxialen Mediums sich beim Fortschreiten längs der Helixachse ändert und somit die Brechzahlen mit der Periodizität $p/2$ moduliert sind. Dies bewirkt die außergewöhnlichen optischen Eigenschaften der cholesterischen Phase.

Hier soll vereinfachend der Fall betrachtet werden, daß die cholesterische Phase zwischen zwei Glasplatten mit tangentialen Randbedingungen, also planarer Textur, orientiert ist und daß Licht der Wellenlänge senkrecht zur Schicht und somit parallel zur Helixachse auftritt. Für die Lichtausbreitung durch die cholesterische Phase können dann drei wesentliche Effekte unterschieden werden.

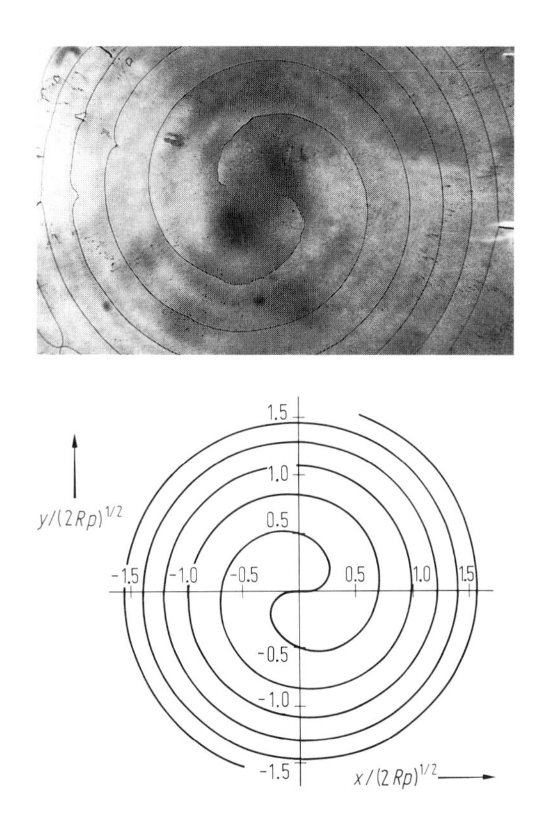

Abb. 6.30 Spiralförmige Grandjean-Cano-Disklinationslinien in einem Präparat mit kreisförmiger und linearer Randorientierung des Direktors (nach Heppke und Oestreicher [18]).

Waveguiding-Effekt. Bei sehr großen Ganghöhen ($\Delta n \cdot p \gg \lambda$, *Mauguin-Fall*) folgt die Schwingungsebene des Lichtes, sofern dieses parallel bzw. senkrecht zur Randorientierung polarisiert ist, der Richtung des Direktors. Die Gesamtdrehung der Polarisationsebene stimmt also mit der gesamten Winkeldrehung des Direktors um die Helixachse in der cholesterischen Schicht überein (*Waveguiding*). Diese optische Eigenschaft einer schwach verdrillten nematischen Phase bildet auch die Grundlage des Schadt-Helfrich-Effektes, bei dem durch entsprechende Randorientierung der nematischen Phase eine Verdrillung um $\pi/2$ aufgezwungen wird.

Selektivreflexion. Wenn der Wert der Wellenlänge des senkrecht auf die Schicht fallenden Lichtes mit dem Produkt aus Ganghöhe p und mittlerer Brechzahl $\bar{n}$ übereinstimmt, so daß gilt:

$$\lambda = \bar{n}p, \tag{9.31}$$

kommt es zu einer selektiven Reflexion von zirkular polarisiertem Licht. Die mittlere Brechzahl $\bar{n}$ ergibt sich aus den Werten $n_{\parallel}$ und $n_{\perp}$ der nicht verdrillten, nematischen Phase, wie sie vom Racemat der entsprechenden cholesterischen Verbindung gebildet wird. Im Gegensatz zur Reflexion an einem Metallspiegel, bei der sich der Drehsinn des zirkular polarisierten Lichtes umkehrt, bleibt bei der Selektivreflexion an einer cholesterischen Phase der Drehsinn erhalten; die Händigkeit der cholesterischen Phase und der Drehsinn des reflektierten Lichtes stimmen überein. Fällt unpolarisiertes Licht, das man sich aus zwei entgegengesetzt zirkular polarisierten Anteilen gebildet denken kann, auf die cholesterische Schicht, so wird der entgegengesetzt polarisierte Lichtanteil ungehindert durchgelassen. Im Spektrometer mißt man dann eine scheinbare Absorption, die im Maximum 50% beträgt (Abb. 6.31).

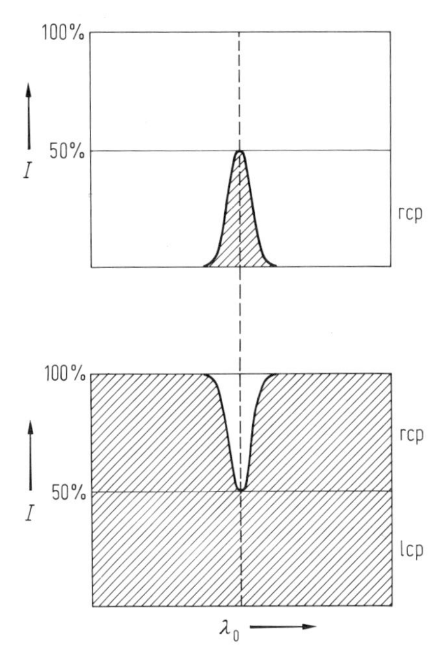

Abb. 6.31 Reflexionsspektrum (oben) und Transmissionsspektrum (unten) einer rechtshändigen cholesterischen Phase mit der Helixganghöhe $p = \lambda_0/\bar{n}$ (λ = Wellenlänge, I = Intensität, rcp = rechtszirkular polarisiert, lcp = linkszirkular polarisiert).

Die Breite der Reflexionsbande wird (für Schichtdicken $d \gg p$) durch die Größe der Doppelbrechung bestimmt:

$$\Delta\lambda = (n_{\parallel} - n_{\perp})p \tag{6.32}$$

Fällt weißes Licht auf die Schicht eines cholesterischen Flüssigkristalls geringer Doppelbrechung, beispielsweise auf einen Cholesterylester ($\Delta n \approx 0.02$), so wird nahezu monochromatische Strahlung reflektiert, die gegenüber schwarzem Hintergrund eine intensive Farberscheinung ergibt. Bei schrägem Lichteinfall wird die Wellenlänge der Reflexionsbande gemäß einem Bragg-Gesetz zu kürzeren Wellenlängen verschoben. Während bei normaler Einfallsrichtung, anders als bei Röntgenreflexion, an Kristallgittern nur die 1. Ordnung auftritt, können bei schrägem Lichteinfall auch Reflexe höherer Ordnung beobachtet werden.

Optische Aktivität. Im allgemeinen Fall, für Wellenlängen außerhalb der Reflexionsbande, breiten sich zirkular polarisierte Wellen unterschiedlichen Drehsinns mit verschiedener Geschwindigkeit aus. So kommt es zu einer Drehung der Ebene linear polarisierten Lichtes, d. h. die cholesterische Phase verhält sich ähnlich wie eine optisch aktive isotrope Flüssigkeit. Dabei werden enorm große Drehwerte ($> 10^3$ Grad/mm) beobachtet, die weit oberhalb der normalen optischen Aktivität liegen (1 Grad/mm). Die optische Drehung cholesterischer Phasen beruht nicht auf der molekularen Chiralität, sondern ist eine Eigenschaft eines verdrillten optisch doppelbrechenden Mediums. Die Drehwerte divergieren in ihren Absolutwerten bei Annäherung an die Reflexionsbande und besitzen auf beiden Seiten entgegengesetztes Vorzeichen. Eine cholesterische Schicht zeigt also eine anomale Rotationsdispersion.

Bei einer Reihe cholesterischer Flüssigkristalle steigt die Wellenlänge der Selektivreflexionsbande bei Abkühlung innerhalb eines Temperaturbereiches von wenigen Grad extrem an. Dieser Effekt beruht auf Vorumwandlungserscheinungen, die bei Annäherung an eine smektische Phase, in der keine Verdrillung des Direktors möglich ist, die Ganghöhe divergieren lassen. So kommt es bei Temperaturänderung zu spektakulären Farbänderungen.

Darauf beruht die Anwendung cholesterischer Flüssigkristalle als *Temperaturindikatoren*. So läßt sich durch Auftragen auf eine (geschwärzte) Oberfläche ein Temperaturprofil sichtbar machen (*Thermotopografie*). Damit lassen sich beispielsweise Wärmeverteilungen auf einer gedruckten Schaltung oder aber auch auf der menschlichen Haut zum Lokalisieren einer Geschwulst sichtbar machen. Mikroverkapselt oder als Polymerdispersion in Folien vorliegend können mit cholesterischen Flüssigkristallen einfache Digitalthermometer hergestellt werden, wobei jeder angezeigte Wert eine eigene Mischung erfordert, die bei dieser Temperatur gerade eine ausgeprägte Änderung der Reflexionsfarbe aufweist.

Bei cholesterischen Flüssigkristallen mit geringer Ganghöhe (etwa $p < 1$ µm) kann die Chiralität die Ausbildung eines weiteren Phasentyps bewirken, der sogenannten **Blauen Phase** (BP), deren Existenz sich allerdings meist nur auf einen weniger als ein Grad umfassenden Temperaturbereich unterhalb des Klärpunktes beschränkt. Der Name weist auf entsprechende Farberscheinungen hin, die bereits Reinitzer 1888 bei seinen historischen Experimenten am Cholesterylbenzoat beobachtete.

Die Blauen Phasen, von denen aufgrund der experimentellen Untersuchungen der letzten 10 Jahre drei Strukturvariationen bekannt sind („blue phases" BP I und BP II sowie „blue fog" BP III), weisen außergewöhnliche optische Eigenschaften auf. Sie verhalten sich optisch isotrop, besitzen aber optische Aktivität und zeigen wie die cholesterische Phase das Phänomen der schmalbandigen Selektivreflexion von zirkular polarisiertem Licht.

Dieses Verhalten kann auf eine kubische Struktur der Molekülanordnung zurückgeführt werden, bei der die Helixachsen einer lokal verdrillten Struktur dreidimensional angeordnet sind.

Der Aufbau einer derartigen Struktur läßt sich nicht defektfrei durchführen und die räumliche Anordnung der Defekte und Disklinationslinien, deren prinzipielle theoretische Beschreibung erst in den letzten Jahren gelang, definieren die Art des kubischen Gitters. So ist für BP I ein kubisch innenzentriertes Gitter, für BP II ein kubisch primitives Gitter anzunehmen, während die BP III-Phase, die wegen ihres unter dem Mikroskop zu beobachtenden optischen Erscheinungsbildes auch als *Blauer Nebel* (blue fog) bezeichnet wird, eine eher amorphe Struktur aufweist, deren genaue theoretische Beschreibung allerdings noch offen ist.

Die kubische Gitterstruktur mit Gitterkonstanten im Bereich von 0.1 μm bis 0.8 μm verleiht den Blauen Phasen festkörperähnliche Eigenschaften. So konnten beim Abkühlen aus der isotropen Schmelze sogar flüssige Einkristalle von BP I und BP II gezüchtet werden!

Normale Proben der Blauen Phasen weisen eine mosaikartige *Plateletstruktur* auf, die sich aus verschieden orientierten, sehr kleinen Mikrokristallen zusammensetzt. Das optische Reflexionsverhalten läßt sich dann analog zur Röntgenstreuung an atomaren Kristallen durch eine Bragg-Beziehung beschreiben:

$$\lambda = 2\bar{n}d(h,k,l)\sin\theta \tag{6.33}$$

Je nach der durch die Miller-Indizes (h,k,l) beschriebenen Orientierung und der Größe der Ganghöhe p, die durch die Chiralität der Substanz zu verändern ist (mit der Einschränkung, daß Blaue Phasen nur unterhalb einer kritischen Ganghöhe von etwa 1 μm auftreten), kann die Selektivreflexion im gesamten sichtbaren Spektralbereich sowie im angrenzenden UV und IR beobachtet werden. Es gibt also auch grüne und rote Blaue Phasen (Farbbild 1).

Ein besonders elegantes Verfahren zur Bestimmung der Symmetrieelemente der BP-Struktur liefert die ursprünglich für Röntgenstrahlung angegebene *Kossel-Me-*

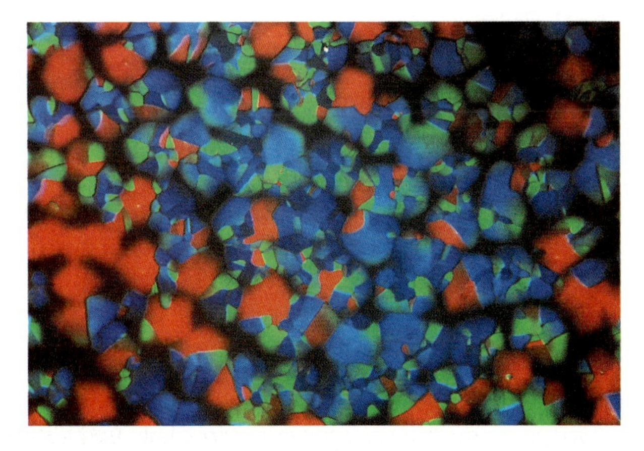

Farbbild 1 Texturbild der Blauen Phase im Polarisationsmikroskop (Photo von H. S. Kitzerow).

thode. Bei Bestrahlung der BP-Einkristalle mit konvergentem Licht entsteht in der Brennebene eines Mikroskops ein charakteristisches Liniensystem (*Kossel-Diagramm*), aus dessen Veränderung mit der Wellenlänge des monochromatischen Lichtes Kristallsymmetrie und die Gitterkonstanten bestimmt werden können (Farbbild 2).

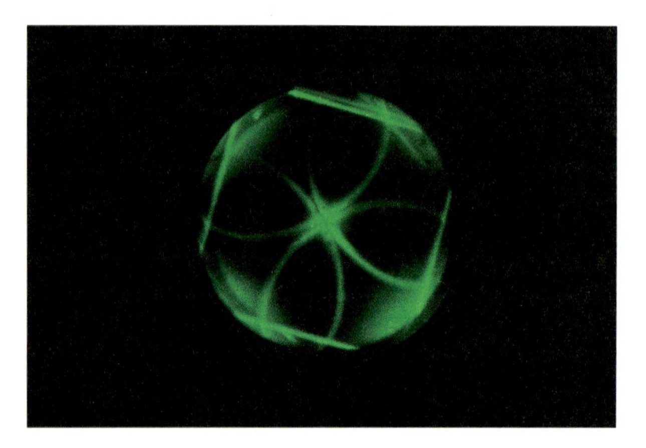

Farbbild 2 Kossel-Diagramm der Blauen Phase (Photo von H.S. Kitzerow).

Das aktuelle theoretische Interesse an diesen Flüssigkristallen wird noch dadurch verstärkt, daß sich die BP-Strukturen unter dem Einfluß elektrischer Felder deformieren lassen, also Elektrostriktion zeigen. Dabei treten nicht nur interessante elektrooptische Farbeffekte auf, sondern es können auch neue Blaue Phasen mit tetragonaler oder hexagonaler Struktur entstehen.

6.4 Elektrooptische Effekte

Einhergehend mit der raschen Entwicklung der Mikroelektronik haben Flüssigkristalle zunehmend Anwendung im Bereich der Informationsdarstellung gefunden. Einigen Produkten wie Digital-Armbanduhren und Taschenrechnern verhalfen Flüssigkristallanzeigen vor allem aufgrund ihres niedrigen Leistungsbedarfs erst zum Markterfolg, in anderen Bereichen wie Personalcomputern und tragbaren Farbfernsehern beginnen sie die traditionelle Kathodenstrahlröhre zu ersetzen. Auch gegenüber den bewährten mechanischen Anzeigen in Kraftfahrzeugen stellen LCD's (**L**iquid **C**rystal **D**isplay) eine interessante Alternative dar.

Mittlerweile sind eine Vielzahl elektrooptischer Effekte, die sich die besonderen Eigenschaften von Flüssigkristallen zunutze machen, untersucht worden. Der charakteristische Aufbau und die Wirkungsweise einer Flüssigkristallanzeige sei am Beispiel der sog. *TN-Zelle* (von engl. *twisted nematic*) erläutert (Abb. 6.32). Diese (1971 von Schadt und Helfrich [6] angegeben) stellt den derzeit überwiegend eingesetzten elektrooptischen Effekt mit Flüssigkristallen dar.

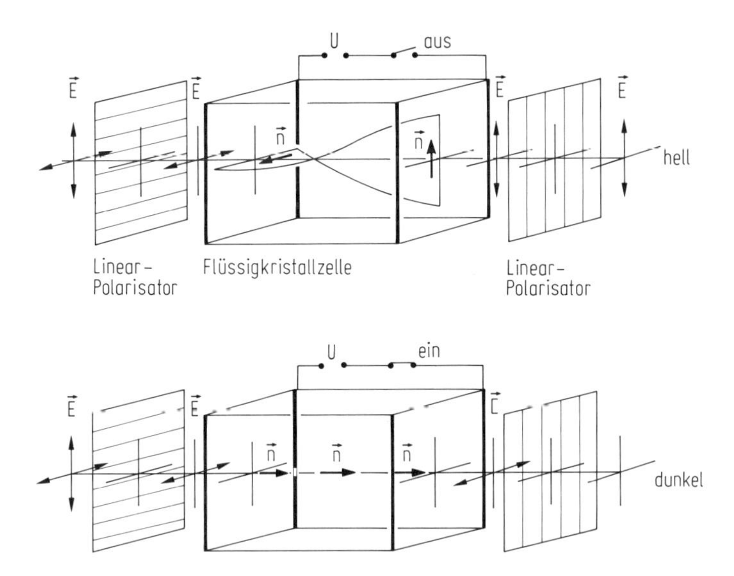

Abb. 6.32 Wirkungsweise der TN-Zelle (Schadt-Helfrich-Effekt) (Abbildung von F. Oestreicher).

Die nematische Flüssigkristallmischung, die eine positive dielektrische Anisotropie besitzen muß, befindet sich als eine nur wenige μm dünne Schicht zwischen zwei Glasplatten, die auf ihrer Innenseite mit transparenten Elektroden (meist Zinn-/Indiumoxid) versehen sind. Der Schadt-Helfrich-Effekt erfordert eine planare Randorientierung, die nach der heutigen Produktionstechnik durch Reiben eines zusätzlich auf die Displayinnenseiten aufgebrachten Polymerfilms erreicht wird. Die Besonderheit dieses elektrooptischen Effektes beruht auf einer Verdrehung der Reibrichtungen (und damit der Orientierungsrichtungen) der beiden Displayflächen um 90° zueinander. Dadurch wird der nematischen Phase im nicht-angesteuerten Zustand eine gleichförmige elastische Verdrillung aufgezwungen (wobei entweder durch geringe cholesterische Zusätze oder eine geringfügig kleinere Verdrehung der Reibrichtung, z. B. 87°, erreicht wird, daß die Verdrillung stets mit gleichem Drehsinn erfolgt).

Die eigentliche Zelle befindet sich zwischen gekreuzten Polarisatoren, die meist als Folien auf die Glasplatten geklebt sind. Die Schwingungsebene des linear polarisierten Lichtes wird durch den *Waveguiding-Effekt* beim Durchgang durch die Flüssigkristallschicht um 90° gedreht, so daß das ausfallende Licht den zweiten Polarisator ungehindert passieren kann. Wird nun eine elektrische Spannung angelegt, die oberhalb einer durch die elastischen Konstanten und die DK-Anisotropie bestimmten, von der Schichtdicke unabhängigen Schwellspannung

$$U = \pi \sqrt{\frac{K_1 + (K_3 - 2K_2)/4}{\Delta\varepsilon\, \varepsilon_0}} \tag{6.34}$$

liegt, erfolgt entsprechend der positiven dielektrischen Anisotropie der nematischen Phase eine elastische Deformation, die den Direktor (bis auf eine dünne Randschicht) parallel zum Feld stellt, d. h. senkrecht zu den Elektrodenflächen orientiert. Das einfallende linear polarisierte Licht breitet sich nun parallel zur Hauptachse des optisch einachsigen Materials aus, die Flüssigkristallschicht erscheint optisch isotrop. Die Lage der Polarisationsebene bleibt somit ungeändert und das Licht wird vom zweiten (gekreuzt zum ersten angeordneten) Polarisator nicht durchgelassen.

Beim Ausschalten der Spannung nimmt die nematische Phase innerhalb kurzer Zeit ($\approx$ 10 ms), die wesentlich von der Größe der Rotationsviskosität bestimmt wird, die ursprünglich verdrillte Struktur wieder ein. Da es sich um einen Feldeffekt handelt, der unabhängig vom Vorzeichen der Spannung ist, kann Wechselspannung verwendet werden, was im Hinblick auf nicht gewünschte elektrochemische Prozesse sich vorteilhaft auf die Lebensdauer auswirkt, die bei hoher Qualität des Zellbaus mindestens den Zeitraum der bisherigen Kenntnis dieses elektrooptischen Effektes (d.h. über 20 Jahre) umfassen kann.

Der Schadt-Helfrich-Effekt besitzt außerordentlich geringe Schwellspannungen, die bei speziellen nematischen Mischungen sogar unterhalb von 1 V liegen. Bei Wechselspannungen mit Frequenzen kleiner als 100 Hz beträgt der Strombedarf, bezogen auf die angesteuerte Fläche, weniger als 1 $\mu A/cm^2$. Damit erreicht der Leistungsbedarf der Anzeige die gleiche Größe wie der des ansteuernden elektronischen Bausteins und erlaubt beispielsweise in tragbaren Geräten mehrjährigen Betrieb ohne Batteriewechsel. Entscheidend für den geringen Energieverbrauch ist die nichtleuchtende, sog. passive Informationsdarstellung, wie sie für alle elektrooptischen Flüssigkristalleffekte charakteristisch ist. Die elektrische Spannung wird nur zur Umorientierung des Direktors, nicht aber, wie in „aktiven“ Anzeigen, zur Lichterzeugung benötigt.

Die lichtsteuernde Wirkung wird bei der TN-Zelle über die optische Anisotropie des nematischen Flüssigkristalls erreicht. Diese optische Doppelbrechung ist auch die Grundlage der sog. *dynamischen Streuung*, die als erster elektrooptischer Effekt mit Flüssigkristallen 1968 von Heilmeier und Zanoni angegeben wurde (prinzipiell bereits 1918 von Björnstahl beschrieben). Dieser Effekt setzt eine gewisse Leitfähigkeit der nematischen Phase voraus. Bei negativer dielektrischer Anisotropie und positiver Leitfähigkeitsanisotropie kommt es bei angelegter Spannung zur Bildung von Raumladungen in der Zelle, die schließlich turbulente Strömung und damit starke Lichtstreuung durch die im nicht angesteuerten Zustand transparente Flüssigkristallschicht verursachen (Abb. 6.33).

Eine grundsätzlich andere Möglichkeit der Lichtmodulation nutzt der *Guest-Host-Effekt* aus (Abb. 6.34). Hier wird dem Flüssigkristall ein dichroitischer Farbstoff zugesetzt, der (bei idealer Orientierung) nur Licht absorbiert, das parallel zum Direktor polarisiert ist. Das Guest-Host-Prinzip läßt sich grundsätzlich auf alle elektroop-

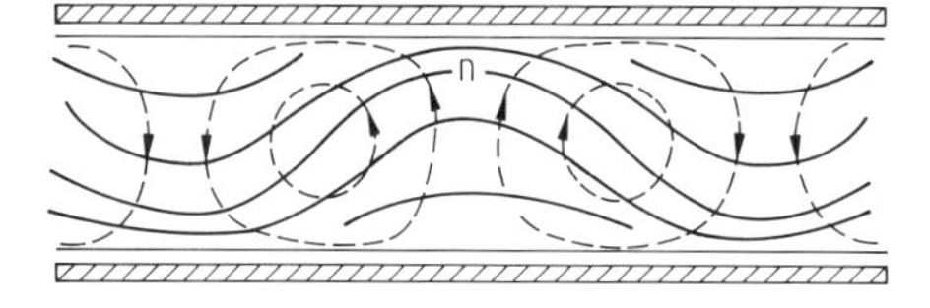

Abb. 6.33 Entstehung hydrodynamischer Instabilitäten in einer leitfähigen nematischen Phase (Dynamische Streuung). Ausgezogene Linien kennzeichnen die Direktororientierung, gestrichelte Linien die induzierte Strömungsrichtung.

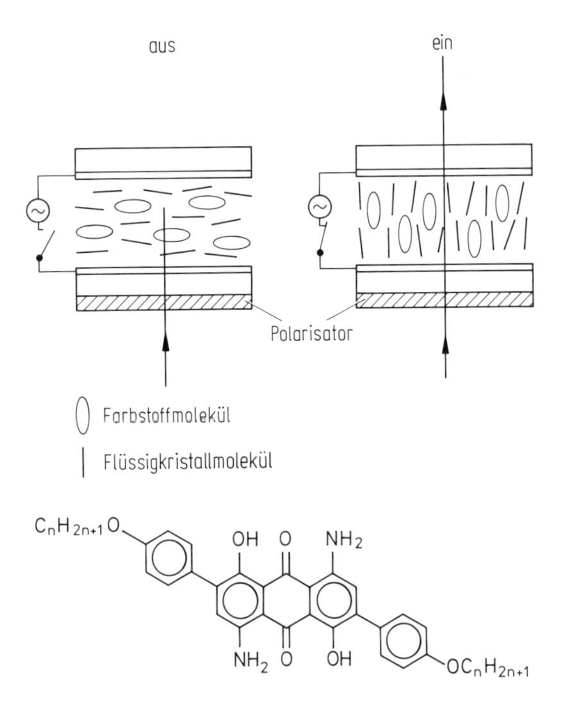

Abb. 6.34 Guest-Host-Effekt und Struktur eines dichroitischen Farbstoffes.

tischen Effekte übertragen und wird beispielsweise zur Kontrastverbesserung von Schadt-Helfrich-Großanzeigen verwendet.

Eine Informationsdarstellung mit Flüssigkristallen wird durch geeignete Gestaltung der transparenten Elektrodenflächen erreicht. Zur Darstellung der Ziffern von 0 bis 9 genügt die Unterteilung einer „8" in sieben Segmente, die einzeln angesteuert werden (Abb. 6.35).

Dieses einfache Ansteuerungsprinzip läßt sich nicht ohne weiteres auf hohe Bildpunktzahlen übertragen, wie sie etwa für ein Datensichtgerät erforderlich sind. Hierzu werden zwei Lösungswege beschritten. Die erste Möglichkeit liegt in einer Multiplexansteuerung der Bildpunkte einer Matrix, die von streifenförmigen Elektroden gebildet wird, die an Ober- und Unterseite des Displays senkrecht zueinander verlaufen (Abb. 6.36).

Die übersprechfreie Multiplexansteuerung erfordert eine möglichst hohe Steilheit der Spannung-Transmission-Kennlinie, wie sie in besonderer Weise in einer neuartigen Variante der TN-Zelle erreicht wird (Abb. 6.37). Bei diesem sog. *SBE-Effekt* beträgt die Verdrillung der Flüssigkristallschicht bis zu 270° (anstelle 90°).

Die resultierende Multiplexrate ermöglicht die Ansteuerung von ca. $5 \cdot 10^5$ Bildpunkten mit vergleichsweise geringer Sichtwinkelabhängigkeit. Derartige Displays finden als Datensichtgeräte von tragbaren Personal-Computern Verwendung.

Der zweite Lösungsweg besteht in der Verwendung einer aktiven Matrix, die jeden Bildpunkt getrennt ansteuert, wobei Graustufen und, mit vor den Bildpunkten befestigten Farbfiltern, auch Farbdarstellungen möglich sind. Damit arbeitende tragbare Farbfernsehgeräte sind seit kurzem im Handel.

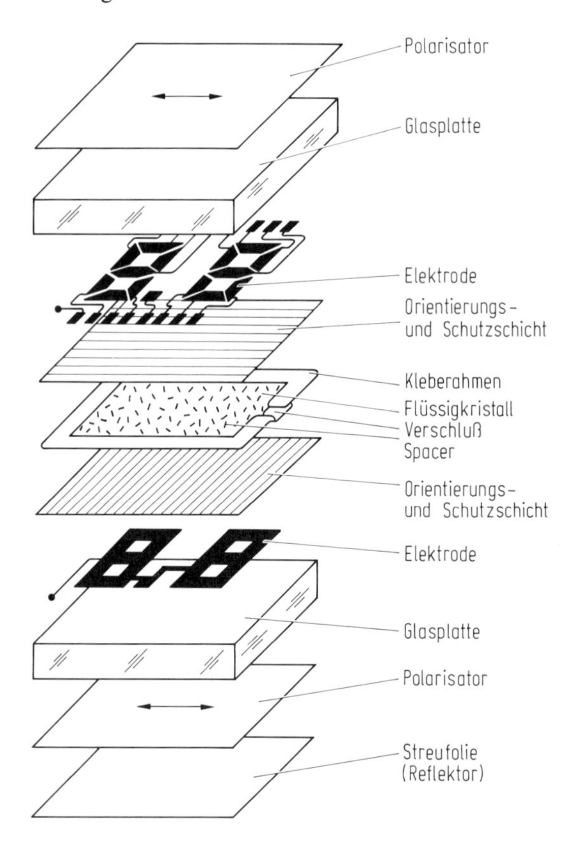

Abb. 6.35 Aufbau einer einfachen Flüssigkristallzelle zur Zifferndarstellung (Abbildung von L. Kiesewetter).

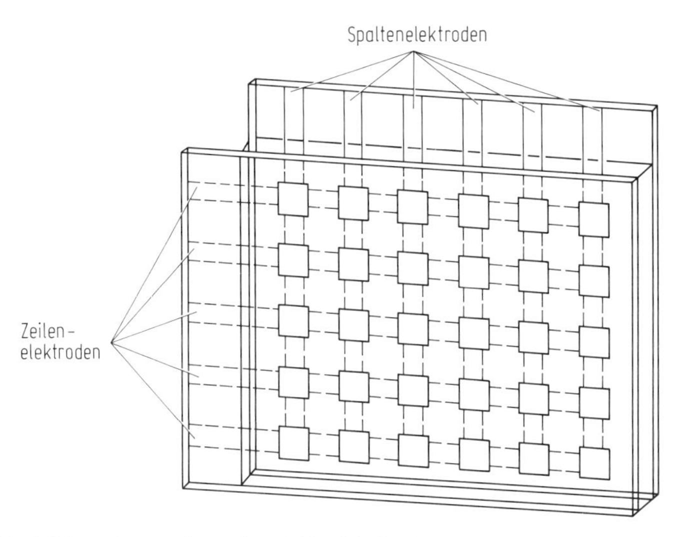

Abb. 6.36 Elektrodenstruktur einer Flüssigkristallzelle zur Multiplexansteuerung (nach Koswig [19]).

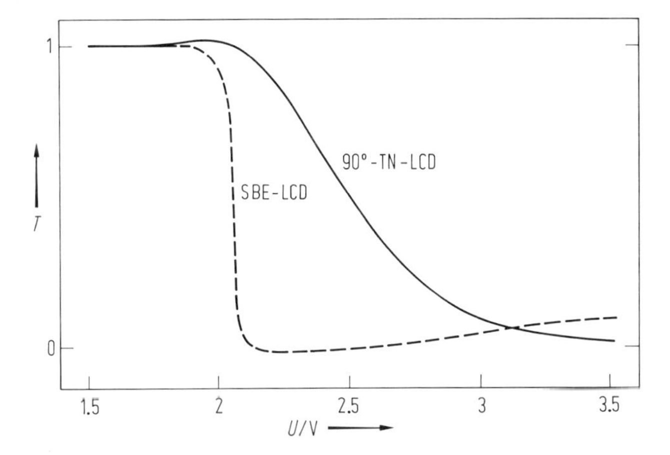

Abb. 6.37 Transmission-Spannung-(T,U-)-Kennlinie einer SBE-Zelle im Vergleich zum herkömmlichen TN-Display (nach Leenhouts und Schadt [20]).

Eine vielversprechende Alternative zu den herkömmlichen Flüssigkristallanzeigen, die die nematische Phase verwenden, bietet sich durch die derzeit sehr intensiv betriebene Entwicklung ferroelektrischer (smektischer) Flüssigkristalle (s. Abschn. 6.5.1.3). In sehr dünnen (< 2 µm) Zellen mit planarer Randorientierung bilden ferroelektrische Flüssigkristalle zwei bistabile Zustände aus, die sich durch kurze Gleichspannungspulse unterschiedlicher Polarität ineinander überführen lassen, so daß ein aktives Schalten zwischen den beiden optischen Zuständen möglich ist. Die Schaltzeit ist im Gegensatz zu den elektrooptischen Effekten mit nematischen Phasen außerordentlich kurz, es wurden bereits Werte unter 10 µs erreicht. Auf diese Weise läßt sich die übersprechfreie Adressierung hoher Bildpunktzahlen erreichen. Neueste Entwicklungen haben Möglichkeiten zur Grafikdarstellung gezeigt, so daß ausgehend von den Leistungsdaten bereits bekannter ferroelektrischer Flüssigkristalle ein weiterer Weg zum flachen Farbfernsehbildschirm eröffnet scheint.

6.5 Die smektischen Phasen

Neben den nematischen und cholesterischen Phasen bilden die smektischen Phasen den dritten Strukturtyp der thermotropen Flüssigkristallphasen von stäbchenförmigen Molekülen. In den smektischen Phasen sind die Moleküle wie in der nematischen Phase im Mittel parallel zu einer Vorzugsrichtung – angegeben durch den Direktor – orientiert. Als zusätzliches Ordnungsprinzip tritt eine je nach Phasentyp unterschiedlich ausgeprägte Fernordnung der Molekülschwerpunkte auf, so daß sich als gemeinsames Kennzeichen der smektischen Phasen eine Anordnung der Moleküle in Schichten ergibt (Abb. 6.3). Bedingt durch Unterschiede in der Ausprägung der Schichtstruktur und der Positionsordnung innerhalb der Schichten sowie durch unterschiedliche Orientierungen des Direktors zu den Schichtebenen existiert eine große Vielfalt von ca. 20 verschiedenen Typen von smektischen Phasen.

Die Klassifizierung dieser Vielfalt von smektischen Phasen geht auf die Arbeiten von Sackmann und Demus in Halle zurück, die umfangreiche Mischbarkeitsuntersuchungen durchführten. Bei diesen Untersuchungen wurde geprüft, ob in einem binären Mischungssystem zweier smektischer Flüssigkristalle ein Phasenübergang zwischen den smektischen Phasen auftrat oder ob die Phasen kontinuierlich (ohne Mischungslücke) miteinander mischbar waren. Im ersten Fall wurden die Phasen als zu verschiedenen Typen gehörig, im zweiten Fall als zum gleichen Typ gehörig betrachtet. Ausgehend von wenigen Referenzsubstanzen konnten so die smektischen Phasen beliebiger Verbindungen in ein Klassifizierungsschema eingeordnet werden, wobei die verschiedenen Phasentypen einfach mit Großbuchstaben (d.h. smektisch A, smektisch B, smektisch C, ...; die alphabetische Reihenfolge gibt die Reihenfolge der Entdeckung wieder) bezeichnet wurden.

Wie sich später zeigte, ist diese allein auf der Mischbarkeit basierende Klassifizierung weitgehend identisch mit einer Klassifizierung nach strukturellen Merkmalen, basierend auf Röntgenbeugungsuntersuchungen. Das Mischbarkeitskriterium versagt allerdings in den Fällen, bei denen zwei verschiedene Phasen sich in ihrer mikroskopischen Struktur unterscheiden, aber die gleiche Symmetrie aufweisen und unter Umständen kontinuierlich miteinander mischbar sind.

Für eine Klassifizierung nach strukturellen Merkmalen lassen sich alle smektischen Phasen zunächst in drei Gruppen einteilen:

1. Phasen, in deren Schichten keinerlei Positionsordnung der Moleküle besteht: *smektisch A* und *C*. Jede Schicht stellt quasi eine zweidimensionale Flüssigkeit dar.
2. Phasen, in deren Schichten eine hexagonale Nahordnung der Molekülposition und eine Fernordnung der Orientierung der lokalen hexagonalen Einheitszelle besteht (bond orientational order): *smektisch* B_{hex}, *I* und *F*; diese Phasen werden auch als *hexatische smektische* Phasen bezeichnet.
3. Phasen, in denen eine dreidimensionale Fernordnung der Molekülposition besteht: *smektisch* B_{cryst}, *E, J, G, K* und *H*; diese Phasen werden auch als *kristallin-smektische Phasen* bezeichnet, der Unterschied zum normalen festen Kristall liegt vor allem in der beträchtlichen Orientierungsunordnung der Einzelmoleküle.

Die Phasen innerhalb einer dieser Gruppen unterscheiden sich u.a. in der Orientierung des Direktors zu den Schichtebenen. Allgemein wird zwischen den *orthogonalen Phasen* und den *getilteten Phasen* (von engl. *tilted* = geneigt) unterschieden: in den orthogonalen Phasen ist der Direktor parallel zur Schichtnormalen (d.h. die Moleküle stehen im Mittel senkrecht auf den Schichtebenen), während in den getilteten Phasen der Direktor um einen Winkel θ, dem Tiltwinkel, gegenüber der Schichtnormalen geneigt ist.

6.5.1 Die Phasen smektisch A und C

6.5.1.1 Struktur

In den beiden einfachsten Phasen „smektisch A“ und „smektisch C“ läßt sich die Schichtanordung der Moleküle beschreiben als eine eindimensionale Dichtewelle, bzw. als Dichteperiodizität, die nur in einer Raumrichtung besteht. In der smektischen A-Phase ist die Richtung des Wellenvektors bzw. der Schichtnormalen parallel zum Direktor, während in der smektischen C-Phase der Direktor um den *Tiltwinkel* θ, der eine Funktion der Temperatur ist, gegenüber der Schichtnormalen geneigt ist. Die Art der Dichteperiodizität ist in beiden Phasen fast rein sinusförmig, wie aus dem Fehlen von Beugungsreflexen höherer Ordnung geschlossen werden kann. Theoretischen Überlegungen zufolge kann eine positionelle Fernordnung in nur einer Raumrichtung im makroskopischen Maßstab nicht existieren und hochauflösende Röntgenbeugungsuntersuchungen zeigen, daß die Amplitude der Korrelationsfunktion einen algebraischen Abfall aufweist (ein exponentieller Abfall würde einer flüssigkeitsähnlichen Nahordnung entsprechen, bei einer echten Fernordnung bleibt die Amplitude der Korrelationsfunktion konstant). Die Schichtstruktur in den smektischen A- und C-Phasen ist also weitaus weniger ausgeprägt als in Abb. 6.3 dargestellt, und Abb. 6.38 gibt die tatsächliche Struktur der smektischen A- und C-Phasen besser wieder.

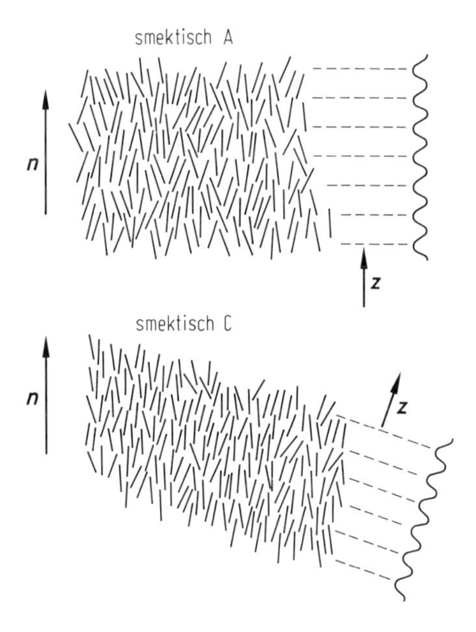

Abb. 6.38 Strukturschemata der smektischen Phasen A und C (***n*** = Direktor, *z* = Schichtnormale) (nach Leadbetter [21]).

Innerhalb der Schichten besteht keinerlei Fernordnung der Molekülpositionen, sondern nur eine Nahordnung wie in Flüssigkeiten. Die Korrelationslänge beträgt dabei nur wenige Moleküldurchmesser.

Die Schichtdicke in der smektischen A-Phase beträgt meist 90–95% einer Moleküllänge (bezogen auf längstmögliche Konformation). In der smektischen C-Phase verringert sich die Schichtdicke um den Faktor cos θ. Die smektische A-Phase hat die Punktgruppensymmetrie $D_{\infty h}$ und ist optisch uniaxial, die smektische C-Phase hat C_{2h}-Symmetrie und ist optisch biaxial.

Besondere Struktureigenschaften zeigen smektische A- und C-Phasen von stark polaren Molekülen, die ein großes Dipolmoment in Richtung der Moleküllängsachse aufweisen. Hier besteht eine Tendenz zu einer antiferroelektrischen Ordnung bzw. Paarbildung der Moleküle, die zu Doppelschichtstrukturen (Schichtdicke ca. 2 Moleküllängen) oder teilweisen Doppelschichtstrukturen (Schichtdicke 1.2–1.7 Moleküllängen) sowie zu Phasen mit zwei inkommensuraten Periodizitäten führen kann (Abb. 6.39). Insgesamt wurden bei polaren Molekülen bisher sechs verschiedene Typen von smektischen A Phasen klassifiziert (A_1, A_d, A_2, A_{cren}, A_{inc}), ein ähnlicher Polymorphismus zeichnet sich auch bei den smektischen C-Phasen ab.

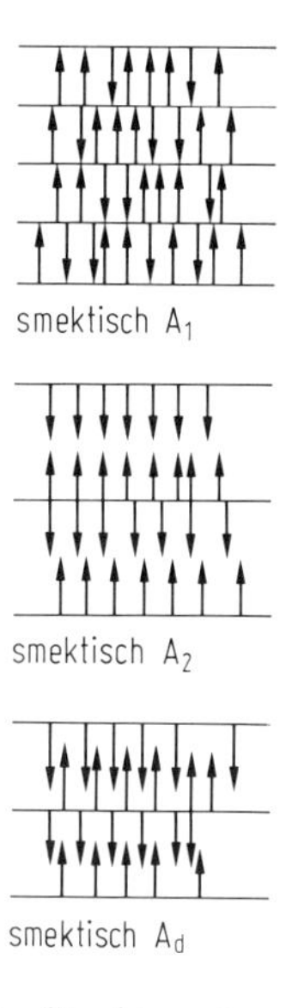

Abb. 6.39 Strukturschemata der smektischen Phasen A_1 (Monoschicht), A_2 (Doppelschicht) und A_d (partielle Doppelschicht). Die Moleküle besitzen ein starkes longitudinales Dipolmoment (Pfeilrichtung) (nach Leadbetter [21]).

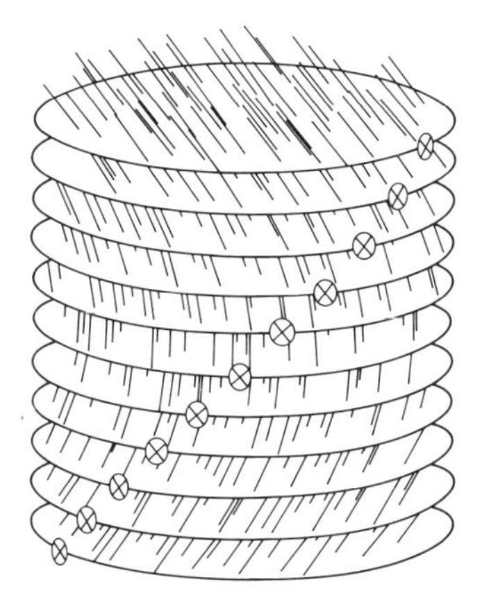

Abb. 6.40 Helixstruktur in der smektischen C-Phase chiraler Moleküle. Die Tiltrichtung (angegeben als „⊗") ändert sich quasi kontinuierlich von Schicht zu Schicht (nach Lagerwall und Dahl [22]).

Eine weitere strukturelle Eigenart weist die smektische C-Phase auf, wenn die Flüssigkeitsmoleküle – bzw. bei Mischungen ein Teil der Moleküle – chiral sind. Ähnlich wie bei der cholesterischen Phase wird dann eine helixartige Überstruktur ausgebildet, indem sich die Tiltrichtung des Direktors von Schicht zu Schicht um jeweils einen kleinen Betrag ändert (Abb. 6.40). Die entsprechende Periodizität bzw. Ganghöhe liegt in der Regel im Bereich 1–10 μm, was etwa 10^3 Schichtdicken entspricht. In benachbarten Schichten unterscheidet sich also die Tiltrichtung um weniger als ein Grad, so daß die molekulare Nahordnung nahezu die gleiche wie in der nichtverdrillten smektischen C-Phase ist.

6.5.1.2 Eigenschaften

Die smektische A-Phase wird in der Regel als Tieftemperaturphase zur nematischen Phase ausgebildet (es sind auch sog. *Reentrant-Phasenfolgen* nematisch-smektisch A-nematisch bekannt). Im allgemeinen nimmt die Tendenz zur Bildung der smektischen A-Phase zu, je länger die terminalen Alkylketten der Flüssigkristallmoleküle sind, bei sehr langen Alkylketten (etwa zwölf und mehr Kohlenstoffatome) wird die smektische A-Phase häufig als direkte Tieftemperaturphase zur isotropen Phase ausgebildet. Der Phasenübergang nematisch-smektisch A ist bei Flüssigkristallen mit einem weiten nematischen Phasenbereich (Moleküle mit kurzen Alkylketten) zweiter Ordnung, d. h. der Übergang ist nicht mit dem Austausch einer latenten Wärme verbunden. Bei kleinem nematischen Phasenbereich (Moleküle mit langen Alkylketten) ist er dagegen, wie auch der direkte Übergang isotrop-smektisch A, erster Ordnung mit Enthalpiewerten in der Größenordnung von 0.5–5 kJ/mol.

Diese experimentellen Beobachtungen wurden von McMillan [7] in einer Erweiterung der Maier-Saupe-Theorie auf die smektische A-Phase qualitativ erklärt. Als wesentlichen Zusatz führte McMillan die Annahme ein, daß das System infolge der Dispersionswechselwirkungen den energetisch günstigsten Zustand erreicht, wenn – zusätzlich zur allgemeinen Parallelorientierung – die leicht polarisierbaren aromatischen Molekülmittelteile möglichst nahe beieinander liegen, wodurch bei Molekülen mit langen terminalen Alkylketten die smektische Schichtanordnung begünstigt wird. Zur Beschreibung der smektischen Ordnung wurde zusätzlich zum nematischen Ordnungsparameter S ein weiterer Ordnungsparameter Σ

$$\Sigma = \langle \cos(2\pi z_i/d)\, 1/2(3\cos^2\vartheta_i - 1)\rangle \tag{6.35}$$

eingeführt, der der Amplitude der Dichtewelle (die in z-Richtung liegen soll) entspricht; d bedeutet hier die smektische Schichtdicke, also etwa eine Moleküllänge. McMillan benutzte den gleichen Ansatz des Wechselwirkungspotentials wie Maier und Saupe, erweitert um ein periodisch sich änderndes Glied, das die Anordnung der Moleküle in Schichten begünstigt. Das mittlere Potential eines Einzelmoleküls hat dann die Form:

$$W_i(S, \vartheta_i, \Sigma, z_i) = -W_0[S + \Sigma\alpha\cos(2\pi z_i/d)]\, 1/2(3\cos^2\vartheta_i - 1). \tag{6.36}$$

Die je nach Molekülstruktur unterschiedliche starke Tendenz zur Ausbildung der smektischen A Phase ist im Parameter α berücksichtigt. Aus der Definition

$$\alpha = 2\exp[-(\pi r_0/d)^2] \tag{6.37}$$

r_0 Länge des aromatischen Molekülmittelteils

folgt, daß α für Moleküle mit langen Alkylketten ($r_0/d < 1$) gegen 2, für ein Molekül mit kurzen Alkylketten ($r_0/d \approx 1$) gegen 0 geht. Völlig analog zur Maier-Saupe-Theorie läßt sich nun der Ordnungsgrad Σ als universelle Funktion der Temperatur und des Molekülparameters α angeben und ein theoretisches Zustandsdiagramm aufstellen, das die Existenzbereiche der Phasen isotrop, nematisch und smektisch A in einem T,α-Diagramm zeigt (Abb. 6.41).

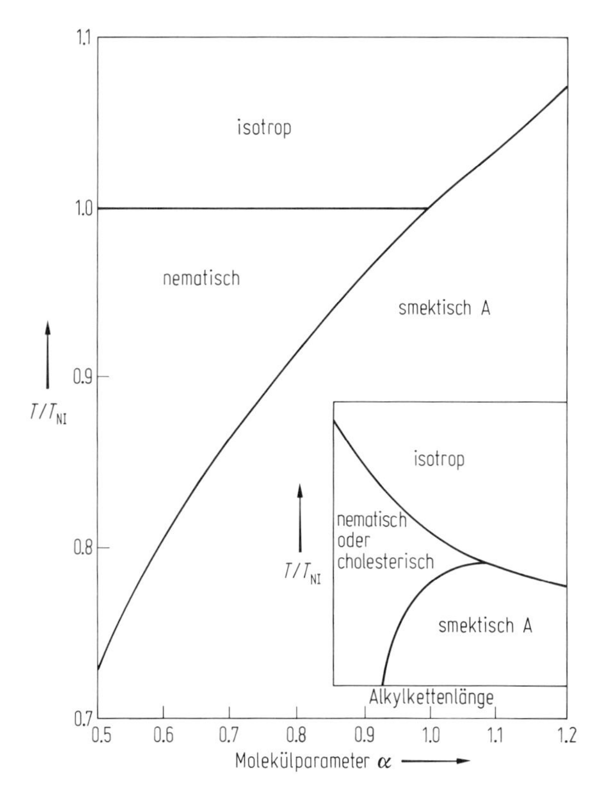

Abb. 6.41 Theoretisches Zustandsdiagramm der Phasen isotrop, nematisch und smektisch A. Die Existenzbereiche der einzelnen Phasen auf der reduzierten Temperaturskala T/T_{NI} sind als Funktion des Molekülparameters α gezeigt (Inset: schematisiertes experimentelles Zustandsdiagramm) (nach McMillan [7]).

Die Form des von der Theorie gelieferten Zustandsdiagrammes stimmt qualitativ recht gut mit der experimentellen Beobachtung überein, wonach die Tendenz zur Bildung der smektischen A Phase zunimmt, je länger die Alkylketten der Flüssigkristallmoleküle sind. Auch die Beobachtung, daß der Übergang nematisch-smektisch A bei großem nematischen Phasenbereich zweiter Ordnung und bei kleinem Phasenbereich erster Ordnung ist, wird von der Theorie korrekt beschrieben, die je nach

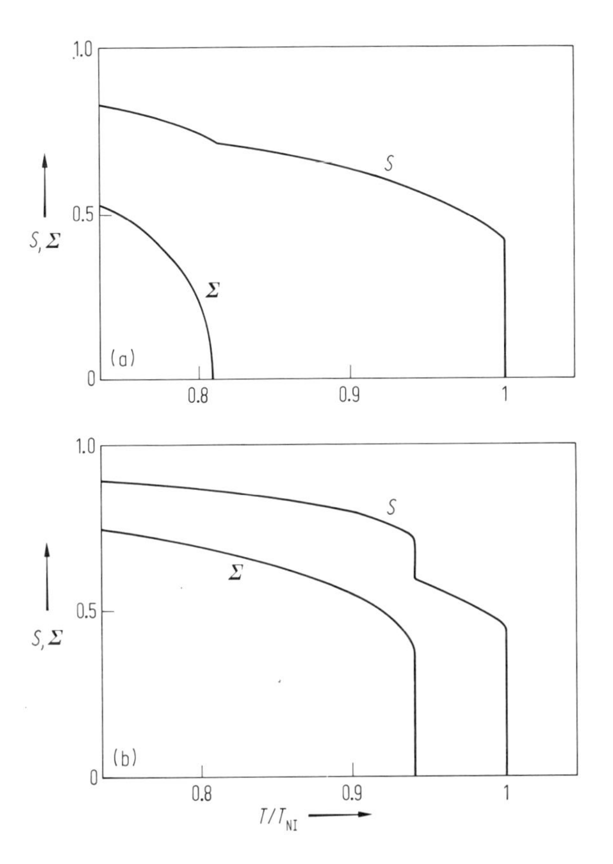

Abb. 6.42 Temperaturabhängigkeit der Ordnungsparameter S und Σ für zwei verschiedene Werte des Molekülparameters α. (a) $\alpha = 0.6$, Σ geht am Übergang nematisch-smektisch A kontinuierlich gegen Null (Umwandlung zweiter Ordnung). (b) $\alpha = 0.85$, Σ verhält sich diskontinuierlich (Umwandlung erster Ordnung) (nach McMillan [7]).

Wert des Parameters α einen kontinuierlichen oder diskontinuierlichen Übergang liefert (Abb. 6.42)

Die smektische C-Phase unterscheidet sich von der smektischen A-Phase durch die Neigung der Moleküle bzw. des Direktors, der nicht mehr parallel zur Schichtnormalen steht, sondern einen von Null verschiedenen Winkel, den Tiltwinkel θ, mit ihr einschließt. Werden beide Phasen von der gleichen flüssigkristallinen Verbindung ausgebildet, ist die smektische C-Phase die Tieftemperaturphase zur smektischen A-Phase. Auch direkte Phasenübergänge nematisch-smektisch C oder (sehr selten) isotrop-smektisch C können vorkommen. Der Phasenübergang smektisch A – smektisch C ist meist zweiter Ordnung und der Tiltwinkel in der smektischen C-Phase wächst mit sinkender Temperatur kontinuierlich von Null am Übergang auf Werte von 30–40 Grad bei Temperaturen 15–20 K unterhalb der Umwandlung. Die Temperaturabhängigkeit des Tiltwinkels läßt sich durch eine Beziehung der Form

$$\theta = \text{const.}\ (1 - T/T_c)^\beta$$

beschreiben, wobei für den Exponenten β Werte von 0.3 bis 0.5 berichtet werden. In einigen Fällen ist der Übergang auch erster Ordnung, und θ verhält sich an der Phasenumwandlung diskontinuierlich. Der Übergang smektisch A – smektisch C wird häufig in phänomenologisch theoretischen Modellen wie der *Landau-Theorie* behandelt. Obwohl es auch einige Ansätze für mikroskopische Theorien gibt, wurde ein schlüssiges molekulares Modell bisher nicht gefunden, insbesondere da experimentell nicht geklärt ist, welche molekularen Eigenschaften für die Bildung einer smektischen C-Phase ausschlaggebend sind.

Smektische A- und C-Phasen sind Flüssigkeiten in dem Sinne, daß sie die Form des sie beinhaltenden Gefäßes annehmen. Die Viskosität ist allerdings sehr viel höher als in der nematischen Phase und quantitative Messungen wurden bisher kaum vorgenommen. Auch physikalische Eigenschaften wie Brechzahl oder magnetische und dielektrische Suszeptibilität sind weitaus weniger untersucht als bei nematischen Flüssigkristallen. Dies liegt sicher auch an dem geringen technologischen Interesse an smektischen Phasen hinsichtlich elektrooptischer Anwendungen. Erst in jüngster Zeit hat sich dieser Sachverhalt geändert, hauptsächlich infolge der Entdeckung ferroelektrischer Eigenschaften in smektischen Phasen (Abschn. 6.5.1.3).

6.5.1.3 Ferroelektrische Eigenschaften smektischer Phasen

Meyer et al. [8] zeigten 1975, daß in getilteten smektischen Phasen wie smektisch C eine *spontane elektrische Polarisation* auftritt, wenn die Moleküle – bzw. bei Mischungen ein Teil der Moleküle – chirale Struktur aufweisen. (Chirale Moleküle besitzen keine Spiegelebene; das ist beispielsweise immer dann der Fall, wenn ein Kohlenstoffatom des Moleküls mit vier verschiedenen Substituenten besetzt ist.) Die Anwesenheit chiraler Moleküle reduziert die C_{2h}-Symmetrie der smektischen C-Phase zur polaren C_2-Symmetrie, und die spontane Polarisation baut sich aus Anteilen der permanenten molekularen Dipolmomente, die in den Flüssigkristallmolekülen vorhanden sind, in Richtung der polaren C_2-Achse auf, d. h. der Polarisationsvektor steht senkrecht auf der Ebene, die von Direktor und Schichtnormale aufgespannt wird (Abb. 6.43).

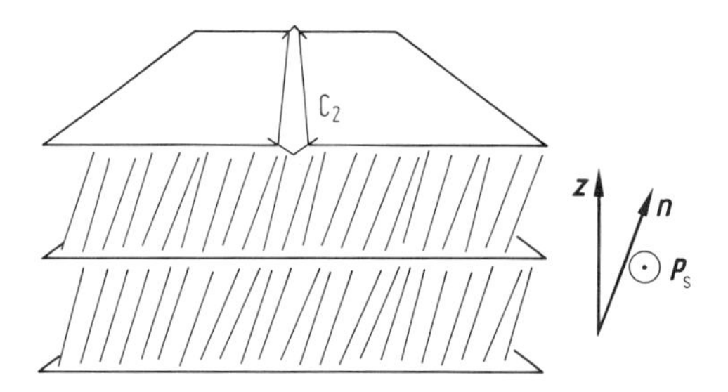

Abb. 6.43 Symmetrie (Punktgruppe C_2) der smektischen C-Phase chiraler Moleküle und Richtung der spontanen Polarisation. Einziges Symmetrieelement ist die C_2-Drehachse, in deren Richtung (d. h. senkrecht sowohl zum Direktor als auch zur Schichtnormalen) sich die spontane Polarisation aufbaut.

Aus der oben skizzierten Symmetrieüberlegung folgt, daß die spontane Polarisation an den Tiltwinkel gekoppelt ist bzw. nur bei einem von Null verschiedenen Tiltwinkel auftreten kann. In erster Näherung sind beide Größen zueinander proportional; die spontane Polarisation zeigt also eine ähnliche Temperaturabhängigkeit wie der Tiltwinkel und verschwindet am Phasenübergang zur smektischen A-Phase. Die spontane Polarisation beträgt meist 1–50 nC/cm^2, liegt also bei sehr kleinen Werten verglichen mit denen ferroelektrischer Ionenkristalle; in Einzelfällen können aber auch bis zu 500 nC/cm^2 gemessen werden. Wegen der helixartigen Überstruktur, die als weitere Folge der chiralen Molekülstruktur vorhanden ist (s. Abschn. 6.5.1.1), ändert sich die Tiltrichtung und damit auch die daran gekoppelte Polarisationsrich-

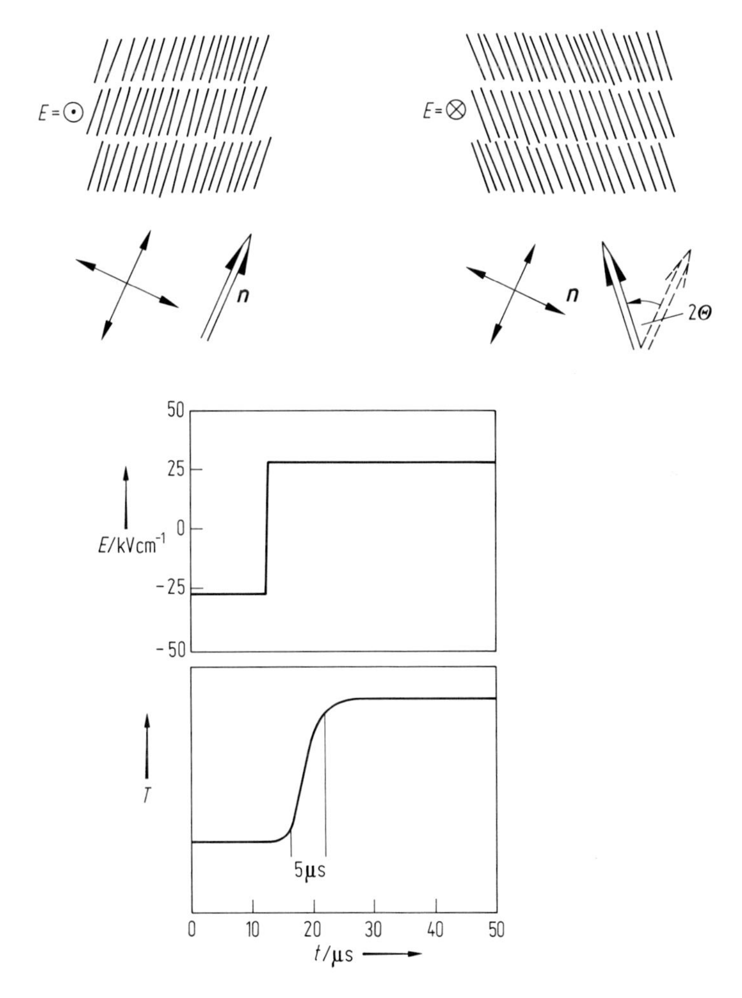

Abb. 6.44 Kopplung zwischen der Polarität eines äußeren elektrischen Feldes ***E*** und der Lage des Direktors ***n*** in der ferroelektrischen smektischen C-Phase. Umpolung des Feldes führt zur Invertierung der Tiltrichtung. Die Drehung des Direktors (= der optischen Achse) ändert die Transmission *T* zwischen gekreuzten Polarisatoren, die optischen Schaltzeiten liegen im µs-Bereich (nach Bahr und Heppke [23]).

tung kontinuierlich von Schicht zu Schicht, so daß sich in einer makroskopischen Probe die spontane Polarisation zu Null mittelt, obwohl sie in jeder einzelnen smektischen Schicht vorhanden ist. Ein äußeres elektrisches Feld orientiert die spontane Polarisation und damit auch den Direktor (beide Vektoren sind stets senkrecht zueinander) in der gesamten Probe einheitlich und läßt die Helixstruktur verschwinden.

Die Kopplung zwischen der Richtung der spontanen Polarisation und der Tiltrichtung bzw. der Richtung des Direktors ist von besonderem Interesse hinsichtlich der elektrooptischen Anwendung. Da die spontane Polarisation die Richtung eines äußeren elektrischen Feldes annimmt, läßt sich die Direktororientierung durch Feldumkehr zwischen zwei Zuständen unterschiedlicher Tiltrichtung umschalten, was bei geeigneter Probenkonfiguration als elektrooptischer Effekt genutzt werden kann (Abb. 6.44). Die entsprechenden Schaltzeiten liegen im µs-Bereich und sind damit um mehrere Größenordnungen kürzer als die der derzeit üblichen Flüssigkristallanzeigen, die den Schadt-Helfrich-Effekt nutzen.

Die Kopplung zwischen dem Tiltwinkel und der elektrischen Polarisation, die die ferroelektrischen Eigenschaften der smektischen C-Phase zur Folge hat, ist auch in der smektischen A-Phase chiraler Moleküle als sog. *elektrokliner Effekt* zu beobachten: ein elektrisches Feld, das senkrecht zur Schichtnormalen der smektischen A-Phase angelegt wird, bewirkt die Induktion eines Tiltwinkels bzw. die Neigung des Direktors aus der Stellung parallel zur Schichtnormalen heraus, wobei der Betrag des induzierten Tiltwinkels zur angelegten Feldstärke proportional ist. Bei dem elektroklinen Effekt handelt es sich also um eine Eigenschaft, die dem inversen piezoelektrischen Effekt in piezoelektrischen Ionenkristallen entspricht. In der gleichen Weise wie bei der ferroelektrischen smektischen C-Phase kann auch der elektrokline Effekt in der smektischen A-Phase chiraler Moleküle als elektrooptischer Effekt genutzt werden. Die Zeitkonstanten für die Drehung des Direktors sind dabei noch um etwa eine Größenordnung kleiner und mit Schaltzeiten im Bereich von 100–500 ns ergibt sich so der derzeit schnellste elektrooptische Effekt mit Flüssigkristallen.

6.5.2 Die hexatischen Phasen smektisch B_{hex}, I und F

Sehr ähnlich wie bei den smektischen A- und C-Phasen ist die Schichtstruktur bei den Phasen mit dem nächsthöheren Ordnungszustand, smektisch B_{hex}, I und F, durch eine eindimensionale Dichtewelle mit annäherend sinusförmiger Periodizität (Beugungsreflexe höherer Ordnung nur von sehr geringer Intensität) zu beschreiben. Auch hinsichtlich der Position der Moleküle innerhalb der Schichten besteht wie den smektischen A- und C-Phasen nur eine Nahordnung. Allerdings ist die Korrelationslänge ca. eine Größenordnung länger als in den A- und C-Phasen, so daß sich lokal eine hexagonale Einheitszelle definieren läßt. Der wichtigste Unterschied zu den A- und C-Phasen besteht in einer Struktureigenschaft, die in der (englischsprachigen) Literatur als *bond-orientational-order* bezeichnet wird. Gemeint ist damit, daß, obwohl hinsichtlich der Position der Moleküle nur eine Nahordnung besteht, die Orientierung der lokalen hexagonalen Einheitszelle eine echte dreidimensionale Fernordnung aufweist. Die Einheitszelle ist also nicht nur im gesamten Bereich einer einzelnen Schicht, sondern auch in den darunter und darüber liegenden Schichten in der gleichen Weise orientiert (die Seiten bzw. Einheitsvektoren jedes Hexagons weisen in dieselben Richtungen).

In allen drei Phasen smektisch B_{hex}, I und F sind die Moleküle in den Schichten also in Form einer lokalen hexagonalen Packung arrangiert. Smektisch B_{hex} ist eine orthogonale Phase, der Direktor steht also senkrecht auf der Schichtebene. Die smektische B_{hex}-Phase ist optisch uniaxial (wie smektisch A) und hat hexagonale Punktsymmetrie (D_{6h}). Smektisch I und F sind die entsprechenden getilteten Modifikationen, wobei die Moleküle in der smektischen I-Phase zur Spitze des Hexagons und in der smektischen F-Phase zur Seite des Hexagons geneigt sind. Beide Phasen haben monokline C_{2h}-Symmetrie (Abb. 6.45).

Analog zur smektischen C-Phase wird in den smektischen I- und F-Phasen eine helixartige Überstruktur ausgebildet, wenn chirale Moleküle anwesend sind. Ebenso sind smektische I- und F-Phasen chiraler Moleküle wie die smektische C-Phase ferroelektrisch.

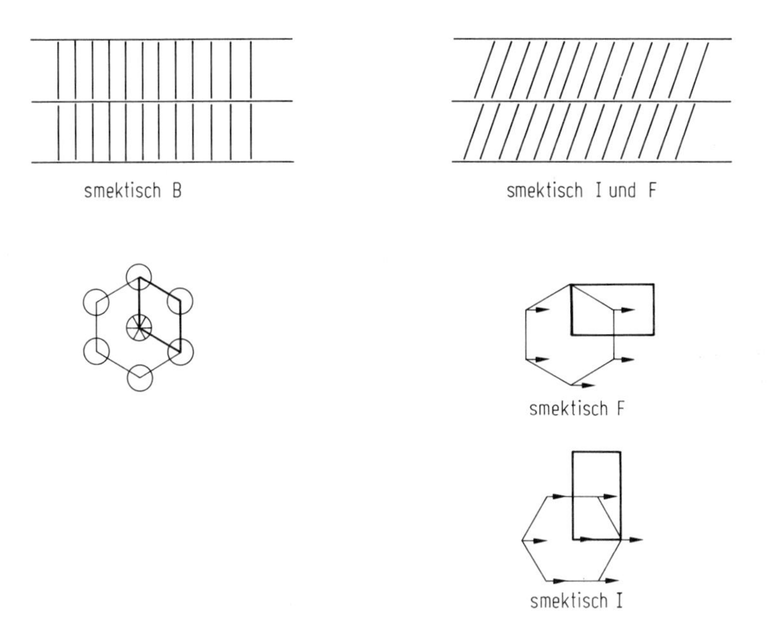

Abb. 6.45 Schemata der lokalen Struktur der smektischen Phasen B_{hex}, I und F. Die Pfeile geben die Tiltrichtung in der smektischen I- bzw. F-Phase an (nach Leadbetter [21]).

6.5.3 Die kristallinen Phasen smektisch B_{cryst}, J, G, E, K und H

Die smektischen Phasen mit der nächsthöheren Ordnung nach den B_{hex}-, I- und F-Phasen sind smektisch B_{cryst}, J und G sowie die Phasen smektisch E, K und H, die wiederum einen etwas höheren Ordnungszustand aufweisen. In allen diesen Phasen besteht hinsichtlich der Position der Molekülschwerpunkte eine echte dreidimensionale Fernordung, man kann sie quasi als echte Kristalle auffassen, die mit einer erheblichen Orientierungsunordnung der Einzelmoleküle behaftet sind. Die Orientierungsunordnung wird beispielsweise durch die geringe Intensität von Beugungsreflexen höherer Ordnung dokumentiert sowie durch die Tatsache, daß die Phasenumwandlung von der festen, kristallinen Phase zu einer dieser smektisch-kristallinen Phasen mit einer ähnlich großen Enthalpie behaftet ist wie normale Schmelzpunkte bzw. höhere Werte aufweist als die nachfolgenden Umwandlungen bei höheren Temperaturen (z. B. Klärpunkt).

Die smektische B_{cryst}-Phase ist eine orthogonale Phase. Die Moleküle sind in den Schichten in einer hexagonalen Packung arrangiert. Im Unterschied zur smektischen B_{hex}-Phase bresteht zwar echte Positionsfernordnung, die Moleküle sind aber weiterhin nicht geordnet hinsichtlich der Rotation um ihre Längs- und auch Querachse. Die Moleküle können um ihre Längsachse, die man als eine C_6-Drehachse ansehen kann, rotieren, und es stehen gleich viele Moleküle in der Schicht „nach oben" wie „nach unten" (ob die einzelnen Moleküle tatsächlich eine 180°-Rotation um ihre Querachse ausführen können, ist umstritten). Hinsichtlich der Korrelation zwischen den einzelnen hexagonal gepackten Schichten wurde über verschiedene Modifikationen mit den Schichtenfolgen AAA..., ABAB... und ABCABC... berichtet.

Die Phasen smektisch J und G sind die getilteten Versionen der smektischen B_{cryst}-Phase. Analog zu den smektischen I- und F-Phasen ist die Tiltrichtung in der smektischen J-Phase zur Spitze und in der smektischen G-Phase zur Seite des Hexagons. Im Unterschied zu den smektischen I- und F-Phasen besteht Positionsfernordnung der Moleküle (Abb. 6.46).

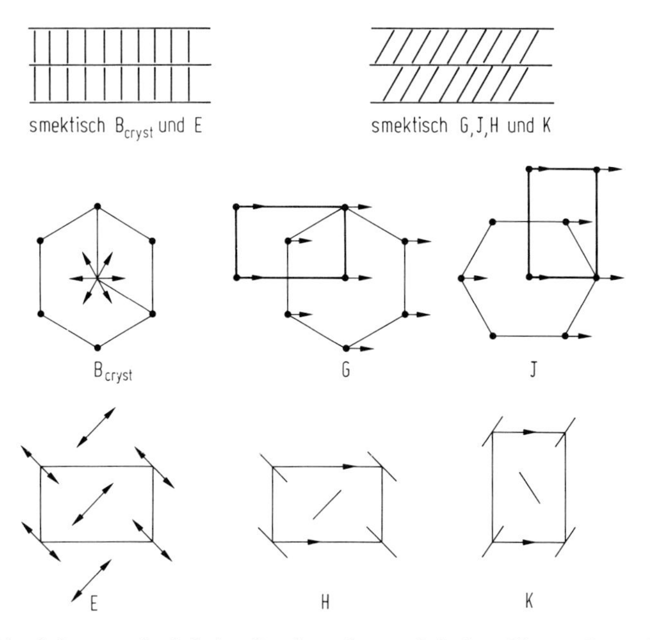

Abb. 6.46 Schemata der lokalen Struktur der smektischen Phasen B_{cryst}, J, G, E, K und H. In den orthogonalen Phasen (B und E) sollen die Pfeile die Rotationsunordnung um die Längsachse charakterisieren, in den getilteten Phasen (J, G, K und H) die Tiltrichtung angeben (nach Leadbetter [21]).

Von den drei übrigen Phasen ist smektisch E die orthogonale Phase, während die smektischen K- und H-Phasen die entsprechenden getilteten Versionen sind. Die smektische E-Phase unterscheidet sich von der B_{cryst}-Phase durch eine Einschränkung der Rotation der Moleküle um ihre Längsachse, die in der B_{cryst}-Phase mit C_6-Symmetrie, in der E-Phase aber nur noch mit C_2-Symmetrie erfolgen kann. In der smektischen E-Phase sind die Moleküle also nur noch hinsichtlich einer Rotation um 180° um ihre Längsachse (und ebenso um ihre Querachse) ungeordnet. Die smektische E-Phase hat daher keine hexagonale, sondern orthorhombische Symmetrie und anschaulich ergibt sich eine in der (englischsprachigen) Literatur mit *herringbone* (Fischgräte) bezeichnete Struktur. In den analogen getilteten Versionen sind die Moleküle in der smektischen K-Phase zur langen Seite, in der smektischen H-Phase zur kurzen Seite der rechteckigen Einheitszelle geneigt (Abb. 6.46).

In den getilteten Phasen smektisch J und G von chiralen Molekülen wurde eine spontane Polarisation nachgewiesen, über entsprechende Untersuchungen an smektischen K- und H-Phasen wurde bisher nicht berichtet. Ob die getilteten kristallin-smektischen Phasen auch eine Helixstruktur infolge der Anwesenheit chiraler Moleküle aufweisen wie die smektischen C-, I- und F-Phasen, ist bisher nicht geklärt.

6.6 Weitere Flüssigkristallsysteme

Die Mannigfaltigkeit der Mesophasen ist mit den in den vorangehenden Abschnitten behandelten, von stäbchenförmigen Molekülen ausgebildeten nematischen bzw. chiral nematischen sowie smektischen Phasen nicht erschöpft. So zeigen auch scheibenförmige (diskotische) Moleküle spontane Orientierungsordnung im fluiden Zustand, es lassen sich Polymere mit flüssigkristallinen Eigenschaften aufbauen und durch Mischen von amphiphilen Stoffen mit einem Lösungsmittel, meist Wasser, können lyotrope Flüssigkristalle erzeugt werden.

6.6.1 Diskotische Flüssigkristalle

Diskotische Verbindungen (Chandrasekhar et al. [9]) bestehen aus einem flachen, zumeist aromatischen oder auch gesättigten Mittelteil mit sechs, manchmal auch vier eher flexiblen Seitengruppen (Abb. 6.47).

Bevorzugt bilden die Molekülscheiben Stapel bzw. Säulen aus (Abb. 6.48), die sich wiederum in zweidimensionalen Gittern anordnen können. *Columnare Phasen* (D) lassen sich nach der Ordnung innerhalb der Säulen (d = disordered, o = ordered), einer möglichen Neigung der Säulen (t = tilted) sowie der Anordnung der Säulen zueinander (h = hexagonal, r = rectangular) unterscheiden (D_{hd}, D_{ho}, D_{rd}, D_t).

Neben diesen columnaren Phasen, die in ihrer Polymorphie mit den smektischen Phasen stäbchenförmiger Verbindungen zu vergleichen sind, tritt bei einigen diskotischen Verbindungen auch eine nematische Phase (N_D) auf (Abb. 6.49). Die bevorzugte Parallelorientierung der Molekülscheiben führt hier zu einer Ordnung der Richtung der kurzen Molekülachsen, die durch den Ordnungsgrad S zu beschreiben ist.

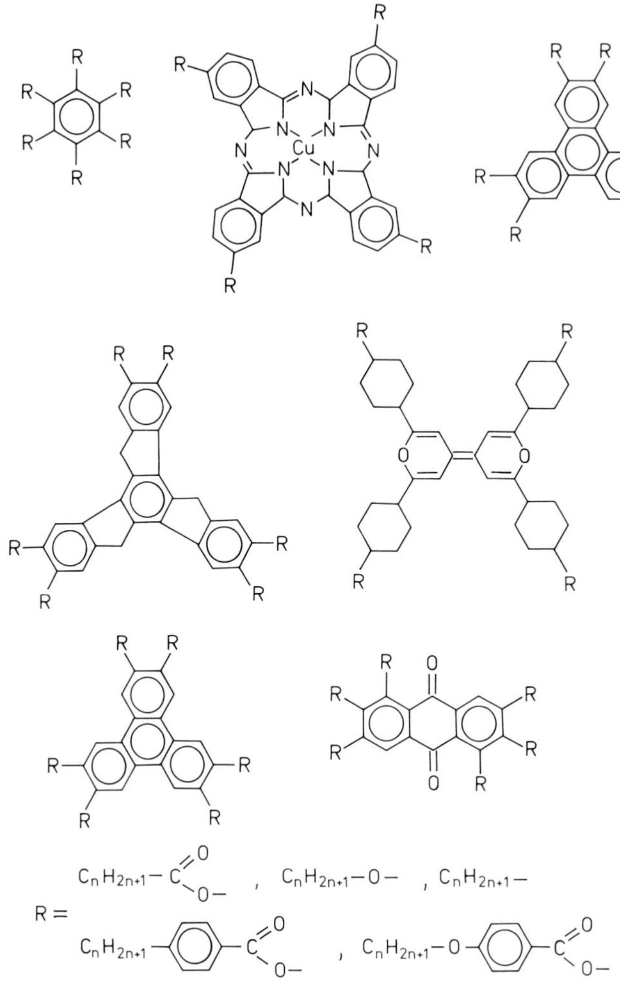

R = $C_nH_{2n+1}-C(=O)-O-$, $C_nH_{2n+1}-O-$, $C_nH_{2n+1}-$

$C_nH_{2n+1}-C_6H_4-C(=O)-O-$, $C_nH_{2n+1}-O-C_6H_4-C(=O)-O-$

Abb. 6.47 Molekülstrukturen einiger diskotischer Flüssigkristallverbindungen. Die starren, scheibenförmigen Kerne können mit verschiedenen Seitenketten R substituiert sein (nach Billard [24]).

Die nematisch diskotischen Phasen (N_D) können durch Magnetfelder orientiert werden und zeigen ein ähnliches elastohydrodynamisches Verhalten wie die normalen nematischen Flüssigkristalle. Sogar ein elektrooptischer Effekt konnte kürzlich nachgewiesen werden.

Diskotische Flüssigkristallstrukturen treten auch bei der Darstellung von Graphit durch Pyrolyse von Steinkohle- oder Petroleumpech auf und spielen eine wichtige Rolle bei der Herstellung von Kohlefasern. In jüngster Zeit haben columnare Phasen als Modellsysteme für eindimensionale Leiter Interesse gefunden.

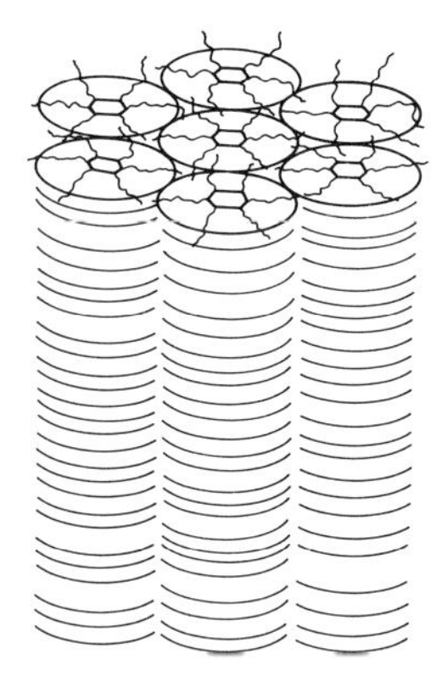

Abb. 6.48 Struktur einer columnaren diskotischen Phase (D_{hd}) (nach Chandrasekhar [25]).

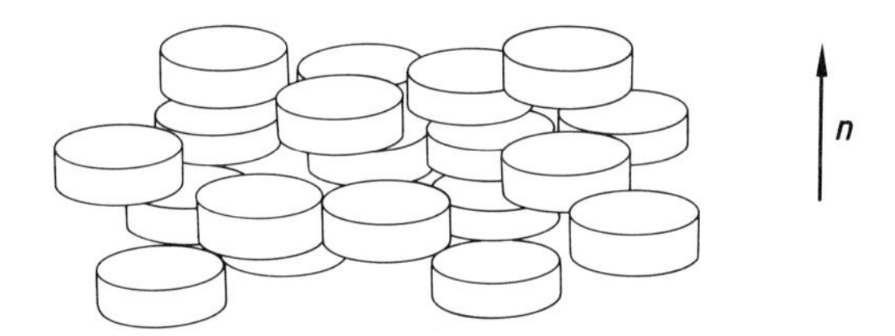

Abb. 6.49 Struktur der nematisch diskotischen Phase (N_D) (nach Destrade [26]).

6.6.2 Flüssigkristalline Polymere

Synthetische Polymere gehören zu den wichtigsten derzeit verwendeten Werkstoffen. Ihre Eigenschaften hängen entscheidend von der molekularen Ordnung der Makromoleküle ab. So ist das große Interesse zu verstehen, das der sich erst in den letzten Jahren vollziehenden Entwicklung flüssigkristalliner Polymere entgegengebracht wird.

Flüssigkristalline Polymere entstehen durch Einbau mesogener Gruppen stäbchen- oder auch scheibenförmiger Struktur als Monomereinheiten in das Makromolekül. Dies kann nach zwei grundsätzlich verschiedenen Bauprinzipien geschehen, entweder werden die mesogenen Monomereinheiten in die Polymerhauptkette eingebaut (*flüssigkristalline Hauptkettenpolymere*) oder über flexible Spacer getrennt als Seitenkette an die Polymerhauptkette gebunden (*flüssigkristalline Seitenkettenpolymere*) (Abb. 6.50).

Flüssigkristalline Hauptkettenpolymere übertreffen in der Kombination der ihnen eigenen physikalischen Eigenschaften die konventionellen Polymere. Sie zeigen sehr hohe Zugfestigkeit, sehr hohen Elastizitätsmodul, sehr hohe Kerbschlagfestigkeit und sehr geringen thermischen Ausdehnungskoeffizienten. Bei Verarbeitung im flüssigkristallinen Zustand können die mechanischen Eigenschaften in besonderer Weise beeinflußt werden. Durch Scherausrichtung entstehen orientierte Fibrillen und Fasern, die eine Anisotropie der mechanischen Eigenschaften aufweisen und dem Material holzfaserähnliche Struktur verleihen können (*selbstverstärkende Polymere*).

Neben den in der Markteinführung befindlichen thermotropen flüssigkristallinen Hauptkettenpolymeren (*Xylar, Ultrax, Vektra*), die sich thermoplastisch verarbeiten lassen, sind schon seit einiger Zeit entsprechende lyotrope Polymere bekannt, die erst in Lösung flüssigkristalline Phasen ausbilden.

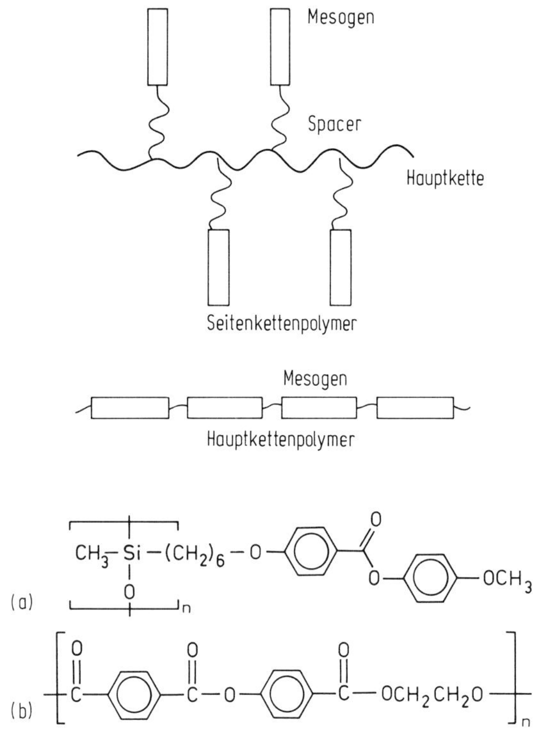

Abb. 6.50 Bauprinzip der flüssigkristallinen Seitenketten- und Hauptkettenpolymere und typische Beispiele für die Molekülstruktur eines Seitenkettenpolymers (a) und eines Hauptkettenpolymers (b).

Bekanntestes Beispiel ist ein vollaromatisches Polyamid (*Kevlar*)

$$-\left[\mathrm{OC}-\langle \mathrm{O} \rangle-\mathrm{CONH}-\langle \mathrm{O} \rangle-\mathrm{NH}\right]_n,$$

das eine nematische Phase in konzentrierter Schwefelsäure bildet. Trotz der nicht einfachen Verarbeitbarkeit haben die hervorragenden Eigenschaften, insbesondere die hohe Festigkeit, die auf die Masse bezogen die von Stahl um ein Vielfaches übertrifft, diesen Aramidfasern breite Anwendung, z. B. im Flugzeugbau, eröffnet und damit auch das Interesse an der Entwicklung thermotroper flüssigkristalliner Hauptkettenpolymere geweckt.

Sehr viel größere Verwandtschaft mit den niedermolekularen Flüssigkristallen weisen die *flüssigkristallinen Seitenkettenpolymere* auf. Bei genügend langem flexiblen Spacer, über den die mesogene Seitengruppe an die Hauptkette gebunden wird, bleibt das flüssigkristalline Verhalten der Monomereinheiten im Polymeren weitgehend erhalten (Abb. 6.51).

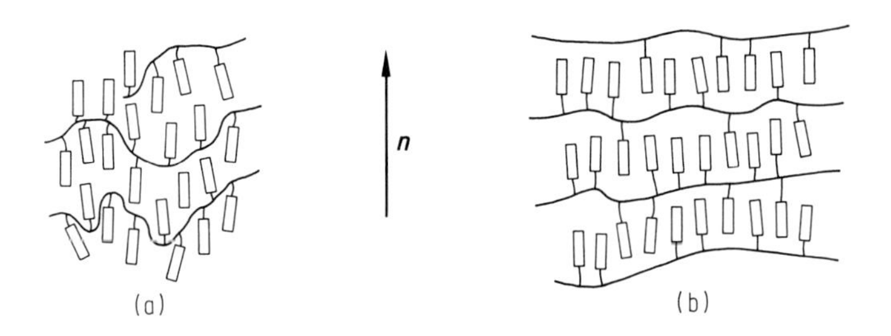

Abb. 6.51 Nematische (a) und smektische (b) Phase eines flüssigkristallinen Seitenkettenpolymers.

Die Fixierung durch die Hauptkette führt zu einem bevorzugte Auftreten von smektischen Phasen, wobei jedoch auch nematische und chiral nematische Phasen beobachtet wurden. Beim Abkühlen gehen die flüssigkristallinen Phasen im allgemeinen in den für Polymere charakteristischen Glaszustand über. Eine im flüssigkristallinen Zustand etwa durch elektrische oder magnetische Felder erzeugte Ordnung wird dabei dauerhaft eingefroren und man erhält ein anisotropes Glas. Auf dieser Kombination von Glaszustand und anisotropen physikalischen Eigenschaften beruht das große Anwendungsinteresse an flüssigkristallinen Seitenkettenpolymeren im Bereich der Optoelektronik insbesondere zur hochauflösenden optischen (holographischen) Datenspeicherung.

Die Hauptkette flüssigkristalliner Seitenkettenpolymere kann auch so vernetzt werden, daß Elastomere mit gummielastischem Verhalten entstehen, die formbeständig sind und gleichzeitig flüssigkristalline Phasenstruktur besitzen. In diesen Materialien kann durch mechanische Deformation, d. h. Dehnung des Elastomers, eine einheitliche Ausrichtung und damit eine optische Anisotropie bewirkt werden.

6.6.3 Lyotrope Flüssigkristalle

Lyotrope Flüssigkristallsysteme bestehen aus mindestens zwei Komponenten, wobei jetzt die Zusammensetzung anstelle der Temperatur die entscheidende Rolle spielt. Zwei Hauptgruppen lassen sich unterscheiden: zum einen langgestreckte Makromoleküle, zum anderen amphiphile Moleküle in Lösungen.

Bekanntestes Beispiel für die erste Gruppe ist der Tabakmosaikvirus, der Zylindergestalt einheitlicher Größe mit etwa 300 nm Länge und 20 nm Durchmesser besitzt. Ab einer Konzentration von 0.12 g/cm^3 (bei pH $= 8.5$) beginnen sich die Stäbchen in Wasser parallel zueinander anzuordnen. Der Ordnungsgrad steigt (Abb. 6.52), beginnend bei $S = 0.79$, mit zunehmender Konzentration des Virus und erreicht bereits bei 0.2 g/cm^3 Werte von $S = 0.95$ [10].

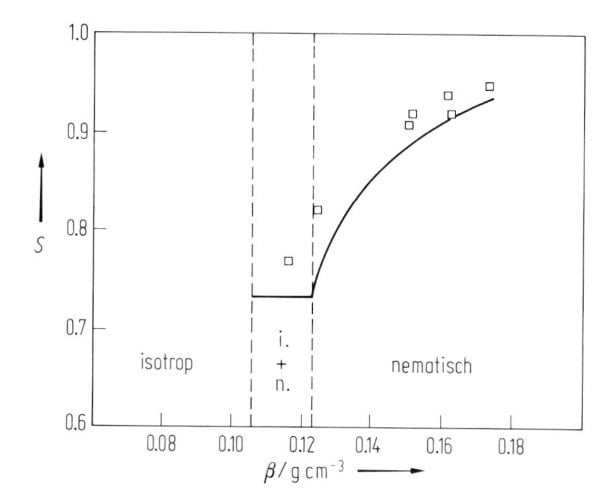

Abb. 6.52 Nematischer Ordnungsgrad einer wäßrigen Lösung von Tabakmosaikviren (S = Ordnungsparameter, β = Massenkonzentration) (nach Oldenbourg et al. [10]).

Der hohe Ordnungsgrad läßt sich durch das extreme Achsenverhältnis (15 : 1) der Teilchen erklären. Lösungen des Tabakmosaikvirus in Wasser stellen ein ideales Modellsystem für statistische Theorien „harter Zylinder" dar, wie sie erstmals von Onsager (1949) betrachtet wurden [11]. Weitere Beispiele derartiger lyotroper Flüssigkristalle sind die schon erwähnten Lösungen von Aramid-Hauptkettenpolymeren in konzentrierter Schwefelsäure oder wäßrige Lösungen von Nucleinsäuren wie DNA oder Polypeptiden wie beispielsweise Poly-γ-benzyl-L-glutamat.

Eine Vielzahl lyotroper Flüssigkristallsysteme werden von amphiphilen Molekülen in einem Lösungsmittel ausgebildet. Diese lyotropen Mesogene sind aus löslichen (solvatophilen) und unlöslichen (solvatophoben) Molekülteilchen aufgebaut. Waschaktive Substanzen, Tenside und Detergenzien fallen in diese Gruppe. Typische Beispiele sind Alkalimetallseifen und Alkylammoniumsalze mit langkettigen Alkylgruppen (Abb. 6.53).

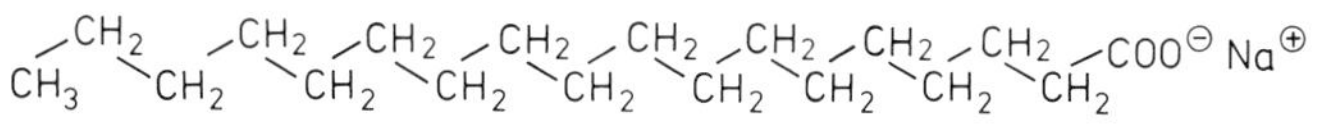

$$CH_3-CH_2-CH_2-CH_2-CH_2-CH_2-CH_2-CH_2-CH_2-CH_2-CH_2-CH_2-CH_2-CH_2-CH_2-CH_2-CH_2-COO^{\ominus}\ Na^{\oplus}$$

Abb. 6.53 Natriumstearat als typisches Beispiel für ein amphiphiles Molekül.

An einer Grenzfläche zwischen Kohlenwasserstoff und Wasser bilden die amphiphilen Moleküle Monoschichten mit smektischen Strukturen. Im Inneren der wäßrigen Lösung finden sich oberhalb einer kritischen Konzentration Mizellen mit nach innen gerichteten hydrophoben Gruppen. Bei weiterer Erhöhung der Konzentration (etwa über 10 Gewichtsprozent) bilden sich flüssigkristalline Phasen. Im allgemeinen beobachtet man zunächst eine kubische, optisch isotrope Phase und darauf folgend eine hexagonale und eine lamellare Phase, die beide optisch anisotrop sind (siehe Abb. 6.54).

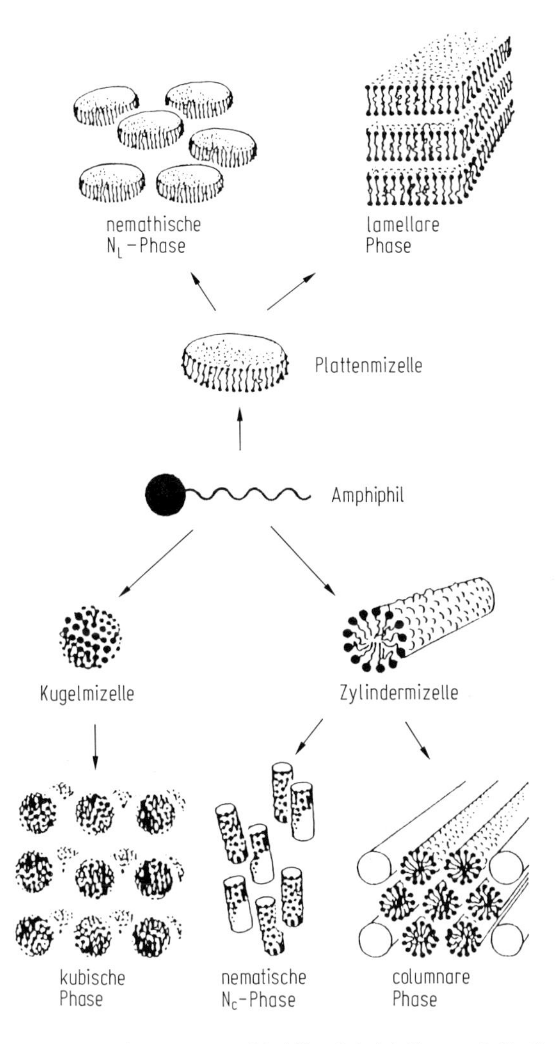

Abb. 6.54 Aggregation von amphiphilen Molekülen zu Mizellen und Bildung von lyotropen Flüssigkristallphasen (nach Ringsdorf et al. [13]).

Es können auch stäbchen- oder plattenförmige Mizellen entstehen, die nematische oder nematisch diskotische Phasen (N_L) aufbauen. In diesen Systemen wurde auch erstmals eine biaxiale nematische Phase nachgewiesen [12].

Auch die Funktion biologischer Membranen, die letztlich Leben erst möglich macht, ist wesentlich an ihre flüssigkristalline Struktur geknüpft. Die Biomembranen bestehen aus Lipiden (Phospholipide, Cholesterin), die als doppelkettige Amphiphile sich in der wäßrigen Umgebung spontan zu Doppelschichten mit eingebetteten Proteinen organisieren (Abb. 6.55).

Lipidschichten einheitlicher Zusammensetzung zeigen bei Temperaturänderung Phasenübergänge, die mit dem Übergang zwischen verschiedenen smektischen Pha-

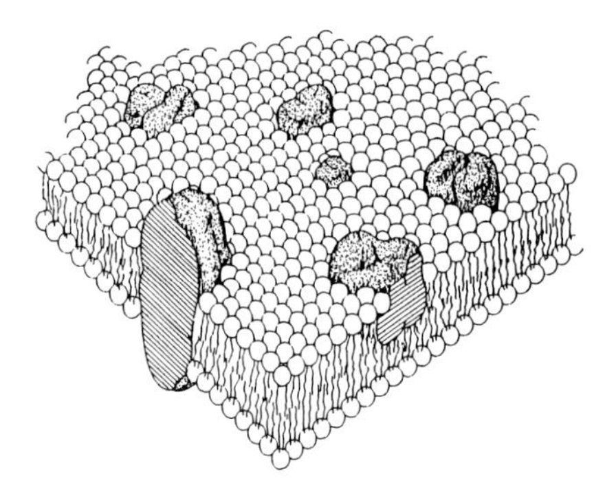

Abb. 6.55 Struktur einer biologischen Membran (nach Singer [27]).

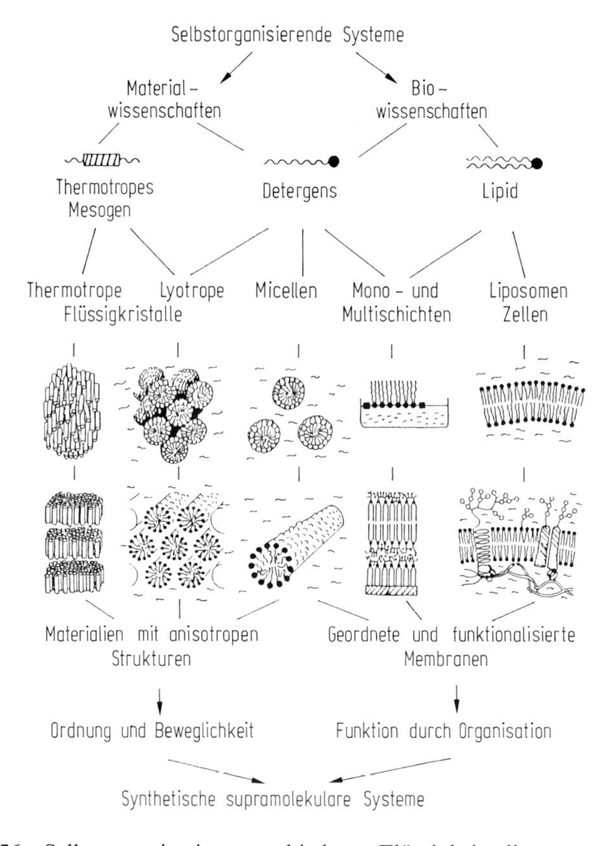

Abb. 6.56 Selbstorganisation verschiedener Flüssigkristallsysteme (nach Ringsdorf et al. [13]).

sen verglichen werden können. Durch geeignete Behandlung (Ultraschall) lassen sich hohlkugelförmige Gebilde (Vesikel) erzeugen.

Neueste Entwicklungen lassen es möglich erscheinen, Polymere zu synthetisieren, die als Modelle zur Untersuchung der Organisation und Dynamik von Biomembranen dienen können [13]. Dies verdeutlicht, wie eng im Bereich der Flüssigkristallforschung Materialwissenschaft und Biowissenschaft beieinander liegen. So kann man in einer globalen Sicht die Flüssigkristalle in ein interdisziplinäres Wissenschaftsfeld selbstorganisierender und supramolekularer Systeme (Abb. 6.56) einordnen.

Literatur

Weiterführende Literatur

Review-Artikel

Chandrasekhar, S.; Relation between molecular structure and liquid crystalline properties, Mol. Cryst. Liq. Cryst. **124**. 1–20, 1985
Chilaya, G. S., Lisetski, L. N., Cholesteric liquid crystals: physical properties and molecular-statistical theories, Mol. Cryst. Liq. Cryst. **140**, 243–286, 1986
Demus, D., 100 years liquid crystal chemistry, Mol. Cryst. Liq. Cryst. **165**, 45–84, 1988
Destrade, C., Foucher, H., Gasparoux, H., Nguyen Huu Tinh, Levelut, A. M., Malthete, J., Disc-like mesogen polymorphism, Mol. Cryst. Liq. Cryst. **106**, 121–146, 1984
Dubois, J. C., Billard, J., Discotic mesophase: a complementary review, Liq. Cryst. Ord. Fluids **4**, 1043–1060, 1984
Finkelmann, H., Flüssigkristalline Polymere, Angew. Chem. **99**, 840–848, 1987
Lagerwall, S. T., Otterholm, B., Skarp, K., Material properties of ferroelectric liquid crystals and their relevance for applications and devices, Mol. Cryst. Liq. Cryst. **152**, 503–587, 1987
Prost, J., The smectic state, Adv. Phys. **33**, 1–46, 1984
Ringsdorf, H., Schlarb, B., Venzmer, J., Molekulare Architektur und Funktion von polymeren orientierten Systemen – Modelle für das Studium von Organisation, Oberflächenerkennung und Dynamik bei Biomembranen, Angew. Chem. **100**, 117–162, 1988
Schadt, M., The twisted nematic effect: liquid crystal displays and liquid crystal materials, Mol. Cryst. Liq. Cryst. **165**, 405–438, 1988
Solladié, G., Zimmermann, R. G., Flüssigkristalle: Ein Werkzeug für Chiralitätsuntersuchungen, Angew. Chem. **96**, 335–349, 1984
Stegemeyer, H., Blümel, Th., Hiltrop, K., Onusseit, H., Porsch, F. Thermodynamic, structural and morphological studies on liquid-crystalline blue phases, Liq. Cryst. **1**, 3–28, 1986

Monographien

Blinov, L. M., Electro-optical and Magneto-optical Properties of Liquid Crystals, Wiley, Chichester, New York, 1983
Chandrasekhar, S., Liquid Crystals, Cambridge University Press, Cambridge, 1977
Demus, D., Richter, L., Textures of Liquid Crystals, Deutscher Verlag für Grundstoffindustrie, Leipzig, 1978
de Gennes, P. G., The Physics of Liquid Crystals, Clarendon Press, Oxford, 1974
Gray, G. W., Goodby, J. W., Smectic Liquid Crystals, Leonard Hill, Glasgow, London, 1984
deJeu, W. H., Physical Properties of Liquid Crystalline Materials, Gordon Breach, New York, London, Paris, 1980
Kelker, H., Hatz, R., Handbook of Liquid Crystals, Verlag Chemie, Weinheim, 1980
Koswig, H. D., Flüssige Kristalle: eine Einführung in ihre Anwendung, Deutscher Verlag der Wissenschaften, Berlin, 1984

Pershan, P.S., Structure of Liquid Crystal Phases, World Scientific, Singapore, 1988
Plate, N.A., Shibaev, V.P., Comb-Shaped Polymers and Liquid Crystals, Plenum Press, New York, 1987
Vertogen, G., deJeu, W.G., Thermotropic Liquid Crystals, Fundamentals (Springer Series in Chemical Physics 45), Springer, Berlin, Heidelberg, New York, 1988
Vögtle, F., Supramolekulare Chemie, Teubner, Stuttgart, 1989

Beitragswerke

Introduction to Liquid Crystals, (Priestley, E.B., Wojtowicz, P.J., Sheng, P., Ed.), Plenum, Press, New York, 1975
Liquid Crystals (Solid State Physics Suppl. 14), (Liebert, L., Ed.) Academic Press, New York, 1978
Liquid Crystals and Plastic Crystals (Gray, G.W., Winsor, P.A., Ed.), Ellis Horwood, Chichester, 1978
Liquid Crystals of One- and Two-Dimensional Order (Springer Series in Chemical Physics 11), (Helfrich, W., Heppke, G., Eds.), Springer, Berlin, Heidelberg, New York, 1980
Selected Topics in Liquid Crystal Research, (Koswig, H.D., Ed.), Deutscher Verlag der Wissenschaften, Berlin, 1990
The Molecular Physics of Liquid Crystals, (Luckhurst, G.R., Gray, G.W., Eds.), Academic Press, London, 1979
Thermotropic Liquid Crystals (Critical reports on applied chemistry, Vol. 22) (Gray, G.W., Ed.), Wiley, Chichester, New York, 1987

Zitierte Publikationen

[1] Maier, W., Saupe, A., Z. Naturforsch. **14a**, 882, 1959; ibid. **15a**, 287, 1960
[2] Maier, W., Meier, G., Z. Naturforsch. **16a**, 262, 1961; ibid. **16a**, 470, 1961
[3] Frank, F.C., Discuss. Faraday Soc. **25**, 19, 1958
[4] Ericksen, J.L., Archs. Ration. Mech. Analysis **4**, 231, 1960
[5] Parodi, O., J. Phys. (Paris) **31**, 581, 1970
[6] Schadt, M., Helfrich, W., Appl. Phys. Lett. **18**, 127, 1971
[7] McMillan, W.L., Phys. Rev. A **4**, 1238, 1971
[8] Meyer, R.B., Liebert, L., Strzelecki, R., Keller. P., J. Phys. (Paris) Lett. **36**, L-69, 1975
[9] Chandrasekhar, S., Sadashiva, B.K., Suresh, K.A., Pramana **9**, 471, 1977
[10] Oldenbourg, R., Wen, X., Meyer, R.B., Caspar, D.L.D., Phys. Rev. Lett. **61**, 1851, 1988
[11] Onsager, L., Ann. N.Y. Acad. Sci. **51**, 627, 1949
[12] Yu, L.J.; Saupe, A., Phys. Rev. Lett. **45**, 1000, 1980
[13] Ringsdorf, H., Schlarb, B., Venzmer, J., Angew. Chem. **100**, 117, 1988.
[14] Chatelain, P., Germain, M., C.R. Hebd. Séan. Acad. Sci. **59**, 127, 1964
[15] deJeu, W.H., et al., Mol. Cryst. Liq. Cryst. **37**, 269, 1976
[16] Vertogen, G., deJeu, W.H., Thermotropic Liquid Crystals – Fundamentals, Springer, Berlin, Heidelberg, 1988
[17] Kneppe, H., Schneider, F., in Fließverhalten von Stoffen und Stoffgemischen (Kulicke, W.M., Hrsg.) Hüthig und Wepf, Basel, 1986, S. 341
[18] Heppke, G., Oestreicher, F., Mol. Cryst. Liq. Crist. **41** (Lett.), 245, 1978
[19] Koswig, H.D., Flüssige Kristalle: eine Einführung in ihre Anwendung, Deutscher Verlag der Wissenschaften, Berlin, 1984
[20] Leenhouts, F., Schadt, M., Proc. 6. Int. Disp. Res. Conf., Japan Display 1986, S. 388
[21] Leadbetter, A.J., in Thermotropic Liquid Crystals (Gray, G.W., Ed.) Wiley, Chichester, 1988, p. 1–27

[22] Lagerwall, S.T., Dahl, I., Mol. Cryst. Liq. Cryst. **114**, 151, 1984
[23] Bahr, Ch., Heppke, G., Ber. Bunsenges. Phys. Chem. **91**, 925, 1987
[24] Billard, J., in Liquid Crystals of One- and Two-Dimensional Order (Helfrich, W., Heppke, G., Eds.) Springer Berlin, Heidelberg, 1980, p. 383–395
[25] Chandrasekhar, S., Mol. Cryst. Liq. Cryst. **63**, 171, 1981
[26] Destrade, C. et al., Mol. Cryst. Liq. Cryst. **106**, 121, 1984
[27] Singer, S.J., Science **175**, 720, 1972

7 Makromolekulare und supramolekulare Systeme

Thomas Dorfmüller

7.1 Einleitung

7.1.1 Überblick über die Entwicklung der Physik und Chemie der Polymere

Die praktische Nutzung von Polymeren ist alt und geht auf den Gebrauch von Naturprodukten wie Baumwolle, Stärke, Proteine und Wolle zurück. Erst zu Beginn des 20. Jahrhunderts wurden synthetische Polymere wie Bakelit und Nylon industriell hergestellt. Heute unterscheiden wir bezüglich der Anwendung zwischen synthetischem Kautschuk, Kunststoffen, Fasern, Schutzfilmen und Klebstoffen.

Im Jahr 1511 beschreibt der Italiener Pietro Martyre d' Anghiera einen von den Azteken verwendeten Spielball aus Gummi. In der präkolumbianischen Zeit wurde in Süd- und Zentralamerika Latex, ein pflanzliches Produkt aus dem Latexbaum (hevea brasiliensis) gewonnen und in Form von Spielbällen zu sportlichen Zwecken benutzt. 1770 wird das Material von Joseph Priestley „indian rubber" genannt. 1839 entdeckten MacIntosh und Hancock in England und Goodyear in den USA, daß durch Beimischung von Schwefel und Erhitzen des Gemisches eine nicht klebrige weitgehend unlösliche elastische Masse hergestellt werden kann. Die kommerzielle Verwendung als Imprägnierungsmittel für Regenmäntel und als Bereifung von Pferdewagen folgte sehr bald auf diese Entdeckung. Inzwischen weiß man, daß der Schwefel eine Vernetzung der Latex-Makromoleküle bewirkt und daß dieser Prozeß durch verschiedene Zusätze verbessert und die Reaktion beschleunigt werden kann. Auch der Zusatz von Kohle führte sehr bald zu einer wesentlichen Verbesserung der mechanischen Eigenschaften des natürlichen Kautschuks.

Zwischen den beiden Weltkriegen wurden besonders in Deutschland im Bestreben nach Autarkie von wichtigen Rohstoffen und in den USA mit dem Ziel, neue Werkstoffe zu entwickeln, sogenannter synthetischer Kautschuk entwickelt und dann auch in großem Maßstab hergestellt. In den 30er und 40er Jahren wurden in zunehmendem Maße polymere Kunststoffe entwickelt und großindustriell hergestellt. Immer häufiger, insbesondere seit den 50er Jahren, wurden natürliche Produkte durch Kunststoffe ersetzt. Auf die Entwicklung der letzten 30 Jahre folgt eine Periode, in der in zunehmendem Maße einerseits die Umweltverträglichkeit und andererseits die Rohstoffeinsparung eine wichtige Rolle bei der Entwicklung neuer Produkte und neuer Anwendungsgebiete spielen.

Die theoretische Kenntnis des Aufbaus von Polymeren war lange kontrovers. Obwohl die Bausteine der Kautschukmoleküle, wie beispielsweise des Isopren und deren Oligomere, bekannt wurden, dachte man an nicht-kovalente Assoziation von kleineren Molekülen zu größeren, locker gebundenen Aggregaten. Als Modell für eine Aggregation dieser Art dienten die Kolloide, von denen man zu wissen meinte, daß sie durch verschiedene nichtkovalente Kräfte zusammengehalten werden. Erst Staudinger gelang es etwa um 1920, die makromolekulare Natur von Substanzen wie Naturkautschuk, Polystyrol, Polyoxyethylen und von Polysacchariden durch genaue Messungen insbesondere der Viskosität nachzuweisen. Folgende Zeittabelle spiegelt einige Höhepunkte der Entwicklung der Polymerphysik und -chemie wider:

1806 England	Gough	erste Experimente zur Elastizität des Naturkautschuks
1838 Frankreich	Regnault	Photochemische Polymerisation von Vinylidenchlorid
1860 England	Williams	Pyrolyse des Naturkautschuks zu Isopren
1861 England	Graham	Diffusionsversuche an Kolloiden/Polymerlösungen
1892 nEngland	Tilden	Erzeugung von Kautschuk aus Isopren
1910 Russland	Lebedev	Synthese von Kautchuk aus Butadien
1884–1919 Deutschland	Fischer	Der Aufbau von Zuckern und Proteinen wird geklärt
1920 Deutschland	Staudinger	Die makromolekulare Hypothese wird formuliert
1925 USA	Katz	Die ersten Röntgenbeugungsversuche zeigen, daß gestreckter Kautschuk eine fiberartige Struktur hat
1926	Svedberg	Anwendung der Ultrazentrifuge zur Molekülmassenbestimmung von Polymeren
1939 USA	Carothers	Synthese und Charakterisierung der Kondensationspolymere (Nylon 66)
1947 Niederlande	Debye	Die Lichtstreuung wird zur Charakterisierung von Polymeren angewandt.
1930 USA	Flory	Die Grundlagen der statistischen Mechanik der Polymere werden gelegt.
1953 Deutschland	Staudinger	Nobelpreis für Chemie
1955 Deutschland	Ziegler	Zieglersche Koordinationskatalyse zur Herstellung stereospezifischer Polymere
1957 Italien	Natta	Nachweis der sterischen Einheitlichkeit der durch Ziegler-Katalysatoren polymerisierten α-Olefine

1963 Deutschland, Italien	Ziegler, Natta	Nobelpreis für Chemie
1974 USA	Flory	Nobelpreis für Chemie

Neben der Synthese neuartiger Polymere und der Entwicklung von neuen Anwendungsgebieten hat die statistisch mechanische Theorie der Polymere seit dem Anfang des 20. Jahrhunderts besonders interessante und wichtige Beiträge leisten können. Es folgt eine kurze Zeittabelle der Entwicklung der Theorien:

1900–1915	Einstein, Smoluchowski: Theoretische Behandlung der Diffusion in kolloiden Lösungen
1910–1920	Staudinger: Interpretation der Viskosität von Polymerlösungen
1926	Svedberg: Molekülmassenverteilung von Polymeren
1942	Flory-Huggins: Gittermodell, Thermodynamik der Polymere
1945–1955	Kirkwood: Grundlagen der statistischen Theorie der Polymere
1946–50	Debye: Theorie der Lichtstreuung von Polymeren
1945–1950	Kuhn: Polymermodell (Kuhnsches Ersatzknäuel)
1953	Rouse: Modell der inneren Bewegung von Polymerketten
1956	Zimm: Modell der inneren Bewegung von Polymerketten
1965–1979	Flory: Statistische Mechanik der Polymere
1970–1980	Stockmayer: Polymerdynamik

7.1.2 Supramolekulare Systeme

Im Laufe der letzten zwei Jahrhunderte hat sich in den naturwissenschaftlichen Disziplinen ein äußerst fruchtbarer Begriff herausgeschält und durchgesetzt: der Molekülbegriff. Die rapide Entwicklung der Chemie, Physik und der Molekularbiologie beruht auf der Beschreibung der Bausteine der Materie mit Hilfe des Begriffs von grundsätzlich unabhängigen Molekülen. Hierbei sollte man sich aber immer der Tatsache gewahr sein, daß die Beschreibung eines materiellen Systems auf mikroskopischer Ebene durch eindeutig definierbare Moleküle zwar eine strukturelle und dynamische Basis hat, jedoch für die überwiegende Mehrzahl der Substanzen, die uns umgeben, kaum ausreichend ist ohne die Einführung von zusätzlichen, in vielen Fällen willkürlichen Kriterien. Diese Probleme fangen bereits bei der Beschreibung der Molekülkristalle an, in denen wir periodisch wiederkehrende Atomgruppen als Moleküle kennzeichnen. Auf der anderen Seite sprechen wir von einem Molekül bzw. von einem Makromolekül bei einem Polymer, das beispielsweise aus 10^6 identischen

Monomereinheiten besteht. Die Logik der Beschreibung des Kristalls würde es eher nahelegen, ein Makromolekül als eindimensionalen Kristall aus 10^6 Molekülen zu beschreiben. Flüssiges Wasser wird als ein System von durch Wasserstoffbrückenbindungen relativ eng verknüpften H_2O-Molekülen beschrieben, es kann aber auch als supramolekulares Netzwerk beschrieben werden. Ein Gel kann man als ein System vernetzter Einzelmoleküle in einem Lösungsmittel oder als ein einziges Riesenmolekül, das das Lösungsmittel in sich absorbiert hat, betrachten. Eine mizellare Lösung wird als ein Aggregat von Einzelmolekülen oder als ein System von kolloidalen Partikeln beschrieben. Praktischer Ausgangspunkt der Beschreibung durch wechselwirkende Einzelmoleküle ist die Beobachtung, daß eine Reihe von physikalischen Eigenschaften eines solchen supramolekularen Systems sich nur wenig von denen der postulierten Einzelmoleküle unterscheiden. Allerdings gilt dies lediglich für gewisse, durch intermolekulare Wechselwirkungen nur schwach gestörte Eigenschaften. So sehen die UV-Spektren der Moleküle einer mizellaren Lösung denen der isolierten Moleküle sehr ähnlich. Auf der anderen Seite sind Eigenschaften wie die Viskosität oder die Intensität und das Spektrum des gestreuten Lichts der mizellaren Lösung grundlegend verschieden von denen einer nicht mizellaren Lösung derselben Substanzen. Interessieren wir uns für physikalische Eigenschaften der zweiten Kategorie, d. h. für die sog. *kollektiven Eigenschaften*, dann ist eine Beschreibung solcher Systeme als supramolekulare Systeme geeigneter. Die Abb. 7.1 veranschaulicht schematisch den Zusammenhang, in dem atomare, molekulare, makromolekulare und supramolekulare Systeme stehen.

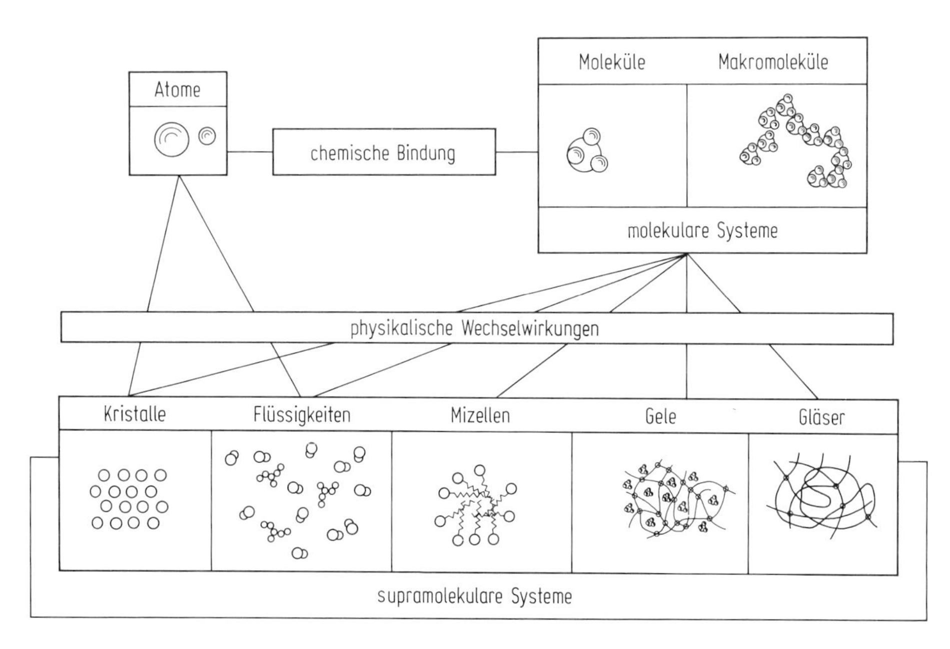

Abb. 7.1 Schematische Darstellung der Beziehungen zwischen molekularen, makromolekularen und supramolekularen Systemen. Die dargestellten supramolekularen Systeme sind nur exemplarisch, da die Vielfalt dieser Systeme groß und ihre Klassifizierung oft nicht eindeutig ist.

Die supramolekulare Aggregation von Einzelmolekülen ist ein in der Natur weit verbreitetetes Phänomen. So ist die Entstehung einer großen Vielfalt strukturierter Formen der kondensierten Materie mit spezifischen strukturellen und dynamischen Eigenschaften eine wichtige Voraussetzung für die Entwicklung lebender Systeme. Trotz der erwähnten Vielfalt von supramolekularen Aggregaten lassen sich die beim Zustandekommen solcher Systeme wirkenden Kräfte auf eine relativ kleine Anzahl von grundlegenden intermolekularen Wechselwirkungen zurückführen. Aus phänomenologischer Sicht ist die klassische Thermodynamik die Grundlage der Beschreibung dieser Systeme.

Die Liste der Beispiele supramolekularer Systeme ist sehr groß. In diesem Kapitel sollen die physikalischen Eigenschaften folgender supramolekularer Systeme beschrieben werden:

- Polymere
- Gläser
- Gele
- Kolloide
- Mizellen und Mikroemulsionen.

Im Sinne der obigen Ausführungen sollen hauptsächlich Eigenschaften, die für den supramolekularen Zustand typisch sind, besprochen werden. Solche sind vor allem mechanische und rheologische Eigenschaften sowie spektrale Eigenschaften der gestreuten elektromagnetischen Strahlung. Eigenschaften, die überwiegend die Natur der molekularen Bausteine widerspiegeln, werden nur dann erwähnt, wenn sie Hinweise auf die Störungen der Einzelmoleküle durch den Aggregationszustand erlauben.

7.2 Chemie der Polymere

Die Moleküle der makromolekularen Substanzen, die sog. **Makromoleküle**, sind aus einer großen Anzahl von Untereinheiten aufgebaut. Diese Untereinheiten, die *Monomere*, sind durch kovalente Bindungen miteinander verknüpft. In einem Makromolekül können die Monomere entweder identisch sein (*Homopolymere*), oder in einem Makromolekül kann eine Anzahl verschiedener Monomere vorkommen (*Heteropolymere*). Man kann sich ein lineares Makromolekül am besten als eine Kette veranschaulichen, deren Glieder, die Monomere, kleinere molekulare Gruppen sind (siehe Abb. 7.2).

Makromoleküle entstehen, wenn molekulare Gruppen mit zwei verfügbaren Valenzen miteinander reagieren. In einer solchen Reaktion reagiert beispielsweise ein reaktives *Radikal* M* mit einem Monomer M zu einem dimeren Radikal M-M*, das wiederum in der Lage ist, zu einem trimeren Radikal M-M-M* zu reagieren. Die Fortsetzung einer solchen Kettenreaktion führt zur Bildung eines Polymermoleküls.

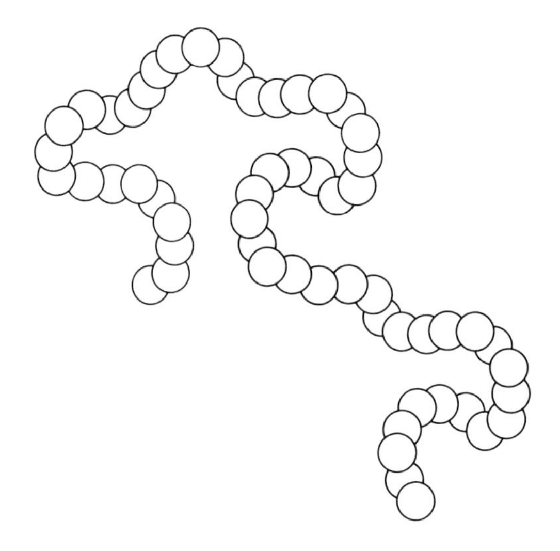

Abb. 7.2 Schema einer Polymerkette. Die Kreise stellen die Monomereinheiten dar.

7.2.1 Polymerisationsreaktionen

Polymerisationsreaktionen beruhen in der Regel auf der Anwesenheit von aktivierten Spezies, die zu größeren, wiederum aktivierten Spezies reagieren können. Man unterscheidet in bezug auf die aktivierte Spezies zwischen folgenden Reaktionstypen:

- radikalische Polymerisation
- ionische Polymerisation
- koordinative Polymerisation
- Polykondensation
- Emulsionspolymerisation.

Radikalische Polymerisation. In diesem Fall läuft die wesentliche Reaktion nach dem Schema:

$$P_n^* + M \rightarrow P_{n+1}^* . \tag{7.1}$$

Bei dieser Reaktion handelt es sich um einen Additionsschritt, bei dem aus P_n^* ein neues wachstumsfähiges Radikal P_{n+1}^* entsteht. Der durch den Stern angedeutete aktivierte Zustand pflanzt sich nach der Reaktion auf das zuletzt eingebaute Monomer fort. Dieser Teilschritt der Polymerisation stellt eine *Kettenwachstumsreaktion* dar. Stark vereinfacht läßt sich das Gesamtschema durch eine *Initiierungsreaktion*, bei der die ersten Radikale entstehen, der *Kettenwachstumsreaktion* und eventuell einer *Kettenabbruchreaktion* beschreiben. Letztere kann beispielsweise nach dem Schema

$$P_n^* + P_m^* \rightarrow P_{n+m} \tag{7.2}$$

ablaufen.

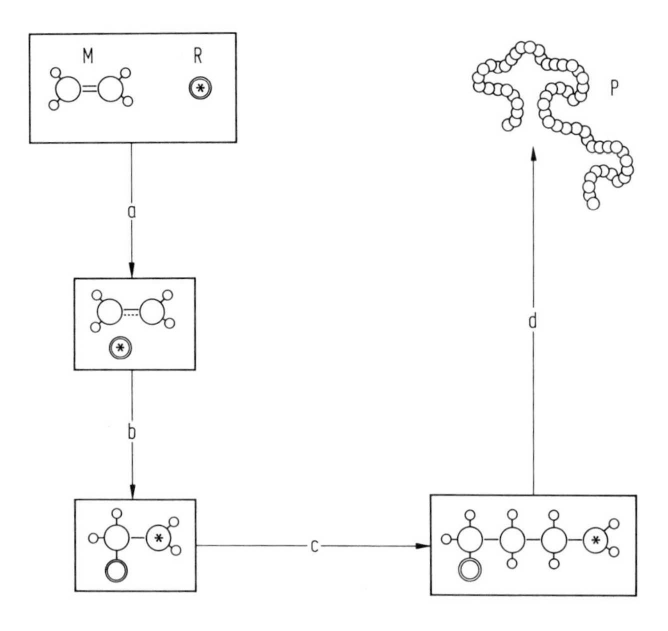

Abb. 7.3 Stufen einer radikalischen Polymerisation eines Vinylmonomers zu einem Polymer.

Bei der Initiierungsreaktion werden Peroxide, Persulfate und Azoverbindungen als Initiatoren verwendet. Diese dissoziieren in Radikale und können dann mit den entsprechenden Monomeren reagieren.

Die Abb. 7.3 illustriert einen typischen Verlauf einer radikalischen Polymerisation, in der das Vinylmonomer Ethylen ($CH_2{=}CH_2$) zu Polyethylen polymerisiert. Die Öffnung der Doppelbindung des Monomers spielt dabei eine wesentliche Rolle.

Ionische Polymerisation. DDie entsprechenden Kettenwachstumsreaktionen bei *kationischer* bzw. *anionischer* Polymerisation sind:

$$P_n^+ + M \rightarrow P_{n+1}^+ \tag{7.3a}$$

$$P_n^- + M \rightarrow P_{n+1}^- . \tag{7.3b}$$

Als Initiatoren bei der anionischen Polymerisation werden oft Alkylverbindungen der Alkalimetalle wie Butyl-natrium ($Bu^- \; Na^+$)

$$CH_3{-}CH_2{-}CH_2{-}CH_2^- \; Na^+ \tag{7.4}$$

verwendet. So kann dieses beispielsweise mit einem Acrylsäure-Ester unter Bildung eines Radikals reagieren:

$$Bu^- + Na^+ + CH_2{=}CH{-}CO_2R \rightarrow Bu{-}CH_2{-}C(HCO_2R) + Na^+, \tag{7.5}$$

das anschließend nach dem Kettenwachstumsschema (Abb. 7.3 b) zu höheren Polymeren weiterreagiert.

Koordinative Polymerisation. Die sogenannten *Ziegler-Natta-Katalysatoren* sind

Mischkatalysatoren, die aus einer Verbindung eines Übergangsmetalls und einer metallorganischen Verbindung bestehen. So wird häufig $TiCl_4$ mit Triethyl-aluminium Et_3Al* als Mischkatalysator verwendet. Bei der Reaktion von Ethylen entsteht auf diese Weise ein lineares Produkt im Gegensatz zu dem verzweigten Polyethylen, das nach dem nicht katalysierten Hochdruckverfahren entsteht. Ersteres ist weitgehend kristallin, hat eine höhere Dichte, einen höheren Erweichungsbereich und eine höhere Zugfestigkeit.

Untersuchungen, die zum Ziel hatten, den Mechanismus, nach dem die Ziegler-Natta-Katalysatoren wirken, zu klären, haben gezeigt, daß die Monomere an das Übergangsmetall, z. B. Titan, koordinieren, wobei gleichzeitig die Doppelbindung des Ethylens unter der Einwirkung des Katalysators gelockert wird und außerdem eine spezifische, für die Reaktion günstige Orientierung erreicht wird. Als erster Schritt erfolgt dabei eine Koordination des Ethylens an Titan, die durch optimale Überlappung der d-Orbitale des Titankomplexes mit dem σ-Orbital und dem π-Orbitalen des Ethylens zustande kommt.

Polykondensation. Das Reaktionsschema der Polykondensation ist:

$$\mathrm{P}_n^* + Q_m^* \rightarrow \mathrm{P}_n\,\mathrm{Q}_m, \tag{7.6}$$

wobei das Produkt weiterreagieren kann, wenn es erneut aktiviert wird.

Emulsionspolymerisation. Bei dieser Methode handelt es sich um eine Polymerisationsreaktion, die in einem heterogenen flüssigen System abläuft. So liegen die reagierenden Monomere in Form einer Emulsion in einem Lösungsmittel dispergiert vor. Wenn das schwer lösliche Monomer sich durch die Zugabe eines Tensids in Mizellen solubilisiert (s. Abschn. 7.10), kann die Polymerisation innerhalb dieser Mizellen stattfinden, wobei Monomere ständig verbraucht und durch Diffusion nachgeliefert werden. Die Mizellen schwellen mit zunehmendem Polymerisationsgrad an und gehen allmählich in Polymerkugeln, die sog. Latexteilchen über. Diese Art der Polymerisation bietet mehrere Vorteile gegenüber der homogenen Polymerisation. Dies ist insbesondere wegen der guten Trennbarkeit des Produkts, der besseren Transportverhältnisse der Monomere zum Polymerisationsort und der günstigeren Wärmeübertragung der Fall.

7.2.2 Aufbau der Polymere

Das Produkt einer Polymerisation wird durch den *Polymerisationsgrad n* beschrieben, der die Anzahl der Monomereinheiten im Makromolekül angibt. Das Polymer wird vereinbarungsgemäß durch das zugrunde liegende Monomer in Klammern und durch Angabe des Polymerisationsgrades n dargestellt:

$$-\!\!(\mathrm{CH_2CHCl})\!\!-_n.$$

Aus chemischer Sicht unterscheiden sich Polymere, wie die in Tab. 7.1 aufgelisteten, durch die an ihrem Aufbau beteiligten Monomere. Die Hauptkette, d. h. das Grundgerüst der ersten fünf in der Tabelle dargestellten Makromoleküle, besteht aus einer durch kovalente C—C-Bindungen aufgebauten Kohlenstoffkette. Im Fall des PMPS

Tab. 7.1 Übersicht über den chemischen Aufbau einiger wichtiger Polymere.

(1) Polyethylen (PE)	$\left(CH_2-CH_2\right)_n$
(2) Polyvinylchlorid (PVC)	$\left(CH_2-\underset{Cl}{\underset{\vert}{CH}}\right)_n$
(3) Polystyrol (PS)	$\left(\underset{C_6H_5}{\underset{\vert}{CH_2}}-CH\right)_n$
(4) Polybutadien (PB)	$\left(CH_2-CH=CH-CH_2\right)_n$
(5) Polymethylmethacrylat (PMMA)	$\left(CH_2-\underset{\underset{O=C-C-CH_3}{\vert}}{\overset{H_3}{\overset{\vert}{C}}}\right)_n$
(6) Polyoxyethylen (POE)	$\left(CH_2-CH_2-O\right)_n$
(7) Polymethylphenylsiloxan (PMPS)	$\left(\underset{C_6H_5}{\underset{\vert}{\overset{CH_3}{\overset{\vert}{Si}}}}-O\right)_n$
(8) Polyalanin (PA)	$\left(\overset{H}{\overset{\vert}{N}}-\overset{O}{\overset{\Vert}{C}}-\underset{CH_3}{\underset{\vert}{\overset{H}{\overset{\vert}{C}}}}\right)_n$

und des POE besteht das Grundgerüst aus einer —Si—O—Si—O—- bzw. aus einer —C—C—O—-Kette. PA ist ein Biopolymer, ein sogenanntes Polypeptid, das in biologischen Systemen eine wichtige Rolle spielt. Weiter unten werden die spezifischen Eigenschaften dieser wichtigen Klasse von Polymeren ausführlicher beschrieben. Die Hauptkette des PA besteht aus unterschiedlichen Atomen in der Form: —N—C—C—N—C—C—N—C—C—. Im Falle des PS, des PMMA, des PMPS und des PA sehen wir, daß sogenannte *Seitenketten* an das Hauptkettengerüst gebunden sind. Neben der Hauptkette bestimmt die Natur der Seitenketten die Eigenschaften eines Polymers entscheidend. So kann beispielsweise eine Methyl-Seitenkette das Polymergerüst merklich versteifen und dem Polymer besondere statische und dynamische Eigenschaften verleihen.

Wenn an der Polymerisationsreaktion Monomere verschiedener chemischer Zusammensetzung beteiligt werden, so entstehen im Gegensatz zu den oben behandelten Homopolymeren sogenannte *Copolymere*, d.h. Polymere, deren Kette zwei oder mehr verschiedene Arten von Monomereinheiten enthält. Copolymere werden gezielt hergestellt, weil ihre Eigenschaften durch die Zusammensetzung des Makromoleküls und durch die räumliche Anordnung der Monomere günstig beeinflußt werden können.

7.3 Molare Masse und räumliche Struktur der Polymere

7.3.1 Räumliche Struktur synthetischer Polymere

7.3.1.1 Konfiguration

Die Anordnung der verschiedenen Monomere längs der Kette eines linearen Copolymers kann, je nach Reaktionsführung, statistisch, alternierend oder auch nach einem vorgegebenen Schema sein. Man bezeichnet die betreffende Anordnung als *Konfiguration* des Polymers. Dies läßt sich an einem Polymer veranschaulichen, das aus zwei Arten von Monomeren besteht, die wir hier der Einfachheit halber mit A und B bezeichnen wollen. Eine solche Kette kann beispielsweise die in Abb. 7.4 gezeigten Konfigurationen aufweisen. Die Abbildung illustriert eine *alternierende Kette*, eine *statistische Kette* und ein *Block-Copolymer*, dessen Hauptkette aus zwei Arten von Blöcken aufgebaut ist.

Besteht die Hauptkette aus der einen Art und die Seitenketten aus Ketten einer zweiten Art, so sprechen wir von *Pfropf-Copolymeren* oder „Graft-Copolymeren", wie dies in der Abb. 7.4 dargestellt ist. Die gezielte Herstellung von Polymeren gege-

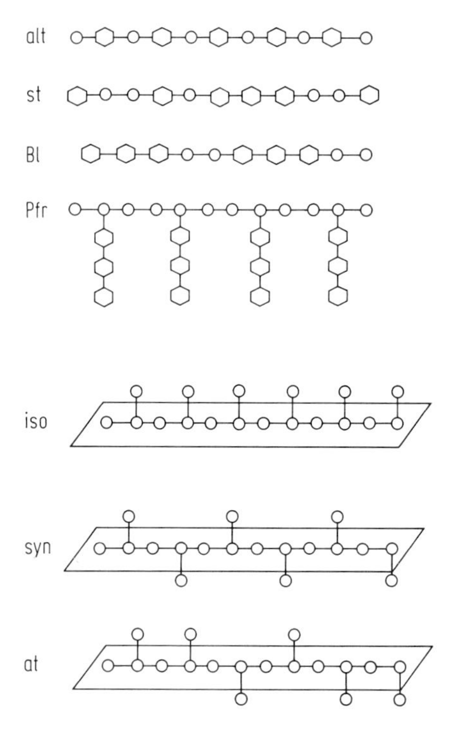

Abb. 7.4 Konfiguration und Stereoisomere von Polymeren.
Polymerkonfigurationen: alt = Alternierend; st = Statistisch; Bl = Block-Copolymer; Pfr = Pfropf-Copolymer.
Stereoisomerie: iso = Isotaktisch; syn = Syndiotaktisch; at = Ataktisch.

bener Konfiguration ist im Hinblick auf die Optimierung von polymeren Werkstoffen ein äußerst wichtiges Gebiet der Polymerchemie.

7.3.1.2 Stereoisomerie

Da die Monomereinheiten einer Polymerkette keine axiale Symmetrie besitzen, besteht die Möglichkeit verschiedener Orientierungen der Monomereinheiten zueinander. Hierdurch kommt eine weitere Differenzierung eines Polymers einer gegebenen chemischen Zusammensetzung zustande. So lassen sich aus dem Monomer Vinylchlorid verschiedene Arten von Polyvinylchlorid (Tab. 7.1) herstellen, die sich durch die relative Lage der Chloratome zueinander unterscheiden. Abb. 7.4 demonstriert am Beispiel des *isotaktischen*, des *syndiotaktischen* und des *ataktischen* Polyvinylchlorids dieses Prinzip. Man spricht von der unterschiedlichen sterischen Anordnung, der *Taktizität* eines Makromoleküls. Man kann sich Änderungen der Taktizität einer Kette vorstellen, wenn man die Monomereinheiten durch Drehung um ihre Achse in unterschiedliche Gleichgewichtslagen bringt.

7.3.1.3 Geometrische Isomerie

Bekanntlich liegen die vier Substituenten von Kohlenstoffatomen, die durch eine Doppelbindung miteinander verbunden sind, in einer Ebene. Enthält die Hauptkette die Gruppierung $>C{=}C<$, so bestehen zwei Möglichkeiten der Kettenstruktur. Entweder sind die Kettenteile R und R′ in cis-Position oder in trans-Position bezüglich der Doppelbindung angeordnet:

(1) cis-Form:

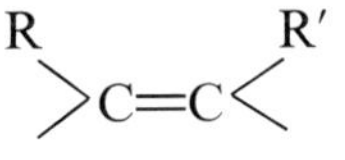

$$\begin{matrix} R & & R' \\ & >C{=}C< & \end{matrix}$$

(2) trans-Form:

$$\begin{matrix} R & & \\ & >C{=}C< & \\ & & R' \end{matrix}$$

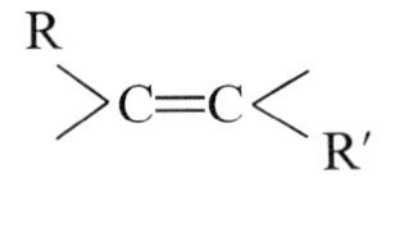

So entstehen beispielsweise beim Polybutadien (Tab. 7.1) folgende geometrische Isomere:

(1) *cis*-Polybutadien

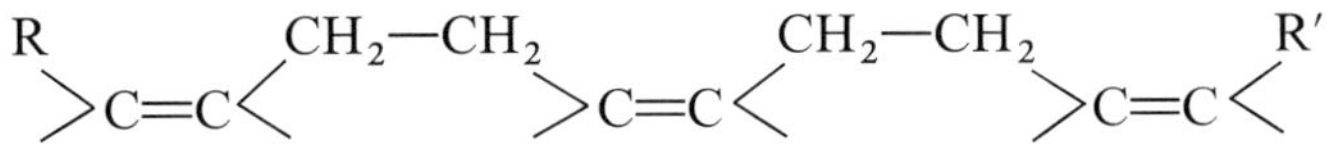

$$\begin{matrix} R & & CH_2{-}CH_2 & & CH_2{-}CH_2 & & R' \\ & >C{=}C< & & >C{=}C< & & >C{=}C< & \end{matrix}$$

(2) *trans*-Polybutadien

$$\begin{matrix} & & CH_2{-}CH_2 & & & & R' \\ & >C{=}C< & & >C{=}C< & & >C{=}C< & \\ R & & & & CH_2{-}CH_2 & & \end{matrix}$$

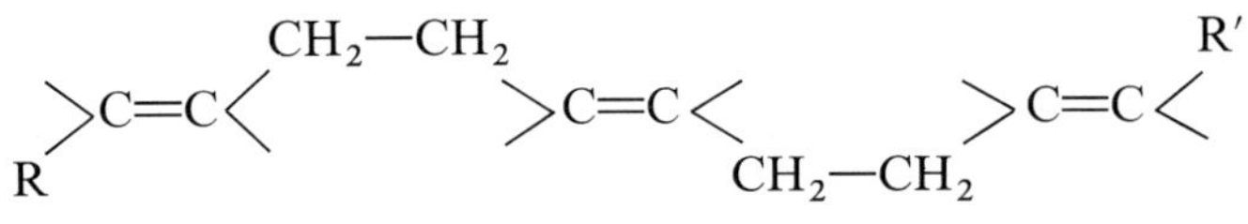

7.3.1.4 Rotationsisomerie

Eine weitere Möglichkeit für eine Polymerkette, in verschiedenen Konformationen aufzutreten, läßt sich auch am Beispiel der Bindungsverhältnisse eines Kohlenstoffgerüsts illustrieren. Bekanntlich bilden je zwei der vier Bindungen am vierbindigen Kohlenstoffatom miteinander einen Tetraederwinkel von 109°. Man kann sich, wie in Abb. 7.5 dargestellt ist, das Kohlenstoffatom im Mittelpunkt eines regelmäßigen Tetraeders vorstellen und die Bindungen bzw. die Substituenten in Richtung der vier Ecken des Tetraeders.

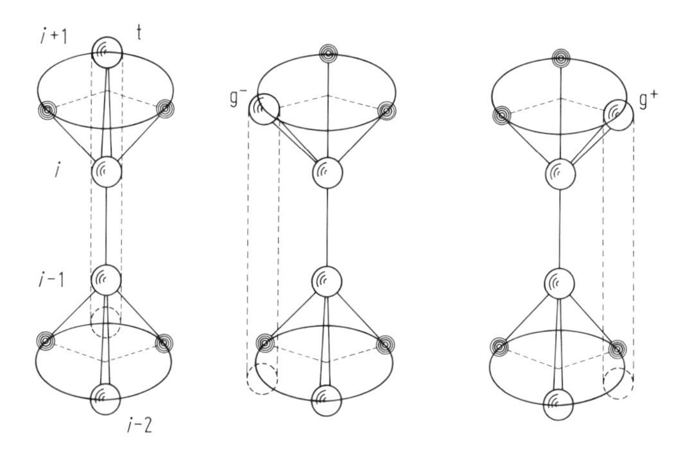

Abb.7.5 Rotationsisomerie um eine C—C-Bindung zwischen den Hauptkettenatomen i und i-1. Von der Hauptkette sind vier Atome (offene größere Kreise) dargestellt.

Betrachten wir auf einer C-Atomen bestehenden Kette das Kohlenstoffatom i, so besteht für das folgende Kohlenstoffatom $i+1$ die Möglichkeit, in drei Orientierungen zu liegen. Das Kohlenstoffatom $i+2$ wiederum drei Möglichkeiten, einen der drei Winkel zu belegen. Auf diese Art ergibt sich eine sehr große Anzahl von unterschiedlichen Konformationen für eine ⟮C—C—C⟯-Kette (Abb. 7.6). Ein Makromolekül, dessen Hauptgerüst aus n Kohlenstoffatomen aufgebaut ist, kann in 3^n Konformationen auftreten. Da bei gängigen Polymeren n von der Größenordnung $10^2 - 10^6$ ist, kommt man zu einer praktisch unendlichen Anzahl von möglichen Konformationen einer solchen Kette. Die Darstellung der Konformation der beschriebenen Art für die Substituenten zeigt die drei Konformationen, die, wie in Abb. 7.5 angegeben, durch trans (t), geminal + (g^+) und geminal − (g^-) bezeichnet werden. Die Konfiguration des Kohlenstoffgerüsts einer längeren Kette kann also durch die Folge der Konfiguration der Typen t, g^+, g^- charakterisiert werden.

Diese Überlegungen beruhen auf der Annahme, daß die Drehung um die C—C-Achse nicht ohne weiteres möglich ist. Physikalisch bedeutet dies, daß zwischen den drei Gleichgewichtslagen die potentielle Energie des Moleküls als Funktion des Azimutwinkels φ Minima, entsprechend den Gleichgewichtsorientierungen, und dazwischen Maxima aufweist. Eine solche, häufig beobachtete Potentialkurve ist in

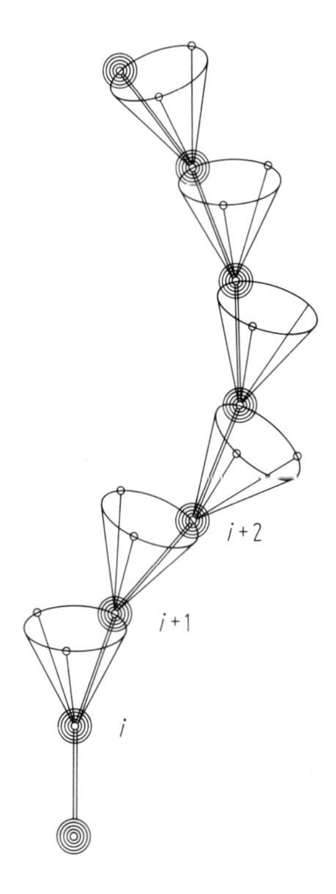

Abb. 7.6 Konformation einer linearen Kette durch Rotationsisomerie. Durch die zufällige Folge der g^+-, g^--, t-Isomere längs der Kette entsteht eine große Vielfalt von Hauptketten-Konformationen.

Abb. 7.7 dargestellt. Häufig entsprechen, wie in Abb. 7.7, die t-Konformation einem absoluten und die beiden g-Konformationen je einem relativen Minimum.

Nach der formalen Beschreibung der prinzipiell möglichen Konformationen eines Makromoleküls stellt sich die Frage nach der Wahrscheinlichkeit, mit der bestimmte Konformationen unter bestimmten inneren und äußeren physikalischen Bedingungen auftreten.

7.3.2 Aufbau biologischer Makromoleküle (Proteine)

Biopolymere gehören zu den wichtigsten Polymeren überhaupt, da sie ein wesentlicher Bestandteil aller Lebewesen sind. Man kann folgende Klassen unterscheiden:

- Polypeptide und Proteine
- Polynucleotide
- Polysaccharide.

Hier sollen nur einige grundlegende Prinzipien des Aufbaus von Proteinen aufgeführt werden.

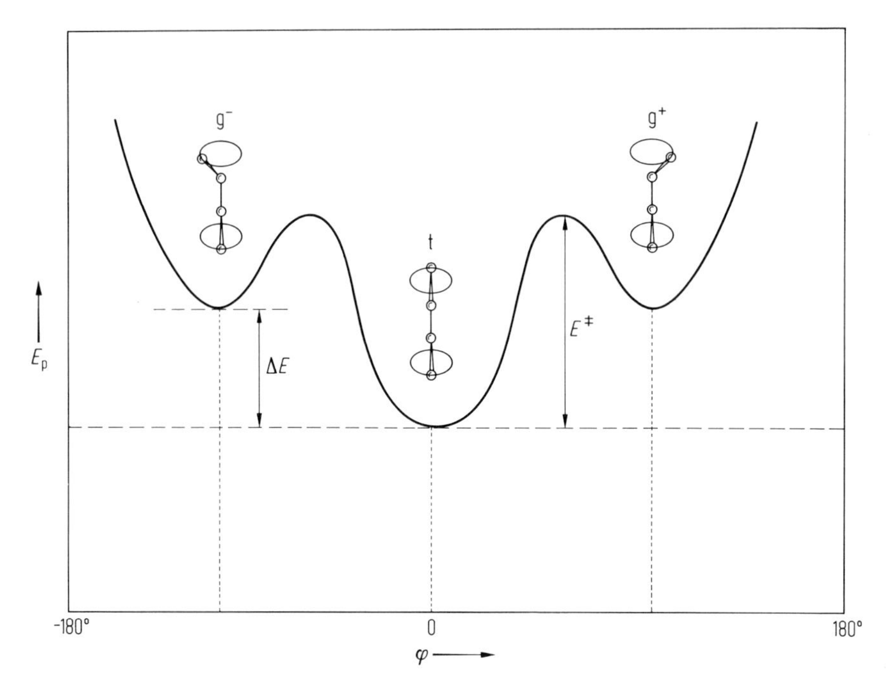

Abb. 7.7 Energiekurve für die Rotationskonformere g^-, t, g^+. Entsprechend der Boltzmann-Verteilung ist, abhängig von der Größe des Quotienten $\Delta E/(kT)$, die relative Besetzung der g- und t-Zustände unterschiedlich. Zusätzlich kann ein hoher Wert der Aktivierungsenergie $E^{\ddagger}$ zum Einfrieren von Konformationsverteilungen führen, die nicht dem thermodynamischen Gleichgewicht entsprechen.

Proteine bestehen aus α-Aminosäuren, die durch die sog. *Peptidbindung* miteinander verknüpft sind. Sie können nach folgendem Reaktionsschema als Kondensationsprodukt von α-Aminosäuren angesehen werden:

$$\begin{array}{c} R_1 \qquad\qquad\qquad\qquad R_2 \\ NH_2-\overset{|}{C}H-COOH + NH_2-\overset{|}{C}H-COOH \end{array}$$

$$\rightarrow NH_2-\overset{\overset{R_1}{|}}{C}H-CO-NH-\overset{\overset{R_2}{|}}{C}H-COOH + H_2O.$$

R_1 und R_2 stellen verschiedene Alkylreste der Form C_nH_{2n+1} oder andere organische Gruppen dar. Zur Charakterisierung des Aufbaus von Proteinen unterscheidet man zwischen der Primär-, Sekundär-, Tertiär- und Quartärstruktur.

7.3.2.1 Primärstruktur

Als Bausteine der natürlichen Proteine kommen 20 Aminosäuren vor. Dies führt zu einer großen Vielfalt von unterschiedlichen Sequenzen in der Polypeptidkette, die für jedes Protein charakteristisch ist. Im Gegensatz zu den synthetischen Copolymeren sind die Sequenzen der Proteine streng definiert und die molare Masse einheitlich. Dies ist eine Folge der spezifischen enzymatischen Synthese der Proteine in der lebenden Zelle.

7.3.2.2 Sekundärstruktur

Die dreidimensionale Konformation von Proteinen auf der Ebene der sogenannten Sekundärstruktur umfaßt zwei Strukturtypen.

α-Helix. Das Grundgerüst hat wie in Abb. 7.8 illustriert ist, eine helikale Gestalt mit einer festen Anzahl von Aminosäuren pro Umgang. Die Seitenketten weisen von der Helixachse nach außen. Die Struktur wird u.a. durch innere Wasserstoffbrücken zwischen den N- und den O-Atomen der Aminosäuren stabilisiert.

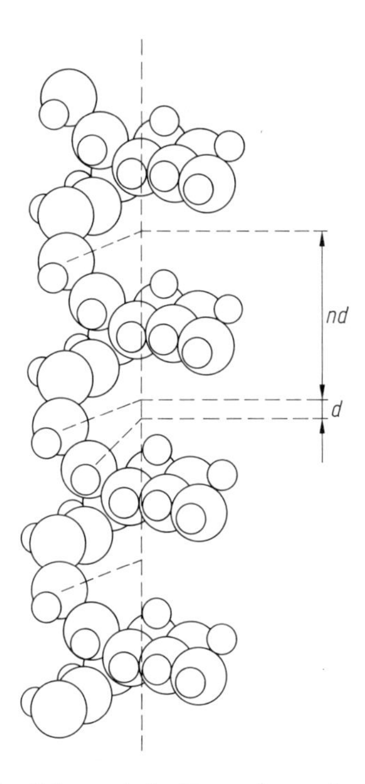

Abb. 7.8 Schematische Darstellung einer α-Helix.

β-Konformation. Die Moleküle weisen eine gestreckte Zickzackkonformation auf, wobei nebeneinanderliegende Ketten in ebenen Faltblattstrukturen angeordnet sind, s. Abb. 7.9. Die einzelnen Ketten sind durch Wasserstoffbrücken verbunden (gestrichelte Verbindungslinien). Die Seitenketten liegen oberhalb und unterhalb der Kettenebene.

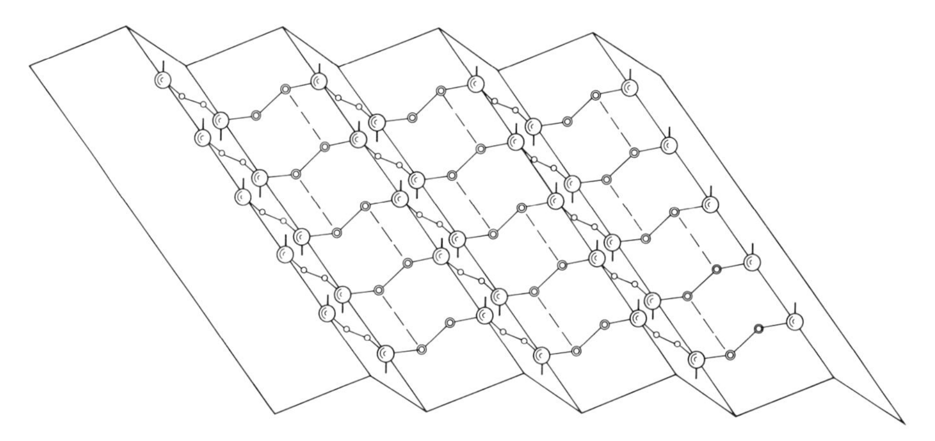

Abb. 7.9 Schematische Darstellung der β-Konformation einer Proteinkette.

7.3.2.3 Tertiärstruktur

Eine große Anzahl von Proteinen (*globuläre Proteine*) haben eine kompakte Form, die dadurch entsteht, daß das fadenförmige Makromolekül im Raum dreidimensional gefaltet ist. Es entsteht hier eine für jedes Protein spezifische Struktur, die durch Quervernetzungen, z.B. durch Wasserstoffbrücken, stabilisiert ist. In einem solchen Protein können Bereiche mit einer α-Helix und einer β-Konformation unterschieden werden. Die dreidimensionale Struktur erfüllt eine Vielfalt von verschiedenen biologischen Funktionen.

7.3.2.4 Quartärstruktur

Globuläre, d.h. räumlich kompakt aufgebaute Proteine sind oft *oligomer*, d.h. sie bestehen aus mehr als einer globulären Proteinkette als Untereinheiten. Die räumliche Anordnung dieser Untereinheiten wird als Quartärstruktur beschrieben. Auch bei der Ausbildung der Quartärstruktur spielen Wasserstoffbrücken eine entscheidende Rolle. Bei der Bestimmung der Quartärstruktur zahlreicher Proteine konnten wichtige biologische Funktionen mit der Struktur und der Beweglichkeit der Untereinheiten gegeneinander in Zusammenhang gebracht werden.

Die Struktur eines Proteins läßt sich thermodynamisch beschreiben, da sie einem Zustand minimaler freier Energie in bezug auf die molekularen Wechselwirkungen entspricht. In die intramolekulare Wechselwirkungsenergie gehen elektrostatische, Van-der-Waals- und sterische Wechselwirkungen ein. Durch das Zusammenwirken all dieser Energiebeiträge entsteht ein Potentialflächendiagramm, das ein dem *nativen Zustand* entsprechendes Minimum aufweist. Dies ist schematisch in Abb. 7.10 illustriert, wobei der denaturierte Zustand höher liegenden relativen Minima entspricht.

Die Struktur der Proteine kann durch Erhöhung der Temperatur oder durch Veränderung des Lösungsmittels modifiziert werden. In diesem Fall spricht man von einer *Denaturierung* des Proteins. Die biologisch aktive Struktur entspricht dem nati-

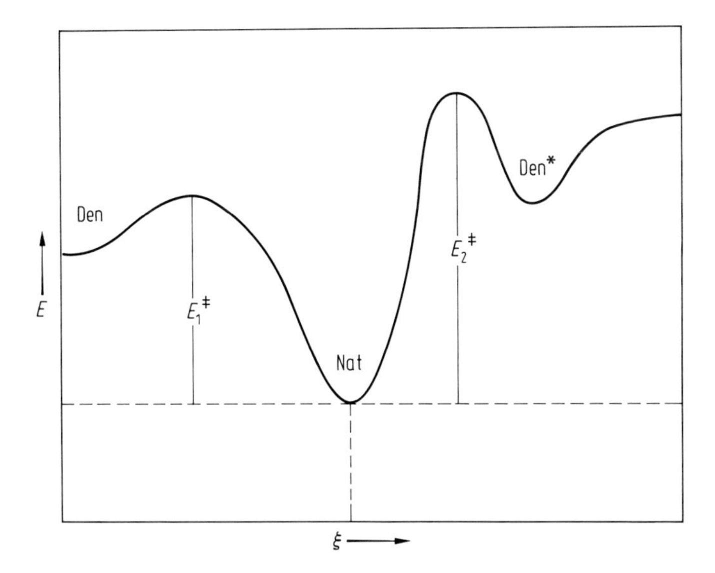

Abb. 7.10 Potentialkurve des nativen (Nat) und des denaturierten Zustands (Den oder Den*) einer Proteinkette. Es sind zwei verschiedene denaturierte Zustände dargestellt, die über verschiedene Wege thermisch oder auch chemisch erreicht werden können. ξ ist die Umsatzvariable, die den Fortschritt der Reaktion zwischen den Zuständen Nat und Den bzw. Nat und Den* beschreibt. Die entsprechenden Aktivierungsenergien $E_1^{\ddagger}$ und $E_2^{\ddagger}$ sind eingezeichnet.

ven Zustand, der jedoch in einem relativ engen Bereich in Bezug auf die genannten Variablen stabil ist.

Unsere Kenntnisse über die Struktur der Proteine verdanken wir einer Kombination von synthetischen und analytischen chemischen Methoden sowie Röntgenbeugungsanalysen. Auch der Beitrag von physikalischen Größen, wie z.B. der Viskosität, und spektrokopischen Daten war bei der Klärung dieser Probleme von großer Bedeutung.

7.3.3 Form und Größe von Polymerketten

Die Ausdehnung einer Polymerkette im Raum hängt von dem molekularen Aufbau des Polymers und von den äußeren Bedingungen ab. Generell läßt sich sagen, daß einerseits durch Temperaturerhöhung und andererseits in den weiter unten beschriebenen „guten“ Lösungsmitteln eine Vergrößerung des Knäuels zu beobachten ist. Die in diesem Zusammenhang relevanten inneren Bedingungen sind intramolekulare Wechselwirkungen, entsprechend den in Abb. 7.7 dargestellten Potentialen. Die äußeren Bedingungen sind im wesentlichen auf das umgebende Medium zurückzuführen, wie auf die Wechselwirkungen des Polymers mit dem Lösungsmittel oder mit anderen Polymermolekülen. Eine quantitative Behandlung setzt die Verwendung von geeigneten Kenngrößen voraus, mit deren Hilfe die erforderlichen statistisch mechanischen Gleichungen formuliert werden, und die mit experimentellen Meßgrößen verknüpft werden können. Im folgenden werden die wichtigsten dieser Kenngrößen kurz definiert.

Bindungsvektor $\boldsymbol{l}$. Der Vektor, der zwei aufeinanderfolgende Atome in der Hauptkette verbindet, bzw. die Differenz der Ortsvektoren $\boldsymbol{R}_i$ und $\boldsymbol{R}_j$ zweier aufeinanderfolgenden Hauptkettenatome:

$$\boldsymbol{l}_{ij} := \boldsymbol{R}_i - \boldsymbol{R}_j.$$

Mittlerer quadratischer Endabstand $\langle r^2 \rangle$ (Abb. 7.11). Die Summe der Skalarprodukte aller Paare der Bindungsvektoren:

$$\langle r^2 \rangle := \sum_1^N \sum_1^N \boldsymbol{l}_i \cdot \boldsymbol{l}_j\,. \tag{7.7}$$

Trennt man die Summanden mit gleichen Indizes von denen mit verschiedenen, so erhält man:

$$\langle r^2 \rangle := N \langle l^2 \rangle + 2 \cdot \sum_{i} \sum_{< j} \boldsymbol{l}_i \cdot \boldsymbol{l}_j\,. \tag{7.8}$$

In dieser Beziehung ist $\langle l^2 \rangle$ die *mittlere quadratische Segmentlänge*. Der zweite Summand auf der rechten Seite stellt die räumlichen Intersegment-Korrelationen dar und ist gleich null, wenn die Lage jedes Segments unabhängig von der des vorhergehenden ist (*Zufallsknäuel*).

Trägheitsradius R_g (Abb. 7.12). Die mittlere quadratische Entfernung aller Hauptkettenatome vom gemeinsamen Schwerpunkt:

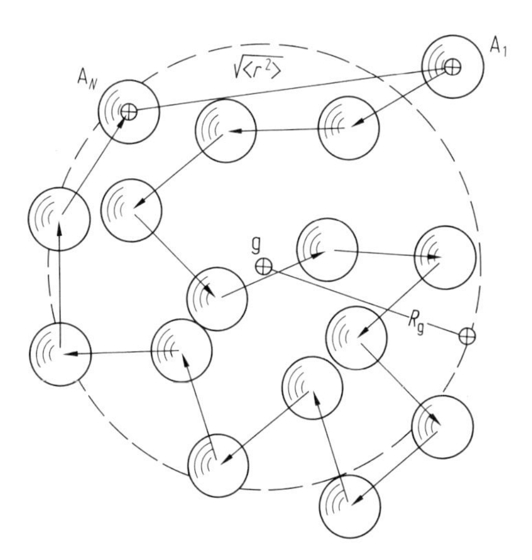

Abb. 7.11 Quadratischer Endabstand einer Polymerkette bei einer gegebenen Konformation, dargestellt durch die Verbindungslinie der Endgruppen A_1 und A_N. Eine Mittelung der Endabstände über eine Ensemble von Konformationen ergibt den mittleren quadratischen Endabstand.

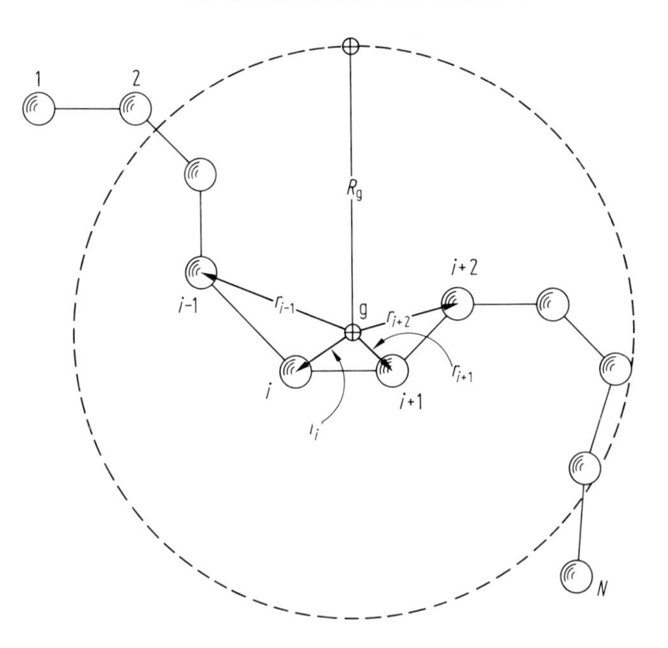

Abb. 7.12 Trägheitsradius R_g, gebildet nach Gl. (7.9) aus den Abständen $\ldots, r_{i-1}, r_i, r_{i+1}, r_{i+2}$, … der Kettenelemente vom Schwerpunkt.

$$\langle R_g^2 \rangle := \frac{1}{n} \sum_{i=1}^{n} r_i^2 , \tag{7.9}$$

wobei r_i die Entfernung des i-ten Hauptkettenatoms vom Schwerpunkt ist.

Persistenzlänge a. Die Summe der Skalarprodukte eines Bindungsvektors $\boldsymbol{l}_i$ mit allen $\boldsymbol{l}_j$ für $j \geq i$:

$$a := \sum_{j<i}^{N} \boldsymbol{l}_i \cdot \boldsymbol{l}_j . \tag{7.10}$$

a ist ein Maß für die Persistenz der Richtung der Kette, oder mit anderen Worten, a ist der mittleren Krümmung der Kette umgekehrt proportional; a ist ebenfalls ein Maß für die Abnahme der räumlichen Korrelation zwischen einem Kettensegment i und den folgenden $i + k$.

Konturlänge L. Die Länge des gestreckten Moleküls unter Wahrung der festen Valenzwinkel:

$$L := l_0 \cdot n . \tag{7.11}$$

l_0 ist eine für eine Monomereinheit typische Länge.

In der Abb. 7.13 sind die so definierten Größen anschaulich dargestellt. Zu bemerken ist, daß der Endabstand, der Trägheitsradius und die Persistenzlänge von der jeweiligen molekularen Konformation, d. h. auch von den äußeren Bedingungen ab-

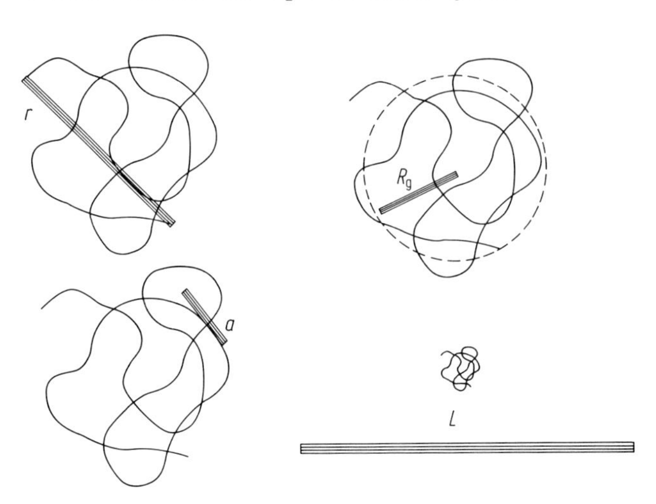

Abb. 7.13 Veranschaulichung des quadratischen Endabstands r, des Trägheitsradius R_g, der Persistenzlänge a und der Konturlänge L eines gegebenen Polymerknäuels. Zur Darstellung der Konturlänge wurde das Knäuel um den Faktor 5 verkleinert.

hängen, während die Konturlänge allein von der Natur des Polymers und dem Polymerisationsgrad abhängt.

7.3.4 Polymermodelle

Bei der hohen Variabilität und Komplexität von Makromolekülen ist eine theoretische Behandlung im Rahmen der statistischen Mechanik erforderlich. Dies setzt jedoch die Verwendung von Modellen voraus, die lediglich vereinfachte Darstellungen der wichtigsten Eigenschaften von realen Makromolekülen sind und für die theoretischen Rechnungen praktikabel sind. Im Folgenden werden einige der gängigen Modelle kurz vorgestellt.

Zufallsknäuel. Die Konformation der Polymerkette wird durch eine Zufallsbahn (Irrflugbahn) im dreidimensionalen Raum dargestellt. Diese kann durch n Schritte gleicher Länge l simuliert werden, wobei die Orientierung des i-ten Schritts relativ zum (i-1)ten Schritt zufällig ist. Während also in einem Zufallsknäuel die Richtung eines jeden Bindungsvektors $\boldsymbol{l}_i$ nicht von $\boldsymbol{l}_{i-1}$ abhängt, kann in einem realen Polymer die Orientierung durch die in Abb. 7.14 veranschaulichten Winkel φ und δ beschrieben werden. Für dieses Modell ist der Wertebereich für $\varphi|0-360^\circ$ und für $\partial|0-180^\circ$. Ein Zufallsknäuel hat in guter Näherung eine Gaußsche Wahrscheinlichkeitsverteilung im Raum.

Dies bedeutet, daß die Wahrscheinlichkeit dafür, daß das Ende des Vektors $\boldsymbol{r}_{ij}$, dessen Ursprung im Koordinatenursprung liegt, innerhalb der durch die Radien $|\boldsymbol{r}_{ij}|$ und $|\boldsymbol{r}_{ij}| + |\mathrm{d}\boldsymbol{r}_{ij}|$ definierten Kugelschale um den Ursprung die Gaußsche Form hat:

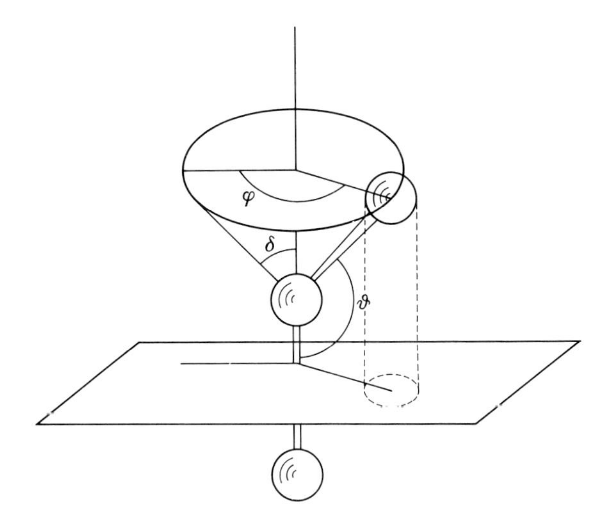

Abb. 7.14 Rotationswinkel zwischen benachbarten Kettengliedern. Die Hauptkette verläuft entlang der durch die drei Kugeln gekennzeichneten Atome.

$$w(\mathrm{r}_{ij}) = \left(\frac{3}{2\pi N l^2}\right)^{3/2} \exp\left(\frac{-3r_{ij}^2}{2Nl^2}\right). \tag{7.12}$$

Die Verteilung ist kugelsymmetrisch; l ist die Länge des Bindungsvektors und n die Anzahl der Kettenelemente. Die gleiche Verteilung gilt für den Endabstand r, d. h. für die Wahrscheinlichkeit, daß ein Polymer mit dem Polymerisationsgrad n einen Endabstand hat, dessen Wert zwischen r und $r + \mathrm{d}r$ liegt. Die Definition dieser Verteilung ist in Abb. 7.15 illustriert.

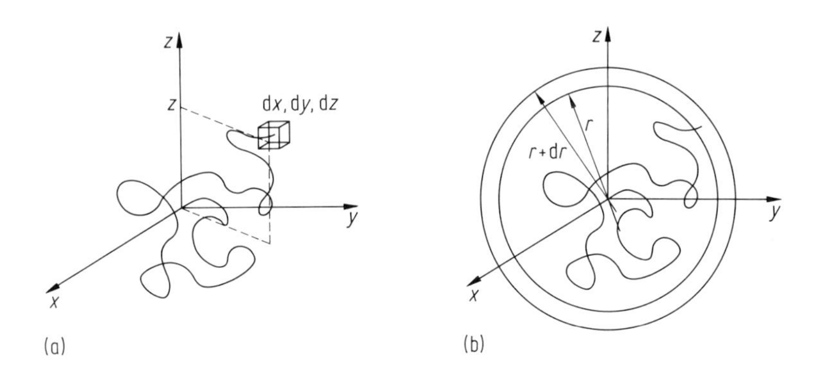

Abb. 7.15 Zur Wahrscheinlichkeitsverteilung der Endabstände. Es werden die Wahrscheinlichkeiten $w(x, y, z)$ und $w(r)$ angegeben, daß, wenn das eine Kettenende im Ursprung liegt, das andere (a) im Würfel $\mathrm{d}x\mathrm{d}y\mathrm{d}z$ bzw. (b) in der Kugelschale zwischen den Radien r und $r + \mathrm{d}r$ liegt. Bei isotroper Verteilung der Kettenelemente in Raum gilt $w(r) = 4\pi r^2\, w(x, y, z)$.

Ein Zufallsknäuel kann man sich auch als ein Stichprobe aus einem Ensemble von linearen Ketten vorstellen, in der die Kettenelemente gegeneinander frei drehbar sind, d.h. ohne energetische Einschränkungen alle Richtungen einnehmen können und sich somit überwiegend im statistisch wahrscheinlichsten Zustand befinden. Die grundlegende Gleichung für dieses Modell ist das räumliche Analogon der für den zeitlichen Verlauf der Diffusionsbewegung hergeleiteten Einsteinschen Diffusionsgleichung. Für den Fall der räumlichen Verteilung der Kettenelemente gilt für das Modell des Zufallsknäuels zwischen der mittleren quadratischen Verschiebung $\langle r^2 \rangle$ und der Anzahl der Kettenelemente n die Gleichung:

$$\langle r^2 \rangle_0 = l^2 \cdot N . \tag{7.13}$$

Analog gilt für das Modell des Zufallsknäuels auch:

$$\langle R_g^2 \rangle_0 = \frac{1}{6}\left(\frac{n+2}{n+1}\right) N l^2 . \tag{7.14}$$

Aus den beiden Gln. (7.13) und (7.14) ergibt sich für das Modell des Zufallsknäuels folgende Beziehung zwischen dem mittleren quadratischen Endabstand und dem mittleren Trägheitsradius:

$$\langle R_g^2 \rangle_0 = \frac{1}{6} \langle r^2 \rangle_0 . \tag{7.15}$$

Eingeschränktes Knäuel. Die Bindungsvektoren in einer realen Kette sind durch die Valenzwinkel bzw. durch die Potentialminima in den Gleichgewichtslagen eingeschränkt (vgl. Abb. 7.14). Will man dieser Situation Rechnung tragen, so muß das Zufallsknäuel durch die genannten Einschränkungen ergänzt werden. Für den Fall, daß der Winkel δ in Abb. 7.14 durch die chemische Bindung vorgegeben ist, werden die Beziehungen (7.13) und (7.14) folgendermaßen modifiziert:

$$\langle r^2 \rangle \quad = n l^2 \frac{1+\cos\delta}{1-\cos\delta} , \tag{7.16}$$

$$\langle R_g^2 \rangle_0 = n l^2 \frac{1+\cos\delta}{1-\cos\delta} \frac{1}{6} . \tag{7.17}$$

Beide Gleichungen gelten für den Grenzfall $n \to \infty$.

Kuhnsches Ersatzknäuel. Durch Einschränkungen der Konformation von realen Ketten ist die wesentliche Grundannahme im Modell des Zufallsknäuels nicht zutreffend. Um jedoch die theoretischen bzw. rechnerischen Vorteile des Zufallsknäuels zu bewahren, schlug Kuhn eine Konstruktion vor, die es erlaubt, reale Polymerketten durch Ersatzketten mit einer Gauß-Verteilung der Kettenelemente zu beschreiben. Die reale Kette mit ihren N Elementen wird in m Unterketten mit N/m Elementen pro Unterelement unterteilt. Für jedes dieser Unterelemente kann ein Mittelpunkt und somit eine äquivalente Kette aus m durch entsprechende Vektoren verbundenen Elementen definiert werden. Die Zahl $m < N$ kann nun so gewählt werden, daß die Lage der sukzessiven m Elemente statistisch unabhängig voneinander ist, wodurch ein statistisches Ersatzknäuel mit m Elementen entsteht, das die gewünschte Eigenschaft besitzt. Die Basis für diese Konstruktion ist, daß nach Kuhn die räumlichen Korrelationen zwischen den Kettensegmenten i und k abnehmen, wenn die Differenz $i-k$ zunimmt. Im Grenzfall großer $i-k$ ist die Korrelation auf 0 abgeklungen. Für viele Polymere ist nach $i-\mathrm{k}=20\ldots50$ keine Korrelation der Kettensegmente mehr vorhanden. Das Verfahren ist in Abb. 7.16 dargestellt.

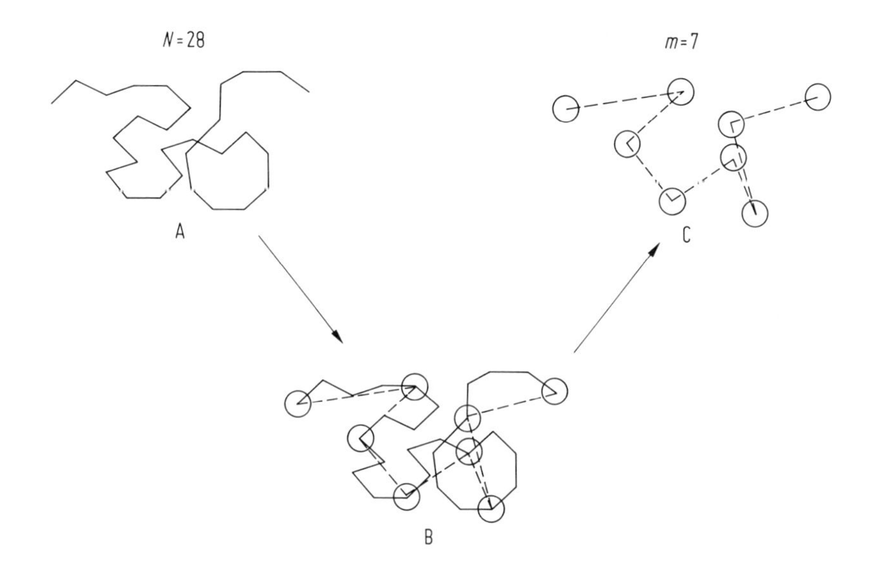

Abb. 7.16 Kuhnsches Ersatzknäuel aus der Polymerkette mit $N = 28$. In der Abbildung entsteht ein solches Ersatzknäuel durch Bildung von sieben Unterelementen aus je vier Monomeren.

Perlenkettenmodell. Dieses Modell wurde für die Vereinfachung der theoretischen Beschreibung der Polymerdynamik entwickelt. Ähnlich wie im Fall des Kuhnschen Ersatzknäuels wird die reale Kette durch eine Perlenkette wie in Abb. 7.17 ersetzt. Hierbei geht es darum, die Beschreibung der Wechselwirkungen, die die Polymerbewegung bestimmen, zu vereinfachen. Allgemein wirken auf ein Element der Perlenkette:

a) intramolekulare Wechselwirkungen kurzer Reichtweite zwischen den benachbarten Kettenelementen d. h. zwischen i und i-1 einerseits und i und $i+1$ andrerseits,
b) intramolekulare Wechselwirkungen längerer Reichweite zwischen längs der Kette weiter entfernten, aber durch die momentane Kettenkonfiguration räumlich benachbarten Kettenelementen, z. B. p mit q, wobei die Differenz p-q eine relativ große Zahl ist, und
c) hydrodynamische Wechselwirkungen langer Reichweite, die entweder durch ein Lösungsmittel oder durch andere Polymerketten vermittelt werden.

Bei der Modellierung von Polymerketten werden zunächst nur die Wechselwirkungen des Typs a berücksichtigt und die beiden anderen vernachläßigt. Eine Verfeinerung des Modells kann erreicht werden, wenn die Wechselwirkungen des Typs b mit einbezogen werden. Dadurch werden Konfigurationen der Kette ausgeschlossen, in denen Kettensegmente sich durchdringen können. Dies läuft darauf hinaus, daß ein bestimmtes Volumen für die Kette als ausgeschlossenes Volumen berücksichtigt werden muß und die so berechneten Kettendimensionen sich vergrößern. In der Regel spricht man im Fall der ersten Näherung von der ungestörten Kette und kennzeichnet den mittleren Endabstand und den mittleren Trägheitsradius durch $\langle r^2 \rangle_0$ bzw. durch $\langle R_g^2 \rangle_0$. In der zweiten Näherung, in der das Ausschlußvolumen berücksichtigt wird, gilt

$$\langle r^2 \rangle = \alpha^2 \langle r^2 \rangle_0 \,. \tag{7.18}$$

α ist ein Korrekturparameter, der die Änderung der linearen Dimensionen der Kette beschreibt.

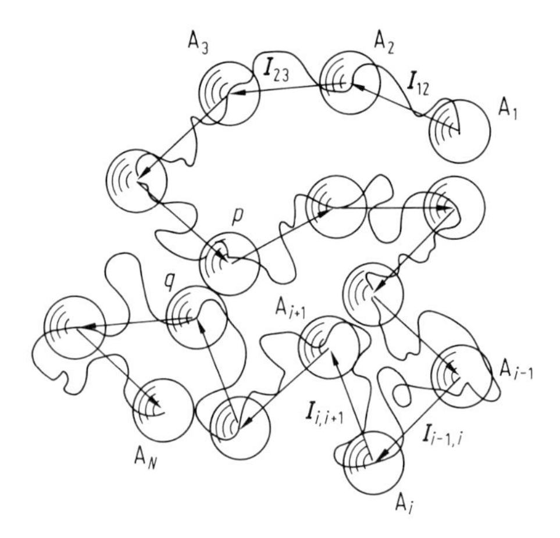

Abb. 7.17 Perlenkettenmodell eines Polymers mit N Perlen A_1 bis A_N. Das eingezeichnete reale verknäuelte Polymer wird durch N Perlen und die Vektoren $\boldsymbol{I}_{ij}$ ersetzt.

Hydrodynamische Wechselwirkungen spielen nur bei dynamischen Effekten eine Rolle und müssen dementsprechend bei der Behandlung der Diffusion oder der inneren Beweglichkeit der Polymerketten einbezogen werden. Im Perlenkettenmodell werden die hydrodynamischen Wechselwirkungen auf die fiktiven Perlen konzentriert, so daß die Verbindungsvektoren diesen nicht unterliegen. Ähnlich wie im Kuhnschen Modell erreicht man durch geeignete Wahl der neu definierten Segmente, daß die Verteilung durch eine Gauß-Verteilung angenähert werden kann.

7.3.5 Molekülmassenverteilung

Polymerisationsreaktionen, bei denen monomere Radikale zu Polymerketten reagieren, die mit zunehmender Reaktionszeit wachsen, liefern ein polymeres Produkt aus Molekülen unterschiedlichen Polymerisationsgrades. Wir sprechen in diesem Zusammenhang von einem *polydispersen Produkt*. Der Grund für die Polydispersität ist, daß zu keinem Stadium der Polymerisation ein gesättigtes Molekül entsteht. So setzt sich die Reaktion so lange fort, bis entweder die Monomere verbraucht sind oder die reaktiven Spezies sich wegen der hohen Viskosität nicht mehr treffen können. Man sagt, daß die Reaktion *diffusionskontrolliert* ist, und zwar gelangt die Kinetik in den Bereich sehr kleiner Diffusionskoeffizienten. Die den meisten Polymerisationsreaktionen zugrundeliegende Kinetik ist äußerst komplex und in vielen Fällen noch nicht geklärt. Auf der anderen Seite bestimmt die Kinetik entscheidend die physikalischen Eigenschaften des polymeren Produkts und die Wirtschaftlichkeit des betreffenden Verfahrens.

Die statistischen Verteilungen, die den Massenanteil w_n der N-mere

$$w_n = \frac{N_n \cdot M_n}{\sum_i N_i \cdot M_i} \tag{7.19}$$

beschreiben, sind von Fall zu Fall verschieden. In Gl. (7.19) ist N_N die Anzahl und M_n die Masse der N-Mere. Eine exakte analytische Form ist nicht bekannt, jedoch werden häufig folgende Formen erfolgreich angewandt:

$$w_n = N \cdot q^{N-1} (1\text{-}q)^2; \tag{7.20}$$

q ist der sog. Umsatz, d.h. der Bruchteil der Monomere, die an der Reaktion teilgenommen haben. Weitere nützliche Verteilungsfunktionen sind die Schulz-Flory- und die Poisson-Verteilung.

Schulz-Flory-Verteilung:

$$w_n = \frac{(1\text{-}q)^{K+1}}{K!} \cdot n^K \cdot q^N . \tag{7.21}$$

Die Konstante K beschreibt die Natur der Reaktion. Wenn das Polymer sich durch an die bereits vorhandenen Ketten anlagernde Monomere aufbaut, dann ist $K = 1$. Wenn sich zwei Teilpolymere zu einem Polymer verbinden, dann ist $K = 2$.

Die Gln. (7.20) und (7.21) beschreiben die Verteilung im Bereich von $q = 0$ bis etwa $q = 0.9$ relativ genau.

Poisson-Verteilung:

$$w_n = \frac{\lambda^{N-1}}{(N-1)!} \cdot e^{-\lambda} . \tag{7.22}$$

λ ist die sogenannte *kinetische Kettenlänge*, die den mittleren Polymerisationsgrad darstellt, der auf ein aktives Zentrum entfällt. Die Poisson-Verteilung ist für die Beschreibung von relativ einheitlichen Proben (kleine Polydispersität) besser geeignet als die anderen Verteilungen.

Generell wurden die obigen Verteilungsfunktionen durch empirische Modellierung der gemessenen Verteilungen unter Zuhilfenahme von plausiblen Annahmen über die Polymerisationskinetik gewonnen.

Der Polymerisationsgrad n bzw. die Molekülmasse M kann für polydisperse Pro-

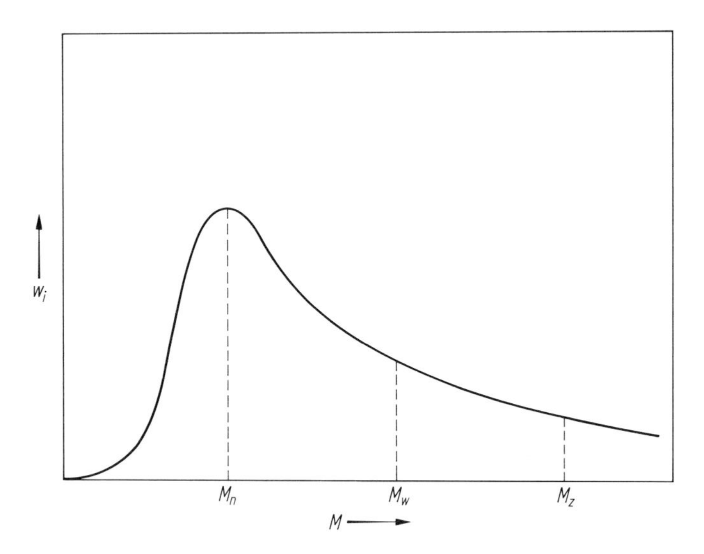

Abb. 7.18 Typische Molekülmassenverteilung eines Polymers. Die Ordinate w_i stellt die Massenanteile der einzelnen Molekülsorten dar und die Abszisse die Molekülmasse M_i der Molekülsorten. M_n, M_w, M_z sind die in den Gln. (7.23a–c) definierten Mittelwerte für eine gegebene Verteilung.

ben nur als gewichteter Mittelwert angegeben werden. Je nach Verfahren, mit dem die Molekülmasse bestimmt wird, erhalten wir bei einer gegebenen Molekülmassenverteilung unterschiedlich gewichtete Mittelwerte. Man unterscheidet zwischen folgenden Mittelwerten:

Zahlenmittel (1. Moment):

$$M_n := \frac{\sum_i N_i M_i}{\sum_i N^i} \quad \text{(Osmose, s. Gl. (7.25))} \tag{7.23a}$$

Massenmittel (2. Moment):

$$M_w := \frac{\sum_i N_i M_i^2}{\sum_i N_i} \quad \text{(Lichtstreuung)} \tag{7.23b}$$

z-Mittel (3. Moment):

$$M_z := \frac{\sum_i N_i M_i^3}{\sum_i N_i} \quad \text{(statische Lichtstreuung, s. Gl. (7.50))} \tag{7.23c}$$

Viskositätsmittel:

$$M_\eta = \left(\frac{\sum_i N_i M_i^{a+1}}{\sum_i N_i} \right)^{1/a} \quad \text{(Viskosität).} \tag{7.23 d}$$

Zur Definition von a siehe Gl. (7.35). In diesen Gleichungen ist N_i die Anzahl derjenigen Moleküle, die die Molekülmasse M_i haben, und die Summierung geht über alle in der Probe vorkommenden Molekülmassen M_i. Die Abb. 7.18 stellt eine typische Molekülmassenverteilung und die entsprechenden Mittelwerte dar.

Bei einer rein statistischen Molekülmassenverteilung gilt $M_n : M_w : M_z = 1:2:3$. Die Steuerung der Molekülmassenverteilung bei der Synthese und ihre experimentelle Bestimmung sind wichtige Probleme der Chemie und der Physik der Polymere. Wenn eine schmale Molekülmassenverteilung erzielt werden soll, dann stehen entweder physikalische Trennverfahren der Produkte zur Verfügung, wie die in Abschnitt 7.8 beschriebene Gelchromatographie, mit deren Hilfe ein polydisperses Gemisch in Fraktionen aufgeteilt werden kann, oder spezielle Polymerisationsreaktionen, wie z. B. die anionische Polymerisation, die direkt zur erwünschten Verteilung führen kann.

Im folgenden werden wir uns mit dem Problem der experimentellen Bestimmung der oben vorgestellten Molekülmassen-Mittelwerte von Polymeren beschäftigen.

7.3.5.1 Chemische Endgruppenanalyse

Diese Methode ist eine Titration, die dann angewandt werden kann, wenn bei der Synthese des Polymers spezielle titrierbare Endgruppe an den Polymerketten entstehen. Die Methode beschränkt sich auf relativ kleine Molekülmassen.

7.3.5.2 Physikalische Trennverfahren

Hierzu gehören die Gelchromatographie und die Gelelektrophorese. Beide Methoden werden im Abschn. 7.8 über Gele ausführlich beschrieben.

7.3.5.3 Kolligative Eigenschaften (osmotischer Druck)

Kolligative Eigenschaften von Lösungen, d. h. solche, die nur durch die Anzahl der gelösten Moleküle und nicht durch deren Natur bestimmt werden, sind Dampfdruckerniedrigung, Siedepunkterhöhung, Gefrierpunkterniedrigung und osmotischer Druck. Nur die letzte Eigenschaft hat sich zur Bestimmung der Molekülmasse in der Polymeranalytik praktisch durchgesetzt.

Trennt man eine Lösung L_1 und das reine Lösungsmittel L_2, wie dies in Abb. 7.19 dargestellt ist, durch eine Membran, die nur für die Lösungsmittelmoleküle und nicht für die gelösten Moleküle durchlässig ist, so entsteht zwischen den beiden Medien L_1 und L_2 ein Gefälle des chemischen Potentials μ. Als Folge dieses Gefälles werden

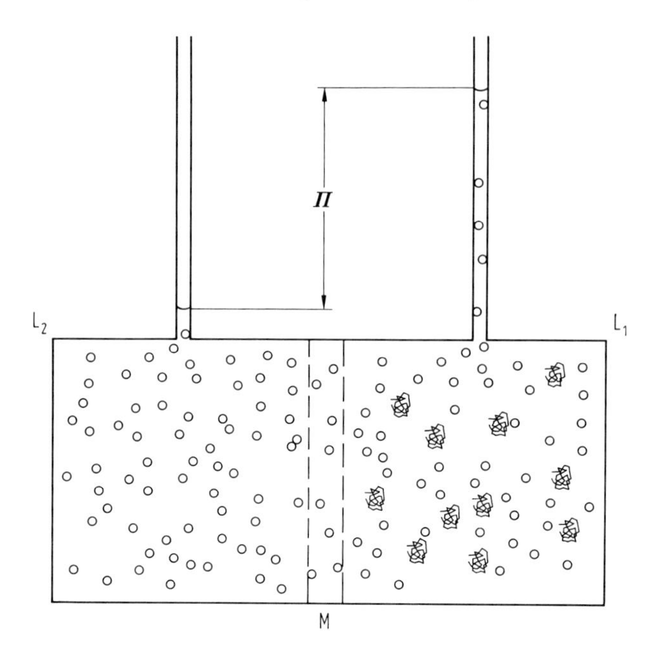

Abb. 7.19 Schematische Darstellung eines Osmometers. Auf der rechten Seite (L_1) befindet sich die Polymerlösung und auf der linken (L_2), getrennt durch die Membran M, das reine Lösungsmittel. Π stellt den durch die Flüssigkeitssäule gegebenen osmotischen Druck dar.

Lösungsmittelmoleküle durch die Membran von L_2 in L_1 transportiert, und ein hydrostatischer Druck baut sich allmählich auf. Dieser Druck kompensiert zunehmend das Gefälle in μ, und ein Gleichgewicht wird erreicht, wenn der Gleichgewichtsdruck π zu einer Kompensation der ursprünglichen Potentialdifferenz $\Delta\mu$ führt. Somit ist im Gleichgewicht $\Delta\mu = 0$ und der osmotische Druck Π wird durch Gl. (7.24) gegeben:

$$\Pi = \frac{\beta}{M} \cdot RT\,. \tag{7.24}$$

β ist die Massenkonzentration der Lösung, M die molare Masse der gelösten Substanz, R die Gaskonstante und T die thermodynamische Temperatur. Diese Beziehung gilt streng nur bei verschwindend kleinen Werten der Massenkonzentration β und somit verwendet man für eine endliche Konzentration den Grenzwert:

$$\lim_{\beta \to 0} \frac{\Pi}{\beta} = \frac{RT}{M_n}\,. \tag{7.25}$$

Aus dieser Beziehung ist auch ersichtlich, daß in polydispersen Proben durch die Messung des osmotischen Drucks das Zahlenmittel M_n bestimmt wird. Die Messungen werden in der Regel bei verschiedenen Konzentrationen durchgeführt und an die in Gl. (7.26) gegebene Virialreihe angepaßt:

$$\frac{\Pi}{\beta} = RT\left(\frac{1}{M_n} + A_2\beta + A_3\beta^2 + \ldots\right) \tag{7.26}$$

Der zweite Virialkoeffizient A_2 rührt von der Wechselwirkung zwischen den gelösten Molekülen und den Lösungsmittelmolekülen, der dritte Virialkoeffizient A_3 von Paarwechselwirkungen zwischen gelösten Molekülen her. Die reziproke Molekülmasse entspricht dem ersten Virialkoeffizienten: $A_1 = 1/M_n$. Die Abb. 7.20 stellt eine solche Kurve dar.

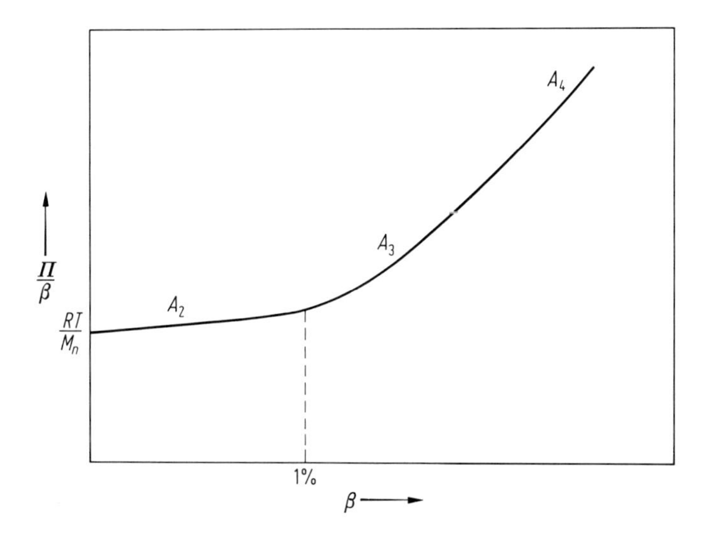

Abb. 7.20 Konzentrationsabhängigkeit des osmotischen Drucks. Der auf die Massenkonzentration $\beta = 0$ extrapolierte Wert ergibt das Molekülmassenmittel M_n. Die nach Gl. (7.26) eingezeichneten Virialkoeffizienten A_2, A_3, A_4 deuten die Bereiche an, in denen die entsprechenden Virialkoeffizienten den Verlauf der Kurve merklich beeinflussen. Bei polydispersen Proben ist A_2 das Massenmittel.

Bei verdünnten Polymerlösungen, etwa $\beta < 0.01$ g/ml, kann der dritte Virialterm vernachläßigt werden und die Gleichung ist in guter Näherung linear in β. Da A_2 von der Temperatur und von den beiden Substanzen (Polymer und Lösungsmittel) abhängt, kann für ein gegebenes Paar eine Temperatur erreicht werden, für die $A_2 = 0$ gilt. Diese ist die *θ-Temperatur* für dieses Paar. Man sagt auch, daß bei dieser Temperatur das Lösungsmittel ein *θ-Lösungsmittel* für das betreffende Polymer ist. Unter θ-Bedingungen verhält sich das System Polymer-Lösungsmittel ideal, das heißt es gilt die ideale Gl. (7.25). Die Tab. 7.2 gibt die θ-Temperatur einiger gängiger Polymer-Lösungsmittelpaare.

Man unterscheidet bei einer gegebenen Temperatur zwischen einem *guten Lösungsmittel* und einem *θ-Lösungsmittel*. Im ersten Fall ist die Tendenz des Polymers, eine innere Solvathülle aus den Lösungsmittelmolekülen zu bilden, sehr stark, d.h. die Löslichkeit bzw. die Lösungsenthalpie ist groß. Beim θ-Lösungsmittel dagegen werden die Polymer-Lösungsmittel-Wechselwirkungen durch die Polymer-Polymer-Wechselwirkungen exakt kompensiert, und somit ist die Lösungsenthalpie gleich Null. Erniedrigt man die Temperatur unterhalb die θ-Temperatur, so wird die Löslichkeit mäßig, und bei weiterer Temperaturerniedrigung neigt das System dazu, sich zu entmischen.

Tab. 7.2 θ-Temperaturen einiger Polymerlösungen.

Polymer	Lösungsmittel	θ-Temperatur/°C
Polystyrol	Cyclohexan	34
	Cyclohexanol	83,5
Polyethylen	Biphenyl	125
cis-Polybutadien	n-Heptan	− 1
	Isobutylacetat	20.5
Polymethylmethacrylat	Butylacetat	− 20
Polydimethylsiloxan	Cyclohexan	− 81
	n-Heptan	− 173

7.3.5.4 Rheologische Methoden

Sowohl bei Polymerschmelzen als auch bei Polymerlösungen sind die Fließeigenschaften eine Funktion der Molekülmasse, der Konformation der Polymerketten und innermolekularer Wechselwirkungen. Aus diesem Grunde wurden Viskositätsmessungen sehr früh zur Klärung einer Reihe von wichtigen Eigenschaften von Polymeren eingesetzt. In Lösungen sind die Verhältnisse relativ einfach und erlauben Aussagen über die Größe und Form des Knäuels. Man unterscheidet zwischen folgenden Viskositätsfunktionen:

Die *Scherviskosität* η eines fluiden Mediums ist die grundlegende Transportgröße, die durch die Newtonsche Gleichung (s. auch Gl. 7.65) definiert ist:

$$\sigma = \eta \frac{d\varepsilon}{dz}. \tag{7.27}$$

σ stellt die Spannung und ε die Deformation dar. Die *relative Viskosität* einer Lösung ist definiert als:

$$\eta_{rel} := \frac{\eta}{\eta_0}, \tag{7.28}$$

wobei η_0 die Viskosität des Lösungsmittels ist. Die *spezifische Viskosität* ist definiert als:

$$\eta_{sp} := \eta_{rel-1}. \tag{7.29}$$

Die *reduzierte Viskosität* ist definiert als:

$$\eta_{red} := \frac{\eta_{sp}}{\beta}, \tag{7.30}$$

wobei β die Massenkonzentration ist. Die *Grenzviskosität* ist definiert als:

$$[\eta] := \lim_{\beta \to 0} \left[\frac{\eta_{sp}}{\beta} \right]. \tag{7.31}$$

In diese Definition geht auch ein, daß die Messung auf den Grenzfall eines verschwindend kleinen Geschwindigkeitsgradienten extrapoliert wird.

Modelliert man ein Polymerknäuel durch eine äquivalente Kugel mit dem Radius | R^{κ} | bzw. dem Volumen V_{κ}, so erhält man aus der klassischen Rheologie die Beziehung:

$$[\eta] = 2.5 \frac{N V_{\kappa}}{M} . \qquad (7.32)$$

Berücksichtigt man, daß das Volumen V_{κ} von M abhängt, erhält man für die Molekülmassenabhängigkeit von $[\eta]$ die Beziehung:

$$[\eta] = 2.5 \frac{4\pi}{3} N \left(\frac{R_{\kappa 0}^2}{M} \right) M^{1/2} \alpha^3 . \qquad (7.33)$$

In dieser Gleichung ist der Ausdruck in Klammern von M annähernd unabhängig, während der äquivalente Kugelradius R_{κ} in einem guten Lösungsmittel durch die Gleichung:

$$R_{\kappa} = R_{\kappa 0} \cdot \alpha \qquad (7.34)$$

gegeben ist. $R_{\kappa 0}$ entspricht dem Radius im θ-Lösungsmittel und α dem aufgrund der Qualität des Lösungsmittels erreichten Expansionskoeffizienten.

Die Abhängigkeit der Grenzviskosität von der Molekülmasse M wurde von Mark und Houwink im Hinblick auf reale, d.h. nicht starre, kompakte Kugeln durch die folgende empirische Beziehung beschrieben:

$$[\eta] = K \cdot (\mathrm{M}_{\eta})^a \qquad (7.35)$$

In der Mark-Houwink-Gleichung (7.35) sind K und a Konstanten, deren Werte von der Natur des Polymer/Lösungsmittel-Paars abhängen. Bei polydispersen Polymeren ist M_{η} die viskositätsgemittelte Molekülmasse (vgl. Gl. (7.23d)). Der Wertebereich von a liegt für reale Polymer-Knäuele zwischen 0.5 und 0.8 und $K/\mathrm{ml\,g^{-1}}$ nimmt Werte zwischen $2 \cdot 10^{-3}$ und $2 \cdot 10^{-1}$ an. Die Form des Polymerknäuels und die Wechselwirkung mit dem Lösungsmittel gehen deutlich in den gefundenen Wert für a ein. So haben wir für starre Stäbchen $a = 2$, für eine kompakte Kugel ist $a = 0$. Für ein frei durchspültes Knäuel ist $a = 1$ und für ein undurchspültes Knäuel ist $a = 0.5$, entsprechend dem Modell der äquivalenten Kugel (vgl. Gl. (7.33)).

7.3.5.5 Streumethoden

Trifft eine monochromatische elektromagnetische Strahlung auf Materie, dann wird diese durch das periodische elektrische Feld periodisch polarisiert und die Streuzentren (Atome, Moleküle oder Atomgruppen) emittieren als sekundäre Dipolstrahler Streuwellen der gleichen Frequenz. Wenn das auf jedes, durch einen Ortsvektor $\boldsymbol{r}_j$ definierte Streuzentrum auftreffende Feld

$$\boldsymbol{E}_j(\boldsymbol{r}_j) = \boldsymbol{E}_0 \cdot \sin[\omega t + \varphi(\boldsymbol{r}_j)] \qquad (7.36)$$

in einer nur von dem Ortsvektor $\boldsymbol{r}_j$ abhängigen Phasenbeziehung zu den von den anderen Streuzentren emittierten Streustrahlung steht, so spricht man von einer kohärenten Anregung. Dies ist dann der Fall, wenn die Strahlungsquelle (z. B. ein Laser) über das sog. Streuvolumen alle Streuzentren kohärent anregt. Wenn der Streuprozeß ebenfalls ohne Phasenverschiebung abläuft, dann ist die emittierte Streustrahlung ebenfalls kohärent. Eine Folge eines kohärenten Streuprozesses ist, daß die von den Streuzentren emittierten Wellen, die einen Detektor erreichen, auf diesem entsprechend ihrer Phasenbeziehungen interferieren. Die Abb. 7.21 illustriert die Differenz des optischen Weges bei der kohärenten Streuung einer ebenen Welle mit dem Wellenvektor $\boldsymbol{k}_i$ an den Molekülen i und j unter dem Winkel ϑ bzw. dem Wellenvektor $\boldsymbol{k}_s$. Die am Detektor registrierte Intensität I läßt sich als phasentreue Superposition der einzelnen emittierten sekundären Streuwellen beschreiben:

$$I = |\boldsymbol{E}|^2 = |\boldsymbol{E}_s \cdot \sum_i \sum_j \sin[\omega t + \varphi(\boldsymbol{r}_i - \boldsymbol{r}_j)]|^2 . \tag{7.37}$$

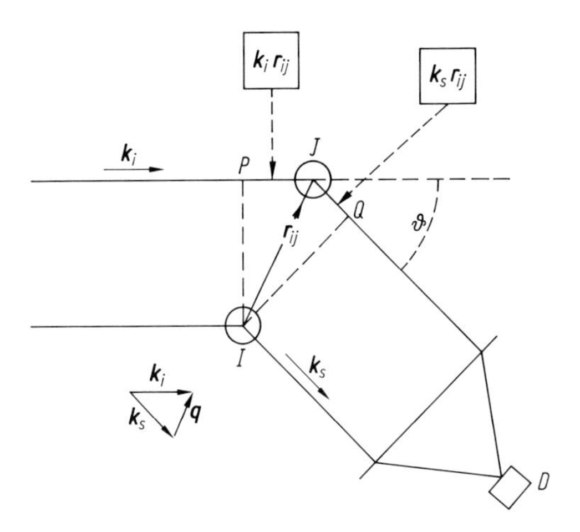

Abb. 7.21 Interferenz der Streuwellen, die von den zwei Streuzentren I und J ausgestrahlt werden und auf den Detektor D auftreffen. Die Differenz der optischen Wege ($PJ + PQ$) wird durch die in der Abbildung eingetragene Beziehung gegeben und hängt von dem Streuvektor $\boldsymbol{q}$ und dem Verbindungsvektor $\boldsymbol{r}_{ij} := \boldsymbol{r}_j - \boldsymbol{r}_i$ ab. Diese Beziehung führt zu Gl. (7.38).

In komplexer Schreibweise erhält man die entsprechende Beziehung:

$$I = E_s^2 \cdot |\sum_j \mathrm{e}^{-\boldsymbol{q} \cdot (\boldsymbol{r}_i - \boldsymbol{r}_j)}|^2 . \tag{7.38}$$

Der *Streuvektor* $\boldsymbol{q}$ ist durch folgende Beziehungen definiert:

$$\boldsymbol{q} := \boldsymbol{k}_i - \boldsymbol{k}_s \tag{7.39}$$

$$|\boldsymbol{q}| := \frac{4\pi n}{\lambda} \sin \vartheta/2 \tag{7.40}$$

θ ist der Streuwinkel (s. Abb. 7.21), λ die Wellenlänge der Strahlung und n im Falle des Lichts die Brechzahl des Mediums. Die Gl. (7.39) ergibt sich aus der Geometrie der Konstruktion in Abb. 7.21. Von besonderer Bedcutung im Zusammenhang mit der Anwendung von Streuprozessen sind die Phasenfaktoren $\mathrm{e}^{-\mathrm{i}\boldsymbol{q} \cdot (\boldsymbol{r}_i - \boldsymbol{r}_j)}$, die die unter dem Winkel ϑ beobachtete Streuintensität I mit der relativen Lage $\boldsymbol{r}_{ij} = \boldsymbol{r}_i - \boldsymbol{r}_j$ aller wirksamen Streuzentren verknüpfen. In anderen Worten: In einem kohärenten Streuprozeß enthält die Intensität I des auf einem Detektor empfangenen Streulichts, die unter einem gegebenen Winkel gemessen wird, die Information über die relative Lage aller Streuzentren in dem Streuvolumen.

Die in den Phasenfaktoren enthaltene Information läßt sich im sog. *Strukturfaktor*

$$S(\boldsymbol{q}) = \sum_i \sum_j |e^{-i\boldsymbol{q}\cdot\boldsymbol{r}_{ij}}|^2 \tag{7.41}$$

zusammenfassen. Im Fall der elastischen Streuung kann die Messung von I als Funktion von θ über die Bestimmung des Strukturfaktors zur Aufklärung der Struktur der Probe beitragen. Dies ist allerdings nur dann der Fall, wenn die Abstände r_{ij} und der reziproke Betrag des Streuvektors q^{-1}, der auch als räumliche Auflösung des Streuversuchs gekennzeichnet wird, von der gleichen Größenordnung sind. Ist die Bedingung $q^{-1} \sim r_{ij}$ erfüllt, wobei r_{ij} den relativen Abstand von intramolekularen Streuzentren darstellt, dann geht $S(q)$ in den inneren Strukturfaktor des Moleküls, den sog. *Formfaktor* $P(\vartheta)$ über. Wird durch die verwendete Streugeometrie die Bedingung $q^{-1} \gg R_g$ erfüllt, wo R_g der in Gl. (7.9) definierte Trägheitsradius des Moleküls als Ganzes ist, so spiegelt der Strukturfaktor $S(q)$ die intermolekulare Struktur der Probe wider. In diesem Fall ist auch $q^{-1} \gg r_{ij}$ wegen $R_g > r_{ij}$, und die innere Struktur des Moleküls wird nicht erfaßt bzw. der Formfaktor hat den Wert $P(\vartheta) = 1$.

Die Tab. 7.3 gibt die räumliche Auflösung der drei gängigen Streutechniken bei dem zugänglichen Streuwinkelbereich wieder. Die angegebenen Werte der räumlichen Auflösung q^{-1} geben nur Größenordnungen an und beruhen auf dem jeweiligen Streuwinkelbereich, der bei der entsprechenden Methode praktisch zugänglich ist.

Tab. 7.3 Gegenüberstellung der räumlichen Auflösung der Streutechniken.

Strahlung	λ/nm	q^{-1}/nm	Streuwinkel
Röntgenstrahlung (RKWS)[1]	0.1	50–0.2	> 0.001°
Neutronenstrahlung (NKWS)[2]	0.2–1.5	20–0.2	> 0.01°
Licht	500	300–30	10°–150°

[1] RKWS = Röntgen-Kleinwinkelstreuung
[2] NKWS = Neutronen-Kleinwinkelstreuung

Röntgenstreuung. Da die Trägheitsradien von Makromolekülen im Bereich zwischen 10 und 1000 nm liegen, kann gefolgert werden, daß die Neutronen- und Röntgenstreuung nur bei sehr kleinen Winkeln Makromoleküle als Ganzes bzw. weiträumige Bereiche erfaßt, während die räumliche Auflösung der Lichtstreuung bereits bei größeren Werten des Streuwinkels ϑ größere intramolekulare Bereiche erfaßt. Aus diesen Gründen verwendet man Röntgen- und Neutronenstreuung bei extrem kleinen Streuwinkeln, wenn die Fragestellung nach dem Aufbau der Kette als Ganzes oder

der relativen Position der Makromoleküle zueinander gestellt ist. (Röntgen-Kleinwinkelstreuung (RKWS) und Neutronen-Kleinwinkelstreuung (NKWS)).

Auf der anderen Seite werden mit Hilfe der Weitwinkelstreuung, z. B. der Röntgen-Weitwinkelstreuung (RWWS), weiträumigere lokale Strukturen erfaßt, die Information über die Kettenkonformation geben.

So konnte beispielsweise für Polyethylenschmelzen gezeigt werden, daß der Orientierung aufeinanderfolgender Kettenglieder drei isomere Zustände zur Verfügung stehen, die im Winkel von $\pm 120°$ zueinander stehen, wobei im Mittel trans-Konformationen um etwa 3–4 Bindungen voneinander entfernt liegen. In entsprechenden Studien zeigte sich auch, daß die Hauptkette von Polytetrafluoroethylen gestreckter verläuft und mechanisch steifer ist, was offenbar mit den sterischen Einschränkungen durch die Substitution durch F-Atome zusammenhängt. Die Abb. 7.22 illustriert die Information, die durch Röntgenstreuung in verschiedenen Streuwinkelbereichen gewonnen werden kann.

Die räumlichen Streuverhältnisse der Moleküle als Ganzes lassen sich durch den in Gl. (7.9) definierten Trägheitsradius R_g beschreiben. Auf der Abb. 7.22 lassen sich

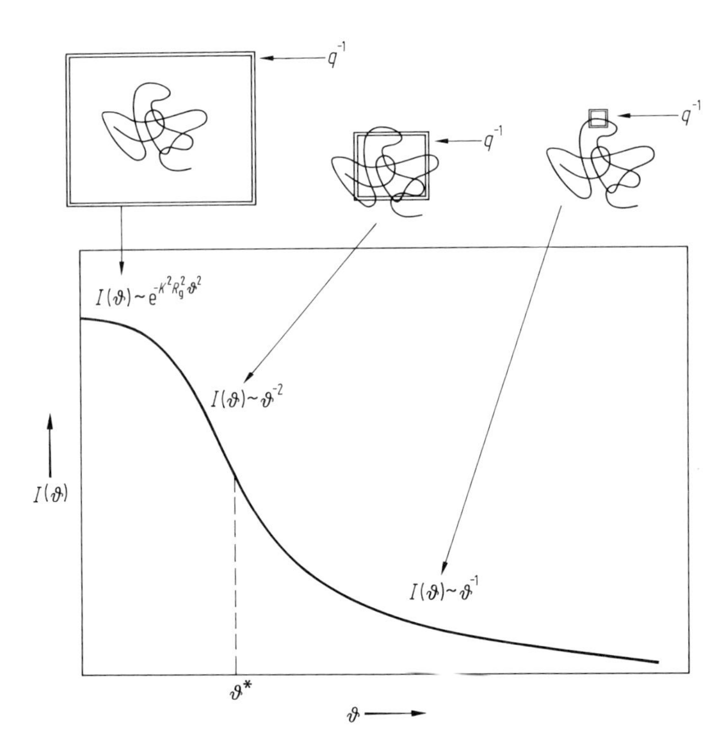

Abb. 7.22 Streuintensität I als Funktion des Streuwinkels. Es werden drei Bereiche unterschieden, in denen die Winkelabhängigkeit gemäß der eingetragenen Beziehungen verläuft. Die aktiven Streuzentren sind im oberen Teil der Abbildung im Vergleich zu dem q-Fenster (Würfel mit der Kantenlänge q^{-1}) dargestellt; links: Das ganze Molekül trägt zur Streuintensität I bei (Guinier-Bereich), Mitte: Größere Teile des Moleküls tragen zu I bei (Debye-Bereich), rechts: Kleine stäbchenförmige Molekülteile tragen zu I bei (Stäbchenbereich). Der Zusammenhang zwischen q und ϑ ist durch die Gl. (7.40) gegeben.

folgende Bereiche unterscheiden:

a) Bei kleinen Winkeln ist die Bedingung $R_g^2 \cdot q^2 \ll 1$ erfüllt und die Makromoleküle bilden als Ganzes die Streuzentren. In diesem Fall wird die Streuintensität durch die Struktur des Systems der verschiedenen Makromoleküle bestimmt. In diesem Bereich gilt

$$I(q) = e^{-KR_g^2 \cdot q^2} . \tag{7.42}$$

b) Im mittleren Bereich nimmt der Logarithmus der Streuintensität linear mit $1/q^2$ ab und wird durch die intermolekularen Streuzentren im Knäuel bestimmt.

c) Im Bereich noch größerer q-Werte ist die Abnahme des Logarithmus der Streuintensität linear mit $1/q$ und die intramolekularen Streuzentren werden gewissermaßen stark vergrößert nur in kleinen Teilbereichen als stabförmige Objekte gesehen.

Die in Abb. 7.23 wiedergegebene *Kratky-Auftragung* illustriert die Verhältnisse anschaulich.

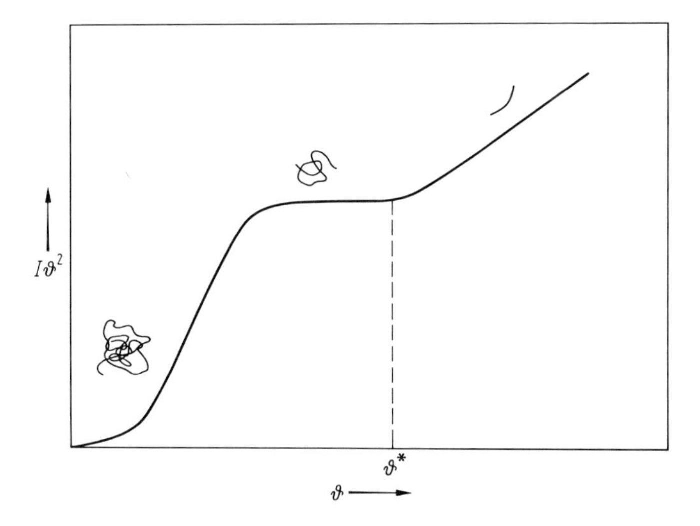

Abb. 7.23 Kratky-Auftragung der Streuintensität. Bei dieser Auftragung ($I\theta^2$ gegen θ) treten die drei in Abb. 7.22 dargestellten Bereiche deutlicher hervor. Das Debye-Plateau grenzt den entsprechenden Bereich deutlich ab und der Streuwinkel θ^* definiert den Übergang zum Stäbchenbereich, der in dieser Darstellung linear verläuft.

Neutronenstreuung. Neutronen haben im Vergleich zu Röntgen- oder optischen Photonen einfachere Streueigenschaften, weil das Streuzentrum (der Kern) vernachlässigbar kleine Dimensionen gegenüber der Wellenlänge des streuenden Neutrons hat. Dadurch kann die Lösung der Streugleichung durch die Born-Näherung vereinfacht werden. Die Streuamplitude $f(\delta)$ hat dann die Form:

$$f(\delta) = -\frac{m}{2\pi h^2} e^{i\mathbf{q}\cdot\mathbf{r}} V(r) \cdot dr ; \tag{7.43}$$

m ist die Masse des streuenden Teilchens. Das Potential $V(r)$ kann näherungsweise aus der Streulänge a berechnet werden:

$$V(r) = \frac{2\pi h^2}{m} a\,\delta(r)\,; \tag{7.44}$$

$\delta(r)$ ist die Delta-Funktion. Der kohärente Anteil des Streuquerschnitts für eine amorphe Probe ergibt sich mit:

$$\frac{\mathrm{d}\sigma}{\mathrm{d}\Omega} = b_{\mathrm{coh}}^2 \left[\mathrm{e}^{i\boldsymbol{q}\cdot\boldsymbol{r}}\, \mathrm{d}r\,\varrho(g(r)-1) + 1 + r\delta(q)\right]; \tag{7.45}$$

b_{coh} ist die kohärente Streulänge. Mit Hilfe der radialen Paarkorrelationsfunktion $g(r)$ kann der statische Strukturfaktor $S(q)$ bestimmt werden:

$$S(q) = 1 + \varrho\, \mathrm{e}^{i\boldsymbol{q}\cdot\boldsymbol{r}} (g(r)-1)\,\mathrm{d}r\,; \tag{7.46}$$

$S(q)$ beschreibt die aus dem Streuprozeß berechnete Struktur einer amorphen Phase. In Abb. 7.24 ist $S(q)$ für eine einfache Flüssigkeit dargestellt.

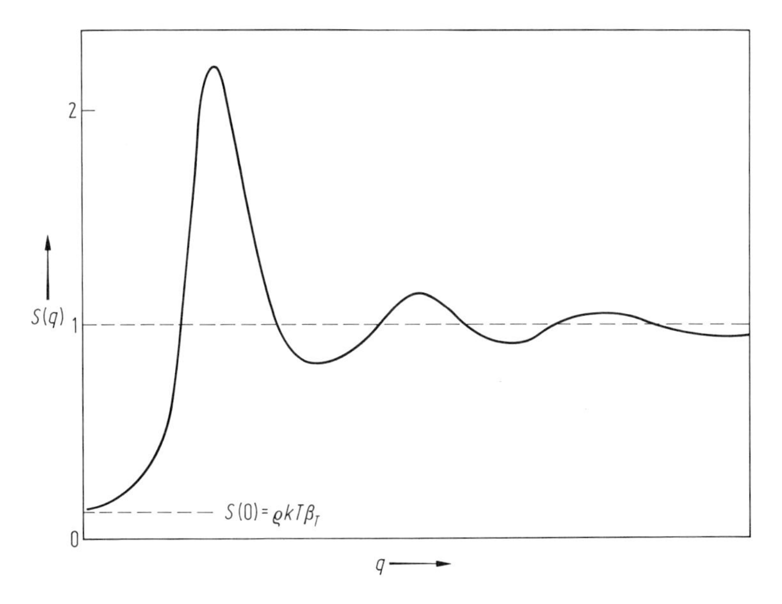

Abb. 7.24 Strukturfaktor einer Flüssigkeit in der die molekulare Nahordnung widergespiegelt wird. Man unterscheidet die erste, zweite und dritte Koordinationsschale um ein gegebenes Molekül. Bei größeren Streuvektoren geht $S(q)$ in den Grenzwert 1 über.

Statische Lichtstreuung. Die Streuung von Licht an einer Polymerlösung läßt sich nach dem oben gegebenen allgemeinen Formalismus für Streustrahlung behandeln. Ein experimenteller Aufbau einer Laser-Streulichtapparatur zur Bestimmung der winkelabhängigen Streulichtintensität ist in Abb. 7.25 dargestellt.

Die Pfeile deuten eine Fourier-, bzw. eine Laplace-Transformation an, die durch $\mathscr{F}$ und $\mathscr{L}$ symbolisiert werden.

Man unterscheidet zwei experimentelle Techniken in der dynamischen Streulichtspektroskopie:

a) Die *hochauflösende spektrale Analyse*, die meist mit einem Fabry-Perot-Interferometer durchgeführt wird und die Ermittlung von $S(q, \omega)$ ermöglicht, Abb. 7.27.
b) Die *Photonenkorrelationsspektroskopie* (s. Abb. 7.27), mit deren Hilfe die in Gl. (7.53) definierte Zeitkorrelationsfunktion $G(t)$ ermittelt wird. Abb. 7.28 stellt eine solche Zeitkorrelationsfunktion dar.

In beiden Fällen werden dynamische Modelle theoretisch entwickelt, mit deren Hilfe $S(q, t)$ modelliert werden kann und die mit den experimentellen Daten verglichen werden. Für ein rein diffusives Modell haben die entsprechenden Funktionen die Form der Gl. (10.47):

$$\begin{array}{ccccc} S(q,\omega) & \longrightarrow & S(q,t) & \longrightarrow & G(r,t) \\ K \cdot \dfrac{Dq^2}{\omega^2 + (Dq^2)^2} & \longrightarrow & K' \cdot \mathrm{e}^{-Dq^2 t} & \longrightarrow & \dfrac{1}{(4\pi Dt)^{3/2}} \cdot \mathrm{e}^{-r^2/(4DT)} \end{array} \tag{7.56}$$

Lorentz-Spektralkurve	Exponentielle Zeitkorrelationsfunktion	Zeitabhängige räumliche Gauß-Kurve

Durch dynamische Streulichtmethoden läßt sich der Diffusionskoeffizient D bestimmen und aus diesem der Trägheitsradius R_g. Es handelt sich hierbei um eine dynamische Bestimmung von R_g im Gegensatz zur statischen aus dem Zimm-Diagramm. Eine Übereinstimmung oder auch eine Diskrepanz zwischen beiden Werten läßt Aussagen über die benutzten theoretischen Modelle zu.

In die Strukturfaktoren $S(q, \omega)$ und $S(q, t)$ gehen neben den Bewegungen der Moleküle als Ganzes auch innere Bewegungsmoden ein, wenn die bereits im statischen Fall erwähnte Bedingung erfüllt ist, daß die mittlere Entfernung der Streuzentren r_{ij} vergleichbar oder größer als q^{-1} ist. Dies entspricht dem Fall der Debye- oder der Stäbchen-Streuung in Abb. 7.22. Aus der Sicht der Dynamik spiegelt das in diesem q-Bereich gestreute Licht die innere Dynamik des Moleküls wieder. Mit der beschriebenen dynamischen Streulichspektroskopie wurde bisher wertvolles Material über die in Polymerschmelzen und Lösungen ablaufenden Relaxationsprozesse gesammelt.

7.3.6 Elektrisch leitende Polymere

Die elektrische Leitfähigkeit verschiedener kondensierter Systeme erstreckt sich über 25 Größenordnungen, von stark leitenden Metallen bis hin zu hochisolierenden Kristallen wie Quarz. Bei Molekülkristallen hängt die Bandenstruktur und somit die Leitfähigkeit von der Stärke der intermolekularen Wechselwirkungen ab. Je schwächer diese Wechselwirkungen sind, desto weniger Überlappung, d.h. Verbreiterung der molekularen Niveaus, findet statt. Als Folge davon ist die Mehrzahl der konventionellen Polymere, die aus relativ schwach wechselwirkenden Makromolekülen besteht, zu den Isolatoren zu zählen. Darüber hinaus trägt der amorphe oder teilamorphe Charakter der Polymere dazu bei, daß in der Regel lokalisierte und nicht räumlich ausgedehnte elektronische Zustände vorkommen. Für organische Moleküle ist die Anwesenheit von konjugierten Doppelbindungen, d.h. von Doppelbindungen, die mit Einfachbindungen alternieren, die Quelle von delokalisierten Elektronen. In der Abb. 7.29 sind einige Moleküle mit solchen delokalisierten Elektronensystemen dargestellt. Hierzu gehören kleinere Moleküle, wie Benzol, und lineare Polyene, aber auch Polymere wie beispielsweise Polyacetylen.

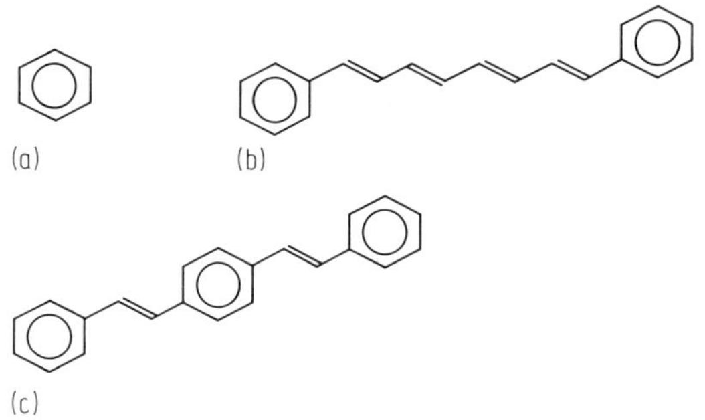

(a) (b)

(c)

Abb. 7.29 Chemischer Aufbau einiger konjugierter Systeme die durch die Delokalisierung der π-Elektronen gekennzeichnet sind. (a) Benzol, (b) 1,8-Diphenyloctatetraen (DPO), (c) p-Bis(o-Methylstyryl)benzol (Bis-MSB).

Die spezifische Leitfähigkeit σ, die durch den Transport von Ladungsträgern zustandekommt, ist durch folgende Beziehung gegeben:

$$\sigma = \sum q_i n_i u_i \,, \tag{7.57}$$

wo q_i die Ladung, n_i die Anzahl und u_i die Beweglichkeit des i-ten Ladungsträgers ist. Bei Polymeren sind die Faktoren n_i und u_i abhängig von der Natur und der Herstellungsweise des Polymers. u_i kann zusätzlich räumlich anisotrop sein. Die wesentlichen Parameter, die n_i und u_i beeinflussen, sind Molekülabstand, Kristallinität, chemische Zusammensetzung, Herstellungsverfahren, Oberflächenbeschaffenheit, die Größe der Grenzfläche zwischen kristallinen und amorphen Bereichen, Beimischungen, Morphologie der betreffenden Phase wie z. B. der Anteil an cis- trans-Isomeren.

Allgemein führen schmale Bänder zu kleiner Beweglichkeit u. Dies ist dann der Fall, wenn das intermolekulare Überlappungsintegral klein ist und somit die Zustände stärker lokalisiert werden. Innerhalb einer Polymerkette ist dieses Integral groß, jedoch ist wegen der schwachen Wechselwirkung der Polymerketten untereinander das intermolekulare Überlappungsintegral klein und somit werden die Banden schmal. Der Transport zwischen den Ketten ist daher der geschwindigkeitsbestimmende Prozeß beim Transport.

Ein relativ häufig beobachteter Leitfähigkeitsmechanismus besteht in dem Transport von Ionen und geladenen Verunreinigungen. Auch ionische Endgruppen können der Ursprung vieler Leitfähigkeitsbeobachtungen sein. Der Mechanismus des Transports solcher extrinsischer Komponenten in einem amorphen Medium ist noch weitgehend ungeklärt.

In letzter Zeit wurden Polymere mit hoher Leitfähigkeit entwickelt, die ein weites Anwendungsgebiet finden werden, da sie in vieler Hinsicht günstigere Eigenschaften als konventionelle metallische Leiter besitzen. Die Entwicklung dieser neuen Werkstoffe ist jedoch erst in den Anfängen.

7.4 Viskoelastische und dielektrische Eigenschaften

7.4.1 Grundbeziehungen viskoelastischer Systeme

Materielle Systeme reagieren auf äußere Einwirkungen verschiedenartig. So kann durch Einwirken einer Kraft ein Gas komprimiert, eine Feder gestreckt werden. Eine Flüssigkeit kann ebenfalls durch die Einwirkung eines hydrostatischen Drucks auf ein kleineres Volumen komprimiert oder durch nicht isotrope Kräfte verformt werden. Ziel des Studiums der mechanischen Eigenschaften einer Stoffklasse, wie der hier behandelten Polymere, ist es, diese mit einer möglichst kleinen Anzahl von charakteristischen Stoffkonstanten zu beschreiben. Bei einer solchen Beschreibung ist man aber auch bestrebt, diese Größen mit dem molekularen Aufbau des Systems in einen eindeutigen Zusammenhang zu bringen. Eine solche theoretische Beschreibung wird angestrebt einerseits wegen ihres grundlegenden Erkenntniswerts, andrerseits im Hinblick auf die Voraussagefähigkeit adäquater theoretischer Modelle. Die Fähigkeit, makroskopische physikalische Eigenschaften aus unabhängigen Daten über den Aufbau einer Substanz herzuleiten, ist ganz offensichtlich von erheblichem praktischen Wert.

Im folgenden soll auf die Grundlagen der linearen viskoelastischen Theorie eingegangen werden, die für die Beschreibung der dynamischen Eigenschaften von polymeren und supramolekularen Systemen von grundlegender Bedeutung ist.

Deformation/Spannung. Zur Charakterisierung der genannten Prozesse werden die beiden Variablen Deformation und Spannung eingeführt. Unter *Deformation* versteht man allgemein eine Änderung der Form eines Systems. Eine Deformation kann durch eine skalare Größe beschrieben werden, wie eine Verlängerung Δx eines unter Zugspannung stehenden Stabes, eine Volumenveränderung ΔV einer Flüssigkeit unter der Wirkung eines hydrostatischen Drucks oder eine Scherung eines Stabes um den Winkel $\Delta\phi$ unter dem Einfluß einer Torsionskraft. Unter *Spannung* σ versteht man die auf die Fläche bezogene Deformationskraft.

Relation Störung/Antwort. Allgemein lassen sich die mechanischen Eigenschaften im Rahmen der *Systemtheorie* beschreiben, die mit geeigneten Methoden komplizierte physikalische Systeme in bezug auf ihr dynamisches Systemverhalten analysiert. Hierzu werden auf der phänomenologischen Ebene abstrakte mathematische Modelle aufgestellt, die das Systemverhalten möglichst genau zu beschreiben in der Lage sind. Hierbei richtet man das Augenmerk grundlegend auf die Beziehung, die durch das Paar *Eingang/Ausgang* oder durch die äquivalenten Begriffe *Störung/Antwort* beschrieben wird. Bei einer solchen Betrachtung können zunächst die molekularen Verhältnisse des Systems, das einfach als Übertragungssystem aufgefaßt wird, vernachläßigt werden. Abb. 7.30a illustriert die Beschreibung der Reaktion eines Systems auf eine äußere Störung durch ein Blockschaltbild. In der Abbildung wird das System durch einen Kasten repräsentiert, der lediglich in bezug auf die Eingang/Ausgang-Relation definiert werden muß. In Abb. 7.30b wird eine Bilanzgleichung aufgestellt, analog zu einer chemischen Reaktionsgleichung. S stellt das System zur Zeit vor Einwirkung einer Störung dar, σ die Störung selbst und S^* das System nach Einwirkung der Störung. Der Doppelpfeil in Abb. 7.30c deutet eine reversible Störung von S an, während bei der irreversibel ablaufenden Störung in Abb. 10.30d ein einfacher Pfeil verwendet wird. Solche Gleichungen stellen eine Bilanzgleichung von Erhaltungsgrößen dar, wie z. B. Teilchenzahl, Masse, Energie und u. U. Volumen. Die nicht erhaltenen Größen können das Volumen, die Form oder auch eine bestimmte Energieform sein, wenn beispielsweise kinetische in potentielle oder in thermische Energie umgewandelt wird. Eine Erweiterung dieser Darstellung ist in Abb. 7.30d gegeben, wo die Rate der „Reaktion" $S \to S^*$ durch Angabe einer charakteristischen Zeit τ dargestellt ist. Der Begriff „Reaktion" wird hier im erweiterten Sinne verwendet und umfaßt Übergänge eines Systems von einem Zustand in einen anderen. Die Reaktionsgleichung ist eine generalisierte Bilanzgleichung, die alle relevanten Größen enthält.

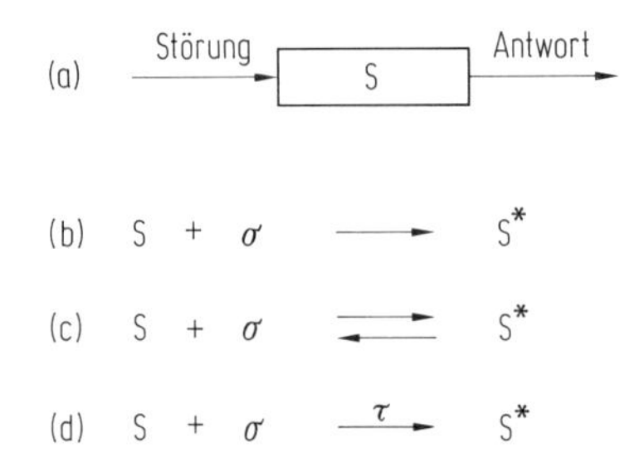

Abb. 7.30 Reaktion eines Systems S auf eine äußere Störung, z. B. eine Spannung σ, die während einer bestimmten Zeit auf das System wirkt. S* stellt das System nach der Störung dar, und τ ist eine charakteristische Zeit, in der das System vom ungestörten Zustand S in den gestörten Zustand S* übergeht. Der Doppelpfeil kennzeichnet eine reversible Störung, d. h. eine solche, bei der nach Wegfallen der Spannung das System ohne Energieverlust in den ursprünglichen Zustand zurückkehrt.

Reaktionszeiten τ. Die Zeit τ, die die Rate, mit der die Reaktion abläuft, kennzeichnet, kann sehr unterschiedliche Werte annehmen. τ kann auch als reziproke Reaktionsrate $k = \tau^{-1}$ definiert werden. Man unterscheidet zwischen zwei Klassen von Reaktionen, je nach molekularem Mechanismus und/oder Größenordnung von τ^{-1}:

1. Wenn die Reaktionsrate von der Molekülmasse und/oder von intermolekularen Kräften direkt abhängt, werden in der Regel sehr kleine τ-Werte beobachtet. Es handelt sich in diesem Fall um Reaktionen, deren Rate durch die Trägheit der

Moleküle bestimmt ist und bei denen somit τ sehr kleine Werte in der Größenordnung von Pikosekunden annimmt.

2. Eine wichtige Klasse von Antworttypen ist jedoch deutlich langsamer, mit τ im Bereich von einigen Nanosekunden bis hin zu Stunden, Tagen oder Jahren. So haben Gläser eine sehr hohe, innerhalb normaler Meßzeiten nicht meßbare Viskosität, jedoch lassen sich langfristig Deformationen an Gläsern im Gravitationsfeld der Erde beobachten. Es handelt sich um Reaktionen, bei denen die Prozesse auf molekularer Ebene durch die Wahrscheinlichkeit bestimmt werden, daß Moleküle oder Molekülgruppen durch statistische Fluktuationen die zur Reaktion erforderliche Energie und/oder Konformation erhalten. Man spricht von *Relaxationsprozessen*, und τ stellt die *Relaxationszeit* des Systems in bezug auf eine gegebene Störung dar. Wegen des großen Unterschieds der Zeiten beider Klassen von Prozessen sind die Relaxationsprozesse, sofern solche überhaupt stattfinden, geschwindigkeitsbestimmend und bestimmen somit das dynamische Verhalten der Materie.

Das Wort *Rate* bzw. *Reaktionsrate* hat sich aus dem englischen „rate" eingebürgert und kennzeichnet die Geschwindigkeit, mit der ein Prozeß oder eine Reaktion abläuft. Das deutsche Wort „Geschwindigkeit" ist in diesem Zusammenhang weniger passend, da es auch die Bewegungsgeschwindigkeit eines Körpers/Teilchens umfaßt und somit durch andere Zusammenhänge belastet ist.

Beipiel: Als Beispiel eines Relaxationsprozesses kann die Orientierung länglicher Moleküle einer Flüssigkeit in einem Magnetfeld betrachtet werden, die in Abb. 7.31 veranschaulicht ist. Gewisse Klassen von Molekülen können sogenannte flüssigkri-

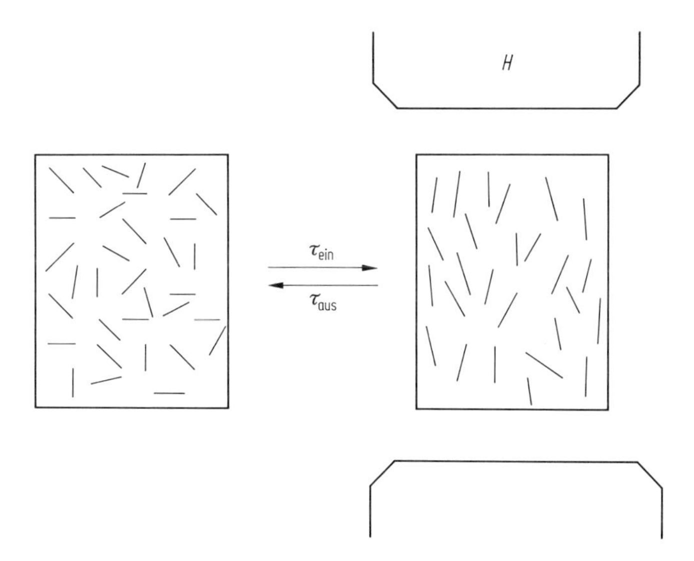

Abb. 7.31 Übergang einer flüssigkristallinen Probe vom isotrop ungeordneten Zustand (links) in den geordneten (rechts) durch Einwirkung des Magnetfelds *H*. Der Übergang ist reversibel und die Relaxationszeiten τ_{ein} und τ_{aus} stellen die Werte für den Übergang nach Einschalten bzw. nach Ausschalten des Magnetfelds dar.

stalline Phasen bilden (Kap. 6), die jedoch oberhalb einer Übergangstemperatur in eine makroskopisch isotrope, d.h. ungeordnete Phase übergehen. Stört man eine solche isotrope Phase durch ein sehr schnell eingeschaltetes Magnetfeld, so orientieren sich die Moleküle annähernd parallel, wie in Abb. 7.31 dargestellt. Die Geschwindigkeit dieses Orientierungsprozesses ist deutlich kleiner als die Kreisfrequenz der Rotation eines freien Moleküls, die bei der Temperatur T durch $\omega = \sqrt{kT/(2I)}$ gegeben ist, wo k die Boltzmann-Konstante und I das molekulare Trägheitsmoment ist. Im Falle eines freien molekularen Rotators hängt ω nur vom Trägheitsmoment und von der Temperatur ab. Im Gegensatz dazu ist in der Flüssigkeit die Wechselwirkung der Nachbarmoleküle ausschlaggebend für die Beweglichkeit, und die dynamische Behinderung eines jeden Moleküls durch die ebenfalls rotierenden benachbarten Moleküle wird geschwindigkeitsbestimmend. Dies wird in der Regel als Wirkung einer intermolekularen Reibung beschrieben.

Energiespeicherung. Die beiden geschilderten Antworttypen lassen sich auch unterscheiden, wenn man die zur Störung des Systems aufgewandte Arbeit betrachtet. Bei Antworten des ersten Typs wird die am System geleistete Arbeit in molekulare potentielle Energie umgewandelt, wird somit vom System gespeichert und kann wiedergewonnen werden. Bei Relaxationsprozessen wird die am System geleistete Arbeit in

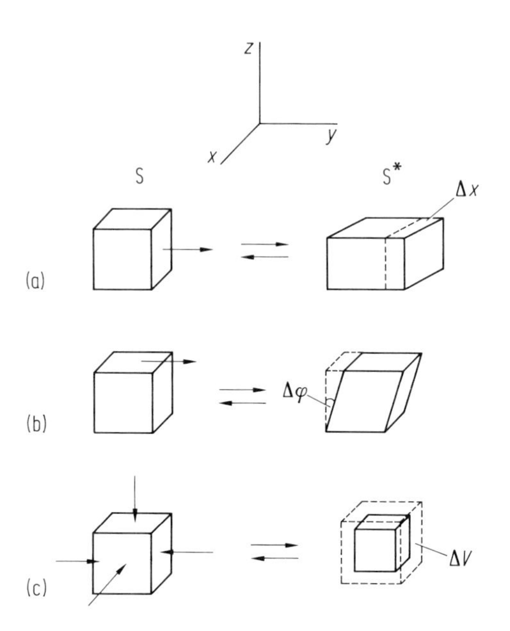

Abb. 7.32 Deformationstypen eines würfelförmigen Körpers.
(a) *Dehnung:* Die Spannung wirkt in y-Richtung senkrecht auf die Fläche, die senkrecht zur y-Achse liegt. Der Würfel wird in y-Richtung um Δy gedehnt.
(b) *Scherung:* Die Spannung wirkt in y-Richtung tangential auf eine Fläche, die senkrecht zur z-Achse liegt. Der Würfel wird um den Winkel $\Delta\varphi$ geschert.
(c) *Kompression:* Die Spannung ist ein allseitiger hydrostatischer Druck. Dieser wirkt senkrecht auf alle Flächen. Die Antwort des Systems ist eine Volumenänderung um ΔV.

Wärme umgewandelt und steht nicht mehr als mechanische Energie zur Verfügung. Im Beispiel der flüssigkristallinen Substanz stellt sich zwar nach Abschalten des Magnetfelds der ursprüngliche ungeordnete Zustand nach einiger Zeit wieder ein, jedoch kann aus diesem Prozeß keine Arbeit gewonnen werden. Allein die Erwärmung der Substanz bleibt zurück. Findet eine solche Degradierung der Energie statt, spricht man von einem dissipativen bzw. von einem irreversiblen Prozeß. Auf die beiden Antworttypen wird weiter unten noch detaillierter eingegangen.

Dehnung, Scherung, Kompression. Die Abb. 7.32 illustriert drei relativ einfach zu beschreibende Formen der Deformation eines festen oder flüssigen Körpers, der ursprünglich die Form eines Würfels, dargestellt durch die gestrichelten Kanten, hatte.

Eine Dehnung eines durch äußere Kräfte beanspruchten Körpers muß generell durch einen Dehnungstensor beschrieben werden. So lassen sich zwar die in Abbildung 7.32a und 7.32c dargestellten Dehnungen durch die skalaren Größen Δx und ΔV, Verlängerung und Volumenabnahme, beschreiben, jedoch sind die Verhältnisse bei der in Abb. 7.32b dargestellten Scherung komplizierter. Der Einfluß einer Schwerkraft bewirkt eine Verformung, die zwar in der Abbildung durch den Winkel $\Delta\varphi$ gekennzeichnet wurde, jedoch nicht vollständig durch eine skalare Größe beschrieben werden kann, da jede Fläche des Würfels sich bezüglich der drei Raumrichtungen unterschiedlich verlagert. Eine solche Größe, im vorliegenden Fall die Scherung, läßt sich durch einen Tensor zweiter Stufe darstellen. Wir wollen die Symbole ε und ε für eine skalare bzw. eine tensorielle Deformation verwenden.

Spannung. Die Spannung ist eine auf den Querschnitt bezogene Deformationskraft, die als Ursache einer Deformation angesehen werden kann.

$$\sigma := \frac{F}{S} \tag{7.58}$$

F = Deformationskraft
S = Querschnitt der Fläche, auf die F wirkt

Auf einen Körper kann z. B. eine *Zugspannung*, eine *Scherspannung* oder ein *hydrostatischer Druck* wirken. Die Abb. 7.33 veranschaulicht diese Arten von Spannungen in bezug auf ein kartesisches Koordinatensystem. Beim allseitigen hydrostatischen Druck (Abb. 7.33c) erhält man Spannungen in Form eines Diagonaltensors mit den Komponenten $\sigma_{11}, \sigma_{22}, \sigma_{33}$. Im allgemeinen Fall ist die Spannung ein Tensor zweiter Stufe, dessen Elemente in Abb. 7.34 dargestellt sind.

Die Deformation eines Körpers läßt sich allgemein als Überlagerung einer linearen Dehnung Δx, einer Scherung $\Delta\varphi$ und einer Kompression/Expansion ΔV beschreiben. Entsprechend läßt sich die allgemeine Spannung in eine Zug/Schub-Spannung, eine Scherspannung und einen positiven oder negativen hydrostatischen Druck aufteilen.

Antworttypen. Aus phänomenologischer Sicht unterscheiden wir grundlegend zwischen folgenden verschiedenen Antworttypen, die sich in bezug auf die Relation Spannung/Deformation und auf den zeitlichen Verlauf der Antwort quantitativ beschreiben lassen. Diese Typen wurden bereits unter dem Aspekt der Größenordnung der betreffenden τ-Werte kurz diskutiert.

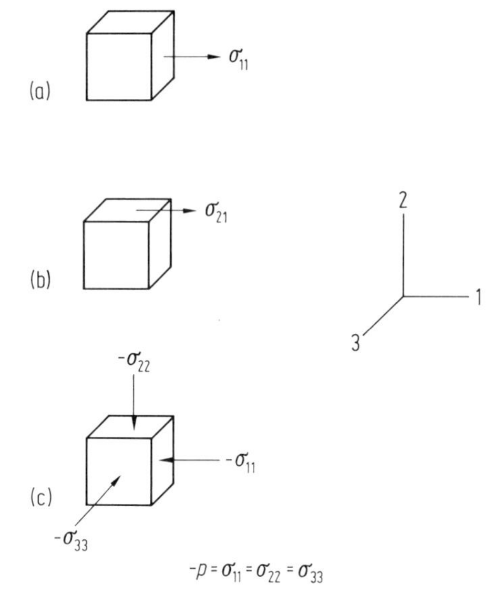

Abb. 7.33 Elemente des Spannungstensors. Die dargestellte Spannung setzt sich aus Dehnungs- und Scherkomponenten (a) und (b) zusammen.

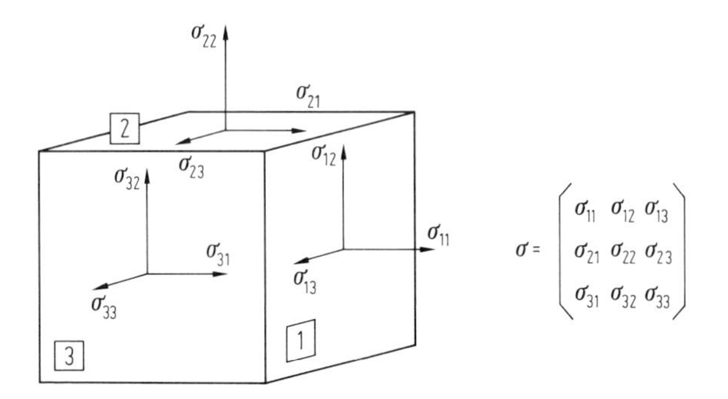

Abb. 7.34 Schematische Darstellung der neun Komponenten des Spannungstensors. Die Komponenten mit gleichen Indizes σ_{ii} wirken senkrecht auf die Flächen und die mit ungleichen σ_{ij} tangential. Der erste Index gibt die Fläche an, auf die die Spannung wirkt, der zweite die Richtung der Spannung. Die Zahlen kennzeichnen die Raumrichtungen: 1 →y, 2 →z, 3 → x.

1. Elastische Antwort. Unter gewissen Näherungen (kleine Deformation) läßt sich die Beziehung zwischen Spannung und Deformation sowohl bei linearer Deformation als auch bei Scherung durch eine lineare Gleichung, das Hookesche Gesetz, beschreiben.

$$\text{Lineare Dehnung: } \sigma = E \cdot \varepsilon \tag{7.59}$$

$$\text{Scherung: } \sigma = G \cdot \gamma \tag{7.60}$$

σ = Spannung (Zug- oder Scherspannung)
E = Youngscher Elastizitätsmodul
G = Schermodul
ε = Dehnung
γ = Scherdeformation

Die beiden Größen E und G sind für das System charakteristische Stoffkonstanten. In dem Fall der elastischen Antwort, bzw. bei einem ideal elastischen Körper, wird die zur Erreichung der Deformation ε bzw. γ aufgebrachte Arbeit in dem System gespeichert und kann beim Wegfallen der Spannung vollständig wiedergewonnen werden.

Beispiel: Eine metallische Feder kann unter Arbeitsaufwand durch eine äußere Kraft gedehnt werden. Nach Wegfallen der Kraft gelangt die Feder wieder in den alten Gleichgewichtszustand, d. h. die Dehnung geht auf Null zurück und dabei wird nun vom System Arbeit geleistet. Falls beide Prozesse verlustfrei abgelaufen sind, was für eine gute Stahlfeder eine sehr gute Näherung ist, wird die bei der Entspannung geleistete Arbeit der bei der Verformung aufgebrachten gleich sein. Diese Verhältnisse sind in Abb. 7.35 anschaulich dargestellt.

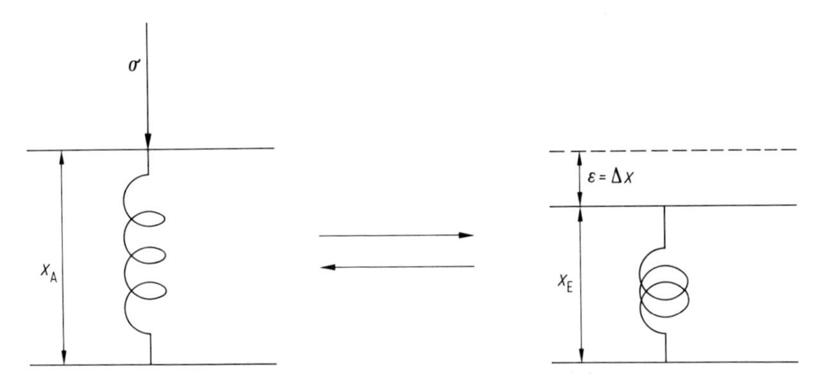

Abb. 7.35 Deformation einer elastischen Feder als Protoyp eines elastischen Körpers. Die Spannung σ bewirkt die Deformation $\varepsilon = \Delta x$. Die Reaktion ist reversibel, wie durch den Doppelpfeil angedeutet ist.

Volumenänderung bei Dehnung: Bei der Dehnung eines Stabes, z. B. in Richtung der Achse 2, verändern sich allgemein auch die Dimensionen in den beiden Richtungen 1 und 3. Dies ist in Abb. 7.36 dargestellt. Die angelegte Spannung σ_{22} führt zu den durch σ_{11} und σ_{33} gekennzeichneten Spannungen in die beiden anderen Richtungen. Als Ergebnis erhalten wir in die drei Richtungen die Dehnungen $\mathrm{d}l_2$, $\mathrm{d}l_1$, $\mathrm{d}l_3$ und entsprechend eine Volumenänderung $\mathrm{d}V = \mathrm{d}l_1 \cdot \mathrm{d}l_2 \cdot \mathrm{d}l_3$.

Man definiert das reziproke Verhältnis der angelegten Spannung σ_{22} zu den in den beiden zu 2 senkrechten Richtungen entstehenden Spannungen σ_{11} uns σ_{33} als *Poisson-Verhältnis* ν:

$$\nu := -\frac{\sigma_{11}}{\sigma_{22}} = -\frac{\sigma_{33}}{\sigma_{22}} \tag{7.61}$$

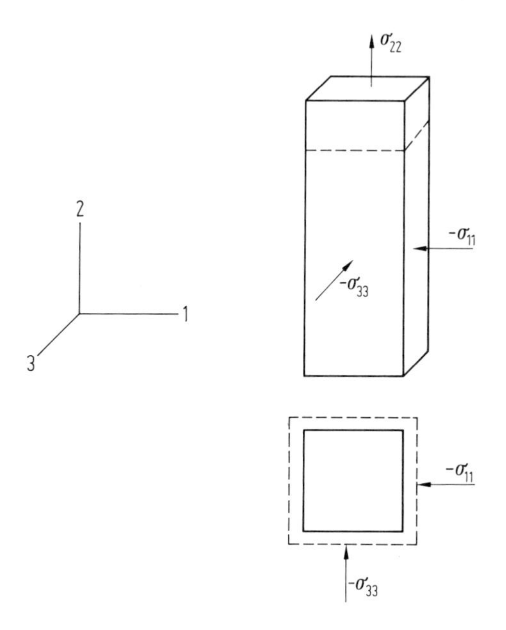

Abb. 7.36 Deformation eines der Spannung σ_{22} unterworfenen Körpers. Die Spannungen σ_{11} und σ_{33} entstehen durch die Deformation und kompensieren z. T. die Volumenänderung. Die gestrichelten Linien stellen den ursprünglichen Zustand vor Anwendung der Spannung dar. Der Körper ist in der Vorderansicht und in der Aufsicht dargestellt.

Das Poisson-Verhältnis hat den Wert $\nu = 0.5$ für einen Körper, der sein Volumen unter Spannung nicht verändert. ν hat in der Regel Werte bei 0.49 für Elastomere (s. unten) und deutlich kleinere ($\nu = 0.2 \ldots 0.4$) für elastische Feststoffe (z. B. Metalle).

Besteht die Spannung in einem allseitigen hydrostatischen Druck P, so besteht die Antwort des Systems in einer Volumenänderung, die von einer Stoffgröße, der *Kompressibilität* β, bzw. der reziproken Größe, dem *Kompressionsmodul* $B = \beta^{-1}$, abhängt. Für B gilt folgende Definitionsgleichung:

$$B := V\left(\frac{\theta P}{\theta V}\right)_T . \tag{7.62}$$

Die vier definierten grundlegenden mechanischen Größen sind durch folgende Gleichungen verknüpft:

$$E = 3B(1\text{-}2\nu) = 2G(1 + \nu) . \tag{7.63}$$

Für den Fall, daß die Spannung keine Volumenänderung hervorruft, d. h. wenn $\nu = 0.5$, gilt auch:

$$E \approx 3G . \tag{7.64}$$

Jedes dieser Module (E, G, B) ist ein Maß für den Widerstand des Systems gegenüber den entsprechenden Spannungen. Häufig verwendet man auch die reziproken Größen

$$J_d := 1/E$$
$$J_s := 1/G$$
$$\beta := 1/B.$$

Diese Größen sind die den betreffenden Modulen entsprechenden Nachgiebigkeiten.

2. Viskose (dissipative) Antwort. Wirkt eine Spannung auf ein sog. viskoses System, dann kann dies zu einer Deformation führen, die nicht durch die Hooksche, sondern durch die Newtonsche Gleichung beschrieben wird:

$$\sigma = \eta \cdot \frac{d\varepsilon}{dt} \tag{7.65}$$

mit der Viskosität η. Bemerkenswert ist bei dieser Gleichung, daß die Spannung nicht mit der Deformation ε in Zusammenhang gebracht ist, sondern mit deren Ableitung nach der Zeit. So führt beispielsweise eine konstante, d. h. zeitunabhängige Deformation zu keiner Spannung, sondern nur eine sich verändernde. Die aufgewandte Arbeit bei einem solchen Prozeß wird in Form von Wärme an die Umgebung dissipiert und kann nicht, bzw. nur unter den Einschränkungen des 2. Hauptsatzes der Thermodynamik, wiedergewonnen werden. Die Form der Newtonschen Gleichung (7.65) legt nahe, daß die Spannungs-Dehnungs-Beziehung nur unter Einbeziehung der Zeitvariablen t beschrieben werden kann. Die viskose Antwort wird schematisch in Abbildung 7.37 dargestellt.

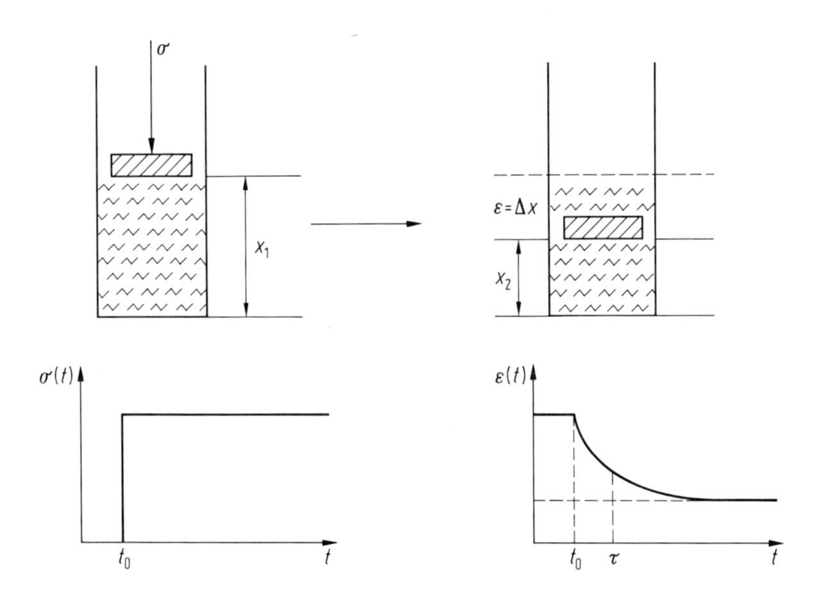

Abb. 7.37 Deformation eines viskosen Körpers, dargestellt durch einen Topf mit Stempel und einer viskosen Flüssigkeit, die durch die ringförmige Öffnung und den Stempel ausweichen kann. Die Deformation $\varepsilon(t)$ hat als Funktion der Zeit die Form einer Stufenfunktion und bewirkt eine Spannung $\sigma(t)$, die nach einer gewissen Zeit abgeklungen ist. τ ist die Relaxationszeit, die den Abbau der Spannung charakterisiert. Da diese Reaktion irreversibel ist, wurde sie durch einen einfachen Pfeil dargestellt.

Wie bereits erwähnt, unterscheidet man zwischen Schubspannung und Scherspannung. Dementsprechend wird die jeweilige Dehnung im Fall der Schubspannung eine lineare Deformation ε und im Fall der Scherspannung eine Scherung γ sein. Beide Deformationsarten sind affine Deformationen. Die Proportionalitätskonstanten für den entsprechenden dissipativen Prozeß sind jeweils die Volumenviskosität η_V und die Scherviskosität η_s.

Flüssigkeiten, die die Gl. (7.65) erfüllen, nennt man *newtonsche Flüssigkeiten*. Darüber hinaus kann man auch relativ komplexe Systeme beobachten, bei denen die Anwendung der Newton-Gleichung zu einer spannungsabhängigen Viskosität führt. In solchen Fällen spricht man von nicht-Newtonschem Verhalten bzw. nicht-Newtonschen Flüssigkeiten. Die Ursache für ein solches Verhalten liegt darin, daß die Moleküle sich unter Scherspannung, bzw. in einem Geschwindigkeitsgradienten, abhängig von der Scherspannung/Geschwindigkeitsgradienten orientieren und als Folge dessen eine kleinere Viskosität als im nicht orientierten Zustand aufweisen.

3. Viskoelastische Antwort. Polymere reagieren auf Spannungen im allgemeinen sowohl elastisch als auch viskos. Man spricht daher von einem viskoelastischen Verhalten. Insbesondere die Zeitabhängigkeit der Antwort deutet darauf hin, daß eine komplexe Verknüpfung eines elastischen und eines viskosen Antworttyps als Modell für das Verhalten solcher Systeme herangezogen werden muß. In erster Näherung wird versucht, einfache Modelle zu konstruieren, wonach die Antwort eines viskoelastischen Systems sich additiv aus der viskosen und der elastischen Antwort zusammensetzt. So läßt sich das viskoelastische Verhalten durch die Verknüpfung eines viskosen und eines elastischen Elements, wie in Abb. 7.38 dargestellt, veranschaulichen. Die

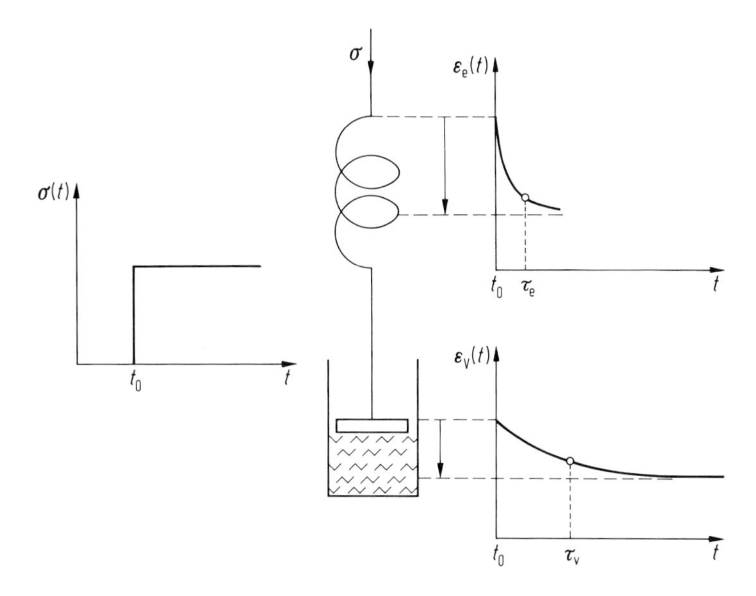

Abb. 7.38 Viskoelastische Antwort des Maxwell-Elements. Bei einem stufenförmigen Zeitverlauf der Spannung erhält man für jedes der beiden Elemente eine Zeitabhängigkeit der Deformation. Die schnellere elastische Deformation der Feder baut sich mit der Zeitkonstante τ_e auf, und die langsamere viskose des Topfes mit τ_v.

hier dargestellte Reihenschaltung des elastischen und des viskosen Elements, nennt man ein *Maxwell-Element*. Weitere Schaltungen sind möglich und sinnvoll zur Beschreibung realer Systeme. Die etwas ausführliche Schilderung des Verhaltens des Maxwell-Elements soll hier nur exemplarisch verstanden werden.

Die Feder stellt ein elastisches Element und der Topf mit dem Stempel ein viskoses Element, wie in Abb. 7.35 und 7.37 dar. Das zeitliche Verhalten eines Maxwell-Elements, das unter Spannung steht, kann einfach berechnet werden. Die Spannungs-Deformations-Beziehung des Maxwell-Elements ergibt sich aus denen des elastischen und des viskosen Elements, laut Gl. (7.59) und (7.65). Aus Gl. (7.59) erhält man die Zeitabhängigkeit der Deformation des elastischen Körpers:

$$\frac{d\varepsilon_{el}}{dt} = \frac{1}{E} \cdot \frac{d\sigma}{dt} . \tag{7.66}$$

Für die viskose Antwort gilt Gl. (7.67):

$$\frac{d\varepsilon_{vis}}{dt} = \frac{\sigma}{\eta} . \tag{7.67}$$

Wenn beide Elemente in Reihe geschaltet sind, kann man beide Beiträge zur Deformation addieren und es gilt:

$$\frac{d\varepsilon}{dt} = \frac{d\varepsilon_{el}}{dt} + \frac{d\varepsilon_{vis}}{dt} = \frac{1}{E} \cdot \frac{d\sigma}{dt} + \frac{\sigma}{\eta} . \tag{7.68}$$

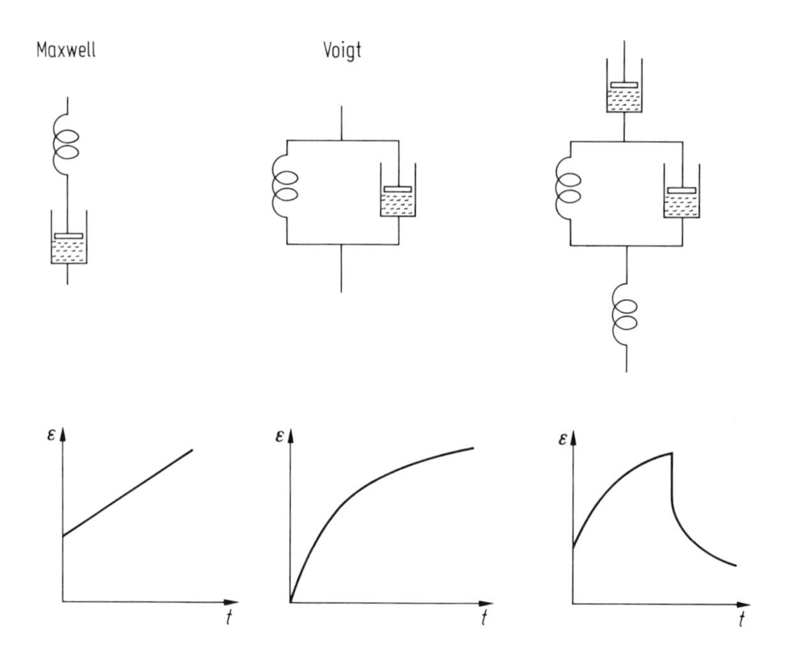

Abb. 7.39 Drei viskoelastische Modelle und ihre zeitabhängige Antwort in einem Kriech-Relaxations-Experiment.

Für das Maxwell-Element kann man eine Relaxationszeit definieren:

$$\tau_{\max} := \frac{\eta}{E}; \tag{7.69}$$

damit ergibt sich

$$\frac{d\varepsilon}{dt} = \frac{1}{E} \cdot \frac{d\sigma}{dt} + \frac{\sigma}{\tau_{\max} \cdot E} \tag{7.70}$$

Die Lösungen der Gl. (7.70) wird weiter unten im Zusammenhang mit den Randbedingungen der Relaxationsexperimente diskutiert.

Weitere Kombinationen von elastischen und viskosen Elementen wurden quantitativ berechnet und es zeigte sich, daß viele experimentelle Ergebnisse sich mit dem in Abb. 7.39 dargestellten Voigt-Element oder dem etwas komplexeren Vier-Elemente-Modell genauer beschreiben lassen als mit dem einfachen Maxwell-Element.

7.4.2 Experimentelle Methoden

Die unten geschilderten Experimente laufen generell auf ein Studium des zeitlichen Verlaufs der Spannungs-Deformations-Beziehung unter verschiedenen Bedingungen hinaus. Solche Messungen ermöglichen die Prüfung von theoretischen Modellen, die Bestimmung von wichtigen Stoffkonstanten und die modellmäßige Verknüpfung der viskoelastischen mit molekularen Daten. Die Experimente lassen sich in zeitabhängige und frequenzabhängige Verfahren klassifizieren. In der ersten Klasse wird eine Störung auf das System ausgeübt und die Antwort als Funktion der Zeit registriert. Je nach Natur der Störung haben wir Spannungs-Relaxations- oder Kriech-Relaxations-Experimente. In der zweiten Klasse ist die Störung periodisch und die Meßgröße wird frequenzabhängig registriert. Obwohl hier explizit nur die Rede von mechanischen Experimenten ist, sollte nicht übersehen werden, daß die gleichen Prinzipien und analoge Verfahren auch für elektrische, magnetische und optische Anregung gelten und entsprechende Informationen auch aus solchen Experimenten gewonnen werden können.

7.4.2.1 Spannungs-Relaxations-Experiment

Hierbei wird eine Deformation in Form einer Stufenfunktion der Zeit auf das System ausgeübt. Die Reaktion des Systems besteht aus einer ersten schnellen Zunahme und einer zweiten langsamen Abnahme der Spannung. Die Zunahme erfolgt als elastische Antwort (die Feder wird gespannt) und die Abnahme als verzögerte viskose Antwort (die Spannung wird durch verschiedene molekulare Mechanismen abgebaut). Nach hinreichend langer Zeit geht die Spannung asymptotisch auf Null zurück. Dieses Experiment läuft unter der Randbedingung $d\varepsilon/dt = 0$ ab. Die entsprechende Integration der Gl. (7.70) für das Maxwell Element ergibt:

$$\text{Einschalten von } \varepsilon\text{: } \sigma = \sigma_0 \cdot e^{t/\tau_{\max}} \tag{7.71 a}$$

$$\text{Abschalten von } \varepsilon\text{: } \sigma = \sigma_0 \cdot e^{-t/\sigma_{\max}} \tag{7.71 b}$$

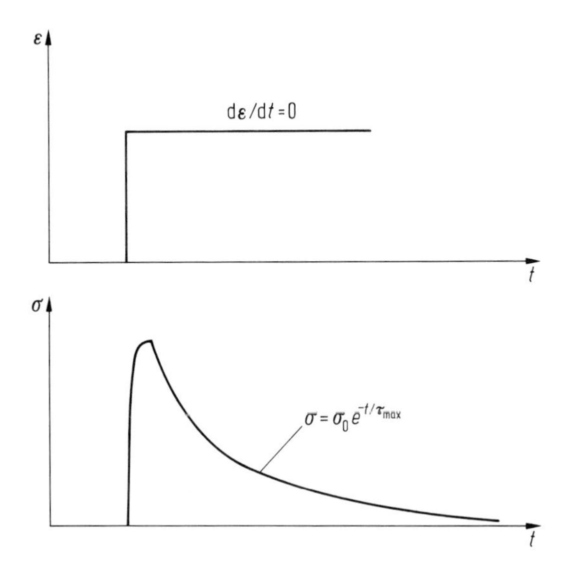

Abb. 7.40 Verlauf eines Spannungs-Relaxations-Experiments an einem Maxwell-Element. Die Deformation wird schnell ausgeübt und dann konstant gehalten. Die Spannung nimmt sehr schnell zu. Anschließend baut sich die Spannung mit der Zeitkonstante $\tau_{\max}$ wieder ab. Zunächst wird die Feder deformiert und anschließend wird das viskose Element zunehmend deformiert und ermöglicht den Abbau der Spannung der Feder. Hierbei wird die in der Feder gespeicherte potentielle Energie im viskosen Element in Wärme dissipiert.

Die Kurve in Abb. 7.40 gibt den durch beide Exponentialfunktionen beschriebenen Verlauf wieder.

7.4.2.2 Kriech-Relaxations-Experiment

In diesem Versuch wird eine Spannung in Form einer Rechteckfunktion der Zeit auf das System ausgeübt (Abb. 7.41). Die Reaktion des Systems besteht in einer anfänglichen schnellen und einer anschließenden sich langsam aufbauenden Dehnung. Nach der schnellen Entspannung, geht die elastische Dehnung praktisch momentan zurück, während die viskose Dehnung dissipiert ist, und somit nicht mehr zurückgeht. Man sieht, daß die elastische Dehnung nach einiger Zeit gespeichert wird und die viskose dissipiert ist. Das Experiment läuft unter der Randbedingung $\mathrm{d}\sigma/\mathrm{d}t = 0$ ab und somit ergibt die Integration von Gl. (7.70):

$$\varepsilon = \frac{\tau}{\tau_{\max} \cdot E} \cdot t \,. \tag{7.72}$$

Beide Versuche erlauben es, die viskoelastischen Parameter des Systems zu bestimmen, jedoch liefern sie etwas unterschiedliche Informationen; sie sind also nicht äquivalent. Sowohl das Spannungs- als auch das Kriech-Relaxations-Experiment sind kinetische Experimente, in denen der eine der beiden Parameter σ und ε bei vorgege-

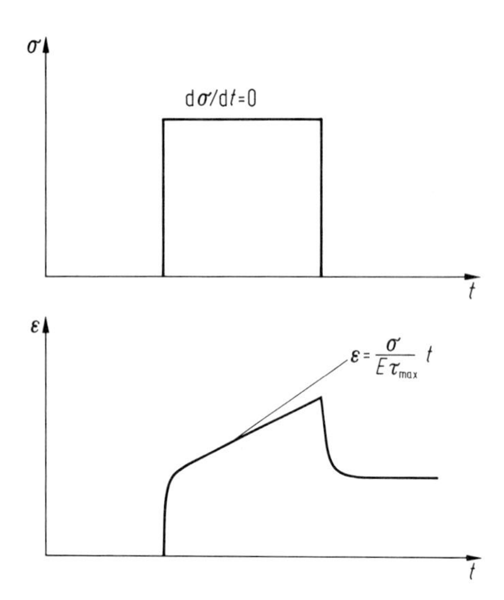

Abb. 7.41 Verlauf eines Kriech-Relaxations-Experiments an einem Maxwell-Element. Die Spannung wird schnell aufgebaut, dann konstant gehalten und anschließend schnell abgebaut (Rechteckfunktion der Zeit). In der ersten Phase reagiert das elastische Element sehr schnell, in der zweiten kommt bei konstant gehaltener Spannung die Deformation des viskosen Elements hinzu und in der dritten geht bei momentanem Abbau der Spannung die reversible Deformation der Feder schnell zurück. Die Deformation des viskosen Elements geht jedoch nicht wieder zurück, da diese Antwort irreversibel ist.

benem Verlauf des jeweils anderen als Funktion der Zeit gemessen wird. So wird im Spannungs-Relaxations-Experiment die Deformation vorgegeben und spielt die Rolle der Störung, während die Spannung als Antwort durch das Meßverfahren als Antwort verfolgt wird. Im Kriech-Relaxations-Experiment liegen die Verhältnisse umgekehrt.

7.4.2.3 Periodische Anregung

In einer weiteren, sehr wichtigen Klasse von Experimenten wird der eine Parameter periodisch verändert und der andere als Funktion der Anregungsfrequenz ω gemessen. Um die Auswertung solcher Experimente zu ermöglichen, bzw. um diese zu interpretieren, muß zunächst die Differentialgleichung für das Problem entsprechend formuliert werden.

Bewegungsgleichung bei periodischer Anregung. Viskoelastische Eigenschaften lassen sich durch Erzeugung einer ebenen Scherwelle in dem zu untersuchenden Medium bestimmen.

Wenn wir einen viskoelastischen Körper einer periodischen Spannung mit der Kreisfrequenz ω unterwerfen, dann reagiert dieser mit einer periodischen Deformation γ der Form:

$$\gamma = \gamma_0 \sin \omega t \, .$$

Die ebenfalls periodisch variierende Spannung läßt sich folgendermaßen schreiben:

$$\sigma = \gamma_0 (G' \sin \omega t + G'' \cos \omega t); \tag{7.73a}$$

σ ist in eine Komponente $\gamma_0 G' \sin \omega t$, die mit der Spannung phasengleich ist, und eine Komponente $\gamma_0 G'' \cos \omega t$, deren Phase um 90° verschoben ist, aufgespalten. Dies läßt sich auch durch den Phasenwinkel δ folgendermaßen ausdrücken:

$$\sigma = \sigma_0 \sin (\omega t + \delta). \tag{7.73b}$$

Im Fall eines viskoelastischen Systems ist das Schermodul allgemein eine komplexe Größe:

$$G^* = G' + \mathrm{i} G'' \, . \tag{7.74a}$$

Zwischen beiden Anteilen des Schermoduls gilt:

$$\frac{G''}{G'} = \tan \delta \, . \tag{7.74b}$$

Analog können die Beziehungen durch Einführung einer komplexen Viskosität

$$\eta^* = \eta' - \mathrm{i}\eta'' \tag{7.74c}$$

ausgedrückt werden. Zwischen den entsprechenden Größen gelten die Beziehungen:

$$\eta' = \frac{G''}{\omega} \tag{7.75a}$$

$$\eta'' = \frac{G'}{\omega} \, . \tag{7.75b}$$

Im Grenzfall $\omega \to 0$ erhalten wir $\eta' \to \eta_s$, wo η_s die im Grenzfall des stationären Flusses gemessene Scherviskosität ist.

Die hier vorgestellten periodischen Messungen sind den oben geschilderten zeitabhängigen Versuchen äquivalent für den Fall, daß die reziproke Meßzeit $1/\tau = \omega$ der Meßfrequenz gleich ist.

Für viskoelastische Systeme sind im allgemeinen die Größen $E(t)$, $G(t)$, $J_d(t)$, $J_s(t)$ zeitabhängig. Im Fall der periodischen Anregung sind die genannten Größen als komplexe frequenzabhängige Größen zu beschreiben: $E^*(\omega)$, $G^*(\omega)$, $J_d^*(\omega)$, $J_s^*(\omega)$. Die Phasenverhältnisse im Fall der komplexen Darstellung sind in Abb. 7.42 veranschaulicht.

1. *Wenn G eine reelle Größe ist*, so besitzt der Körper elastische Eigenschaften. Die Spannung ist phasengleich mit der Deformation, und die Welle pflanzt sich ungedämpft fort.
2. *Wenn G eine imaginäre Größe ist*, dann besitzt der Körper rein viskose Eigenschaften, die Verformung ist um 90° gegenüber der Spannung verschoben, und die Welle ist gedämpft.

Entsprechend gilt, daß bei elastischen Systemen die reale Komponente der Viskosität η' null ist und bei rein viskosen Systemen η'' null ist.

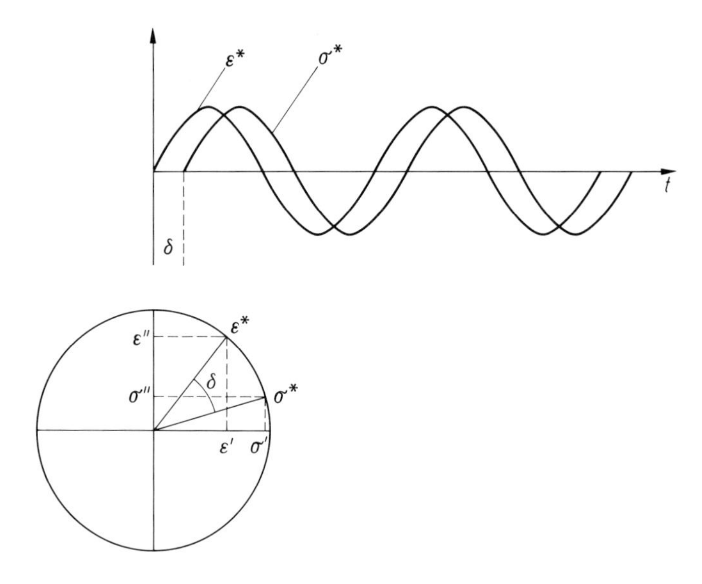

Abb. 7.42 Phasenbeziehungen bei periodischer Anregung eines viskoelastischen Systems.

Die Fortpflanzungsgeschwindigkeit und die Dämpfung lassen sich im Falle eines imaginären Schermoduls folgendermaßen berechnen:

In einem viskoelastischen Medium werden durch eine periodische, sinusförmige Anregung mit der Kreisfrequenz ω gedämpfte Wellen erzeugt, wobei sich die lokale Verschiebung ξ eines Massenelements am Ort x nach der Gleichung

$$\xi = \xi_0 \cdot \exp\left[\mathrm{i}\omega(t - x/c)\right] \tag{7.76}$$

fortpflanzt. c ist die Fortpflanzungsgeschwindigkeit.

$$\sigma = \mathrm{i}\omega\eta\gamma\,, \tag{7.77}$$

$$G = \frac{\sigma}{\gamma} = \mathrm{i}\omega\eta\,, \tag{7.78}$$

$$c = \sqrt{\frac{\mathrm{i}\omega\eta}{\varrho}}\,. \tag{7.79}$$

Bei Verwendung der komplexen Größen erhält man

$$\xi = \xi_0 \cdot \exp\left[-\sqrt{\frac{\omega\varrho}{2\eta}}\,y\right] \cdot \exp\left[\mathrm{i}\omega(t - x/c)\right]. \tag{7.80}$$

Der erste exponentielle Faktor in Gl. (7.80) hat einen reellen Exponenten und stellt somit einen Dämpfungsfaktor dar, der die Amplitude des periodischen Faktors mit dem Dämpfungskoeffizienten

$$\alpha = \frac{1}{\lambda} = \sqrt{\frac{\omega\varrho}{2\eta}} = \sqrt{\frac{\eta}{\pi f \varrho}} \tag{7.81}$$

auf $1/\mathrm{e}$ des Anfangswerts abklingen läßt, und f ist die Frequenz.

Mechanische Impedanz. Mehrere experimentelle Methoden erlauben es, die mechanische Impedanz zu messen, die sich als Quotient der negativen Scherspannung und der Teilchengeschwindigkeit darstellt:

$$Z = \frac{-\sigma}{\theta\xi/\theta t}\,. \tag{7.82}$$

Komplexe viskoelastische Parameter. Im Fall der periodischen Anregung lassen sich die Meßgrößen von viskoelastischen Substanzen durch komplexe Parameter darstellen:

Schermodul:	$G^* = G'(\omega) + \mathrm{i} \cdot G''(\omega)$	(7.83)
Viskosität:	$\eta^* = \eta'(\omega) \quad - \mathrm{i} \cdot \eta''(\omega)$	(7.84)
Nachgiebigkeit:	$J^* = J'(\omega) \quad - \mathrm{i} \cdot J''(\omega)$	(7.85)
Impedanz:	$Z^* = Z'(\omega) + \mathrm{i} \cdot Z''(\omega)$	(7.86)

Zwischen dem Realteil und dem Imaginärteil der Größen wie E^* besteht eine Phasenverschiebung um den Winkel δ:

$$\tan\delta := \frac{E''}{E'}\,. \tag{7.87}$$

Die Größe tan δ ist der sogenannte *Verlustwinkel*, der zur Charakterisierung der komplexen Antwort des Systems häufig verwendet wird.

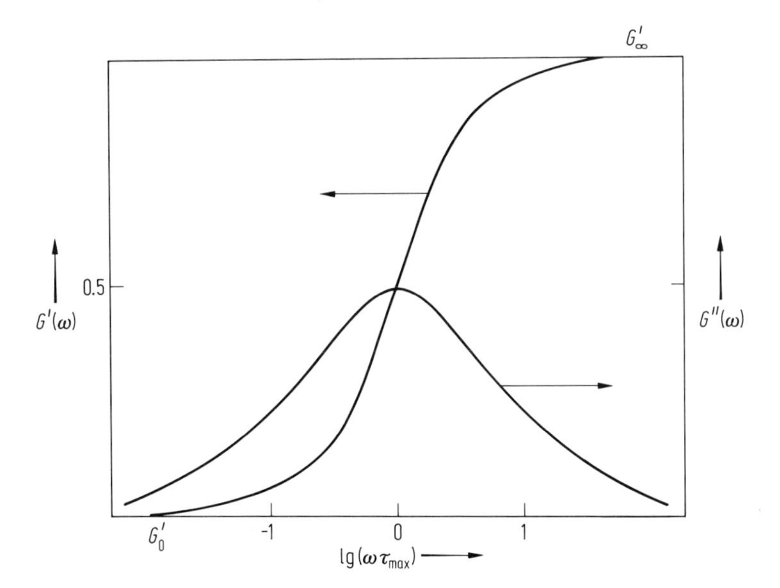

Abb. 7.43 Frequenzabhängigkeit der realen und der imaginären Komponente des komplexen Schermoduls. Zur Normierung ist die Ordinate mit dem Wert von $G'(\omega) = 1$ normiert. Die Abszisse ist logarithmisch und der Punkt 0 entspricht der Frequenz $\omega = \tau_{\mathrm{max}}^{-1}$. Die Kurven beider Komponenten entsprechen den Dispersionsgleichungen (7.86) und (7.87) mit monoton zunehmendem Realteil von 0 bis 1 und einem Maximum des Imaginärteils bei $\omega = \tau_{\mathrm{max}}^{-1}$.

Frequenzabhängigkeit. Beide Anteile, sowohl der Realteil als auch der Imaginärteil der aufgelisteten komplexen Größen, sind generell frequenzabhängig. Dies läßt sich verstehen, wenn man berücksichtigt, daß die elastische Antwort in der Regel sehr schnell erfolgt und die viskose Antwort u. U. um Größenordnungen langsamer. Eine quasistatische (niederfrequent durchgeführte) Messung registriert somit den viskositätsbedingten Anteil der Meßgröße, während eine Messung mit hochfrequenter Anregung den elastischen Anteil registriert. Somit kommt es zu einer Frequenzabhängigkeit mit Grenzwerten für $\omega \to 0$ und $\omega \to \infty$. Die Tab. 7.4 zeigt die Grenzwerte für $G^*(\omega)$ und $\eta^*(\omega)$.

Für ein Maxwell-Element erhält man bei periodisch sinusoidaler Anregung folgende Ausdrücke für die beiden Komponenten des komplexen G-Moduls:

$$G'(\omega) = G_\infty \cdot \frac{\omega^2 \tau_{max}^2}{1 + \omega^2 \tau_{max}^2}, \tag{7.88}$$

$$G''(\omega) = G_\infty \cdot \frac{\omega \tau_{max}}{1 + \omega^2 \tau_{max}^2}. \tag{7.89}$$

Die Gln. (7.88) und (7.89) sind in Abb. 7.43 graphisch dargestellt.

Relaxationsspektrum. Messungen eines Moduls (E oder G) mit Hilfe eines Verfahrens, in dem die Anregung periodisch mit variabler Frequenz durchgeführt werden kann, liefern das sog. *Relaxationsspektrum* eines Prozesses; in diesem Zusammenhang spricht man von der mechanischen Spektroskopie. Für einen einfachen Prozeß, der durch die Gln. (7.88) und (7.89) beschrieben werden kann, erhält man eine symmetrische Linie. Bei vielen Systemen sind die entsprechenden Kurven asymmetrisch, deutlich breiter und haben mehrere Maxima. Für den Fall einer diskreten Summe von Relaxationsprozessen oder einer kontinuierlichen Verteilung lassen sich die Spektren durch die Beziehungen (7.90) bzw. (7.91) beschreiben:

$$G''(\omega) = \sum_{i=1}^{N} G_\infty(i) \cdot \frac{\omega \tau_{max(i)}}{1 + \omega^2 \tau_{max(i)}^2}, \tag{7.90}$$

$$G''(\omega) = \int_{\tau_1}^{\tau_2} H(\tau) \cdot \frac{\omega \tau_{max}}{1 + \omega^2 \tau_{max}^2} \, d\tau. \tag{7.91}$$

Die Verteilungsfunktion $H(\tau)$ wird oft als Spektrum der im betreffenden System wirksamen bzw. durch ein bestimmtes Experiment registrierten Relaxationsprozesse beschrieben. Es handelt sich also um ein mechanisches Spektrum der Relaxationsprozesse. Das diskrete Relaxationsspektrum in Gl. (7.90) wird über N Prozesse summiert, wobei jeder Prozeß durch die entsprechende Relaxationszeit $\tau_{max(i)}$ gekennzeichnet ist. Im Fall der kontinuierlichen Verteilung (7.91) wird das experimentelle Spektrum zwischen der kleinsten und der größten registrierten Relaxationszeit τ_1 und τ_2 integriert. $H(\tau)$ stellt die Relaxationszeitsverteilungsfunktion dar. Diese Größe hängt von der Anzahl und der Natur der durch das betreffende Experiment registrierten Prozesse ab. Die Spektren in Abb. 7.44 illustrieren einige typische Formen von Relaxationsspektren von Polymeren.

Die Lage und die Form eines solchen Spektrums kann wertvolle Hinweise über die molekulare Natur des registrierten Prozesses liefern. In solchen Fällen kann man u. U. einzelne Relaxationsprozesse identifizieren oder wenn dies nicht möglich ist,

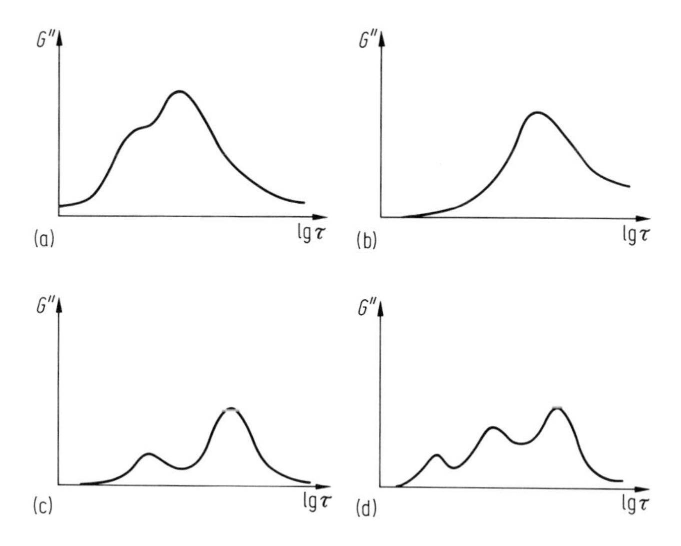

Abb. 7.44 (a) Verbreitetes Spektrum mit Andeutung eines teilweise aufgelösten schnellen Prozesses; (b) Verbreitetes Spektrum, dessen langsame Komponente nicht mehr vollständig erfaßt werden kann; (c) Bimodales Spektrum; (d) Trimodales Spektrum.

kann man versuchen, eine Relaxationszeitverteilung aus den spektralen Daten zu erhalten. Solche Daten sind von großer Bedeutung für die Beschreibung der relativ komplexen Prozesse, die in einem Polymer unter der Einwirkung einer Störung ablaufen können.

Zeitbereich der Meßverfahren. Polymere Systeme weisen eine Vielfalt von verschiedenen viskoelastischen Reaktionen auf, je nach Meßtemperatur und/oder Zeitskala des Meßverfahrens. An dieser Stelle ist es nötig, zu erwähnen, daß jedes dynamische Experiment in einem bestimmten und durch die experimentellen Gegebenheiten beschränkten Zeitbereich durchgeführt werden kann. Dieser Zeitbereich ist durch die typischen dynamischen Eigenschaften der verwendeten Meßapparatur festgelegt. Es ist nun nicht möglich, alle Zeitbereiche in einem einzigen Experiment bzw. mit Hilfe einer einzigen experimentellen Technik zu erfassen. Vielmehr werden verschiedene Zeit- bzw. Temperaturbereiche mit geeigneten Methoden untersucht und anschließend durch eine Reduktion aufeinander angepaßt.

Zeit-Temperatur-Skalierung. Das mechanische Verhalten von Polymeren läßt sich durch ihre viskoelastischen Parameter charakterisieren. Die Abb. 7.45 gibt das Elastizitätsmodul eines linearen Polymers als Funktion der Temperatur wieder.

Eine solche Kurve, die sich über einen weiten Temperaturbereich erstreckt, erfordert kinetische Experimente wie z. B. den beschriebenen Spannungs-Relaxations-Versuch, die etwa einen Zeitbereich von mehreren Stunden bis Nanosekunden umfassen. Ein solcher Versuch ist nicht mit einem einzigen Meßverfahren realisierbar und somit müssen mehrere Versuche mit verschiedenen Meßverfahren durchgeführt und aneinander angepaßt werden. Außerdem sind nach dem heutigen Stand der Technik

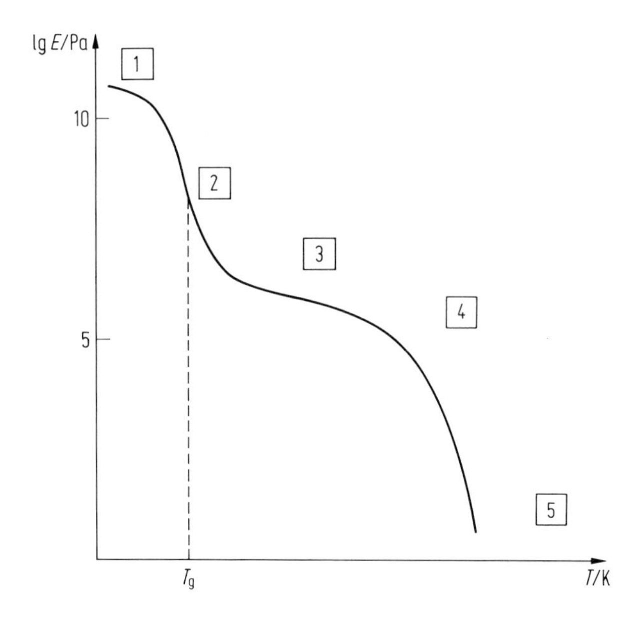

Abb. 7.45 Zustandsdiagramm eines typischen hochmolekularen Polymers als Funktion der Temperatur. Die fünf dargestellten Zustandsbereiche werden durch die Größenordnung des E-Moduls gekennzeichnet. T_g ist die Glastemperatur, bei der die E, T-Kurve die maximale Steilheit hat.

bestimmte Zeitbereiche schwer zugänglich oder lassen nur sehr ungenaue Messungen zu. Um diese schwer zugänglichen Zeitlücken zu schließen, werden die Versuche bei einer Frequenz und bei verschiedenen Temperaturen durchgeführt. Hierbei geht man von der Annahme aus, daß durch Temperaturänderung lediglich die Kinetik des Prozesses in einen günstigen Bereich verschoben wird. Man geht davon aus, daß der Prozeß selbst je nach Richtung der Temperaturänderung beschleunigt oder verlangsamt wird, sonst aber unverändert bleibt. Die Ergebnisse der verschiedenen Versuche müssen anschließend durch ein geeignetes Skalierungsverfahren auf eine gemeinsame Temperatur skaliert werden. Die durchgezogene Kurve in Abb. 7.45 wurde über einen breiten Temperaturbereich aufgenommen.

Es war eine bedeutende Erkenntnis, daß es in der Tat ein zuverlässiges Skalierungsverfahren gibt, die sogenannte **Williams-Landel-Ferry**-Zeit-Temperatur-Verschiebung (WLF-Verfahren), mit dessen Hilfe das Verhalten von viskoelastischen Systemen über einen weiten Zeitbereich bestimmt werden kann. Die hierzu verwendete empirische Gleichung ist:

$$\lg a_T = \frac{-c_1^0 \cdot (T - T_0)}{c_2^0 + T - T_0} \tag{7.92}$$

a_T = WLF-Skalierungsfaktor
T_0 = Referenztemperatur
c_1^0, c_2^0 = WLF-Konstanten bezogen auf T_0

Die Berechnung des Skalierungsfaktors a_T gemäß Gl. (7.88) ermöglicht die Reduktion der Zeitskala nach der Gleichung

$$\frac{\tau_T}{\tau_{T_0}} = a_T \tag{7.93}$$

τ_T = Relaxationszeit bei der Temperatur T
τ_{T_0} = Relaxationszeit bei der Temperatur T_0

Abb. 7.46 a stellt eine typische Kurve dieser Art vor, in der die Nachgiebigkeit J eines Polymers als Funktion der Meßfrequenz ω bei drei Temperaturen dargestellt ist. Die drei in verschiedenen Experimenten gewonnenen Teilstücke A, B, C, wurden nach Gl. (7.93) skaliert und ergeben die Frequenzkurve (Abb. 7.46 b), die das dynamische Verhalten des Systems über 10 Frequenzdekaden wiedergibt.

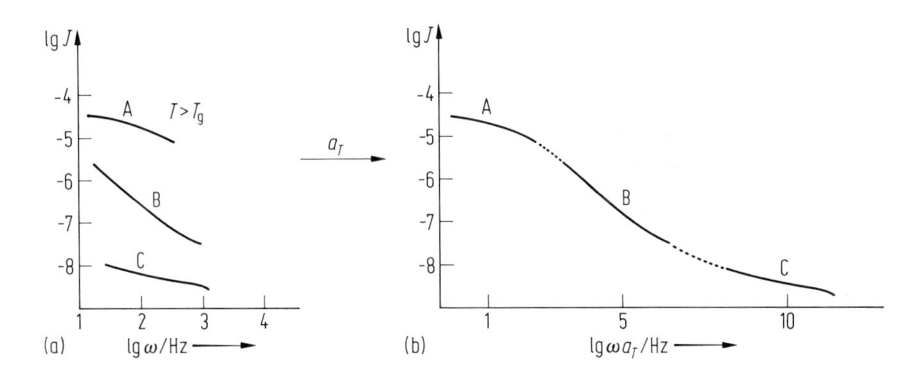

Abb. 7.46 Zeit-Temperatur-Verschiebung. Die in einem engen Frequenzbereich ($1-10^4$ Hz) erhaltenen Werte bei drei verschiedenen Temperaturen werden durch Skalierung der Frequenzskala mit a_T auf eine gemeinsame Frequenzkurve gebracht. Der Skalierungsfaktor a_T ist temperaturabhängig (s. Gl. (7.41) und (7.42)).

7.4.3 Dielektrische Spektroskopie

Molekulare Rotation. Polare Moleküle unterliegen im elektrischen Feld einem Drehmoment, unter dessen Einfluß das Molekül rotiert. Die Kreisfrequenz ω der Rotation hängt bei ungestörten Molekülen, z. B. in Gasen, von den molekularen Trägheitsmomenten um die entsprechenden Rotationsachsen ab. In kondensierten Phasen kommt die Wechselwirkung des rotierenden Moleküls mit den Nachbarmolekülen als Reibungswiderstand hinzu. Bei hinreichend hohem Reibungswiderstand bzw. bei hohen Viskositätswerten ist die Rotation lediglich durch diesen Parameter und nicht durch das molekulare Trägheitsmoment bestimmt. Die sogenannte *Rotationsrelaxationszeit* τ wird dann für kugelförmige Teilchen durch die *Stokes-Einstein-Debye-Gleichung* gegeben:

$$\tau = \frac{\eta}{kT} \cdot \mathrm{V} \tag{7.94}$$

In dieser Gleichung sind η die Viskosität, V das Volumen des Teilchens, k die Boltzmann-Konstante und T die thermodynamische Temperatur. Die Rotationsrelaxationszeit wird durch Messung der frequenzabhängigen Dielektrizitätskonstante $\varepsilon(\omega)$ bestimmt. Der mathematische Formalismus und die Struktur der erhaltenen Gleichungen für einen dielektrischen Relaxationsversuch ist den entsprechenden Beziehungen für die im vorhergehenden Abschnitt diskutierte mechanische Spektroskopie vollständig analog. Im Falle eines einzelnen Relaxationsprozesses gelten analog zu den Gln. (7.88) und (7.89) folgende Beziehungen:

$$\varepsilon' (\omega = \varepsilon_\infty \frac{\omega^2 \tau^2}{1 + \omega^2 \tau^2}, \tag{7.95}$$

$$\varepsilon'' (\omega) = \varepsilon_\infty \frac{\omega \tau^2}{1 + \omega^2 \tau^2}, \tag{7.96}$$

wobei $\varepsilon'(\omega)$ und $\varepsilon''(\omega)$ der Real- und der Imaginärteil der komplexen Dielektrizitätskonstante sind. Analog zur Abb. 7.43 sind in Abb. 7.47 die beiden Komponenten der Dielektrizitätskonstante $\varepsilon(\omega)$ als Funktion der Kreisfrequenz dargestellt. Das Maximum des Imaginärteils bzw. der Wendepunkt des Realteils liegen bei einer Frequenz, für die die Beziehung $\omega \cdot \tau = 1$ gilt. Somit erlaubt uns das Maximum des dielektrischen Spektrums, τ zu bestimmen.

Dielektrische Relaxation in Polymeren. Während bei starren polaren Molekülen das Dipolmoment μ, das aufgrund der elektrischen Ladungsverteilung entsteht, eine feste

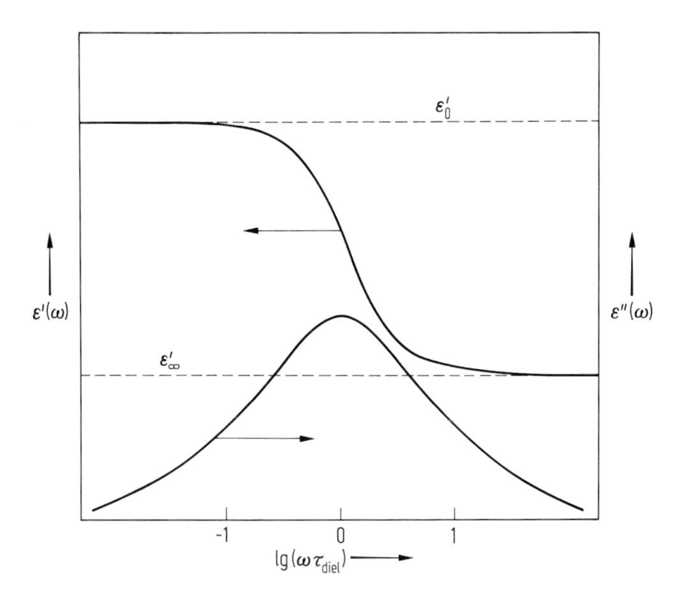

Abb. 7.47 Dielektrisches Relaxationsspektrum. Der Real- und der Imaginärteil der frequenzabhängigen dielektrischen Permittivität $\varepsilon(\omega)$ sind als Funktion von $\omega\tau_{\text{diel}}$ dargestellt. Das Auftreten eines solchen Spektrums deutet auf einen Relaxationsprozeß in der Probe hin, dessen Relaxationszeit τ_{diel} ist.

Orientierung im Molekül hat, ist dies bei flexiblen Makromolekülen nicht mehr der Fall. Da die thermische Bewegung die gegenseitige Lage der atomaren Gruppen im Makromolekül dauernd verändert, ist auch das elektrische Dipolmoment $\mu(t)$ eine Zufallsfunktion der Zeit. Die Zeitabhängigkeit von $\mu(t)$ spiegelt also die komplexe thermische innere Bewegung des Makromoleküls wieder. Die Abb. 7.48 gibt beispielsweise ein dielektrisches Relaxationsspektrum von Polytetrafluoroethylen wieder.

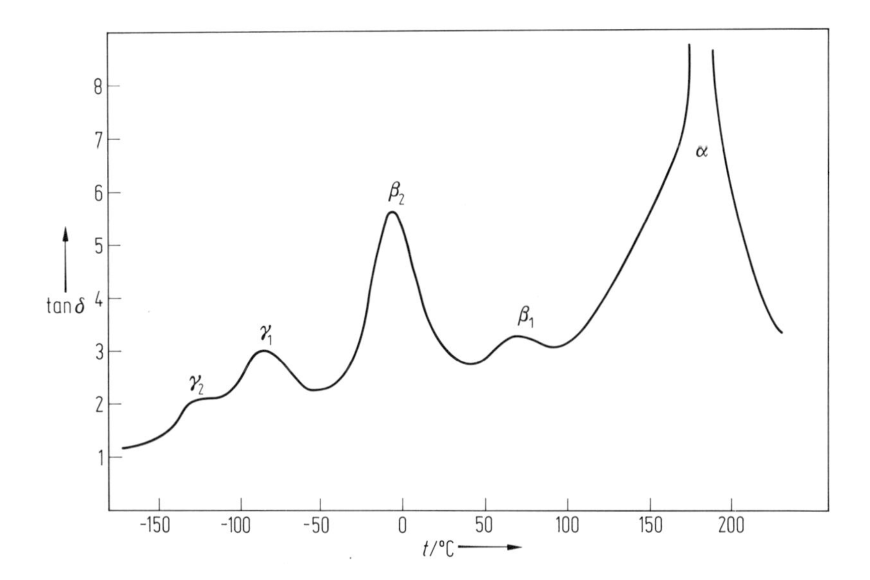

Abb. 7.48 Verlustwinkel $\tan\delta$ bei einer Frequenz von 1 kHz als Funktion der Temperatur einer Probe von Polytetrafluorethylen. Die Maxima entsprechen fünf verschiedenen Prozessen, die im Polymer auftreten und die durch dielektrische Relaxationsmessungen untersucht werden können. Der α-Prozeß ist der sog. Hauptprozeß, der die in Abb. 7.45 auftretenden Bereiche bestimmt, während die β_1-, β_2-, γ_1-, und γ_2-Prozesse sogenannte Sekundärprozesse sind, die unterschiedlichen lokalen Bewegungsmoden des Polymers entsprechen.

In diesem Spektrum ist der *dielektrische Verlustwinkel*

$$\tan\delta := \frac{\varepsilon''(\omega)}{\varepsilon'(\omega)}$$

analog zum mechanischen Verlustwinkel in Gl. (7.87) als Funktion der Temperatur der Probe aufgetragen. Die Komplexität des Spektrums ist auf das Auftreten mehrerer Relaxationsprozesse zurückzuführen, und somit sind anstelle der Gln. (7.90) und (7.91) die dielektrischen Analoga zu verwenden. Die Auftragung gegen die Temperatur anstelle die Frequenz hat folgenden Hintergrund. Aus experimentellen Gründen läßt sich in einem Versuch kein hinreichend großer Frequenzbereich überstreichen. Um trotzdem alle Relaxationsprozesse, die bei sehr unterschiedlichen Frequenzen ihr Maximum haben, zu erfassen, werden die Messungen bei einer festen Frequenz durchgeführt und die temperaturabhängigen Relaxationszeiten $\tau(T)$ durch Variation der Temperatur erfaßt. Wie die Gln. (7.95) und (7.96) zeigen, geht die Frequenz ω nur als Produkt $\omega\tau$ ein, wodurch die Variation von τ bzw. T ein dielektrisches Spektrum liefert. Allerdings ist die Temperaturabhängigkeit der verschiedenen τ's nicht die gleiche und auch nicht linear, und somit ist das über Variation von T aufgenommene Relaxationsspektrum gegenüber dem „echten" Frequenzspektrum verzerrt. Die wertvolle Information, die beispielsweise aus dem in Abb. 7.48 wiedergegebenem dielektrischen Relaxationsspektrum abgelesen werden kann, ist die, daß die innere Bewegung des Polymers über fünf unterschiedliche Prozesse verläuft, deren Abhängigkeit von verschiedenen Parametern mit diesem Verfahren untersucht werden kann.

Im Gegensatz zur mechanischen Relaxationsspektroskopie lassen sich mit der dielektrischen Relaxationsspektroskopie die beobachteten Bewegungsmoden auf bestimmte polare Gruppen innerhalb des Moleküls lokalisieren. Diese Spezifität kann noch verbessert werden, indem man ein gegebenes Polymer synthetisch an bestimmten Stellen mit polaren Gruppen markiert.

7.5 Zustandsbereiche von Polymeren

In der Abb. 7.45, die das Youngsche Elastizitätsmodul eines typischen Polymers über einen weiten Temperaturbereich darstellt, lassen sich fünf Relaxationsgebiete, die sehr unterschiedlichen physikalischen Zuständen entsprechen, unterscheiden:

1. *Der Bereich des glasförmigen Zustands:* In diesem Bereich hat das E-Modul des Systems einen hohen, nur schwach temperaturabhängigen Wert. Das Polymer ist hart und spröde. Der elastische Dehnungsbereich ist relativ klein. Morphologisch ist das Polymer amorph oder teilkristallin.
2. *Der Bereich des Glasübergangs:* Erwärmt man ein glasförmiges Polymer, so kommt man in einen Bereich, in dem E erst langsam und dann in zunehmendem Maße sinkt. Die Steilheit der Kurve wird am sog. *Glasübergangspunkt* maximal. Der Bereich des Glasübergangs ist also durch eine besonders hohe Temperaturabhängigkeit von E charakterisiert.
3. *Der Bereich des gummiartigen Plateaus:* In diesem Bereich hat E deutlich kleinere Werte (etwa um 3 Größenordnungen kleiner) als im Glaszustand und ist weitgehend temperaturunabhängig. Der elastische Dehnungsbereich ist sehr groß.
4. *Der Bereich des gummiartigen Flusses:* Mit Zunahme der Temperatur kommt man von dem gummiartigen Plateau in einen Bereich, in dem E absinkt und das Polymer unter dem Einfluß einer Spannung zu fließen beginnt. Dies bedeutet, daß in zunehmendem Maße viskose Prozesse die Spannung abbauen. Dies ist der Bereich, in dem sich die eigentlichen viskoelastischen Eigenschaften bemerkbar machen.
5. *Der Bereich der Schmelze:* Die Polymerschmelze, die sich durch sehr kleine E-Werte (Um den Faktor 10^3 kleiner als im Bereich 3) bemerkbar macht, ist eine Flüssigkeit, d.h. die viskosen Fließprozesse sind hinreichend schnell, so daß das System leicht verformbar wird und die Form des Behälters annimmt. Das E-Modul und die Viskosität η sind über die Relaxationszeit τ miteinander verbunden:

$$E = \eta \cdot \tau \qquad (7.97)$$

Beziehung zwischen Relaxationszeiten und Meßzeit. Im gesamten in Abb. 7.45 dargestellten Bereich kann man feststellen, daß die Beziehung zwischen den charakteristischen Zeiten τ, mit denen das System auf Störungen reagiert, und der Meßzeit τ_m das beobachtete Verhalten bestimmt. In diesem Zusammenhang bedeutet Meßzeit die Dauer eines zeitabhängigen Experiments bzw. die reziproke Meßfrequenz bei periodischer Anregung. Die gestrichelte Linie in Abb. 7.45 ist ein anschauliches Beispiel dafür. Betrachtet man das *E*-Modul bei konstanter Temperatur als Funktion der Meßzeit τ_m, so sieht man, daß bei kurzen Meßzeiten das System im wesentlichen elastisch reagiert, d.h. sich wie ein Festkörper verhält. Mit zunehmender Meßzeit reagiert das System zunehmend dissipativ. So gesehen, ist die Lage der Übergangstemperaturen zwischen den fünf Bereichen eine Funktion der Meßzeit bzw. des Meßverfahrens, insofern als z. B. ein Polymer bei einer gegebenen Temperatur sich gegenüber kurzen Impulsen wie ein elastisches Glas verhält, gegenüber längeren Impulsen wie ein Gummi und gegenüber noch längeren wie eine Flüssigkeit. Das Verhalten hängt also von der Beziehung zwischen der Meßzeit τ_m, der Relaxationszeit τ_e der elastischen Antwort und der Relaxationszeit τ_v der viskosen Antwort ab. Allgemein kann man davon ausgehen, daß $\tau_e \ll \tau_v$. Im Falle von Polymeren muß man zwischen der elastischen Zeit τ_{e_1} unterscheiden, die den glasförmigen Zustand charakterisiert, und der Zeit τ_{e_2}, die die elastische Antwort im gummielastischen Bereich bestimmt. Die Dynamik des Polymers in den in Abb. 7.45 und 7.49 dargestellten Bereichen läßt sich somit folgendermaßen beschreiben:

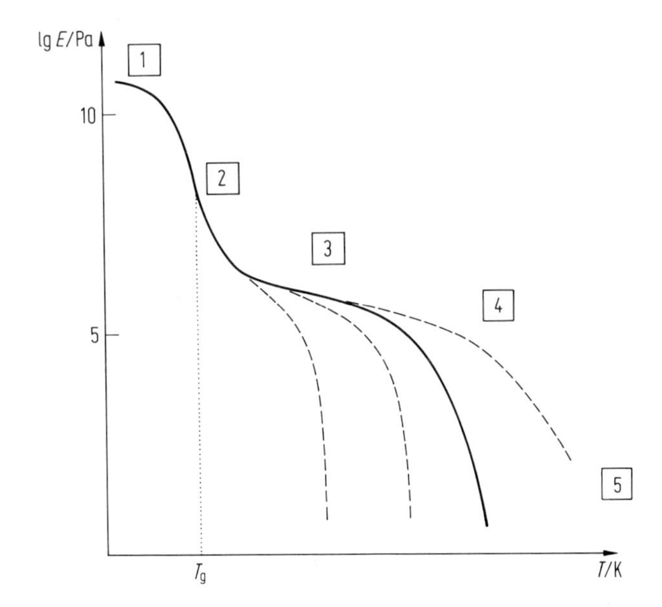

Abb. 7.49 Zustandsdiagramm analog der Abb. 7.45 von vier Polymeren mit unterschiedlicher Molekülmasse und/oder Vernetzungsgrad. Die durchgezogene Kurve ist identisch mit der in Abb. 7.45. Die Abweichungen korrelieren von links nach rechts mit zunehmender Molekülmasse und/oder Vernetzungsgrad. Besonders deutlich macht sich der Effekt auf die Ausdehnung des gummiartigen Plateaus und auf die Lage des Schmelzbereichs bemerkbar.

Bereich 1 (Glas): $\tau_{e_1} \approx \tau_m < \tau_{e_2} \ll \tau_v$
Bereich 3 (Elastomer): $\tau_{e_1} < \tau_{e_2} \approx \tau_m \ll \tau_v$
Bereich 5 (Flüssigkeit): $\tau_{e_1} < \tau_{e_1} \approx \tau_v < \tau_m$

Relaxationskurven beschreiben das viskoelastische Verhalten eines Polymers. Veränderungen der Struktur und der Molmasse des Polymers haben Rückwirkungen auf die viskoelastischen Eigenschaften und somit auf den Verlauf der Relaxationskurve. Insbesondere das gummiartige Plateau 3 wird durch Erhöhung der Molekülmasse und/oder chemischer oder physikalischer Vernetzung zwischen verschiedenen Polymerketten stärker ausgeprägt und in Richtung höherer Temperatur bzw. längerer Zeit verbreitert. Die gestrichelten Kurven in der Abb. 7.49 illustrieren das Ergebnis beider Faktoren auf die Form und Lage des Relaxationsdiagramms.

7.6 Elastomere

Der sogenannte Elastomerbereich, d. h. der Bereich 3 in Abb. 7.45 und 7.49 ist je nach molekularem Aufbau des Polymers unterschiedlich ausgeprägt. Bei Polymeren mit relativ kleiner Molekülmasse ist dieser Bereich nur schwach ausgeprägt, während er bei hoher Molekülmasse deutlicher hervortritt. Besonders deutlich ist der Elastomerbereich bei Substanzen, die man gemeinhin als gummiartig beschreibt. Detaillierte Untersuchungen des molekularen Aufbaus solcher Substanzen haben gezeigt, daß die gegenseitige Verschiebbarkeit der Kettenmoleküle gegeneinander bei Elastomeren durch kovalente Quervernetzungen zwischen benachbarten Kettenmolekülen stark eingeschränkt ist, s. Abb. 7.50. Bei weitgehender Vernetzung kann man die gesamte makroskopische Probe als ein einziges Riesenmolekül ansehen.

Die Vernetzung macht sich bemerkbar, wenn die Probe unter einer äußeren Spannung steht. Die Abb. 7.51 veranschaulicht die Streckung eines Netzwerks im Scher-

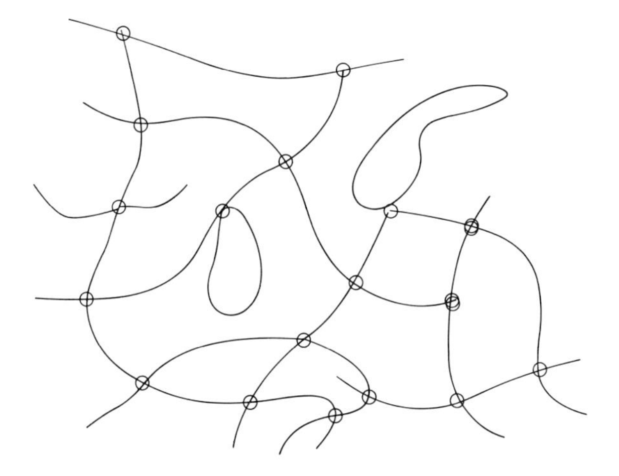

Abb. 7.50 Schematische Darstellung eines vernetzten Polymers.

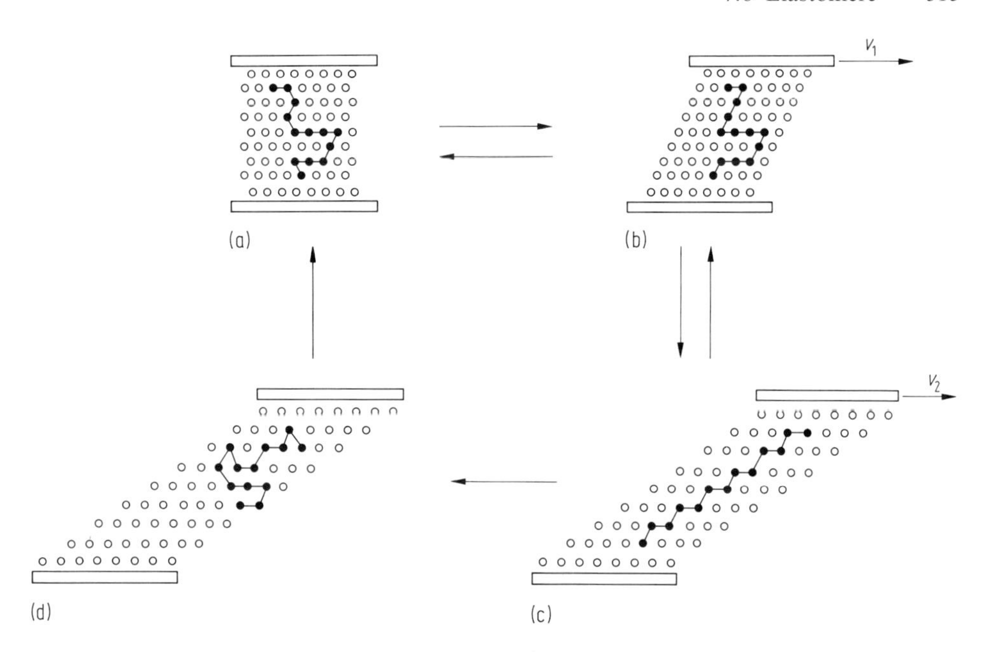

Abb. 7.51 Molekulares Bild der Veränderungen einer Polymerkette unter der Einwirkung einer Scherspannung, z. B. in einem Geschwindigkeitsgradienten. (a) Die ungestörte Polymerkette, hervorgehoben durch die dunklen Punkte, hat die Form eines Zufallsknäuels. Die offenen Punkte sind Teile der anderen, nicht hervorgehobenen Polymermoleküle. (b) Durch die Scherung streckt sich das Molekül und geht in eine Nichtgleichgewichts-Konformation über, d.h. in eine Konformation, die im Gleichgewicht mit einem kleineren statistischen Gewicht auftritt. (c) Die Scherspannung wächst gegenüber (b), und das Molekül ist nunmehr völlig gestreckt. Diese Konformation hat im Gleichgewicht ein verschwindend kleines statistisches Gewicht. (d) Die Scherspannung fällt weg, und das Polymer relaxiert in das Gleichgewicht. Die ausgezeichnete Kette nimmt wieder eine geknäuelte Konformation mit hohem statistischen Gewicht ein. Da dieser Prozeß dissipativ ist, kann er nur in einer Richtung irreversibel ablaufen und wurde daher mit einem einfachen Pfeil dargestellt. Da die Übergänge a → b und b → c über elastische und dissipative Mechanismen verlaufen können, wurden sie durch Doppelpfeile gekennzeichnet.

feld. Bei kleinen Schergradienten tritt eine partielle Entknäuelung der Kettenmoleküle ein. Bei höheren Scherfeldern nimmt die Entknäuelung zu, jedoch erreicht sie eine Grenze, bei der die Quervernetzungen ein Aneinandervorbeigleiten nicht zulassen und die weitgehend gestreckten Ketten einen elastischen Widerstand der Scherdeformation gegenüber ausüben. Der Entknäuelungsprozeß im Scherfeld der Einzelkette ist in Abb. 7.52 veranschaulicht. Unterwirft man ein solches Polymer einer Scherkraft bzw. einem Geschwindigkeitsgradienten, erfolgt eine elastische Reaktion insofern, als die Moleküle eine mehr oder weniger gestreckte Konformation annehmen. Da eine solche Konformation zwar im Hinblick auf die potentielle Energie der geknäuelten äquivalent ist, jedoch einer kleineren Entropie entspricht, werden sich, wenn die Scherdeformation konstant bleibt bzw. der Geschwindigkeitsgradient Null wird (Abb. 7.51 d), die Moleküle durch erneute Knäuelbildung in einem viskosen Prozeß wieder dem Gleichgewicht nähern, wobei die Spannung allmählich auf Null relaxiert.

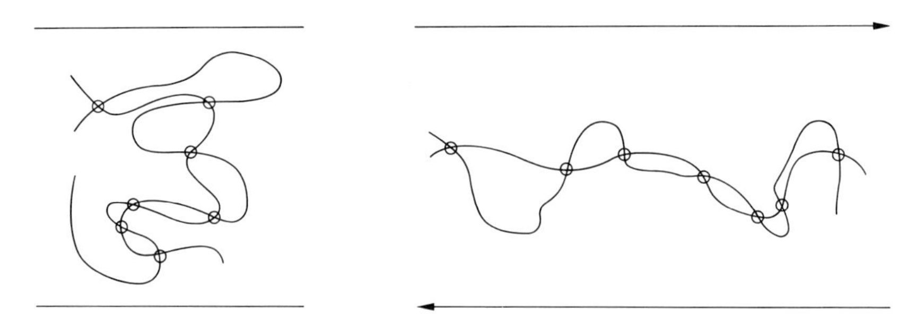

Abb. 7.52 Wirkung einer Scherspannung auf vernetzte Polymerketten. Durch die Vernetzung können die Ketten nicht aneinander vorbeigleiten.

Eine solche Knäuelbildung der ursprünglich gestreckten Moleküle kann nur durch einen Mechanismus stattfinden, in dem sich jedes Molekül durch eine diffusive Bewegung seiner Monomere zusammenzieht.

In der Regel haben wir es also mit einer relativ schnellen elastischen Antwort und einer langsameren viskosen Antwort zu tun. Die erste äußert sich in dem Rückgang der Deformation und somit auch der Spannung, während die zweite der Relaxation der Spannung durch diffusive molekulare Prozesse entspricht. Der beschriebene Prozeß entspricht dem in Abb. 7.40 beschriebenen Spannungsrelaxationsversuch, wobei nunmehr eine molekulare Interpretation der elastischen und der viskosen Antwort gegeben wurde. Führen wir nun den Spannungsrelaxationsversuch an einem vernetzten Polymer, wie in Abb. 7.52 gezeigt durch, so beobachten wir zwar eine elastische Antwort, jedoch bleibt die viskose Spannungsrelaxation aus. Der Grund für dieses Verhalten ist leicht einzusehen. Wir haben zwar auch in diesem Fall eine Streckung der Ketten, allerdings unter der Einschränkung der Vernetzungen. Wegen dieser Vernetzungen kann eine Diffusion des Polymers als Ganzes nicht stattfinden.

Die Spannung wird nicht durch einen dissipativen Mechanismus abgebaut, die für die Steckung/Scherung aufgebrachte Energie wird gespeichert. Erst nach Wegfallen der Spannung wird sich die Probe auf die ursprüngliche Form bzw. die Gleichgewichtskonformation der einzelnen Polymerketten unter Abgabe der gespeicherten Energie zurückbewegen. Nun wird auch klar, daß im gummielastischen Bereich eine andere elastische Relaxationszeit τ_{e_2} beobachtet wird als im glasförmigen Zustand mit τ_{e_1}. In letzterem Fall sind alle Konformationsänderungen eingefroren, und die Deformation erfolgt unter Beibehaltung der Molekülform durch gegenseitige Verschiebung der Moleküle. Diese kann nur unter Zunahme der intermolekularen potentiellen Energie stattfinden, jedoch ohne daß das System Energiebarrieren durchlaufen muß. Diese Verhältnisse sind in Abb. 7.53 schematisch dargestellt. Im elastischen Bereich haben wir es mit einem Potential mit einem einzigen Minimum zu tun. Im Gegensatz dazu führen die beiden Konformationen zu zwei getrennten Potentialminima, die zwar energetisch äquivalent sind, jedoch muß zum Übergang zwischen den beiden Konformationen eine Potentialbarriere überwunden werden. Da ein solcher Prozeß durch die thermische Energie vermittelt wird, kann er als ein thermisch aktivierter Prozeß mit einer definierten Aktivierungsenergie beschrieben werden und kann somit bei tieferen Temperaturen sehr langsam werden.

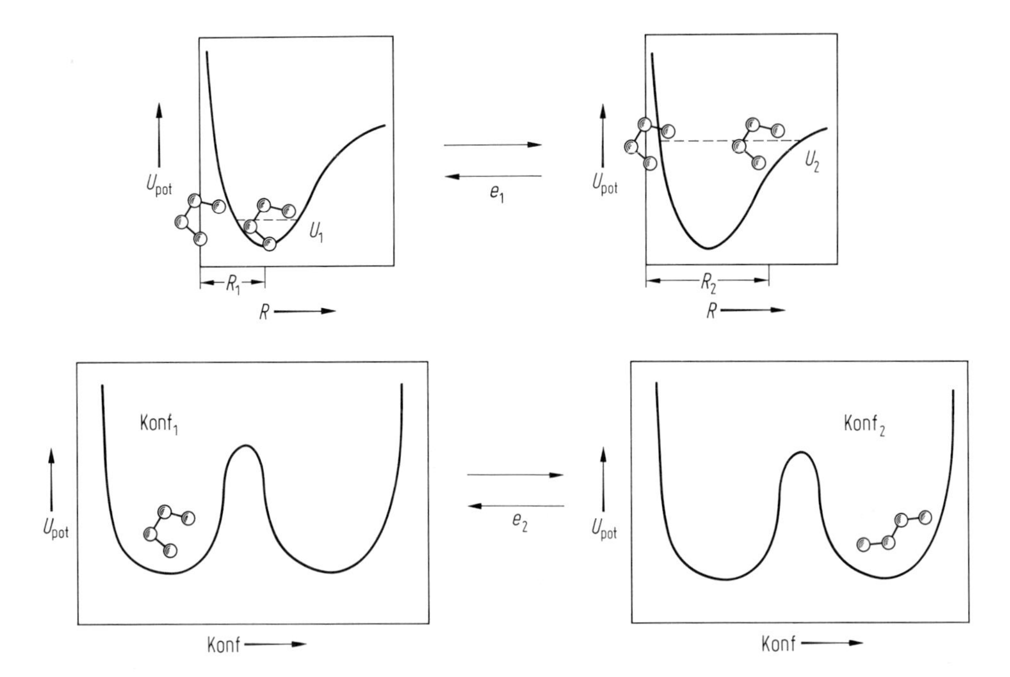

Abb. 7.53 Molekulares Bild der Hookeschen elastischen Antwort (oben) und der Antwort eines Elastomers (unten). Im ersten Fall verschieben sich die Moleküle unter der Wirkung einer Spannung als Ganzes gegeneinander im intermolekularen Potentialfeld. Dadurch erhöht sich die potentielle Energie des dargestellten Paares. Im zweiten Fall weicht jedes einzelne Molekül einer auferlegten Spannung durch eine Konformationsänderung aus. Der Zustand $Konf_2$ hat die gleiche oder annähernd die gleiche potentielle Energie wie der Zustand $Konf_1$, jedoch eine kleinere Entropie. Zwischen $Konf_1$ und $Konf_2$ kann eine Energiebarriere liegen, die die Rate des Übergangs bestimmt (Aktivierter Prozeß).

Die geschilderten Beobachtungen zeigen, daß ein ideales Elastomer nicht viskoelastische, sondern rein elastische Eigenschaften hat; genauer gesagt, beobachtet man ein auf entropische Effekte beruhendes elastisches Verhalten. Es konnte gezeigt werden, daß die Dehnungs-Spannungs-Kurve nicht dem Hookeschen Gesetz Gl. (7.59) entspricht, sondern einer Gleichung der Form

$$\sigma = nRT\left(\alpha - \frac{1}{\alpha}\right) \tag{7.98}$$

mit $\alpha = \dfrac{\mathrm{L}}{\mathrm{L}_0}$ (relative Dehnung) und $n = \dfrac{\varrho}{E_\mathrm{k}}$ (Anzahl der aktiven Kettensegmente bezogen auf das Volumen). L_0 ist die ursprüngliche und L die durch die Spannung σ erreichte Länge. ϱ ist die Dichte und M_k die mittlere Molekülmasse zwischen zwei aufeinanderfolgenden Vernetzungspunkten. Der Gl. (7.98) liegt eine vereinfachte Modellvorstellung zugrunde, wonach die rücktreibende Kraft auf die thermische Bewegung der Moleküle bzw. der Polymersegmente zurückgeführt wird. Durch diese Bewegung wird der Zustand der maximalen Entropie unter den topologischen Einschränkungen der Vernetzung und der dynamischen Einschränkung der äußeren Spannung erreicht.

Aus Gl. (7.98) kann man ersehen, daß die spezifischen Eigenschaften des Körpers nur über die Stoffkonstante n, die im wesentlichen von dem Vernetzungsgrad abhängt, in die Gleichung eingeht. Bei dem Vergleich zwischen einem idealen Hookeschen Körper und einem Elastomer ist zu bemerken, daß bei letzterem die elastische relative Dehnung α eine Zahl von der Größenordnung 10 ist, während Hookesche Körper sich nur um etwa 1 % dehnen, d. h. α ist von der Größenordnung 0.1. In Abb. 7.54 sind die Dehnungs-Spannungs-Kurven eines Hookeschen Körpers und eines Elastomers zum Vergleich dargestellt. Man sieht, daß die linear ansteigende Kurve im Hookeschen Körper, die auf die Form der intermolekularen Kräfte zurückzuführen ist, bei einem Elastomer durch einen nicht linearen Anstieg ersetzt wird. Bei kleinen Werten der relativen Dehnung α ist die Steigung der Kurve größer und nimmt mit zunehmender Dehnung ab, bis ein linearer Anstieg bei $\alpha \geq 2$ erreicht wird.

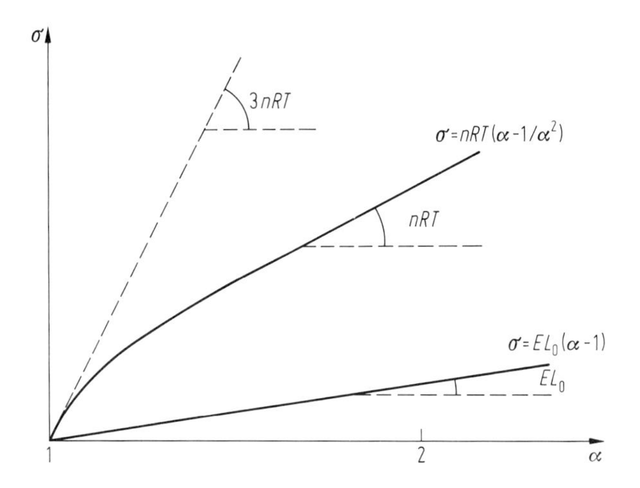

Abb. 7.54 Spannungs-Dehnungs-Kurve eines Hookeschen Körpers und eines Elastomers. Beim Elastomer ist die Steigung am Ursprung mit $\alpha = 1$ und im linearen Abschnitt für große Werte von α der Temperatur proportional. Beim Hookeschen Körper ist die Abhängigkeit über den ganzen Bereich linear mit einer Proportionalitätskonstante, die dem E-Modul proportional ist.

Grundlegend ist zu bemerken, daß zwischen der Hookeschen Elastizität und der Elastomerelastizität folgende Unterschiede bestehen: Die rücktreibende Kraft beim Hookeschen Körper kommt durch die Erhöhung der intermolekularen potentiellen Energie bei Dehnung zustande. Beim Elastomer kommt sie zustande durch die thermische Bewegung der Moleküle, deren Tendenz es ist, die statistisch, d. h. entropisch günstigste Gleichgewichtslage des Knäuels mt dem Endabstand r_0 wiederzuerreichen. Der Faktor RT in Gl. (7.98) deutet diesen thermischen Ursprung der elastischen Kraft an.

Aus praktischer Sicht zeigt sich, daß man, um ein Elastomer herzustellen, dessen Eigenschaften möglichst denen eines ideal elastischen Körpers entsprechen sollen, einen hohen Vernetzungsgrad anstreben muß. Dadurch wird auf der einen Seite ein viskoses Nachfließen ausgeschlossen, aber auf der anderen ein Produkt mit sehr hohem Elastizitätsmodul, was nicht immer erwünscht ist, erhalten. Die Steuerung beider Eigenschaften zu optimalen Werten ist ein kompliziertes Problem der chemischen Synthese und der thermischen und mechanischen Vorbehandlung, auch im Hinblick darauf, daß weitere Eigenschaften wie Klebrigkeit, Reibfestigkeit, Beständigkeit usw. gleichzeitig optimiert werden müssen.

7.7 Gläser

7.7.1 Glasbildende Substanzen

Einige Verbindungen sind seit langem als glasbildende Substanzen bekannt, während bei anderen das Abkühlen in der Regel zu einem kristallinen Festkörper führt. Phänomenologisch hängt die Tendenz zur Bildung eines Glases mit der Zunahme der Viskosität beim Abkühlen zusammen. Wenn eine Substanz oberhalb des Schmelzpunktes bereits eine sehr hohe Viskosität erreicht, dann wird es sehr wahrscheinlich, daß eine Kristallisation in ein geordnetes Gitter weitgehend kinetisch gehemmt ist und eine amorphe feste Phase, ein Glas, entsteht. Eine allgemeine quantitative molekulare Theorie dieses Phänomens steht noch aus. Partielle Erklärungen führen die Fähigkeit zur Glasbildung auf verschiedene Faktoren zurück, wie z. B. den Mangel an Symmetrie gewisser Moleküle, die sperrige Form, das Vorhandensein mehrerer Konformere, die nicht einfach in einem Gitter unterzubringen sind, oder die Ausbildung intermolekularer Bindungen, deren räumliche Anordnung nicht mit der Symmetrie des Gitters kompatibel ist.

Die Anzahl der sog. *Glasbildner* hat sich allerdings in den letzten Jahren stark vergrößert, so daß die Annahme plausibel erscheint, daß jede Substanz ein potentieller Glasbildner ist, wenn man ihre Schmelze hinreichend schnell abkühlt. Das Paradebeispiel hierfür ist die Herstellung metallischer Gläser durch schnelles Abkühlen eines verflüssigten Metalls.

7.7.1.1 Polymere Gläser

Der glasförmige Zustand eines Polymers läßt sich anhand der Abb. 7.45 charakterisieren. Wie bereits erwähnt, können Polymere sowie auch eine Reihe von anderen Stoffen beim Abkühlen ihrer Schmelze in einen festen, ungeordneten Zustand, den Glaszustand, übergehen. Dieser Übergang, der durch eine starke Erhöhung des Elastizitätsmoduls und der Viskosität in einem engen Temperaturbereich charakterisiert ist, wird als *Glasübergang* bezeichnet. Häufig spricht man auch vom *Glaspunkt* bzw. von der Temperatur T_g, unterhalb derer das System zu einem Glas erstarrt ist. Obwohl das Elastizitätsmodul $E(T)$ und die Viskosität $\eta(T)$ bei T_g keine Diskontinuität aufweisen, läßt sich dieser Punkt relativ gut definieren, da beide Kurven an dieser Stelle sehr steil werden und somit kleine Temperaturunterschiede extrem große Unterschiede dieser Größen zur Folge haben, wie Abb. 7.55 deutlich zeigt.

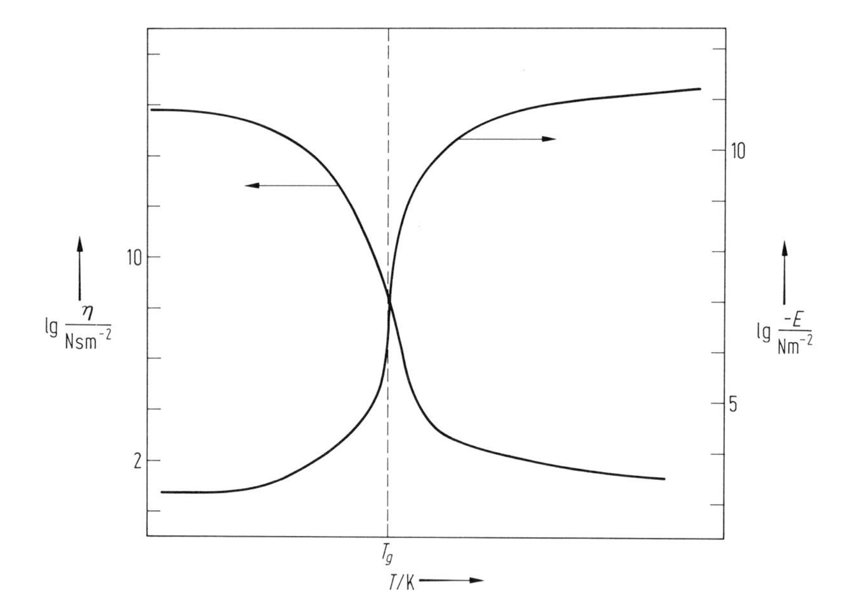

Abb. 7.55 Verlauf des E-Moduls und der Viskosität bei Annäherung an den Glaspunkt. E nimmt im flüssigen Zustand verschwindend kleine Werte an, und η divergiert bei Annäherung an T_g in der flüssigen Phase zu hohen Werten. Die Auftragung ist logarithmisch, weil die ebenfalls zu kleinen Änderungen in dem relativ engen Temperaturbereich mehrere Größenordnungen durchlaufen.

Der Glaspunkt als charakteristische Kenngröße eines Polymers ist eine Funktion der Molekülmasse M bzw. des Polymerisationsgrades n. In vielen Versuchen konnte gezeigt werden, daß dieser Zusammenhang durch eine einfache, von Fox und Flory aufgestellte Gleichung beschrieben werden kann:

$$T_g = T_{g,\infty} - \frac{K}{M}. \tag{7.99}$$

Die Größe $T_{g,\infty}$ stellt den Grenzwert für T_g bei unendlich hoher Molekülmasse dar. Die Abb. 7.56 zeigt eine entsprechende Auftragung für Polystyrol. Solche Messungen werden in der Regel kalorimetrisch durch DSC (Differential Scanning Calorimetry) durchgeführt. Hierbei wird eine Probe parallel zu einer Referenzprobe einer vorgegebenen Heiz- bzw. Abkühlungsrate unterworfen. Zwischen den beiden Proben stellt sich eine Temperaturdifferenz ΔT ein, die von den spezifischen Wärmekapazitäten und etwa auftretenden latenten Umwandlungswärmen abhängt. Am Glaspunkt wird ein Knick in der Kurve von ΔT als Funktion der Zeit, d. h. der momentanen Temperatur der Probe, beobachtet. Da jedoch die Lage des beobachteten Glaspunkts von der Heizrate $\mathrm{d}T/\mathrm{d}t$ abhängt, muß eine hinreichend langsame Rate gewählt werden, um möglichst nahe am Gleichgewicht zu bleiben.

Eine plausible Erklärung für die Abhängigkeit von T_g von M liefert das weiter unten besprochene Freies-Volumen-Modell. Es ist zu erwarten, daß die Kettenenden des Polymers schwächeren topologischen Einschränkungen unterliegen als der Rest

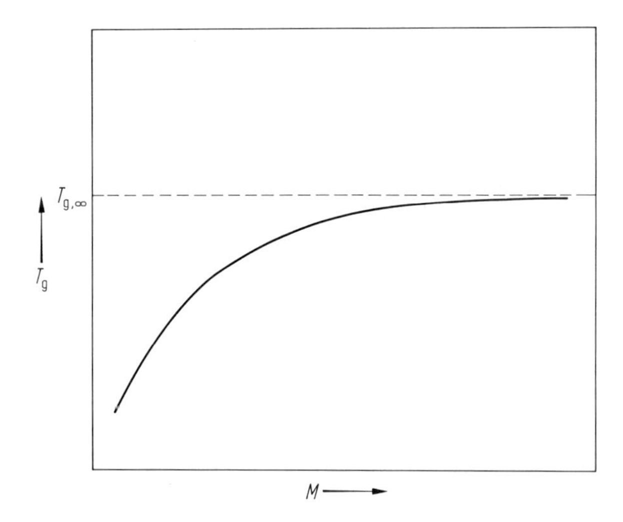

Abb. 7.56 Molekülmassenabhängigkeit des Glaspunkts bei polymeren Gläsern. Bei hohen Werten von M beobachtet man eine Sättigung in Übereinstimmung mit Gl. (7.99).

der Kette und somit beweglicher sind. Als Folge davon kommt in der Umgebung der Kettenenden ein größeres freies Volumen zustande. Dieses auf die Anzahl der Kettenenden zurückzuführende freie Volumen ist um so größer, je kleiner der Polymerisationsgrad, d. h. je kürzer die Kette ist. Da der Glaspunkt einem Zustand mit vorgegebenem Wert des freien Volumens entspricht, muß das System, dessen inhärentes freies Volumen größer ist, auf eine tiefere Temperatur abgekühlt werden, um T_g zu erreichen. Dieses Modell führt sehr einfach zu der linearen Beziehung zwischen T_g und $1/M$ entsprechend Gl. (7.99).

Mischungen von Polymeren mit niedermolekularen Komponenten, z. B. einem Lösungsmittel, haben einen Glaspunkt, der deutlich unterhalb desjenigen des reinen Polymers liegt. Dieser Effekt, der als *Weichmachereffekt* bekannt ist, wird zur gezielten Modifikation der mechanischen Eigenschaften von polymeren Werkstoffen ausgenutzt. Die Erklärung des Weichmachereffekts ist im Rahmen der thermodynamischen Theorien relativ einfach. In der Mischung von Makromolekülen und kleinen Weichmachermolekülen sind kooperative Umlagerungen leichter, d. h. sie erfordern eine kleinere Aktivierungsenergie. Die beweglichen kleinen Moleküle sorgen für schnellere Dichtefluktuationen und somit für das notwendige freie Volumen, das wiederum die Bewegung der Makromoleküle ohne übermäßigen Energieaufwand ermöglicht.

Der chemische Aufbau einer Polymerkette geht ebenfalls in den Glaspunkt ein (s. Tab. 7.4). Allgemein kann man sagen, daß Polymere mit relativ steifen Ketten höher liegende Glaspunkte haben als solche mit sehr flexiblen Ketten. Dies läßt sich beispielsweise an den Glaspunkten der Polymere Polymethylmethacrylat (PMMA) und Polymethylphenylsiloxan (PMPS), die bei 283 K und 187 K liegen, illustrieren. Aus Messungen der Persistenzlänge ist bekannt, daß die Hauptkette des PMMA relativ steif und die des PMPS extrem flexibel ist. Die naheliegende Erklärung für diesen Effekt ist, daß besonders flexible Makromoleküle leichter, d. h. in kürzerer Zeit einen

Tab. 7.4 Glaspunkte T_g einiger Polymere.

Polymer	T_g/K
Polyethylen	148
Polyvinylchlorid	354
Polystyrol	373
Polybutadien	171
Polymethylmethacrylat	283
Polyoxyethylen	232
Polymethylphenylsiloxan	187

energetisch günstigen Weg für eine Umlagerung finden können als relativ steife. Flexible Moleküle unterliegen weniger strengen topologischen Einschränkungen und somit werden energetisch tiefer liegende Trajektorien zugänglich.

Die Existenz von Seitengruppen trägt zum Wert von T_g bei. So wirken flexible Seitengruppen als innere Weichmacher, indem sie T_g erniedrigen, während voluminöse, kompakte Seitengruppen auf die molekulare Bewegung behindernd wirken und T_g erhöhen. In beiden Fällen wirken die Seitenketten auf den Energiebedarf der lokalen Rotationen der Hauptkette. Im ersten Fall wird diese energetisch erleichtert und im zweiten erschwert. Aus ähnlichen Gründen wird häufig eine Verschiebung von T_g mit der Taktizität des Polymers beobachtet. So haben isotaktische Polyacrylate ein um etwa 2–5 °C tiefer liegendes T_g als syndiotaktische Polyacrylate. Bei Polymethacrylaten ist diese Differenz noch deutlich größer. Die isotaktischen Spezies haben T_g-Werte, die im Mittel um 50 °C tiefer liegen als die der syndiotaktischen Polymere.

7.7.1.2 Anorganische Gläser (oxidische Gläser und Chalkogenide)

Eine Reihe von anorganischen Oxiden erstarrt beim Abkühlen zu einer festen, nicht kristallinen Masse. Solche Gläser gehören zu den ältesten synthetischen Materialien, deren Eigenschaften sich der Mensch zunutze gemacht hat und deren Herstellung auf jahrhundertealter Erfahrung beruht.

Die gängigen oxidischen Gläser bestehen aus folgenden Oxiden: SiO_2, B_2O_3, GeO_2, P_2O_5. Diese Elemente liegen im Periodensystem nahe beieinander und sind durch eine mittlere Elektronegativität gekennzeichnet. Die Tab. 7.5 veranschaulicht die Lage dieser Elemente im Periodensystem.

Tab. 7.5 Stellung der Elemente, die gute Glasbildner sind, im Periodensystem. Oxidische Gläser (**fett**), Chalkogenidgläser (*kursiv*).

	B	C	N	O
	Al	**Si**	**P**	*S*
Zn	Ga	**Ge**	As	*Se*
Cd	In	Sn	Sb	*Te*

Die Bindung der Elemente, die oxidische Gläser bilden, an Sauerstoff ist weder rein kovalent noch ionisch. Als Folge dieses intermediären Bindungstyps tendieren diese Oxide im festen Zustand zur Bildung vernetzter Strukturen, die der Ausbildung eines geordneten kristallinen Gitters entgegenwirken.

Neben den genannten anorganischen Gläsern bilden Elemente wie Schwefel, Selen und Tellur glasförmige feste Phasen, die durch Abkühlen der relativ viskosen flüssigen Phasen entstehen (s. Tab. 7.6). Im Gegensatz zu den Oxidgläsern findet bei diesen Substanzen die Ausbildung hochmolekularer polymerer Kettenstrukturen statt. So weist der Schwefel ein komplexes Phasendiagramm mit mehreren kristallinen Phasen auf. Im Gegensatz zu anderen Substanzen lassen sich auch im flüssigen Schwefel mehrere unterschiedliche Phasen nachweisen. So besteht flüssiger Schwefel oberhalb 114 °C aus S_8-Ringen, bei höheren Temperaturen öffnen sich die S_8-Ringe und es bilden sich längere lineare Polymerketten. Bei Temperaturen zwischen 160 und 180 °C brechen die Polymerketten wieder auf. Diese Prozesse haben zur Folge, daß die Viskosität des Schwefels zwischen 160 und 180 °C zunimmt und bei Temperaturen über 180 °C wieder abnimmt.

7.7.1.3 Metallische Gläser

Metalle kristallisieren meist sehr leicht, weil die metallische Bindung ungerichtet ist und somit die reguläre kristalline Ordnung ohne nennenswerte Hemmungspotentiale erreicht wird. Aus diesem Grunde wurden Metalle lange als typische Beispiele von Systemen angesehen, die keine Gläser bilden können.

Neuerdings hat sich diese Situation durch die Herstellung von glasförmigen metallischen Mischungen geändert. So wurden Gläser aus binären Mischungen hergestellt, die aus einem echten Übergangsmetall wie Fe oder Pd und einem Halbleiterelement wie Si oder P bestehen. Die Glasbildung hängt in der Regel mit der Bildung eines Eutektikums zusammen. Strukturell besteht ein metallisches Glas aus einer ungeordneten, dicht gepackten Anordnung von Kugeln unterschiedlichen Durchmessers. Zahlreiche ternäre und höhere Mischungen eröffnen dem Bereich der metallischen Gläser ein weites, interessantes Gebiet.

Die Herstellung metallischer Gläser beruht auf dem ultraschnellen Abkühlen eines flüssigen Strahls auf einer gekühlten Fläche. Auf diese Art werden meist dünne Filme hergestellt. Die Abkühlungsgeschwindigkeit beträgt etwa $10^6 - 10^8$ K/s.

Die Eigenschaften, die metallische Gläser für verschiedene Anwendungen besonders interessant machen, sind:

- hohe Festigkeit bei kleiner Sprödigkeit
- schwache Neigung zur Korrosion
- kleines Koerzivitätsfeld beim Magnetisieren.

All diese Eigenschaften hängen im wesentlichen mit der Abwesenheit von Korngrenzen zusammen, die in polykristallinen Metallen die mechanischen und magnetischen Eigenschaften sowie die Resistenz gegenüber Korrosion negativ beeinflussen. Entsprechend sind interessante Anwendungen bei der Herstellung von faserverstärkten Materialien, bei der Oberflächenbehandlung von Metallen und bei der magnetischen Informationsspeicherung vorauszusehen.

7.7.1.4 Keramische Gläser

Die Kristallisation eines Glases stellt eine Gefahr für das Material dar, da das Glas dadurch seine mechanischen und optischen Eigenschaften verliert. Silicatgläser können beispielsweise beim Glasblasen leicht auskristallisieren, und um diesen Effekt zu vermeiden, muß die Verarbeitungstemperatur sorgfältig gewählt werden. Eine gezielte Auskristallisierung kann jedoch zu Verbesserung gewisser Gläser führen. Dies wurde bei der Entwicklung der keramischen Gläser ausgenutzt. Keramische Gläser sind Gläser, die durch ein geeignetes Verfahren homogen partiell auskristallisiert wurden und somit aus einer keramischen (der kristallinen) Komponente bestehen, die in die glasförmige Komponente eingebettet ist. Meist besteht das Verfahren in der Beimischung eines Keimbildners (inhomogene Keimbildung) in die Mischung, aus der das Glas hergestellt wird. Anschließend wird zunächst die Keimbildung und dann das Kristallwachstum im Glas durch Behandlung mit einem geeigneten Temperierungsprogramm gefördert.

Folgende Eigenschaften machen keramische Gläser für verschiedene Anwendungen besonders geeignet:

- Höhere Festigkeit und Abriebwiderstand als einfache Gläser.
- Der thermische Ausdehnungskoeffizient kann durch die Zusammensetzung eingestellt werden. Auch keramische Gläser mit einem verschwindenden Ausdehnungskoeffizienten können hergestellt werden.
- Höhere Temperaturbeständigkeit bzw. höhere Erweichungstemperatur als einfache Gläser.
- Bessere elektrische Eigenschaften als einfache Gläser.
- Im Gegensatz zu keramischen Werkstoffen sind keramische Gläser nicht porös.

Die zahlreichen Anwendungen keramischer Gläser beruhen vor allem auf der hohen mechanischen Festigkeit und der thermischen Widerstandsfähigkeit gegen thermischen Schock.

7.7.2 Theorie des Glaszustands

Unser theoretisches Verständnis des Glaszustands bzw. des Glasübergangs ist noch sehr unvollständig. Generell lassen sich drei Klassen von Theorien anwenden, von denen jede einen anderen Aspekt des Phänomens beleuchtet:

1. Freies-Volumen-Theorien
2. kinetische Theorien
3. thermodynamische Theorien.

Die Entwicklung dieser theoretischen Ansätze bzw. deren Anwendung ist insofern sehr unterschiedlich, als in einigen Fällen molekulare Gläser, in anderen polymere Gläser im Vordergrund stehen.

7.7.2.1 Freies-Volumen-Theorien

Diesen Theorien liegt die Vorstellung zugrunde, daß ein Glas eine Flüssigkeit ist, in der die Bewegungen der Moleküle erstarrt bzw. extrem verlangsamt sind. Als Hauptursache dieser Verlangsamung wird die an der Volumenänderung meßbare Tatsache angesehen, daß das Abkühlen unterhalb T_g und die entsprechende thermische Kontraktion eine Abnahme des den Molekülen zur Verfügung stehenden *freien Volumens* zur Folge haben.

Die Volumenverhältnisse, die die Glasbildung kennzeichnen, sind in der Abb. 7.57 veranschaulicht. Geht man von einer kristallinen Probe in der Nähe des absoluten Nullpunkts aus, so dehnt sich diese beim Erwärmen aus (Verlauf AB). Am Schmelzpunkt T_m erleidet die Probe einen Volumensprung (Verlauf BC). Eine weitere Erwärmung der Flüssigkeit führt zu einer Zunahme des Volumens mit einem größeren thermischen Ausdehnungskoeffizienten als im Kristall. Sowohl der Volumensprung als auch die Erwärmung der Flüssigkeit führen zu einer Zunahme des Volumens in der Art, daß größere oder kleinere Leerstellen entstehen, die die Unordnung des Systems erhöhen und eine Translationsbewegung der Moleküle ermöglichen. In der flüssigen Phase ist jede Fernordnung verloren und die Moleküle sind in der Lage, mit einem um etwa zehn Zehnerpotenzen größeren Diffusionskoeffizienten als im Festkörper zu diffundieren. Beides, die Unordnung und die Beweglichkeit, sind eine Folge des erhöhten freien Volumens. Kühlt man die Flüssigkeit wieder ab, so erreicht man den Punkt C, wobei die Substanz entweder auskristallisiert oder unter gewissen Bedingungen auf dem Weg CD unterkühlt. Unterkühlte Flüssigkeiten sind thermodynamisch instabile Phasen, die jedoch wegen des noch immer hohen freien Volu-

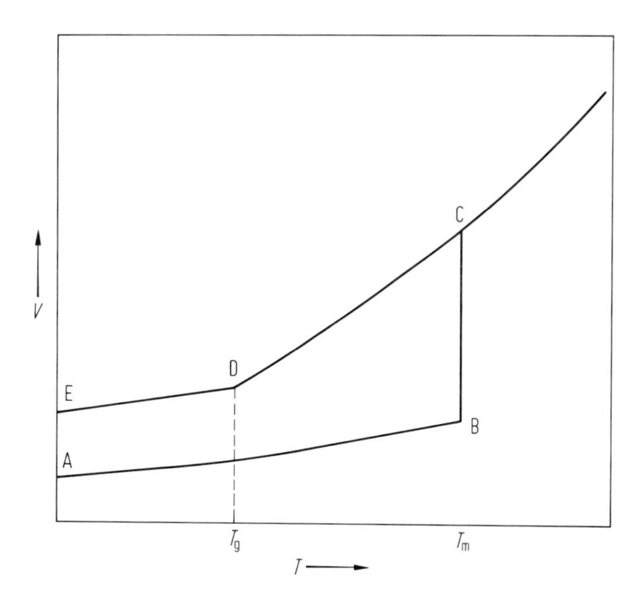

Abb. 7.57 Volumenänderungen bei Temperaturänderungen vom kristallinen Festkörper zur Flüssigkeit und im Glasbereich.

mens fluide sind. Allerdings kann sich die Viskosität längs der Kurve CD langsam erhöhen und somit einen etwa einsetzenden Kristallisationsprozeß soweit verlangsamen, daß dieser während des Abkühlungsvorgangs nicht mehr stattfinden kann. Somit ist die geordnete kristalline Phase unter diesen Umständen nicht erreichbar. Allerdings ist eine Fortsetzung des Verlaufs CD bis hin zu $T = 0$ K auch nicht möglich, da hierbei ein Zustand erreicht würde, der eine dichtere Packung als die des Kristalls und, wie aus der Abb. 7.61 hervorgeht, eine negative Entropie haben würde. Allein diese Überlegung zeigt, daß in diesem Bereich eine Änderung stattfinden muß, die zu einem Abknicken der Steigung der V-Kurve (thermische Ausdehnung) und einer Änderung der T-Kurve führt. Dies ist beim Glaspunkt T_g der Fall. T_g ist zwar eine Funktion der Abkühlungsrate, was aufgrund der obigen Überlegungen zu verstehen ist, jedoch läßt sich ein idealer Glaspunkt T_0 definieren (vgl. Abb. 7.61), der mit einer unendlich kleinen Abkühlungsrate erreicht würde. Reale Werte für mit endlichen Abkühlungsraten erzielte Gläser liegen oberhalb von T_0. Die in der Abb. 7.58 eingetragenen Werte für $V^f_{fl}(T_m)$ und $V^f_g(T_g)$ entsprechen dem freien Volumen der Flüssigkeit bei T_m und des Glases bei T_g bezogen auf den kristallinen Zustand. Das freie Volumen wird dann auch definiert in bezug auf das Volumen des Kristalls bei T_0, wie dies in Abb. 7.58 veranschaulicht ist.

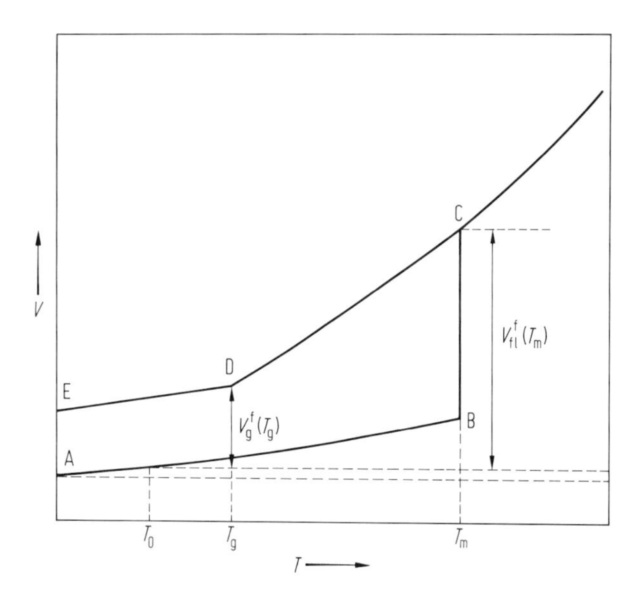

Abb. 7.58 Freie Volumina bezogen auf das Volumen beim idealen Glasübergang.

Generell definiert man also das freie Volumen als das Überschußvolumen gegenüber dem ideal kristallisierten Festkörper. Man definiert auch häufig das *relative freie Volumen f* durch den Quotienten $f = V^f/V$, wobei V das Volumen der betreffenden Phase ist. Mit dieser Definition ergibt sich folgende Beziehung zwischen den relativen freien Volumina bei den Temperaturen T und T_0:

$$f = f_0 + \alpha_f(T - T_0) \tag{7.100}$$

α_f kann als der thermische Ausdehnungskoeffizient des freien Volumens angesehen werden. Für den Übergang flüssig-glasförmig ist α_f die Differenz zwischen den thermischen Ausdehnungskoeffizienten α_{fl}, α_{gl} für diese beiden Zustände:

$$\alpha_f = \alpha_{fl} - \alpha_{gl} . \tag{7.101}$$

Simha und Boyer haben eine Gleichung zwischen dem freien Volumen und den thermischen Ausdehnungskoeffizienten der flüssigen und der glasförmigen Phase gegeben:

$$V_f = (\alpha_{fl} + \alpha_{gl}) \cdot T . \tag{7.102}$$

Somit wird der Glaspunkt als der Punkt definiert, an dem die Kontraktion ein Absinken des freien Volumens unterhalb eines kritischen Wertes zur Folge hat. Unterhalb dieses Wertes können aus Raummangel keine Konformationsänderungen der Moleküle stattfinden und die Diffusionsbewegungen frieren ein. Hierdurch entsteht ein rigider Zustand, der Glaszustand. In diese Theorien gehen die alten Vorstellungen von Frenkel und Eyring ein, wonach molekulare Beweglichkeit in Flüssigkeiten durch Leerstellen ermöglicht wird. Die Abb. 7.59 illustriert den Diffusionsmechanismus, in dem die Bewegung durch das freie Volumen vermittelt wird, wobei die Fragen nach der Größe und der räumlichen Verteilung des verfügbaren freien Volumens noch nicht allgemein gelöst sind.

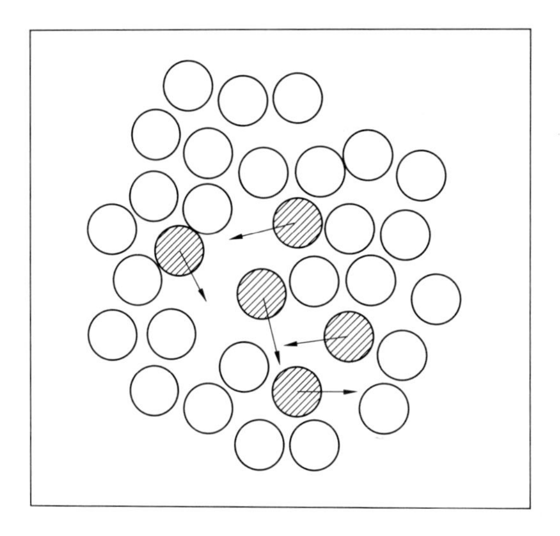

Abb. 7.59 Diffusion über Leerstellen in einer Flüssigkeit. Die Moleküle gehen in benachbarte Leerstellen über, wenn die erforderliche Aktivierungsenergie erreicht ist, um intermolekulare Potentiale zu überwinden.

Danach kann in kondensierten Phasen eine diffusionsartige Bewegung nur dann stattfinden, wenn ein wanderndes Molekül in seiner Nachbarschaft eine Leerstelle findet, die ihm eine Verschiebung ermöglicht. Die Summe der Volumina aller so entstehenden und zeitlich fluktuierenden Leerstellen ergeben das freie Volumen.

Genaue volumetrische Messungen an Polymeren lassen sich im Sinne dieser Theorien interpretieren. In der Schmelze können die Moleküle diffundieren und das gemessene Volumen enthält einen relativ hohen Anteil an freiem Volumen. Bei Abkühlung wird dieses freie Volumen eingeschränkt, das gemessene Volumen nimmt ab und die Beweglichkeit wird kleiner. Hierdurch kommen wir auch im Falle unvernetzter Polymere in einen Bereich, in dem Diffusion sehr wenig zur Beweglichkeit beiträgt, aber Konformationsänderungen noch möglich sind (Bereich 3 in Abb. 7.45). Dies äußert sich in den beschriebenen gummielastischen Eigenschaften. Eine weitere Abkühlung führt über den Glaspunkt zu einem Glas (Bereich 1). Hier sind auch Konformationsänderungen aus Mangel an freiem Volumen nicht mehr möglich, die Substanz wird hart und spröde. Die einzige Form der Beweglichkeit sind Schwingungen der Atome/Moleküle gegeneinander, ähnlich wie beim kristallinen Festkörper. Die Struktur ist jedoch im Gegensatz zum Kristall ungeordnet. Allerdings kommt es vor, daß Gläser, je nach den Bedingungen der Abkühlung, auch mikrokristalline Bereiche enthalten, die deren mechanische Eigenschaften maßgeblich bestimmen.

7.7.2.2 Kinetische Theorien

Diese Theorien beruhen auf der Beobachtung, daß beim Abkühlen der Schmelze der beobachtete Glaspunkt eine Funktion der Abkühlgeschwindigkeit ist. Diese Beobachtung läßt sich durch die Annahme interpretieren, daß der Glaspunkt bei derjenigen Temperatur erreicht wird, bei der die molekularen Relaxationsprozesse langsamer sind als die Abkühlrate. Somit kann sich das der jeweiligen Temperatur entsprechende Gleichgewicht nicht mehr einstellen; eine Kristallisation, die am Kristallisationspunkt als Gleichgewichtszustand eintreten würde, ist kinetisch nicht möglich. Der entstehende Zustand hat die amorphe Struktur der Flüssigkeit bei extrem verlangsamten Relaxationsprozessen.

Die quantitative Behandlung des Glasübergangs im Rahmen der kinetischen Theorien beruht auf einem Modell, wonach zur Ausbildung einer kristallinen Phase die Moleküle sich auf die geeigneten Gitterplätze hinbewegen müssen oder, im Falle von Polymerketten, diese sich in die passende Lage falten müssen. In beiden Fällen wird die Rate, mit der solche Prozesse ablaufen, von der Diffusionsgeschwindigkeit bzw. von der Viskosität abhängen. Beide Prozesse, d. h. Moleküldiffusion und Konformationsänderung einer Polymerkette, lassen sich als aktivierte Prozesse beschreiben. Der elementare Schritt einer molekularen Konformationsänderung oder einer Diffusion findet durch Übergang von einem Anfangs- in einen Endzustand statt, wobei diese durch eine Energiebarriere getrennt sind. In beiden Fällen ist die Voraussetzung, daß solche Prozesse überhaupt ablaufen, daß das notwendige freie Volumen zur Verfügung steht. Dieses Modell der Kristallisation durch Diffusion entspricht dem *Modell von Polanyi und Eyring*, das eine quantitative Beschreibung der Reaktionsraten von chemischen Reaktionen liefert. Im vorliegenden Fall erhalten wir für die charakteristische Zeit τ eines aktivierten Prozesses die Beziehung (*Arrhenius-Gleichung*)

$$\tau = A \exp\left(\frac{E^{\#}}{RT}\right). \tag{7.103}$$

A ist ein Faktor, der die sterischen bzw. entropischen Bedingungen, unter denen der aktivierte Zustand erreicht werden kann, widerspiegelt, und $E^{\#}$ ist die Aktivierungsenergie des Prozesses. Die Aktivierungsenergie läßt sich aus der Steigung der Kurve nach Gl. (7.104) berechnen:

$$\ln \tau = \ln A + \frac{E^{\#}}{RT}\,. \tag{7.104}$$

Beim Abkühlen einer Flüssigkeit verlangsamt sich die diffusive Bewegung der Moleküle, wobei die Temperaturabhängigkeit nach Gl. (7.103) exponentiell verläuft. Die Abb. 7.60 zeigt ein solches Diagramm. Die Auftragung von $\ln \tau$ gegen $1/T$ in der Abb. 7.60b ist gemäß Gl. (7.104) linear. Im Fall der glasbildenden Flüssigkeiten jedoch ist der Verlauf von $\ln \tau$ gegen $1/T$ bei tieferen Temperaturen zunehmend steiler und divergiert bei T_g.

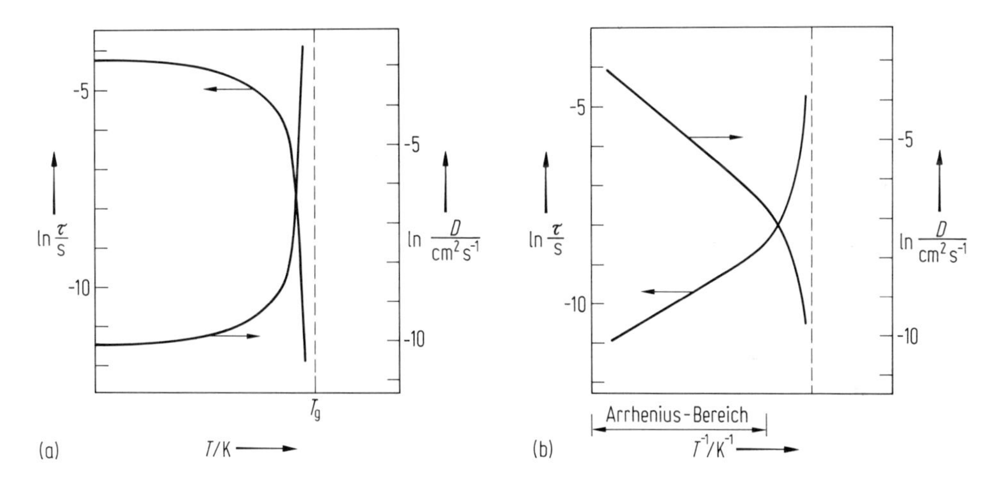

Abb. 7.60 Temperaturabhängigkeit der Relaxationszeit und der Viskosität in der Nähe von T_g; (a) Lineare Auftragung, (b) Arrhenius-Auftragung.

Man sieht, daß der Glaspunkt einem Bereich im Arrhenius-Diagramm entspricht, dessen formale Aktivierungsenergie gegen unendlich divergiert. Dies spiegelt die extreme Verlangsamung aller für die Kristallisation verantwortlichen Prozesse wider. Unter diesen Bedingungen kommt es aus kinetischen Gründen innerhalb der Abkühlungszeit nicht zur Kristallisation. Der amorphe Glaszustand friert ein, und es entsteht eine rigide, nicht-kristalline feste Phase: das Glas. Danach sind Gläser hochviskose unterkühlte Flüssigkeiten außerhalb des Gleichgewichts.

Eine Beziehung von Batschinski und Doolittle, die in vielen Fällen experimentell gut bestätigt wird, verdeutlicht den Zusammenhang zwischen der kinetischen Beschreibung und der Beschreibung mit Hilfe des freien Volumens:

$$\tau = Q \cdot \exp\left(\frac{B}{f}\right). \tag{7.105}$$

Hierbei ist die charakteristische Relaxationszeit τ eine exponentiell abnehmende Funktion des relativen freien Volumens f. Geht man davon aus, daß f mit der Temperatur linear zunimmt, so erhält man die Gl. (7.103). Im Zusammenhang mit Gl. (7.105) ist zu bemerken, daß hier f nicht identisch ist mit der entsprechenden Größe, die aufgrund der Abb. 7.55 definiert wurde. Diese unterschiedliche Definition des freien Volumens ist ein der Schwächen der Theorie, die noch nicht in der Lage ist, dynamische und statische Phänomene einheitlich zu beschreiben.

7.7.2.3 Thermodynamische Theorien

In diesen Theorien steht der thermodynamische Aspekt des Glasübergangs im Vordergrund, wobei die Tatsache, daß Gläser offenbar keine Gleichgewichtsphasen sind, als weniger relevant betrachtet wird. So wird der Glasübergang als ein Übergang zweiter Ordnung im Sinne von Ehrenfest betrachtet. Diese Auffassung beruht auf der Beobachtung, daß die Ableitungen des Volumens und der Entropie nach T beide einen Sprung am Glaspunkt aufweisen, während diese Größen selber im T-Diagramm einen Knick aufweisen.

Obwohl der Glasübergang in der Tat ein kinetisches Phänomen ist, kann man sich fragen, ob diesem Übergang doch ein Gleichgewichtsübergang zugrunde liegt, der allerdings nur im Grenzfall eines unendlich langsam ablaufenden Experiments gemessen werden kann entsprechend dem weiter oben definierten idealen Glaspunkt T_0. Alle realen Experimente liefern einen kinetisch gehemmten Übergang, der sich mit Beschleunigung der Abkühlung zu tieferen Temperaturen verschiebt. So argumentieren Gibbs und DiMarzio, daß der Verlauf der Konformationsentropie, der in Abb. 7.61 dargestellt ist, mit abnehmender Temperatur durch kinetische Hemmungen bei T_g sozusagen künstlich abgebrochen wird und eine endliche Konformationsentropie von S_g einfriert.

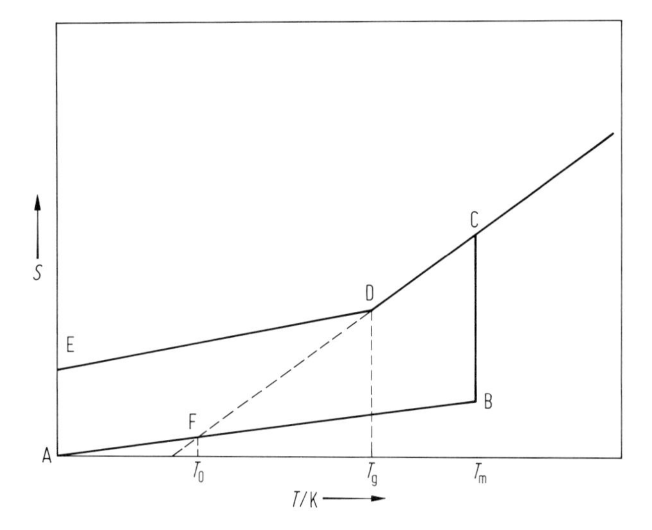

Abb. 7.61 Verlauf der Entropie beim Abkühlen einer Flüssigkeit.

Erst ein durch kinetische Hemmungen ungestörter Verlauf, der durch die gestrichelte Kurve dargestellt ist, führt zu einem „echten Glaspunkt" T_2. Einen experimentellen Hinweis auf eine solche Temperatur liefert die *Vogel-Fulcher-Tamann-Gleichung*:

$$\eta = A \cdot e^{B/(T - T_2)}. \tag{7.106}$$

Diese Gleichung verknüpft die Zunahme der Viskosität bei Temperaturerniedrigung mit der Temperatur T_0, bei der die Viskosität gegen unendliche Werte divergiert. Die in Abb. 7.60b dargestellte Kurve für η läßt sich bei tiefen Temperaturen in der Tat durch die Gl. (7.106) beschreiben, während die Arrhenius-Gleichung mit einer konstanten Aktivierungsenergie versagt.

Eine übergreifende Theorie des Glasübergangs wurde von Adam und Gibbs entwickelt, in der der Begriff der *kooperativen Bereiche* eine zentrale Rolle spielt. Es handelt sich um den kleinsten Bereich eines Polymers, der Konformationsänderungen erleiden kann, ohne daß äußere Bereiche an der Bewegung teilnehmen. Während in einfachen Flüssigkeiten solche kooperativen Bereiche nur eine kleine Anzahl von Molekülen umfassen, sind diese bei Polymeren deutlich größer und erstrecken sich je nach Packungsdichte von mehreren Monomereinheiten zu einem ganzen Makromolekül bis zu mehreren Makromolekülen. Bei der Annäherung an den Glaspunkt wachsen die kooperativen Bereiche soweit, daß sie bei tiefen Temperaturen unterhalb des Glaspunkts die gesamte Probe umfassen. Mit anderen Worten können sich Teile des Glases in endlichen Zeiten nicht unabhängig von anderen Teilen bewegen, ähnlich wie dies bei Festkörpern der Fall ist. Die Größe der kooperativen Bereiche wächst mit abnehmender Temperatur beim Durchlaufen des Glaspunkts steil von mikroskopischen auf makroskopische Dimensionen an.

7.8 Gele

Gele sind hochviskose supramolekulare vernetzte Systeme. Die Vernetzungseffekte, die zur Gelbildung führen, sind entweder chemische Bindungen, die durch Reaktionen mit polyfunktionalen reaktiven Molekülen entstehen, oder physikalische Effekte. Eine bedeutende Rolle bei der Gelbildung spielt auch, falls vorhanden, das Lösungsmittel, das die viskoelastischen Eigenschaften des Gels entscheidend mitbestimmt.

7.8.1 Polymere Gele

Polymere Gele sind makromolekulare vernetzte Systeme. Solche Gele können entweder durch Vernetzung kleinerer Moleküle zu einem vernetzten Polymer oder durch nachträgliche Vernetzung von bereits polymerisierten Makromolekülen durch verschiedene Verfahren hergestellt werden:

Kondensation von polyfunktionalen Einheiten. Die Abb. 7.62 gibt schematisch eine Reaktion zwischen einem trifunktionalen (Abb. 7.62a) oder einem tetrafunktionalen

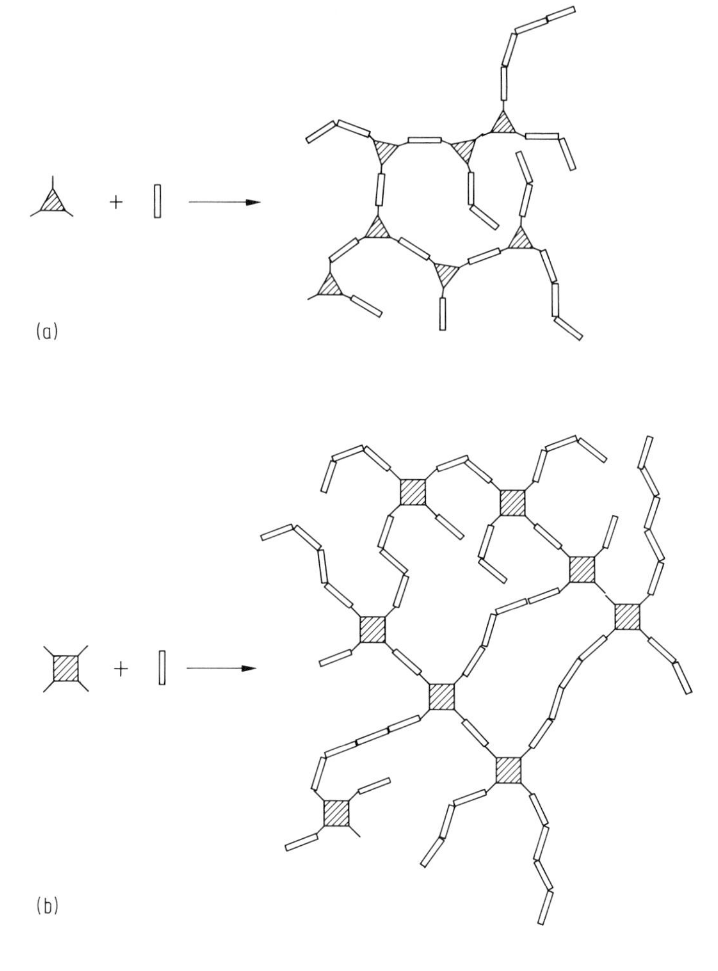

Abb. 7.62 Polymerisation in Anwesenheit von (a) trifunktionalen Molekülen, (b) tetrafunktionalen Molekülen.

(Abb. 7.62 b) Molekül, dargestellt durch das Dreieck bzw. das Rechteck, wieder, das mit einem bifunktionalen Molekül zu einem ausgedehnten Netzwerk reagieren kann.

Additive Polymerisation. Wie in Abschn. 7.1.1 geschildert, sind Vinylgruppen der Form

$$\mathrm{R{-}CH{=}CH{-}R'}$$

Ausgangsstoffe für Polymerisationsreaktionen. Hierbei wird die Doppelbindung unter Bildung eines Radikals geöffnet:

$$\mathrm{R{-}CH{=}CH{-}R'} \rightarrow \;\; \begin{matrix} \mathrm{R} \diagdown & & \diagup \mathrm{R'} \\ & \mathrm{CH{-}CH} & \\ \diagup & & \diagdown \end{matrix} \; .$$

In einer weiteren Stufe verbinden sich solche bifunktionalen Radikale zu linearen Ketten. Verwendet man Divinyl-Verbindungen, entstehen so tetrafunktionale Radikale der Form

$$CH_2{=}CH{-}R{-}CH{=}CH_2 \rightarrow {-}CH_2{-}\underset{|}{C}H{-}R{-}\underset{|}{C}H{-}CH_2{-}\,.$$

Vernetzung von Polymerketten. Hierbei werden bereits gebildete Polymerketten, die geeignete funktionelle Gruppen enthalten, untereinander vernetzt.

7.8.2 Physikalisch vernetzte Gele

Unter den Kräften, die zu relativ permanenten Verknüpfungen zwischen Molekülen führen, sind zu erwähnen:

- Verschlaufungen
- Bildung von Mikrokristalliten
- Bildung von parallelen Strukturen, wie z. B. Helices.

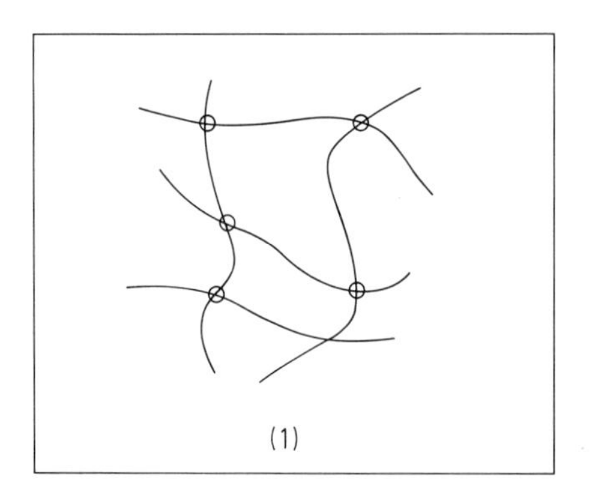

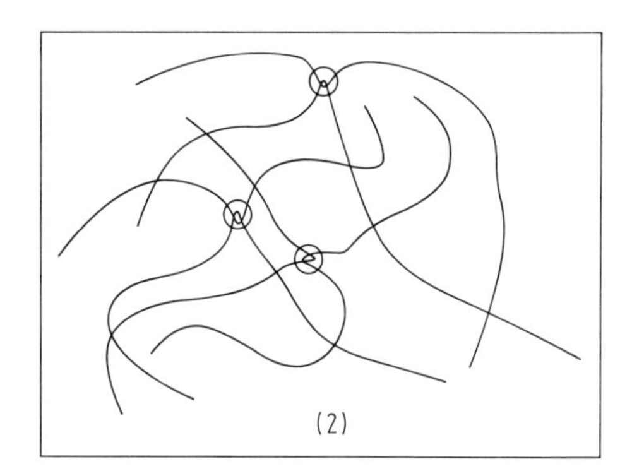

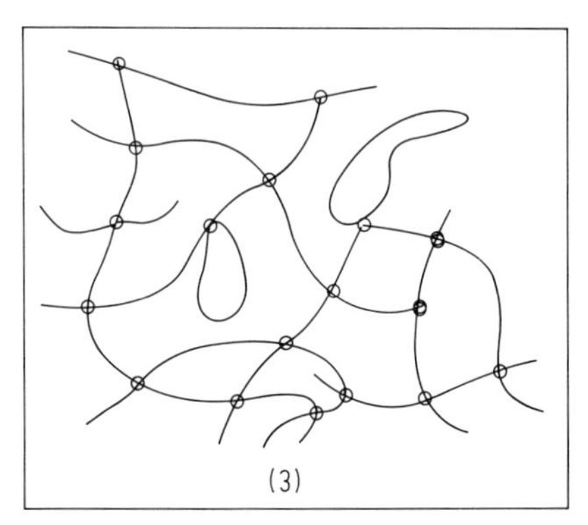

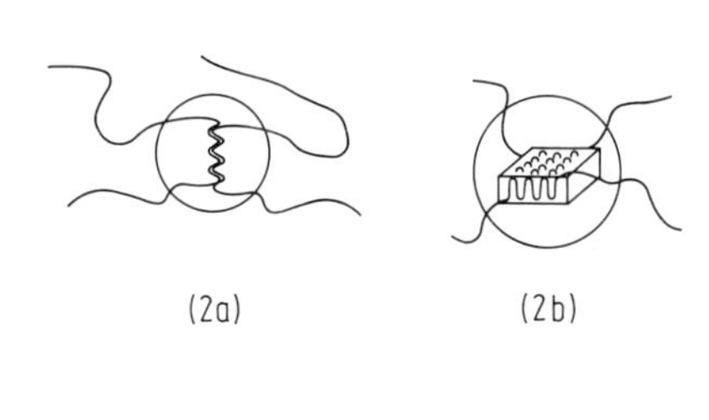

Abb. 7.63 Vernetzte Strukturen. (1) Chemische Vernetzung durch tetrafunktionale Moleküle; (2) Physikalische Vernetzung durch (2a) Helixbildung und (2b) Kristallisation. Beide dargestellte Beispiele von physikalischer Vernetzung sind der Bindung durch tetrafunktionale Gruppen äquivalent. (3) Unvollständige Vernetzung durch freie Enden und Schlaufenbildung.

Abb. 7.63 illustriert verschiedene Typen der Vernetzung von Makromolekülen.

Die drei Typen von Vernetzungsprinzipien sind nicht immer eindeutig zu unterscheiden, bzw. sie können auch häufig gemischt auftreten. Ob ein Gel gebildet wird und welche viskoelastischen Eigenschaften dies hat, hängt im wesentlichen von der Vernetzungsdichte und von der Permanenz der Vernetzung ab. So ist die Anzahl der eingebauten polyfunktionalen Gruppen nur dann repräsentativ für die effektive Vernetzungsdichte, wenn topologische Strukturen wie die in Abb. 7.62(3) dargestellten Schlaufen und freien Enden ausgeschlossen werden können. Andererseits weist ein System, dessen Vernetzungen eine mittlere Lebensdauer von mehreren Sekunden haben, im Zeitbereich von etwa einer Sekunde überwiegend elastische Eigenschaften auf, d. h. es verhält sich wie ein Gel, während dasselbe System sich im Zeitbereich von Minuten wie eine hochviskose Flüssigkeit verhält.

Durch die Vernetzung verändern sich die physikalischen Eigenschaften einer Lösung drastisch, und wir sprechen von einem Sol-Gel-Übergang, wenn entweder durch Temperaturveränderung oder durch Änderung der Zusammensetzung Vernetzungen entstehen, deren Dichte eine bestimmte kritische Grenze erreicht. Die Abb. 7.64 gibt schematisch die molekulare Struktur eines Polymergels wieder, das aus einem vernetzten Polymer besteht, in dessen Hohlräumen Lösungsmittelmoleküle eingelagert sind.

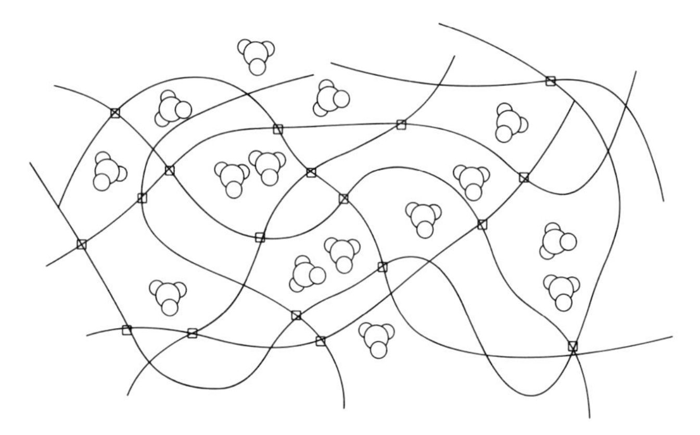

Abb. 7.64 Schematische Darstellung eines chemisch vernetzten Gels mit Lösungsmittelmolekülen, die durch das Netz diffundieren können. Die Diffusionsrate ist durch die Größe der Maschen bestimmt.

Die Vernetzung, durch die die gesamte makroskopische Probe in ein Riesenmolekül verwandelt wird, verleiht dem System Eigenschaften einer verformbaren, nicht fluiden Substanz. Wie bereits erwähnt, spielt hierbei das Lösungsmittel, das sich zwischen den Maschen des Polymers bewegen kann, eine bedeutende Rolle, wobei das Größenverhältnis der Lösungsmittelmoleküle und der mittleren Maschengröße ein wichtiger Parameter ist. Dieser Aufbau verleiht den Gelen die Eigenschaften von elastischen hochviskosen Systemen. In solchen Strukturen übernimmt das Polymernetzwerk die Funktion eines elastischen Untersystems und das freier bewegliche Lösungsmittel die Funktion eines gekoppelten viskosen Untersystems.

Die Entstehung eines Gels kann man gut verfolgen, wenn man eine warme, noch flüssige Gelatinelösung hinreichend hoher Konzentration abkühlt. Die Substanz wird mit abnehmender Temperatur zunehmend viskoser. Die permanente Verformung, die eine äußere Kraft hervorruft, findet mit zunehmender Verzögerung statt, das Fließen unter der Einwirkung der Gravitation wird zunehmend langsamer.

Analog kann auch das Entstehen eines Gels bei einer Polymerisationsreaktion in Lösung verfolgt werden, wenn die entstehenden Makromoleküle in zunehmendem Maße vernetzt werden. Der Sol-Gel-Übergang wird in diesem Falle erreicht, wenn im Laufe der Vernetzungsreaktion die Konzentration C der Quervernetzungen den kritischen Wert C^* erreicht hat. In der Regel kann man den Reaktionsablauf sehr einfach durch Messung der Viskosität als Funktion der Reaktionszeit verfolgen bzw. den erreichten Vernetzungsgrad, gemessen durch C, nach Eichung bestimmen. Wenn sich ein Gel bildet, nimmt die Viskosität mit C stark zu, wobei die Viskosität bei der Annäherung an C^* gegen sehr hohe Werte divergiert.

7.8.3 Theorie des Sol-Gel-Übergangs

7.8.3.1 Theorie der Raumstruktur

Das Wachstum eines durch ein Cluster beschriebenen, vernetzten Systems kann in einer ersten Näherung durch das Wachstum einer Baumstruktur, wie in der Abb. 7.65a illustriert, approximiert werden. In diesem Modell werden bei realen Systemen

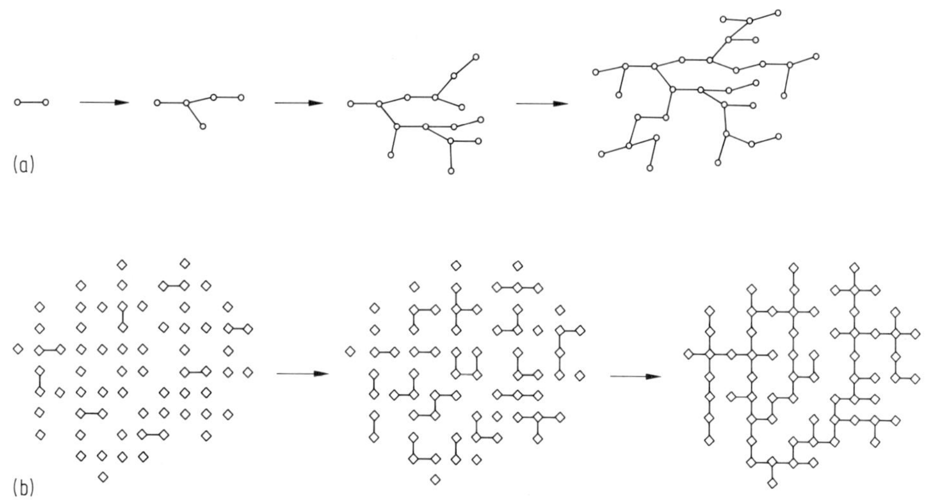

(a)

(b)

Abb. 7.65 Modelle für den Sol-Gel-Übergang. In beiden Modellen nimmt die Vernetzung durch Bildung von Bindungen von links nach rechts zu. (a) *Baumstrukturmodell:* Das Modell beschreibt das Wachstum eines Clusters durch verzweigte Polymerisation ohne Behinderung durch andere Zweige im Baum. (b) *Perkolationsmodell:* Das Modell zeigt, wie isolierte Bindungen zufällig entstehen und zu isolierten Clustern führen, die mit zunehmender Polymerisation zu immer größeren Clustern aggregieren und schließlich die ganze Probe umfassen.

entstehende geschlossene ringförmige Strukturen sowie sterische Behinderungen der wachsenden Strukturen nicht berücksichtigt. Dieses, das Ausschlußvolumen nicht berücksichtigende Modell ist eine Vereinfachung der realen Verhältnisse und gibt die realen Daten eines Gels nur annähernd wieder.

7.8.3.2 Perkolationstheorie

In diesem Modell wird die Gelierung von Molekülen, die auf einem Gitter verteilt sind, beschrieben. Die Gitterpunkte haben z Nachbarn, wobei z der Anzahl der Bindungen entspricht, die das im realen Fall eingesetzte polyfunktionale Element zur Verfügung hat. Weiterhin wird angenommen, daß nur benachbarte Monomere miteinander reagieren können, wobei die Wahl der reagierenden Nachbarn zufällig ist. Der Verlauf der Vernetzungsreaktion wird durch die zunehmende Anzahl von Bindungen auf dem Gitter beschrieben. Nach dem Perkolationsmodell wird die kritische Gelkonzentration erreicht, wenn das System vom Zustand der wachsenden Molekülcluster in den eines einzigen Moleküls übergeht. Dieser Zustand wird dadurch charakterisiert, daß von jedem Atom mindestens ein Weg über Bindungen zu einem beliebigen anderen Atom führt. Dies findet bei der kritischen Vernetzungskonzentration C^* statt, die dem Gelpunkt entspricht. Die Abb. 7.65 b illustriert das Perkolationsmodell.

7.8.4 Gelchromatographie und Gelelektrophorese

Die Gelchromatographie (GC) ist ein physikalisches Trennverfahren für die Trennung von Makromolekülen unterschiedlicher Molekülmasse, in dem das Auschlußvolumen eines Gels ausgenutzt wird. Läßt man eine polydisperse Polymerlösung durch ein Gel fließen, so stehen den Fraktionen mit kleinerer Molekülmasse größere und kleinere Poren zur Verfügung. Fraktionen mit einer größeren Molekülmasse werden wegen des größeren Volumens der Moleküle aus den kleineren Poren ausgeschlossen und können nur durch die größeren Poren fließen. Bildlich gesprochen, verzögern sich die kleineren Moleküle in den engen Gassen, während die größeren direkter und somit schneller durch die breiten Alleen zum Ziel kommen. Der so erzielte Trenneffekt läßt sich durch gezielte Herstellung von Gelen unterschiedlicher Größenverteilung der Poren von Fall zu Fall optimieren.

Bei der Gelchromatographie wird die zu trennende Polymermischung in die sogenannte *mobile Phase*, das Lösungsmittel, eingespritzt und mit einer konstanten Geschwindigkeit durch die Kolonne geleitet. Letztere ist mit kleinen, porösen Gelpartikeln gefüllt. Die wichtige Größe ist die *Retentionszeit*, die Aufenthaltszeit einer bestimmten Fraktion in der Kolonne. Nach Durchlaufen der Kolonne werden die Fraktionen durch einen Detektor geleitet, der die verschiedenen Fraktionen signalisiert. Die Molekülmasse einer jeden Fraktion wird nach Eichung aus der Retentionszeit bestimmt. Die Gelchromatographie hat ein breites Anwendungsgebiet, weil sie einfach, schnell und billig ist. In wenigen Minuten kann man eine komplizierte Molekülmassenverteilung einer Mischung zuverlässig und empfindlich bestimmen. Die Me-

thode wurde erst möglich, als es gelang, Gele mit kontrollierter Porengrößenverteilung herzustellen.
Die am häufigsten verwendeten Gele sind:

a) Vernetzte Polystyrolgele: ein synthetisches, chemisch vernetztes Gel, kommerziell unter der Bezeichnung *Styragel* bekannt (Molekülmassen-Fraktionierungsbereich: 10^2–10^7).
b) Polysaccharide: ein für wäßrige (biologische) Proben geeignetes Gel, das unter dem Namen *Sephadex* bekannt ist (Molekülmassen-Fraktionierungsbereich: $7 \cdot 10^2$–$8 \cdot 10^5$).
c) Polyacrylamid: ein chemisch vernetztes, synthetisches Polymer (Molekülmassen-Fraktionierungsbereich: $2 \cdot 10^2$–$4 \cdot 10^5$).

Bei der *Gelelektrophorese* erfolgt der Transport in einem Gel unter dem Einfluß eines angelegten elektrischen Feldes. Der Trenneffekt für gewisse, insbesondere biochemische Trennungen kann bei diesem Verfahren gegenüber der Gelchromatographie verbessert werden.

7.9 Kolloide

Als kolloidales Teilchen kann jedes Teilchen betrachtet werden, dessen lineare Dimension zwischen etwa 10 und 10^3 nm liegen. Kolloidale Teilchen sind entweder Makromoleküle, oder sie bestehen aus stark verteilter kristalliner oder glasförmiger Materie. Erstere sind echte Lösungen, während im zweiten Fall ein metastabiles Zwei-Phasen-Sytem vorliegt. Entsprechend spricht man von *lyophilen* und *lyophoben* kolloiden Systemen, je nachdem, ob es sich um eine Lösung im thermodynamischen Sinne oder um eine thermodynamisch nicht stabile Suspension handelt. Die Physik der Kolloide überlappt teilweise mit der der makromolekularen Systeme insofern, als eine bedeutende Klasse von Kolloiden makromolekulare Lösungen sind.

7.9.1 Lyophile Kolloide

Beispiele lyophiler Kolloide sind Polymere in einem guten Lösungsmittel. In der Regel läßt sich die Konzentration der dispersen Phase bei guter Löslichkeit in der dispergierenden Phase soweit erhöhen, daß wir kontinuierlich in den Bereich der Gele kommen. Zur Bildung eines lyophilen Kolloids muß die Bildung der kolloidalen Teilchen in dem dispergierenden Medium zu einer Zunahme der Freien Energie G des Systems führen. Wenn dies der Fall ist, haben wir es mit einer echten Lösung zu tun, die im Laufe der Zeit nicht altert. Die Form und Größe der kolloidalen Teilchen hängt nicht von den Bedingungen der Herstellung, sondern nur von der Zusammensetzung der Mischung ab. Zu dieser Klasse gehören synthetische Polymere in einem guten Lösungsmittel, Proteine in Wasser, Seifen und andere Detergenzien in wäßriger Lösung, die Mizellen oder Mikroemulsionen bilden. Die Mischentropie ΔS_{mi} lyophiler Kolloide ist wegen der kleinen Teilchenzahl relativ klein und kann wenig zur freien Lösungsenthalpie $\Delta G_{\text{mi}} = \Delta U_{\text{mi}} - T\Delta S_{\text{mi}}$ beitragen. Darum kann sehr leicht bei Veränderungen der Parameter, die die Mischenergie ΔU_{mi} herabsetzen, eine recht plötzliche Desolubilisierung einsetzen.

7.9.2 Lyophobe Kolloide

Diese Klasse enthält disperse Systeme, die keine echten Lösungen darstellen. Lyophobe Systeme entstehen, wenn die dispergierte Substanz sich nicht spontan in der dispergierenden löst, sondern durch eine geeignete Methode in Lösung gebracht wird, wie z. B. intensive Verreibung oder Lichtbogenentladung im dispergierenden Medium. Lyophobe Kolloide können erzeugt werden, wenn durch Energiezufuhr die zur Bildung einer großen Oberfläche erforderlliche Oberflächenenergie durch einen geeigneten Prozeß zugeführt wird. Dies kann mechanisch (Verreibung), chemisch (molekulare Aggregation) oder durch elektrische Energie (Lichtbogen im dispergierenden Medium) geschehen.

Das physikalische Problem der Beständigkeit von kolloidalen Lösungen besteht darin, daß ein solches System eine erhöhte Oberflächenenergie gegenüber dem nicht dispergierten besitzt, also thermodynamisch instabil ist. Dies steht in scheinbarem Widerspruch zu der Beobachtung, daß auch lyophobe kolloidale Systeme eine praktisch unbeschränkte Lebensdauer haben können. Der Schutz lyophober Kolloide gegenüber Fällung wird in einigen Fällen durch an die Oberfläche der kolloidalen Teilchen adsorbierte Moleküle gegeben. Die Wirkung solcher adsorbierter Moleküle beruht im wesentlichen auf entropischen und strukturellen Effekten. Sie besteht darin, daß die adsorbierten Moleküle bei zu großer Annäherung der Teilchen sterisch eingeschränkt werden, wodurch sich der Konformationsspielraum verringert und somit die Entropie des Systems abnimmt. So adsorbieren in der Milch geeignete Proteine an der Oberfläche der Fettkügelchen und sichern nach dem geschilderten Mechanismus die Beständigkeit der Suspension. Hauptsächlich aber sind die Wechselwirkungen zwischen den kolloidalen Teilchen verantwortlich für die Beständigkeit eines Kolloids. Generell handelt es sich bei diesen Wechselwirkungen um eine Kombination von attraktiven Van-der-Waals-Dispersionskräften einerseits und elektrostatischen repulsiven Kräften andrerseits.

7.9.2.1 Dispersionskräfte

Diese können für zwei Atome durch die Beziehung

$$E(r) = -\frac{A}{r^6} \tag{7.107}$$

beschrieben werden. Die Konstante A hängt im wesentlichen von der Polarisierbarkeit α der beteiligten Atome ab und wird durch die Gleichung

$$A = \frac{3}{4} h\nu_0 \alpha^2 \tag{7.108}$$

gegeben. $h\nu_0$ ist die Ionisierungsenergie des betreffenden Atoms. Bei größeren Teilchen, wie dies bei Kolloiden zutrifft, kann die Dispersionskraft in guter Näherung durch eine Addition der atomaren Dispersionskräfte beschrieben werden. Die Wechselwirkung zwischen zwei Kugeln, die relativ groß gegenüber den atomaren Bestandteilen sind, wie in Abb. 7.66 dargestellt, kann durch Integration von Gl. (7.107) über das Volumen beider Kugeln errechnet werden. Das Ergebnis ist eine einfache Gleichung:

$$E(r)_{\text{Kugel-Kugel}} = -\frac{1}{12}\frac{aH}{R}\,. \tag{7.109}$$

Die Konstante H, die sogenannte *Hamaker-Konstante*, ist über die Atompolarisierbarkeiten stoffabhängig, und a ist der Kugeldurchmesser.

Die Abb. 7.66 veranschaulicht die attraktive Wechselwirkung zwischen zwei Atomen mit dem Mittelpunktabstand r und zwischen zwei kolloidalen Teilchen mit dem minimalen Abstand R zwischen den Oberflächen. Durch die Integration der Kraft

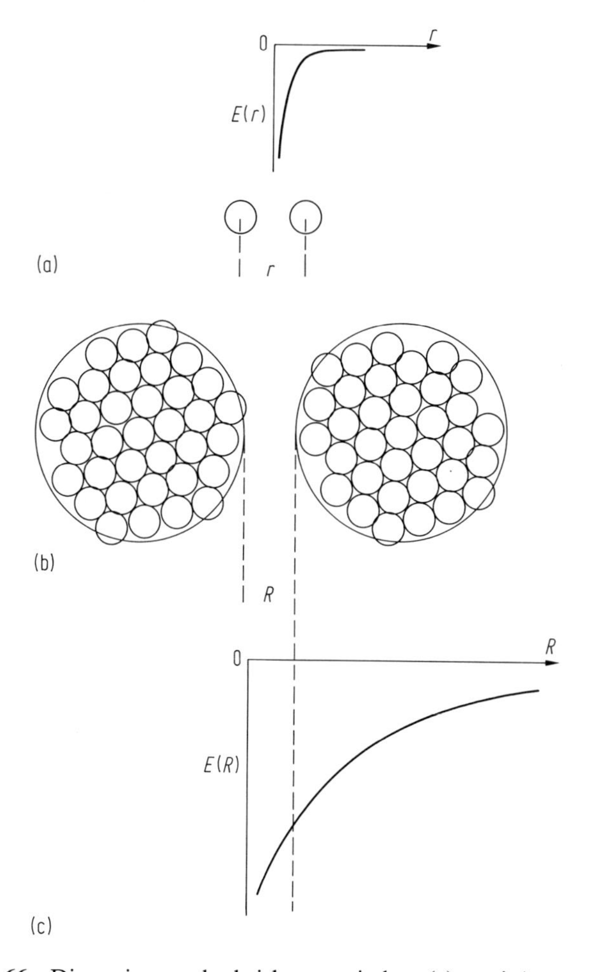

Abb. 7.66 Dispersionswechselwirkung zwischen (a) zwei Atomen/Molekülen und (b) zwei Kolloidteilchen. Die beiden Kurven illustrieren den attraktiven Teil der potentiellen Energie, E(r), zwischen zwei Atomen/Molekülen und E(R) zwischen zwei Kolloidteilchen.

über die Dimensionen der makroskopischen Kugeln wurde die sechste Potenz im Nenner von Gl. (7.107) durch die erste Potenz ersetzt. Dies bedeutet, daß für makroskopische Teilchen die Dispersionskräfte kurzer Reichweite durch solche langer Reichweite ersetzt werden. Dies ist auch die Ursache für die Beobachtung, daß supramolekulare Systeme stark wechselwirken und somit Eigenschaften wie die Viskosität sehr hohe Werte annehmen können.

7.9.2.2 Elektrostatische Wechselwirkung

Lyophobe Kolloide sind in der Regel Suspensionen in wäßrigem Medium. Die Teilchen weisen häufig gleichartige elektrische Ladungen auf, als Folge derer sie sich abstoßen. Im folgenden soll das Wechselwirkungspotential $\psi(r)$ als Funktion der Entfernung von der Oberfläche eines Teilchens berechnet werden. σ_0 sei die Oberflächenladung, die hier als positiv angenommen werden soll, und ψ_0 das elektrische Oberflächenpotential. Wegen der notwendigen Neutralität der Lösung enthält das System auch Gegenionen entgegengesetzter Ladung, d. h. im vorliegenden Fall negative Ladung. Wir gehen außerdem davon aus, daß die Lösung einen Elektrolyten mit der Konzentration n_0 enthält. Unter diesen Bedingungen werden die negativen Ionen von den kolloidalen Teilchen angezogen und im Mittel um die Teilchen angereichert. Man beschreibt diese Situation mit einer negativen Ionenwolke, deren Dichte von σ_0 und n_0 abhängt. Die Ionen in der Ionenwolke nennt man die dem kolloidalen Teilchen entsprechenden *Gegenionen*. An einem Punkt, dessen Entfernung von der Oberfläche des Kolloidteilchens r ist, kann die potentielle Energie eines Gegenions durch $ze\psi(r)$ angegeben werden, wobei z die Wertigkeit des betreffenden Ions ist. Nach der Boltzmann-Gleichung läßt sich die Konzentration beider Ionenarten für $z = 1$ durch die Gleichungen

$$n_- = n_0 \mathrm{e}^{e\psi(r)} \tag{7.110}$$

$$n_+ = n_0 \mathrm{e}^{-e\psi(r)} \tag{7.111}$$

beschreiben. Die Netto-Ladungsdichte an einem Punkt mit dem Abstand r von der Oberfläche des kolloidalen Teilchens ist:

$$\varrho = e(n_+ - n_-) = -2n_0 e \, sinh \frac{e\psi(r)}{kT} \,. \tag{7.112}$$

Unter Zuhilfenahme der Poisson-Gleichung erhält man für das Potential $\psi(r)$ die Differentialgleichung

$$\frac{\mathrm{d}^2 r}{\mathrm{d}t^2} \psi(r) = \frac{8\pi n_0 e}{\varepsilon} \sinh \frac{e\psi(r)}{kT} \,,$$

wobei ε die Dielektrizitätskonstante des Mediums ist. Nimmt man an, daß $e\psi/(kT) \ll 1$ ist, so erhält man die einfache Lösung

$$\psi(r) = \psi_0 \mathrm{e}^{-\kappa r} \,. \tag{7.113}$$

In dieser Gleichung ist κ die sogenannte *Debye-Hückel-Konstante*, die aus der Beziehung

$$\kappa^2 = \frac{8\pi n_0 e^2}{\varepsilon k T} \tag{7.114}$$

folgt. Die Gl. (7.114) zeigt, daß das Potential exponentiell mit der Entfernung vom Kolloidteilchen mit der Abklingkonstante κ abnimmt. Typische Entfernungen, bei denen ψ auf 0.1 ψ_0 abnimmt, sind etwa 10 nm. Mit zunehmender Entfernung r nimmt die Ladungsdichte der Gegenionen proportional zu $\psi(r)$ ab. Beide Ladungen, die Oberflächenladung und die Gegenionenladung, bilden eine diffuse elektrische Doppelschicht. Die Abb. 7.67 gibt den Verlauf des Potentials und der Ladungen der positiven und der negativen Ionen qualitativ wieder.

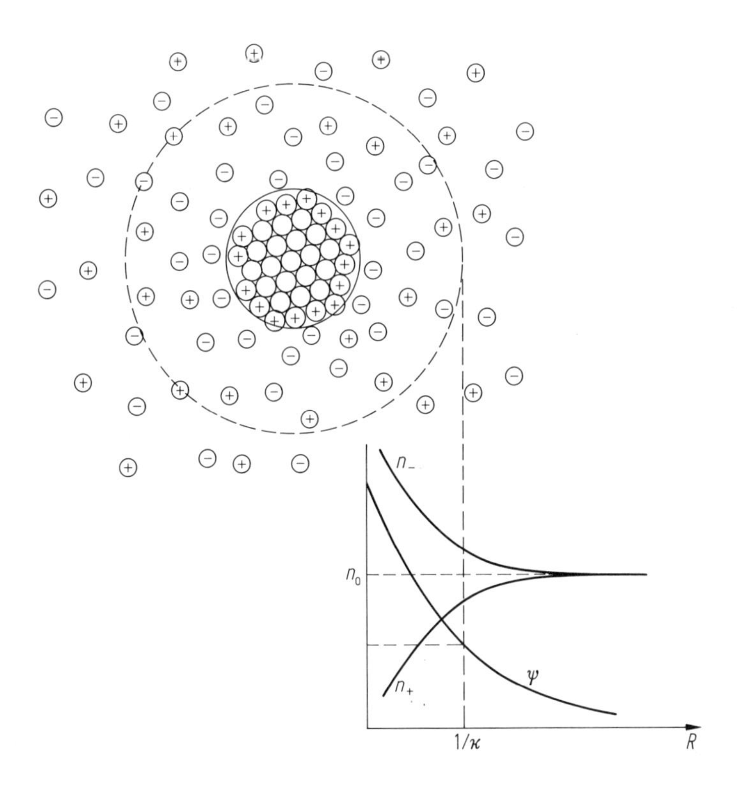

Abb. 7.67 Verteilung des Potentials Ψ, der Kationen n_+ und der Anionen n_- als Funktion des Abstands R von der Oberfläche um ein Kolloidteilchen mit einer positiven Oberflächenladung. Der gestrichelte Kreis mit dem Radius $1/\kappa$ stellt den Ladungsschwerpunkt der Gegenionen dar.

7.9.2.3 Gesamtkräfte zwischen kolloidalen Teilchen

Aufgrund der beschriebenen elektrischen Doppelschicht stoßen sich kolloidale Teilchen bei größeren Abständen ab, während bei kleineren Abständen die Van-der-Waals-Kräfte überwiegen und die Teilchen sich anziehen. Die Abb. 7.68 gibt die Wechselwirkungsenergien $\varepsilon(r)$ für ein Kolloid bei verschiedenen Elektrolytkonzen-

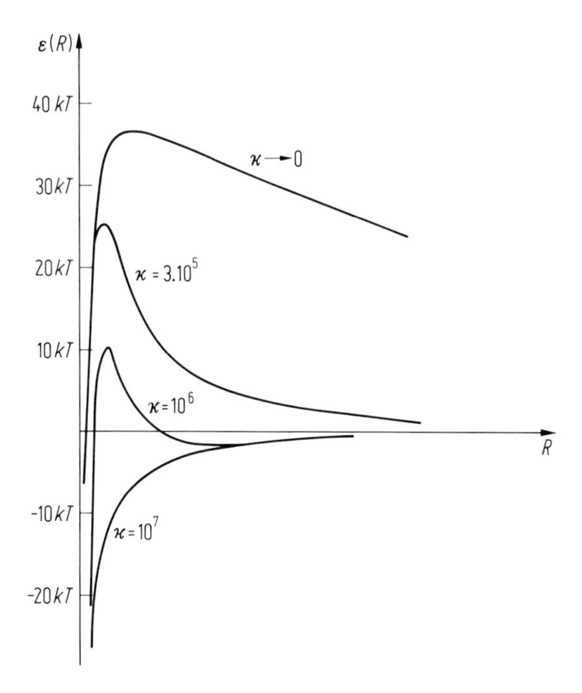

Abb. 7.68 Potentielle Energie der Wechselwirkung zwischen zwei Kolloidteilchen. $\varepsilon(R)$ enthält Van-der-Waals- und elektrostatische Beiträge. Die Kurven entsprechen verschiedenen Werten der Debye-Hückel-Konstante κ, so wie diese in Gl. (7.114) definiert ist. Die Bildung eines Komplexes hängt von der Höhe der Potentialbarriere im Vergleich zu der mittleren thermischen Energie kT ab. Bei kleinen κ-Werten, d. h. bei kleinen Gegenionenkonzentrationen, ist die abstoßende Barriere hoch und das Kolloid bleibt stabil.

trationen, d. h. entsprechend der Gl. (7.114), bei verschiedenen Werten der Debye-Hückel-Konstante κ wieder.

Die Abbildung illustriert deutlich die Anziehungskräfte bei kleineren und die Abstoßungskräfte bei größeren Abständen. Mit zunehmender Elektrolytkonzentration werden letztere zunehmend abgeschirmt und verlieren an Bedeutung und an Reichweite.

Fällung von kolloidalen Suspensionen. Aus der Abb. 7.68 geht hervor, daß bei kleinen Elektrolytkonzentrationen die elektrostatische Abstoßung zwischen Kolloidalteilchen eine Annäherung verhindert und somit die Suspension stabilisiert wird. Erst bei sehr hohen Elektrolytkonzentrationen können die Teilchen sich auf kleine Abstände annähern, in den Bereich der gegenseitigen Anziehungskräfte geraten und aggregieren. Dieser Effekt läßt sich bei dem Phänomen der Fällung von Kolloiden beobachten, der durch hohe Salzkonzentrationen hervorgerufen werden kann.

7.10 Lösungen amphiphiler Moleküle

7.10.1 Thermodynamische Grundlagen der Löslichkeit

Der Gleichgewichtszustand einer Lösung der Molekülart A in einem Lösungsmittel B, d.h. die Gleichgewichtskonzentrationen und die räumliche Verteilung der beiden Spezies A und B, läßt sich mit Hilfe der Thermodynamik bzw. der statistischen Thermodynamik bestimmen.

Die thermodynamische Grundbeziehung für das Mischungsgleichgewicht ist

$$\Delta G_{\mathrm{mi}} = 0. \tag{7.115}$$

Diese Beziehung besagt, daß die freie Mischenthalpie im Gleichgewicht bezüglich der äußeren Parameter wie Temperatur und Konzentration ein Minimum hat. Bekanntlich besteht die Funktion G_{mi} aus einem energetischen Term H_{mi} (Mischenthalpie) und einem entropischen Term TS_{mi}. Für die Änderungen dieser Größen beim Mischen gilt:

$$\Delta G_{\mathrm{mi}} = \Delta H_{\mathrm{mi}} - T\Delta S_{\mathrm{mi}}. \tag{7.116}$$

Da die Mischentropie ΔS_{mi} positiv ist, trägt der entropische Term immer zu einer Abnahme von ΔG_{mi} bei, d.h. die Mischung wird thermodynamisch favorisiert. Die Mischbarkeit oder Nichtmischbarkeit ist nunmehr davon abhängig, inwieweit die Mischenthalpie ΔH_{mi} den Entropieterm $T\Delta S_{\mathrm{mi}}$ kompensiert, d.h. welches Vorzeichen ΔG_{mi} hat. Ist

$$\Delta G_{\mathrm{mi}} < 0, \tag{7.117a}$$

so läßt sich A in B (oder umgekehrt) bis zu dem Punkt, bei dem Gl. (7.115) gilt, mischen. Gilt dagegen

$$\Delta G_{\mathrm{mi}} > 0, \tag{7.117b}$$

dann findet keine Mischung, bzw. es findet Entmischung statt. Die Natur der Mischpartner bestimmt im wesentlichen die Wechselwirkungsenthalpie und geht somit in ΔH_{mi} ein. Die Mischung wird energetisch dann favorisiert, wenn der Mischprozeß entweder zu einer Abnahme der Mischenthalpie führt, oder wenn eine ungünstige, d.h. positive Mischenthalpie durch den Entropieterm kompensiert wird. In beiden Fällen muß Gl. (7.117a) gelten. Einfach formuliert, bei vollständig mischbaren Substanzen nimmt die freie Enthalpie beim Mischen ab, bei nicht mischbaren Substanzen nimmt sie zu und bei teilweise mischbaren Substanzen nimmt sie bis zur Sättigung ab und würde beim (fiktiven) Weitermischen wieder zunehmen.

7.10.2 Amphiphile Moleküle

Als *hydrophile Moleküle* bezeichnet man solche, deren Mischenthalpie im Wasser negativ ist und als *hydrophobe Moleküle* solche, deren Mischenthalpie im Wasser positiv ist. Je größer der Betrag der Mischenthalpie ist, desto stärker ist der hydrophile bzw. der hydrophobe Charakter der betreffenden Substanz. Aus molekularer Sicht sind hydrophile Moleküle entweder polare oder in Ionen dissoziierende Moleküle, während hydrophobe unpolar sind. Zur ersten Klasse gehören beispielsweise alle Elektrolyte und Alkohole, während Edelgase sowie gesättigte und ungesättigte Kohlenwasserstoffe hydrophob sind.

Neben den rein hydrophilen und hydrophoben Molekülen gibt es eine Reihe von größeren Molekülen, die aus verschiedenen Gruppierungen bestehen, so daß sie in einem Bereich hydrophil und im anderen hydrophob sind. Solche Moleküle können beispielsweise aus einer relativ langen Kohlenwasserstoffkette aufgebaut sein, die mit einer stark polaren Gruppe verknüpft ist. Die Abb. 7.69 gibt das generelle Aufbauprinzip der Moleküle dieser Klasse wieder.

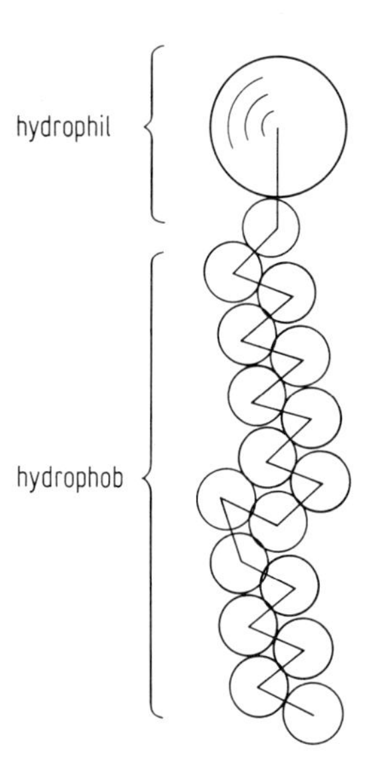

Abb. 7.69 Schematische Darstellung eines amphiphilen Moleküls. An die hydrophile Kopfgruppe ist eine längere hydrophobe Kette gebunden.

Interessant ist das Lösungsverhalten dieser Moleküle in Wasser. Während die hydrophile *Kopfgruppe*, die Tendenz hat, sich in Wasser zu lösen, tendiert die hydrophobe *Schwanzgruppe*, dazu, nicht in Lösung zu gehen. Moleküle dieser Art nennen wir *amphiphil.* In Übereinstimmung mit dem Prinzip der Minimierung der freien Enthalpie bilden sich in wäßrigen Lösungen amphiphiler Moleküle Aggregate verschiedener Formen und Ausdehnung. Die Bildung solcher Aggregate findet immer derart statt, daß die Kontakte hydrophob-Wasser und hydrophob-hydrophil minimiert werden, während Kontakte hydrophob-hydrophob, hydrophil-hydrophil und hydrophil-Wasser maximiert werden. Dieser sog. *hydrophobe Effekt*, bei dem energetische und entropische Faktoren eine Rolle spielen, ist ein wesentlicher Faktor, der zur Bildung von *Mizellen*, *Mikroemulsionen* und biologischen Aggregaten wie z. B. von *Membranen* beiträgt. Bei der thermodynamischen Beschreibung von solchen teilweise geordneten Aggregaten muß berücksichtigt werden, daß deren Bildung eine Abnahme der Entropie erfordert.

In der Praxis spielen amphiphile Moleküle eine bedeutende Rolle im Zusammenhang mit der Solubilisierung von Fetten und Ölen, z. B. in der Waschmittelindustrie, der Ölextraktion usw. In diesem Zusammenhang spricht man von Seifen, Detergenzien oder Tensiden.

7.10.3 Mizellen

Die geschilderte Selbstaggregation amphiphiler Moleküle in wäßriger Lösung kann zur Bildung von Mizellen führen, (Abb. 7.70). Im allgemeinen bilden die hydrophoben Schwänze der amphiphilen Moleküle den hydrophoben Kern der Mizelle, während die hydrophilen Kopfgruppen ihren Kontakt mit Wasser maximieren, indem sie den Kern umgeben und diesen gleichzeitig vom Wasser trennen. Durch diese Aggregationsform werden die Kontakte hydrophob-Wasser minimiert (s. Abb. 7.71). Mizellen können die Form von Kugeln oder Ellipsoiden annehmen oder auch Doppelschichten ausbilden.

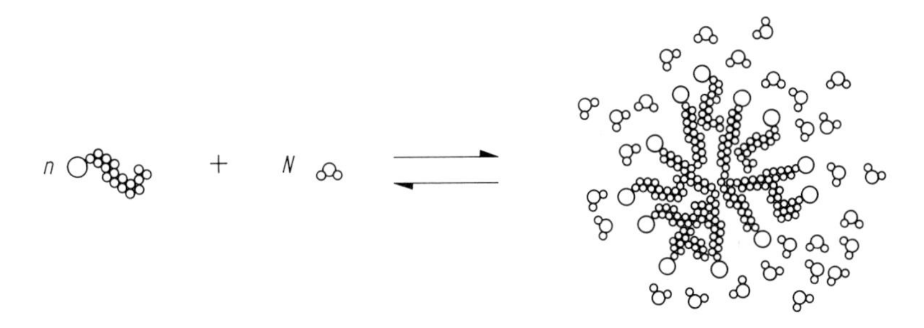

Abb. 7.70 Die Bildung einer Mizelle in wäßriger Lösung aus amphiphilen Molekülen. Die Bildung ist in Form einer chemischen Reaktion zwischen den *n* amphiphilen Molekülen und den *N* beteiligten Wassermolekülen dargestellt.

Die genaue Struktur von Mizellen ist Gegenstand der Forschung, da die geschilderten allgemeingültigen Prinzipien mehrere Modelle zulassen. Auch Fragen nach der Beweglichkeit der Moleküle, die eine Mizelle bilden, sind von erheblichem Interesse und warten noch auf eine vollständige Klärung. Wegen der erheblichen praktischen Bedeutung dieser Systeme sind diese Fragen von aktuellem Interesse.

Die amphiphile Assoziation von Tensiden zu Mizellen findet stufenweise statt, durch Addition von Einzelmolekülen zu dem vorhandenen Aggregat nach einer Reaktionsgleichung der Form

$$M_{n-1} + M = M_n. \qquad (7.118)$$

Die Assoziation ist stark kooperativ und kann zu Mizellen verschiedener Form und Größe führen. Das Verhalten einer wäßrigen Tensidlösung ändert sich mit zunehmender Konzentration in einem engen Bereich unter Bildung von Mizellen. Unterhalb dieser sog. *kritischen Mizellenkonzentration* besteht die Lösung aus gelösten monomeren Molekülen. Oberhalb der kritischen Mizellenkonzentration liegt eine mizellare Lösung vor, deren Größe über einen weiten Konzentrationsbereich annä-

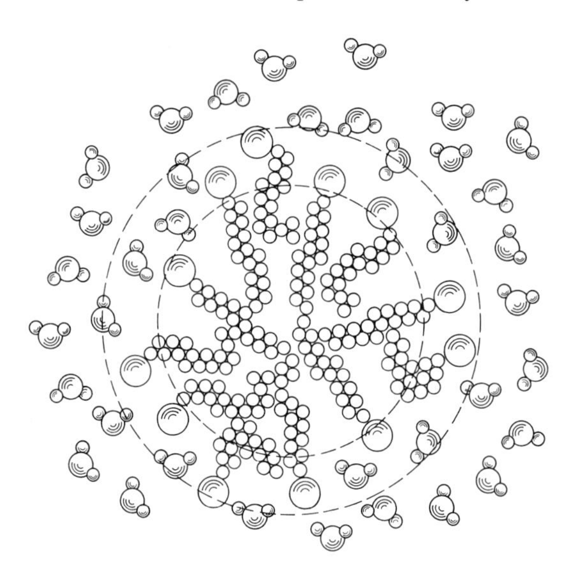

Abb. 7.71 Schema des Aufbaus einer Mizelle in wäßriger Lösung. Die hydrophoben Kopfgruppen sind nach außen und die hydrophilen Ketten nach innen gerichtet. Zwischen den beiden gestrichelten Kreisen ist ein Bereich, in dem sich sowohl Wassermoleküle und hydrophile Kopfgruppen als auch hydrophobe Bereiche befinden.

hernd konstant bleibt. Beim Übergang in den Bereich oberhalb der kritischen Mizellenkonzentration beobachtet man sprunghafte Änderungen einiger physikalischer Eigenschaften der Lösung, wie eine Trübung, d.h. Erhöhung der Intensität des gestreuten Lichts, einen Abfall der Äquivalentleitfähigkeit und des osmostischen Drucks. Typische Mizellen weisen eine nur schwache Polydispersität auf, haben eine sphärische oder annähernd sphärische Form und enthalten etwa 100 monomere Tensidmoleküle. Bei höheren Konzentrationen liegen längliche Mizellen und dann ausgedehnte flüssig kristalline Strukturen vor.

Im Falle von ionischen Amphiphilen ist die Oberflächenladung der Mizellen relativ hoch. Als Folge davon bildet sich eine Gegenionenwolke um die Mizelle, die die Mizellenladung teilweise abschirmt und die intermizellaren abstoßenden Wechselwirkungen abschwächt. Dieses Verhalten, das Mizellen mit anderen lyophoben Kolloiden und mit polymeren Polyelektrolyten teilen, bestimmt Eigenschaften wie Diffusion und Viskosität der mizellaren Lösungen.

Die Organisation des inneren, hydrophoben Kerns der Mizelle ist ein wichtiges Forschungsgebiet. Die bisher bekannten Ergebnisse weisen auf eine weitgehend flüssigkeitsähnliche Struktur und Beweglichkeit hin.

7.10.4 Mikroemulsionen

Mikroemulsionen sind thermodynamisch stabile Drei- oder Mehrkomponentenphasen, in denen eine hydrophobe Substanz mit Hilfe eines Tensids in Wasser emulgiert ist. Veränderungen im Phasendiagramm von zwei beschränkt mischbaren Substanzen sind schon lange bekannt und lassen sich bei einer Vielfalt von verschiedenen Systemen beobachten. Prinzipiell wichtig bei diesem Effekt ist, daß an dem System ein Molekül beteiligt ist, das gegenüber den beiden anderen Komponenten amphiphil ist. Obwohl der molekulare Aufbau von Mikroemulsionen nicht endgültig geklärt ist, wird vermutet, daß die eine Komponente durch eine Schicht amphiphiler Moleküle gegenüber der anderen Komponente in hoch dispergierter Form abgeschirmt ist. Anschaulich stellt man sich eine solche Mikroemulsion als eine Dispersion der hydrophoben Komponente in Form von kleinen, vom Tensid umhüllten Tröpfchen innerhalb des Wassers vor.

Von besonderer Bedeutung sind Mikroemulsionen durch die Rolle, die sie bei der sogenannten *tertiären Erdölförderung* spielen. Durch Spülen der Erdöllagerstätten mit einer Wasser-Tensid-Mischung wird es möglich, sonst schwer zugängliche, in den Gesteinen absorbierte Erdölmengen zu solubilisieren und an die Oberfläche zu befördern.

Literatur

Angell, C.A., The data gap in solution chemistry. The ideal glass transition puzzle, J. Chem. Phys. **47**, 583–587, 1970

Bailey, R.T., North, A.M., Pethrick, R.A., Molecular Motion in High Polymers, Clarendon Press, Oxford, 1981

Cahn, R.W., Metallic glasses, Contemp. Physics **21**, 43–75, 1980

De Gennes, P.-C., Scaling Concepts in Polymer Physics, Cornell University Press, Ithaka, 1979

Doi, M., Edwards, S.F., The Theory of Polymer Dynamics, Clarendon Press, Oxford, 1986

Dorfmüller Th., Pecora, R. (Eds.), Rotational Dynamics of Small and Macromolecules, Lecture Notes in Physics **293**, Springer, Berlin, Heidelberg, 1987

Dorfmüller, Th., Williams, G. (Eds.), Molecular Dynamics and Relaxation Phenomena in Glasses, Lecture Notes in Physics **277**, Springer, Heidelberg, 1987

Ferry, J.D., Viscoelastic Properties of Polymers, Wiley, New York, 1980

Haward, R.N. (Ed.), The Physics of Glassy Polymers, Material Science Series, Applied Science Pub., London, 1973

Henrici-Olive, S., Polymerisation, Verlag Chemie, Weinheim, 1969

Hiemenz, P.C., Principles of Colloid and Surface Chemistry, Dekker, New York, 1986

Hunter, R.J., Foundations of Colloid Science, Vol. 1, II, Clarendon Press, London, 1987/89

Kahlweit, M., Grenzflächenerscheinungen, Steinkopff, Darmstadt, 1985

Mark, J., Eisenberg, A., Graessley, W., Mandelkern, L., Koenig, J.L., Physical Properties of Polymers, American Chemical Society, Washington, 1984

Mittal, K.L., Fendler, E.J. (Eds.), Solution Behavior of Surfactants, Vol. 1–6, Plenum Press, New York, 1982–87

O'Reilly, J.M., Goldstein, M., (Eds.), Structure and Mobility in Molecular and Atomic Glasses, Vol. 371, The New York Academy of Sciences, New York, 1981

Parthasarathy, R., Rao, K.J., Rao, C.N.R., The glass transition: Salient facts and models, Chem. Soc. Rev. **12**, 361, 1984

Rawson, H., Properties and Application of Glass, Glass Science and Technolog, Vol. 3, Elsevier, Amsterdam, 1980

Schurz, J., Physikalische Chemie der Hochpolymeren, Heidelberger Taschenbücher Bd. 148, Springer, Heidelberg, 1982

Sperling, L.H., Introduction to Physical Polymer Science, Wiley, New York, 1986

Tanford, C., Physical Chemistry of Macromolecules, Wiley, New York, 1961

8 Cluster

Hellmut Haberland

8.1 Einleitung

Wenn unter Wissenschaftlern von Clustern die Rede ist, so sind damit oft sehr verschiedene Dinge gemeint. Strukturen im Atomkern werden damit bezeichnet, aber auch Zusammenlagerungen von Teilchen in flüssiger, fester oder gasförmiger Materie. Astronomen sprechen von Clustern von Sternen oder sogar von Clustern von Galaxien. Ein musikalischer Cluster ist eine Verallgemeinerung des Dreiklanges. Die Bezeichnung so unterschiedlicher Objekte mit demselben Wort wird verständlich, wenn man weiß, daß das Concise Oxford Dictionary einen Cluster als „a group of similar things“ definiert.

In diesem Kapitel soll unter einem Cluster eine Ansammlung von Atomen und Molekülen verstanden werden, deren Anzahl N zwischen $N = 3$ oder 4 und etwa $N = 10^5$ variiert. Die Cluster stellen das Bindeglied zwischen den traditionell getrennten Gebieten der Molekülphysik und Festkörperphysik dar. Es sind Ideen und Techniken von beiden Seiten notwendig, um Theorien und Experimente der Clusterphysik zu verstehen.

Im Prinzip versucht die Physik der Cluster alle Phänomene, die in diesem Lehrbuch unter den Themen Atome, Moleküle, Festkörper und zum Teil auch Chemie diskutiert werden, als Funktion der Clustergröße zu berechnen oder zu messen. Damit ließe sich der Übergang von der Atomphysik zur Physik und Chemie der kondensierten Phase verstehen. Bei diesem ehrgeizigen und umfangreichen Unterfangen steht man erst ganz am Anfang. Alle vier oben genannten Gebiete können auf eine wesentlich ältere Tradition zurückblicken. Wie jung die Clusterphysik ist, sieht man daran, daß sie in der letzten Ausgabe dieses Lehrbuches noch nicht vertreten war.

Andererseits gibt es eine uralte Tradition. Mit großen Metallclustern in Gläsern wurden die ältesten „Experimente“ durchgeführt. Schon vor 3500 Jahren lernte man im alten Ägypten, Glas und Glasuren von Keramiken durch Zugabe von Metalloxiden zu färben. Beim Tempern können sich die bei höheren Temperaturen beweglichen Metallatome zu Clustern zusammenlagern. Fein verteiltes, kolloidales Gold färbt Glas z. B. rubinrot. Ändert man die Größe von fein verteilten Silberclustern in einem Glas von 0.1 bis 1.3 µm so ändert sich die Farbe von gelb über rot, purpurrot, violett, blau bis grau grün [1]. Die Erklärung dazu wurde durch Mie 1908 gegeben [1]. Durch die endliche Größe des Metallclusters im Glas kommt es zu einer Änderung der Plasmaresonanz der Metallelektronen (s. Abschn. 8.4.2) und damit zu der Färbung des Glases.

Beginnend mit Arbeiten in den 50er Jahren wurden in Deutschland viele Grundlagen der Clusterphysik in Karlsruhe erarbeitet [2]. Ein geradezu explosionshaftes

Anwachsen der Aktivitäten auf diesem Gebiet ist weltweit seit etwa 1980 zu beobachten. Die Ursache dafür war einmal das akademische Interesse, dieses weithin unbekannte Gebiet zu erforschen. Andererseits hat die Physik und Chemie der Cluster viele Anwendungen, wie Katalyse, Photographie, eine neue Methode der Epitaxie, Aerosole, Bildung großer Moleküle im Weltall, Struktur amorpher Substanzen, etc. Auch deshalb haben sich viele Forschergruppen und auch industrielle Labors diesem Gebiet gewidmet.

Dieses Kapitel ist folgendermaßen aufgebaut: Im restlichen Teil der Einleitung werden einige, auf den ersten Blick überraschende geometrische Eigenschaften von Clustern diskutiert. Dann wird auf das Wachsen eines Clusters zum Festkörper eingegangen. Abschn. 8.2 behandelt ausführlich die verschiedenen Techniken der Erzeugung von Clustern und das damit zusammenhängende Problem ihrer Temperatur. Auf Probleme beim Nachweis wird kurz eingegangen. In Abschn. 8.3 wird an drei ausgewählten Beispielen der Übergang vom Atom über den Cluster zum Festkörper diskutiert. In Abschn. 8.4 werden einige der vorher angeschnittenen Probleme vertieft behandelt. Jeder Abschnitt ist für sich so aufgebaut, daß er immer relativ einfach beginnt und zum Schluß neuere Forschungsergebnisse kurz angerissen werden, um dem interessierten Leser das tiefer gehende Studium zu erleichtern.

In diesem Kapitel werden (fast) nur freie Cluster untersucht. Informationen über Cluster in und auf Matrizen und Oberflächen findet man in [g, h] und [3].

8.1.1 Atome an der Oberfläche und im Volumen

Eine einfache Überlegung zeigt, daß für einen Cluster das Verhältnis von Atomen an der Oberfläche zu denen im Volumen sehr groß ist. Bezeichnet man mit N die Anzahl der Atome oder Moleküle in einem Cluster, so sind bis $N = 12$ für die Edelgase und andere Cluster mit einfachen Bindungsverhältnissen alle Atome an der Oberfläche. Klassisch kann man den Radius r eines Atomes abschätzen aus dem Abstand der nächsten Nachbarn im Molekül oder im Festkörper. Nennt man R den Radius eines kugelförmigen Clusters, so ist sein Volumen $V = (4/3)\,\pi R^3$. Vernachlässigt man alle Packungseffekte, so läßt sich schreiben:

$$\begin{aligned} V &= \frac{4}{3}\pi R^3 = N\left(\frac{4}{3}\pi r^3\right), \\ N &= \left(\frac{R}{r}\right)^3 . \end{aligned} \tag{8.1}$$

Dabei ist N die Anzahl der Atome und Moleküle im Cluster. Weiter kann man fragen, wieviel Atome (N_S) an der Oberfläche S sind? Man erhält analog

$$\begin{aligned} S &= 4\pi R^2 = N_S \frac{1}{4}(4\pi r^2), \\ N_S &= 4\left(\frac{R}{r}\right)^2 . \end{aligned} \tag{8.2}$$

Der Faktor 1/4 berücksichtigt die Tatsache, daß klassisch nur etwa 1/4 der Oberfläche eines Atoms an der Oberfläche des Clusters ist. Dieser Wert stimmt gut mit Computersimulationen überein [4]. Die relative Anzahl der Atome an der Oberfläche ist dann gegeben durch:

$$\frac{N_S}{N} = 4\left(\frac{r}{R}\right) = 4 \cdot \mathrm{N}^{-1/3} \tag{8.3}$$

In Tab. 8.1 sind einige Werte zusammengestellt, die man aus dieser Formel erhält, wenn man $r = 0.2$ nm ansetzt, ein Wert, der etwa für Krypton zutrifft. Man beachte das verblüffend große Verhältnis der Atomzahl an der Oberfläche zu der im Volumen. Selbst bei einem kleinen Teilchen mit $N = 10^8$ Atomen sind davon noch knapp 1 % an der Oberfläche.

Tab. 8.1 Ein kugelförmig angenommener Cluster mit dem Radius R enthält etwa N Atome, von denen N_S an der Oberfläche sind. Für den Radius eines Atoms wurde $r = 0.2$ nm angenommen. Mit den Gln. (8.1) bis (8.3) lassen sich die Werte leicht auf andere Atome oder Moleküle umrechnen.

R/nm	N	N_S/N
1	125	0.8
2	10^3	0.4
10	10^5	0.08
10^2	10^8	0.008
10^7	10^{23}	10^{-7}

8.1.2 Einteilung der Cluster

Eine große Anzahl verschiedener Begriffe ist im Gebrauch, um Cluster verschiedener Größen zu benennen. Eine mögliche Einteilung ist die folgende [5]:

1. **Mikrocluster**, $N = 3$ bis 10 oder 13. Für $N \leq 12$ sind noch alle Atome an der Oberfläche. Konzepte und Methoden der Molekülphysik sind anwendbar und brauchbar.
2. **Kleine Cluster**, $N = 10$ oder 13 bis etwa $N = 100$. Es existieren viele isomere Clusterstrukturen mit nahe beieinander liegenden Energieniveaus. Molekulare Konzepte verlieren ihre Brauchbarkeit.
3. **Große Cluster**, $100 \leq N \leq 1000$. Man beobachtet einen graduellen Übergang zu den Eigenschaften des Festkörpers.
4. **Kleine Teilchen** oder **Mikrokristalle**, $N \geq 1000$. Einige, aber lange noch nicht alle Festkörpereigenschaften haben sich entwickelt.

8.1.3 Wachsen eines Festkörpers

Die traditionelle Festkörperphysik beschreibt einen Kristall als eine unendlich ausgedehnte periodische Anordung von Atomen oder Molekülen mit Translationsymmetrie. Unter der Vielzahl von möglichen Kristallstrukturen sind die kubisch raumzentrierte (body centered cubic, bcc), die kubisch flächenzentrierte (face centered cubic, fcc) und die hexagonal dichteste (hexagonal closed packing, hcp) Packung in der Natur am weitesten verbreitet (vgl. Band VI, Kap. 2). Wie sich diese Symmetrien beim Wachsen eines Clusters ergeben, ist oft studiert worden.

Die einzigen experimentellen Untersuchungen sind Elektronenbeugungsexperimente. Dabei wird ein Elektronenstrahl mit einer Energie von etwa 50 keV mit einem

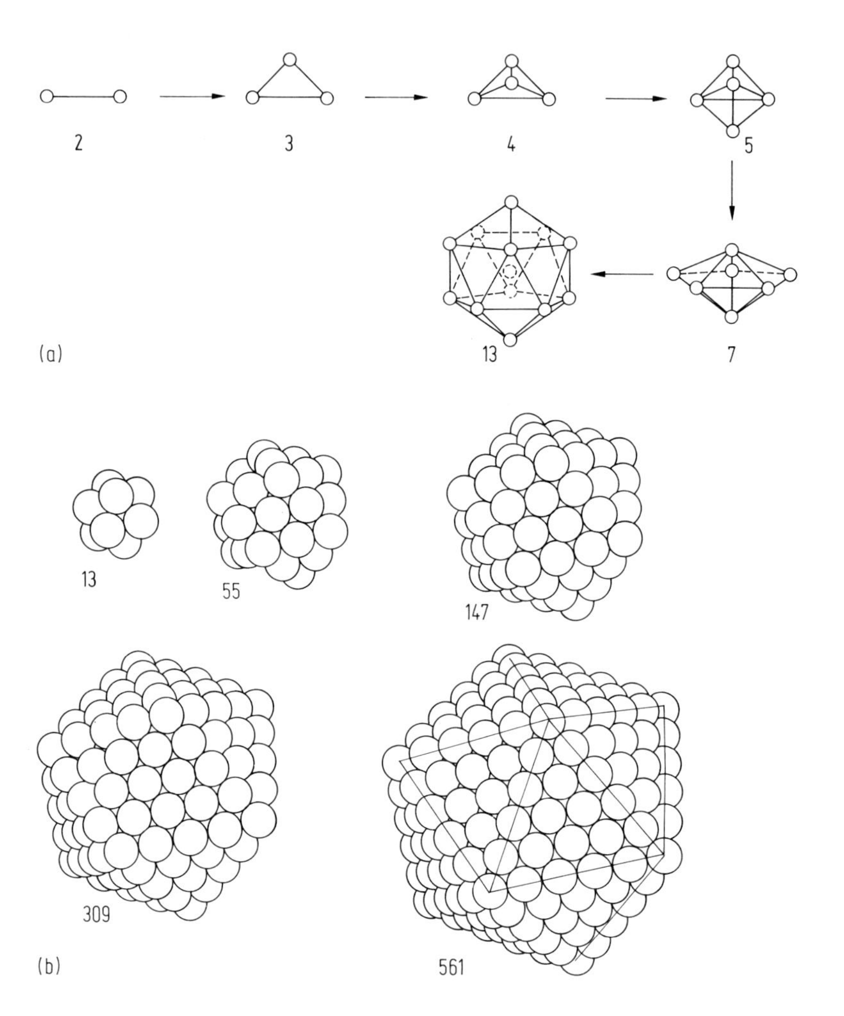

Abb. 8.1 Struktur von kleinen (a) und großen (b) Edelgasclustern. Für $N = 3$ hat man ein gleichseitiges Dreieck, für $N = 4$ ein Tetraeder, für $N = 5$ eine dreieckige Doppelpyramide. Für $N = 7$ ergibt sich ein fünfgliedriger Ring mit je einem Atom darüber und darunter. Für $N = 13$ erhält man die berühmte Ikosaederstruktur, bei der ein inneres Atom von zwei fünfzähligen Kappen mit je 6 Atomen umschlossen wird. Bei größeren Clustern lagern sich Atome an den Ikosaeder an, bis bei $N = 55, 147, 309$ und 561 die nächsten Schalen gefüllt sind. Erst für noch größere Cluster ist die fcc-Struktur des makroskopischen Festkörpers energetisch günstiger (nach Hoare [4] und Jortner [5]).

intensiven Clusterstrahl gekreuzt und die Debye-Scherrer-Beugungsringe werden beobachtet. Wie in Abschn. 8.2 genauer ausgeführt wird, kann man keinen Clusterstrahl herstellen, der zum einen nur Cluster einer Größe enthält und zum anderen intensiv genug für ein Elektronenbeugungsexperiment wäre. Man muß fast immer mit einer breiten Verteilung der Clustergrößen arbeiten. Aus einer Analyse der Beugungsaufnahmen erhält man nach einer umfangreichen numerischen Auswertung Durchmesser, geometrische Struktur und Temperatur der Cluster. Für Argoncluster ergeben sich z. B. sich durchdringende ikosaedrische Strukturen, deren fünfzählige Symmetrie für die Standardgitter der Festkörperphysik verboten ist. Darüber, wann die fcc-Struktur des kristallinen Argon angenommen wird, ist man sich nicht ganz einig. Werte zwischen $N = 750$ und 3000 sind vorgeschlagen worden.

Wegen der sehr einfachen Bindungsverhältnisse der Edelgase sind deren Cluster oft theoretisch untersucht worden. Einige Ergebnisse zeigt Abb. 8.1.

Die verwendeten Methoden zur Computersimulation (Monte-Carlo-Methode bzw. Molekulardynamik) sind in Kap. V beschrieben. Icosaederstrukturen mit ihrer fünfzähligen Symmetrie sind für Cluster, die einige hundert bis tausend Atome enthalten, bevorzugt. Mit ihnen lassen sich kompaktere Strukturen mit kleinerer potentieller Energie zusammensetzen, als es mit den in der Festkörperphysik erlaubten Strukturen möglich ist. So ist z. B. in einem durch Zweikörper-Lennard-Jones-Potentiale gebundenen Cluster aus 13 Atomen die Ikosaederstruktur gegenüber Ausschnitten aus den fcc- oder hcp-Gittern um 8.4% bevorzugt. Bei einem Ikosaeder sind die Abstände zwischen den Atomen nicht konstant. Sie wachsen zu den Ecken hin an. Dadurch kommt es bei den größeren ikosaedrischen Clustern mit vielen Atomen zu einer Erhöhung der potentiellen Energie und damit zu einer Erniedrigung der Bin-

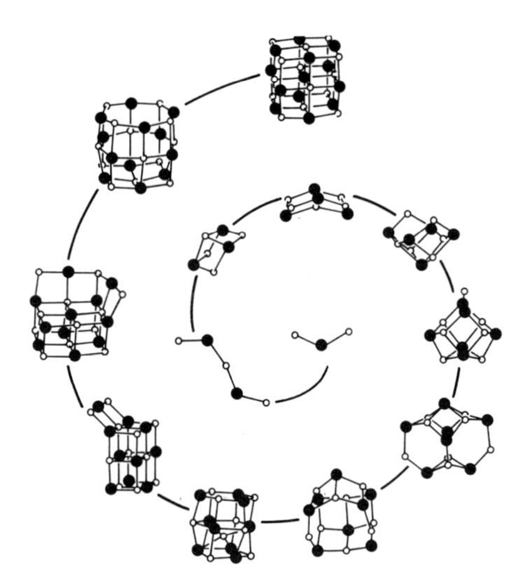

Abb. 8.2 Berechnete Strukturen von $Na^+ (NaCl)_n$-Clustern. Wieder werden für kleine Cluster nichtkristalline Strukturen angenommen. Da Alkalimetallhalogenide andere Bindungen ausbilden als die Edelgase, werden diesmal auch andere geometrische Formen bevorzugt (nach Martin [e]).

dungsenergie. Ab etwa tausend bis zu einigen tausend Atomen pro Cluster sind dann die bekannten Gitter der Festkörperphysik energetisch bevorzugt.

Die in Abb. 8.2 gezeigten rechteckigen und stuhlförmigen Strukturen wurden für ionisierte Alkalimetallhalogenidcluster berechnet. Die anderen Bindungsverhältnisse führen hier zu anderen Clustergeometrien. Für Cluster mit anderen Bindungsverhältnissen ergeben sich wieder andere räumliche Geometrien. Man kann allgemein sagen, daß für kleine Cluster die Konfiguration mit der geringsten Energie stark vom Material abhängt. Für $N > 10$ nimmt die Anzahl der geometrischen Strukturen mit fast gleicher Energie so stark zu, daß es selbst mit leistungsfähigen Großrechnern unmöglich wird, alle zu finden. Bei endlichen Temperaturen kommt es zu Fluktuationen zwischen diesen Strukturen. Dies hat einen Einfluß auf die Entropie und damit auf die thermodynamichen Eigenschaften.

8.2 Clustererzeugung und Clusternachweis

In diesem Abschnitt werden Komponenten einer einfachen Apparatur für die Erzeugung und den Nachweis von Clustern diskutiert. Auf das schwierige Problem der Temperatur von Clustern wird detailliert eingegangen. Eine einfache Apparatur besteht, wie in Abb. 8.3 gezeigt wird, typischerweise aus zwei separat gepumpten Vakuumkammern, die durch eine konische Blende, den sogenannten Skimmer, verbunden sind. Der zentrale Teil des in der Quelle erzeugten Clusterstrahles fliegt durch den Skimmer, wird in einer Ionenquelle ionisiert und in einem Massenspektrometer nachgewiesen.

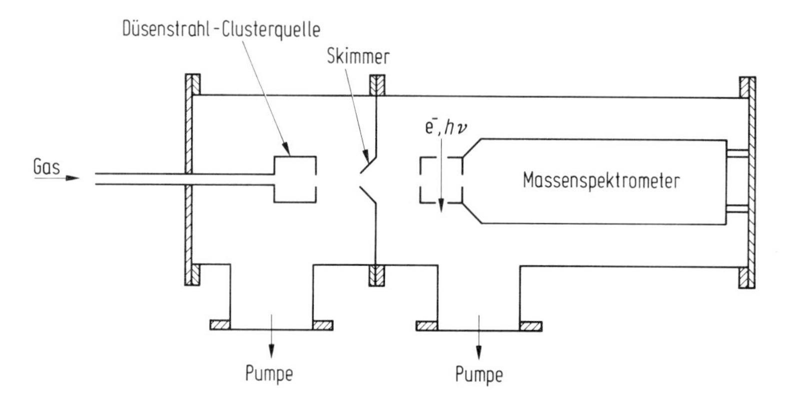

Abb. 8.3 Schematische Darstellung einer einfachen Apparatur zur Erzeugung und zum Nachweis von Clustern. Diese werden in der Clusterquelle erzeugt und gelangen durch eine konische Blende (Skimmer) in eine Nachweiskammer. Dort werden sie durch Bestrahlung mit Photonen oder Elektronen ionisiert, damit sie im Massenspektrometer nachgewiesen werden können. Beim Ionisieren können die Cluster auseinanderbrechen, so daß das gemessene Massenspektrum der Clusterionen fast nie mit der Massenverteilung der neutralen Cluster identisch ist. Eine Apparatur, mit der man Cluster nur einer Größe studieren kann, benutzt daher entweder den in Abb. 8.9 gezeigten Trick zur Massenanalyse neutraler Cluster oder besteht aus zwei hintereinander geschalteten Massenspektrometern, wie es in Abb. 8.27b gezeigt ist.

Es sind zur Zeit drei wesentlich verschiedene Quellen zur Erzeugung freier Cluster in Gebrauch. Bei der **Gasaggregationsquelle** werden Atome oder Moleküle in ein ruhendes oder strömendes Edelgas verdampft, dort kühlen sie sich durch Stöße ab und lagern sich zu Clustern zusammen. Bei der **Düsenstrahlquelle** wird ein Gas unter hohem Druck durch ein kleines Loch ins Vakuum expandiert. Es kommt bei dieser adiabatischen Expansion zu einer extremen Abkühlung der Relativbewegung und zur Clusterbildung. Eine Reihe verschiedener Clusterquellen beruht auf der **Materialabtragung von einer Oberfläche**. Bei der Sputter- bzw. Laser-Verdampfungsquelle wird ein intensiver Ionen- bzw. Photonenstrahl auf eine Oberfläche geschossen und damit Atome, Moleküle, Cluster und deren Ionen von der Oberfläche abgelöst. Die Anzahl der Cluster, ihre Größe und Temperatur kann durch Kombination mit den beiden zuerst genannten Methoden verändert werden.

Außerdem existieren diverse Sonderformen, die aber keine weite Verbreitung erfahren haben. So kann man z. B. durch ein starkes, inhomogenes elektrisches Feld geladene Atome und Cluster direkt von einer flüssigen Metalloberfläche absaugen (LMIS = *Liquid Metal Ion Source*). Auch können in einer speziellen Gasentladung mit einem magnetischen Feld (*Penning-Entladung*) intensive Ströme kleiner Clusterionen hergestellt werden. Es existieren alle mögliche Kombinationen dieser Quellen. Einige instruktive Typen werden unten diskutiert. Charakteristische Daten sind in Tab. 8.2 zusammengefaßt. Eine vielseitige Variante sind sogenannte **Einfangquellen** (engl. pick-up sources), bei denen in die Kondensationszone Elektronen, Ionen oder Atome eingebracht werden können, um so neue und/oder besonders kalte Cluster zu synthetisieren.

Tab. 8.2 Charakteristika der drei Grundtypen von Clusterquellen.

	Düsenstrahl-expansion	Laser-Verdampfung	Gasaggregation
verwendbar bei	Gasen, Flüssigkeiten und Festkörpern mit hohem Dampfdruck wie Hg und Alkalimetallen	hochschmelzenden Substanzen	verdampfbaren oder sputterbaren Materialien
Clusterbildung und Abkühlung durch	adiabatische Expansion	adiabatische Expansion	strömendes kaltes Edelgas

8.2.1 Temperatur und Lebensdauer von Clustern

Die innere Anregung eines Clusters oder seine Temperatur ist ein wichtiger, experimentell schwierig zu fassender und daher oft vernachlässigter Parameter. Die Temperatur spielt nicht nur bei der Erzeugung, sondern auch beim Zerfall von Clustern eine wichtige Rolle. Die grundlegenden damit zusammenhängenden Konzepte werden aber schon hier diskutiert, weil sie für das Verständnis der Quellen wichtig sind. Das Problem der Definition einer Temperatur für ein System aus endlich vielen Bestandteilen wird in Abschn. 8.3.1 diskutiert. Die hier entwickelten Konzepte und Gleichungen werden in Abschn. 8.4 bei der Diskussion experimenteller Ergebnisse eine wichtige Rolle spielen.

Die Temperatur eines Clusters hängt stark von dem für seine Erzeugung benützten Quellentyp ab und davon, wieviel Zeit seit seiner Entstehung vergangen ist. Clusterbildung ist immer ein Kondensationsprozeß, und die dabei frei werdende Kondensationswärme kann den Cluster aufheizen, der dabei sehr „heiß" werden kann.

Wie kann ein heißer Cluster abkühlen? Die Emission eines infraroten Lichtquants ist ein ineffektiver Abkühlprozeß mit einer Zeitskala von $\approx 10^{-7}$ bis 10^{-5} s. Wesentlich effektivere Prozesse sind das Abkühlen in einem kalten Edelgas oder das Abdampfen einzelner Bestandteile. Betrachtet man das Abdampfen eines Monomers aus einem Cluster mit N Atomen, so erhält man aus der statistischen RRK (Rice-Ramsberger-Kassel)-Theorie für die mittlere Lebensdauer τ_N bis zum Abdampfen eines Atoms:

$$\tau_N^{-1} = \nu g \left(1 - \frac{D_N}{E^*}\right)^{s-1} \tag{8.4}$$

Dabei ist $s = 3N - 6$ die Anzahl der Schwingungsfreiheitsgrade, ν eine charakteristische Schwingungsfrequenz von etwa 10^{12} Hz und E^* die Anregungsenergie des Clusters. Die Dissoziationsenergie D_N ist gleich der Differenz der Gesamtbindungsenergien der Cluster mit N und $N-1$ Teilchen: $D_N = E_N - E_{N-1}$. Der „Entartungsgrad" g wird meist proportional zur Anzahl N_s der Atome an der Oberfläche gewählt, da nur diese abdampfen können. Nach Gl. (8.3) hat man $N_s \approx 4N^{2/3}$. Zur Ableitung von Gl. (8.4) nimmt man an, daß der Cluster durch s stark gekoppelte Oszillatoren der Frequenz ν beschrieben werden kann. Dies entspricht also dem Einstein-Modell für die molare Wärmekapazität. Zur Ableitung berechnet man die klassische Wahrscheinlichkeit, daß mehr als die Energie D_N in einer Koordinate eines der Oberflächenatome enthalten ist. Dies führt zum Bindungsbruch und damit zum Abdampfen eines Atoms. Durch das Abdampfen einzelner Bestandteile des Clusters wird E^* kleiner, und dadurch die Zerfallszeiten länger. Für $N > 5$ kann die Zerfallszeit länger als die Flugzeit durch ein Massenspektrometer (oder eine andere charakteristische Zeit eines Experimentes) werden. Typische Werte für diese Zeit sind 10^{-7} bis 10^{-3} s. Viele Experimente werden daher nicht mit konstanten Clusterverteilungen gemacht, sondern mit einer Population, die während der Messung dauernd Verdampfungsprozessen unterliegt.

Nimmt man an, daß alle Schwingungsmoden stark gekoppelt sind, die Anregungsenergie also statistisch im Cluster verteilt ist, so kann man für $N > 30$ die Lebensdauer eines Clusters leicht abschätzen. Mit

$$E^* = sk_B T,$$

wobei k_B die Boltzmann-Konstante ist, kann man eine „Temperatur" T des Clusters definieren. Im strengen Sinne ist das nicht möglich, da eine thermodynamische Definition der Temperatur nur für ein System mit unendlich vielen Freiheitsgraden möglich ist. Wenn im folgenden von der Temperatur eines Clusters gesprochen wird, so ist damit implizit immer die Anregungsenergie E^* pro Schwingungsfreiheitsgrad gemeint. Mit der obigen Definition ergibt sich aus Gl. (8.4), wenn man den Index N wegläßt:

$$\tau^{-1} = \nu g \left(1 - \frac{D}{s k_B T}\right)^{s-1} .$$

Setzt man

$$\frac{1}{y} = - \frac{D}{s k_B T} ,$$

so ergibt sich

$$\tau^{-1} = \nu g \left\{ \left(1 + \frac{1}{y}\right)^{y} \right\}^{-\frac{D}{k_B T}} \left(1 - \frac{D}{s k_B T}\right)^{-1} .$$

Für beliebig große Teilchenzahlen N divergieren s und y. Der Ausdruck in runden Klammern geht gegen eins, während der Ausdruck in geschweiften Klammern die Euler-Zahl $e = 2.718\ldots$ ergibt. Damit erhält man:

$$\tau^{-1} = \nu g \mathrm{e}^{-D/k_B T} . \tag{8.5}$$

Durch Einsetzen von typischen Werten für ν ($\approx 10^{12}$ Hz) und der durch das Experiment vorgegebenen Lebensdauer τ erhält man eine obere Grenze für das Verhältnis von Bindungsenergie und Temperatur. Man erhält nur eine obere Grenze, da der Cluster durch andere Abkühlprozesse als das Verdampfen kälter sein könnte. Bei Clustern mit $N < 30$ sollte man Gl. (8.4) benutzen. Eine Erweiterung von Gl. (8.4), die man für genauere Abschätzungen benutzten sollte, ist von Engelking [6] gegeben und von C. Bréchignac et al. [7] angewandt worden. In dem Konferenzbericht [p] beschäftigen sich mehrere Beiträge mit diesen Problemen. Ein Zahlenbeispiel:

Ein $(CO_2)^+_{100}$-Cluster fliege durch ein Massenspektrometer und benötige dazu 1 µs. Darf während dieser Zeit der Cluster nicht zerfallen, so muß $\tau > 10^{-6}$ s sein. Der Entartungsgrad ist nach Gl. (8.3) gleich $g \approx N_s = 4 \cdot 100^{2/3} \approx 86$. Dabei wurden die inneren Freiheitsgrade der CO_2-Moleküle nicht mit berücksichtigt. Mit $\nu \approx 10^{12}$/s erhält man $D/k_B T \approx 6 \ln 10 + \ln 86 \approx 13.8 + 4.45 = 18.3$. Da $D \approx 0.21$ eV ist, muß der Cluster kälter als $k_B T = 0.21/18.3$ eV $= 11.5$ meV ≈ 133 K sein, um kein CO_2-Molekül auf seinem Weg durch das Massenspektrometer durch Abdampfprozesse zu verlieren. Einen ionisierten Cluster mit dieser tiefen Temperatur herzustellen, ist ein schwieriges experimentelles Problem. Es gelingt nur, wenn man mit der unten beschriebenen Einfangquelle (s. Abb. 8.8) an der Stelle A eine CO_2/Edelgas-Mischexpansion ionisiert. Man beachte, daß die abgeschätzte Temperatur von der Größe des Clusters und vom Beobachtungszeitraum abhängt. Soll der Cluster länger als eine Millisekunde leben, so ergibt sich $D/k_B T \approx 9 \ln 10 + \ln 86 = 25.17$.

Ein anderer Zugang zu dem Problem der Temperatur von Clustern ist von Gspann und Klots [50] beschrieben worden.

8.2.2 Gasaggregation

Die Gasaggregation ist die älteste und einfachste Methode der Clustererzeugung. Sie wird uns in der Natur bei der Bildung von Nebel oder der Wolkenfahne eines Kühlturms demonstriert. Zur Herstellung von Clustern wird ein Metall (oder ein anderes festes Material) in eine ruhende oder strömende Edelgasatmosphäre verdampft. Die Metallatome werden durch Stöße mit dem Edelgas abgebremst und lagern sich zu Clustern zusammen, wenn ihre Temperatur niedrig genug ist. Man kann die Cluster auffangen und in einem Elektronenmikroskop beobachten. Dabei wurden für viele große Metallcluster Symmetrien gefunden, die im makroskopischen Festkörper wegen dessen Translationsymmetrie nicht vorkommen können. Man vergleiche dazu Abb. 8.1 und Abschn. 8.1.3. Sogenannte *Nanokristalle* werden von der Arbeitsgruppe Gleiter [8] in Saarbrücken hergestellt, indem man die Cluster an einer mit flüssiger Luft gekühlten Kühlfalle ausfriert und sie in einer mechanischen Presse, ohne sie vorher an die Luft zu bringen, komprimiert. Dieses Material besteht fast nur noch aus Fehlstellen (s. Band VI, Kap. 4), es kann sich überhaupt keine kristalline Phase mehr ausbilden. Für Kupfer ist bei dem so hergestellten Material der Elastizitätsmodul um etwa einen Faktor 10 größer als beim Kristall. Auch andere Festkörpereigenschaften sind erheblich verändert. Die in der Arbeitsgruppe von W. Schulze in Berlin entwickelte Gasaggregationsquelle ist in Abb. 8.4 gezeigt und näher erläutert [9]. Eine andere populäre Variante wurde in der Arbeitsgruppe E. Recknagel/K. Sattler aus Konstanz entwickelt. Abb. 8.5 zeigt eine Ausführung, bei der zwei verschiedene Materialien gleichzeitig verdampft werden können [10]. Die Temperatur der die Quelle verlassenden Cluster kann nicht unter die Temperatur des beigemischten Edelgases sinken. Außerhalb der Quelle können sie natürlich durch Verdampfungsprozesse weiter abkühlen.

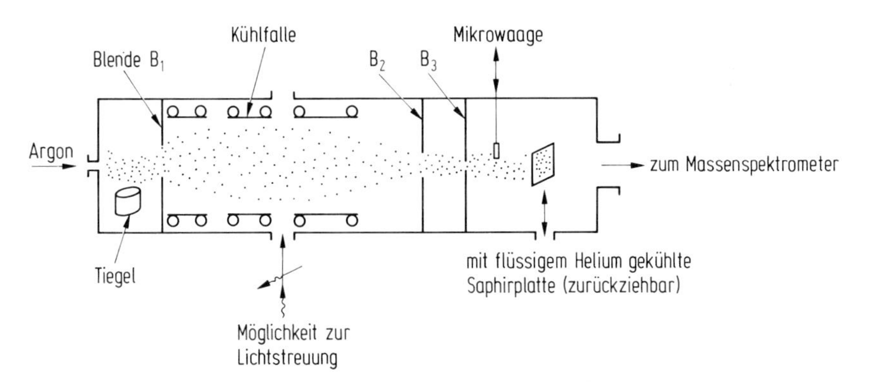

Abb. 8.4 Schema einer Gasaggregations-Clusterquelle. In einem Tiegel wird ein Metall oder eine andere Substanz verdampft und mit einem Strom von Argon bei einem Druck von etwa 10 bis 100 Pa in die Aggregationszelle gespült. Diese kann mit Wasser oder flüssigem Stickstoff gekühlt werden. Dort lagern sich die verdampften Atome zu Clustern zusammen. Das überflüssige Argon wird mit einer mit flüssigem Helium gekühlten Kühlfalle, welche sich zwischen den Blenden B_2 und B_3 befindet, ausgefroren. Die Cluster werden auf einer durchsichtigen Saphirplatte ($T \approx 4$ K) in eine Schicht aus Argon eingebettet oder in die Ionenquelle eines Massenspektrometers überführt [9].

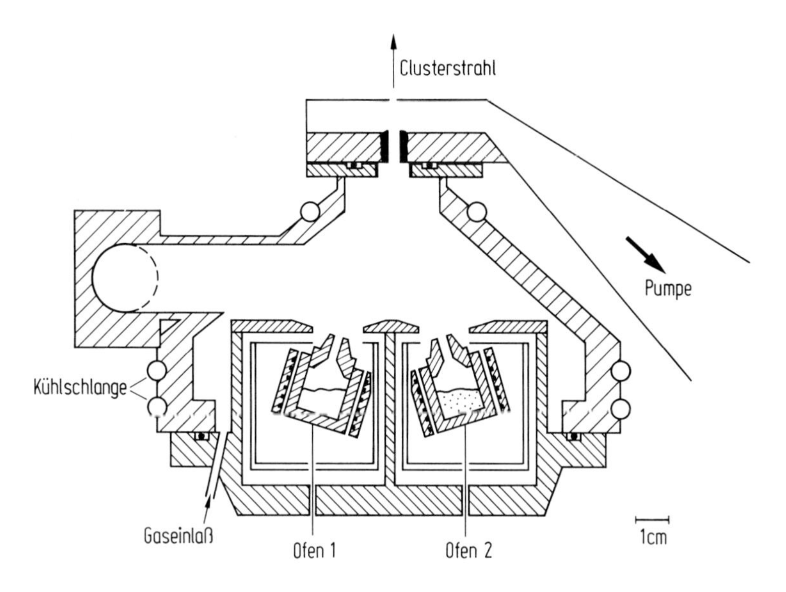

Abb. 8.5 Schema einer Gasaggregationsquelle, bei der zwei verschiedene Materialien aus zwei Tiegeln gleichzeitig verdampft werden, um Mischcluster herzustellen. Als Kühlgas wird Helium verwendet, das auf 80 K gekühlt wird [10].

8.2.3 Düsenstrahlexpansion

Läßt man, wie in Abb. 8.6 schematisch dargestellt, ein Gas von hohem Druck durch ein kleines Loch ins Vakuum expandieren, so kommt es zu einer extremen Abkühlung aller Freiheitsgrade und damit zur Clusterbildung. Diese adiabatische Expansion läßt sich vereinfachend durch die Poisson-Gleichung beschreiben:

$$T^{\kappa} P^{1-\kappa} = T_0^{\kappa} P_0^{1-\kappa} = \text{konst.} \tag{8.6}$$

Dabei sind P und T Druck und Temperatur, der Index 0 bezieht sich auf die Bedingungen vor der Expansion und κ ist das Verhältnis der molaren Wärmekapazitäten. Für ein atomares Gas ist $\kappa = 5/3$, damit erhält man $T^5 P^{-2} = \text{konst}$. Da der Druck bei der Expansion um 4 bis 7 Größenordnungen abnimmt, muß sich die Temperatur, wenn auch weniger stark, ebenfalls verringern. Bei der Expansion wird die ungerichtete Bewegung bei der Temperatur T_0 in einen gerichteten Teilchenstrom umgewandelt. Die Temperatur in Gl. (8.6) ist die Temperatur der Relativbewegung der expandierenden Atome, die Temperatur also, die ein mit der mittleren Strahlgeschwindigkeit mitbewegter Beobachter messen würde. Sie kann sehr tiefe Werte erreichen, für He weit unter 1 K. Wird die Temperatur im Laufe der Expansion tiefer als die Bindungsenergie des Dimers, so kann es zu dessen Stabilisierung durch Dreikörperstöße kommen:

$$\text{Ar} + \text{Ar} + \text{Ar} \rightarrow \text{Ar}_2 + \text{Ar}\,. \tag{8.7}$$

Bei diesem Prozeß sind drei Atome notwendig, um Energie- und Impulssatz gleichzei-

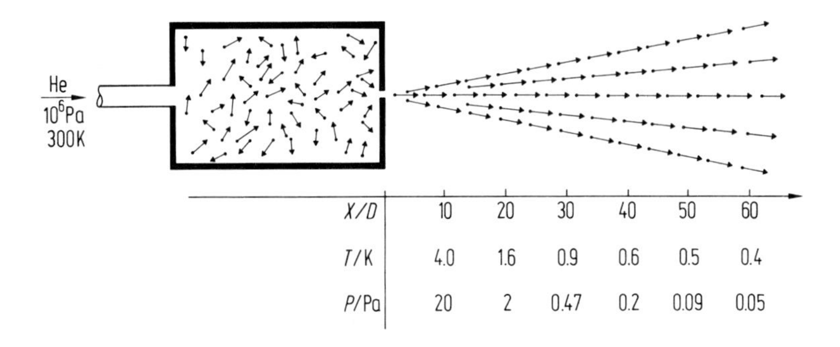

Abb. 8.6 Schematische Darstellung einer Düsenstrahlexpansion. Die durch die Pfeile dargestellten Geschwindigkeiten der Atome sind vor der Expansion statistisch verteilt. Nach der Expansion sind sie alle etwa gleich lang. Das bedeutet, daß die Relativenergie der Atome und damit die im Strahl herrschende Temperatur sehr klein geworden ist. Temperatur T und Druck P einer Heliumexpansion von 300 K und 10^6 Pa sind in der Tabelle als Funktion des reduzierten Abstandes X/D von der Düse angegeben. Dabei ist D der Durchmesser des Düsenloches und X der Abstand von der Düse. Bei Helium kommt es wegen der sehr kleinen Bindungsenergie bei einer Expansion von 300 K zu so gut wie keiner Clusterbildung.

tig erfüllen zu können. Sind erst einmal Dimere vorhanden, so bilden diese Kondensationskeime für das weitere Wachstum. Sie wachsen schnell zu größeren Clustern heran. Ein typisches Beispiel: Bei der Expansion von Argon mit $P = 10^6$ Pa durch ein Loch von 0.05 mm ist die mittlere Clustergröße $\bar{N} \approx 150$. Eine Reihe nützlicher Skalierungsgesetze für die mittlere Clustergröße ist von Hagena entwickelt worden [a, m]. Die Cluster verlassen die Kondensationszone „heiß", da die Kondensationswärme den Cluster bei jedem Wachstumsschritt aufheizt. Eine Düsenstrahlexpansion ohne Clusterbildung kann also sehr tiefe Temperaturen erreichen, die durch Gl. (8.6) beschrieben werden. Kommt es zur Clusterbildung, wird der Strahl damit stark aufgeheizt und Gl. (8.6) gibt völlig falsche Ergebnisse. Die Gln. (8.4) und (8.5) haben sich bei der Beschreibung von Abdampfprozessen bei Clustern bewährt [6, 7]. Durch Düsenstrahlexpansion gebildete metallische Cluster sind flüssig; Cluster aus Edelgasen haben eine Temperatur knapp unterhalb ihres Schmelzpunktes. Man vergleiche dazu die Bildunterschrift von Abb. 8.12.

Tiefere Temperaturen lassen sich erreichen, wenn man die zu expandierende Substanz mit einem Edelgas stark verdünnt (*seeded beam*). So sind z. B. bei einer Expansion von 0.1 % Natrium in 10^6 Pa Argon die Na – Ar-Stöße viel häufiger als die Na – Na-Stöße. Die Na-Cluster werden damit auf die Temperatur der Argonexpansion abgekühlt. Man hat so Na_3 von ≈ 10 K hergestellt. Die Temperaturen können so tief werden, daß man Mischcluster der Art $Na_N Ar_M$ beobachtet. Läßt man M immer größer werden, so packt man den Na_N-Cluster in eine Hülle aus Argon ein und simuliert damit ein Matrixisolationsexperiment im Strahl.

Fällt bei der Expansion viel Gas an, so benötigt man eine große Pumpe, damit der Druck vor der Düse nicht über 10^{-1} Pa anwächst. Bei einem höheren Druck kann die Expansion und damit die Clusterbildung gestört werden. Das Problem der großen und damit teuren Pumpe kann man umgehen, indem man den Gasstrom periodisch unterbricht, z. B. indem man ein Einspritzventil des Dieselmotors als Düse verwendet. Düsenstrahlquellen sind einfach zu bauen, robust und billig (bis auf die Pumpe), aber man braucht für ihren Betrieb einen Dampfdruck von mindestens 10^3 Pa, besser noch ein bis drei Größenordnungen mehr. Für viele hochschmelzende Materialien kann man das nicht erreichen und man muß die im nächsten Abschnitt beschriebene Quelle benutzen.

8.2.4 Laser-Verdampfungsquelle

Ein kurzer, intensiver Laserpuls von 10 ns Dauer und einer Energie von etwa 10 mJ wird auf eine Fläche von $\approx 1\,\mathrm{mm}^2$ fokussiert. Die hohe Strahlungsintensität ($\approx 100\,\mathrm{MW/cm}^2$) reicht aus, um pro Schuß etwa 500 Atomlagen eines beliebigen Materials abzulösen und in die Gasphase zu überführen. Es können Dichten von bis zu 10^{18} Atomen pro cm^3 erreicht werden. Die abgedampften Atome sind wegen der hohen Photonendichte zum Teil ionisiert. Es entsteht ein Plasma mit einer Temperatur von zehn- bis zwanzigtausend Kelvin. Das Plasma expandiert in eine Heliumatmosphäre von 10^3 bis 10^5 Pa, welche durch eine kontinuierliche oder gepulste Düsenstrahlquelle erzeugt wird. Das Plasma wird durch das Edelgas abgekühlt und es bilden sich Cluster. Die Keimbildung wird durch Ladungsträger unterstützt. Zwei Varianten der in der Arbeitsgruppe von R. Smalley aus Houston/Texas entwickelte Version zeigt Abb. 8.7. Diese Quelle ist populär geworden, da intensive Strahlen neutraler und geladener Cluster aus praktisch allen hochschmelzenden Materialien

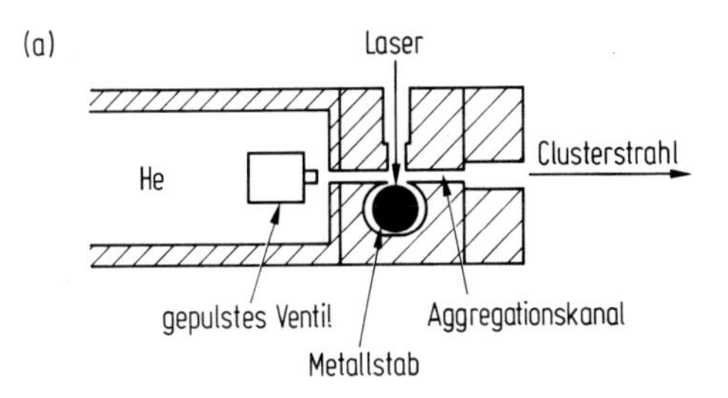

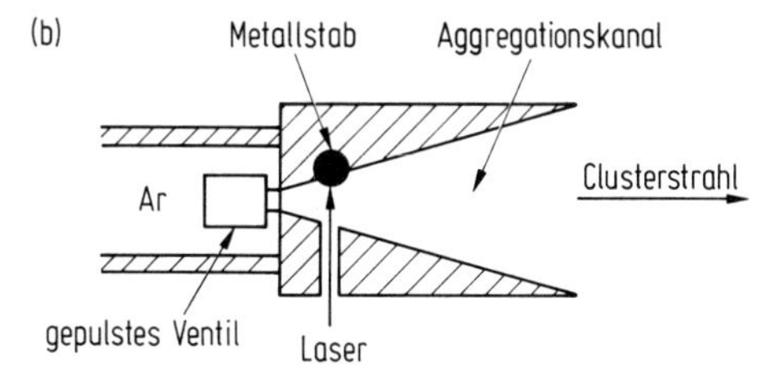

Abb. 8.7 Querschnitt durch zwei Laserverdampfungsquellen. Der Laser wird auf einen sich drehenden Stab fokussiert. Das entstehende heiße Plasma wird durch einen kurzen Schub von Edelgas abgekühlt und es kommt zur Clusterbildung. Es entstehen neutrale und geladene Cluster, deren Temperatur man durch die Expansionsbedingungen kontrollieren kann. Mit der Quelle (a) können reine Metallcluster (z. B. Cu_N) hergestellt werden, während mit der Quelle (b) bevorzugt ein Metallatom in einen Argoncluster eingebaut wird ($CuAr_N$).

hergestellt werden können. Die ursprünglich sehr heißen Cluster kühlen durch Abdampfprozesse und durch Zusammenstöße mit dem Edelgas stark ab. Man vergleiche dazu auch Abb. 8.15 und 8.29.

8.2.5 Einfangquellen

Bei diesem Quellentyp (engl. *pick-up source*) werden Atome, Moleküle oder Ladungsträger von vorhandenen oder sich bildenden Clustern eingefangen. Das Prinzip ist in Abb. 8.8 skizziert.

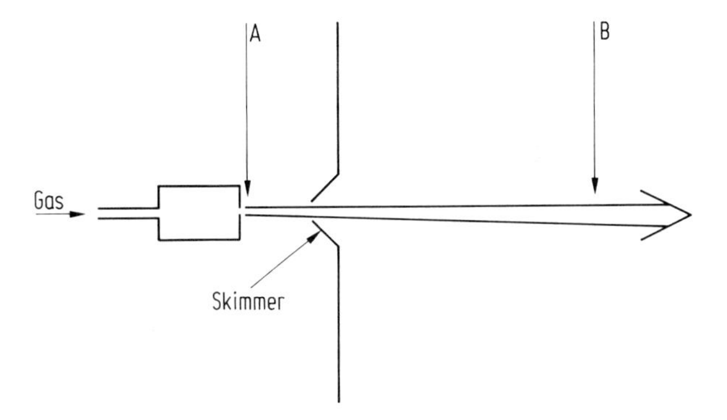

Abb. 8.8 Schema einer Einfangquelle. Ein Gas wird wie in Abb. 8.6 durch ein kleines Loch ins Vakuum expandiert. Dadurch kommt es zur adiabatischen Abkühlung im Strahl und zur Clusterbildung. Atome, Moleküle, Elektronen oder Ionen können an zwei verschiedenen Stellen (A, B) mit dem Clusterstrahl wechselwirken. Werden Atome oder Moleküle bei A zugegeben, so können sie in den dort noch heißen Cluster eingebaut werden. Bei Zugabe bei B werden sie sich auf die Oberfläche des dort schon kalten Clusters setzen. Diese Überlegungen gelten nicht für metallische Cluster, die bei B noch flüssig sind. Schießt man Elektronen oder Ionen bei A in den Strahl, so ist die Temperatur der entstehenden Clusterionen wegen der kalten Umgebung des Düsenstrahles niedrig. Werden die Cluster an der Stelle B ionisiert, so entstehen oft sehr heiße Cluster, die schnell viele Atome durch Verdampfungsprozesse verlieren.

8.2.5.1 Erzeugung neutraler Cluster

Wird zum Beispiel der Düsenstrahl mit Argon betrieben und an der Stelle A diffus etwas SF_6 zugegeben, so beobachtet man spektroskopisch, daß SF_6 in den Argoncluster eingebaut wird [11]. Läuft Ar_N dagegen an der Stelle B durch eine SF_6-Wolke, so setzen sich die Moleküle an die Clusteroberfläche. Man hat für dieses Experiment SF_6 genommen, da es mit einem CO_2-Laser spektroskopisch leicht zu identifizieren ist. An einer kleinen Verschiebung im Spektrum läßt sich ablesen, ob SF_6 im Innern oder an der Oberfläche des Clusters eingebaut wird. Der experimentelle Befund ist nach dem oben Gesagten sofort verständlich. An der Stelle A sind die Cluster heiß und die Atome nicht in eine feste Lage eingefroren. Da die SF_6-Ar-Wechselwirkung stärker als die von $Ar-Ar$ ist, wird der Cluster bestrebt sein, beim Abkühlen die

Anzahl der SF_6 – Ar-Bindungen zu maximieren, und das bedeutet, daß SF_6 im Inneren des Clusters eingebaut wird. An der Stelle B dagegen ist der Cluster schon 10^{-4} bis 10^{-3} s geflogen und nach Gl. (8.4) oder (8.5) durch Verdampfungsprozesse stark abgekühlt. Die Ar-Atome sind im Cluster nicht mehr frei beweglich, das SF_6 wird folglich auf der Oberfläche sitzen bleiben. Nach dieser Diskussion ist es verständlich, daß mit dieser Methode eine ganze Reihe interessanter Mischcluster synthetisiert worden sind.

8.2.5.2 Erzeugung von kalten Clusterionen

Schießt man Elektronen oder Ionen in die Kondensationszone (Stelle A in Abb. 8.8), so können die Cluster direkt um die Ladungsträger wachsen. Ionisierte Moleküle bilden effektivere Kondensationskeime als neutrale Moleküle, so daß ionisierte Cluster unter Bedingungen wachsen können, bei denen dies für neutrale noch nicht möglich ist. Beim Abkühlen durch Stöße mit einem zugemischten Edelgas können Clusterionen sehr tiefer Temperatur (unter 20 K) synthetisiert werden. Schießt man dagegen die Ladungsträger an der Stelle B in Abb. 8.8 auf den Strahl, so werden kalte Cluster ionisiert. In Abschn. 8.4 wird ausführlich erläutert, daß dadurch Cluster oft stark aufgeheizt werden.

8.2.6 Probleme bei Clusterquellen

Alle bekannten Quellen erzeugen eine breite *Verteilung* von Clustermassen. Obwohl es oft versucht wurde, ist es bis jetzt noch nicht gelungen, eine allgemein anwendbare Methode zu entwerfen, die einen Strahl nur eines neutralen Clusters produzieren kann. Die einzige Ausnahme wurde von U. Buck entwickelt. Sie erlaubt es, kleine ($N < 8$), nicht zu schwere, neutrale Cluster nach Massen zu selektieren. Die Methode ist in Abb. 8.9 skizziert [12]. Ein Experiment dazu ist in Abschn. 8.4.6.2 diskutiert. Ladungsaustausch massenselektierter Cluster erlaubt bei Alkalimetallclustern und bei einigen Clustern, die eher zu den großen Molekülen zu rechnen sind (S_6), eine gewisse Selektion, ohne daß dabei die produzierten Cluster zu stark fragmentieren.

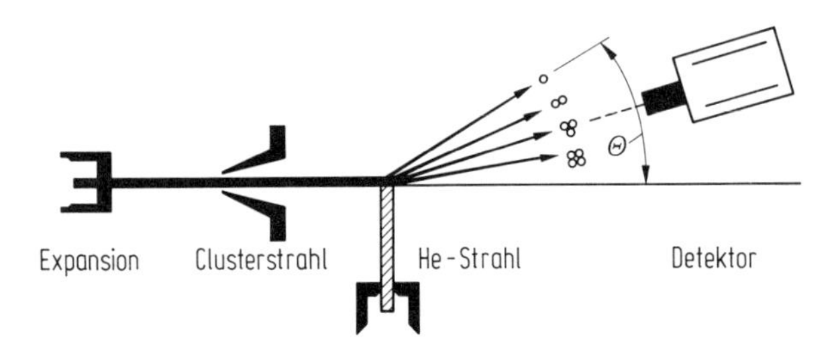

Abb. 8.9 Ein Clusterstrahl wird an einem Heliumstrahl gestreut. Je leichter ein Cluster ist, desto größer kann sein Streuwinkel sein. Dadurch kommt es zu einer Auffächerung des Strahles nach Massen. Der Detektor kann um den Winkel θ geschwenkt werden, und man kann die Clustergröße aus dem Streuwinkel berechnen. Die Abbildung ist sehr vereinfacht. Eine detaillierte Beschreibung findet sich in [12].

8.2.7 Probleme beim Nachweis der Cluster

Der Nachweis einzelner neutraler Cluster ist schwierig bis unmöglich, so daß man für einen massenselektiven Nachweis die Cluster immer ionisiert. Ein atomares Ion läßt sich mit einer Wahrscheinlichkeit nahe eins nachweisen, indem man es auf eine Metalloberfläche (meist eine CuBe-Legierung) fliegen läßt und die entstehenden Sekundärelektronen nachweist. Will man diese Methode zum Nachweis von Clusterionen verwenden, so ergibt sich ein ernsthaftes experimentelles Problem. In Abb. 8.10 ist die Anzahl der gemessenen Sekundärelektronen als Funktion der Geschwindigkeit von Vanadiumclustern gezeigt. Die pro Atom im Cluster ausgelöste Anzahl von Sekundärelektronen hängt nur von der Geschwindigkeit und nicht von der Masse und der Energie der Cluster ab. Man entnimmt der Abbildung, daß man für einen effizienten Nachweis sehr hohe Beschleunigungsspannungen für die großen Clusterionen braucht. In Einzelfällen wurden Werte bis 250 keV verwendet, was aber große experimentelle Probleme aufwirft. In der Mehrzahl der Experimente wird mit Energien von 5 bis 10 kV gearbeitet, so daß bei großen Clustern immer mit erheblichen Diskriminierungseffekten zu rechnen ist.

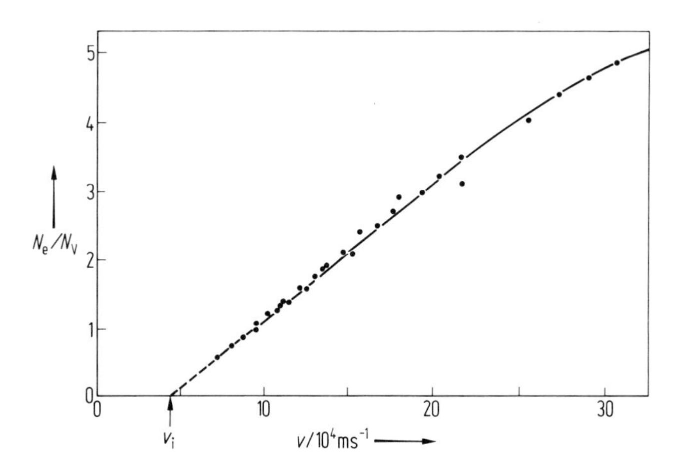

Abb. 8.10 Mittlere Elektronenausbeute N_e/N_v pro Atom von Vanadiumclustern unterschiedlicher Größe und Energie, die auf eine Edelstahloberfläche fallen. Die Energie variiert zwischen 12.5 und 25 keV und die Clustergröße zwischen 1 und 9. Die Anzahl der pro Atom im Cluster emittierten Elektronen ändert sich mit der Geschwindigkeit v der Cluster und nicht mit deren Energie oder Masse. Erst oberhalb einer Schwellengeschwindigkeit v^i kann man mit einem effektiven Nachweis rechnen. Für größere Cluster wird diese Schwelle so gut wie nie im Experiment erreicht (nach Thum und Hofer [59]).

8.3 Alle Eigenschaften ändern sich mit der Clustergröße

Alle physikalischen Eigenschaften, die von der Verteilung der Elektronen im Atom, Molekül oder Festkörper abhängen, ändern sich mit der Clustergröße. Das bedeutet, daß sich im Prinzip alle Eigenschaften ändern. In diesem Abschnitt werden drei experimentell gut untersuchte Beispiele diskutiert, bei denen man die verschiedenen Formen des Überganges vom Cluster zum Festkörper gut studieren kann. Die Beispiele sind so ausgewählt, daß alle drei diskutierten Eigenschaften für den Festkörper und genügend große Cluster definiert sind, aber nicht unbedingt für die kleineren Cluster. Nur eine der drei Eigenschaften ist für das Atom definiert.

Ab wann hat ein Cluster zum Beispiel einen Schmelzpunkt? Erst ab $N = 7$ Atomen hat man bei Computersimulationen so etwas wie einen Übergang fest-flüssig im Cluster beobachtet. Die theoretische und experimentelle Bestimmung des Schmelzpunktes eines Clusters (Abschn. 8.3.1) birgt noch ungelöste Probleme. Der Abstand zum nächsten Nachbarn (Abschn. 8.3.2) ist ab $N = 2$ definiert und die Ionisierungsenergie (Abschn. 8.3.3) existiert schon für das Atom. Dabei interessiert hier nur das pauschale Verhalten im Großen. Einige Details werden in Abschn. 8.4 vertieft behandelt.

8.3.1 Schmelztemperatur

Die Schmelztemperatur ist ein Begriff, der exakt nur im makroskopischen Grenzfall definiert ist und der offensichtlich für ein Dimer (zweiatomiges homonukleares Molekül) jeden Sinn verliert. In der Thermodynamik erhält man einen Phasenübergang nur dann, wenn man den Grenzübergang zu einer unendlich großen Teilchenzahl $N \to \infty$ vollzieht. Am Schmelzpunkt werden die Freien Energien der Flüssigkeit und

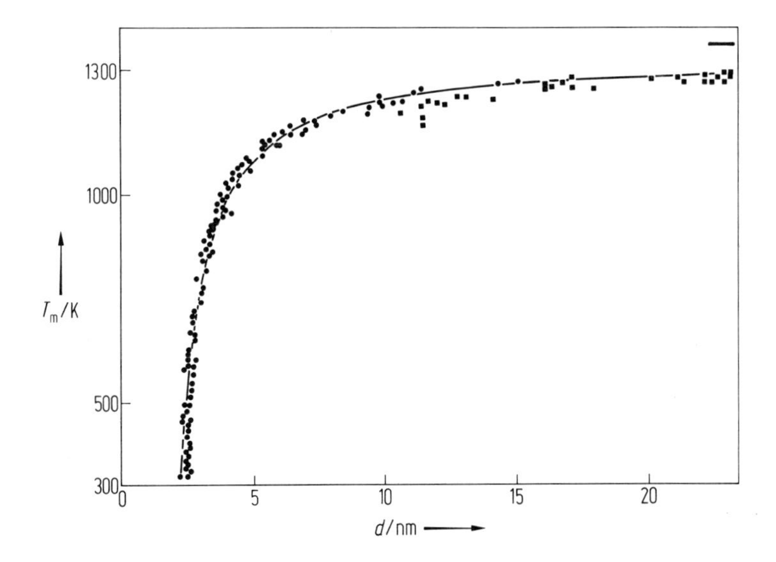

Abb. 8.11 Theoretische und experimentelle Werte für die Schmelztemperatur T_m großer Cluster. Der Schmelzpunkt des Festkörpers ist in der Abbildung rechts oben durch den dicken Strich gekennzeichnet. Er wird selbst bei einem Durchmesser von 25 nm, was nach Tab. 8.1 einem Cluster von über 2 Millionen Atomen entspricht, noch nicht erreicht. Der extrem steile Abfall der Schmelztemperatur für kleine Goldcluster unterhalb 800 K ist sehr wahrscheinlich nicht realistisch.

des Festkörpers identisch. In endlichen Systemen tritt der Übergang nicht bei einer scharfen Temperatur auf, sondern die thermodynamischen Singularitäten werden durch die Fluktuationen des Systems mit nur endlich vielen Freiheitsgraden abgerundet. Eine experimentell beobachtbare Größe läßt sich aber zur Zeit aus dieser Definition nicht ableiten, so daß man zu einer heuristischen Definition gezwungen ist.

Die Schmelztemperatur großer Goldcluster zeigt Abb. 8.11. Für diese Messung wurden Goldatome im Vakuum auf eine dünne Kohlenstoffolie aufgedampft. Die Atome können bei erhöhter Temperatur auf der Folie diffundieren und sich dabei zu Clustern zusammenlagern. Die Cluster sind so groß, daß man ihren Durchmesser im Elektronenmikroskop ausmessen kann. Bei modernen Elektronenmikroskopen kann man mit einem einfachen Umlegen eines Hebels ein elektronenoptisches Element derart umschalten, daß man von der Elektronenmikroskopie zur Elektronenbeugung übergeht. Man fokussiert den Elektronenstrahl auf ein Gebiet, welches Cluster einer gewünschten Größe enthält, legt den Hebel um und beobachtet das Beugungsbild. Alternativ kann man mit modernen Bildauswerterechnern über eine Fourier-Transformation des Bildes des Clusters sofort sein Beugungsbild berechnen. Für Cluster mit einem Durchmesser von 2 nm und größer erhält man gut aufgelöste Debye-Scherrer-Beugungslinien (vgl. Band VI, Kap. 2). Eine derartige Apparatur stand den Autoren von Abb. 8.11 nicht zur Verfügung. Sie mußten mit einer Größenverteilung von Clustern arbeiten. Bei der Auswertung ihrer Daten mußten sie daher einige Annahmen machen, die zu dem weiter unten geschilderten Problem führten.

Aus der Temperaturabhängigkeit der Beugungslinien kann man wie folgt auf den Schmelzpunkt schließen: Für makroskopische Kristalle schreibt man für den Ort jedes Atoms

$$\boldsymbol{r}(t) = \boldsymbol{r}_0 + \boldsymbol{u}(t)\,.$$

Dabei ist $\boldsymbol{r}_0$ der zeitlich konstante Gittervektor und $\boldsymbol{u}(t)$ beschreibt die thermisch angeregten Schwingungen des Atoms bei der Temperatur T. Eine thermische Mittelung über die Intensität I der gestreuten Elektronen führt auf

$$I(T) = I(0)\exp(-W),$$
$$W = \frac{1}{3}\langle u^2\rangle K^2\,, \qquad (8.8)$$

wobei $\langle u^2\rangle$ das mittlere thermische Schwankungsquadrat der Kernorte und K der Betrag des reziproken Gittervektors ist. Da $\langle u^2\rangle$ mit der Temperatur zunimmt, nimmt die Intensität der Linien exponentiell mit der Temperatur ab, bis sie beim Schmelzpunkt in einem breiten Untergrund verschwinden. Auch beim Cluster beobachtet man eine exponentielle Abnahme der Streuintensität mit der Temperatur, so daß das Verschwinden der Linien als experimentelle Signatur des Schmelzpunktes angenommen wurde. Neue Literatur zu diesem Problem wird in [13] zitiert.

Nach Abb. 8.11 ist ein Goldcluster von 2.5 nm Durchmesser bei Zimmertemperatur flüssig. Dies steht im Widerspruch zu neueren elektronenmikroskopischen Aufnahmen von Clustern im 2-nm-Bereich [61, 62, 63]. Bei der Auswertung ihrer Daten haben Buffat und Borel einige plausible Annahmen gemacht, die aber wahrscheinlich nicht haltbar sind. Daher ist der starke Abfall der Schmelztemperatur unterhalb 800 K nicht realistisch.

Theoretisch läßt sich der Abfall der Schmelztemperatur zu kleinen Clustern gut beschreiben [14]. Eine plausible Begründung beruht auf dem alten **Lindemann-Kriterium** [15]. Ein Kristall schmilzt, wenn die mittlere thermische Schwingungsamplitude $\langle u^2 \rangle^{\frac{1}{2}}$ etwa 10% des Abstandes zum nächsten Nachbarn ist. Diese Bedingung ist experimentell gut erfüllt, aber es gelang lange Zeit nicht, sie theoretisch zu begründen. Dies hat sich erst durch neuere Simulationsrechnungen geändert [64]. In einem Festkörper werden die Atome durch ihre Nachbarn in ihrer freien Bewegung gehindert, während ein Atom an der Oberfläche senkrecht zu ihr frei schwingen kann. Nach dem Lindemann-Kriterium erwartet man also für eine Oberfläche eine tiefere Schmelztemperatur als für den Kristall selber. Für die erste Schicht eines Pb-Kristalls beträgt diese Schmelzpunkterniedrigung 40 K [15]. Für einen kleiner werdenden Cluster sind immer mehr Atome an der Oberfläche. Sie haben also eine größere mittlere thermische Schwingungsamplitude und damit einen tieferen Schmelzpunkt.

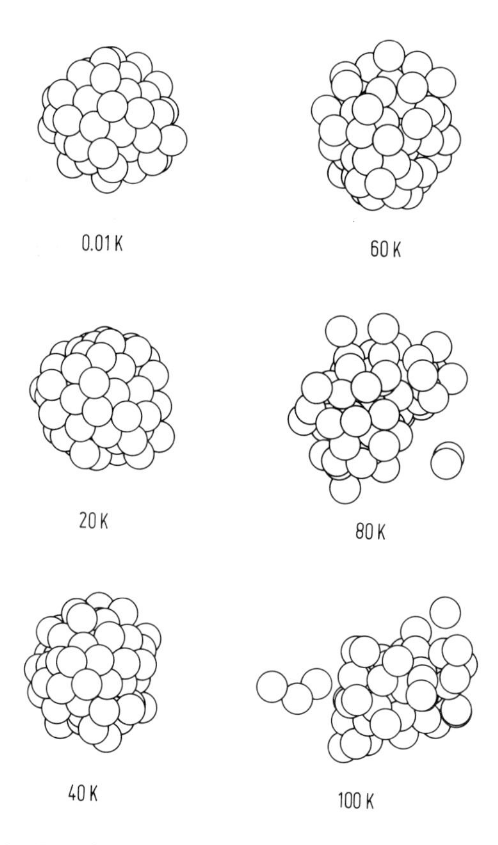

Abb. 8.12 Berechnetes Schmelzen und Verdampfen von Argonclustern. Bei tiefen Temperaturen ($T < 20$ K) können die Atome nur Schwingungen um ihre Gleichgewichtslage ausführen. Bei höherer Temperatur kommt es vermehrt zu Platzwechseln. Sind diese sehr häufig, kann man den Cluster als flüssig bezeichnen. Bei hohen Temperaturen kommt es zum explosionsartigen Verdampfen der Atome. Die Temperatur der durch eine reine Düsenstrahlexpansion hergestellten Argoncluster ist 37 ± 5 K, d.h. man kann sie nicht als kalt bezeichnen (nach Abraham [60]).

Abb. 8.12 zeigt das Ergebnis einer Computersimulation zum Schmelzen von Argonclustern. Die klassischen Bewegungsgleichungen wurden für 87 Atome, für die eine Lennard-Jones-Wechselwirkung angenommen wurde, gelöst. Ausgehend von der Konfiguration mit der tiefsten potentiellen Energie wurde der Cluster (auf dem Computer) langsam erwärmt, indem man die kinetische Energie der Atome langsam erhöhte. Bei tiefen Temperaturen führen die Atome nur Schwingungen um ihre Gleichgewichtslage aus, bei weiterem Erwärmen können sie sich im Cluster frei bewegen, das heißt, der Cluster ist geschmolzen. Bei noch höheren Temperaturen verdampfen die Atome einzeln. Aus quantenstatistischen Rechnungen wurde gefolgert, daß Cluster unterschiedliche Schmelz- und Gefriertemperaturen haben [16]. Dieses wurde für einen Argoncluster, der ein organisches Molekül als Sonde enthält, auch experimentell beobachtet [17]. Eine schöne Übersicht über die angeschnittenen Probleme findet man bei R. S. Berry [68].

8.3.2 Abstand zum nächsten Nachbarn

Der Abstand zum nächsten Nachbarn konvergiert wesentlich schneller gegen den Festkörperwert als der Schmelzpunkt. Abb. 8.13 zeigt die Ergebnisse von EXAFS (Extended X-Ray Absorption Fine Structure)-Messungen [18] an Kupferclustern, die in eine Matrix aus festem Argon bei tiefen Temperaturen eingebettet wurden. Bei einer Messung von Eigenschaften des elektronischen Grundzustandes kann oft, so auch in diesem Fall, der Einfluß des Edelgasmatrix vernachlässigt werden. Für diese Messungen wurden Kupfercluster aus einer Gasaggregationszelle (s. Abschn. 8.2.2) zusammen mit einem Überschuß von Argon auf einer kalten Unterlage ausgefroren und der Röntgenabsorptionsquerschnitt für die Cu-K-Schale für verschiedene Clu-

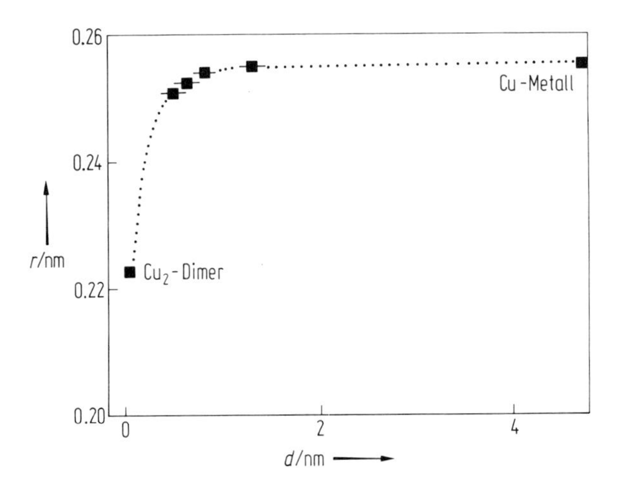

Abb. 8.13 Abstände r zum nächsten Nachbarn in Kupferclustern. Man beachte den schnellen Übergang zum Festkörperwert bei einer Clustergröße, bei der in Abb. 8.11 noch gar keine Messung möglich war. Der Wert des Festkörpers wird bei $N \approx 200$ angenommen [18].

stergrößen gemessen. Das bekannte sägezahnartige Verhalten der K-Schalen-Absorption ist von einem Interferenzmuster überlagert, welches von der kohärenten Streuung der auslaufenden Elektronen an den einzelnen Atomen im Cluster herrührt. Aus der Wellenlänge der Oszillationen läßt sich der Abstand zum nächsten Nachbarn bestimmen, der sich von 0.223 nm für das Dimer ($N = 2$) zu 0.251 nm bei $N = 13$ ändert. Der Festkörperwert von 0.255 nm wird schon bei $N \approx 200$ angenommen. Man beachte, daß es in Abb. 8.11 für so kleine Cluster noch gar keine Meßpunkte gibt.

Für Metalle, Übergangsmetalle und Halbleiter wird eine Vergrößerung des interatomaren Abstandes auf dem Weg vom Dimer zum Festkörper beobachtet. Der Abstand ändert sich nur wenig für die Edelgase (mit Ausnahme von He), und er nimmt ab für Atome mit einer $d^{10}s^2$- oder p^6s^2-Elektronenschale (Mg, Ca, Sr, Ba, Zn, Hg). Diese Atome haben eine abgeschlossene s^2-Elektronenschale und sind als Dimere und kleine Cluster van-der-Waals-gebunden. Man sollte daher naiv erwarten, daß sie als Festkörper Nichtleiter bilden. Aber diese Elemente zeigen alle im makroskopischen Grenzfall metallischen Charakter. Mit wachsender Clustergröße kommt es zu einer Überlappung des besetzten s-Bandes mit dem nächsthöheren unbesetzten p-Band. Dadurch werden die Bindungsverhältnisse so dramatisch (von der Van-der-Waals- über die kovalente bis zu der metallischen Bindung) geändert, daß es zu einem Schrumpfen des interatomaren Abstandes kommt. Dies ist kein Widerspruch zu dem für normale Metalle beobachteten Wachsen dieses Abstandes, da die Durchmesser van-der-Waals-gebundener Atome immer größer als die metallisch gebundener sind.

Es ist ein bekanntes Phänomen der Oberflächenphysik, daß die obersten Lagen eines Kristalls „rekonstruieren", das heißt eine andere Struktur als der Kristall selber annehmen können. Dies ist im Kap. 3 von Band VI dieses Lehrbuches genauer ausgeführt. Die beiden Phänomene – Rekonstruktion einer Oberfläche und Änderung des interatomaren Abstandes als Funktion der Clustergröße – haben denselben physikalischen Ursprung. Beide beruhen darauf, daß der interatomare Gleichgewichtsabstand von der Anzahl der nächsten Nachbarn (Koordinationszahl) abhängt.

8.3.3 Ionisierungsenergie und Elektronenaffinität von Metallclustern

Die minimal benötigte Energie, um aus einem Atom, Molekül oder Cluster ein Elektron zu entfernen, nennt man die *Ionisierungsenergie* E_i. Bei einem Festkörper spricht man dagegen von der *Austrittsarbeit* φ (engl. *work funktion*). Man vergleiche dazu auch Abb. 8.17. Zur Messung der Ionisierungsenergie wird, wie in Abb. 8.14 skizziert, ein Clusterstrahl A_N durch Photonen- oder Elektronenstoß ionisiert:

$$\begin{aligned} A_N + h\nu &\to A_N^+ + e^- \\ A_N + e^- &\to A_N^+ + 2e^- \, . \end{aligned}$$

In diesem Abschnitt werden nur Metalle diskutiert, da man nur in diesem Fall bei einer Elektronen- oder Photonenenergie kurz oberhalb der Ionisationsschwelle einigermaßen sicher sein kann, daß die Cluster bei der Ionisation nicht auseinanderbrechen. Der physikalische Grund für diese Stabilität der Metalle liegt in ihrer elektroni-

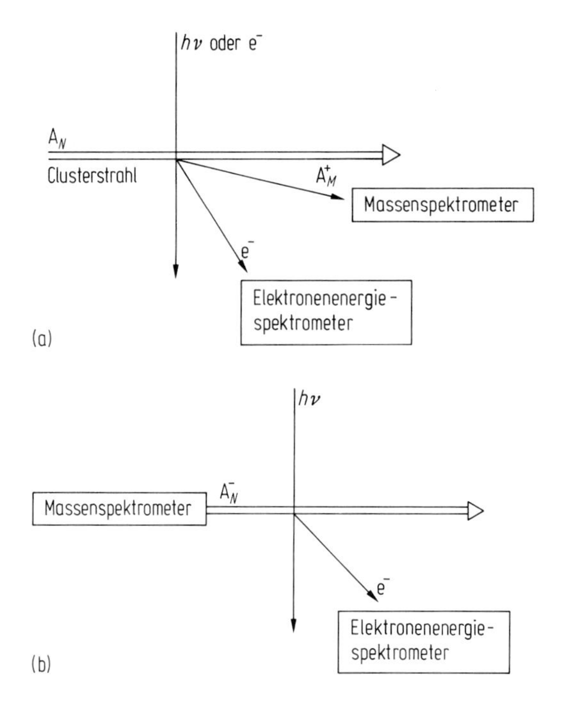

Abb. 8.14 Prinzip der Messung von Ionisierungsenergie (a) und Elektronenaffinität (b). Bei (a) wird ein neutraler Clusterstrahl A_N durch Elektronen oder Photonen ionisiert und die entstehenden A_M^+-Ionen werden im Massenspektrometer nachgewiesen. Das Experiment ist nur dann auswertbar, wenn $N = M$ ist. In seltenen Fällen wird die Energieverteilung der Elektronen gemessen. Entweder verringert man die Photonen- oder Elektronenenergie so lange, bis man die Schwelle für die A_N^+-Produktion gefunden hat, oder aber man mißt bei festgehaltener Photonenenergie die Energie der entstehenden Elektronen in Koinzidenz mit den Ionen. In beiden Fällen erhält man die vertikale Ionisierungsenergie. Der Cluster kann bei der Ionisation fragmentieren, was einer sorgfältigen Prüfung bedarf. Zur Messung der Elektronenaffinität wird ein Elektron eines massenselektierten, negativ geladenen Clusters durch Photonen abgelöst und seine Energie gemessen. Man erhält die vertikale Elektronenaffinität. Fragmentation spielt keine Rolle.

schen Struktur. Die Atome liegen als Ionen vor, die von quasifreien Elektronen umgeben sind. Bei der Ionisation ändert sich die mittlere Ladungsdichte von N zu $N-1$ Elektronen. Damit ändert sich die Ladungsverteilung um die Atome und damit die interatomaren Kräfte bei der Ionisation nur wenig, und es werden daher kaum Vibrationen angeregt, die zum Abdampfen von Atomen führen könnten. Wie in Abschn. 8.4 genauer diskutiert wird, gilt das für andere Bindungstypen nicht.

Wie sieht das Skalierungsgesetz für die Variation der Ionisierungsenergie vom Atom zum Festkörper aus? Macht man für den Cluster das Modell einer kleinen metallischen Kugel [19] vom Radius R, so erhält man:

$$E_i = \varphi + \frac{3}{8}\frac{e^2}{R}\,. \tag{8.9a}$$

Für die Elektronenaffinität (E_{ea}), also die für den Prozeß

$$A_N^- + h\nu \rightarrow A_N + e^-$$

benötigte minimale Energie (zur Messung s. Abb. 8.14 und 8.15), erhält man nach demselben Modell:

$$E_{ea} = \varphi - \frac{5}{8}\frac{e^2}{R}. \tag{8.9b}$$

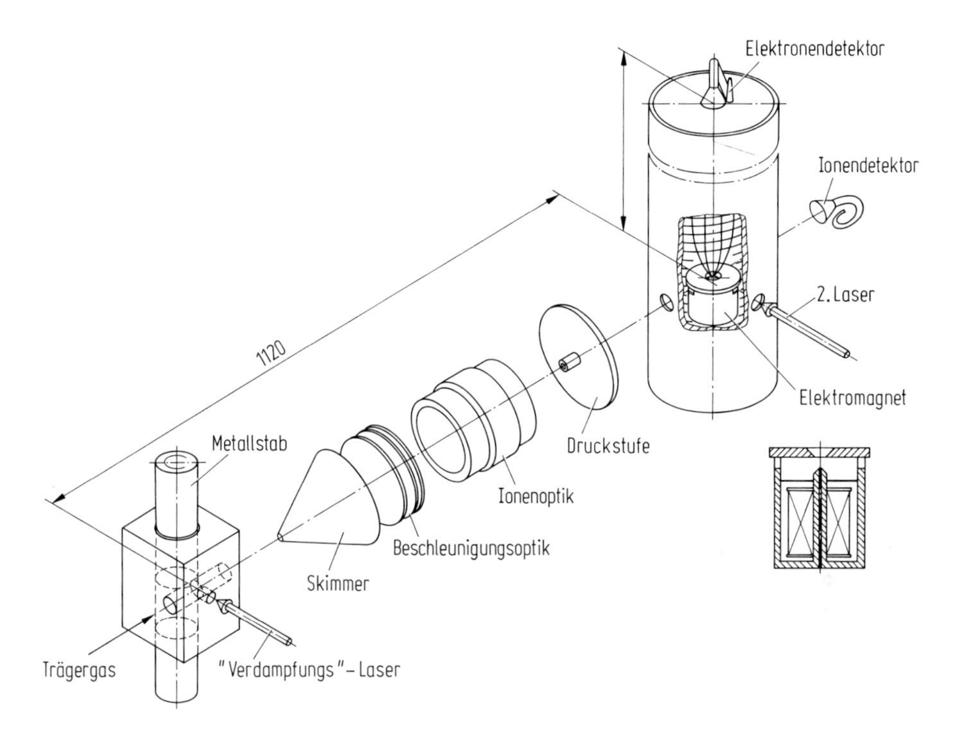

Abb. 8.15 Apparatur zur Messung der Elektronenaffinität von Clustern. Durch den „Verdampfungs"-Laser wird Material von dem sich drehenden Stab abgehoben, durch das stoßweise eingelassene Trägergas abgekühlt und zu Clustern zusammengelagert (vgl. Abb. 8.7). Neben den neutralen werden auch positiv und negativ geladene Cluster gebildet. Durch gepulste elektrische Felder am Beschleunigungsgitter werden negativ geladene Cluster unterschiedlicher Masse zu verschiedenen Zeiten auf den Spalt des Elektromagneten fokussiert. Cluster einer Größe werden am Ort des stärksten Magnetfeldes mit den Photonen des zweiten Lasers bestrahlt. Die meisten der abgelösten Elektronen wickeln sich um die Feldlinien des zunächst inhomogenen Magnetfeldes und erreichen so den Elektronendetektor. Aus der Flugzeit der Elektronen kann man ihre Energie berechnen. Die in Abb. 8.16 b wiedergegebenen Elektronenaffinitäten sind so gemessen worden.

Dabei ist e ist die Ladung eines Elektrons, und φ die Austrittsarbeit einer makroskopischen Oberfläche, also der gemeinsame Grenzwert von E_i und E_{ea} für $N \rightarrow \infty$. Experimentelle Daten zeigt Abb. 8.16. Die Ionisierungsenergie nimmt also mit sin-

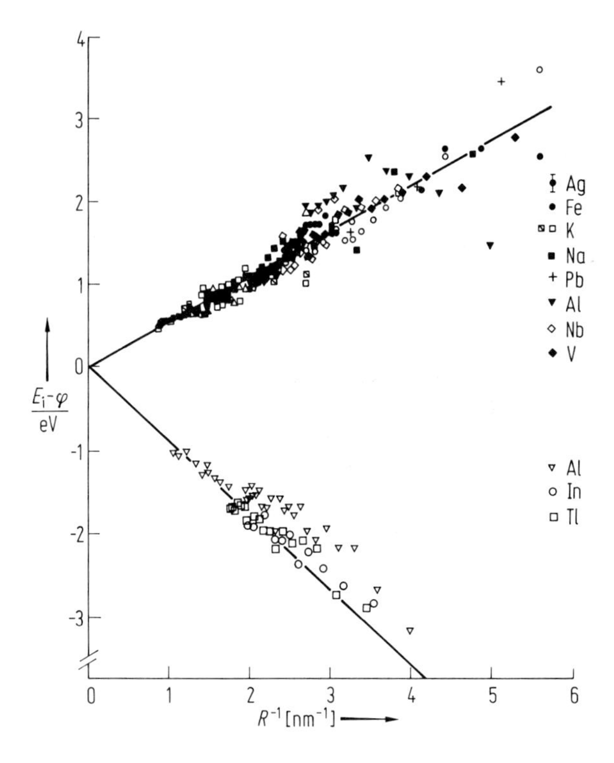

Abb. 8.16 Die Differenz der gemessenen Ionisierungsenergien und Elektronenaffinitäten zur Austrittsarbeit ist gegen den reziproken Radius R^{-1} des als kugelförmig angenommenen Clusters aufgetragen. Die beiden Geraden haben eine Steigung entsprechend $+3/8$ bzw. $-5/8$ {vergl. dazu Gl. (8.9) und (8.10)}. Ist der Clusterradius größer als 0.7 nm, so gibt das klassische Bildladungspotential die gemessene Abhängigkeit gut wieder.

kender Clustergröße zu und die Elektronenaffinität ab. Für $R > 0.7$ nm verhält sich also die Ionisierungsenergie und die Elektronenaffinität so, als ob der Cluster eine kleine metallische Kugel wäre. Die Gln. (8.9 a) und (8.9 b) lassen sich zusammenfassen. Für die Ablösung eines Elektrons von einem $\pm z$-fach geladenen Cluster ergibt sich allgemein für $R > 0.7$ nm

$$E_{ea} \text{ oder } E_i = \varphi + \left(z + \frac{3}{8}\right)\frac{e^2}{R}. \tag{8.10}$$

Für $z = 0$ (der Cluster ist vor der Elektronenablösung ungeladen) erhält man Gl. (8.9 a), für $z = -1$ ergibt sich Gl. (8.9 b). Für Cluster kleiner als 0.7 nm ergeben sich deutliche Abweichungen, die unterschiedliche Gründe haben. Man vergleiche dazu die Diskussion zu Abb. 8.24.

Um die genaue Form der Skalierungsgesetze (8.9 a) und (8.9 b) gab es einige Diskussion, da die klassische, elektrostatische Energie, welche zum Aufladen einer metallischen Kugel vom Radius R benötigt wird, gleich $4e^2/8R$ ist. Dieser Wert scheint aber in diesem Fall nicht anwendbar zu sein, da die klassische Elektrostatik mit kontinuierlichen Ladungsverteilungen arbeitet, bei der Ionisation aber eine Punktladung (ein einziges Elektron) abgelöst wird [20]. Eine neuere Zusammenfassung der experimentellen und theoretischen Ergebnisse findet man bei M. Seidl, K.-H. Meiwes-Broer und M. Brack [69].

8.3.4 Andere Eigenschaften

Die Größenabhängigkeiten der katalytischen, magnetischen, chemischen, optischen, supraleitenden Eigenschaften von Clustern sind heute ein wichtiges Forschungsgebiet. Mehrfach geladene Cluster werden im Detail studiert. Eine technologische Anwendung zur Abscheidung von ionisierten Clustern zur Herstellung dünner Schichten für die optische und elektronische Industrie ist bereits zu kaufen. Ein noch etwas utopisch anmutender Vorschlag betrifft die Synthese von Wasserstoffclustern aus Antimaterie, also aus Positronen und Antiprotonen in einem Ionenspeicher. Wenn dies gelänge, so könnte daraus vielleicht der „Brennstoff" für die Raketen und wahrscheinlich auch Bomben des nächsten Jahrhunderts werden.

8.4 Diskussion einzelner Systeme

In den vorigen Abschnitten wurden allgemeine Überlegungen angestellt, die oft unabhängig vom Typ der chemischen Bindung eines Clusters waren. In diesem Abschnitt wird dagegen das physikalische Verhalten ausgewählter Cluster genauer studiert. Anfänge eines detaillierten Verständnisses gibt es bei den Clustern aus Alkalimetallen und aus geschlossenschaligen Atomen und Molekülen. Der Schwerpunkt liegt daher bei Clustern mit diesen gegensätzlichen Bindungstypen.

Tab. 8.3 gibt eine Übersicht über die verschiedenen chemischen Bindungen in Clustern. In den nächsten Abschnitten werden die Bindungsverhältnisse immer nur kurz angerissen. Für eine genauere Diskussion wird auf die anderen Kapitel dieses Buches sowie auf Lehrbücher der physikalischen Chemie und der Molekül- und Festkörperphysik verwiesen. Für das physikalische und chemische Verhalten eines Clusters ist die Art seiner chemischen Bindung von ausschlaggebender Wichtigkeit.

8.4.1 Elektronische Struktur von Clustern

Ziel dieses Abschnittes ist es, auf einem möglichst einfachen Niveau ein Grundwissen über elektronische Zustände von Clustern zu vermitteln. Weiter soll klar werden, daß nicht nur bei Metallen, sondern bei allen Clustern – also auch bei denen aus Edelgasen – die Elektronen über den Cluster delokalisiert sind. Diese Tatsache wird in der konventionellen Sprechweise mit delokalisierten (bei Metallen) und lokalisierten Elektronen (Edelgase) leicht übersehen und ist die Quelle vieler Mißverständnisse. Auf der experimentell heute zugänglichen Zeitskala sind die Elektronen immer delokalisiert. Weiter soll hier die Grundlage für die spätere Beschreibung von Ionisationsprozessen gelegt werden.

Die in diesem Abschnitt verwendete Näherungsmethode hat zwei verschiedene Namen. Die Molekülphysiker sprechen von der Hückel-Näherung zur LCAO-Methode (Linear Combination of Atomic Orbitals), während in der Festkörperphysik von der Methode der „stark gebundenen Elektronen“ (tight-binding approximation) die Rede ist. Die Näherung kommt hier nur in der allereinfachsten Form zur Anwendung. Qualitativ lassen sich sowohl die Cluster aus Edelgasen als auch aus Metallen damit verstehen. Es sei aber betont, daß die diskutierten Konzepte unabhängig von der Näherungsmethode sind.

8.4.1.1 Dimere

Viele Konzepte können schon für $N = 2$ erklärt und verstanden werden. Dies ist oft einfacher, und die Übertragung auf größere Strukturen ist leicht möglich. Der Übergang von der Molekül- über die Cluster- zur Festkörperphysik wird dadurch schön sichtbar.

Die allereinfachste Wellenfunktion ψ für ein aus zwei identischen Atomen (Atom 1 und Atom 2) bestehendes Molekül kann man als Linearkombination der atomaren Wellenfunktionen φ_1 und φ_2 schreiben.

$$\psi = c_1\varphi_1 + c_2\varphi_2 \tag{8.12}$$

Mit den atomaren Eigenfunktionen φ_j werden hier nur die äußeren Valenzelektronen beschrieben. Für ein H_2-Molekül würden z. B. φ_1 und φ_2 zwei weit voneinander entfernte H-Atome im Grundzustand beschreiben. Es wird weiter angenommen, daß die φ_j s-Charakter haben, der Bahndrehimpuls l der Elektronen also verschwindet. Eine Erweiterung auf $l \neq 0$ ist leicht möglich, macht die Gleichungen aber unübersichtlicher. Elektronen auf inneren Schalen müssen in einer genaueren Rechnung natürlich mitgenommen werden, sollen aber hier vernachlässigt werden. Die *molekulare* Gesamtwellenfunktion ψ wird als Linearkombination der *atomaren* Wellenfunktionen geschrieben (daher LCAO: Linear Combination of Atomic Orbitals). Die Schrödinger-Gleichung:

$$\mathrm{H}\psi = \mathrm{E}\psi$$

wird mit dem Ansatz von Gl. (8.12):

$$H(c_1\varphi_1 + c_2\varphi_2) = E(c_1\varphi_1 + c_2\varphi_2)\,. \tag{8.13}$$

Multipliziert man von links mit φ_1 und integriert über den gesamten Raum, so erhält man mit $\langle\varphi_j|\varphi_j\rangle = 1$:

$$c_1\langle\varphi_1|H|\varphi_1\rangle + c_2\langle\varphi_1|H|\varphi_2\rangle = E(c_1 + c_2\langle\varphi_1|\varphi_2\rangle)\,.$$

Das Überlappungsintegral $S = \langle\varphi_1|\varphi_2\rangle$ verschwindet nur für sehr große Kernabstände, da die Funktionen φ_1 und φ_2 an verschiedenen Kernen „angebunden“ sind. Aus Symmetriegründen gilt

$$\langle\varphi_1|H|\varphi_1\rangle = \langle\varphi_2|H|\varphi_2\rangle = \alpha\,, \tag{8.14}$$

wobei für die Coulomb-Integrale $\langle\varphi_j|H|\varphi_j\rangle$, $j = 1$ und 2, die Abkürzung α eingeführt wurde. Analog gilt für das Resonanz- oder Transferintegral

$$\langle\varphi_1|H|\varphi_2\rangle = \langle\varphi_2|H|\varphi_1\rangle = \beta\,. \tag{8.15}$$

Tab. 8.3 Klassifikation von Clustern nach dem Typ ihrer chemischen Bindung.

Art des Clusters	Beispiele	mittlere Bindungsenergie in eV	elektronische Bindung ändert sich bei der Ionisation	Vorkommen im Periodensystem
metallische Cluster halbvolles Band delokalisierter Elektronen	(Alkalimetall)$_N$, Al_N, Cu_N, Fe_N, Pt_N, W_N, Hg_N, $N > 200$	0.5–3	kaum	Elemente der linken unteren Ecke des Periodensystems
kovalente Cluster durch sp-Hybridisierung ausgerichtete Bindung durch Elektronenpaare	C_n, Si_N, Hg_N, $80 \geq N \geq 30$	1–4 (Hg $\approx$ 0.5)	etwas	B, C, Si, Ge
ionische Cluster Bindung durch Coulomb-Kräfte zwischen Ionen	$(KF)_N$, $(CaI_2)_N$	2–4	etwas	Metalle von der linken Seite des Periodensystems mit elektronegativen Elementen von der rechten Seite des Periodensystems
Cluster mit Wasserstoffbindung starke Dipol-Dipol-Anziehung	$(HF)_N$, $(H_2O)_N$,	0.15–0.5	stark	Moleküle mit abgeschlossener Elektronenschale, die H und stark elektronegative Elemente (F, O, N) enthalten
Molekulare Cluster wie Van-der-Waals-Cluster, plus schwache kovalente Anteile	$(I_2)_N$, $(As_4)_N$, $(S_8)_N$ (Organisches Molekül)$_N$	0.3–1	stark	organische Moleküle, einige geschlossenschalige Moleküle
Van-der-Waals-Cluster induzierte Dipol-Wechselwirkung zwischen Atomen und Molekülen mit abgeschlossener elektronischer Schale	(Edelgas)$_N$, $(H_2)_N$, (CO_2), Hg_N, $N < 10$	0.001–0.3	stark	Edelgase, geschlossenschalige Atome und Moleküle

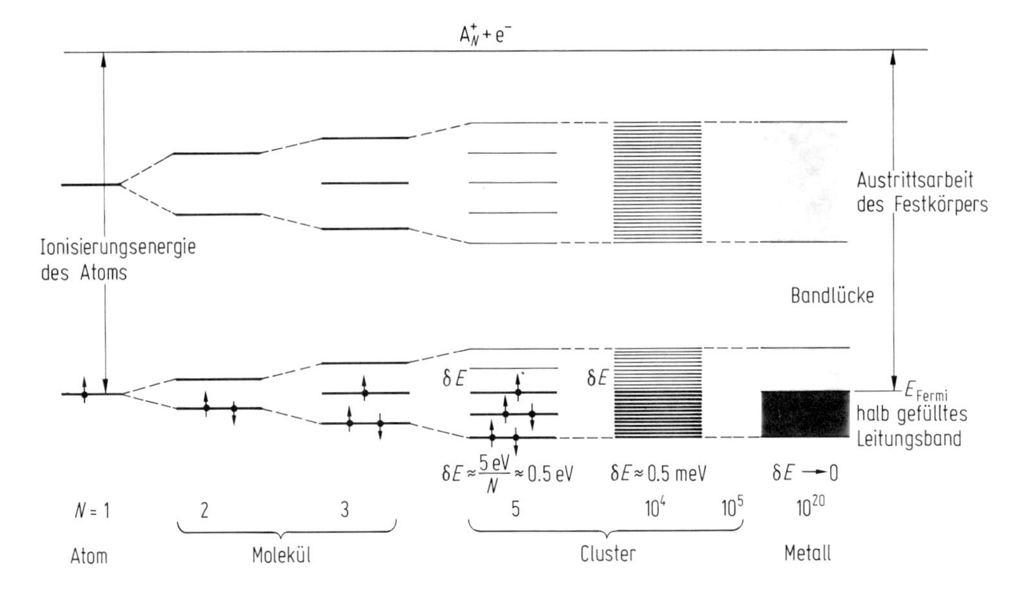

Abb. 8.17 Entwicklung der elektronischen Struktur vom Atom über Moleküle und Cluster zum makroskopischen Festkörper für ein Element mit einem Elektron in der Valenzschale, einem unbesetzten Zustand und einem Ionisationskontinuum. Die Anzahl der Zustände nimmt immer mehr zu, bis sich beim Festkörper ein Band ergibt. Das Bild ist sehr schematisch gezeichnet und soll nur die allgemeine Entwicklung veranschaulichen. Die Zustände sind für eine endliche lineare Kette berechnet worden. Die in Abschn. 8.3.3 besprochene Abhängigkeit der Ionsierungsenergie von der Clustergröße ist vernachlässigt worden. Bei kleinen N ist die Besetzung der elektronischen Zustände mit Elektronen durch Pfeile markiert. Für größere N und für das Metall sind die besetzten Zustände dicker bzw. dunkler eingezeichnet. Ein analoges Bild läßt sich für die Schwingungsfreiheitsgrade zeichnen. Aus den diskreten Vibrationen des Moleküls entwickelt sich das kontinuierliche Phononenspektrum des Festkörpers.

Damit erhält man:

$$c_1(\alpha - E) + c_2(\beta - ES) = 0,$$
$$c_1(\beta - ES) + c_2(\alpha - E) = 0\,. \tag{8.16}$$

Die zweite Gleichung erhält man, indem man Gl. (8.13) von links mit φ_2 anstelle von φ_1 multipliziert. Diese Gln. (8.16) lassen sich analytisch lösen, was in fast jedem Lehrbuch der Molekülphysik gezeigt wird. Zur Vereinfachung wird hier die sogenannte Hückel-Näherung verwendet und $S = 0$ gesetzt. Die Gln. (8.16) zeigen, daß dieser Fehler durch ein verändertes β ausgeglichen werden kann. Da bei der Anwendung der Resultate der β-Werte nie berechnet, sondern empirisch bestimmt wird, erhält man trotzdem noch sinnvolle Resultate. Mit $S = 0$ ergibt sich:

$$c_1(\alpha - E) + c_2\beta = 0, \quad c_1\beta + c_2(\alpha - E) = 0\,. \tag{8.17}$$

Das Gleichungssystem hat nur dann eine Lösung, wenn die Determinante

$$\begin{vmatrix} \alpha - E & \beta \\ \beta & \alpha - E \end{vmatrix} \tag{8.18}$$

verschwindet. Das liefert sofort:

$$E_1 = \alpha + \beta\,, \quad E_2 = \alpha - \beta\,, \tag{8.19}$$

und durch Einsetzen von Gl. (8.19) in Gl. (8.17) ergibt sich $c_1 = c_2$ für $E = E_1$ und $c_1 = -c_2$ für $E = E_2$. Da die molekularen Eigenfunktionen ψ_j ebenfalls normiert sein sollen, erhält man mit Gl. (8.12)

$$\langle \psi_j | \psi_j \rangle = c_1^2 + c_2^2 = 1\,;$$

damit ergibt sich:

$$c_1 = \pm\, c_2 = \frac{1}{2}\sqrt{2}\,.$$

Damit erhält man für die molekularen Eigenfunktionen:

$$\psi_1 = \frac{1}{2}\sqrt{2}\,(\varphi_1 + \varphi_2), \quad \psi_2 = \frac{1}{2}\sqrt{2}\,(\varphi_1 - \varphi_2). \tag{8.20}$$

Diese Zustände ψ_j werden unter Beachtung des Paulischen Ausschließungsprinzips mit maximal zwei Elektronen entgegengesetzten Spins besetzt. Die Gesamtenergie ist die Summe der Einzelenergien. Die Aufspaltung $E_1 - E_2 = 2\beta$ ist der erste Schritt in der Entwicklung der Bandstruktur des Festkörpers aus den elektronischen Zuständen des Atoms, wie dies in Abb. 8.17 und 8.18 schematisch dargestellt ist. Für ein

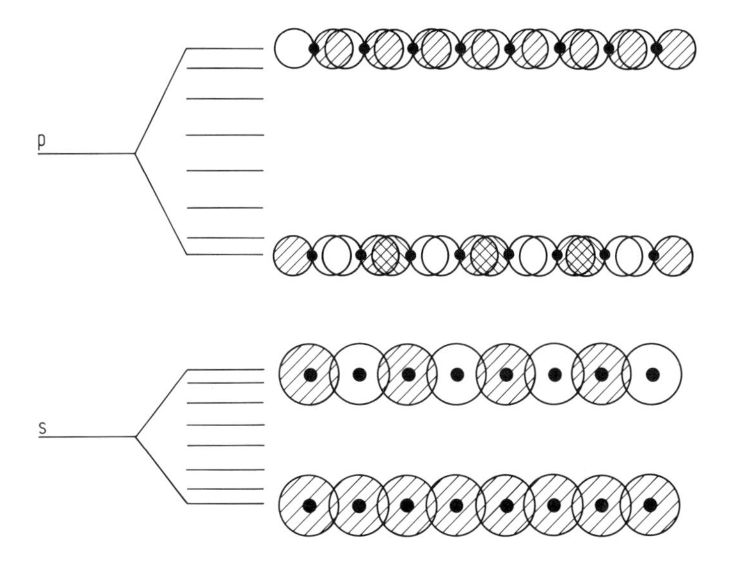

Abb. 8.18 Aufspaltung einer linearen Kette von 8 Atomen mit einem s- und einem p-Orbital. Für die untersten und obersten Zustände der s- und p-Bänder ist jeweils die Symmetrie der elektronischen Wellenfunktionen angegeben. Schraffur bedeutet positives, keine Schraffur negatives Vorzeichen der Wellenfunktion. Eine Absenkung gegenüber den atomaren Eigenwerten s und p und damit eine Bindung erhält man bei positiver Überlappung. Bei den am stärksten antibindenden Orbitalen haben die Wellenfunktionen alternativ wechselnde Vorzeichen.

Alkalimetalldimer ist ψ_1 mit zwei Elektronen entgegengesetzten Spins besetzt; für ein Edelgasdimer sind ψ_1 und ψ_2 beide voll besetzt. Nach Gl. (8.19) wäre ein Edelgasdimer nicht gebunden, da $E_1 + E_2$ gleich der Summe der atomaren Eigenenergien ist. Nur in der hier verwendeten einfachsten Näherung bleibt der „Schwerpunkt" der Aufspaltung $(E_1 + E_2)/2$ bei der Molekülbildung unverändert. Bei einer genaueren Rechnung wird er immer abgesenkt, und die Dimere der Edelgase sind damit ebenfalls – wenn auch schwach – gebunden.

Die Elektronen in den Eigenzuständen ψ_1 und ψ_2 sind offensichtlich in dieser zeitunabhängigen Beschreibung delokalisiert. Nach Gl. (8.20) hat ein Elektron an jedem Atom eine gleich große Aufenthaltswahrscheinlichkeit. Dies gilt sowohl für Na_2 als auch für Ne_2. Dieses Problem wird unten in Abschn. 8.4.1.3 noch einmal vertieft aufgegriffen.

8.4.1.2 Cluster

Für eine endliche lineare Kette aus N gleichen Atomen lassen sich die Ergebnisse sofort verallgemeinern. In den Gln. (8.12) bis (8.20) läuft der Index j jetzt über $1, 2, \ldots, N$. Nimmt man an, daß alle Transferintegrale β verschwinden außer zwischen nächsten Nachbarn, und daß die Atome am Ende der Kette dasselbe α und β haben wie die Atome im Innern, so erhält man anstelle von Gl. (8.17) ein Gleichungssystem für N Koeffizienten c_j. Für dessen Lösung muß die Determinante der $(N \cdot N)$-Matrix

$$\begin{matrix} \alpha - E & \beta & 0 & 0 & \ldots & 0 \\ \beta & \alpha - E & \beta & 0 & \ldots & 0 \\ 0 & \beta & \alpha - E & \beta & \ldots & 0 \\ . & . & . & . & & . \\ 0 & 0 & 0 & 0 & \ldots & \beta \\ 0 & 0 & 0 & 0 & & \alpha - E \end{matrix} \tag{8.21}$$

verschwinden. Dies ist eine tridiagonale Determinante mit der Lösung [21]

$$E_j = \alpha + 2\beta \cos[j\pi/(N+1)], \quad j = 1, 2, 3, \ldots, N\,. \tag{8.22}$$

Eine genauere Rechnung ergibt wieder eine Verschiebung des Schwerpunktes der Energieeigenwerte E_j. Abb. 8.17 zeigt an Hand von Gl. (8.22) schematisch den Übergang vom Atom über Moleküle und Cluster zum Festkörper. Eine Verallgemeinerung auf dreidimensionale periodische Strukturen bringt nicht wesentlich Neues, außer daß in Gl. (8.22) der Faktor zwei durch die Anzahl der nächsten Nachbarn ersetzt wird [21]. Die Aufspaltung eines Energieniveaus (seine Bandbreite) ist also innerhalb dieser Näherung proportional zur Anzahl der nächsten Nachbarn, oder anders ausgedrückt proportional zur mittleren Koordinationszahl $\bar{N}_c$. Also:

Bandbreite ΔE oder Aufspaltung der Potentialkurven
= Anzahl der nächsten Nachbarn mal Transferintegral.

$$\Delta E = 2\bar{N}_c\beta \tag{8.23}$$

Die Gleichung gilt exakt nur im Rahmen der Hückel-Näherung, also wenn das Transferintegral klein ist und der Festkörper ein schmales Band hat. Andererseits sind mit dieser Näherung auch viele Rechnungen für die Alkalimetalle durchgeführt worden. Gl. (8.23) erlaubt, aus gemessenen Bandbreiten das Transferintegral zu bestimmen und umgekehrt. Tab. 8.4 listet einige bekannte Fälle für die Anzahl der nächsten Nachbarn auf. Eine einzige Gleichung beschreibt also im wesentlichen die Aufspaltung sowohl im zweiatomigen Molekül als auch im dreidimensionalen Festkörper. Für kleine Cluster darf man Gl. (8.22) und Abb. 8.17 nicht zu ernst nehmen. Wie schon in den Kommentaren zu Abb. 8.1 und 8.2 ausgeführt wurde, ändert sich bei kleinen Clustern die Struktur von einem N zum nächsten so stark, daß das hier gemachte Modell der linearen Anordnung der Atome in 1, 2 oder 3 Dimensionen doch zu einfach ist. Abgesehen von dieser Einschränkung ist es aber befriedigend zu sehen, wie eine einzige Gleichung sowohl die diskrete Aufspaltung im zweiatomigen Molekül und Cluster als auch die Breite des kontinuierlichen Bandes im dreidimensionalen Festkörper beschreibt.

Tab. 8.4 Anzahl der nächsten Nachbarn für verschiedene Geometrien. Nach Gl. (8.23) ist die Aufspaltung der Molekül-, Cluster- oder Festkörperzustände direkt proportional der Anzahl der nächsten Nachbarn (Koordinationszahl). Dieser einfache Zusammenhang gilt nur innerhalb der Hückel-Näherung (tight-binding approximation).

Anzahl der nächsten Nachbarn, $\bar{N}c$	Geometrie
1	Dimer
2	lineare Kette
6	einfach kubischer Kristall
8	kubisch raumzentrierter Kristall (bcc)
12	kubisch flächenzentrierter Kristall (fcc)

Abb. 8.18 zeigt die nach Gl. (8.22) berechnete Aufspaltung für eine lineare Kette aus 8 Atomen, die je ein s- und ein p-Orbital haben. Da die atomare s-p-Aufspaltung groß ist, bildet sich je ein s- und ein p-Band aus. Die in Abb. 8.18 eingezeichneten p-Orbitale haben eine verschwindende Projektion des elektronischen Bahndrehimpulses auf die Kernverbindungsachse. Läßt man auch andere Projektionen zu, so kann das p-Orbital noch weiter aufspalten. Von Lindsay et al. [22] wurde diese einfache Methode angewandt, um sehr erfolgreich viele Eigenschaften von Alkalimetallclustern zu berechnen.

Der Ursprung der Bindung im Molekül, Cluster oder Festkörper ist allein die elektrostatische Anziehung zwischen den negativen Elektronen und den positiven Atomkernen. Die wichtigsten Bindungstypen sind sehr schematisch in Abb. 8.19 skizziert. Der Beitrag magnetischer Kräfte ist verschwindend gering. Selbst dort, wo man naiv glauben könnte, daß magnetische Kräfte wichtig sein könnten, wie bei den Ferromagneten, stellt sich bei einer tieferen Betrachtung heraus, daß der Ferromagnetismus einen elektrostatischen Ursprung hat. Allein die verschiedenen Anordnungen der Elektronen um die Kerne führen zu dem unterschiedlichen Verhalten der Stoffe.

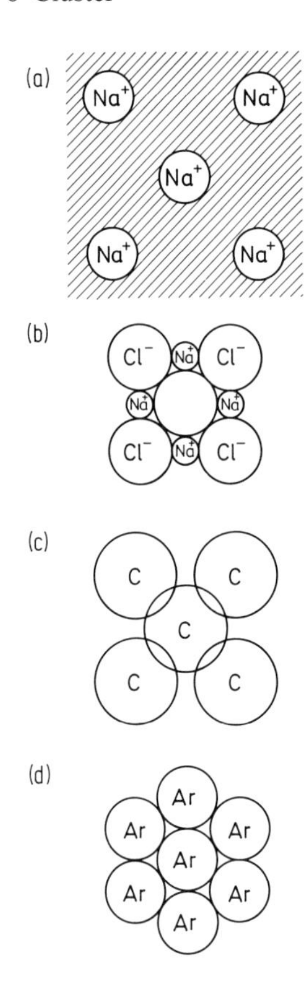

Abb. 8.19 Schematische Darstellung von vier verschiedenen Bindungstypen. Bei der Metallbindung, z. B. in Natrium (a), können sich die Elektronen quasifrei zwischen den Ionen bewegen. Die starke Abschirmung des langreichweitigen Coulomb-Potentials der Ionen durch die Leitungselektronen läßt den Bereich großer Potentialvariationen auf die weiß gezeichneten Bereiche schrumpfen. Bei der Ionenbindung, z. B. in den Alkalimetallhalogeniden (b), beruht der Hauptteil der Bindung auf der elektrostatischen Anziehung der Ionen. Bei der kovalenten Bindung, z. B. in Diamant (c), ist die Überlappung der Elektronenwellenfunktionen groß, während sie bei der Van-der-Waals-Bindung in den Edelgasen (d) klein ist.

8.4.1.3 Sind die Elektronen im Cluster lokalisiert oder delokalisiert?

Die Elektronen in den molekularen Eigenzuständen sind in der bis jetzt benutzten Beschreibung delokalisiert. An jedem Atom im Molekül, Cluster oder Kristall hat das Elektron eine gleich große Aufenthaltswahrscheinlichkeit. Dies gilt sowohl für Na_N als auch für Ne_N.

Lassen sich andere Zustände konstruieren, bei denen die Elektronen an einem Atom lokalisiert sind? Die Antwort ist ja. In den Lehrbüchern der theoretischen Festkörperphysik werden sogenannte Wannier-Zustände diskutiert, die genau dies leisten. Wir wollen hier einen einfacheren Weg gehen und innerhalb der LCAO-Methode lokalisierte Elektronenzustände konstruieren. Diese Zustände werden zeitabhängig, was eine einfache Diskussion des lokalisierten bzw. delokalisierten Verhaltens erlaubt. Für den Fall des Dimers sei das explizit vorgerechnet. Die Verallgemeinerung auf N Atome erhält man dadurch, daß der Index j nicht von 1 bis 2, sondern von 1 bis N läuft.

Die Zeitabhängigkeit der molekularen Eigenzustände ψ_j aus Gl. (8.20) wird nur durch einen Phasenfaktor gegeben:

$$\Psi_j(t) = \exp(-\mathrm{i}E_j t/\hbar)\,\psi_j\,,$$

wobei die E_j durch Gl. (8.19) gegeben sind. Bildet man eine neue Funktion $u(t)$ mit:

$$u(t) = \frac{1}{2}\sqrt{2}\,\{(\Psi_1(t) + \Psi_2(t)\}\,,$$

so erhält man durch Einsetzen:

$$u(t) = \frac{1}{2}\sqrt{2}\,\{\exp(-\mathrm{i}E_1 t/\hbar)\,\psi_1 + \exp(-\mathrm{i}E_2 t/\hbar)\,\psi_2\}\,.$$

Zur Zeit $t = 0$ lokalisiert die Funktion $u(t)$ ein Elektron am Atom 1, da nach Gl. (8.20):

$$u(t=0) = \frac{1}{2}\sqrt{2}\,\{\psi_1 + \psi_2\} = \varphi_1$$

ist. Durch Einsetzen von Gl. (8.19) erhält man die Zeitabhängigkeit von $u(t)$:

$$u(t) = \frac{1}{2}\sqrt{2}\exp[-\mathrm{i}(\alpha+\beta)t/\hbar]\,\{\psi_1 + \exp[+\mathrm{i}2\beta t/\hbar]\,\psi_2\}\,.$$

Zu den Zeiten $t = (2m+1)\,\pi\hbar/2\beta, \quad m = 0, 1, 2, \ldots,$ wird daraus

$$u(t) = \frac{1}{2}\sqrt{2}\exp[-\mathrm{i}\mu]\,(\psi_1 - \psi_2) = \exp[-\mathrm{i}\mu]\,\varphi_2$$

mit dem für die Physik unwichtigen Phasenfaktor

$$\mu = (2\mathrm{m}+1)\,\pi\,\frac{(\alpha+\beta)}{2\beta}\,.$$

Das Elektron ist zu diesen Zeiten in dem Zustand φ_2, das heißt es ist am Atom 2 lokalisiert. Analog wird zu den Zeiten $t = 2m\pi\hbar/2\beta$, $m = 0, 1, 2, \ldots,$ der Zustand φ_1 realisiert. Das Elektron oszilliert also periodisch mit der Platzwechselfrequenz

$$\omega_\mathrm{h} = \frac{2\beta}{\hbar} \qquad (8.24\,\mathrm{a})$$

zwischen den am jeweiligen Atom lokalisierten Zuständen φ_1 und φ_2 und damit zwischen den Atomen A_1 und A_2 hin und her. Je größer das Transferintegral $\beta = \langle\varphi_j|H|\varphi_{j+1}\rangle$ wird, desto größer wird die Platzwechselfrequenz ω_h (engl. hopping frequency). Von diesem Hüpfen des Elektrons zwischen den Atomen kommt auch der Ausdruck Transferintegral. Wählt man also die atomaren Eigenfunktionen $\varphi_1, \varphi_2, \ldots \varphi_N$ als Basisfunktionen, so hat man eine lokalisierte, aber zeitabhängige Beschreibung.

Auch in einer genaueren Beschreibung bleiben diese Überlegungen richtig. Sie bleiben ebenfalls richtig bei der Anwendung auf Cluster oder Kristalle. Da mehr, nämlich $\bar{N}_c$ nächste Nachbarn vorhanden sind, erhöht sich die Platzwechselfrequenz entsprechend zu

$$\omega_h = \frac{\bar{N}_c \beta}{\hbar} \tag{8.24b}$$

Sowohl die oben diskutierten Funktionen $\psi_j(t)$ als auch die Bloch-Zustände eines Kristalls sind vollständig delokalisiert, während die $\varphi_j(t)$ und die Wannier-Zustände an einem Atom lokalisiert sind. Die zugehörigen Eigenfunktionen bilden jeweils vollständige Funktionensysteme, so daß sich jedes Problem entweder in einer lokalisierten oder delokalisierten Sprechweise beschreiben läßt. Es existieren also zwei äquivalente Beschreibungsweisen für die Elektronen in einem Molekül oder Cluster:

1. Bei einer Beschreibung durch die *molekularen Eigenfunktionen* ψ_j sind die Elektronen über das Dimer oder den Cluster delokalisiert, und zwar sowohl bei Alkalimetall- als auch bei Edelgasclustern.
2. Legt man am Atom lokalisierte *atomare Eigenfunktionen* φ_i für die Beschreibung zugrunde, so sind die Elektronen in keinem Eigenzustand des Gesamtsystems. Sie oszillieren periodisch zwischen den Atomen hin und her.

Da auch in jeder besseren Näherung sowohl die ψ_i als auch die φ_i ein vollständiges Eigenfunktionssystem bilden, sind beide Beschreibungen physikalisch gleichwertig. Wann kann man nun von lokalisierten bzw. delokalisierten Zuständen sprechen? Ist die Eigenfrequenz des Elektrons $\alpha/\hbar$ groß gegen die Platzwechselfrequenz ω_h, so kann man in einer klassischen Sprechweise sagen, daß das Elektron oft um ein Atom läuft, bevor es zum nächsten springt. Also ist

$$\alpha \gg 2\bar{N}_c \beta \tag{8.25}$$

die Bedingung für Elektronenlokalisierung. Diese Ungleichung ist für Van-der-Waals-, kovalente und ionische Bindungen erfüllt. Nach Gl. (8.23) läßt sich die rechte Seite von Gl. (8.25) aus der Valenzbandbreite ΔE des Festkörpers abschätzen. Für einen Edelgaskristall ist ΔE etwa 1 eV. Die Bindungsenergien α sind 10 bis 20mal größer. Damit ist die Bedingung von Gl. (8.25) gut erfüllt, was man für Edelgaskristalle und Cluster auch erwarten sollte. Aber eine endliche Bandbreite ΔE entspricht nach Gl. (8.24b) einer „Transferzeit" τ von $\tau = h/2\,\Delta E$. Man erhält damit für die Edelgascluster, bei denen die Elektronen am besten „lokalisiert" sind, also Transferzeiten von einigen Femtosekunden. (Der numerische Wert der Planck-Konstante h ist $h = 4.136$ fs · eV). Da alle Clusterexperimente auf einer oft viele Größenordnungen längeren Zeitskala ablaufen, hüpft das Elektron innerhalb der Zeitdauer des Experimentes sehr oft von einem Atom zum nächsten. Man muß daher konzeptionell und sprachlich vorsichtig sein und genau definieren, was man meint, wenn man von lokalisierten Elektronen spricht.

Ist dagegen $\alpha < \beta$, so kann das Elektron seinen Umlauf nicht beenden, bevor es zum nächsten Atom gesprungen ist. Also ist

$$\alpha < 2\bar{N}_c \beta \tag{8.26}$$

die Bedingung für Elektronen**de**lokalisierung. Diese Bedingung ist für die Leitungselektronen der Metalle erfüllt. Es existieren natürlich alle Zwischenstufen. Die Gln. (8.25) und (8.26) geben nur die Grenzfälle wieder. Ist das Transferintegral β klein, so überlappen die atomaren Eigenfunktionen nur wenig. Die Elektronen sind dann einigermaßen, aber nicht vollständig an einem Atom lokalisiert. Bei den Übergangsmetallen (Abschn. 8.4.3) sind z. B. die s-Elektronen delokalisiert und die energetisch mit ihnen entarteten d-Elektronen lokalisiert.[1]

8.4.2 Alkalimetalle

Die Dimere der Alkalimetallatome, besonders Na_2, waren und sind ein beliebtes Studienobjekt. Sie stellen heute einen experimentell und theoretisch gut verstandenen Bereich der Molekülphysik dar. Die Trimere der Alkalimetallatome (Li_3, Na_3, LiNaCs, ...) haben eine dreieckförmige Struktur, wie es in Abb. 8.20 für Li_3 zu sehen ist. Aus Symmetrieüberlegungen würde man naiv auf die Geometrie des gleichseitigen Dreiecks schließen. Aber in dieser Symmetrie (D_{3h}) ist der Grundzustand elektronisch entartet, das heißt, es gibt zwei verschiedene elektronische Eigenzustände mit derselben Energie. Weicht man geringfügig von der gleichseitigen Symmetrie ab, so spalten die Zustände auf. Durch eine Abweichung von der hochsymmetrischen Geometrie kann die Energie abgesenkt werden. Dieses Phänomen ist unter dem Namen **Jahn-Teller-Effekt** bekannt. Die tiefste Energie des elektronischen Grundzustandes wird bei der Geometrie des gleich*schenkligen* und nicht des gleich*seitigen* Dreiecks angenommen. Da es bei dieser Geometrie drei äquivalente, nur durch kleine Potentialwälle getrennte Minima gibt, kann man schon bei sehr kleinen Energien eine spezielle Schwingungsform – die sogenannte Pseudorotation – anregen. Da Trimere im Vergleich zu den Clustern noch zu einfach sind, sollen sie hier nicht weiter diskutiert werden. Eine schöne zusammenfassende Darstellung der Physik der Dimere und Trimere hat Schumacher gegeben [23].

Abb. 8.20 zeigt von Koutecky und Mitarbeitern [24] mit quantenchemischen Methoden berechnete Bindungsenergien und Strukturen von Li-Clustern. Diese sehr aufwendigen Rechnungen gehören zu den besten, die derzeit möglich sind. Bis $N = 6$ sind alle Cluster eben, was man naiv nicht erwarten würde. Dies entspricht nicht dem intuitiven Modell ungerichteter metallischer Bindungen. Für $N = 13$ erhält man wie bei den Edelgasen (s. Abb. 8.1 und 8.2) ein Ikosaeder. Mit den ausgefeilten Methoden der theoretischen Molekülphysik lassen sich diese Rechnungen sicher noch zu etwas größeren Clustern ausdehnen. Aber der Rechenaufwand wird schnell so groß, daß selbst die leistungsfähigsten Supercomputer damit überfordert werden. Man ist auf vereinfachende Näherungen angewiesen. So wird z. B. versucht, nicht jedes Elektron für sich so exakt wie möglich zu beschreiben, sondern mit einer mittleren Elektronendichte (wie beim *Thomas-Fermi-Modell*) zu rechnen. Abb. 8.21 zeigt so von Manninen [25] berechnete Strukturen von Alkalimetallclustern, die für alle Alkalimetalle von Li bis Cs gelten sollen. Die Strukturen sind nur bis $N = 5$ eben, für $N = 6$ und 7 ergeben sich Ringe mit fünfzähliger Symmetrie, und für $N = 8$ hat man je 4 Atome

[1] Man beachte, daß die hier diskutierte Lokalisierung nichts mit der durch Unordnung oder Chaos erzwungenen Anderson-Lokalisierung/Ref. i/ zu tun hat

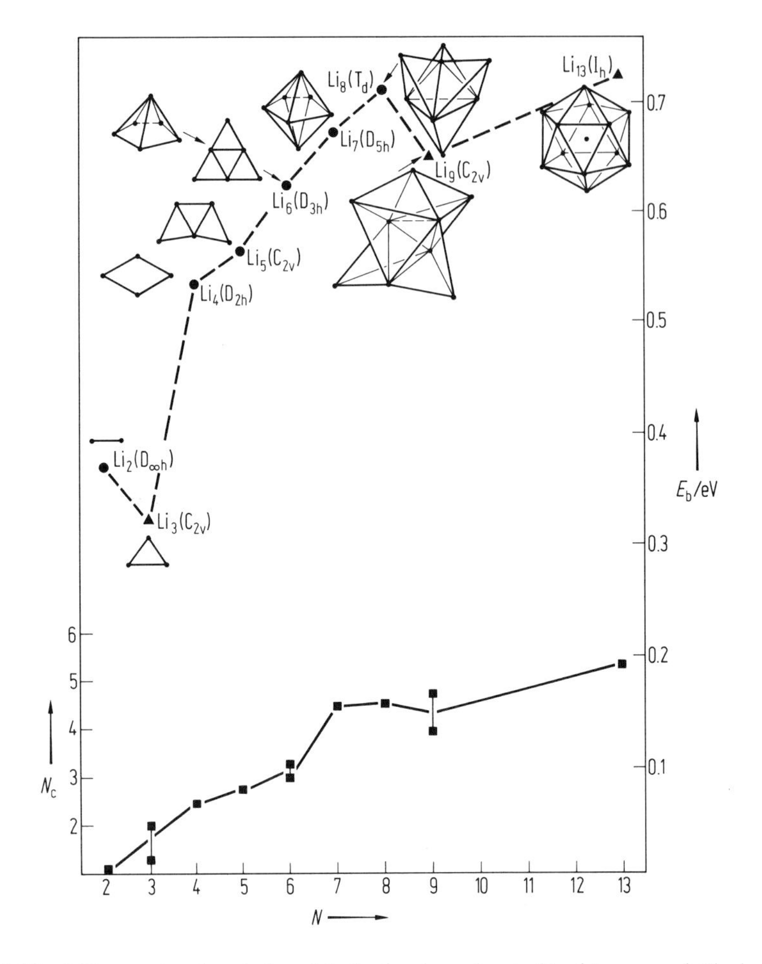

Abb. 8.20 Mit quantenchemischen Methoden berechnete Strukturen und Bindungsenergien E_b kleiner Li-Cluster. Bis $N = 6$ sind ebene Strukturen bevorzugt. Für $N = 13$ wird die Ikosaedersymmetrie angenommen (vgl. dazu Abb. 8.1). N_c ist die mittlere Koordinationszahl (vgl. Tab. 8.4).

auf einem Quadrat angeordnet, wobei die Quadrate um 45° gegeneinander verdreht sind. Noch größere Cluster lassen sich berechnen, wenn man das aus der Festkörperphysik bekannte und weiter unten diskutierte Jellium-Modell benutzt.

Die Strukturen in Abb. 8.20 und 8.21 sind alle für die Temperatur des absoluten Nullpunktes und unter Vernachlässigung der Nullpunktsschwingung und des Jahn-Teller-Effektes berechnet worden. Experimentell erzeugte freie Alkalimetallcluster sind dagegen unter den meisten experimentellen Bedingungen relativ warm, wahrscheinlich, wie in Abschn. 8.2 ausgeführt wurde, sogar flüssig. Bei erhöhter Temperatur haben die Cluster nicht mehr die in Abb. 8.20 gezeigten bizarren, aber festen Strukturen, sondern sie fluktuieren zwischen einer Vielzahl lokaler Minima hin und her.

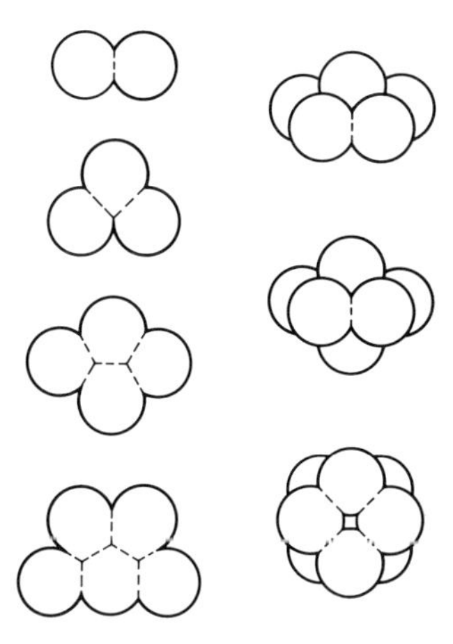

Abb. 8.21 Nach einer Pseudopotential-Methode berechnete Strukturen, die für alle Alkalimetallcluster von Li bis Cs gelten sollen [24].

8.4.2.1 Jellium-Modell

Die einfachste Beschreibung der delokalisierten Natur der metallischen Elektronen geschieht durch das Modell des freien Elektronengases, das auch als *Jellium-Modell* bekannt ist. Es hat vor allem für die Alkalimetalle, aber auch für andere Metalle viel zum Verständnis beigetragen. Deshalb wird es hier ausführlich besprochen. Die positive, eigentlich an den Atomkernen lokalisierte Ladung, wird gleichmäßig (wie Marmelade, im Amerikanischen: jelly) ausgestrichen. Die Valenzelektronen können sich innerhalb dieser gleichförmigen positiven Ladung frei bewegen. Es gibt zwei physikalische Gründe für den großen Erfolg dieses auf den ersten Blick doch sehr simpel erscheinenden Modells. Einmal wird das Coulomb-Potential zwischen den Elektronen und Kernen $e^2/(4\pi\varepsilon_0 r)$ durch die Leitungselektronen zu einem effektiven Potential $V_{\mathrm{eff}} = e^2 \exp(-r/\lambda)/4\pi\varepsilon_0 r$ abgeschirmt. Die Abschirmlänge λ hängt von der Elektronendichte ab. Sie beträgt für Natrium 0.067 nm. Vergleicht man dies mit dem Abstand zum nächsten Nachbarn von 0.371 nm, so sieht man, daß die Wirkung des Coulomb-Potentials auf kleine räumliche Bereiche um die Atomkerne beschränkt bleibt, wie dies in Abb. 8.19a schematisch angedeutet ist. Das effektive oder Pseudopotential ist außerhalb dieser Bereiche so schwach, daß es für das Valenzelektron keinen gebundenen Zustand mehr gibt. Das Elektron ist also nicht mehr an einen Atomkern gebunden. Es kann sich folglich im Metall oder Cluster „quasifrei" bewegen.

Das Pauli-Prinzip liefert den zweiten Grund für den Erfolg des Jellium-Modells. Die Dichte der Valenzelektronen in einem Cluster oder Metall ist mit einigen 10^{22} bis $10^{23}\,\mathrm{cm}^{-3}$ etwa tausend mal höher als die Dichte der Luftmoleküle bei Normaldruck. Die eigentliche Wechselwirkung der Elektronen untereinander ist wegen der großen Dichte sehr stark. Aber wegen des Paul-Prinzips sind nur inelastische Stöße von Elektronen mit Energie in der Nähe der Fermi-Kante möglich. Weicht die Bindungsenergie eines Elektrons wesentlich mehr als die thermische Energie ($\approx k_B T$;

T-Temperatur, k_B = Boltzmann-Konstante) von der Fermi-Energie ab, so sind alle energetisch erreichbaren Zustände schon besetzt. Es gibt keine freien Zustände, in die das Elektron gestreut werden könnte. Es muß, durch das Pauli-Prinzip gezwungen, in seinem Zustand beharren. Die Details des freien Elektronengasmodells findet man in jedem Lehrbuch der Festkörperphysik und sie sollen hier nicht wiederholt werden. Neuere Entwicklungen behandeln die Elektronen selbstkonsistent [26].

Die für die Elektronen im Rahmen einer sphärischen Jellium-Näherung berechneten Potentiale sehen typischerweise wie in Abb. 8.22 aus. Die elektronischen Energieniveaus gruppieren sich zu „Schalen". Da das Potential der Cluster in der einfachsten Jellium-Näherung kugelsymmetrisch ist, bleibt der Drehimpuls (s, p, d ... in Abb. 8.22) erhalten. Die radiale Quantenzahl (1, 2, 3 ...) ist nicht mit der Hauptquantenzahl der Atomphysik identisch, sondern gibt die Anzahl der Nullstellen der Wellenfunktion an. Bei Potentialen, die sehr verschieden vom Coulomb-Potential sind, ist dies eine günstigere Art der Klassifikation. Das Woods-Saxon-Potential der Kernphysik ist dem Jellium-Potential von Abb. 8.22 sehr ähnlich, und man findet daher in der Kernphysik dieselbe Klassifikation der Energieniveaus. Die im Atomkern beobachtete starke Spin-Bahn-Wechselwirkung zwischen den Nukleonen gibt es zwischen den Elektronen nicht.

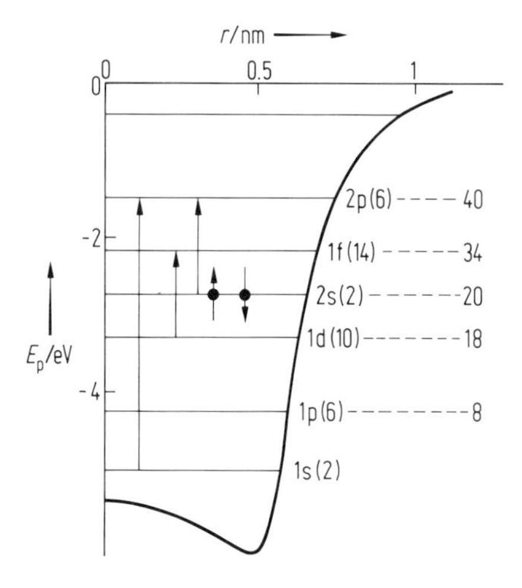

Abb. 8.22 Potentielle Energie E_p der Elektronen in Abhängigkeit von Clusterradius r in einem kugelförmigen Jellium-Cluster für Na_{20}. Der innere Teil des effektiven Potentials hat etwa die Form des Bodens einer Weinflasche. Der mittlere Radius ist $r_s \cdot N^{1/3}$, wobei r_s der Wigner-Seitz-Radius des Festkörpers ist. Die Energieniveaus sind wie in der Kernphysik durch die radiale Quantenzahl (1, 2, 3 ...) und die Drehimpulsquantenzahl (s, p, d, ...) gekennzeichnet. In Klammern ist die Entartung des Niveaus angegeben. Die Gesamtzahl der möglichen Elektronen in den Schalen erkennt man ganz rechts. Nur die beiden Elektronen im höchsten besetzten Niveau sind eingezeichnet. Die Pfeile kennzeichnen Ein-Elektronen-Übergänge, die zu den schmalen Strukturen in Abb. 8.26 führen, die experimentell noch nicht beobachtet wurden.

8.4.2.2 Experimentelle Tests des Jellium-Modells

Massenspektren. Im untersten 1s-Niveau können zwei Elektronen mit entgegengesetztem Spin untergebracht werden. Man vergleiche dazu Abb. 8.22. Jeder Drehimpulszustand l ist $(2l + 1)$-fach entartet. Im 1p-Niveau können also maximal 6 Elektronen sein, sodaß in den untersten beiden Schalen insgesamt 8 Elektronen Platz haben. Der nächste Schalenabschluß folgt bei 20, 40, 58, 92, ... Elektronen. Diese Schalenabschlüsse sind von W. Knight und Mitarbeitern im Massenspektrum von Na-Clustern

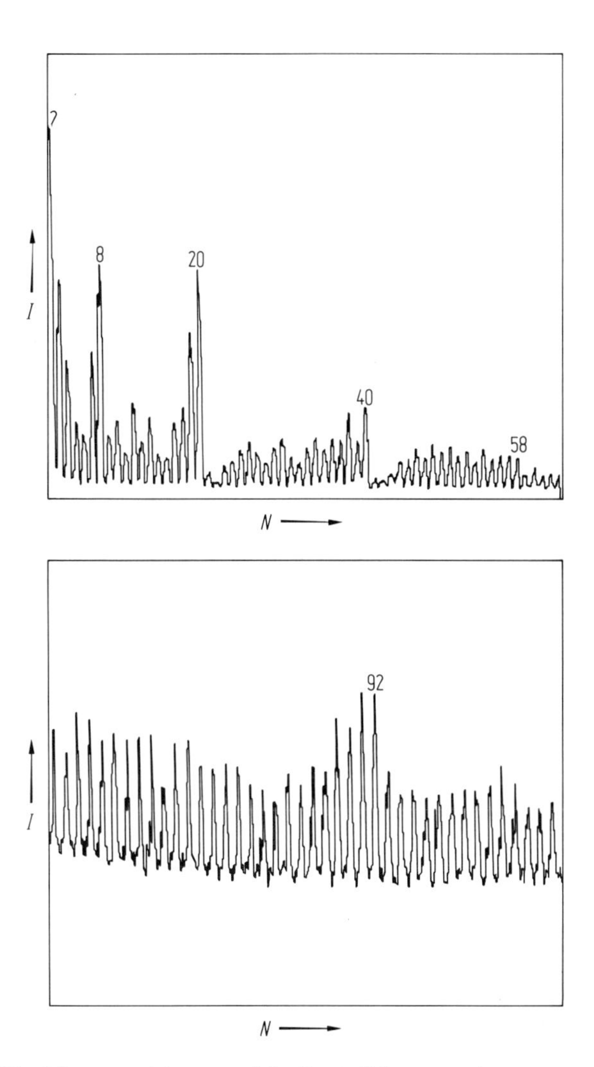

Abb. 8.23 Massenspektren von Alkalimetallclustern zeigen unter geeigneten Bedingungen Intensitätseinbrüche bei den Schalenabschlüssen des Jellium-Potentials. Die Messung wurde an einer Na/Ar-Düsenstrahlexpansion mit anschließender Photoionisation in der in Abb. 8.27a skizzierten Apparatur durchgeführt. I ist die Zählrate und N die Anzahl der Natriumatome pro Cluster [26].

beobachtet worden. Eine Na/Ar-Düsenstrahlexpansion wurde benutzt, um Na_N-Cluster herzustellen. Diese wurden nach einer Flugstrecke von über einem Meter photoionisiert und die Clusterionen in einem Massenspektrometer nachgewiesen [27]. Die dazu benutzte Apparatur zeigt Abb. 8.27a.

Das in Abb. 8.23 gezeigte Massenspektrum zeigt jeweils eine höhere Intensität genau bei der Anzahl von Na-Atomen pro Cluster, welche den Schalenabschlüssen des Jellium-Potentials entsprechen. Direkt nach diesen oft „magische Zahlen" genannten Massen höherer Intensität gibt es jeweils einen starken Intensitätseinbruch. Dieses Verhalten kann man folgendermaßen verstehen: Die Bindungsenergie eines metallischen Clusters im Jellium-Modell ist dann besonders groß, wenn er 8, 20, 40, ... Elektronen hat. Für 8 Elektronen gilt dies z. B. für Na_7^-, Na_8, Na_9^+, Al_3^+ etc. Dagegen sind Cluster, welche gerade ein weiteres Elektron haben, besonders instabil, da der Zuwachs an Bindungsenergie, welches das zusätzliche Elektron bringt, besonders klein ist. Um ein Massenspektrum wie in Abb. 8.23 zu erhalten, müssen die Cluster zum einen relativ warm sein. Dann zerfallen die schwächer gebundenen Cluster nach Gl. (8.4) und (8.5) aus Abschn. 8.2.1 schneller als die stärker gebundenen. Dies führt zu einer Erhöhung der Intensität auf den stärker gebundenen Massen. Zweitens darf der Cluster nur durch Photonen mit einer Energie knapp oberhalb der Ionisierungsenergie ionisiert werden. Nur unter diesen sehr einschränkenden Bedingungen erhält man im Massenspektrum der ionisierten Cluster ein Abbild der Häufigkeitsverteilung der ursprünglich *neutralen* Clusterverteilung. Wird die Photonenenergie oder die Photonenintensität zu groß, so wird der Cluster bei der Ionisation stark aufgeheizt. Er zerfällt, bevor er ins Massenspektrometer eintritt. Die oben geschilderten Zerfallsprozesse mit dem Ansammeln der Intensität auf den Massen mit größerer Bindungsenergie erfolgen dann für die *ionisierten* Cluster. Das Na_N^+-Massenspektrum hat folglich in diesem Fall „magische Zahlen" bei 9, 21, 41, ... Na-Atomen pro Cluster. Diese ionisierten Cluster haben dann gerade 8, 20, 40, ... freie Elektronen.

Ein Massenspektrum hängt also selbst bei den Alkalimetallclustern in komplexer Weise von den experimentellen Bedingungen ab. Das bedeutet, daß der oft gemachte Schluß von einer hohen Intensität im Massenspektrum auf eine hohe Bindungsenergie des neutralen oder ionisierten Clusters nicht immer eindeutig möglich ist. Oft ist er sogar unmöglich. Bei den Clustern aus Alkalimetallen ist er am ehesten gerechtfertigt, weil neutrale und ionisierte Cluster dieselben Bindungsverhältnisse haben. Das Wort „magische Zahlen" scheint sich zwar einzubürgern, aber die Intensitätsunterschiede in Massenspektren sind viel weniger „magisch" als die Unterschiede in den Bindungsenergien der Atomkerne.

Ionisierungsenergien. In Abschn. 8.3.3 war die experimentelle Bestimmung von Ionisierungsenergien und das Skalierungsgesetz für Cluster mit einem Radius $R > 0.7$ nm besprochen worden. Für kleinere R zeigt Abb. 8.16 zum Teil erhebliche Abweichungen, die hier diskutiert werden sollen. Abb. 8.24 zeigt gemessene und berechnete Ionisierungsenergien für Na_N-Cluster, mit $N \leq 22$ [28]. Für $N \leq 10$ zeigen experimentelle und theoretische Daten eine gerade-ungerade-Oszillation. Für $N \geq 11$ sind die Strukturen weniger ausgeprägt und die Übereinstimmung zwischen Experiment und Theorie nicht ganz so gut. Wie lassen sich die Oszillationen in der Ionisierungsenergie verstehen? Nach Abb. 8.22 ist für $N = 2$ die 1s-Schale, für $N = 8$ die 1p-

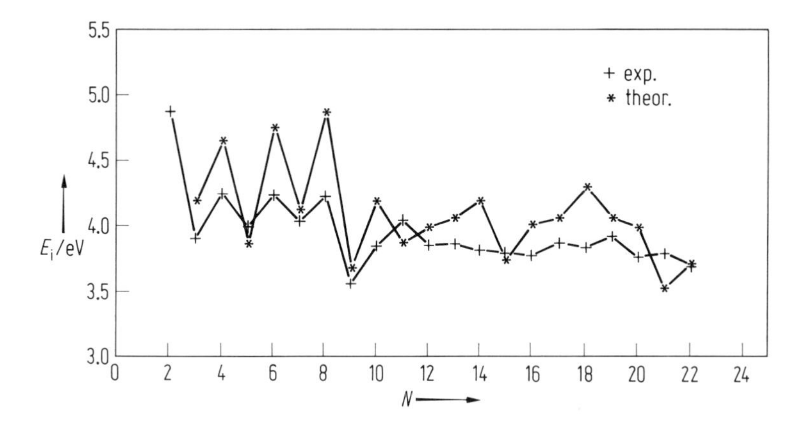

Abb. 8.24 Experimentell gemessene und nach dem Jellium-Potential berechnete Ionisierungsenergien E_i in Natriumclustern in Abhängigkeit von der Anzahl N der Na-Atome. Um eine befriedigende Übereinstimmung zwischen Theorie und Experiment zu erhalten, muß für Cluster mit offener Elektronenschale die Abweichung von der Kugelgestalt mitberücksichtigt werden.

Schale gefüllt. Eine abgeschlossene Schale bedeutet, daß die Bindungsenergie der Elektronen und damit auch die Ionisierungsenergie groß ist. Für $N = 3$ und $N = 9$ ist jeweils ein Elektron in der nächst höheren Schale. Es ist schwächer gebunden, und die Ionisierungsenergie ist klein. Bei den nicht abgeschlossenen Schalen kommt es zu einer Verzerrung der Kugelform, die in den Rechnungen berücksichtigt wird. Wegen der Verzerrung spalten die Energieniveaus aus Abb. 8.22 auf. Es bilden sich Unterschalen, die die restlichen Strukturen verständlich werden lassen. Die analoge Deformation eines Atomkerns zu einer nichtsphärischen Gestalt wird in der Kernphysik durch das *Nilsson-Modell* beschrieben. Die berechneten Deformationen der Jellium-Cluster mit offener Schale lassen sich durch die Aufspaltung der Plasmonenresonanz direkt nachweisen. Man vergleiche dazu die Diskussion zu Abb. 8.28.

Dasselbe oszillierende Verhalten wie die Ionisierungsenergie zeigt auch die Dissoziationsenergie als Funktion der Clustergröße [29], da die Bindung im Jellium-Cluster allein durch die Anzahl der Elektronen bestimmt wird.

Plasmonenresonanz. Bei der Plasmaschwingung führen die leichten Elektronen eine kollektive Schwingung gegenüber den schweren Kernen aus. Die Plasmafrequenz ω_p eines ausgedehnten homogenen Mediums ist

$$\omega_p = \left(\frac{ne^2}{\varepsilon_0 m}\right)^{\frac{1}{2}}, \tag{8.27}$$

wobei n die Dichte der Elektronen, m und e ihre (effektive) Masse und Ladung sind; ε_0 ist die elektrische Feldkonstante. Setzt man in diese klassische Gleichung die Elektronendichte des Natriums ($n = 2.65 \times 10^{23}/\text{cm}^3$) ein, so erhält man $\hbar\omega_p = 5.95$ eV, gemessen werden 5.58 eV. Gl. (8.27) gibt also keine perfekte, aber eine befriedigende Beschreibung. Das gute Reflexionsvermögen der Metalle im sichtbaren Spektralbe-

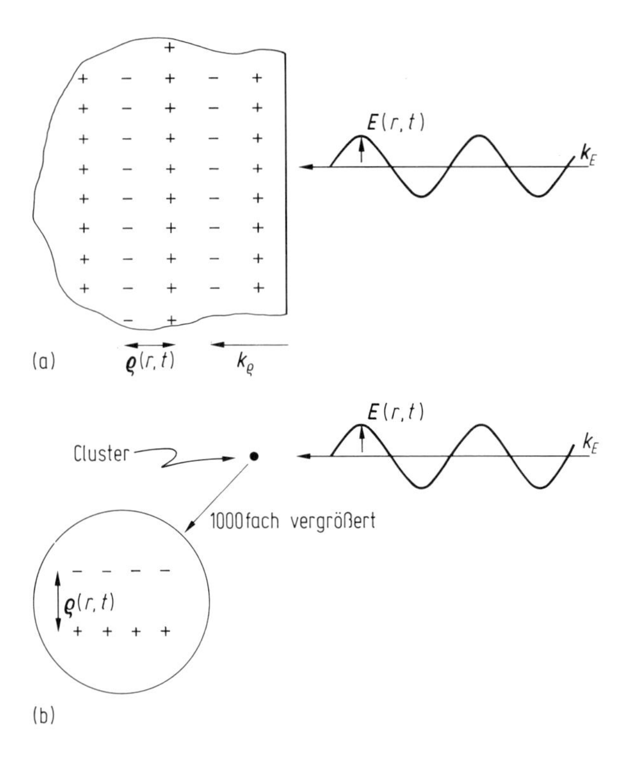

Abb. 8.25 Plasmaschwingung im makroskopischen Festkörper (a) und im Cluster (b). Die Plasmaschwingung ist eine kollektive Dichteschwankung der Elektronen gegenüber den Ionen. Die Elektronendichte ist an den mit (+) bzw. (−)-markierten Orten höher bzw. tiefer als im Ruhezustand. Die Schwingungsamplitude ist mit $\varrho(r, t)$ angedeutet. Im makroskopischen Festkörper kann die *longitudinale* Plasmaschwingung nicht an das *transversale* elektromagnetische Feld koppeln. Beim Cluster kann dagegen der elektrische Feldvektor an dem oszillierenden Dipol der Ladungsverteilung angreifen. Die Wellenlänge der Plasmafrequenz ist mit 200 bis 800 nm wesentlich größer als die hier diskutierten Cluster.

reich und ihre geringe Absorption im nahen UV lassen sich mit dem Jellium-Modell gut erklären.

Wie in Abb. 8.25a skizziert, ist die Plasmaschwingung im makroskopischen Festkörper eine *longitudinale* Dichteschwingung des Elektronengases. Sie kann durch die *transversale* elektromagnetische Welle nicht angeregt werden. Für eine Anregung müssen die Wellenvektoren $\boldsymbol{k}$ parallel sein. Das oszillierende Dipolmoment $\varrho(r, t)$ der Elektronen steht dann aber senkrecht zum elektrischen Feldvektor $\boldsymbol{E}$. Daher kann $\boldsymbol{E}$ nicht an ϱ koppeln. Man benutzt Elektronenstrahlen mit einer Energie von $\approx$ 50 keV, um durch inelastische Streuung der schnellen Elektronen Plasmonen auszumessen. Beim Cluster ist das anders. Die Wellenlänge der elektromagnetischen Schwingungen ist sehr viel größer als der Cluster. Man kann keinen Wellenvektor mehr definieren. Das oszillierende Dipolmoment der Ladungsverteilung (man vergleiche Abb. 8.25b) kann an den elektrischen Feldvektor ankoppeln. Die Plasmafrequenz einer metallischen Kugel ist gegenüber der nach Gl. (8.27) um einen Faktor $1/\sqrt{3}$ zu kleineren

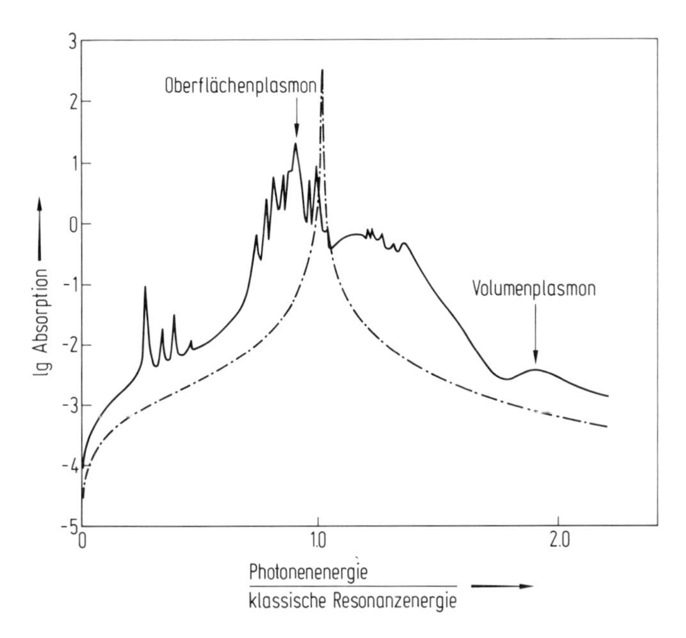

Abb. 8.26 Nach dem Jellium-Modell berechnete Plasmonenabsorption von Na_{92}. Die strichpunktierte Kurve gibt das klassische, die durchgezogene Kurve das quantenmechanische Resultat wieder. Man beachte den logarithmischen Maßstab der Absorptionswahrscheinlichkeit für ein Photon. Die Frequenz ist in Einheiten der klassischen Resonanzfrequenz aufgetragen (nach W. Ekardt, Fritz-Haber-Institut, Berlin).

Frequenzen verschoben. (Für eine ebene Oberfläche ergibt sich analog ein Faktor $1/\sqrt{2}$). In Abb. 8.26 ist die für Na_{92} nach dem Jellium-Modell berechnete Plasmonenabsorption eingezeichnet. Das Maximum der klassisch berechneten strichpunktierten Kurve ist nach Gl. (8.27) und dem oben gesagten durch $\omega_p/\sqrt{3}$ gegeben. In der Rechnung erhält man ein kollektives Verhalten aller Elektronen, welches zu der breiten Struktur in Abb. 8.26 führt. Diese ist überlagert von den Absorptionslinien für die Anregung einzelner Elektronen zwischen den Einelektronenniveaus der Abb. 8.22. Es lassen sich sowohl Oberflächen – als auch Volumenplasmonen anregen.

Die breite Struktur in Abb. 8.26 ist von zwei Arbeitsgruppen beobachtet worden. Beide in Abb. 8.27 schematisch gezeigten Apparaturen benutzen Düsenstrahlexpansionen (vgl. Abschn. 8.2.3), um die Cluster zu erzeugen. Abb. 8.27a zeigt schematisch die Apparatur von W. Knight und Mitarbeitern aus Berkeley. Die Cluster werden nicht nach der Masse selektiert. Die Plasmaresonanz wird durch Photonen der Frequenz $h\nu_1$ angeregt. Die Konversion der elektronischen Energie in Schwingungsenergie ist schnell gegenüber der Abstrahlung eines Photons. Die plötzliche Erhöhung der Schwingungsenergie führt dazu, daß der Cluster aufgeheizt wird und damit nach Gl. (8.5) schnell fragmentiert.

$$Na_N + h\nu_1 \rightarrow Na_N^* \rightarrow Na_{N-1} + Na\,.$$

Der Stern (*) steht für die Plasmonenanregung. Der Rückstoß beim Zerfall reicht

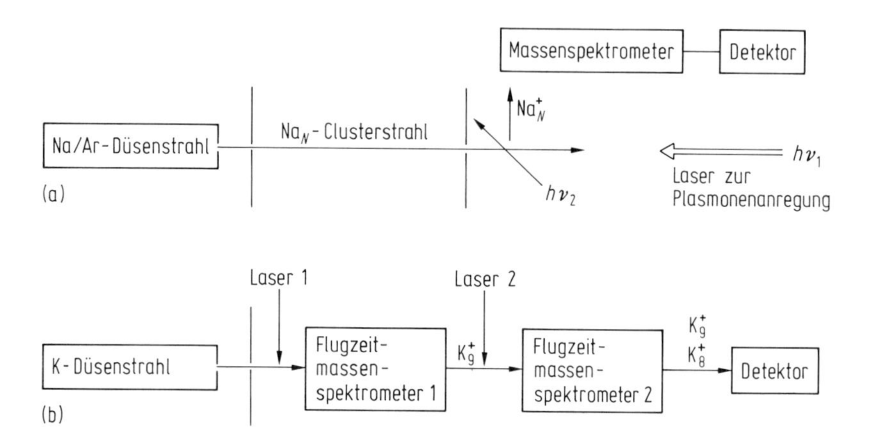

Abb. 8.27 Apparaturen für die Messung der Plasmaresonanz an (a) neutralen und (b) ionisierten Alkalimetallclustern. Die Resonanz wird durch einen Laser angeregt und der dadurch induzierte Zerfall des Clusters gemessen.

aus, um den Na_{N-1}-Cluster aus dem eng kollimierten Strahl zu entfernen. Die Cluster werden durch Photonen der Frequenz $h\nu_2$ ionisiert und massenselektiv nachgewiesen. Zur Messung wird der kontinuierlich arbeitende Laser periodisch unterbrochen und die Differenz der Signale am Detektor gemessen.

Abb. 8.27b zeigt die Apparatur von C. Bréchignac und Mitarbeitern aus Paris. Kaliumcluster werden kurz nach der Erzeugung durch den gepulsten Laser 1 photoionisiert. In dem Flugzeitmassenspektrometer 1 werden die K_N^+-Ionen zeitlich getrennt und eine Masse (z. B. K_9^+) selektiert. Der Laser 2 regt das Plasmon im K_9^+ an, der Zerfall nach K_8^+ wird in einem zweiten Flugzeitmassenspektrometer verfolgt. Abb. 8.28 zeigt Spektren, die mit den beiden Apparaturen aufgenommen wurden. Für Na_8 und K_9^+ findet man nur ein Maximum, während für die anderen Cluster ein Doppelmaximum gemessen wird. Nach dem Jellium-Modell ist dies sofort verständlich: Na_8 und K_9^+ haben je 8 freie Elektronen und sind wegen der abgeschlossenen elektronischen Schale kugelsymmetrisch. Für offene Schalen kommt es zu einer Verzerrung der Kugelsymmetrie. Die Elektronen haben parallel und senkrecht zu der Verzerrung unterschiedliche kollektive Schwingungsmoden, was zu der beobachteten Aufspaltung der Maxima führt [30, 31].

Neben diesen Untersuchungen an freien Clustern gibt es eine große Anzahl von Experimenten, bei denen Cluster in einem Überschuß verschiedener Gase (Ar, N_2, CO) eingefroren oder in ein Glas eingebaut wurden. Man findet eine Verschiebung der Plasmaresonanz und ihrer Breite mit der Clustergröße. Die Resultate sind in [32, 33] ausführlich beschrieben.

Bei der Riesenresonanz der Kernphysik schwingen Protonen und Neutronen gegeneinander, ohne daß sich die Form des Kerns ändert. Die Physik und der Energiebereich sind natürlich sehr verschieden, aber die Schwingungsform ist sehr verwandt mit der Plasmonenresonanz. Es handelt sich um eine kollektive Schwingung entweder der Nukleonen im Kern oder der Elektronen im Cluster. In beiden Fällen findet man bei nicht kugelsymmetrischen Teilchen eine Aufspaltung der Resonanzkurve.

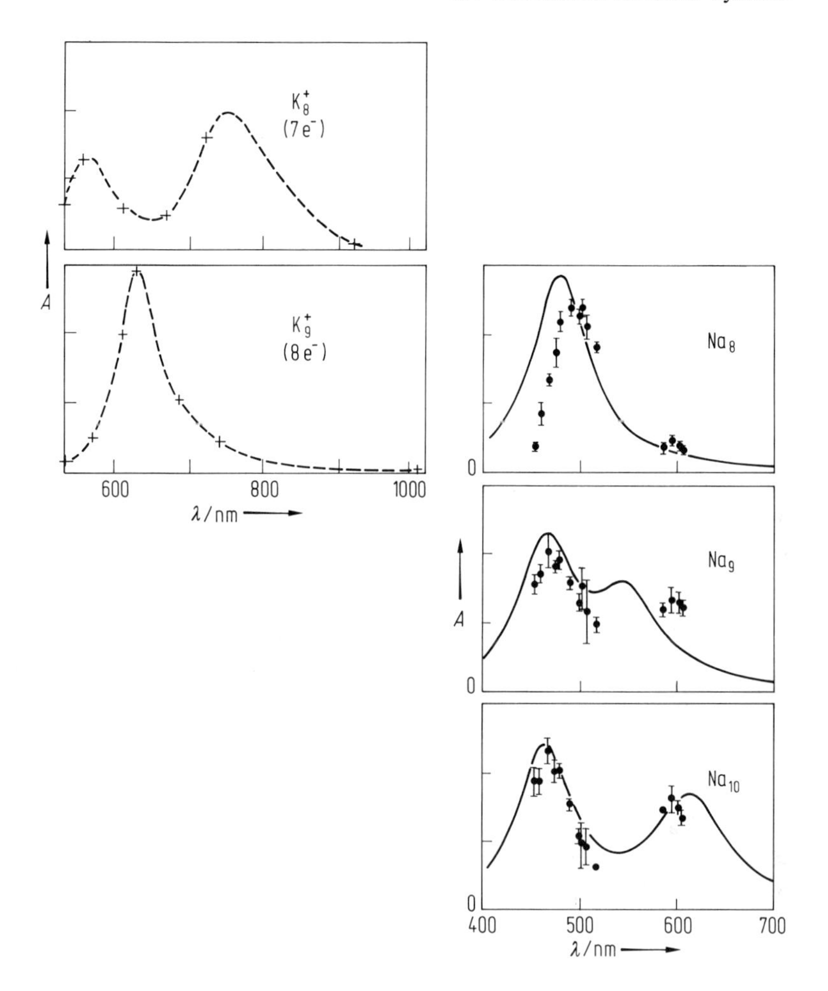

Abb. 8.28 Die Plasmonenresonanzen am Na_8 und K_9^+ wurden mit den Apparaturen in Abb. 8.27 gemessen. Bei der Plasmaresonanz führen die Elektronen eine kollektive Schwingung um die Ionen aus, wie es in Abb. 8.25b skizziert ist. Die schmalen Strukturen aus Abb. 8.26 konnten nicht nachgewiesen werden. Für kugelförmige Cluster mit abgeschlossener Elektronenschale (8 Elektronen, Na_8 und K_9^+) findet man ein einziges Maximum. Die Verschiebung der Resonanzfrequenz von Na_8 zu K_9^+ erklärt sich aus der unterschiedlichen Elektronendichte [s. Gl. (8.27)]. Die anderen untersuchten Cluster haben eine offene Schale, dies führt zu einer Verzerrung der Kugelform. Die Schwingungen parallel und senkrecht zu der Verzerrung haben unterschiedliche Frequenzen, die zu den beiden Maxima führen. Im Maximum der Resonanz hat der Wirkungsquerschnitt einen Wert von etwa 10^{-15} cm². Eine analoge kollektive Schwingung findet man bei der Riesenresonanz der Kernphysik (A = Absorption, λ = Wellenlänge).

Zusammenfassung Alkalimetallcluster: Die Experimente zu Massenspektren, Ionisierungsenergie, Dissoziationsenergie und Plasmonresonanz lassen sich alle mit dem Modell des freien Elektronengases (Jellium) verstehen, wenn man die Abweichung der Cluster von der Kugelgestalt bei offenen elektronischen Schalen berücksichtigt.

Aus Anzahl und Dichte der Valenzelektronen lassen sich die bisher gemessenen Eigenschaften verstehen. Das Jellium-Modell ist auf neutrale, positiv oder negativ geladene Cluster gleichermaßen anwendbar. Das Modell kann natürlich nur eine erste, wenn auch gute Näherung sein. Für eine feinere Betrachtung werden sicher die Größen der Ionenrümpfe wichtig werden, wie von Schumacher et al. [34] betont wurde.

8.4.3 Übergangsmetalle, Katalyse mit Clustern

Die Atome der Übergangsmetalle haben in elementarer Form teilweise besetzte d- oder f-Schalen. Scandium mit der Elektronenkonfiguration $4s^2 3d$ ist das leichteste Element dieser Gruppe. Anschließend folgt Ti, V, Cr, Mn, Fe, Co und Ni. Im Metall sind die s-Elektronen delokalisiert. Die d-Elektronen haben ein kleines Transferintegral (s. Abschn. 8.4.1) und daher am Atomkern eine große Aufenthaltswahrscheinlichkeit. Die s- und d-Bänder überlappen im Metall.

Übergangsmetalle haben oft gute katalytische Eigenschaften. Die Chemie und die Physik ihrer Oberflächen, an denen ja die katalytischen Reaktionen ablaufen, sind gut untersucht. Verschiedene Arbeitsgruppen haben sich mit der katalytischen Aktivität von Clustern aus Übergangsmetallen beschäftigt. Die dazu von der Arbeitsgruppe S. Riley [35] aus dem amerikanischen Forschungsinstitut Argonne bei Chicago verwendete Apparatur zeigt Abb. 8.29. Es ist eine Variante der in Abschn. 8.2.4 besprochenen Laser-Verdampfungsquelle. Der sich drehende und langsam vorwärtsschiebende Metallstab ist mit ^{56}Fe beschichtet. Man nimmt isotopenreines Eisen, damit die Massenspektren einfacher zu interpretieren sind. Ein intensiver Laserpuls hebt etwas von dem Material ab. Das abkühlende Edelgas wird in diesem Fall nicht gepulst, sondern kontinuierlich zugesetzt. Damit lassen sich offensichtlich kältere Cluster erzeugen. An zwei Stellen können Gase zugegeben werden, die mit den Clu-

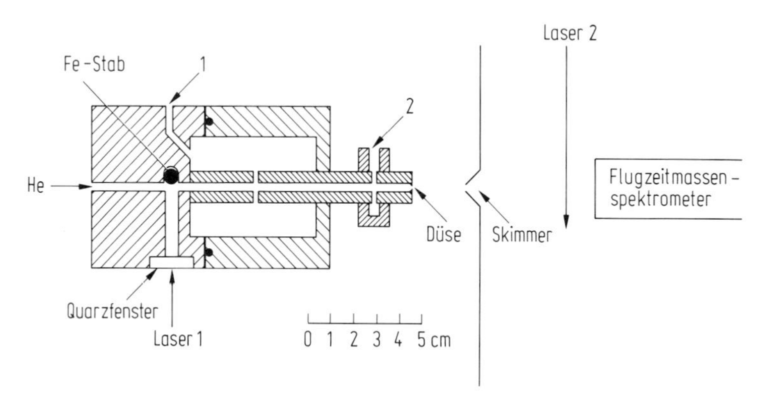

Abb. 8.29 Querschnitt durch die Clusterquelle, die bei der Bestimmung der katalytischen Eigenschaften von Fe-Clustern benutzt wurde. Ein kontinierlicher Heliumstrom führt zur Clusterbildung der durch den Laser 1 abgehobenen Fe-Atome. An den Stellen 1 und 2 können reaktive Gase zugegeben werden, die dann eine lange bzw. kürzere Zeit mit den Clustern wechselwirken. Die Reaktionsprodukte werden durch den Laser 2 ionisiert und in einem Flugzeitmassenspektrometer nachgewiesen.

stern reagieren sollen. Deren Wachstum ist an diesen Stellen schon abgeschlossen. Der Druck im Röhrchen ist typischerweise 250 Pa. Das Rohr verengt sich zu einer Öffnung von 1.5 mm Durchmesser. Durch diese strömt soviel Gas, daß man eine riesige Diffusionspumpe mit einer Saugleistung von 20000 l/s benötigt. Die Cluster werden 32 cm hinter dem Skimmer durch einen gepulsten Laser ionisiert. Aus den Massenspektren mit und ohne Zusatzgas wird auf die Ratenkonstante für die Anlagerung von Gasen geschlossen. Abb. 8.30 zeigt die Ergebnisse für H_2. Man beobachtet Variationen der Ratenkonstante um über 3 Größenordnungen. Sind die Cluster wärmer, so sind die Variationen nicht ganz so dramatisch. Dieses spektakuläre Resultat hat viele, darunter auch industrielle Arbeitsgruppen veranlaßt, mit der Untersuchung katalytischer Eigenschaften von Clustern zu beginnen. Nachteilig an dieser Entwicklung ist, daß viele Forschungsergebnisse nicht veröffentlicht werden, bevor sie nicht patentiert sind.

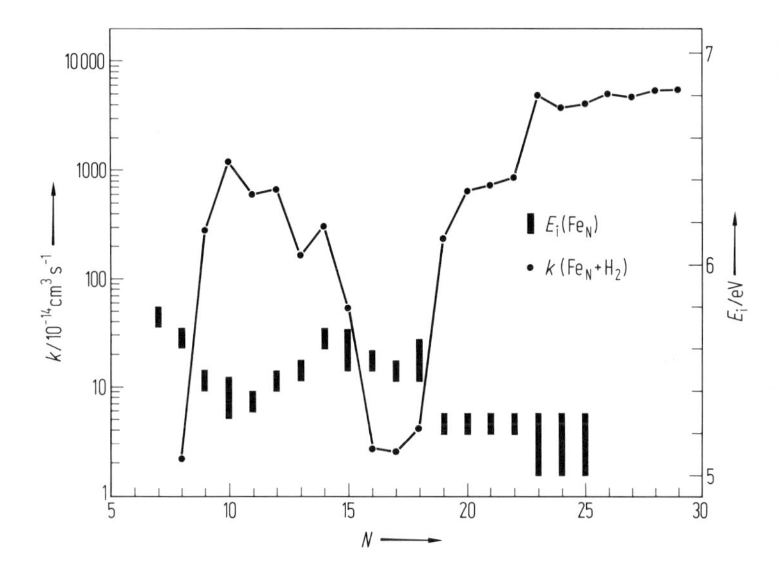

Abb. 8.30 Ratenkonstante k für die Reaktion von neutralen Fe-Clustern mit H_2 (linke logarithmische Skala). Die rechte lineare Skala gilt für die Ionisierungsenergien E_i; N ist die Anzahl der Atome in den Clustern.

Die Skala auf der rechten Seite von Abb. 8.30 gibt die gemessenen Ionisierungsenergien der Fe-Cluster wieder. Die Daten sprechen gegen eine früher vermutete Korrelation von Ionisierungsenergie und chemischer Reaktivität. Riley et al. argumentieren, daß die großen Variationen der Ratenkonstante von Änderungen der geometrischen Struktur der Cluster herrühren. Nähere Informationen findet man in Ref. c und f.

Bei dieser und anderen Untersuchungen zu katalytischen Eigenschaften freier Cluster werden diese ionisiert, bevor sie nachgewiesen werden. Nach der Diskussion in Abschn. 8.4.2 können die Cluster dabei fragmentieren. Dies muß durch sorgfältige

Wahl der Laserfrequenz und -leistung möglichst vermieden werden. Für die Übergangsmetalle scheint dies möglich zu sein, sonst würde man nicht so dramatische Variationen wie in Abb. 8.30 messen können.

8.4.4 Alkalimetallhalogenide

Bei den Alkalimetallhalogeniden füllt das Valenzelektron des Alkalimetalls das Loch in der p-Schale des Halogens. So entstehen zwei Ionen mit abgeschlossener elektronischer Schale. Der dominierende Beitrag zur Bindung kommt aus der elektrostatischen Anziehung der unterschiedlich geladenen Ionen. Das Wechselwirkungspotential läßt sich in guter Näherung in analytischer Form als Potential, das nur zwischen jeweils zwei Körpern herrscht, angeben. Für metallische oder kovalente Bindungen ist das nicht möglich.

Da das Potential so gut bekannt ist, existieren eine Reihe interessanter Rechnungen zu diesen Clustern. Abb. 8.2 zeigt ein Beispiel. Ein ausführlicher Übersichtsartikel dazu ist von T.P. Martin geschrieben worden [36]. Abb. 8.31 ist dieser Arbeit entnommen. Ein NaCl-Tetramer hat 2 stabile Formen. Die Würfelform ist um 0.27 eV stabiler als die Ringform. Bei tiefen Temperaturen ist daher der Würfel die

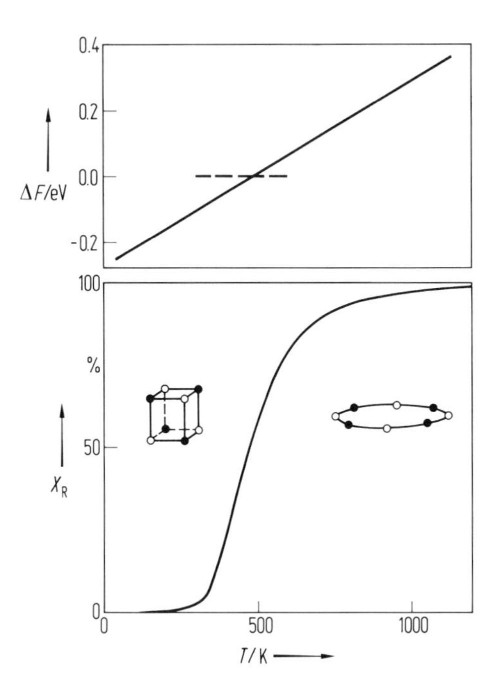

Abb. 8.31 Bei tiefen Temperaturen T ist $(NaCl)_4$ würfelförmig. Bei hohen Temperaturen ist dagegen die Ringstruktur bevorzugt. Der Unterschied ΔF in der Freien Energie der beiden Geometrien ist im oberen Teil der Zeichnung wiedergegeben. für $\Delta F = 0$ sind beide Strukturen gleich wahrscheinlich (X_R = Anteil der Ringstruktur).

bevorzugte Geometrie. Die bei höherer Temperatur angeregten Schwingungen haben beim Ring kleinere Frequenzen. Die Thermodynamik lehrt, daß dadurch die Entropie und Freie Energie steigen, so daß die Ringform bei hohen Temperaturen bevorzugt wird. Man sieht an diesem Ergebnis wieder, wie wichtig die experimentell so schlecht zu kontrollierende Temperatur von Clustern ist. Im oberen Teil von Abb. 8.31 ist der Unterschied ΔF in den Freien Energien von Würfel- und Ringstruktur aufgetragen. Wenn beide Geometrien gleich häufig vorkommen, so ist $\Delta F = 0$.

8.4.5 Silicium und Kohlenstoff, der kosmische Fußball

Bei den Kristallen aus Elementen der vierten Hauptgruppe (C, Si, Ge, Sn und Pb) ist Kohlenstoff ein reiner Nichtleiter (Diamant), Silicium und Germanium sind Halbleiter, während Blei metallischen Charakter hat. Bei einer Temperatur kleiner als 13.2 °C hat kristallines Zinn Diamantstruktur (α-Sn). Es wandelt sich bei Temperaturerhöhung in metallisches β-Sn und γ-Sn um. Cluster aus Sn und Pb werden hier nicht diskutiert. Die Elektronenstruktur der Atome ist ns^2np^2 mit $n = 2$ für C, $n = 3$ für Si und $n = 4$ für Ge. Behalten die Elemente die s^2p^2-Struktur in einer chemischen Bindung bei, so sind sie zweiwertig. Häufig kommt es aber zu einer sogenannten Hybridisierung. Ein s-Elektron besetzt ein p-Orbital. Dafür ist bei Kohlenstoff eine Anregungsenergie von etwa 4 eV nötig. In der Elektronenkonfiguration sp^3 können die Atome vier Bindungen eingehen. Der dadurch entstehende Gewinn an Bindungsenergie (3.6 eV pro Bindung bei C) kompensiert bei weitem den Energieaufwand, um das Elektron aus dem s- in das p-Orbital zu setzen. Dies ist die allereinfachste Beschreibung der Bindungsverhältnisse. Für weitergehende Diskussionen wird wieder auf die Lehrbücher der Chemie oder Festkörperphysik verwiesen. Dort wird ebenfalls vorgerechnet, daß eine sp^3-Elektronenstruktur einen tetraedrischen Bindungscharakter aufweist. Nur wenn sich zwei Atome in einer bestimmten Richtung befinden, können sie eine Bindung eingehen. Diese kommt dadurch zustande, daß zwei Elektronen benachbarter Atome ein molekulares Orbital besetzen. Die kovalente Bindung ist z. B. vom H_2 bekannt. Bei Kohlenstoff, Silicium, Germanium und α-Zinn sind die Atome durch ein dreidimensionales, tetraedrisches Geflecht von Bindungen (Diamantgitter) miteinander verknüpft, während beim H_2 immer nur zwei Atome eine kovalente Bindung eingehen. Die H_2-Moleküle untereinander haben daher nur eine schwache Van-der-Waals-Bindung.

Bei Clustern aus Metallen oder Edelgasen kann man manche Strukturen „erraten", indem man Kugeln aufeinanderstapelt. Dies ist für C, Si und Ge nicht möglich. Der durch die tetraedrische Bindung gegebene Zwang zur räumlichen Ausrichtung ist für nicht zu kleine Cluster stärker als das Bestreben, kompakte Strukturen aufzubauen. Abb. 8.32 zeigt für Si_N, $N = 2$ bis 10, berechnete Strukturen [37]. Si_3 hat aufgrund der Jahn-Teller-Verzerrung (s. Abschn. 8.4.2) einen Öffnungswinkel von 80°, Si_4 ist ein etwas gestauchter Rhombus, Si_5 und Si_6 sind Bipyramiden mit drei- bzw. vierzähliger Symmetrie. Für Si_6 und Si_{10} zeigt Abb. 8.32 ebenfalls Fragmente des Diamantgitters des Festkörpers. Man erkennt eine wesentlich offenere Struktur als im Cluster. Durch die vielen ungesättigten Bindungen an der Oberfläche des Clusters kommt es im Vergleich zu den Strukturen des Festkörpers zu einer Verkürzung der Bindungslängen. Der Cluster steht gewissermassen unter einem großen

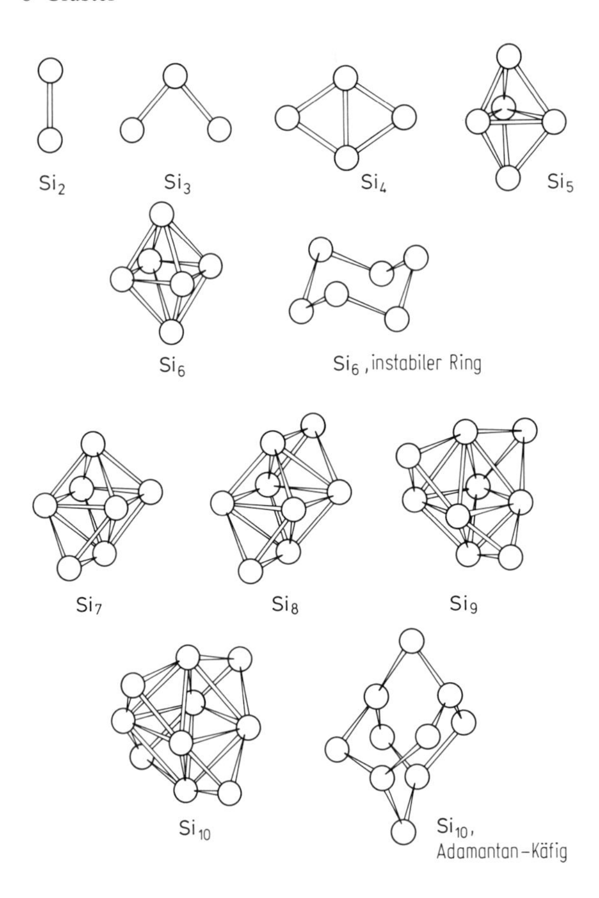

Abb. 8.32 Berechnete Strukturen für Si_2 bis Si_{10}. Die eingezeichneten Verbindungen zeigen zum nächsten Nachbarn. Für $N = 6$ und $N = 10$ sind instabile Ausschnitte des Diamantgitters des kristallinen Siliciums gezeigt. Die Cluster haben eine wesentlich kompaktere Struktur als der Festkörper.

Druck und es ergeben sich für kleine Cluster metallähnliche geometrische Strukturen. Aus den Rechnungen folgt, daß für die kleinen Cluster die Elektronenstruktur nahe bei s^2p^2 liegt. Der Übergang zur sp^3-Konfiguration wird bei 100 bis 1000 Atomen pro Cluster erwartet.

Mit der Laser-Verdampfungsquelle lassen sich leicht C-, Si- und Ge-Cluster herstellen. Selbst ohne Gaszusatz, also alleine dadurch, daß man den Laser auf den sich drehenden Stab fokussiert, kann man C-, Si- und Ge-Cluster erhalten. Die in Massenspektren und Photofragmentationsexperimenten gefundenen Maxima der Clusterionen lassen sich theoretisch verstehen. Literatur dazu findet sich in der oben zitierten theoretischen Arbeit. Wie man aus Tab. 8.5 entnehmen kann, ist das Verhalten der kovalent gebundenen Cluster verschieden von dem der metallisch gebundenen Cluster. Die bei der Photofragmentation beobachteten großen Fragmente haben eine hohe Bindungsenergie. Es ist deshalb energetisch günstiger, diese Bruchstücke abzuspalten, als ein oder mehrere Atome. Wie bei den Metallen wird der energetisch tiefste

Zerfallskanal bevorzugt. Die lange Lebensdauer der elektronisch angeregten Zustände ist wahrscheinlich auf die Lücke zwischen den sich ausbildenden Valenz- und Leitungsbändern zurückzuführen. Dadurch wird eine Zwei-Photonen-Spektroskopie möglich. Das erste Photon regt ein Niveau an, das innerhalb der Lebensdauer ein zweites Photon absorbiert.

Tab. 8.5 Unterschiede im Verhalten von metallisch und kovalent gebundenen Clustern.

Cluster aus	Photofragmentation	Lebensdauer der elektronisch angeregten Zustände
Metall	Abdampfen eines Atoms, in seltenen Fällen eines Dimers	< 1 ps
C, Si, Ge	Spaltung des Clusters in größere Bruchstücke. $N \approx 6 \ldots 12$ bei Si, Ge $N \approx 3$ bei C	≈ 100 ns bei Si

Der Kohlenstoffcluster C_{60}. Für einen Kohlenstoffcluster mit 60 C-Atomen ist von der Arbeitsgruppe von R. E. Smalley an der Rice University in Texas die in Abb. 8.33 gezeigte Kugelform postuliert worden [38]. Die Geometrie aus 12 Fünfecken und 20 Sechsecken erhält man, wenn man von einem Ikosaeder alle Spitzen abschneidet, wie es in Abb. 8.33 a gezeigt ist. Setzt man in jede der 60 Ecken von Abb. 8.33 b je ein C-Atom, so erhält man die vorgeschlagene C_{60}-Struktur. Man hat sie schon als **kosmischen Kohle-Fußball** bezeichnet, da ein Fußball aus 12 schwarzen Fünfecken und 20 weißen Sechsecken zusammengenäht ist. Die innere und äußere Fläche der postulierten C_{60}-Kugel ist mit delokalisierten π-Elektronen bedeckt. Der Durchmesser des eingeschlossenen Hohlraums ist mit 0.7 nm groß genug, um darin ein oder mehrere Atome einzusperren. Die Autoren spekulieren, daß ähnliche Kohlenstoffcluster im

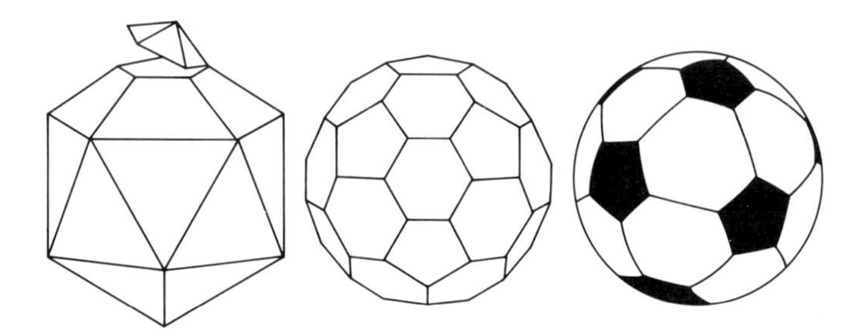

Abb. 8.33 Schneidet man alle Spitzen eines 20seitigen Ikosaeders (links) ab, so erhält man eine kugelförmige Struktur (Mitte), die wie ein Fußball aus zwölf Fünfecken und zwanzig Sechsecken zusammengesetzt ist (rechts). Der beschnittene Ikosaeder hat 60 Ecken. Setzt man in jede ein C-Atom, so erhält man die vorgeschlagene Struktur des Clusters C_{60}.

Weltall existieren und dort Zentren für die Synthese großer Moleküle bilden könnten. Weiter wird vermutet, daß nicht identifizierte IR-Linien aus dem Weltall durch C_{60}-Cluster hervorgerufen werden könnten.

Die in Abb. 8.33 dargestellte Geometrie des C_{60} wurde aus den in Abb. 8.34 gezeigten Massenspektren geschlossen. Die Interpretation war etwas umstritten, aber Abb. 8.33 gibt zumindest eine mögliche Struktur wieder. Die Literatur bis Ende 1988 wird in [39] zitiert. Die Kohlenstoffcluster wurden mit einer Laser-Verdampfungsquelle (s. Abb. 8.7a) produziert. Bei der Aufnahme des Spektrums in Abb. 8.34a war der Heliumdruck über dem Graphitstab etwa 10^4 Pa. Die Vielfalt der Linien entspricht den Clustern, die direkt vom Stab abgehoben wurden. Erhöht man den Heliumdruck um 2 Größenordnungen, so erhält man Abb. 8.34b. Verlängert man den kurzen, in Abb. 8.7a sichtbaren Kanal, so erhält man ein Spektrum, bei dem über 50% der Intensität auf C_{60}^+ erscheint (Abb. 8.34c).

Kroto und Smalley haben C_{60} „Buckminsterfulleren" getauft; im Laborslang wird häufig „Buckyball" verwendet. Buckminster Fuller war ein amerikanischer Architekt, dessen leichtgewichtige, aber unglaublich stabile „geodäsische" Dome den beiden den Weg zur geometrischen Struktur des C_{60} zeigten [71]. Unter „Fullerenen" versteht man alle C_n Cluster mit $n \geq 24$.

Ein richtiger C_{60} Forschungsboom setzte ein, nachdem es gelang, makroskopische Mengen von C_{60} herzustellen [65]. Dazu wird der Ruß von einer in einer He-Atmosphäre brennenden Graphitelektrode in Toluol aufgelöst. Aus der Lösung lassen sich C_{60}/C_{70}-Mischkristalle züchten. Durch Röntgenbeugung, NMR Messungen und chemischen Methoden an reinen, kristallinen Proben konnte die geometrische Struktur des C_{60} Clusters nach Abb. 8.33 inzwischen bestätigt werden.

Einige neuere Entwicklungen sind: Die delokalisierten π Elektronen des C_{60} zeigen

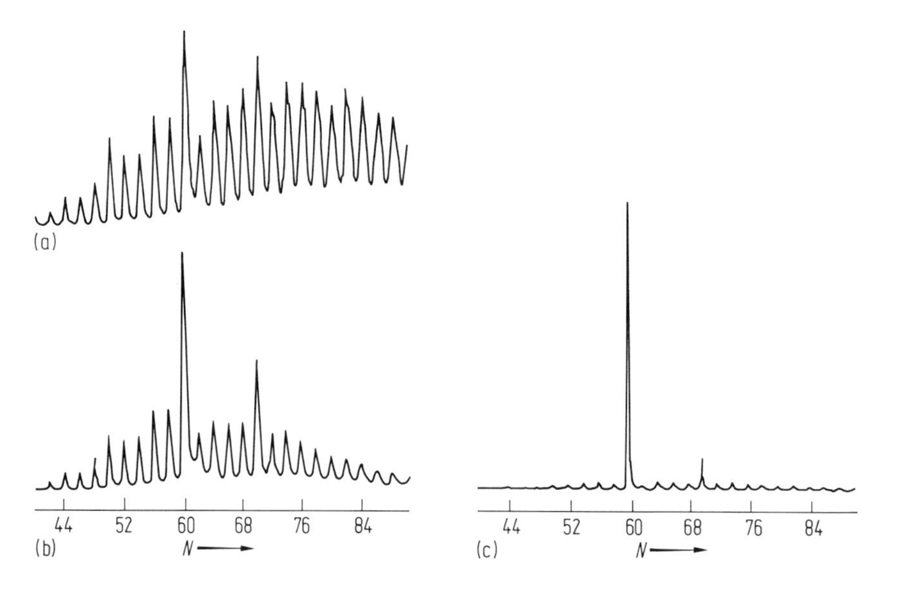

Abb. 8.34 Massenspektren von C_N^+-Clustern. Unter speziellen Bedingungen, die im Text näher erläutert sind, erhält man eine hohe Intensität auf C_{60}^+.

eine ähnliche Riesenresonanz wie die Alkalicluster (vgl. Abb. 8.28) [72, 73]. Im Inneren von C_{60} ist gerade genügend Platz für ein Atom. Bei einem K_3C_{60} kann ein Kalium Atom im Inneren sein, zwei müssen außen sein [74]. Mischungen von Alkalimetallen oder Thallium mit C_{60} werden supraleitend, wobei Sprungtemperaturen bis zu 43 K erreicht wurden [75, 76]. „Nanometer Kugellager" aus C_{60} sind vorgeschlagen worden [76]. Es gibt Spekulationen darüber, ob sich mit der Entdeckung der Fullerene vielleicht eine neue organische Chemie aufbauen läßt [77].

8.4.6 Edelgase

Für die Edelgase ist eine separate Behandlung der neutralen und ionisierten Cluster erforderlich. Anders als bei den Alkalimetallen ist die elektronische Struktur und damit das Verhalten sehr von der einen zusätzlichen Ladung abhängig. Viele der entwickelten Ideen sind nicht nur auf Edelgase, sondern auch auf andere Atome und Moleküle mit abgeschlossener elektronischer Schale anwendbar. Mischcluster (z. B. $Ar_{10}Xe_3$) werden nicht diskutiert.

8.4.6.1 Neutrale Edelgascluster

Die einfachsten, überhaupt vorkommenden Bindungsverhältnisse findet man bei den Molekülen, Clustern und Kristallen aus Edelgasen im elektronischen Grundzustand. Bei kleinen internuklearen Abständen R ist die Wechselwirkung wegen der abgeschlossenen elektronischen Schale rein repulsiv. Bei größeren R existiert aufgrund der induzierten Dipol-Dipol-Wechselwirkung eine schwache Anziehung. Das Potential wird oft durch ein Lennard-Jones-Potential $V_{\mathrm{LJ}}(R)$ parametrisiert:

$$V_{\mathrm{LJ}}(R) = \varepsilon\left[\left(\frac{\sigma}{R}\right)^{12} - 2\left(\frac{\sigma}{R}\right)^{6}\right]. \tag{8.28}$$

Dabei ist ε die Tiefe des Potentialminimums, welches für $R = \sigma$ angenommen wird. Mit diesem Potential sind sehr viele Rechnungen zu Struktur [40] und dynamischen Prozessen [41] in Clustern durchgeführt worden. Allerdings ist das Lennard-Jones-Potential keine gute Darstellung der wirklichen Potentialverhältnisse. Zwar gibt der langreichweitige R^{-6}-Term den asymptotischen Verlauf einigermaßen richtig wieder, aber der repulsive R^{-12}-Term in Gl. (8.28) bedingt einen viel zu steilen Anstieg bei kleinen R. Das hat verschiedene, nicht immer klar ersichtliche Auswirkungen auf Struktur und Thermodynamik der berechneten Cluster. So hat z. B. ein Ar_{13}-Cluster mindestens 988 relative Potentialminima, falls man ein Lennard-Jones-Potential voraussetzt. Das in der Realität vorkommende Ar-Ar-Potential ist viel weicher. Damit verringert sich diese Anzahl um etwa einen Faktor 10. Es ist daher bei der Wertung von Rechnungen, die Lennard-Jones-Potentiale benutzen, nicht evident, ob sie auf im Experiment realisierbare Cluster anwendbar sind, oder aber ob es sich nur um theoretisch interessante „Lennard-Jonesium"-Cluster handelt.

Die Experimente zur Elektronenbeugung an Edelgasclustern wurden schon in Abschn. 8.1.3 kurz besprochen. Abb. 8.1 zeigt das Wachsen kleiner und großer Cluster. Es werden regelmäßige kompakte Strukturen aus Ikosaedern bevorzugt. Wegen der in Abschn. 8.4.6.2 diskutierten Fragmentationsprozesse sind außer den Elektronenbeugungsexperimenten so gut wie keine Untersuchungen an neutralen Edelgasen durchgeführt worden. Bei den Elektronenbeugungsexperimenten kreuzt ein Elektronenstrahl einer Energie von etwa 50 keV den Clusterstrahl. Das Elektron braucht etwa 10^{-16} s, um einen Cluster von 5 nm Durchmesser zu durchqueren. Innerhalb dieser Zeit bewegen sich die Kerne so gut wie nicht. Zur Interferenz fähig sind nur die Elektronen, welche am Cluster elastisch gestreut wurden. Dabei wird die Richtung aber nicht die Energie der Elektronen geändert. Inelastische Prozesse (Ionisation, Anregung, etc.) haben also keinen Einfluß auf das Beugungsbild. Man erhält Informationen über den *ungestörten, neutralen* Cluster.

Auf dem Gebiet der Struktur und Dynamik von Edelgasclustern im Grundzustand ist die Theorie dem Experiment weit voraus. Cluster aus Helium bieten eine besonders große Herausforderung. Sie sind sicher flüssig, aber sind sie vielleicht auch suprafüssig? Wie könnte man das nachweisen?

Von T. Möller und Mitarbeitern sind in jüngster Zeit die optischen Spektren neutraler Edelgascluster untersucht worden. Eine Massenanalyse vor der Photoabsorption ist nicht möglich. Aber aus den bekannten Skalierungsgesetzen konnte die Clustergröße angenähert bestimmt werden [67].

8.4.6.2 Ionisierte Edelgascluster

Die hier diskutierten Phänomene wie g/u-Aufspaltung der Potentialkurven und die daraus resultierende Lokalisierung existieren auch bei den elektronisch angeregten Zuständen der Edelgascluster. Es gibt dazu allerdings keine Experimente, so daß auf eine separate Behandlung verzichtet wird. Viele der hier verwandten Konzepte findet man bei der Beschreibung der kondensierten Edelgase wieder, über die es einen schönen Übersichtsartikel gibt [k].

Man kann Alkalimetallcluster mit Photonen einer Energie knapp oberhalb der Ionisierungsenergie ionisieren, ohne daß der Cluster dabei auseinanderbricht, oder wie man auch sagt, fragmentiert. Fragmentation findet erst bei höheren Photonenenergien statt. Versucht man dasselbe mit Clustern aus Edelgasen oder anderen Atomen und Molekülen mit abgeschlossener elektronischer Schale, so ändert sich das Massenspektrum in der Nähe der Ionisierungsschwelle kaum. Das bedeutet nicht, daß die Fragmentation klein ist, sondern daß sie fast unabhängig von der Energie des Photons ist. Dieser Abschnitt soll dazu dienen, dieses Phänomen zu verstehen und Experimente dazu zu diskutieren.

Von Buck und Mitarbeitern ist mit der in Abb. 8.9 skizzierten Apparatur die Fragmentation von Clustern aus Edelgasen und anderen Atomen und Molekülen untersucht worden. Streut man z. B. einen Ar_N-Clusterstrahl an einem He-Atomstrahl, so kann man nach einer Analyse der Transformation vom Schwerpunkt- ins Laborsystem ausrechnen, daß z. B. unter einem bestimmten Streuwinkel θ nur Ar_6 mit einer bestimmten Geschwindigkeit v gestreut wird. Das schwenkbare Massenspektrometer wird auf diesen Winkel gefahren, der Cluster durch Elektronenstoß ionisiert und nur Teilchen, die die Geschwindigkeit v haben, werden registriert. Aus den so gemessenen Massenspektren wurden die Daten für Tab. 8.6 gewonnen. Der ursprüngliche Ar_6-Cluster wird so stark fragmentiert, daß weder Ar_6^+, Ar_5^+ noch Ar_4^+ beobachtet wird.

Tab. 8.6 Fragmentation von Argonclustern durch Elektronenstoß bei einer Energie von 100 eV: $Ar_N + e^- \rightarrow Ar_i^+ + (N-i)\,Ar + 2e^-$. Ein Stern (*) bedeutet, daß keine Intensität auf diesen Massen nachweisbar war. Für $N = 4$ bis 6 konnte aufgrund experimenteller Schwierigkeiten kein Ar^+ nachgewiesen werden. Bei der Auswertung wurde daher angenommen, daß die Fragmentation beim Dimer-Ion aufhört. Unabhängig von der ursprünglichen Clustergröße N findet man für $N = 2$ bis 6 die höchste Intensität auf Ar_2^+ (nach Buck und Meyer [58]).

N \ i	1	2	3	4	5	6
1	1					
2	0.4	0.6				
3	0.3	0.7	$< 10^{-4}$			
4	–	1.0	$< 0.5\,\%$	*		
5	–	0.98	2 %	*	*	
6	–	0.95	5 %	*	*	*

Auf Ar_3^+ erhält man 5 % der Intensität, den Rest findet man beim Monomer und Dimer. Leider ist die Bucksche Methode der Strahlseparation neutraler Cluster nur bei kleinen Clustern ($N \leq 8$) anwendbar. Der physikalische Grund für das starke Auseinanderbrechen bei der Ionisation ist die große Änderung der Bindungsverhältnisse im Cluster, die jetzt diskutiert werden soll.

Potentiale für neutrale und ionisierte Edelgasdimere. In Abb. 8.35 ist das Verhalten der elektronischen Energien für zwei Heliumatome skizziert. Die Betrachtung des He-Dimers reicht aus, um die Grundgedanken dieses Abschnittes zu verstehen. Die Verhältnisse bei den schweren Edelgasen werden in Zusammenhang mit Abb. 8.36 diskutiert. Sind zwei Atome He_1^g und He_2^x weit voneinander entfernt, so ist eine mögliche elektronische Wellenfunktion

$$\Psi_1 = \varphi_l(He_1^g)\,\varphi_r(He_2^x)\,. \tag{8.29}$$

Sie definiert einen Zustand bei dem sich das He_1-Atom links (l) und das He_2-Atom rechts (r) befindet. Der Index g bedeutet, daß sich He_1 im Grundzustand befindet. Ist $x = g$, so befinden sich beide Atome im Grundzustand. Ist $x \neq g$, so kann He_2 elektronisch angeregt oder ionisiert sein. Einen von Gl. (8.29) nicht unterscheidbaren Zustand erhält man durch Vertauschen der beiden Atome:

$$\Psi_2 = \varphi_l(He_2^x)\,\varphi_r(He_1^g)\,. \tag{8.30}$$

Sowohl Ψ_1 als auch Ψ_2 sind keine Eigenfunktionen des Gesamtsystems, denn diese müssen für ein Dimer symmetrisch bzw. antisymmetrisch gegenüber Vertauschung der Kerne sein. Elektronische Wellenfunktionen mit Inversionssymmetrie lassen sich aus Ψ_1 und Ψ_2 durch Linearkombination aufbauen:

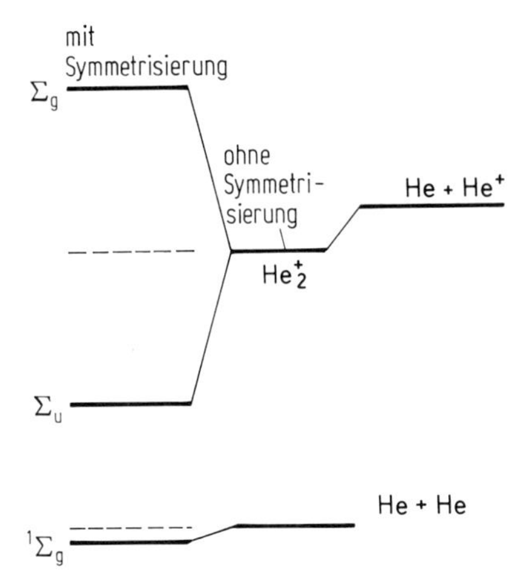

Abb. 8.35 Elektronische Energieniveaus des neutralen und ionisierten Heliumdimers. Durch die gerade/ungerade-Aufspaltung kommt es zu einer riesigen Aufspaltung der Energie des Ions ($\approx 5\,\mathrm{eV}$). Die Absenkung des neutralen Energienieaus ist mit $\approx 0.001\,\mathrm{eV}$ dagegen sehr klein und in der Zeichnung übertrieben dargestellt.

$$\chi_g = \frac{\Psi_1 + \Psi_2}{\sqrt{2}}, \tag{8.31}$$

$$\chi_u = \frac{\Psi_1 - \Psi_2}{\sqrt{2}}. \tag{8.32}$$

Der Index g weist auf die gerade, der Index u auf die ungerade Inversionssymmetrie hin. Die Gln. (8.31) und (8.32) sind nur für große internukleare Abstände R eine gute Näherung. Für kleine R sind χ_g und χ_u komplizierter aufgebaut, aber ihre Symmetrie bleibt erhalten. Das Verhalten der Energieeigenwerte von $\Psi_{1,2}$ und $\chi_{g,u}$ ist in Abb. 8.35 skizziert. Die Summe der Eigenwerte plus die Coulomb-Abstoßung der Kerne ist gleich dem Wechselwirkungspotential.

Für den Grundzustand gibt es keine Aufspaltung, da χ_u nach Gl. (8.32) für $x = g$ identisch verschwindet, da Ψ_1 gleich Ψ_2 wird. Die Aufspaltung für $N = 2$ in Abb. 8.17 gilt also nicht für Atome mit abgeschlossenen Schalen. Aufgrund des Pauli-Prinzips fällt sie dort weg. (Für Na_2 haben die beiden Zustände unterschiedlichen Spin, $S = 0$ und $S = 1$, und daher ist $\chi_u \neq 0$). Die Absenkung des Grundzustandes in Abb. 8.35 ist stark übertrieben. Sie beträgt bei Helium nur etwa 1 meV.

Für die elektronisch angeregten oder ionisierten Zustände liegen die Verhältnisse völlig anders. Vernachlässigt man die Symmetrisierung, rechnet also die Eigenwerte von Gl. (8.29) oder (8.30) aus, so erhält man eine kleine Absenkung der Energie (50 bis 100 meV). Eine im Vergleich dazu große Aufspaltung ($\approx 5\,\mathrm{eV}$) bekommt man, wenn man die Symmetrisierung der Wellenfunktionen berücksichtigt. Abb. 8.36 zeigt die etwas komplizierteren Potentialverhältnisse bei Ar_2 und Ar_2^+, die typisch für alle schwereren Edelgase sind. Der Grundzustand hat wieder nur ein ganz flaches Minimum ($\varepsilon = 12\,\mathrm{meV}$). Die Zustände des Ar^+ sind wegen der Spin-Bahn-Wechselwirkung der Elektronen in $P_{1/2}$ und $P_{3/2}$ aufgespalten. Ohne Symmetrisierung würde

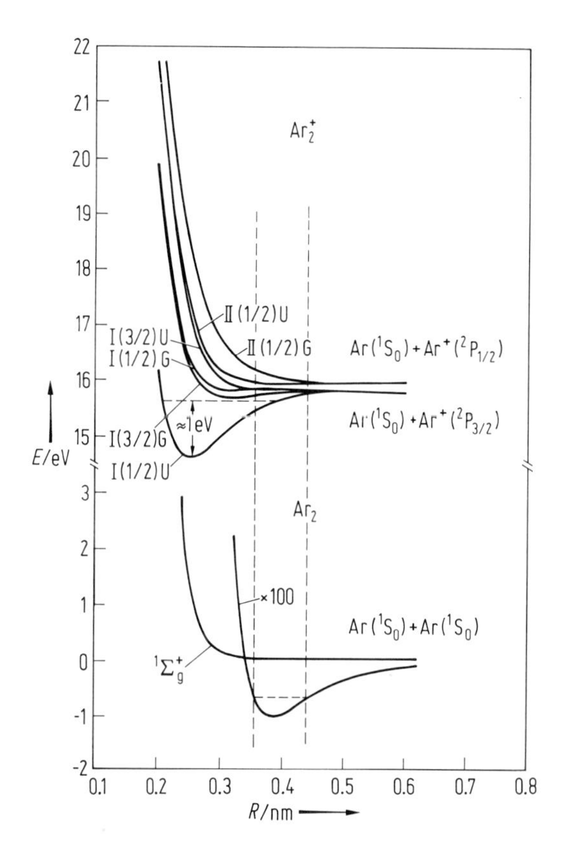

Abb. 8.36 Wechselwirkungsenergie E von Ar_2 in Abhängigkeit vom Kernabstand R. Bei der Ionisation wird wegen der unterschiedlichen Gleichgewichtslagen von Ar_2 und Ar_2^+ das Dimer-Ion mit einer hohen Schwingungsenergie gebildet. Die gerade/ungerade-Aufspaltung führt zu dem tiefen Energieminimum des Ions. Das Gebiet um $R = 0.4$ nm zwischen den beiden gestrichelten Senkrechten ist der Franck-Condon-Bereich.

man drei flache Potentialkurven bekommen, die für kleine R einmal Σ- und zweimal Π-Charakter haben. Die Bedeutung dieser Klassifikation wird in den Lehrbüchern der Molekülphysik behandelt. Mit Symmetrisierung der elektronischen Wellenfunktion spaltet jedes Potential einmal auf. Man erhält also insgesamt 6 Potentialkurven, eine davon hat ein tiefes Minimum mit einer Dissoziationsenergie von etwa 1 eV. *Die gerade/ungerade-Aufspaltung ist also verantwortlich für die starke Absenkung des untersten elektronischen Zustandes und damit auch für die unten beschriebene Lokalisierung der Ladung auf diesem Zustand.*

Die Verhältnisse ändern sich nicht sehr, wenn man zum makroskopischen Festkörper (fcc) übergeht. Die Aufspaltung der Ar_2^+-Potentiale geht über in die Bandbreite des p-Bandes. Dieses ist nach Gl. (8.23) und Tab. 8.4 gegenüber der Aufspaltung des Dimerpotentials um einen Faktor 12 verbreitert, aber nicht wesentlich verschoben, da der Gleichgewichtsabstand des Dimers ungefähr gleich dem interatomaren Abstand im Cluster oder Festkörper ist [k].

Ionisation und Franck-Condon-Prinzip. Die Ionisation ist ein elektronischer Prozeß und als solcher schnell gegen die Bewegung der Kerne. Dies ist die Grundlage des Franck-Condon-Prinzips, welches besagt, daß sich die Kerne während des Ionisationsprozesses überhaupt nicht bewegen. Die Aufenthaltswahrscheinlichkeit für ein Ar_2 im Schwingungsgrundzustand ($v = 0$) ist nur in dem in Abb. 8.36 eingezeichneten Franck-Condon-Bereich groß. Direkt nach der Ionisation ist der Kernabstand des Ar_2^+ ebenfalls auf diesen Bereich beschränkt. Man spricht auch von einem „vertikalen“ Übergang, da ein festgehaltener Kernabstand einem senkrechten Übergang in Abb. 8.36 von der Ar_2- auf die Ar_2^+-Potentialkurve entspricht. Wird das Ion im obersten elektronischen Zustand gebildet, so laufen ein Ar und ein Ar^+ auseinander, da die Potentialkurve abstoßend ist. Wird Ar_2^+ im untersten elektronischen Zustand gebildet, so ist seine Schwingung, wie in Abb. 8.36 angedeutet, mit etwa 1 eV angeregt.

Der Kernabstand am Potentialminimum liegt für Ar_2^+ bei wesentlich kleineren Abständen als für Ar_2. Dieses Verhalten beobachtet man bei allen Edelgasen und auch allen Dimeren aus geschlossenschaligen Atomen oder Molekülen. Die Wahrscheinlichkeit, durch Photoionisation von einem Zustand $|v' = 0\rangle$ des Ar_2 in den Zustand $|v'' = 0\rangle$ des Ar_2^+ zu gelangen, ist proportional dem Franck-Condon-Integral $\langle v'' = 0|v' = 0\rangle$. Dies ist ein Überlappungsintegral zwischen zwei Gauß-Funktionen bei verschiedenen Kernabständen. Der Wert des Integrals ist daher verschwindend klein, und ein „schräger“ Übergang in Abb. 8.36 ist experimentell nicht beobachtbar. Aus diesem Grund kann man bei Edelgasen die niedrigsten Ionisationsschwellen nicht durch Photoionisation oder Elektronenstoß erreichen, und umgekehrt führt die bei der Ionisation auftretende Überschußenergie immer zur Fragmentation eines Clusters.

Die im Cluster durch die Ionisation deponierte Energie ε setzt sich aus zwei Anteilen zusammen: $\varepsilon = \varepsilon_1 + \varepsilon_2$. Der erste Beitrag ε_1 ergibt sich aus der Differenz der vertikalen und adiabatischen Ionisierungsenergien $E_{i,vert}$ und $E_{i,ad}$:

$$\varepsilon_1 = E_{i,vert} - E_{i,ad};$$

dabei ist $E_{i,vert}$, die für einen Ionisationsprozeß bei festgehaltenem Kernabstand nötige Energie, also die für einen vertikalen Übergang nötige Energie. Die für den oben diskutierten Übergang $v' = 0 \to v'' = 0$ benötigte Energie ist $E_{i,ad}$. Die adiabatische Ionisierungsenergie ist also die kleinste zur Ionisierung benötigte Energie. Der Beitrag ε_1 geht in die Schwingungsenergie des ionisierten Anteils des Clusters, wie es unten ausführlicher diskutiert wird. Der zweite Anteil ε_2 rührt daher, daß die Ladung das Kraftfeld im Cluster verändert. Der langreichweitige Teil des Wechselwirkungspotentials ändert sich von R^{-6} (Wechselwirkung zwischen zwei induzierten Dipolen) zu R^{-4} (Wechselwirkung zwischen einer Ladung und einem induzierten Dipol). Die Atome in der ersten Schale um die Ladung sind deshalb stärker gebunden und haben einen kleineren Gleichgewichtsabstand. Der Beitrag ε_2 wird frei, wenn die Atome die neuen Gleichgewichtslagen annehmen. Er rührt also daher, daß die Ladung den Cluster polarisiert, man bezeichnet daher ε_2 auch als nuklearen Teil der Polarisationsenergie:

$$\varepsilon_2 = \text{nuklearer Teil der Polarisationsenergie.}$$

Der Beitrag ε_2 geht in die Schwingungsenergie der ersten Schale um die Ladung.

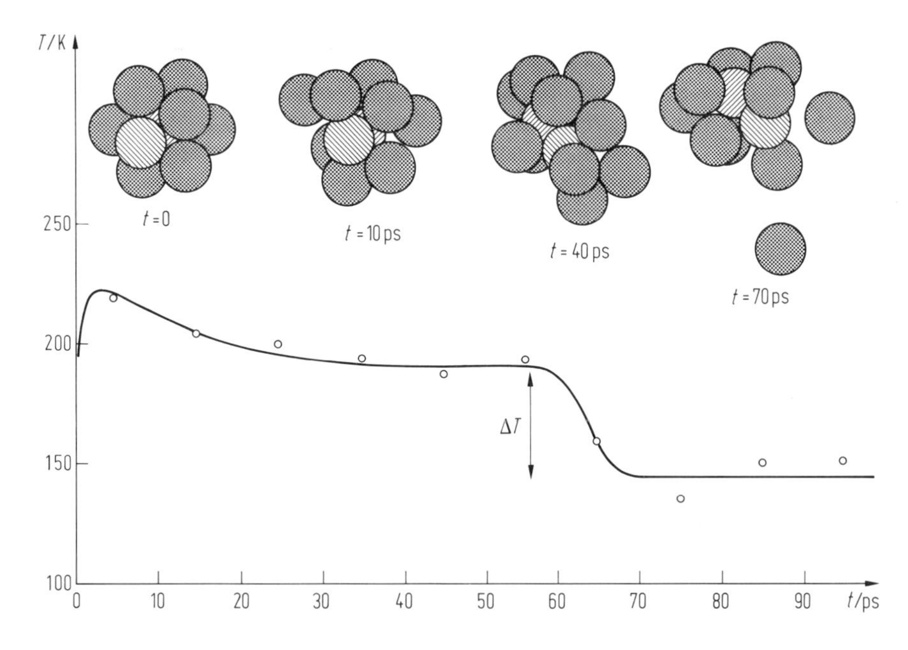

Abb. 8.37 Berechnete Temperatur T und Strukturen eines Xe_{13}-Clusters als Funktion der Zeit t nach der Ionisation. Die Temperatur erhöht sich schnell von Null auf 220 K und sinkt dann etwas, wenn der Cluster schmilzt. Ein Atom wandert in eine nicht so stark gebundene Position und wird von dort ausgestoßen. Dadurch sinkt die Temperatur (nach N. Garcia, Madrid, unveröffentlicht).

Innerhalb weniger Pikosekunden nach der Ionisation sind beide Anteile von ε über den Cluster verteilt und führen zu Abdampfprozessen, wie sie Abb. 8.37 zeigt.

Zeitskala der Ionisationsprozesse. In Tab. 8.7 ist eine Zeitskala für die Prozesse, die in einem Edelgascluster nach der Ionisation ablaufen, zusammengestellt [43]. Als Zeitnullpunkt ist der Zeitpunkt der Ionisation gewählt. In der anschließenden ersten Pikosekunde ist das Loch delokalisiert, anschließend kommt es zu einer Selbstlokalisierung der Ladung auf einem R_i^+, $i = 2$, 3 oder 4. Welcher Wert von i angenommen wird, ist weder theoretisch noch experimentell geklärt und scheint auch von der Clustergröße abzuhängen [44, 45]. Die Daten deuten auf $i = 3$ für Cluster kleiner als Ar_{15}^+ hin. Für Ar_N^+ ($N = 20$ bis 40) könnte $i = 4$ sein. Wegen der großen Unterschiede in der geometrischen Grundzustandsstruktur von neutralen und ionisierten Clustern werden diese bei der Ionisation stark aufgeheizt. Die Cluster kühlen durch Abdampfen von Atomen, wie in Abb. 8.37 dargestellt ist. Der überwiegende Teil der Verdampfungsprozesse ist nach 10 ns abgeschlossen, während ein Nachweis im Massenspektrometer frühestens nach 1 µs möglich ist. Die Zeitschritte von Tab. 8.7 werden jetzt im einzelnen begründet. Anschließend wird ein Experiment zur Spektroskopie der im Cluster lokalisierten Ladung diskutiert.

1. Schritt: Das Elektron verläßt den Cluster. Die mittlere freie Weglänge für niederenergetische Elektronen ($E < 10$ eV) ist sehr groß für Edelgaskristalle [k]. Daher

Tab. 8.7 Zeitskala für die Prozesse in einem Edelgascluster nach der Ionisation (R = He, Ne, Ar, Kr oder Xe). Wegen der Lokalisierung der Ladung auf einem stark gebundenen Ar_i^+, $i = 2$, 3 oder 4, kommt es zu einer starken Aufheizung des Clusters mit anschließender Fragmentation.

Zeit	Prozeß	
0	R_N	Ionisation
	R_N^+	Loch delokalisiert Platzwechselfrequenz 10^{14} Hz
10^{-12} s	$R_i^+ \; R_{N-i}$	Loch-Selbstlokalisierung $D(Ar_2) = 0.012$ eV $D(Ar_2^+) \approx 1$ eV Dissipation von etwa 2 eV Aufheizen und Verdampfen des Clusters $i = 2$, 3 oder 4, je nach Clustergröße
10^{-8} s	$R_i^+ \; R_{N-M} + (M-i)\,R$	
$> 10^{-6}$ s	$R_i^+ \; R_x$	$x = ?$ Nachweis im Massenspektrometer

kann man die Wechselwirkung eines langsamen Elektrons mit dem Cluster vernachlässigen. Dies ist sicher nicht richtig für Cluster aus Metallen und den meisten anderen Materialien.

2. Schritt: Die Ladung ist delokalisiert. In Abb. 8.38 ist das j-te Atom einer linearen Kette ionisiert (oder elektronisch angeregt). Nach den Überlegungen in Abschn. 8.4.1.2 ist eine Übertragung auf dreidimensionale Probleme im Rahmen der Hückel-Näherung ganz einfach, falls man die Kernabstände festhält. Da die Ladung ebenfalls auf allen Nachbaratomen $j \pm N$, $N = 1, 2, 3, \ldots$, sein kann, kommt es zu einem Transfer der Ladung nach Gl. (8.24a) mit einer Platzwechselfrequenz von $\omega_h = 2\,\bar{N}_c \beta/\hbar$. Dabei ist $\bar{N}_c$ die Koordinationszahl und β das in Abschn. 8.4.1.1 definierte Transferintegral. Aus der bekannten Bandstruktur des Festkörpers berechnet

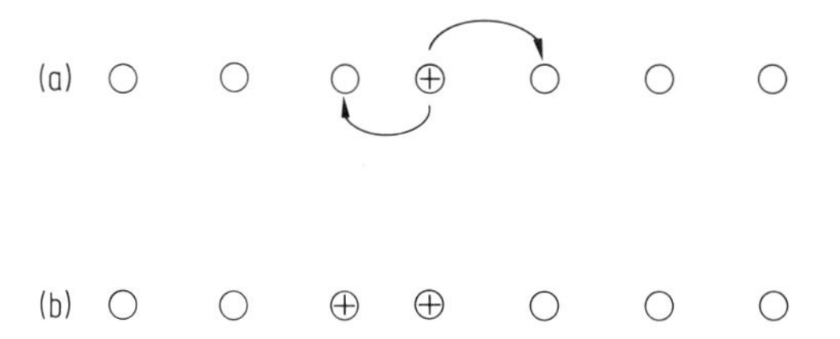

Abb. 8.38 (a) Ein einzelnes Atom einer linearen Kette ist ionisiert. Da dies kein Eigenzustand ist, kann die Ladung auf die Nachbaratome überspringen, wie dies durch die Pfeile angedeutet ist. Ist die typische Zeitdauer eines Experiments viel länger als die Platzwechselfrequenz, wird ein delokalisiertes Elektron beobachtet. (b) Bei der Ladungslokalisation schrumpft der Abstand zwischen zwei benachbarten Atomen, die sich die Ladung teilen. Das Transfer- oder Überlappungsintegral wird exponentiell klein. Die Ladung ist lokalisiert.

man typische Transferzeiten von 10 bis 100 fs geteilt durch die Koordinationszahl. Dieselben Werte erhält man aus den Potentialkurven der Dimer-Ionen wie z. B. in Abb. 8.36.

Die Betrachtung ist nicht auf die Edelgase beschränkt. Sie ist allgemein gültig. Sie gilt nur für die erste Pikosekunde nach der Ionisation, wenn sich die Kerne so gut wie nicht bewegt haben, aber die Ladung schon einige hundert bis tausend mal ihren Platz gewechselt hat.

3. Schritt: Ladungslokalisation. Wegen der großen Bindungsenergie des Dimer-Ions (s. Abb. 8.35 und 8.36) kann der Cluster seine elektronische Energie absenken, wenn sich die Ladung dort lokalisiert. Für die kondensierten Edelgase passiert das etwa nach einer Pikosekunde. In einer Reihe von Rechnungen wurde versucht, diese Ladungslokalisation zu studieren. Einigkeit besteht darüber, daß die Ladung für das Modellsystem Argon auf einem Ar_i^+, $i = 2$, 3 oder 4 lokalisiert ist. Der überwiegende Beitrag zur Bindungsenergie stammt aus der großen Topftiefe des Dimer-Ions: $D(Ar_2^+ \rightarrow Ar + Ar^+) = 1.3$ eV, $D(Ar_3^+ \rightarrow Ar_2^+ + Ar) = 0.22$ eV. Wegen dieses großen Unterschiedes in den Bindungsenergien wurde ursprünglich angenommen, daß es zu einer Lokalisierung der Ladung auf einem Dimer-Ion kommt.

Für einen abgekühlten Cluster wird man also erwarten, daß die Ladung auf 3 oder vielleicht sogar 4 Argonatomen lokalisiert ist. Um nicht zu viele Indizes mitzuschleppen, wird weiter unten öfter von einer Lokalisation auf einem Ar_2^+ die Rede sein. Dabei wird aber implizit immer angenommen, daß die Ladung auch auf einer größeren Anzahl von Atomen verteilt sein kann. Für positiv geladene Cluster aus einigen geschlossenschaligen Molekülen (H_2, N_2, NO, etc.) kann man dies schon aus thermodynamischen Daten folgern [46].

4. Schritt: Aufheizen und Fragmentieren des Clusters. Bei der Lokalisierung der Ladung wird etwa 1 eV an Schwingungsenergie frei. Dies entspricht dem oben diskutierten Beitrag ε_1. Für einen genügend großen Cluster kommt noch einmal ungefähr derselbe Betrag (ε_2) hinzu, da die Atome in der ersten Schale um die Ladung stärker gebunden und daher die Gleichgewichtsabstände entsprechend kleiner geworden sind. Diese Energie reicht aus, um den Cluster innerhalb weniger Pikosekunden aufzuheizen, wie es in Abb. 8.37 graphisch dargestellt ist.

Die innere Energie E^* eines Ar_N^+, $N \geq 25$, ist direkt nach der Ionisation also $E^* \approx 2$ eV. Die zum Abdampfen eines Atoms nötige Bindungsenergie D_N ist gleich der Differenz der inneren Energien:

$$D_N = E(Ar_N^+) - E(Ar_{N-1}^+) .$$

Sie beträgt etwa 50 bis 100 meV, so daß man $E^*/D_N \approx 20$ bis 40 erhält. Es können also mindestens 20 Atome abgedampft werden. Bei jedem Abdampfprozeß ändert sich die innere Energie von E^* zu $E^* - D_N$. Dieser Prozeß setzt sich so lange fort, bis E^*/D_N Werte um 2 bis 4 annimmt. Dann ist nach Gl. (8.4) und Gl. (8.5) die Zeitskala für weitere Abdampfprozesse länger als typische Zeiten eines Experimentes geworden.

In einem vollständig abgekühlten Cluster ist die Ladung so gut wie nicht mehr beweglich. Damit die Ladung zu einem Nachbar-Dimer-Ion springen kann, muß sich dort der Kernabstand um etwa 0.1 nm verändern, was eine Aktivierungsenergie von etwa 1 eV benötigt. Anders ausgedrückt, das Transferintegral ist sehr klein geworden. Aus den unten beschriebenen Experimenten von Lineberger et al. scheint zu folgen, daß nach einigen Mikrosekunden die Ladung noch beweglich ist.

Abbildung 8.37 zeigt den Temperaturverlauf und vier Momentaufnahmen für die Fragmentation eines Xe_{13}-Clusters. Für die Temperatur vor der Ionisation wurde $T = 0$ K angenommen. Zur Zeit $t = 0$ wird die Bildung eines Dimer-Ions mit einer Schwingungsenergie von etwa einem Elektronvolt angenommen. Die Temperatur schnellt auf 220 K hoch und fällt anschließend durch Verdampfen. Nach 60 Picosekunden dampft das erste Atom ab, und der Cluster kühlt sich dadurch um ΔT ab. Nach 10 Nanosekunden sind die allermeisten Verdampfungsprozesse abgeschlossen. Die sich anschließenden metastabilen Zerfälle sind von Märk [47] und Stace [48] untersucht worden.

5. Schritt: Nachweis. Der Nachweis der ionisierten Cluster geschieht im Massenspektrometer erst nach 10 bis 1000 µs. Die Cluster sind immer noch nicht richtig „kalt". Nach Gl. (8.4) reicht die innere Energie aus, um noch 1 bis 2 Atome abzudampfen.

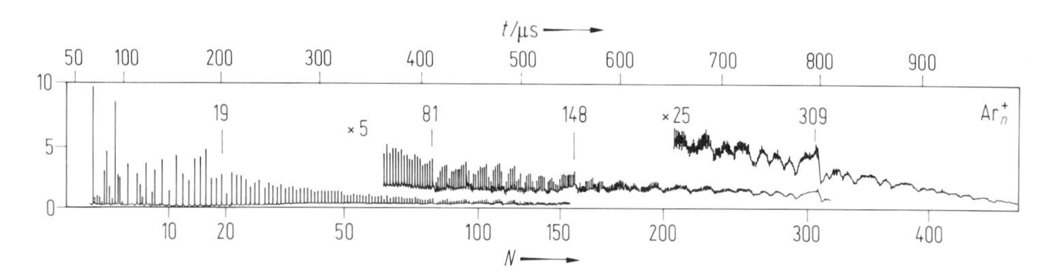

Abb. 8.39 Flugzeit-Massenspektrum von Argonclustern. Cluster mit einer kleineren Bindungsenergie zerfallen schneller als solche, die stärker gebunden sind. Diese Intensität häuft sich auf Clustern mit höherer Bindungsenergie an. Man vergleiche dazu die identische Erklärung des Massenspektrums von Abb. 8.23. Bei einer Clustergröße von $N = 147$ (nicht 148 wie beobachtet) und 309 wird die dritte und vierte Schale eines Ikosaeders gefüllt. Man vergleiche dazu Abb. 8.1. Die restlichen Strukturen lassen sich deuten, indem man auf den ikosaedrischen Kern verschiedene Kappen aufsetzt (t = Flugzeit).

Abb. 8.39 zeigt ein Ar_N^+-Flugzeit-Massenspektrum. Es zeigt eine Vielzahl von Strukturen, deren Ursache z. T. noch ungeklärt ist. Die starken Intensitätseinbrüche korrelieren teilweise mit Größen, die man für ikosaedrische Strukturen erwartet. Man vergleiche dazu die Zahlen aus der Unterschrift von Abb. 8.1. Für die erste und zweite Schale um die Ladung herum wird diese eine zuerst große und dann abnehmende Rolle für die Bindungsenergie spielen. Das Maximum mit dem anschließenden Einbruch der Intensität bei $N = 309$ korreliert direkt mit der dritten abgeschlossenen ikosaedrischen Schale. Man vergleiche dazu Abb. 8.1. Für noch größere N wird die Ladung im Inneren des Clusters eine immer geringere Rolle spielen. Ein sehr großer ($N > 1000$) Ar_N^+-Cluster kann dann als ein im wesentlichen neutraler Argoncluster mit einer „ionisierten Fehlstelle" betrachtet werden. Innerhalb der Physik der Fehlstellen eines Festkörpers würde man ein Ar_2^+ als antimorph eines V_K-Zentrums bezeichnen. Die vielen Oszillationen der Intensität in Abb. 8.39 und vergleichbare Strukturen bei Kr und Xe sind von O. Echt und Mitarbeitern diskutiert worden [49].

Abb. 8.40 zeigt drei berechnete Strukturen für Argoncluster-Ionen. Es wurde eine Temperatur von 10 K und die Bildung eines Trimer-Ions als geladener Kern ange-

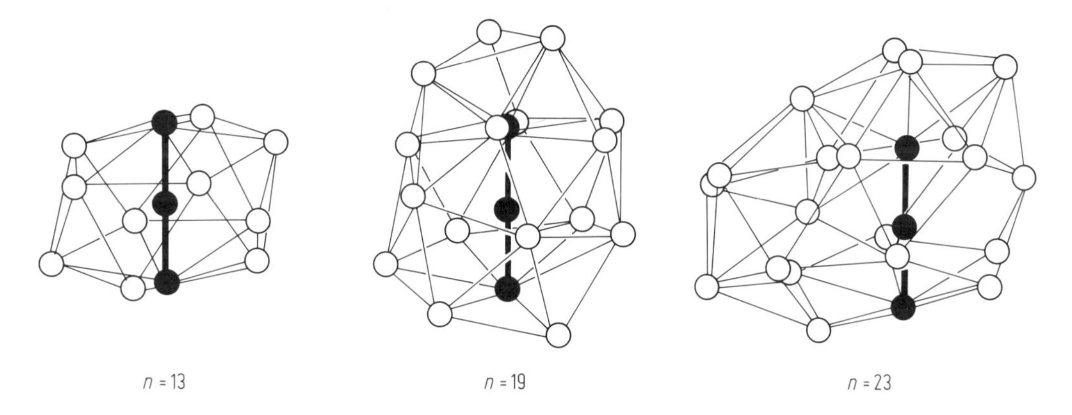

Abb. 8.40 Berechnete Strukturen für ionisierte Argoncluster. Es wurde angenommen, daß die Ladung auf dem schwarz eingezeichneten Trimer lokalisiert ist. Es bilden sich kompakte ikosaedrische Strukturen aus.

nommen. $N = 13$ hat eine leicht verzerrte ikosaedrische Struktur. Man vergleiche dazu Abb. 8.1. Für $N = 19$ ist die Ikosaeder-Struktur verzerrter. Zusätzlich existiert eine Kappe von 6 Atomen mit fünfzähliger Symmetrie. Für $N = 23$ fängt der neutrale Cluster an, weiter um die ionisierte Fehlstelle zu wachsen.

Die Ladungslokalisation auf Ar_3^+ oder Ar_4^+ steht nicht im Widerspruch dazu, daß Buck und Meyer bei der Elektronenstoßionisation von z. B. Ar_6 die meiste Intensität auf Ar_2^+ finden (s. Tab. 8.6). Nach Abdampfen von drei Atomen ist die im Cluster verbleibende innere Energie größer als die Dissoziationsenergie für $Ar_3^+ \to Ar_2^+ + Ar$ von $D_3 \approx 220$ meV, so daß auch das vierte Atom abgetrennt wird.

Photoabsorption und Photofragmentation. Von der Arbeitsgruppe um W. C. Lineberger in Boulder/Colorado (USA) sind Experimente zur Wechselwirkung von Photonen mit massenselektierten Ar_N^+ publiziert worden [37]. Das Prinzip der Apparatur ist ähnlich dem von Abb. 8.27 b. Ein erstes Flugzeitmassenspektrometer selektiert ein Cluster-Ion Ar_N^+ einer Größe. Nach der Photofragmentation

$$h\nu + Ar_N^+ \to Ar_N^{+*} \to Ar_M^+ + (N - M)\,Ar$$

werden die geladenen Bruchstücke Ar_M^+ in einem zweiten Massenspektrometer nachgewiesen. Neutrale Argonmoleküle, Cluster und Kristalle sind bei den verwendeten Wellenlängen transparent. Der ionisierte Kern eines Ar_N^+-Clusters hat dagegen starke Absorptionsbanden im sichtbaren Spektralbereich [k]. Die Wechselwirkung des Photons geschieht also mit dem geladenen Kern. Dieser wird elektronisch angeregt, die elektronische Energie wird in Schwingungsenergie umgewandelt und diese heizt den Cluster auf, der darauf mit Abdampfen einzelner Atome reagiert.

Photoabsorption: Abb. 8.41 zeigt den Wirkungsquerschnitt für Photodissoziation von Ar_2^+, Ar_3^+ und Ar_{23}^+. Das Maximum des Querschnitts verschiebt sich von 295 nm für das Dimer-Ion über 510 nm für das Trimer-Ion zu 590 nm für $N = 23$. Die Breite der Bande nimmt dabei zu. Die Autoren schließen daraus, daß die Ladung für $N = 3$ und 23 nicht auf dem Dimer lokalisiert ist. Eine qualitative Übereinstimmung finden

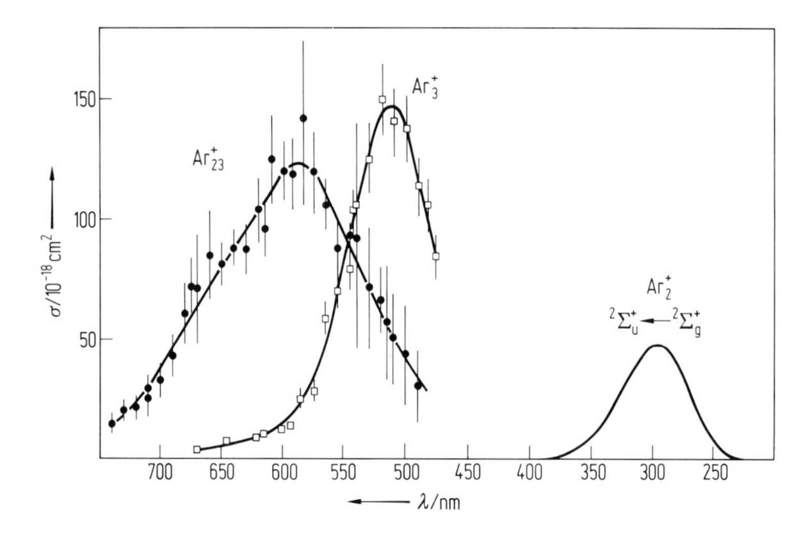

Abb. 8.41 Energieabhängigkeit des Photodissoziationswirkungsquerschnitts σ in Abhängigkeit von der Wellenlänge λ für Ar_2^+, Ar_3^+ und Ar_{23}^+. Die Fehlerbalken geben die statistische Unsicherheit wieder. Der absolute Wert des Wirkungsquerschnittes ist nur auf einen Faktor zwei genau. Aus dem Spektrum kann man folgern, daß die Ladung für $N = 23$ nicht auf Ar_2^+, sondern auf einem größeren ionischen Kern lokalisiert ist. Neuere Spektren findet man in [70].

sie mit einem Modell, bei dem zwischen Ar_4^+ und Ar_{14}^+ die Ladung sich auf ein Trimer verteilt. Für größere Cluster wird ein ionisierter Kern mit $N = 4$ bevorzugt. Weitere Experimente und Rechnungen sind sicher nötig, bis dies im einzelnen geklärt ist. Unklar ist auch der Einfluß der Temperatur der Cluster.

Photofragmentation: Abb. 8.42 zeigt eine Serie von Photofragmentspektren bei $\lambda = 532$ nm (2.32 eV). Die ursprüngliche Clustergröße (2 bis 58) ist nach hinten, die Fragmentgröße als Abszisse aufgetragen. Die Höhe entspricht der gemessenen Intensität des Fragmentes. Vier Punkte lassen sich aus 8.42 ablesen:

1. Für $N \leq 15$ fragmentieren die Cluster bis hinunter zu Ar_2^+ oder Ar_3^+.
2. Die mittlere Größe der Fragment-Ionen wächst mit der ursprünglichen Clustergröße.
3. Es wird nur eine schmale Verteilung (ungefähr 6 Atome breit) beobachtet.
4. Das Fragment Ar_{20}^+ hat immer eine kleine Intensität.

In Abb. 8.42 bildet sich dort ein richtiges „Tal“ aus, welches unabhängig von der Photonenenergie ist.

Alle vier Punkte lassen sich leicht verstehen. Zu 1: Der Cluster wird durch die Absorption des Photons elektronisch mit 2.32 eV angeregt. Die elektronische Energie wird in Schwingungsenergie umgewandelt, welche sich über den ganzen Cluster verteilt. Dies führt zum Abdampfen einzelner Atome, ähnlich wie in Abb. 8.37 dargestellt ist. Die Ar_N^+-Bindungsenergien D_N, $N \geq 4$, liegen im Bereich 50 bis 100 meV. Bis $N \leq 15$ ist die Energie des Photons ausreichend, um alle oder fast alle Atome innerhalb der Zeitdauer des Experimentes abzudampfen. Nur die stark gebundenen Dime-

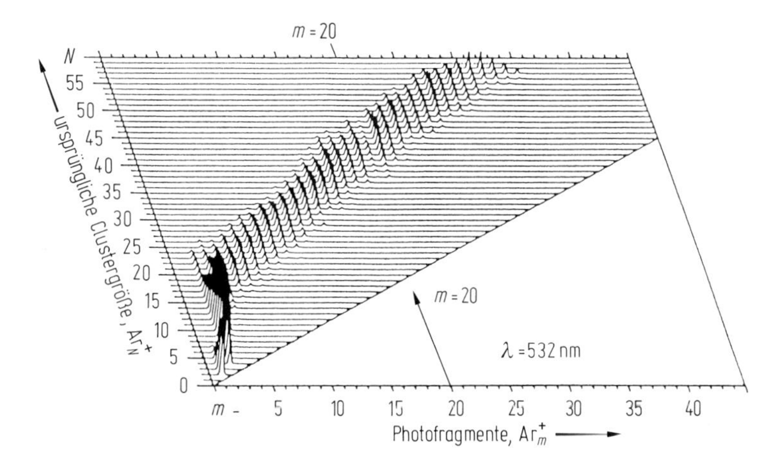

Abb. 8.42 Photofragmentation von Ar_N^+. Das Bild ist im Text genau diskutiert. Man beachte die im Text erklärte kleine Intensität auf der Fragmentmasse Ar_m^+, $m = 20$. Diese Masse hat auch auf dem primären Massenspektrum von Abb. 8.39 eine kleine Intensität. Die Ursache dafür ist die geringe Bindungsenergie von Ar_{20}^+.

re und Trimere bleiben übrig. Man vergleiche dazu die völlig analoge Fragmentation neutraler Argoncluster nach Ionisation durch Elektronenstoß. Zu 2: Die mittlere Anzahl $\bar{N}$ abgedampfter Atome ist $\bar{N} \approx h\nu/\bar{D}_N$, wobei $\bar{D}_N$ die mittlere Bindungsenergie ist. Für genügend große N kann man den Photofragmentationsprozeß damit beschreiben als:

$$Ar_N^+ + h\nu \rightarrow Ar_{N-\bar{N}}^+ + \bar{N}\,Ar,$$

und die mittlere Größe der Fragment-Ionen $(N - \bar{N})$ wächst mit der ursprünglichen Clustergröße an. Zu 3: Die schmale Verteilung läßt sich aus der Verdampfungskaskade nach dem Engelking-Modell berechnen [6, 43]. Zu 4: Wegen seiner kompakten, ikosaedrischen Struktur ist Ar_{19}^+ relativ stark gebunden. Man vergleiche dazu Abb. 8.40. Ar_{20}^+ hat ein zusätzliches schwach gebundenes Atom. Seine kleine Dissoziationsenergie führt nach Gl. (8.4) in Abschn. 8.2.1 zu einer großen Zerfallskonstante. Unabhängig von der Bildung erwartet man also für Ar_{20}^+ eine kleine Intensität sowohl in einem normalen Massenspektrum (s. Abb. 8.39) als auch im Photofragmentspekrum, was auch immer beobachtet wurde.

Wenn man die Beschreibung des Fragmentierungsverhaltens von Ar-, Si- und Na-Clustern vergleicht, so stellt man fest, daß immer wieder dasselbe statistische Modell verwendet wird. Ein Cluster wird elektronisch angeregt. Die Energie relaxiert in Schwingungsenergie, die zum Abdampfen einzelner Atome führt [50]. Ein ähnliches Phänomen findet man beim Zerfall angeregter Kerne in der Kernphysik.

Zusammenfassung Edelgase. Kompakte geometrische Strukturen, die durch den Raumbedarf der Atome bedingt sind, werden bevorzugt. Bei ionisierten Clustern ist die Ladung auf einer kleinen (2, 3 oder 4) Anzahl von Atomen lokalisiert. Photoabsorption massenselektierter Clusterionen erlaubt Anfänge einer optischen Spektroskopie von Cluster-Ionen.

8.4.7 Exzeßelektronen auf und in Clustern

Man kann jedem Atom, Molekül oder Cluster ein Elektron entreißen, und damit ein positives Ion erzeugen. Schwieriger ist es, ein negatives Ion zu bilden, da viele Atome oder Moleküle mit abgeschlossenen Elektronenschalen keinen stabilen negativen Ionenzustand haben. Ist dennoch in einem Cluster, einer Flüssigkeit oder einem Festkörper ein solcher Zustand stabil, so bezeichnet man das zusätzliche Elektron oft als **Exzeßelektron**, da es zusätzlich zu den anderen Elektronen dazugekommen ist, in einem anderen Zustand ist und eine völlig andere Energie und Wellenfunktion hat. Die Untersuchung von Exzeßelektronen in dielektrischen Flüssigkeiten hat eine lange Tradition. Es soll daher eine kurze Einführung in dies Gebiet gegeben werden, bevor die Cluster mit Exzeßelektronen behandelt werden.

Exzeßelektronen in Flüssigkeiten, solvatisierte Elektronen. Löst man Kochsalz in Wasser auf, so wird der NaCl-Kristallverband durch die Wechselwirkung mit den Wassermolekülen aufgebrochen. Um die in der Lösung ionisierten Atome legt sich eine Hülle von H_2O-Molekülen. Man spricht von einer *Hydrathülle*, bei anderen Lösungsmitteln als Wasser allgemeiner von einer *Solvathülle*. Die Dipolmomente der Wassermoleküle richten sich dabei so aus, daß sie bei negativen Ionen auf die Ladung zeigen. Bei positiven Ionen zeigen sie von ihr weg. Weiter von der Ladung entfernt sind die Dipole statistisch angeordnet. Es bildet sich also um die Ionen eine geometrisch anders zusammengesetzte Unterstruktur als in der ungestörten Flüssigkeit aus, die sich als Cluster

$$Na^+(H_2O)_N \quad \text{bzw.} \quad Cl^-(H_2O)_N$$

auffassen läßt. Diese Cluster sind nicht frei, wie bisher fast ausschließlich angenommen, sondern in eine Flüssigkeit eingebettet. Die elektronische und geometrische Struktur der H_2O-Moleküle ändert sich bei dem Solvatationsvorgang kaum.

Man hat bei der Wechselwirkung ionisierender Strahlung mit Wasser das analoge *hydratisierte Elektron*

$$(H_2O)_N^-$$

nachgewiesen, also ein im Wasser „gelöstes“ Elektron. Bei der Wechselwirkung energiereicher Strahlung mit Wasser werden unter anderem Elektronen freigesetzt, die sich schnell mit einer Solvathülle umgeben. Sie sind chemisch sehr reaktiv und wichtig bei der Strahlenschädigung biologischer Materie, welche zum größten Teil aus Wasser besteht. Bei jeder Röntgen-Aufnahme oder anderer Strahlenbelastung werden sie in unserem Körper gebildet. Der UV-Anteil des Sonnenlichtes reicht aus, im Oberflächenwasser der Ozeane durch Photoionisation bis zu 10^9 hydratisierte Elektronen pro Liter freizusetzen. Wegen ihrer großen Reaktivität haben die hydratisierten Elektronen in der Lösung nur eine Lebensdauer von maximal 10^{-3} s. Ersetzt man H_2O durch NH_3, so können die entsprechenden $(NH_3)_N^-$-Cluster im flüssigen Ammoniak jahrelang stabil sein.

Flüssiger Ammoniak ist ein gutes Lösungsmittel für metallisches Natrium. Bei kleinen Na-Konzentrationen erhält man eine tiefblaue, dielektrische Flüssigkeit, die 1863 zuerst beschrieben wurde. Die in der Lösung gebildeten $Na^+(NH_3)_N$ und

$(NH_3)_N^-$-Cluster sind viel untersucht worden. Bei höheren Na-Konzentrationen kommt es zu einem Isolator-Leiter-Übergang in der Flüssigkeit [i].

Freie Cluster mit Exzeßelektronen. Ein interessantes Problem ergibt sich beim Studium der freien Cluster vom Typ $(H_2O)_N^-$, $(NH_3)_N^-$, etc., da ein einzelnes Wasser- oder Ammoniakmolekül keinen gebundenen negativen Ionenzustand hat. Die Wechselwirkung eines langsamen Elektrons mit einem H_2O-Molekül führt zu einer kurzlebigen Resonanz in der Elektronenstreuung. Eine Bildung von H_2O^-, bei der das Wassermolekül seine elektronische und geometrische Struktur in etwa behält, ist nie beobachtet worden. Wenn das Monomer kein Elektron binden kann, in der Flüssigkeit oder im Festkörper aber ein stabiler Clusterzustand bekannt ist, so muß es einen Übergang von Zuständen positiver zu solchen mit negativer Bindungsenergie für das zusätzliche Elektron geben. Es muß eine minimale Clustergröße N^* geben, ab der die Cluster erst stabil sind (s. Abb. 8.43). Tab. 8.8 gibt eine Übersicht über einige Werte von N^*. Tab. 8.9 vergleicht die hier besprochenen mit der Vielfalt anderer negativ geladenen Cluster.

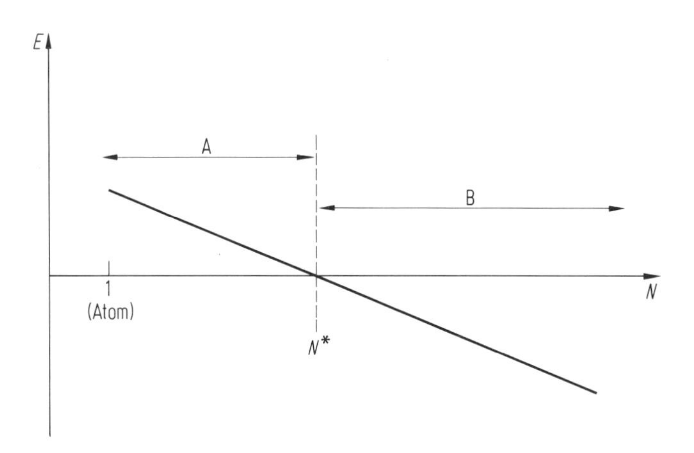

Abb. 8.43 Schematische Darstellung der Energie E des zusätzlichen Elektrons als Funktion der Clustergröße N. Im Bereich A ($N < N^*$) hat man die Streuung eines langsamen, freien Elektrons an einem Cluster ($e^- + A_N$). Für $N \geq N^*$ wird die Energie des Elektrons negativ. Ein stabiler A_N^--Cluster existiert im Bereich B.

Herstellung: Die Cluster werden mit Quellen wie in Abb. 8.8 hergestellt. An der Stelle A bietet man möglichst langsame Elektronen an. Diese können aus einer Gasentladung kommen, thermische, Photo- oder Sekundärelektronen sein. Wird eine reine Expansion benutzt, so sind die entstehenden Cluster sehr heiß, wenn sie die Kondensationszone verlassen. Ist die Bindungsenergie des Elektrons kleiner als die Anregungsenergie des Clusters, so kann es durch Wechselwirkung mit den bei diesen Energien angeregten Schwingungen „abgeschüttelt“ werden. Exakter ausgedrückt, führt eine vibronische Kopplung zur Elektronenablösung. Man kann kältere Cluster durch Zumischung eines Edelgases herstellen, wie in Abschn. 8.2.3 genauer erklärt

Tab. 8.8 Mindestens N^* Atome oder Moleküle sind notwendig, um einen stabilen, negativ geladenen Cluster zu bilden. Man beachte die Sonderrolle von NH_3. Hg und Mg sind für kleine Cluster van-der-Waals-gebunden. Xenon ist das einzige Edelgas, für das negativ geladene Cluster gefunden wurden. Es ist experimentell nicht auszuschließen, daß die Cluster für $N \leq 6$ in elektronisch angeregten Zuständen sind.

Atom oder Molekül	N^*
HCl	2
H_2O	2
D_2O	2
$C_2H_4(OH)_2$	2
Xe	6, vielleicht 1
Mg	3
Hg	3
NH_3	35
ND_3	41

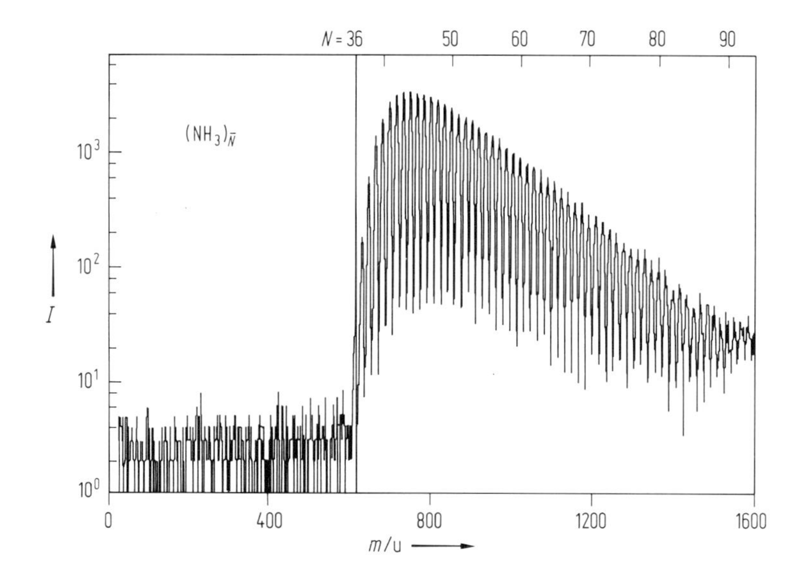

Abb. 8.44 Ein $(NH_3)_N^-$-Cluster ist erst ab $N^* = 35$ stabil, vermutlich weil die für $(H_2O)_N^-$ berechneten Oberflächenzustände (s. Farbbild 1) nicht stabil sind und sich nur Volumenzustände ausbilden können (N = Clustergröße, m = Clustermasse, I = Zählrate pro Kanal).

ist. So ist bei H_2O ein Zusatz von mehr als 99 % Argon nötig, um die Schwelle $N^* = 2$ festzulegen. Abbildung 8.44 zeigt ein Massenspektrum von $(NH_3)_N^-$-Clustern. Oberhalb von $N = 36$ ergibt sich ein exponentieller Anstieg der Intensität. Für $N \geq 45$ fällt die Intensität kontinuierlich ab. Selbst bei extremen Quellenbedingungen (Anteil $Ar/NH_3 > 10^3$) konnte kein Cluster mit $N < 35$ nachgewiesen werden. Daraus wird

Tab. 8.9 Typen negativer Cluster und ihre Bindungsverhältnisse.

Bindungstyp des Clusters	Charakter des Exzeßelektronenzustandes	typisches Beispiel	Ursache der Bindung des zusätzlichen Elektrons	experimentell beobachtet?	theoretisch berechnet?
metallische Bindung	delokalisiert	Na_N^- Cu_N^-	metallische Bindung	ja ja	ja nein
Ionenbindung	lokalisiert an Cl	$(NaCl)_N Cl^-$	große Elektronenaffinität des Cl	ja	ja
	Oberflächenzustand	$e^-(Na_{14}Cl_{13})^+$	Coulomb-Potential	nein	ja
Wasserstoffbindung	sehr diffuser Zustand	$(H_2O)_2^-$	Elektron – polares Molekül	ja	ja
	Oberflächenzustand	$(H_2O)_N^-$, $12 \leq N \leq 64$	Elektron – polares Molekül	ja	ja
	lokalisiert im Innern des Clusters	$(H_2O)_N^-$, $N \geq 64$ $(NH_3)_N^-$, $N \geq 35$	Elektron – polares Molekül	ja	ja
Van-der-Waals-Bindung	solvatisiertes negatives Dimer-Ion	$(CO_2)_N^-$	positive Elektronenaffinität von $(CO_2)_2^-$; Stabilisierung durch Solvatation	ja	ja
	stabiles negatives Monomer-Ion	$(SF)_6^-$	große Elektronenaffinität des Monomers	ja	ja
	delokalisiert ?	Hg_N^- $N \geq 3$	große Polarisierbarkeit des Atoms	ja	nein
	delokalisiert	Xe_N^-	große Polarisierbarkeit des Atoms	ja	ja
	Oberflächenzustand, lokalisiert (?)	He_N^-, $N > 10^3 - 10^4$ Ne_N^- Ar_N^-	kleine Polarisierbarkeit des Atoms	nein	ja

geschlossen, daß $(NH_3)_N^-$-Cluster mit $N < 35$ nicht stabil sind. Bei dem chemisch verwandten Wasser (beide Moleküle sind isoelektronisch zu Neon) ist schon das negative Dimer-Ion $(H_2O)_2^-$ stabil.

Wird ein niederenergetischer Elektronenstrahl an der Stelle B in Abb. 8.8 mit einem neutralen $(H_2O)_N$-Strahl gekreuzt, so können ebenfalls $(H_2O)_N^-$-Cluster gebildet werden. Neutrale und negativ geladene Cluster haben unterschiedliche geometrische Strukturen. Bei einer Elektronenanlagerung ändern sich deshalb die Wechselwirkungspotentiale und es kann zu einer Schwingungsanregung mit anschließenden Verdampfungsprozessen kommen, analog zu den in Abschn. 8.4.6 beschriebenen Prozessen. So werden nur $(H_2O)_N^-$-Cluster mit $N \geq 12$ beobachtet, bei denen die kleineren auch noch im Flugzeit-Massenspektrometer zerfallen [51].

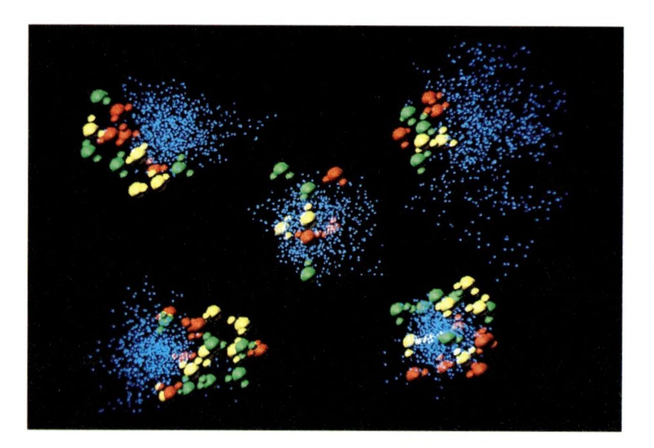

Farbbild 1 Wechselwirkung eines Elektrons mit Wasserclustern. Die blauen Punkte geben die Aufenthaltswahrscheinlichkeit des Elektrons wieder. Der Volumenzustand des $(H_2O)_8^-$ (zentrales Bild) ist metastabil. Er formt sich spontan in den Oberflächenzustand (links oben) um, der eine höhere Bindungsenergie hat. Im Uhrzeigersinn weitergehend sieht man einen Oberflächenzustand für $N = 12$ und für $N = 18$ einen Oberflächen- und einen Volumenzustand. Die Farbgebung der Wassermoleküle hat keine physikalische Bedeutung.

Theorie: Es soll kurz skizziert werden, wie die in Farbbild 1 gezeigten $(H_2O)_N^-$-Cluster berechnet wurden. Die Wechselwirkung der H_2O-Moleküle untereinander wird klassisch mit der Methode der Molekulardynamik behandelt, die in Abschn. 4.6.1 von Band IV genauer behandelt ist. Die Bindungsenergie des zusätzlichen Elektrons ist für kleine Cluster oft sehr gering. Sie ist auf jeden Fall viel kleiner als die an den chemischen Bindungen beteiligten Elektronen. Ist die Bindungsenergie eines Elektrons klein, so folgt aus der Heisenbergschen Unschärfebeziehung, daß die mittlere Ausdehnung seiner Ladungsverteilung groß ist. Aus den Rechnungen folgt, daß das Elektron über mehrere Moleküle delokalisiert ist. Die verwendete quantenmechanische Beschreibung ist ungewohnt. In den Vorlesungen zur Quantenmechanik lernt man normalerweise nicht, daß es neben der Schrödinger- und Heisenberg-Darstellung noch eine dritte äquivalente Methode gibt. Sie ist von Feynman eingeführt worden und bedient sich sogenannter Wegintegrale. Man kann diese Integrale nicht analytisch berechnen, sondern muß sie an einzelnen diskreten Punkten numerisch auswerten. Die erhaltene Gleichung ist formal identisch zu einer Gleichung für eine

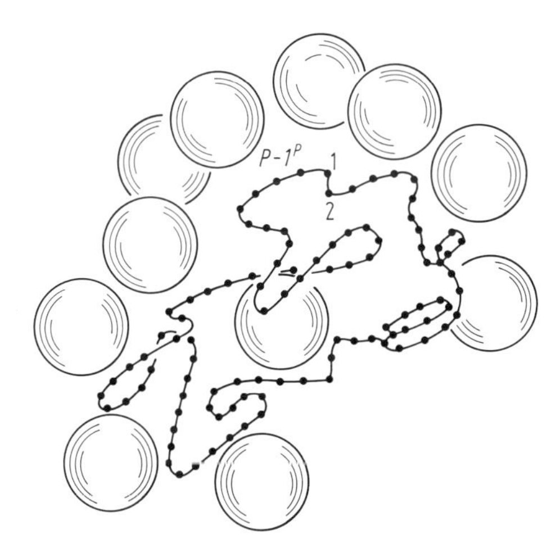

Abb. 8.45 Schematische Darstellung der Wechselwirkung eines Elektrons mit einem Cluster nach der QUPID-Methode. Die Atome oder Moleküle sind durch die Kugeln angedeutet. Das diskretisierte Feynmansche Wegintegral für die Wechselwirkung des Exzeßelektrons mit den schweren Teilchen läßt sich auf eine geschlossene, klassische Polymerkette abbilden. Wird deren Anzahl von Punkten P beliebig groß, so ergibt sich daraus eine exakte, quantenmechanische Beschreibung der Aufenthaltswahrscheinlichkeit des Elektrons. Die blauen Punkte in Farbbild 1 entsprechen den Punkten P.

geschlossene klassische Polymerkette mit P Bausteinen, wie dies in Abb. 8.45 skizziert ist. Wird die Anzahl der Punkte P immer größer, so wird deren mittlere Dichte gleich der quantenmechanischen Aufenthaltswahrscheinlichkeit ($\psi\psi^*$). Mit dieser QUPID (**qu**antum **p**ath-**i**ntegral molecular **d**ynamics) genannten Methode lassen sich Struktur und Dynamik berechnen. Farbbild 1 zeigt ein Beispiel. In der Mitte und links oben sieht man je einen $(H_2O)_N^-$-Cluster mit $N = 8$. Im Uhrzeigersinn weitergehend findet man $N = 12$, 18 (Oberflächenzustand) und 18 (Volumenzustand).

Die Mitte des Farbbildes 1 zeigt den Volumenzustand von $(H_2O)_8^-$. Um dieses Bild zu erhalten, wurde der tiefste Zustand des *neutralen* Clusters berechnet, seine Geometrie festgehalten und der Zustand des Exzeßelektrons berechnet. Die durch die blauen Punkte in Farbbild 1 gegebene Ladungsverteilung erstreckt sich gleichmäßig über den gesamten Cluster. Mit der Methode der Molekulardynamik läßt sich die Bewegung der Moleküle im Cluster studieren. Dabei stellt man fest, daß der links oben in Farbbild 1 wiedergegebene Oberflächenzustand für $N = 8$ eine tiefere Energie als der Volumenzustand hat. Die Moleküle haben sich umgeordnet und das Elektron hat außerhalb des Clusters eine große Aufenthaltswahrscheinlichkeit. Das Elektron ist in den stärker gebundenen Oberflächenzustand übergegangen. Die berechneten Bindungsenergien sind in Abb. 8.46 als leere Vierecke für den Volumenzustand und als ausgefüllte Vierecke für den Oberflächenzustand eingetragen. Werte bei verschiedenen Temperaturen sind durch einen dünnen senkrechten Strich verbunden. Die berechneten Energien hängen offensichtlich stark von der Temperatur ab. Die Bindungsenergien steigen für $N = 12$ und 18. Die Ladungsverteilung schrumpft entsprechend. Erst ab etwa 64 Wassermolekülen soll nach den Rechnungen der Volumenzu-

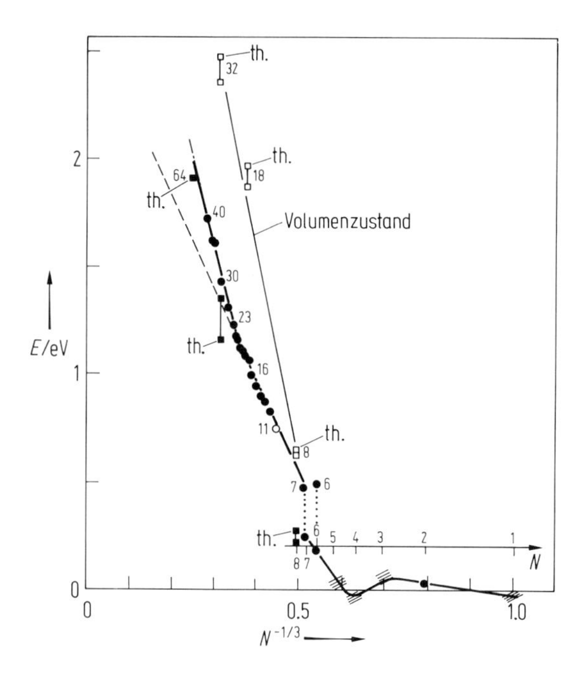

Abb. 8.46 Photodetachment von $(D_2O)_N^-$. Die zur Elektronenablösung benötigte Energie E ist gegen $N^{-1/3}$ aufgetragen. Für $N = 1$ und 4 ist das negative Ion nicht stabil. Für $N = 3$ und 5 ist die Intensität zu klein für eine Messung. Für $N \geq 7$ lassen sich die Daten durch zwei Geradenstücke wiedergeben, die kompatibel mit den Rechnungen für Oberflächenzustände (●) sind; th. steht für theoretische Berechnung.

stand eine tiefere Energie als der Oberflächenzustand haben. Es besteht die Vermutung, daß beim NH_3 die Oberflächenzustände nur sehr schwach oder gar nicht bindend sind. Das führt dazu, daß $(NH_3)_N^-$-Cluster mit $N \leq 35$ nicht stabil sind und daher in dem in Abb. 8.44 gezeigten Massenspektrum nicht auftreten.

Messung der Bindungsenergie des Exzeßelektrons: Die Bindungsenergie der Exzeßelektronen wurde in einem Photodetachmentexperiment gemessen. Abb. 8.14b in Abschn. 8.3.3 zeigt das Prinzip der verwendeten Apparatur [53]. Im Gegensatz zu dem in Abb. 8.15 gezeigten Experiment wurde nicht mit einem gepulsten, sondern mit einem kontinuierlichen Strahl gearbeitet. Der in einem Wien-Filter massenselektierte Strahl wurde mit einem Argon-Ionen-Laser hoher Leistung gekreuzt. Durch „intracavity"-Betrieb wurde eine Leistung von einigen hundert Watt Laserleistung erreicht. Abb. 8.46 zeigt für $(D_2O)_N^-$ die Größenabhängigkeit der Photo-Ablösearbeit (englisch: vertical electron detachment energy) als Funktion des inversen, reduzierten Clusterradius $(R^*)^{-1} = N^{-1/3}$. Für $N = 1$ und 4 ist dieses negative Ion nicht stabil. Für $N = 3$ und 5 ist die Intensität zu klein für eine Messung. Die vermuteten Werte der Energie sind schraffiert eingezeichnet. Ab $N = 7$ liegen alle Werte gut auf 2 Geraden. Die Daten scheinen darauf hinzudeuten, daß in der Tat die Oberflächenzustände bei kleinen Clustern angenommen werden.

Zusammenfassung: Exzeßelektronen kommen in und auf Clustern aus dielektrischen Materialien vor. Das Monomer kann kein Elektron binden. Die elektronische und geometrische Struktur der Moleküle wird durch die Anwesenheit des zusätzlichen Elektrons nur wenig gestört, die relative Lage der Moleküle dagegen sehr. Experiment und Theorie finden übereinstimmende Werte für die Energie zur Elektronenablösung kleiner $(H_2O)_N^-$-Cluster.

8.4.8 Quecksilber, Transformation einer chemischen Bindung

Quecksilbercluster sind für kleine Clustergrößen van-der-Waals-gebunden, für größere kovalent und anschließend metallisch. Diese interessante Transformation einer chemischen Bindung als Funktion der Clustergröße soll hier kurz besprochen werden.

Das Hg Atom hat die elektronische Struktur $[Xe]4f^{14}5d^{10}6s^2$, wobei [Xe] für die elektronische Struktur des Xenonatoms steht. Das heißt, beim Hg-Atom sind alle Schalen voll mit Elektronen besetzt, oder anders ausgedrückt, die Schalen sind abgeschlossen. Wie bei allen Atomen mit abgeschlossenen Schalen sind die Dimere nur schwach van-der-Waals-gebunden. Die Topftiefe beträgt nur 43 meV. Das Dimer-Ion Hg_2^+ dagegen hat wegen der gerade/ungerade-Aufspaltung eine wesentlich größere Bindungsenergie von 1.4 eV. Es verhält sich also wie die Edelgasdimere bei der Ionisa-

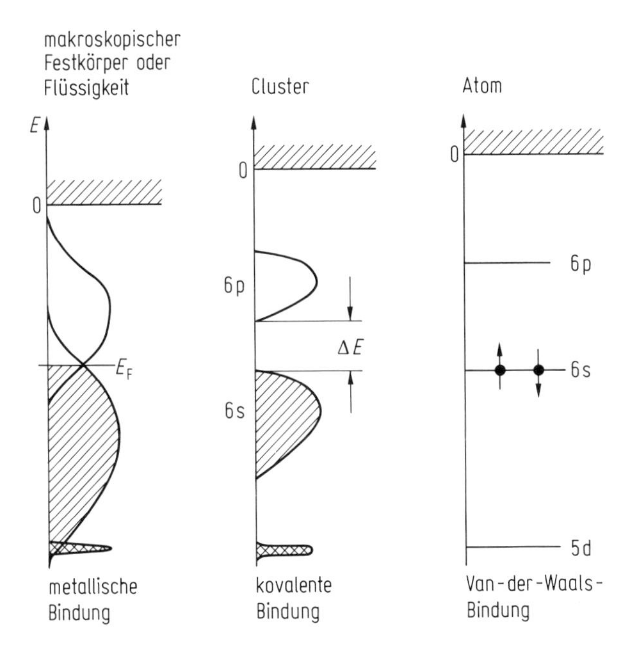

Abb. 8.47 Änderung der elektronischen Struktur beim Wachsen von Hg_N-Clustern. Das Atom hat eine abgeschlossene elektronische Schale ($6s^2$) und das Dimer und die kleinen Cluster sind van-der-Waals-gebunden. Die scharfen atomaren Linien verbreitern sich beim Cluster zu Bändern, die hier kontinuierlich gezeichnet sind. Die chemische Bindung hat kovalenten Charakter wie beim Halbleiter. Im Metall überlappen das 6s- und das 6p-Band und man hat metallische Bindung.

tion. Man vergleiche dazu die Diskussion zu Abb. 8.35 und 8.36. Die elementare Bändertheorie der Festkörperphysik lehrt, daß ein voll besetztes Atomorbital ein voll besetztes Band im Festkörper gibt, und ein volles Band bedeutet immer einen Nichtleiter. Man würde daher naiv erwarten, daß makroskopische Mengen von Hg nichtmetallisch sind. Den physikalischen Grund für den metallischen Charakter von Quecksilber zeigt Abb. 8.47. Das Atom hat ein mit 2 Elektronen vollbesetztes 6s-Niveau und ein leeres 6p-Niveau. Die Niveaus verbreitern sich laut Gl. (8.26) in Abschn. 8.4.1.2. Für endlich große Cluster ist die Aufspaltung natürlich nicht kontinuierlich, wie in Abb. 8.47 gezeigt, sondern setzt sich aus diskreten Linien zusammen, was aber hier vernachlässigt werden soll. Sobald sich die Bandlücke ΔE schließt, kommt es zu einer Überlappung von s- und p-Band. Dadurch existieren direkt oberhalb des höchsten besetzten Elektronenzustandes unbesetzte Zustände, und der Festkörper kann metallisch auf ein angelegtes elektrisches Feld reagieren. Es kommt also als Funktion der Clustergröße zu einem Nichtmetall-Metall-Übergang. Ein ähnliches Verhalten zeigen die Erdalkalimetallatome (Be, Mg, Ca, Sr, Ba), die ebenfalls eine s^2-Elektronenstruktur haben. Allerdings ist bei ihnen der s-p-Abstand so viel kleiner, daß es nicht zu so dramatischen Änderungen der Ionisierungsenergie kommt.

Drei verschiedene Experimente sind an freien Hg-Clustern durchgeführt worden, um diesen Übergang zu studieren: Innerschalenanregung des Überganges 5d $\rightarrow$6s mit anschließender Autoionisation und Elektronenstoß- und Photoionisation [55–57]. Aus diesen experimentellen Daten sowie den theoretischen Überlegungen [54] beginnt sich ein Verständnis des Metall-Nichtmetall-Übergangs herauszubilden.

Schlußbetrachtung. Die Diskussion der Clustereigenschaften wurde in diesem Abschnitt mit den metallischen Clustern begonnen. Anschließend wurden die Verhältnisse bei kovalent und van-der-Waals-gebundenen Clustern diskutiert. Bei Hg-Clustern liegen alle diese Bindungstypen je nach Clustergröße vor, so daß sich ein Argumentationskreis geschlossen hat.

Die Physik der Cluster ist zur Zeit in einer stürmischen Entwicklung begriffen, so daß hier nur eine Einführung gegeben und eine Zwischenbilanz gezogen werden konnte, die vielleicht zu eigenen Ideen und Arbeiten anregt.

Literatur

Konferenzberichte

[a] Surface Science, Band **106**, 1981
[b] Surface Science, Band **156**, 1981
[c] Zeitschrift für Physik **D12**, 1989
Die Konferenzberichte des „Symposiums on Small Particles and Inorganic Clusters" sind in den obigen drei Bänden wiedergegeben. Die Bände geben einen sehr guten Überblick über das gesamte Gebiet der Clusterphysik.
[d] „Physics and Chemistry of Small Clusters (Jena, P., Rao, B.K., Khanna, S.N., Eds.) NATO ASI Series **B158**, Plenum Press, New York, 1989 (der Band enthält die Proceedings der gleichlautenden Konferenz).

[e] Martin, T.P., Clusters what are they, in: Elemental and Molecular Clusters, Proc. Int. School of Material Science and Technology (Benedek, G., Martin, T.P., Eds.) Springer, 1988
[f] The Chemical Physics of Atomic and Molecular Clusters, Proc. 107th, Int. School of Physics „Enrico Fermi" (Scoles, G.) Varenna, 1988

Bücher

[g] Evolution of Size Effects in Chemical Dynamics, Adv. Chem. Phys., Vol. 70, Part 1 and 2, 1988
[h] Metal Clusters in Catalysis, Studies in Surface Science and Catalysis, Vol. 29, (Gates, B.C., Guczi, L., Knözinger, H., Eds.) Elsevier, 1986
[i] The Metallic and Nonmetallic States of Matter (Edwards, C.P., Rao, C.N.R., Eds.) Taylor and Francis, London, 1985
[k] Schwentner, N., Koch, E.E., Jortner, J., Electronic Exicitations in Condensed Rare Gases, Springer, Berlin, 1985
[l] Märk, T.D., Castleman, A.W., Experimental Studies on Cluster Ions, Adv. in Atomic and Molecular Physics, Vol. 20, 1985
[m] Metal Clusters (Hrsg. Träger, F., zu Putlitz, G.), Z. Phys. **D3**, 2 and 3, Springer, 1986
[n] Kappes, M., Leutwhyler, S., Molecular Beams of Clusters, in: Atomic and Molecular Beam Methods, Vol. 1 (Scoles, G., Ed.) Oxford University Press, 1988
[o] Microclusters (Sugano, S., Nishina, Y., Ohnishi, S., Eds.), Series in Material Sciences 4, Springer, Berlin, 1987
[p] Discussion of the Faraday Society on „Large Gas Phase Clusters" Warwick, 1989, J. Chem. Soc. Faraday Trans. **86**, 1990
[q] Zeitschrift für Physik D19 und D20, 1991. Diese beide Bände enthalten die Fortsetzung der unter [a, b, c] zitierten Konferenzberichte.

Zitierte Publikationen

[1] Mie, G., Beiträge zur Optik dünner Medien, speziell kolloidaler Metallösungen. Ann. Phys. **25**, 377, 1908. Bohren, C.F., Huffman, D.R., Absorption and Scattering of Light by Small Particles, Wiley, New York, 1983 (die Plasmaresonanz makroskopischer Metalle wird in Kap. 14 behandelt).
[2] Becker, E.W., On the history of cluster beams, Z. Phys. **D3**, 1, 1986
[3] Halperin, W.P., Quantum size effects in metal particles, Rev. Mod. Phys. **58**, 533, 1986
[4] Hoare, M.R., Structure and dynamics of simple microclusters. Adv. Chem. Phys. **40**, 49, 1979
[5] Jortner, J., Level structure and dynamics of clusters, Ber. Bunsenges. **88**, 1, 1983 (siehe auch Berichte in [c]–[f])
[6] Engelking, P.C., Determination of cluster binding energy from evaporative lifetime and average kinetic energy release, J. Chem. Phys. **87**, 936, 1987
[7] Bréchignac, C., Cahuzac, Ph., Leygnier, J., Weiner, J., Dynamics of unimolecular dissociation of sodium cluster ions, J. Chem Phys. **90**, 1493, 1989
[8] Gleiter, H., Nanometer-sized microstructures, Mat. Res. Soc. Symp. Proc. **206**, 463, 1991
[9] Frank, F., Schulze, W., Tesche, B., Urban, J., Winter, B., Formation of metal clusters and molecules by means of the gas aggregation technique and characterization of the size distribution, Surf. Sci. **156**, 90, 1985
[10] Schild, D., Pflaum, R., Kiefer, G., Recknagel, E., Compound clusters of heavy post-transition elements, Z. Phys. **D10**, 329, 1988
[11] Scoles, G., eine gute Übersicht gibt der Bericht in [f]

[12] Buck, U., Properties of neutral clusters from scattering experiments, J. Phys. Chem. **92**, 1023, 1988, siehe auch [e]).
[13] Allen, G. L., et al., Small particle melting of pure metals, Thin Solid Films **152**, 297, 1986
[14] Buffat, Ph., Borel, J.-E., Size effect on the melting temperature of gold clusters, Phys. Rev. **A13**, 2287, 1976
[15] Frenken, J. W. M., van der Veen, J. F., Dynamics and melting of surfaces, Surf. Sci. **178**, 382, 1986
[16] Jellinek, J., Beck, T. L., Berry, R. S., Solid-like phase changes in simulated isoenergetic Ar_{13} clusters, J. Chem. Phys. **84**, 2783, 1986 (siehe auch [c, f])
[17] Bösiger, J. und Leutwyler, S., Surface melting transitions and phase coexistence in argon solvent clusters, Phys. Rev. Lett. **59**, 1859, 1987
[18] Montano, P. A., Shenoy, G. K., Alp, E. E., Schulze, W., Urban, J., Structure of copper microclusters isolated in solid argon, Phys. Rev. Lett. **56**, 2076, 1988
[19] van Staveren, M. P. J., Brom, H. B., de Jong, L. J., Ishii, Y., Energetics of charged small metal particles, Phys. Rev. **B35**, 7749, 1987
[20] Bréchignac, C., Cahuzac, Ph., Carlier, F. Leygnier, J., Photoionization of mass-selected K_n^+ ions: A test for the ionization scaling law, Phys. Rev. Lett. **63**, 1368, 1989
[21] Messmer, P., From finite clusters of atoms to their infinite solid. I. Solution of the eigenvalue problem of a simple tight binding model of arbitrary size, Phys. Rev. **B15**, 1811, 1977
[22] Lindsay, D. M., Wang, Y., George, T. F., The Hückel model for small metal clusters, J. Chem. Phys. **86**, 3500, 1987
[23] Schumacher, E., Metal clusters: between atom and bulk, Chimia **42**, 357, 1988
[24] Boustani, I., Pewestorf, W., Fantucci, P., Bonacic, V., Koutecky, J., Fantucci, P., Phys. Rev. **B35**, 9437, 1987
[25] Manninen, M., Structure of small alkali-metal clusters, Phys. Rev. **B34**, 6886, 1986
[26] Ekart, W., Penzar, Z., Self consistent Sommerfeld model for an accurate prediction of the electronic properties of small metal clusters, Phys. Rev. **B38**, 4273, 1988
[27] de Heer, W. A., Knight, W. D., Chou, M. Y., Cohen, M. L., Solid State, Electronic shell structure of metal clusters; Phys. **40**, 94, 1987 (siehe auch [c], [f])
[28] Schumacher, E., Ekart, W., bis jetzt private Mitteilung. Theoretische Daten nach [19]
[29] Bréchignac, C., Cahuzac, Ph., Leygnier, J., Weiner, J., Dynamics of unimolecular dissociation of sodium cluster ions, J. Chem. Phys. **90**, 1492, 1989
[30] de Heer, W. A., Selby, K., Kresin, V., Masui, J., Vollmer, M., Châtelain, A., Knight, W. D., Collective dipole oscillations in small sodium clusters, Phys. Rev. Lett. **59**, 1805, 1987
[31] Bréchignac, C., Cahuzac, Ph., Carlier, F., Leygnier, J., Chem. Phys. Lett. **164**, 433, 1989
[32] Frank, F., Schulze, W., Tesche, B., Urban, J., Winter, B., Formation of metal clusters and molecules by means of the gas aggregation technique and characterization of the size distribution, Surf. Sci. **156**, 90, 1985
[33] Kreibig, U., Genzel, L., Optical absorption of small metallic particles, Surf. Sci. **156**, 678, 1985
[34] Kappes, M. M., Radi, P., Schär, M., Yretzian, C., Schumacher, E., Shell closings and geometric structure effects. A systematic approach to the interpretation of abundance distributions observed in photoionisation mass spectra of alkali cluster beams, Z. Phys. **D3**, 115, 1986
[35] Parks, E. K., Weiller, B. H., Bechthold, P. S., Hoffmann, W. F., Nieman, G. C., Pobo, L. G., Riley, S. J., Chemical probes of metal cluster structure: Reactions of iron clusters with hydrogen, ammonia, and water, J. Chem. Phys. **88**, 1622, 1988
[36] Martin, T. P., Alkali halide clusters and microcrystals, Phys. Reports **95**, 169, 1983
[37] Tomanek, D., Schluter, M. A., Structure and bonding of small semiconductor clusters, Phys. Rev. **B36**, 1208, 1987

[38] Kroto, H.W., Heath, J.R., O'Brien, S.C., Curl, R.F., Smalley, R.E.W., C_{60}: Buckminsterfullerene, Nature **318**, 162, 1985
[39] Rosen, A., Wästberg, B., Calculations of the ionization thresholds and electron affinities of the neutral, positively and negatively charged C_{60}, J. Chem. Phys. **90**, 2525, 1989
[40] Northby, J.A., Structure and binding in Lennard-Jones clusters: $13 \leq N \leq 147$, J. Chem. Phys. **87**, 6166, 1987
[41] Berry, S., Amar, F., in [c], [f]
[42] Birkhofer, H.P., Haberland, H., Winterer, M., Worsnop, D.R., Ber. Bunsenges. Penning, photo and electron impact ionization of argon clusters, Phys. Chem. **88**, 207, 1984
[43] Haberland, H., A model for the processes happening in a rare-gas cluster after ionization, Surf. Sci. **156**, 305, 1985
[44] Böhmer, H.-U., Peyerimhoff, S.D., Stability and structure of singly-charged argon clusters Ar_n^+, n = 3–27. A Monte-Carlo simulation, Z. Phys. **D11**, 239, 1989
[45] Levinger, N.E., Ray, D., Alexander, M.L., Lineberger, W.C., Photoabsorption and photofragmentation studies of Ar_n^+ cluster ions, J. Chem. Phys. **89**, 5654, 1988
[46] Haberland, H., in [d], S. 667
[47] Scheier, P., Märk, T.D., Observation of sequential decay in metastable Ar clusters, Phys. Rev. Lett. **59**, 1813, 1987
[48] Lethbridge, P.G., Stace, A.J., Reactivity-structure correlations in ion clusters: A study of the unimolecular fragmentation patterns of argon ion clusters, Ar_N^+, for N in the range 30–200, J. Chem. Phys. **89**, 4062, 1988
[49] Miehle, W., Kandler, O., Leisner, T., Echt, O., Mass spectrometric evidence for icosahedral structure in large rare gas clusters: Ar, Kr, Xe, J. Chem. Phys. **91**, 5940, 1989
[50] Klots, C.E., Evaporation from small paricles, J. Phys. Chem. **92**, 5864, 1988
[51] Knapp, M., Echt, O., Kreisle, D., Recknagel, E., Electron attachment to water clusters under collision-free conditions, J. Phys. Chem. **91**, 2601, 1987
[52] Barnett, R.N., Landman, U., Cleveland, C.L., Jortner, J., Electron localization in water clusters II: Surface and internal states, J. Chem. Phys. **88**, 4429, 1988
[53] Coe, J.V., Lee, G.H., Eaton, J.G., Arnold, S.T., Sarkas, H.W., Bowen, K.H., Ludewigt, C., Haberland, H. Worsnop, D.R., Photoelectron spectroscopy of hydrated electron cluster anions, $(H_2O)_n^-$, n = 2 to 69, J. Chem. Phys. **92**, 3980, 1989
[54] Pastor, G.M., Stampfli, P., Bennemann, K.H., On the transition from van der Waals- to metallic bonding in Hg clusters as a function of cluster size, Physica Scripta **38**, 623, 1988
[55] Haberland, H., Kornmaier, H., Langosch, H., Oschwald, M., Tanner, G., Experimental Study of the Transition from van der Waals, over Covalent to Metallic Bonding in Mercury Clusters, Discussion of the Faraday Society on Large Gas Phase Clusters, 1989
[56] Rademann, K., Photoionization Mass Spectroscopy and valence photoelectron-photoion coincidence spectroscopy of isolated clusters in a molecular beam, Ber. Bunsenges, Phys. Chem. **93**, 653, 1988
[57] Bréchignac, C., Broyer, M., Cahuzac, Ph., Delacretaz, G., Labastie, P., Wolf, J.P., Wöste, L., Probing the transition from van der Waals to metallic mercury clusters, Phys. Rev. Lett. **60**, 275, 1988
[58] Buck, U., Meyer, H., J. Chem. Phys. **84**, 4854, 1986
[59] Thum, F., Hofer, W.O., Surf. Sci. **90**, 331, 1979
[60] Abraham, F.F., Rep. Progr. Phys. **45**, 1113, 1982
[61] Bovin, J.-O., Nature **317**, 47, 1985
[62] Jijima, S., Ichihasi, T., Phys. Rev. Lett. **56**, 616, 1986
[63] Jijima in [g], S. 186
[64] Curtin, W.A., Ashcroft, N.W., Phys. Rev. Lett. **56**, 2775, 1986
[65] Krätschmer, W., Lamb, L.D., Fostiropoulos, K., Nature **347**, 354, 1990
[66] Kroto, H.W., Allen, A.W., Balm, S.P., C_{60} Buckminsterfullerene, Chem. Rev., eingereicht April 1991

[67] Möller, T., Optical properties and electronic exitation of rare gas glusters, Z. Phys. **D20**, 1, 1991
[68] Berry, R. S., Schmelzen und Gefrieren bei atomaren Clustern, Spektrum d. Wiss., **10**, 72, 1990
[69] Seidl, M., Meiwes-Broer, K.-H. Brack, M., Finite-size effects in ionization potentials and electron affinities of simple metall clusters, J. Chem. Phys. **95**, 1295, 1991
[70] Haberland, H., von Issendorf, B., Kolar, T., Kornmeier, H., Ludewigt, Ch., Risch, A., Phys. Rev. Lett. **67**, 3290, 1991
[71] Curl, R. E., Smalley, R. E., Scientific American, Oktober 1991, p. 32
[72] Bertsch, G. F., Bulgac, A., Tománek, D., Wang, Y., Phys. Rev. Lett. **67**, 2690, 1991
[73] Hertel, I. V., Steger, H., de Vries, J., Weisser, B., Menzel, C., Kasmke, B., Kamke, W., Phys. Rev. Lett. **68**, 784, 1992
[74] Chai, Y., Guo, T., Jin, C., Haufler, R. E., Chibante, L. P., Fure, J., Wang, L., Alford, J. M., Smalley, R. E., J. Phys. Chem., eingereicht 1991
[75] Hebard, A. F., Rosseinsky, M. J., Haddon, R. C., Murphy, D. W., Glarum, S. H., Palstra, T. T. M., Ramirez, A. P., Kortan, A. R., Nature **359**, 600, 1991
[76] Tanigaki, K., Ebbesen, T. W., Saito, S., Mizuki, J., Tsai, J. S., Kubo, Y., Kuroshima, S., Nature **352**, 222, 1991
[77] Baggott, J., New Scientist **1776**, 34, 1991

Vielteilchen-Systeme in der Biochemie und Biologie

9 Aufbau und Funktion biogener Moleküle

Harald Tschesche

9.1 Arten der Makromoleküle

Biologische Makromoleküle sind unverzichtbare, wichtige Bauelemente aller Lebewesen. Sie existieren seit Beginn der Evolution auch in den niedersten Formen des Lebens und werden als Gerüstsubstanzen, Informations- und Energiespeicher, Katalysatoren, Zellorganellen u.a. aus kleinen Molekülen als Bausteinen, ähnlich wie Polymere aus Monomeren in der Technik, synthetisiert. Ihre Einteilung erfolgt nach der Art der verwendeten monomeren Bausteine, die durch Wasserabspaltung über zwei Verknüpfungsstellen zu langen Kettenmolekülen vereinigt werden (*Polykondensation*):

1. *Polypeptide und Proteine aus Aminosäuren.* Diese Klasse biogener Makromoleküle sind die wichtigsten und in ihrer Funktion vielfältigsten polymeren Bau- und Werkstoffe der Natur. Zu den Proteinen gehören alle biologischen Katalysatoren (Enzyme), die Gerüstsubstanzen höherer Lebewesen (Collagen, Elastin, Keratin, Seide), die Transport- und Bewegungsproteine (Hämoglobin, Muskelmyosin und -actin, Flagellin, Tubulin) u.a.
2. *Nucleinsäuren aus Nucleotiden.* Diese phosphat- und zuckerhaltigen Stickstoffverbindungen dienen als Speicher der Erbinformation. Sie bilden das genetische Material in Zelle und Zellkern (Desoxyribonucleinsäuren und Ribonucleinsäuren).
3. *Polysaccharide aus Zuckern.* Glucose als Endprodukt der Photosynthese dient sowohl zum Aufbau energiereicher Reservestoffe (Glycogen, Stärke, Amylopektin) wie auch als Baustein pflanzlicher (Cellulose) oder tierischer Gerüstsubstanzen (Chitin).

Neben diesen aus einheitlichen Bausteinen synthetisierten Makromolekülen finden sich in der Natur auch „Verbundstrukturen“ (*Quartärstrukturen*), in denen verschiedene Makromoleküle zu noch größeren funktionsfähigen Komplexen zusammengestellt werden, wie in Zellorganellen (Ribosomen, Mitochondrien, Chromosomen).

9.1.1 Allgemeine Prinzipien des Aufbaues

Der Aufbau der Makromoleküle unter Wasserabspaltung (*Polykondensation*) erfolgt hierbei stets unter exakter Einhaltung des durch die beteiligten Enzyme bestimmten Aufbauprinzips. Es ist allerdings zu unterscheiden, ob

1. die Makromoleküle mit variabler Größe aus gleichartigen Monomeren in statisti-

scher Weise aufgebaut werden (Beispiele: Amylose, Cellulose in unverzweigter Anordnung bzw. Glycogen, Mucin in verzweigter Anordnung) oder ob
2. die Makromoleküle mit definierter Bausteinzahl und -abfolge aus verschiedenen monomeren Bausteinen nach Plan synthetisiert werden (Beispiele: Nucleinsäuren und Proteine).

Die zweite Gruppe biogener Makromoleküle enthält aufgrund des inhärenten Bauplanes, der für alle Moleküle dieser Art der gleiche ist, weitere Informationen. Die in der Bausteinart und -reihenfolge (*Primärstruktur*) niedergelegte Information bestimmt bei Proteinen die immunologisch relevanten spezifischen Merkmale einer Spezies (Charakter der Art, Gattung, Familie eines Organismus), darüberhinaus aber auch die räumliche Faltung des Kettenmoleküls.

9.1.2 Die neue Dimension der Funktion

Die besondere biologische Funktion jedes Makromoleküls ist ein Ergebnis der individuellen, räumlichen Faltung (Beispiel: tRNA und rRNA für Proteinbiosynthese im Ribosom, Globinfaltung um das Häm für den Sauerstofftransport, Actomyosin für die Muskelkontraktion u. a.). Die Funktion biogener Makromoleküle ist damit eine neue Eigenschaft, die anorganischen und organischen Molekülen der unbelebten Natur nicht zukommt. Die Funktion ist dabei eindeutig abhängig und bestimmt von der Ausbildung der einzigartigen und richtigen räumlichen Anordnung der Kette (*Sekundär-* und *Tertiärstruktur*) in seiner physiologischen, wäßrigen Umgebung (pH 6.5–7, 25–40 °C, schwache Ionenkonzentration, 760 hPa etc. Das Lösemittel Wasser ist für die räumliche Faltung von Protein- und Nucleinsäureketten ein wesentlicher Faktor. Zum einen werden Wassermoleküle als integraler Bestandteil z. B. fest und stabilisierend in das Proteingerüst eingebaut, zum anderen bestimmen die hydrophilen, über Wasserstoffbrücken miteinander in Wechselwirkung stehenden Wassermoleküle die Assoziation von hydrophoben Seitenketten im Inneren des Proteins bzw. der Nucleinsäure. Die Faltung von Proteinketten und Nucleinsäuren ist also ein Energie-Minimierungsproblem, bei dem die in Wasser stabilste und energieärmste Struktur ausgebildet wird. Die Information für diese Struktur ergibt sich aus den Eigenschaften der monomeren, zur Kette zusammengefügten Bausteine. Für Proteine stehen hierfür 20 verschiedene, sogenannte proteinogene Aminosäuren mit verschiedener Seitenkette und daher unterschiedlichen Eigenschaften zur Verfügung (s. Abschn. 9.3).

Wir müssen beim Bau biologischer Makromoleküle also unterscheiden zwischen dem Aufbau des Kettenmoleküls, bei dem monomere Bausteine durch eine enzymatisch-katalysierte, chemische Reaktion miteinander verbunden werden (kovalente Verbindung, s. Abschn. 9.2.4) und den sogenannten „schwachen Wechselwirkungen“, die diese Bausteine dann in wäßrigem Milieu untereinander entwickeln.

9.1.3 Schwache Wechselwirkungen

Zu den wichtigen, schwachen chemischen Bindungen gehören: 1. die Wasserstoffbindungen über Wasserstoffbrücken, 2. die ionischen Bindungen (s. Abschn. 9.2.3),

3. die Van-der-Waals-Bindungen und 4. die „hydrophobe Wechselwirkung". Die **Wasserstoffbindungen** bilden sich zwischen einem kovalent gebundenen, dissoziierbaren H-Atom, das in der Regel an O oder N gebunden ist, und einem elektronegativen Akzeptoratom, das wie O oder N freie Elektronenpaare aufweist. Sie beruhen auf der elektrostatischen Anziehung zwischen dem positiv polarisierten H-Atom und dem negativen Akzeptoratom und sind stets richtungsorientiert. Ihre Bindungsenergien liegen zwischen 10–30 kJ/mol. Beispiel:

Ionische Bindungen (z. B. $—NH_3^+ \ ^-OOC—$) ergeben sich aus elektrostatischen Kräften, die zwischen zwei entgegengesetzt geladenen Gruppen auftreten. Ihre Bindungsenergie liegt in wäßriger Umgebung (hohe Dielektrizitätskonstante) ebenfalls bei 10–30 kJ/mol, kann aber in hydrophober Umgebung (kleine Dielektrizitätskonstante, z. B. im Kohlenwasserstoff-Milieu) wesentlich größere Werte annehmen.

Van-der-Waals-Bindungen beruhen auf den Wechselwirkungen zwischen vorhandenen, induzierten und momentanen Dipolen der Moleküle. Die Wechselwirkungsenergien sind mit 0.2–0.5 kJ/mol relativ schwach.

Hydrophobe Wechselwirkungen ist eine irreführende Bezeichnung. Ihr Energiebeitrag entsteht bei der Zusammenlagerung von unpolaren (hydrophoben) Molekülgruppen (Öltröpfchenphänomen) durch die Freisetzung von Wassermolekülen, die an den unpolaren Seitenketten in wäßriger Umgebung in einer geordneten (Clathrat-) Struktur fixiert sind. Durch die Freisetzung der Wassermoleküle ergibt sich ein Entropiegewinn.

Die Summation aller schwachen Wechselwirkungen liefert die Stabilisierungsenergien für die geordneten Substrukturelemente, die Sekundärstruktur (s. Abschn. 9.2.2 und 9.3.3) und den gesamten räumlichen Aufbau, die Tertiärstruktur (s. Abschn.

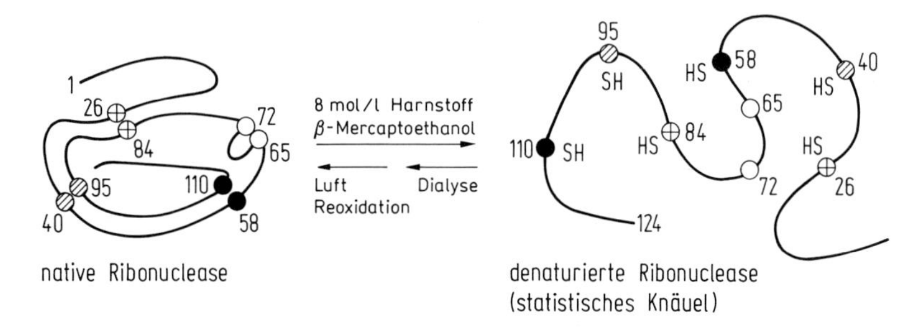

Abb. 9.1 Die Entfaltung der Ribonuclease durch Reduktion mit β-Mercaptoethanol und Denaturierung durch 8 mol/l Harnstoff kann durch Dialyse und (Luft-)Oxidation rückgängig gemacht werden.

9.2.3 und 9.3.4) des Makromoleküls. Das Energieminimum in wäßrigem Milieu bestimmt letztendlich die räumliche Struktur, die gleichzeitig die biologisch funktionelle Struktur darstellt. Sie bildet sich in wäßrigem Milieu selbsttätig aus und ist somit durch die Bausteinabfolge (Primärstruktur) inhärent vorbestimmt. Der experimentelle Nachweis für diese Hypothese wurde von 1956–1958 durch Anfinsen (Nobelpreis für Chemie 1972) und White erbracht, die Ribonuclease in Harnstoff denaturierten und durch Entfernen des Harnstoffs die biologisch aktive Struktur zurückgewinnen konnten (Abb. 9.1).

9.2 Nucleinsäuren

9.2.1 Primärstruktur – Nucleinsäuren aus Nucleotiden

Als *Nucleotide* bezeichnet man eine Bausteingruppe, die sich aus einer heterocyclischen Kohlenstoff-Stickstoff-Verbindung (Base), einem Zucker (Ribose oder Desoxyribose) und einem Phosphatrest nach dem Schema

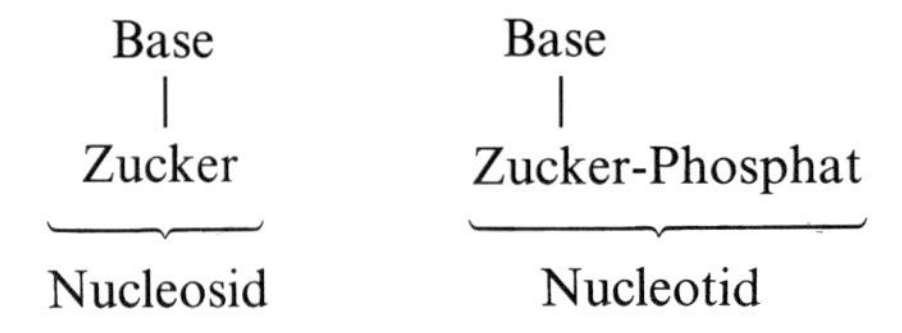

aufbaut. Die *Desoxyribonucleinsäuren* (DNA)[1] enthalten als Zucker stets nur Desoxyribose. Sie stellen das eigentliche Material aus dem die Gene aufgebaut sind. Man findet sie z.B. im Zellkern. Die *Ribonucleinsäuren* (RNA)[1] weisen nur Ribose als Zuckerkomponente auf.

Sie werden z.B. im Zellkern synthetisiert nach dem Bauplan der Desoxyribonucleinsäure, wobei anstelle von Thymin die Base Uracil eingebaut wird. Sie dienen u.a. als sogenannte einsträngige mRNA (Messenger-RNA) als Synthesematrize, an welcher der Aufbau der kettenartigen Primärstruktur der Eiweißmoleküle (Proteine) entsprechend der festgelegten Basenabfolge durch den speziellen Proteinbiosynthese-Apparat der Zelle, das Ribosom, erfolgt. Als Basen kommen im Prinzip vor:

1. für die Desoxyribonucleinsäuren (DNA) Adenin (A) und Guanin (G) als Purinbasen und Thymin (T) und Cytosin (C) als Pyrimidinbasen;
2. für die Ribonucleinsäure (RNA) Adenin (A) und Guanin (G) ebenfalls als Purinbasen und Uracil (U) und Cytosin (C) als Pyrimidinbasen.

Die Verknüpfung der Nucleotidbausteine erfolgt über die Phosphatgruppe, so daß eine monotone Zucker-Phosphatester-Kette entsteht, die an den Zuckern jeweils eine der vier möglichen Basen trägt (Primärstruktur):

[1] DNA = desoxyribonucleic acid. Diese Form wird auch in der deutschsprachigen Literatur verwendet für DNS. Desgl. RNA = RNS

Base Base Base

5′-Zucker-Phosphat-Zucker-Phosphat-Zucker-Phosphat-3′

Da die Zucker (Ribose bzw. Desoxyribose) asymmetrische Moleküle sind, sind die beiden Verknüpfungsstellen zum Phosphat nicht äquivalent. Man unterscheidet ein 3′- und ein 5′-Ende an jedem Zucker und somit auch am gesamten Kettenmolekül, das damit ebenfalls asymmetrisch ist (Abb. 9.2).

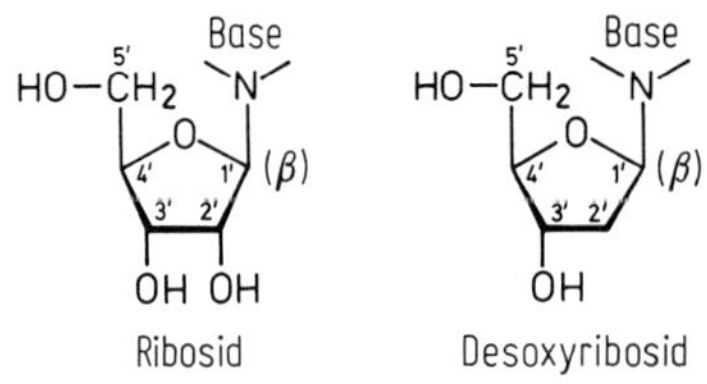

Ribosid Desoxyribosid

Abb. 9.2 Der Unterschied zwischen den Bausteinen der RNA und der DNA liegt im wesentlichen in den Zuckerbausteinen: RNA enthält Riboside, DNA enthält Desoxyriboside.

9.2.2 Sekundärstruktur der Nucleinsäuren

In der Zelle liegen die Desoxyribonucleinsäuren (DNA) in der Regel als komplementäre Doppelstränge vor, wobei jeweils zwei Basen der benachbarten, antiparallel angeordneten Stränge über Wasserstoffbrücken assoziiert sind. Je eine Purinbase paart mit einer Pyrimidinbase, und zwar Adenin mit Thymin (zwei H-Brücken) und Guanin mit Cytosin (drei H-Brücken), (Abb. 9.3).

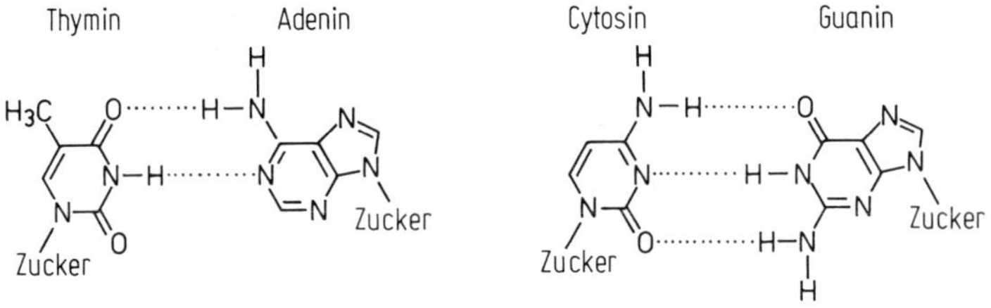

Thymin Adenin Cytosin Guanin

Abb. 9.3 Formelbilder der über Wasserstoffbrücken gebundenen heterocyclischen Stickstoffbasen der DNA. Zwischen Thymin und Adenin liegen zwei, zwischen Cytosin und Guanin drei Wasserstoffbrücken (nach Pauling [6]).

So bildet sich eine **DNA-Doppelhelixstruktur** (Typ B) aus, die in grundlegenden Arbeiten von Watson und Crick (Nobelpreis für Medizin 1962) entwickelt wurde und bei der die beiden komplementären Stränge gegenläufig um eine gemeinsame Achse gewunden sind und durch Wasserstoffbrücken und eine Stapelwechselwirkung (Dipol-Dipol-Wechselwirkungen) der elektronenreichen, heterocyclischen Basen zu-

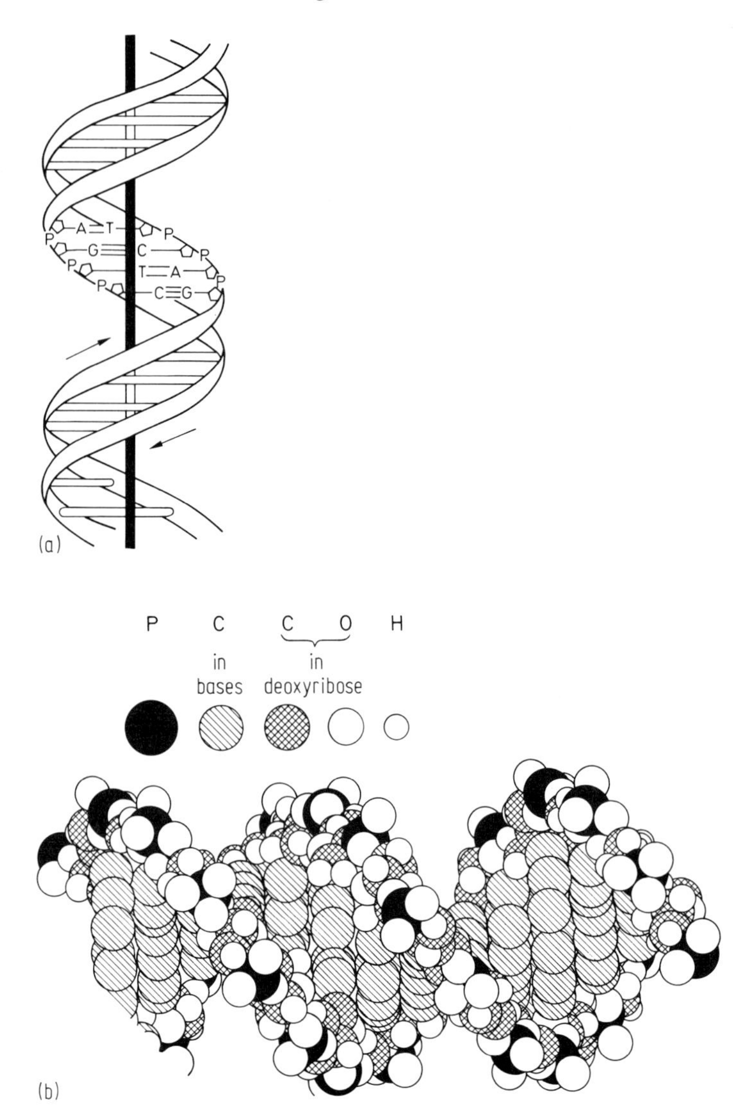

Abb. 9.4 (a) Schematische Darstellung der DNA-Doppelhelixstruktur (Typ B) mit antiparallelem Verlauf der komplementären 3'-P-5'-Phosphodiesterbindungen enthaltenden Polynucleotidstränge. (b) Kalotten-Modell der DNA-Struktur (Typ B) (nach Fengelman [7]).

sammengehalten werden. Das hydrophile Zucker-Phosphat-Skelett liegt außen in einer wäßrigen Umgebung, die hydrophoberen, aromatischen Kerne der heterocyclischen Basen liegen innen (Sekundärstruktur), (Abb. 9.4).

Aus der exakten Basenpaarung in der Desoxyribonucleinsäure folgt, daß die Basenfolge in einem Strang die Sequenz im komplementären Strang bestimmt. Die Strangtrennung unter Öffnen der Wasserstoffbrücken zwischen den Basenpaaren der beiden Polynucleotidketten liefert also zwei hälftige Matrizen, deren Komplettierung durch biosynthetischen Anbau je eines neuen, komplementären DNA-Stranges an jedem alten Einzelstrang zu einer exakten Verdopplung (*Reduplikation*) des genetischen Materials führt. Dies ist eine wichtige Voraussetzung für die Replikation sämtlicher Organismen. Es ist einleuchtend, daß Fehler in der Kombination der Basenpaare, d. h. in der ‚Ablesegenauigkeit', zu Veränderungen der genetischen Information, zu Mutationen, führen, die dann in die nächste Generation weitergegeben werden.

Die Struktur der Doppelhelix erscheint heute, insbesondere durch Auswertungen von Röntgenfaserdiagrammen der DNA-Natrium- oder Lithiumsalze, gut gesichert. Allerdings sollte man bei diesen statischen Betrachtungen nicht vergessen, daß alle Atome der komplexen, makromolekularen Struktur ihre normalen Wärmeschwingungen ausführen. Es handelt sich also nicht um starre Anordnungen. Die gesamte Struktur ist außerdem offen, und der intramolekulare Wassergehalt ist relativ hoch. Bei geringem Wassergehalt ließe sich sogar erwarten, daß die Basen leicht winklig angeordnet werden, so daß eine mehr kompakte Struktur resultiert.

Da die Wasserstoffbrücken und die Stapelwechselwirkungen innerhalb der Nucleinsäuren nur schwache Wechselwirkungen darstellen, können sie bei Temperaturerhöhung relativ leicht infolge erhöhter Wärmeschwingungen der Atome aufgehoben werden. Temperaturerhöhung führt damit zur thermischen *Denaturierung* der Nucleinsäuren. Bei Erreichen eines sogenannten T_m-Wertes (T_m = Temperature of melting) kommt es zunächst zu einer partiellen, schließlich zu einer vollständigen Trennung der beiden assoziierten Einzelstränge, die als *Schmelzen* bezeichnet wird (Abb. 9.5).

Hierbei hängt die Größe des T_m-Wertes sehr wesentlich von der Anzahl der Guanin-Cytosin-Paare in der Nucleinsäure ab, da zwischen Adenin und Thymin (bzw. Uracil) nur zwei, aber zwischen Guanin und Cytosin jeweils drei Wasserstoffbindun-

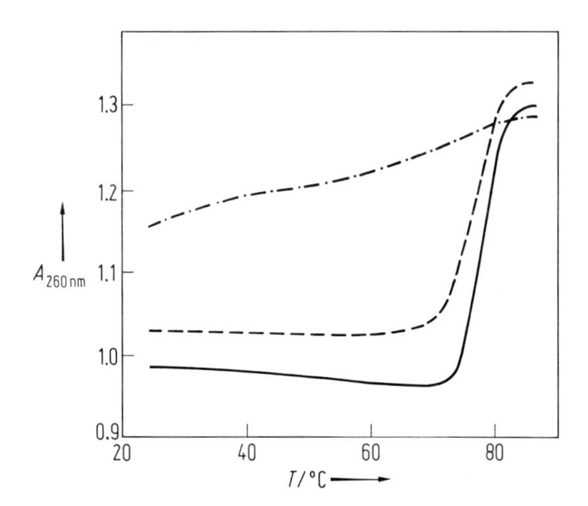

Abb. 9.5 UV-Absorption A_{260nm} von T_2-Bakteriophagen-DNA bei thermischer Denaturierung: ——— native DNA, –·–·– rasche Abkühlung, –––– langsame Abkühlung (nach Marmur und Doty [8]).

gen vorhanden sind. Guanin-Cytosin-reiche Nucleinsäuren schmelzen daher bei höherer T_m-Temperatur.

Langsame Abkühlung kann zu weitgehender *Renaturierung* führen, während rasche Abkühlung zu bleibender Denaturierung führt, d.h. die Helix wandelt sich in eine statistisch geknäuelte Kette um (*Helix-Knäuel-Übergang*). Die Strukturumwandlung ist mit einer drastischen Viskositätsminderung, einer Dichteerhöhung und einer Änderung der optischen Drehung verbunden. Ferner kommt es zu einem Anstieg der UV-Absorption (*Hyperchromie*), da die Stapelung der Basen in der DNA- (bzw.) Doppelhelix aufgrund der gegenseitigen Beschäftigung der absorbierenden Elektronen eine Absorptionssenkung (*Hypochromie*) zur Folge hat.

9.2.3 Tertiärstruktur der Nucleinsäuren

Im Gegensatz zur Desoxyribonucleinsäure liegen die Ribonucleinsäuren[2] in der Regel als Einzelstränge vor.

Daher finden sich die der DNA-Doppelhelix entsprechenden Sekundärstrukturelemente in der einsträngig vorkommenden RNA nur in Bereichen, wo komplementäre Basenanordnungen eine interne Doppelstrangbildung durch Ausbildung von Wasserstoffbrücken zwischen entsprechenden Purin- und Pyrimidinbasen erlauben. Erste Raumstrukturdaten, z.B. von tRNA-Molekülen, wurden aus Röntgenstrukturdaten ermittelt (Abb. 9.6).

Auch die Desoxyribonucleinsäuren liegen in der Bakterienzelle und im Zellkern in kompakter Form vor. Sie weisen also über die Doppelhelix-Struktur hinaus eine weitere „Überstruktur" auf. Vom Bakterienchromosom aus *E. coli* weiß man, daß die DNA (4 Millionen Nucleotide) einen einzigen großen Ring bildet. Experimentelle

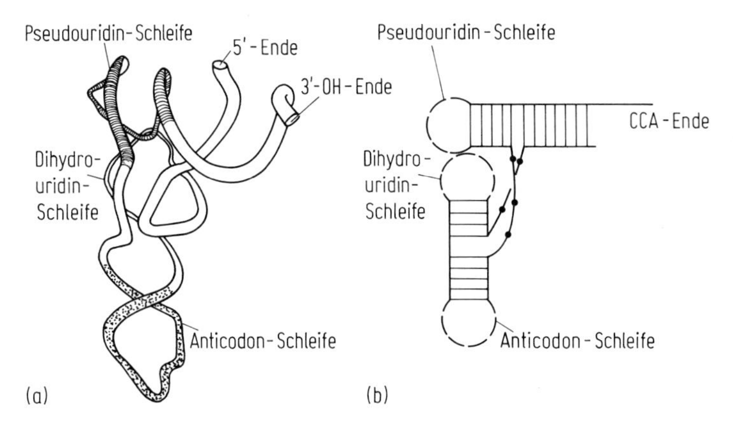

Abb. 9.6 Schematische Zeichnung (a) der Kettenkonformation der Phenylalanin-tRNA aus Hefe und (b) der intramolekularen Anordnung der Wasserstoffbrücken (aus Kim, et al. [9]).

[2] Man unterscheidet die Ribonucleinsäuren nach ihrer biologischen Funktion, die durch ein Präfix m, r oder t als Messenger-RNA (mRNA), ribosomale RNA (rRNA) oder Transfer-RNA (tRNA) bezeichnet wird.

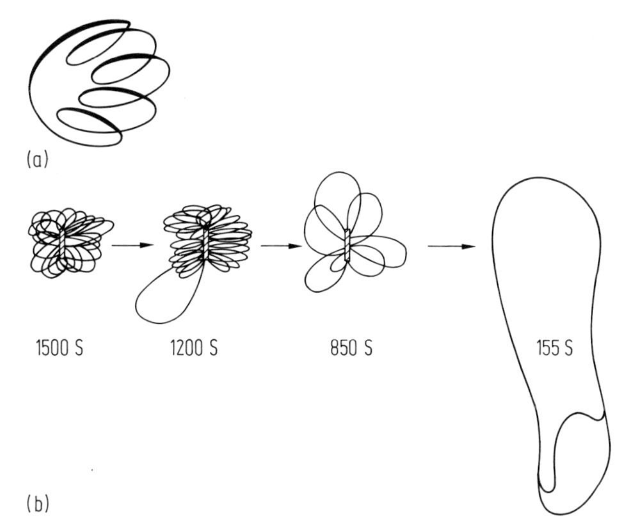

Abb. 9.7 Schematische Darstellung (a) der Superstruktur der ringförmigen *E.-coli*-DNA, (b) Auflösung der kompakten Anordnung des *E.-coli*-Chromosoms nach vorsichtiger Behandlung mit Desoxyribonuclease, die zu Einzelstrangbrüchen führt (S ist das Symbol für die Einheit Svedberg bei Auftrennung durch Sedimentation in der Ultrazentrifuge) (nach Worcel und Burgi [10]).

Befunde deuten darauf hin, daß die chromosomale DNA in 50 oder mehr Schleifen vorliegt, die in sich noch eine etwa 200fach verdrillte *Superhelix* bilden (Abb. 9.7).

Auch für die Eukaryonten-DNA des Zellkerns nimmt man die Verdrillung zu partiellen Superhelices an. Für die Stabilisierung der Superhelix werden stark basische Proteine, die Histone, verantwortlich gemacht, die in nahezu äquimolarer Menge im Chromatinfaden von somatischen Zellen vorkommen. Die Vorstellungen gehen dahin, daß sich die Histone in der großen Rille der DNA derart anlagern, daß die positiven Ladungen der basischen Aminosäure-Seitenketten der Histone die negativen Ladungen der Phosphatreste der DNA durch elektrostatische Wechselwirkung (Salzbrücken) kompensieren und dadurch erst eine enge Verknäuelung des langen Kettenmoleküls ermöglichen.

9.2.4 Die genetische Information

Die Desoxyribonucleinsäure (DNA) enthält als genetisches Material die Information für den kolinearen Aufbau der Ketten (Primärstruktur) von Eiweißmolekülen, die auch aus kleinen, monomeren Bausteinen, den Aminosäuren, synthetisiert werden. Für jede Aminosäure gibt es in der DNA eine definierte Abfolge von drei heterocyclischen Stickstoffbasen (*Basentriplett*), die für eine Aminosäure codieren (**genetischer Code**). Der Basenabfolge entspricht damit eine definierte Reihenfolge der Aminosäuren (Aminosäuresequenz), die der Proteinbiosyntheseapparat der Zelle (Ribosom) aufbaut. Es ist also die spezifische Sequenz (Primärstruktur) der Aminosäuren in einem Protein, die durch die DNA gespeichert und bestimmt wird. Die Synthese (*Translation*) erfolgt hierbei an der mRNA als Matrize, die nach der Information in der DNA synthetisiert worden ist (*Transskription*). Der Fluß der Information (über den Aufbau der Eiweißstoffe) geht also von der DNA im Transskriptionsprozeß zur RNA und schließlich im Translationsprozeß am Ribosom zum Protein.

9.3 Proteine

9.3.1 Proteine aus Aminosäuren

Proteine sind im Gegensatz zu den aus nur vier verschiedenen Bausteinen aufgebauten Nucleinsäuren aus zwanzig verschiedenen Bausteinen, den α-L-Aminosäuren aufgebaut. Zwar finden sich in der Natur über 150 verschiedene Aminosäuren, aber nur zwanzig, die sog. *proteinogenen Aminosäuren* finden sich im allgemeinen in Eiweißstoffen und sind durch den genetischen Code bestimmt. Alle übrigen aus Proteinen durch enzymatische, saure oder alkalische Hydrolyse freigesetzten Aminosäuren werden durch nachträgliche, enzymatische Umsetzung aus diesen aufgebaut. Als gemeinsames Strukturmerkmal tragen die α-Aminosäuren am C_α-Atom eine Carboxyl- und eine Aminogruppe sowie, bis auf die α-Iminosäure Prolin, alle ein H-Atom. Die Unterschiede der einzelnen Aminosäuren liegen in der Art der charakteristischen Seitenkette R, die aliphatisch-hydrophober, aliphatisch-saurer oder aliphatisch-basischer, aromatischer oder heterocyclischer Natur sein kann und die vierte Valenz am C_α-Atom absättigt:

$$\begin{array}{c} \mathrm{H} \\ | \\ \mathrm{H_2N{-}C{-}COOH} \\ | \\ \mathrm{R} \end{array}$$

Nur der einfachste Vertreter der Reihe, Glycin, trägt anstelle der Seitenkette R ein H-Atom. Zur Bezeichnung der natürlichen L-Aminosäuren werden in der Regel nur die ersten drei Buchstaben des Trivialnamens verwendet, der sich historisch oft von dem Ausgangsmaterial der ersten Isolierung (*tyros* = Käse) oder besonderen Eigenschaften (*leucos* = weiß, *glycos* = süß) ableitet. Zur Abkürzung werden auch Einbuchstabensymbole verwendet (Tab. 9.1).

Aminosäuren sind asymmetrisch, d. h. chiral aufgebaut und kommen damit in zwei Stereoisomeren vor, den optischen Antipoden der L- und D-Reihe. Die Präfixe L- und D- bezeichnen hierbei die absolute räumliche Konfiguration. Bei L-Aminosäuren steht die Seitenkette nach links und das H-Atom nach oben rechts in der Papierebene, wenn die Carboxylgruppe nach vorne unten und die Aminogruppe nach hinten unten angeordnet sind (Abb. 9.8). Die Drehung linear polarisierten Lichtes wird durch die Präfixe (+) für Rechtsdrehung und (−) für Linksdrehung angegeben.

Alle aus Proteinen freigesetzten Aminosäuren weisen, unabhängig von ihrem Drehungssinn für linear polarisiertes Licht, die natürliche L-Konfiguration auf.[3]

[3] Der Drehsinn wird durch die Struktur der Seitenkette bestimmt. Von den 20 proteinogenen Aminosäuren zeigen Ser, Met, Cys schwache, Tyr, Phe, His, Trp stärkere und Pro sehr starke Linksdrehung, alle übrigen Rechtsdrehung.

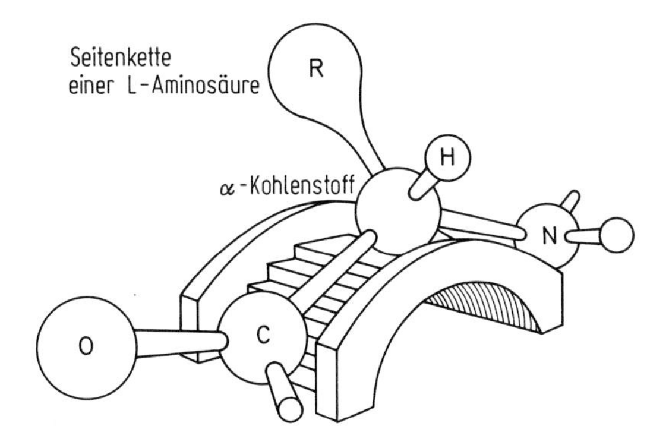

Abb. 9.8 Wenn die Brücke (ON-wärts) überschritten wird, liegt bei L-Aminosäuren die Seitenkette (Rest R) links am tetraedrischen Kohlenstoff der C_α-Gruppe.

D-Aminosäuren finden sich hauptsächlich nur in Bakterien-Zellwänden und Antibiotika und werden durch Racemisierung der L-Form zur D-Form gebildet. Wie und ob es zur einseitigen, präbiotischen Auswahl der L-Aminosäuren gekommen ist, ist auch heute noch unklar. Sterische Modellbetrachtungen an Nucleinsäuren zeigen, daß zur D-Ribose nur L-Aminosäuren passen und daß die Dimensionen die Verknüpfung von L-Aminosäuren durch Peptidbindungen begünstigen. Manfred Eigen hält es für möglich, daß sich das Leben auf der Erde ohne Bevorzugung einer Stereokonfiguration entwickelte und daß anfangs L- und D-Leben gleich verteilt war. Statistische Fluktuation und autokatalytische Verstärkung könnte dann das D-Leben ausgerottet haben.

9.3.2 Primärstruktur – Die Verknüpfung durch Peptidbindungen

Proteine werden durch Verknüpfung einzelner L-Aminosäurebausteine zu langen, unverzweigten Molekülketten aufgebaut, wobei die Art und Gesamtzahl und die Abfolge der Bausteine (Primärstruktur) charakteristisch für jede Art von Protein ist. Die Molekülgröße kann dabei zwischen 50 und 10000 Bausteinen betragen und ist für ein bestimmtes Protein eine definierte Größe. Gäbe es nur eine Art von proteinogenen Aminosäuren, so gäbe es für jede Zahl von Bausteinen nur ein einziges Protein. Da jedoch 20 von weit über 150 verschiedenen in der Natur vorkommenden Aminosäuren zum Aufbau von Proteinen biologisch genutzt werden, ergibt sich schon für ein relativ kleines Protein von z. B. 61 Aminosäuren eine unvorstellbare große Zahl von verschiedenen Alternativen, diese zu Primärstrukturen anzuordnen, nämlich 20^{61}. Diese Zahl von 20^{61} oder 5×10^{79} entspricht ungefähr dem Sechsfachen der Gesamtzahl aller Atome im Universum! Aus dieser schier unglaublichen Anzahl möglicher Sequenzisomerer wird eine einzige Alternative durch die codierte Information verwirklicht. Damit wird ein sehr kontrolliert und präzise arbeitender Biosynthese-„Apparat" in der Zelle benötigt: das Ribosom und die mit ihm kooperierenden tRNA-Moleküle als Adapter zur korrekten Einpassung der Aminosäuren (siehe weiterführende Literatur).

Tab. 9.1 Die 20 proteinogenen Aminosäuren

Name relative Molekülmasse	3-Buchstaben-Abkürzung	Einbuchstabensymbol	Seitenkette	Charakter	ΔG-Werte (25° C, kJ/mol) für Transfer von Wasser in Ethanol
Asparaginsäure 174	Asp	D	$HOOC-CH_2-CH(COO^-)(NH_3^+)$	sauer	
Glutaminsäure 147	Glu	E	$HOOC-CH_2-CH_2-CH(COO^-)(NH_3^+)$	sauer	
Tyrosin 181	Tyr	Y	$H-O-C_6H_4-CH_2-CH(COO^-)(NH_3^+)$	sauer neutral	− 9.6
Alanin 89	Ala	A	$CH_3-CH(COO^-)(NH_3^+)$	neutral	− 2.1
Asparagin 132	Asn	N	$H_2N-CO-CH_2-CH(COO^-)(NH_3^+)$	neutral	
Cystein 121	Cys	C	$HS-CH_2-CH(COO^-)(NH_3^+)$	neutral	

Tab. 9.1 Fortsetzung

Name relative Molekülmasse	3-Buchstaben-Abkürzung	Einbuchstaben-symbol	Seitenkette	Charakter	ΔG-Werte (25° C, kJ/mol) für Transfer von Wasser in Ethanol
Glutamin 146	Gln	Q	$H_2N{-}CO{-}CH_2{-}CH_2{-}CH(COO^-)(NH_3^+)$	neutral	
Serin 105	Ser	S	$HO{-}CH_2{-}CH(COO^-)(NH_3^+)$	neutral	+ 1.3
Threonin 119	Thr	T	$CH_3{-}CH(OH){-}CH(COO^-)(NH_3^+)$	neutral	− 1.7
Histidin 155	His	H	$HC{=}C{-}CH_2{-}CH(COO^-)(NH_3^+)$; Ring: $HC{=}C$, HN^+, NH, CH	neutral basisch	− 2.1
Arginin 174	Arg	R	$H_2N{-}\overset{+}{C}({=}NH_2){-}NH{-}CH_2{-}CH_2{-}CH_2{-}CH(COO^-)(NH_3^+)$	basisch	

Tab. 9.1 Fortsetzung

Name relative Molekülmasse	3-Buchstaben-Abkürzung	Einbuchstabensymbol	Seitenkette	Charakter	ΔG-Werte (25° C, kJ/mol) für Transfer von Wasser in Ethanol
Lysin 146	Lys	K	$H_3\overset{+}{N}-CH_2-CH_2-CH_2-CH_2-CH(COO^-)(NH_3^+)$	basisch	
Glycin 75	Gly	G	$H-CH(COO^-)(NH_3^+)$	unpolar hydrophob	
Isoleucin 131	Ile	I	$CH_3-CH_2-CH(CH_3)-CH(COO^-)(NH_3^+)$	unpolar hydrophob	
Leucin 131	Leu	L	$(CH_3)_2CH-CH_2-CH(COO^-)(NH_3^+)$	unpolar hydrophob	− 7.5
Methionin 149	Met	M	$CH_3-S-CH_2-CH_2-CH(COO^-)(NH_3^+)$	unpolar hydrophob	− 5.4

Tab. 9.1 Fortsetzung

Name relative Molekülmasse	3-Buchstaben-Abkürzung	Einbuchstaben-symbol	Seitenkette	Charakter	ΔG-Werte (25° C, kJ/mol) für Transfer von Wasser in Ethanol
Phenylalanin 165	Phe	F	$C_6H_5-CH_2-CH(COO^-)(NH_3^+)$	unpolar hydrophob	– 10.5
Prolin 115	Pro	P	H, COO^-, HN — C, H_2C, CH_2, CH_2	unpolar hydrophob	
Tryptophan 204	Trp	W	N, H, $-CH_2-CH(COO^-)(NH_3^+)$	unpolar hydrophob	– 14.2
Valin 117	Val	V	$(CH_3)_2CH-CH(COO^-)(NH_3^+)$	unpolar hydrophob	– 6.3

Die Aminosäuren werden durch eine Säureamidbindung, die **Peptidbindung**, verbunden, die zwischen der Carboxylgruppe der ersten Aminosäure und der α-Aminogruppe der zweiten Aminosäure gebildet wird:

$$\underset{\displaystyle R_1}{H_3N^+-\underset{|}{C}H-COO^-} + \underset{\displaystyle R_2}{H_3N^+-\underset{|}{C}H-COO^-}$$

$$H_3N^+-\underset{\underset{\displaystyle R_1}{|}}{C}H-\boxed{CO-NH}-\underset{\underset{\displaystyle R_2}{|}}{C}H-COO^- + H_2O$$

Die Säuregruppe und die Aminogruppe zweier Aminosäuren bilden unter Abspaltung eines Moleküls Wasser eine Peptidbindung (umrahmt in der Zeichnung). Dadurch können lange Peptidketten entstehen, aus Peptidbindungen, jeweils getrennt durch ein α-C-Atom, das eine Seitenkette einer proteinogenen Aminosäure trägt.

Proteine bestehen also aus langen Peptidketten, die ihre biologische Funktion einer bestimmten räumlichen Faltung verdanken. Funktionell einander entsprechende Proteine verschiedener Organismen weisen hierbei vergleichbare, räumliche Faltungen auf. Obwohl die Faltung von der Aminosäuresequenz bestimmt wird, sind viele einzelne (nicht alle) Aminosäurereste innerhalb der Sequenz durch andere Reste ersetzbar. Je weiter die Organismen in der Evolution voneinander entfernt sind, umso unterschiedlicher sind die Aminosäuresequenzen. Es lassen sich also phylogenetische

Mensch	H-Gly-Ile-Val-Glu-Gln-Cys-Cys-Thr-Ser-Ile-Cys-Ser-Leu-Tyr-Gln-Leu-Glu-Asn-Tyr-Cys-Asn-OH
Pferd	H-Gly-Ile-Val-Glu-Gln-Cys-Cys-Thr-*Gly*-Ile-Cys-Ser-Leu-Tyr-Gln-Leu-Glu-Asn-Tyr-Cys-Asn-OH
Rind	H-Gly-Ile-Val-Glu-Gln-Cys-Cys-*Ala*-Ser-*Val*-Cys-Ser-Leu-Tyr-Gln-Leu-Glu-Asn-Tyr-Cys-Asn-OH
Elefant	H-Gly-Ile-Val-Glu-Gln-Cys-Cys-Thr-*Gly*-*Val*-Cys-Ser-Leu-Tyr-Gln-Leu-Glu-Asn-Tyr-Cys-Asn-OH
Ratte 1 und 2	H-Gly-Ile-Val-*Asp*-Gln-Cys-Cys-Thr-Ser-Ile-Cys-Ser-Leu-Tyr-Gln-Leu-Glu-Asn-Tyr-Cys-Asn-OH
Meerschweinchen	H-Gly-Ile-Val-*Asp*-Gln-Cys-Cys-Thr-*Gly*-*Thr*-Cys-*Thr*-*Arg*-*His*-Gln-Leu-Glu-*Ser*-Tyr-Cys-Asn-OH
Huhn, Truthahn	H-Gly-Ile-Val-Glu-Gln-Cys-Cys-*His*-*Asp*-*Thr*-Cys-Ser-Leu-Tyr-Gln-Leu-Glu-Asn-Tyr-Cys-Asn-OH
Kabeljau	H-Gly-Ile-Val-*Asp*-Gln-Cys-Cys-*His*-*Arg*-*Pro*-Cys-*Asp*-*Ile*-*Phe*-*Asp*-Leu-*Gln*-Asn-Tyr-Cys-Asn-OH
Angler-Fisch	H-Gly-Ile-Val-Glu-Gln-Cys-Cys-*His*-*Arg*-*Pro*-Cys-*Asn*-*Ile*-*Phe*-*Asp*-Leu-*Gln*-Asn-Tyr-Cys-Asn-OH
Krötenfisch I	H-Gly-Ile-Val-Glu-Gln-Cys-Cys-*His*-*Arg*-*Pro*-Cys-*Asp*-*Ile*-*Phe*-*Asp*-Leu-Glu-*Ser*-Tyr-Cys-Asn-OH

Abb. 9.9 Homologie und Speziesunterschiede der Aminosäuresequenzen der Insulin-A-Kette. Die gegenüber dem Menschen unterschiedlichen Aminosäuren sind kursiv geschrieben.

Zusammenhänge aus Sequenzvergleichen ableiten und Entwicklungsstammbäume sehr genau festlegen. Die Unterschiede in den Aminosäuresequenzen von Eiweißstoffen sind also ein wesentliches artspezifisches Merkmal der verschiedenen Organismen (Abb. 9.9).

Aminosäuresequenzen lassen sich heute mit Hilfe von sog. Sequenzern durch Anwendung des Edman-Abbaues von wenigen Picogramm Protein vollautomatisch bestimmen.

9.3.3 Sekundärstruktur – Strukturelemente durch Wasserstoffbrücken

Die räumliche Anordnung einer Peptidkette wird bestimmt durch das Streben nach Energieminimierung. Es gibt also eine Reihe energetisch günstiger (und stabilisierter) und weniger günstiger Anordnungen. Die Art der Seitenketten R, hydrophob-hydrophil, spielt dabei in der wäßrigen Umgebung eine wichtige Rolle (s. Abschn. 9.3.4). Darüberhinaus ist die Peptidbindung ein zur Resonanz fähiges System, das zwei Grenzstrukturen aufweist. Diese bilden eine Hybridstruktur, die etwa 60% der Struktur I mit freier Rotation um die CO—N-Achse und 40% der Struktur II mit Doppelbindungscharakter aufweist (Abb. 9.10).

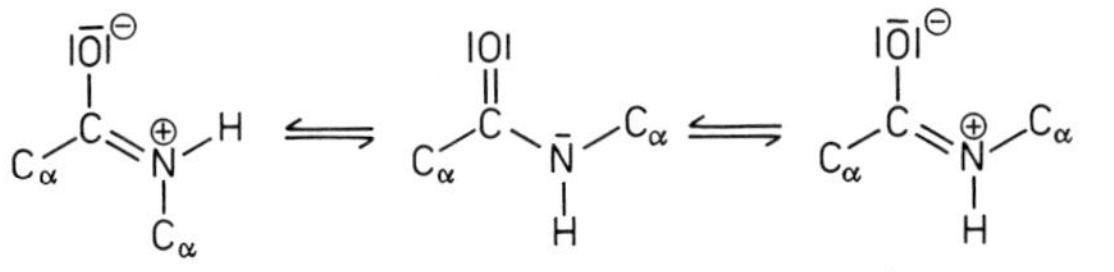

IIa (planar, cis) I IIb (planar, trans)

Abb. 9.10 Die Peptidbindung (I) weist partiellen Doppelbindungscharakter auf, der die freie Drehbarkeit um die OC-NH-Bindung einschränkt. Dieser Doppelbindungscharakter kommt durch die Anordnungsmöglichkeiten der beteiligten, freien Elektronenpaare in den mesomeren Grenzformen (IIa und IIb) zustande. Aus sterisch-energetischen Gründen wird die trans-Stellung der C_α-Atome bevorzugt. Die Mesomerie bewirkt eine Anordnung der beteiligten sechs Atome C_α, CO, NH und C_α in einer Ebene, der Peptidbindungs-Ebene.

Dadurch entsteht eine resonanzstabilisierte Struktur (die Resonanzenergie beträgt ca. 88 kJ/mol), in der alle sechs Atome in einer Ebene angeordnet sind. Die bevorzugte Anordnung ist die mit trans-Stellung der C_α-Atome in der Peptidbindungsebene. Die cis-Anordnung ist aus sterischen Gründen weniger günstig und wird nur gelegentlich bei Prolinresten gefunden. Sie ist die energiereichere Form und weist das größere Dipolmoment auf. Eine spontane Isomerisierung während des Faltungsprozesses der Peptidkette ist unwahrscheinlich, da die Energiebarriere zwischen trans und cis sehr hoch ist, sie liegt nur bei Prolinbindungen um etwa die Hälfte niedriger (ca. 54 kJ/mol).

Aus der Starrheit der Peptidbindung ergeben sich für die Faltung der Peptidkette nur jeweils zwei Freiheitsgrade der Rotation für zwei Aminosäurereste, die eine Peptidbindung bilden. Freie Drehung ist nur möglich jeweils an den Einfachbindungen

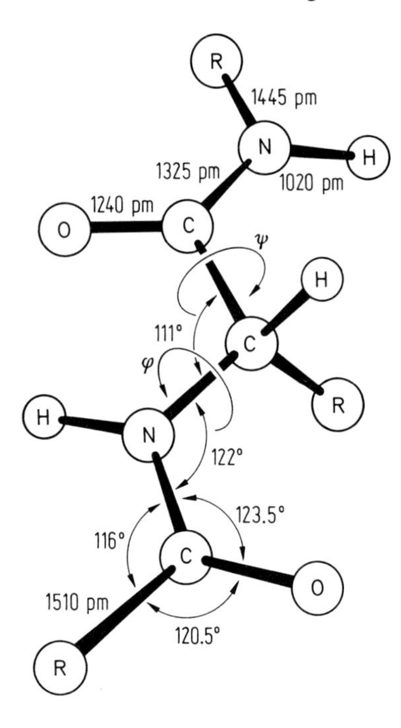

Abb. 9.11 Dimensionen der Peptidbindung. Die sechs Atome C_α—CO—NH—C_α liegen in einer Ebene. Die Kette besitzt „freie" Drehbarkeit nur an den C_α-Atomen um die Winkel φ (N—C) und ψ (C—C').

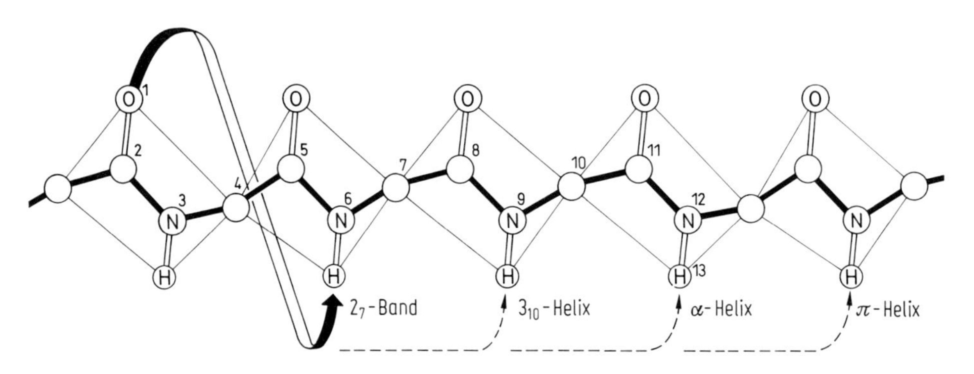

Abb. 9.12 Anordnung der Wasserstoffbrücken von einer Helixwindung zur nächsten innerhalb des 2_7-Bandes, der 3.0_{10}-, der α- und der 4.4_{16}- (bzw. π-)Helix. Die tiefgestellte Zahl gibt die Anzahl der Atome pro Helixwindung an.

N-C_α und C_α-CO, über die die Peptidbindungsebenen über die C_α-Atome miteinander verknüpft sind. Die dihedralen Winkel werden mit φ (N-C_α) und ψ (C_α-CO) bezeichnet (Abb. 9.11).

Die Konformation einer Peptidkette läßt sich damit vollständig beschreiben durch Angabe aller Winkel φ und ψ, die eine zu große gegenseitige Annäherung der O-

Atome der Carbonylgruppen bzw. der H-Atome der N-H-Gruppen vermeiden. Winkel um 120° sind hier am günstigsten und führen bei immer gleicher Einstellung zu einer Reihe von schraubenförmigen Anordnungen, Helices, die durch maximale intramolekulare Wasserstoffbindungen optimal stabilisiert werden können, wie die α-Helix (Abb. 9.12).

Je nach der Zahl der Aminosäurereste pro Windung ergeben sich die Anordnungen der 3_{10}-, der α- und der π-Helix (Abb. 9.13). Die α-Helix ist die stabilste und das in Proteinen am häufigsten vorkommende helikale Strukturelement.

Es gibt globuläre Proteine wie das Myoglobin und Hämoglobin, die 75% Helixstruktur aufweisen, oder Faserproteine wie Wolle, die fast ausschließlich auf α-Heli-

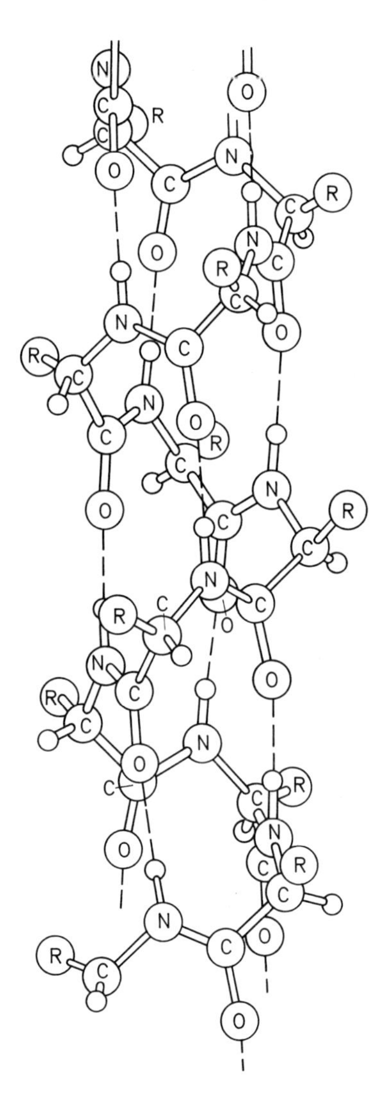

Abb. 9.13 Modell einer α-Helix mit der Anordnung der intramolekularen Wasserstoffbrücken parallel zur Helixachse.

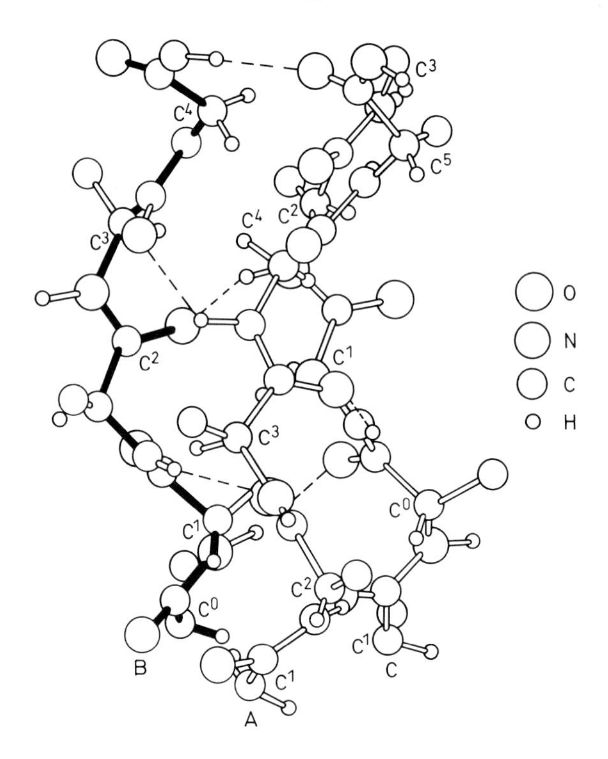

Abb. 9.14 Modell der Collagen-Tripel-Helix mit der Anordnung der intermolekularen Wasserstoffbrücken. Drei linksgängige Einzelstränge winden sich rechtsgängig umeinander. Jeder dritte Rest muß aus räumlichen Gründen die Aminosäure Glycin (ohne Seitenkette R) sein.

ces aufgebaut sind. Es gibt aber auch helikale Strukturen wie die aus drei Peptidketten gebildeten Collagen-Helix (Abb. 9.14), bei der die Winkel $\varphi = 103°$ und $\psi = 326°$ gefunden werden und die durch Wasserstoffbrücken zwischen den Peptidketten stabilisiert werden (Abb. 9.14).

Welche Art von Sekundärstruktur gebildet wird, wird weitgehend von den Seitenketten der beteiligten Aminosäuren bestimmt:

	stark	schwach
Helixbildner	Glu, Ala, Leu, Met	Ile, Lys, Gln, Trp, Val, Phe
Helixbrecher	Gly, Pro	Asn, Tyr
Faltblattbildner	Tyr, Val, Ile	Cys, Met, Phe, Gln, Leu, Thr, Trp
Faltblattbrecher	Glu, Pro, Asp	Ser, Gly, Lys

Neben den Helixstrukturen findet man als weitere Sekundärstrukturelemente das β-Faltblatt, bei dem zwei parallel oder antiparallel verlaufende Peptidketten sich gegenseitig durch Wasserstoffbrücken maximal stabilisieren. (Abb. 9.15).

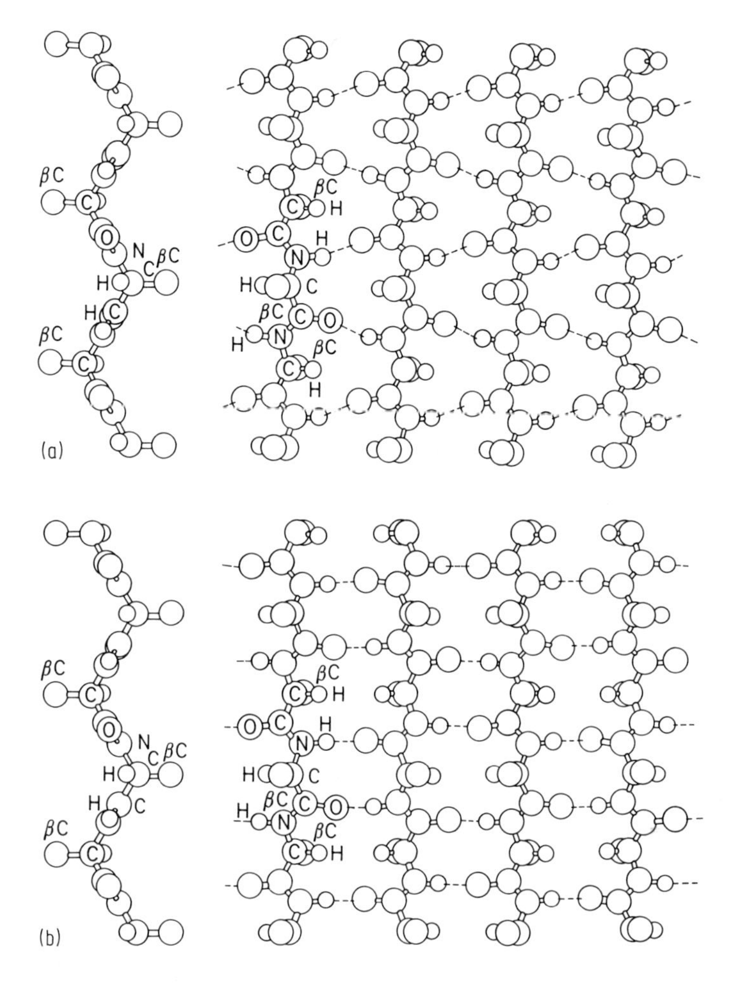

Abb. 9.15 Darstellung der (a) parallelen und (b) antiparallelen Faltblatt-Struktur (nach Pauling und Corey [11].

9.3.4 Tertiärstruktur – Die räumliche Anordnung

Für die gesamte räumliche Anordnung einer Peptidkette ist das wäßrige Milieu, in dem sich Proteine normalerweise befinden, ein entscheidender Faktor. Wenn auch der Faltungsvorgang einer Peptidkette heute noch nicht im Detail verstanden wird, so wissen wir doch, daß die Aminosäuresequenz (Abfolge der Seitenketten R) die dreidimensionale Struktur in wäßriger Umgebung bestimmt (s. Abschn. 9.4). So haben hydrophobe Seitenketten die Tendenz, sich zusammenzulagern, um die käfigartig um diese Seitenketten fixierten Wassermoleküle (*Clathratstrukturen*) freizusetzen und derart für einen Gewinn an Entropie zu sorgen. Die Überführung jeder unpolaren, hydrophoben Seitenkette aus wäßriger Umgebung in eine nicht-polare Umgebung liefert für das Protein einen berechenbaren Gewinn an freier Stabilisierungsenergie von etwa 65 kJ/mol. Daraus resultiert für Proteine das Bauprinzip: hydrophobe Reste innen, hydrophile Reste außen (*Öltröpfchenprinzip*). Ausnahmen von dieser Regel dienen meist dem Zweck, die Anlagerung hydrophober Oberflächen von anderen Molekülen zu ermöglichen, wie z. B.: (1) die Fixierung von Coenzymen (niedermolekularen, organischen Molekülen, die als Akzeptormoleküle an der katalytischen Umsetzung an Enzymen beteiligt sind) oder (2) die Zusammenlagerung von mehreren Protein-Untereinheiten zur sog. Quartärstruktur oder (3) die Anlagerung von Lipiden beim Aufbau von Membranen oder (4) die Bindung von Substraten an Enzyme. Gerade für die von Enzymen zu bewirkenden katalytischen Umsetzungen ist die Ausbildung einer hydrophoben Umgebung im Bereich des aktiven Enzymzentrums wichtig, um die chemische Umsetzung im Bereich niedriger Dielektrizitätskonstanten durchführen zu können. Damit können wie im organischen Lösungsmittel starke elektrische Kräfte lokal auf das Substrat einwirken.

Zusätzlich zu diesem Ordnungsprinzip gibt es eine Reihe von weiteren Wechselwirkungen zwischen den Seitenketten der Aminosäuren, die zur Stabilisierung der dreidimensionalen Struktur beitragen (Abb. 9.16).

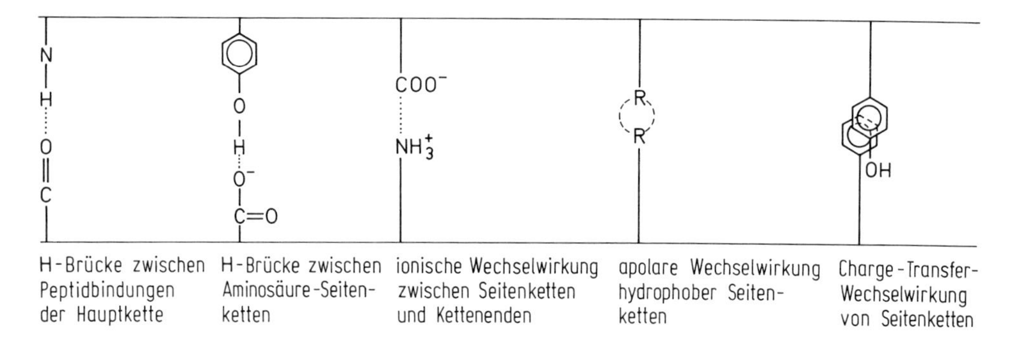

Abb. 9.16 Verschiedene Arten von Wechselwirkungen zwischen den Aminosäuren in Peptidketten.

1. *Wasserstoffbindungen* dienen nicht nur zur Stabilisierung von Sekundärstrukturelementen (Helices, Faltblätter) sondern können sich auch zwischen den Seitenketten oder zwischen der Peptidkette und polaren Gruppen der Seitenketten ($-OH$, $-NH_2$, $-CONH_2$ u. a.) ausbilden.
2. *Ionenbindungen* können zwischen positiv geladenen (Lysin, Arginin und z. T. Histidin) und negativen Seitenketten (Glutamat, Aspartat) gebildet werden.
3. *Charge-Transfer-Wechselwirkungen* (auf Ladungsverschiebung beruhend) entstehen durch die Wechselwirkung vorhandener und induzierter Dipole in parallel angeordneten aromatischen Systemen (Phenylalanin, Tyrosin, Tryptophan) ähnlich wie bei der Stapelwechselwirkung der heterocyclischen Basen in der DNA-Doppelhelix.
4. *Kovalente Bindungen* können sich bei Dehydrierung zweier benachbarter Cystein-SH-Gruppen ausbilden, die eine Disulfidbrücke bilden, womit es zu sehr stabilen Querverbindungen kommt.

Die besondere räumliche Anordnung einer Peptidkette, die die Tertiärstruktur ausmacht, ergibt sich also aus Energie-Minimierungsproblemen aller möglichen Wechselwirkungen der Haupt- und Seitenketten und der in sich stabilisierten Sekundärstrukturelemente (Helices, Faltblätter). Sie direkt aus der Kenntnis der Aminosäuresequenz abzuleiten, wäre äußerst wünschenswert, ist aber z. Z. noch nicht möglich. Eine solche Ableitung müßte dem natürlichen Faltungsprozeß folgen, da es aussichtslos erscheint, bei einer gegebenen Peptidkette alle möglichen Endstrukturen auf der Basis ihrer freien Energie auszusortieren. Allerdings gelingt es heute schon, weitgehende Voraussagen von Helix- und Faltblattstrukturen, d. h. den Sekundärstrukturanteilen eines Proteins, aus der Art der beteiligten Aminosäurereste zu machen.

9.3.5 Raumstrukturermittlung

Die biologische Funktion eines Proteins ist immer das Ergebnis der dreidimensionalen Struktur der Peptidkette. Durch die Faltung werden die Seitenketten in räumliche Nachbarschaft gebracht, die im Zusammenwirken neue Funktionen ausüben, wie die z. B. eines katalytisch aktiven Enzymzentrums, einer Coenzym-Bindungsstelle, eines Hormonrezeptors u. a.

Die räumliche Ermittlung sämtlicher Schwerpunktslagen aller Atome eines komplexen Eiweißmoleküles kann mit Hilfe der Röntgenkristallstrukturanalyse ermittelt werden. Voraussetzung für dieses heute schon klassische Verfahren ist die Kristallisation des gereinigten Proteins, von dem dann Röntgenbeugungsbilder angefertigt werden (Abb. 9.17).

Die Röntgenstrahlen werden von den Elektronen der Atome gebeugt, wobei die Amplitude proportional der Elektronendichte ist. Ein Kohlenstoffatom beugt also sechsmal stärker als ein Wasserstoffatom. Die gebeugten Strahlen rekombinieren und werden verstärkt bzw. gelöscht (Ausbildung von Interferenzen), wodurch Beugungsbilder entstehen. Von diesen Röntgenbeugungsbildern müssen möglichst viele Reflexe mit ihren Intensitäten ausgewertet werden. Die Rekonstruktion des streuenden

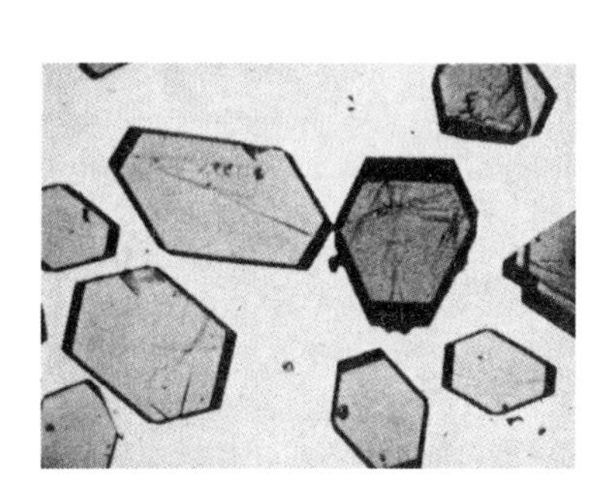

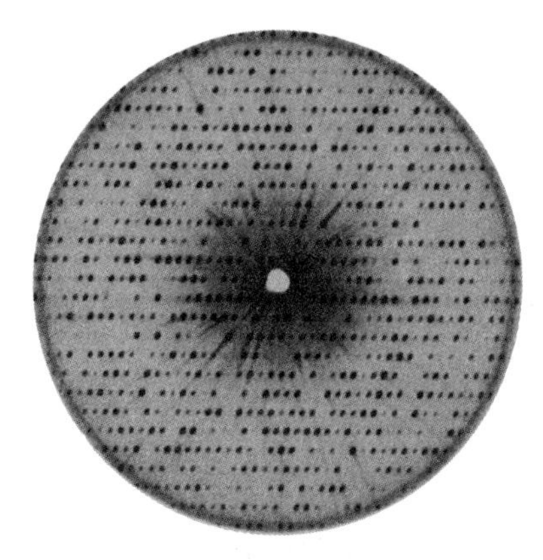

Abb. 9.17 Kristalle von Spermwal-Myoglobin (links) und Röntgenbeugungsbild eines Myoglobinkristalles (rechts) (aus Stryer [12]).

Körpers mit Hilfe der computerberechneten Fourier-Synthese erfolgt dann, indem von dem Kristall Schicht für Schicht Elektronendichtekarten angefertigt werden. Allerdings gelingt die Rekonstruktion nur, wenn man von den Streustrahlen auch die Phasen ermitteln kann, wozu geeignete isomorphe Schweratomderivate des Eiweißmoleküles (zum Beispiel Quecksilberderivate) hergestellt werden müssen. Je mehr Reflexe ausgewertet werden können, umso besser ist die Auflösung, d. h. der Detailreichtum der Elektronendichtekarten. Für ein kleines Protein von M_r 17600 (Myoglobin) liefern

400 Reflexe eine Auflösung von 0.6 nm,
10000 Reflexe eine Auflösung von 0.2 nm,
25000 Reflexe eine Auflösung von 0.14 nm.

Die ersten Proteine, deren Struktur mit Hilfe dieser Technik aufgeklärt wurden, waren das Sauerstoff-Speicherprotein Myoglobin und das Sauerstoff-Transportprotein Hämoglobin. Für diese Arbeiten wurde 1962 der Nobelpreis für Chemie an Kendrew und Perutz verliehen. Das Verfahren erlaubt auch die Aufklärung der Raumstruktur sehr komplexer Moleküle wie des „photosynthetischen Reaktionszentrums", für das im Jahre 1988 der Nobelpreis für Chemie an Huber, Deisenhofer und Michels verge-

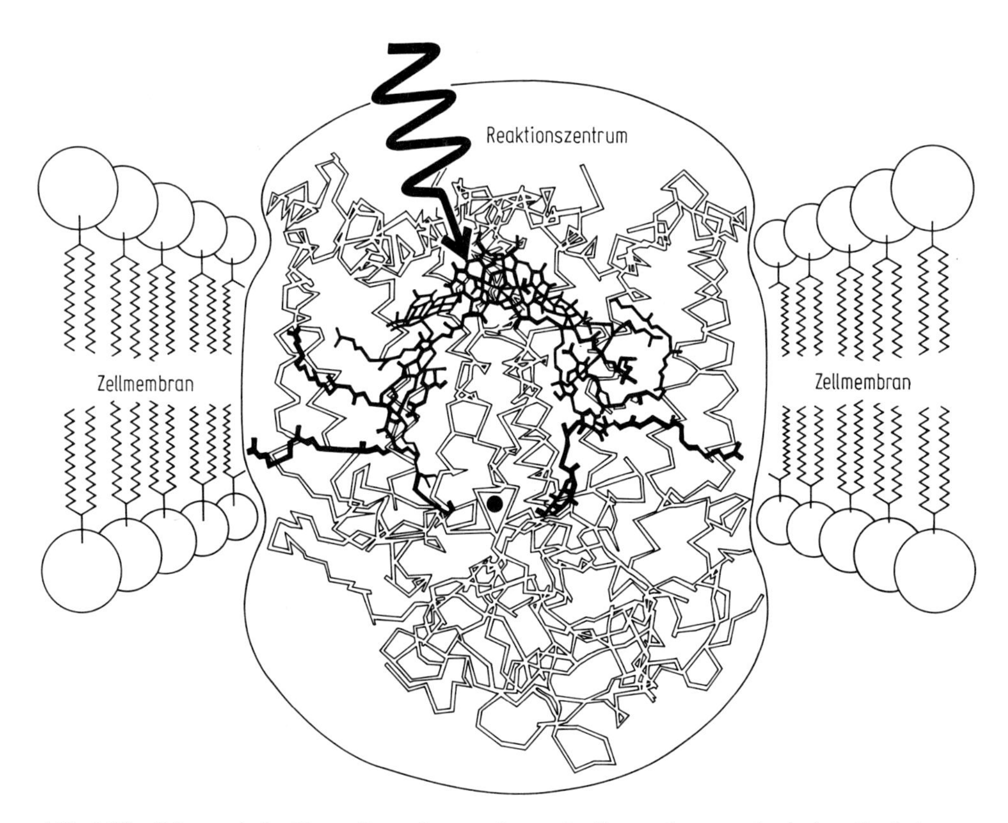

Abb. 9.18 Schematische Darstellung des membranständigen, photosynthetischen Reaktionszentrums.

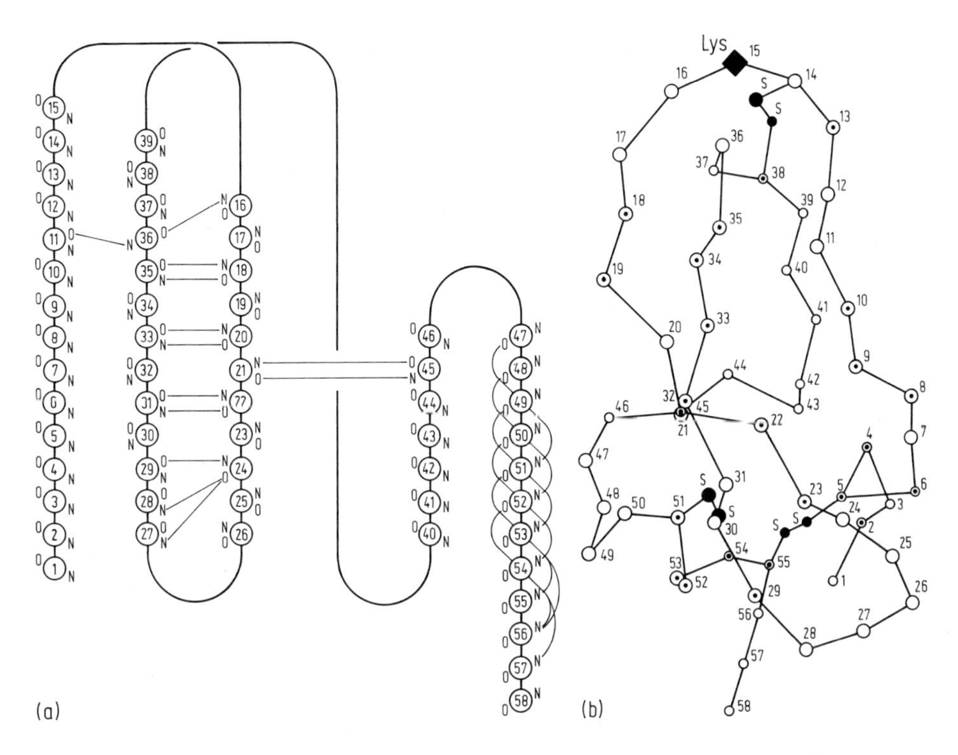

Abb. 9.19 (a) Diagramm der Wasserstoffbrücken im Modell des Trypsin-Inhibitors (Kunitz) aus Rinderorganen, i.e. Aprotinin. (b) Schematische Darstellung der Raumstruktur des Trypsin-Inhibitors anhand der Position der C_α-Atome (nach Huber [13]).

ben wurde (Abb. 9.18). Diese drei Proteine weisen neben dem Proteinanteil alle noch eine sog. *prosthetische Gruppe* auf, ein nicht-proteinogenes, organisches Molekül, das entscheidend die Funktion vermittelt. Der Proteinanteil wird durch all die bereits erwähnten Strukturelemente (s. Abschn. 9.3.3) stabilisiert, die für ein kleines Protein, den Trypsin-Inhibitor aus Rinderorganen (s. Abschn. 9.5), in der nachfolgenden Abbildung schematisch dargestellt sind (Abb. 9.19).

Im Falle des *Myoglobins* (Abb. 9.20) und *Hämoglobins* (Abb. 9.21) sind die prosthetischen Gruppen Eisenporphyrine, an denen die reversible Sauerstoffbindung am zentralen zweiwertigen Eisenatom erfolgt. Das Proteingerüst, in das die Porphyrinringsysteme (Hämgruppen, s. Abb. 9.21) eingelagert sind, hat die wesentliche Aufgabe, unter Bereitstellung zusätzlicher Koordinationsstellen für das komplex gebundene zweiwertige Eisenatom die reversible Bindung des molekularen Sauerstoffs ohne Oxidation des Eisens zur dreiwertigen Stufe zu ermöglichen. Metmyoglobin und Methämoglobin mit Eisen in der dreiwertigen Form sind nicht mehr in der Lage, Sauerstoff zu fixieren und müssen im Organismus wieder reduziert werden.

Das *photosynthetische Reaktionszentrum* ist ein integraler Bestandteil von Membranen (Membranproteine, s. Abschn. 9.4). Es besteht aus einem Verbund an Eiweiß- und darin eingebauten Farbstoffmolekülen wie dem Chlorophyll. Die Aufgabe des Eiweißgerüstes ist es, die Farbpigmente so präzise auszurichten, daß die Energie des

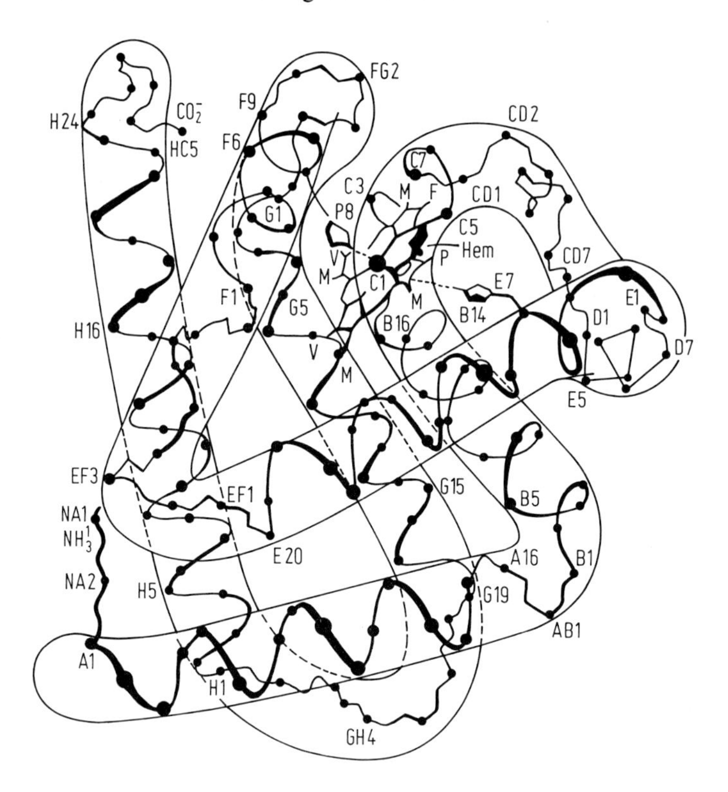

Abb. 9.20 Projektion der Raumstruktur mit Anordnung der 8 Helices des Myoglobins nach der Röntgenstruktur-Analyse mit 20 nm Auflösung. Die Positionen der C_α-Atome der Aminosäuren sind durch Punkte markiert (nach Perutz, M. F., Nature, London, **167**, 1053 (1951)).

auftreffenden Lichtes vom äußeren zum inneren Pigment, dem Reaktionszentrum, weitergeleitet wird, wo dann der entscheidende Umwandlungsschritt von Licht in Elektrizität (Freisetzung eines Elektrons) auf einem Paar von Chlorophyllmolekülen stattfindet. Eine Voraussetzung für die Anwendung der Röntgendiffraktionsmethode ist naturgemäß die Gewinnung von für Röntgenstudien geeigneten Einkristallen der makromolekularen Verbindungen. Die Ermittlung der dreidimensionalen Struktur biologischer Makromoleküle in Lösung ist neuerdings durch die Kombination von magnetischen Kernresonanzmessungen (NMR) (Abb. 9.22) mit speziellen mathematischen Verfahren zur strukturellen Auswertung der NMR-Daten für Moleküle mit relativen Molekülmassen bis zu ca. 10000 möglich geworden.

Das Prinzip beruht darauf, daß auf effiziente Weise Netzwerke von skalaren und Dipol-Dipol-Kopplungen der verschiedensten Atome eines Moleküls bestimmt werden. Dadurch können Distanzgeometrien über das ganze Makromolekül bestimmt werden, die sich unmittelbar aus der Raumstruktur ableiten lassen und diese widerspiegeln. Mit Hilfe rechnergesteuerter Programme wird diejenige Faltung der Proteinkette herausgefunden, die den NMR-Distanzen gerecht wird. Interessanterweise weichen die röntgenographisch und die NMR-spektroskopisch von Molekülen in Lösung gewonnenen dreidimensionalen Strukturen kaum voneinander ab.

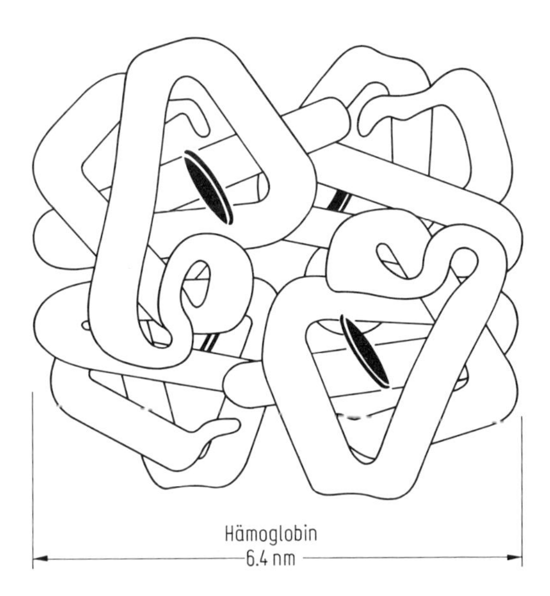

Abb. 9.21 Quartärstruktur des Hämoglobins aus vier Peptidketten ($\alpha_2\beta_2$) nach M. F. Perutz. Die schwarzen Scheiben symbolisieren die ebenen Porphyrinringsysteme der vier Hämgruppen. (aus Dickerson und Geis [14]).

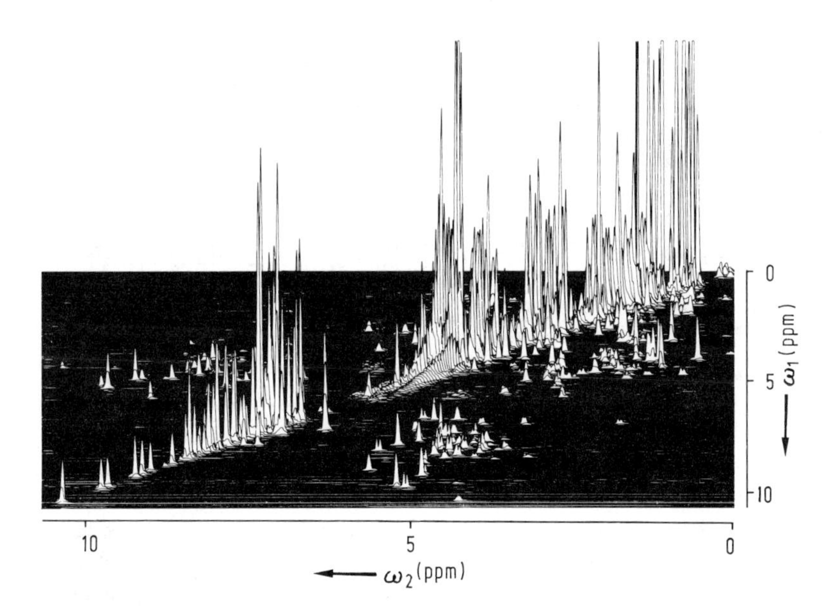

Abb. 9.22 Dreidimensionale Ansicht eines ^{1}H-COSY-Spektrums des Trypsin-Inhibitors (Kunitz) aus Rinderorganen (i. e. Aprotinin). (COSY: Two-dimensional correlated Spectroscopy). Die Aufnahme wurde in H_2O-Lösung bei einer Larmor-Frequenz von 500 Hz gemacht. Die zwei Frequenzachsen ω_1 und ω_2 sind mit Differenzfrequenzen in ppm (parts per million) der Larmor-Frequenz geeicht (chemische Verschiebung) (nach Wagner und Wüthrich [15]).

9.3.6 Die Quartärstruktur – Allosterie

Viele biologisch wichtige Strukturen werden durch Zusammenlagerung kleinerer Untereinheiten aufgebaut (Quartärstruktur). Die Assoziation ist dabei in der Regel eine Selbstassoziation im wäßrigen Zellmilieu, d.h. die Komponenten enthalten bereits die für den richtigen Zusammenbau vorgesehenen Kontaktstellen und es ist die Summation der gleichen, bereits erwähnten „schwachen Wechselwirkungen", die für den Zusammenhalt der strukturell komplexen Gebilde verantwortlich sind. Die Assoziation von Untereinheiten bringt viele biologische Vorteile:

1. Unabhängige Biosnythese kleinerer Polykondensate
2. Verringerung der Teilchenzahl und damit des osmotischen Druckes in der Zelle
3. Möglichkeit zu kooperativer Wechselwirkung der Untereinheiten und damit der allosterischen[4] Regulation der Funktion
4. Wiederholte Verwendung von Untereinheiten (z.B. beim Zusammenbau des Ribosoms)
5. Erhöhte funktionelle Sicherheit
6. Vergrößerung des Evolutionsspielraumes.

Beispiel Hämoglobin. Eine der am besten untersuchten Quartärstrukturen ist die des tetrameren Hämoglobins ($\alpha_2\beta_2$), das aus jeweils zwei α- und zwei β-Ketten von nahezu identischer Faltung aufgebaut ist (Abb. 9.21). Die vier in ihrer Kettenkonformation dem Myoglobin (Abb. 9.20) entsprechenden Untereinheiten werden nur durch hydrophobe Wechselwirkungen, Wasserstoffbrücken und Salzbrücken zusammengehalten, die sich zu Energiebeträgen von 10–20 kJ/mol addieren. Die Tendenz zu Dissoziation in αβ-Dimere bzw. in die Untereinheiten ist dementsprechend gering. Die Dissoziationskonstanten für die Dissoziation in αβ-Dimere liegen bei:

$$K = \frac{c^2(\alpha\beta)}{c(\alpha_2\beta_2)} = 1.2 \times 10^{-6}\ \text{mol/l}.$$

Jede der vier Untereinheiten kann je ein Sauerstoffmolekül aufnehmen, so daß jedes Hämoglobinmolekül maximal vier Sauerstoffmoleküle fixieren kann. Die *Sauerstoff-Sättigungskurve* zeigt einen sigmoiden Verlauf, der auf eine Kooperativität (Wechselwirkung) der einzelnen Untereinheiten zurückgeht (Abb. 9.23). Die Leichtigkeit, mit der Sauerstoff gebunden wird, hängt vom Sauerstoffbeladungszustand (Oxygenierungsgrad) ab. Dies ist das Ergebnis der Wechselwirkung der Untereinheiten miteinander, die im oxygenierten Zustand eine etwas andere räumliche Konformation als im nicht beladenen Zustand aufweisen. Über die Untereinheiten-Kontakte kann damit der Sauerstoffbeladungszustand den benachbarten Untereinheiten mitgeteilt werden und die noch nicht beladenen Untereinheiten quasi in den räumlichen Zustand der oxygenierten Untereinheit präformiert werden (Senkung der Aktivierungsenergie der weiteren Oxygenierung). Das monomere Myoglobin ist dagegen nicht zur intramolekularen Kooperativität in der Lage, da es nicht aus Untereinheiten aufgebaut ist. Seine Sauerstoff-Sättigungskurve zeigt daher einen hyperbolischen Verlauf (Abb. 9.23).

[4] Allosterie aus *allos* (griech.) = anders und *steros* (griech.) = Raum

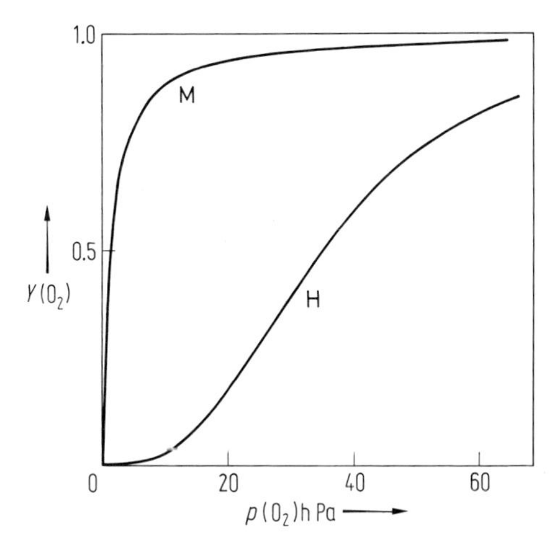

Abb. 9.23 Sauerstoff-Sättigungskurven [Abhängigkeit des Sättigungsgrades $Y(O_2)$ vom Sauerstoffpartialdruck $p(O_2)$] von Myoglobin (M) und Hämoglobin (H).

Die Veränderung der Bindungsaffinität eines Proteins zu kleinen Molekülen, wie z. B. dem Sauerstoffmolekül oder bei Enzymen zu Substratmolekülen, erfolgt also durch Veränderung der Raumstruktur, d. h. durch *allosterische Regulation* oder kurz *Allosterie*. Hierbei kann einmal das Substratmolekül selbst als allosterischer Effektor dienen, wie im Falle des Hämoglobins, oder auch ein weiteres kleines Molekül. Letzteres ist auch beim Hämoglobin verwirklicht, wo 2,3-Diphosphoglycerat (kurz 2,3-DPG) eine wichtige physiologische Funktion als Regulator der Sauerstoffaffinität aufweist. Die desoxygenierte Form des Hämoglobins vermag in der zentralen Höhle des tetrameren Moleküls das stark negativ geladene Molekül des 2,3-DPG über positive Lysin- und Histidingruppen zu binden, wodurch diese Form verglichen mit der oxygenierten Form, die diese Höhle nicht aufweist, stabilisiert wird. Das Ergebnis ist eine Abhängigkeit der Sauerstoffkonzentration von der Konzentration an 2,3-DPG. Bei normalen physiologischen Konzentrationen von 4,5 mmol/l an 2,3-DPG im Erythrozyten liegt die Halbsättigung des Hämoglobins bei dem Sauerstoffpartialdruck $p(O_2) = 2.6 \times 10^3$ Pa, während sie ohne 2,3-DPG bei $p(O_2) = 10^2$ Pa liegen würde. Über die Konzentration an 2,3-DPG als allosterischer Effektor kann also die Sauerstoffaffinität dem Bedarf angepaßt werden. So erfolgt die Höhenanpassung der Sauerstoffaffinität bei den atmenden Lebewesen über die Regulation der 2,3-DPG-Konzentration in den roten Blutzellen (Erythrozyten).

Beispiel Fettsäure-Synthetase. Auch größere Gebilde wie Multienzymkomplexe, z. B. der Fettsäure-Synthese-Komplex (aus Hefe: $M_r = 2\,300\,000$), dürften durch Assoziation einzelner Enzym-Untereinheiten aufgebaut werden. An diesem Komplex werden z. B. sieben enzymkatalysierte Einzelreaktionen koordiniert nacheinander ausgeführt. Das Endergebnis aller Einzelreaktionen ist die Biosynthese von Fettsäuren aus aktivierten Essigsäureestern (Acetyl-Coenzym-A). In jeder Runde von je sieben Teilreaktionen werden Fettsäuren (bzw. Essigsäure) um je eine C_2-Einheit verlängert.

Hieraus resultiert die Tatsache, daß die meisten Fettsäuren eine gerade Anzahl von C-Atomen aufweisen. Nach heutigen Vorstellungen sind die sieben Enzyme für die Teilreaktionen der Biosynthese um ein zentrales Acylträgerprotein gruppiert (Abb. 9.24), welches die Zwischenstufen von einer Enzym-Untereinheit zur nächsten weiterreicht, so daß ein effektiver und koordinierter Reaktionsablauf ohne Diffusionswege und -zeiten möglich wird. Die Assoziation von Enzymen zu Multienzym-Komplexen bringt daher erhebliche Vorteile hinsichtlich der Effektivität des Substratumsatzes.

Beispiel Viren. Viren sind hochmolekulare Gebilde aus viraler Nucleinsäure (RNA oder DNA als Einzel- oder Doppelstrang), die verpackt ist in eine regelmäßig aufge-

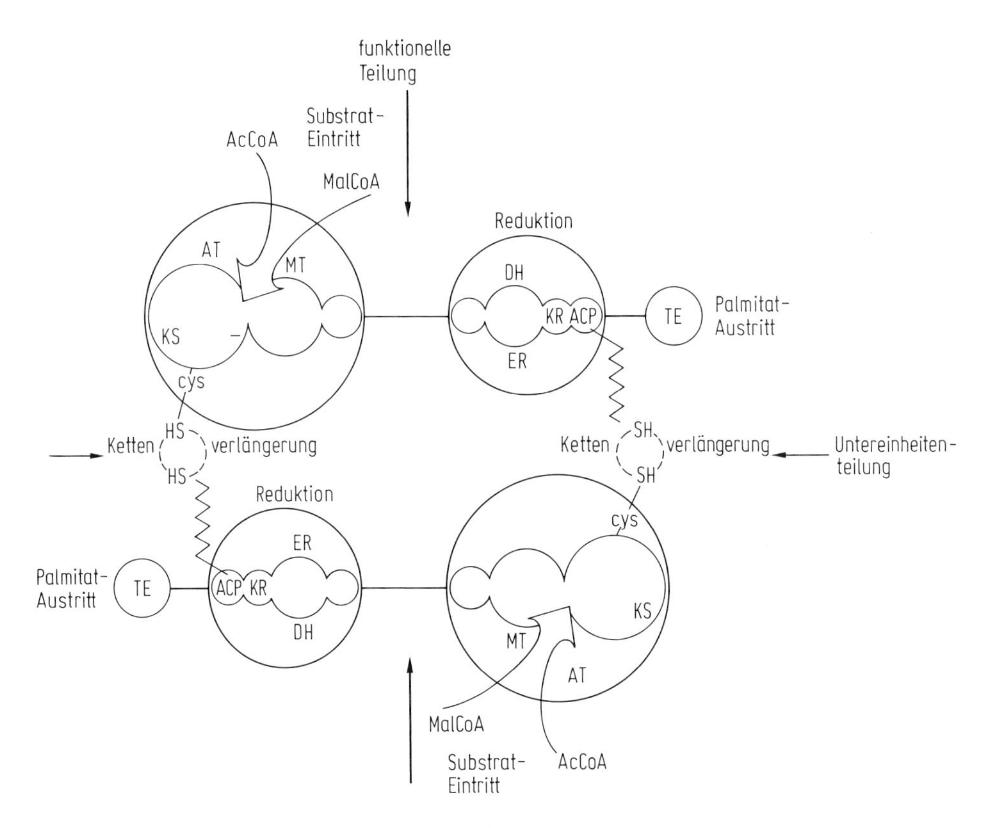

Abb. 9.24 Schematische Darstellung des Fettsäuresynthetase-Multienzymkomplexes. Die beiden identischen Ketten enthalten je drei Domänen. Beide Untereinheiten sind in Kopf-Schwanzanordnung (Untereinheiten Teilung) dargestellt, so daß zwei Stellen für die Palmitatsynthese gebildet werden (Funktionelle Teilung). Die Abkürzungen für enzymatische Partialreaktionen sind: AT = Acetyltransacylase; MT = Malonyltransacylase; KS = β-Ketoacylsynthetase; KR = β-Ketoacylreductase; DM = Dehydratase; ER = Enoylreductase; TE = Thioesterase; ACP = Acylcarrierprotein. Die Zickzacklinie repräsentiert den 4'-Phosphopantetheinrest, der die wachsende Fettsäurekette von einem katalytischen Zentrum zum anderen bringt. Hierbei wächst die Kette pro Durchgang um zwei Kohlenstoffatome (stammend von Malonyl-CoA gebunden an die periphere SH-Gruppe).

baute Proteinkapsel. Viren vermögen auf verschiedene Organismen infektiös zu wirken. Sie gehören zu den effizienten, selbstreproduzierenden, intrazellulären Parasiten, die jedoch keine metabolische Energie umsetzen oder Proteine selbst synthetisieren können, sondern hierzu die Enzymsysteme ihrer Wirtszelle benutzen müssen. Die einfachsten Viren besitzen drei, die komplexen bis zu 250 Gene. Der die Nucleinsäure schützende und verpackende Proteinmantel wird aufgebaut aus einer großen Anzahl identischer oder wenigen verschiedenen Protein-Untereinheiten, da der genetische Informationsgehalt der Viren für Proteine sehr begrenzt ist. Die Hülle des Tabakmosaikvirus (TMV) wird aus 2130 identischen Untereinheiten aufgebaut, die sich auf einem spiralig angeordneten Einzelstrang-RNA-Molekül in zylindrischer Anordnung gruppieren (Abb. 9.25).

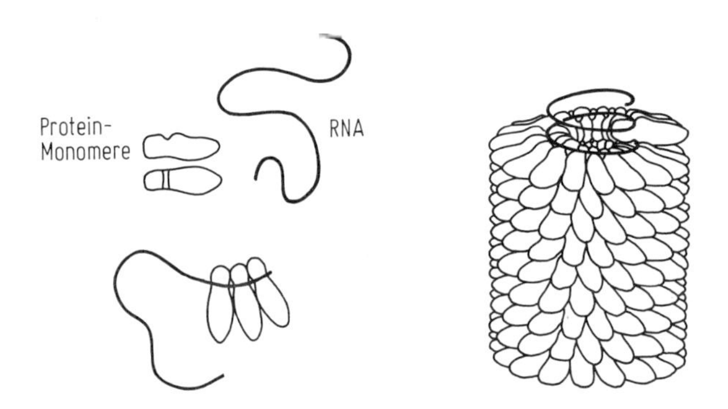

Abb. 9.25 Schematische Darstellung der Selbstassoziation der Protein-Untereinheiten aus je 158 Aminosäuren und der Tabakmosaikvirus-RNA (6500 Nucleotide) zum vollständigen Viruspartikel (M_r 40000000, Länge 300 nm) bestehend aus 2130 identischen Proteinen angeordnet auf 130 RNA-Helixwindungen (nach Fraenkel-Conrat [16]).

Die TMV-RNA und die einzelnen Protein-Untereinheiten des Mantels treten unter geeigneten Bedingungen spontan zum intakten Viruspartikel zusammen, das hinsichtlich Struktur und Infektiosität nicht vom Originalvirus zu unterscheiden ist. Auch hier ergibt sich der Aufbau der vollständigen, biologischen Gesamtstruktur aus dem Prinzip der Selbstassoziation.

Beispiel Ribosomen. Eine wesentlich komplexere Struktur liegt dem Ribosom (M_r 2.8 Millionen) zugrunde, der Zellorganelle, die das Aneinanderkoppeln der Aminosäuren nach der Information der mRNA bei der Proteinbiosynthese besorgt. Das am besten untersuchte *E.-coli*-Ribosom (70S Sedimentationskoeffizient in der Ultrazentrifuge) setzt sich aus zwei Untereinheiten von M_r 1.8 Millionen (50S-Untereinheit) und 1 Million (30S-Untereinheit) zusammen [21]. Beide Untereinheiten sind Ribonucleoproteine und lassen sich in weitere Komponenten zerlegen. Die 50S-Untereinheit besteht aus je einer 23S- (2904 Nucleotide) und einer 5S- (120 Nucleotide) Ribonucleinsäure (rRNA) und 33 Proteinen, die 30S-Untereinheit setzt sich aus einer 16S-rRNA (1542 Nucleotide) und 21 Proteinen zusammen (Abb. 9.26a, b).

Zwei Drittel der Masse beider Untereinheiten macht also die rRNA aus. Beide Untereinheiten, 30S- und 50S-Untereinheiten, die das komplette Ribosom bei Anla-

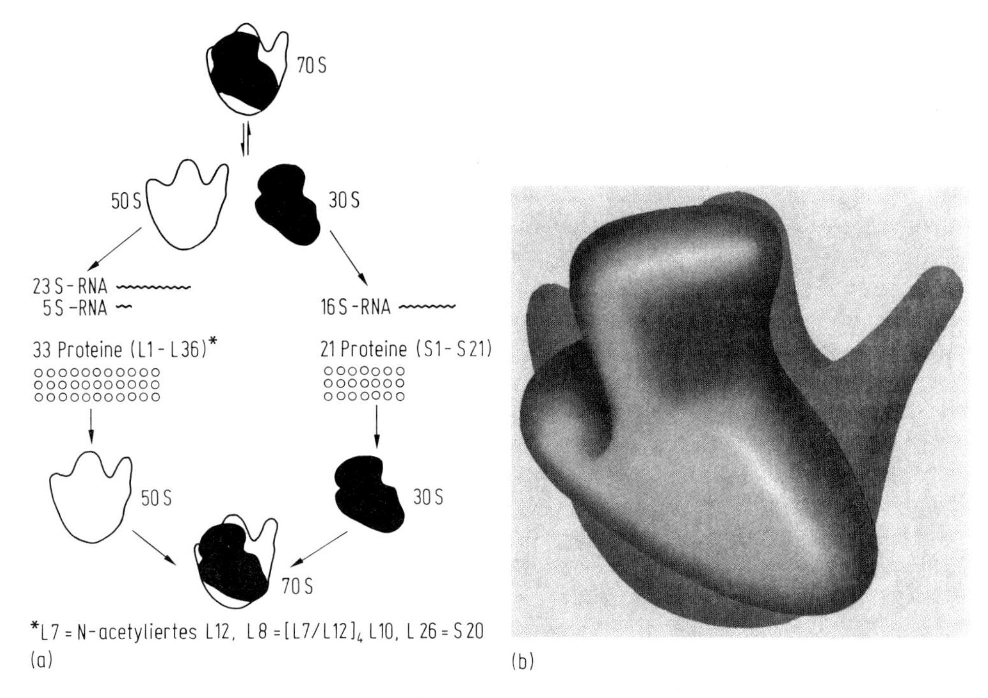

Abb. 9.26 (a) Die Komponenten und die Rekonstitution der ribosomalen Untereinheiten. (b) Modell eines Ribosoms; die Zahlen numerieren die entsprechenden ribosomalen Proteine (nach Stöffler und Stöffler-Meilicke [17]).

gerung an die mRNA ausmachen, konnten bei erhöhten Temperaturen (40–50° C) aus den Komponenten in vitro rekonstituiert werden, was auch hier das Vermögen zur vollständigen Selbstassoziation dokumentiert. Die Ribosomen aller Zellen sind nach dem gleichen Bauplan konstruiert, wobei die eukaryontischer Zellen größere rRNA-Moleküle und mehr Proteine aufweisen als die prokaryontischer Zellen.

9.4 Membranen

Weitere wichtige selbstassoziierende Systeme sind Membranen, die sich aus 50–60 % Proteinen und 40–50 % Lipiden zusammensetzen. Der Lipidanteil besteht hierbei aus Cholesterol, Phospholipiden und Glycolipiden. Im Prinzip sind Lipide aus jeweils zwei langen unpolaren, hydrophoben Ketten (Fettsäureresten) und einer polaren Kopfgruppe aufgebaut. Dadurch entstehen sog. *amphipatische Moleküle*, die sich in wäßriger Lösung zu *Micellen* (polare Gruppen außen zur wäßrigen Umgebung – hydrophobe Reste innen) oder zu monomolekularen Schichten und Doppelschichten zusammenlegen können (Abb. 9.27).

Membranen entstehen aus den Komponenten als fluide Systeme, indem sich in die Doppelschicht von Lipiden die verschiedensten globulären Membranproteine einlagern und quasi in dem Lipidsee schwimmen (Abb. 9.28).

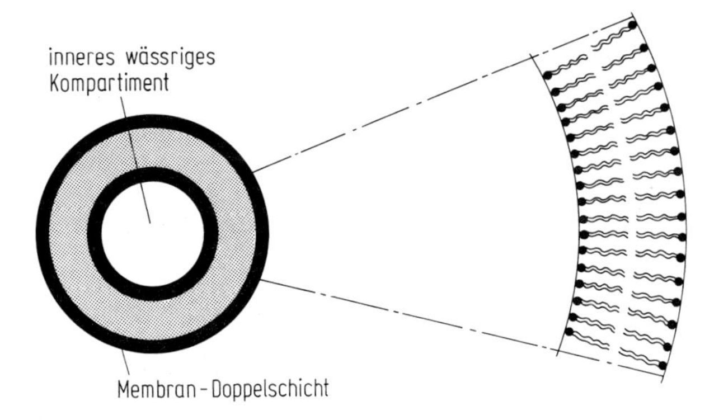

Abb. 9.27 Schema eines Liposoms.

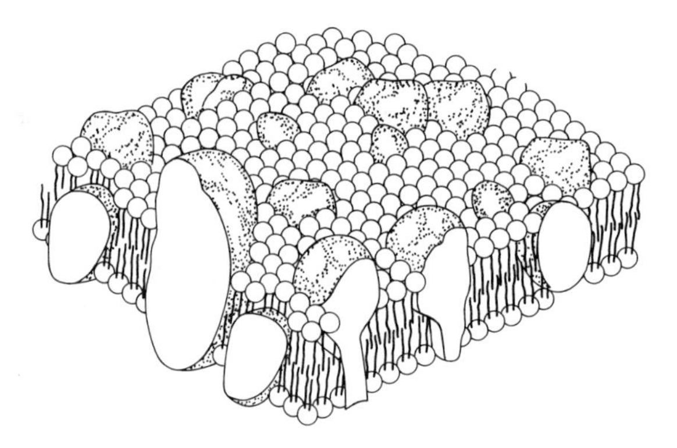

Abb. 9.28 Modell einer Zellmembran aus Protein und Phospholipid-Doppelschicht.

Die Kontaktflächen der Proteine zu den Lipiden bilden unpolare, hydrophobe Aminosäure-Seitenketten. Wieweit die Proteine in die Lipidschicht eindringen bzw. diese ganz durchdringen, wird also letztlich von der Aminosäuresequenz und Faltung bestimmt. Das ganze Membrangefüge wird als kooperatives und fluides Mosaiksystem also nur durch nicht-kovalente, schwache Wechselwirkungen zusammengehalten. Die Membranproteine sind integrale Bestandteile, die an den Kontaktstellen stark mit den Lipiden wechselwirken, so daß andererseits auch die biologisch aktive Konformation der Membranproteine durch die Lipide stabilisiert wird. Eine Extraktion der Membranproteine unter Einsatz von Detergenzien führt daher meist zu einer Denaturierung der Proteine, die in neutralem, wäßrigen Lösungsmittel meist unlöslich sind. Eine Renaturierung ist unter Umständen durch Zufügen von Lipiden möglich. Die Kristallisation proteinchemisch intakter photosynthetischer Reaktionszentren aus den Membranen von Bakterien war daher eine besonders anerkennenswerte Leistung (Nobelpreis 1988). Membranproteine (Rezeptoren, Ionenpumpen, Membrantransportsysteme) sind innerhalb der Lipidschicht frei beweglich und zu rascher lateraler Diffusion fähig, so daß Wanderungen über mehrere Mikrometer pro Minute erfolgen können. Gleiches gilt in verstärktem Maße für die von der Molekülgröße her kleineren Lipide, die in lateraler Richtung Diffusionskonstanten von $D \approx 10^{-8}\ cm^2\ s$ aufweisen. Dagegen ist die transversale Diffusion von Lipiden auf die andere Seite der ca. 50 nm dicken Doppelschicht, sehr erschwert; sie ist wenigstens 10^5 mal seltener als die laterale Diffusion. Für Proteine ist die transversale Diffusion praktisch nicht möglich, was erklärt, warum der asymmetrische Charakter von Membranen (außen anders als innen) aufrechterhalten bleibt.

9.5 Das Prinzip der biologischen Erkennung

Biologische Erkennungsprozesse erfolgen immer über die Komplementarität von assoziierenden Oberflächen. Das gilt in gleicher Weise für die Antigen-Antikörper-Reaktion der immunologischen Erkennung, die Hormon-Rezeptor-Bindung, die spezifische Enzym-Substrat-Erkennung und viele andere biologische Prozesse. Ebenso wie die molekularen Details der Untereinheiten-Assoziation oder die 2,3-DPG-Effektorbindung am Hämoglobin aufgeklärt wurden, wurde z. B. die spezifische Erkennung und hydrolytische Spaltung von Proteinsubstraten durch eiweißspaltende Enzyme (Proteinasen) ermittelt. Die *Spezifität* solcher Enzyme, die Peptidketten selektiv nur an bestimmten Aminosäuren – und dort zum Teil wiederum nur bei Vorliegen bestimmter Sequenzen hydrolysieren, ist eine Voraussetzung für die Steuerung vieler biologischer Vorgänge. So spaltet das Verdauungsenzym Trypsin nur an Lysin- und Arginin-, Plasmin bevorzugt an Lysin-, Thrombin an Arginin-Bindungen usf. Hierbei wird die Enzymspezifität durch Art, Raumerfüllung und stereochemische Anordnung der Aminosäure-Seitenketten bestimmt, die am Aufbau der Substratbindungsstelle und insbesondere der sog. *Spezifitätstasche* beteiligt sind. Die Spezifitätstasche ist hierbei die Vertiefung an der Enzymoberfläche, in die die Aminosäure-Seitenkette des Substrates eingelagert wird, die dort räumlich und ladungsmäßig hineinpaßt, d.h. für die das Enzym „Spezifität“ aufweist (Abb. 9.29) [3].

Der Austausch einzelner, die Tasche auskleidender Aminosäurereste gegen andere, also eine Mutation des Proteins, kann damit die Spezifität des Enzyms verändern. Derartige Mutationen haben im Verlauf einer divergenten Evolution zur Entwicklung der in ihrer Spezifität unterschiedlichen Proteinasen (Serin-Peptidpeptidylhydrolasen) von einem Urenzym geführt. In ähnlicher Weise wie hervorragende Substrate binden auch die Antagonisten der Proteinasen, die Proteinase-Inhibitoren, an ihre Enzyme und hemmen diese kompetitiv, indem sie das aktive Enzymzentrum blockieren. Für jede Proteinase existiert im Organismus ein entsprechender Inhibitor, der die proteolytische[5] Wirkung des Enzyms zeitlich und örtlich zu begrenzen vermag (Abb. 9.30) [4].

Entsprechend den Substraten weisen auch die kompetitiv wirkenden Inhibitoren an ihrem reaktiven Zentrum einen substratanalogen Aminosäurerest auf, dessen Seitenkette in die Spezifitätstasche des Enzyms eingelagert wird. Dieser Rest muß passen, damit der Inhibitor das entsprechende Enzym zu hemmen vermag. Der Austausch dieses Restes im reaktiven Zentrum eines Inhibitors gegen einen anderen

[5] proteolytisch = eiweißspaltend, von *proteos* (griech.) = das Erste, als Synonym für Eiweiß gebraucht, und *lysis* (griech.) = auflösend

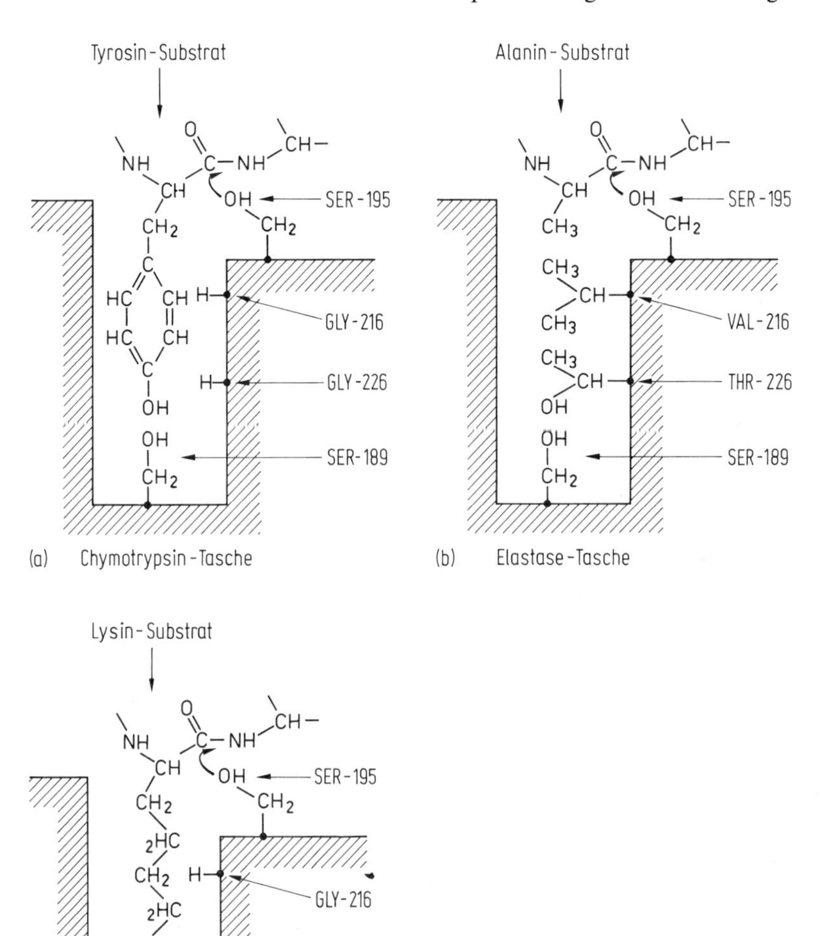

Abb. 9.29 Schematische Darstellung der Substrat-Bindungstasche verschiedener proteolytischer Enzyme: (a) Chymotrypsin, (b) Elastase (aus Pankreas) und (c) Trypsin mit gebundenen Peptid-Substraten. Es sind die Aminosäure-Seitenketten gezeigt, die für die Dimensionen der Tasche bestimmend sind (nach Shotton [18]).

ändert dementsprechend auch die Hemm-Spezifität, wenn das neue Enzym diesen Seitenkettenrest einlagern kann. So konnte in unserem Labor aus dem Trypsin-Kallikrein-Inhibitor aus Rinderorganen (Aprotinin) durch Austausch des Lysins im reaktiven Zentrum gegen Valin erstmals ein Hemmstoff für Elastase aus menschlichen Leukozyten hergestellt werden (Abb. 9.31) [5].

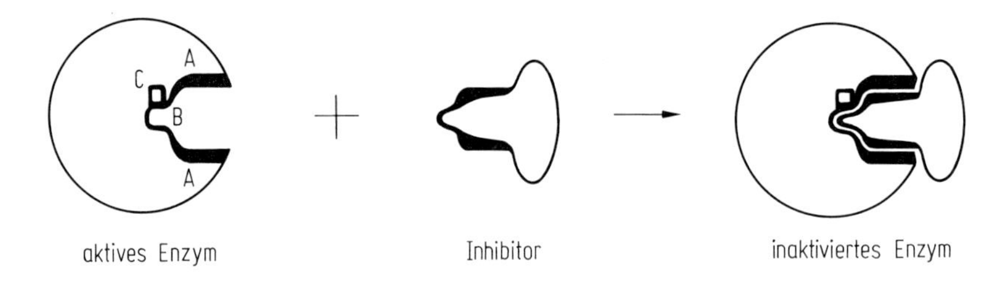

Abb. 9.30 Schema der kompetitiven Proteinase-Inhibierung durch Enzym-Inhibitoren.

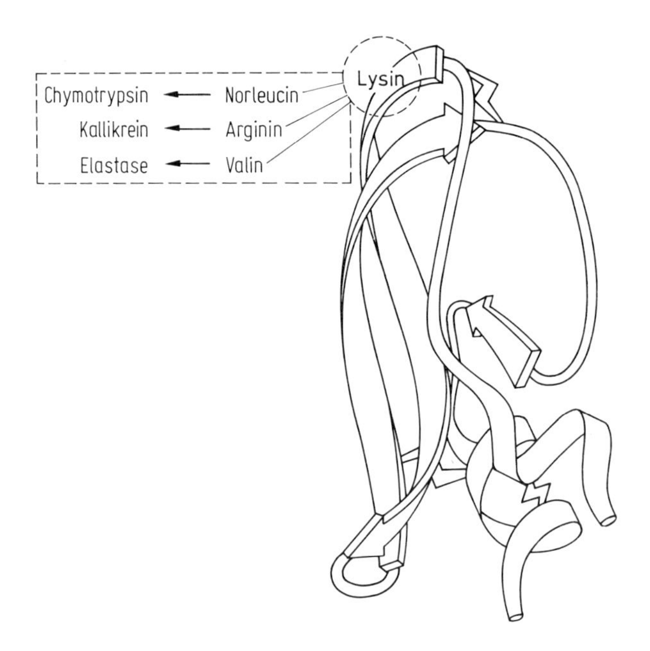

Abb. 9.31 Schematisches Modell des Trypsin-Inhibitors (Kunitz) aus Rinderorganen, vgl. Abb. 9.19 b, mit Darstellung der antiparallelen Faltblattstruktur (antiparallele Pfeile) und der Helix-Anteile (schraubenförmige Bänder). Der exponierte Lysinrest im reaktiven Zentrum wird in die Spezifitätstasche (vgl. Abb. 9.29) des Trypsins bei Hemmung (Assoziation zum Komplex, vgl. Abb. 9.30) eingelagert. Semisynthetischer [5] oder gentechnologischer Austausch gegen andere Aminosäurereste (Norleucin bzw. Arginin oder Valin) macht den Trypsin-Inhibitor zum Hemmstoff für die genannten, anderen Proteinasen.

Dieses Ergebnis zeigt eindeutig die dominierende Rolle der Stereochemie der Seitenkette des reaktiven Restes eines Inhibitormoleküles für die Erkennung und Assoziation an eine bestimmte Proteinase mit entsprechender Substratspezifität. Damit wurden Wege aufgezeigt, durch sog. *Protein-Design* neue Hemmstoffe für spezifische Proteinasen neu zu entwickeln. Diese könnten dann als mögliche Therapeutika bei pathologischen Entgleisungen der Proteinase-Proteinase-Inhibitor-Balance zur Wiederherstellung des Gleichgewichtes eingesetzt werden. Eine Reihe von Erkrankungen mit schweren gesundheitlichen Folgen beruhen auf einer Zerstörung körpereigenen Gewebes durch überschießende proteolytische Aktivität, wie z. B. beim Lungen-Emphysem, bei der rheumatoiden Arthritis und vielen anderen entzündlichen Erkrankungen.

9.6 Proteine durch Gentechnik

Die chemische Synthese von Proteinen ist so aufwendig, daß ihre Herstellung auf diesem Wege viel zu schwierig und zu teuer würde. Seit jedoch das biologische Prinzip der Proteinbiosynthese aufgeklärt und die Methoden zur Umsetzung von eingeschleuster genetischer Information zu Protein in Zellkultur entwickelt wurden (Gentechnik), wurde es möglich, auch größere Mengen eines beliebigen Proteins zu synthetisieren. Das Prinzip dieses Verfahrens beruht darauf, das Gen für ein gewünschtes Protein entweder zu synthetisieren oder aus der Summe aller Gene einer Zellart (Donorzelle, z. B. einer menschlichen Gewebszelle) zu isolieren und in eine andere Zellart (Empfänger- bzw. Wirtszelle, z. B. Bakterien-, Hefe- oder Säugetierzellen) einzubringen. Die Empfängerzelle kann dann das dem eingebrachten Gen entsprechende Protein ebenso wie ihre eigenen Proteine synthetisieren. Die Gentechnik beruht also auf der Einschleusung eines neuen, genetischen Programms (Gens), das für die Erstellung eines neuen Produktes (Proteins) verantwortlich ist. Hierbei kann das einzubringende Gen heute vollsynthetisch weitgehend in DNA-Synthese-Automaten (DNA-Synthesizer) aufgebaut werden. Da die DNA-Sprache der Proteine bekannt ist, kann die Programmvorlage bei der Synthese auch abgeändert werden, so daß für einige Aminosäuren nach Wunsch auch andere eingebaut werden können. Dies Verfahren liefert dann völlig neue, künstlich mutierte Proteine, die bisher noch nicht existierten. Unter Zuhilfenahme der modernen Computertechnologie können heute Proteinstrukturen auf dem Bildschirm dargestellt, gedreht, im Ausschnitt betrachtet und vergrößert und ihr Zusammenpassen (s. biologische Erkennung) mit anderen Proteinen studiert werden. Hierbei können Vorschläge zur Abänderung der Proteinstruktur erarbeitet werden. Diese durch „Design" neu entwickelten Proteine können ganz neue biologische Eigenschafen aufweisen, wie z. B. erhöhte Temperaturstabilität (durch Einführung von Disulfidbrücken) oder neue Hemmeigenschaften gegenüber bisher nicht inhibierten Proteinasen (durch Einführung anderer Reste im reaktiven Zentrum). So wurden Hemmstoffe mit neuen reaktiven Resten und neuen biologischen Eigenschaften, wie in Abschn. 9.5 beschrieben, in Mikroorganismen schon produziert. Hierbei hat die Gentechnik auch Möglichkeiten, z. B. durch Vervielfältigung des Gens pro Zelle, die Ausbeute an dem gewünschten Protein in der Wirtszelle erheblich zu steigern.

Diese neuen Möglichkeiten der Biochemie eröffnen erstmals die Aussicht, viele wertvolle, z. B. menschliche, Eiweißstoffe in ausreichenden Mengen für therapeutische Zwecke großtechnisch herzustellen. So wird beispielsweise heute der Faktor VIII, ein für die Blutgerinnung wichtiges Protein des menschlichen Blutplasmas, schon gentechnisch hergestellt. Das Gen für die Biosynthese des Gerinnungsfaktors VIII ist auf dem geschlechtsbestimmenden X-Chromosom des Menschen zu finden. Sein Fehlen kann beim Mann, der nur ein X-Chromosom in seinem doppelten Chromosomensatz von 24 Chromosomen aufweist (dabei ist ein XY-Paar), zur Ausprägung der gefürchteten Bluterkrankheit, der Hämophilie A, führen. Diese Erkrankung konnte bisher nur durch Gaben von Faktor VIII, isoliert aus menschlichem Blutplasma, therapiert werden. Der demnächst wahrscheinlich als Präparat verfügbare, gentechnisch hergestellte Faktor VIII wird für rund 225000 Bluter in der Welt ein Leben ohne Furcht und Infektionsrisiko ermöglichen.

Literatur

Weiterführende Literatur

Dickerson, R.E., Geis, I., Struktur und Funktion der Proteine. VCH, Weinheim 1971
Gassen, H.G., Gentechnik, Fischer, Stuttgart, 1987
Jungermann, K., Möhler, H., Biochemie. Springer, Berlin, Heidelberg, New York, 1980
Karlson, P., Kurzes Lehrbuch der Biochemie, 13. Aufl., Thieme, Stuttgart, New York, 1988
Lehninger, A.L., Prinzipien der Biochemie, de Gruyter, Berlin, New York, 1987
Stryer, L., Biochemie, Freeman, San Francisco, 1988
Winnacker, E.L., Gene und Klone, VCH, Weinheim, Deerfield Beach, Basel, 1984

Zitierte Publikationen

[1] Huber, R., Kukla, D., Rühlmann, A., Steigemann, W., The Atomic Structure of the Basic Trypsin Inhibitor of Bovine Organs (Kallikrein Inactivator). In: Proc. Int. Res. Conf. Proteinase Inhibitors (Fritz, H. Tschesche, H., Eds.), de Gruyter, Berlin, New York, 1971
[2] Hausner, Th.P., Nierhaus, K.N., Proteinbiosynthese und ihre Hemmung durch Antibiotika. Biol. unserer Zeit **5**, 129–144, 1988
[3] Shotton, D., The Molecular Architecture of Serine Proteinases. In: Proc. Int. Res. Conf. Proteinase Inhibitors (Fritz, H., Tschesche, H., Eds.), de Gruyter, Berlin, New York, 1971
[4] Tschesche, H., Biochemie natürlicher Proteinase-Inhibitoren. Angw. Chem. **86**, 21–40, 1974; Angew. Chem. Internat. Ed. **13**, 10–28, 1974
[5] Tschesche, H., Beckmann, J., Mehlich, A., Schnabel, E., Truscheit, E., Wenzel, H.R., Semisynthetic engineering of proteinase inhibitor homologues. Biochim. Biophys. Acta **913**, 97–101, 1987
[6] Pauling, L., Corey, R.B., Arch. Biochem. Biophys. **65**, 164, 1956
[7] Fengelman, M. et al., Nature, Lond **175**, 834, 1955
[8] Marmur, J., Doty, P., Nature, Lond **183**, 1427, 1959
[9] Kim, S.H. et al., Sciences, 179 **285**, 1973
[10] Worcel, A., Burgi, E., J. Mol. Biol. **71**, 127, 1972
[11] Pauling, L., Corey, R.B., Proc. Nat. Acad. Sci. U.S. **37**, 729, 1951
[12] Stryer, L., Biochemie, Spektrum der Wissenschaft, Heidelberg 1990
[13] Huber, R. et al., Proc. Int., Res. Conf. Proteinase Inhibitors (Fritz, H., Tschesche, H., Eds.), de Gruyter, Berlin, New York, 1971
[14] Dickerson, R.E.., Geis, I., Struktur und Funktion der Proteine, Verlag Chemie, Weinheim, 1971
[15] Wagner, G., Wüthrich, K., J. Mol. Biol. **155**, 347, 1982
[16] Fraenkel-Conrat, H., Design and Function at the Threshold of Life: The Viruses. The self-assembly of tobacco mosaic virus, Academic Press, New York, 1962
[17] Stiffler, G., Stiffler-Meilicke, M. In: Structure, Function and Genetics of Ribosomes, Springer, Berlin, Heidelberg, New York, 1986, p. 28
[18] Shotton, D., Proc. Int. Res. Conf. Proteinase Inhibitors, de Gruyter, Berlin, New York, 1971 s. [3]

10 Viren, Zellen, Organismen

Harald Jockusch,*
unter Mitarbeit von Peter Heimann

10.1 Entstehung und Evolution des Lebens

10.1.1 Einmaligkeit und Geschichtlichkeit des uns bekannten Lebens

Von Gesetzmäßigkeiten in Physik und Chemie erwarten wir, daß sie für alle Materie im Kosmos zutreffen – darauf beruht z. B. die Spektralanalyse entfernter Objekte im All. Die Gültigkeit biologischer Gesetzmäßigkeiten beschränkt sich dagegen auf einen kosmischen Spezialfall, das Leben auf unserer Erde mit seiner vermutlich einmaligen historischen Entwicklung. Außerirdisches Leben ist uns trotz intensiver Suche bisher nicht bekannt geworden, und es gibt keine zwingenden Gesetzmäßigkeiten, außer denen der physikochemischen Randbedingungen, aufgrund derer der chemische Aufbau, die Vererbungsmechanismen und das Verhalten außerirdischer Lebewesen vorausgesagt werden könnten.

10.1.2 Evolution und Stammesverwandtschaft

Die frühesten Phasen der Entstehung des Lebens sind nicht durch Fossilien belegbar. Es ist deshalb auch nicht sicher, ob das heute auf der Erde existierende Leben wirklich auf diesem Planeten entstanden ist.

Das Problem der Lebensentstehung kann bisher nur mit theoretischen Überlegungen und mit Modellexperimenten untersucht werden. Bei letzteren versucht man zunächst, auf der Basis kosmologischer Analogiefälle eine „Ursuppe" zu rekonstruieren, in denen die für das Leben notwendigen Elemente in einfachen Verbindungen wie H_2O, H_2S, CO_2 und NH_3 vorliegen. Bedingungen, die plausiblerweise zur vermuteten Zeit der Lebensentstehung vor 4–5 Milliarden Jahren geherrscht haben könnten, z. B. erhöhte Temperaturen, Gegenwart anorganischer Katalysatoren, Bestrahlung mit ultraviolettem Licht und elektrische Entladungen in der Gasphase haben im Experiment tatsächlich zu nachweisbaren Mengen lebenstypischer Kleinmoleküle geführt, z. B. der Aminosäuren Glycin, Alanin, Asparaginsäure und Valin oder von Purin- und Pyrimidinbasen (vgl. Kap. 9).

In solchen Reaktionssystemen lassen sich auch kleinmolekulare Bausteine ohne die drastischen Lösungsmittelbedingungen industrieller Synthesen zu größeren Mo-

* Meinem Lehrer, Professor Georg Melchers, gewidmet.

lekülen kondensieren. Ein wichtiger Schritt zu einem evolutionsfähigen System ist die autokatalytische Selbstvervielfachung einfacher Kettenmoleküle. Aus heutiger Sicht scheinen hierzu Ribonucleinsäuren besonders geeignet, da sie wie Proteine definierte dreidimensionale Faltungen annehmen und katalytisch aktiv sein können. Bisher gibt es aber kein Modellsystem, in dem makromolekulare Replikationen, d.h. die Verdopplung von Kettenmolekülen mit definierten aperiodischen Abfolgen der Bausteine ohne Zuhilfenahme zellulärer Bestandteile (z. B. vorgegebener Enzyme) ablaufen können.

Bei den heutigen Lebewesen ist bei Verbindungen mit asymmetrischen C-Atomen die Bevorzugung *eines* der Enantiomere auffällig, z. B. der L-Formen der Aminosäuren für den Aufbau von Proteinen (vgl. Kap. 9). Daraus und aus der Sequenzverwandtschaft lebenswichtiger Makromoleküle leitet sich die Vermutung vom einheitlichen Ursprung aller Lebewesen ab. Durch Merkmalsvergleiche zwischen rezenten Organismen, wobei Nucleinsäure- und Proteinsequenzen zunehmend als „Merkmale" berücksichtigt werden, sowie aufgrund der bis etwa 600 Millionen Jahre zurück-

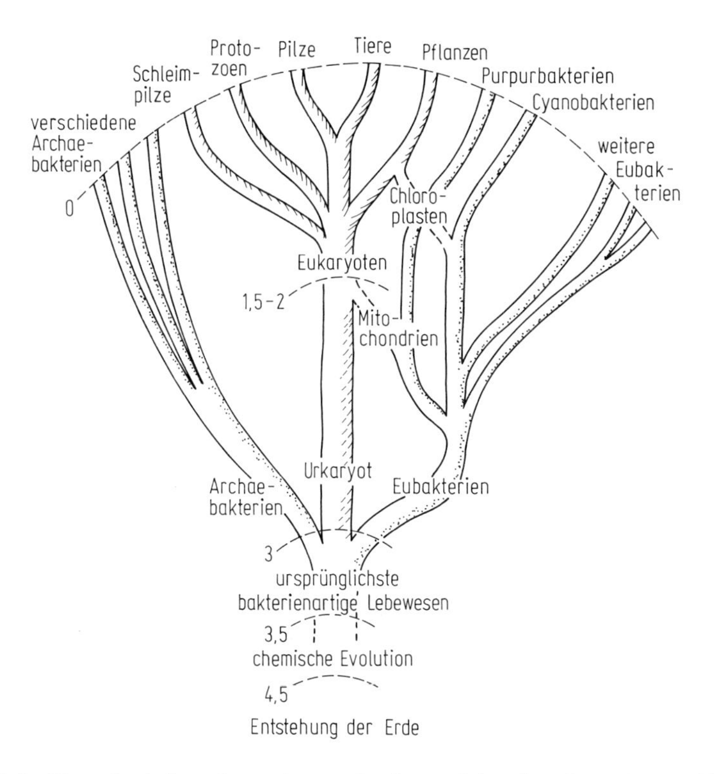

Abb. 10.1 Hypothetischer Stammbaum der heute lebenden Organismen. Die molekulare Ausstattung heutiger Organismen spricht dafür, daß alle Organismen aus einem zellulären Vorfahr, einer bakterienartigen „Urzelle", hervorgegangen sind und sich zu den Archaebakterien, den echten Bakterien einschließlich der Cyanobakterien und den Eukaryoten aufgespalten haben. Die Endosymbionten-Hypothese besagt, daß die Eukaryotenzelle Eubakterien einverleibt hat, die sich zu intrazellulären Organellen (Mitochondrien, Plastiden) entwickelt haben. Zahlen: Milliarden Jahre vor der Jetztzeit (verändert nach [11]).

reichenden fossilen Funde hat man hypothetische Stammbäume aufgestellt (siehe Abb. 10.1).

Nach der Endosymbionten-Hypothese gibt es dabei nicht nur Aufspaltungen von Ästen, sondern auch ein Verschmelzen: Es gibt eine Reihe von Hinweisen, daß die subzellulären Organelle, die Mitochondrien und Plastiden, ursprünglich in größere Zellen einverleibte, abgewandelte Bakterien sind, was sich jetzt noch in ihrer Membranabgrenzung, ihrer Vermehrung durch Teilung, einer eigenen Erbsubstanz und den Eigenschaften ihres Proteinsynthese-Apparats zeigt.

10.2 Aufbau und Leistungen von Zellen

10.2.1 Zellen als Reaktionsräume

Die Grundeinheit allen heutigen Lebens ist die Zelle. Viele Mikroorganismen sind ein- oder wenigzellig, ein Mensch besteht aus etwa 10^{14} Zellen. Im Prinzip stellt eine Zelle einen Reaktionsraum dar, der von einer selektiv durchlässigen Membran umgeben ist und DNA als genetisches Material sowie einen komplexen katalytischen Apparat enthält, der von außen zugeführte Energie für seine eigene Aufrechterhaltung, für physiologische Leistungen und für die Verdopplung seiner selbst nutzt. Die Volumina von Zellen variieren über mindestens acht Größenordnungen: Bakterienzellen haben ein Volumen von 10^{-16} l, Hefezellen eines von 10^{-13} l und die relativ großen Protozoen wie das Pantoffeltierchen eines von 10^{-8} l. Giganten unter den Zellen, wie die Dotter (= stark vergrößerte Eizellen) der Vogeleier mit mehreren cm Durchmesser sind hierbei nicht berücksichtigt.

In den Archaebakterien sieht man heute die ursprünglichsten Zellen. Mit den echten Bakterien einschließlich der Cyanobakterien (früher als Blaualgen bezeichnet) stellt man sie als *Prokaryoten* den *Eukaryoten* gegenüber, zu denen die Pilze, Protozoen, Pflanzen und Tiere zählen. Eukaryotenzellen sind nicht nur durchschnittlich größer als Prokaryoten, sondern haben auch einen wesentlich komplexeren Aufbau, der sich insbesondere in einer inneren Aufteilung des Zellraums in *Kompartimente* äußert, die von eigenen Membransystemen umgeben sind. Der Name „Eukaryot" leitet sich davon ab, daß sie einen echten Zellkern besitzen. Einige Zelltypen sind in der Abb. 10.2 gezeigt.

Die Eukaryotenzelle enthält prokaryotenzell-ähnliche komplexe Körperchen, *Mitochondrien* und – im Falle der Pflanzenzelle – Plastiden, z. B. *Chloroplasten*, die ihre eigene DNA als genetisches Material mitführen und nur aus ihresgleichen durch Teilung hervorgehen können. Der größte Teil der DNA der typischen Eukaryotenzelle ist jedoch im Zellkern lokalisiert und – anders als bei den Prokaryoten – mit Proteinen verbunden zu *Chromatin* organisiert, das in artspezifischer Weise auf *Chromosomen* aufgeteilt ist. Die wesentlichen Unterschiede zwischen Eukaryoten- und Prokaryotenzelle sind in Abb. 10.3 dargestellt.

Die Kompartimentierung der Eukaryotenzelle hat zur Folge, daß innerhalb der Zelle verschiedene Reaktionsmilieus herrschen können, die sich z. B. im pH-Wert oder in der Konzentration von anorganischen Ionen, wie Ca^{2+}, oder Stoffwechselprodukten unterscheiden können. An den trennenden Membranen können auf diese

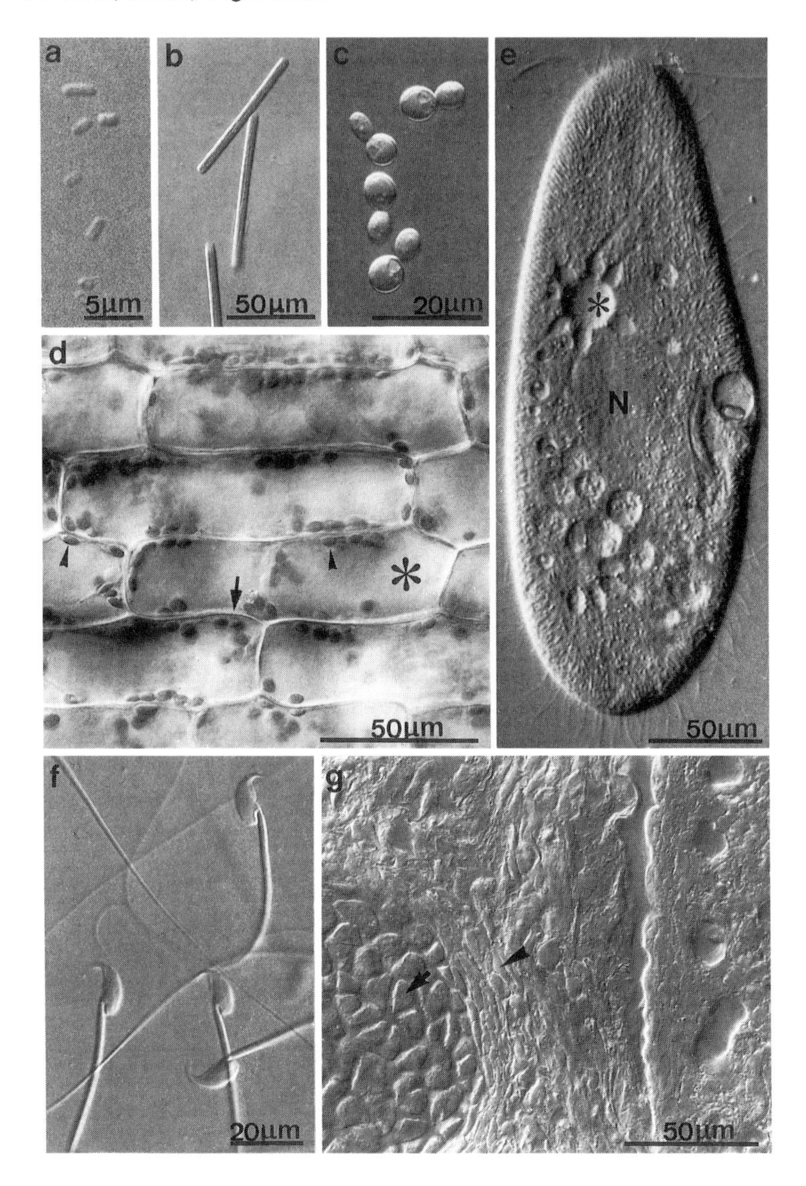

Abb. 10.2 Die Vielfalt von Zellen. Prokaryoten: (a) Escherichia coli, das bekannte Darmbakterium. Die abgebildeten Bakterienzellen sind genetisch manipuliert (aber äußerlich unverändert) und tragen die Erbinformation für ein Leberenzym der Maus. (b) Oscillatoria, ein Zellfäden bildendes Cyanobacterium, das seinen Energiebedarf durch Photosynthese deckt. Eukaryoten: (c) Bäckerhefe, ein Pilz; (d) Pflanzenzelle: Zellschicht in einem Blatt der Wasserpest (Elodea). Man sieht die Zellwand (Pfeil) und die linsenförmigen Chloroplasten (Pfeilspitzen) im Cytoplasmaschlauch, der die große Vakuole (*) umgibt. (e) Paramecium („Pantoffeltierchen"), ein Protozoon, dessen sehr große und hochspezialisierte Zelle sich durch Cilienschlag bewegt; N = Zellkern (Macronucleus, Grenzen nicht deutlich sichtbar), * = Vakuole; (f, g) Zellen der Maus. (f) Spermatozoen. Der hakenförmige „Kopf" enthält den verdichteten Zellkern, der peitschenförmige Teil der Zelle („Mittelstück" und „Schwanz" = Geißel) dient der Fortbewe-

Weise elektrochemische Potentiale aufgebaut werden, die durch Vermittlung membranständiger Transportsysteme und Enzyme für Syntheseleistungen, z. B. zur Bildung von ATP (vgl. Kap. 9) eingesetzt werden.

10.2.2 Leistungen von Zellen

Einzellige Prokaryoten und Eukaryoten können eine Fülle von Leistungen vollbringen, z. B. sich auf verschiedene Weisen bewegen, durch amöboides Kriechen, Kontraktion oder Geißelschlag, und dies in Reaktion auf Sinnesleistungen, z. B. Wahrnehmung von Konzentrationsgradienten von gelösten Stoffen (Chemotaxis), von Oberflächenbeschaffenheiten oder der Intensität und spektralen Verteilung des einfallenden Lichts. Solche Leistungen finden sich in hochspezialisierter Form, aber unter Benutzung der gleichen Prinzipien, bei den Zellen wieder, die in die Gewebe vielzelliger Organismen eingebunden sind.

Bakterienzellen haben durch ihre Kleinheit keine Probleme mit dem Stofftransport im Innern und sind durch ihre Zellwände sehr stabil gegen Oberflächen- und Scherkräfte, während die Eukaryotenzellen besondere Vorkehrungen für Stabilisierung und Stofftransport treffen müssen. Diese Aufgaben werden z. T. durch Strukturproteine erfüllt, die etwa 20 % des Zellproteins ausmachen und kollektiv als *Cytoskelett* bezeichnet werden. Dieser Name ist allerdings irreführend: Die Cytoskelettstrukturen erfüllen nicht nur statische Funktionen, z. B. bei der Formerhaltung tierischer Zellen, sie werden auch kurzfristig auf- und abgebaut, insbesondere bei der Zellteilung, und sind für Bewegungs- und Transportvorgänge in der Zelle verantwortlich. In diesem Sinne sind die Bestandteile des Cytoskeletts eher mit „Muskeln“ als mit „Knochen“ zu vergleichen. Eine Übersicht über die Cytoskelettelemente gibt die Tab. 10.1.

Ein besonders extremes Beispiel für die Notwendigkeit intrazellulären Transports ist z. B. eine Nervenzelle im Rückenmark der Giraffe, deren Fortsatz einen mehrere Meter entfernten Muskel im Fußbereich versorgt. Zur Erhaltung und Funktion dieses Fortsatzes, der Nervenfaser, muß ein Stofftransport vom Zellkern, der im Zellkörper im Rückenmark lokalisiert ist, bis in seine letzten Endigungen auf den Muskelfasern stattfinden. Als „Schienen“ für diesen Transport dienen Mikrotubuli, auf denen kleine Bläschen mit den zu transportierenden Stoffen durch „Motorproteine“ getrieben entlanglaufen. Die Anordnung von Mikrobutuli und von verschiedenen Cytoskelettfilamenten in spezialisierten tierischen Zellen zeigt Abb. 10.4.

---

gung. (g) Zellen in Gewebeverbänden: Knorpelzellen (Pfeil) und Bindegewebszellen (Pfeilspitze) im Mausembryo. Tierische Zellen sind in Geweben wegen des Fehlens einer Zellwand weniger deutlich abgegrenzt als pflanzliche. Die Zellkerne sind hier nicht zu erkennen. (Mikroskopische Interferenzkontrast-Aufnahmen: K. Hausmann, Berlin (e); S. Laage, Bielefeld (f), P. Heimann und H. Jockusch, Bielefeld (übrige)).

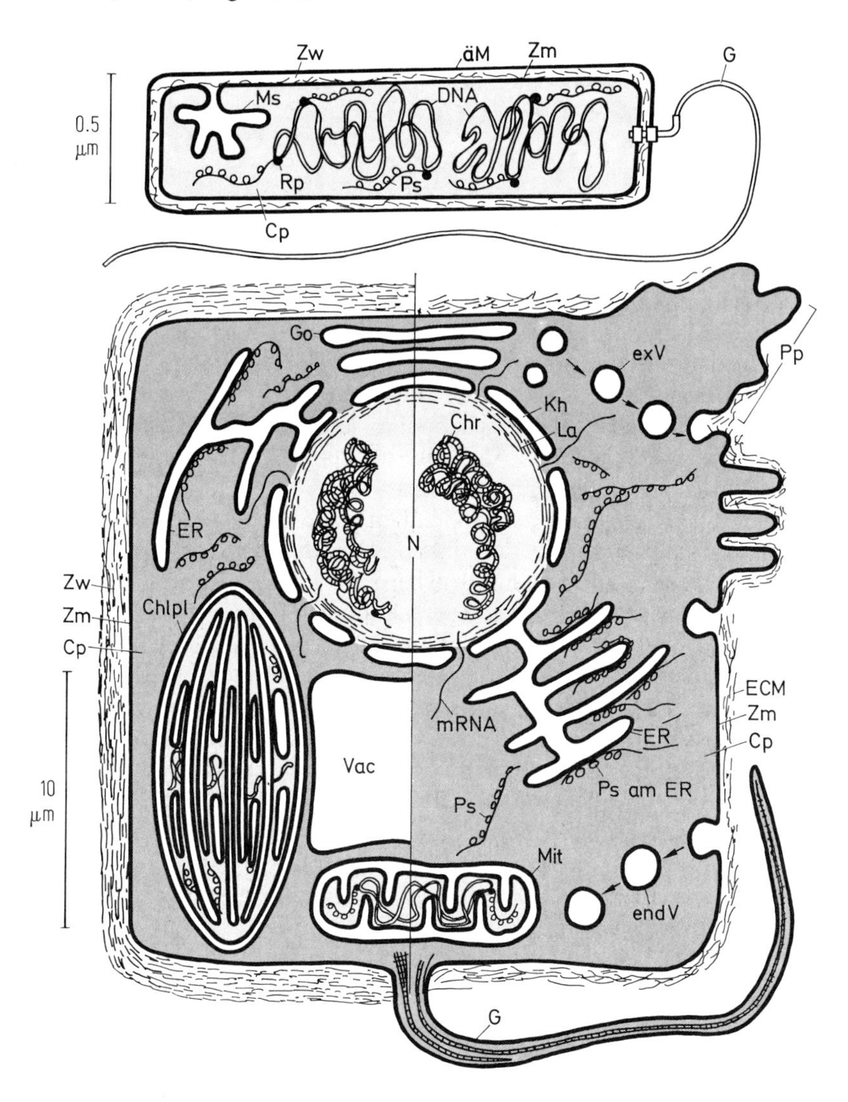

Abb. 10.3 Kompartimentierung von Prokaryoten- und Eukaryotenzellen. Schematisierte Schnitte. Das Cytoplasma (Cp), der eigentliche „Innenraum" der Zelle, und der Innenraum der DNA-haltigen Organelle sind grau dargestellt. *Oben:* Bei Prokaryoten ist der Innenraum nicht kompartimentiert. Das ringförmige DNA-Molekül (DNA) ist an der inneren Membran, der Zellmembran (Zm), angeheftet, äM = äußere Membran, Zw = Zellwand, Ms = Mesosom, eine Einstülpung der Zellmembran. Rp = RNA-Polymerase, das Enzym, das an der DNA Boten-RNA (mRNA) synthetisiert (Transkription). Ps = Polysom, mit Ribosomen besetzte mRNA, an der Proteine gebildet werden (Translation). G = Geißel. *Unten:* Die typische Eukaryotenzelle ist durch geschlossene Membransysteme in Kompartimente unterteilt. Gezeigt ist ein Ausschnitt aus einer hypothetischen Zelle mit pflanzlichen (links) und tierischen (rechts) Strukturen. Beiden gemeinsam sind: Zellkern (Nucleus, N), der das Chromatin (Chr, mit Proteinen assoziierte DNA) in Form der Chromosomen und von der Lamina (La) und der Kernhülle (Kh) gegen das Cytoplasma (Cp) abgegrenzt ist. Die Kernhülle enthält Poren, durch die Ribosomenvorstufen und mRNA ins Cytoplasma gelangen. Die mRNA bildet mit den Riboso-

men Polysomen (Ps), die frei im Cytoplasma vorliegen oder mit dem vom Golgiapparat (Go) gebildeten Membransystem des endoplasmatischen Reticulums (ER) assoziiert sind. Exportvorgänge werden durch exocytotische Vesikel (exV), Importe durch endocytotische Vesikel (endV) bewerkstelligt. Das Cytoplasma ist durch Cytoskelettelemente strukturiert, die nur im Inneren der Geißel (G) eingezeichnet sind. Der Energiegewinnung aus Nahrungsstoffen dienen die Mitochondrien (Mit). – Typisch für die Pflanzenzelle (*links*) sind die Zellwand (Zw), Chloroplasten (Chlp), sowie größere, mit wäßrigen Lösungen (z. B. blauer Blütenfarbstoffe) gefüllte Vakuolen (Vac). Die tierische Zelle (*rechts*) ist meist nur von einer lockeren extrazellulären Matrix (ECM) umgeben, die Formveränderungen, z. B. die Ausbildung von Pseudopodien (Pp) bei Kriechbewegungen erlaubt. – Die Innenräume des ER, sowie von Vesikeln und Vakuolen gehören topologisch zur „Außenwelt" der Eukaryotenzelle. Die Eukaryotengeißel ist ein spezialisierter Fortsatz der Zelle, während die Bakteriengeißel aus Eiweißmolekülen besteht, die sich außerhalb des Zellraums befinden.

Abb. 10.4 Cytoskelett: Der Bewegungsapparat des Cytoplasmas. Wie der Bewegungsapparat des Organismus aus stützenden (Knochen) und bewegenden (Muskeln) Organen besteht, so enthält das Cytoplasma der Eukaryoten Struktur- und Motorproteine (in ihrer Gesamtheit als „Cytoskelett" bezeichnet), die bei Bewegungs- und Gestaltbildungsvorgängen zusammenwirken. Cytoskelettkomponenten treten besonders hochgeordnet in spezialisierten tierischen Zellen (hier der Maus) in Erscheinung. *Oben:* Längsschnitt durch eine Skelettmuskelfaser: Dicke Filamente (schwarzes Dreieck; Hauptbestandteil Myosin) und dünne Filamente (hohles Dreieck; Hauptbestandteil Actin) greifen ineinander und bilden die langgestreckten Myofibrillen, die die Kontraktionskraft in Längsrichtung der Muskelfaser entwickeln. N = Zellkern (Nucleus). Maßstab 1 µm. *Links unten:* Längsschnitt durch eine Nervenfaser aus dem Ischiasnerv. Pfeilspitzen: Mikrotubuli, in der unteren Bildhälfte Neurofilamente (Intermediärfilamente). Maßstab 0,2 µm. *Rechts unten:* Querschnitt durch Spermienschwänze (= spezialisierte Geißeln). Man sieht ein zentrales Paar von Microtubuli, umgeben von einem Kranz von 9 Doppelmicrotubuli (Pfeil). Dieser (9 + 2)-Aufbau findet sich bei allen Eukaryotengeißeln und -cilien, Maßstab: 0.2 µm (EM-Aufnahmen P. Heimann, Bielefeld).

Tab. 10.1 Einige Komponenten des Cytoskeletts.

Funktionssystem	Proteine (Beispiele)	Eigenschaften	Vorkommen, Funktion
Mikrofilamentsystem (Mikrofilamente, dünne Filamente des Muskels, ∅ 6 nm)	Actin	globuläre Untereinheit 43 kDa (G-Actin), lagert sich zu fädigen Doppelwendeln (F-Actin) zusammen	Grundbestandteil des Mikrofilaments, statische und dyn. Funktion in allen eukaryotischen Zellen, i. a. häufigstes Protein des Cytosols
	α-Actinin	Dimer aus langgestreckten Untereinheiten, 2 × 95 kDa	mit Actinfilamenten assoziiert, z. B. in Myofibrillen
Mikrotubuli (Röhrchen, ∅ 25 nm)	Tubulin	globuläre Untereinheiten von 55 kDa. Auf einen Umfang des Hohlzylinders der Mikrotubuli kommen 13 Proteinmoleküle	ein Skelettelement, das als „Seilzug- oder Schienensystem" gerichteten Transport ermöglicht, z. B. bei Trennung der Chromosomen bei der Zellteilung und in Nervenfortsätzen. Wichtiger Strukturbestandteil der Geißeln
Motorproteine (komplexe Moleküle mit Kopf-Schwanz-Struktur, die die chemische Energie des ATP in mechanische Arbeit umsetzen)	Myosin	versch. Untereinheiten, die größte langgestreckte mit 200 kDa. Bilden die „dicken Filamente" (∅ 11 nm)	die Interaktion der dicken Filamente mit den Mikrofilamenten bewirkt die Kontraktion des Muskels
	Dynein	interagiert mit Mikrotubuli	treibt den Geißelschlag an
	Kinesin	interagiert mit Vesikeln und Mikrotubuli	bewirkt Vesikeltransport
Submembranöse Cytoskelettproteine	Spectrin	langgestrecktes Dimer, 2 × ca. 260 kDa	submembranöses Netzwerk, z. B. in Erythrozyten
	Dystrophin	langgestrecktes Dimer, 2 × 427 kDa	submembranöses Netzwerk, z. B. in Muskelzellen
Intermediärfilamente (Filamente, ∅ 10 nm)	Lamine	60–70 kDa	bilden Beschichtung (Lamina) der inneren Membran des Zellkerns
	Keratine	~ 55 kDa	stabilisieren mechanisch belastete Gewebe
	Neurofilamentproteine	68–200 kDa	in Nervenfortsätzen
Vesikeleinhüllende Proteine	Clathrin	180 kDa	bildet regelmäßige Gitterkäfige, die bestimmte Vesikel umgeben

10.2.3 Funktionen der äußeren Zellmembran

10.2.3.1 Transportvorgänge an der Membran

Für die Wechselwirkung mit der Umwelt – bei den vielzelligen Organismen der „inneren Umwelt" – ist die äußere Membran der Zelle entscheidend. Ihr prinzipieller Aufbau aus einer Lipiddoppelschicht und eingelagerten Proteinen wurde in Kap. 8 dargestellt. Einige elektrisch neutrale Moleküle wie Wasser, CO_2, Ethanol und Harnstoff können die Lipiddoppelschicht durch Diffusion passieren. Entscheidend für die Durchtrittsgeschwindigkeit sind das Konzentrationsgefälle und die Lipidlöslichkeit (Verteilungskoeffizient Öl/Wasser) dieser Substanzen. Der geschwindigkeitsbestimmende Faktor seitens der Membran ist die zur Verfügung stehende Oberfläche. Spezifische Proteine und energieliefernde Prozesse sind für *diese* Form des *passiven Transports* nicht notwendig. Viele lebenswichtigen Moleküle, die in der Lipiddoppelschicht schlecht löslich sind, z. B. Glucose, werden durch spezielle Transportproteine, *Permeasen* oder *Carrier*, in die Zelle hinein- oder aus ihr herausgeschleust. Dieser Vorgang, die *erleichterte Diffusion*, wird durch die Kapazität der für bestimmte Moleküle oder Ionen zuständigen Transportproteine begrenzt, und seine Spezifität zeigt sich an einer niedrigen Konzentration, die zur Halbsättigung des Transportsystems hinreicht. Da die Funktion dieser Transportproteine die Beschleunigung eines spontan ablaufenden Vorgangs ist, wird auch hier kein energielieferndes System benötigt.

Den beiden geschilderten Arten des passiven Transports steht der *aktive Transport*, entgegen einem Konzentrationsgefälle oder, bei geladenen Molekülen, einem elektrochemischen Gradienten – gegenüber. So müssen Ionenungleichgewichte durch aktive Pumpen aufrecht erhalten werden, die ihre Energie aus der Spaltung von ATP (vgl. Kap. 9) beziehen (die Umkehrung dieses Prozesses führt bei Atmung und Photosynthese zur ATP-Bildung). Einmal aufgebaute elektrochemische Gradienten können wiederum als Energiequelle für den Transport von Zuckern oder Aminosäuren *entgegen* deren Konzentrationsgefälle genutzt werden, indem gleichzeitig ein *Co-Transport* von Ionen *mit* dem Gefälle stattfindet.

Makromoleküle können ebenfalls ins Zellinnere aufgenommen werden. Hierzu sind meistens spezifische Proteinmoleküle der Zellmembran, *Membranrezeptoren*, nötig, die, wenn sie mit diesen Substanzen besetzt sind, über die *Rezeptor-vermittelte Endocytose* ins Zellinnere gelangen. Der umgekehrte Vorgang, das Ausschleusen von zellulären „Exportartikeln" (extrazellulären Enzymen, z. B. Verdauungsenzymen; Hormonen bei Drüsenzellen; Signalstoffen an Nervenendigungen), die in der Zelle in Vesikeln verpackt sind, wird *Exocytose* genannt.

10.2.3.2 Signalübertragung zwischen Zellen

An den Plasmamembranen aller lebenden Zellen findet man ein Ungleichgewicht von Ionen, das durch die selektive Ionendurchlässigkeit der Membran und durch aktiven Transport aufrecht erhalten wird. Dies führt zu einer elektrischen Potentialdifferenz, dem *Membranpotential*, wobei das Zellinnere gegenüber dem äußeren negativ geladen ist, mit einem Betrag zwischen ca. 25 und 100 mV. Eine Membran, in der Ionenflüsse durch regulierte Kanäle, die Ionenkanäle, zur Erzeugung und Weiterleitung

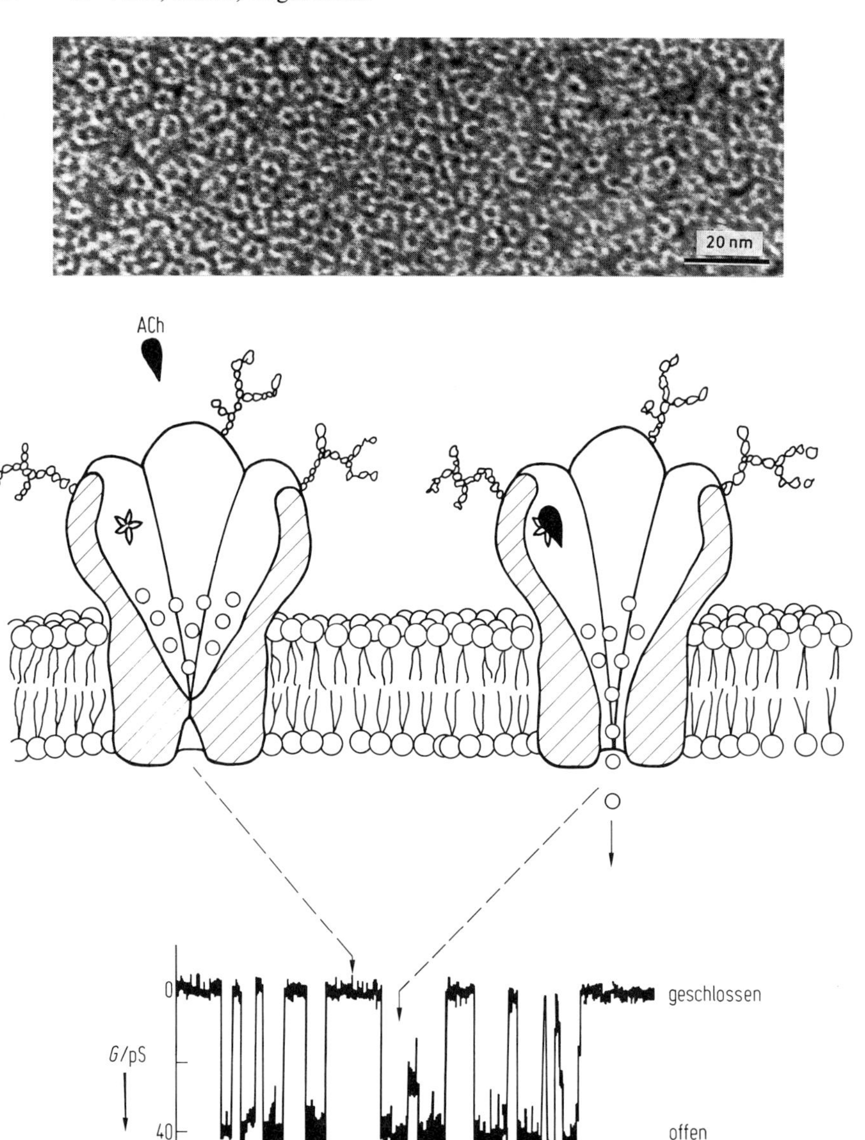

Abb. 10.5 Der Acetylcholin-Rezeptor: Beispiel für eine Ionenschleuse. *Oben:* Gereinigte Acetylcholinrezeptoren aus dem elektrischen Organs des Zitterrochens. Elektronenmikroskopische Darstellung nach Negativfärbung mit Uranylacetat. Jeder Ring stellt einen Ionenkanal in Aufsicht dar. Maßstab 20 nm (Aufn. J. Kehne, Bielefeld). *Mitte:* Die räumliche Darstellung zeigt zwei in der Lipiddoppelschicht eingelagerte Rezeptoren im Anschnitt. Der Rezeptor ist ein kelchförmiger Komplex aus fünf kelchblattartig angeordneten Proteinuntereinheiten, die zum Außenmilieu der Zelle (nach oben) Kohlehydratketten tragen. Zwei der fünf Untereinhei-

elektrischer Signale eingesetzt werden, heißt *erregbare Membran*. Ein Pantoffeltierchen (s. Abb. 10.2e) reagiert auf störende Außenreize insbesondere am Vorderende der Zelle mit einer Umkehr der Schlagrichtung der Zilien – es „schaltet den Rückwärtsgang ein“. Die Signalübertragung geschieht hierbei durch Öffnen von Calciumkanälen in der Membran. Da die Ca^{2+}-Konzentration im Außenmedium, z. B. im Teichwasser, viel höher ist als im Cytosol, kommt es zum Einstrom von Ca^{2+}-Ionen und zu einer Depolarisierung. Diese bewirkt die Öffnung weiterer Kanäle und die Welle der Potentialveränderung pflanzt sich über die Zelle als *Aktionspotential* fort. In ähnlicher Weise funktionieren die Na^{+}-Kanäle in den Nervenfortsätzen vielzelliger Tiere. Hierbei ist die Na^{+}-Konzentration im Zellinnern klein gegenüber der in der die Zellen umgebenden Flüssigkeit. Daher führt das Öffnen der spannungsabhängigen Na^{+}-Kanäle zu einem schlagartigen Na^{+}-Einstrom in die Nervenzelle und zur Depolarisierung der Membran. Ein nachfolgender K^{+}-Ausstrom durch K^{+}-Kanäle und das aktive Auswärtspumpen des eingeführten Na^{+} stellen den Ausgangszustand wieder her.

Neben solchen *spannungsgesteuerten Kanälen* gibt es ligandgesteuerte, zu denen der Acetylcholin-Rezeptor an der Kontaktstelle (Synapse) zwischen Nerv und Skelettmuskel gehört. Er ist in der Muskelmembran lokalisiert und reagiert auf den Liganden Acetylcholin, der von der Nervenendigung beim Ankommen eines Nervenaktionspotentials durch Exocytose freigesetzt wird. An diesen Rezeptoren, die man wegen des dort reichlichen Vorkommens aus dem elektrischen Organ des Zitterrochens (einem umgewandelten Muskel), gereinigt hat, konnten zum ersten Mal die Bau- und Funktionsprinzipien eines Ionenkanals auf molekularer Ebene analysiert werden. Danach stellen Ionenkanäle doppeltrichterartige Gebilde dar, deren Wandung aus faßdaubenartig angeordneten Proteinuntereinheiten besteht, und deren zentraler Kanal die Lipiddoppelschicht durchdringt. Die Raumstruktur der Proteinuntereinheiten wird von der Bindung des Liganden so verändert, daß das Lumen des Kanals geöffnet wird (Abb. 10.5).

Bei spannungsabhängigen Kanälen werden Öffnung und Schließung von der elektrischen Potentialdifferenz bewirkt, die quer zur Lipiddoppelschicht herrscht und beträchtliche Feldstärken (Größenordnung 100 kV/cm) erreicht.

Auch elektrisch nicht erregbare Membranen können Signale von anderen Zellen empfangen und verarbeiten. Dabei ist eine räumliche Nähe zwischen Sender- und Empfängerzelle nicht immer notwendig. Zu den Molekülen, die als Signalstoffe dienen, gehören *Hormone*, die von Drüsenzellen abgesondert und mit dem Blutstrom an weit entfernte „Zielzellen“ getragen werden.

Dort können sie auf zweierlei Weise Reaktionen im Inneren der Zelle hervorrufen: Sie können die Zellmembran durchdringen und nach Bindung an einen Rezeptor im

---

ten (nur eine ist gezeigt) haben eine Bindungsstelle (∗) für den Neurotransmitter Acetylcholin (ACh). Links der geschlossene Rezeptor mit freier Bindungsstelle, rechts geöffneter Zustand nach Bindung eines ACh-Moleküls: Das elektrochemische Potential an der Membran bewirkt einen Einstrom von Kationen (Na^{+}, K^{+}, Kugeln). (vgl. [9]. *Unten:* Ionenströme, die durch die simultane Öffnung von gepaarten Acetylcholin-Rezeptoren durch eine künstliche Lipiddoppelmembran fließen. Gemessen wurden Kompensationsströme in Abhängigkeit von der Zeit t bei festgehaltener Membranspannung. Aus dem an die Membran angelegten Potential ergibt sich der Leitwert G der offenen Kanäle, das O-Niveau entspricht dem geschlossenen Zustand [8]).

Zellinnern in den Zellkern transportiert werden, wo sie die RNA-Synthese am Chromatin regulieren. So wirken die Steroidhormone, z. B. die Sexualhormone, und das Schilddrüsenhormon.

Andere Hormone, z. B. Adrenalin, und Peptidhormone wie Insulin, können die Zellmembran nicht passieren. Das Hormonmolekül bindet von außen an ein in der Membran eingelassenes Rezeptorprotein und verändert dessen Raumstruktur. Damit wird an der Innenseite der Zellmembran eine Kaskade von Prozessen angestoßen, die zur Freisetzung oder Synthese sogenannter „*Second Messenger*“-Stoffe (z. B. Calciumionen oder zyklischem Adenosinmonophosphat) führen. Diese intrazellulären Signalstoffe können eine Vielfalt von enzymatischen Stoffwechselvorgängen, z. B. den Umbau von Cytoskelettelementen und – im Falle einer Drüsenzelle – die Freisetzung eines weiteren, „nachgeschalteten“ Hormons bewirken.

10.2.4 Die extrazelluläre Matrix

Einen wichtigen Beitrag zur Stabilisierung höherer Zellen und ihrem Zusammenhalt in Geweben liefern von der Zelle ausgeschiedene Stoffe, die einen Mantel um die Zelle, die *extrazelluläre Matrix* bilden. Bekanntestes Beispiel ist die Zellulosewand der Pflanzenzellen. Tierische Zellen sind normalerweise „nackt“, d. h. nicht von einer massiven Sekretschicht umgeben. Ausnahmen sind in unserem Körper z. B. die Knorpelzellen, die von einer sehr wasseraufnahmefähigen Polysaccharidreichen Matrix

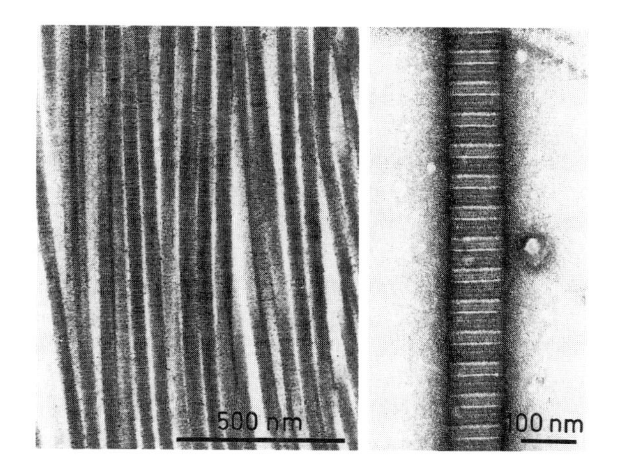

Abb. 10.6 Collagen, ein wichtiger Bestandteil der extrazellulären Matrix. Der Zusammenhalt der Zellen in den soliden Geweben vielzelliger Tiere wird durch die extrazelluläre Matrix, ein Faserwerk aus einer Vielzahl von Strukturproteinen und Polysacchariden gewährleistet. Das häufigste extrazelluläre Strukturprotein unseres Körpers ist das Collagen. Die Vorläufer der stabförmigen Collagenmoleküle werden in Bindegewebszellen synthetisiert. Nach Ausschleusung aus der Zelle und Abspaltung geknäuelter Polypeptidkettenbereiche an beiden Enden der Moleküle aggregieren die fertigen Collagenmoleküle zu Fibrillen mit regelmäßiger Periodizität (rechts; Maßstab 100 nm), die ihrerseits reißfeste Bündel (links; Maßstab 500 nm) bilden (EM-Aufnahmen P. Heimann, Bielefeld).

umgeben sind, die dem gesamten Gewebe die mechanischen Eigenschaften des Knorpels verleiht.

Ca. 20 % der gesamten Proteinmasse unseres Körperes wird durch ein extrazelluläres Strukturprotein beigetragen, das Collagen. Im täglichen Leben ist Collagen in denaturierter Form als Gelatine bekannt. Früher diente das in den Abdeckereien gewonnene Collagen als Tischlerleim – daher der Name „Leimbildner". Collagen tritt in fast reiner Form in den Sehnen auf, durchzieht aber auch alle Zwischenzellräume von Bindegewebe und Muskulatur. Wie viele andere Proteine oder Glykoproteine dient es nicht nur als „Kitt" für den Zusammenhalt und die Zugfestigkeit von Geweben, sondern auch als Substrat für Wachstum und Wanderung von Zellen. In Abb. 10.6 ist die submikroskopische Struktur von Collagenfibrillen gezeigt.

10.2.5 Wachstum von Zellpopulationen durch Teilung

Bei freilebenden Einzel-Zellpopulationen, z. B. Bakterien, einzelligen Algen, oder Amöben sowie in künstlichen Nährmedien gehaltenen teilungsfähigen Warmblüterzellen (Zellkulturen) nehmen die Zellen an Größe zu und bringen nach einer charakteristischen Zeit, der Generationszeit T, zwei Tochterzellen hervor. Solange dieses exponentielle Wachstum anhält, läßt sich die Populationszunahme mit der Zeit durch

$$N(t) = N_0 \cdot 2^{t/T}$$

beschreiben, wobei die N_0 die Zahl der Zellen zur Zeit $t = 0$ und $N(t)$ die Zahl der Zellen zur Zeit t ist. Die Generationszeit T beträgt z. B. für das Darmbakterium Escherichia coli bei 37° C 20 min. Eine Escherichia coli-Zelle bringt also theoretisch, d. h. bei unlimitiertem Wachstum, in 24 Stunden $2^{72} = 10^{22}$ Tochterzellen hervor. Eine Säugetierzelle verdoppelt sich in 24 Stunden ein (normale Bindegewebszelle) bis zwei (Tumorzelle) mal. Bei der Embryogenese von Tieren gibt es allerdings Zellteilung ohne Zunahme der Gesamtmasse, die in vielen Fällen sehr schnell abläuft: Das befruchtete Amphibienei, eine Riesenzelle von 1 mm Durchmesser, teilt sich alle 10 Minuten, wobei im wesentlichen nur die Zellkerne verdoppelt und neue Außenmembranen gebildet werden.

Die Gesamtheit aller Nachkommen einer Zelle nennt man einen *Klon*. Beispiele für Klone sind: Eine Bakterienkolonie; ein Tier, das aus einer befruchteten Eizelle hervorgegangen ist; eineiige Zwillinge; die Gesamtheit aller Stecklinge, die aus einer Kulturpflanze hervorgegangen sind (z. B. bei Kartoffeln, Weinreben). Eine allgemeinere Definition eines Klons ist die Gesamtheit der biologischen Einheiten, die durch identische Verdopplung (Replikation) aus einer einzelnen Stamm-Einheit hervorgegangen sind. In diesem Sinne gibt es auch Klone von Viren und Erbfaktoren (s. den Abschnitt Gentechnologie).

10.3 Gene und Viren

10.3.1 Vererbung und Mutation: Der genetische Code

Alles Lebendige auf der Erde geht aus „Vorfahren" hervor – es gibt unter natürlichen Bedingungen keine *Urzeugung* –, und zwischen „Vorfahren" und „Nachkommen" besteht Ähnlichkeit. Dies gilt für zelluläre Organismen (z. B. Bakterien, Pflanzen, Tiere) ebenso wie für Viren. Diese Beobachtung begründet den Begriff der **biologischen Vererbung**, der *vertikalen* Weitergabe von Determinanten, die das Erscheinungsbild eines Organismus bestimmen, von den Eltern zu den Nachkommen. Träger dieser Vererbung ist eine definierte Klasse von Makromolekülen, die **Nucleinsäuren** (vgl. Kap. 9); in bestimmten Fällen zeigen aber auch Organisationsmuster spezialisierter Cytoplasmabereiche das Phänomen der Erblichkeit. In den letzten Jahren ist zusätzlich die *horizontale* Verbreitung von Erbdeterminanten, d. h. die Aufnahme von Nucleinsäuren aus der Umgebung, als Vererbungsmechanismus erkannt und für synthetisch-biologische Zwecke eingesetzt worden. Dies hat zur Entwicklung der **Gentechnologie** geführt (vgl. Abschn. 10.5).

Biologische Vererbung läßt sich aus der Konstanz arteigener Erscheinungsformen über viele Generationen hinweg erschließen: Kupferstiche von Insekten aus dem 18. Jahrhundert sind auch heute noch, nach 250–1000 Insektengenerationen, bis ins kleinste Detail zutreffend! Den Schlüssel zur Erkenntnis der Vererbungsmechanismen lieferten jedoch gerade sprunghafte Veränderungen (**Mutationen**) der Erbdeterminanten, des **Genotyps**, die zu sichtbaren, **phänotypischen** Veränderungen führen.

Für die phänotypischen Eigenschaften *zellulärer Organismen* sind hauptsächlich Proteine verantwortlich, die strukturbildende, regulatorische, katalytische oder Transportfunktionen ausführen. Ein funktioneller Defekt eines katalytischen Proteins, eines Enzyms, kann phänotypisch am Ausfall des Produkts sichtbar werden. Ein augenfälliger Produktmangel durch einen genetisch bedingten Enzymdefekt ist z. B. das Fehlen des Farbstoffs Melanin bei Albinomäusen oder des Blütenfarbstoffs Anthocyan bei weißen Kornblumen. Fehlerhafte Proteine können durch Falscheinbau von Aminosäureresten oder durch Verkürzung des Polypeptids (durch vorzeitigen Kettenabbruch) entstehen. Es kann aber auch ein Defekt bereits bei der Bildung oder Reifung der Boten-RNA bestehen oder ein Stückverlust oder eine Einfügung von DNA die Gesamtstruktur des Gens verändert haben.

An Bakterien wurde durch direkte Übertragung von Desoxyribonucleinsäuren (DNA) von Spender- auf Empfängerzellen (die sich in einem phänotypischen, die Schleimkapsel betreffenden Merkmal unterschieden) gezeigt, daß DNA Determinanten erblicher Eigenschaften trägt. Durch die Untersuchung noch einfacherer Systeme, der **Viren**, wurde gefunden, daß sowohl *DNA* als auch *Ribonucleinsäure (RNA)* genetische Information tragen können.

Viren sind Komplexe aus Nucleinsäuren und Hüllstrukturen, die von lebenden Zellen produziert werden, außerhalb von Zellen das Potential zur Vermehrung behalten, dieses aber nur in und mit lebenden Zellen realisieren können. Sie haben sich in der klassischen Molekulargenetik als günstige Objekte zur Untersuchung von Vererbungsmechanismen erwiesen und geben derzeit wichtige Modelle für die Genregulation in Bakterien und tierischen Zellen ab. Viren werden in der Gentechnologie als Vehikel („Vektoren") für Erbfaktoren (s. Abschn. 23.6) verwendet. Eine Übersicht

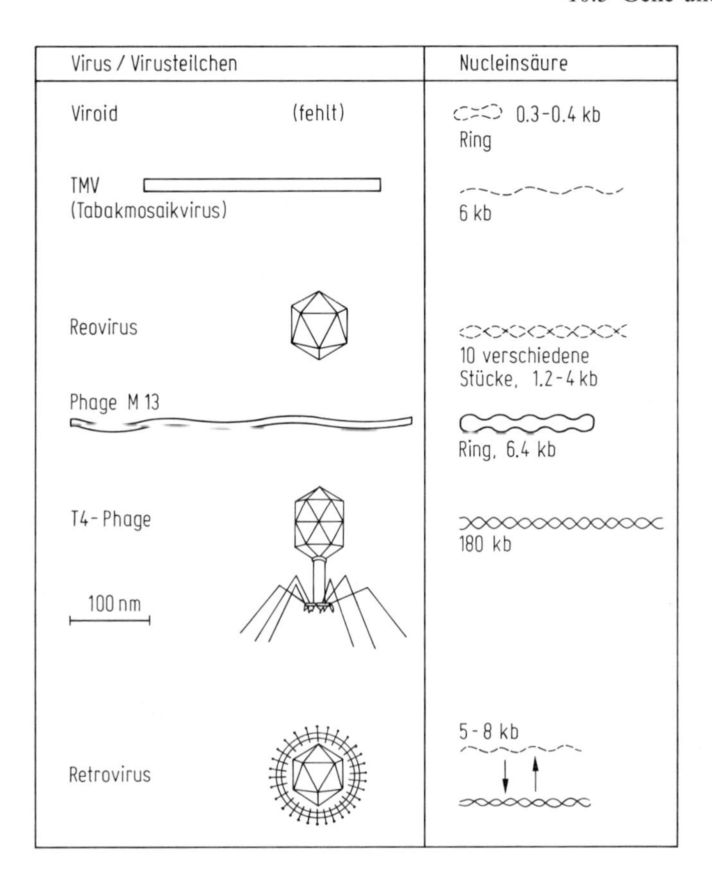

Abb. 10.7 Viroide und Viren: Kleinste Überträger von Erbinformation. Viroide und Viren sind ultrafiltrierbare Krankheitserreger bei Pflanzen (Tabakmosaikvirus, TMV; Exocortis-Erreger der Zitrusbäume, ein Viroid), Tieren (Reovirus; Retrovirus, z. B. das Rous' Sarkom-Tumorvirus) und Bakterien (Phage M13, T4-Phage). Ihre Genome können als RNA- (gestrichelte Schlangenlinien) oder DNA- (durchgezogene Linien) Moleküle und als Einzel- oder Doppelstränge vorliegen. Retroviren haben außerhalb der Zelle ein RNA-Genom, innerhalb der Zelle ein in das Wirtsgenom integriertes DNA-Genom. Die Größen der Genome sind in Kilo-Basen bzw. Kilo-Basenpaaren (bei Doppelstrang-Nucleinsäuren) angegeben (Symbol: bp). Die graphische Darstellung der Genome ist nicht längenproportional.

über einige Virusgruppen und die kleinsten bekannten Krankheitserreger, die *Viroide*, gibt Abb. 10.7. Viren, die Bakterien als Wirte haben, werden als *Bakteriophagen* oder kurz *Phagen* bezeichnet.

An Viren und Bakterien konnte man auch die chemischen und physikalischen Grundlagen der Mutationsauslösung untersuchen. Als **mutagen** bezeichnet man eine chemische Substanz oder physikalische Einwirkung (z. B. ionisierende Strahlen), wenn sie die Mutationshäufigkeit meßbar gegenüber der meist geringen spontanen Mutationsrate ($< 10^4$/Generation) erhöht. So wirkt z. B. die salpetrige Säure durch Desaminierung der Nucleinsäurebasen Adenin und Cytosin, und dies bewirkt einzelne *Basenaustausche* durch veränderte Paarungseigenschaften im nächsten Replikationsschritt. UV-Licht wirkt durch Dimerisierung von Pyrimidinbasen. Mutationen können spontan durch biologische Ereignisse wie fehlerhafte Replikation oder fehlerhafte Rekombination (vgl. 10.3.2) entstehen. Bei letzterer kann es zu Einfügungen (*Insertionen*) oder Stückverlusten (*Deletionen*) kommen. Viele Mutationen treten gar nicht in Erscheinung, da sie *letal* wirken, z. B. durch Blockade der Frühentwicklung des Organismus.

Eine wichtige Erweiterung hat die Mutationsforschung erfahren, als man entdeckte, daß es innerhalb des Organismus (zuerst beim Mais entdeckt) genetische Elemente gibt, die mit hoher Wahrscheinlichkeit ihren Platz im Genom wechseln (*springende Gene*) und andere Gene durch Insertion ihrer Sequenzen inaktivieren können. Dies führt zu einer hohen Mutationshäufigkeit, die sich beim vielzelligen Organismus innerhalb des Individuums in Form *somatischer Mutationen* zeigt, d. h. durch klonale Zellgruppen veränderten Phänotyps.

Nicht alle Mutationsereignisse nimmt der Organismus tatenlos hin. Die DNA enthält aufgrund ihrer Doppelstrangstruktur redundante Information, und diese nutzen „*Reparatursysteme*", um z. B. Thymidin-Dimere auszumerzen und die Lücke korrekt zu schließen. Im Gegensatz zu den haploiden (nur mit einem einfachen Chromosomensatz ausgestatteten) Bakterien und primitiven Pilzen und Algen sind die diploiden (mit einem zweifachen Chromosemensatz ausgestatteten) höheren Pflanzen und Tiere gegen unmittelbare Effekte von Mutationsereignissen gesichert. Schädliche Mutationen, die ja primär nur eines der beiden Chromosomen treffen, treten deshalb oft erst dann in Erscheinung, wenn sich verwandte Nachfahren des ursprünglich mutierten Organismus verpaaren und Nachkommen zeugen.

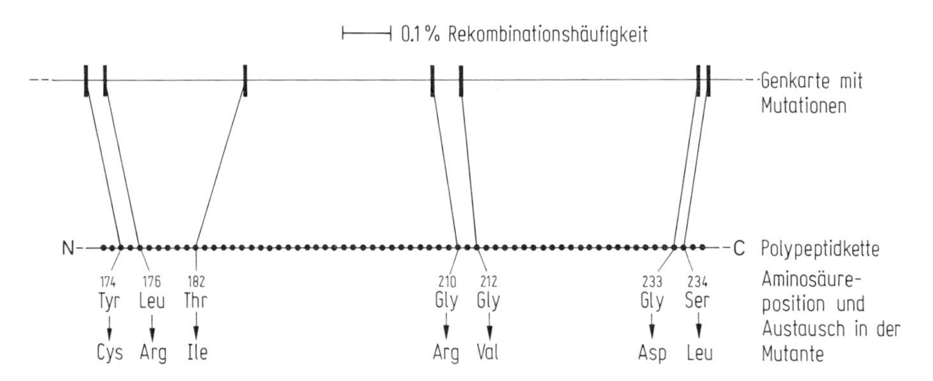

Abb. 10.8 Kolinearität von Genkarte und Proteinsequenz. Kolinearität der Kreuzungskarte eines Gens und der Aminosäuresequenz des zugehörigen Proteins – gezeigt am Enzymprotein Tryptophan-Synthetase A des Bakteriums *Escherichia coli*. Die Genkarte (horizontaler Strich) zeigt auf einem Teilstück des Strukturgens die Reihenfolge und die Abstände zwischen Punktmutationen, wie sie aus Rekombinationshäufigkeiten (vgl. den Maßstab) ermittelt wurden. Die Perlschnur stellt den entsprechenden Abschnitt der Polypeptidkette dar (Aminoende links, Carboxylende rechts, jede Perle bedeutet einen Aminosäurerest, Gesamtlänge 267 Reste). Durch Proteinsequenzierung wurden die Austausche vom ursprünglichen Aminosäurerest im Wildtyp (oben) zum neuen Aminosäurerest in der jeweiligen Mutante (unten) ermittelt. Mutationsorte und zugehörige Aminosäurepositionen haben die gleiche Reihenfolge, Genstruktur und Proteinsequenz sind kolinear.

Bei Eukaryoten kennt man auch Mutationen, „Chromosomenmutationen", die ohne genetische Experimente im Lichtmikroskop an der Chromosomenmorphologie erkennbar sind: Hierzu zählen *Chromosomenbrüche, größere Stückverluste*, Übertragungen von Stücken auf andere Chromosomen (*Translokationen*) und Störungen der normalen Chromosomenzahl (*Aneuploidie*). Diese Anomalien sind von großer Bedeutung in der Humanmedizin, da sie in vielen Fällen zum Absterben des Embryos im Mutterleib, zu Geburtsfehlern oder zu Tumoren führen.

An besonders günstigen Untersuchungsobjekten, dem „Kopf"-Protein des Bakteriophagen T4, an mutierten bakteriellen Enzymen und an erblich veränderten Hämoglobinmolekülen des Menschen wurde die *kolineare* Beziehung zwischen der aus Mutationsereignissen erschlossenen Nucleinsäurestruktur und der Aminosäureabfolge in der Polypeptidkette erkennbar: Verbindet man die Mutationsorte in der Nucleinsäure mit den entsprechenden Positionen im Protein, so läßt sich das Ergebnis ohne Überkreuzung der Verbindungslinien darstellen (Abb. 10.8). Dieser genetische Befund wurde durch den Matrizen-Mechanismus der Synthese linearer mRNA (*Transkription*) als Zwischenträger und deren Übersetzung (*Translation*) in die lineare Polypeptidkette biochemisch erklärt (Abb. 10.9).

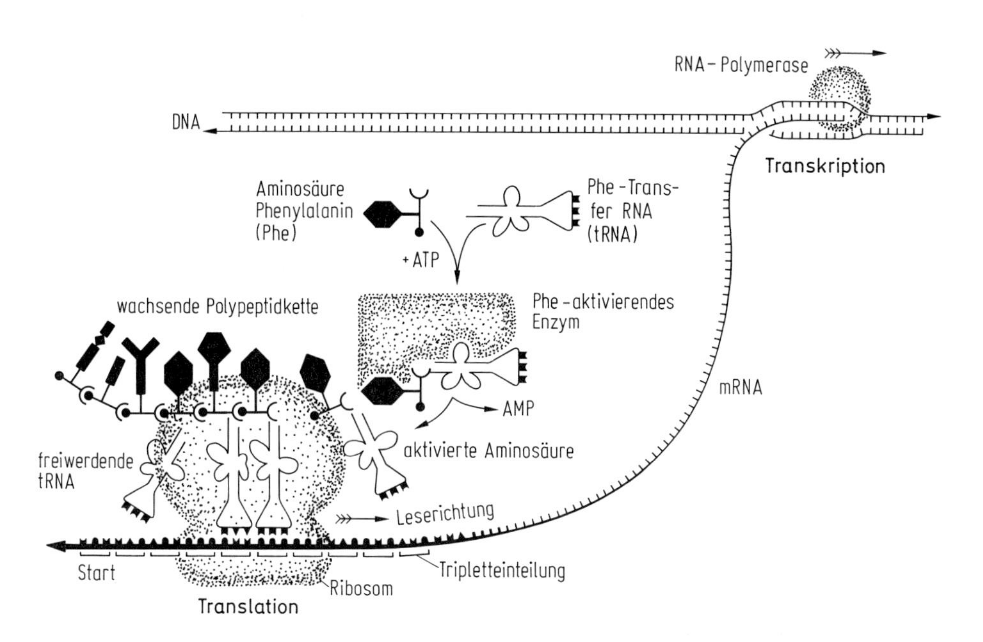

Abb. 10.9 Der Mechanismus der Proteinsynthese. Die linearen Matrizenmechanismen von Transkription (Bildung der mRNA an der DNA) und Translation (Bildung der Polypeptidkette an der mRNA) erklären die Kolinearität von Genstruktur und Proteinsequenz. Bei der Übersetzung der Nucleinsäuresprache (Basensequenz) in die Proteinsprache (Aminosäuresequenz) kommt den aminosäureaktivierenden Enzymen die Rolle der „Dolmetscher" zu, da sie jeweils eine passende Aminosäure mit einer passenden tRNA verbinden und die tRNA das Basentriplett auf der mRNA erkennt. Daß die mRNA schon während ihrer Transkription translatiert wird, wie in dieser Darstellung, ist für die Proteinsynthese in Bakterien typisch (kombiniert aus [5, 6]).

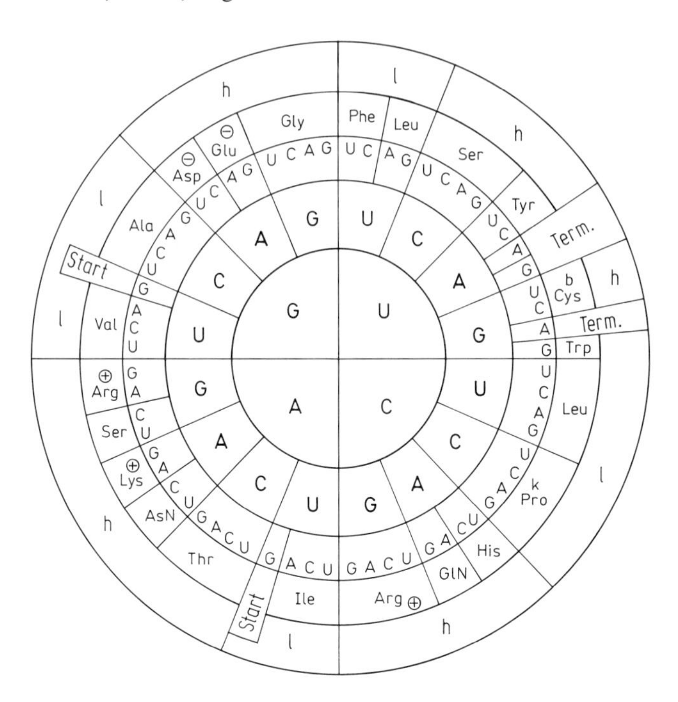

Abb. 10.10 Die Code-Sonne. Der genetische Code ist die Vorschrift, nach der die Basenfolge der mRNA (durch „kommafreies" Abzählen in Dreiergruppen, mit dem Starttriplett beginnend gelesen) in die Aminosäureabfolge des Proteins (vom Aminoende zum Carboxylende) übersetzt wird. Ein Basentriplett bedeutet eine Aminosäure (hier ist die Dreibuchstaben-Abkürzung angegeben) oder ein „Satzzeichen", „Start" oder „Termination". Ein gegebenes Triplett wird in dieser Graphik von der Kreismitte nach außen gelesen, z. B. CUA $\triangleq$ Leucin. Die meisten Aminosäuren werden von mehreren Tripletts codiert (der Code ist „degeneriert"). Der Code in der dargestellten Form gilt für Bakterien, Pflanzen und Tiere (er ist „universell"), jedoch gibt es Ausnahmen der Triplettzuordnung, z. B. in menschlichen Mitochondrien. In den äußeren Kreisen ist das physikochemische Verhalten der codierten Aminosäure-Seitenketten angezeigt: h = hydrophil ⊕, positiv, ⊖, negativ geladen; l = lipophil; b = brückenbildend; k = Verklammerung des Polypeptidrückgrats durch Ringschluß (vgl. Abb. 10.16). Die graphische Anordnung als Code-Sonne wurde aus [1] übernommen.

Die Beziehung zwischen der Aminosäuresequenz der Proteine und der sie bestimmenden Basensequenz der Gene kann man als ein formales Problem ansehen, das der Beziehung zwischen Klartext (z. B. im lateinischen Alphabet) und verschlüsseltem, kodiertem Text (z. B. im Morse-Alphabet) entspricht. Die Kolinearität von Basenfolge (mit vier verschiedenen Zeichen) und Aminosäureabfolge (mit zwanzig verschiedenen Zeichen) legt dies nahe. Die Analyse mutierter Proteine bei Viren und Bakterien sowie Reagenzglas-Modellsysteme haben zur Entschlüsselung des **genetischen Code** geführt. Die Übersetzungsvorschrift zwischen Basensequenzen in Nucleinsäuren und Aminosäuresequenzen in Proteinen wurde als „kommafreier, degenerierter und universeller Triplettcode" chakterisiert (Abb. 10.10).

10.3.2 Genomgrößen und Genkarten

Die Gesamtheit aller Erbfaktoren eines Virus oder eines Organismus wird als sein **Genom** bezeichnet. Dieser Begriff hat zwei Aspekte: Einmal ist er ein Maß für den Gesamt-Informationsgehalt dieser Erbfaktoren, wie er sich phänotypisch in der Zahl möglicher Mutationen ausdrückt; zum anderen bezeichnet die Genomgröße die Menge an Nucleinsäure, die alle Nucleotidsequenzen einer Spezies umfaßt. Für Viroide und Viren mit einzelsträngiger Nucleinsäure gibt man sie in Nucleotiden oder Basen an, für doppelsträngige RNA- und DNA-Viren und für Zellen in Nucleotidpaaren oder Basenpaaren (Abkürzung: b, bisweilen auch bp für Basenpaare; kb = 1000 Basen bzw. Basenpaare). Dabei ist es gleichgültig, ob die gesamte Sequenz auf einem Nucleinsäuremolekül niedergelegt ist, wie beim Tabakmosaikvirus oder bei dem Bakterium *Escherichia coli*, oder aber auf eine Anzahl von *Chromosomen* verteilt, wie bei fast allen Eukaryoten.

Die *Genomgrößen* der Organismen überdecken mehr als fünf Zehnerpotenzen; wenn man die kleinsten infektiösen Einheiten, die *Viroide* und *Viren*, einschließt, sogar neun Zehnerpotenzen (Abb. 10.11).

Es gibt eine grobe Korrelation zwischen DNA-Gehalt und Komplexität: Virusgenome sind allgemein kleiner als Bakteriengenome und diese kleiner als Eukaryotengenome. Innerhalb der Eukaryoten gibt es aber keinen plausiblen Zusammenhang zwischen *Komplexität* und *Genomgröße* eines Organismus: So haben Lilien und manche Amphibien Genomgrößen, die die des Menschen um den Faktor 30 übertreffen!

Zur Analyse eines Genoms gehört die Erstellung einer **Genkarte**, d. h. einer Darstellung der Reihenfolge und der relativen Abstände von Genorten. Die dazu notwendige Information erhält man aus *Kreuzungsversuchen*, indem man Eltern verschiedenen Genotyps „verpaart" und die Häufigkeit neu kombinierter Genotypen bei den Nachkommen auszählt: Bei höheren Organismen kommt es bei der Keimzellenbildung zur zufälligen Verteilung mütterlicher und väterlicher Chromosomen, der ein Stückaustausch zwischen sich entsprechenden Chromosomen vorausgehen kann. Liegt die Austauschhäufigkeit zwischen zwei Genorten unter 50%, so sagt man, sie sind *gekoppelt* (d. h. auf dem gleichen Chromosom lokalisiert), und der Wert der Austauschfähigkeit ist ein Maß für ihren Abstand auf diesem Chromosom (angegeben in % oder zenti-Morgan, cM).

Hieraus folgt, daß man für hochauflösende Genkarten große Nachkommenzahlen überprüfen muß, wobei man z. B. bei Mäusen, dem Standardobjekt der Säugergenetik, eine Auflösung von einigen hundert Kilobasen DNA-Länge erreicht. Bei den Bakterien und Bakteriophagen ist die Sichtung großer Nachkommenzahlen (10^6–10^8) kein Problem, und die Genome sind relativ klein. Daher kann man in diesen günstigen Fällen eine Auflösung der statistischen Genkarte erreichen, bei der die kleinsten Abstände ein Basenpaar betragen (vgl. Abb. 10.8). Es ist aber auch möglich, vor allem bei kleinen Virusgenomen, eine Genkarte durch direkte Sequenzanalyse, also auf chemisch-analytischem Wege, zu erstellen.

Wie bei Viren und Bakterien liegen der genetischen Analyse bei Eukaryoten (z. B. Hefe, Taufliege oder Mensch) *Merkmalsunterschiede* zugrunde, die auf verschiedenen Zuständen oder *Allelen* ein und desselben Gens beruhen. Diese können funktionell bedeutsam und durch Defektmutationen hervorgerufen sein, z. B. die Unfähigkeit, einen bestimmten Zucker zu vergären oder einen bestimmten Augenfarbstoff zu syn-

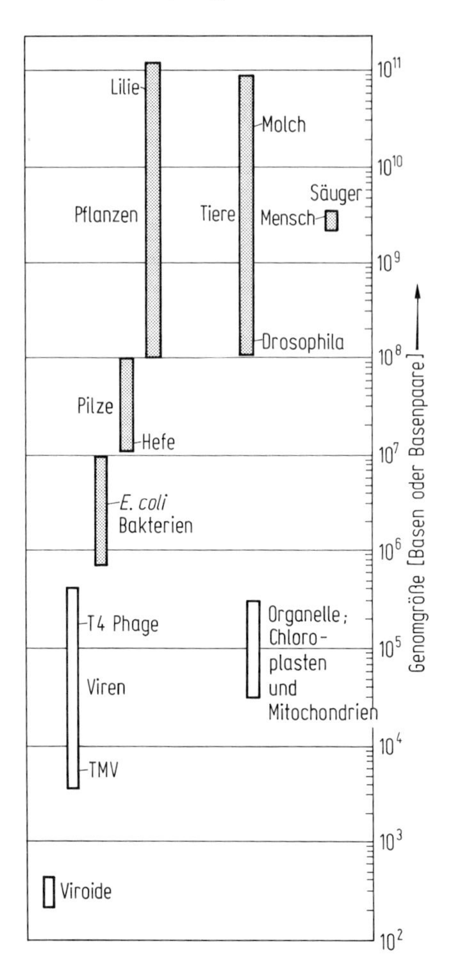

Abb. 10.11 Genomgrößen von Viroiden, Viren, Organismen und Organellen. Größenbereiche sind in Basen oder Basenpaaren (vgl. Abb. 10.7) auf der Ordinate angegeben, wobei die eigenständig replizierenden Organismen als graue, die „unselbständigen" Viren und Organelle als weiße Balken angegeben sind (nach Watson [10], und anderen Autoren ergänzt und verändert).

thetisieren. Es kann sich aber auch um Unterschiede handeln, die das Leben des Organismus nicht beeinträchtigen, z.B. funktionell bedeutungslose Aminosäureunterschiede in einem Enzymmolekül (solche Unterschiede bestehen ohnehin zwischen den Arten). Das natürliche Vorkommen von bedeutungslosen genetischen Unterschieden innerhalb einer Art bezeichnet man als *Polymorphismus.*

In neuer Zeit spielen besonders in der menschlichen Genetik *Polymorphismen* eine Rolle, die nicht an Genprodukten wie Enzymen erkannt werden, sondern an der DNA selbst. Sie sind, soweit man weiß, funktionell meist bedeutungslos und reflektieren die in der Population ständig auftretenden Mutationsereignisse. Es handelt sich um kleine Sequenzunterschiede, z.B. Basenaustausche, die das Schnittstellen-Muster für DNA-spaltende Enzyme verändern und an der veränderten Größe von

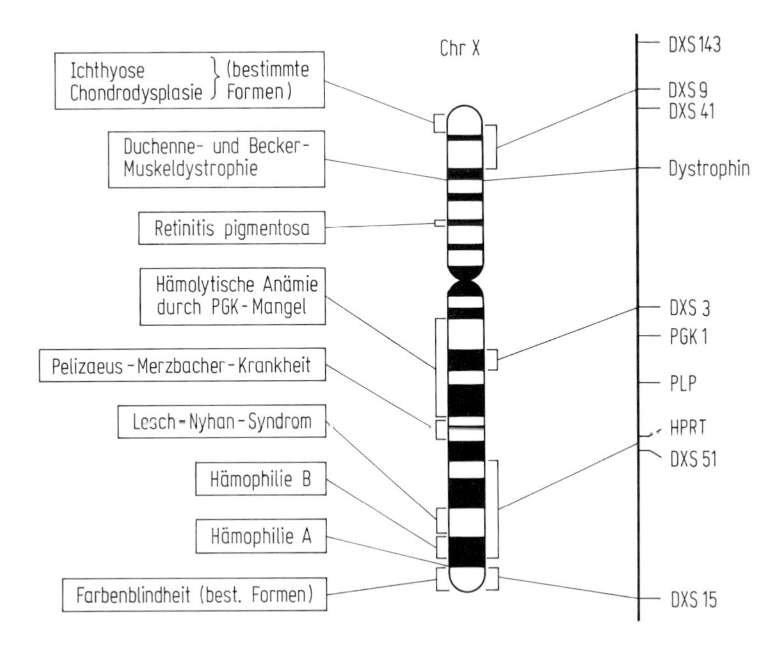

Abb. 10.12 Das menschliche X-Chromosom in drei Darstellungen. *Links:* Genorte, die durch Defektmutationen (X-chromosomal vererbte Krankheiten) ermittelt wurden. Mitte: mikroskopisches Erscheinungsbild des X-Chromosoms nach Anfärbung (Bandenmuster, „cytogenetische Karte"); *Rechts:* Kartierung durch Rekombinationsanalyse von DNA-Polymorphismen. Erbkrankheiten: Ichthyose: Fischschuppenhaut; Chondrodysplasie: Störung der Knorpel- und Knochenbildung; Duchenne- und Becker-Muskeldystrophie: zwei allele Formen, hervorgerufen durch ein fehlendes oder defektes Cytoskelettprotein an der Membran der Muskelfaser; Hämolytische Anämie und Lesch-Nyhan-Syndrom: Enzymdefekte; Hämophilie A und B: zwei Formen der Bluterkrankheit. – Durch in situ-Hybridisierung von DNA-Sonden an die DNA im Chromosom lassen sich DNA-Polymorphismen dem Bandenmuster des Chromosoms zuordnen. Wo bekannt ist, welches Protein bei der Erbkrankheit defekt ist, läßt sich eine Verbindung zwischen Mutationskarte, DNA-Karte und cytogenetischer Karte herstellen. Beim Lesch-Nyhan-Syndrom ist das Enzym „HPRT" defekt, für das DNA-Sonden existieren; der Genort HPRT auf der DNA-Karte ist identisch mit dem Lesch-Nyhan-Gen (kombiniert nach [2, 7]).

DNA-Fragmenten nach enzymatischer Spaltung nachgewiesen werden (sog. *Restriktionsfragmentlängen-Polymorphismus*, RFLP, da die DNA-schneidenden Enzyme als Restriktionsenzyme bezeichnet werden). Die Stücke selbst werden durch Hybridisierung mit komplementärer, radioaktiv oder anderweitig markierter DNA nachgewiesen.

Ein Vergleich „klassischer" und molekulargenetischer Kartierungsergebnisse mit dem mikroskopischen (cytogenetischen) Bild ist für das menschliche X-Chromosom in Abb. 10.12 gezeigt.

Die Geschlechtschromosomen X und Y des Menschen werden den übrigen 22 vorhandenen „Autosomen" gegenübergestellt. Bei Menschen bewirkt die Anwesenheit eines Y-Chromosoms männlichen, seine Abwesenheit weiblichen Phänotyp. Im Normalfall haben Männer ein, Frauen zwei X-Chromosomen. In bezug auf X-chro-

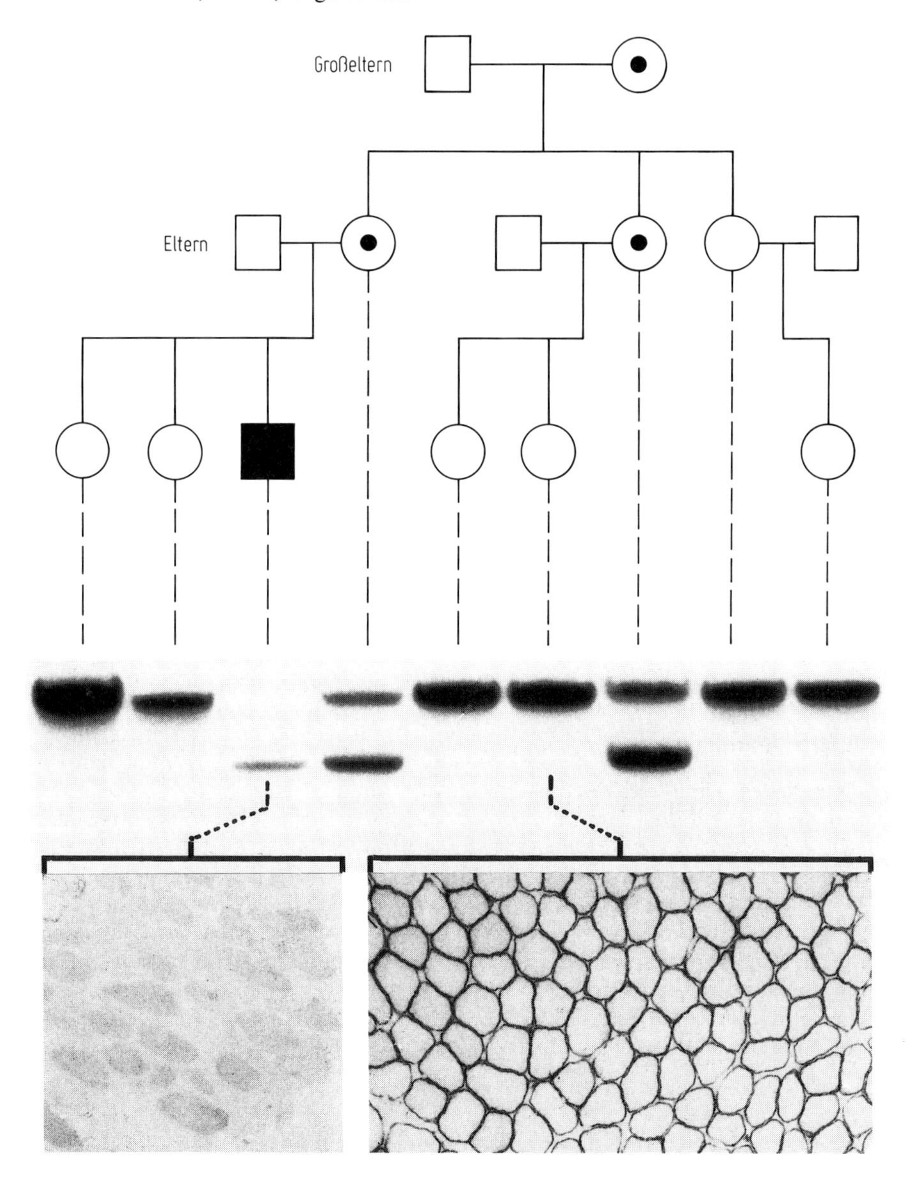

Abb. 10.13 Erbliche Muskeldystrophie: Beispiel für eine DNA-Diagnose. *Oben:* Stammbaum einer Familie (Quadrate: Männer, 1 X-Chromosom pro Zelle; Kreise: Frauen, 2 X-Chromosomen pro Zelle), bei der in der dritten Generation ein Junge (schwarzes Quadrat) mit progressiven Muskelschwund (Duchenne-Dystrophie), geboren wurde. *Mitte:* Die Hybridisierung der elektrophoretisch getrennten Spaltstücke der DNA der Eltern und Kinder mit einer radioaktiv markierten Sonde für das betroffene Dystrophin-Gen auf dem X-Chromsom ergibt bei Auswertung des abgebildeten Röntgenfilms: 1. Die Krankheit beruht auf einem Stückverlust (Deletion), der zu einem verkleinerten (weiter nach unten wandernden) DNA-Fragment des Dystrophin-Gens führt. 2. Das verkleinerte Fragment findet sich neben dem normalen (oberen) auch bei der Mutter des Patienten und einer ihrer Schwestern, die selbst nicht muskelkrank sind, somit aber als Trägerinnen des Gendefekts identifiziert wurden. Die andere Schwester der

mosomale Erbfaktoren verhält sich also der Mann wie ein haploider Organismus, was ihm bei Defektmutationen, X-chromosomalen Erbkrankheiten, zum Nachteil gereicht: Gewisse Formen der Farbenblindheit, Bluterkrankheit und Duchenne-Muskeldystrophie (10.13) sind Beispiele X-gebundener Erbkrankheiten.

10.3.3 Cytoplasmatische Vererbung und mütterlicher Effekt

Nach den Mendelschen Regeln ist es für die phänotypische und genetische Konstitution der Nachkommen gleichgültig, welche Allele vom Vater und welche von der Mutter beigesteuert werden: Zwei Kreuzungen der Art

♀ [A] x ♂ [a] und ♀ [a] x ♂ [A] (*reziproke Kreuzungen*)

sollten gleichartige Nachkommenschaften ergeben. Von diesem Verhalten gibt es Ausnahmen. Bei Pilzen, Pflanzen und Tieren wurde für bestimmte Eigenschaften beobachtet, daß alle Nachkommen die von der Mutter eingebrachte genetische Determinante für diese Eigenschaft geerbt hatten. Man nennt dies *mütterliche* oder *cytoplasmatische Vererbung*. Die Verteilung cytoplasmatischer Erbfaktoren folgt nicht den Mendelschen Gesetzen.

Die Erklärung für dieses merkwürdige Vererbungsverhalten lieferte die Entdeckung von *DNA* in *Mitochondrien* und *Chloroplasten* (vgl. Abb. 10.3). Diese Organelle werden im allgemeinen nur von der weiblichen Keimzelle an die Nachkommen weitergegeben. Im wachsenden Organismus verteilen sie sich mehr oder weniger zufällig bei der Zellteilung. Bestimmte Formen der Weißbuntheit bei Zierpflanzen beruhen auf Chloroplastendefekten, wobei eine gegebene Pflanze ein Gemisch aus normalen grünen Chloroplasten und defekten farblosen Plastiden enthält. Die „Entmischung" wird manchmal in einem rein weiß beblätterten Zweig sichtbar.

Allerdings ist die Struktur von Mitochondrien und Chloroplasten nicht allein von ihrem eigenen Genom bestimmt: Einige Proteine werden vom Kerngenom kodiert und in die Organelle eingeschleust. Die Anlagen für Defekte in diesen Proteinen werden dementsprechend nach den Mendelschen Gesetzen vererbt, obwohl sie sich in den Organellen ausprägen. Beispiele hierfür sind bestimmte Muskelkrankheiten (Mitochondriopathien) des Menschen.

Die Beobachtung unterschiedlicher Tochtergenerationen bei reziproken Kreuzungen ist in einigen Fällen nicht auf cytoplasmatische Vererbung, sondern auf einen *mütterlichen Effekt* zurückzuführen. Hierbei bestimmt der *Genotyp* der Mutter den

---

Mutter ist keine Trägerin und hat daher keine dystrophiekranken männlichen Nachkommen zu befürchten. Der Trägerinnen-Status der Großmutter wurde erschlossen, da die defekten X-Chromosomen ihrer Töchter nur von ihr stammen konnten. *Unten:* Darstellung des Cytoskelettproteins Dystrophin durch Anfärbung mit einem Antikörper an Muskelquerschnitten: beim Patienten (links) keine Anfärbung; im normalen Muskel (rechts) dunkle Anfärbung unter der Membran der Muskelfasern. Aufgrund der Deletion im Dystrophin-Gen des kranken Jungen kann kein funktionsfähiges Dystrophin gebildet werden, als Folge davon sterben die Muskelfasern sukzessive ab (Daten und Dokumentation: C. Müller-Reible, H. Reichmann, Würzburg).

Phänotyp der Nachkommen. Die Verteilung der Gene folgt den Mendelschen Gesetzen, aber der Phänotyp „hinkt eine Generation nach". So wird z. B. der Windungssinn des Schneckenhauses eines Individuums der Schlammschnecke (links oder rechts gewunden) nicht von seinem eigenen Genotyp, sondern von dem seiner Mutter (genauer, desjenigen zwittrigen Elternteils, der bei seiner Zeugung als Mutter fungiert hatte) bestimmt. Bei der Fruchtfliege Drosophila hat man einige Mutationen gefunden, deren Effekt sich z. B. als Sterilität erst bei der Tochtergeneration auswirkt oder, wenn man so will, bei der Enkelgeneration: durch ihr Ausbleiben!

10.3.4 Horizontale Vererbung

Bisher wurden die Weitergabe und Umverteilung von Erbmaterial im Zusammenhang mit der Erzeugung von Nachkommen und damit verbundenen Sexualvorgängen besprochen. Bezogen auf die übliche Darstellung eines Stammbaums können wir von **vertikaler Vererbung** sprechen. Interessanterweise steht aber am Beginn der molekularen Genetik die Entdeckung einer sehr unkonventionell erscheinenden Übertragung von Erbfaktoren, der „Transformation", d. h. einer genetischen Veränderung von Bakterienzellen durch von außen zugegebene „nackte DNA". In der Natur scheint die Übertragung kleinerer ringförmiger „Nebengenome", der **Plasmide** (Abb. 10.14), für die genetische Fluktuation bei Bakterien-Stämmen eine Rolle zu spielen. Solche Plasmide können Gene von großer Bedeutung tragen, z. B. solche für Resistenz gegen Antibiotika und andere Pharmaka.

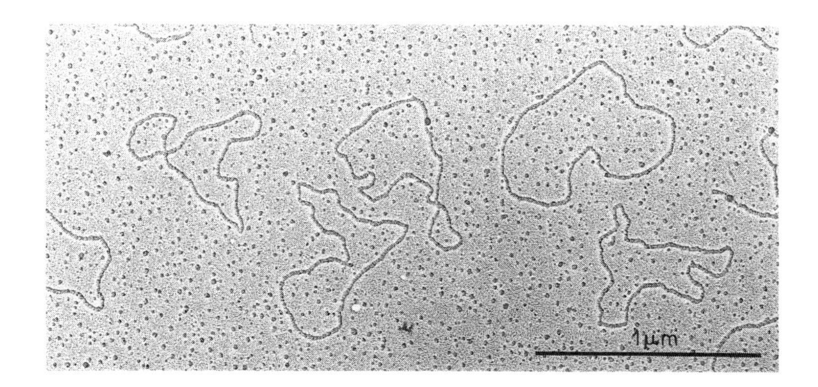

Abb. 10.14 Plasmid-DNA. Das Präparat zeigt gespreitete DNA-Ringe (Länge: 4361 Basenpaare) des Plasmids pBR 322, das als Vektor für das Klonieren von Genen im Bakterium *Escherichia coli* verwendet wird, Maßstab: 1 µm (Präparation und Aufnahme: D. Kapp und P. Heimann, Bielefeld).

Andere Mechanismen „horizontaler" Weitergabe von DNA wurden bei Bakterien und schließlich auch bei Eukaryotenzellen entdeckt. Hierzu zählen die Übertragung „versehentlich" durch Infektion verpackter bakterieller Gene in Bakteriophagen (**Transduktion**) sowie das Einschleusen von viralen Genen in Bakterien- und tierische Zellen und ihr Einbau (*Integration*) in das Genom des Wirts.

10.3.5 Genetische Kontrolle makromolekularer Eigenschaften

In der Genetik untersucht man die Verteilungsmuster von Erbdeterminanten (*Formalgenetik*) und die phänotypische Realisation des Genotyps (*physiologische Genetik*). Im folgenden soll an einigen Beispielen gezeigt werden, wie sich Mutationen auf den verschiedenen Ebenen der *Realisation* der genetischen Information auswirken können. Die zugrundeliegenden biochemischen Prozesse und ihre Verflechtungen sind in Abb. 10.15 dargestellt.

Nicht alle Nucleinsäureabschnitte des Genoms kodieren für Proteine. So können DNA-Abschnitte direkt strukturelle oder regulatorische Aufgaben erfüllen, ohne in RNA transkribiert zu werden. Dies gilt z. B. für DNA-Sequenzen, die zur spezifischen Bindung *regulatorischer Proteine* dienen.

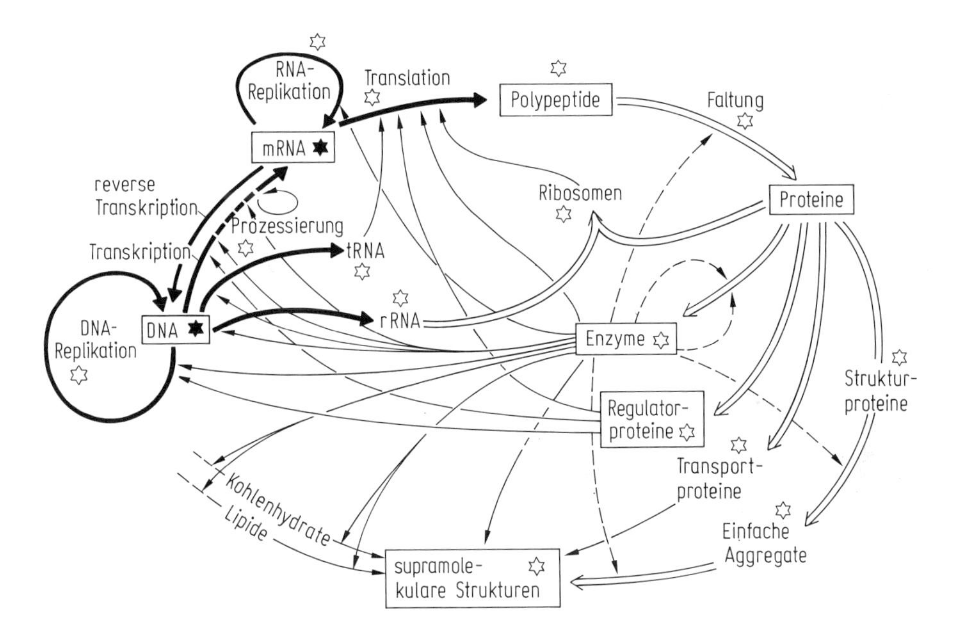

Abb. 10.15 Die genetische Kontrolle der Bildung von Makromolekülen. An der linken Seite beginnend und nach rechts und oben fortschreitend zeigt das Schema die instruierten, durch Enzyme katalysierten (dünne Pfeile), Synthesen von Kettenmolekülen aus aktivierten Vorstufen (dicke schwarze Pfeile): Die Replikation der Erbsubstanz DNA bzw. RNA bei RNA-Viren, die Transkription verschiedener Klassen von RNAs an der DNA und die reverse Transkription von RNA in DNA bei den RNA-Tumorviren, gefolgt von der Translation der mRNA in die Aminosäureabfolge der Polypeptide. Die folgende Strukturbildung durch Faltung und Aggregation benötigt keine Instruktion und keine aktivierten Vorstufen. Sie kann ohne enzymatische Katalyse spontan ablaufen (dicke weiße Pfeile). Enzyme greifen jedoch in vielen Fällen modifizierend ein (dünne gestrichelte Pfeile), z. B. durch Abspaltung eines Stücks der Polypeptidkette. Die geordnet gefalteten „nativen" Proteine erfüllen vielfältige Funktionen als Ribosomenbestandteile, Enzyme, Regulatorproteine, Transportproteine (z. B. Hämoglobin für O_2) und Strukturproteine (z. B. Hüllproteine von Viren, Cytoskelettproteine, extrazelluläre Proteine wie Collagen). Letztere treten in vielen Fällen zu supramolekularen Komplexen zusammen, die zusätzlich Lipide und Kohlehydrate enthalten können. In allen beschriebenen Schritten kann es

zur Störung durch eine *Mutation*, eine Veränderung der genomischen Nucleinsäure (schwarzer Stern) kommen, die sich bei verschiedenen Schritten der Genrealisation auswirken kann (weiße Sterne). Eine Strukturveränderung der genomischen Nucleinsäure kann bereits die Replikation des Genoms stören, sie kann sich bei Eukaryoten auf dem mRNA-Niveau als Störung der „Prozessierung" der mRNA auswirken (Beispiel: Globin-mRNA bei der menschlichen Blutkrankheit Thalassämie); sie kann bei der Translation zum Polypeptidkettenabbruch führen („Unsinn"-Mutation) oder zum Einbau einer falschen Aminosäure („Falschsinn"-Mutation); diese wiederum kann die Faltung oder die Stabilität der Faltung des Proteins und damit dessen Funktion, z. B. als Enzym oder Regulatorprotein, beeinträchtigen. Ein Defekt im lebenswichtigen Enzym DNA-Polymerase würde z. B. die Genom-Replikation blockieren. Das Schema macht zugleich plausibel, warum lebende Zellen nur aus lebenden Zellen hervorgehen können: Nucleinsäuren ohne Enzyme können sich ebensowenig replizieren wie Enzyme ohne Nucleinsäuren (aus [5] ergänzt).

Weiterhin gibt es DNA-Abschnitte, an denen RNA synthetisiert wird, aber diese RNA oder Teile davon werden nicht in Aminosäuresequenzen umgesetzt. Beispiele sind *strukturelle RNAs* wie die ribosomalen RNAs, Transfer-RNAs, „katalytische" RNAs und RNA-Abschnitte (sog. **Introns**), die die kodierenden Bereiche der primär synthetisierten RNAs der Eukaryoten unterbrechen und bei der Prozessierung der RNAs herausgeschnitten werden. Wie bei Proteinen, so ist auch bei diesen RNAs eine hinreichend stabile räumliche Faltung für die Funktion notwendig. Deutlich wird dies an mutierten Transfer-RNAs, die durch einzelne Basenaustausche im Vergleich zu ihren normalen Gegenstücken thermolabil sind.

Bei Proteinen schließlich gibt es – entsprechend der Vielfalt der Funktionen – eine enorme Vielfalt möglicher Defekte: Das aktive Zentrum eines Enzyms oder Transportproteins kann z. B. durch eine *Veränderung der Aminosäuresequenz* funktionsunfähig werden. Solche Enzymdefekte spielen als Erbkrankheiten in der Humanmedizin eine Rolle, z. B. ist die relativ häufige Unfähigkeit, die Aminosäure Phenylalanin zu oxidieren (Phenylketonurie, PKU), auf einen erblichen Defekt des Enzyms Phenylalaninoxidase zurückzuführen.

Bei *Strukturproteinen* können die Geometrie, die Bindefähigkeit zu den Nachbarbausteinen (z. B. anderen Proteinuntereinheiten) oder die *Stabilität* gestört sein. Abb. 10.16 zeigt den relativ gut verstandenen Fall thermisch labiler Mutanten des Tabakmosaikvirus: Der Austausch einer einzigen von 158 Aminosäuren kann den Kollaps

---

Abb. 10.16 Effekt einer Punktmutation auf ein Strukturprotein. Vergleich des Hüllproteins ▶ beim Wildtyp (obere Zeile) und bei einer temperaturlabilen Mutante (untere Zeile) des Tabakmosaikvirus (TMV). Im RNA-Genom des Tabakmosaikvirus wurde nach Mutationsauslösung ein Triplett für die Aminosäure Prolin (Pro, z. B. CCA) durch einen Basenaustausch zu einem Triplett für Leucin (Leu, z. B. CUA) verändert. Durch die Ringstruktur des Prolins ist die freie Drehbarkeit des Polypeptidrückgrats blockiert und eine bestimmte Konformation stabilisiert. Diese Ringstruktur ist in der Mutante durch den Ersatz des Pro durch Leu aufgehoben: Es entstehen neue Freiheitsgrade der Drehbarkeit. Die morphologischen Folgen dieser molekularen Strukturänderung sind an reaggregierten Hüllprotein-Untereinheiten zu sehen: Bei 20 °C ergeben Wildtyp und Mutante virusähnliche, geordnete Aggregate. Bei 30 °C ergibt der Wildtyp die gleichen Aggregate wie bei 20 °C, die Mutante jedoch zu 90 % ein ungeordnetes Koagulat: Die Untereinheiten haben ihre funktionsfähige Faltung verloren [3,4].

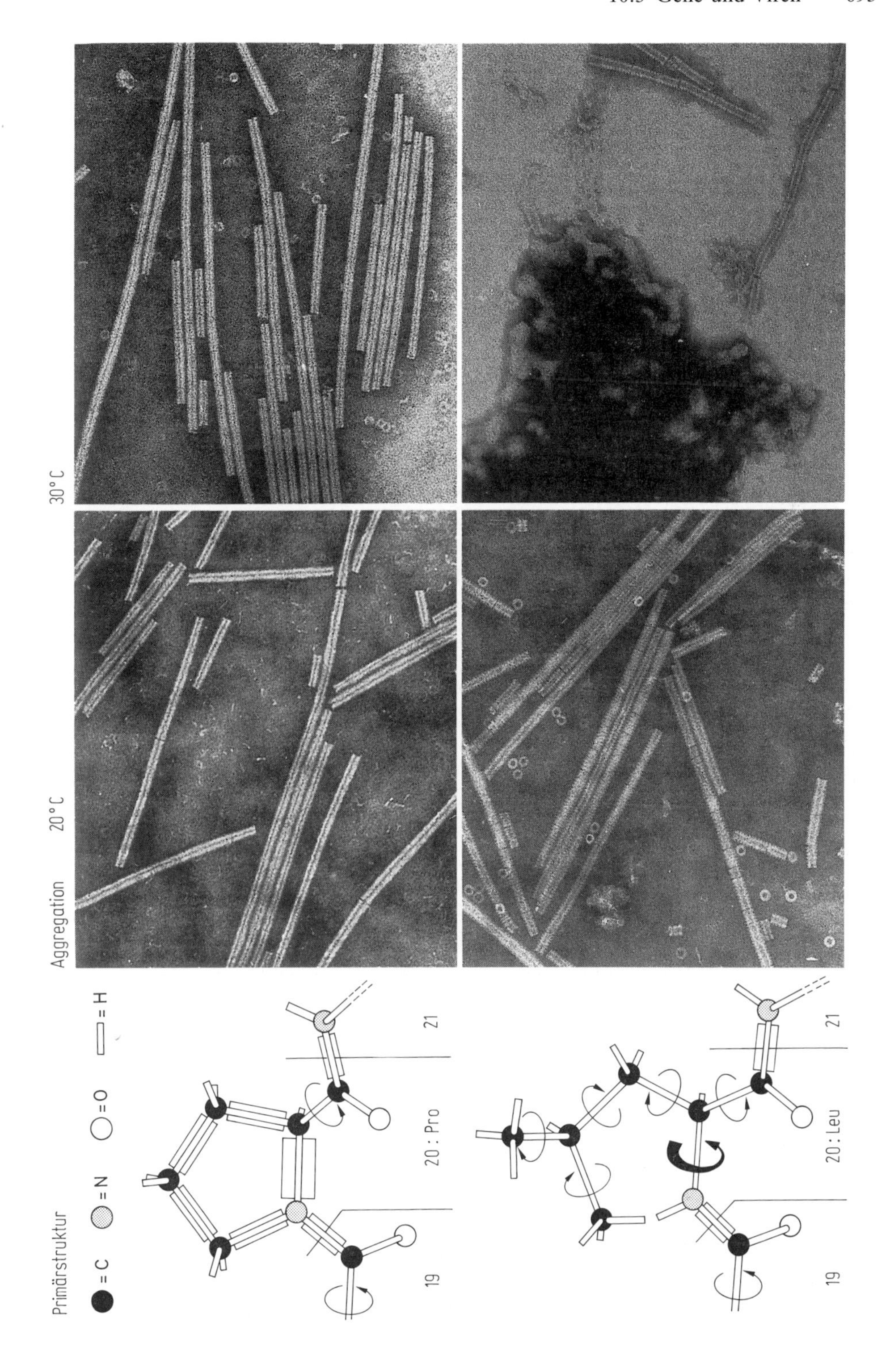

Primärstruktur
= C
= N
= O
= H
19
20 : Pro
21
19
20 : Leu
21
Aggregation
20° C
30° C

der geordneten Molekülstruktur bei leicht erhöhter Temperatur bewirken. Derartige Verschiebungen des „Schmelzpunkts" eines lebenswichtigen Proteins können wiederum die „Fitness" des gesamten Organismus in der natürlichen Umwelt beeinflussen.

Auch ein gestörtes Löslichkeitsverhalten eines Proteins kann durch einen einzigen Aminosäure-Austausch bewirkt werden und schwerwiegende Folgen für den Gesamtorganismus haben, wie das Beispiel des *Sichelzell-Hämoglobins* (HbS) zeigt: Die schwer löslichen HbS-Moleküle bilden im Gegensatz zum normalen HbA im sauerstoffarmen venösen Blut Kristalle, die die roten Blutkörperchen deformieren und ihre Membranstruktur und Lebensdauer beeinträchtigen.

10.3.6 Geninteraktionen

Gene, die die Entwicklung der Organismen steuern, haben oft komplexe Wirkungen, die mit denen anderer Gene vielfältig verzahnt sind: Eine einzige Mutation kann eine Vielzahl von Defekten in verschiedenen Organsystemen verursachen. Man nennt dies *Pleiotropie.* So bedingt der Ausfall eines einzigen Enzyms, der Tyrosinase, bei Säugern nicht nur den Ausfall des Pigments Melanin, das aus der Aminosäure Tyrosin gebildet wird, und damit Albinismus, sondern auch eine fehlerhafte Verdrahtung der Nervenfasern, die vom Auge zum Gehirn führen.

10.4 Differenzierung und Morphogenese bei Vielzellern

10.4.1 Grundbegriffe

Unter *Differenzierung* versteht man in der Entwicklungsbiologie die Entstehung unterschiedlicher zellulärer Phänotypen im Organismus. Diese Zellen haben einen gleichen oder fast gleichen Genotyp, denn bei den vielzelligen Pflanzen und Tieren stammen normalerweise alle Körperzellen von einer einzigen Zelle, der befruchteten Eizelle oder *Zygote*, ab, sie stellen also einen Klon dar. Der einfachste Fall einer Differenzierung ist eine inäquale (ungleiche) Teilung einer Mutterzelle, die zu zwei phänotypisch verschiedenen Tochterzellen führt. Ein Beispiel ist die Sporenbildung bei Bakterien. Die Entstehung einer vielzelligen Struktur mit zwei verschiedenen Zelltypen aus einer einheitlichen Population einzeln lebender Zellen beobachtet man beim Schleimpilz *Dictyostelium.* Beim Menschen gehen aus der Zygote etwa 200 verschiedene Zelltypen hervor (Abb. 10.17).

Man hat experimentell nachgewiesen, daß der zukünftige Phänotyp einige Zeit, ja sogar einige Zellgenerationen, vor seiner sicht- oder meßbaren Ausprägung vorherbestimmt sein kann; dies wird als *Determination* bezeichnet.

Die verschiedenen zellulären Phänotypen in einem Individuum werden nicht in zufälliger Anordnung, sondern nach einem raum-zeitlichen Plan geordnet ausgebildet, der zur artspezifischen Gestalt führt. Dies wird als *Morphogenese* bezeichnet. In der Entwicklungsbiologie fragt man, wie das Genom, das in jeder einzelnen Zelle vorhanden und innerhalb eines Individuallebens selbst mehr oder weniger unverän-

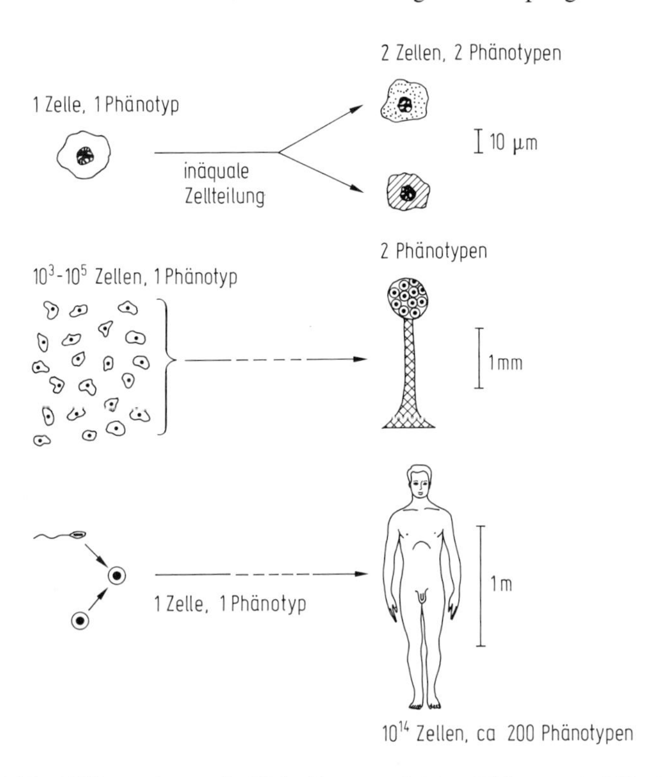

Abb. 10.17 Differenzierung in Vielzellern: ungleicher Phänotyp bei (fast) gleichem Genotyp. Einfachster Fall (*oben*): Inäquale Zellteilung, die zu zwei unterschiedlichen Tochterzellen führt. Differenzierung kann auch ohne Zellvermehrung stattfinden: Zellulärer Schleimpilz (*Mitte*). *Unten:* Der Mensch, ein Klon von ca. 10^{14} Zellen, die im Zuge von bis zu 50 Zellteilungen Organe und Gewebe mit ca. 200 verschiedenen Zelltypen ausbilden.

derlich ist, den raumzeitlichen Ablauf von Differenzierung und Morphogenese steuert. Einige wenige Spezies wie Schleimpilze und die Taufliege *Drosophila* haben sich als „Modellorganismen" bewährt, an denen solche prinzipiellen Fragen untersucht werden konnten.

10.4.2 Zellkommunikation bei Differenzierung und Morphogenese

Der Schleimpilz **Dictyostelium** zeigt bei der Bildung von Sporenträgern aus einer Population von amöbenartigen Zellen einige Prinzipien der Kommunikation zwischen Zellen. Die Morphogenese des Sporenträgers beruht auf dem koordinierten Zusammenschluß der Einzelzellen ohne Zunahme der Zellzahl und gibt damit die Möglichkeit, vielzellige Morphogenese ohne gleichzeitiges Wachstum zu untersuchen. Die Koordination der Amöbenpopulation wird über die Ausscheidung eines diffusiblen *Signalstoffs* eingeleitet, der in den empfangenden Zellen seine eigene Produktion und Ausscheidung bewirkt und Zellen zu den (zufällig entstandenen) Zentren höchster Signalstoffkonzentrationen lockt. Der zweite Schritt ist eine Veränderung der *Zelloberfläche*, die zu spezifisch haftenden Bereichen an den Zellenden und damit zur Kettenbildung führt. Schließlich entsteht ein geschlossener Zellverband, der sich kriechend wie ein primitives vielzelliges Tier fortbewegt. In diesem Zellverband wird determiniert, welche Zellen zukünftig Stielzellen und welche Sporen werden. In der letzten Phase kommt es zur Aufrichtung, der Ausdifferenzierung und dem Absterben der Stielzellen sowie der Ausbildung der Sporen im „Köpfchen".

Die Prinzipien der Signalstoffwirkung über Distanz und des spezifischen Zellkontakts sind auch bei der Embryogenese der Tiere wirksam. Die von Hans Spemann entdeckte *Induktion* des zukünftigen Zentralnervensystems durch eine unterliegende Gewebeschicht im Amphibienembryo ist ein Beispiel für eine solche Signalstoffwirkung (die Substanz selbst ist bis heute nicht identifiziert).

Spezifische Zellkontakte konnten durch Trennung und Mischung von Zellen des Seeigelembryos und von Organanlagen des Hühnchenembryos nachgewiesen werden. So zeigen z. B. vereinzelte zukünftige Nervenzellen oder Herzzellen gegenüber Leberzellen aus dem Hühnchenembryo die Tendenz, sich nach Vermischung bei der Reaggregation geordnet auszusortieren und gewebeartige Verbände zu bilden. Dies bedeutet, daß Morphogenese nicht allein durch die raumzeitliche Vorgeschichte, sondern auch durch die Oberflächen-Eigenschaften der Zellen mitbestimmt wird – es besteht eine Analogie zur Selbstassoziation von Makromolekülen.

10.4.3 Die genetische Kontrolle der Körpergestalt

Beim Schleimpilz entsteht die anfängliche Inhomogenität der Amöbenpopulation durch zufällige Fluktuationen und durch selbstverstärkende Signalrückwirkung auf die „Führungszentren". Bei den Anfangsschritten der Bildung des tierischen Körpers ist das Geschehen nicht dem Zufall überlassen.

Mutationen, die die Morphogenese der Fruchtfliege Drosophila beeinträchtigen, haben zum Verständnis der genetischen Kontrolle der Körpergestaltung beigetragen. Man hat beobachtet, daß die ersten Schritte der Morphogenese des Insektenembryos nicht von seinem eigenen Genom, sondern von dem der Mutter gesteuert werden (*mütterlicher Effekt*). Das Problem der individuellen Morphogenese wird durch Vorgaben im Rahmen der Generationen-Schachtelung gelöst: Die Körperachsen werden dem Drosophila-Embryo vom mütterlichen Organismus aufgeprägt.

Auf die Festlegung der Körperachsen vorne-hinten, oben-unten folgt die Einteilung des Körpers in Segmente. Man hat Gene identifiziert, deren defekte Allele zu spezifischen Ausfällen des *Segmentierungsmusters* führen. Daraus wurde geschlossen, daß ein spezifischer Satz von Genen die Segmentierung kontrolliert. Auf die Einteilung des Körpers in Segmente folgt die Zuordnung der *Segment-Identität*. Die genetische Kontrolle auf dieser Ebene wurde durch Mutanten mit bizarren Phänotypen, die *homöotischen* Mutanten, entdeckt: z. B. vierflügeligen Fliegen oder solchen mit Beinen am Kopf, statt Fühlern (Abb. 10.18).

Über die Identifizierung charakteristischer Sequenzbereiche der erwähnten Genklassen konnte man ähnliche Gene auch bei Säugetieren identifizieren; erst kürzlich (1991) konnten gezielte Mutationen bei der Maus erzeugt werden, die ihre physiologische Funktion beweisen. Es verwundert nicht, daß einige dieser Gene DNA-bindende Proteine, also vermutlich Regulatorproteine der Transkription, determinieren. Ihnen

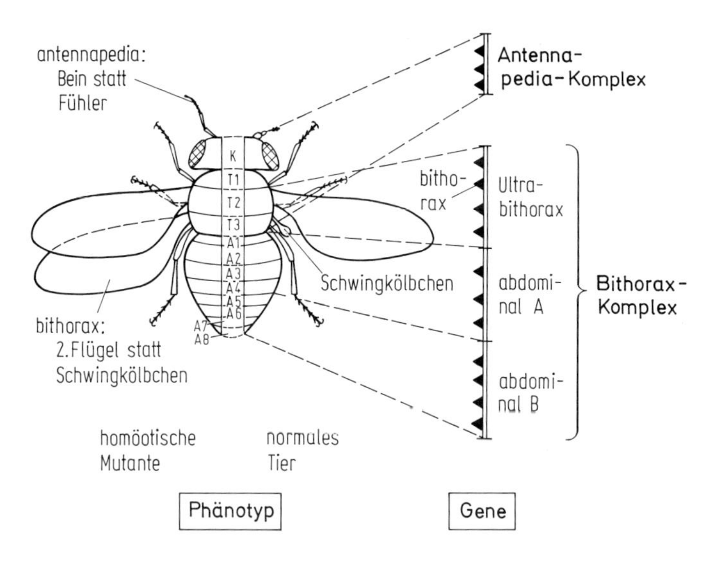

Abb. 10.18 Die genetische Kontrolle der Morphogenese: Homöotische Mutationen bei Drosophila. Bei hochentwickelten Gliederfüßlern, wie bei den Fliegen, hat jedes Körpersegment eine spezifische Ausstattung an Organen, während man bei primitiveren Gliederfüßlern, wie den Hundertfüßlern, viele gleichartige Körpersegmente findet. In der Evolution wurden Beine im Kopfbereich zu Mundwerkzeugen und Antennen, bei den Fliegen (Zweiflüglern) das hintere Flügelpaar zu Schwingkölbchen umgewandelt. Die Einhaltung der spezifischen Segmentidentität wird bei jeder Individualentwicklung durch sog. homöotische Gene kontrolliert. Fällt ihre Funktion aus, so kommt es zu homöotischen oder atavistischen Phänotypen (Darstellung schematisiert): Beinen statt Antennen, oder vier statt zwei Flügeln (links im Vergleich zum Wildtypzustand, rechts). Rechts sind die Genkomplexe und ihr „Zuständigkeitsbereich“ schematisch dargestellt. Jedes schwarze Dreieck ist ein Gen. Die Gengruppen des Bithorax-Komplexes sind auf dem Chromosom in der gleichen Reihenfolge angeordnet wie ihre Zuständigkeitsbereiche entlang der Körperachse. Dies weist auf einen Bezug zwischen Genanordnung und Genregulation. K = Kopf (mindestens fünf verschmolzene Segmente); T = Brustsegmente; A = Hinterleibssegmente.

nachgeschaltet sind die *Realisatorgene*, die die jeweils segmentspezifische Ausprägung des Phänotyps besorgen.

10.4.4 Genexpression und Gewebephänotyp

Die Funktionen des Genoms sind, besonders bei den Eukaryoten, nur zum Teil verstanden. Auf der DNA-Ebene gibt es strukturell wichtige, regulatorisch fungierende und instruktive Bereiche. Letztere heißen, wenn sie für Proteine kodieren, *Strukturgene*. Man schätzt, daß die Zellen von Tieren und Pflanzen eine Auswahl von etwa 20000 Strukturgenen exprimieren, d.h. in phänotypische Eigenschaften umsetzen. Diese sind charakteristisch für die verschiedenen Organe und Gewebe: Die rote Farbe des Blutes wird durch das Protein Hämoglobin, das etwa zwei Drittel des Proteins der roten Blutkörperchen ausmacht, bestimmt. Im Muskel dominieren die kontraktilen Proteine (vgl. Abschn. 10.2.2). Das seidenglänzende Weiß des Gehirns wird durch die von Enzymen synthetisierte Lipidsubstanz der Markscheiden der Nerven verursacht, die mechanische Festigkeit der Sehnen durch Collagen.

An einigen Beispielen wie dem des Hämoglobins oder der kontraktilen Proteine hat man verfolgen können, wie es zur schrittweisen Aktivierung einer Auswahl der ca. 20000 Strukturgene im Zuge der Determinierung und Differenzierung bestimmter Zelltypen kommt. Das Prinzip ist die Hierarchie von hintereinander geschalteten Regulatorgenen, wie sie bei der Morphogenese der Taufliege beschrieben wurden. Dazu kommen Signale aus dem „inneren Milieu" des Organismus, Induktoren und Hormone, die direkt oder indirekt auf die Transkriptionsaktivität von Genen wirken.

10.4.5 Entwicklungspathologie und Krebsentstehung

Die Entwicklung des Organismus kann durch erbliche Defekte oder Außeneinflüsse gestört werden, was zu irreversiblen Schädigungen oder zum frühen Tod führen kann. Beispiele hierfür sind die besprochenen Entwicklungsmutanten bei Drosophila oder die medizinisch relevanten Entwicklungsstörungen des Menschen, z. B. die Schäden durch S-Contergan (vgl. Bd. 4, Kap. 4), bei denen durch das von der Mutter eingenommene Medikament ein sehr spezifischer Ausfall der körpernahen Extremitätenteile hervorgerufen wurde, während Hände und Füße ausgebildet wurden. Dies zeigt, daß es im raum-zeitlichen Ablauf eines Entwicklungsprogrammes, wie bei der Anlage der Gliedmaßen, besonders empfindliche Phasen geben kann.

Im Grenzgebiet von Entwicklungsbiologie und Virusforschung untersucht man die Störungen der Wachstumsregulation von Körperzellen, die zum Krankheitsbild „Krebs" führen. Der entscheidende Schritt zum Verständnis von Krebs wurde durch die Untersuchung krebsauslösender Viren und ihrer Wirkung auf Labortiere oder Zellkulturen gemacht. Man fand, daß die Genome solcher **Tumorviren** jeweils ein oder zwei Gene enthalten, die die Eigenschaft des entarteten Wachstums in den Wirtszellen induzieren, und die man deshalb **Oncogene** nennt. Das Genom eines *Retrovirus* (vgl. Abb. 10.7), das Bindegewebstumore bei Vögeln hervorruft, Rous' Sarkomvirus (RSV), ist in Abb. 10.19 dargestellt.

Es umfaßt nur ganz wenige Funktionen: 1. das tumorauslösende *Oncogen* (src), 2. ein Gen für ein eigenartiges, nucleinsäuresynthetisierendes Enzym, die **reverse Transkriptase** (pol) und 3. Gene für Strukturbestandteile der Virushülle. Das Virus kann in zwei Formen existieren: Als Viruspartikel ist es von einer Hülle umgeben, die das Genom in Form *einsträngiger RNA* und das Enzym reverse Transkriptase enthält. Die Infektion von Hühnerzellen führt zum Einbau des Virusgenoms in Form von *DNA* in die Wirts-DNA, d. h. es wird eine DNA-Sequenz von RNA instruiert, also umgekehrt wie bei der Transkription, daher der Name **reverse Transkriptase** für das beteiligte Enzym. Die in das Wirtsgenom eingebaute (*integrierte*) Virus-DNA wird in dieser Form „*Provirus*" genannt und wie ein zellulärer Erbfaktor bei Zellteilungen weitergegeben. Gleichzeitig bewirkt das Oncogen, daß sich die Zelle unkontrolliert und rasch teilt, wodurch sich der entartete Zellklon als Tumor gegenüber den normalen, sich langsam oder gar nicht teilenden Zellen durchsetzt. Schließlich kann es zur gefürchteten Ausstreuung von Tochterklonen (*Metastasierung*) des Tumors kommen.

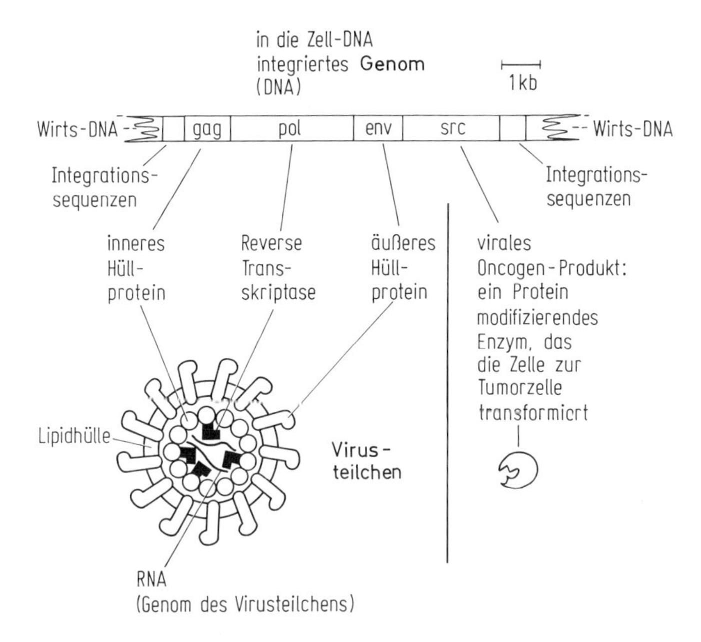

Abb. 10.19 Genfunktionen eines Tumorvirus. In das Wirts-Chromosom integrierte Form eines Retrovirus (Provirus, oben). Das Genom dieses Virus liegt im Virusteilchen (unten links) als einsträngige RNA vor, wird aber in der infizierten Tierzelle durch das Virusenzym reverse Transkriptase in doppelsträngige DNA umgeschrieben und in die DNA der Wirtszelle integriert. In dem vereinfachten Schema sind die vier Gene und ihre Funktionen des nur wenige tausend Basen großen Turmorvirus-Genoms angegeben.

Der wichtigste Befund der Tumorforschung in den letzten Jahren war, daß es zu den viralen Oncogenen (*v-Oncogenen*) der RNA-Tumorviren (*Retroviren*) Gegenstücke in normalen Zellen gibt, die *c-Oncogene* oder *Proto-Oncogene*. Deren Produkte sind Regulatorproteine im Zellkern, proteinmodifizierende Enzyme, Rezeptoren für Signalproteine oder Signalproteine selbst und erfüllen beim normalen Wachstum regulatorische Funktionen. Die viralen Oncogene wurden als defekte oder verstümmelte Varianten dieser zellulären *Wachstumsregulatoren* erkannt. Tumoren können aber auch ohne Virusinfektion durch Mutation oder Fehlregulation von Proto-Oncogenen entstehen.

Zur Aufklärung der Funktion der Krebsgene haben vereinfachte Modellsysteme in Form von *Zellkulturen* in hohem Maße beigetragen. In den letzten Jahren werden auch zunehmend *Alterungsprozesse* beim Menschen und anderen Wirbeltieren in Zellkultur untersucht. Altern äußert sich nach diesen Versuchen in einer abnehmenden Teilungsfähigkeit, z.B. von Bindegewebszellen.

10.4.6 Entwicklung und Leistung von Nervensystemen

Mit der individuellen Entwicklung des Zentralnervensystems (ZNS) der Tiere und speziell des Menschen entfaltet sich in jedem einzelnen Leben ein Organ enormer

Komplexität. Das ZNS verknüpft die Signaleingänge der Sinnesorgane mit den Leistungen des Körpers und erfüllt so verschiedene Funktionen wie die Kontrolle von Hormonspiegeln, Erinnern und ein modellhaftes Entwickeln von Handlungsplänen. Nach heutiger Auffassung stehen die besonderen Leistungen des ZNS nicht in direktem Zusammenhang mit instruktiven Makromolekülen, sondern mit dem Verknüpfungs- und Aktivitätsmuster der Nervenzellen (*Neuronen*). Entwicklungsbiologisch stellt die Netzhaut des Auges einen spezialisierten Teil des ZNS dar: In besonders komprimierter, aber noch einigermaßen übersichtlicher Weise veranschaulicht die Netzhaut die Verdrahtung der lichtempfindlichen Sinneszellen (Zäpfchen und Stäbchen) mit Nervenzellen, die bereits im Auge eine erste „Bildauswertung" vornehmen (Abb. 10.20).

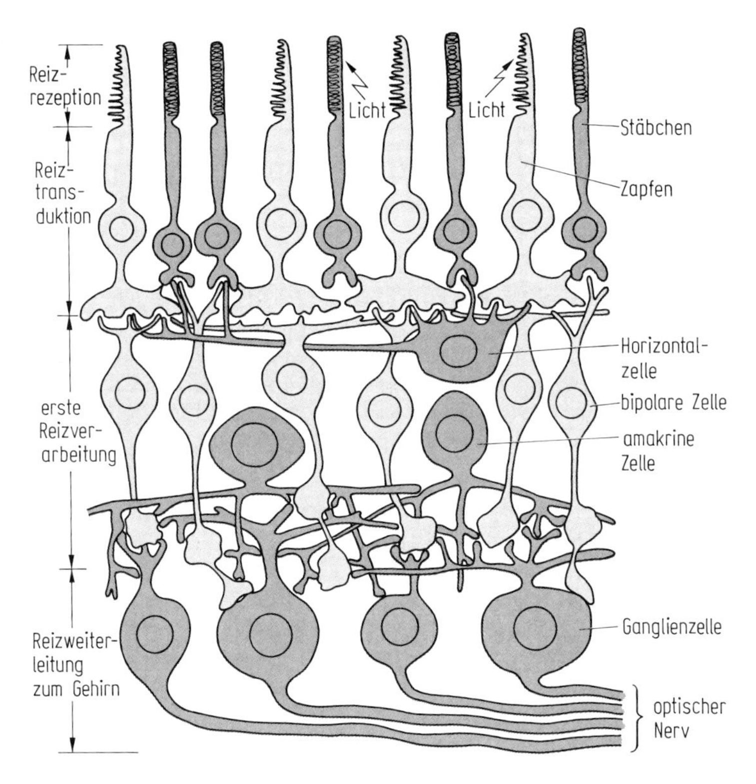

Abb. 10.20 Die Netzhaut als Beispiel für eine Neuronenverschaltung. Der stark schematisierte Ausschnitt aus der Netzhaut zeigt die Photorezeptorzellen (Zäpfchen und Stäbchen), die in vielfältiger Weise mit den weiter innen liegenden Neuronen verschaltet sind. Horizontal verschaltete Neurone sind grau gezeichnet: Sie erfüllen Funktionen bei der bereits in der Retina beginnenden Bildverarbeitung (z. B. Kontrastverstärkung). Die Fortsätze der innersten Neuronenschicht bilden den zum Gehirn ziehenden Sehnerv. Das Licht fällt vom Glaskörper durch die Neuronenschichten hindurch auf die Photorezeptoren.

Es hat sich gezeigt, daß die zweidimensionale Abbildung der Außenwelt auf der Netzhaut mit identischer *Topologie* (wenn auch verzerrt) an die höheren Instanzen der Hirnrinde (Tectum opticum) weitergeleitet wird. In der Entwicklung der Verbindungen zwischen Netzhaut und Tectum, die im einfacheren Fall von Fischen, Amphibien und Vögeln untersucht wurde, spiegelt sich im *raumzeitlichen Muster* des Auswachsens von Nervenfasern die spätere *Projektion* des Sehfeldes wider. Eine geordnete „*Verdrahtung*" ist also die Basis der Leistungsfähigkeit des ZNS.

10.5 Synthetische Biologie und ihre Anwendungen

10.5.1 Rekombinante Nucleinsäuren

Watson und Crick haben in ihrem DNA-Modell zwei für die Funktion der DNA entscheidende Eigenschaften vorhergesagt: 1. Die genetische Information ist in einer spezifischen, mehr oder weniger konstanten aperiodischen Basenfolge niedergelegt. 2. Der Basenfolge des einen DNA-Strangs entspricht eine komplementäre Basenfolge auf dem Gegenstrang. Die thermische Stabilität des DNA-Doppelstrangs ist durch die komplementäre Basenpaarung gegeben. Eine Ausnutzung des zweiten Prinzips stellt die bereits oben erwähnte **Nucleinsäurehybridisierung** dar. So ist es möglich, mit einer vorgegebenen Nucleotid-Sequenz in einem zu Einzelsträngen „aufgeschmolzenen" DNA-Gemisch die komplementären Stränge selektiv zu „erkennen", d.h. durch Hybridisierung nachzuweisen. DNA-Stränge lassen sich aber auch an mRNA synthetisieren, und zwar mit dem Enzym reverse Transkriptase (vgl. Abschn. 10.4.5). Auf diese Weise läßt sich mit Hilfe weiterer Enzyme eine Doppelstrang-DNA, die *copy-DNA* oder *cDNA* synthetisieren, die die Sequenzinformation von mRNAs enthält.

Ein weiteres Werkzeug der synthetischen Molekulargenetik sind nucleinsäurespaltende Enzyme (Nucleasen), die nur ganz bestimmte Basensequenzen als Spaltstellen erkennen. In der Natur spielen diese Enzyme eine Rolle bei der Abwehr (Restriktion) von Fremd-DNA durch Prokaryoten, daher ihr Name *Restriktionsnukleasen*. Diese Enzyme werden derzeit im kommerziellen Maßstab aus Bakterien hergestellt (z. B. das Enzym „EcoRI" aus *Escherischia coli*). Die Erkennungssequenzen und die auf den beiden DNA-Strängen leicht versetzten Schnittstellen prädestinieren Restriktionsfragmente von DNA zum Einbau (durch lokale Basenpaarung an den versetzten Enden und enzymatische kovalente Verknüpfung der Enden) in *Vektor*-DNA, die mit dem gleichen Restriktionsenzym aufgespalten wurde. Als Vektoren eignen sich kleinere Genome, die Information für ihre eigene Replikation in der Zelle tragen, z. B. Plasmide oder Phagen-DNA, wenn die Replikation in einer Bakterienzelle stattfinden soll. Ein solcher Vektor wird normalerweise zur Isolierung einer Gensequenz verwendet, z. B. über das Anlegen einer *cDNA-Bank*. Hierunter versteht man ein Gemisch in Vektoren eingebauter cDNA-Stücke, die man aus einer Gesamtpopulation von mRNAs erhalten hat.

Aus diesem Gemisch muß man die interessierende cDNA herausfischen, was um so mehr Fleiß, Geschick und Glück erfordert, je seltener die gesuchte mRNA-Spezies ist. Vereinfacht geschildert geht man z. B. so vor: Man läßt Coli-Bakterien die cDNA-Plasmide aufnehmen und sät sie dann auf Agarplatten aus, so daß Einzelkolonien aufwachsen. Wurde als Vektor für die Herstellung der cDNA-Bank eine Bakteriophage verwendet, so bringt man die Virussuspension auf einen gleichmäßigen Rasen von Wirtsbakterien auf, wo jedes Virusteilchen Ausgangspunkt eines Fraßhofes (Plaques) wird. Man stellt dann von dem Kolonie- bzw. Plaque-Muster einen Abklatsch auf einer Folie her und identifiziert darauf die gesuchten Klone durch Nucleinsäurehybridisierung oder, wenn das Fremdprotein in den Wirtsbakterien gebildet wird, durch „Anfärben" mit Antikörpern gegen das Protein, für das man das zuständige Gen klonieren will. Dann wird der entsprechende Originalklon aufgesucht und weiter vermehrt: Das gesuchte Gen (bzw. ein Stück davon) wurde *kloniert*. Man kann jetzt klonierte Nucleinsäure in reiner Form (als Teil eines Plasmids oder einer Phagen-DNA) beliebig vermehren und dazu verwenden, das Original-Gen aus einer *genomischen Bank* (einer Kollektion klonierter DNA-Fragmente eines Organismus) zu „fischen". Weiterhin lassen sich überlappende Nachbarklone aus der interessierenden Genregion identifizieren, um die Grenzen des gesuchten Gens abzustecken und regulatorische Sequenzen aufzufinden. Ist das Gen charakterisiert und in voller Länge kloniert, so kann es sequenziert und für weitere Manipulationen verwendet werden.

10.5.2 Transgene Pflanzen und Tiere

Um Fremdgene in tierische Zellen einzuschleusen, verwendet man z. B. „entwaffnete", also nicht mehr pathogene DNA-Tumorviren oder Retroviren als Vektoren. Zum Einschleusen von Genen in Pflanzen stehen analoge Vektoren zur Verfügung, am erfolgreichsten wird gegenwärtig die sogenannte T-DNA des tumorinduzierenden Plasmids aus einem pflanzenpathogenen Bakterium verwendet.

In den letzten Jahren ist es gelungen, klonierte Gene in vielzellige Organismen einzuschleusen und dort zur Expression zu bringen: Man spricht von **transgenen Organismen**. So konnten bakterielle Gene für die Resistenz gegen Antibiotika durch Behandlung von isolierten, zellwandlosen Pflanzenzellen in diese eingeschleust werden. Nach Regeneration ganzer Pflanzen zeigte sich der Einbau des bakteriellen Gens am Vorhandensein der spezifischen DNA-Sequenzen und seine Expression an der von der Pflanzenzelle neu erworbenen Antibiotika-Resistenz. Inzwischen kann man mit ähnlichen Techniken auch pflanzliche und tierische Gene künstlich in Pflanzen einbringen, wobei die leicht regenerierenden Nachtschattengewächse (Tabak, Tomate, Kartoffel) eine Pionierrolle als Wirtspflanzen spielen. Dadurch eröffnet sich die Möglichkeit, wertvolle tierische Proteine, z. B. bestimmte Hormone oder Immuneiweiße, in Kulturpflanzen im Feldanbau zu produzieren.

Bei den Säugern ist die Maus das bevorzugte Experimentalobjekt zur Herstellung von transgenen Tieren. Es ist z. B. gelungen, das menschliche Gen für Globin in Mäuse einzuschleusen. Technisch wurde dies durch Mikroinjektion von mehreren hundert Kopien der zu übertragenden DNA in den Zellkern der Eizelle kurz nach der Befruchtung bewerkstelligt. Bei diesem Verfahren besteht eine große Unsicherheit, bei welchem Individuum die Integration der DNA überhaupt stattfindet, wieviele Kopien eingebaut werden und an welcher Stelle des Genoms (eine alternative Methode ist die Inkorporation transformierter Zellen in einen Embryo, die zunächst zu einem chimärischen, gemischten Individuum führt). Eine erfolgreiche Integration zeigt sich in der stabilen Weitergabe des neu erworbenen Gens an die Nachkommen: Die „*Keimbahn*" wurde verändert. Ob eine erfolgreiche *Expression* möglich ist, hängt vom Einzelfall ab. Im allgemeinen versucht man, das einzuschleusende Gen einer bekannten *Regulatorsequenz* nachzuschalten, um die Genexpression manipulierbar zu machen. Umgekehrt lassen sich leicht zu testende bakterielle Gene an Regulatorsequenzen, z. B. des Säugers, anhängen. Auf diese Weise kann mit dem *Reportergen* die Funktion regulatorischer Sequenzen in der Entwicklung verschiedener Gewebetypen ermittelt werden.

Die Herstellung transgener Tiere hat zu einigen spektakulären Einzelergebnissen geführt, z. B. übergroßen Mäusen, denen Rattengene für Wachstumshormon eingepflanzt worden waren (1982), der Heilung von erbkranken Mäusen mit neurologischen Symptomen durch Einführung des normalen Gens für ein Markscheidenprotein (1987) und der Umsteuerung der Geschlechtsausprägung von weiblich auf männlich durch ein einziges, aus dem Y-Chromosom isoliertes Gen (1991). Erfolgswahrscheinlichkeit und Planbarkeit dieser Methode sind aber insgesamt noch gering. So müssen Hunderte von Eizellen mikroinjiziert und oft mehrere Generationen von Nachkommen gekreuzt werden, damit man die gewünschten transgenen Mäuse erhält. Schon aus diesem Grunde verbietet sich nach heutigen Kenntnissen eine direkte medizinische Anwendung dieser Technik. Für ein tieferes Verständnis der Umsetzung genetischer Information in das Erscheinungsbild eines höheren Organismus ist sie jedoch unverzichtbar.

Literatur

Weiterführende Literatur

Alberts, B., Bray, D., Lewis, J., Raff, M., Roberts, K., Watson, J. D., Molecular Biology of the Cell. 2. Aufl. Garland, New York, London, 1989

Cech, Th. R., RNA as an enzyme, Sci. Am. **255**, 76–84, 1986

Darnell, J., Lodish, H., Baltimore, D., Molecular Cell Biology, 2. Aufl., Freeman, New York, 1990

Edelman, G. M., Topobiology, Sci. Am. **260** (5), 44–52, 1989

Eigen, M., Selforganization of matter and the evolution of biological macromolecules, Naturwissenschaften **58**, 465–523, 1971

Gallo, R. C., The first human retrovirus. Part I. Sci. Am. **255**, 78–88, 1986

Gilbert, S. F., Developmental Biology, 3. Aufl., Sinauer Associates Inc., Sunderland, Mass., 1991

Heinemann, J. A., Genetics of gene transfer between species. Trends in Genetics **7**, 181–185, 1991

Holliday, R., A different kind of inheritance, Sci. Am. **260** (6), 40–48, 1989

Jockusch, H., Stability and genetic variation of a structural protein, Naturwissenschaften **55**, 514–518, 1968

Kalil, R. E., Synapse formation in the developing brain, Sci. Am **261** (6), 38–45, 1989

Kleinig, H., Sitte, P., Zellbiologie, 2. Aufl., Fischer, Stuttgart, New York, 1986

Knippers, R., Phillippsen, P., Schäfer, K. P., Fanning, E., Molekulare Genetik, 5. Aufl., Thieme, Stuttgart, New York, 1990

Koshland, D. E. jr. (Ed.), The New Harvest: Genetically Engineered Species, Sciene **244** (Sonderheft), 1225–1412, 1989

Küppers, B.-O. (Hrsg.), Ordnung aus dem Chaos. Prinzipien der Selbstorganisation und Evolution des Lebens, Piper, München, Zürich, 1988

Küppers, B.-O., Der Ursprung biologischer Information, Piper, München, Zürich, 1990
Murray, A.W., Szostak, J.W., Artificial chromosomes, Sci. Am. **257**, 60–70, 1987
Nienhaus, F., Viren, Mykoplasmen und Rickettsien – Parasiten aus der Schwelle des Lebendigen, Ulmer, Stuttgart, 1985
Nüsslein-Volhard, C., Determination der embryonalen Achsen bei *Drosophila*, Verh. Dtsch. Zool. Ges. **83**, 179–195, 1990
Ptashne, M., How gene activators work, Sci. Am. **260** (1), 24–31, 1989
Rasmussen, H., The cycling of calcium as an intracellular messenger, Sci. Am. **261** (4), 44–57, 1989
Robertis, E.M. de, Homeobox genes and the vertebrate body plan, Sci. Am. **263** (1), 26–32, 1990
Ross, J., The turnover of messenger RNA, Sci. Am. **260** (4), 28–35, 1989
Schrödinger, E., What ist Life? The Physical Aspect of the Living Cell. – And: Mind and Matter, University Press, Cambridge, 1967
Varmus, H., Reverse transcription, Sci. Am. **257**, 48–54, 1987
Verma, I.M., Gene therapy, Sci. Am. **263** (4), 34–41, 1990
White, R., Lalouel, J.-M., Chromosome mapping with DNA markers, Sci. Am. **258**, 20–28, 1988
Winnacker, W.-L., Gene und Klone. Eine Einführung in die Gentechnologie, VCH, Weinheim, 1985
Wittmann, H.-G., Ribosomen und Proteinbiosynthese, Biol. Chem. Hoppe-Seyler **370**, 87–99, 1989

Zitierte Publikationen

[1] Bresch, C., Hausmann, R., Klassische und molekulare Genetik, Springer, Berlin, Heidelberg, New York, 1972
[2] Donis-Keller, H. et al., A genetic linkage map of the human genome, Cell **51**, 319–337, 1987
[3] Jockusch, H., Temperatursensitive Mutanten des Tabakmosaikvirus. II. In Vitro-Verhalten, Z. Vererbungsl. **98**, 344–362, 1966
[4] Jockusch, H., Biologische Wirkungen einzelner Aminosäureaustausche. Umschau Wissenschaft Tech. **4**, 110–115, 1968
[5] Jockusch, H., Die entzauberten Kristalle. Entwicklung, Methoden und Ergebnisse der Molekularbiologie, Econ, Düsseldorf, Wien, 1973
[6] Jockusch, H., Wittmann, H.G., Entschlüsselung des genetischen Codes, Umschau Wissenschaft Tech. **2**, 49–55, 1966
[7] McKusick, V.A., The human gene map. In: Genetic Maps 1987 (S.J. O'Brien, Ed.) Cold Spring Harbor Laboratory 1987, Vol. 4, pp. 534
[8] Schindler, H., Spillecke, F., Neumann, E., Different channel properties of *Torpedo* acetylcholine receptor monomers and dimers reconstituted in planar membranes, Proc. Natl. Acad. Sci. USA **81**, 6222–6226, 1984
[9] Toyoshima, C., Unwin, N., Ion channel of acetylcholine receptor reconstructed from images of postsynaptic membranes, Nature **336**, 247–250, 1988
[10] Watson, J.D., Molecular Biology of the Gene, Benjamin, New York, 1970
[11] Woese, C.R., Archaebacteria, Sci. Am. **244**, 94–106, 1981

Register

Periodensystem

Gruppe
Ia

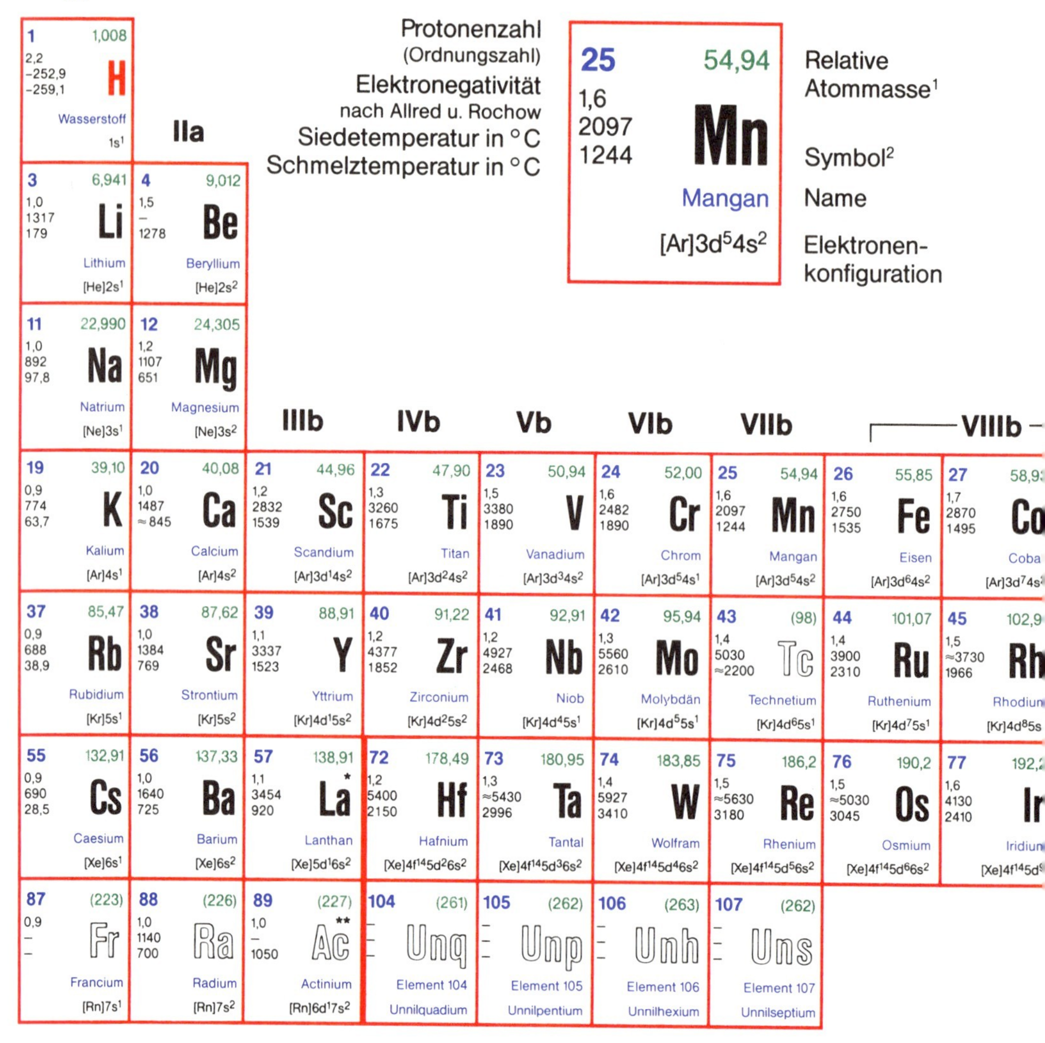

*	58 140,12 1,1 3257 798 Ce Cer $[Xe]4f^26s^2$	59 140,91 1,1 3212 931 Pr Praseodym $[Xe]4f^36s^2$	60 144,24 1,1 3127 1010 Nd Neodym $[Xe]4f^46s^2$	61 (145) 1,1 – ≈1080 Pm Promethium $[Xe]4f^56s^2$	62 1,1 1778 1072
**	90 232,038 1,1 ≈3800 1750 Th Thorium $[Rn]6d^27s^2$	91 (231) 1,1 – – Pa Protactinium $[Rn]5f^26d^17s^2$	92 238,029 1,2 3818 1132 U Uran $[Rn]5f^36d^17s^2$	93 (237) 1,2 3902 640 Np Neptunium $[Rn]5f^46d^17s^2$	94 1,2 3327 641

de Gruyter
Naturwissenschaften